工业汽轮机技术

（第二版）

中石化第五建设公司　王学义编著

中国石化出版社

内容提要

本书在系统阐述汽轮机工作原理的基础上，详细地介绍了工业汽轮机的结构、运行、安装以及故障处理等内容。全书共分为十章，主要内容包括：工业汽轮机概论、工业汽轮机工作原理、多级工业汽轮机、工业汽轮机变工况、工业汽轮机结构、工业汽轮机凝汽设备、汽轮机调节系统、工业汽轮机运行、工业汽轮机安装和状态监测及故障诊断。

本书内容丰富、结构紧凑、图文并茂、实用性强，深入浅出，既可作为汽轮机现场安装、检修人员的培训教材，又可供大专院校相关专业师生参考。

图书在版编目（CIP）数据

工业汽轮机技术/王学义编著．—2版．—北京：中国石化出版社，2020.6

ISBN 978-7-5114-5718-9

Ⅰ.①工…　Ⅱ.①王…　Ⅲ.①蒸汽透平　Ⅳ.①TK268

中国版本图书馆CIP数据核字（2020）第073819号

中国石化出版社出版发行

地址:北京市东城区安定门外大街58号

邮编:100011　电话:(010)57512500

发行部电话:(010)57512575

http://www.sinopec-press.com

E-mail:press@sinopec.com

北京柏力行彩印有限公司印刷

全国各地新华书店经销

*

787×1092毫米16开本46.75印张1158千字

2020年6月第2版　2020年6月第1次印刷

定价:238.00元

前　　言

工业汽轮机是石油化工装置的主要动力设备，汽轮机机组运行的正常与否，直接影响到石油化工装置的安全生产和经济效益。为了提高汽轮机从业人员技术理论水平，以适应石油化工装置生产技术的发展和现代化技能人员的培训需要，编写了《工业汽轮机技术》一书，推荐给读者共勉。

根据本书第一版的反馈意见，本书第二版对部分章节进行了调整和删改。本书共分为十章，主要内容包括工业汽轮机概论、工业汽轮机的工作原理、多级工业汽轮机、工业汽轮机的变工况、工业汽轮机结构、工业汽轮机的凝汽设备、工业汽轮机的调节系统、工业汽轮机的运行、工业汽轮机的安装、状态监测及故障诊断等。

《工业汽轮机技术》一书在编写过程中一贯坚持以国家、行业标准为指导，结合石油化工装置汽轮机组的特点，力求做到结构合理、内容新颖、图文并茂、深入浅出、通俗精炼。所有内容理论联系实际、注重实践与应用，充分体现先进性和应用性。

本书编著过程中，参考了有关专家诸多文献、资料，并得到了我公司领导和同仁、众多单位和个人的大力支持与帮助，在此一并表示衷心的感谢。

由于编者水平有限，书中难免出现错误和疏漏之处，恳请读者批评指正。在此，编者深表谢意。

目　　录

第一章 工业汽轮机概论

汽轮机是以蒸汽为工质，将蒸汽的热能转变为机械能的旋转式原动机。汽轮机属于蜗轮机械，蜗轮机的译名为透平，故汽轮机又称为蒸汽透平。与其他原动机(燃气轮机、柴油机等)相比，汽轮机具有单机功率大、效率高、运行平稳、调速方便、单位功率制造成本低和使用寿命长等优点，因而得到广泛应用。汽轮机不仅是现代常规火电厂、核电站中普遍采用的驱动机，而且还可设计成变速运行，广泛应用于化工、石油化工、炼油、冶金、船运等部门用来直接驱动各种从动机械。如石油化工装置中驱动泵、风机、压缩机及工厂的自备电站汽轮发电机，冶金行业装置中驱动高炉风机、大型电站中驱动锅炉给水泵等。在现代常规火电厂、核电站中，汽轮机是用来驱动发电机生产电能的，故汽轮机与发电机的组合称为汽轮发电机组。在工业生产装置中，直接用汽轮机驱动风机、泵、压缩机等功率较大的设备，这种用途的汽轮机称为工业汽轮机。

随着科学技术的不断进步，金属材料工业的迅速发展，机械加工工艺设备越来越先进，汽轮机理论研究的成果不断地得到推广应用，汽轮机的设计和制造水平提高很大，使汽轮机向着高参数、大功率、高效率和高度自动化方向发展。

目前，石油化工装置大多采用工业汽轮机作为原动机来驱动压缩机、风机、泵及发电机等工作机械。为了提高石油化工装置的独立性，减少对电网的依赖性，提高开工率，一般都建有汽轮机发电机组的自备电站，既供热又供电，这样可减少远距离输电和送汽，既解决本装置生产和生活的用汽，又可综合利用本装置资源，如生产过程的余热、余料等，这种热电联合的自备电站经济效益很明显，自备发电与公用发电并存，如有裕量还可向公用电网送电。

第一节 汽轮机发展史

1883 年，瑞典工程师拉伐尔(Laval)设计制造出世界第一台轴流式汽轮机，其是一台功率为 3.7kW 的单级冲动式汽轮机。拉伐尔在这台汽轮机中，解决了等强度轮盘、挠性转子和缩放喷嘴等较为复杂的汽轮机技术问题。1884 年英国工程师帕森斯(Parsons)设计制造出第一台多级反动式汽轮机，至今汽轮机制造业已有 100 多年的历史。

1900 年前后，美国工程师寇蒂斯(Curtis)创造出了复速级单级汽轮机。与此同时，法国工程师拉托(Rateau)和瑞士工程师崔利(Zoelly)设计制造出多级冲动式汽轮机。

1920 年前后，制造出了给水回热式汽轮机，其提高了装置的循环效率，特别是提高了单机功率的条件。

1925 年，制造出第一台中间再热式汽轮机，其特点是减少了末级的蒸汽湿度，提高了汽轮机的相对内效率。

特别是近几十年来，汽轮机技术发展尤为迅速，且具有以下特点。

(1)增大单机功率。世界上工业发达国家的汽轮机生产在20世纪60年代已达到500～600MW等级水平。1972年，瑞士BBC公司设计制造出1300MW双轴全速汽轮机(24MPa/538℃/538℃、n=3600r/min)在美国投入运行；1976年，联邦德国KWU公司制造出的单轴单速(n=1500r/min)1300MW饱和蒸汽参数汽轮机投入运行；1982年，世界上最大的1200MW单轴全速汽轮机(24MPa/540℃/540℃)在苏联投入运行。

汽轮机通常在高温、高压及高转速的条件下工作，是一种较为精密的动力机械。它的研发和制造涉及许多高科技领域和工业部门，如高强度耐热合金钢的研制，优质大锻件、铸件的供应，高效率叶型和长叶片的设计与研制，加工制造工艺中采用数控技术、大型转子焊接等新工艺、新技术的应用，机组运行中的自动控制水平的提高，以及热工学、流体力学、强度振动、计算和测试技术等方面的理论和试验研究。因此，汽轮机制造业的发展是反映一个国家工业技术发展水平的标志之一。

由于石油化工工业迅速发展的需要，工业汽轮机也正向高参数、大功率、高转速、自动控制和多品种方向发展，石油化工装置中自备电站的汽轮发电机组功率也从几MW发展到100MW。由于工业汽轮机转速较高、变速范围较大的特点，这就给工业汽轮机的强度、振动以及由于转速较高所引起的极限功率低等方面带来新的问题。

现代大型机组均配有电子调节、保安系统和状态监测系统，某些机组配有智能化故障诊断系统，大大提高了自动化水平，增强了机组运行的可靠性，并保证机组的使用寿命。

目前世界上汽轮机的主要制造厂商有：美国的通用电气公司(GE)、西屋电气公司(MH)、克拉克公司，日本的三菱重工(MHI)、东芝和日立公司，德国西门子公司，俄罗斯的列宁格勒金属工厂(JIM3)，英国的通用电气公司(GEC)，法国的电气机械公司(CMR)及阿尔斯通-大洋公司(AA)等。

我国自1955年由上海汽轮机厂制造出第一台容量为6MW的凝汽汽轮机以来，随后陆续生产出从12MW至300MW的汽轮发电机组。1974年，上海汽轮机厂制造出第一台300MW汽轮机。1990年，哈尔滨汽轮机厂设计制造出第一台600MW汽轮机。1958年创建杭州汽轮机厂，主要生产工业汽轮机产品，1976年该厂引进了德国西门子公司的三系列工业汽轮机的设计、制造技术，经多年的消化、吸收和创新和发展，使该厂的设计、制造水平跨入国际先进行列，产品不仅满足国内用户需要，还销往亚洲、非洲、欧洲、拉丁美洲等20多个国家和地区。

我国生产汽轮机的主要工厂有上海汽轮机厂、哈尔滨汽轮机厂、东方汽轮机厂、北京重型电机厂、青岛汽轮机厂和武汉汽轮机厂等中小型汽轮机厂，以及生产工业汽轮机为主的工厂有杭州汽轮机厂和以生产燃气轮机为主的南京汽轮机发电机厂。

第二节　汽轮机分类及型号

一、汽轮机分类

随着科学技术的进步和资源的开发，汽轮机在石油化工、冶金、电力等国民经济各部门应用越来越广泛。汽轮机的类别和型式很多，其分类方法也各不相同，可按热力特性、工作原理、结构型式、蒸汽参数和用途的不同来进行分类。

(一)按热力特性分类

1. 凝汽式汽轮机

蒸汽在汽轮机内膨胀做功后，除了小部分轴封漏汽外，全部进入凝汽器凝结成水的汽轮机，称为纯凝汽式汽轮机。实际上人们为了提高汽轮机的热效率，减少汽轮机排汽缸的直径尺寸，将做过部分功的蒸汽，从汽轮机内抽出来，送入回热加热器，用以加热锅炉给水，这种不调整抽汽式汽轮机，也称为凝汽式汽轮机。

2. 抽汽凝汽式汽轮机

蒸汽在汽轮机内做过部分功以后，从中间某一级抽出来一部分，用于工业生产或居民采暖，其余排入凝汽器凝结成水的汽轮机(称为一次抽汽式或单抽汽式)。根据供热需要，可以分为一次调整抽汽式和二次调整抽汽式汽轮机。从不同的级间抽出两种不同压力的蒸汽，分别供给不同的用户或生产过程的汽轮机则称为双抽汽式(二次抽汽式)汽轮机。通常，工业生产用抽汽压力一般为 0.78～1.56MPa，生活采暖用抽汽压力一般为 0.68～2.45MPa。

3. 背压式汽轮机

蒸汽在汽轮机做功后，排汽压力高于大气压力的汽轮机。背压式汽轮机排汽用于工业生产用汽或居民采暖的汽轮机。如排汽作为其他中、低压汽轮机的工作蒸汽时，则称为前置式汽轮机。

4. 抽汽背压式汽轮机

为了满足不同用户的需要，从背压式汽轮机抽出部分压力较高的蒸汽，用于工业生产，其余的蒸汽在汽轮机内继续做功后以较低的压力排出，供给工业生产或居民采暖的背压式汽轮机。

5. 多压式汽轮机

向同一汽轮机内不同压力段分别送入不同压力的蒸汽做功的汽轮机。

6. 中间再热式汽轮机

将在高压缸中做过部分功的蒸汽从高压缸引出，通过锅炉的再热器进行加热，使温度接近初始温度，然后再送入汽轮机中、低压缸继续做功的汽轮机。蒸汽采用了中间再热，不仅减少了汽轮机的排汽湿度，改善了末几级叶片的工作条件，同时提高了汽轮机的相对内效率。

7. 乏汽式汽轮机

利用其他蒸汽设备的低压排汽或工业生产工艺流程中释放出的低压蒸汽作为工质的汽轮机。这种汽轮机的热能参数通常要比工艺流程的热能参数低得多，一般低于 230℃。

(二)按工作原理分类

1. 冲动式汽轮机

蒸汽主要在喷嘴或静叶片中进行膨胀的汽轮机，称为冲动式汽轮机。是利用冲动作用原理设计出的汽轮机，即蒸汽只在喷嘴中膨胀，将蒸汽热能转换成动能，而在动叶片中蒸汽不发生膨胀，没有压力降，只改变了汽流的流动方向，将蒸汽的动能转变为机械能。在现代冲动式汽轮机中各级均具有一定的反动度，即蒸汽在动叶片中也发生很小一部分膨胀，从而使汽流得到一定程度的加速，但习惯上仍然称之为冲动式汽轮机。

2. 反动式汽轮机

蒸汽不仅在喷嘴(或静叶片)中发生膨胀，而且在动叶片中也发生膨胀的汽轮机，称为反动式汽轮机。即蒸汽的热能转变成动能的过程在喷嘴和动叶片中同时进行。

(三)按新蒸汽压力分类

(1)低压汽轮机　新蒸汽压力为1.18～1.47MPa。

(2)中压汽轮机　新蒸汽压力为1.96～3.92MPa。

(3)高压汽轮机　新蒸汽压力为5.88～9.8MPa。

(4)超高压汽轮机　新蒸汽压力为11.77～13.73MPa。

(5)亚临界汽轮机　新蒸汽压力为15.69～17.65MPa。

(6)超临界汽轮机　新蒸汽压力超过22.16MPa。

(四)按用途分类

1. 工业用汽轮机

(1)单纯驱动用汽轮机

仅用来驱动各种工业机械(泵、风机和压缩机等)，不向外界供热。汽轮机多为凝汽式，可以变转速运行，可用于石油化工、冶金和电站锅炉给水泵等。

(2)驱动并供热用汽轮机

驱动并供热用汽轮机，用于驱动各种工业机械，并向外供热蒸汽，以满足其他用途(动力、工艺或生活)。汽轮机可变速运行，用于石油化工、炼油、冶金等工业部门。

2. 工业电站用汽轮机

(1)单纯发电用汽轮机

单纯发电用汽轮机，用于工业企业的自备动力电站，仅用来带动发电机发电的汽轮机称为单纯发电用汽轮机。

(2)发电并供热式汽轮机

既带动发电机发电又向外供热的汽轮机称为供热式汽轮机。

3. 舰(船)用汽轮机

专门用于舰(船)推进动力装置(驱动螺旋桨)的汽轮机。

(五)按能量传递方式分类

1. 直联式汽轮机

图1-1所示为直联式汽轮机。这种汽轮机转子与工作机械转子用联轴器直接相连。

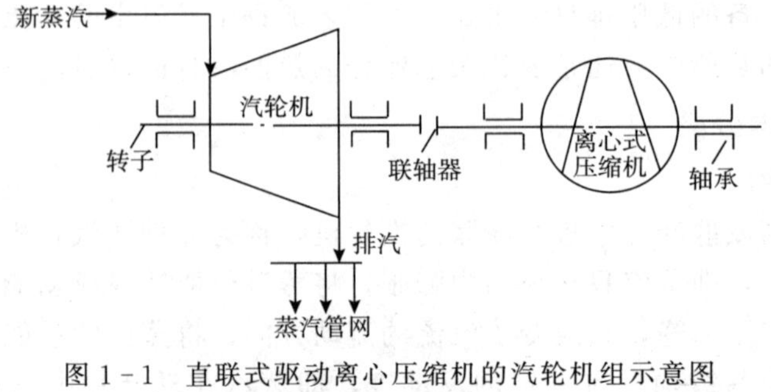

图1-1　直联式驱动离心压缩机的汽轮机组示意图

2. 带变速齿轮箱的汽轮机

图1-2、图1-3所示为带变速齿轮箱的汽轮机。这种汽轮机通过变速齿轮箱与工作机械相连。图1-2所示为带减速齿轮箱的汽轮发动机组，图1-3所示为带增速齿轮箱的驱动离心式压缩机的汽轮机组。

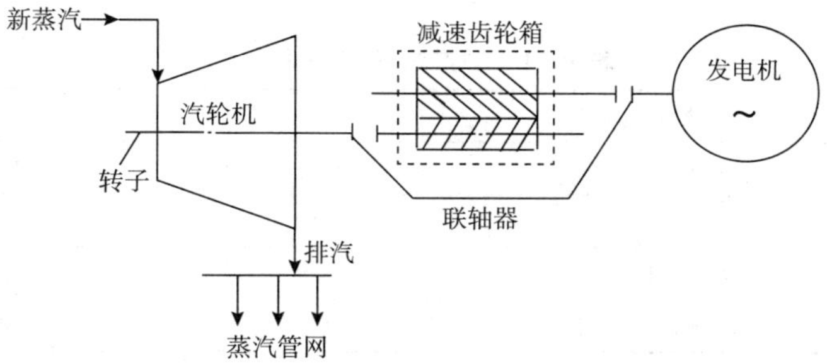

图1-2　带减速齿轮箱汽轮机组示意图

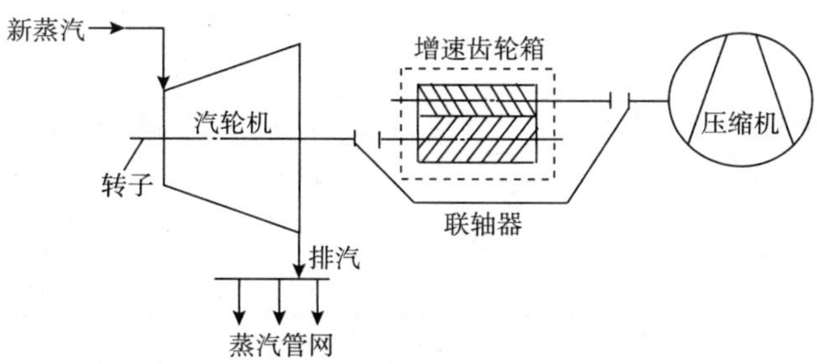

图1-3　带增速齿轮箱汽轮机组示意图

此外，按汽流方向分类可分为轴流式和辐流式汽轮机；按汽缸数目分类可分为单缸、双缸和多缸汽轮机；按机组转轴数目分类可分为单轴或双轴汽轮机；按工作状态分类可分为固定式和移动使汽轮机等。

二、汽轮机型号

世界上不同国家汽轮机制造厂汽轮机产品的型号组成是不同的，下面以中国、美国、日本、德国为例分别予以介绍。

1. 国产汽轮机型号

(1)国产汽轮机产品型号组成

为了便于识别汽轮机的类别，每台汽轮机都有产品型号。我国生产的汽轮机所采用的系列标准及型号已经统一，汽轮机产品型号的表示方法为：

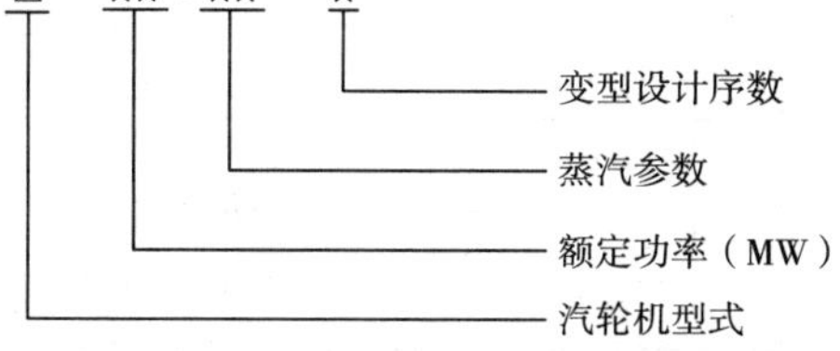

(2)国产汽轮机型式代号和蒸汽参数

我国目前都采用大写汉语拼音和数字表示汽轮机的型号。型号中第一组符号的汉语拼音表示汽轮机的热力特性或用途，见表1-1；汉语拼音后的数字表示汽轮机的额定功率(MW)。第二组符号由数字组成，表示汽轮机新蒸汽参数，对于不同型号的汽轮机具有不同的意义，见表1-2。

表1-1　国产汽轮机型式代号

代号	型式	代号	型式
N	凝汽式	CB	抽汽背压式
B	背压式	CY	船用
C	一次调整抽汽式	Y	移动式
CC	二次调整抽汽式	HN	核电汽轮机

表1-2　汽轮机型号中蒸汽参数表示方式

型　式	参数表示方式
凝汽式	主蒸汽压力/主蒸汽温度
凝汽式(具有中间再热)	主蒸汽压力/主蒸汽温度/中间再热温度
抽汽式	主蒸汽压力/高压抽汽压力/低压抽汽压力
背压式	主蒸汽压力/背压
抽汽背压式	主蒸汽压力/抽汽压力/背压

注：所用的单位　功率——兆瓦(MW)(1MW＝1000kW，船用汽轮机为千马力)；
汽压——兆帕(MPa)；
汽温——摄氏度(℃)。

例1：C12-4.9/0.98

表示汽轮机为一次调节抽汽式，额定功率12MW，主蒸汽压力为4.9MPa，调节抽汽压力为0.98MPa(绝对大气压)。

例2：B3-3.43/0.49：背压式汽轮机，额定功率为3MW，主蒸汽压力为3.43MPa，背压为0.49MPa。

例3：N3-2.35：凝汽式汽轮机，额定功率为3MW，主蒸汽压力为2.35MPa(绝对大气压)。

例4：CB12-4.9/1.18/0.17：抽汽背压式汽轮机，额定功率为12MW，主蒸汽压力为4.9MPa，抽汽压力为1.18MPa，背压为0.17MPa。

(3)国产工业汽轮机的规格及型号

我国制造的工业汽轮机的规格型号已标准化，现举例如下：

1)单级工业汽轮机的规格型号

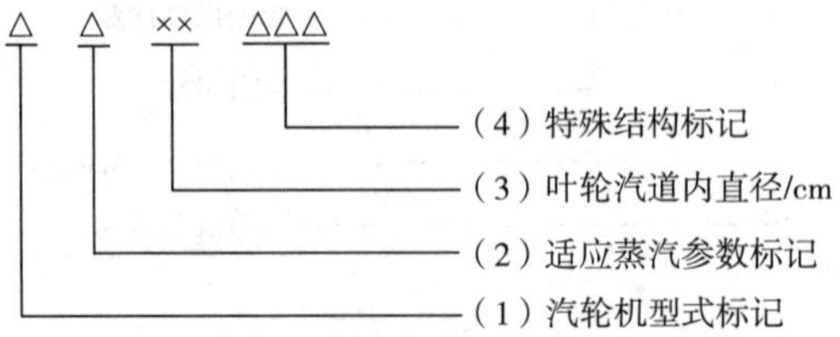

①汽轮机型式标记 B—背压式；N—凝汽式。

②适应蒸汽参数标记 G—高新蒸汽参数＞3.5MPa/435℃；低新蒸汽参数(≤3.5MPa)不做标记。

③叶轮汽道内直径 取两位归整的阿拉伯数，单位cm，复速级叶轮指第一列叶片的直径。

④特殊结构标记 C—带齿轮变速器；D—单列级叶轮；H—回流式；X—悬臂式；按字母顺序排列。

例如：B32CDH表示为适应低新蒸汽参数，带齿轮变速器的单列级回流背压式汽轮机，叶轮汽道内直径为32cm。

2)多级工业汽轮机型号

第一种：

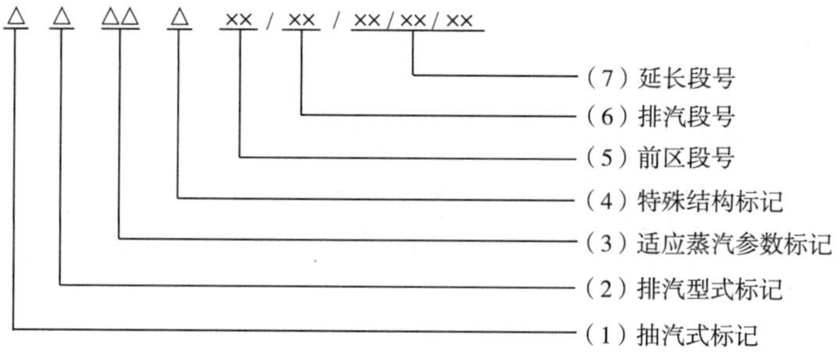

①抽汽式标记：C。

②排汽型式标记：B—背压式；N—凝汽式；S—双分流凝汽式。

③适应蒸汽参数标记：G—高新蒸汽参数，连续运行可能的最大值为14MPa/535℃；Z—中新蒸汽参数，连续运行可能的最大值为8MPa/510℃；GZ-G和Z类的区段组合，适应高新蒸汽参数；低新蒸汽参数不做标记。

④特殊结构标记：D—各级为叶轮整体电解成型叶片的转子；T—采用了非标准区段或部套。

⑤前区段号：用外缸轮室部分的内半径表示，双分流式用内缸轮室内半径表示。

⑥排汽段号：一般用转子末级叶轮汽道内半径表示，为了区分扭叶类型，允许段号有小调整。

⑦延长段号：用延长段长度表示，有几个延长段便表出几段的段号，无延长段时以“O”表示。

例如：

CNG240/63/20/25/28表示用于G及Z类区段组合，适应高新蒸汽参数的抽汽凝汽式汽轮机，前区段号为40，排汽段号为63，三个延长段号分别为20，25，28。

BGD25/20/0表示适应高新蒸汽参数的电解叶片转子结构的背压式汽轮机，前区段号为25，排汽段号为20，无延长段。

第二种：

①抽汽式标记：C。

②排汽型式标记：B—背压式；N—凝汽式；S—双分流凝汽式。

③适应蒸汽参数标记：G—高新蒸汽参数 ϕ3.5MPa/435℃；Z—中新蒸汽参数，

2.4MPa/390℃～3.5MPa/435℃；低新蒸汽参数2.4MPa/390℃，不做标记。

④调节级叶轮汽道内直径：取两位数标示。

⑤末级叶轮汽道内直径：取两位数标示。

⑥叶轮级数：用两位阿拉伯数表示。

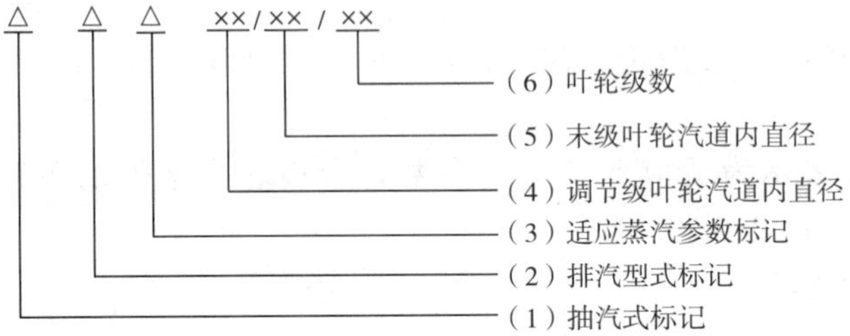

例如：NZ70/52/09表示用于中新蒸汽参数范围内的凝汽式汽轮机，调节级叶轮汽道内直径为70cm，末级叶轮汽道内直径为52cm，共九级叶轮。

2. 德国西门子公司工业汽轮机型号

我国杭州汽轮机厂和意大利新比隆等厂，都是引进德国西门子(SIEMENS)公司维塞尔(WESEL)厂的三系列工业汽轮机技术的设计、制造技术。

(1)德国西门子公司积木块三系列工业汽轮机基本类型

积木块工业汽轮机中最常见的有下列几种机型：

NK；ENK；NG；ENG；HG型，德文字母解释如下：

H—表示高压进汽[8～14MPa(A)/535℃]外缸受高压

N—表示常压进汽[0.1～8MPa(A)/510℃]，外缸受承常压

K—表示凝汽式

G—表示背压式

E—表示抽汽式

例：NK—表示常压进汽的凝汽式汽轮机；

ENG—表示常压进汽的抽汽背压式汽轮机；

HG—表示高压进汽的背压式汽轮机。

(2)汽轮机汽缸区段名称(见图1-4)

1)汽缸前区段，分常压和高压两种。

2)减压段，用于厚壁的汽缸前段和薄壁的后段之间的连接部分。

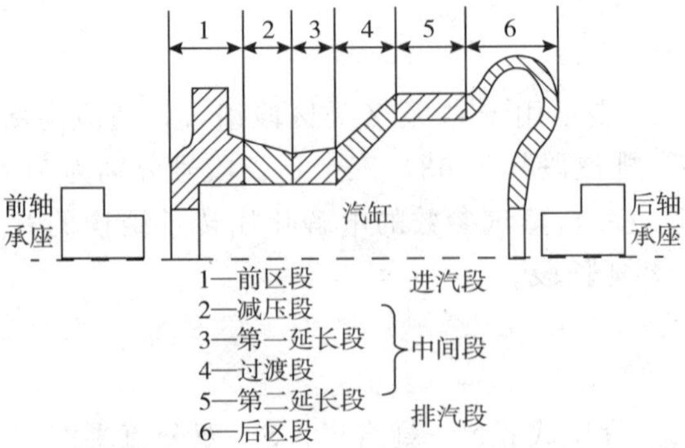

图1-4　汽缸区段划分示意图

3)延长段，汽缸直径不变，只增加通流部分长度。

4)过渡段，既可以延长通流部分长度，又可增加通流部分直径。

5)法兰段，凝汽式汽轮机前汽缸和排汽缸连接区段。

6)排汽段，分背压式排汽段和凝汽式排汽段两种。

(3)积木块三系列汽轮机型号含义如下：

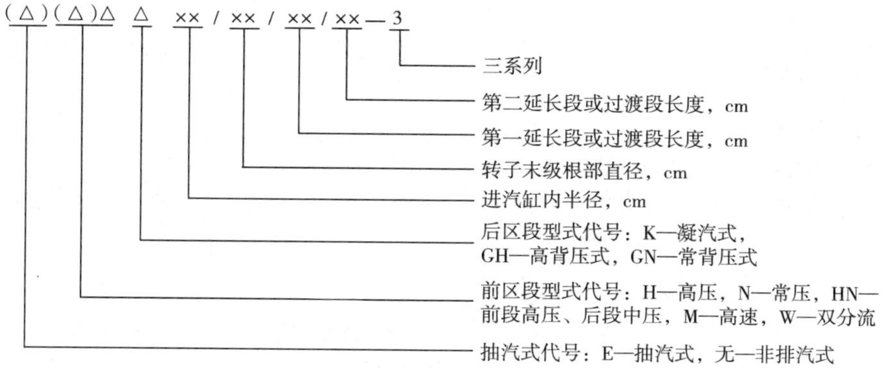

例 1：积木块系列工业汽轮机的型号为 ENG32/25/32 其含义为：

“E”—抽汽式。

“N”—常压进汽。

“G”—背压式。

前“32”—进汽缸内半径为 32cm(320mm)。

“25”—转子末级根部直径为 25cm(250mm)。

后“32”—延长段长度为 32cm(320mm)。

例 2：积木块系列工业汽轮机的型号为 NK25/28/12.5 其含义为：

“N”—常压进汽。

“K”—凝汽式。

“25”—进汽缸内半径为 25cm(250mm)。

“28”—转子末级根部直径 28cm(280mm)。

“12.5”—延长段长度 12.5cm(125mm)。

3. 美国克拉克公司及日本三菱重工汽轮机产品型号

日本三菱重工(MHI)广岛造船制造所的汽轮机采用的是美国克拉克公司的专利技术。日本三菱重工广岛造船所制造的汽轮机型号中各单元的含义表示：

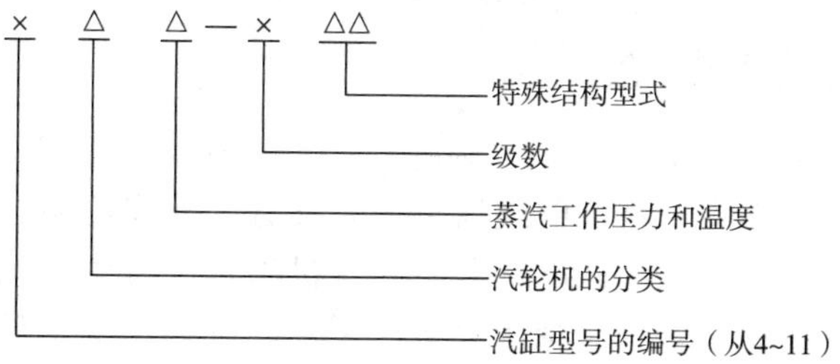

其中：汽轮机的分类有：

B—背压式汽轮机；

EB—抽汽背压式汽轮机；

C—凝汽式汽轮机；

E—抽汽凝汽式汽轮机；
MX—混压式凝汽式汽轮机。
蒸汽工作压力和温度：
H—新蒸汽为高参数，工作压力≥8.0MPa，温度≥480℃；
L—新蒸汽为低参数，工作压力<8.0MPa，温度<480℃；
特殊结构型式：
DF—双流式；
TF—三流式；
MC—多缸式；
BD—双出轴式；
SG—带变速齿轮箱。
例如：

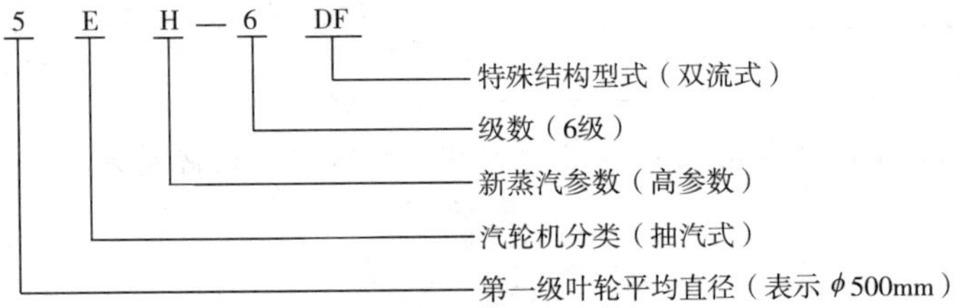

第三节　工业汽轮机定义及特点

一、工业汽轮机的定义

工业汽轮机是指工业企业中驱动用汽轮机与自备电站发电用汽轮机的总称，即指除公用电站汽轮机和船舶推进汽轮机以外的各种类型的汽轮机。从工业汽轮机定义中可以看出，工业汽轮机包括：

①厂矿企业的自备供热发电用的汽轮机；
②石油化工、冶金等行业装置中用于驱动泵、鼓风机、压缩机等工作机械的汽轮机；
③大型电站、自备电站中用于驱动锅炉给水泵和风机的汽轮机；
④舰船蒸汽动力装置中驱动各种辅机和发电机用的汽轮机。

二、工业汽轮机的特点

工业汽轮机的用途广泛、品种繁多、型式多样、规格参数范围广，既有驱动离心式压缩机、往复式压缩机、螺杆式压缩机的或风机的，又有驱动离心泵或发电机的；既有凝汽式、背压式的，还有抽汽式或注汽式的；既有高压机组，又有中、低压机组。

工业汽轮机的运行参数，大多根据用户生产工艺流程的需要而确定。一般进汽压力为1.0～14MPa(A)，进汽温度为200～535℃，功率为10～50000kW。有的机组进汽压力高达11.2MPa(A)，进汽温度高达540℃，这对机组的启动、停机和加负荷等安全问题提出了更高的要求。

工业汽轮机还具有高转速、变转速运行的特点，驱动发电机的工业汽轮机的工作转速多为 3000r/min(定转速运行)而驱动工作机械的工业汽轮机多为高转速运行，一般为 5000～15000r/min。多数机组还采用变转速运行，其转速变化范围一般为工作转速的 80%～105%，以适应石油化工生产装置工艺对工作机械(泵、风机、压缩机)工作流量或压力的不同需求。根据生产工艺的实际需要，机组转速可以根据用户要求的转速变化范围内灵活变化，这就给汽轮机的动叶片、转子的动力特性、调节系统和油系统以及安全保护和监测、运行、效率等都提出了很高的要求。

汽轮机的转子与工作机械的转子的连接大多通过联轴器直接连接，也有个别机组中间设置了变速齿轮箱，多数驱动压缩机的机组采用了增速齿轮变速箱，驱动发电机、离心泵和风机的机组采用了减速齿轮箱，这就形成了一个由 2～6 个汽(气)缸所组成的串联机组，使得机组轴向尺寸较长。

石油行业的千万吨炼油、百万吨级大型乙烯、百万吨级 PTA(对苯二甲酸)、大化肥、大型煤化工和天然气输送液化储运等装置、冶金行业的大型高炉风机、余热利用装置的工业汽轮机都是单系列、无备机，这就要求汽轮机组自动化程度和在线监测及故障诊断水平高，保证机组安全、平稳、长周期、满负荷运行，延长机组使用寿命。

驱动压缩机的汽轮机往往需要带负荷启动。石油化工装置的压缩机启动前机内已充气，汽轮机必须在相当负荷条件下启动，升速、加负荷。不同类型的汽轮机的负荷—转速特性。工业汽轮机可以充分利用石油化工装置工艺流程中的热能回收装置所产生的蒸汽动力，可以节省大量外用电力。还可以利用汽源中间抽汽或背压排汽用于化工生产，剩余蒸汽还可以用来发电。

工业汽轮机与电站汽轮机的工作原理、结构形式、运行操作方法上是一样的，其特点主要有以下四个方面：

(1)电站汽轮机的工作转速较低，并且固定不变，一般为 3000r/min；而工业汽轮机的工作转速较高，而且不断变化，一般为 7000～10000r/min，有的甚至达到 15000r/min。

(2)转速可变，其转速变化范围一般为工作转速的 80%～105%，以满足石油化工装置生产工艺对工作机械(泵、风机、压缩机等)的流量或压力需要。采用转速调节方式比节流调节更经济。

(3)工业汽轮机的功率相对较小，最小的只有几十千瓦，如小型发电厂汽轮机油系统上的汽轮油泵就是一台小型工业汽轮机，功率不过几十千瓦；而一些大型火力发电厂的给水泵组的汽轮机，功率都是在 5MW 以上；一些大型大型化肥厂驱动离心式压缩机组的汽轮机的功率达到 25MW，相当于一台小型汽轮发电机组。

(4)工业汽轮机的结构比较紧凑，一般多采用积木块式结构，热力系统相对比较简单，通常不设高低压加热器等辅助设备，因此热效率比较低。为了满足工业用气的需要，有的工业汽轮机设计成背压式或调整抽汽式。

(5)工业汽轮机的自动化程度比较高，操作比较简单，调节系统一般采用国际先进的调速器，如 Wood Ward505 调速器，也有的采用全液压调速器。

第四节　积木块式工业汽轮机的特点

20 世纪 70 年代中期，杭州汽轮机厂引进具有世界先进技术水平的德国西门子公司的三系列工业汽轮机的设计、制造技术，成为西门子公司在汽轮机行业的合作伙伴。杭州汽轮机厂通过不断的创新，同时在20世纪80年代和90年代与西门子公司再度合作，成功实现了升级和换代，从而使杭州汽轮机厂设计、制造的积木块系列汽轮机技术保持在较为领先的国际水平，产品已完全达到API612、ISO 14611、NEMA、DIN等国内外标准的要求。目前，工业汽轮机的发展已进入了成熟期，其性能、可靠性和使用寿命均已达到很高的水平。

一、积木块工业汽轮机主要区段划分

按西门子公司引进技术设计、制造的三系列多级工业汽轮机也称为积木块系列汽轮机，它是用积木块原理(构造法)对多级工业汽轮机来实现系列化，这种方法将汽轮机分成若干个结构区段，例如分成进汽区段、中间区段(包括减压段、延长段、过渡段和法兰段)及排汽区段(见图1-5)，每种区段各有若干尺寸的部件，然后根据用户要求，通过热力和强度计算，利用这些部件，将所需区段组合起来，再配上相应的标准部套，即可组装成满足用户需求的各种不同类型、规格的汽轮机。

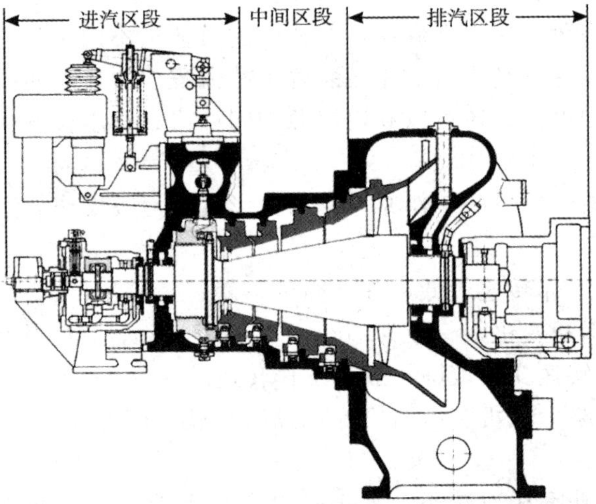

图1-5 积木块三系列工业汽轮机区段划分

进汽区段：有调节系统，前轴承座以及包括速关阀(主汽阀)，喷嘴室，调节级轮室和前汽封的外缸前部。进汽区段的部套尺寸的选择由新蒸汽参数和机组容量而定。

中间区段：包括转子，叶片和外缸的中间部分。中间区段的设计由所选择的进汽区段和排汽区段以及汽轮机的转速而定。

排汽区段：包括汽封，外缸后部和后轴承座。排汽区段分为背压式和凝汽式两种。

背压式排汽区段的尺寸由排汽压力和排汽量而定；凝汽式排汽区段的尺寸由末级叶片的尺寸和强度而定。积木块系列工业汽轮机以结构尺寸作为特征尺寸，特征尺寸的选择采用了德国工业标准的R_{10}和R_{20}两个数列。R_{10}数列的公比为$\sqrt[10]{10}=1.25$。R_{20}数列的公比为$\sqrt[20]{10}=1.12$。

R_{10}数列：1.00，1.25，1.60，2.00，2.50…

R_{20}数列：1.00，1.12，1.25，1.40，1.60…

由此可见，采用较少的基本积木块可设计出适用范围较广的多种类型工业汽轮机。积木块系列适合于计算机辅助设计，为部套批量生产创造了条件，不仅降低了产品成本，而且缩短了供货周期。

二、积木块系列工业汽轮机基本类型

积木块三系列工业汽轮机最常见的有10种基本类型：

NK、NG、HG、ENK、ENG、HNK、HNG、EHNK、EENG和WK型。这些基本类型德字母解释如下：

N—表示正常进汽，初压参数最高为10.0MPa(A)/510℃。

H—表示高进汽，初压参数最高为14.0MPa(A)/540℃。

K—表示凝汽式。

G—表示背压式。

E—表示抽汽式。

WK—表示双分流凝汽式，初压参数最高为1.6MPa(A)/420℃。

例： NK—表示常压进汽的抽汽凝汽式汽轮机。

ENG—表示常压进汽的抽汽背压式汽轮机。

HG—表示高压进汽的背压式汽轮机。

三、积木块系列工业汽轮机适用范围

1. 参数范围

积木块汽轮机共有9种进汽区段，21种中间区段，18种排汽区段，借此可以组成各种不同型号的汽轮机，其参数范围如下：

进汽：常压N型：0.10～8.0MPa(A)/510℃

　　　高压H型：8.0～14.0MPa(A)/535℃

排汽：常压进汽背压机组：0.10～1.6MPa(A)

　　　高压进汽背压机组：1.0～4.5MPa(A)

　　　凝汽式机组：0.002～0.02MPa(A)

功率范围：背压式机组：1000～40000kW

　　　　　凝汽式机组：1000～50000kW

转速范围：3000～16000r/min

2. 机组型谱

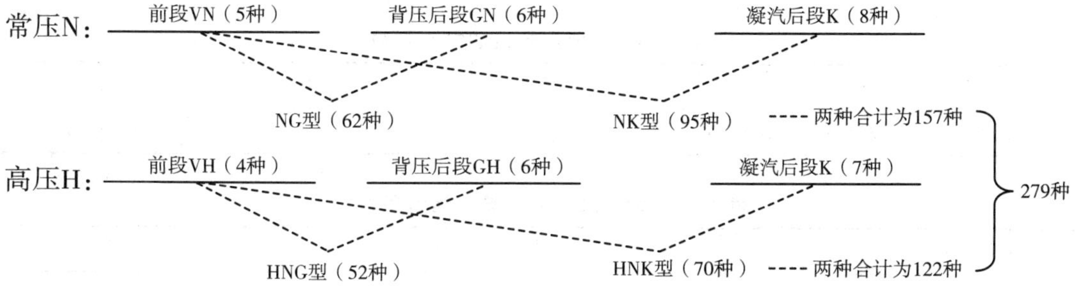

第五节 汽轮机蒸汽参数

汽轮机的蒸汽参数在汽轮机设计时就必须确定。蒸汽参数值应根据机组功率的大小和用途的不同而异。我国汽轮机制造厂商为便于汽轮机生产制造，按常用的功率和用途选择一些蒸汽参数供用户选用。制造厂商也可根据用户的要求的蒸汽参数进行汽轮机设计、制造。我国常用汽轮机的蒸汽参数见表 1-3。

表 1-3 常用汽轮机的蒸汽参数

额定功率/MW	蒸汽参数		抽汽和排汽压力/MPa	
	进汽压力/MPa	进汽温度/℃	汽轮机型式	压力范围/MPa
0.75、1.5、3	2.39(3.43)	390	凝汽式	0.0086、0.0103
			背压式	0.294、0.49、0.981
			抽汽式	0.294、0.49、0.981
6、12、25	3.43(4.9)	435	凝汽式	0.0074、0.006、0.005
			背压式	0.294、0.49、0.981、1.57、2.55
			抽汽式	0.294、0.49、0.981、1.57、2.55
50、100	8.82(3.43)	535(435)	凝汽式	0.005～0.007
			背压式	0.49、0.981、1.57、2.55、3.43
			抽汽式	0.49、0.981、1.57、2.55、3.43
125、200	13(13.5)	535/535(550/550)	凝汽式	0.005
			背压式	0.49、0.981、1.57、2.55、3.43、3.83
			抽汽式	0.49、0.981、1.57、2.55、3.43、3.83
300、600	16.5	535/535(550/550)	凝汽式	0.005

由于工业汽轮机用途广泛，影响因素很多，故其蒸汽参数目前尚无统一规定。工业汽轮机蒸汽参数根据用户的具体条件与要求各不相同，而且其数值与机组功率无一定的关系。以工业汽轮机为主要动力的企业，往往需要数挡参数的蒸汽。企业中需要各种功率的机组，应根据其转速和汽轮机型式选用适当的蒸汽参数。工业汽轮机的进汽参数，见表 1-4。背压式工业汽轮机组常用背压见表 1-5。

表 1-4 工业汽轮机的进汽参数

进汽压力/MPa	0.8～1.3	1.1～1.5	1.6～2.0	2.2～2.6	3.2～3.7	4.2～4.7	6.2～6.8	7.5～8.5
进汽温度/℃	230～320	280～360	320～400	340～420	380～460	400～470	420～500	450～540

表 1-5 背压式工业汽轮机组常用背压

额定压力/MPa	0.3	0.5	1.0	1.3	2.5
调整范围/MPa	0.2～0.4	0.4～0.7	0.8～1.3	1.0～1.6	2.2～2.6

第二章　工业汽轮机工作原理

第一节　工业汽轮机基本概念

汽轮机是用蒸汽来做功的旋转式原动机。来自锅炉或其他汽源的蒸汽，经主汽阀和调节汽阀进入汽轮机。依次高速流过一系列环形配置的喷嘴（或静叶栅）和动叶栅而膨胀做功，推动汽轮机转子旋转，喷嘴将蒸汽的热能变成动能，动叶栅将蒸汽的动能转变成机械能，这便是汽轮机简单的工作原理。

蒸汽在汽轮机中进行的能量转换通常是通过冲动作用原理和反动作用原理两种方式来实现的，相应就有不同工作原理的汽轮机。下面分析和介绍冲动式和反动式两种类型汽轮机的动作原理。

一、冲动式汽轮机

（一）冲动作用原理

在单级冲动式汽轮机中，蒸汽在喷嘴中产生膨胀，压力降低，速度增加，热能转变成动能，高速汽流流经动叶片时，由于汽流方向改变，产生了对动叶的冲动力，推动叶轮旋转做功，将蒸汽的动能转变为转子旋转的机械能，这种利用冲动力做功的原理，称为冲动作用原理。单级冲动式汽轮机示意图见图 2－1。

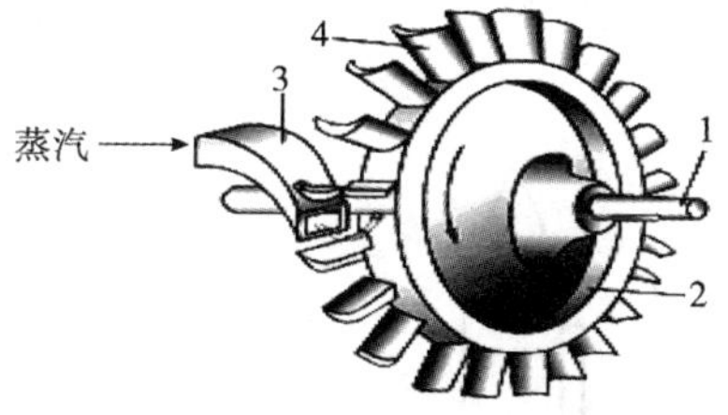

图 2－1　单级冲动式汽轮机示意图

1—转子；2—叶轮；3—喷嘴；4—动叶片

由力学可知，当一运动物体碰到另一个静止的或运动速度不同的物体时，就会受到阻碍而改变其速度，同时给阻碍它运动的物体一个作用力，这个作用力称为冲动力。冲动力的大小取决于运动物体的质量和运动速度，质量越大，冲动力越大；速度变化越大，冲动力也越大。若阻碍运动的物体在此力的作用下，产生了速度变化，则运动物体就作了机械功。例如，在小车上固定一块半圆形钢板，当高速汽流冲击静止小车上弯板时，则汽流速度发生变化，对小车产生冲动作用，使小车向前运动而做功。

现以图 2－2 所示半圆形动叶片为例，说明高速汽流流经动叶栅时，对动叶片产生的冲动力的原理。喷嘴中流出的高速汽流，以速度 c_1 进入动叶片，在动叶片中，汽流沿着内弧所构成的汽道逐渐改变流动方向，然后以与 c_1 平行而方向相反的速度 c_2 流出。当汽流流过曲面时，蒸汽的每一个汽流微团都受到叶片所作用给它的一个向心力，同时叶片受

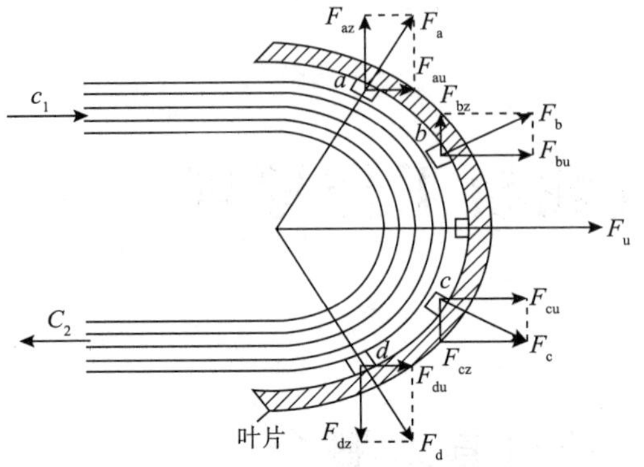

图 2-2　冲动作用原理

到汽流微团给它一个大小相等，方向相反的反作用力(离心力)。图中 F_a、F_b…F_d 分别表示作用在叶片 a、b…d 各点的离心力。a 点的离心力 F_a 可以分解成轴向分力 F_{az} 和周向分力 F_{au}。同理，其他各点处的离心力均能分解轴向分力 F_{bz}…F_{dz} 和周向分力 F_{bu}…F_{du}。假设汽流在流动中没有损失，则对应点 a 与 c 及其他各对应点处的离心力相等，即对应点处的轴向分力大小相等而方向相反，互相抵消，因此汽流的离心力在轴向上的分力之和为零($F_{az}+F_{cz}+\cdots\cdots=0$)而周向力之和 $F_u=F_{au}+F_{bu}+\cdots+F_{du}$，动叶片在力 F_u 作用下，以 u 速度向右运动，它推动叶轮及转子旋转做功。若带动工作机械(压缩机、泵、风机)就可以做出机械功，这就是冲动式汽轮机的工作原理。

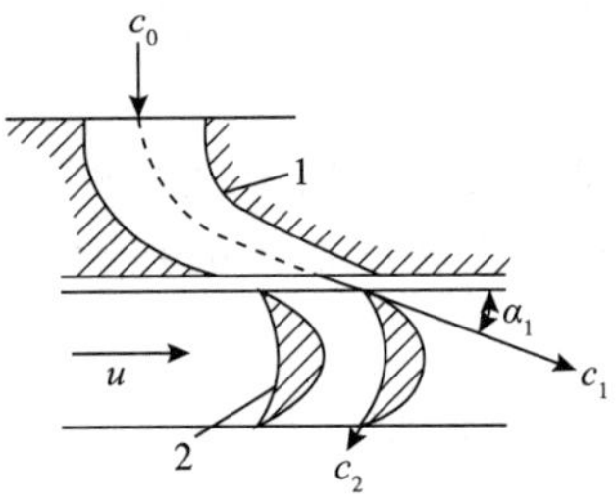

图 2-3　冲动式汽轮机中喷嘴与动叶片断面形状及相互位置

1—喷嘴；2—动叶片

在实际中，由于汽轮机结构方面的限制，使从喷嘴喷射出的汽流方向不能与动叶片的运动方向完全相同，而成一个夹角 α_1。动叶片也不是一个半圆弧，而是由几段曲线所组成，一般用圆弧和抛物线弧，如图 2-3 所示。这样，虽然蒸汽推动叶轮旋转的作用力有所减小，但其工作原理仍然相同。

(二)反动作用原理

反动力的产生与冲动力的产生原因不同。反动力是由原来静止或运动速度较小的物体，在离开或通过另一物体时，骤然获得一个较大的速度增量而产生的。例如，火箭发射时，燃料燃烧产生的高压气体从火箭尾部喷出，在喷出的同时高速气流给火箭一个与气流大小相等、方向相反的作用力，推动火箭向上运动(飞向天空)，如图 2-4 所示。这种由于膨胀加速产生的作用力称为反动力。在汽轮机中，蒸汽在动叶构成的汽道内膨胀加速时，汽流必然对动叶片作用一个反动力，推动叶片旋转运动，将蒸汽的速度能转换为机械能，这就是反动作用原理。

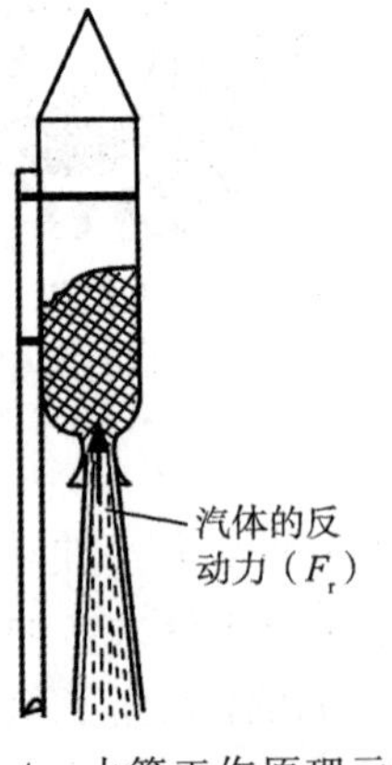

图 2-4　火箭工作原理示意图

反动原理在汽轮机的实际应用，如图 2-5 所示。这是反动式汽轮机中的一个级的断面示意图。蒸汽在喷嘴中膨胀升速，蒸汽离开静叶栅后，以较高的速度 c_1 进入动叶栅汽道，沿着汽道壁的内弧改变方向，因此动叶片上就受到由于冲动原理产生的冲动力 $F_{冲}$。又由于汽流在动叶片流道中压力由 p_1 降至 p_2，继续膨胀加速(相对于动叶片)，蒸汽以更高的速度 c_2 从动叶片中排出，根据反动原理动叶片又受到反作用力 $F_{反}$ 的作用。$F_{冲}$ 与 $F_{反}$ 的合力为 F_u。另外，动叶片前后存在压差，也引起一个轴向力 $F_{轴}$，F_u

与 $F_{轴}$ 的合力为 $F_{总}$，这就是作用在动叶片上的总力。$F_{总}$ 沿动叶运动方向的分力，使动叶向左运动，推动转子转动对外作机械功。

图 2－6 所示为辐流式多级反动式汽轮机示意图。辐流式反动汽轮机是利用反动作用原理来工作的，新蒸汽从新蒸汽管道进入汽轮机的蒸汽室，然后流入各级动叶栅逐渐膨胀，利用汽流对动叶片的反动力推动叶轮旋转做功，将蒸汽的热能转变成机械能。

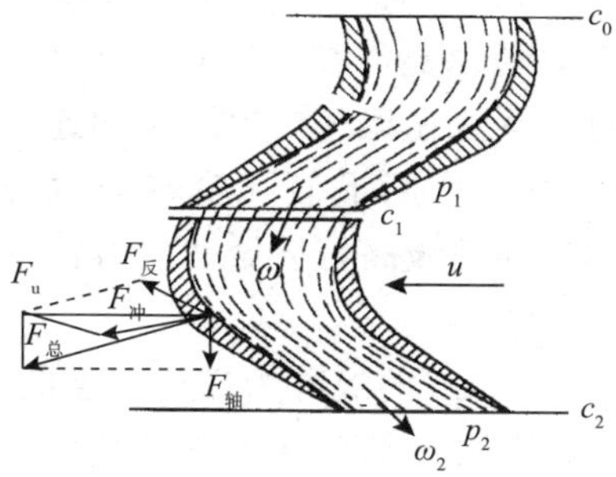

图 2－5　蒸汽对反动式动叶片的作用力

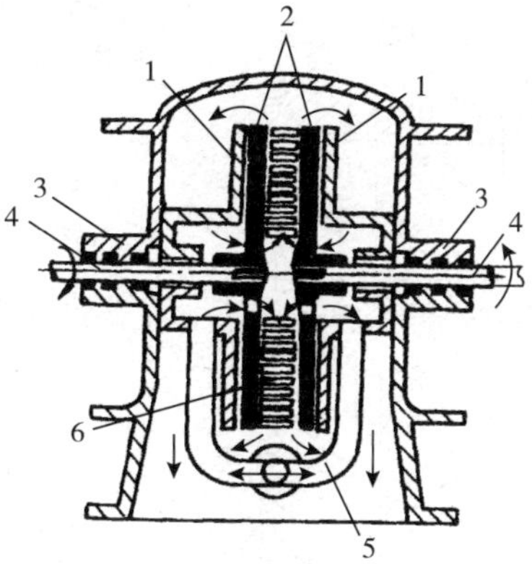

图 2－6　辐流式反动汽轮机

1—汽封体；2—叶轮；3—轴承；4—转子；5—进汽管；6—动叶栅

辐流式反动汽轮机有两个转子，这两个转子按相反的方向旋转，可以分别带动两个工作机械工作。叶轮分别安装在两个转子上，叶片垂直安装在两个叶轮的端面上组成动叶栅。

二、级的反动度

通常用反动度 ρ 来衡量蒸汽在动叶栅中的膨胀的程度。它等于蒸汽在动叶栅中的理想焓降 Δh_b 和整个级的滞止理想焓降 Δh_t^* 之比，即

$$\rho=\frac{\Delta h_b}{\Delta h_t^*} \tag{2-1}$$

一般情况下，理想焓降是指叶道平均直径截面上的理想焓降，所以级的反动度也是级的平均反动度。纯冲动式级的 $\rho=0$；反动级的 $\rho=0.5$；带反动度的冲动式级 $0<\rho<0.5$。带有不大反动度的冲动级使用最广泛，它可以提高冲动式汽轮机的效率。

三、级的类型

根据蒸汽在级通流部分的流动方向，可将汽轮机的级分为轴流式(汽流方向与转子平行)和辐流式(汽流方向与转子垂直)两种。目前国内用汽轮机绝大多数为轴流式级。轴流式汽轮机的级通常可分为以下几种。

(一)冲动级和反动级

按蒸汽在动叶通道内膨胀程度的不同，即反动度的大小不同，轴流式汽轮机的级可分为下列几种。

1. 纯冲动级

反动度 $\rho=0$ 的级称为纯冲动级，其工作特点是蒸汽只在喷嘴叶栅中膨胀，在动叶栅

中膨胀只改变其流动方向。当不考虑损失时，动叶栅的进出口压力相等，即 $p_1=p_2$、$\Delta h_b=0$，故 $\Delta h_b=\Delta h_n^*$。纯冲动级做功能力大，但流动效率较低，现代汽轮机中均不采用纯冲动级。

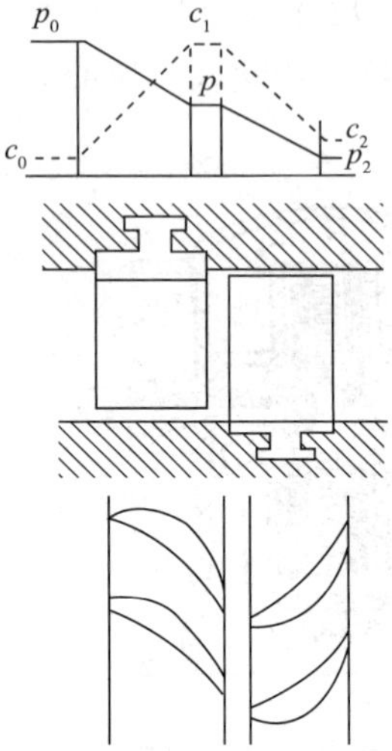

图 2-7　反动级中的蒸汽压力和速度变化情况示意图

2. 反动级

反动度 $\rho=0.5$ 的级称为反动级。其工作特点是蒸汽在喷嘴叶栅和动叶栅中的膨胀各占一半左右，即汽流在喷嘴和动叶中的理想焓降相等，即 $p_1>p_2$、$\Delta h_n\approx\Delta h_b\approx0.5\Delta h_t$。这种级的结构特点是喷嘴型线与动叶型线相同(见图 2-7)，所以蒸汽在喷嘴叶栅和动叶栅中的膨胀程度一样。由于蒸汽在动叶栅中膨胀加速，是在冲动力和反动力的合力的作用下使叶轮转动做功的。所以，反动级的效率比冲动级高，但做功能力较小。

3. 带反动度的冲动级

反动度 $\rho=0.05\sim0.20$ 的级称为带反动度的冲动级。其工作特点是蒸汽的膨胀大部分在喷嘴叶栅中进行，只有少部分蒸汽在动叶栅中进行，即 $p_1>p_2$、$\Delta h_n>\Delta h_b$。冲动式汽轮机的前几级的反动度不大于 10%～15%，最后几级的反动度可达 20%～30%。由流体力学知识可知，加速汽流可改善的流动状况，故带反动度的冲动级具有做功能力大，效率较高的特点，得到了广泛的应用。

(二)复速级(双列速度级)

一级叶轮上装有一列喷嘴叶栅而有两列动叶片的级，称为复速级。为了增大调节级的焓降，通常将调节级设计为双列速度级。这时，蒸汽从第一列动叶出口进入固定在汽缸上导叶改变流动方向，然后进入第二列动叶继续做功。采用复速级可以增大汽轮机调节级的焓降，减少压力级，节省优质钢材，但其效率降低。

图 2-8 表示蒸汽流经各种冲动级的通流部分时，其压力和速度的变化情况。

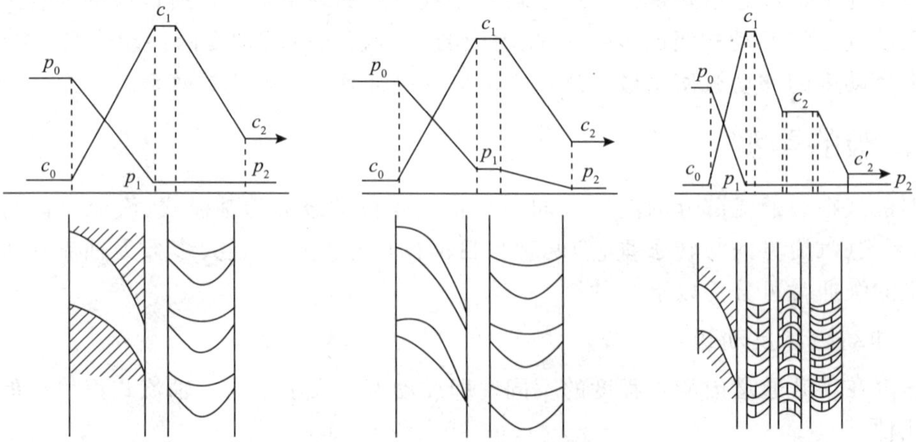

(a) 纯冲动级　　(b) 带有反动度的冲动级　　(c) 速度级

图 2-8　冲动级中蒸汽压力和速度的变化示意图

(三)压力级和速度级

按照蒸汽的动能转换为转子机械能的过程不同，还可以将汽轮机的级分为压力级和速度级。

1. 压力级

除调节级以外的各级称为压力级。压力级是以利用汽轮机内分配给该级的压力降或焓降为主的级，这种级在叶轮上只安装一列动叶栅，故又称单列级。压力级可以是单列冲动级，也可以是反动级。

2. 速度级

在较小的速比下工作的，一个叶轮上有两列或两列以上动叶的汽轮机级称为速度级。速度级有双列或多列之分。如复速级是利用蒸汽流速为主的级，级的焓降较大。

(四)调节级和非调节级

按级通流面积是否随负荷大小而变化，又可将汽轮机的级分为调节级和非调节级。

1. 调节级

在采用喷嘴调节的汽轮机中，级内通流面积能随负荷变化而改变的级称为调节级。如喷嘴调节汽轮机的第一级。调节级可以是复速级，也可以是单列级。一般中小型汽轮机用复速级作为调节级，而大型汽轮机常用单列冲动级作为调节级。

2. 非调节级

通流面积不随负荷变化而改变的级称为非调节级。非调节级既可以是全周进汽，也可以是部分进汽。

第二节　工业汽轮机工作原理

一、蒸汽在喷嘴中的流动

1. 蒸汽在喷嘴中的热力过程

由于喷嘴是固定不动的，所以当蒸汽流经过时，喷嘴对外不做功。另外，正常工作时，蒸汽高速流过喷嘴，在极短(约 0.0005s)的时间内流过喷嘴，来不及与外界进行热交换，于是可近似认为是绝热流动。若不考虑蒸汽在喷嘴中的摩擦损失，则可认为是等熵过程，因此蒸汽在喷嘴中沿 0－1′线进行膨胀。如图 2－9 所示。图中 p_0、t_0 及 i_0 分别表示喷嘴进口处的新蒸汽压力、温度和焓值；0 表示喷嘴前蒸汽状态点，p_1 表示喷嘴出口的蒸汽压力，i_1 表示没有损失时，喷嘴出口的蒸汽焓值。

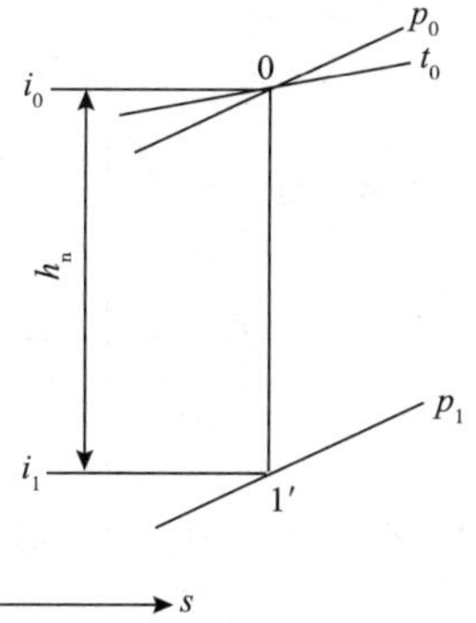

图 2－9　蒸汽在喷嘴中的等熵过程

2. 喷嘴出口蒸汽的理想速度

在轴流式汽轮机中，由于喷嘴是固定不动的，蒸汽流过喷嘴时，既不对外做功，又不和外界进行热交换，只有能量转换，则根据能量守恒定律蒸汽在喷嘴中的能量转换规律为

$$i_0+\frac{c_0^2}{2}=i_{1t}+\frac{c_{1t}^2}{2} \tag{2-2}$$

或

$$i_0-i_{1t}=\frac{c_{1t}^2}{2}-\frac{c_0^2}{2} \tag{2-3}$$

式中　i_0、i_{1t}——蒸汽在喷嘴进口处焓值和出口处的理想焓值，J/kg；

c_0、c_{1t}——蒸汽进入喷嘴时的速度和蒸汽流出喷嘴时的理想速度，m/s。

喷嘴出口处蒸汽的理想速度 c_{1t} 为

$$c_{1t}=\sqrt{2(i_0-i_{1t})+c_0^2}\quad \text{m/s} \tag{2-4}$$

计算时，蒸汽比焓值均可在水蒸气的焓熵图中查得。

由工程热力学可知，对于理想气体，喷嘴出口理想速度还可以用动量方程计算，即

$$c_{1t}=\sqrt{\frac{2k}{k}p_0 \upsilon_0\left[1-\left(\frac{p_1}{p_0}\right)^{\frac{k-1}{k}}\right]+c_{02}} \tag{2-5}$$

式中　p_0、p_1——喷嘴进、出口处的蒸汽压力，MPa；

υ_0——喷嘴进口处的蒸汽比体积，m^3/kg；

k——绝热系数。

应用滞止参数，上述两式可写成

$$c_{1t}=\sqrt{2(i_0^*-i_{1t})}=\sqrt{2h_n^*} \tag{2-6}$$

和

$$c_{1t}=\sqrt{\frac{2k}{k-1}p_0^*\upsilon_0^*\left[1-\left(\frac{p_1}{p_0^*}\right)^{\frac{k-1}{k}}\right]}=\sqrt{\frac{2k}{k-1}p_0^*\upsilon_0^*\left(1-\varepsilon_n^{\frac{k-1}{k}}\right)} \tag{2-7}$$

式中　ε_n——喷嘴的压力比，即 $\varepsilon_n=\frac{p_1}{p_0^*}$；

k——蒸汽的绝热指数，对于过热蒸汽 $k=1.3$，对于干饱和蒸汽 $k=1.135$，对于湿蒸汽 $k=1.035+0.1x$（x 为蒸汽的干度）；

h_n^*——喷嘴的滞止焓降，$h_n^*=i_0^*-i_{1t}$，J/kg。

3. 喷嘴出口汽流的实际速度

由于蒸汽是具有黏性的实际气体，因而它在喷嘴中的流动实是有损失的，这些损失包括蒸汽与喷嘴壁面的摩擦损失、蒸汽内部质点间的摩擦损失以及蒸汽在喷嘴内产生的涡流损失等。这些损失使喷嘴出口的实际速度 c_1 小于理想速度 c_{1t}，即 $c_1<c_{1t}$，所损失的动能又重新变成热能并被蒸汽吸收，使蒸汽出口焓值提高。使喷嘴出口的实际焓 i_1 大于理想焓 i_{1t}。因此，蒸汽在喷嘴中实际膨胀过程并不是等熵过程而是绝热过程，如图 2-10 中 0-1 线所示。

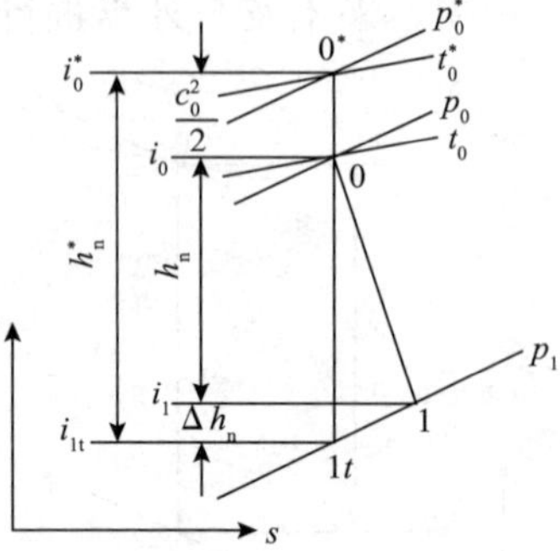

图 2-10　蒸汽在喷嘴中的实际膨胀过程

喷嘴出口处蒸汽速度减小程度用喷嘴速度系数 ϕ 表示，它表示喷嘴出口的实际速度 c_1 与理想速度 c_{1t} 之比值，即

$$\varphi=\frac{c_1}{c_{1t}} \tag{2-8}$$

则　　$c_1=\varphi c_{1t}=\varphi\sqrt{2(i_0^*-i_{1t})}=\varphi\sqrt{2h_n^*}$

喷嘴速度系数的大小，反映了喷嘴损失的多少。喷嘴损失是指蒸汽在喷嘴中流动时的动能损失 Δh_n，即

$$\Delta h_n=\frac{c_{1t}^2}{2}-\frac{c_1^2}{2}=\frac{c_{1t}^2}{2}(1-\varphi^2)=(1-\varphi^2)\Delta h_n^* \tag{2-9}$$

喷嘴的速度系数 φ 一般用试验确定。φ 是小于 1 的数，它表示喷嘴中蒸汽流动损失的大小。由此可知，喷嘴速度系数越大，喷嘴损失越小。

速度系数 φ 的大小主要与喷嘴高度、表面粗糙度、汽道形状和前后压力比等因素有关。由于影响 φ 的因素比较复杂，通常由试验来确定 φ 值的大小。图 2-11 是根据试验结果绘制的渐缩型喷嘴速度系数 φ 随喷嘴高度 l_n 变化曲线。从图可见，渐缩喷嘴速度系数与喷嘴高度有关，当喷嘴高度小于 12～15mm 时，速度系数 φ 急剧下降，即喷嘴损失急剧增加。因此为了减少喷嘴损失，喷嘴高度不应小于 15mm。图 2-11 中上面一条曲线相当于喷嘴宽度 $B=55$mm，下面一条曲线相当于喷嘴宽度 $B=80$mm。由此可见，在强度允许的条件下，应尽量采用宽度较窄的喷嘴，以增大 φ 值。

现代汽轮机的喷嘴速度系数一般取 $\varphi=0.92\sim0.98$；精削与研磨喷嘴的 $\varphi=0.975\sim0.98$；精密铸造喷嘴的 $\varphi=0.95\sim0.96$；精密切削喷嘴的 $\varphi=0.95$。为了计算方便，一般取 $\varphi=0.97$，而将其中与喷嘴高度 l_n 有关的损失另用经验公式计算。

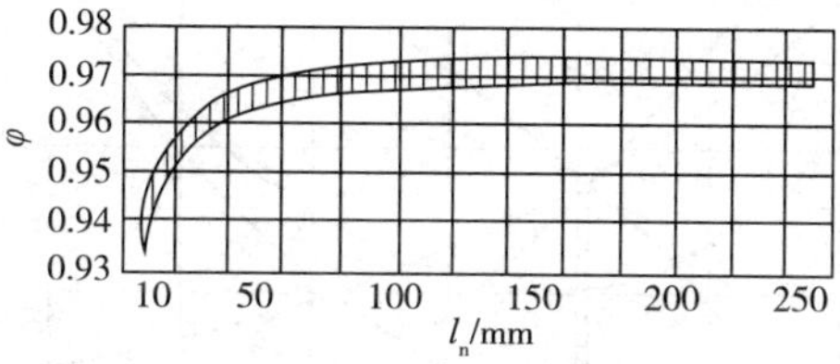

图 2-11　渐缩型喷嘴速度系数 φ 随喷嘴高度 l_n 的变化曲线

二、喷嘴截面的变化规律

由流动连续方程可知，对于稳定流动，通过流通各截面的流量相等，即

$$G=A\frac{c}{\upsilon}=\text{常数} \tag{2-10}$$

式中　G——通过某一截面的流体流量，kg/s；

A——喷嘴截面的面积，m^2；

c——在该截面处的蒸汽流速，m/s；

υ——在该截面处的比体积，m^3/kg。

蒸汽在喷嘴中流动，其压力下降而容积增加，所以比体积 υ 不断增加，蒸汽速度 c 也不断增加，喷嘴截面变化的规律取决于蒸汽流速 c 与比体积 υ 的变化规律。

大量实践证明，蒸汽流速 c 与比体积 υ 的变化规律和声音在蒸汽中的传播速度(音速)有关，声音在任何一种介质中传播，在不同状态下都有相应的传播速度，简称音速，用 a 表示。因素与介质的性质及形状有关，主要与温度有关。蒸汽在汽道中流动，在某个截面上蒸汽流速刚好与这个截面上的音速相等，这个截面称为临界截面，如图 2-12 所示的最小截面。该截面上压力称为临界压力，用 p_c 表示。

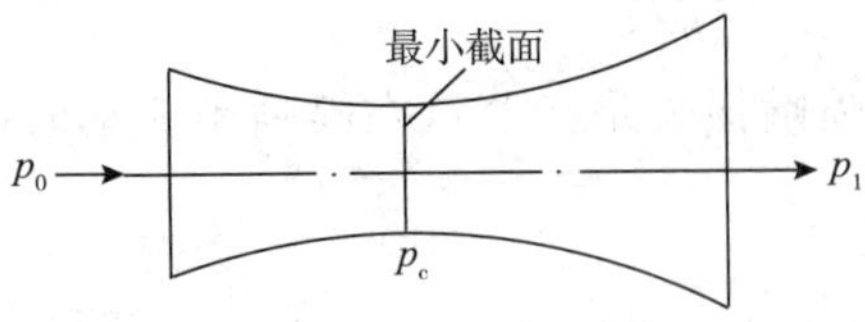

图 2-12 喷嘴截面变化示意图

在最小截面左边的一段汽道，是亚音速区，即 $c<a$。在这种条件下，汽流速度 c 的增加较比体积 υ 的增加为快，所以汽道截面是渐缩型的。而在最小截面的右边一段汽道是超音速区，即 $c>a$。汽流速度 c 的增加较比体积 υ 的增加为慢。所以汽道是扩张型的，以适应蒸汽比体积剧烈膨胀。

由连续方程、动量方程和等熵方程可推导出：

$$\frac{dA}{A}=\frac{1}{K}\left(\frac{a^2-c^2}{c^2}\right)\frac{dp}{p} \tag{2-11}$$

式(2-11)中 K，c^2 及 p 都是正值，故$\frac{dA}{A}$变化规律都取决于 $dp>0$(压缩)或 $dp<0$(降压膨胀)。对于汽轮机用 $dp<0$ 来分析。当 $c<a$，为亚音速时，由上式可知 $dA<0$ 时，即用渐缩型喷嘴。当 $c>a$，为超音速时，由上式可知 $dA>0$ 时，即用扩张型喷嘴。当汽流由亚音速要达到超音速时，就应当用拉伐尔喷嘴，即缩放喷嘴。图 2-13 形象地描绘了汽流参数、音速、流速沿喷嘴轴线的变化情况。

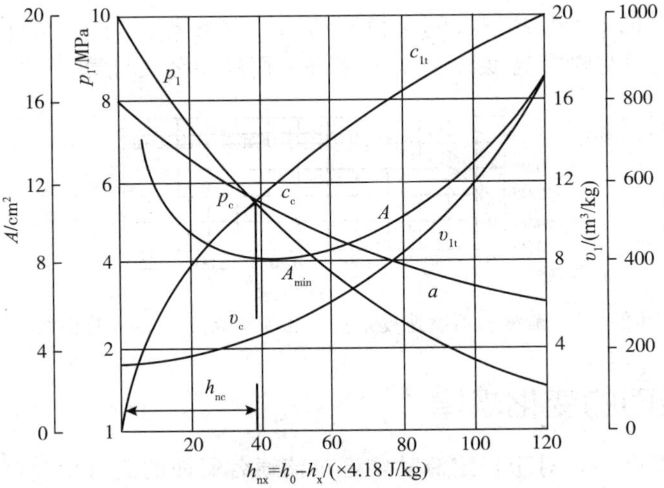

图 2-13 蒸汽参数、流速、音速沿喷嘴轴线的变化曲线

由图 2-13 可见，随着喷嘴出口蒸汽压力 p_1 逐渐降低，比体积 υ_1 和速度 c_1 都是逐渐增加的，而音速 a 逐渐降低。在开始阶段由于速度的增加较比体积增加得快，因而喷嘴的截面积是逐渐减少的；但当喷嘴截面积减小到某一最小值 A_{min} 时，比体积的增加反而比速度增加得快，故喷嘴的截面积逐渐增大。由图 2-13 还可以看出，在喷嘴最小截面处，蒸汽的速度正好等于该状态下的音速(称为当地音速)，即 $c_1=a$，此时蒸汽的状态称为临界状态，其参数称为临界参数，如临界压力 p_c、临界速度 c_c、临界比体积 υ_c 和临界流量 G_c 等。显然，蒸汽在喷嘴中膨胀时，其状态与喷嘴截面有一定的变化规律。

临界压力比是指临界压力 p_c 与滞止压力 p_0^* 之比值，以 ε_c 表示，即

$$\varepsilon_c=\frac{p_c}{p_0^*} \tag{2-12}$$

由上述分析可以得出结论：

(1)当喷嘴压力比大于或等于临界压力比($\varepsilon_n^* \geqslant \varepsilon_c$)时，喷嘴的截面应做成渐缩型的，称为渐缩喷嘴，其出口蒸汽速度小于或等于音速，可获得亚音速或音速汽流；

(2)当喷嘴压力比大于或等于临界压力比($\varepsilon_n^* < \varepsilon_c$)时，喷嘴截面应做成先渐缩再渐扩的形状，称为缩放型喷嘴(或称拉伐尔喷嘴)，其出口蒸汽速度大于音速，可获得超音速汽流。

渐缩型喷嘴和缩放型喷嘴，如图 2-14 所示。

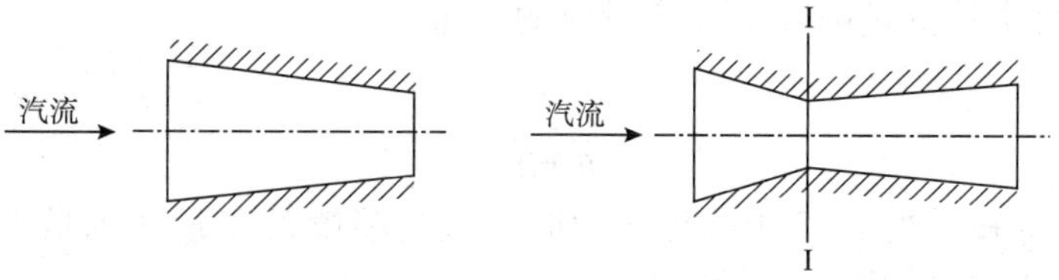

(a) 渐缩喷嘴　　(b) 缩放喷嘴

图 2-14　喷嘴的型式

由理论推导可得临界压力比：

$$\varepsilon_c = \left(\frac{2}{k+1}\right)^{\frac{k}{k-1}} \tag{2-13}$$

由上式可知，临界压力比 ε_c 只与蒸汽性质(k 值)有关。对于过热蒸汽 $k=1.3$，$\varepsilon_c=0.546$；对于饱和蒸汽 $k=1.135$，$\varepsilon_c=0.577$，对于湿蒸汽 $k=1.035+0.1x$(x 是湿蒸汽干度)。

实际流动最小截面处并不是临界截面，临界截面的位置在最小截面之后，这是因为有损失的实际流动，其有两个特点：实际流速小于理论流速，即 $c_1 < c_t$；实际音速却高于理想音速 $a < a_t$，如图 2-15 所示。

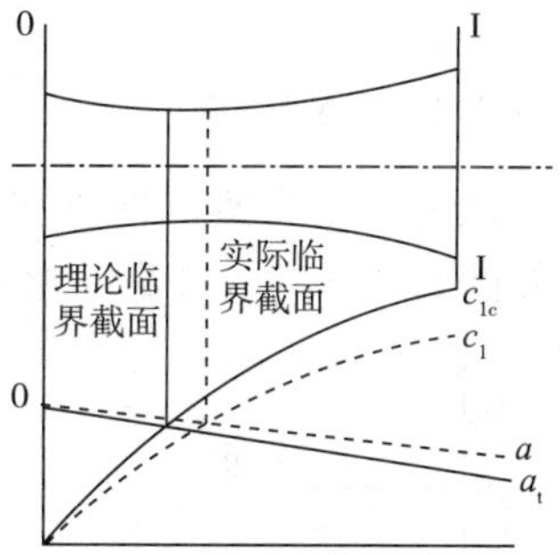

图 2-15　理论截面与实际截面

三、喷嘴的流量计算

1. 喷嘴的理想流量

在稳定流动中，流经任一截面的流量相同，因此可选取任意一截面来计算，但通常取最小截面或出口截面。

流经喷嘴的蒸汽流量可根据连续方程求得。对于等熵流动，通过喷嘴的理想流量 G_t 为

$$G_t = A_n \frac{c_{1t}}{v_{1t}}$$

式中　A_n——喷嘴的出口截面积，m^2；

c_{1t}——喷嘴出口的理想速度，m/s；

v_{1t}——喷嘴出口理想比体积，m^3/kg。

又由于

$$c_{1t} = \sqrt{\frac{2k}{k-1} p_0^* v_0^* \left[1 - \left(\frac{p_1}{p_0^*}\right)^{\frac{k-1}{k}}\right]}$$

$$v_{1t}=\frac{1}{v_0^*}\left(\frac{p_1}{p_0^*}\right)^{\frac{1}{k}}$$

则
$$G_t=A_n\sqrt{\frac{2k}{k-1}\frac{p_0^*}{v_0^*}(\varepsilon_n^{\frac{2}{k}}-\varepsilon_n^{\frac{k+1}{k}})} \tag{2-14}$$

式中　ε_n——喷嘴后压力与喷嘴前滞止压力之比，$\varepsilon_n=\frac{p_1}{p_0^*}$。

令$\frac{dG_t}{d\varepsilon_n}=0$，可求得流过喷嘴最大流量时的 ε_n 值为

$$\varepsilon_n=\left(\frac{2}{k+1}\right)^{\frac{k}{k-1}}=\varepsilon_c \tag{2-15}$$

由式(2－15)可知，当 ε_n 等于临界压力时，流过喷嘴的流量达到最大值，称为临界流量 G_c，将 ε_c 的表达式代入式(2－14)得

$$G_c=A_n\sqrt{k\left(\frac{2}{k+1}\right)^{\frac{k+1}{k-1}}\frac{p_0^*}{v_0^*}}=\lambda A_n\sqrt{\frac{p_0^*}{v_0^*}} \tag{2-16}$$

式中　$\lambda=\sqrt{k\left(\frac{2}{k+1}\right)^{\frac{k+1}{k-1}}}$，仅与蒸汽性质有关，对于过热蒸汽 $k=1.3$，$\lambda=0.667$；对于干饱和蒸汽 $k=1.135$，$\lambda=0.635$；对于湿蒸汽 $k=1.035+0.1x$，所以 λ 值随干度 x 的变化而变化。于是 G_c 可写成

对于过热蒸汽，
$$G_c=0.667A_n\sqrt{\frac{p_0^*}{v_0^*}} \tag{2-17}$$

对于饱和蒸汽
$$G_c=0.635A_n\sqrt{\frac{p_0^*}{v_0^*}} \tag{2-18}$$

由此可见，在蒸汽性质和喷嘴出口面积确定后，临界流量只与蒸汽的滞止初参数有关，并随初压 p_0^* 的升高而增加。

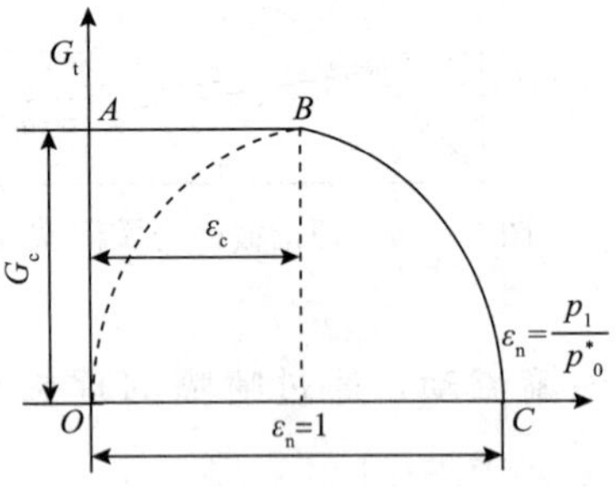

图 2－16　渐缩喷嘴的流量曲线

将式(2－14)绘成 $G_t-\varepsilon_n$关系曲线，可得图 2－16 中的 OBC 曲线。当 $\varepsilon_n=1$ 时，$G_t=0$。随着 ε_n 的逐渐减小，流量 G_t 沿 CB 线逐渐增加；当 $\varepsilon_n=\varepsilon_c$ 时，$G_t=G_c$，此时流量达到最大(临界流量)，如图 2－16 中的 B 点所示。然后继续减小 ε_n，按式(2－14)计算，流量 G_t 沿 BO 线继续减小，直至 $\varepsilon_n=0$ 时，$G_t=0$，如图 2－16 中的 O 点，但这不符合实际。这是因为当汽流在喷嘴最小界面处达到临界时，由于该截面上的汽流速度及蒸汽参数都达到临界状态，且不随背压进一步降低而变化，所以流过喷嘴的流量保持临界值不变，即按图 2－16中的 BA 线变化。因此喷嘴流量 G_t 与压力比 ε_n的真实关系应为图 2－16 所示的曲线 ABC。

必须指出，对于渐缩喷嘴，蒸汽最低只能膨胀到临界压力，得到音速汽流，因此通过喷嘴的最大流量只能达到临界流量；对于缩放喷嘴，蒸汽虽然能膨胀到低于临界压力，得到超音速汽流，但在喷嘴的最小截面处(喉部)汽流速度总是保持音速，此时通过缩放喷嘴的流量也只能是临界流量。

对于渐缩型喷嘴，当出口压力 $p_1=p_c$ 时，便达到最大流量，如图 2-17 所示。图 2-17 中 p_0^*、v_0^* 分别称为滞止压力及滞止比体积。这都是理想状况，没有考虑喷嘴中蒸汽流动损失。当 $p_1<p_c$ 时，在喷嘴出口截面上 $c=a$，而 $p_c-p_1=\Delta p$，这个压力差发生在喷嘴口外，这种变化在 $c>a$ 汽流中，不能逆流而上，即不再对 G_{max} 有影响了。

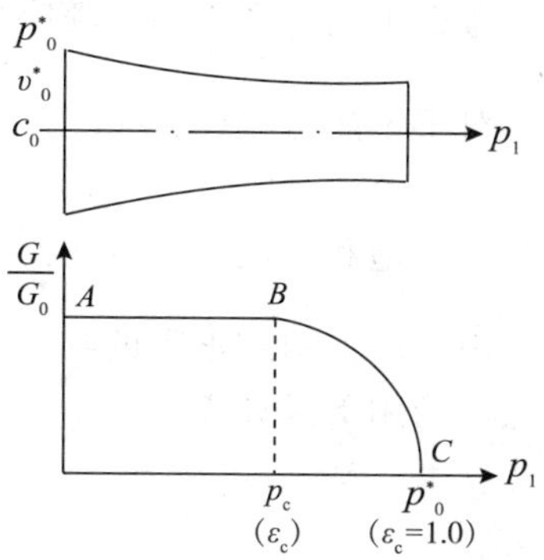

图 2-17　渐缩型喷嘴流量图

对于缩放型喷嘴，当喉部截面上的压力比为：$\varepsilon\leqslant\varepsilon_{特}$

$$\varepsilon_{特}=\varepsilon_c+(1-\varepsilon_c)\sqrt{1-\left(\frac{A_n}{A_1}\right)^2} \qquad (2-19)$$

这时有最大流量存在，如图 2-18 所示。

2. 流过喷嘴的实际流量

由于在不同状态下，蒸汽具有不同的特性，在流动时又存在损失，所以蒸汽的实际流量不等于理想流量，通过喷嘴的实际流量为

$$G=A_n\frac{c_1}{v_1}=A_n\varphi\frac{c_{1t}}{v_1}=\varphi\frac{v_{1t}}{v_1}G_t=\mu_nG_t \qquad (2-20)$$

式中　μ_n——喷嘴的流量系数，是实际流量与理想流量之比。

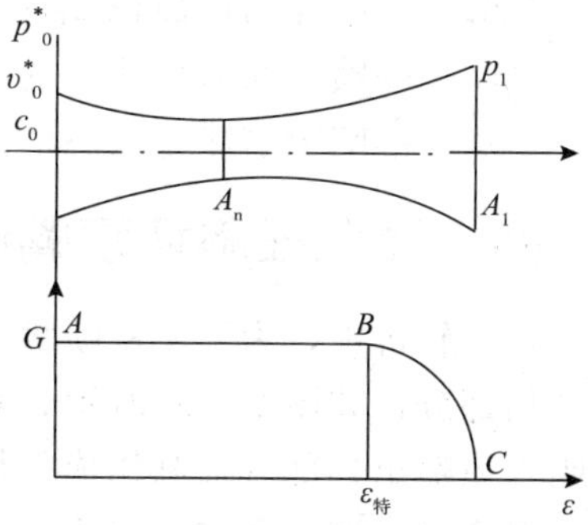

图 2-18　缩放喷嘴流量图

实际流量 G 与理想流量 G_t 之比，称为流量系数，以 μ 表示，即 $\mu=G/G_t$。μ_n 表示喷嘴流量系数，μ_b 表示动叶的流量系数，图 2-19 是根据试验数据绘制的喷嘴和动叶的流量系数曲线。

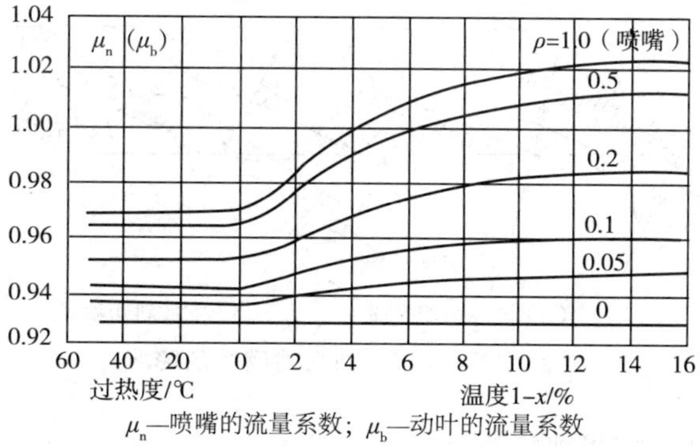

图 2-19　喷嘴和动叶的流量系数

图 2-19 表明，当喷嘴在过热蒸汽区工作时，由于喷嘴的流动损失引起的比体积变化较小，即 $v_1\approx v_{1t}$，因而流量系数近似等于速度系数，即 $\mu_n\approx\varphi\approx0.97$，显然 $\mu_n<1$。当喷嘴在湿蒸汽区工作时，流量系数增大至大于 1。其原因是饱和蒸汽在膨胀过程中本应有一部分凝结水，但由于汽流速度很高，蒸汽在喷嘴内停留的时间很短，有一部分应凝结成水珠的饱和蒸汽和蒸汽来不及凝结，未能获得放出的汽化潜热，产生了凝结滞后的“过冷”现象，即汽流的温度较同一压力下的理想汽流的温度较低，蒸汽的实际比体积小于理想比体积，于是就可能出现实际流量大于理想流量，故流量系数随蒸汽湿度增加而增大。

考虑了流量系数后，喷嘴的实际临界流量 G_c 的计算公式为

对于过热蒸汽($\mu_n=0.97$) $$G_c=0.647A_n\sqrt{\frac{p_0^*}{v_0^*}} \tag{2-21}$$

对于饱和蒸汽($\mu_n=1.02$) $$G_c=0.648A_n\sqrt{\frac{p_0^*}{v_0^*}} \tag{2-22}$$

由于以上两式求得的临界流量近似相等，因此在实际应用时，无论是过热蒸汽还是饱和蒸汽均用下式计算

$$G_c=0.648A_n\sqrt{\frac{p_0^*}{v_0^*}} \tag{2-23}$$

式中 G_c——通过喷嘴的临界流量，kg/s；

A_n——喷嘴出口面积(缩放喷嘴为喉部面积)，m^2；

p_0^*——喷嘴前滞止状态的蒸汽压力，MPa；

v_0^*——喷嘴前滞止状态的蒸汽比体积，m^3/kg。

四、蒸汽在斜切喷嘴中的流动

在汽轮机中，为了使从喷嘴出来的汽流顺利地进入动叶栅，在喷嘴出口背弧处均有一段斜切部分，如图 2-20 所示，其中 abc 为斜切部分。无论是渐缩斜切喷嘴还是缩放斜切喷嘴，喷嘴出口部分都制作成斜切形，这种喷嘴称为斜切喷嘴。斜切部分在某些流动状态下，对汽流的速度和方向都将产生一定的影响。

图 2-20(a)中，α_1 称为汽流喷射角，是斜切口喷嘴轴线在出口处与动叶的运动方向之间的夹角。图中 $a-b$ 为最小截面，$a-b-c$ 为斜切口。使蒸汽由喷嘴喷射出的方向恰好与动叶片入口角度相适应(并不相等而是成一定的对应关系)。

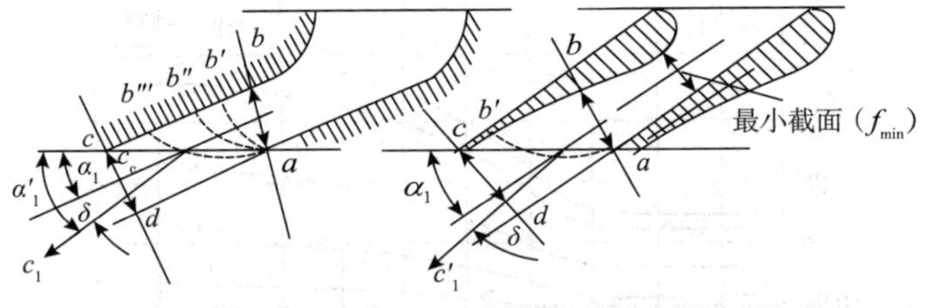

(a) 渐缩斜切喷嘴　　(b) 缩放斜切喷嘴

图 2-20 蒸汽在斜切喷嘴中的膨胀

1. 蒸汽在渐缩斜切喷嘴中的膨胀特点

(1)当压力比 ε_n 大于或等于临界压力比 ε_c，即 $\varepsilon_n \geqslant \varepsilon_c$，喷嘴出口截面处压力 $p_1 \geqslant p_c$ 时，蒸汽仅在 1-2 以前的渐缩段进行降压膨胀，斜切口内未发生膨胀，这时的蒸汽在渐缩斜切喷嘴中的膨胀情况与渐缩直喷嘴相同。蒸汽的最低压力可能是临界压力 p_c，流速最高可达音速，即临界速度。蒸汽的喷射方向未产生偏析，与喷嘴的中心线一致。斜切部分只起导流作用，喷嘴出口的汽流将按喷嘴轴线的方向流出喷嘴。

(2)当喷嘴出口截面上的压力比小于临界压力比时，$\varepsilon_n<\varepsilon_c$，喷嘴喉部截面 ab 就是临界截面，其上的压力为临界压力 p_c，流速等于临界流速 c_c。汽流在斜切口内继续膨胀，从临界压力再进一步降低，而流速进一步增高，由音速变为超音速。斜切口一边有壁面，另

一边无壁面。在有壁面的一边，蒸汽压力由临界压力 p_c 逐渐降低为出口压力 p_1；无壁面的一边，蒸汽突然由 p_c 降为 p_1，如图 2-21(b)所示。壁面 $a-b$ 作用在蒸汽上的压力大于边界 $c-d$ 作用在蒸汽上的压力，蒸汽在此压差的作用下产生偏析。但此时汽流不再按喷嘴的轴线方向流出喷嘴，而使汽流向无壁面的一侧偏离喷嘴中心线一个角度 δ，该 δ 称为汽流偏转角，此时汽流方向为：

$$\alpha_1=\alpha_{1g}+\delta$$

一般取 $\delta=3°\sim5°$，这相当于$\dfrac{p_1}{p_0}\geqslant0.3\sim0.4$。

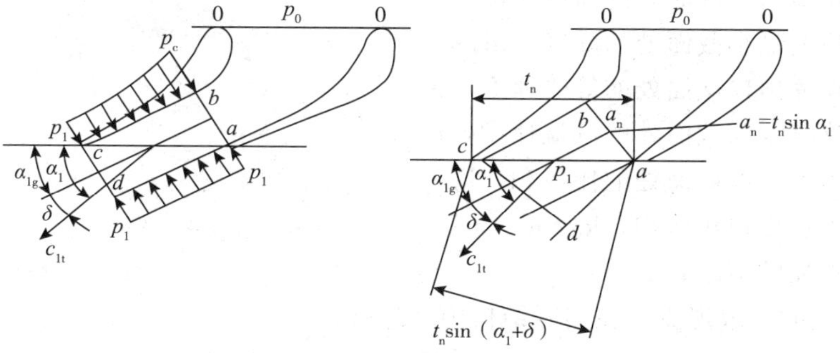

（a）斜切部分的压力分布　　（b）斜切部分的几何尺寸

图 2-21　蒸汽在渐缩斜切喷嘴中的流动

汽流产生偏转的原因是由于渐缩斜切喷嘴只能相当于一个不完整的缩放喷嘴，斜切部分相当于缩放喷嘴喉部之后的渐扩部分，蒸汽在最小截面获得临界压力以后，进入斜切部分继续膨胀。由于斜切部分的结构特点，蒸汽压力在 a 点由 p_c 突然降至 p_1，而在壁面 bc 是由 p_c 逐渐降至 p_1 的，可见在斜切部分内汽流两侧的压力是不相等的，因而壁面 bc 侧的蒸汽压力大于 ad 侧，在此压差的作用下，汽流向没有壁面阻挡的一侧即 ad 侧发生了偏转，如图 2-21(a)所示。蒸汽在斜切部分的膨胀程度越大，偏转角就越大。

2. 缩放斜切喷嘴

现代汽轮机中绝大多数情况下采用渐缩斜切喷嘴，但是个别情况下也有采用缩放斜切喷嘴。在这种喷嘴中，当喷嘴出口压力降至设计值以下时，蒸汽在斜切部分还要膨胀，流速还要增加，汽流的偏转角 δ 也增大。

图 2-22 所示为缩放斜切喷嘴。$a'b'$ 为最小截面(喉部)，ab 是直喷嘴的出口截面，abc 是斜切部分。蒸汽在缩放斜切喷嘴中的膨胀特点是：

(1)当实际背压等于设计背压，即 $p_1=p_{1s}$时，蒸汽在 $a'b'$截面上膨胀到 p_c，在 ab 截面上膨胀到 p_1，而在斜切部分 abc 内压力不再发生变化，斜切部分不产生膨胀，仅起导流作用。

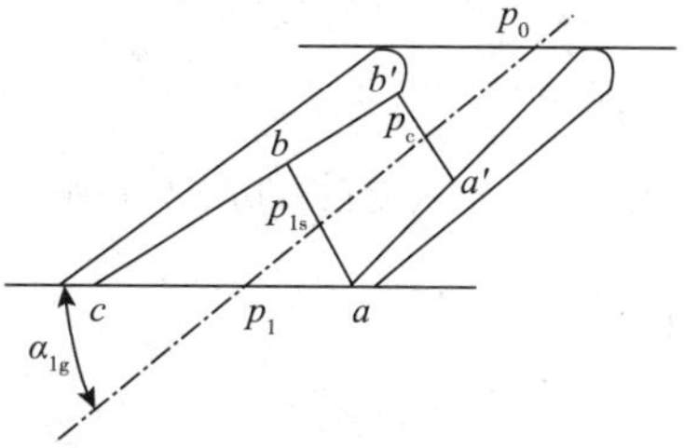

图 2-22　缩放斜切喷嘴

(2)当实际背压小于设计背压，即 $p_1<p_{1s}$时，蒸汽在 $a'b'$截面上膨胀到 p_c，在 ab 截面上膨胀到设计背压 p_{1s}，在斜切部分将继续膨胀，压力由设计背压 p_{1s}降到实际背压 p_1，汽流速度增加并发生偏转，其膨胀情况与渐缩斜切喷嘴相似。

3. 汽流偏转角的计算

根据稳定流动连续方程，蒸汽通过喷嘴最小截面 A_{min} 和出口截面 A_n 的流量相等。

蒸汽通过喷嘴最小截面 A_{min} 的流量为

$$G=\frac{A_{min}c_c}{\upsilon_c}=\frac{l_n\sin\alpha_{1g}t_nc_c}{\upsilon_c} \tag{2-24}$$

蒸汽通过出口截面 A_n 的流量为

$$G=\frac{A_nc_{1t}}{\upsilon_{1t}}=\frac{l_1\sin(\alpha_{1g}+\delta)t_nc_{1t}}{\upsilon_{1t}} \tag{2-25}$$

式中 l_1——喷嘴出口截面处的高度，m；

l_n——喷嘴最小截面处的高度，m；

c_{1t}——喷嘴出口截面处的等熵速度，m/s

c_c——喷嘴喉部截面处的汽流速度，m/s；

υ_c——喷嘴喉部截面处的比体积，kg/m^3；

υ_{1t}——理想出口比体积，kg/m^3；

t_n——喷嘴的节距，m。

若忽略汽流的扩散现象，在实际结构中，$l_n\approx l_1$，于是

$$\sin(\alpha_{1g}+\delta)\approx\sin\alpha_{1g}\frac{c_c\upsilon_{1t}}{c_{1t}\upsilon_c} \tag{2-26}$$

式(2-26)称为贝尔公式，用于斜切喷嘴中膨胀时偏转角 δ 的近似计算。

如果不考虑斜切部分的流动损失，看作是等熵流动，也可利用下式确定汽流偏转角的大小：

$$\sin(\alpha_{1g}+\delta)=\sin\alpha_{1g}\frac{\left(\frac{2}{k+1}\right)^{\frac{k}{k+1}}\sqrt{\frac{k-1}{k+1}}}{\varepsilon_n^{\frac{1}{k}}\sqrt{1-\varepsilon_n^{\frac{k-1}{k}}}} \tag{2-27}$$

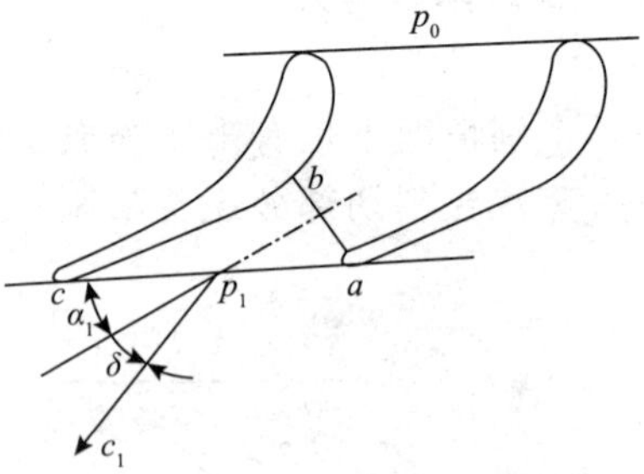

图 2-23 汽流在斜切部分膨胀

由上式可知，已知喷嘴前后的压力比 ε_n、蒸汽等熵指数 k 及喷嘴出口结构角 α_{1g}，便可计算出蒸汽在喷嘴斜切部分的偏转角 δ，如图 2-23 所示。

4. 喷嘴斜切部分的膨胀极限与极限压力

蒸汽在喷嘴斜切部分能够膨胀到的最低压力，称为极限压力 p_{1c}。极限压力 p_{1c} 与滞止压力 p_0^* 之比，称为极限压力比 ε_{nc}，即 $\varepsilon_{nc}=\frac{p_{1c}}{p_0^*}$。因此，只有在 $\varepsilon_n>\varepsilon_{nc}$ 时，采用渐缩喷嘴才是最有效的。极限压力比可用下式计算：

$$\varepsilon_{nc}=\frac{p_{1c}}{p_0^*}=\left(\frac{2}{k+1}\right)^{\frac{k}{k-1}}(\sin\alpha_{1g})^{\frac{2k}{k+1}} \tag{2-28}$$

对于过热蒸汽，由于 $\varepsilon_c=0.546$。$k=1.3$，则极限压力比 ε_{nc} 为

$$\varepsilon_{nc}=0.546\,(\sin\alpha_{1g})^{1.13} \tag{2-29}$$

由上式可知，极限压力比 ε_{nc} 与喷嘴的出口结构角 α_{1g} 有关。α_{1g} 越小，ε_{nc} 就越小，蒸汽在斜切部分的膨胀极限就越低，一般 $\alpha_{1g}=10°\sim22°$。

由上述分析可知，蒸汽在渐缩斜切喷中嘴能够膨胀到低于临界压力获得超音速汽流，因而扩大了它的应用范围。特别是渐缩斜切喷嘴比缩放喷嘴具有制造工艺简单和变工况时比缩放喷嘴工作稳定的特点，因而在实际应用中应尽可能用效率较高的斜切渐缩喷嘴来代替制造工艺复杂的缩放喷嘴。一般在 $\varepsilon_n \geqslant 0.3$ 时，均可采用渐缩斜切喷嘴。

第三节　蒸汽在动叶片栅中的流动

蒸汽流经动叶栅时对动叶产生冲动力，推动叶轮旋转做功，将蒸汽的动能转变为转子旋转的机械能。对于反动度不为零的级来讲，蒸汽在动叶栅中也发生膨胀，使动叶出口蒸汽速度增加。对动叶产生反动力，推动叶轮旋转做功，将蒸汽的热能转变成机械能。

一、动叶的速度三角形

蒸汽进入动叶栅汽道的情况常用速度三角形进行分析、研究。

动叶的圆周速度 u 可用下式计算，即

$$u=\frac{\pi d_b n}{60}\quad \text{m/s} \tag{2-30}$$

式中　u——动叶的圆周速度，m/s；

d_b——动叶的平均直径，m；

n——汽轮机转速，r/min。

从喷嘴出来的高速汽流进入动叶通道时，与旋转着的动叶存在相对运动关系。蒸汽在动叶中的速度称为绝对速度 c，蒸汽进入或离开动叶的速度为相对速度 ω，动叶圆周速度为 u，则由力学可知它们之间的矢量关系为

$$\vec{c}=\vec{\omega}+\vec{u}$$

上式各量之间的关系，可由矢量三角形确定。在汽轮机中，这种三角形称为速度三角形。

1. 动叶进口速度三角形

在动叶进口速度三角形中，蒸汽的绝对速度 c_1 的大小和绝对进汽角 α_1，在喷嘴计算中均已求出。当蒸汽在喷嘴斜切部分有膨胀时，绝对进口速度 c_1 的方向角应为 $(\alpha_1+\delta_1)$。

c_1、α_1 和 u 的大小和方向确定后，按比例作图画出动叶进口速度三角形，并用图解法求出进口相对速度 ω_1 的方向和蒸汽进入动叶片的相对进汽角 β_1，如图 2-24 所示。

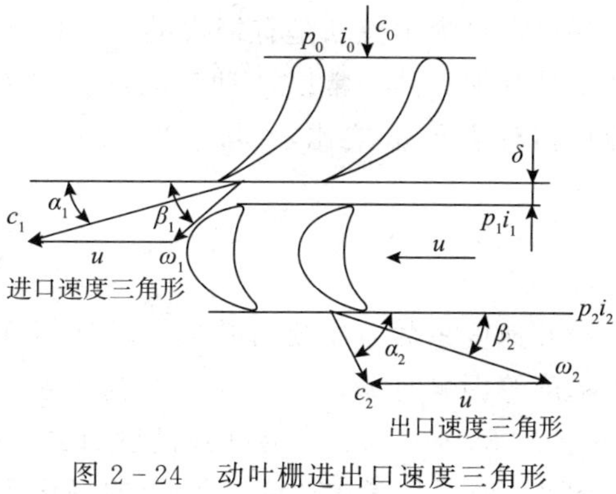

图 2-24　动叶栅进出口速度三角形

根据以上的已知条件，可用几何解析法计算出 ω_1 和 β_1，即由余弦定理可求得，即

$$\omega_1=\sqrt{c_1^2+u^2-2uc_1\cos\alpha_1} \tag{2-31}$$

然后由正弦定理求得 β_1，即

$$\sin\beta_1=\frac{c_1}{\omega_1}\sin\alpha_1 \tag{2-32}$$

为了使蒸汽顺利地进入动叶栅，而不发生撞击损失，应将动叶栅的几何进汽角 β_{1g} 制成与蒸汽的相对进汽角 β_1 相同，即 $\beta_{1g}=\beta_1$。

2. 动叶出口速度三角形

为了便于比较和绘制，常将动叶栅进出口速度三角形绘制在一起，如图 2-24 所示。动叶出口速度三角形与动叶进口速度三角形情况相同，蒸汽以相对速度 ω_1 进入动叶后，最后从旋转的动叶流出时相对出口速度 ω_2。根据 ω_2、β_2 和 u，也可以按比例画出一个速度三角形，称为动叶出口速度三角形，如图 2-25 所示。图中的 β_2 称为相对出汽角，一般取 $\beta_2=\beta_1-(3°\sim10°)$，使动叶栅流道略呈渐缩形，减少蒸汽在动叶的损失。

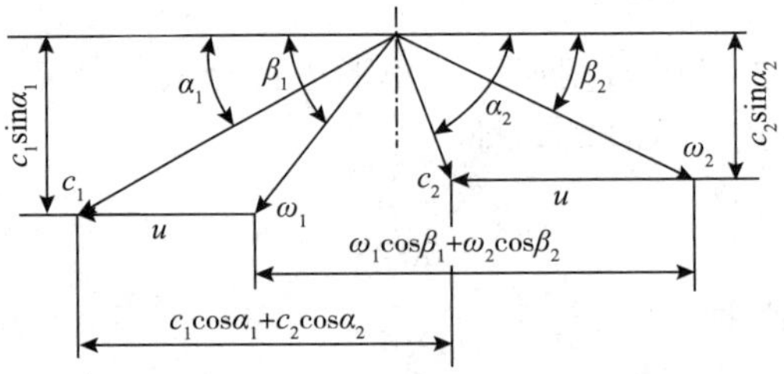

图 2-25　动叶栅进出口速度三角形

动叶出口速度三角形中的 ω_2 是通过能量方程求得的。若蒸汽在动叶栅流动为等熵过程，则动叶出口理想流速的计算可以在轮周速度 u 旋转的相对坐标系中求解能量方程，即

$$h_1+\frac{\omega_1^2}{2}=h_{2t}+\frac{\omega_{2t}^2}{2} \tag{2-33}$$

则可根据动叶进出口处的能量方程得出动叶出口蒸汽的理想相对速度 ω_{2t}，即

$$\omega_{2t}=\sqrt{2(i_1-i_{2t})+\omega_1^2}=\sqrt{2\Delta h_b+\omega_1^2} \tag{2-34}$$

式中　h_b——动叶栅的理想焓降。

3. 动叶速度系数

蒸汽在喷嘴中流动是有损失的，并以喷嘴速度系数 φ 来表示。同样蒸汽在动叶栅中的流动也是有损失的，常以 ψ 动叶栅的速度系数，表示蒸汽流出动叶栅的实际相对速度 ω_2 与理想相对速度 ω_{2t}之比，即

$$\psi=\frac{\omega_2}{\omega_{2t}} \tag{2-35}$$

或

$$\omega_2=\psi\omega_{2t}$$

动叶速度系数 ψ 主要与叶型、动叶高度 l_b、动叶进出口角 β_2、反动度 ρ 以及动叶的表面粗糙度等因素有关，其中与动叶高度和反动度的关系尤为密切，ψ 值一般由实验确定，通常 ψ=0.85～0.95。当动叶片高度 $l_b\geqslant$100mm，反动度 ρ=0.1 时，$\psi\approx$0.90～0.95。

图 2-26 是仅考虑 ψ 随 ρ 及 ω_{2t}的变化关系曲线，由图可知，反动度 ρ 越高，ψ 值越大；ω_{2t}越大，ψ 值越小。

4. 动叶损失

单位质量蒸汽在动叶中流动的能量损失称为动叶损失，用 Δh_b 表示，即

$$\Delta h_b=\frac{\omega_{2t}^2}{2}-\frac{\omega_2^2}{2}=\frac{\omega_{2t}^2}{2}(1-\psi^2)=\frac{\omega_2^2}{2}\left(\frac{1}{\psi^2}-1\right) \tag{2-36}$$

由式(2-36)可知，动叶速度系数 ψ 越大，动叶损失就越小。

5. 动叶出口蒸汽的绝对速度

根据求得的 ω_2、β_2 及圆周速度 u，用图解法或几何解析法均可求出动叶出口蒸汽绝对速度 c_2 的大小和方向角 α_2。α_2 为汽流排汽方向与圆周速度方向的夹角，称为动叶的绝对排汽角。图解法如图 2-24、图 2-25 所示，用图解法可以直接测量动叶出口的绝对速度 c_2 的大小和方向角 α_2。也可以用解析法求得，它是利用三角形定理来计算 c_2 和 α_2，即由余弦定理求出 α_2，即

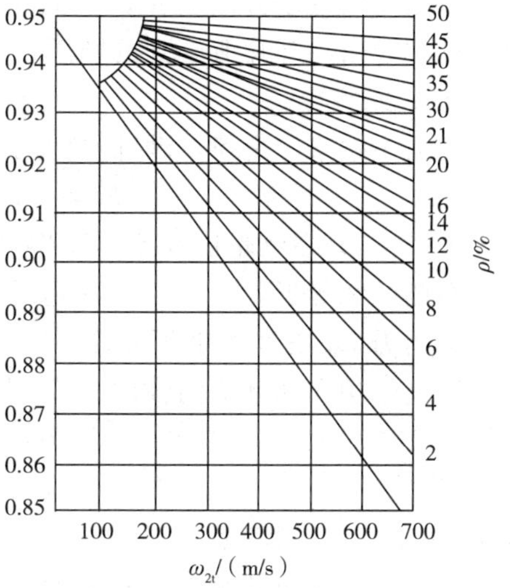

图 2-26　动叶速度系数 ψ 与 ρ 和 ω_{2t} 的关系曲线

$$\sin\alpha_2=\frac{\omega_2}{c_2}\sin\beta_2 \tag{2-37}$$

6. 余速损失

当蒸汽以绝对速度 c_2 离开这一级时，蒸汽所带走的动能为 $\frac{c_2^2}{2}$，对这一级来讲，这部分余速动能由于不能被利用，所以称为余速损失，即

$$\Delta h_{c2}=\frac{c_2^2}{2}$$

在多级汽轮机中，上一级的排汽进入下一级，即上一级的动能可以被下一级部分地利用，余速损失减少。为了充分利用排汽的动能，尽可能较少余速损失，通常将喷嘴与动叶片之间的间隙尽量减小。一般中、小型汽轮机的余速损失不超过汽轮机理想焓降的 2% 左右。

二、蒸汽对动叶的轮周功率

由力学可知，某一物体运动时，它的动量变化等于作用在该物体上的冲量。而动量等于物体的质量与运动速度的乘积，冲量等于作用于物体上的合力乘以该力的作用时间。

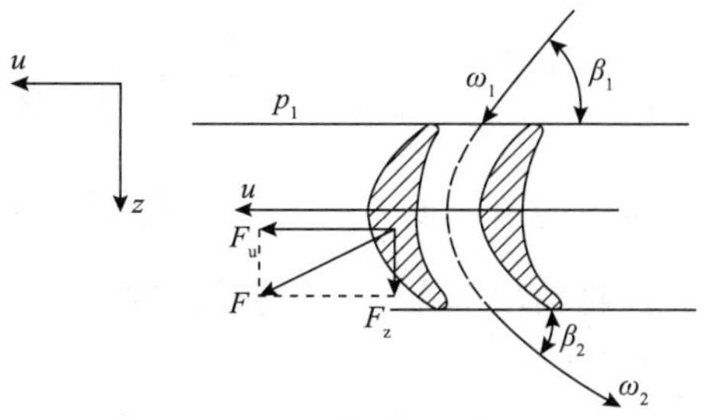

图 2-27　动叶片受力分析图

图 2-27 所示为动叶片受力分析图。假设动叶受合力 F 的作用，它可以分解为沿动叶运动方向的圆周力 F_u 和与动叶运动方向垂直的轴向力 F_z。圆周力 F_u 推动叶轮旋转做功，轴向力 F_z 将转子推向低压侧，使转子产生轴向位移。

假定动叶运动方向为正，并假定单位时间通过动叶的蒸汽质量为 G，按冲量动量定律，可推导出动叶片所受到的圆周力 F_u 为

$$F_u = G(\omega_1 \cos\beta_1 + \omega_2 \cos\beta_2) \tag{2-38}$$

根据牛顿第三定律，动叶受到的圆周力 F_u 为

$$F_u = -F'_u = G(c_1 \cos\alpha_1 \pm c_2 \cos\alpha_2) \tag{2-39}$$

式(2-39)在汽轮机设计与计算中应用很广。式中"+"号是用在速度三角形 c_1、c_2 在垂线两侧的情况下，若 c_1、c_2 在垂线的同一侧则用"-"号。

圆周力 F_u 是对动叶做功的力，此力越大，汽轮机的功率越大。

蒸汽作用在动叶上的轴向力 F_z 为

$$F_z = -F'_z = G(c_1 \sin\alpha_1 - c_2 \sin\alpha_2) + A_b(p_1 - p_2) \tag{2-40}$$

或

$$F_z = G(\omega_1 \sin\beta_1 - \omega_2 \sin\beta_2) + A_b(p_1 - p_2) \tag{2-41}$$

式中　A_b——动叶汽道的轴向投影面积，m^2；

p_1、p_2——动叶进出口处的蒸汽压力，MPa。

轴向力 F_z 只能对叶轮产生轴向推力而不做功，为了减小推力轴承的负担，要求它越小越好。

在汽轮机级中，若要计算动叶片的强度时，则要用到蒸汽对动叶的总作用力 F_b 为

$$F_b = \sqrt{F_u^2 + F_z^2} \tag{2-42}$$

三、轮周功率与轮周功

1. 轮周功率

蒸汽作用在动叶上的圆周力，在动叶上单位时间所做的功称为轮周功率 N_u。它等于圆周力 F_u 与圆周速度 u 的乘积，即

$$N_u = F_u u = Gu(c_1 \cos\alpha_1 + c_2 \cos\alpha_2) \tag{2-43}$$

或

$$N_u = Gu(\omega_1 \cos\beta_1 + \omega_2 \cos\beta_2) \tag{2-44}$$

在动叶的进出口速度三角形中，应用余弦定律得

$$\omega_1^2 = c_1^2 + u^2 - 2uc_1 \cos\alpha_1$$

$$\omega_2^2 = c_2^2 + u^2 + 2uc_2 \cos\alpha_2$$

将以上两式代入式(2-44)，即可得到轮轴功率另一种表达形式，即

$$N_u = \frac{G}{2}[(c_1^2 - c_2^2) + (\omega_2^2 - \omega_1^2)] \tag{2-45}$$

由式(2-45)可知，第一项 $\frac{G}{2}(c_1^2 - c_2^2)$，为蒸汽带入和带出动叶通道的动能差值，其中 $\frac{G}{2}c_2^2$ 本级的余速损失；第二项 $\frac{G}{2}(\omega_2^2 - \omega_1^2)$ 为蒸汽在动叶通道中因焓降而引起的实际动能的增加。轮轴功率为以上两项的代数和。

2. 轮周功

1kg 蒸汽在动叶上所做的功称为轮周功 ω_u，即

$$\omega_u = \frac{N_u}{G} = \frac{1}{2}[(c_1^2 - c_2^2) + (\omega_2^2 - \omega_1^2)] \tag{2-46}$$

轮周功用热量来表示时，称为轮周焓降 h_u，则

$$
\begin{aligned}
h_u = \omega_u &= \frac{1}{2}[(c_1^2 - c_2^2) + (\omega_2^2 - \omega_1^2)] \\
&= h_t^* - \Delta h_n - \Delta h_b - \Delta h_{c2}
\end{aligned}
\tag{2-47}
$$

式中　h_t^*——喷嘴的滞止焓降；

Δh_n——喷嘴损失；

Δh_b——动叶损失；

Δh_{c2}——余速损失。

第四节　级的轮周效率与速比

一、级的轮周效率

汽轮机级的轮周效率 η_u 是指蒸汽在级内所作的轮周功 N_u 与蒸汽在该级中所具有的理想能量 E_0 之比，即

$$
\eta_u = \frac{N_u}{E_0} \tag{2-48}
$$

轮周效率是衡量汽轮机级工作经济性的一个重要指标，表明了汽流在级内进行能量转换的完善程度。

对于多级汽轮机而言，某些级的余速动能可被下一级部分或全部地利用。因此，计算一级的理想能量 E_0 时，应考虑到该级对上一级的余速动能的利用 $\mu_0 \Delta h_{c0}$，以及本级的余速动能中 $\mu_1 \Delta h_{c2}$ 能被下一级所利用，为了不重复计算，则有

$$
E_0 = \mu_0 \frac{c_0^2}{2} + \Delta h_t - \mu_1 \frac{c_2^2}{2} = \Delta h_t^* - \mu_1 \frac{c_2^2}{2} \tag{2-49}
$$

级的轮周效率以速度形式表示为 $\Delta h_t^* = \Delta h_n^* + \Delta h_b = \frac{c_a^2}{2}$ 时，c_a 称为级的假想速度，于是轮周效率为

$$
\eta_u = \frac{2u(c_1\cos\alpha_1 + c_2\cos\alpha_2)}{c_a^2 - \mu_1 c_2^2} \tag{2-50}
$$

用能量平衡的方式表示轮周效率为

$$
\eta_u = \frac{\Delta h_u}{E_0} = \frac{\Delta h_t^* - \Delta h_{n\xi} - \Delta h_{b\xi} - \Delta h_{c2}}{E_0} \tag{2-51}
$$

或

$$
\eta_u = 1 - \zeta_n - \zeta_b - (1-\mu_1)\zeta_{c2} \tag{2-52}
$$

式中　ξ_n——喷嘴损失系数，即级喷嘴损失与级的理想能量之比；

ξ_b——动叶损失系数，即动叶损失与级的理想能量之比；

ξ_{c2}——余速损失系数，即余速损失与级的理想能量之比；

ξ——下级利用本级余速损失系数。

由式(2-52)可知，若能减少喷嘴损失 ξ_n、动叶损失 ξ_b 和余速损失 ξ_{c2} 3 项损失，即可提高汽轮机级的轮周效率。当喷嘴和动叶的叶型选定后，φ 和 ψ 值就确定了，即 ξ_n、ξ_b 值基本确定，影响轮周效率的主要因素是余速损失系数 ξ_{c2} 和余速利用系数 μ_1，为此提高轮周效率可以从减小动叶出口绝对速度 c_2 和提高余速利用系数 μ_1 两方面着手。

二、轮周效率与速比的关系

动叶的轮周速度 u 与喷嘴的出口汽流速度 c_1 之比，称为速度比，简称速比，用 x_1 表示，即

$$x_1=\frac{u}{c_1} \tag{2-53}$$

速比是级的一个重要特性，它直接影响级的轮周效率和做功能力。以下将根据不同类型的汽轮机级的不同特点，来分析速比与轮周效率的关系，从而找出最高轮周效率和最佳速冲动级与反动级的最佳速比不同，现分述如下：

(一)纯冲动级

对于纯冲动级，$\rho=0$，则 $\Delta h_b=0$，$\omega_2=\varphi\omega_{2t}=\varphi\omega_1$，又 $\Delta h_n^*=\Delta h_t^*$，$c_a=c_{1t}$，假设不利用上一级余速动能，本级余速动能也不被下一级所利用，即 $\mu_0=\mu_1=0$，于是式(2－50)可写为

$$\eta_u=\frac{2u(c_1\cos\alpha_1+c_2\cos\alpha_2)}{c_{1t}^2}=\frac{2u(\omega_1\cos\beta_1+\omega_2\cos\beta_2)}{c_{1t}^2}$$

$$=\frac{2\mu}{c_{1t}^2}\omega_1\cos\beta_1\left(1+\psi\frac{\cos\beta_2}{\cos\beta_1}\right) \tag{2-54}$$

由速度三角形可知，$\omega_1\cos\beta_1=c_1\cos\alpha_1-u=\varphi c_{1t}$及 $x_1=\dfrac{u}{c_1}$，代入式(2－54)得

$$\eta_u=2\varphi^2x_1(\cos\alpha_1-x_1)\left(1+\psi\frac{\cos\beta_2}{\cos\beta_1}\right) \tag{2-55}$$

由式(2－55)可知，速度系数 φ 和 ψ 越大，轮周效率越高，因此应首先改善喷嘴和动叶的气动特性，以提高 φ 和 ψ 值。同时，应适当减小 α_1 和 β_2 也可提高轮周效率，但不可过分减小 α_1 和 β_2。过小 α_1 和 β_2，可使流动恶化，φ 和 ψ 值下降，反而使轮周效率降低。当动静叶型确定后，φ、ψ、α_1、β_2 也随之确定，将 η_u 与 x_1 关系绘制曲线，得到图 2－28，称为轮周效率曲线。

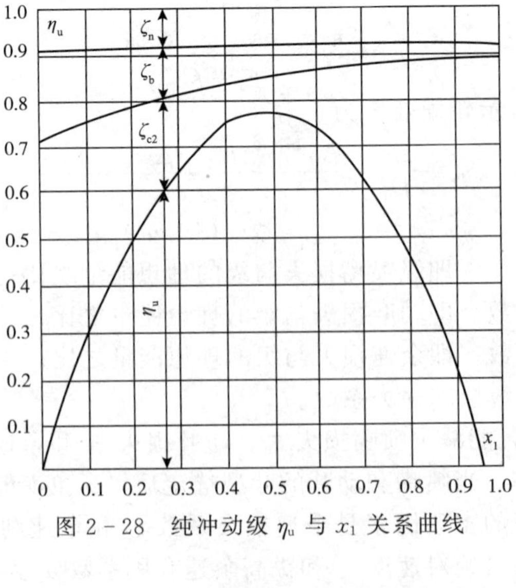

图 2－28　纯冲动级 η_u 与 x_1 关系曲线

经过下面的分析，将会了解速比 x_1 是影响轮周效率 η_u 的因素。

(1)当 $x_1=0$ 时，$\eta_u=0$。表明 $u=0$，说明叶轮没有旋转，故 $\eta_u=0$。

(2)当 $x_1=\cos\alpha_1$ 时，$\eta_u=0$，此时 $u=c_1\cos\alpha_1$，由速度三角形可知，$\beta_1=\beta_2=90°$，蒸汽不做曲率运动，汽流不会对叶片产生周向力，故不做功，则轮周效率为零。

(3)当 $0<x_1<\cos\alpha_1$ 时，因为 η_u 和 x_1 之间是二次函数关系，必然存在一个使 η_u 达最大值的速比，即最佳速比 x_{10p}。当 $x_{10p}=\frac{1}{2}\cos\alpha_1$ 时，纯冲动级的轮周效率最高。

在汽轮机中，一般 $\alpha_1=10°\sim20°$。因此纯冲动级的最佳速比 $x_{10p}=0.46\sim0.49$。

x_{10p}的物理意义可由图 2－29 分析得到。在纯冲动级，$\beta_1\approx\beta_2$、$\omega_2\approx\omega_1$，则在相同的 α_1 和 c_1 下取不同的 u。由图 2－29 可知，当$\frac{u}{c_1}=\frac{\cos\alpha_1}{2}$时，$\alpha_2=90°$，$c_2$ 达到最小值。这时，正好 $c_1\cos\alpha_1=2u$，即 $x_{10p}=\frac{1}{2}\cos\alpha_1$，可见，这时的速比为最佳速比。即动叶出口汽流为轴向排汽时，余速损失最小，轮周效率最大。

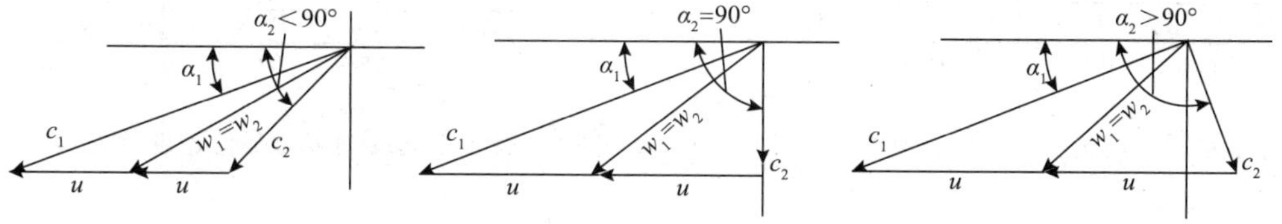

(a) $\alpha_2<90°$　(b) $\alpha_2=90°$　(c) $\alpha_2>90°$

图 2－29　不同速比下纯冲动级的速度三角形

(二)反动级

反动级中，$\rho=0.5$，$\Delta h_n=\Delta h_b=\frac{1}{2}\Delta h_t$，表明蒸汽在喷嘴叶栅和动叶栅的流动情况相同，为了简化加工工艺，喷嘴和动叶采用相同的叶型，则 $\alpha_1=\beta_2$、$\varphi=\psi$。若余速全部被利用，即 $\mu_0=\mu_1=1$，则 $\omega_2=c_1$、$\omega_1=c_2$、$\beta_1=\alpha_2$。其动叶进出口的速度三角形完全对称。

图 2－30 所示为 $\alpha_2=90°$时的反动级的速度三角形，由此可知，$\frac{u}{c_1}=\cos\alpha_1$，即反动级中与最大轮周效率相对应的最佳速比为

$$x_{10p}=\cos\alpha_1 \tag{2-56}$$

图 2－30 所示为反动级的轮轴效率 η_u 与速比 x_1 的关系曲线。反动级最佳速比一般在 $x_{10p}=0.8\sim1.0$ 之间。若 $\alpha_1=18°\sim20°$时，则 $x_{10p}=0.941\sim0.951$。对于多级反动式汽轮机的后面几级，为降低这些级的动叶高度，取 $\alpha_1=35°\sim40°$时，一般 $x_{10p}=0.80\sim0.90$。

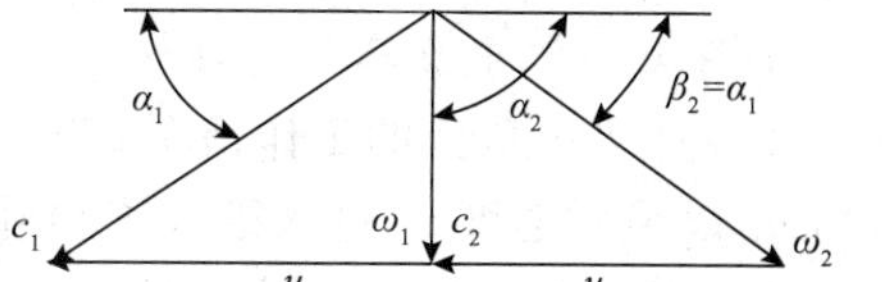

图 2－30　反动级具有最佳速比时的速度三角形

从图 2－31 中可以看出，反动级的 η_u 与 x_1 曲线较冲动级平坦，在相当大的范围内变化时，而轮周效率 η_u 变化不大。反动级的最佳速比 x_{10p}值一般取 $x_{10p}=0.60\sim0.70$，偏小选取，这样可以使反动式汽轮机的级数减少。另外，反动级较适用于工况变化频繁的机组，故其变工况性能好。

现代冲动式汽轮机都采用一定的反动度 ρ=0.05 以上。这样，带反动度的冲动式级的特性介于纯冲动级与反动级之间，在变工况运行时，性能会更好一些，不像纯冲动级 x_1 偏离 x_{10p} 值时，轮周效率 η_u 有明显的降低。

图 2-32 所示为不同反动度下速比对轮周效率的影响曲线。同时可以看出，反动度 ρ 对轮周效率 η_u 的影响，当提高反动度 ρ 时，使 x_{10p} 值增加，也使轮周效率 η_u 的最大值升高。

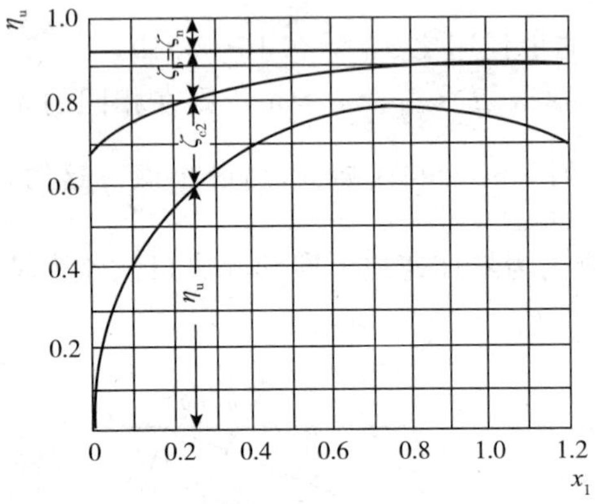

图 2-31　反动级 η_u 与 x_1 的关系曲线

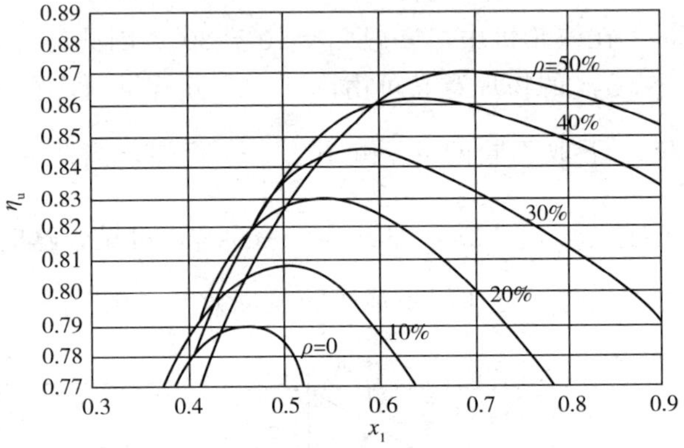

图 2-32　不同反动度对最佳速度比的影响

(三)复速级

根据前面的分析可知，汽轮机只有在最佳速比 x_1 下工作时，根据目前叶片及叶轮所用的材料的许用应力，级的轮周速度 u 最大不得超过 300m/s(一般选取 180～300m/s)。如果要保持级的最佳速比，该级的理想焓降 Δh_t 就要受到限制。在大多数情况下，多级汽轮机的前几级的焓降只有 41.868～62.802kJ/kg。但是有时需要在一级内得到更大的焓降，例如有的汽轮机第一级的焓降约为 418.68kJ/kg，那么 c_1 就很大，因为轮周速度 u 受到材料强度的限制，不能相应增大，使速比 $x_1=\dfrac{u}{c_1}$ 变小，偏离最佳值，因而余速损失增加，轮周效率减少。为了提高轮周效率，就应减少余速损失，必须采用复速级。

一般来讲，所谓速度级(或称寇蒂斯级)是指将蒸汽在喷嘴中膨胀产生的动能，分次在动叶栅中加以利用的级。通常将蒸汽动能在两列动叶栅利用的级称为两列速度级，在三列动叶栅中加以利用的级称为三列速度级。

1. 在复速级中蒸汽的工作情况

在复速级中蒸汽的工作情况，如图 2-33 所示。从喷嘴中喷射出来的高速汽流，沿喷射角 α_1 以绝对速度 c_1 进入第一列动叶栅前面的环形空间。因为动叶片按圆周速度 u 运动，所以蒸汽进入动叶片的相对速度为 ω_1，蒸汽在第一列动叶栅做功后，以相对速度 ω_2 流出，而以绝对速度 c_2 进入导向叶片。导向叶片固定不动，主要起改变汽流方向的作用，使汽流按较好的角度进入第二列动叶栅，汽流流经导向叶栅时，不做功，但也有流动损失，所以流出导向叶片的速度为 $c'_1<c_2$。蒸汽在第二列动叶栅中的情况与第一列动叶栅一样，进入时的速度为 c'_1，相对速度为 ω'_1。做功后流出的相对速度为 ω'_2，绝对排汽速度为 c'_2。

由此可见，虽然速度级的焓降和绝对速度 c_1 很大，但速度能分别由两列动叶栅加以利用后，余速 c'_2 已经不大了，那么余速损失也不大了，于是蒸汽的动能得到了较充分地利用，保证轮周效率不致过低。

2. 复速级的热力过程

为了改善叶栅通道中的流动状况，在速度级的动叶栅和导向叶片中都采用少量的反动度，以提高轮周效率。但速度级多布置在调节级，而且一般为部分进汽，过大的反动度会使级的漏汽损失增加，反而使轮周效率降低。图 2－34 所示为速度级在不同反动度下，轮周效率与速比关系曲线，曲线上的三个数字分别表示第一列动叶、导叶和第二列动叶的反动度。由图可见，适当的采用反动度后，不仅提高了轮周效率，而且还使最佳速度比值增大了。

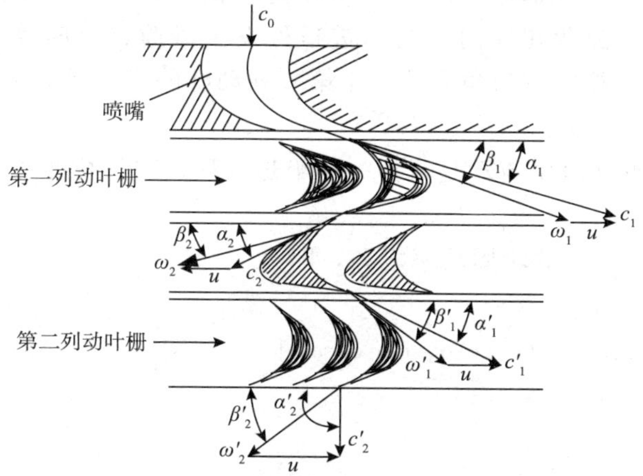

图 2－33　双列速度级的断面及速度三角形

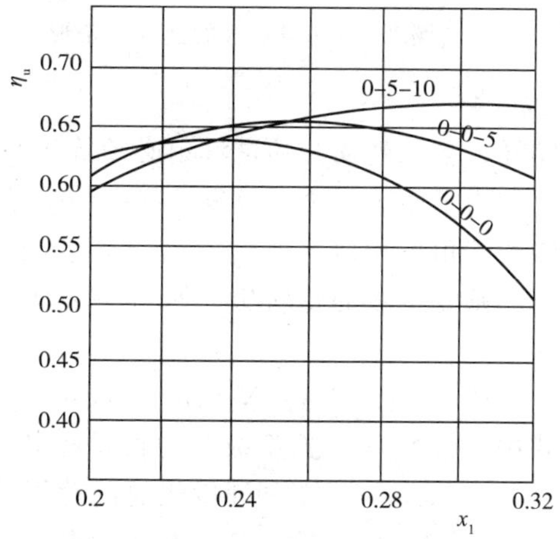

图 2－34　反动度对速度级的影响

如图 2－35 所示，速度级与简单压力级 $i-s$ 图相类似。速度级也有相类似的 $i-s$ 图。由于双列速度级获得广泛地使用，相对而言三列速度级就用的较少一些。与图 2－33 相配合，在图 2－35 上画出了带有一定反动度的双列速度级的过程线。蒸汽在各叶栅通道中的膨胀是有损失的绝热过程。0 点是级的进口点，膨胀是沿 0－1－2－3－4 线进行的，4 点是出口点。速度级通常被作为调节级，因调节级后汽室空间大，汽流余速无法被下级利用，全部变成了损失，这部分损失加热了蒸汽本身，使出口焓值由 4 点升到 5 点。

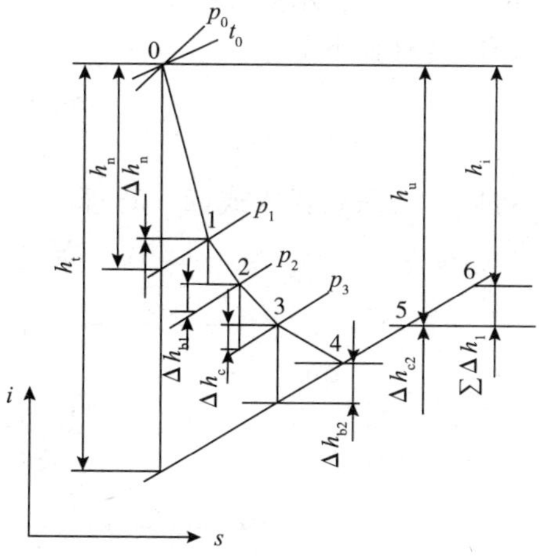

图 2－35　具有反动度速度级的热力过程线

图中符、号说明如下：

h_t—速度级的理想焓降；h_n—喷嘴的理想焓降；h_u—速度级的理想焓降；h_i—速度级的内焓降；Δh_n—喷嘴损失；Δh_{b1}—第一列动叶栅的损失；Δh_c—导向叶片损失；Δh_{b2}—第二列动叶栅的损失；Δh_{c2}—余速损失；$\sum \Delta h_i$—其他内部损失之和；p_0、t_0—喷嘴进口状态点的压力及温度；p_1—喷嘴后的压力；p_2—速度级后的压力；0－4′—速度级的理想膨胀过程线；0－1－2－3－4－5－6 线—速度级的实际膨胀过程线。

图中各列叶栅中均带有一定的反动度，这比较符合于现代汽轮机中使用速度级的情况。

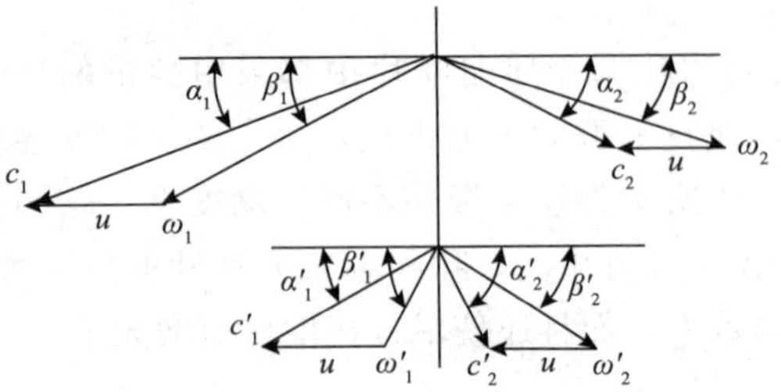

图 2-36　复速级的速度三角形

3. 复速级的速度三角形及轮周功率

由于复速级有两列动叶栅，所以就有两对进出口速度三角形，如图 2-36 所示。第一列动叶栅的速度三角形的画法与简单压力级一样，根据第一对速度三角形就可以十分方便地画出第二对速度三角形。凡带“′”的量，都表示第二列动叶栅的值。另外，为了避免在导向叶栅的进口处发生碰撞，导向叶栅的进口角必须等于第一列动叶的出汽角 α_2；同样，第二列动叶的进汽角必须等于其进汽角 β'_1。

为了便于讨论，设复速级 $\rho=0$，且蒸汽在级中流动是无损失的绝热过程，则与纯冲动级的三角形相似，则 $\omega_1=\omega_2$、$c_2=c_1$、$\omega'_1=\omega'_2$、$\beta_1=\beta_2$ 及 $\alpha_2=\alpha_1$、$\beta'_1=\beta_2$。

则复速级的轮周功率等于各列动叶栅上产生的轮周功率之和，即

$$\sum N_u = N_{u1} + N_{u2} \tag{2-57}$$

或

$$N_u = u[(c_1\cos\alpha_1 + c_2\cos\alpha_2) + u(c'_1\cos\alpha'_1 + c'_2\cos\alpha'_2] \tag{2-58}$$

式中　$\sum N_u$——速度级总的轮周功率；

N_u——双列速度级总的轮周功率；

N_{u1}——第一列动叶栅的轮周功率；

N_{u2}——第二列动叶栅的轮周功率。

由图 2-37 所示的无损失的纯冲动式复速级的速度三角形可见，各汽流速度在圆周方向的分速度有如下关系：

$$c_2\cos\alpha_2 = c'_1\cos\alpha'_2 = c_1\cos\alpha_1 - 2u$$

$$c'_2\cos\alpha'_2 = c_1\cos\alpha_1 - 4u$$

将以上关系式代入式(2-58)得

$$N_u = 4u(c_1\cos\alpha_1 - 2u) \tag{2-59}$$

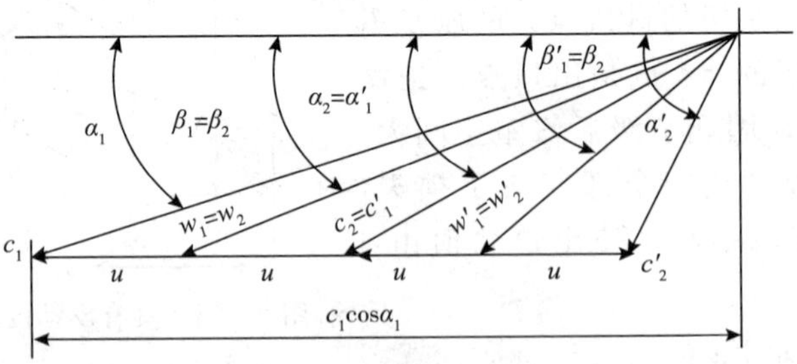

图 2-37　无损失纯冲动式复速级的速度三角形

4. 复速级的轮周效率和最佳速比

(1)复速级的轮周效率

复速级的轮周效率是指其轮周功率与速度级的理想焓降之比，即

$$\eta_u = \frac{Nu}{h_t} = \frac{\sum u}{h_t}(c_{1u} + c_{2u})$$

或
$$\eta_u=\frac{\sum n_u}{h_t}=\frac{h_t-\Delta h_n-\Delta h_{b1}-\Delta h_c-\Delta h_{b2}-\Delta h_{c2}}{h_t}=1-\zeta_n-\zeta_{b1}-\zeta_c-\zeta_{b2}-\zeta_{c2} \quad (2-60)$$

由于汽流在各列动叶栅和导向叶栅都有流动损失，因而复速级的最大轮周效率与动叶栅的列数有关，如图 2－38 比较清楚地说明这一点。

当 $x_1=0.45\sim0.50$ 时，用单列压力级最好；当 $x_1=0.25$ 时，用双列速度级最好；当 $x_1=0.15$ 时，用三列速度级最好，但实际上很少使用三列速度级。

目前使用的速度级一般都带有一定的反动度。因为带反动度首先可以提高速度级的轮周效率，如图 2－39 所示。因为各列叶栅中都有压力降，即呈负压梯度流动，汽流在叶片表面附近的附面层不易增厚，也不易脱离，故流动损失较小，使轮周效率提高。其次，速度级带反动度后，使第一、二列动叶栅做的功均匀，即第一列动叶栅可以少做些功，第二列动叶栅就多做些功，否则第一列动叶栅将作 70％左右的功。由此可见第一列动叶片受的作用力比第二列动叶片大得多。带反动度后，就可以减少第一列动叶栅总的受力，使它更安全一些。另外，带反动度可以减少第一列动叶片的高度，而增加第二列动叶片的高度，使速度级的通流部分变化适宜，有利于汽流的流动。但是速度级的反动度也不宜过大，否则漏汽损失增大，使内效率降低。一般双列速度级的反动度，推荐用 $\rho=3\%\sim12\%$。

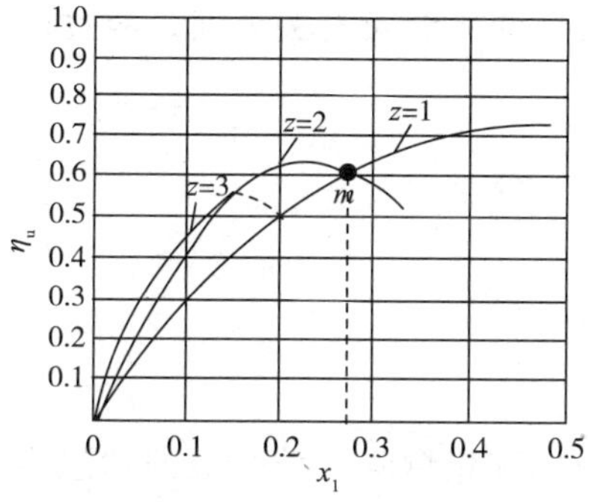

图 2－38　复速级的轮周效率

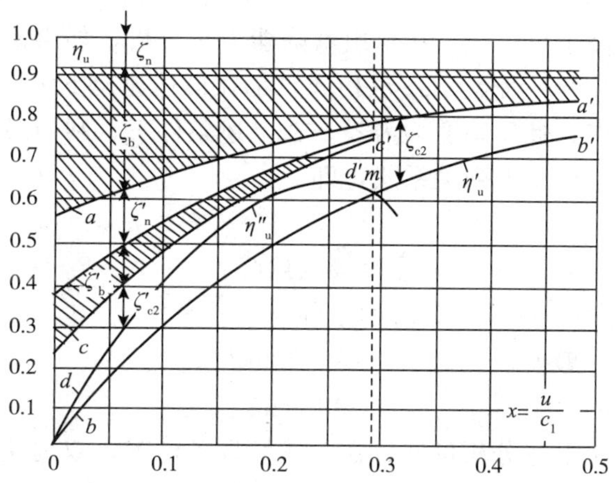

图 2－39　单列级与速度级的 η_u-x_1 关系曲线

(2)复速级的最佳速比

复速级的最佳速比 x_{1op} 是指当余速损失最小时的速比。为了便于说明问题，现就纯冲动式叶型在不考虑流动损失的条件下进行分析。

假设：$\beta_1=\beta_2$、$\alpha_2=\alpha'_1$、$\beta'_1=\beta'_2$（用冲动式叶型）；且 $\omega_1=\omega_2$、$c_2=c'_1$、$\omega'_1=\omega'_2$（不计流动损失）。当 $\alpha'_2=90°$ 时，则可绘出图 2－40 的速度三角形。由图可知，当 $\alpha'_2=90°$ 时，c'_2 为最小值，则相应的速比就是最佳速比 $x_{1最佳}$。由图 2－40 可知：$c_1\cos\alpha_1=4u$，双列速度级最佳速比为：

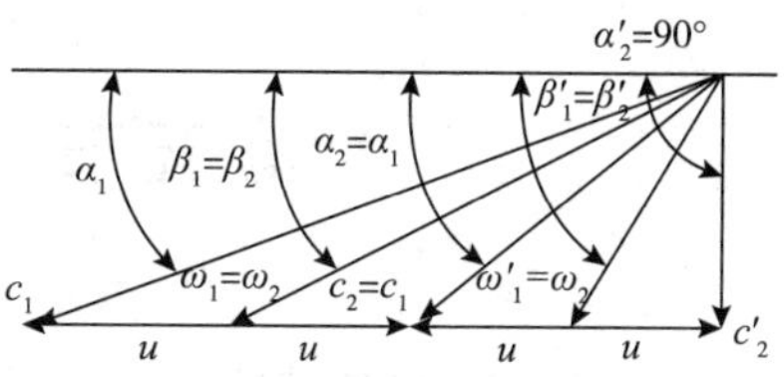

图 2－40　双列速度级最佳速比时的速度三角形

$$\frac{u}{c_1}=\frac{1}{4}\cos\alpha_1=\frac{1}{2\times2}\cos\alpha_1$$

以上是用几何证明法获得了双列速度级的最佳速比。

综上所述最佳速比可表示为：$x_{10p}=\frac{1}{2z}\cos\alpha_1$，当动叶片列数 $z=2$ 时，$x_{10p}=\frac{1}{2\times2}\cos\alpha_1$；当 $z=3$ 时，$x_{10p}=\frac{1}{2\times3}\cos\alpha_1$；反动级：$\rho=0.5$ 时，$x_{10p}=\cos\alpha_1\approx1$；纯冲动级：$\rho=0$ 时，$x_{10p}=\frac{1}{2}\cos\alpha_1\approx0.5$；双列速度级：$\rho=0$ 时，$x_{10p}=\frac{1}{4}\cos\alpha_1\approx0.25$。

5. 速度级与简单压力级的比较

(1)轮周效率的比较

图 2-39 所示为复速级与单列纯冲动级轮周效率与速比的关系曲线。图中 η'_u 代表单列冲动级的轮周效率，η''_u 代表复速级的轮周效率。图中喷嘴的能量损失系数 ζ_n 为常数，它不随 x_1 的变化而变化；第一列动叶能量损失系数 ζ_b 随 x_1 的减小而增大。当速比 x_1 在 m 点以右时，做成单列级较好；x_1 在 m 点以左时，做成双列速度级较好，并可得到较高的效率。但从轮周效率最大值(约为 0.64)来分析，速度级的轮周效率不与单列级的轮周效率最大值(约为 0.75)高。

从图可见，速比 x_1 在 0～0.28 的范围内变化时，复速级的轮周效率 η''_u 高于单列级 η'_u，并且在 $x_1=0.2$～0.28 范围内复速级的 η_u 达到最大值。当 $x_1<0.28$ 时，双列速度级的效率高于单列级。从承担焓降能力来分析，如果速度级及简单压力级都在相同的轮周速度 u 下工作，汽流角 α_1 也相同，都在最佳速比下工作且不计流动损失，并都按纯冲动式级原理工作，且反动度均为零。在上述条件下，利用最佳速比的概念及有关公式。经过简单的推导，可得下列关系式，即

$$h_{t双}=4h_{t单} \tag{2-61}$$

式中 $h_{t双}$——双列速度级的焓降；

$h_{t单}$——单列级的焓降。

一般 $h_{t单}=41.868$～83.736kJ/kg

$h_{t双}=334.99$～418.68kJ/kg

由上述分析可知，在上述假设条件下，双列速度级的理想焓降为单列级的理想焓降的 4 倍，亦即双列速度级的做功能力为单列级的 4 倍。

由于双列速度级可以承担较大的焓降，在多级汽轮机中用它作为第一级后，总比焓降不变的条件下，可以减少级数，简化结构、减少轴向尺寸和重量等指标，而且节省材料、并节省加工工时，从而降低了汽轮机的制造成本。由于双列速度级喷最后的压力降低了很多，使汽轮机高压端的轴封结构简单，漏汽量相对减少。

第五节 级内损失及级效率

一、级内损失

蒸汽在级内能量转换过程中影响蒸汽状态的各种损失称为级内损失。这些损失的存在，使得汽轮机级的有效功减少，使级效率下降，从而影响汽轮机运行的经济性。因此，必须加以研究，分析各种损失形成的原因，以便采取措施，减少损失，提高级的效率。

级内损失除前面讨论的动叶损失 Δh_b、余速损失 Δh_{c2} 外。还包括喷嘴损失 Δh_n、扇形损失 Δh_θ、叶轮摩擦损失 Δh_f、部分进汽损失 Δh_e、湿汽损失 Δh_x 及漏汽损失 Δh_P 等。

1. 喷嘴损失 Δh_n

蒸汽在喷嘴中流动时存在的损失称为喷嘴损失。主要包括下列几种损失：①由于喷嘴表面不光滑，蒸汽与喷嘴壁之间产生的摩擦损失；②由于蒸汽分子运动的速度不同，存在着速度梯度，即靠近喷嘴壁附近的汽流速度慢，而靠近汽流中心的速度快，以致蒸汽分子之间产生摩擦损失；③汽流脱离喷嘴壁时的涡流损失。喷嘴损失约占各级理想焓降的8%～10%。

若喷嘴出口的理想速度为 c_{1t}，喷嘴出口的实际速度为 $c_1=\varphi c_{1t}$，则喷嘴损失为

$$\Delta h_n=\frac{c_{1t}^2}{2}-\frac{c_1^2}{2}=\frac{c_{1t}^2}{2}(1-\varphi^2)=\frac{c_1^2}{2}(\frac{1}{\varphi^2}-1) \qquad (2-62)$$

根据叶栅理论，减少喷嘴损失的主要途径是改进喷嘴型线，应广泛采用渐缩型叶片、窄形叶栅等。一般可取 $\varphi=0.85\sim0.92$。

2. 扇形损失 Δh_θ

汽轮机级中等截面叶片是沿圆周布置成环形叶栅，叶栅的槽道的断面呈扇形，因此在叶顶和叶根部分的圆周速度、节距和蒸汽参数部不同于动叶平均直径处的数值，由于偏离了设计数值，蒸汽流过时产生一些附加损失，这些附加损失统称为扇形损失 Δh_θ。计算扇形损失 Δh_θ 可用半经验公式，即

$$\Delta h_\theta=0.7\left(\frac{l_b}{d_b}\right)^2 E_t \qquad (2-63)$$

式中　Δh_θ——扇形损失，kJ/kg；

l_b——动叶高度，mm；

d_b——动叶平均直径，mm；

E_t——级的理想能量，kJ/kg；

θ——径高比，$\theta=\frac{l_b}{d_b}$。

由上式可知，扇形损失与径高比 θ 的平方成反比，θ 越大，则扇形损失越小。当 $\theta>8\sim12$ 时，即动叶较短时，扇形损失可忽略不计，为了加工方便，一般采用等截面直叶片。当 $\theta\leqslant8\sim12$ 时，动叶较长，扇形损失显著增大，此时应采用变截面扭叶片，可减小扇形损失，但扭叶片加工困难，制造成本较高。

3. 叶轮摩擦损失 Δh_f

汽轮机叶轮高速旋转时与蒸汽摩擦造成的损失称为摩擦损失。叶轮的两侧及外缘充满了停滞的蒸汽，当叶轮高速旋转时就带动了紧贴在叶轮表面上的蒸汽质点以相同的速度运行，而紧贴隔板壁或汽缸壁上的蒸汽速度近似为零。这样就使叶轮和隔板之间的蒸汽存在速度差，从而产生了摩擦损失，如图 2-41 所示。要克服蒸汽质点之间的摩擦并带动汽室内蒸汽运动，就要消耗一部分轮周功。

当汽流转弯时，蒸汽微粒在曲线叶片通道之间所经过的通道不同，这样就引起了微粒互相摩擦和产生了涡流，如图 2-42 所示。同时，由于离心力的作用，将使汽流离开叶片的背弧 b，而压向内弧 a，在叶片背面形成负压区，造成涡流损失，在叶片内弧因压缩而增大了汽流内部的摩擦损失。这种汽流在叶片中改变方向而引起的损失，称为叶片转折

损失。

为了减少转折损失，$\beta_1+\beta_2$ 不能太小，一般在 100°以上，并且动叶片不采用等厚度型式，而采用截面中间部分加厚来充填涡流区。

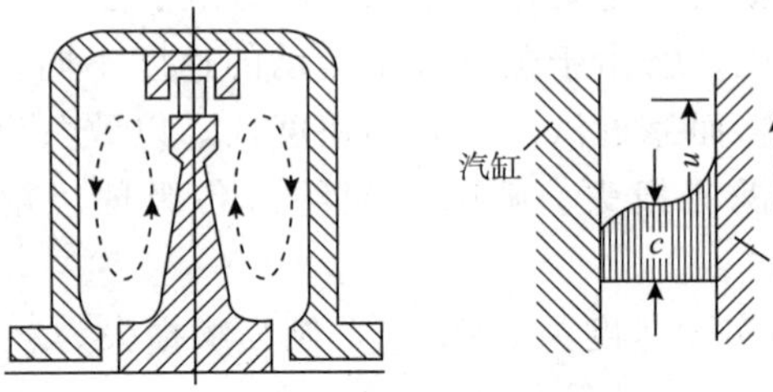

图 2-41 级汽室内的汽流速度分布

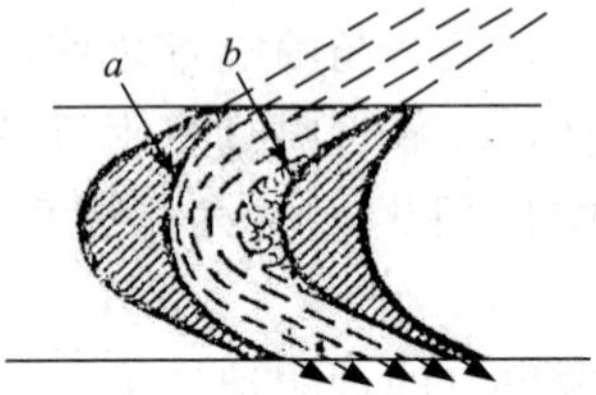

图 2-42 汽流离心力作用所引起的损失

叶轮摩擦损失消耗的功率，通常用下列经验公式计算

$$\Delta N_{\mathrm{f}}=\lambda\left(\frac{u}{100}\right)^{3}d^{2}\ \frac{1}{v} \tag{2-64}$$

式中 ΔN_{f}——叶轮摩擦损失所消耗的功率，kW；

λ——蒸汽状态有关的常数，对于过热蒸汽 $\lambda=1.0$，对于饱和蒸汽 $\lambda=1.2\sim1.3$；

d——级的平均直径，m；

u——圆周速度，m/s；

v——汽室中蒸汽的平均比体积，m^3/kg。

如果热量单位表示，则叶轮摩擦损失 Δh_{f} 为

$$\Delta h_{\mathrm{f}}=\frac{\Delta N_{\mathrm{f}}}{G} \tag{2-65}$$

式中 G——级的进汽量，kJ/s。

由上式可知，摩擦损失 Δh_{f} 与蒸汽流量 G 成反比，对小功率汽轮机组而言，由于蒸汽量较小，故摩擦损失 Δh_{f} 有较大的影响。汽轮机在低负荷特别是无负荷运行时，摩擦损失产生的热量将引起汽轮机排汽温度的升高，影响机组的安全、平稳地运行，故运行时应特别加强监视。

叶轮摩擦损失 Δh_{f} 为

$$\Delta h_{\mathrm{f}}=\frac{3600\Delta N_{\mathrm{f}}}{D} \tag{2-66}$$

由以上分析可知，减少叶轮摩擦损失的主要措施是减少叶轮两侧汽室的容积，即在结构上应尽可能减少叶轮与隔板之间的轴向间隙，减小级汽室的容积，提高叶轮和隔板表面粗糙度，避免采用汽室壁有筋的结构等，可以降低摩擦耗功。

对于反动式汽轮机，由于动叶片是直接安装在转鼓上的，故不考虑叶轮摩擦损失。

4. 部分进汽损失 Δh_{e}

在汽轮机中，蒸汽通过分布在整个圆周上的喷嘴的进汽方式称为全周进汽。在级的通流面积较小的情况下，为满足通流面积，喷嘴布置在圆周的一部分弧段上，这种进汽方式称为部分进汽。汽轮机喷嘴工作弧段与整个圆周周长的比值称为部分进汽度，即

$$e=\frac{z_n t_n}{\pi d_m} \tag{2-67}$$

式中　e——部分进汽度；

z_n——喷嘴组数；

t_n——喷嘴节距，mm；

πd_m——平均直径处的圆周长，mm。

部分进汽损失 Δh_e 由鼓风损失 Δh_B 和斥汽损失 Δh_k 两部分组成。

(1)鼓风损失 Δh_B

在部分进汽级中，由于不进汽部分的动叶在蒸汽中运动时，发生一种风扇作用所消耗的一部分有用功，这种损失称为鼓风损失。因为，在部分进汽级中，只有在装有喷嘴的工作弧段上有蒸汽通过，而在没有喷嘴的弧段上没有蒸汽通过，但在这段的轴向间隙中充满了停滞的蒸汽。当动叶片转到没有喷嘴的工作弧段时，动叶两侧面就与这个弧段内的停止蒸汽发生摩擦，产生摩擦损失，不但没有蒸汽冲动动叶旋转，而且还要带动蒸汽一起转动，同时就像鼓风机一样，将停滞的蒸汽从一侧鼓到另一侧，消耗了一部分有用功，产生鼓风损失。由于动叶片是全周布置的，所以鼓风损失是连续存在的。鼓风损失 Δh_B 可用下列经验公式计算：

$$\Delta h_B=B_e\frac{1}{e}\left(1-e-\frac{e_k}{2}\right)\left(\frac{u}{c_t}\right)E_t \tag{2-68}$$

式中　Δh_B——鼓风损失，kJ/kg；

B_e——与级型有关的系数，对单列级 $B_e=0.15$；对复速级 $B_e=0.55$；

e——部分进汽度；

e_k——护罩的弧段长度与整个圆周弧长之比；

c_t——级的理论速度，$c_t=\sqrt{2h_t}$，m/s。

由上述分析可知，鼓风损失与部分进汽度 e 有关。部分进汽度 e 越小，则鼓风损失就越大。当 $e=1$ 时，鼓风损失为零。为了减少鼓风损失，常采用一种护罩装置，如图 2-43 所示。将未装喷嘴弧段部分的动叶两侧用护罩将叶片罩起来，这时，动叶只在护罩内少量的蒸汽中转动，减少了叶片转动对蒸汽的干扰，从而减少了鼓风损失。

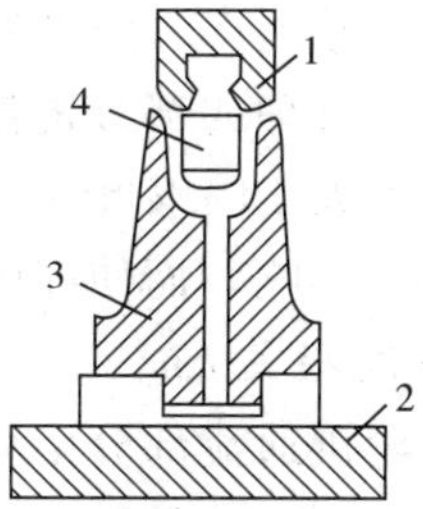

图 2-43　部分进汽时采用护罩装置示意图

1—叶轮；2—汽缸；3—护罩；4—叶片

实验证明：鼓风损失所损失的机械能，将重新转变成热能被蒸汽所吸收，使蒸汽的焓降值增加。对于反动式汽轮机，由于采用全周进汽和没有叶轮，所以鼓风损失为零。

(2)斥汽损失 Δh_k

在部分进汽级中，动叶经过没有喷嘴的弧段时，停滞在汽室的非工作蒸汽将充满动叶通道。但这些带有停滞蒸汽的动叶又重新进入喷嘴弧段，从喷嘴出来的蒸汽首先要排斥这部分停滞在动叶内蒸汽并使其加速，从而消耗一部分动能，引起损失。与此同时，在喷嘴出口端 A 点处，由于叶轮高速旋转和压力差的作用，使从叶轮中出来的汽流偏向叶轮的旋转方向，即一部分蒸汽不通过动叶通道，而是从喷嘴出口端 A 点的轴向间隙泄漏引起损失，如图 2-44 所示。而在喷嘴组的进口端 B 处将出现抽吸现象，将一部分停滞的蒸汽吸入动叶通道，扰乱了主流，形成了损失。上述损失统称为斥汽损失 Δh_k。

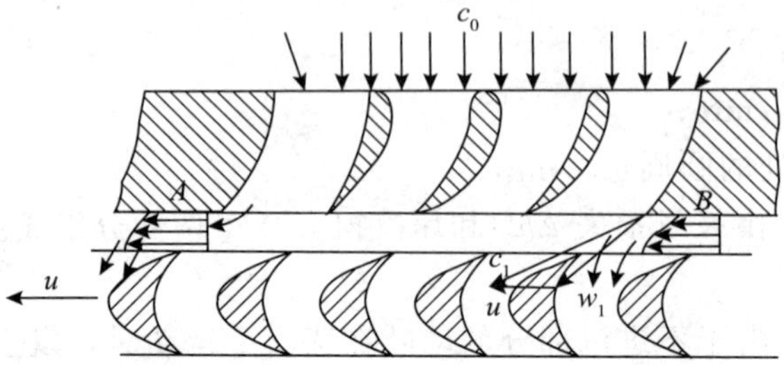

图 2-44　部分进汽时产生斥汽损失示意图

斥汽损失 Δh_k 可用下列经验公式计算：

$$\Delta h_k = C_e z_k \frac{u}{c_t} \frac{1}{d_b} \frac{1}{e} E_t \tag{2-69}$$

式中　Δh_k——斥汽损失，kJ/kg；

C_e——与级型有关的系数，对单列级 $C_e = 0.012$；对双列级 $C_e = 0.012 \sim 0.018$，一般取 $C_e = 0.016$；

z_k——喷嘴组数，若两组喷嘴间只相隔一个喷嘴间距，可视为一组；

d_b——动叶的平均直径，m。

显然，对全周进汽的级，因部分进汽度 $e=1$，$z_k=0$，故斥汽损失 $\Delta h_k=0$。对于反动式汽轮机，由于采用全周进汽，故斥汽损失为零。

部分进汽损失 Δh_e 为上述两项损失之和，即

$$\Delta h_e = \Delta h_b + \Delta h_k \tag{2-70}$$

由上述分析可知，斥汽损失和喷嘴分布情况有关，在同一部分进汽度下，喷嘴沿圆周上分布的组数越多(即喷嘴弧段越多)，则斥汽损失就越大。因此，为了减小斥汽损失，除了选择一个合理的部分进汽度之外，还应设法减少喷嘴组数。以及减少两组喷嘴之间的间隙，使其不大于喷嘴叶栅的节距。同时，喷嘴组在圆周上布置时，应设法避免因隔板水平中分面结构影响，而使喷嘴组数增加。

5. 漏汽损失 Δh_p

在汽轮机通流部分中，由于动静部分存在着间隙和压力差，因而总有部分蒸汽不通过主流通道，而是从间隙中泄漏造成损失，这种损失称为漏汽损失根据级漏汽情况的不同，对于冲动级有隔板漏汽和叶顶漏汽，对于反动级有静叶根部漏汽和叶顶漏汽。

(1)隔板漏汽损失 Δh_p

在冲动式汽轮机的级中，动静部分存在着径向间隙，且间隙前后均存在着压力差，因此必定有部分蒸汽 ΔG_p 由此间隙漏入隔板与叶轮之间的汽室中，如图 2-45 所示。由于这部分蒸汽没有通过喷嘴参与主汽流做功，而形成漏汽损失。此外，这部分蒸汽还可能通过喷嘴与动叶根部之间的轴向间隙流入动叶通道根部，由于这部分蒸汽没有经过喷嘴膨胀加速，因此不能对动叶做功，反而扰乱了动叶中的主流，造成附加能量损失。

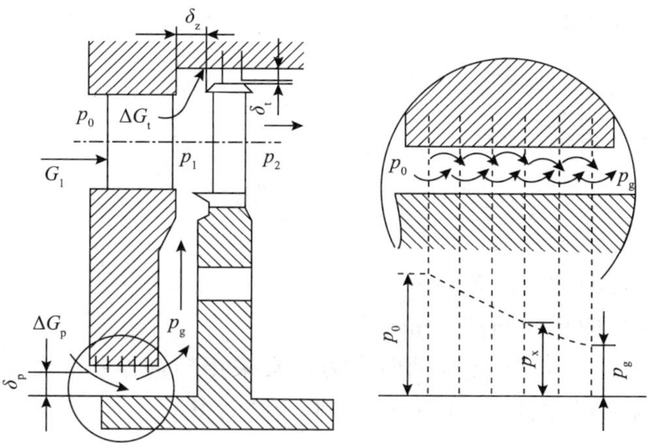

图 2-45　冲动式级隔板漏汽示意图

通常采取下列措施可以减小隔板漏汽损失：①在隔板与转子间隙间设置隔板汽封，其齿数越多，汽流通过每个齿隙时就发生一次节流作用，这样漏汽面积和压差都减小了，漏汽量也越小了；②在动叶根部设置轴向汽封，减少进入动叶的漏汽量；③在叶轮上开设平衡孔，使隔板漏汽从平衡孔中流到级后，避免干扰主汽流；④选择适当的动叶反动度，使叶根处既不吸汽也不漏汽。

隔板漏汽损失 Δh_p 可按经验公式计算：

$$\Delta h_p=\frac{A_p h_u}{A_n\sqrt{z_p}}=\frac{\pi d_p\delta}{A_n\sqrt{z_p}}h_u \tag{2-71}$$

式中　A_p——汽封间隙面积，$A_p=\pi d_p\delta$，m^2；

d_p——汽封齿的平均直径，mm；

δ——汽封间隙，mm；

A_n——喷嘴出口截面积，m^2；

z_p——汽封齿数，如果是平齿，则应修正，$z_p=\frac{z+1}{2}$；

h_u——轮周焓降，kJ/kg。

(2)叶顶漏汽损失 Δh_t

对于带有反动度的冲动级，由于动叶前后有压差，并且在动叶顶部压差最大，另由于动叶顶部与汽缸之间，隔板与叶轮之间存在着径向间隙 δ_r 和轴向间隙 δ_z，这样势必造成从喷嘴出来的一部分蒸汽 ΔG_t 不通过动叶通道，而经过动叶顶部间隙漏到级后。由于这部分漏汽没有通过动叶通道参与做功，因而造成了漏汽损失。

对于纯冲动级，因反动度 $\rho=0$，即动叶前后没有压差，应忽略叶顶漏汽损失。

叶顶(围带)漏汽损失可用下式计算：

$$\Delta h_t=0.6\sqrt{\frac{\rho_t}{1-\rho}}\frac{v_{1t}(d_b+l_b)\delta_t}{v_{2t}d_n l_n\sin\alpha_{1g}} \tag{2-72}$$

式中　v_{1t}、v_{2t}——喷嘴和动叶出口处蒸汽的理想比体积，m^3/kg；

d_n、d_b——喷嘴和动叶的平均直径，mm；

l_n、l_b——喷嘴和动叶的出口高度，mm；

ρ_t——叶顶部分反动度，$\rho_t=1-(1-\rho)\dfrac{d_b}{d_b+l_b}$；

ρ——级的反动度；

δ_t——叶顶当量间隙，$\delta_t=\dfrac{\delta_z}{\sqrt{1+z_r(\dfrac{\delta_z}{\delta_r})^2}}$；

z_r——围带汽封片数；

δ_z——围带的轴向间隙，mm；

δ_r——围带的径向间隙，mm。

对于反动级($\rho=0.5$)，为了减少轴向推力，常采用转鼓结构，如图 2-46 所示，$\delta_1=\delta_2=\delta_r$。动叶顶部(围带)漏汽损失可用下列经验公式计算：

$$\Delta h_t=1.72\frac{\delta_r^{1.4}}{l_b}E_t \tag{2-73}$$

6. 湿汽损失 Δh_x

汽轮机的级在湿蒸汽区域内工作而产生的附加损失称为湿汽损失。湿汽损失包括过饱和损失、汽流阻力损失、制动损失和疏水损失。其原因是：

(1)汽轮机在饱和蒸汽区内，蒸汽湿度比较大，一部分蒸汽凝结成水滴，这些水滴随蒸汽一起流动，不但不做功，反而消耗能量从而造成损失。

(2)虽然水滴被高速汽流带动而得到加速。但其流出喷嘴速度 c_{1x} 只能达到蒸汽速度 c_1 的 10%～13%左右。由动叶进口速度三角形看出，水滴进入动叶片方向角 β_{1x} 大于动叶进汽角 β_1，如图 2-47 所示。这样水滴将冲击动叶片进汽边的背弧，对动叶片产生制动作用，增加了汽轮机的轴向推力从而消耗了叶轮的有用功。另外，水滴还对动叶片的背部造成冲蚀损坏。

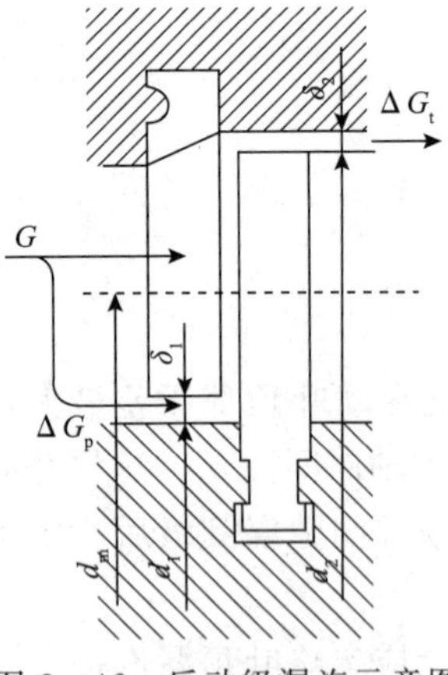

图 2-46　反动级漏汽示意图

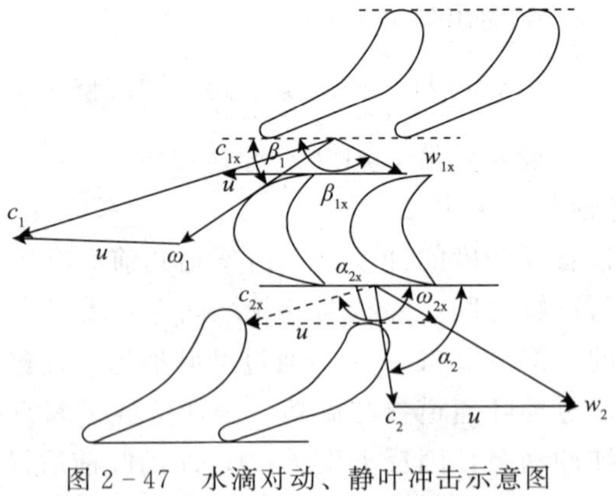

图 2-47　水滴对动、静叶冲击示意图

(3)在动叶出口处，水滴的相对速度 ω_{2t} 低于蒸汽的相对速度 ω_2，水滴绝对速度 c_{2x} 的方向角 α_{2x} 大于汽流的排汽角 α_2，即水滴将冲击下一级喷嘴的进口壁面，扰乱了汽流造成损失。

(4)湿蒸汽在喷嘴中膨胀时，由于汽流速度高，使一部分蒸汽来不及凝结成水，汽化潜热没有释放出来，形成了过饱和蒸汽或过冷蒸汽，致使蒸汽在喷嘴中的理想焓降降低，形成过冷损失。

湿汽损失 Δh_x 可用下列经验公式计算：

$$\Delta h_x=(1-x)h_u \tag{2-74}$$

式中　h_u——轮周焓降，kJ/kg；

x——级内湿蒸汽的平均干度(可近似于喷嘴出口出蒸汽干度)，$x=\frac{x_1+x_2}{2}$；

x_1——喷嘴前的蒸汽干度；

x_2——动叶片后的蒸汽干度。

由式(2-74)可知，湿汽损失与级内的湿蒸汽的湿度$(1-x)$成正比。湿度越大，湿汽损失也越大。

减少湿汽损失及防止动叶冲蚀的措施有：

(1)限制多级汽轮机末几级的排汽湿度，一般要求末几级的蒸汽湿度不应超过12%～15%。在运行中应尽量保持汽轮机在额定的新蒸汽参数下运行，防止由于新蒸汽温度降低造成排汽湿度增大。

(2)采用去湿装置减少湿蒸汽中的水分，以减少危害。现代汽轮机的末几级，为减少蒸汽中的水珠对叶片的冲蚀都装有捕水装置，如图2-48所示。它是利用离心力使水滴经过槽道1进入捕水室2，然后沿捕水室2流至汽缸下部的疏水槽3中，最后流入凝汽器。

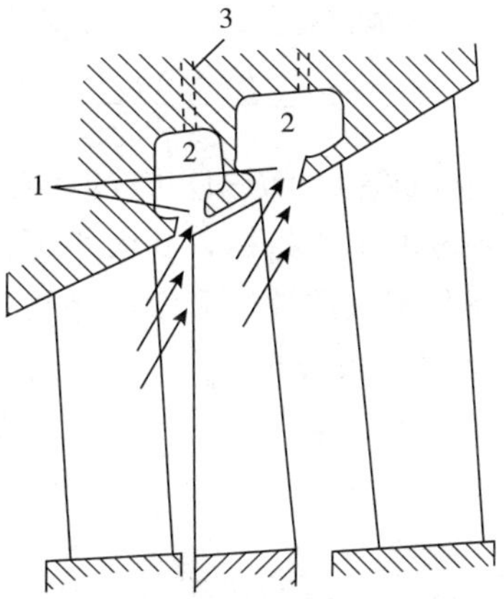

图2-48　去湿装置示意图

1—捕水口槽道；2—捕水室；3—流水槽

(3)采用具有吸水缝 的空心叶片，如图2-49所示。将喷嘴叶栅作成空心叶型，并使其空心部分与压力较低的凝汽器相连，形成负压，将喷嘴表面的凝结水膜自叶栅上的吸水缝吸走。

(4)为了进一步提高动叶表面抗冲蚀能力，还应采取在叶片进汽边背弧上进行电火花硬化，表面镀铬、表面淬硬、喷涂硬质合金及氮化等措施。目前常用的方法是在动叶顶部进汽边的背弧上镶焊硬度较高的司太立合金薄片，如图2-50所示。

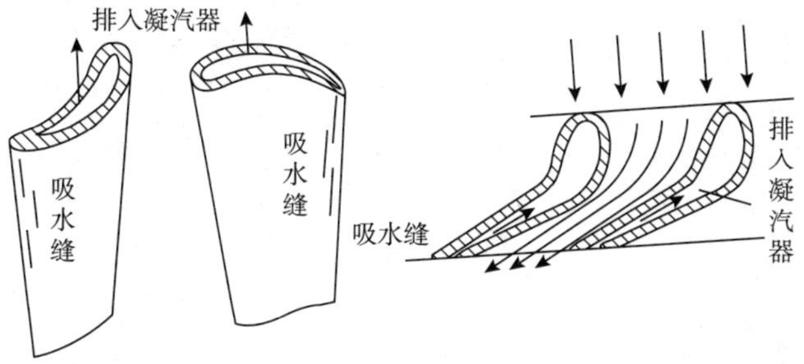

(a)吸水缝在静叶片弧面　(b)吸水缝在出汽边

图2-49　喷嘴静叶片的吸水缝

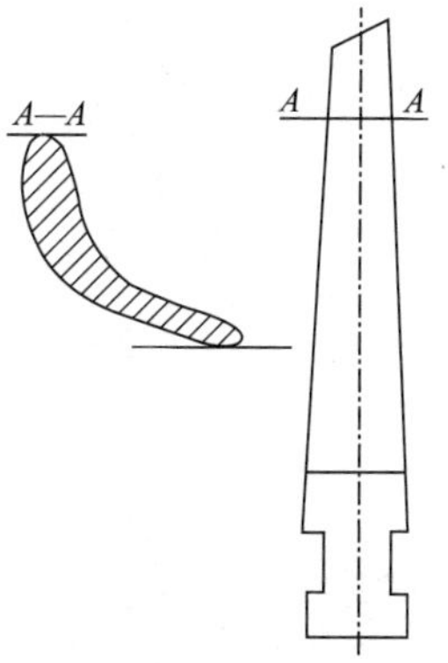

图2-50　焊有硬质合金贴边的动叶

虽然采取了上述各项措施，但为了安全起见，一般规定汽轮机末级叶片后排汽的最大可见湿度不超过 12%～15%。

二、级的相对内效率和内功率

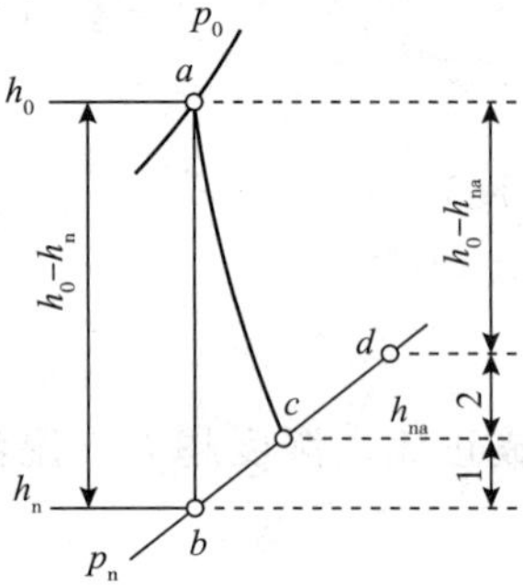

图 2-51 蒸汽在级内的实际热力过程

蒸汽流经动叶做功时，产生上述各项损失，这些损失都是由于节流、膨胀、摩擦、碰撞、转向、涡流引起的，损失的动能和机械能又有一部分转变为热能，并被蒸汽所吸收，使级后蒸汽的热焓值增加，熵也增大。图 2-51 为在 $i-s$ 图上表示级的实际热力过程，图中线段 1 为喷嘴损失，图中线段 2 为其余各项损失，所以考虑了各项损失后，蒸汽离开本级时的状态点应是在等压线 p_n 上的 d 点。

汽轮机的级内损失约占理想焓降的 10%～20%，其中较大的损失为喷嘴损失和动叶损失。

1. 级的相对内效率 η_i

级的有效焓降 Δh_i 与级的理想能量 E_t 之比称为级的相对内效率，即

$$\eta_i=\frac{\Delta h_i}{E_t}=\frac{E_t-\Delta h_n-\Delta h_b-\Delta h_\theta-\Delta h_f-\Delta h_c-\Delta h_P-\Delta h_t-\Delta h_x-(1-\xi)\Delta h_{c2}}{E_t} \quad (2-75)$$

由式(2-75)可知，级的相对内效率反映级内损失大小，是衡量级内能量转换过程的完善程度的重要指标，其大小不仅与所选用的叶型、反动度、速比和叶栅高度等有密切关系，还与蒸汽的性质和级的结构有关。

2. 级的内功率 N_i

级的内功率 N_i 可由级的有效焓降和蒸汽流量来确定，即

$$N_i=Gh_i=\frac{Dh_i}{3600} \quad (2-76)$$

式中 N_i——级的内功率，kW；

G——每秒中通过级的蒸汽量，kg/s；

h_i——级内有效焓降，kJ/kg；

D——级的进汽量，kg/h。

第三章　多级工业汽轮机

第一节　多级汽轮机特性

从级的工作原理可知，级只有在最佳速比范围内工作，才能获得较高的效率。根据速比公式 $x_1=u/c_1$，由于级的圆周速度 u 受到材料强度的限制，为了保证级在最佳速比 x_1 下工作，喷嘴出口的速度 c_1 就受到限制，从而使单级汽轮机的焓降也受到限制，即使采用速度级，所能利用的焓降也是有限的，而且效率还比单列级低。现代工业汽轮机要求功率大，效率高，为此将汽轮机设计成多级汽轮机，即相当于许多单级叠置成一台多级汽轮机，蒸汽依次在各级中膨胀做功，各级均按照最佳速比选择适当的焓降，根据总的焓降确定多级汽轮机的级数，这样既能利用汽轮机大的焓降，又能保持较高的级效率。所以，功率稍大的汽轮机都制作成多级汽轮机。

多级汽轮机是由按工作压力的高低顺序排列并由若干级组成的，常使用的多级汽轮机有多级冲动式汽轮机和多级反动式汽轮机两种。

图 3-1 所示为一台十四级冲动式汽轮机。第一级采用双列速度级作为调节级，其余 13 个为单列级(压力级)，蒸汽进入汽轮机后，依次通过各级膨胀做功，压力逐级降低，直至蒸汽从最末级排出汽轮机。

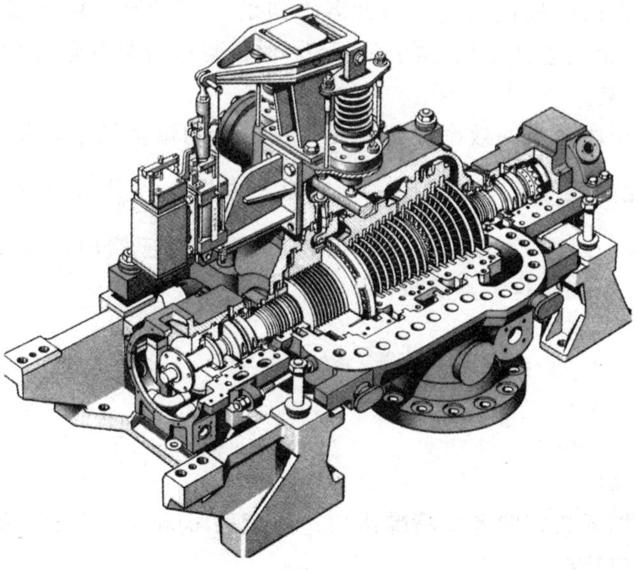

图 3-1　冲动式多级汽轮机剖面图

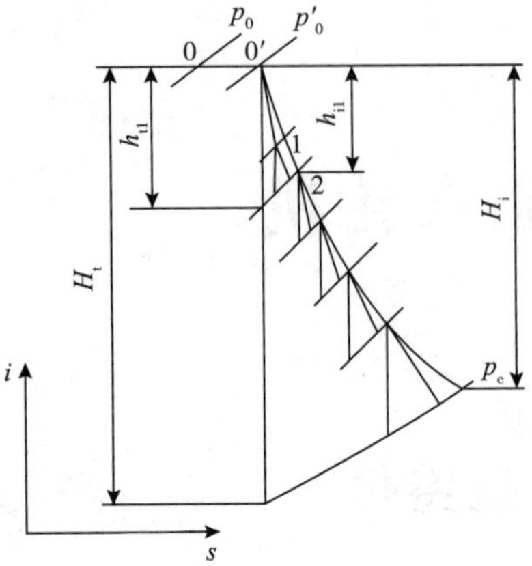

图 3-2　多级汽轮机的热力过程线

一、多级汽轮机的工作过程

蒸汽在多级汽轮机中的膨胀过程与级中的膨胀过程一样，可以用 $i-s$ 图上的热力过程线表示，是各级过程曲线的串联，如图 3-2 所示。蒸汽从初态进入到终态排出，其焓降在各级中逐级得到利用。0′点表示汽轮机第一级喷嘴前的蒸汽状态点；H_t 为考虑了主汽阀、调节汽阀及排汽管的节流损失后汽轮机的理想焓降；h_{t1} 及 h_{i1} 分别为第一级的理想焓降及内焓降；2 是第一级后的蒸汽终状态点(排汽状态点)，同时第一级的排汽状态点也是第二级的进汽状态点；0′2 为第一级的工作过程曲线，接着绘出以后各级的膨胀曲线，直到最后一级。将各级的热力过程线顺次连接起来就是多级汽轮机的热力过程线。图中 p_c 为汽轮机的排汽压力，也称汽轮机的背压，H_t 为汽轮机的等熵焓降，H_i 为多级汽轮机的有效焓降。从图中可以看出，汽轮机的有效焓降等于各级有效焓降 h_i 之和，即 $H_i=\sum h_i$。多级汽轮机的内功率 N_i 等于各级内功率的之和，即

$$N_i = \sum N_{ii} = N_{i1} + N_{i2} + \cdots N_{iz} \tag{3-1}$$

式中　$\sum N_{ii}$——多级汽轮机的各级内功率之和；

$N_{i1}+N_{i2}+\cdots+N_{iz}$——表示第 1、2、…$z$ 级的内功率。

二、多级汽轮机的特点

1. 多级汽轮机的优点

现代汽轮机多设计成多级，与单级汽轮机相比，主要具有下列优点：

(1)各个级都可以采用最佳速比，因此各个级的效率较高。由于级数多，各级承担的焓降小，可以实现在轮周速度 u 较小的条件下，保证每级有最佳速比值，使每级的效率与整机的效率都得到提高。

(2)使汽轮机高压段各级的效率提高。因为每一级的焓降较小，所以绝对速度 c_1 也不大。在保持最佳速比的条件下，当转速 n 一定时，根据 $u=\frac{\pi dn}{60}$，平均直径 d 也较小，在容积流量 GV 一定时，因为 c_1 及 d 都小，可使喷嘴高度相应增加，部分进汽度 e 也相应增加，由下面公式可以反映出这一点，即

$$eL_n=\frac{GV}{\pi d\tau_n c_1 \sin\alpha_1} \tag{3-2}$$

式中　e——部分进汽度；

d——平均直径，m；

L_n——喷嘴的高度，m；

τ_n——喷嘴阻挡系数，即考虑喷嘴出口边厚度的影响，一般 τ_n=0.85～0.95；

c_1——绝对进口速度；

α_1——绝对进口角度，表示 c_1 的方向，一般 $\alpha_1=12°\sim20°$；

GV——喷嘴的容积流量。

若平均直径 d 减小，则 eL_n 值可以相应增加，从而使汽轮机高压段的喷嘴高度 L_n 增加，使其不小于 12mm，而且部分进汽度 e 也不小于 0.10～0.20，便可以提高汽轮机高压部分各级的效率。

(3)由于各级的焓降较小，因此每级进、出口压差也不太大，使每一级喷嘴的压力比 $\frac{p_1}{p_0}>\varepsilon_c$，于是可采用渐缩型喷嘴，而不用缩放型喷嘴。渐缩型喷嘴结构简单，加工方便，并且在变工况时，速度系数变化较缩放型喷嘴缓和，变工况性能好。另外，由于汽流速度较低，因此在喷嘴、动叶栅中的流动损失较小。

(4)当级的焓降较小时，喷嘴出口处速度低，在保持最佳速比的前提下，可相应减小级的平均直径，从而可适当提高动静叶的高度，减少叶高损失。对部分进汽的级而言，级的直径减小可提高部分进汽度，减少部分进汽损失，提高级的效率。

(5)多级汽轮机中，上一级的排汽就是下一级的进汽，当叶型选择和结构布置合理时，上一级的排汽余速动可全部或部分地被下一级所利用，从而提高各级和整个汽轮机的效率。

(6)在多级汽轮机中，可以采用调节或非调节抽汽，提供工业或生活用蒸汽，实现热能的综合利用，从而提高汽轮机的经济性。

(7)由于重热现象的存在，在多级汽轮机中，前面级的流动损失变为热量再加热蒸汽可以部分地被后面各级利用，因而提高级后蒸汽的焓值，增加了做功能力，使整机相对内效率提高。

2. 多级汽轮机的缺点

多级汽轮机虽然有上述优点，但也存在以下缺点：

(1)由于多级汽轮机的级数多，相应增加了汽轮机的轴向尺寸和重量；

(2)多级汽轮机由于结构复杂，零部件也相应增多，需用使用较多的优质合金材料，价格昂贵，且制造工艺精度要求高；

(3)多级汽轮机由于结构和工作过程的特点，将会产生一些单级汽轮机所没有的附加损失，如级内的隔板漏汽损失、最后末几级的湿汽损失等，这些将会降低汽轮机的效率。

由于多级工业汽轮机的优点较为显著，特别是多级汽轮机具有效率高、容量大的特点，所以它在石油化工、冶金等工业领域得到广泛的应用。如在大型石油化工装置中，大型离心式压缩机和自备电站发电机均采用多级汽轮机驱动。

三、多级汽轮机的重热现象和重热系数

汽轮机的各级在做功过程中的级内损失，都转变成热能并被蒸汽所吸收，使级的出口焓值沿熵增方向移动。从水蒸气的 $i-s$ 图可以看出，各条等压线并不平行，而是沿熵增的方向渐扩的，这就使得以后级的理想焓降随着熵的增加而增大，所以压降相同但焓降却不同。或者说，多级汽轮机中，前面级的损失可以使后面级的理想焓降增大，即前面级的损失在以后的级中能部分地获得利用，这种现象称为重热现象。

图 3-3 所示为具有三级汽轮机的热力过程。若忽略进汽机构的节流损失，并以 h_{t1}、h'_{t2}、h'_{t3}分别代表 1～3 级在上一级没有损失时的理想焓降，h_{t1}、h_{t2}、h_{t3}分别代表 1～3 级在上一级有损失时的理想焓降。

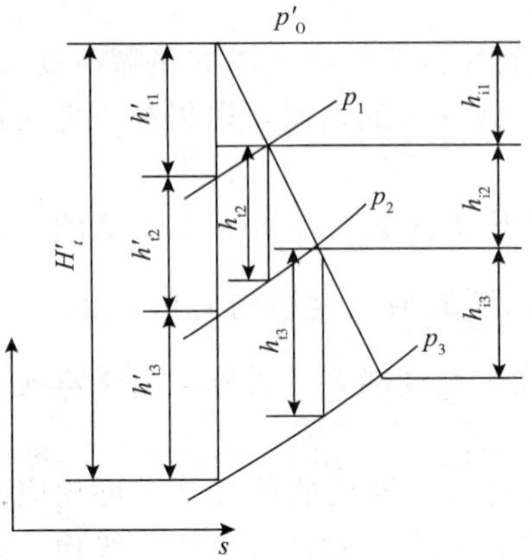

图 3-3　三级汽轮机的热力过程

汽轮机没有损失时，各级理想焓降 H'_t之和为

$$H'_t = h_{t1} + h'_{t2} + h'_{t3}$$

汽轮机有损失时，各级的理想焓降 $\sum h_t$ 之和(称为累积焓降)为

$$\sum h_t = h_{t1} + h_{t2} + h_{t3}$$

由于等压线是沿熵增方向是渐扩的，即 $h_{t2} < h'_{t2}$、$h_{t3} < h'_{t3}$，则

$$\sum h_t < H'_t \tag{3-3}$$

由此可知，由于多级汽轮机级内损失转变为热能并重新被蒸汽所吸收，使多级汽轮机的理想焓降之和大于汽轮机整机的理想焓降，这种现象称为多级汽轮机的重热现象。

用 ΔH 表示由于重热现象而增加的理想焓降，则

$$\Delta H = \sum h_t - H'_t \tag{3-4}$$

由于重热现象而增加的理想焓降占汽轮机理想焓降的比值称为重热系数，即

$$\alpha = \frac{\Delta H}{H'_t} \tag{3-5}$$

式中　α——重热系数，一般 $\alpha = 0.04 \sim 0.08$。

设汽轮机各级的平均内效率为 η_{im}，则

$$\eta_{im} = \frac{\sum h_i}{\sum h_t} = \frac{H_i}{\sum h_t}$$

即

$$H_i = \sum h_t \eta_{im} \tag{3-6}$$

多级汽轮机整机的内效率 η_i 为

$$\eta_i = \frac{H_i}{H'_t} = \frac{\sum h_t \eta_{im}}{H'_t} = \frac{H'_t(1+\alpha)}{H'_t}\eta_{im} = (1+\alpha)\eta_{im} \tag{3-7}$$

多级汽轮机在做功过程中总是有损失的，所以 $\alpha < 0$。式(3-7)说明，由于重热现象，使多级汽轮机整机的相对内效率 η_i 总是大于各级的平均内效率 η_{im}，但并不能说重热系数 α 越大，多级汽轮机的内效率越高，因为 α 的增大，是由于各级损失增加使各级平均内效率 η_{im}降低而造成的，而重热只能回收损失中的部分能量，它弥补不了由于级的热损失而引起汽轮机整机内效率的降低。因此，重热系数越大，汽轮机的各级平均内效率越低，汽轮机的内效率也越低。

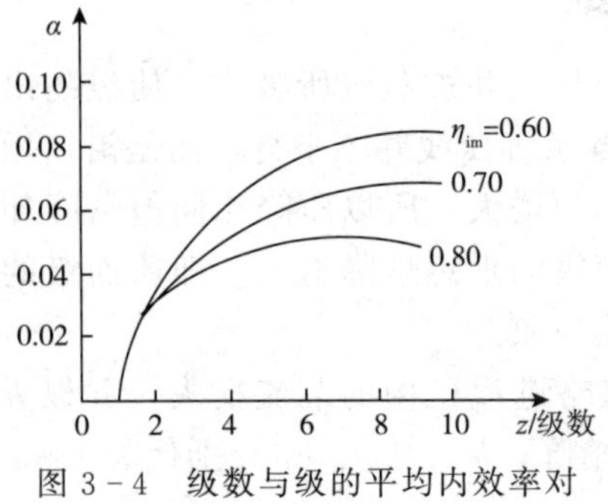

图 3-4　级数与级的平均内效率对重热系数的影响

影响重热系数 α 的因素如下：

(1)与多级汽轮机的级数有关。由上述分析可知，汽轮机的级数越多，则前几级的损失在后几级中被利用的程度越大，利用的份额也越大，故重热系数 α 越大，如图 3-4 所示。

(2)与多级汽轮机各级的效率有关。若级效率为 1，即各级没有损失，则没有重热作用，重热系数 $\alpha = 0$。级效率越低，则重热系数 α 越大。

(3)与汽轮机的蒸汽初参数有关。汽轮机在过

热蒸汽区工作，重热系数 α 比湿蒸汽区大，这是因为水蒸气特性决定的。由 $i-s$ 图可以看到，过热蒸汽区的等压线扩张的程度比湿蒸汽区大，如图 3－5 所示。

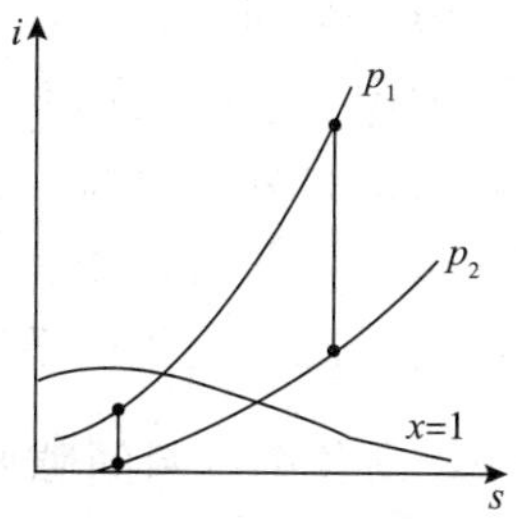

图 3－5　过热蒸汽区的等压线扩张的程度比湿蒸汽区大

四、多级汽轮机的余速利用

在单级汽轮机中，蒸汽在动叶做功后，以绝对速度 c_2 离开动叶，所具有的余速动能 $c_2^2/2$ 全部成为余速损失，不能加以利用。而在多级汽轮机中，只要在下一级结构上采取适当措施，就能够全部或大部分利用上一级的余速动能，从而提高汽轮机的效率。

由上述分析可知，余速利用能提高汽轮机的级和整机汽轮机的效率，对多级汽轮机来讲是有利的，所以在设计多级汽轮机结构及热力过程时应充分考虑级的余速利用问题。但事实上有一些级的余速不能被下一级所利用，能利用的级也常常只能利用它的一部分，余速能否被利用，取决于采取的下列措施。

(1)相邻两级的平均直径应接近相等，蒸汽从上一级流向下一级时没有较大的径向方向变化且过渡平滑。

(2)下一级喷嘴进汽方向应与动叶排汽方向一致。

(3)相邻两级间的轴向距离应尽可能小，而且在此间隙内汽流不发生扰动。

五、多级汽轮机的损失

多级汽轮机的损失可分为两大类，一类是指不直接影响蒸汽状态的损失，称为外部损失；另一类是指直接影响蒸汽状态的损失，称为内部损失。

(一)多级汽轮机的外部损失

汽轮机外部损失包括机械损失和轴端轴封漏汽损失。

1. 机械损失 ΔP_m

汽轮机在运行时为克服轴承的摩擦阻力及带动调速器、主油泵等所消耗功率，称为机械损失 ΔP_m。机械损失的大小与转速有关，并随转速增大而增大。由于机械损失的存在，汽轮机的内功率通过联轴器传递给发电机转子或其他机械转子时的功率，称为有效功率 P_e 或称为汽轮机轴端功率，一般有效功率小于汽轮机的内功率 P_i，即

$$P_e = P_i - \Delta P_m \tag{3-8}$$

一般机械损失约占汽轮机额定功率的 0.005～0.010。

2. 轴端轴封漏汽损失(外部漏汽损失)

汽轮机转子穿过汽缸两端迷宫式轴封时，转子与汽缸间存在着间隙。汽轮机高压端轴封称为高压轴封，也称为前轴封。低压端轴封称为低压轴封，也称为后轴封。高压端轴封的作用是防止高压缸向外漏汽；低压端轴封的作用是防止空气漏入低压缸内部，破坏汽轮机的真空。由于高压端轴封的漏汽不再进入汽轮机内做功，这样造成的损失称为轴端漏汽损失。

在现代汽轮机中常用齿形汽封，又称曲径式汽封，如图 3－6 所示。图 3－6 所示为迷宫式汽封的工作原理。汽缸上的汽封片与转子上的凸肩及方槽之间留有一定的间隙 δ。当

蒸汽经过第一个间隙δ时，因节流作用使压力下降，而比体积增大，流速增加，然后进入空间A，如图 3－6(a)所示。当汽流突然进入较小的空间A时，产生紊乱的分子运动，速度随之降低。另外，汽流与汽封片、汽流与凸肩的碰撞、涡流而消耗了热量，使汽流的动能转变为热能，此时的压力为p'，且$p'<p$。这样，连续经过几个汽封间隙到达最末一个汽封片前的空隙，这里的蒸汽压力已很接近低压侧的压力p_2。设总压差为p_1-p_2，汽封片数为z，则各个汽封间隙两侧的压力差为$\Delta p=\frac{p_1-p_2}{z}$。汽封片数越多，压力差$\Delta p$就越小，因而漏汽量也越小。经过最后一级汽封片时的压力和流速都很低，从而使漏汽量显著减少。

蒸汽在迷宫式汽封内的膨胀过程，在$h-s$图上可将其节流降压的本质反映出来，如图 3－6(b)所示，图中 1—2、3—4、5—6 等线表示蒸汽通过间隙δ时压力下降，速度增加的过程；图中 2—3、4—5、6—7 等线表示蒸汽在A室内动能变为热能，使蒸汽的焓又增加到原来数值的过程。所以蒸汽经过汽封片的过程，是压力不断降低而速度多次增加与减少的过程。

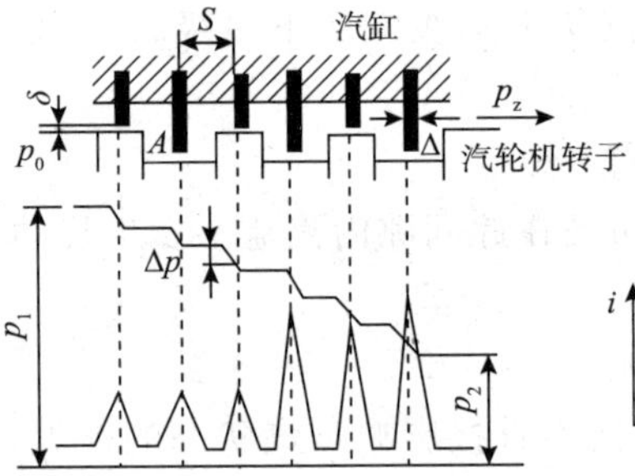

(a) 迷宫密封示意图

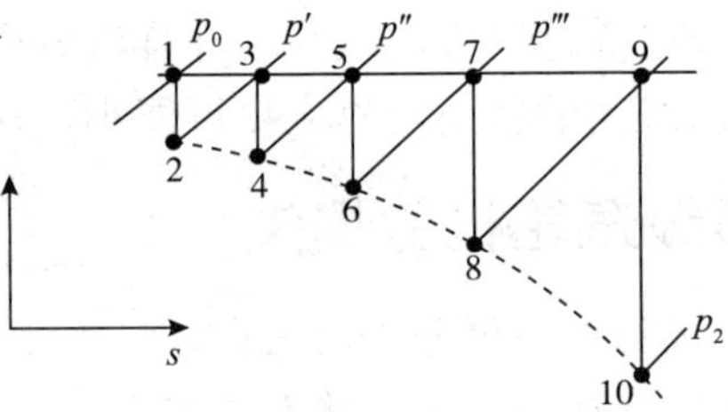

(b) 蒸汽在迷宫式密封内膨胀过程

图 3－6 迷宫密封的工作原理示意图

由上述分析可知，漏汽量的多少，取决于压力差，汽封片的数量以及间隙δ的大小，在压力差大的地方，汽封片的数量应多一些。汽封片越多，蒸汽压力降得愈低，比体积变得愈大，通过最后一个汽封片的速度愈小，漏汽量也愈少。因此，蒸汽压力愈高的汽轮机，高压端部轴封及高压段隔板汽封的汽封片的道数应就愈多。

为了保证机组的安全、平稳运行，一般取间隙$\delta=0.30\sim0.60$mm，δ过小会使汽封片与转子发生摩擦而引起局部发热或变形，设置导致转子弯曲、振动等恶性事故。

迷宫式轴封的漏汽量可通过计算求得，首先应求出最后一个汽封片的临界压力p_c，以判断漏汽流经轴封是否达到临界状态，临界压力p_c为

$$p_c=\frac{0.85p_0}{\sqrt{z+1.5}} \tag{3-9}$$

式中 p_0——轴封前的蒸汽压力，MPa；

z——轴封片数(迷宫密封齿数)。

当漏汽在轴封内未达到临界状态时，即轴封后的压力$p_1>p_c$时，漏汽量G_P为

$$G_P=\alpha\pi d\delta\sqrt{\frac{(p_0^2-p_1^2)\rho_0}{zp_0}} \tag{3-10}$$

当漏汽在轴封内已达到或超过临界状态时，即轴封后压力 $p_1 \leqslant p_c$时，漏汽量 G_P 为

$$G_P = \alpha \pi d \delta \sqrt{\frac{p_0 \rho_0}{z+1.5}} \tag{3-11}$$

以上两式中 G_P——轴封漏汽量，kg/s；

α——轴封漏汽量修正系数，$\alpha=0.63 \sim 0.73$；

d——轴封直径，mm；

δ——轴封间隙，mm；

p_0——轴封前的蒸汽压力，MPa；

p_1——轴封后的蒸汽压力，MPa；

ρ_0——轴封前蒸汽密度，kg/m^3。

在计算时，实际进入汽轮机各级做功的流量应为汽轮机的总进汽量减去这部分漏汽量。

(二)多级汽轮机的内部损失

在汽轮机通流部分中气体非等熵过程所导致可用能量的损失，称为内部损失。包括进汽节流损失、排汽管压力损失和级内损失三种。

1. 进汽节流损失

由于节流作用形成的蒸汽压力损失，称为进汽节流损失。由锅炉来的新蒸汽在通过经主汽阀和调节汽阀时，要受到阀门的节流作用，蒸汽压力降低，压力由 p_0 降至 p'_0，焓值保持不变。一般情况下，节流损失所引起的压降 Δp 可表示为

$$\Delta p = p_0 - p'_0 = (3\% \sim 5\%) p_0 \tag{3-12}$$

式中　p_0——新蒸汽(主汽阀前)的压力。

图 3-7 所示为蒸汽流经主汽阀、调节汽阀时，产生节流损失的热力过程，点“0”和“0′”分别表示蒸汽在主汽阀前和第一级喷嘴前的状态点。由于阀门的节流作用，使蒸汽压力由 p_0 降至 p'_0。由图可知，在背压不变时，在没有节流损失时，汽轮机的理想焓降为 H_t；有节流损失时，其焓降为 H''_t，H_t 与 H''_t 之差 ΔH_1 称为进汽机构的节流损失。蒸汽在汽轮机中的理想焓降减少，即

$$H_t > H''_t > H'_t \tag{3-13}$$

式中　H_t——蒸汽未经节流时的理想焓降；

H''_t、H'_t——分别为蒸汽经主汽阀和调节汽阀节流后的理想焓降。

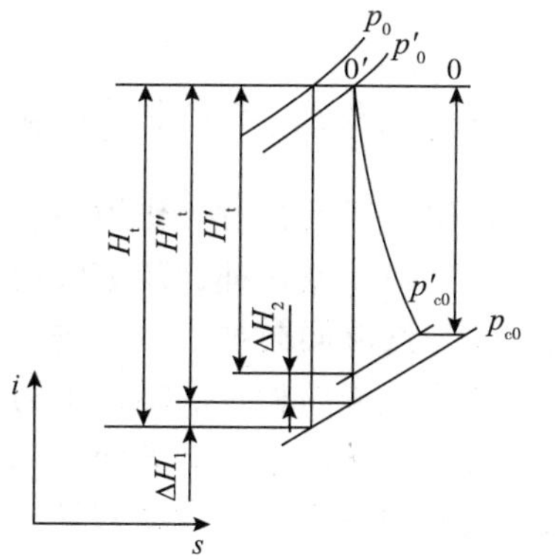

图 3-7　节流损失和排汽管损失

进汽机构的节流损失与汽流速度、管道长短、阀门型线及汽室形状等因素有关。设计时应使蒸汽流过阀门和管道的流速≤40～60m/s，另外还应选用流动特性良好的阀门，将压力损失控制在$(0.03 \sim 0.05)p_0$ 的范围内，可以减少节流损失。

2. 排汽管的压力损失

进入汽轮机的蒸汽在各级做功后，从最末级动叶排出后，经由排汽管道引入凝汽器。蒸汽在排汽管道中流动时，由于摩擦、撞击和涡流等损失造成压力降低，即汽轮机末级动

叶后的压力 p'_{c0} 高于凝汽器的压力 p_{c0}，即 $\Delta p_{c0}=p'_{c0}-p_{c0}$，这部分压降并未用于做功，而用于克服排汽管道的流动阻力，故将 p'_{c0} 与 p_{c0} 之差称为排汽管压力损失 Δp_{c0}。

排汽管压力损失 Δp_{c0} 的大小，取决于蒸汽在排汽管中的流速和排汽管的结构及其型线的优劣。可由经验公式计算

$$\Delta p_{c0}=\lambda\left(\frac{c_n}{100}\right)^2 p_{c0} \tag{3-14}$$

式中 p_{c0}——凝汽器内的绝对压力，MPa；

λ——阻力系数，一般取 $\lambda=0.05\sim0.1$，若排汽缸型线良好，汽流速度较小时，λ 取较小值，否则取较大值；

c_n——排汽缸中的汽流速度，m/s。对凝汽式汽轮机 $c_n=80\sim120$m/s，对背压式汽轮机 $c_n=40\sim60$m/s。

由图 3-7 可以看出，由于 Δp_{c0} 的存在，汽轮机的理想焓降由 H''_t 降至 H'_t，使蒸汽在汽轮机的做功能力减小，H'_t 与 H''_t 的差值 ΔH_2 即为排汽管压力损失所引起的焓降损失。Δp_{c0} 的大小决定于排汽缸中蒸汽的流速和排汽缸的结构型式。排汽速度按上述数值选取时，$\Delta p_{c0}=(0.02\sim0.06)p_{c0}$。为了减少排汽管的压力损失，通常利用排汽本身的功能，来补偿排汽管中的压力损失，为此将排汽管设计成扩压效率较高的缩放形状的扩压管，即在末级动叶到凝汽器入口之间有一段通流面积逐渐扩大的导流部分，尽可能将排汽动能转变为压力能，以补偿排汽管道的压力损失。由于节流损失和排汽管的压力损失都影响热力状态，故两者均属于汽轮机的内部损失。

第二节　多级汽轮机轴向推力及其平衡

一、多级汽轮机的轴向推力

汽轮机组运行时，作用在转子上的轴向力称为轴向推力。汽轮机每一级都有压降，动叶前后存在压差，都会产生轴向推力；隔板汽封间隙中漏汽也会使叶轮前后产生压差，从而产生与汽流同向推力蒸汽进入汽轮机膨胀做功，除了产生圆周力推动转子旋转外，还将产生与蒸汽流向相反的轴向推力。轴向推力的大小与蒸汽的流量成正比。轴向推力方向与汽流在汽轮机内的流动方向相同，即从汽轮机的高压端指向低压端。多级汽轮机是由若干个单级叠加而成的，因此其轴向推力等于各级轴向推力之和。

多级汽轮机的轴向推力主要取决于叶轮前后的压差。当蒸汽流量改变时，虽然占大多数的中间级压力比基本不变，但中间各级前后压力却随之变化，因而级前后压力将发生变化，使得轴向推力发生变化。如果蒸汽流量增加，则级前后压力随之增高，级前后压差增大，中间各级轴向推力增加。反之，蒸汽流量减少，则级前后压力降低，级前后压差减少，中间各级轴向推力减少。调节级和末几级的压力差变化正好相反，且伴随着焓降和反动度的变化，因而轴向推力变化情况较复杂。但由于中间级占大多数，所以，多级汽轮机的轴向推力是随蒸汽流量的增加而增加的，反之则相反。

轴向推力过大，将会造成汽轮机动、静部分碰磨，导致重大事故。汽轮机运行时，转子的轴向推力很大，例如冲动式汽轮机轴向推力为 400～500kN，大型反动式汽轮机轴向

推力可达 2000～3000kN。

蒸汽在汽轮机内流动时，除了动叶栅上产生推动叶轮旋转功的圆周力之外，还产生与轴线平行的轴向力，其方向与汽流在汽轮机内的流动方向相同。多级汽轮机是由若干个单级叠加而成的，因此其轴向推力等于各级轴向推力之和。一个级的轴向推力通常包括蒸汽作用在动叶栅上的轴向推力、作用在叶轮轮面上的轴向推力、汽封凸肩上的轴向推力和转子凸肩上的轴向推力四部分，如图 3－8 所示。图中，级前蒸汽压力为 p_0，动叶前压力为 p_1，动叶后的压力为 p_2，叶轮前压力为 p_d。

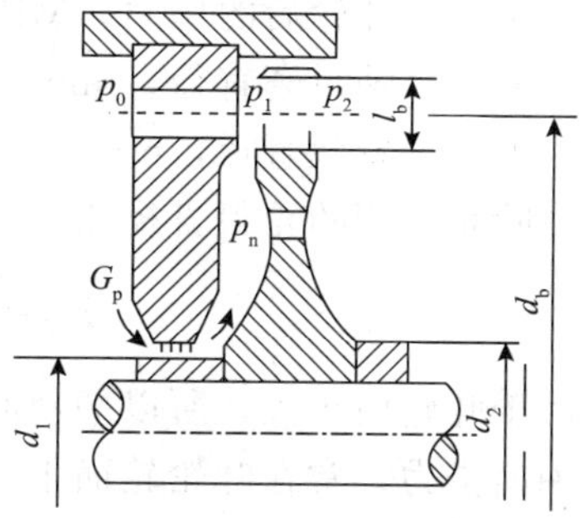

图 3－8　多级汽轮机轴向推力示意图

1. 作用在动叶片的轴向推力 F_{z1}

蒸汽作用于动叶片上的轴向推力是由动叶片前后两侧的蒸汽压力差和汽流的轴向动量变化所产生，即

$$F_{z1}=G(c_1\sin\alpha_1-c_2\sin\alpha_2)+\pi e l_b d_b(p_1-p_2) \tag{3-15}$$

式中　$\pi e l_b d_b$——动叶栅进汽弧段的面积，m^2；

e——部分进汽度；

d_b——动叶片的平均直径，mm；

l_b——动叶片的高度，mm；

p_1-p_2——动栅前后的压力差，Pa；

G——蒸汽流量，kg/s。

由上式可知，在汽轮机运行中，当蒸汽流量增加时，转子上的轴向推力增加；当 p_1-p_2 压差增加时，转子的轴向推力增加；当级焓降 h_t 增加时，c_1 速度增加，因此转子的轴向推力也相应增加。

式(3－15)右边第一项为蒸汽流经动叶栅时，轴向分速度变化所产生的轴向力，其值一般很小，可以忽略不计。第二项为动叶栅进汽弧段前后压力差产生的轴向力，该项与级的反动度有关。当冲动级内反动度或焓降不大时，压力反动度 $\rho_p=\dfrac{p_1-p_2}{p_0-p_2}$ 与焓降反动度 ρ_m 相差不大，而且一般情况下 $\rho_m<\rho_p$。一般用 $\rho_m(p_0-p_2)$ 代替 (p_1-p_2)，因此，式(3－15)可写成

$$F_{z1}=\pi d_b l_b \rho_m(p_0-p_2) \tag{3-16}$$

由式(3－16)可知，作用在动叶栅上的轴向推力随级的反动度 ρ_m 的增加而增大。对于部分进汽的冲动级，其轴向推力为 $F_{z1}=e\pi d_b l_b \rho_m(p_0-p_2)$。对于速度级，轴向推力应为两列动叶片上的轴向推力之和。

2. 作用在叶轮轮面上的轴向推力 F_{z2}

当叶轮前、后存在压力差时，则作用在叶轮轮面上的轴向推力为

$$F_{z2}=\frac{\pi}{4}\left[(d_b-l_b)^2-d_1^2\right]p_n-\frac{\pi}{4}\left[(d_b-l_b)^2-d_2^2\right]p_2 \tag{3-17}$$

式中 p_n——前的压力，MPa；

p_2——叶轮后的压力，MPa；

d_1——轴封套直径，mm；

d_2——轮毂直径，mm。

当叶轮两侧的轮毂直径相同，即 $d_1=d_2=d$ 时，则

$$F_{z2}=\frac{\pi}{4}[(d_b-l_b)^2-d_1^2](p_n-p_2) \qquad (3-18)$$

由于叶轮面积大，所以即使叶轮前后压差不大，也会引起很大的轴向推力。为了减小这个轴向推力，常在叶轮轮面上开设5～7平衡孔，以减少叶轮前后两侧的压力差。当叶轮上没有开设平衡孔，动叶根部与隔板间隙较大时，可认为 p_n 与 p_1 相等，此时作用在叶轮上的轴向推力较大；当叶轮上开有平衡孔，而且有足够面积时，可近似认为 p_n 与 p_2 相等，此时 $F_{z2}=0$。显然，平衡孔面积不足或在运行中隔板漏汽量 G_p 增大时，将使 p_n 增大，引起轴向推力的增大。

对于部分进汽的级，由于不进汽的动叶上所受到的压力差也为 p_n-p_2，因此，在式(3-18)中还应增加 $F_{z2}=\pi d_b l_b(p_n-p_2)$一项。

3. 作用在汽封凸肩上的轴向推力 F_{z3}

当隔板汽封或轴封采用高低齿的形式时，转子相应的部位应制做成汽封凸肩结构，如图3-9所示。由于汽封每个凸肩前后存在压力差，因而产生的轴向推力 F_{z3} 为

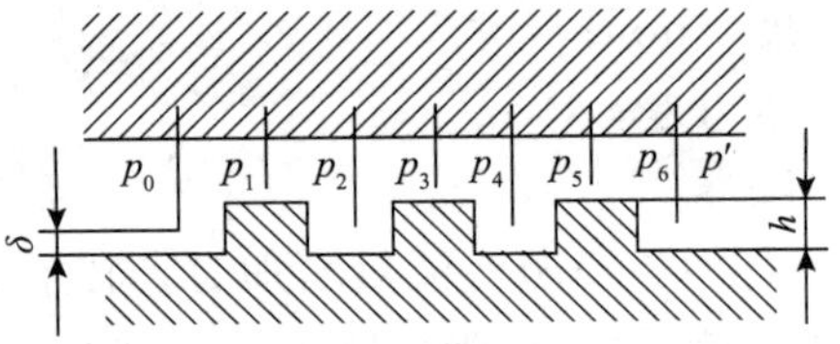

图3-9 汽封凸肩

$$F_{z3}=\pi d_p h[(p_1-p_2)+(p_3-p_4)+\cdots]=\pi d_p h\sum\Delta p \qquad (3-19)$$

式中 d_p——汽封凸肩上的平均直径，mm。

h——汽封凸肩的高度，mm。

若汽封间隙 δ 相等，则

$$\sum\Delta p=0.5(p_0-p')$$

若隔板采用平齿汽封结构，则 $h=0$，则 $F_{z3}=0$。一般，由于凸肩高度很小，F_{z3} 数值很小，可以忽略不计。

4. 作用在转子凸肩上的轴向推力

$$F_{z4}=\frac{\pi}{4}(d_2^2-d_1^2)p_x \qquad (3-20)$$

式中 d_1、d_2——分别为对应计算面上的内径和外径，mm；

p_x——对应计算面上的静压力，MPa。

综上所述，汽轮机级的轴向推力 F_z 为上述四项轴向推力之和，即

$$F_z=F_{z1}+F_{z2}+F_{z3}+F_{z4} \qquad (3-21)$$

求出每一级的轴向推力后相加，即可求得多级汽轮机总的轴向推力。不同型式、不同容量的多级汽轮机，其轴向推力大小不同，冲动式汽轮机可达 1×10^6N，大型反动式汽轮

机可达(2～3)×10⁶N。

二、多级汽轮机转子轴向推力的平衡

多级汽轮机利用推力轴承来平衡轴向推力以保证转子的轴向位置，但是轴向推力过大时，若仍仅靠推力轴承来平衡，将会引起推力轴承损坏，使转子产生轴向位移，造成汽轮机动静部件的碰摩，产生恶性事故。因此，在设计多级汽轮机时，常在结构上采取一些措施，使轴向推力大部分被平衡，推力轴承只承担剩余小部分(30%)的轴向推力。通常采取的措施有：

1. 在叶轮上开设平衡孔

一般在冲动式汽轮机的叶轮轮面上开设5～7个贯通两侧的平衡孔，以平衡叶轮前后压力差，使叶轮前后的压力差减小，从而减少汽轮机转子的轴向推力，如图3-10所示。平衡孔使轮面两侧蒸汽流动，减少压力差，从而减少轮面上的轴向推力。还可以避免在叶轮的同一直径上有对称的平衡孔而影响叶轮的强度，并且对叶轮的振动情况有好的影响。

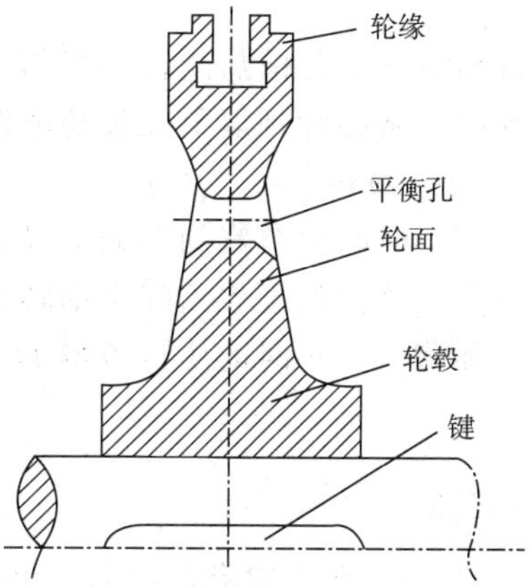

图3-10　叶轮轮面上开设平衡孔

2. 设置平衡活塞

图3-11所示为设置平衡活塞来平衡转子的轴向推力，主要用于反动式汽轮机。就是将转子高压端轴封第一段轴封套的直径d_x适当加大，以在其端面产生与轴向推力相反的力平衡轴向推力。平衡活塞的右侧为调节级喷嘴后的压力p_1，其左侧室与压力较低的汽轮机某中间级或凝汽器相通，使其压力降低到低压侧的p_x。这样，在平衡活塞两侧压差(p_1-p_x)的作用下，使平衡活塞产生一个与汽流方向相反的轴向力，从而平衡一部分轴向推力。

这种方法的缺点是轴封套直径增大后，将使轴封间隙面积增加，漏汽量增大，降低了汽轮机的经济性。

3. 采用汽缸反向对置

如果汽轮机设计为多缸时，可采用相反流动的布置，使不同汽缸中的汽流做相反方向流动，这样不同方向的汽流所引起的轴向推力相反，可相互抵消一部分轴向推力，从而达到自动平衡转子的轴向推力，如图3-12所示。

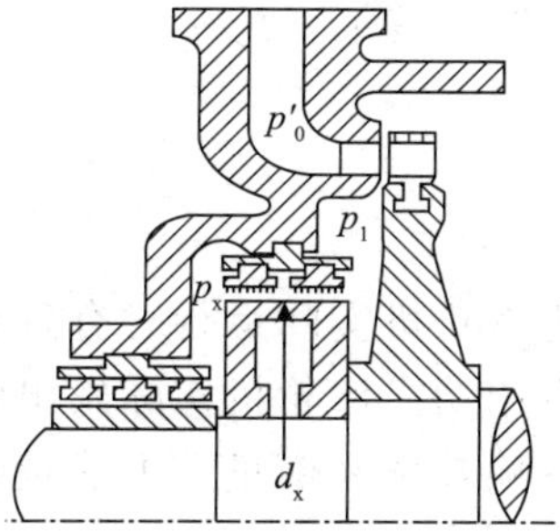

图3-11　平衡活塞示意图

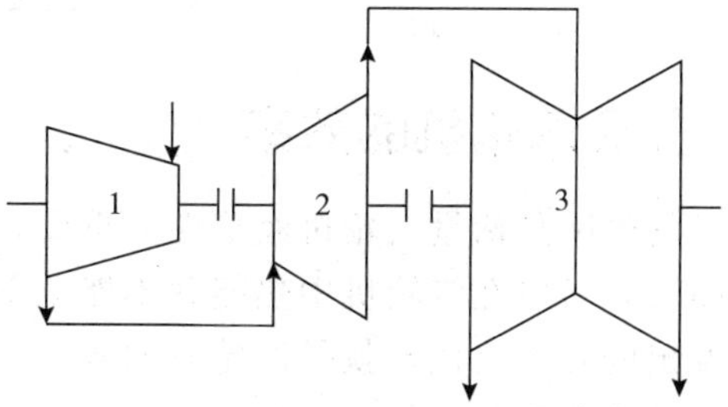

图3-12　汽轮机汽缸反向布置示意图

1—高压缸；2—中压缸；3—低压缸

4. 采用推力轴承

汽轮机转子轴向推力经采取上述措施后，推力轴承只承担转子上的剩余的轴向推力，并确定在转子在汽缸内的轴向位置。

第三节 多级汽轮机功率和效率及主要运行经济指标

一、多级汽轮机的功率

汽轮机的功是由热能转换来的，而它的功率则表示单位时间内所做的功，在汽轮机运行管理中，常接触到以下几种功率概念。

1. 理想功率

在单位时间内蒸汽的等熵焓降全部转换成的机械功，称为理想功率。即汽轮机不考虑任何损失，蒸汽的理想焓降全部转换为机械功时的功率。

已知蒸汽每小时的质量流量 D_0，相应的理想功率 N_t 为

$$N_t = D_0 H_t \quad \text{kg/h} \tag{3-22}$$

或

$$N_t = \frac{D_0 H_t}{3600} \quad \text{kW} \tag{3-23}$$

式中 H_t——理想焓降，由国际单位制 $i-s$ 或水蒸气性质表查得 $H_t = i_0 - i_{排}$ 而定，kW。

2. 汽轮级的内功率

在单位时间内，汽轮机中或级中蒸汽实际焓降全部转换成的机械功，称为内功率 N_i。即考虑汽轮机各种损失后，汽轮机所发出的功率，即

$$N_i = \frac{D_0 H_t}{3600} \eta_i \quad \text{kW} \tag{3-24}$$

式中 D_0——每小时的进汽量，kg/h；

η_i——汽轮机的相对内效率。

3. 轴端输出功率

$$N = \frac{D_0 H_t}{3600} \eta_i \eta_m \quad \text{kW} \tag{3-25}$$

蒸汽的热能经汽轮发电机组转换成电能时，存在着汽轮机的内部损失、机械损失和发电机损失，因此汽轮发电机组输出的电功率 N_e 为

$$N_e = \frac{D_0 H_t}{3600} \eta_i \eta_m \eta_g \tag{3-26}$$

二、多级汽轮机的效率

汽轮机的效率是衡量汽轮机经济性的重要指标。由于汽轮机实际运行时有各种内部损失和外部损失，所以在汽轮机中热能并不能全部转变为有用功。汽轮机实际发出的功率与理论上应发出的功率之比，就是汽轮机的效率。通常用各项效率来衡量整个能量转换过程中不同阶段的完善程度。

1. 汽轮机的相对内效率

汽轮机内功率与理想功率之比称为相对内效率 η_i，即

$$\eta_i=\frac{N_i}{N_t} \tag{3-27}$$

一般 $\eta_i=76\%$、87%、90%，汽轮机功率越大，η_i 值也就越大。

2. 汽轮机相对有效效率

轴端功率与理想功率的比值称为相对有效效率。即相对内效率与机械效率的乘积，通常用符号 η_e 表示，即

$$\eta_e=\frac{N_e}{N_t}=\eta_i\eta_m \tag{3-28}$$

3. 汽轮发电机组的相对电效率

汽轮发电机组输出功率与蒸汽理想功率的比值称为汽轮发电机组的相对电效率。相对电效率是汽轮机的相对内效率、机械效率和发电效率的乘积，用符号 η_{re} 表示，即

$$\eta_{re}=\frac{N_e}{N_t}=\eta_i\eta_m\eta_g \tag{3-29}$$

4. 汽轮发电机组的绝对电效率

汽轮发电机组的绝对电效率 η_{ae} 为发电机输出功率 N_e(热量单位)与蒸汽在锅炉中总吸热量 Q_0 之比，即

$$\eta_{ae}=\frac{3600N_e}{Q_0}=\eta_t\eta_i\eta_m\eta_g \tag{3-30}$$

三、工业汽轮机主要运行经济指标

1. 汽耗量

汽轮机每小时消耗的蒸汽量称为汽耗量，即流过汽轮机的蒸汽流量。它是表明汽轮机经济性的一个指标。表明汽轮机单位时间消耗的蒸汽量的绝对值。如果汽轮机内功率 N_i 以 kW 为单位，则汽耗量为

$$D_0=\frac{3600N_i}{H_t\eta_i\eta_m}\quad \text{kg/h} \tag{3-31}$$

如果是驱动汽轮发电机组，输出电功率为 N_e，则汽耗量为

$$D_0=\frac{3600N_e}{H_t\eta_i\eta_m\eta_g}\quad \text{kg/h} \tag{3-32}$$

2. 汽耗率

汽轮发电机组每发出 1kW · h(3600kJ)的电能所消耗的蒸汽量，用符号 d 表示，单位为 kg/kW · h，即

$$d=\frac{D_0}{N_e}=\frac{D_0}{H_t\eta_m\eta_g}=\frac{3600}{H_t\eta_i\eta_m\eta_g} \tag{3-33}$$

工业汽轮机驱动工作机械时，以输出功率 N 计算的汽耗率，即

$$d=\frac{D_0}{N}=\frac{D_0}{N_i\eta_m}=\frac{3600}{H_t\eta_i\eta_m} \tag{3-34}$$

式中　N_e——发电机发出的电功率(热量单位)；

H_t——理想焓降，kJ/kg；

3600——电热当量，即每 kW·h 电能相当于 3600kJ(860kcal)热量。

3. 热耗率

热耗率是表示整个汽轮发电机组热经济性的指标。汽轮发电机组每生产 1kW·h 的电能所需要的热耗量，称为汽轮发电机组的热耗率，用符号 q 表示，单位为 kJ/(kW·h)，即

$$q=\frac{Q_0}{N_e}=\frac{Q_0}{N_i\eta_m\eta_g}=\frac{3600}{\eta_e}=\frac{3600}{\eta_t\eta_i\eta_m\eta_g} \tag{3-35}$$

式中 Q_0——汽轮发电机组的热耗量，kJ/h；

η_e——汽轮发电机组的绝对电效率；

η_t——循环热效率。

热耗率也可用蒸汽参数和汽耗率来表示，即

$$q=d(i_0-i_W)\quad \text{kJ/(kW·h)} \tag{3-36}$$

式中 i_0——汽轮机蒸汽初焓，kJ/kg；

i_W——锅炉给水焓，kJ/kg；

d——汽耗率。

热耗率不仅取决于汽轮发电机组的效率，而且与装置循环的热系统的完善程度有关。热耗率越低，经济性越好，装置循环越完善。

汽轮发电机组的效率及热经济性指标，见表 3-1。

表 3-1 汽轮发电机组的效率与经济性指标

额定功率/MW	η_i	η_m	η_g	η_e	d	q
0.75～6	0.76～0.82	0.965～0.985	0.93～0.96	<0.28	>4.9	>3100
12～25	0.82～0.85	0.985～0.99	0.965～0.975	0.36～0.38	4.7～4.1	2900～2600
50～100	0.85～0.87	～0.99	0.98～0.985	0.37～0.39	3.7～3.5	2300～2200
≥125	>0.87	>0.99	>0.985	>0.41	<3.2	<2100

工业汽轮机效率参考值，见表 3-2。其机械效率总是处于 0.99 数量级。

表 3-2 工业汽轮机效率参考值

汽轮机型式	效率 η_i
背压式汽轮机，20MW 中等蒸汽参数，高速运行	0.70～0.84
背压式汽轮机，20～40MW 高蒸汽参数，直接驱动	0.74～0.86
凝汽式汽轮机，没有中间过热，至 150MW，中等或高等蒸汽参数	0.80～0.86
凝汽式汽轮机，有中间过热，至 150MW，高等蒸汽参数	0.85～0.87

第四章　工业汽轮机变工况

工业汽轮机都是按给定的设计参数(如功率、流量、初温、初压、背压和转速)下，按照设计要求，计算所得到的基准工况称为设计工况，也称为经济工况。汽轮机在此工况下运行，不仅效率最高，而且安全可靠。汽轮机的运行参数偏离设计值的工况，称为汽轮机的变工况，也称为非设计工况。在此工况下运行，将会对汽轮机的经济性和安全运行造成一定的影响。

变工况不但会引起汽轮机功率的改变和经济性的下降，而且还会引起汽轮机通流部分部件应力和轴向推力的变化，甚至使其超过设计强度的允许值，威胁到工业汽轮机的安全运行。在新的工况下，汽轮机的叶片、隔板或导叶持环和推力轴承等部件的应力，若能保持在制造厂设计的允许范围内，则认为汽轮机的运行是安全和经济的。

第一节　喷嘴变工况

分析喷嘴的变工况特性是指通过喷嘴的流量与喷嘴前后压力之间的关系。这种关系为以后分析汽轮机的级和汽轮机变工况特性的基础。由于工业汽轮机大多采用渐缩喷嘴，因此下面仅讨论渐缩斜切喷嘴的变工况特性。图 4－1 所示为喷嘴流量实验装置，来分析渐缩喷嘴前后初终参数与流量之间的变化关系。当出口阀门全开时，喷嘴后的压力 p_1 等于外界大气压力。在入口阀门未开前，没有蒸汽流过喷嘴，$p_0=p_1$；当入口阀门逐渐开大时，通过喷嘴的流量不断增大，由于喷嘴通流面积的限制使压力 p_0 不断升高；当入口阀门全部开启时，通过喷嘴的流量最大，这时压力 p_0 也最高。由此可见，喷嘴的蒸汽流量与初压成正比。

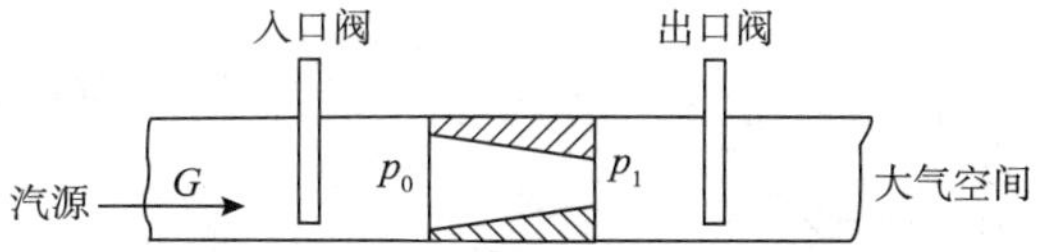

图 4－1　喷嘴流量试验装置

然后再将入口阀门全开，改变出口阀门的开度，再讨论通过喷嘴的蒸汽流量与喷嘴后的背压 p_1 之间的关系。当喷嘴后的背压 p_1 升高，但仍低于临界压力 p_c 时，喷嘴的流量不变。当背压升高到超过临界压力 p_c 时，喷嘴的流量减少，这时随着喷嘴背压的逐渐升高通过的蒸汽流量不断减少。当出口阀门全部开启时，喷嘴背压 $p_1=p_0$，这时通过喷嘴的流量为零。试验中通过喷嘴的流量可用流量仪测得。

根据一元定常流动的假设，当各项参数在各自的流动截面上都是相同的，可以用流道中心线各点参数来代表喷嘴内各截面的参数，如图 4－2 所示。

1. 喷嘴初压 p_0^* 不变而背压 p_1 变化

(1)当 $p_1=p_0^*$，即压力比 $\varepsilon_n=1$ 时，喷嘴前后的压力相等，蒸汽不产生流动，其流量为零。此时，蒸汽沿喷嘴流程的压力变化，如图 4-2 中线段 ABM 所示。

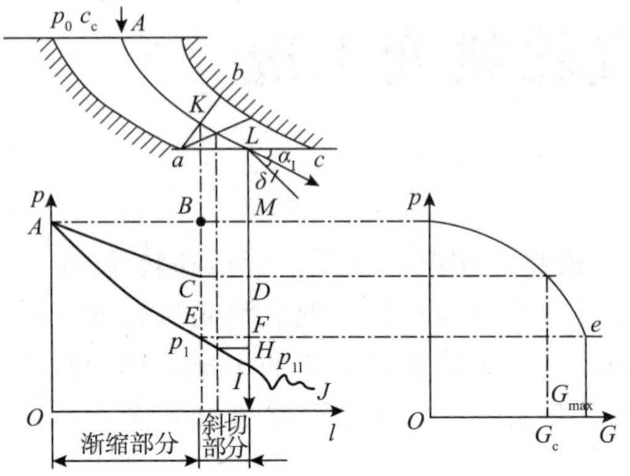

图 4-2 渐缩斜切喷嘴的变工况

(2)当 $p_c<p_1<p_0^*$，即 $\varepsilon_c<\varepsilon_n<1$ 时，蒸汽的膨胀仅发生在出口截面 ab 以前，在斜切部分内不再膨胀，只起导流作用，蒸汽的喷射方向与喷嘴中心线一致，其压力变化曲线如图 4-2 中线 ACD 所示。

(3)当 $p_1=p_c$，即 $\varepsilon_n=\varepsilon_c$ 时，蒸汽的膨胀仍仅发生在出口截面 ab 处，在斜切部分仍无膨胀，其喷嘴出口压力为临界压力 p_c，出口流速为临界流速，蒸汽的流动方向仍与喷嘴中心线一致，流量达到喷嘴的最大流量 G_{max}，如图 4-2 中 e 点所示。其压力变化曲线，如图 4-2 中的 AEF 线所示。

(4)当 $p_1<p_c$，即 $\varepsilon_n<\varepsilon_c$ 时，蒸汽在斜切部分仍继续膨胀加速，压力由临界压力 p_c 进一步降低，流速将超过临界流速，但由于出口截面 ab 处仍为临界流速，所以喷嘴的流量仍为最大流量 G_{max}。其压力变化曲线，如图 4-2 中 $AEGH$ 所示。

(5)当 $p_1=p_{11}$，即 $\varepsilon_n=\varepsilon_{11}$ 时，则蒸汽在斜切部分内的膨胀达到极限，汽流偏转角 δ 也达到最大值，其压力变化曲线，如图 4-2 中的 $AEGI$ 线所示。

(6)当 $p_1<p_{11}$，即 $\varepsilon_n<\varepsilon_{11}$ 时，蒸汽将在斜切部分以外膨胀，这时蒸汽由 p_{11} 膨胀到 p_1 是在喷嘴外进行的，流速不再增加。但由于蒸汽在喷嘴外的膨胀没有受到喷嘴壁面的约束，而是紊乱的膨胀，形成能量损失，其压力变化曲线如图 4-2 中 $AEGIJ$ 所示。

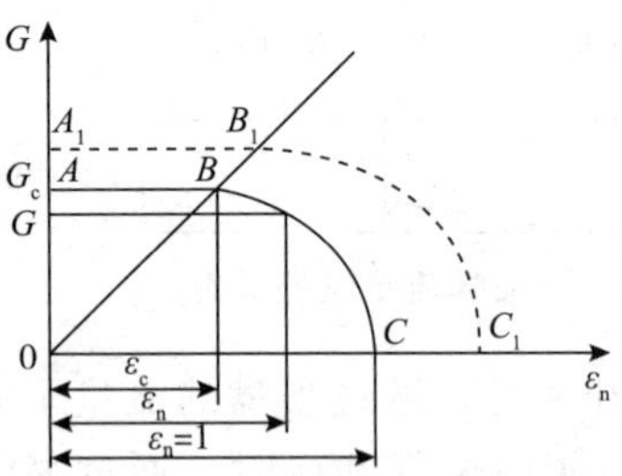

图 4-3 渐缩喷嘴流量与背压的关系曲线

由以上分析可知，在喷嘴初压 p_0^* 不变的情况下，流经喷嘴的流量最初随喷嘴后压力 p_1 的降低而逐渐增加，当 p_1 降至临界压力 p_c($p_1=p_c$)时，流量达到临界流量(即最大流量)，此后流量不再随 p_1 的下降而变化。图 4-3 所示渐缩喷嘴流量曲线，表明了喷嘴初压 p_0^* 不变时，流经喷嘴的流量只与喷嘴背压 p_1 有关，其关系曲线，如图 4-3 中 ABC 曲线所示。

根据椭圆方程并以横坐标上 $p_1=p_c$ 点为椭圆的中心，曲线 BC 段可表示为

$$\left(\frac{G}{G_c}\right)^2+\left(\frac{p_1-p_c}{p_0^*-p_c}\right)=1$$

$$\beta=\frac{G}{G_c}=\sqrt{1-\left(\frac{p_1-p_c}{p_0^*-p_c}\right)^2} \tag{4-1}$$

或

$$\beta=\frac{G}{G_c}=\sqrt{1-\left(\frac{\varepsilon_n-\varepsilon_c}{1-\varepsilon_c}\right)^2} \tag{4-2}$$

式中 β——彭台门系数。

2. 喷嘴初压 p_0^*，喷嘴背压 p_1 同时改变

当喷嘴出参数同时改变时，通过喷嘴的流量 G 为

$$G=\beta G_c=0.648\beta A_n\sqrt{p_0^*/v_0^*} \tag{4-3}$$

及

$$G_1=\beta_1 G_{c1}=0.648\beta_1 A_n\sqrt{p_{01}^*/v_{01}^*} \tag{4-4}$$

式中 下标“1”——工况变动后的参数。

变工况前后喷嘴流量的变化关系为

$$\frac{G_1}{G}=\frac{\beta_1\sqrt{p_{01}^* v_0^*}}{\beta\sqrt{p_0^* v_{01}^*}} \tag{4-5}$$

若视蒸汽为理想气体，利用理想气体状态方程 $pv=RT$，代入上式可写成

$$\frac{G_1}{G}=\frac{\beta_1 p_{01}^*}{\beta p_0^*}\sqrt{\frac{T_0^*}{T_{01}^*}}$$

在大多数情况下，工况变动不大时，可近似地认为喷嘴前温度不变，于是式(6-5)可简化为

$$\frac{G_1}{G}=\frac{\beta_1}{\beta}\frac{p_{01}^*}{p_0^*} \tag{4-6}$$

若变动工况前后均为临界工况，则 $\beta_1=\beta=1$，故有

$$\frac{G_{c1}}{G_c}=\frac{p_{01}^*}{p_0^*}\sqrt{\frac{T_0^*}{T_{01}^*}} \tag{4-7}$$

若略去温度变化，则

$$\frac{G_{c1}}{G_c}=\frac{p_{01}^*}{p_0^*} \tag{4-8}$$

式(4-8)表明，不同工况下的临界流量与初压成正比。

运用上述各式，并可进行喷嘴的变工况计算，即可由已知工况确定任意工况下的流量或压力。

第二节 级与级组变工况

一、变工况下级前后参数与流量的关系

研究汽轮机级的变工况特性，主要是分析级前后参数与流量的基本规律，由于级在临界工况与亚临界工况下各项参数与流量之间的变化关系不同，下面分别予以探讨。

1. 级在临界工况下工作

当级中喷嘴或动叶均处于临界状态，此时通过该级的流量与级前的压力成正比，与级前温度的平方根成反比，即

$$\frac{G_{c1}}{G_c}=\frac{p_{01}^*}{p_0^*}=\sqrt{\frac{T_0^*}{T_{01}^*}} \tag{4-9}$$

若忽略级前蒸汽温度的变化，则为

$$\frac{G_{c1}}{G_c}=\frac{p_{01}^*}{p_0^*} \tag{4-10}$$

式中 G_{c1}——任意工况的流量，m^3/h；

G_c——设计工况的流量，m^3/h；

p_0^*——变工况前的压力，MPa；

p_{01}^*——变工况后的压力。MPa；

T_0^*——变工况前的温度,℃；

T_{01}^*——变工况后的温度,℃。

式(4－10)说明，当级的喷嘴处于临界状态时，若略去温度变化，此时通过该级的流量与级前的压力成正比。

当变工况前后动叶均处于临界状态时，与喷嘴变工况特性类似，若略去温度的变化，通过动叶的流量与动叶进口的滞止压力成正比，即

$$\frac{G_{c1}}{G_c}=\frac{p_{11}^*}{p_1^*} \tag{4-11}$$

通过推导可知

$$\frac{p_{11}^*}{p_1^*}=\frac{p_{01}}{p_0} \tag{4-12}$$

由此得出结论：变工况前后级均处于临界状态时，通过级的流量只与级前压力成正比，与级前温度的平方根成反比，而与级后参数无关。

2. *级在亚临界工况下工作*

变工况前后喷嘴内和动叶内的蒸汽均处于亚临界状态，在此条件下，可由喷嘴出口截面上的连续方程推导出以下表达式：

$$\frac{G_1}{G}=\sqrt{\frac{p_{01}^2-p_{21}^2}{p_0^2-p_2^2}}\sqrt{\frac{T_0}{T_{01}}} \tag{4-13}$$

式中 G、G_1——设计工况及变工况时通过该级的蒸汽流量；

p_0、p_{01}——设计工况及变工况时该级级前的蒸汽压力，MPa；

p_2、p_{21}——设计工况及变工况时该级级后的蒸汽压力，MPa；

T_0、T_{01}——设计工况及变工况时该级级前的蒸汽的绝对温度,℃。

式(4－13)表明，级在变工况前前后均处于临界状态时，通过该级的流量与级前后压力的平方差的平方根成正比，与级前的温度的平方根成反比。若忽略级前温度的变化，则为

$$\frac{G_1}{G}=\sqrt{\frac{p_{01}^2-p_{21}^2}{p_0^2-p_2^2}} \tag{4-14}$$

式(4－13)和式(4－14)说明，汽轮机某级在变工况前后均处于亚临界状态时，通过级的蒸汽流量不仅与级前后蒸汽参数有关，而且还与级后参数有关。

3. *一种工况下级处于临界状态，而在另一种工况下级处于亚临界状态*

如果变工况前后，级内工况处于这种情况，无法用解析法来表示级内流量与蒸汽参数之间的关系。这种情况一般只发生在凝汽式汽轮机的最末一级与调节级中，一般采用级的详细核算法来计算，这里不再叙述。

二、变工况下级组前后参数与流量的关系

级组是由流量相等的且通流面积不变的相邻若干级组合而成的。它可以是整个汽轮机，亦可以是汽轮机中的某几个级。分析级组的变工况主要是研究级组前后蒸汽参数与流量之间的变化关系。在分析中，应假设级组工况变化时，各级的通流面积不变(调节级除外)。

实验证明，工况变动时，级组前后的压力 p_0、p_z与流量 G 的关系可用斯托多拉流量锥表示，如图 4-4 所示。图中横坐标为级组后压力 p_z；OA 坐标为级组前压力 p_0；纵坐标为流量 G。由图可知，当初压 p_0保持不变，则流量与背压的关系如曲线 $BCDE$ 所示，其中曲线 CDE 段近似为一椭圆曲线，表示级组背压 p_z增加时，流量 G 减小；而 BC 段为一水平直线，即表示级组在此区域处于临界状态，故临界流量不变。可见，级组的流量与背压的关系和喷嘴的流量曲线相似，差别仅在于级组的水平直线段 BC 较短，这是因为级组的临界压力比 ε_{cg}小于喷嘴的临界压力比 ε_c。级组的临界压力比是级组的临界压力 p_{zc}与级组初压 p_0之比，即 $\varepsilon_{cg}=p_{zc}/p_0$，此值不是定值，它取决于组成级组的级数，级组内包含的级数越多，其数值越小，故级组的临界压力比 ε_{cg}的数值越小，基于这个原因，斯托多拉流量锥不具通用性，故对级组变工况的计算采用解析法。

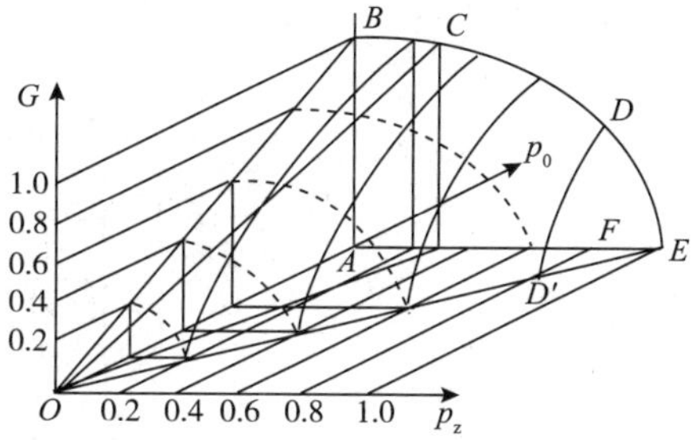

图 4-4　斯托多拉流量锥

由流量锥看见，对不同的级组，其曲线也不相同。如果背压保持不变，则流量与初压的关系为双曲线，如图中曲线 DD'所示。如果背压低于级组的临界压力，则流量与初压成正比的关系，如图中曲线 OB 所示，图中 OBC 区域为临界状态区域，即

$$\frac{G_{c1}}{G_c}=\frac{p_{01}}{p_0} \tag{4-15}$$

由于不同级数的级组具有不同的临界压力比，按一定压力比绘制的流量锥无法通用，应用解析法计算机组的变工况。对于级组只分析变工况前后均处于临界状态和变工况前后均处于亚临界状态两种情况。

1. 变工况前后级组均处于临界状态

变工况前后级组均处于临界状态，通常情况下是末级首先达到临界状态，因为末级的比焓降是各级最大的。由级的变工况特性可知，通过级组中的蒸汽流量与级组前的蒸汽压力成正比，如图 4-5 所示，即

$$\frac{G_1}{G}=\frac{p_{01}}{p_0} \tag{4-16}$$

若将该级组的第Ⅰ级去掉，将剩下的各级作为一个新级组，仍包含已达到临界状态的第三级，故蒸汽流量仍与级组前蒸汽压力成正比，亦即与第二级级前压力成正比

$$\frac{G_1}{G}=\frac{p_{21}}{p_2}$$

若级组由若干级组成，则有

$$\frac{G_1}{G}=\frac{p_{01}}{p_0}=\frac{p_{21}}{p_2}=\cdots=\frac{p_{n1}}{p_n} \tag{4-17}$$

以上说明，若级组的末级始终处于临界状态，则通过级组的流量与该级组中的所有各级的级前压力成正比。若温度变化不能略去，则式(4-17)可应为

$$\frac{G_1}{G}=\frac{p_{01}}{p_0}\sqrt{\frac{T_0}{T_{01}}}=\frac{p_{21}}{p_2}\sqrt{\frac{T_2}{T_{21}}}=\cdots\cdots=\frac{p_{n1}}{p_n}\sqrt{\frac{T_n}{T_{n1}}} \tag{4-18}$$

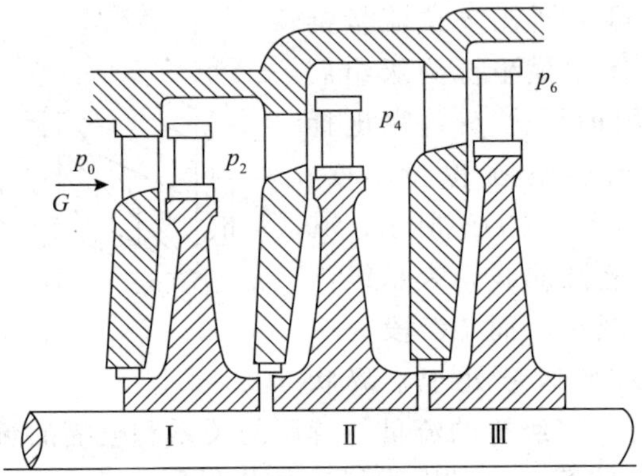

图 4-5　汽轮机级组示意图

2. 变工况前后级组均处于临界状态

假设级组内有 z 级，则根据式(4-13)对各级列方程式，可推导出式(4-19)，即

$$\frac{G_1}{G}=\sqrt{\frac{p_{01}^2-p_{z1}^2}{p_0^2-p_z^2}}\sqrt{\frac{T_0}{T_{01}}} \tag{4-19}$$

若忽略温度变化，则

$$\frac{G_1}{G}=\sqrt{\frac{p_{01}^2-p_{z1}^2}{p_0^2-p_z^2}} \tag{4-20}$$

式中　p_0、p_{01}——变工况前后级组前的压力，MPa；

p_z、p_{z1}——变工况前后级组后的压力，MPa。

式(4-19)称为弗留格尔公式。它表明：当工况变化前后级组内均处于亚临界状态时，级组的流量与级组前后的压力平方差的平方根成正比，与机组前温度的平方根成反比。

对于凝汽式汽轮机，若所取级组的级数较多，则 $\left(\frac{p_z}{p_0}\right)^2$ 和 $\left(\frac{p_{z1}}{p_0}\right)^2$ 通常很小，故式(4-20)可简化为

$$\frac{G_1}{G}\approx\frac{p_{01}}{p_0}\sqrt{\frac{T_0}{T_{01}}} \tag{4-21}$$

若工况变化前后调节级温度不变，则有

$$\frac{G_1}{G}=\frac{p_{01}}{p_0} \tag{4-22}$$

将第一压力级除去，将其余各级组成一个新级组，与上同理可得

$$\frac{G_1}{G}=\frac{p_{21}}{p_2}$$

以此类推，若忽略式(4－21)温度变化，则为

$$\frac{G_1}{G}=\frac{p_{01}}{p_0}=\frac{p_{21}}{p_2}=\cdots=\frac{p_{n1}}{p_n} \tag{4-23}$$

式(4－23)说明，喷嘴调节的凝汽式汽轮机各级级前的压力与流量成正比。但最末一二级由于级前的压力已较低，背压的影响已不能忽略，故这几级的级前压力不与流量成正比。

3. 弗留格尔公式的应用

弗留格尔公式不但形式简单，而且使用方便，在汽轮机运行中常可用来分析和计算确定其内部工况，从而判断运行中的经济性和安全性。主要用在如下两个方面：

(1)监视汽轮机通流部分工作是否正常，即在已知流量(或功率)的条件下，根据运行时各级组前压力是否符合弗留格尔公式，从而判断通流面积是否改变。故在运行中常对监视段前的压力进行监视，用以判断通流部分是否结垢或损坏。

(2)可用来推算不同流量下各级级前压力，求得各级的压差、焓降，从而确定相应的功率、效率及零部件的受力情况。且也可以由压力推算出通过级组的流量。

第三节　工况变动时各级焓降及反动度的变化

一、工况变动时各级焓降的变化

则汽轮机任一级的理想焓降可近似地用下式表示，即

$$\Delta h_t=\frac{k}{k-1}p_0 v_0\left[1-\left(\frac{p_2}{p_0}\right)^{\frac{k-1}{k}}\right]=\frac{k}{k-1}RT_0\left[1-\left(\frac{p_2}{p_0}\right)^{\frac{k-1}{k}}\right] \tag{4-24}$$

式(4－24)表明，级的理想焓降为级前蒸汽温度和级前后压力比的函数。因为工况变动时，汽轮机除个别级(若有调节级，则调节级应除外)外，各级级前温度变化是不大的，因此级的理想焓降变化主要取决于级前后的压力比 p_2/p_0 的变化。下面分别讨论凝汽式汽轮机和背压式汽轮机工况变动时各级焓降的变化情况。

(一)凝汽式汽轮机

1. 各中间级焓降的变化

对于凝汽式汽轮机各中间级，由上一节讨论已知，无论级组是否处于临界状态，其蒸汽流量与各级级前的压力成正比，即

$$\frac{G_1}{G}=\frac{p_{01}}{p_0}=\frac{p_{21}}{p_2}=\frac{p_{41}}{p_4}=\cdots$$

而对此后一级而言 p_2 则是级前压力。同理$\frac{G_1}{G}=\frac{p_{21}}{p_2}$，$\frac{G_1}{G}=\frac{p_{41}}{p_4}$，…。即

$$\frac{G_1}{G}=\frac{p_{01}}{p_0}=\frac{p_{21}}{p_2}=\frac{p_{41}}{p_4}=\cdots \tag{4-25}$$

由此可得

$$\frac{p_2}{p_0}=\frac{p_{21}}{p_{01}}$$

或

$$\frac{p_{41}}{p_{21}}=\frac{p_4}{p_2}$$

上述表明，在工况变动时，凝汽式汽轮机各中间级的压力比不变，各中间级的理想焓降亦不变。对定转速运行的汽轮机，各级的圆周速度不变，故级的相对内效率也不变。这种状况下，所以各中间级的内功率与流量成正比，即

$$P_i = G\Delta h_t \eta_{ri} = BG$$

式中　B——对指定的级而言是一个常数，$B=\Delta h_t \eta_{ri}$。

2. 最末级的焓降变化

对于凝汽式汽轮机的最末级，由于其背压 p_z 取决于凝汽器的工况和排汽管的压力损失，不与流量成正比，故其压力比 p_z/p_{z1} 随流量的变化而变化的。当流量增加时，级前压力增加压比减少，热焓降增加，从而使叶片受力最大。反之，当流量减少时，压比增大，级的焓降也减少。由此可知，工况变动时，凝汽式汽轮机末级的焓降、速比、级内效率和功率等也相应发生变化。

3. 调节级的焓降的变化

调节级前的蒸汽压力、温度主要取决于锅炉的运行情况，一般情况下其变化较小，可以认为近似不变。调节级后的压力(即压力级前的压力)与蒸汽流量成正比，即蒸汽流量增加时，调节级后压力增大，调节级压比增加，故调节级的焓降减小。反之，蒸汽流量减少时，调节级的压比减小，其热焓降增大。

由此可知，调节级在低负荷时叶片受力大；而满负荷时叶片反而受力最小。一般调节级叶片的强度按第一个调节汽阀全开时进行核算。在调节汽阀未全开时，蒸汽焓降的变化取决于调节汽阀的开度，这时蒸汽的有效焓降要小于全开调节汽阀的热焓降。

应当指出，在负荷变化较大时，各中间级的焓降也要发生变化。

(二)背压式汽轮机

背压式汽轮机，由于其背压较大，只有在工况变动前后处于临界状态，则各级的级前压力与流量成正比。背压式汽轮机的末级不能达到临界状态，不考虑级前温度变化时，故级前压力与流量关系为

$$\frac{G_1}{G}=\sqrt{\frac{p_{01}^2-p_{z1}^2}{p_0^2-p_z^2}}$$

或

$$p_{01}^2=\left(\frac{G_1}{G}\right)^2(p_0^2-p_z^2)+p_{z1}^2$$

同理有

$$p_{21}^2=\left(\frac{G_1}{G}\right)^2(p_2^2-p_z^2)+p_{z1}^2$$

式中　p_0、p_2——背压汽轮机某一中间级的级前、后压力，MPa；

p_z——背压式汽轮机的背压，MPa。

若工况变动前后级组后的压力保持不变，即 $p_{z1}=p_z$，则工况变动后级的压力比为

$$\left(\frac{p_{21}}{p_{01}}\right)^2=1-\frac{p_0^2-p_2^2}{(p_0^2-p_z^2)+\left(\frac{G}{G_1}\right)^2 p_{z1}^2} \qquad (4-26)$$

分析式(4－26)可知，当流量 G_1 减少时，比值$\frac{G}{G_1}$增大，比值$\frac{p_{21}}{p_{01}}$随之增大(一般背压式汽轮机在工况变动时，其背压保持不变，即 $p_{z1} \approx p_z$)。另由式(4－24)可知，即级的压力比增大，级内理想焓降减小；反之，当流量增大时，级内理想焓降增加。

由式(4－26)可以看出，p_0 越小，即越接近末级的那些级，当流量变化时，压力比变化越大，因此这些级的理想焓降变化也越大；而当 p_0 越大，其理想焓降变化越小。

图 4－6 所示为一背压式汽轮机在变工况时各级焓降与流量的关系曲线。由图 4－6 看出，当流量由设计流量减少时，末级的焓降减小最明显，第四级次之，第一、二级的焓降减小的最少。当流量减少到设计流量的 40％时，第一、二级的焓降才急剧减少，但仍然是前面级的焓降减小的少，后面级的焓降减少的多。

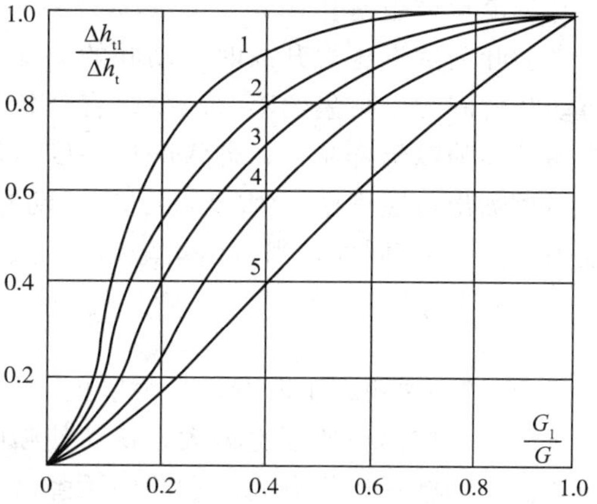

图 4－6　背压式汽轮机变工况时各级比焓降与流量的关系曲线

综上所述，对于采用喷嘴调节的凝汽式汽轮机，当蒸汽流量改变时，由于中间级级前压力与流量成正比，因此工况变动前后各级的压力比也保持不变，焓降也不变，焓降的变化主要发生在调节级和最末一级中。例如当流量增加时，调节级的焓降减小，而末级的焓降增大；而当流量减少时，调节级的焓降增大，而最末级的焓降减小。所有中间级在流量变化时，焓降几乎不变。但在低负荷时，中间级焓降也会变小。背压式汽轮机除调节级焓降变化外，最后几级的焓降也发生变化，负荷变化的范围越大，受影响的级数越多。

汽轮机在变工况运行时，效率会降低。负荷变化越大，效率会降低越多。喷嘴调节的凝汽式汽轮机效率的降低，主要发生在调节级和最末一级；背压式汽轮机，除调节级外，最后几级效率都要降低；采用节流调节的汽轮机没有调节级，所以效率的降低主要是由于节流损失增大和最末级效率降低所造成的。

二、工况变动时级内反动度的变化

当变工况时，级的理想焓降变化或通流面积变化均会引起级的反动度随之发生变化，下面分别予以讨论。

1. 焓降变化时级反动度的变化

当汽轮机工况变化时引起级内比焓降变化，级内反动度也将随之变化。利用弗留格尔公式可求出变工况后汽轮机各级压力的变化，进而导出各级焓降的变化，才能了解级在变工况后的热力过程，同时为了核算汽轮机通流部分某些零件的强度及轴向推力等的变化，还必须知道级内反动度变化的规律。

假设工况变动时级内比焓降减少，亦即喷嘴出口速度 c_1 相应减少，此时动叶进口速度三角形如图 4－7(b)中虚线所示。喷嘴出口的蒸汽速度由 c_1 减少到 c_{11} 时，动叶入口相对速度变成 w_{11}，此时相对进汽角增加了 θ，此时汽流的相对进汽角为 $\beta_{11}=\beta_1+\theta$。但由于动

叶进口角是按 β_1 制造的，所以蒸汽进入动叶的有效相对速度不是 w_{11}，而是 w_{11} 的分速度 $w_{11}\cos\theta$。由图 4-7(b)可知

$$\frac{\omega_{11}\cos\theta}{c_{11}}<\frac{w_1}{c_1} \tag{4-27}$$

式(4-27)说明：当工况变动后，由喷嘴出口流出的蒸汽速度相对较大，而流入动叶的速度相对较小，不能使喷嘴出口的蒸汽全部进入动叶内，并使动叶出口速度 w_{21} 也偏小，动叶对汽流形成阻塞作用，就会使蒸汽在喷嘴与动叶的间隙中聚集，使动叶前的压力升高。当动叶前蒸汽压力升高时，动叶的焓降增加，使动叶内的蒸汽流速增大，将会使在喷嘴与动叶的间隙中聚集的蒸汽减少，直到新的连续流动建立。在这个动态过程中，动叶焓降增加，而喷嘴焓降减少，即级的反动度增加。

当喷嘴出口速度由 c_1 增至 c_{11}，这时动叶进口的相对速度 w_{11}，而实际进入动叶的相对速度为 $w_{11}\cos\theta$。同理，当级内焓降增大时，根据图 4-7(a)可知

$$\frac{w_{11}\cos\theta}{c_{11}}>\frac{w_1}{c_1} \tag{4-28}$$

式(4-28)说明：工况变动后喷嘴的出口速度相对偏小，而动叶的进口速度相对偏大，从而引起动叶的出口速度也偏大，从而使喷嘴出来的蒸汽不能充满动叶汽道，使动叶前的压力降低，动叶后压力升高，动叶的焓降减小而喷嘴的焓降增大，使之符合连续流动的要求，将使级内的反动度减小。

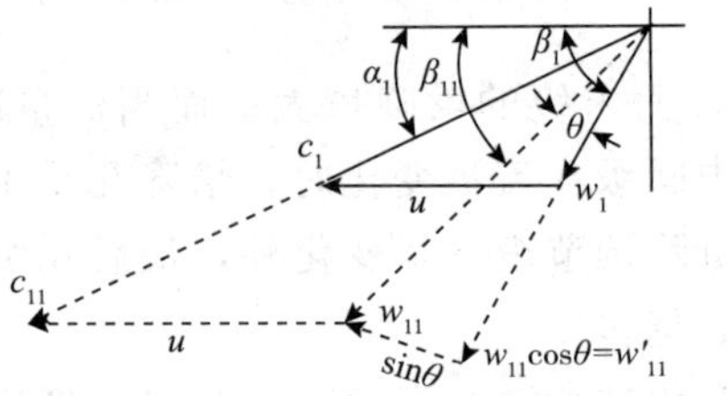

（a）喷嘴出口汽流速度增大时动叶进口速度三角形

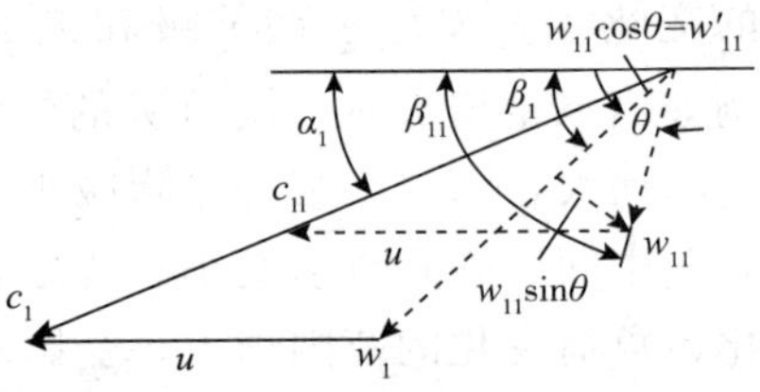

（b）喷嘴出口汽流速度减小时动叶进口速度三角形

图 4-7　变工况下的速度三角形

综上所述：工况变动后，弱级的焓降减小，则级的反动度增加；反之，级的理想焓降增加时，级的反动度减小。

2. 通流面积变化时级内反动度的变化

级内反动度是通过一定的动、静叶栅出口面积比 f 来保证的，但在出现下列情况时，动叶、喷嘴出口面积之比 $f=A_b/A_n$ 将要发生变化，将引起级内反动度的改变：

(1)制造加工出现误差，通流部分的高度或出汽角与设计文件要求不符；

(2)通流部分结垢，或动叶遭水分侵蚀引起动静叶栅出口面积比 f 的改变；

(3)检修时，对通流部分的零部件和间隙进行了变动。

上述任何一种原因造成动、静叶栅出口面积比 f 的改变，其对级内反动度的影响都可用连续流动方程来解释：当动、静叶栅出口面积比 $f=A_b/A_n$ 减少时，喷嘴通流截面积相对较大，动叶通流截面相对较小，蒸汽会在喷嘴与动叶间隙中聚集，反动度 ρ 升高；反之，当动、静叶栅面积比 $f=A_b/A_n$ 增大时，反动度将减小。

第四节　工业汽轮机调节方式和调节级变工况

工业汽轮机在运行中，其输出功率必须与外界负荷相适应，汽轮机通过调节机构，根据外界负荷的变化而进行调节，使之与外界负荷相适应。工业汽轮机的调节作用是：一方面是调节汽轮机与被驱动机械的工业机械所组成的机械参数，如功率、转速等；另一方面是调节既与汽轮机本身有关又与整个系统有关的热力参数和气动参数，如背压、抽汽压力以及离心式压缩机的入口、出口压力等。此外，工业汽轮机的调节在机组运行时还起保安作用，它通过保安装置在机组超速、轴向位移过大、动力油压过低、振动值过高等异常情况出现时，使机组得到保护。

工业汽轮机的功率方程为

$$N_t=\frac{D_0 H_t \eta_i \eta_m \eta_g}{3600} \tag{4-29}$$

式中　D_0——汽轮机的进汽量；

H_t——每 kg 蒸汽在汽轮机中的焓降；

η_i——汽轮机的相对内效率；

η_g——发电机效率；

η_m——机械效率。

由式(4－29)可以看出，若需调节汽轮机的功率，既可以调节进入汽轮机的蒸汽量 D_0 或改变蒸汽在汽轮机中的焓降 H_t。

目前汽轮机常用的调节方式有节流调节、喷嘴调节和滑参数调节(滑压调节)，还有一种较少使用的旁路调节，这是一种使汽轮机过负荷的辅助调节方式，它不能单独使用，只能与喷嘴调节或节流调节结合使用。

1. 节流调节

通过调节汽阀节流来控制汽轮机进汽量的调节方式称为节流调节。其特点是进入汽轮机的所有蒸汽都经过一个或几个同时启闭的调节汽阀，再流向喷嘴，如图 4－8 所示。通过控制调节汽阀的开度对蒸汽进行节流，改变蒸汽流量、参数以控制汽轮机功率。这种调节方式存在节流损失，影响汽轮机效率。

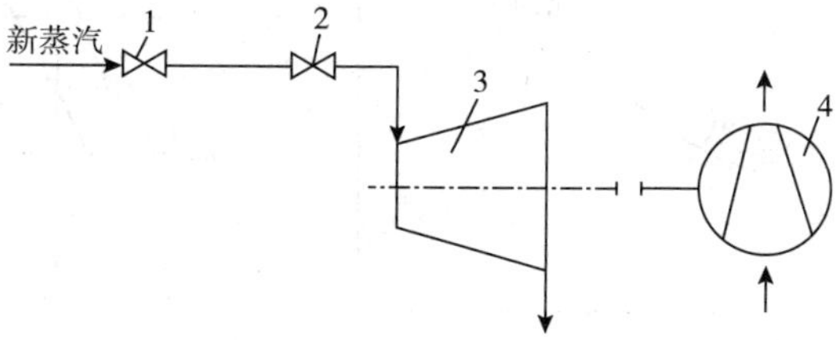

图 4－8　节流调节示意图

1—主汽阀；2—节流调节阀；3—汽轮机；4—离心式压缩机(或发电机)

在汽轮机进汽系统中，由锅炉来的新蒸汽经过全开(启动之后)的主汽阀 1 之后，通过控制汽量的调节汽阀 2，然后进入汽轮机 3。即进入汽轮机的蒸汽流量 G 的改变，仅由一个调节汽阀开度的大小的改变来完成。

调节汽阀的开度取决于汽轮机的负荷，最大功率时，调节阀完全开启，此时汽轮机效率最高，流量达到最大值，蒸汽在调节阀中的节流损失最小。负荷减少时，调节阀关小。

很明显，节流调节方式小于额定负荷的情况下调节阀是部分开启的，使蒸汽在调节阀内产生节流作用，降低蒸汽压力，从而使汽轮机的理想焓降减少。所以，采用节流调节时，不仅蒸汽流量随调节汽阀的开度的变化而变化，汽轮机的理想焓降同时发生变化。因此，这种调节也称为“质”的调节。

凝汽式汽轮机采用节流调节时，当用一只调节阀控制(节流调节)时，通过汽轮机的压降可与其通过的流量成正比关系，就可绘出喷嘴前的压力与功率曲线，如图 4－9 所示。从图中可知，ab 即为管道及主汽阀的压降，可认为是与流量成平方关系的，cd 为汽轮机中的压降，而曲线 qe 即为流量与功率曲线。

由图可知，这种节流调节在部分负荷时，由于调节阀未全开，使蒸汽受到较大的节流，压力损失如图中 cb 段所示，随负荷降低而增大，所以经济性降低较多。另外，从调节阀开启面积看出，在阀门开启的前半部内，流量与开启面积(或阀门升程)基本成正比关系，而在调节阀接近全开的范围内蒸汽流量增加很缓慢。这就使调节阀的流量特性呈现出非线性，它会影响调节系统静态特性的线性度和局部不等率。节流阀全开，汽轮机可以发出额定功率，改变节流阀的开度，就改变了进汽压力、温度和流量，即可改变负荷，节流调节汽轮机的热力过程。

节流效率的大小与通流部分的结构无关，而与蒸汽初终参数和进汽量有关。图 4－10 所示为某机组在不同流量与背压下调节汽阀的节流效率。由图可见，汽轮机背压愈高，同一负荷下汽轮机的节流效率愈低。故高真空的凝汽式汽轮机采用节流调节时，即使负荷在很大范围内变化，节流效率降低不多。

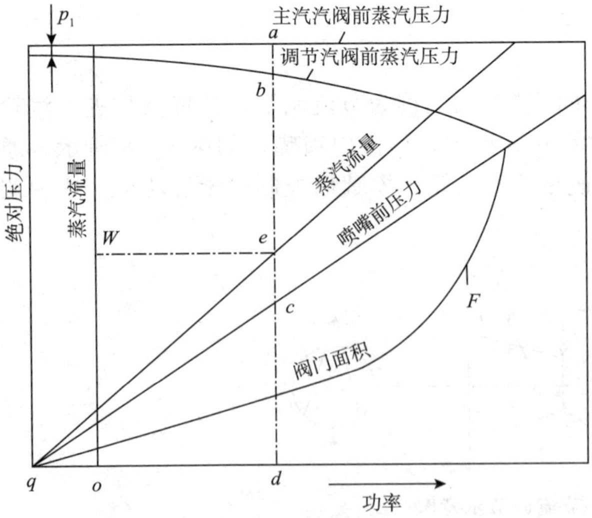

图 4－9　压力-流量特性

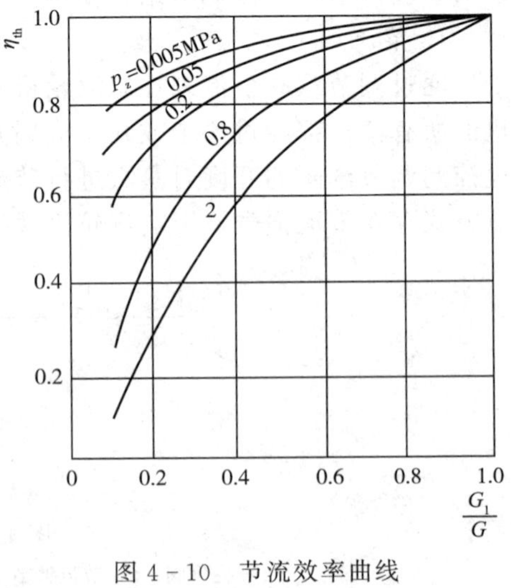

图 4－10　节流效率曲线

背压式汽轮机由于背压高，蒸汽在汽轮机中的理想焓降较小，若采用节流调节，当负荷变化时节流损失将占较大比例，使汽轮机相对内效率显著降低，故背压式汽轮机不宜采用节流调节方式。

节流调节结构简单，制造成本较低；节流调节汽阀可与主汽阀分装或装入同一汽室中，独立于汽缸之外。由于汽轮机的第一级均设计为全周进汽，从而简化了汽缸部分形状和结构，改善了第一级动叶片的工作条件，提高了强度，因而汽缸加热均匀；当负荷变化时，各级温度变化较小，减少了热变形和热应力的危险，提高了机组运行的可靠性和对负荷变化的适应性。但在部分负荷时，节流损失较大，使级组低负荷的热经济性较差，因此，节流调节只用于小容量的机组。

2. 喷嘴调节

调节级的喷嘴分为若干组，每个调节汽阀对应一组喷嘴，根据负荷的大小按照一定的顺序依次开启调节汽阀，增大或减小汽轮机的进气量。在部分负荷时，一部分喷嘴关闭，另一部分喷嘴开启。为了使汽轮机的进汽端喷嘴室受热均匀，喷嘴组是沿圆周互相交错布置的，而不是完全按顺序的。沿圆周喷嘴组布置的示意图，如图 4－11 所示。

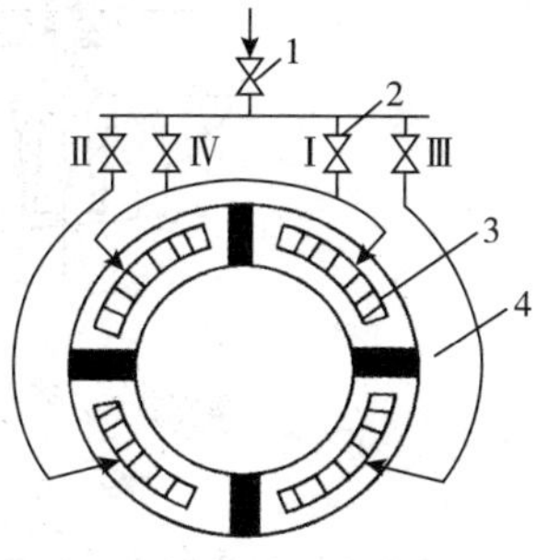

图 4－11　喷嘴调节示意图
1—主汽阀；2—调节汽阀；3—喷嘴组；4—蒸汽室

喷嘴调节在任意工况下，仅一个调节汽阀处于部分开启状态，其余各调节汽阀均为全开或全关位置，所以进入汽轮机的总流量中，只有流过部分开启的调节汽阀的哪部分蒸汽受到节流，从而改善机组在低负荷下运行的经济性，如图 4－12 所示。

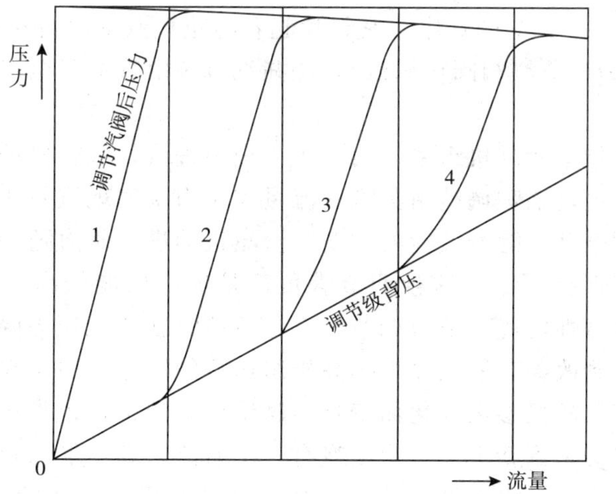

图 4－12　喷嘴调节压力-流量的特性

喷嘴调节基本上只改变进入汽轮机的流量，因此也称为“量”的调节。采用喷嘴调节的汽轮机，在部分负荷运行时其经济性比采用节流调节要好，故这种调节方法广泛应用于大功率汽轮机。图 4－13 为喷嘴调节汽阀的结构。汽轮机喷嘴共有 5 组，每组喷嘴都有一个调节汽阀控制，因此共有 5 个调节汽阀。前 4 个调节汽阀全开即可保证发出额定功率，第 5 个调节汽阀是循环水温升高等工况时，保证机组能发出额定功率用的。

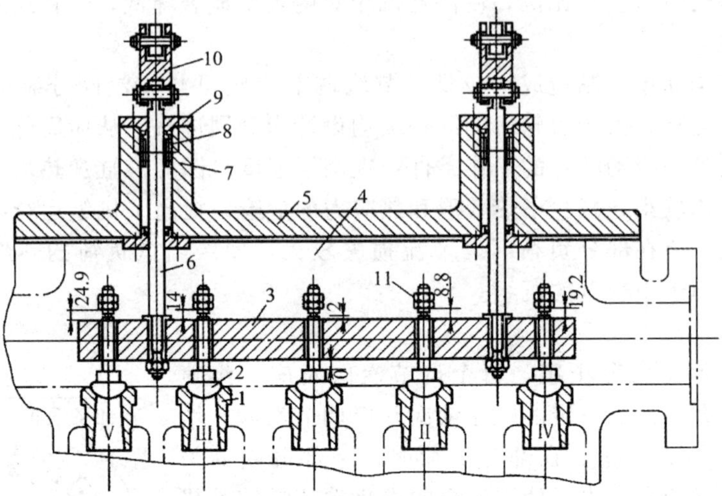

图 4-13　喷嘴调节汽阀

1—阀座；2—阀芯；3—横梁；4—蒸汽室；5—蒸汽室盖；6—阀杆；7—填料密封；8—漏汽口；9—压盖；10—叉形接头；11—螺母

工业汽轮机喷嘴调节系统的调节汽阀大都采用群阀提板式，其结构由阀杆 6，横梁 3、阀芯 2、阀座 1、密封片 7 和漏汽口 8 等组成。阀杆 6 通过叉形接头 10 与油动机的杠杆相连，杠杆的支点由固定在汽室 4 上的支架支撑，形成一定比例的杠杆比。5 个调节汽阀均安装在横梁上，当油动机活塞向下移动时，通过杠杆带动阀杆向上移动，横梁随之上移，调节汽阀按预先调整好的螺母 11 与横梁 3 间的间隙大小，先后依次开启，开启顺序按图 4-13 中的Ⅰ、Ⅱ、…、Ⅴ的顺序。密封片起着防止蒸汽室内新蒸汽沿阀杆漏出的作用，少量的漏汽(通常称为调节汽阀阀杆漏汽)，经漏汽口 8 由管道引至汽封系统。

3. 滑压调节

所谓滑压调节是指单元制机组中，第一级为全周进汽，汽轮机的调节汽阀保持全部开启或基本全部开启，通过锅炉调整新蒸汽的流量和压力来实现汽轮机负荷的调节。滑压调节时，汽轮机进汽阀全开，随着负荷的改变，汽轮机的进汽压力随外界负荷增减而“上下”滑动，而蒸汽温度则保持不变。这种调节满负荷是经济性能较高，在低负荷时进汽阀全开，无节流损失，经济性能优于节流调节，部分负荷时新蒸汽压力降低，锅炉、汽轮机高温部件的应力状态得到改善，能明显地提高机组运行的可靠性并延长设备的使用寿命。但是，锅炉参数必须随汽轮机参数变化而变化，这给锅炉的运行也带来许多不便。从汽轮机负荷变化信号输入锅炉，到新蒸汽压力改变有一个时滞，即不能对负荷变化快速响应；滑压调节时，调节汽阀全开，没有调节手段，故此调节难以适应负荷频繁变动工况；另外，调节汽阀长期处于全开状态，易积垢和卡涩。这种调节一般只适用于大型单元制机组，一炉一机运行。

第五节　变工况时汽轮机轴向推力的变化

变工况时，汽轮机的轴向推力的变化与汽轮机的型式、配汽方式、叶片型式、转子结构以及汽轮机在运行中负荷及蒸汽参数的变化、通流部分间隙的改变等因素有关。汽轮机运行中，由于每一级都有压降，在动叶前后存在压差，将会产生轴向力；汽轮机运行中，隔板汽封间隙中漏汽将会使叶轮前后产生压差，从而产生与汽流同向推力；蒸汽进入汽轮机膨胀做功，除了产生圆周力推动转子旋转外，还将产生与蒸汽流向相反的轴向推力；汽轮机在运行时，通流部分结垢及产生水冲击或负荷急剧变化等均会引起轴向推力的变化；当蒸汽流量变化时，凝汽式汽轮机的中间级的焓降近似不变，因此反动度也近似不变，但各级前后的压力差随流量的增加而增大，因此轴向推力的大小与蒸汽流量成正比。汽轮机轴向推力过大，将会时轴向位移过大，使转子与静子的轴向间隙减小甚至消失，使动静部分产生摩擦及损坏。若推力轴承因轴向推力过大而损坏，还将造成其他恶性事故。因此，为了保证机组安全、平稳、满负荷、可靠地运行，防止推力轴承过负荷损坏，必须掌握、了解汽轮机轴向推力的变化规律。

一、蒸汽流量变化时凝汽式汽轮机轴向推力的变化

根据第三章可知，若不考虑级间漏汽的影响，作用在某一级上的轴向推力取决于级前后的压差和级的反动度。故工况变化时，级内轴向推力的变化可近似地表示为

$$\frac{F_{z1}}{F_z}=\frac{\rho_{m1}\Delta p_{s1}}{\rho_m\Delta p_s} \tag{4-30}$$

式中　Δp_s、Δp_{s1}——变工况前后、级前后的压差；

ρ_m、ρ_{m1}——变工况前、后级的反动度。

当蒸汽负荷变化时，节流调节凝汽式汽轮机各中间级焓降基本不变，反动度也不变；最末几级的反动度较大，焓降变化时反动度变化较小或基本不变，因此汽轮机轴向推力主要取决于级前后压差的变化规律。若末级为临界工况时，则除末级外，各级 Δp_{si} 均与流量成正比。因此，整机总的轴向推力 $\sum F_{z1}$ 与流量成正比，即

$$\frac{\sum F_{z1}}{\sum F_z}\approx\frac{G_1}{G} \tag{4-31}$$

上式说明节流调节凝汽式汽轮机级的轴向推力与流量成正比。汽轮机的轴向推力等于各级轴向推力之和。除末级或最后两三级外，所有各级的级前后压差都与流量成正比；末级或最后两级前后压差绝对值很小，故对整机轴向推力变化影响甚微，可以认为包括末级在内的各压力级总的轴向推力将随负荷增大而增加，并在最大负荷时达到最大值，如图 4-14 中曲线 1 所示。

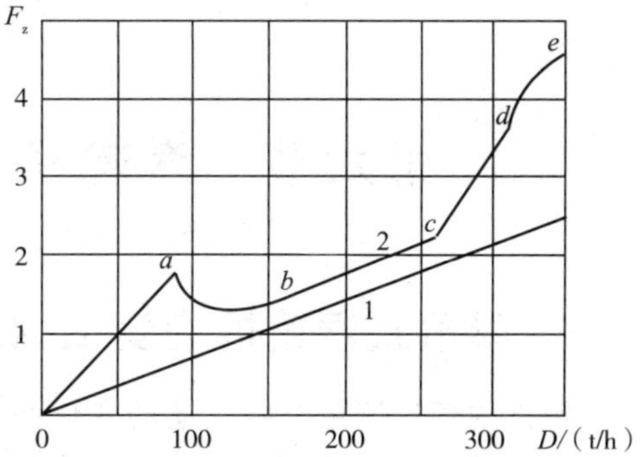

图 4-14　凝汽式汽轮机轴向推力变化曲线

若凝汽式汽轮机采用喷嘴调节时，在第一个调节汽阀全开而第二个调节汽阀尚未开启时，其比焓降达到最大值，这时汽轮机的轴向推力也出现较大值，如图 4-14 中曲线 2 中的 $0a$ 线所示。当流量减少到第一个调节汽阀全开，第二个调节汽阀部分开启时，由于这时调节级后的压力已很低，导致动叶内达到临界状态，如图 4-14 中的 b 点所示。以后再降低流量时，反动度反而会增加，轴向推力也随之增加，如图 4-14 中 b—a 所示。从

第一个调节汽阀开始关闭起，汽轮机转入节流调节，此时调节级的轴向推力与其他各级一样随流量成正比地减少。因此，在变工况时，调节级的轴向推力呈折线变化，如图 4－14 中的曲线 2 所示，其中 a、b、c、d 点对应于各调节汽阀全开的工况。图 4－14 中的曲线 2 表示喷嘴调节凝汽式汽轮机整机轴向推力随流量的变化规律。曲线 2 与曲线 1 之差值即为调节级的轴向推力。

凝汽式汽轮机各中间级推力和端部轴封反向作用力均与流量正比变化。调节级和最末级一样，其轴向推力在总轴向推力中所占的比例较小，一般可近似认为，凝汽式汽轮机总推力与流量成正比变化，且最大负荷时轴向推力达最大值。

上述结论不仅适用于冲动式汽轮机，同样也适应于反动式汽轮机，只是因为反动式汽轮机各级反动度的原设计值较大，所以在变工况时，即使级的焓降变化很大，反动度却变化极小，因此其轴向推力与级内压差成正比，最大轴向推力也发生在最大负荷时，而且其轴向推力的改变要比冲动式汽轮机小得多。

二、蒸汽流量变化时背压式汽轮机轴向推力的变化

背压式汽轮机调节级轴向推力的变化与凝汽式汽轮机相同，但由于背压式机组各压力级在工况变动时，由于级前、后压力与流量不成正比，所以级内焓降和反动度也相应地发生变化，因此压力级的轴向推力亦将随流量变化而变化，但不与流量成正比。例如，当流量增加时，级前、后的压力及压差增大，级的焓降增大，所以其反动度却下降，故各级轴向推力并不一定增加；当流量减少时，各级的压差减小，各级的焓降也减少，所以其反动度却增大，故各级的轴向推力并不一定减小，有时可能会反而增大。因此，背压式汽轮机最大轴向推力在某一中间负荷处(不一定在 1/2 负荷)，而不在最大负荷处，如图 4－15 所示。

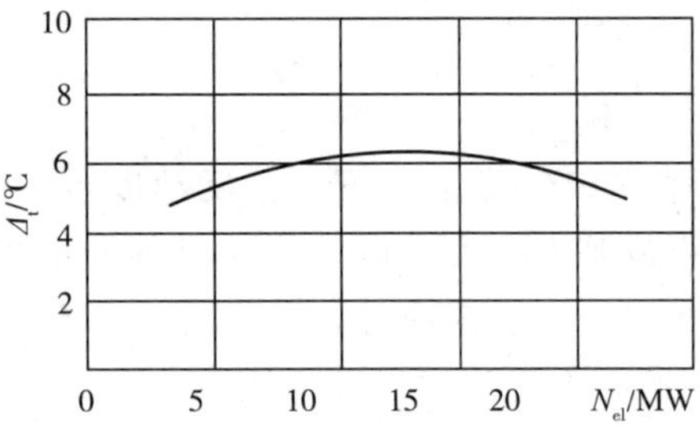

图 4－15　背压式汽轮机推力瓦块温升与负荷的变化曲线

第六节　汽轮机变动工况及特性曲线

一、凝汽式汽轮机的变工况及特性线

汽轮机的蒸汽流量是随负荷的变化而变化的，蒸汽流量的变化将引起各级级前压力的变化，对于凝汽式汽轮机来讲，除喷嘴调节的调节级外，通流部分的喷嘴面积是不变的。凝汽式汽轮机的主要特点是排汽压力低，级数多，因此机组后压力 p_2 比机组前初压力 p_1 小许多，而 p_2^2 比 p_1^2 小得更多。当 p_2 为 p_1 的 1/10 时，可以忽略 p_2 的影响所引起的误差(只有 1%左右)，若排汽压力更低时，误差则更小，因此凝汽式汽轮机可不考虑 p_2 变化的影响。

忽略 p_2 和初温 T_1 变化的影响，凝汽式汽轮机的流量(或功率)与压力的关系为

$$\frac{G'}{G}=\sqrt{\frac{p'^2_2}{p^2_1}}$$

即

$$\frac{G'}{G}=\frac{p'_j}{p_j} \tag{4-32}$$

汽轮机一般只在调节级汽室或其他监视段装有压力表，因此汽轮机在变工况运行时，各级压力的变化是很难掌握的。根据通过各中间级的压力与流量成正比的关系，用图线表示成一组辐射状的直线，这些直线的延长线均通过坐标原点，如图 4-16 所示。如果已知级前压力，根据特性曲线就可以求出流量(或功率)，汽轮机的监视段(汽室压力)就是按此规律建立的。

二、背压式汽轮机的变工况及特性线

背压式汽轮机当背压 p_2 一定，各中间级前压力 p_1 与流量间的关系为一组双曲线，如图 4-17 所示。工况变动时，背压机组各级焓降均将发生变化，并将引起速比 x、反动度 ρ 及级效率 η_i 的相应变化。当流量减少时，调节级焓降增大，各压力级焓降减小；反之亦然。各压力级焓降的变化程度是不相同的，末级变化最多，前几个压力级变化较少。

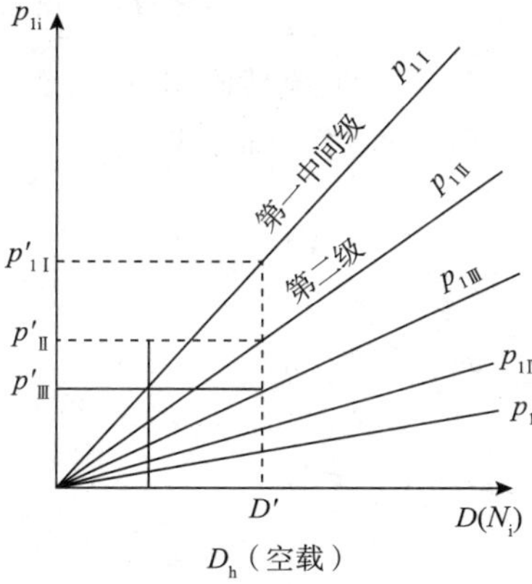

图 4-16　流量(或功率)与各中间级前压力的关系

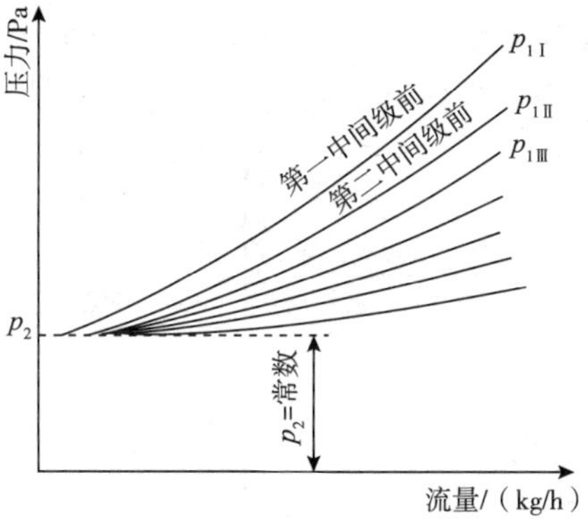

图 4-17　背压式汽轮机级前压力与流量变化曲线

三、抽汽式汽轮机的变工况及特性线

抽汽式汽轮机相当于背压式汽轮机和凝汽式汽轮机的组合。抽汽口以前的高压缸为背压式，抽汽口以后的低压缸为凝汽式或背压式。因此，背压式与凝汽式汽轮机的变工况理论都适用于抽汽式汽轮机。抽汽式汽轮机运行中需要控制的技术参数较多，如蒸汽初、终参数，总汽流量、供汽(热)量、凝汽量、功率和抽汽压力等。在实际运行中独立的参数是：汽流量、抽汽量和功率。在初终参数一定的情况下，掌握了这三个独立技术参数，则其他技术参数便可决定，汽轮机的热负荷与动力负荷则可控制。抽汽式汽轮机的特性曲线通常称为工况图，它表示汽轮机内功率 N_i，总汽量 D_0 及供热抽汽量 D_e 之间的相互关系及全部可能的工况范围。通过工况图可以掌握在不同工况下，抽汽式汽轮机的主要技术特

性。工况图原理如图 4-18 所示。图上每条线都代表一组特征工况，图上表示的主要特征工况线如下：

1. 纯凝汽工况线 $O'k$($D_e=0$)

这是一种极限工况，在此工况线上各工况抽汽量 D_e 均为零，即

$$D_e = 0, N_i = \frac{D_k H_i}{3600}, D_k = D$$

式中　D_k——排汽量，kg/h；

3600——电热当量，即每 kW·h 电能相当于 3600kJ(860kcal)热量。

功率与流量成直线关系，它与凝汽式汽轮机的变工况特性曲线完全一样。功率取决于总进汽量 D(等于 D_k)的大小。纯凝汽工况线 $O'k$ 为抽汽式汽轮机运行工况图的下部边界，k 点为最大冷凝量工况点，即 $D_k=D_{kmax}$，抽汽式汽轮机作为纯凝汽状态运行时，在此点流量最大，功率也最大。

2. 背压式工况线 O'_e($D_k=0$)

背压工况线也是一种极限工况，即全抽汽工况，凝汽量为零 $D_k=0$，$D_c=D_e$。工况线为直线 O'_e，机组功率 N_i 取决于抽汽量 D_e，即

$$N_i = \frac{D_e H_i}{3600} \tag{4-33}$$

背压式工况的空负荷流量为 G'_h，空负荷功率 N'_h，$N'_h=\dfrac{D'_h H_{i1}}{3600}$，全抽汽工况虽然流量大，但高压段焓降小，空负荷功率与纯凝汽工况相近。背压式工况线在理论上是工况图左边运行边界，在实际运行中不允许全部抽汽，因为低压段应通过冷却用蒸汽。

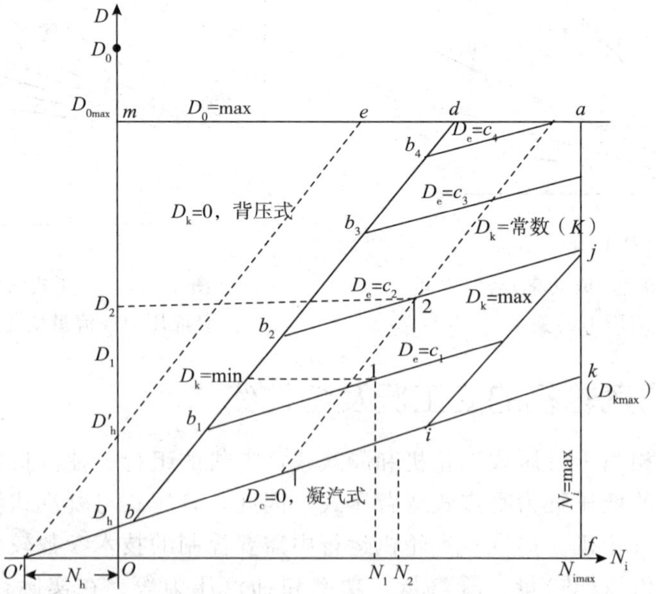

图 4-18　抽汽式汽轮机工况图

3. 最小凝汽量工况线 bd($D_k=\min$)

为了避免低压段过热，必须保证最低限度的冷却汽量 D_c 通过低压段进入凝汽器，此

工况即最小凝汽量工况线 bd。在此工况线上 $D_e=D_{kmin}\approx(5\%\sim10\%)D$，此工况线是抽汽式汽轮机的工况图上实际的左边运行边界线，抽汽式汽轮机不允许超越此工况线运行，否则 $G_k<G_c$，将会导致低压段发生过热。

4. 最大流量工况线 $ma(D_0=\max)$

此工况通过高压段总流量 D_0 为最大时的工况。在工况图上用 ma 表示，点 m 即 $D_0=\max$，线上各工况点均符合：$D_0=D_e+D_k=D_{0max}$。在最大流量线上不同的抽汽量 D_e 与凝汽量 D_k 相匹配可发出不同的功率。对抽汽式汽轮机来讲，最大流量并不等于最大功率，最大功率取决于抽汽量 D_e 与凝汽量 D_k 的比例，在此线上只有 a 点工况才能达到最大功率 N_{imax}。

最大流量工况线是工况图上的上部运行边界，即流量极限。汽轮机总流量受高压段通流面积限制，无法超越流量极限运行。

最大抽汽工况点 $D_e=\max$ 为最小凝汽工况线 bd 与最大流量工况线的交点 d，即为最大抽汽工况点，此点 $D_e=D_{emax}$ 为最大，即 $D_{emax}=D_{0max}-D_{kmin}$。最大抽汽工况的功率为：

$$N_i=\frac{(D_{0max}-D_{kmin})H_{i1}}{3600}+\frac{D_{kmin}H_i}{3600} \tag{4-34}$$

虽然流经高压段的蒸汽量最大，但焓降甚小，因此输出的功率并非最大。最大功率点与最大抽汽点并非一致。

5. 最小流量点与最小功率点($D_0=\min$，$N_i=\min$)

最小凝汽量工况线 bd 与纯凝汽工况线 bk 之交点 b，即为最小流量点与最小功率点，在此点 $D_0=\min$，$N_i=\min$，因为在此点 $D_e=0$。此工况点功率 N_i 为最小，只有冷却蒸汽做功。

最小流量及最小功率点是抽汽式汽轮机运行工况图的下部端点，不能低于此点运行，否则不能保证最低冷却汽量与最低功率。

6. 最大功率(额定功率)工况线 $ak(N_i=\max)$

汽轮机能持续运行最大公称功率即为额定功率。最大(额定)功率工况线在工况图上用直线 ak 表示，在此工况线上汽轮机功率可发到最大值，即 N_{imax}，由不同的抽汽量 D_e 与凝汽量 D_k 匹配可得到最大功率 N_{imax}。

最大功率线是工况图右部运行边界，没有特殊原因汽轮机是不允许超越汽轮机额定功率运行。超越额定功率运行属于“超负荷”运行，这对汽轮机的强度和使用寿命都是有害的。

7. 抽汽量为常数工况线($D_e=c$)

在 $D_e=0$(纯凝汽)和 $D_0=\max$(最大进汽)工况线之间，当抽汽量 D_e 介于上述界限之内，为不同常数值时，便构成许多抽汽量为常数工况线，如 $D_e=c_1$、$D_e=c_2$、$D_e=c_3$ 之内……。同一条线上工况点抽汽量 D_e 都为一定，故也称为“等抽汽量”工况线。这些工况线都与凝汽工况线 $D_e=0$ 相平行。

各抽汽量 $D_e=c$ 工况线上每一点，都可以表示出抽汽式汽轮机在该抽汽量工况下的进汽量 D_0、抽汽量 D_e、凝汽量和机组的内功率 N_i 的数值。

8. 凝汽量为常数的工况线($D_k=0$)

在工况图上按照流经汽轮机低压段的凝汽量 D_k 为不同的常数值，绘出功率 N_i、流量 D_0 和抽汽量 D_e 之间相互关系的变工况特性线。$D_k=$常数工况上都与 $D_k=0$ 的背压式工况线相平行，因 $D_k=0$ 也是凝汽量为常数，只是为零值而已。各 $D_k=0$ 线与各等抽汽量线 $D_e=c$ 有许多交点，每个交点都是一个稳定运行工况。

在一般抽汽式汽轮机工况图上 D_k=常数工况线多不绘出，因为知道进汽量 D_0 和抽汽量 D_e 后，便可知凝汽量 D_k。

9. 最大凝汽量工况线($D_k=\max$)

最大凝汽量工况 $D_k=\max$ 线是指当通往低压段的抽汽调节汽阀全开，低压段的流量已达极限值，但抽汽压力仍能维持稳定工况线。在工况图上用 ij 线表示，它与背压式工况线 $D_k=0$ 相平行。最大凝汽量工况线为工况图的右部运行边界，如果运行点超过此工况线，进汽量 D_0 继续增加将增大功率时，则抽汽压力将要升高，不能维持稳定。

10. 压力升高区 Δijk

在工况图上凝汽式工况线 $D_e=0$。最大凝汽量工况线 $D_k=\max$ 和最大功率工况线 $N_i=\max$ 所围成的三角区域 Δijk 为压力升高区。抽汽式汽轮机不允许在此区域内运行。在此区域内运行将引起抽汽压力的升高，无法维持抽汽压力的稳定。因为在有抽汽工况下运行时，功率达到 $D_k=\max$ 边界时，通往低压段的阀门已全开，低压段的流量已达极限，如果再增大进汽量，提高功率也势必造成高压段的流量增加，造成抽汽压力上升，故此区域称为压力升高区。

11. 实际运行工况区

根据上述抽汽式汽轮机工况图原理剖析，抽汽式汽轮机实际可用工况区是在上述极限工况线范围之内，即最大流量工况线 $D_0=\max$，最大功率工况线 $N_i=\max$，最大凝汽量工况线 $D_k=\max$，纯凝汽工况线 $D_e=0$ 以及最小凝汽工况线 $D_k=\min$。工况图上实际可以运行的工况区域就是上述各工况线所围成的图形 $bdajib$，这就是常见的调节抽汽式汽轮机的工况图的形状。

第五章　工业汽轮机结构

汽轮机本体由转动部分(转子)和静止部分(静子)组成。转动部分包括动叶片、叶轮、(反动式汽轮机为转鼓)、主轴和联轴器及紧固件等旋转部件；静止部分包括汽缸、蒸汽室、喷嘴室、隔板、隔板套(或导叶持环)、汽封、轴承、轴承座、底座、滑销系统及有关紧固件等。

第一节　动叶片

固定在汽轮机轮盘或转子上的叶片称为动叶片，又称为工作叶片。动叶片是汽轮机能量转换的重要部件，它不仅能将蒸汽的动能转变为机械能，而且在有些动叶中还能将热能转变为动能。动叶片处在高温、高应力和有腐蚀的介质下工作，对工业汽轮机的安全、经济运行具有直接的影响。工业汽轮机中动叶片的数量很大，机械加工量大，若包括静叶片在内，约占工业汽轮机全部机械加工工作量的1/3左右。另外，在运行中动叶片发生的事故较多，据国外统计，高达40%左右。特别是工业汽轮机，由于高速及变转速运行，动叶片损坏事故所占比例更大。因此，要求动叶片应具有良好的空气动力特性，提高流动效率；应有足够的强度，并有完善的转动特性；对于湿蒸汽区工作的叶片，应有良好的抗湿能力；要有完善的减振和调频措施和可靠的振动特性；结构应合理并具有良好的工艺性能，对叶片的加工和装配质量应有严格的要求。

一、动叶片的结构

动叶片安装在转子叶轮(冲动式汽轮机)或转鼓(反动式汽轮机)上，接受喷嘴叶栅喷射出的高速汽流，将蒸汽的动能转换成机械能，使转子旋转。

动叶片由叶根、叶型、叶顶三部分组成，如图5-1所示。

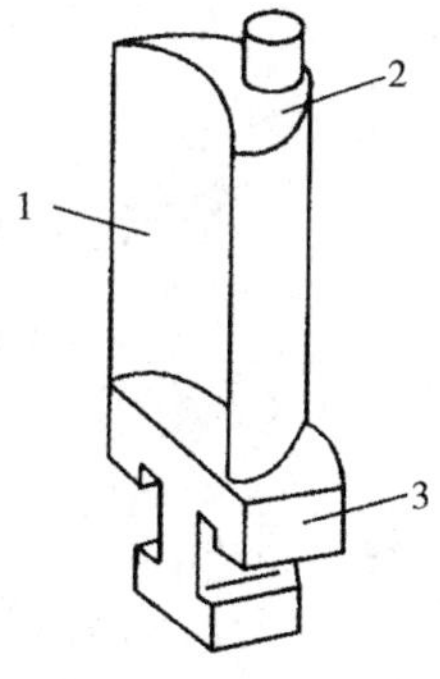

图5-1　动叶片的结构

1—叶型；2—叶顶；3—叶根

1. 叶根部分

将叶片固定在叶轮或转鼓上，具有一定尺寸和形状的叶片的根部称为叶根。其作用是将动叶片固定在叶轮上，叶根与叶轮连接必须牢固可靠，且在任何运行条件下，保证动叶片在转子中的位置不变。使动叶片经受汽流的推力和旋转离心力作用下，不至于从轮缘沟槽中脱出。此外，在满足足够的强度条件下，应做到结构简单，制造、装配及维修方便，并使轮缘的轴向尺寸最小。叶根的结构型式取决于强度、制造工艺条件以及转子的结构型式和制造厂的生产传统。常用的叶根结构形式有 T 形叶根、叉形叶根、菌形叶根、枞树形叶根，如图 5－2 所示。

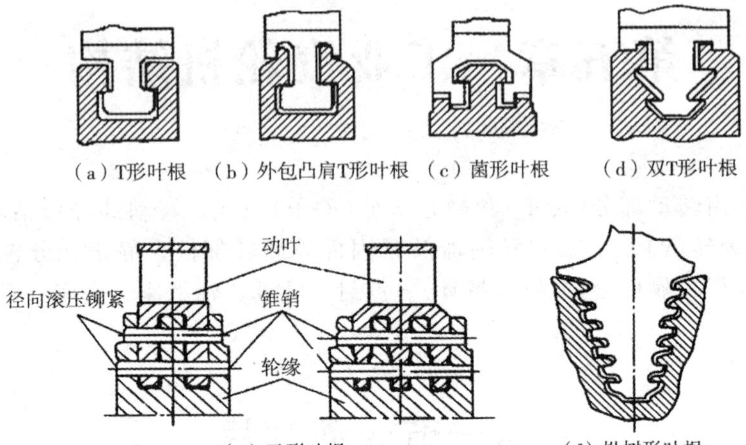

（a）T形叶根　（b）外包凸肩T形叶根　（c）菌形叶根　（d）双T形叶根

（e）叉形叶根　（f）枞树形叶根

图 5－2　叶根结构形式

(1)T 形叶根

T 形叶根如图 5－2(a)和图 5－3 所示。这种叶根结构简单，加工及装配方便，工作可靠，在比较短叶片中得到广泛的采用。其缺点是在叶片的离心力的作用下，叶根会对轮缘两侧弯矩，使轮缘有张开的趋势，影响叶片在叶轮中的牢固性，将会影响叶片振动特性的改变。为此，有的 T 形叶根在两侧做出凸肩将轮缘包住，阻止轮缘张开，如图 5－2(b)所示。这种叶根称为外包 T 形叶根，它可以减小轮缘截面上的弯应力，提高叶根的承载能力。

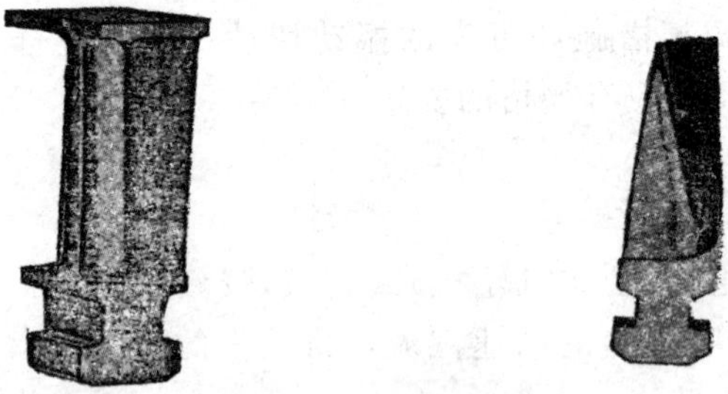

（a）转鼓级动叶（倒T形叶根）　（b）一次末级动叶（倒T形叶根）

图 5－3　T 形叶根

(2)双 T 形叶根

图 5－2(d)所示为双 T 形叶根。这种叶根增大了叶根的受力面积，提高了叶根的承载能力，适用于中长叶片。

(3)叉形叶根

图 5－2(e)和图 5－4 所示为叉形叶根。这种叶根有单叉和多叉之分。叶根制成叉形，装配时从径向插入轮缘上的叉槽中，并用铆钉固定。这种叶根使轮缘不承受偏心弯矩，叉尾数目可根据叶片离心力大小进行选择，因而强度高、适应性好，同时加工简单，更换叶片方便，检修时可以单独更换个别叶片，所以被大功率汽轮机末几级所广泛采用。但其装

配工作量大，且需要较大的轴向空间，限制了它在整锻转子和焊接和转子上的应用。这种叶根结构多用于大功率汽轮机的调节级最末几级。

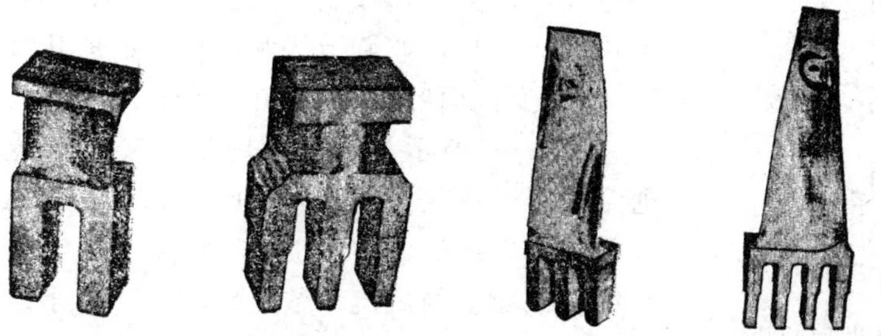

（a）调节级动叶（两叉叶根）　（b）调节级动叶（三叉叶根）　（c）末级扭叶（三叉叶根）　（d）末级扭叶（四叉叶根）

图 5－4　叉形叶根

(4)枞树形叶根

图 5－2(f)所示为枞树形叶根。其形状呈楔形，在叶根两侧加工有若干个齿，叶根两侧齿数可根据叶片离心力的大小来进行选择，以适应根部的载荷分布，使叶根和对应的轮缘承载截面都接近于等强度，因此在同样的尺寸下，枞树形叶根的承载能力最高。但由于这种叶根外形复杂，装配面多，为了保证各对齿接触良好，所以加工精度要求高，工艺复杂，如果加工或装配不良，容易引起局部齿型的过载，在齿根圆角处也容易产生应力集中。

枞树形叶根多采用单个轴向装配法，拆、装都比较方便。叶根沿轴向装入轮缘相应的枞树形槽中，在其底部打入楔形垫片，将叶片向外胀紧在轮缘上，然后再由相邻叶根各自的半圆槽组成的圆孔中，用两根斜劈的半圆销对插入圆孔内，将整圈叶根沿周向胀紧。枞树形叶根广泛应用于大功率汽轮机的调节级叶片及末几级叶片。

(5)菌形叶根

图 5－2(c)所示为菌型叶根。这种叶根的轮缘上开有一个或两个缺口，叶片从这些缺口依次装入轮缘中，最后装入缺口处的叶片为封口叶片，封口叶片的叶根与其他叶片不同。封口叶片研配装入后，用两个铆钉固定在轮缘上。

2. 叶形部分

叶形部分也称为叶片工作部分或形线部分。叶形部分的横截面形状称为叶形或形线。叶形是动叶片进行能量转换的部分。因为蒸汽的动能转换为机械能的过程是在这里发生的，因此叶形部分应具有良好的空气动力特性，以减少蒸汽做功的能量损失。由于叶形工作原理的不同，冲动式汽轮机叶片与反动式汽轮机叶片不同，如图 5－5 所示。

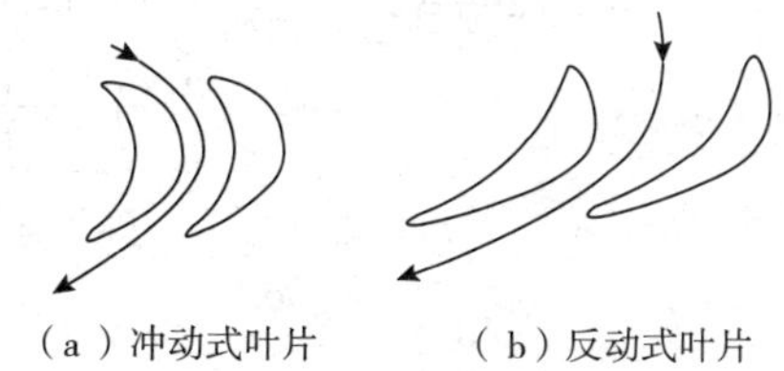

（a）冲动式叶片　（b）反动式叶片

图 5－5　叶形

根据叶形沿叶高截面变化的情况，将叶片分为等截面叶片和变截面叶片两种。

(1)等截面叶片(直叶片)

动叶片从叶根到叶顶，不但叶片的形线相同，而且其截面积也相等的叶片，称为等截

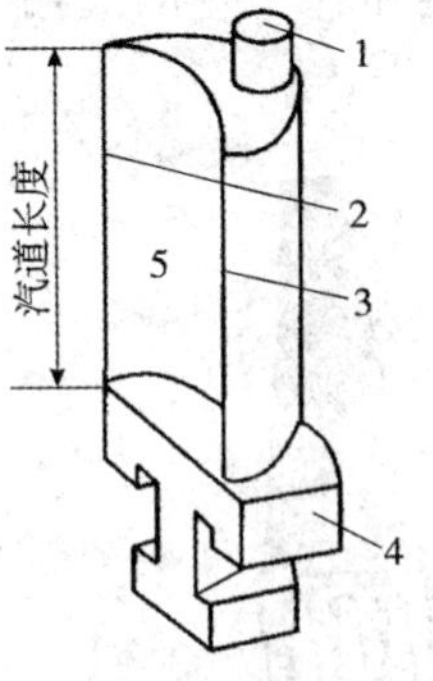

图 5－6　等截面叶片

1—铆钉头；2—出汽边；3—进汽边；4—叶根；5—汽道

面叶片，如图 5－6 所示。其特点是沿叶片高度各截面的叶形都相同，其适用于径高比 $\theta=d_m/l_b>10$ 的级(d_m 为级的平均直径，l_b 为叶片长度)，这种叶片加工简单，但强度较差，常用于短叶片，如调节级和高压段的前几级。

(2)变截面叶片(扭转叶片)

图 5－7 所示为变截面叶片，又称扭转叶片。这类叶片通常应用于汽轮机的末几级叶片相对较长的级中，它一般是在径高比 $\theta=d_m/l_b<10$ 的级中采用。叶片比较长，沿叶片高度各截面上的汽流参数差别较大。为了改善气动特性，减小离心应力，提高叶片的效率，应按各截面上的不同的汽流参数来设计叶型。由于这种叶片的叶型沿叶高按一定规律变化，因此它的强度比较好，但变截面叶片加工比较复杂。

通常，汽轮机的高压段叶片高度相对较短，应采用等截面叶片；低压段的叶片相对较长，应采用变截面叶片。

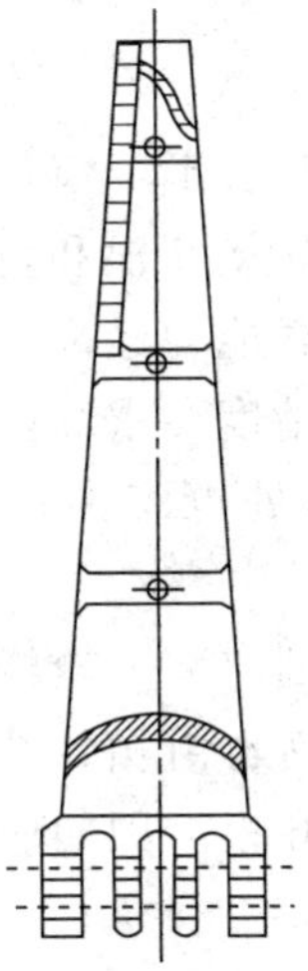

图 5－7　变截面叶片

3. 叶顶部分

动叶片的最顶端称为叶顶部分，叶顶多由围带(也称复环)和拉筋组成。叶顶的作用是改善叶片的振动特性，提高叶片的刚性，避开危险的共振区。汽轮机高压段的动叶片一般都设有围带，低压段多设有拉筋。汽轮机的短叶片和中长叶片通常在叶顶用围带连接在一起，构成叶片组。长叶片则在叶型部分用拉筋连接成组，或者围带或拉筋都不用，成为自由叶片。

(1)围带(见图 5－8)

叶片的顶部具有或加装的带状金属称为围带。围带是固定在叶片顶部的零件，围带在叶片顶部形成一个盖板，其作用是增加叶片的刚性，减少汽流力所引起的弯曲应力；调整叶片的自振频率，以避开共振，以提高叶片振动安全性；使叶片顶部封闭，避免蒸汽从汽道顶部逸出，有的围带还装设汽封，减少叶顶漏汽损失。

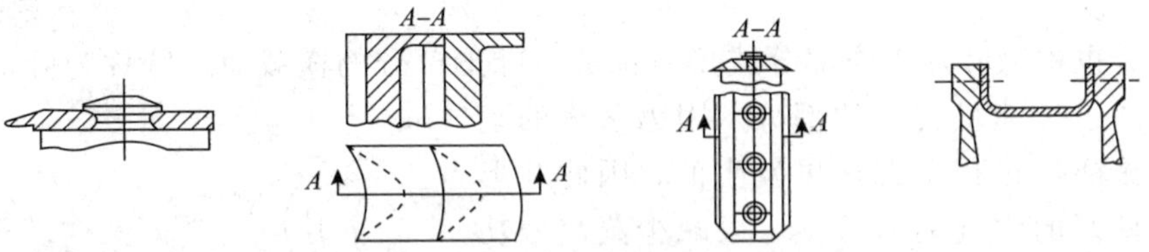

(a)外加围带　(b)整体围带　(c)铆接或焊接围带　(d)弹性拱形围带

图 5－8　围带结构型式

围带结构型式很多，常用的有以下几种：

①外加围带

图 5－8(a)所示为外加围带结构。外加围带是一条 3～5mm 厚的扁平金属带，用叶片顶端的铆钉将围带铆接在叶片上，在叶片顶部形成一层盖板，通常是几个叶片(一般是 4～20 个叶片)用一条围带连接起来，成为一组称为叶片组。各段围带之间留有膨胀间隙，

高压段的膨胀间隙一般为 0.30～1.0mm。后面的几级的间隙为 1.0～1.5mm。铆接时应使围带与叶片端面紧密地结合，间隙不应超过 0.1mm。

②整体围带

图 5-8(b)所示为整体围带结构。整体围带和叶片的叶型部分及叶根部分是一个整体，这种围带是其叶片在同一块毛坯上铣出来的，围带的厚度一般是几 mm，叶片装配后围带相互贴紧而形成一圈围带，然后将围带之间采用银焊或其他方法将其连接起来。

③双层围带(铆接围带或焊接围带)

在某些汽轮机的调节级中采用双层围带的结构，如图 5-8(d)所示。采用这种结构的叶片，在其顶部应加工出铆钉头。用作围带的钢带应按铆钉头的节距冲好铆钉孔，待备好的钢带安装后，用铆接或焊接的方法，或者用铆接加焊接的方法将钢带固定在叶片上。一般是 4～16 个叶片用一段钢带连成一组。即在整体围带的上面再用一条外加围带(钢带)连接起来，增加围带的刚性，提高抗振性能。

④弹性拱形围带

图 5-15(d)所示为弹性拱形围带。为了提高围带防止漏汽的效果，通常将围带侧边加工成汽封片形状。同时也能减少围带所产生的离心力，对叶片及围带本身的强度都有利。这种围带可以有效地加强叶片的刚性，控制叶片的 A 型振动和扭转振动，此时叶顶需做出与弹性拱形围带相配合的铆接部分。常用于大型机组末级叶片上。

(2)拉筋

穿连在叶片之间起调频和阻尼作用的金属丝称为拉筋。拉筋是增加叶片刚性的零件。汽轮机叶片较长时，有时不装围带，而是在叶高 2/3 处装设拉筋，其作用是增加叶片的刚性，改善叶片的振动特性。

拉筋通常为 6～12mm 的实心或空心金属丝或金属管，穿在叶型部分的拉筋孔中，将几个叶片连接成一个叶片组。拉筋与叶片之间可以采用焊接结构，也可以采用松装结构。如果叶片与拉筋之间用银焊焊牢，称为焊接拉筋。如果拉筋穿过叶片中的拉筋孔是松装而不焊接，则称为松装拉筋。在一级叶片中，一般有 1～2 圈拉筋，最多不超过 3 圈拉筋。常见的拉筋结构如图 5-9 所示。

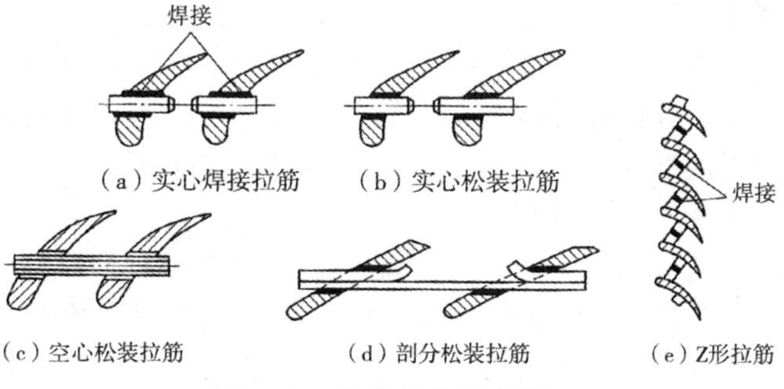

图 5-9　拉筋结构示意图

拉筋与叶片的连接方式有整圈连接、成组连接、网状连接和 Z 型连接等，如图 5-10 所示。

焊接拉筋的作用是减小叶片的弯应力，改变叶片的刚性，提高其振动安全性。松装拉筋的作用是增加叶片的离心力，以提高叶片的自振频率；增加叶片的阻尼，以减小叶片的振幅；同时对叶片的扭振也起到了抑制作用。

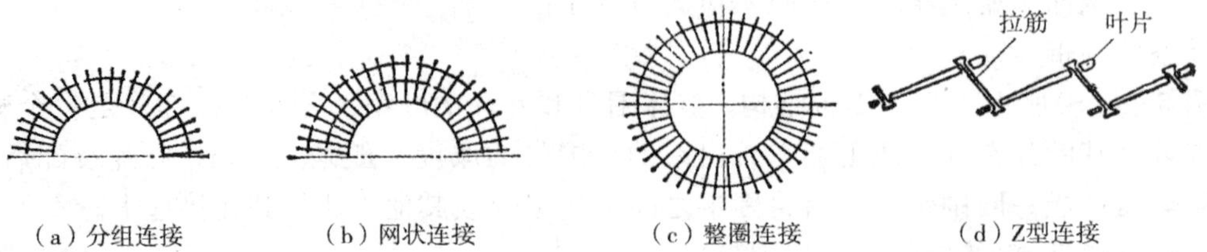

图 5－10　拉筋与叶片的连接型式

安装拉筋的目的是为了调频，减少叶片中汽流弯曲应力以及动应力。和围带的作用一样，叶片用拉筋连接起来，就像在叶片中间增加了一个支点，因而提高了叶片的刚性，可以减少叶片中的弯曲应力，同时又改变了叶片的自振频率，达到调频的目的。松装拉筋同样可以达到良好的减振效果。当转子旋转时，离心力使拉筋紧贴叶片拉筋孔中，当叶片振动时拉筋与叶片拉筋孔接触表面的摩擦力阻止叶片振动，改善了叶片的振动特性。

由于拉筋处在汽道之中，增加了蒸汽流动损失，并且拉筋孔还会削弱叶片的强度，因此在满足叶片强度和振动要求的情况下，应尽量避免采用拉筋。

一般自由叶片和仅用拉筋成组的叶片都将顶部削薄，可起到汽封齿作用，同时一旦动静部分在该部位发生摩擦，可减轻事故程度，保护了汽轮机。

二、叶片的强度

1. 叶片的工作条件

汽轮机叶片长期处于恶劣的条件下工作，叶片在高温的蒸汽中受巨大的离心力、振动应力及热应力等。另外，在蒸汽中还含有对叶片材料有腐蚀作用的成分，如蒸汽中的氯化物盐类。湿蒸汽中的水滴对叶片还有腐蚀作用。汽轮机高压级叶片是处于高温下工作的，高温对叶片材料的影响不仅使叶片材料强度显著降低，使屈服极限、强度极限、疲劳极限降低；而且由于叶片工作期限长(工业汽轮机大修周期一般为 2 年，甚至 3 年)，随着运行时间的延长，蠕变变形增加，可能使叶片与静止部分摩擦。因此，要求在高温下(一般超过 450℃)工作的叶片应有良好的抗蠕变性能。凝汽式汽轮机最末几级叶片是处在湿蒸汽区工作，将受到蒸汽膨胀过程中凝成水滴的磨蚀。磨蚀一方面是由于湿蒸汽的电化学腐蚀作用，另一方面是由于水滴的机械冲刷作用，其结果造成靠叶片顶部进汽边一侧表面在开始阶段呈现无光泽的麻点，继而逐渐变为空穴状。随着运行时间的延长，这些空穴发展使进汽边成为花边状、空穴区域疏松多孔性的组织。因为水滴在离心力的作用下被甩向外圈，因此靠叶片顶部进汽边受到严重的损坏。

叶片的磨蚀与叶片的圆周速度、蒸汽的湿度、水滴的大小等因素有关，叶片的圆周速度超过 250m/s 时，叶片表面应做硬化处理，例如镀铬、堆焊硬质合金、电火花硬化、表面渗碳等。蒸汽品质不佳，存在各种盐类和酸类物质会对叶片产生腐蚀作用，腐蚀不仅减小叶片截面积，使其应力增加，而且降低叶片材料的疲劳极限。例如常用的含 13%铬的不锈钢，腐蚀将使疲劳极限降低 50%左右，一般认为在过热蒸汽与湿蒸汽的过渡区(即湿度为 0～6%左右)腐蚀现象最为严重。此外，汽轮机停机时漏入的蒸汽和空气也会引起电化学和化学腐蚀。从叶片受力条件来看，叶片除了要承受离心力和汽流力外，还受到汽流中随时间变化的周期性作用力，这一周期性激振动力引起叶片的振动，当激振力频率与叶片自振频率相等时，叶片就产生共振。共振时叶片中产生很大的振动应力(或称动应力)，而使叶片疲劳损坏，这是引起叶片损坏的最主要原因之一。工业汽轮机经常处于变转速运行，这种情况尤为突出。

2. 叶片的受力分析

汽轮机工作时，叶片受到的作用力主要有以下几种：一种是由于汽轮机高速旋转时叶片自身质量和围带、拉筋质量所产生的离心力；另一种是汽流流过叶栅通道时产生的汽流力；还有一种是汽轮机启动、停机过程中，由于叶片中的温差而引起的热应力。离心力使叶片受到拉伸，产生拉应力，如果离心力作用线不通过计算截面形心，则偏心拉伸还会引起叶片截面上的弯曲应力。由于离心力的大小与转速平方成正比，所以变转速运行的工业汽轮机应以最高转速计算离心力。而汽轮发电机组的工作转速是恒定的，所以叶片所受的离心力不随时间变化，是静应力。

作用在叶片上的汽流力是随时间变化的，它可以看作是由不随时间变化的平均值分量和一个随时间变化的交变分量所组成。汽流力平均值分量使叶片产生汽流静弯曲应力，而变化的交变分量则使叶片产生振动，并在叶片中引起交变的动应力。

汽流力随工况而变，最大工况时汽流力也最大。对多级汽轮机的调节级来讲，第一组喷嘴全开而其他各组喷嘴关闭时，汽流力也达最大。由离心力及汽流力所引起的总的应力，自要将离心拉应力和弯曲应力叠加起来，由于弯曲应力在叶型各点大小和方向不同，叠加起来应力最大的是在叶片出汽边。从结构上来讲，叶片出汽边一般很薄，容易产生应力集中，而同时这里的应力又是最大，所以叶片损坏最容易从出汽边开始发生。

3. 叶根受力分析

研究表明：等截面叶片根部截面承担的离心力最大，该截面上的离心拉应力也最大；对变截面叶片来讲，叶型根部截面受到的离心力最大，但离心拉应力不一定最大。对于直叶片，在汽流作用下，根部截面产生的弯应力最大；对变截面叶片来讲，根部受到的弯矩最大，但根部的弯应力不一定最大。

三、叶片的振动

叶片是根部固定的弹性杆件，当叶片受到一个外力的冲击时，它会偏离平衡位置。当外力消除后，由于叶片自身的弹性力和质量的惯性力作用，它会在其原平衡位置附近作反复振动，这种振动称为自由振动，叶片作自由振动时的频率称为自振频率。当叶片受到一周期性外力(又称激振力)作用时，它会按激振力的频率振动，即为强迫振动。在强迫振动中，如果激振力的频率和叶片的自振频率相等或成整倍时，叶片则会发生共振，最后因叶片疲劳而断裂。据国内外统计，叶片事故占汽轮机事故的39%，严重影响汽轮机的安全运行。叶片事故大多数是由于共振所引起的。一旦叶片发生共振，振幅和振动应力急剧增加，可能引起叶片的疲劳损坏。若个别叶片断裂，其碎片可能将相邻叶片打坏，这些碎片若被高速汽流带走，还可将后面级的叶片打坏。转子因此失去平衡，而发生强烈振动，从而引起恶性事故。工业汽轮机因为处于高转速以及变转速运行，工作条件更差，因此振动引起叶片损坏的可能性更大。

1. 引起叶片振动的激振力

作用在叶片上引起振动的周期性的力称为激振力。引起叶片振动的激振力主要是由于沿圆周方向不均匀汽流对旋转着的叶片的脉冲作用而产生的，汽流激振力按其频率的高、低可以分为高频激振力和低频激振力。

(1)低频激振力

在汽轮机级的轮周上，由于喷嘴、隔板或静叶片个别汽流不均匀，叶轮每转一周受到一次或几次交变汽流作用的作用力，称为低频激振力。用 Kn_s 表示低频激振力的频率，K 为正整数。随低频激振力的频率值增大，激振力作用的振幅减少，当频率大于 6 后就不可考虑其低频激振力的危害。

产生低频激振力的主要原因是：①部分进汽采用喷嘴调节的汽轮机的调节级，它的喷嘴分为几个弧段，各喷嘴弧段之间相互隔开，由各个调节汽阀控制。因此当叶片旋转到弧段内时，受到汽流力的作用，在两个弧段之间没有汽流，叶片不受汽流力的作用，这样对叶片产生周期性的激振。如果 i 为对称分布的喷嘴弧段个数，则其激振频率为 in_s，其力幅等于平均汽流力大小。②抽汽管、排汽管沿径向分布使它的前一级的级后及其后一级前压力分布沿周向分布不均匀，亦即叶片在经过抽汽、排汽口时受力情况变化，形成周期性的干扰。如沿圆周分布 i 个抽汽口或排汽口，则激振力频率为 in_s；③冲动级中的隔板是有两个半圆板组成，在隔板水平中分面上的喷嘴型线结合时发生错位，造成汽道节距偏差，形成汽流不均匀，其激振频率为 $2n_s$；④个别喷嘴或静叶片由于制造、安装的偏差产生激振力；⑤级前或级后有加强筋，由于加强筋处流速改变而引起汽流异常。

当一级中只存在一个激振源，则对于同一级中的任一叶片而言，每转一周就受到一次激振，则激振力频率为

$$f=\frac{1}{T}=\frac{\omega}{2\pi}=\frac{2\pi n_s}{2\pi}=n_s \tag{5-1}$$

式中　n_s——转子转速，r/s；

T——激振力周期，s；

ω——激振力的圆频率，rad/s。

同理，若一级中有 i 个均匀分布的激振源，则激振力频率为

$$f=\frac{2\pi n_s}{2\pi}=in_s$$

(2)高频激振力

叶轮每旋转一周受到许多次交变汽流作用的作用力称为高频激振力。这是由于喷嘴叶栅出口汽流不均匀引起的激振力。

当汽流流过喷嘴叶栅时，由于喷嘴的出汽边有一定的厚度，使每个喷嘴叶栅出口的汽流不均匀，使得每个喷嘴出汽边尾迹中的汽流速度降低，因而作用在叶片上汽流力减少，而喷嘴通道中部汽流速度大，作用在叶片上的力也大。因此，沿喷嘴叶栅圆周方向上，汽流的速度和汽流对叶片的作用是不均匀的，如图 5-11 所示。当叶片旋转到喷嘴出口边缘时，就作用在叶片上的力突然减小，离开喷嘴出口边时作用力又突然增大。这样，叶片旋转时，就受到周期性变化的激振力作用。所以，叶片每经过一个喷嘴，就受到一次冲击，即受到一次激振。如果整圈喷嘴数目为 z，在全周进汽时，当叶片旋转一周时，叶片就受到 z 次激振，叶片每秒转速为 n_s，即激振力频率为

$$f_a=zn_s \tag{5-2}$$

若为部分进汽时，则 z_1 应为当量喷嘴数，即

$$z_1=\frac{z'_1}{\varepsilon} \tag{5-3}$$

式中　z'_1——实际喷嘴数；

ε——喷嘴部分进汽度。

通常一级的喷嘴的数目 $z=40\sim80$，汽轮机的转速 $n=50\text{r/s}$，则激振力的频率 $f_a=2000\sim4000\text{Hz}$，故称这类激振力为高频激振力。

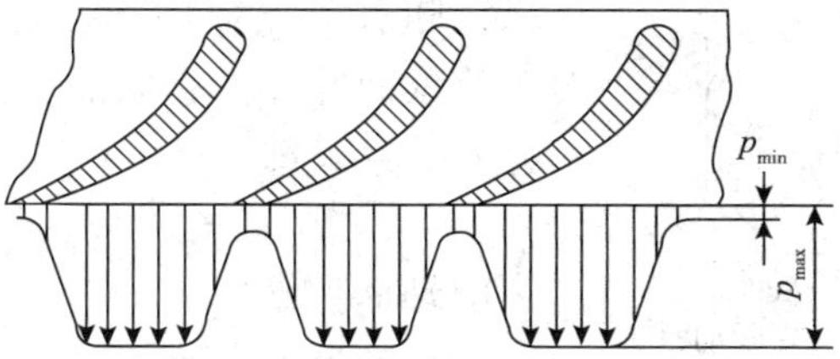

图 5-11　喷嘴后汽流速度分析

2. 叶片的振型

叶片是一个一端固定的弹性梁，在外界激振力的作用下，便产生强迫振动，其振动型式可以分为弯曲振动及扭转振动两种基本型式。弯曲振动又分为切向振动和轴向振动。绕叶片截面最小主惯性轴的振动，振动方向接近于叶轮圆周的切线方向，称为切向振动；绕叶片截面最大主惯性轴的弯曲振动，其振动方向接近于汽轮机的轴线方向，称为轴向振动；沿叶高方向绕通过各截面形心连线的往复扭转，称为扭转振动。任何一种复杂的振型都可以看作是弯曲振动和扭转振动的组合。

(1)自由叶片的振型

①弯曲振动

a)切向振动

汽流不均匀产生的激振力主要在圆周方向，而叶片在这个方向弯曲刚度又最小，因而较小的激振力就能激发叶片振动，所以切向振动是最危险的一种振动。切向振动中的叶片振型由于叶顶支持情况的不同而不同，叶片切向振动可分为 A 型振动和 B 型振动。

(a)A 型振动　叶片振动时，叶根固定，叶顶摆动的振动形式称为 A 型振动。当激振力频率由零开始增加时，开始叶片产生的受迫振动不太明显振幅不大，到某一频率值时，叶片振动的振幅显著增大，振动型状如图 5-12(a)所示。作无节点的振动。此时激振力频率与叶片固有频率相等将发生共振。继续提高激振力频率，叶片振幅又趋于减小，振动不明显，当频率提高到另一个更高值时，叶片又发生共振，叶片作图 5-12(b)型状的振动，此时振幅又显著增大，但是比第一次共振时的振幅要小。如此继续下去，叶片还要发生如图 5-12(c)两个节点的共振，以致三、四……无穷个节点的共振，而每次共振时的振幅却愈来愈小。所以叶片有无穷多个自振频率，如图 5-12 中无节点的 A 型振动称为第一阶振动或 A_0 型振动，其频率称为第一阶频率或第一音调频率。有一个节点的称为第二阶振动或 A_1 型振动，

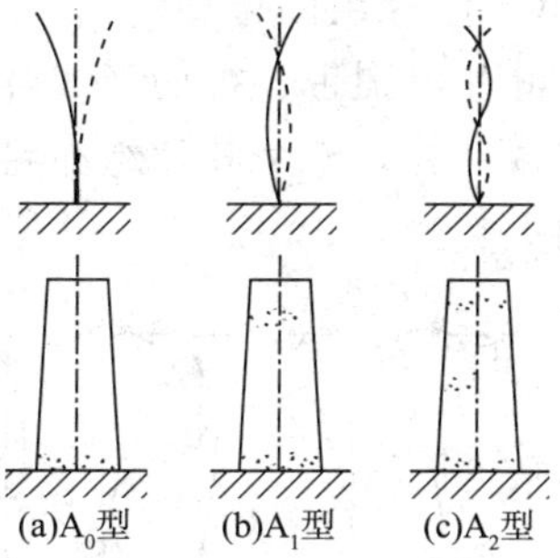

图 5-12　自由叶片的 A 型振动

其他的依次为 A_2、A_3……型振动。每种振型都有各自的自振频率，节点数愈多，则自振频率与高，振幅随之减小。对于等截面叶片，各阶阵型的频率间有一定的比值关系，即

$$f_{A0} : f_{A1} : f_{A2} = 1 : 6.27 : 17.6$$

(b)B型振动　叶片作B型振动时，叶根固定而叶顶铰支(如围带，但没有拉筋)，与A型振动一样，叶片B型振动也有无穷个，没有节点的是 B_0 型，依次有 B_1、B_2……型振动，如图5-13所示。随着节点数增加，自振频率增大，振幅下降。对于等截面叶片，它们的B型自振频率之间也有一定的比例关系，即

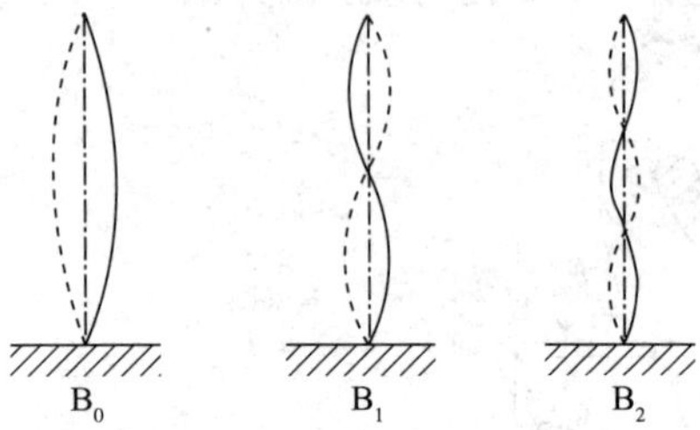

图5-13　自由叶片的B型振动

$$f_{B0} : f_{B1} : f_{B2} = 1 : 3.2 : 6.8$$

b)轴向振动

叶片的轴向弯曲振动只会产生A型振动，而不会产生B型振动，这是由于叶片轴向的抗弯刚度很大。一般也不会出现高阶振动，也不会产生有节点的振动，只有轴向 A_0 型振动。

当叶片产生轴向振动时，叶轮往往也参加振动，而形成了叶轮与叶片系统的轴向振动。叶根很厚实而叶片又很高时，才忽略叶轮振动，而仅考虑叶片轴向振动。

②扭转振动

叶片作扭转振动时，绕其自身轴线往复来回振动，按其频率高低也可分为一阶扭转振动，二阶、三阶……扭转振动。图5-14(a)为一阶扭转振动，有一条节线，沿叶片高度各点作同相振动。图5-14(b)为二阶扭转振动，有两条节线，节线上、下的质点做反向振动。

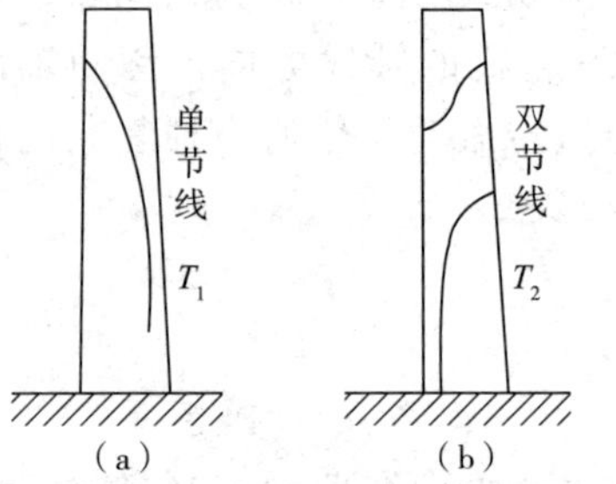

图5-14　自由叶片扭转振动

自由叶片的扭转振动频率都较高，一般第一阶振动频率在切向弯曲振动第一阶和第二阶之间，接近二阶切向弯曲振动的频率。叶片的扭转振动主要发生在汽轮机末几级扭转叶片中。

(2)叶片组的振型

叶片由围带、拉筋联成叶片组后，其振型比单个叶片的振型复杂。除单个叶片本身在组内振动外，整个叶片组亦将产生振动。叶片组的振型同样可以分为A型振动和B型振动两大类。

①切向A型振动

其特点是叶片组内各叶片作同相位振动，而且振动频率相同，它的型振动与单个叶片的A型振动相同，也可能发生 A_0、A_1、A_2……不同频率的A型振动。无节点的是第一阶振动，即 A_0 振动，如图5-15(a)所示。有一个节点的是第二阶振动或 A_1 型振动。如图5-15(b)所示。叶片组A型振动的自振频率与同尺寸的单个叶片的自振频率不同。这是因为围带和拉筋的存在使叶片刚性增加，因而提高了叶片自振频率，但围带及拉筋同时增加了叶片的质量而使自振频率下降，基于上述原

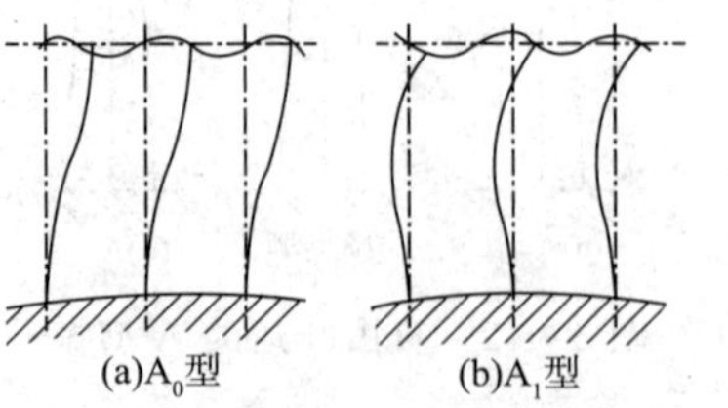

图5-15　叶片组的切向A型振动

因，使叶片组 A 型振动的自振频率与同阶次单个叶片的 A 型振动的自振频率不同。

②切向 B 型振动

叶片用围带联成组后的 B 型振动，其特点是叶根紧固，顶部围带也几乎保持不动，叶片组的 B 型振动也可以分为 B_0、B_1……，对于同一振型，可以出现叶片不同的振动相位，如图 5－16 所示。

图 5－16(a)所示对称于叶片组的中心线的叶片振动相位相反，即第一个和最末一个、第二个和倒数第二个等振动相位都相反。若叶片组内的叶片数为奇数，则中间叶片不振动，这种振型称为第一类对称的 B_0 型振动。图 5－16(b)所示对称于叶片组中心线的叶片振动相位相同，这种振型称为第二类对称的 B_0 型振动。这两类振动的振动相位排列组合可以组成很多形式，而每种形式的自振频率是不相同的，而是一组数，所以叶片组出现的某一振型(如 B_0 振动)，其自振频率是一个频带。

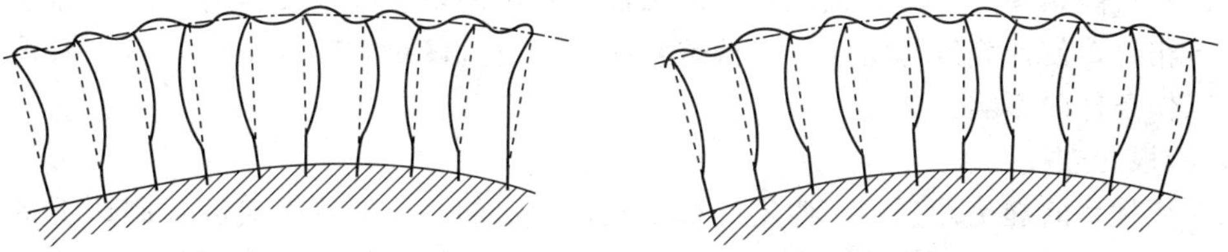

(a) 第一类对称的B_0型振动　　(b) 第二类对称的B_0型振动

图 5－16　叶片组的切向 B_0 型振动

若仅以围带联成的叶片组，用激振器激发其振动，当激振力的频率逐渐升高时，叶片组将依次出现 A_0、B_0、A_1、B_1……型振动，其自振频率依次增大，振幅则减小。实践证明，高阶次振动一般不易发生，即使发生，危险性也不大，随着振动阶次的增高，其振幅愈来愈小，危险性也愈来愈小。而通常出现的低阶次振动，振幅较大，叶片内的动应力较大。因此，对汽轮机叶片来讲，最危险的振动是 A_0、B_0、A_1 型是最危险的振型，通常在叶片的安全考核中主要考虑这几种振型。

③轴向振动

图 5－17 所示为用拉筋连接的叶片组轴向振动时的两个振型，即 X 型、U 型振动等等。拉筋上有一个节点的为 X 型振型，拉筋上有两个节点的为 U 型振型，当然也可能出现拉筋上节点有更多的振型。最容易激起的是 X 型振型，由于此时叶片在做没有节点的轴向振动。

(a) X型振型　　(b) U型振型

图 5－17　叶片组的轴向振动

3. 叶片的自振频率

叶片在静止时的自振频率称为静频率。等截面自由叶片静频率的计算公式为

$$f=\frac{(kl)^2}{2\pi}\sqrt{\frac{EI}{ml_b^3}} \tag{5-4}$$

式中　EI——叶片的抗弯刚度；

m——叶片的质量；

l_b——叶片的高度；

kl——叶片频率方程的根。

由式(5－4)可知，叶片的自振频率取决于下列因素：

①叶片的抗弯刚度 EI，EI 越大，频率越高；

②叶片的高度 l_b，l_b 越高，频率越低；

③叶片的质量 m，m 越大，频率越低；

④叶片频率方程 kl，kl 值与叶片振型有关。

由式(5－4)可以看出，对于同一叶片，不同振型的静频率是不同的，且各阶静频率之间有一定的比例。例如，A_0、A_1、A_2 型振动的(kl)值分别为 1.875、4.694、7.855，则它们之间的静频率之比为

$$f_{A0}:f_{A1}:f_{A2}=(k_0l)^2:(k_1l)^2:(k_2l)^2=1:6.27:17.6$$

上述叶片静频率的计算公式是在一定条件下导出的，而叶片工作的实际条件往往与这些条件不相符，使计算值与实际值有偏差，因此应进行修正。叶片工作时的自振频率还受到以下工作条件的影响：

(1)叶根的连接刚度

在叶片频率的理论计算中，假定叶根是刚性固定的。而实际上若叶片制造不精确、装配不当或因工作时叶根连接处产生弹性变形等，都可能使叶根夹紧力不足，在叶根之间或叶根与轮缘之间产生间隙，叶片的振动将延伸到叶根部分，从而使振动叶片的质量增加，而刚性降低，故其自振频率有所降低。

叶片的连接刚性对叶片自振频率的影响可以用叶根牢固系数 K_r 来修正，该值可从图 5－18查得。

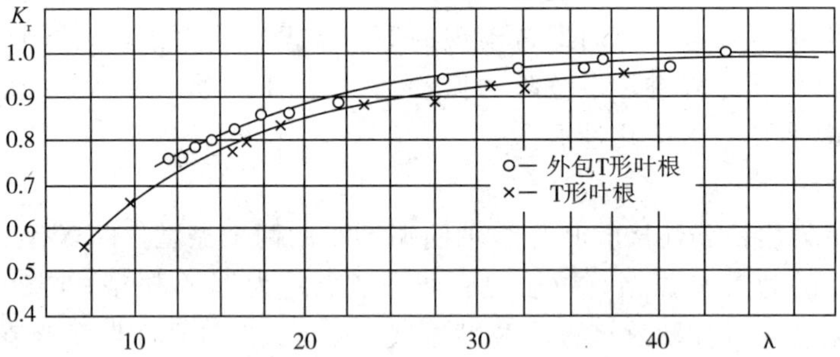

图 5－18　叶根牢固修正系数

对于叶根形式不同、自身柔度不同的叶片，叶根连接刚性对自振频率的影响程度是不同的，图 5－18 表示了这一关系。叶片的柔度为

$$\lambda=l/i \tag{5-5}$$

式中　l/i——叶片高度与叶片截面惯性半径的比值，$i=\sqrt{\frac{I}{A}}$；

I——叶片横截面的最小惯性矩；

A——横截面积。

对于扭曲叶片，按 0.5l 处的值查出 K_r 值后再乘以$\sqrt{2\bar{i}}$ 即可($\bar{i}$ 是单个叶片质心的相对高度)。

(2)工作温度

叶片材料的弹性模数 E 随温度升高而减小，从而使叶片抗弯刚度 EI 减小(I 为叶片横截面弯曲方向的主惯性矩)。切向振动时，I 为最小主惯性矩，轴向振动时，I 为最大主惯性矩，叶片自振频率降低。温度对自振频率的影响可用温度修正系数 K_t 来进行修正，即

$$K_t=\sqrt{\frac{E_t}{E_{20}}} \tag{5-6}$$

式中　E_t——叶片工作温度下材料的弹性模数；

E_{20}——为 20℃时材料的弹性模数。

常用叶片材料 1Cr13 和 2Cr13 的温度修正系数 K_t 值，见表 5-1。

表 5-1　1Cr13 和 2Cr13 的温度修正系数 K_t 值

温度/℃ 材料	200	300	400	500	550
1Cr13	0.975	0.956	0.930	0.908	—
2Cr13	0.975	0.956	0.935	0.910	0.872

考虑上述两个因素的影响，等截面自由叶片的自振频率为

$$f=K_rK_t\frac{(kl)^2}{2\pi}\sqrt{\frac{EI}{ml_b^3}} \tag{5-7}$$

(3)离心力

叶片工作时，叶片因振动偏离平衡位置时，叶片质量的离心力的作用线不通过根部截面的形心，形成一个附加离心力弯矩并作用在叶片上，这个弯矩与叶片弹性力一起促使叶片返回平衡位置，相当于这个弯矩(离心力)增加了叶片的刚度，因此使叶片的动频率高于它的静频率。转速愈高，离心力愈大，动频率就愈高。叶片动频率与静频率的关系为

$$f_d=\sqrt{f^2+Bn^2} \tag{5-8}$$

式中　f——经过 K_t、K_r 温度修正的静频率，$f=f'K_t$；

f'——实测静频率；

n——叶片的工作转速，r/s；

B——动频系数。

在测得叶片自振频率后，可用经验公式计算动频率系数 B：

对于等截面叶片　　$B=0.8\left(\frac{D_平}{L}\right)-0.85$

对于变截面叶片　　$B=0.72\left(\frac{D_平}{L}\right)-1$

式中　$D_平$——叶轮的平均直径，mm；

L——叶片的高度，mm。

(4)叶片成组

围带和拉筋对叶片组内叶片的自振频率有两方面的影响：一是它们的质量分配到各叶片上，相当于叶片质量增加，使频率降低；另一方面是它们对叶片的反弯矩使叶片的抗变形能力增加，相当于叶片的刚度增加，使频率升高。叶片成组后的自振频率是升高还是降

低，主要取决于上述两个因素哪个影响更大。一般情况下，刚度增加使频率增加的值大于质量增加使频率降低的数值。所以叶片组的频率通常比单个叶片的同阶频率高。

4. 叶片振动的安全校核准则与调频

在汽轮机的设计中，除了应保证叶片有足够的静强度外，还应保证运行时叶片不因振动而损坏，因此必须对叶片的振动特性进行校核。目前，我国采用静应力和动应力相结合对叶片进行校核。

根据设计观点的不同，有两种叶片，一类是调频叶片，另一类是不调频叶片，相应地就有两种叶片振动特性的校核准则。

(1)调频叶片和不调频叶片

调频叶片：在设计中将叶片自振频率与激振频率调开一定范围，避免在运行中发生共振，这种叶片称为调频叶片。

不调频叶片：在保证安全运行的条件下，按叶片可能处于共振条件下工作来设计的叶片称为不调频叶片。

(2)危险共振

汽轮机的运行经验表明，叶片振动最危险的共振有以下三种：

①第一种共振，即切向 A_0 型振动的动频率与低频激振力频率 kn_s 相等时的共振。

②第二种共振，即切向 B_0 型振动的动频率与高频激振力频率 $Z'_n n_s$ 相等时的共振。

③第三种共振，即切向 A_0 型振动的动频率与高频激振力频率 $Z'_n n_s$ 相等时的共振。

(3)叶片安全倍率与许用安全倍率

①不调频叶片的校核准则

对不调频叶片的安全评价，主要应判明在叶片共振时的动应力是否在许用耐振强度值以内，它对振动频率没有限制，允许在共振下运行。这类叶片广泛应用在国产汽轮机高中压级中。

不调频叶片的设计就是要保证叶片在共振条件下仍能安全地工作而不损坏，根据动应力理论，振动时的动应力 σ_d 必须满足下列条件：

$$\sigma_d \leqslant \frac{\sigma_a^*}{K_s} \tag{5-9}$$

式中 σ_a^*——材料的复合疲劳强度(耐振强度)；

K_s——安全系数。

考虑到动应力 σ_d 可以用叶片中汽流力产生的静弯曲应力 σ_{sb} 乘以动应力系数 β 表示，即 $\sigma_d=\beta \cdot \sigma_{sb}$，故式(5-9)可改写成：

$$\frac{\sigma_a^*}{\sigma_{sb}} \geqslant \beta \cdot K_s \tag{5-10}$$

虽然式(5-10)中 β 值和 K_s 值还不能用理论方法精确地确定，但 σ_a^* 和 σ_{sb} 可以通过理论计算和材料试验来确定。因此，用比值 σ_a^*/σ_{sb} 作为校核叶片动强度的指标是可行的。但是，实际应用时，还必须考虑一系列因素对叶片的耐振强度 σ_a^* 和汽流产生的静弯曲应力 σ_{sb} 的影响，故需对 σ_a^* 和 σ_{sb} 分别进行修正。σ_a^* 已考虑了叶片工作温度和所承受的静应力的影响，另外，还要根据叶片表面质量、几何尺寸以及在不同蒸汽状态下引起的介质腐蚀等影响因素进行修正，其中以介质腐蚀影响为最大，当叶片在湿蒸汽区工作时，形成的高浓度氯化物盐类引起叶片的腐蚀会使 σ_a^* 降低。σ_{sb} 值应按叶片应力集中情况、叶片的结构以及汽流流场的不均匀性、叶片成组后对动应力的影响等进行修正，其中，叶片成组后将使动应力明显减小。

对上述公式进行换算和修正，得出一个安全倍率 A_b 的概念，即

$$A_b = \frac{K_a \sigma_a^*}{K_b \sigma_{sb}} \tag{5-11}$$

式中　K_a、K_b——修正系数，可从准则中查出；

σ_a^*——材料的复合疲劳强度，可以从材料试验得到；

σ_{sb}——叶片中汽流静弯曲应力。

叶片材料的长期复合疲劳强度(耐振强度)σ_a^* 和叶片的汽流静弯曲应力 σ_{sb} 在考虑一系列因素的情况下的比值，定义为安全倍率 A_b。σ_a^* 是材料在动、静应力复合作用下的动强度指标，对于叶片就是在一定静应力作用下所能承受的最大交变弯曲应力，当静应力为零时，σ_a^* 等于疲劳强度 σ_{-1}，静应力增大时 σ_a^* 就相应降低。由于动应力与汽流静弯曲应力成正比，因此 A_b 值反映了叶片材料能够承受的动应力(对应叶片上某一静应力水平下)和叶片实际承受的动应力的相对比值的大小。统计了各种振型和共振倍率(K 值)下大量长期安全运行和因共振损坏的叶片 A_b 值，得到长期安全运行的许用安全倍率，用[A_b]表示，当某一叶片的 A_b>[A_b]时，则表示叶片动强度安全裕量大，该叶片可以按不调平叶片运行；反之 A_b<[A_b]，则表示安全裕量不足，叶片只能按调频叶片运行。

切向 B_0 型振动与低频激振力 Kn_s 共振时许用安全倍率[A_b]值列于表 5-2。

表 5-2　切向 A_0 型振动与低频激振力 Kn_s 共振的[A_b]值

K	3	4	5	6	7	8	9	10	11	12	13～20	>20
[A_b]	10	7.8	6.2	5.0	4.4	4.1	4.0	3.9	3.8	3.7	3.5	3.0

上表无 $K=2$，当 $K=2$ 时，不采用不调频叶片，而用调频叶片，避开共振，以确保叶片安全运行。

切向 B_0 型振动与高频激振力 $Z_n n_s$ 共振，在所有 K 值时的[A_b]=10。

对切向 A_0 型振动与高频激振力 $Z_n n_s$ 共振时，全周进汽级的[A_b]=45；部分进汽级的[A_b]=55。

为了得到不同振动阶次(K)下的许用安全倍率 A_b 值，对大量运行的汽轮机叶片进行统计，并对其中共振状态下运行的叶片进行计算，分别得到长期安全运行的叶片和共振损坏叶片的安全倍率 A_b 值，然后根据振型和共振阶次 K 绘出 A_b 与 K 之间的关系图，如图 5-19 所示(图 5-19 所示为 A_0 切向振动)。在图中安全点(△)和损坏点(×)之间，有一条明显的界线。位于界线以上的 A_b 值是安全的，位于界线以下的 A_b 值是危险的。位于界线上的 A_b 值，就定义为安全倍率界限值，并用[A_b]表

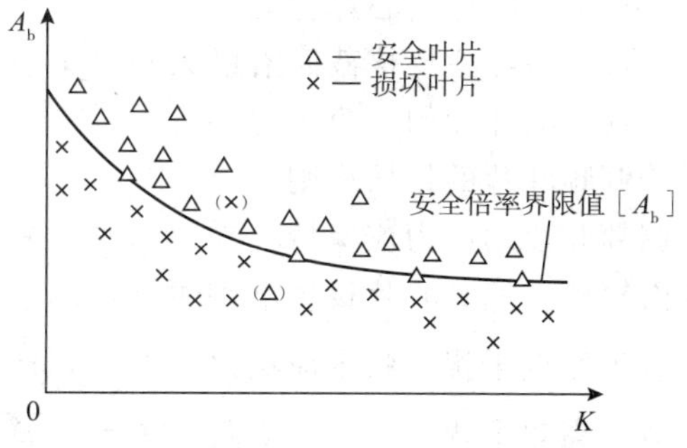

图 5-19　不调频叶片 A_b 与 K 的关系曲线(A_0 型)

示。$[A_b]$表示叶片抵抗疲劳损坏必须具备的最小能力，由此，可以得到不调频叶片一个新的校核叶片强度的安全准则：

$$A_b=\frac{K_a\sigma_a^*}{K_b\sigma_{sb}}\geqslant[A_b] \tag{5-12}$$

叶片的实际安全倍率 A_b 计算公式为：

$$A_b=\frac{K_1\cdot K_2\cdot K_d}{K_3\cdot K_4\cdot K_5\cdot K_\mu}\cdot\frac{\sigma_a^*}{\sigma_{sb}^*}>[A_b] \tag{5-13}$$

式中 K_1——介质腐蚀影响系数，按过热区、过渡区和湿汽区域分别选取，其值在 0.5～1.0 之间；

K_2——叶片表面质量影响系数，根据叶型表面有否镀铬及表面粗糙度而定，一般选取 0.8～1.0 之间；

K_3——应力集中系数，按叶型底部圆角大小在 1.0～1.4 之间；

K_4——通道面积改变影响系数，根据结垢情况按过热区、过渡区和湿蒸汽区选取，其值在 1.0～1.1 之间；

K_5——流场不均匀性影响系数，根据级前、后有否抽汽的工况选取其值在 0.8～1.0 之间；

K_d——绝对尺寸影响系数，叶型厚度超过 6mm 时，按有关曲线图修正，其值在 0.85～1.0 之间；

K_μ——成组系数影响系数，μ 为成组系数，对 A_0 型振动与低频 Kn_s 共振时，$K_\mu=\frac{1+\mu}{2}$；对高频 KZ_n 共振时，取 $K_\mu=0.2(\mu<0.2$ 时)或 $K_\mu=1.0(\mu>0.2$ 时)；

σ_{sb}^*——叶片校核截面上蒸汽静弯曲应力在最大主惯性轴上的分量；

σ_a^*——叶片材料的长期复合疲劳强度，是按叶片材料在平均应力幅值为 σ_m 的单向不对称循环交变应力作用下，经试验得到的能承受长期无限次应力循环而不破坏的最大交变应力幅值。

平均应力幅值为 σ_m 可按下式计算：

$$\sigma_m=1.2(\sigma_{ct}+\sigma_{cb}+\sigma_{sb})=1.2\sigma_{st} \tag{5-14}$$

式中 σ_{ct}——叶片离心拉应力；

σ_{cb}——叶片离心弯应力；

σ_{sb}——叶片校核截面沿最大和最小主惯性轴的总的蒸汽静弯曲应力；

σ_{st}——叶片的总静应力。

②调频叶片的校核准则

调频叶片动应力应保持在安全水平，避免叶片在运行中发生共振，调频叶片适用于定转速汽轮机。调频叶片校核准则主要从两个方面来保证叶片振动的安全性。

对于低频干扰力频率应满足 $f_d=\sqrt{f^2+Bn_s^2}\neq Kn_s$

对于高频干扰力频率应满足 $f_d=\sqrt{f^2+Bn_s^2}\neq Zn_s$

式中 f_d——叶片动频，Hz；

f^2——高频激振力频率，$f^2=Zn_s$，Hz；

K——振动倍率，$K=1，2，3\cdots$，若喷嘴组对称分布，则 K 为喷嘴组数目；

Z——整圈喷嘴组数目，当部分进汽时，$Z=\frac{\pi D}{t}$；

π、D——整圈喷嘴平均直径、喷嘴节距。

根据实际运行经验，只有低阶的共振是危险的，因而一般只需调开 A_0、B_0 和 A_1 型的频率即可。

a) A_0 型振动频率与低频激振力 Kn_s 避开范围及安全倍率

叶片动频率和激振力频率还必须避开一定范围，其原因主要是在共振点附近振动的振幅仍然是很大的，即共振是有一个区域(共振区)的。同一叶轮上各叶片的自振频率由于制造和安装、检修误差不可能完全相等，而有一定的频率分散度，一般制造厂技术文件规定 Δf 为：

$$\Delta f=\frac{f_{max}-f_{min}}{(f_{max}+f_{min})/2}\times 100\% \tag{5-15}$$

式中　f_{max}、f_{min}——同一级中测得的叶片最高自振频率与最低自振频率。

当 $\Delta f<8\%$时，表示叶片装配质量合格；$\Delta f>8\%$，表示叶片装配质量不合格，应采取措施消除之，使 $\Delta f<8\%$，然后方可校核振动安全性。避开的范围对不同激振力和不同振型有不同的要求。

A_0 型振动与 Kn_s共振时，调频要求为：$n=3000$r/min 的汽轮机叶片动频率介于激振力频率 Kn_s 与$(K-1)n$ 之间时，叶片动频率应符合以下要求：

$$f_{d1}-(K-1)n_1\geqslant 7.5\text{Hz} \tag{5-16}$$

$$Kn_2-f_{d2}\geqslant 7.5\text{Hz}(K=2、3、4、5、6) \tag{5-17}$$

式中　f_{d1}、f_{d2}——工作温度下叶片在转速 n_1 和 n_2 时的最低和最高动频率，Hz；

n_1、n_2——汽轮机转速变化的上、下限值，$n_1=50.5$r/s，$n_2=49.0$r/s。

调频后，这种叶片还应满足安全倍率的要求，必须满足表 5-3$A_b>[A_b]$。目前国内尚无 $f_d=100$Hz 的叶片，故表 5-3 中无 $K<2$ 的标准。

表 5-3　调频叶片 A_0 型振动$[A_b]$值

K		<2	2～3	3～4	4～5	5～6
$[A_b]$	自由叶片		4.5	3.7	3.5	3.5
	成组叶片	3.0				

b) B_0 型振动频率与高频激振力 Zn_s 避开范围及安全倍率

叶片组 B_0 型振动频率应与高频激振力 Zn_s 避开一定范围，但由于叶片组 B_0 型振动为一频带，而且各叶片组之间又存在分散度，故以某一级中最高的一个 B_0 型自振频率和最低的一个 B_0 型自振频率来进行校核。当要求某叶片的动频率避开高频激振力频率时，该叶片的静频率已经很高，动频率与静频率已很接近(动频率比静频率约低 3%)，所以新准则中用静频率代替动频率。B_0 型频率避开范围应满足下列要求：

$$\Delta f_1=\frac{f_1-Zn_s}{Zn_s}\times 100\%>15\% \tag{5-18}$$

$$\Delta f_2=\frac{Zn_s-f_2}{Zn_s}\times 100\%>12\% \tag{5-19}$$

式中　Z——整圈喷嘴数；

n_s——汽轮机额定转速，r/s。

叶片组 B_0 型振动的静频率中，最低的 f_1 值高于 Zn_s，考虑到运行一段时间后，大多数叶片频率要下降，故要求 $\Delta f_1>15\%$；最高的 f_2 值高于 Zn_s，同理，只要求 $\Delta f_2>12\%$。B_0 型振动满足上述要求后，安全倍率可按该叶片的 A_0 型与 Kn_s 的不调频叶片确定，因为这种叶片组的 A_0 型自振频率往往和 $Kn_s(K>7)$ 的激振力频率处于共振状态，因此这种叶片组调频后安全倍率，应满足不调频叶片的安全倍率值应不低于表 5-3 的许用值$[A_b]$，否则是不安全的。

调频叶片校核准则是孤立地考虑叶片的强度和振动问题，采用静应力和动应力分别校核的办法，没有考虑到叶片的实际受力状态是在静应力的基础上叠加一个交变的应力。对工业用驱动汽轮机，由于其工作转速变化范围很广，要调开叶片自振频率和激振力频率，实际上是不可能的。所以，目前根据叶片动强度理论又提出了一个新的较为完善的叶片振动特性的校核准则，它既适用于不调频叶片，也适用于调频叶片。

(4)叶片调频

调整叶片的自振频率或激振力的频率，使它们不相等，并避开出现共振一定安全范围，称为调频。调整叶片自振力频率，可以通过改变叶片的质量和刚性(包括连接刚性)来实现。增加刚性和减少质量可使自振频率提高，反之则降低。

调频前，应先检查叶片的频率分散率是否符合要求。当叶片频率分散率 $\Delta f<8\%$时，则认为叶片装配质量合格。当频率分散度过大时，应检查叶片的装配质量。当频率分散度良好而叶片振动特性不合格时，应进行叶片调频。

现场常用的叶片调频方法有：

①改变叶片的截面积或截面积沿叶高的变化规律。

②对于非焊接围带的短叶片，如叶片截面积大，可在叶片顶部中心钻减荷孔，以减少叶片质量，从而提高叶片自振频率。

③采用空心拉筋，使叶片质量减小，提高叶片自振频率。

④用围带或拉筋将叶片联成组，改变围带和拉筋的尺寸和位置等，如增加围带厚度或改变拉筋直径，以提高叶片的自振频率。

⑤研磨叶根之间的接触面，增加叶片之间的装配紧力以提高叶根的连接刚度，从而提高叶片的自振频率。

⑥改变叶片组内叶片数量来改变刚度，以改变自振频率。但当叶片组内叶片数已达8～12片时，这种方法的效果就不显著了。

第二节　转子

汽轮机的转动部件的总称称为转子。汽轮机转子是汽轮机转动部件的组合体，是汽轮机重要的部件。其作用是将蒸汽的动能转变为机械能，传递作用在工作动叶片上的蒸汽圆周分力所产生的扭矩，向外输出机械功，用以驱动工作机械(压缩机、泵、风机或发电机)。

一、转子的类型

汽轮机转子可分为轮式转子和鼓式转子。轮式转子具有安装动叶片的叶轮，而鼓式转子则没有叶轮，动叶片直接安装在转鼓上。鼓式转子适用于反动式汽轮机，而轮式转子适用于冲动式汽轮机，也有采用两者结合的转子。

1. 轮式转子

轮式转子按制造工艺可分为套装式转子、整锻式转子、整锻组合式转子和焊接式转子等几种类型。

(1)套装式转子

套装转子是将叶轮、推力盘、联轴器、汽封套等部件分别加工后，通过热胀的方法套装在阶梯形主轴上，如图 5-20 所示。各等部件与主轴之间采用过盈配合，以保证在高温和离心力的作用下不发生松动。为了有效地传递扭矩，在主轴与叶轮、联轴器之间用平键连接起来，而主油泵与主轴用螺栓连接在一起，且连接螺栓的螺纹为反螺纹，与汽轮机转子旋转方向相反，以保证在转子旋转时不至于发生松脱。为了保证主轴上套装的部件受热以后能过自由地膨胀，在制造时应留有一定的膨胀间隙。

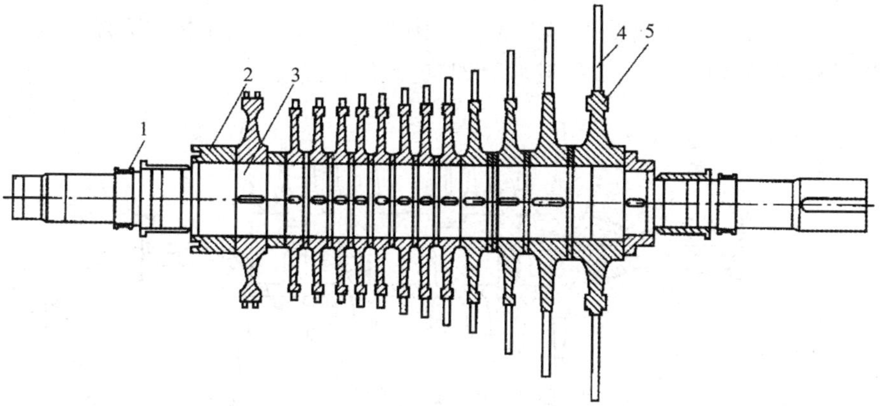

图 5-20　套装式转子

1—油封环；2—汽封环；3—主轴；4—叶片；5—叶轮

套装式转子具有锻件尺寸小，加工制造方便，生产周期短，质量容易保证，而且不同部件可以采用不同的材料，可以合理利用材料，造价较低等优点。但在高温条件下，由于金属产生蠕变，叶轮内孔直径会逐渐增大，最后导致装配过盈量消失，使叶轮与主轴之间产生松弛现象，从而使叶轮中心偏离转子中心，造成转子质量不平衡，机组产生振动，且快速启动的适应性能差。因此，套装转子不宜作为高参数汽轮机的高压转子，只适应于中压汽轮机或高压汽轮机的低压部分，且转子温度不宜大于 400℃。

(2)整锻式转子

由整体锻成并装有动叶的转子称为整锻式转子。整锻式转子上的叶轮、轴封套和联轴器等部件与主轴为一整体，无热套部件(见图 5-21)，因而消除了叶轮等部件松动问题，对启动和变工况的适应性较强，适应于在高温条件下运行。其强度和刚度均大于同一外形尺寸的套装转子，具有转子轴向尺寸小，结构紧凑，装配零件少，机械加工和装配工作量小。因此，整锻式转子常用于高参数汽轮机上。但是这种转子锻件尺寸大，制造工艺要求高，加工周期长，大锻件质量难以保证，且检验比较复杂，锻件质量要求高，整个转子都必须用优质材料，制造成本加大。

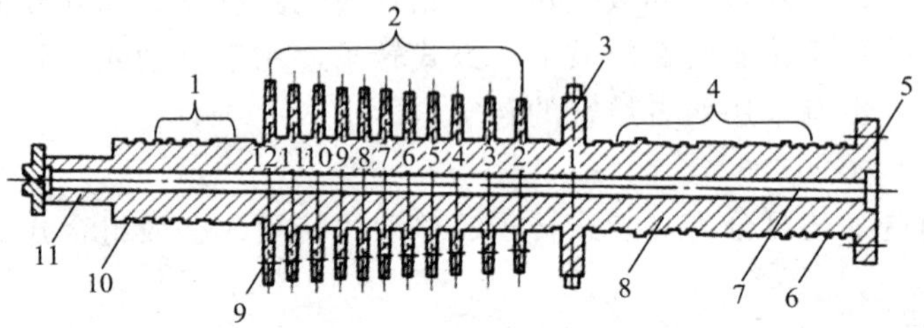

图 5-21 整锻式转子

1、4—轴端汽封；2—压力级叶轮；3—调节级叶轮；5—联轴器；
6、10—油封齿；7—中心孔；8—主轴；9—平衡孔；11—轴颈

整锻式转子主轴的毛坯通常钻一直径为 ϕ100mm 的孔，同时也可以借助潜望镜检查锻件内部质量，同时去掉中间材质较差的部分，提高转子的机械强度，防止裂纹扩展。目前，各汽轮机厂大都采用数控机床保证加工精度，随着金属冶炼和锻造水平的提高，国外已有些大的整锻式转子不再钻中心孔。

(3)焊接式转子

由若干实心轮盘和两个端轴拼焊而成，如图 5-22 所示。图中低压转子是由 4 个鼓形轮和两个端轴焊接而成的，共 12 级叶轮，对向分流布置。

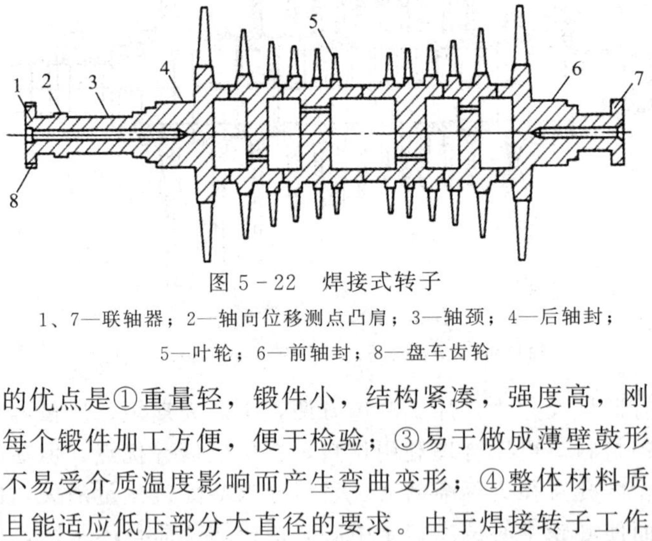

图 5-22 焊接式转子

1、7—联轴器；2—轴向位移测点凸肩；3—轴颈；4—后轴封；
5—叶轮；6—前轴封；8—盘车齿轮

焊接转子结构的优点是①重量轻，锻件小，结构紧凑，强度高，刚性大，能承受叶片较大的离心力；②每个锻件加工方便，便于检验；③易于做成薄壁鼓形，传热较快，具有较好的热稳定性，不易受介质温度影响而产生弯曲变形；④整体材料质量容易保证，材料性能利用合理，而且能适应低压部分大直径的要求。由于焊接转子工作可靠性取决于焊接质量，故要求材料的焊接性能好，焊接工艺要求高，加工制造周期较长。随着冶金和焊接技术的不断发展，焊接转子的应用日益广泛，大多用于大功率汽轮机的低压段转子。

(4)组合式转子

因转子各段所处的工作温度不同，故在高温部分采用整锻式结构，而在低温部分采用套装式结构，形成组合式转子，如图 5-23 所示。组合式转子兼有套装式转子和整锻式转子的优点，它既可保证高温区各级叶轮工作的可靠性，又可避免采用过大的锻件，还可以减少锻件尺寸；而且套装的叶轮和主轴可以采用不同的材料，有利于材料的合理利用。组合式转子广泛应用于高参数、中等容量的汽轮机上。一些中温、次高压小型汽轮机也有采

用组合式转子的。

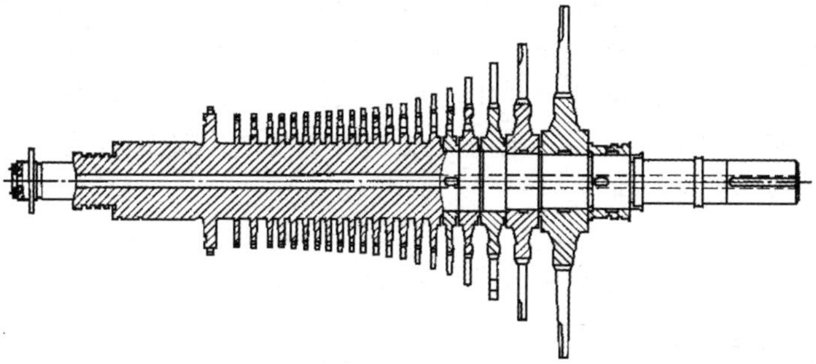

图 5-23　组合式转子

2. 鼓式转子

鼓式转子实际上是一个轮式结构-鼓式结构的混合型转子，转子形状呈鼓形，鼓式转子没有叶轮或有叶轮径向尺寸也很小，各级工作动叶片都装配紧固在一个共同的转鼓上，可缩短轴向尺寸和减小轴向力，主要用于反动式汽轮机。

图 5-24 所示为积木块三系列凝汽式汽轮机转子。由图 5-24 可见，整个转子由三大部分组成。前段(图 5-24 中 1～6)包括危急保安器、轴向位移遮断凸肩、推力盘、前径向轴承轴颈、前端汽封以及平衡活塞(前内密封体)。在平衡活塞的前端面外缘部分开有燕尾周槽，这是转子在汽轮机制造厂做动平衡时来固定平衡重块用的，称为主平衡面。在前轴颈与前端汽封之间沿转子的圆周方向铰有一些 M8 的螺纹孔，这是汽轮机在现场安装、检修时，做现场动平衡是用来安置平衡质量用的，称为附加平衡面。在现场安装时，也可在某一螺纹孔中架设特制百分表架，在表架上安装杠杆百分表，将表触头触在两端汽缸轴封处，可测量转子与汽缸的同轴度。

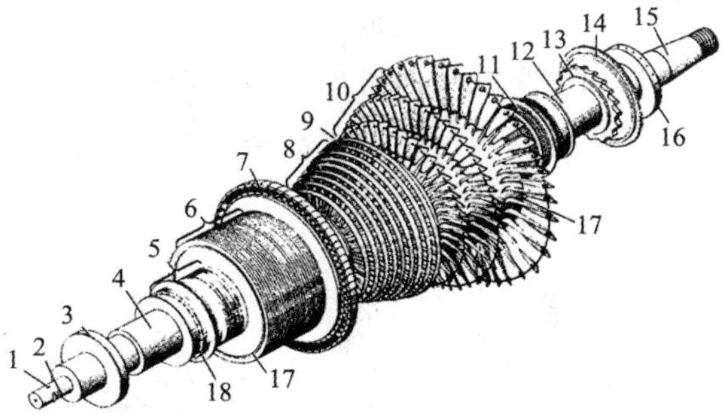

图 5-24　鼓式转子

1～6 前段　　7～9 叶片段　　10～14 后段

1—危急遮断器；2—轴向位移遮断凸肩；3—推力盘；4—前轴颈；5—前汽封段；6—平衡活塞汽封段；7—调节级；8—转鼓段；9—中间汽封；10—低压段；11—后汽封；12—后轴颈；13—盘车棘轮；14—盘车用油蜗轮；15—联轴器轴段；16—后平衡面；17—主平衡面；17—前辅助平衡面

鼓式转子的中间部分是叶片段，即图 5-24 中的 7～9。其中 7 是调节级叶轮，它是从整锻式转子上车削出来的。叶轮的外缘周向槽道中装有动叶片，8 和 9 是反动级叶片，它们安装在转鼓的周向槽道中。转鼓的外形像鼓筒一样，故图 5-5 所示的转子结构，实际上是转轮型和转鼓型混合型转子。

鼓式转子的后段，即图 5 - 24 中的 10～14，包括后端汽封、后径向轴承的轴颈、盘车棘轮或液压冲击设施的链轮、液压盘车装置的轮圈、联轴器套筒以及后平衡面(现场动平衡用的附加平衡面)。转鼓的后端端面是主平衡面，沿圆周开有燕尾形槽，用来放置平衡重块。

鼓式转子结构简单，弯曲刚性大。由于反动式汽轮机的轴向推力较大，所以鼓式转子一般都带有平衡活塞，用来平衡轴向推力。鼓式转子按结构又分为整体空心鼓筒转子、实心转鼓转子和焊接鼓式转子 3 种。

二、叶轮

1. 叶轮的作用及工作条件

叶轮的作用是用来安装冲动式级的动叶片，并将汽流作用在动叶栅上的扭矩传递给主轴做功，以驱动工作机械(泵、风机、压缩机以及发电机)。

2. 叶轮的结构

汽轮机叶轮是由轮缘、轮毂和轮面或轮盘 3 部分组成，如图 5 - 25 所示。

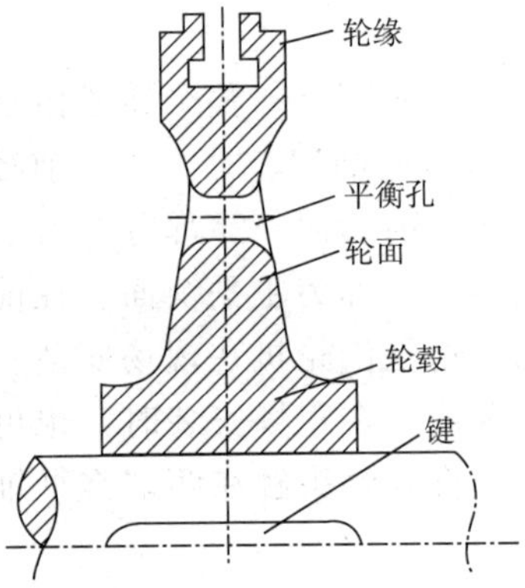

图 5 - 25　套装式叶轮

轮缘：即叶轮的外缘，是用来安装动叶片的部分。轮缘一般是等厚度的，轮缘中周向的叶根槽或轴向的叶根槽，视叶片的装配方式而定。叶根槽缺口的形状由叶根结构型式而定。

轮毂：轮毂是叶轮与主轴的连接部分，套装式转子是靠轮毂将叶轮套装在轴上的。整锻式转子的轮毂与轴是锻造在一起的。轮毂的形状都是等厚的，套装叶轮轮毂内孔的应力很大，所以它的厚度都较厚的，以减少内孔处的应力。

轮面：轮面是轮缘和轮毂的连接部分，轮面将轮缘和轮毂连成一体的中间部分。轮面的型线是根据叶轮的负荷和加工要求而定，按照轮面的型线可将叶轮分成等厚度叶轮、锥形叶轮、双曲线叶轮和等强度叶轮，如图 5 - 26 所示。为了便于加工，通常采用等厚度叶轮。

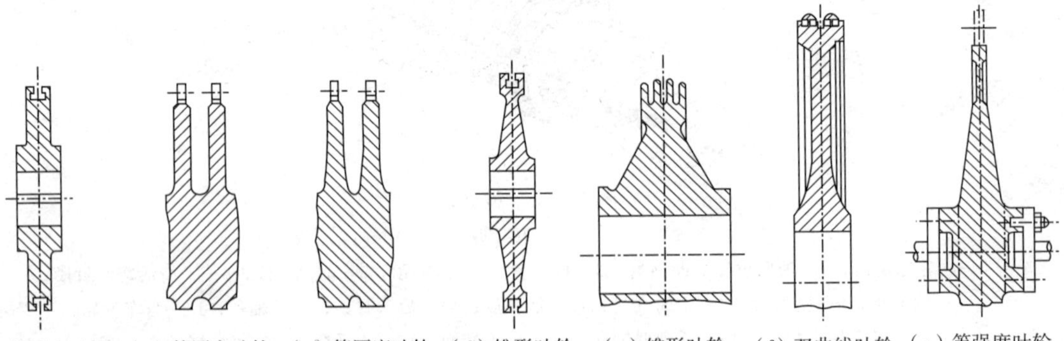
(a) 等厚度叶轮　(b) 等厚度叶轮　(c) 等厚度叶轮　(d) 锥形叶轮　(e) 锥形叶轮　(f) 双曲线叶轮　(g) 等强度叶轮

图 5 - 26　叶轮的型式

(1)等厚度叶轮

轮面的截面厚度相等的叶轮称为等厚度叶轮，如图 5 - 26(a)、(b)、(c)所示。图 5 -

26中(a)和(b)所示结构，叶轮的厚度沿半径不变，这种叶轮的优点是叶轮结构简单，加工方便，轴向尺寸小，但强度较低，只能用于平均直径不大、叶片较短的级中。一般圆周速度为120～130m/s。图5-26(c)所示结构，在内径处有加厚部分，其圆周速度可达170～200m/s。

(2)锥形叶轮

轮面的截面厚度沿径向呈锥形的叶轮称为锥形叶轮，如图5-26(d)、(e)所示，叶轮厚度沿半径由内向外减薄成锥形。这种叶轮不但加工方便而且强度高，应力分布均匀，可以用在圆周速度 u=150～300m/s的级中。采用大锥度轮面可以承受较大的载荷，因而获得了最广泛的应用。套装式叶轮几乎全是采用这种结构形式。

(3)双曲线叶轮

轮面的截面沿径向呈双曲线形的叶轮称为双曲线叶轮，如图5-26(f)所示。这种叶轮重量轻、刚性较差，且加工比较复杂，故仅用在某些汽轮机的调节级中。

(4)等强度叶轮

沿径向强度相等的叶轮称为等强度叶轮，如图5-26(g)所示。这种叶轮没有中心孔。等强度叶轮的特点是沿叶轮半径各处的应力都相等，强度嘴高，圆周速度可达400～430m/s。与其他型式叶轮相比，其重量轻，但其加工要求高。一般均采用近似等强度的叶轮型线，以便于制造，此种叶轮多用在盘式焊接式转子或高速单级汽轮机中，也有用在高速单级汽轮机中。

除等强度叶轮外，其余三种叶轮均钻有平衡孔。汽轮机压力级叶轮的轮盘上一般都在叶轮中部沿圆周均布开有平衡孔，如图5-27所示。平衡孔的作用是使叶轮两侧的压力近似相等，以减少作用于转子上的轴向推力，平衡孔数目一般为5或7个(取奇数避免在同一直径上有两个孔)，这样既保证叶轮的强度，又可避免或减少叶轮发生有节径的振动。平衡孔边缘应倒成大圆角，以减少应力集中的影响。但在调节级和反动度较大、负载很重的低压部分最末一、二级，一般不开平衡孔。

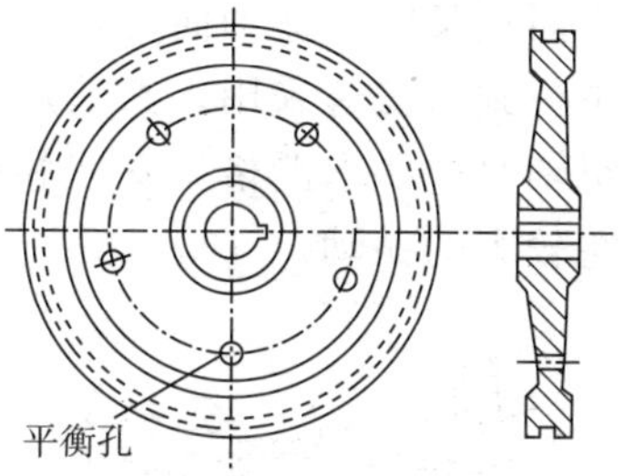

图5-27　平衡孔的位置

三、联轴器

联轴器又称为靠背轮或对轮。是连接汽轮机转子和工作机械(压缩机、泵、风机和发电机)转子的重要部件，并将汽轮机转子的扭矩传递给工作机械转子。在有齿轮变速箱的中、小型汽轮机上，还用其来连接变速齿轮箱的齿轮轴。联轴器的型式很多，一般采用刚性联轴器、半挠性联轴器和挠性联轴器3种。

1. 刚性联轴器

两半联轴器直接刚性连接，用螺栓将它们连接在一起，且两半联轴器端面间无相对位移的联轴器，称为刚性联轴器。

按联轴器与主轴的连接方式，刚性联轴器有装配式和整锻式两种结构，如图5-28所示。图5-28(a)所示为套装式联轴器，两半联轴器1和2均用过盈法装配在轴端上，用键传递扭矩，两半联轴器找正合格后，对准螺栓孔铰孔，用配合螺栓 3 紧固，以保持转子同心。扭矩就是通过螺栓以及联轴器端面间的摩擦力由一个转子传递给另一个转子的。联轴器法兰的外缘上套装着盘车齿轮 4，以备盘车装置驱动转子用。图 5－28(b)所示为整锻式联轴器。高参数、大容量汽轮机联轴器与主轴锻成整体，其强度和刚度均比套装式联轴器高，也无松动现象。两半联轴器找正合格后，对准螺栓孔铰孔，用配合螺栓连接，以保持转子同心。

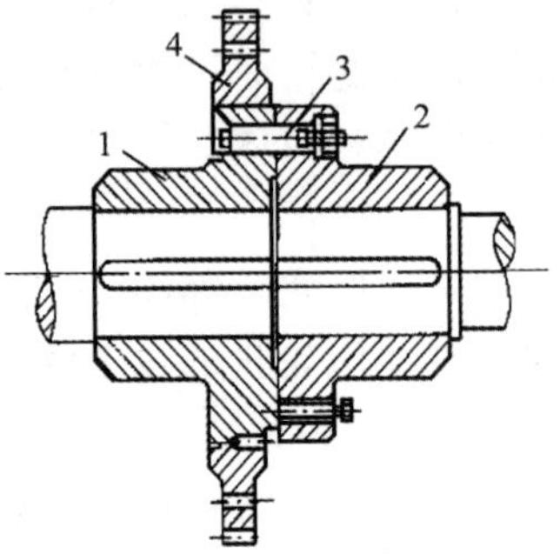

(a) 套装式联轴器

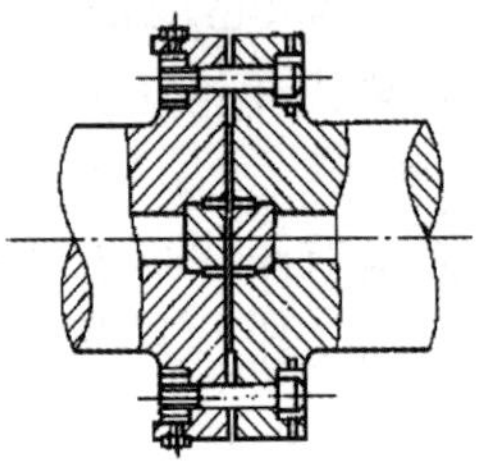
(b) 整锻式联轴器

图 5－28　刚性联轴器

1、2—联轴器；3—螺栓；4—盘车齿轮

刚性联轴器结构简单，轴向尺寸小，加工方便，连接刚性强，工作可靠，不仅能传递扭矩，而且又能传递轴向力，工作时不需要润滑，无噪音，因此，刚性联轴器在大功率汽轮机中得到了普遍采用。其缺点是两半联轴器端面间不允许有轴向和径向有相对位移，所以机组轴对中要求严格。安装和检修时的少许偏差都会使承受不应有的附加应力，从而引起机组较大的振动。

2. 半挠性联轴器

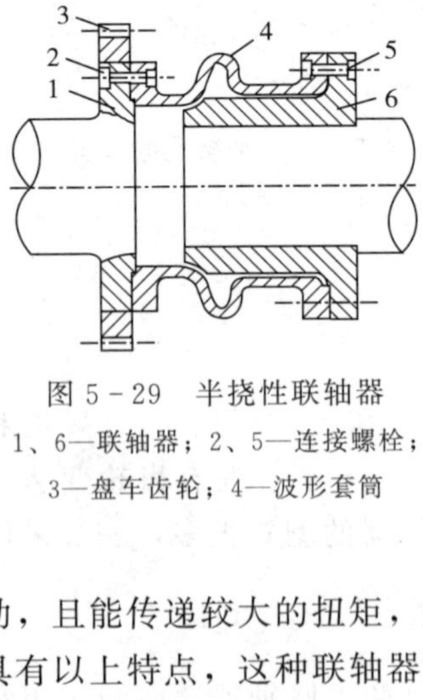

图 5－29　半挠性联轴器

1、6—联轴器；2、5—连接螺栓；3—盘车齿轮；4—波形套筒

在汽轮机端联轴器与发电机端联轴器之间装有波形套筒，然后用螺栓将它们连接起来，这种联轴器称为半挠性联轴器。波形套筒在扭转方向是刚性的，而在弯曲方向和轴向则是挠性的，如图 5－29 所示。图中联轴器 1 与主轴锻成一体，而联轴器 6 则用热套法加双键装配在另一转子的轴端上，在 1 和 6 之间装有波形套筒 4，并在 2 和 5 螺栓孔内穿入连接螺栓对称、均匀紧固。波形套筒在扭转方向是刚性的，在弯曲方向和轴向是挠性的，即使两个转子之间有较少的偏心也能得到补偿，同时还能在一定程度上吸收从一个转子传动另一个转子的振动，且能传递较大的扭矩，并将发电机转子的轴向推力传递到汽轮机的推力轴承上。由于具有以上特点，这种联轴器广泛应用于大型汽轮发电机组的汽轮机转子与发电机转子的连接。

3. 挠性联轴器

挠性联轴器具有较强的挠性，其允许转子间有相对的轴向倾斜和较大的径向位移，对振动传递不太敏感，但传递功率较小，且结构复杂，需有专门的润滑装置，因此一般在中小机组上采用。挠性联轴器通常有齿式、蛇形弹簧式和膜片式 3 种型式。

①齿式联轴器

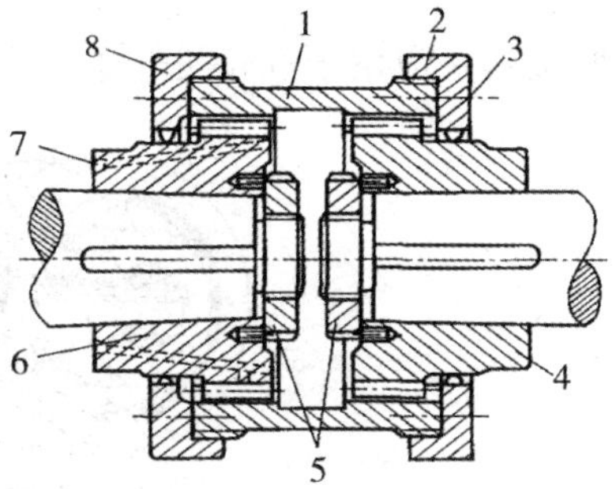

图 5-30　挠性齿式联轴器

1—内齿套筒；2、8—挡环；3—连接螺栓；4—从动轴端联轴器；5—轴端防松螺母；6—主动轴端联轴器；7—注油孔

图 5-30 所示为国产小型汽轮机上采用的挠性齿式联轴器。用来连接汽轮机转子与变速齿轮箱的主动轴。在这种联轴器中，汽轮机和发电机的齿轮式联轴器用热套和加键法分别套装在各自的锥形轴上，为了防止联轴器松脱，在轴端上配有防松螺母 5，在齿式联轴器 4、6 的外侧，套有带内齿的内齿套筒 1，实际上是联轴器的内齿与内齿套筒的外齿相啮合，从而使两个转子连接在一起。为了保证内外齿的润滑，联轴器还设有注油孔 7，利用注油孔喷油来润滑齿式联轴器的齿面。为了防止内齿套筒轴向移动，在两半联轴器侧面装有挡环，将其与内齿套筒用螺钉连接，并将防松装置锁紧。这种联轴器由于通过挡环与内齿套通连接，有一定的活动性，可以消除或减弱振动的传递。这种联轴器有较强的挠性，允许机组轴对中时，两转子间有相对的轴向倾斜和较大的径向位移，对振动的传递不敏感。其缺点是结构复杂，检修工艺要求高，且传递功率小，需要专门的润滑装置，因此一般只在中小功率的汽轮机上采用。

目前工业汽轮机驱动的大型离心压缩机组采用高速齿轮联轴器，其典型结构有哑铃式齿轮联轴器和套筒式齿轮联轴器两种。哑铃式联轴器的两个半联轴器用一个外齿套的接筒连接起来，这种联轴器像个哑铃，故称为哑铃式联轴器。其由两个半联轴器为内齿圈，中间接筒是外齿套，两端是特殊齿形的外齿轮，外齿轮的齿形，齿数相同，两者啮合既可以作相对滑移。又可作相对转动，从而实现动连接，具有轴向、径向、角度三个活动度，形成综合补偿的能力。齿轮的润滑采用喷油嘴向联轴器内喷压力油，油压为 0.1～0.2MPa。润滑油分别由内侧喷入外齿套的径向小孔，润滑齿面后再由内齿圈的径向小孔甩出，油压为 0.1～0.2MPa。套筒式联轴器的外齿套在转子上，内齿圈与中间接筒相联。中间接筒比较长，故称为套筒式联轴器。因中间接筒壁比较薄且较长，有利于降低自振频率，避免共振，且增大了对角度与位移的补偿能力。齿轮的润滑采用喷油嘴，润滑油从半联轴器外侧喷入，连续润滑。其外齿轴套的齿轮顶部是球面，轮齿为鼓形齿。

高速齿轮联轴器为了避免齿轮振动和胶合，要求齿轮加工精度高(相当于国家标准 5、6 级)，动平衡精度高(G2.5～G1)。并且需要用喷油嘴向联轴器内喷压力油，连续润滑。齿轮材料比较好，采用合金钢，(如 30CrMoV、30CrNi2WVA)，经齿面氮化后，表面硬度高(HV≥850)，不易胶合。

②蛇形弹簧式联轴器

图 5-31 所示为蛇形弹簧式联轴器。其两半联轴器分别套装在相对轴端上的主动轮和从动轮的外缘，联轴器上铣有类似渐开线齿形的齿，沿其齿槽嵌入蛇形弹簧。该弹簧以带状弹簧条弯制成曲折的弧段，沿联轴器圆周镶入若干段，将两个联轴器连接起来。为防止联轴器轴向窜动，在弹簧的弯折处装有半圆形挡片，联轴器的外缘用套箍罩住，以防弹簧飞出。这种联轴器由于两半联轴器用蛇形弹簧连接，使主动轴的扭矩通过齿和弹簧传给从

动轴，因而具有允许联轴器中心找正有较大的径向位移和轴向倾斜，并允许两半联轴器轴向间隙偏差较大，可以避免传动振动和轴向力等优点，其缺点是结构复杂，成本较高。半挠性联轴器一般用于汽轮机转子与主油泵的连接及汽轮机转子与发电机转子之间的连接。

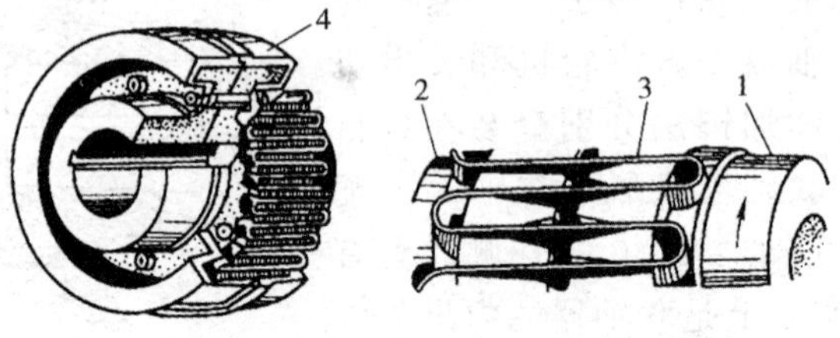

（a）蛇形弹簧联轴器　　（b）弹簧连接详图

图 5－31　蛇形弹簧式联轴器

1—主动轴联侧的半轴器；2—从动轴侧的半联轴器；3—蛇形弹簧；4—套箍

③挠性膜片式联轴器

挠性膜片式联轴器是在半联轴器与中间接筒之间装有挠性元件来传递扭矩的装置。其典型结构如图 5－32 所示。挠性元件是有多层金属膜片叠合而成，膜片材料具有高的钢拉强度和疲劳强度，低的弹性模量和密度，良好的抗腐蚀性和抗微振磨损性能。金属膜片用 0.3～2mm 特殊高强度不锈钢、高镍合金钢或蒙乃尔合金薄板制成，形状为环形(Ⅰ型)、多边形(Ⅱ型)、束腰形(Ⅲ型)等，如图 5－33 所示。膜片式联轴器的挠性元件，在相同的节圆直径上交错布置着精制螺栓，与经过铰孔的法兰相配，用以连接半联轴器和中间接筒分别交替连接。转动时挠性元件成为受压和受拉相间的两部分弧段，受拉部分传递扭矩，受压部分趋向褶皱，利用膜片产生波状的弹性变性，以适应机组轴向倾斜、径向位移及角度偏差。

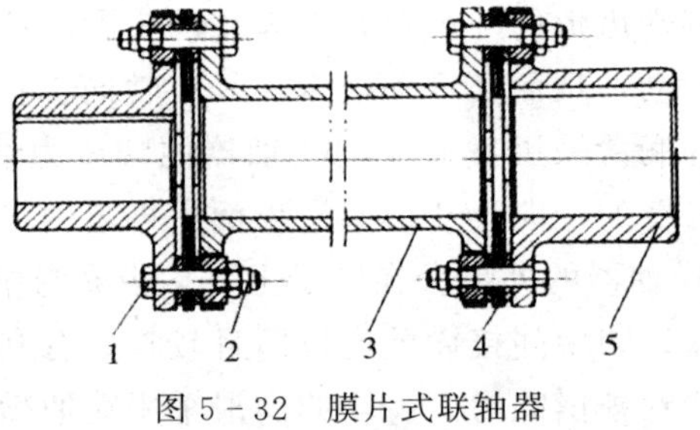

图 5－32　膜片式联轴器

1—精制螺栓；2—自锁螺母；3—中间接筒；4—金属叠片；5—轮毂

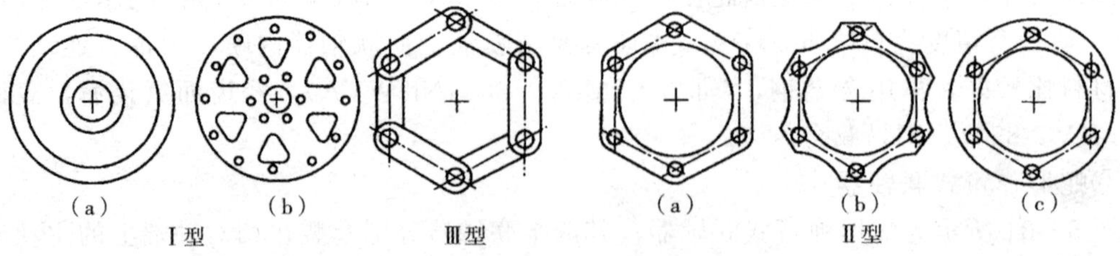

图 5－33　不同类型挠性元件(金属膜片)示意图

挠性膜片式联轴器无需润滑，转速可达 15000r/min，传递功率达 10000kW，最大传递扭矩可达10^6N·m，而且耐高温、疲劳寿命长，按 1000r/min 计运行可达 20 年。

联轴器的轮毂与轴端一般采用圆锥形无键连接，即轴头与轮毂孔的锥度过盈配合，轮毂与轴端之间通过摩擦力来传递扭矩的，传动功率是靠两联接配件之间的静摩擦力。

四、转子的临界转速

汽轮机转子是一个弹性体，具有一定的自由振动频率。转子由于制造和装配的误差，以及材质的不均匀，使转子的中心与转子的重心总是不能重合，不可避免地会存在局部的质心偏移。当转子旋转时，这些质心偏移产生的离心力就会产生一个激振力而发生振动。当激振力频率等于转子的自振频率时，转子便会发生共振，使振幅急剧增大，产生剧烈振动，此时的转速即为转子的临界转速。

在汽轮机启动升速过程中，当转子转速达到某一值时，转子便发生剧烈振动，振幅迅速增大，当转速越过这一转速后，振幅又很快减弱，转子运行又趋于平稳；在另一更高的转速下，机组又可能发生较强烈的振动，继续提高转速，振动又迅速减弱。因为转子有一些列的自振频率，所以转子就有一些列的临界转速，依次称为第一、二、……n 阶临界转速，用 n_{c1}、n_{c2}、…、n_{cn}表示。

转子临界转速的高低与转子的结构形式、直径、重量、材质、两轴承间的跨距及轴承的刚度有关。一般来讲，转子直径越大，重量越轻，两轴承间跨距越小，轴承支承刚度越大，则转子的临界转速越高，反之则越低。临界转速的高低与转子的质量偏心距的大小无关，但是转子振动的振幅却与转子的质量的偏心距成正比，因此应尽量减少转子的偏心距。

如果转子在临界转速下运行，会使转子振动加剧；特别是动平衡受到破坏时，振动更大，甚至造成事故。因此在设计转子时，为了确保转子正常运行，转子的临界转速应避开工作转速一定范围。

按转子工作转速与临界转速的相对关系，将转子分为刚性转子和挠性转子两类。当转子的工作转速低于其第一临界转速的转子称为刚性转子，这种转子在升速时不会发生共振。对刚性转子，要求临界转速应高出工作转速20%～50%。刚性转子特征是：转子的重量大、轴的直径大、两轴承之间间距小和轴的材质刚性大，多用于小型或单级汽轮机。

当转子的工作转速高于第一阶临界转速的转子称为挠性转子。这种转子在启动升速时应迅速通过临界转速。其特征是：转子的重量较大、轴的直径小、两轴承之间间距较大和轴的材料弹性较强。一般用于定转速的多级汽轮机。

我国规定：刚性转子的工作转速 n 应满足：$n<0.75n_{c1}$；挠性转子应满足：$1.4n_{c1}<n<0.7n_{c2}$（n_{c1}、n_{c2}为第一阶、第二阶临界转速）。

美国石油协会 API 617 中规定：

刚性转子：第一阶临界转速至少应超过最大持续转速的 20%。

挠性转子：第一阶实际临界转速不大于最大持续转速的 60%，或者任何操作转速不在与临界转速接近于 10%的情况下工作，第一阶临界转速至少应超过最大持续转速的 20%。根据 API 617，最大持续转速是额定转速的 105%。

转子的临界转速主要决定于转子的质量和刚性，此外还与下列因素有关：

(1)支承刚性的影响

实际上汽轮机轴承座、轴承中的油膜以及整个支座都不是绝对刚性的，实践表明，除了小型机组支承可从认为刚性支承之外，大中型机组支承计算得到的临界转速往往和实测数值有很大的差别，临界转速偏低。根据试验支承刚度大致在(1～7)×10^6N/cm 的范围内。由于支承的弹性，使转子轴承系统的刚度下降，降低了临界转速。

(2)叶轮回转力矩的影响

在汽轮机中，通常回转力矩使转子挠度减小，提高了临界转速。

(3)转子外伸段的影响

任何转子在轴承端都有一定的外伸段，其长度对二阶及高阶临界转速影响很大，使临界转速显著降低。

(4)温度的影响

材料弹性模量 E 与温度有关，温度升高，E 值降低，转子的临界转速也相应地降低，一般按系数 φ_t进行修正：

$$\varphi_t=\sqrt{\frac{E_t}{E_0}} \tag{5-20}$$

(5)阻尼的影响

主要是轴承油膜的阻尼对振动影响很大，通常油膜阻尼可以提高临界转速。此外，油膜阻尼还可以大大降低共振振幅。

(6)轴系的影响

大型机组通常由几个汽缸(气缸)串联而成，特别是用来驱动离心式压缩机组，形成一个由多缸转子所组成的轴系，各个单缸转子通过联轴器连接在一起。组成轴系的各个转子的尺寸和质量分布不同，因而其一阶临界转速各不相同，所以设计时不能单纯只计算各个单缸转子的临界转速，而应按整个轴系来计算临界转速，才是整个轴系真实的临界转速。但因各缸转子之间采用联轴器的连接方式不同，其情况也不相同。如果采用膜片式联轴器、齿式联轴器，则各缸转子振动时相互影响并不显著。特别在刚性支承情况下，整个轴系的临界转速，就是各个单缸转子的临界转速按大小顺序排列而成，而且它们的大小与单缸时各临界转速值极为接近。如果采用刚性联轴器，则各缸之间的影响很大，应按轴系来考虑。这时，轴系在某一阶临界转速下振动时，轴系的主振型和轴系中各个转子的振型与相应该阶临界转速的单缸转子的振型相比较，彼此之间也没有一定的简单关系。

转子在加工和装配以后，必须进行平衡，使振动值限制在允许范围之内，这样将使转子质量偏心引起的离心力大为减小。

造成转子不平衡的原因很多，如材料的缺陷、密度不均匀、结构设计中存在键、销和孔等配置不对称，零部件加工不良以及装配偏差等。在运行中，转子不均匀热变形、不均匀腐蚀或者工作动叶片、拉筋及围带的断裂等都会造成转子的不平衡。一般刚性转子可进行低速动平衡，在两端端面上加重或去重，达到平衡。挠性转子可根据结构特点，进行逐级低速动平衡或高速动平衡。

目前，由于高速动平衡技术的发展，转子能够达到的平衡精度越来越高。另外，油膜阻尼的存在也将大大降低转子振动的振幅，如果阻尼适当，转子又经过精细的动平衡，就可以使转子在临界转速下运行不出现明显的振动，机组就可以在临界转速附近安全、平稳运行。

第三节　汽缸及滑销系统

一、汽缸的作用

包容转子承受压力，并供安装导叶持环、隔板静叶等的壳体称为汽缸。汽缸是汽轮机的通流部分的外壳，也称为机体。其作用是将汽轮机的通流部分与大气隔绝，形成蒸汽能量的转换的封闭腔室，从而保证蒸汽在汽轮机内完成其能量转换过程。此外，它还支承汽轮机的其他静止部件(如调节汽室、喷嘴室、隔板、隔板套、导叶持环等)，承受它们的重量，还要承受由于沿汽缸轴向、径向温度分布不均而产生的热应力。对于轴承座固定在汽缸上的机组，汽缸还要承受汽轮机转子的部分重量。

汽缸工作时受力情况复杂，它除了承受汽缸内外汽(气)体的压差以及汽缸本身和装在内部的各零件的重量等静载荷外，还要承受蒸汽流出静叶时对静止部分的反作用力，以及各种连接管道冷、热状态下，对汽缸的作用力以及沿汽缸轴向、径向温度分布不均匀所引起的热应力。特别是在快速启动、停机以及工况变化时，温度变化大，将在汽缸和法兰中产生很大的热应力和热变形。

由于汽缸形状复杂，内部又处在高温、高压蒸汽的作用下工作，为了保证汽轮机汽缸在运行中的安全，故在设计汽轮机结构时，汽缸结构应满足下列要求：

(1)应保证有足够的强度和刚度，具有足够好的蒸汽密封性能及尽可能均匀变形。

(2)汽缸形状、结构应简单，对称，直径变化、壁厚度变化应均匀及其尺寸应缓慢过渡，以避免尖角、锐边引起应力集中。

(3)为了避免产生过大的热应力，汽缸受热时能自由地热膨胀，并设有完全可靠的定位以及滑销系统，以保证转子与汽缸的同轴度不变和最小的膨胀差。

(4)合理使用金属材料，节约贵重钢材消耗量，高温部分尽量集中在较小的范围内，排汽部分应使用价格较便宜的铸铁材料；对分段制造的汽缸，应合理选择分段处的压力、温度；前区段、中间段、后区段垂直剖分面拼接时，应确保垂直剖分面密封严密。

(5)通流部分应有较好的流动性能，这里主要是指排汽缸内的排汽通道应畅通，以减小排汽压力损失，提高机组内效率。

(6)工艺性好，便于加工制造、安装、检修及运输。

(7)为了便于装配和拆卸汽轮机，多数汽缸做成水平剖分式，但要尽量避免出现平壁。

(8)在下汽缸最低处应开有疏水孔，以便排除凝结水。

二、汽缸的结构

由于汽轮机的型式、容量、蒸汽参数及制造厂商的不同，汽缸的结构型式就有很多种。汽缸一般制成水平剖分式，分为上汽缸和下汽缸，上、下两汽缸通过水平剖分面法兰用汽缸螺栓连接在一起。为合理利用钢材，中小型汽轮机汽缸常以一个或两个垂直结合面分为高压段、中压段和低压段。大功率汽轮机则分为高压缸、中压缸和低压缸。高温高压采用双层汽缸结构，将汽缸分为内缸和外缸。汽轮机末级叶片以后将蒸汽排入凝汽器，这部分汽缸称为排汽缸。

由于工业汽轮机用户要求各异，因此汽缸结构也各不相同。对多级工业汽轮机，可用构造法来实现系列化，这种方法可将产品分成若干个结构区段，例如分成进汽段、中间段(包括减压段、延长段、过渡段和法兰段)及排汽段。每种区段各有几种尺寸的部件，利用这些部件，通过适当的组合，就可构成多种尺寸的机型。工业汽轮机的汽缸通常由进汽部分、高压段和低压段 3 部分组成。

1. 进汽部分

进汽部分是指高汽缸的前端即从调节汽阀到调节级喷嘴之间的通流部分，包括蒸汽室和喷嘴室，是汽轮机中承受蒸汽压力和温度最高的区域，其结构主要取决于进汽温度及相应的金属材料。进汽温度在 250℃以下的可用普通铸铁，进汽温度在 250～300℃时，应用铸钢，进汽温度在 400～500℃应用合金钢。进汽部分结构有以下几种型式：

(1)整体结构式

一般中、低参数汽轮机进汽部分将调节汽阀、喷嘴室与汽缸铸成一体，如图 5－34(a)所示。但因汽缸形状复杂，给铸造工序增加了难度，而且进汽室、喷嘴与汽缸需用同一种材料，所以目前已经很少采用，只在小功率机组中仍有采用。

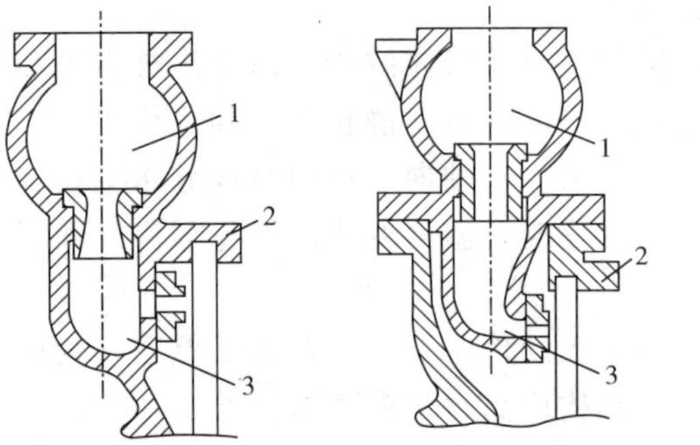

(a) 进汽部分与汽缸浇铸一体的结构　(b) 进汽部分和汽缸分别浇铸通过法兰用螺栓连接在一起

图 5－34　进汽部分结构

1—调节汽阀；2—汽缸；3—喷嘴室

(2)部分组合式

目前，中、低参数汽轮机组大多将进汽部分(调节汽阀、喷嘴室)和汽缸分别浇铸。调节汽阀与喷嘴室铸为一体经机加工后，通过法兰与汽缸用螺栓连接或焊接在一起，如图 5－34(b)所示。这种结构便于铸造，但法兰结合面容易漏汽。进汽部分整个喷嘴室做成一个整体，在变工况时，由于只有部分喷嘴通汽，在高参数机组中，会产生很大的热应力，因此只能用在中低参数汽轮机中。

(3)单独喷嘴室

高参数汽轮机大多将进汽室、喷嘴室及对应的调节汽阀分成若干组各自独立。其优点是：汽缸结构形状简单，便于铸造；蒸汽室、喷嘴室沿汽缸圆周对称布置，而且调节汽阀开启顺序一般地与轴心对称，使汽缸受热均匀，因而减少了汽缸热应力；由于高温、高压蒸汽只作用在蒸汽室和喷嘴室上，汽缸接触的是调节级喷嘴出口后的汽流，因而汽缸可以选用比蒸汽室、喷嘴室低一级的材料。同时变工况时，喷嘴室的热应力也不再存在。

2. 高压缸(或高压段)

高压缸又称前汽缸，是汽缸的前半部分。为了节省优质钢材和制造方便，汽缸分为前、后两部分，前汽缸同后汽缸在垂直结合面处用螺栓连成一体，焊接性能好的材料还在垂直结合面处采用密封焊，使前、后汽缸焊接在一起，以保证垂直结合面的严密性。

(1)单层汽缸

通常新蒸参数不超过 8MPa、510℃的中、小功率的汽轮机通常采用单层汽缸结构。即隔板或导叶持环和导向叶片支承直接搁置在汽缸中。采用隔板或导叶持环支承可以使汽缸结构简化，便于制造和维修。此外，在更换损坏的导向叶片时不必拆卸汽缸下部及其所连接的管道。

随着机组容量的增大和蒸汽参数的不断提高，若仍采用单层汽缸结构，则会到来下列问题：

①由于汽缸内的压力很高，为了保证汽缸水平剖分面的汽密性，必须增大连接螺栓尺寸及相应增加水平剖分面法兰和汽缸壁的壁厚；

②由于高压缸内外压差大，汽缸壁及法兰都很厚，在汽轮机启动、停机及变工况变化时，汽缸与法兰、法兰与螺栓之间将因温差过大而产生很大的热应力，甚至使汽缸变形、连接螺栓拉断。因此，必须限制了汽轮机组的启动、升速和停机的速度；

③采用单层汽缸结构时，整个高压缸需要耐贵重的耐热合金钢材料制造，使制造成本费用增加。

（2）双层汽缸

近代高参数大容量汽轮机的高压缸多采用双层汽缸结构，如图 5－35 所示。一般对于初参数在 13.5MPa、535℃及以上的汽轮机都将高压缸制成双层汽缸，并且机组旳蒸汽初参数越高，容量越大，采用双层汽缸的优点越明显。

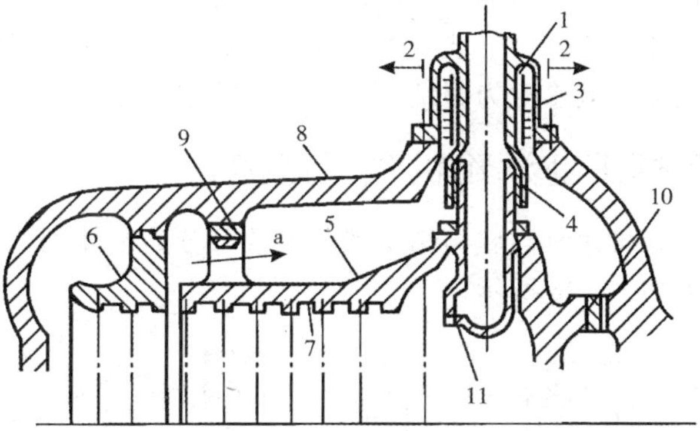

图 5－35　双层汽缸

1—隔板套；2—纵销；3—高压缸外缸；4—排汽管接口；5—高压进汽管；6—螺栓圈；7—汽封环；8—立销；9—调节级喷嘴组；10—高压内缸；11—隔板槽

双层汽缸的内缸主要是承受高温及部分蒸汽压力，由于尺寸小而壁薄，因而所耗用的贵重耐热金属材料相对减少。外缸因设计有蒸汽内部冷却，运行温度低，因而可以采用价格较便宜的合金钢制造，降低成本。采用双层汽缸将单层汽缸承受的巨大的蒸汽压力分给内外两层汽缸，减少了每层缸的压差和温差，壁厚和法兰尺寸也相应适当减薄，从而减小了机组启、停及变工况时的热应力，保证汽密性，因此有利于缩短机组启动时间和提高负荷的经济性。

有的汽缸结构中，外缸或内缸采用无中分面的圆筒形结构，其优点是：形状简单、完全对称、内应力小，因此在温度、压力变化时不会产生很大的应力；由于汽缸无水平剖分面，可以完全避免高压缸水平剖分面因热变形翘曲而产生漏汽问题；省掉了笨重的水平剖分面法兰和巨大的水平剖分面连接螺栓。但双层汽缸结构的缺点是增加了汽缸装配及检修工作量，且难度较大。

3. 低压缸(低压段)

大功率的凝汽式汽轮机组的低压缸，工作压力、温度较低，但由于蒸汽容积大，低压缸的尺寸很大，尤其是排汽部分。因此在低压缸的设计中，强度已不成为问题，而如何保证缸体的刚度，防止缸体产生挠曲和变形，合理设计排汽通道则成了主要问题。另外，低压缸进、排汽温差较大，因此对体积庞大的低压缸来讲，另一个关键问题是如何解决热膨胀。为了改善低压缸的热膨胀，大机组低压缸均采用双层汽缸结构，这样，将通流部分设计在汽缸中，使体积较小的内缸承受温度变化，而外缸和庞大的排汽缸则均处于排汽低温状态，使其膨胀变形较小。这种结构有利于设计成径向扩压排汽，使末级的排汽余速损失减小，并缩短轴向尺寸。

中、小功率的凝汽式汽轮机的排压缸通常采用铸铁铸成，汽缸的后轴承座与排汽缸铸成一体。较大功率的单缸汽轮机，由于排汽缸尺寸增大，为减轻重量增加刚度，多采用加强筋加固的钢板焊接结构，汽轮机的后轴承座与低压缸连成一体。

低压缸的排汽温度在正常情况下为33～35℃，在汽轮机启动、空载及低负荷时，蒸汽流通量很小，不足以带走蒸汽与叶轮摩擦产生的热量，从而引起排汽温度升高，导致排汽缸温度也随之升高。排汽缸温度过高会引起排汽缸较大的热变形，破坏汽轮机动静部分中心线的一致性，严重时会引起机组振动或其他事故。另外，排汽温度过高还会使凝汽器铜管因膨胀过大而在胀口部位产生泄漏。所以，大功率机组装有排汽缸喷水降温装置。在低压缸的导流板上布置有喷水管，管上装有喷水喷嘴。沿汽流方向，喷嘴将水喷向排汽缸内部空间，以降低排汽温度，其水源为凝结水泵出口凝结水。

三、积木块系列工业汽轮机汽缸结构

积木块系列工业汽轮机汽缸内腔结构形状，大致可分为整体型汽缸、钟罩型汽缸和双喇叭型汽缸 3 大类，如图 5－36 所示。

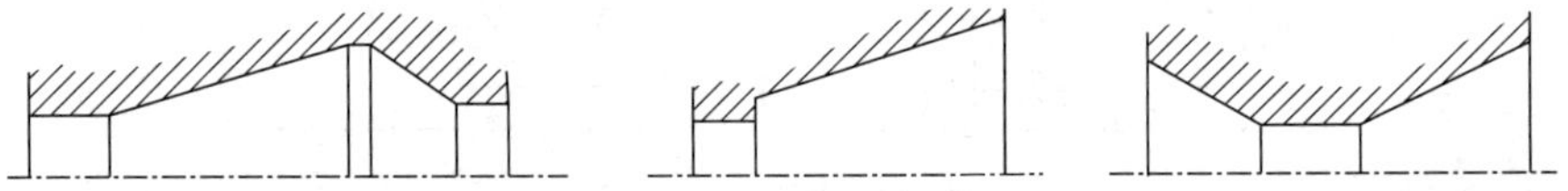

(a)整体型汽缸　(b)钟罩型汽缸　(c)双喇叭型汽缸

图 5－36　积木块式工业汽轮机汽缸内腔形状

(1)整体型汽缸

图 5－36(a)所示为整体型汽缸。此汽缸为背压式汽轮机 NG、HNG 型汽缸，它的两端直径小是放置前、后轴封体的；中间部分直径大，是放置转子和叶片的；

(2)钟罩型汽缸

图 5－36(b)所示为钟罩型汽缸。其为凝汽式汽轮机 NK、HNK 型的前汽缸，汽缸出轴端的孔径是放置轴封体的；中间部分内孔直径逐渐扩大，以容纳转子和叶片的。

(3)双喇叭型汽缸

图 5－36(c)所示为双喇叭型汽缸。其为双流式汽轮机 WK 型的汽缸，蒸汽由汽缸中部进入，然后流入双向排汽的汽缸，汽缸的内腔中间部分直径小，两端直径大。

积木块系列工业汽轮机产品中只有 EHG 系列(高参数抽汽背压式汽轮机)采用内缸，是双层汽缸结构，其他各系列都是单层汽缸结构。图 5－37 所示为积木块系列汽轮机系列的单层汽缸结构，图 5 - 38 所示为背压式汽轮机单层结构汽缸。

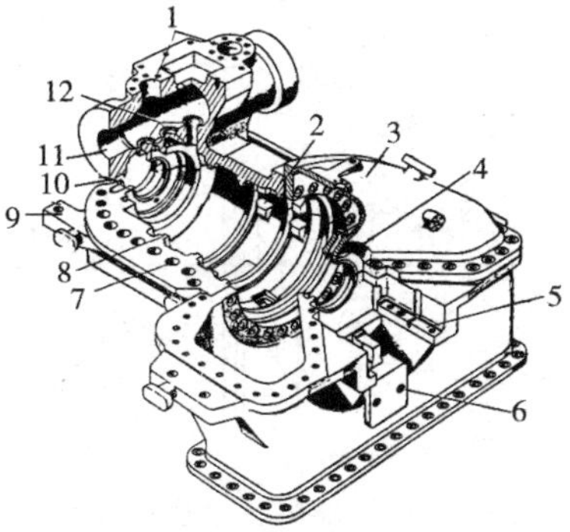

图 5 - 37　凝汽式汽轮机的汽缸

1—置调节阀拉杆孔；2—导叶持环定位块；3—排汽缸；4—后汽封室；5—后轴承座架；6—后汽缸导向装置；7—汽缸水平剖分面螺栓孔；8—导叶持环洼窝；9—前汽缸下猫爪；10—前汽封室；11—新蒸汽进口；12—调节汽阀阀座

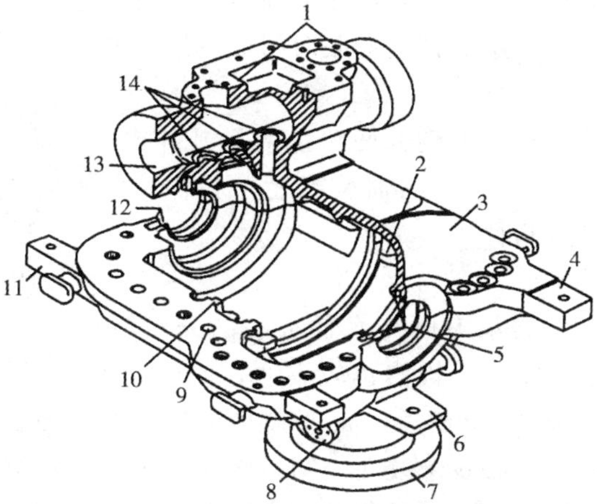

图 5 - 38　背压式汽轮机的汽缸

1—调节汽阀拉杆孔；2—导叶持环定位块；3—排汽缸；4— 排汽缸上猫爪；5—后汽封室；6—与后 S 座架连接的偏心销孔；7—排汽法兰；8—汽封抽汽管；9—汽缸水平剖分面螺栓孔；10—导叶持环洼窝；11—前汽缸下猫爪；12—前汽封室；13—新汽进口；14—调节汽阀阀座

四、汽缸的支承

为了适应汽轮机热膨胀的需要，汽轮机汽缸必须设置合理的支承和滑销系统，确保汽轮机与转子中心一致，避免因机体的热膨胀造成中心的变化，引起机组振动或动静部分之间的摩擦；还应保证汽缸的支承要求平稳，使汽缸受热后能自由膨胀，而不改变其中心位置，且使其动、静部分间隙不变或变动微小。

汽缸都是支承在底座(也称台板、座架、机座)上，底座又用地脚螺栓固定在汽轮机基础上。工业汽轮机的汽缸支承在用型钢和钢板制作的底座上。

汽缸与前轴承座采用半圆形法兰刚性连接支承，轴承座直接放置在底座(基础台板)上，如图 5 - 39 所示。这种支承方式只适用于蒸汽温度不高的机组，一般用于中、低参数小型机组的高压缸与前轴承的连接。

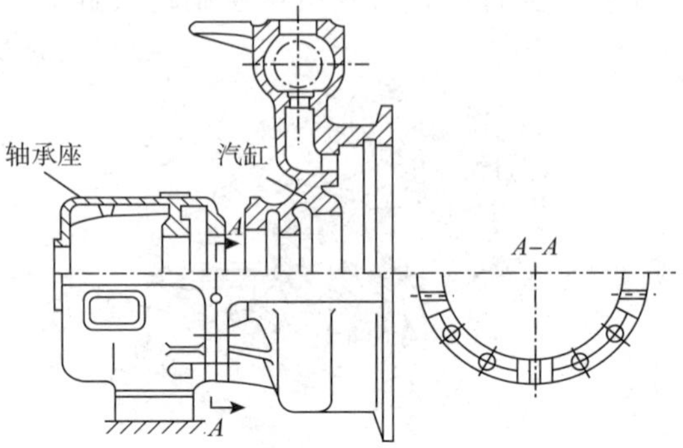

图 5 - 39　半圆法兰连接支承

1. 猫爪支承

汽轮机高、中压缸由于温差大，多数汽缸一般通过水平剖分面法兰两端伸出的猫爪支承在轴承座上，称为猫爪支承。猫爪支承分为下猫爪支承和上猫爪支承两种方式。工作温度不高的汽缸，常采用下猫爪支承方式，而上猫爪支承方式适应于工作温度高的汽缸。上猫爪支承面与中分面一致，可避免猫爪膨胀时引起汽缸中心位移。

①下猫爪支承

下猫爪支承就是由下汽缸水平剖分面法兰前后延伸出的下猫爪作为支承猫爪(或工作猫爪)承力面，分别支承在汽缸前后的轴承箱上。下猫爪支承又可分为非水平剖分面猫爪支承或水平剖分面猫爪支承两种。

a)非水平剖分面猫爪支承

非水平剖分面猫爪支承的承力面与汽缸水平剖分面不在一个平面内，如图 5 - 40 所示。这种支承方式较简单，安装、检修也较方便，但由于承力面低于汽缸中心线(相差下缸猫爪的高度数值)。但当汽缸受热后，将使猫爪温度升高，导致汽缸中心线向上抬起，而此时支持在轴承上的转子中心线未改变，结果将使转子与下汽缸之间的径向间隙发生变化(即上部间隙增大，下部间隙缩小)，严重时会因动静部分摩擦过大而造成严重事故。所以这种猫爪支承方式只用于温度不高的中低参数机组的高压缸支承。对于高参数大容量汽轮机来讲，由于汽缸法兰较厚，温度很高，猫爪膨胀的影响是不能忽视的。

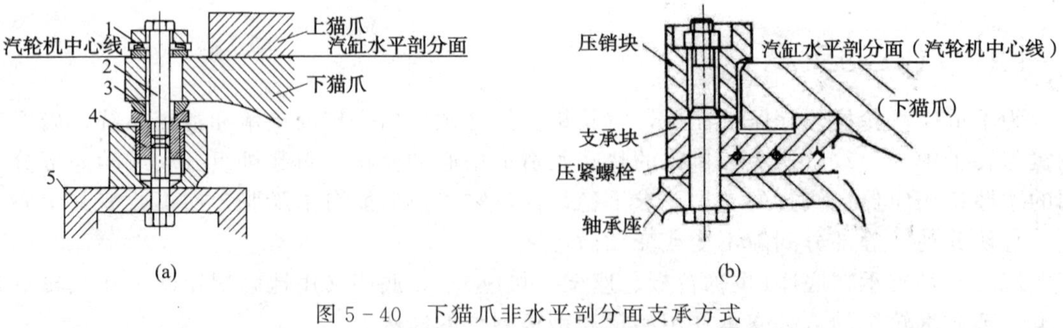

图 5 - 40　下猫爪非水平剖分面支承方式

1—弹性垫圈；2—调整元件；3—球面垫圈；4—调整螺母；5—轴承座

b)水平剖分面猫爪支承

目前高参数大容量汽轮机还采用了下猫爪水平剖分面支承。它是将下猫爪位置抬高呈

Z形，使汽缸水平剖分面与支承面在同一平面内，如图 5－41 所示。这样，当汽缸温度变化时，猫爪热膨胀不会影响汽缸中心的变化。

②上猫爪支承

由上汽缸水平法兰前后延伸出的猫爪作为承力面，支承在下汽缸水平剖分面上支承方式，称为上猫爪支承。

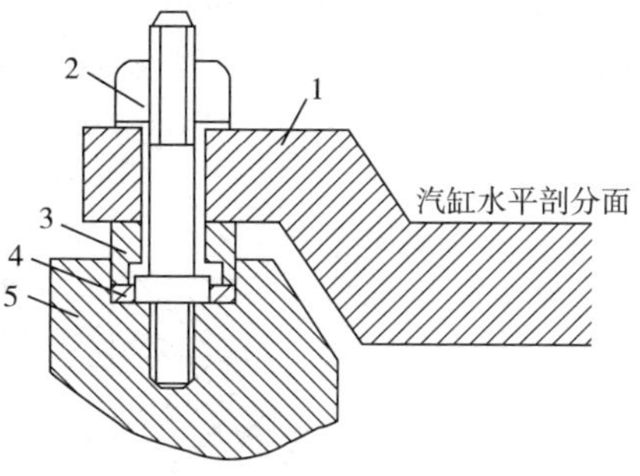

图 5－41　下猫爪水平剖分面支承方式

图 5－42 所示为上猫爪支承结构。它采用水平剖分面支承方式，其承力面与汽缸水平剖分面在同一平面内，属于水平剖分面支承。汽缸受热膨胀时，汽缸中心仍与转子中心保持一致。下汽缸靠汽缸螺栓吊在上汽缸上，使螺栓受力增加。这种支承方式安装和检修时比较麻烦。下汽缸的安装猫爪只在安装时器起持下气缸的作用，下面的安装垫铁 4 用来调整汽缸洼窝中心，安装好后紧固压紧螺栓 6，安装猫爪就不再起支承下汽缸的作用。上猫爪支承在工作垫铁 1 上，承担汽缸重量。运行时安装猫爪通过横销推动轴承座轴向移动并在横向起热膨胀的导向作用。水冷垫块 7 固定在轴承座上并通有冷却水，以不断地带走由猫爪传来的热量，防止支承面的高度因受热而发生改变，并使轴承温度不至于过高。

图 5－43 为积木块汽轮机上汽缸猫爪支承方式。其上汽缸猫爪作为承力面支承在前座架上，其承力面与汽缸水平剖分面在同一水平平面内。猫爪受热膨胀后，汽缸中心仍与转子中心保持一致。下汽缸靠水平剖分面法兰的螺栓吊在上汽缸上，使螺栓受力增加。在汽缸安装时，应将下汽缸四个猫爪下面的调整螺顶均匀将汽缸顶起 0.10mm，并旋紧防松螺母。当上汽缸安装完毕，将调整螺钉旋回 3～5mm，并旋紧防松螺母，此时下汽缸不再承力。这时，上汽缸猫爪支承在调整元件上，承担汽缸重量。

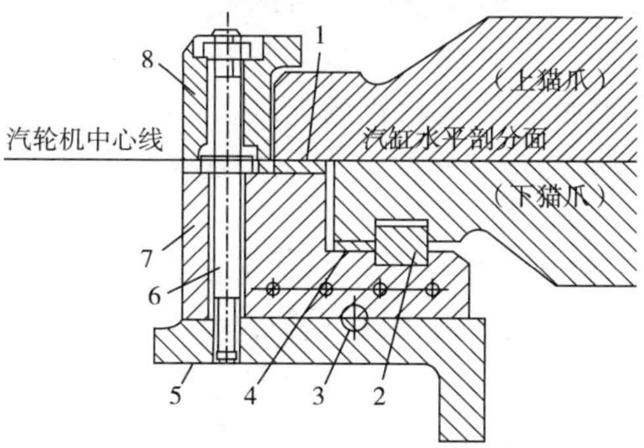

图 5－42　上猫爪支承方式

1—工作垫片；2—定位键；3—横向定位销；4—安装垫铁；5—轴承座；6—压紧螺栓；7—水冷垫块；8—压板销

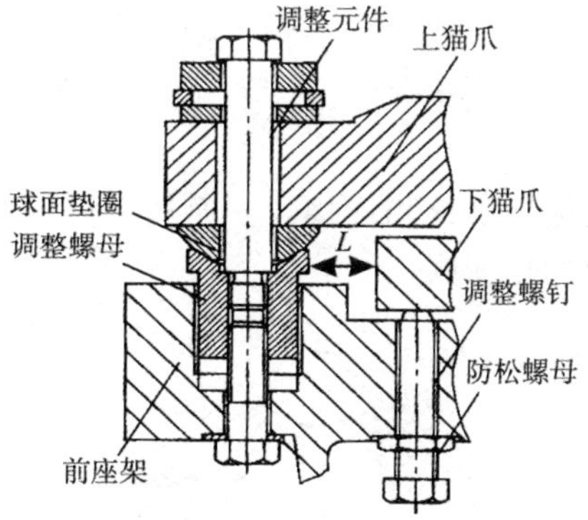

图 5－43　上猫爪支承方式

2. 底座支承（低压缸支承）

由于凝汽式汽轮机低压缸在运行中所处的温度较低，金属膨胀不显著，且低压缸外形尺寸较大，故一般不采用猫爪支承，而是用下缸伸出撑脚直接支承在底座（基础台板）上。这样，低压缸的支承面比汽轮机中心线低一段距离，如图 5－44 所示。当汽轮机低负荷汽缸过热时，转子与汽缸的同轴度将发生变化，但因其温度低、膨胀较小，影响并不大。汽缸的联接螺栓与座架孔之间应留有足够的膨胀间隙，使汽缸能自由膨胀。

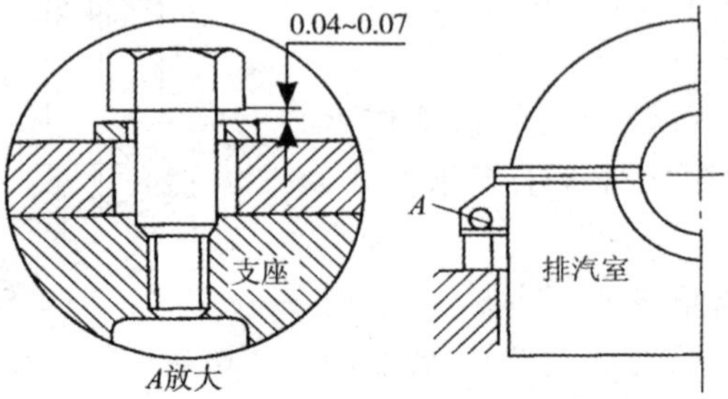

图 5-44　底座支承方式

但应注意，汽轮机空载或低负荷运行时排汽温度不能过高，否则将使排汽缸过热，影响转子和汽缸的同轴度或转子的中心线，所以应限制排汽温度，设置排汽缸喷水减温措施。

3. 挠性板支承

目前，工业汽轮机常用挠性板支承取代前轴承座和排汽缸两侧的座架滑动面，以挠性板的弹性变形实现汽轮机无位移，如图 5-45 所示。为了保证汽缸的轴向热膨胀和转子的自由膨胀，防止其变形和承受过大的应力，在调速器侧上汽缸用猫爪固定在前轴承座的挠性板支座(凸台)上，挠性板是可以沿轴向自由摆动的，保持着汽缸与轴承座中心不变。下汽缸则通过水平剖分面上的汽缸螺栓悬吊在上汽缸上，并与前轴承座间用垂直方向可动的挠性板相连接，保证了下汽缸在垂直方向的自由膨胀，以防止中心线错位。

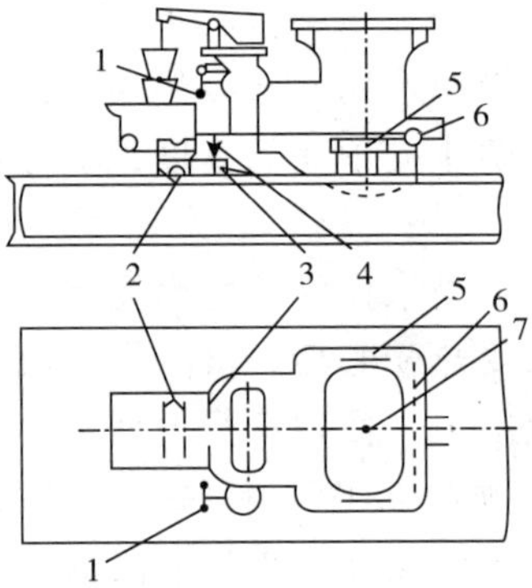

图 5-45　挠性板支承示意图

1—主汽阀；2—前挠性支承板；3—横销；4—前立销；5—后挠性支承板；6—加固拉杆；7—“死点”

在排汽缸和后轴承座处，由两侧平行的两块竖立的挠性板支承，后挠性支承板间用拉杆加固，可以产生左右弹性变形承受汽轮机的横向位移。下汽缸体与挠性板用螺栓相连接，并通过下汽缸伸出的搭脚由连杆和螺栓与支座相连，保证了在水平方向的热膨胀。

4. 内缸在外缸上水平剖分面支承

高中压汽缸采用双层缸结构，内缸在外缸中的支承方式，如图 5-46 所示。内下缸 6 通过内缸汽缸连接螺栓 4 吊在内上缸 1 上，内上缸法兰水平剖分面支承在外下缸 5 水平剖分面上，外下缸又用螺栓 7 吊在外上缸 2 上，外上缸通过前后猫爪支承在轴承座 3 上，这种结构在汽缸受热膨胀时，其洼窝中心仍与转子中心一致。

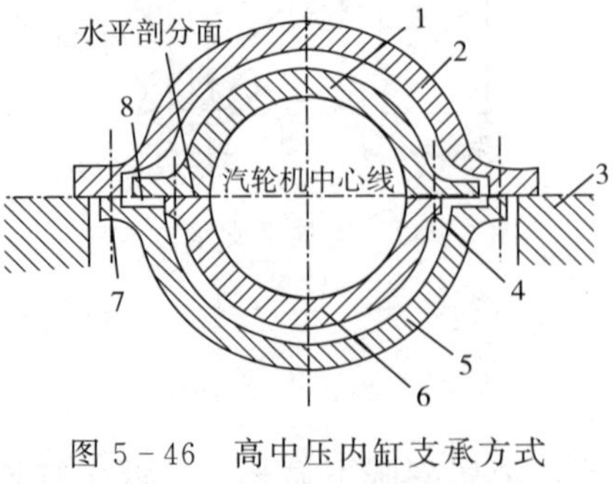

图 5-46　高中压内缸支承方式

1—内上缸；2—外上缸；3—轴承座；4—内缸连接螺栓；5—外下缸；6—内下缸；7—外缸连接螺栓；8—支承垫片

5. 蒸汽室在外缸中的支承

积木块系列工业汽轮机基本类型中 HG(高压进汽的背压式汽轮机)的蒸汽室为一整体结构(筒

形结构)如图 5－47 所示。在蒸汽室左右两侧水平部位设有支承板 3，支承板通过调整垫片使蒸汽室安放入外缸中，并用螺栓固定。调整垫片的厚度可使蒸汽室与外缸的水平剖分面重合。由于支承板的位置设在水平剖分面处，这样就保证了在受热变形后，蒸汽室与外缸的水平剖分面仍然一致。蒸汽室与外缸的垂直剖分面与水平剖分面互相一致，这样就保证了它们的交线—外缸轴心线与蒸汽室轴心线的一致。蒸汽室与外缸的垂直剖分面的一致，可调整由安置在外缸底部的偏心定位销来达到。

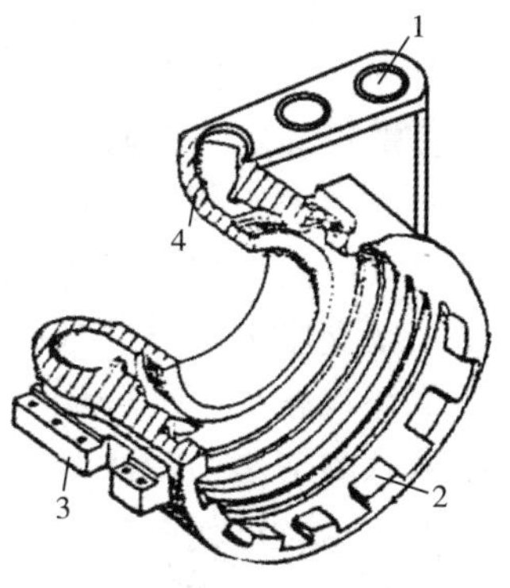

图 5－47　HG 蒸汽室筒形结构

1—调节汽阀阀座孔；2—汽封体；3—支承板；4—汽道

6. 积木块系列凝汽式汽轮机汽缸的支承

①前部支承系统

前部支承系统包括前支座、前轴承座。前轴承座的主要构件是前座架。螺栓将前座架与底座连接起来，前座架上有导向键来保证汽缸和前轴承座中心一致。汽缸猫爪调整元件(图 5－48)是当汽缸受热膨胀时，汽缸猫爪可在球面垫片上自由沿轴向向前延伸。另外，两组蝶形弹簧在机组装运及管道安装时，两蝶形弹簧应异向安装，以保证猫爪不会向上顶起。在机组运行状态时，蝶形弹簧应同向安装，以保证汽缸的正常膨胀。汽缸和前轴承座通过两拉杆螺栓的连接，使汽缸与轴承座在调整好正确的位置上固定。

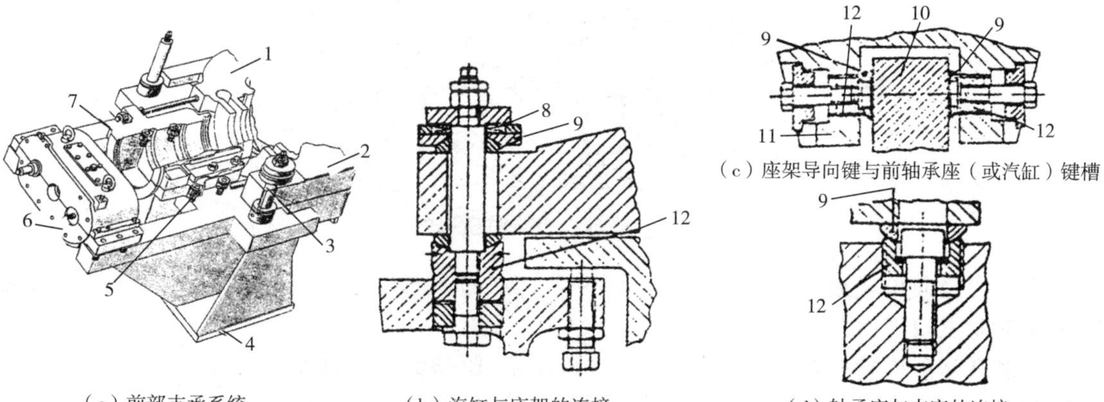

(a) 前部支承系统　(b) 汽缸与座架的连接　(c) 座架导向键与前轴承座（或汽缸）键槽　(d) 轴承座与支座的连接

图 5－48　前部支承系统

1—汽缸；2—猫爪；3—猫爪螺钉；4—前支座；5—调整元件；6—驱动组合装置；7—前轴承座；8—蝶型弹簧；9—球面垫圈；10—座架导向键；11—前轴承座(或汽缸)导向键槽；12—调整螺母

前支座 4 是利用地脚螺栓和基础紧固在一起。支座上拧有特殊的调节元件 5，汽轮机上汽缸前端左右两侧伸出两个猫爪 2 支承在调节元件上，见图 5－48(b)。汽轮机的下汽缸用螺栓与上汽缸连接，吊挂在上汽缸下面。这种支承方式称为中分面支承，可以保证汽缸受热膨胀后，汽缸水平剖分面位置不变。猫爪螺钉穿过调节元件与支承板紧固在支座上。调节元件的作用一是调整汽缸水平剖分面的垂直位置(上、下位置)；另一作用是允许猫爪(汽轮机外缸)轴向自由移动。当汽轮机外缸受热后，猫爪可在球形垫圈之间移动(猫爪上螺栓孔直径大于猫爪螺钉直径)，为了防止猫爪被提升上来，球形垫圈上面有盘形弹簧压紧。汽轮机外缸两侧位置是依靠下汽缸与支座间的导向键来保证，见图 5-48(c)。由图可见，导向键的左右位置是可以用调整螺钉调整的，在汽轮机汽缸与转子对中找正后，用调整螺母将螺钉固定。汽缸受热膨胀后，以导向键为中心，向左右两侧膨胀。这种结构将汽轮机外缸前端中心线位置确定，且前轴承座与汽缸是分开的，其优点是汽缸结构简化，同时汽轮机汽缸高压端热量不宜传给轴承，有利于轴承工作。前轴座的下壳体 7 通过调整元件 5 支承在支座上，可以轴向移动，轴承座水平中分面上下位置可通过调整元件 5 进行调整。保证与汽缸水平剖分面处于同一水平面上，见图 5-48(d)。

前轴承座下半两侧凸缘，通过四个调整元件搁置在前座承架上，调整元件中的调整螺母可上下移动，可使前轴承座产生竖向位移，并由球形垫圈保证前轴承座水平地放置前座架上，同时前轴承座下部与前座架上部有一组导向键(间隙为 0.01～0.03mm)，可作前轴承座横向调整及限位，并保证前轴承座可沿轴向位移。导向键与汽轮机轴线平行，故前轴承座轴向移动时，与汽轮机轴线仍保持一致。

在前轴承座下半两侧凸缘上方各加一导向压板，并车截两螺钉圆柱部分长度，待螺钉紧固后螺钉头与压块上表面应留有 0.02～0.03mm 的间隙，以保证汽缸受热膨胀时，前轴承座能水平低向前移动而不至于翘起，见图 5-49。

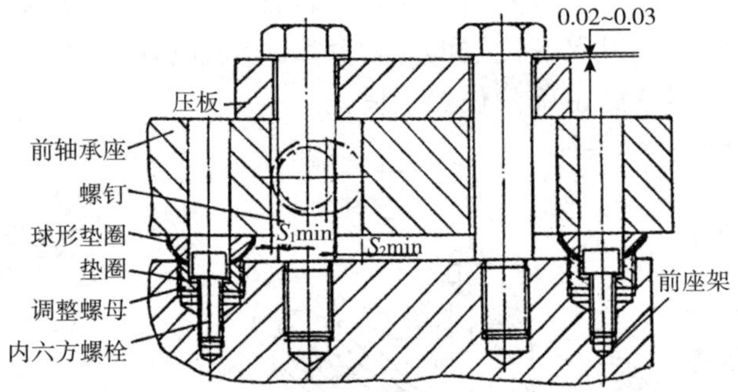

图 5-49　前轴承座与前座架的连接

汽缸的竖向位置通过调整元件进行调整，汽缸的横向位置则由导向键来调整，导向键安装在支座上及下汽缸上。

主油泵是由汽轮机转子通过驱动组合(齿轮箱)驱动的，驱动组合亦装在前座架上，而位于前轴承座的前方，像轴承座一样搁置在 4 个调整元件上，位置调整完毕后用圆柱销定位螺栓固定。

②后部支承系统

凝汽式汽轮机后部支承系统包括后轴承座在下汽缸中的支承，排汽缸(后汽缸)在支座上的支承以及导向。主要用来校准汽缸与转子的相对位置，并支持汽缸通过地脚螺栓固定在基础上。排汽缸依靠两侧猫爪分别搭放在两支座上，分别用调节螺钉作松动连接，结合面上各有一只横销作为汽缸纵向膨胀死点，横向允许自由膨胀。

后轴承座通过 4 个调整元件直接搁置在排汽缸下半上表面，借助调整元件使后轴承作垂直位置(高低位置)的调整，通过两个偏心销调整后轴承座在水平面内做旋转调整，可调整后轴承座与排汽缸纵向、横向位置。后轴承座下面与排汽缸下半的一组导向装置(见图 5-37 件 6)，使后轴承座作横向调整，调至与汽缸轴线一致后，用两只螺栓紧固于汽缸上。

五、滑销系统

汽轮机在启动、停机和变工况运行时，汽缸各部分温度都要发生变化，汽缸要发生相应的热胀冷缩，即汽缸将沿长、宽、高几个方向膨胀或冷缩。为保证汽缸受热时能沿着给定的方向自由的膨胀，并保持汽缸中心与转子中心相一致，避免因膨胀不畅造成不应有的应力及机组振动，所以在汽缸、轴承座和支座间必须设置滑销系统。

根据滑销的构造形式、安装位置及其作用的不同，滑销系统通常由纵销、横销、立销、猫爪横销、角销和斜销等组成。图 5－50 所示为滑销构造和间隙要求示意图。

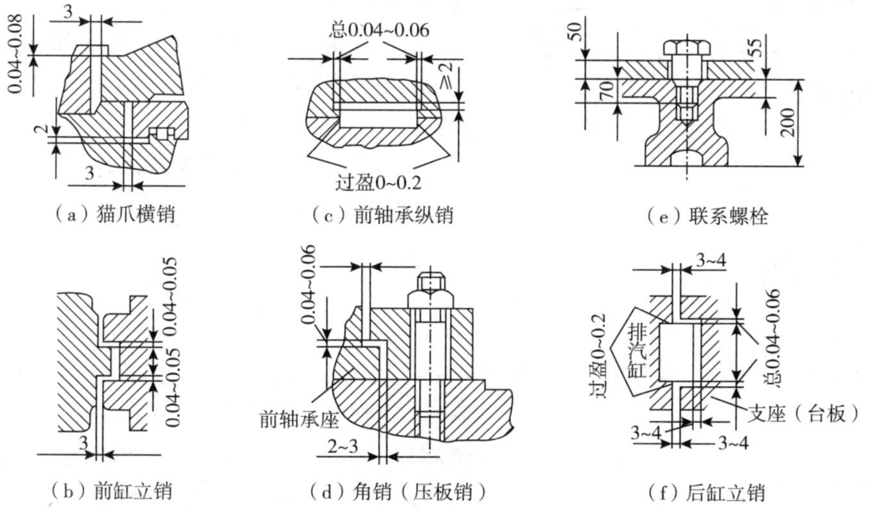

图 5－50　滑销构造及间隙要求示意图

①横销。一般安装在低压排汽缸排汽室的横向中心线上或排汽室的尾部，左、右各装一个。其作用是引导汽缸在横向自由膨胀。

②纵销。纵销安装在轴承座的底部与支座(台板)的结合面之间，所有纵销均在汽轮机的纵向中心线上。纵销允许汽缸沿纵向中心线自由膨胀，限制汽缸纵向中心线的横向移动。纵销中心线与横销中心线的交点称为“死点”，汽缸膨胀时，该点始终保持不动。“死点”一般布置在低压缸排汽口的中心或附近，这样在汽轮机受热膨胀时，对庞大、笨重的凝汽器影响极小。

③立销。立销安装在低压汽缸排汽室尾部与支座之间，高压汽缸的前端与前轴承座之间以及双缸汽轮机的高压汽缸后端、低压汽缸前端与中间轴承座之间。所有的立销均在机组的纵向中心线上。其作用是保证汽缸在垂直(竖直)方向上自由膨胀，并与纵销共同保持机组的纵向中心不变。

④猫爪横销。猫爪横销安装在轴承座的水平结合面上。猫爪横销和立销共同保持汽缸的中心与轴承座的中心一致。猫爪横销能保证汽缸能横向膨胀，同时随着汽缸在轴向的膨胀和收缩，推动轴向座向前或向后移动，以保持转子与汽缸的轴向相对位置。

⑤角销。角销安装在前轴承座及双缸汽轮机中间轴承底部的左、右两侧，用以代替连接轴承座与支座的螺栓，并允许轴承座的纵向移动，防止热膨胀时轴承座与支座脱离。

⑥斜销。斜销安装在排汽缸前部左、右两侧支承(承脚)与支座之间。斜销是一种辅助

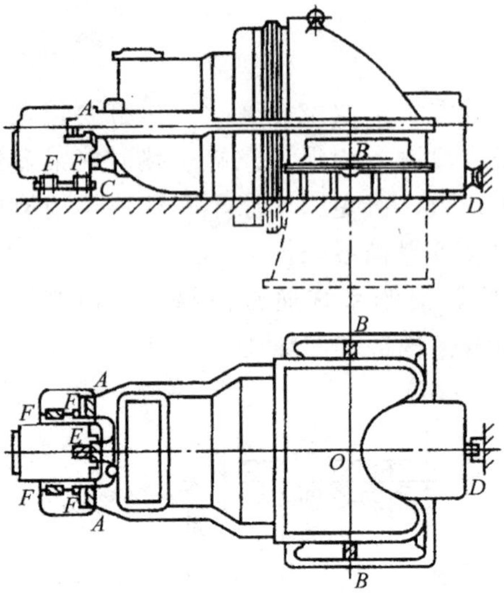

图 5-51　单缸凝汽式汽轮机滑销系统示意图

滑销，起纵销和横销的双重导向作用。保证汽缸纵向、横向的综合移动，以“死点”为中心向四周膨胀。

图 5-51 所示为一台单缸凝汽式汽轮机滑销系统示意图。

图中 O 点为“死点”，它是由一对横销 B 和两个立销 C、D 所确定的。汽缸前端有一对猫爪横销 A，前轴承与支座(台板)之间有一个纵销 E。汽缸的热膨胀以 O 点为“死点”，纵向朝前膨胀，通过猫爪横销 A 推动前轴承在支座上向前滑动。由于纵销 E 的作用，汽轮机相对于支座的中心保持不变。又由于立销 C、D 的作用，汽缸相对于轴承座的中心也保持不变，即保证了汽轮机汽缸与转子的中心一致，又能保持机组中心不变。

六、热膨胀

1. 汽缸热膨胀

汽缸轴向以排汽缸的纵销中心线和横销中心线的交点为“死点”向汽轮机高压端方向膨胀；径向以几何中心线为基准沿立销、猫爪横销膨胀，如图 5-52 所示。汽缸轴向热膨胀时应与汽缸温度相对应并均匀增加，无卡涩和抖动现象；汽缸径向热膨胀时，汽缸左、右两侧的膨胀值应均匀。

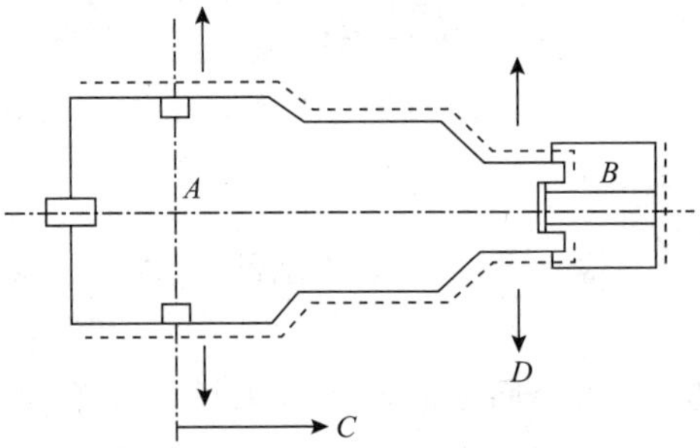

图 5-52　汽缸热膨胀示意图

A—绝对“死点”；B—纵销；
C—轴向膨胀方向；D—径向膨胀方向

2. 汽缸与转子的相对膨胀

当汽轮机启动加热或停机冷却以及负荷变化时，转子和汽缸都会产生热膨胀或冷却收缩，由于转子的受热表面积比汽缸大，且转子的质量比相对应的汽缸小，蒸汽对转子表面的放热系数较大，故在相同条件下，转子的温度比汽缸的变化快，因而两者之间存在膨胀差。转子膨胀量相对于汽缸膨胀量的差值，称为相对膨胀差，简称胀差。

汽缸的死点布置在后面，当汽缸受热膨胀沿轴向向前端伸长，并通过汽缸两侧拉杆螺栓，将前轴承座推向前端，汽轮机的推力轴承也随之前移，将转子亦拉向前方，推力轴承所在位置就是转子相对于汽缸的相对膨胀死点；转子轴向由安装在前轴承箱内的推力轴承定位，当转子受热膨胀时，则以推力轴承为死点，相对于汽缸向排汽缸方向膨胀，沿轴向向后端伸长，如图 5-53 所示。

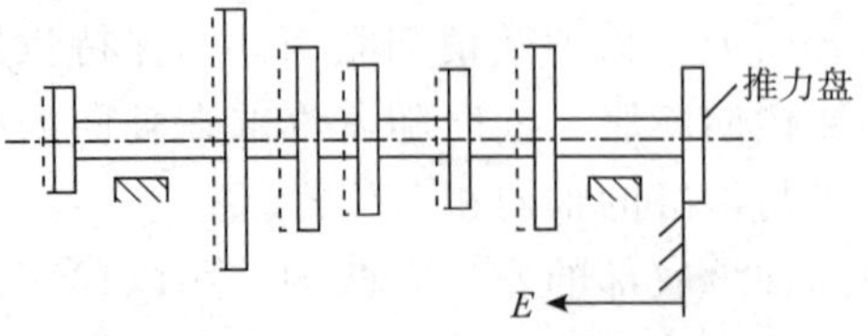

图 5-53　汽缸与转子相对热膨胀

E—转子热膨胀方向

3. 汽缸、转子轴向膨胀差

一般多级汽轮机在启动时，转子温升及热膨胀大于汽缸，容易发生叶轮出口侧与下一级隔板间的轴向间隙较比冷态值缩小，叶轮进口侧轴向间隙增大的现象，停机时则相反，如图 5－54 所示。

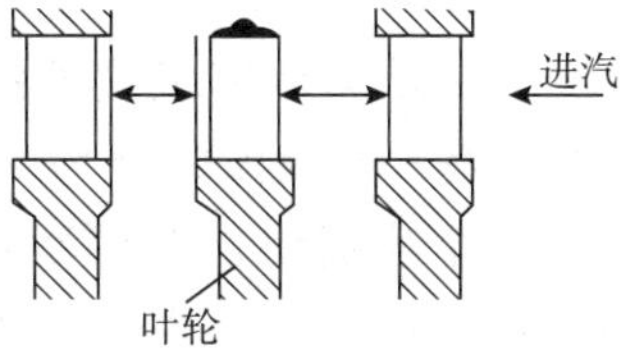

图 5－54　汽缸、转子轴向膨胀差示意图

叶轮前(A)后(B)轴向间隙变化；

启动时：A 增大，B 减小 } 末级变化大

为了减少汽缸、转子轴向膨胀差，汽轮机启动时应注意如下几点：①设置胀差(DE)检测表进行监测转子相对于汽缸的膨胀量；②控制启动温升速度和带负荷速度；③增设汽缸、法兰加热装置，控制汽缸热膨胀；④两半联轴器之间应有足够的轴向间隙，避免转子膨胀受阻和一个转子的轴向热膨胀传给另一个转子。

第四节　喷嘴组、导叶持环、隔板、隔板套

一、喷嘴及喷嘴组

由两个相邻静叶片构成的不动汽道称为喷嘴。喷嘴是使蒸汽的热能有效地转换为动能并对汽流起一定导向作用的结构元件，汽轮机的主要部件之一。喷嘴的作用是将蒸汽的热能转化为动能，即是使蒸汽膨胀降压，提高蒸汽的喷射速度，按一定的方向喷射出来，进入动叶片做功。

轴流式汽轮机的喷嘴是直接安装在喷嘴室(即内缸或蒸汽室)上，其特点是：新蒸汽经过喷嘴后，蒸汽的压力、温度都降低很多(因为中小型汽轮机的第一级多为双列速度级，其焓降大)，因此，高压段除喷嘴室和喷嘴以外的汽缸、转子等部件均可以用耐热等级较差的材料制造，从而降低成本；另外，由于蒸汽压力降低，高压段汽缸壁可以减薄，高压端的轴封可以简化，有利于汽轮机结构的设计和制造。

喷嘴组又称调节级喷嘴。调节级喷嘴由多个喷嘴组合在一起，构成一个扇形的喷嘴弧段，直接安装在汽缸喷嘴室上的部件，如图 5－55 所示。采用喷嘴调节配汽方式的汽轮机第一级喷嘴，根据调节汽阀的个数沿圆周成组布置的弧段，称为喷嘴弧。整个喷嘴组根据汽轮机调节汽阀的个数成组分布，并通过分隔板将其分开，使其互不干扰，每一个调节汽阀对应一组喷嘴，按照一定的顺序开启调节汽阀，增大或减小汽轮机的进汽量。喷嘴组通过凸肩装在喷嘴室的环形槽道中，靠近汽缸垂直水平剖分面的一端，用密封销或定位销将喷嘴组固定在喷嘴室中；

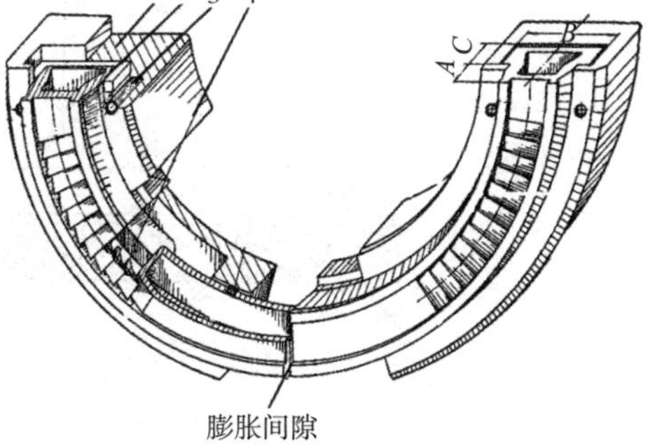

图 5－55　喷嘴组结构

1—喷嘴室；2—Ⅱ型密封键；3—密封销或定位销；4—喷嘴组

而另一端，喷嘴组与喷嘴室通过Π型密封件密封配合。这样，热膨胀时，喷嘴组以定位销一端为死点向密封键一端自由膨胀。

图 5-56 所示为调节级喷嘴弧段。其由内环、外环及喷嘴块装配而成。单独铣制的喷嘴块 4，依次镶入喷嘴弧的外环 1 和内环 2 之间，形成整个喷嘴弧。在喷嘴弧上用隔块将喷嘴弧分成几个喷嘴组，各喷嘴组对应一个喷嘴调节汽阀，互不连通。整个喷嘴弧组成后，在喷嘴块与内、外环之间采用电焊焊接制成一个整体。最后将首块、末块与喷嘴室焊牢。然后用带有锁垫的螺栓紧固在喷嘴室上。为了密封严密和拆卸方便，在喷嘴弧段与喷嘴室之间应装有厚度为 1mm 以下的涂有黑铅粉的石棉纸板垫片。

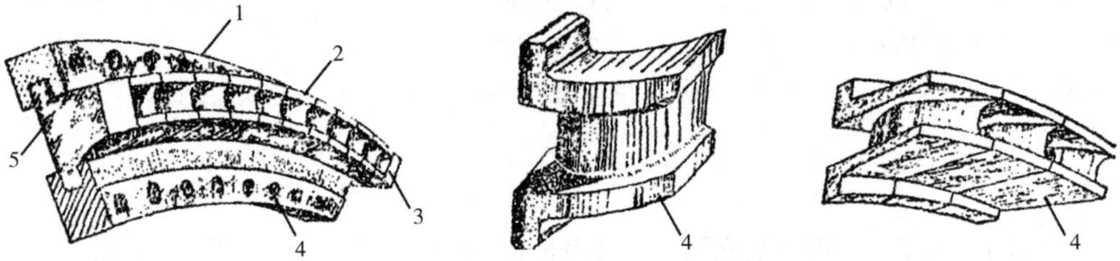

图 5-56　调节级喷嘴弧段的立体图

1—外环；2—内环；3—首块；4—喷嘴块；5—末块

小型汽轮机的喷嘴的结构如图 5-57 所示。整个喷嘴弧是在内环与外环之间镶入若干单独铣制的喷嘴块所构成，整个喷嘴弧上的喷嘴分成几组，每一组喷嘴与一个调节汽阀连通，可控制汽轮机进汽。

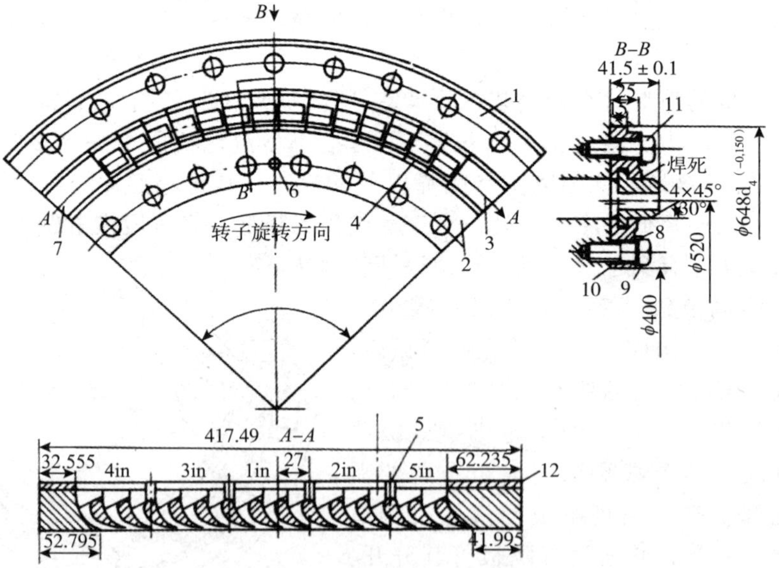

图 5-57　喷嘴弧段结构图

1—外环；2—内环；3—首块；4—喷嘴块；5—分隔板；6—锥销；

7—末块；8—垫圈；9、11—螺栓；10—垫片；12—附板

汽轮机喷嘴工作弧段与整个圆周周长的比值，称为部分进汽度。小型汽轮机喷嘴多采用部分进汽，如图 5-58 所示。这主要是因为高压蒸汽的比体积小，在满足汽轮机所需蒸

汽量的情况下，需要的蒸汽流通面积较小，故在保证喷嘴和叶片具有一定高度的前提下，可以减少流动损失，并便于制造。只有减少喷嘴的数目和所占的弧长，因此形成了第一级或前几级采用部分进汽的结构。

为了说明部分进汽的大小，常引用部分进汽度这一概念，即

$$\varepsilon=\frac{nt}{\pi d_{\mathrm{m}}} \tag{5-21}$$

式中　ε——部分进汽度；

nt——喷嘴所占的弧长；

πd_{m}——平均直径处的圆周长，mm。

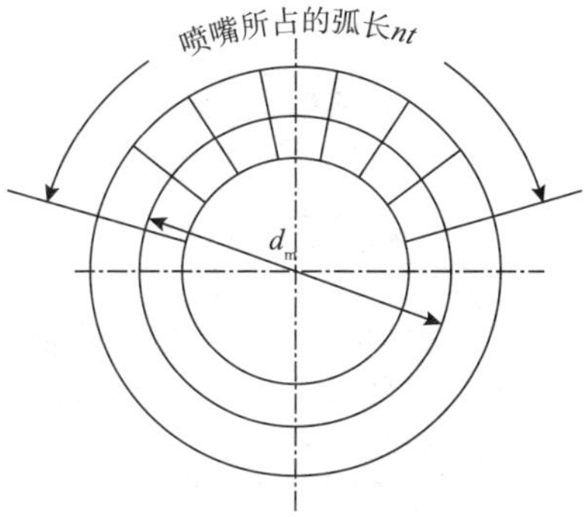

图 5-58　部分进汽度示意图

二、静叶片

固定在隔板、汽缸等部件上静止不动的叶片，称为静叶片。静叶片在速度级作为导向叶片，使汽流改变方向进入下一列动叶片。在反动式汽轮机中，静叶片起喷嘴作用。

图 5-59 所示为积木块系列工业汽轮机的反动级静叶片结构。转鼓级和低压段的静叶片由隔叶和导向叶片组成。隔叶装配时内弧相配，以此类推，组成一个静叶栅。内隔叶的叶顶斜面、导向叶片内、背工作型面及围带 3 部分组成静叶的通流部分，即蒸汽工作部分。

图 5-59　静叶片

静叶片用拉伸棒材料制成。叶根为凹槽缺口形状，导向叶片的叶根、隔叶均为钩状叶根，即只在出汽边侧开有凹形叶根槽，而进汽边则无叶根槽，嵌入导向叶片支承在相应的槽中，两片静叶根部之间有中间隔叶相隔，以保持静叶片之间的节距。叶顶的圆柱形凸台为铆钉头，作为叶片与围带装配的紧固件。

三、喷嘴室

调节汽阀后喷嘴组前的腔室，称为喷嘴室。

1. 喷嘴室的结构及其作用

积木块系列工业汽轮机的喷嘴室包括喷嘴组以及与汽轮机转子平衡活塞相对应的汽封环，如图 5-60～图 5-62 所示。蒸汽通过外缸阀门进入喷嘴室，通过能活动的角形密封环来隔绝汽流直接进入汽缸内部。

汽封体包括镶入的汽封片组成迷宫式汽封，喷嘴室固定在外缸内的相应支承面上，通过汽封体上凹槽与喷嘴室内的槽道相配，使喷嘴室既能轴向又能径向地保持其定位。喷嘴室的主要作用是：使通过喷嘴的蒸汽降压、升速、转向，将蒸汽的热能转换成动能，使高速汽流按一定的方向喷向动叶片。

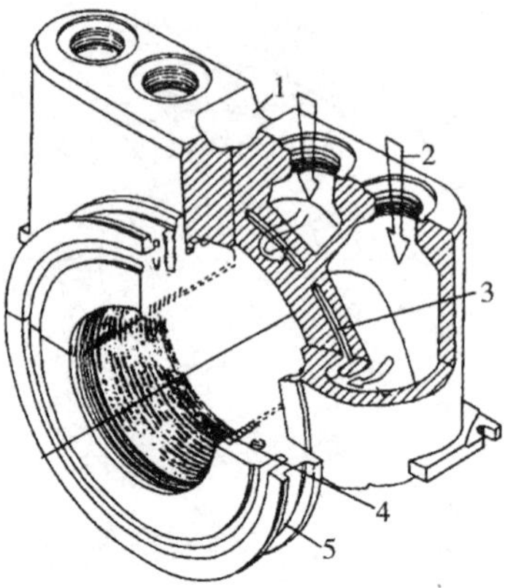

图 5-60　带汽封环的喷嘴室(180°进汽)

1—超载荷汽道；2—汽流方向；
3—通向喷嘴组的汽道；4—汽封片；5—汽封体

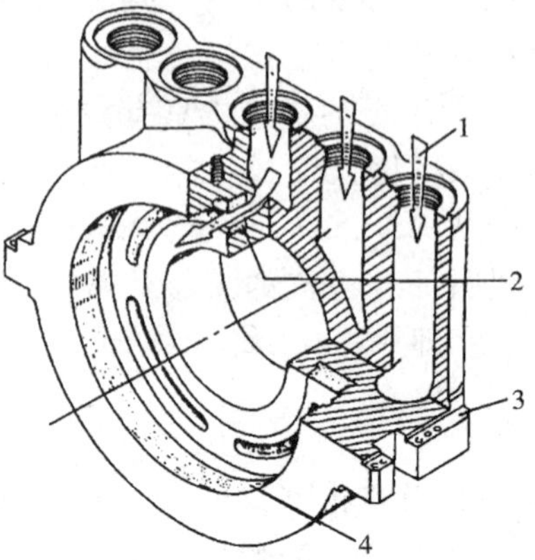

图 5-61　喷嘴室剖面图(360°进汽)

1—汽流；2—喷嘴组；
3—支承面；4—旋入定位环的螺纹

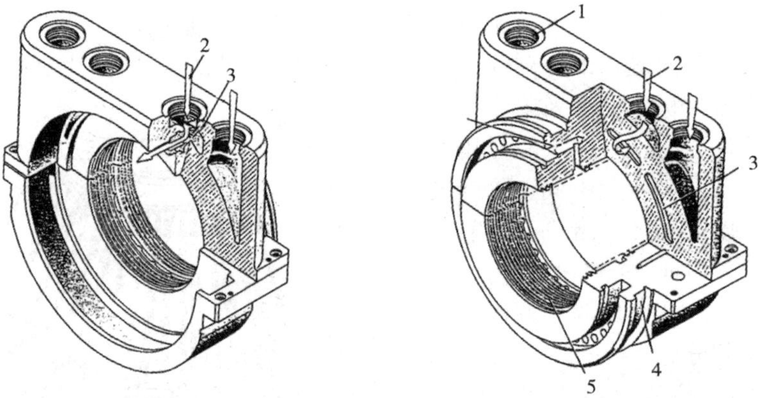

(a) 横截面：轮室　　(b) 横截面：前端汽封

图 5-62　具有中间抽汽汽封的喷嘴室

1—调节汽阀阀座孔；2—汽流；3—喷嘴组；4—凹槽；5—汽封；6—抽出中间泄漏的蒸汽

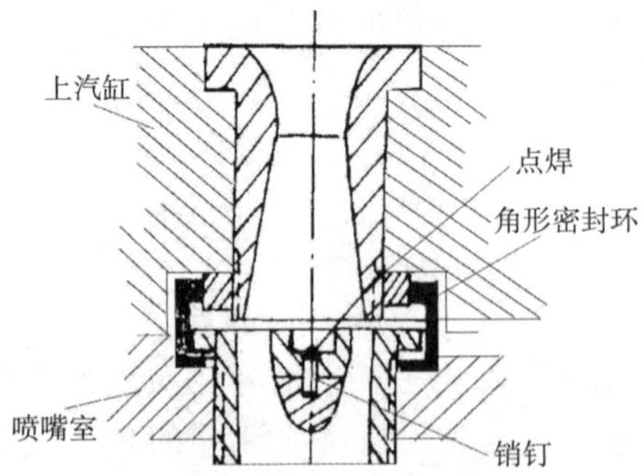

图 5-63　活动角形环

2. 调节级喷嘴的结构

积木块式三系列汽轮机的调节级喷嘴是直接安装在高压缸喷嘴室上的，调节级喷嘴根据需要分成几个弧段，每一个喷嘴弧段有一个调节汽阀控制。上汽缸与喷嘴连接靠角形环密封，如图 5-63 所示。蒸汽通过调节汽阀进入喷嘴室通过能活动的角形密封环来隔绝汽流直接进入汽缸内部。

四、导叶持环

通常是导叶持环是用来安装各反动级的静叶片。导叶持环内部钩型槽用于装配导叶(静叶)，导叶与动叶片分别组成汽轮机的级，见图 5-64。使用导叶持环可以在汽缸解体时，上汽缸无需翻转的情况下调换静叶片，且简化外缸设计、加工工艺、减少外缸报废的可能性。

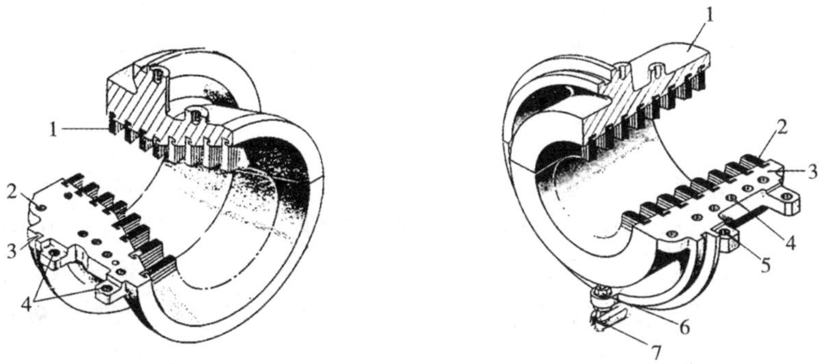

（a）　　（b）

1—导叶；2—水平剖分面螺栓孔；3—凹槽；4—调整元件支承面　　1—导叶持环；2—导叶片；3—水平剖分面；4—水平剖分面螺栓孔；5—凸耳；6—偏心套筒；7—外缸底部凹槽

图 5-64　导叶持环

导叶持环为水平剖分结构，上、下两半是靠水平中分面联接螺栓连接在一起的。导叶持环与外缸的轴向相对位置定位，是用导叶持环外环行凹槽与外缸凸肩相配，以轴向定位。水平中分面上两侧伸出的两对凸耳(如图 5-65 所示)的调整元件，以调整导叶持环上、下位置。导叶持环水平方向的对中找正，是靠前下端的偏心套筒来调整导叶持环的左右位置的(调整偏心套筒时，销钉在外缸底部纵向凹槽内前、后移动)，如图 5-66 所示。

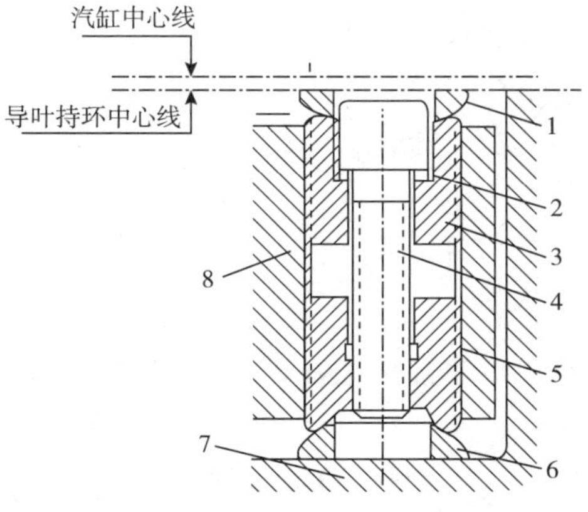

图 5-65　导叶持环上下调整元件

1、6—球形垫片；2—调整螺母；3—垫片；4—内六方螺钉；5—调整螺母；7—汽缸；8—导叶持环

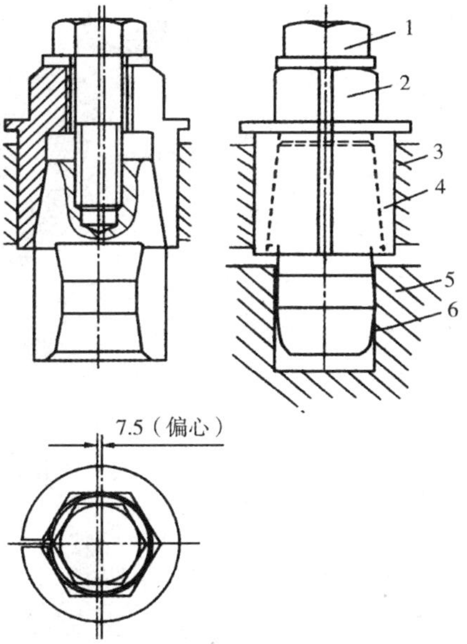

图 5-66　导叶持环左右调整元件

1—螺栓；2—垫片；3—内汽封(或导叶持环)；4—偏心套筒；5—汽缸；6—偏心销

五、隔板与隔板套

1. 隔板

装有静叶片的两半圆板或整圆板称为隔板。隔板是汽轮机各级的间壁，用来固定喷嘴叶栅。在多级冲动式汽轮机级中，除了调节级喷嘴之外，为了保持在调节级后的各压力级

前后的压力差和装设静叶，各级都设有隔板。隔板的作用是固定汽轮机各级的静叶片和阻止级间漏汽，并将汽轮机通流部分分隔成若干个蒸汽参数不同的汽腔，每个汽腔由一个叶轮和一个相应的静止隔板组成一个压力级。

(1)隔板的结构

隔板是由隔板体、喷嘴(静叶)、隔板外缘和隔板汽封等组成，隔板都做成水平剖分式的，如图 5 - 67 所示。将铣制或精密铸造、模压、冷拉的静叶片嵌在冲有叶型孔槽的内、外围带上，焊成或铸造成环形叶栅，然后将其焊接在隔板体和隔板外缘之间组成隔板。在隔板出口与外缘连接处有两道叶顶径向汽封片，在隔板内圆孔处开有隔板汽封的安装槽。

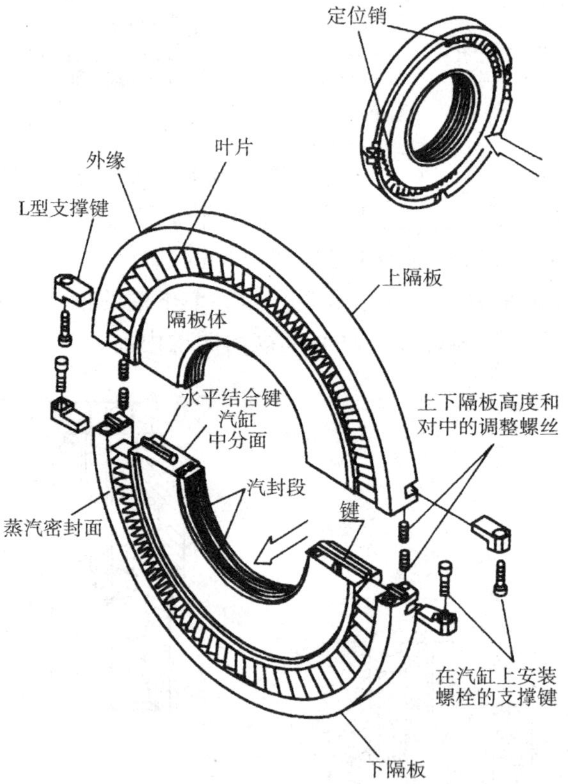

图 5 - 67 隔板结构图

隔板都制作成上、下两半，在水平中分面接合。上半隔板装在上汽缸凹槽中，在水平中分面用销垫或埋头螺钉将上隔板紧固在上汽缸上，防止汽缸解体和安装时上隔板从上汽缸内掉下来，销垫同时还能防止机组运行时隔板转动。下隔板装在下汽缸的凹槽中，下隔板用悬挂销固定在下汽缸内。上隔板落在下隔板水平中分面上，靠定位销来定位。隔板外缘与汽缸凹槽间均留有一定的轴向间隙(一般为 0.1～0.3mm)和径向间隙，一般为隔板直径的 0.003～0.004 倍。

(2)隔板的分类

根据蒸汽压力和温度的不同，对隔板材料要求和制造工艺不同，汽轮机隔板按其结构形式可分为焊接隔板和铸造隔板两种形式。

①焊接隔板

图 5 - 68 所示为焊接隔板的结构。将铣制或精密铸造、模压冷拉的静叶片在冲有叶型

孔槽的内、外带上焊成环形叶栅，形成喷嘴弧，再将喷嘴弧焊接在隔板体和隔板外缘之间，组成焊接隔板。在隔板出口与外缘连接处有两道叶顶径向汽封片，以减少叶顶漏汽。

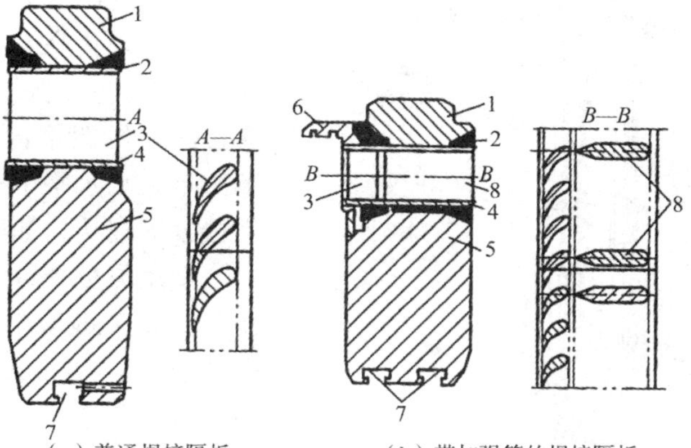

图 5-68　焊接隔板

1—隔板外缘；2—外围带；3—静叶片(导叶片)；4—内围带；5—隔板体；6—汽封槽；7—径向汽封安装环；8—加强筋

焊接隔板具有较高的强度和刚度及较好的汽密性，且汽道光滑，流动损失小，在现代汽轮机中获得广泛应用。但是，焊接隔板的焊接工艺要求高，如果焊接工艺不当，隔板体将会产生变形。同时，在内外围带上冲制具有静叶形状的孔时很费力。

汽轮机的高压部分，由于蒸汽压力高，比体积小，需要的流通面积很小，因此静叶片的高度不可能很大。为了不使静叶相对高度 l/b 太小(l 为静叶高度，b 为静叶宽度)而导致效率低，在焊接隔板中采用宽度较小的静叶片。由于结构及强度的要求，隔板又不能做得过分单薄。因此，隔板体就比静叶片宽许多，这样就在隔板进汽侧设置许多加强筋，如图 5-68(b)所示。其隔板体、隔板外缘及加强筋是一个整体。加强筋的数目可根据强度要求来确定，大致每隔 3～5 个汽道布置一个加强筋，加强筋与外缘相连。这种结构增加了隔板的刚度和强度，减少了喷嘴损失。

②铸造隔板

铸造隔板是将冲压成型的静叶片放在型砂中经铸造而成，如图 5-69 所示。其静叶片可用铣制或模压、冷拉以及爆炸成型等方法制成。这种隔板制造工艺简单，成本低，但其强度较差，喷嘴尺寸不够精确，通流表面粗糙度差，故蒸汽流动损失较大，因此，铸造隔板多用于汽轮机的低压部分。

铸造隔板分为铸铁隔板和铸钢隔板。当工作温度为 230～250℃时，使用铸铁隔板，材料为 HT18-36、HT20-40 等；当工作温度不超过 300℃时，可采用珠光体铸铁 HT28-48 或球墨铸铁 QT45-5；当工作温度为 300～350℃时，采用铸钢隔板，如 ZG25、ZG20CrMo、ZG30 等。

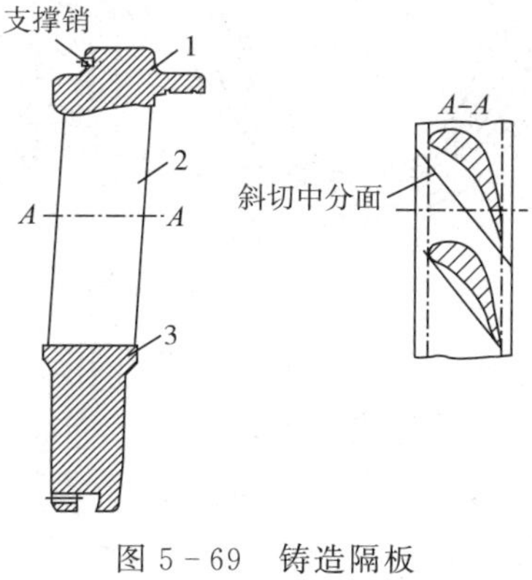

图 5-69　铸造隔板

1—隔板外缘；2—静叶片；3—隔板体

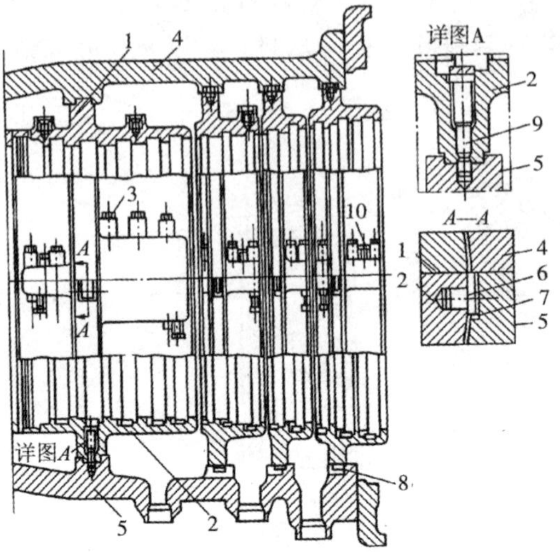

图 5-70 隔板套
1—上隔板套；2—下隔板套；3—连接螺栓；4—上汽缸；5—下汽缸；6—悬挂销；7—垫片；8—平键；9—定位销；10—顶开螺钉

2. 隔板套

隔板套又称静叶持环。外缘装在汽缸槽内，内缘可装静叶或隔板的中间支承零件。现代高参数汽轮机往往采用将隔板装在同一隔板套内，然后再将隔板套装在汽缸凹槽内。隔板套制作成上、下两半，在水平中分面接合，并用连接螺栓紧固连接，如图 5-70 所示。

采用隔板套可以简化汽缸结构，既便于安装又可使汽轮机轴向尺寸减小，有利于汽缸实现模块式通用创造了条件，也便于抽汽口布置，还可使机组启、停及工况变动过程中，汽缸热膨胀均匀，减小了热应力和热变形。但隔板套会使汽轮机径向尺寸增大，相应的隔板水平中分面法兰厚度也将增大，延长了汽轮机启动时间。

3. 隔板及隔板套的支承

高参数汽轮机，运行时温度高，隔板热膨胀量大，如果隔板支承不当，将使隔板中心发生位移，使动静部件之间间隙减小，甚至发生摩擦。为了汽轮机安全、平稳运行，所以隔板的支承应采用合理的支承方式。

常用的支承和定位方式有销钉支承、悬挂式支承和中分面支承(包括中分面悬挂支承)。

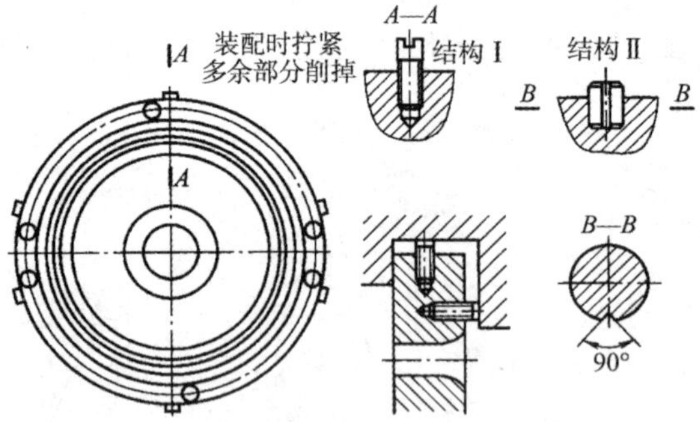

图 5-71 隔板采用销钉支承定位

①销钉支承定位

图 5-71 所示为隔板采用销钉支承定位。在隔板的外缘装有高为几毫米的 6～8 个圆柱形销钉，使销钉的顶部接触在隔板槽或汽缸槽内，将隔板进行径向定位。如需调整隔板径向位置时，改变销钉的长度就可以调整隔板的径向位置。

在隔板的进汽侧也装有 6～8 个轴向圆柱形销钉，其顶部支承在隔板槽的侧壁上，使隔板槽出汽侧紧贴隔板侧面，这个销钉一方面起到轴向定位作用，另一方面起到密封作用，避免从隔板槽的侧面漏汽。如需调整隔板与隔板槽之间的轴向间隙时，可用调整圆形销钉的长度来达到。

销钉直径可根据其受力情况进行选择，一般在 10～20mm 之间。销钉结构一般有两种结构形式，一种为螺钉销钉，如图 5-71 中结构Ⅰ。先将此螺钉尺寸加工稍长一些，顶端开有螺钉刀口，将其拧入隔板后，根据汽缸槽的宽度尺寸进行研配。另一种为圆柱销钉，如图 5-71 中结构Ⅱ。按需要的尺寸加工好后，用手锤轻轻地打入隔板外缘体内，再按汽缸槽宽度尺寸进行研配。为排泄销钉孔内的空气，沿销钉的纵向开有 90°的 V 型槽。

这种支承方式结构简单、调整方便，由于隔板受热后中心被抬高，将使隔板汽封径向间隙发生变化。这种支承方式仅适用于低压部分的铸造隔板上。

②悬挂销和键支承定位

在汽轮机中，隔板采用悬挂销支承定位的方式有很多种。其基本原理是：下隔板的上下位置，靠悬挂在水平剖分面处的两个挂销(左右各一个)支承在汽缸特制的凹槽中，如图 5－72 所示。这样当隔板受热时，隔板由水平剖分面向四周膨胀，其中心不变。调整悬挂销的厚度，可以调整隔板的中心高低位置。

隔板在汽缸中的悬挂支承定位方式，如图 5－72 详图所示。其中结构Ⅰ和Ⅱ的悬挂销处于水平剖合面偏下的位置，悬挂销固定在隔板上，结构Ⅲ的悬挂销则固定在汽缸上。下隔板的底部有一纵销定位，如图 5－72 详图 *J* 所示，可以用来确定隔板的横向位置。

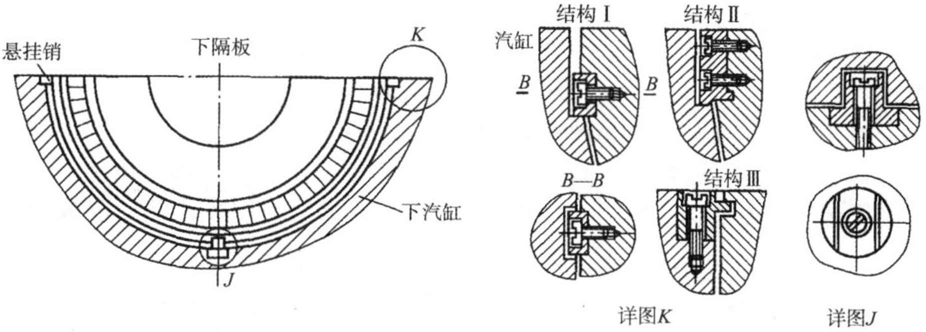

图 5－72　隔板在汽缸中采用悬挂销支承

悬挂销和隔板的连接可以采用螺钉，还可以采用直接焊在钢制的隔板上，如图 5－73 所示。其中图 5－73(a)适用于焊接隔板，图 5－73(b)适用于铸铁隔板。

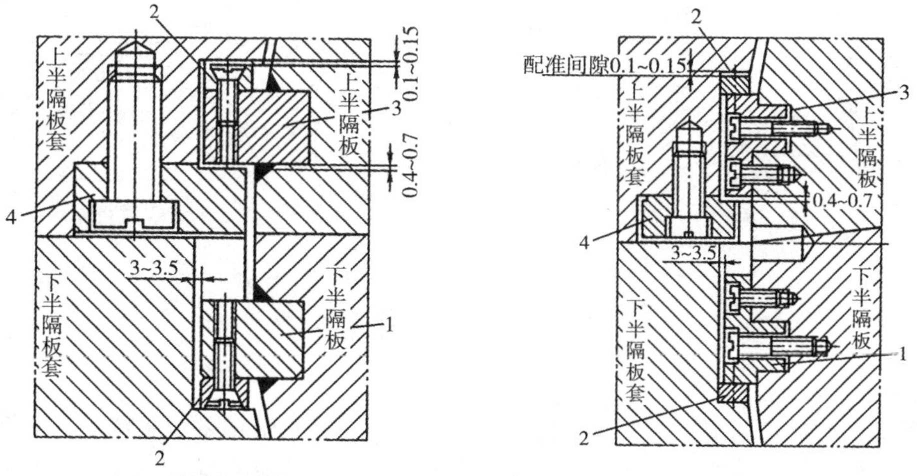

(a)悬挂销支承结构之一　　(b)悬挂销支承结构之二

图 5－73　隔板的悬挂销支承和定位

1—悬挂销；2—调整垫片；3—止动销；4—止动压板

改变悬挂销下调整垫片的厚度，可调整隔板的上、下位置，隔板的左右位置是靠调整隔板底部的平键来保证。上隔板没有定位结构，而是由上下隔板水平中分面上的定位键或轴向定位销(见图 5－74)来定心的，下隔板中心调整合格后，上隔板的位置也就随之确定了。

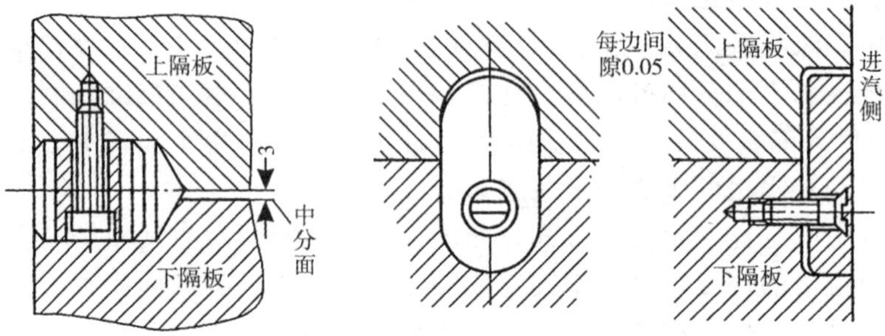

图 5－74　上、下隔板的定位键或定位销

③Z 形悬挂销支承定位

图 5－75 所示为 Z 形悬挂销支承定位，即中分面支承方式。下隔板和隔板套分别用两侧的 Z 形悬挂销支承在下隔板套或下汽缸的水平剖分面上，通过改变悬挂销下面垫块的厚度来调整它们的高低(垂直)位置，使三者的水平剖分面处于同一平面；用隔板或隔板套各自底部的平键来调节它们的横向(水平)位置(见图 5－76)，最终使隔板、隔板套与汽缸中心一致。

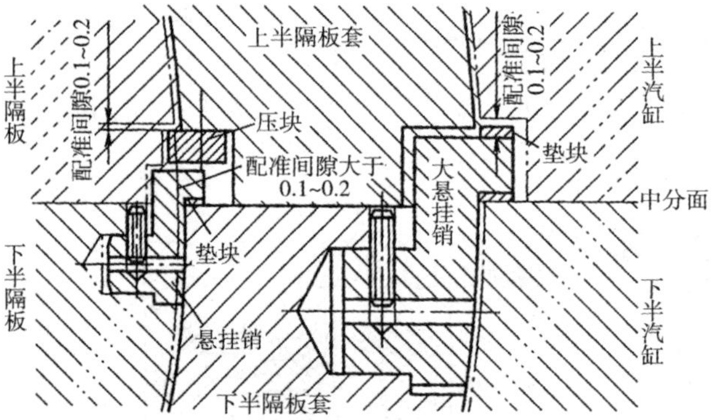

图 5－75　隔板的 Z 形悬挂销支承

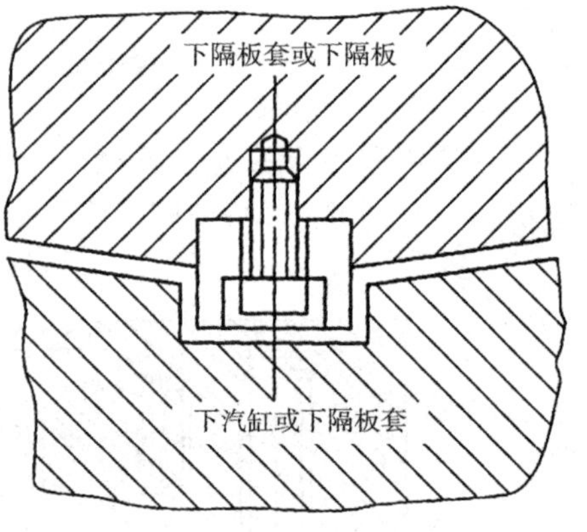

图 5－76　隔板或隔板套底部的定位键

第五节　汽封

减少转子与静子间漏汽的密封装置称为汽封。防止蒸汽泄漏的装置称为汽封装置。在汽轮机转子伸出汽缸的两端或转子穿过隔板中心孔部位，都存在着动静间隙，在压力差的作用下，蒸汽会从这些间隙中泄漏，造成能量损失，降低了运行的经济性，还会影响机组的安全运行。因此，必须在这些部位设置汽封装置，通常称为汽封。汽轮机中发生漏汽损失的部位，如图 5－77 所示，如动叶片和静叶顶部的漏汽；隔板与转子之间的径向间隙的漏汽以及汽轮机转子穿过汽缸两端处径向间隙漏汽等。

一、汽封的作用

汽封按其装设位置的不同，可分为端部汽封、隔板汽封和通流部分汽封。隔板汽封和通流部分汽封如图 5－78 所示。汽轮机转子伸出汽缸的两端处的汽封称为端部汽封，简称轴封。汽轮机高压端轴封称为高压轴封，也称前轴封。低压端轴封称为低压轴封，也称后轴封。装在隔板槽中的汽封，称为隔板汽封。

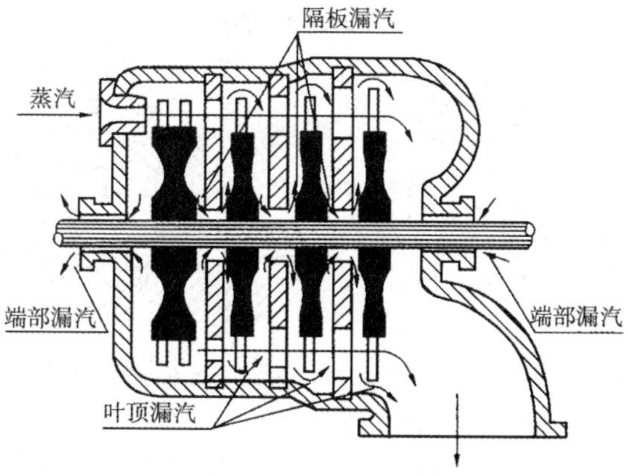

图 5－77　汽轮机各部漏汽示意图

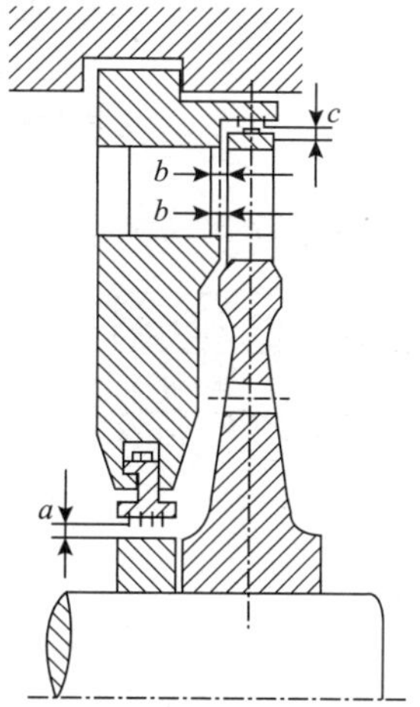

图 5－78　隔板汽封和通流部分汽封

对于凝汽式汽轮机来讲，高压端轴封的作用是减少自高压汽缸向外漏汽，并将这部分漏汽引出，合理地加以利用；低压端轴封的作用是起密封作用，防止空气漏入低压缸及凝汽器中破坏真空。隔板汽封的作用是防止级间漏汽，保持隔板前后的压力差，减少隔板漏汽损失。通流部分汽封是用来阻止蒸汽从动叶叶顶和叶根处的漏汽。

反动式汽轮机还装有平衡活塞汽封。平衡活塞汽封是指装在平衡活塞处的汽封。反动式汽轮机为了减少汽轮机的轴向推力，往往设置平衡活塞汽封，在平衡活塞两侧形成压差并减少蒸汽的泄漏。

二、汽封的结构

现代汽轮机汽封通常采用迷宫式(曲径式)汽封，其主要型式有梳齿式、薄片式和枞树式汽封。梳齿式和薄片式汽封，如图 5－79 所示。

1. 梳齿式汽封

图 5－79(a)、(b)及图 5－80 所示为梳齿式汽封。其中图 5－79(a)和图 5－80(a)为高低齿梳齿式汽封。它是直接在汽封环上车出或镶嵌上汽封齿，汽封齿高低相间。在汽轮机的主轴上车出方形凸肩，汽封齿与凸肩及凸肩槽之间都留有一定的径向间隙(0.25～0.3mm)，由此构成了曲折节流的汽封通道，对漏汽形成了很大的阻力，起到了汽封的作用，达到减少漏汽的目的。一般汽封环通常沿圆周分成 4～6 弧形块，每块上有两个凸台，用螺钉将其固定在汽封体上，装在汽封体槽内或隔板中心孔的汽封槽中，并由弹簧片压向中心，可使汽封齿沿径向浮动。弹簧片的作用是箍紧汽封环，并保证在汽封环与汽轮机转子碰撞时，使汽封环具有一定的退让余地，以防止动静部件摩擦。汽封体侧面各有一个调

整垫片，用以调整汽封齿之间的轴向间隙，保证汽封齿处于凸肩的中间位置。高低型汽封多应用在隔板汽封上，由于隔板前后的压差小，因此汽封齿数较少。

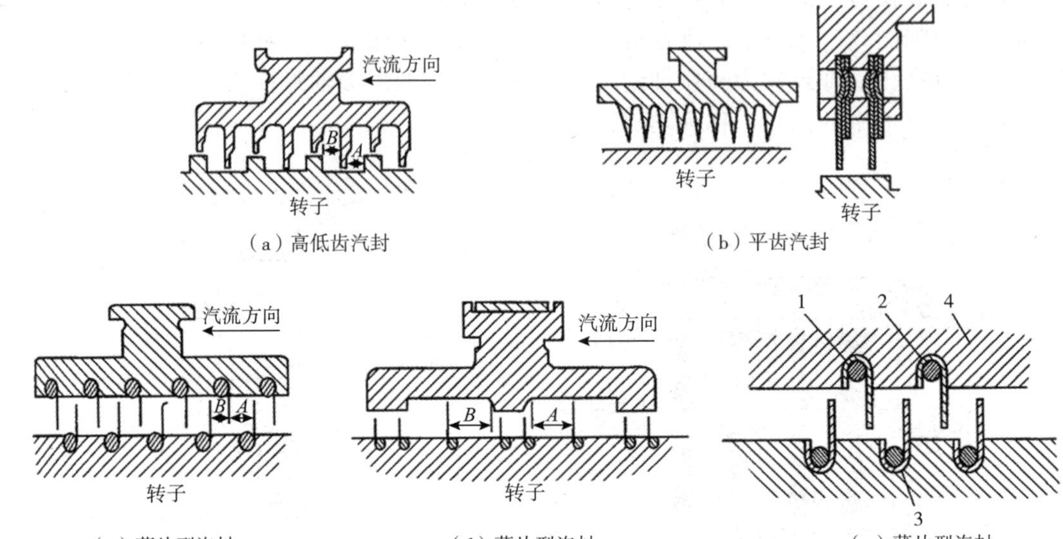

(a) 高低齿汽封　(b) 平齿汽封

(c) 薄片型汽封　(d) 薄片型汽封　(e) 薄片型汽封

图 5-79　梳齿式和薄片式汽封

1—镍铬金属丝；2—镍铬汽封薄片；3—汽轮机转子上的汽封套；4—汽封体

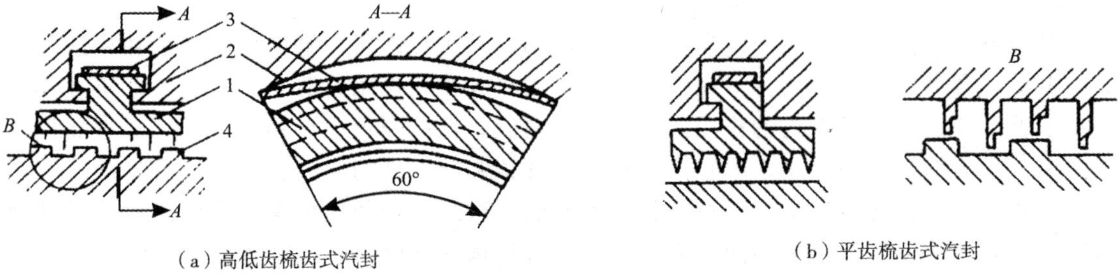

(a) 高低齿梳齿式汽封　(b) 平齿梳齿式汽封

图 5-80　梳齿式汽封

1—汽封环；2—汽封体；3—弹簧片；4—汽封轴套

图 5-79(b)和图 5-80(b)为平齿梳齿式汽封。其结构比高低齿汽封结构简单，但阻汽效果相对较差。高低齿汽封阻流效果比平齿汽封好，但加工与装配费工费时，装配较复杂，故大多用在高温、高压部分。平齿汽封一般用于低压、低温部分或转子与汽缸相对膨胀较大的部位。由于低压、低温部分蒸汽比体积大，轴封漏汽对汽轮机的效率影响不大，另外平齿加工方便，成本较低。

汽封齿的材料取决于工作温度：在低温区域采用锡青铜；温度在 480℃以下时采用 1Cr13 不锈钢；温度在 550℃以下时采用铬钼矾(Cr11MoV)钢。

2. 薄片式汽封

图 5-79(c)、(d)、(e)所示为薄片型汽封或 J 型汽封。在汽封轴套和汽封环上都加工有数道具有一定宽度和深度的 U 槽，用镍铬钢丝将 J 型镍铬合金片(一般厚度为 0.20～0.30mm)镶压入 U 槽内，再将沟槽的外口局部铆紧，防止镍铬钢丝和 J 型镍铬合金片脱

出。这些汽封片与汽封套或汽封环顶部留有一定的间隙(0.15～0.25mm)，由此构成曲折节流的汽封通道，起到了汽封作用，达到减少漏汽的目的。这种汽封的特点是当薄的汽封片与转子发生摩擦时，汽封片由于质软只能被压弯，而不易严重磨损，即使发生碰撞时，也不会使转子产生局部过热或导致变形。其不足是这种汽封片由于软而薄不能承受较大的压差，所以当汽缸内外压力差较大时，就需要将密封片数目增加，汽封片容易损伤，且拆装不变。

3. 枞树式汽封

图 5－81 所示为枞树形汽封的三种断面形状。图 5－81(a)、(c)适用于高压部分，图 5－81(b)适用于低压部分。这种汽封不仅有径向间隙，而且有轴向间隙可以使漏汽节流，汽流通道也更为曲折，阻汽效果更佳。这种汽封结构紧凑，有弹性，但形状复杂，加工精度高，造价很高，实际应用受到限制。因此，被形状简单的梳齿型汽封所取代。

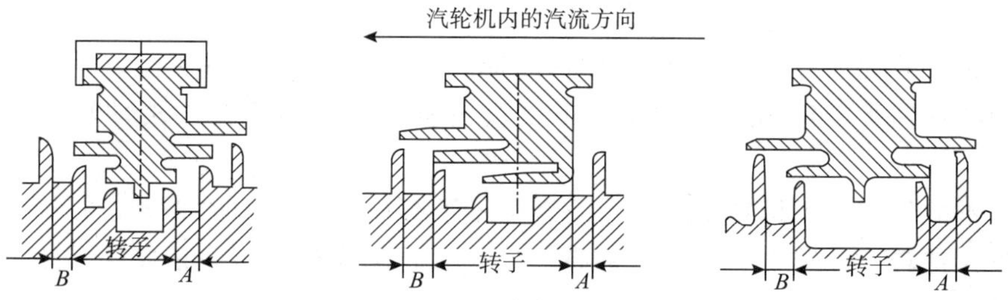

(a) 适用于高压部分　(b) 适用于低压部分　(c) 适用于高压部分

图 5－81　枞树式汽封

三、汽封弹簧片

汽封弹簧片的好坏对汽封漏汽量的影响较大，但弹簧汽封在完成阻止漏汽的过程中，它可以使汽封块在活动范围内向轴心靠拢，保证汽封齿有一个理想的最佳间隙。另外，弹簧片可以使汽封块的燕尾紧贴在燕尾槽的内壁上，增加燕尾槽处的密封性。还有，一旦汽封与转子相碰时，汽封块可以做径向移动，使汽封环能向后退让，减少动静部分的摩擦，避免转子受损。

为了增加弹簧片自身的强度，改变弹簧片与汽封块的连接方式，可以制作成如下几种连接方式。

①采用销钉与汽封块连接的弹簧片，如图 5－82(a)、(b)所示。弹簧片钻孔后使强度减弱，有时会从销孔处断裂。

②十字形与汽封块连接的弹簧片，如图 5－82(c)所示。将弹簧片制作成十字形，使两侧的凸肩镶在汽封块燕尾槽的开口中，实现弹簧片与汽封块的连接，其强度较好，但加工费时。

③圆角与汽封块连接的弹簧片，如图 5－82(d)所示。将弹簧片弯成一个圆角，镶在汽封块背后相应的圆槽里，实现弹簧片与汽封块的连接，其强度较好，但加工费时。

弹簧片在使用过程中应保持良好的性能，应适当选用弹簧片的材质。当工作温度在 400℃时，应选用 3Cr13 或 4Cr13，工作温度在 500℃时，应选用 60Cr16M2A。对不同的材质应采用不同的热处理方法，以改善弹簧片的机械性能。

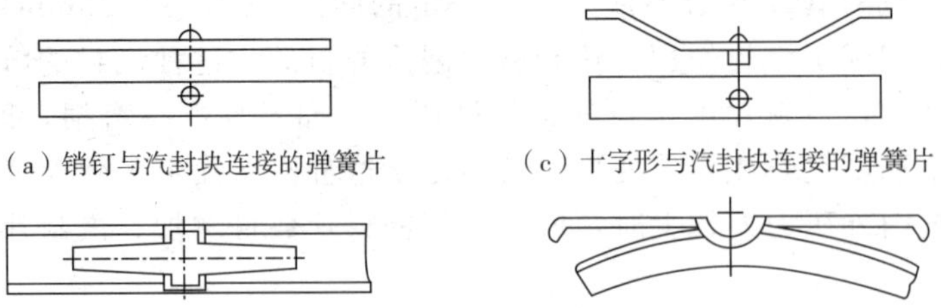

(a) 销钉与汽封块连接的弹簧片　　(c) 十字形与汽封块连接的弹簧片

(b) 销钉与汽封块连接的弹簧片　　(d) 十字形与汽封块连接的弹簧片

图 5-82　汽封弹簧片与汽封块的连接方式

第六节　轴承

工业汽轮机的轴承有支持轴承(又称径向轴承)和推力轴承两种类型。承受汽轮机转子径向载荷的滑动轴承，称为径向轴承。承受汽轮机转子轴向载荷的滑动轴承，称为轴向轴承。

支持轴承的作用是承担转子的重量及转子不平衡质量产生的离心力，并确定转子的径向位置，以保持转子旋转中心与汽缸中心一致，从而保证转子与静止部分间的径向间隙符合设计文件要求；推力轴承的作用是用来平衡转子的轴向推力，限制转子的轴向窜动，确定转子的轴向位置，确立转子膨胀的死点，从而保证动静之间的轴向间隙在规定范围之内。在单缸汽轮机中，多采用将推力轴承和支持轴承制成一体的滑动轴承，称为推力—支持联合轴承，这样可以使汽轮机结构紧凑，系统简化，这种轴承同时承受汽轮机转子的轴向载荷和径向载荷。

工业汽轮机转子的工作转速很高，其支持轴承的线速度一般在 50m/s 以上，推力轴承的线速度一般在 80m/s 以上。另外载荷较轻，均属于高速轻载轴承，要求滑动轴承安全可靠，运行稳定，抗振性能好，使用寿命长，尤其要求高度可靠。与其他轴承相比，动压滑动轴承能够更好地满足上述要求，主要的性能指标是轴承温度和振动。

一、滑动轴承的工作原理

在滑动支持轴承中，由于轴承内孔直径略大于轴颈的直径，在转子静止状态下，在转子自身重量的作用下，轴颈直接与下轴瓦内表面底部的巴士合金层接触，这时轴颈中心 O' 位于轴瓦中心 O 的正下方，而在轴颈与轴瓦之间形成楔形间隙(以圆筒形轴承为例)，如图 5-83(a)所示。进入轴承的润滑油充满了楔形空间，并渗透到轴颈底部。当持续地向楔形间隙中供给一定压力和黏度的润滑油，轴颈旋转时，黏附在轴上的润滑油由楔形间隙大处进入间隙小处，形成的油楔就产生了油压，当油压超过轴颈的载荷时，轴颈被润滑油膜浮起。接着润滑油从楔形扩张的流道流出，润滑油压力降低，直到油压和轴颈静载荷平衡时，轴颈的中心就稳定在一定的位置上旋转。此时，轴颈与轴瓦完全由油膜隔开，形成了液体摩擦。不同的 l/d(l 微轴承长度，d 为轴颈直径)，沿轴向分布如图 5-83(b)所示。

图 5-83(b)、(c)所示为油楔中的压力分布。在径向方向，楔形间隙进口处油压最低，随着油楔间隙减小而油压逐渐升高，在最小油膜厚度处油压达到最大值 p_{max}。在油楔出口

处由于油膜断裂，油压降至为零。在轴向方向，轴承中间的压力最大，压力沿轴承宽度按抛物线规律向轴承两端下降。最小油膜厚度应大于两侧相对运动的金属表面加工刀痕所造成的不平度，这样才能形成液体润滑。

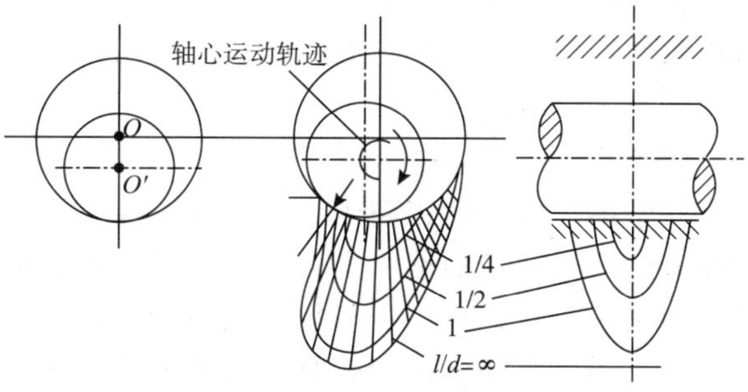

（a）支持轴承油膜的形成　（b）轴心运动轨迹及油楔中的径向压力分布　（c）油楔中的轴向压力分布

图 5-83　轴承中液体摩擦的建立

l—轴承长度；d—轴颈直径

由图可知，轴承长度亦影响轴承的承载能力。对于同一轴承，当载荷、转速、轴瓦内径、轴颈直径以及润滑油黏度等条件相同时，若轴承轴向的长度越长、则产生的油压越高，轴承的承载能力越大，轴颈被抬起的越高，偏心距越小。反之，轴承轴向宽度越短，其油压越低，承载能力越低，偏心距越大。但轴承长度过长，将会影响轴承的冷却，并影响油膜的稳定性，还会增加转子的轴向长度，因此必须合理选择轴承轴向长度尺寸。

二、轴承的油膜振荡

当转子以角速度 ω 旋转时，若轴承所承受的载荷不变，油膜稳定，这时轴颈中心应位于轴承的中心，即偏心距 e 保持不变，运行稳定，轴颈上的载荷 W 与油膜压力 P 保持平衡，如图 5-84 所示。若外界给轴颈一扰动力（如轴承供油压力的变化，机组其他部分传来的振动等）使得轴心 O' 产生一位移 Δe 而达到新位置，这时油膜压力由 P 变为 P'，因而不再与载荷 W 平衡，两者的合力 F，此合力 F 可分解为沿油膜变形方向的弹性恢复力 F_1 和垂直于油膜变形方向的切向力 F_2。偏离轴承中心的轴颈必然受到油膜的弹性恢复力 F_1 的作用，其弹性恢复力将迫使轴颈返回到原始的平衡位置 O'。由于轴颈的偏移，油流产生的压力分布发生了变化：在间隙小的上游侧，油流从大间隙进入小间隙，故形成高压；下游侧油流从小间隙流向大间隙，故形成压力较低。这个压差的作用方向垂直与径向偏移线的切线方向，在油膜变形方向的切向力 F_2 的作用下，轴颈除了以角速度 ω 作自转外，迫使轴颈绕 O' 沿垂直于径向偏移方向（即切线方向）进行同向涡动，涡动方向与转动方向是一致的。一旦产生涡动之后，轴颈围绕平衡位置涡旋而产生离心力又将进一步加大轴颈在轴承内的偏移量，从而进一步减小这个间隙，使小间隙的上游和大间隙的下游的压差更大，使轴颈涡动的切向力更大。

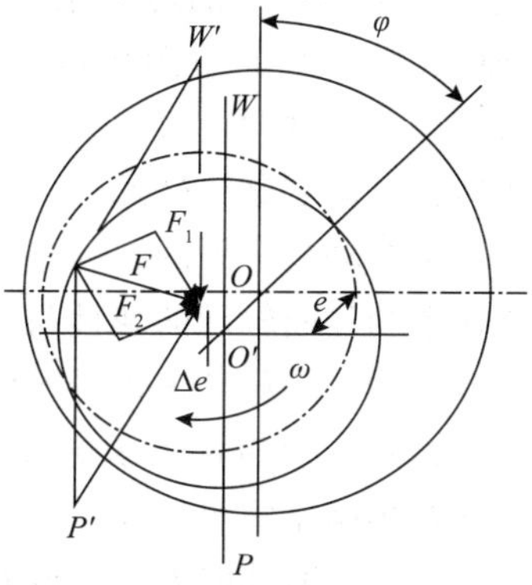

图 5-84　轴颈的受力分析

由于汽轮机组轴承总是带载荷的，轴颈不可能绝对平衡，所以轴颈中心不可能与轴承中心重合，轴颈中心也不可能静止停留在一点上。但油膜具有产生垂直于切向失稳力的本质没有改变，同样会驱动转子作涡动运动。当阻尼力大于切向失稳力时，轴心涡动是收敛的，轴颈中心将很快恢复到原始平衡位置；当切向失稳分力大于轴承的阻尼力时，轴心涡动时扩散的，属于是不稳定工作状态。当切向失稳分力和轴承的阻尼力相等时，轴心涡动轨迹为一封闭曲线。

1. 半速涡动

当转子第一临界转速高于工作转速一半时所发生的轴瓦自激振现象，称为半速涡动。轴颈在充满润滑油的轴承中旋转，轴承油膜不仅将转子顶起，而且还是轴颈中心与轴承中心保持一个偏心距，从而引起轴颈的涡动，轴颈不仅围绕其轴线旋转，而且还围绕其轴承中心旋转，由于涡动转速大致是工作转速的一半，因而称为半速涡动。

2. 油膜振荡

当转子的转速继续升高到第一临界转速两倍时，其涡动频率与转子的第一临界转速重合时，产生共振，振幅突然骤增，振动非常剧烈，轴心轨迹突然变成扩散的不规则曲线，频谱图中的半频谐波振幅值就增加到接近或超过基频振幅，频谱中并且有组合频率的特征。若继续提高转子转速，则转子的涡动频率保持不变，始终等于转子的固有频率，即$\Omega=\omega$，这种现象称为油膜振荡，如图 5－85(a)所示。由此可见，只有当转子的工作转速高于第一临界转速两倍时，才可能产生油膜振荡。最典型的油膜振荡现象发生在汽轮机组启动升速过程中。油膜振荡一旦发生后，就始终保持着等于临界转速的涡动速度，而不再随转速的升高而升高，这一现象称为油膜振荡的惯性效应，如图 5－85(b)所示。当轴承承受重载时，尽管转子的转速稍高于第一临界转速的两倍时，转速还没有失稳，所以也不会发生油膜振荡。只有直到转速比临界转速两倍还高出较多时，转子才失稳并直接表现为油膜振荡而不经过半速涡动，如图 5－85(c)所示。

当转速升高到某一转速后，转子便产生半速涡动，这时的转速称为失稳转速。在失稳转速前，转子转动是平稳的，一旦达到失稳转速，随即发生半速涡动。转子失稳转速的大小决定于该转子和径向轴承的特性与工作条件，只要这些因素不变，失稳转速就是一个定值。轴颈的载荷不同，失稳转速也是不同的。图 5－85(a)表示轻载情况，此时失稳转速在第一临界转速之前；图 5－85(b)表示中载情况，此时失稳转速在第一临界转速之后；图 5－85(c)表示重载情况在稍高于临界转速 2 倍时，转速还没有失稳，所以就没有油膜振荡。油膜振荡的另一个特性，就是升速时发生油膜振荡的转速要比降速时油膜振荡消失的转速高些。

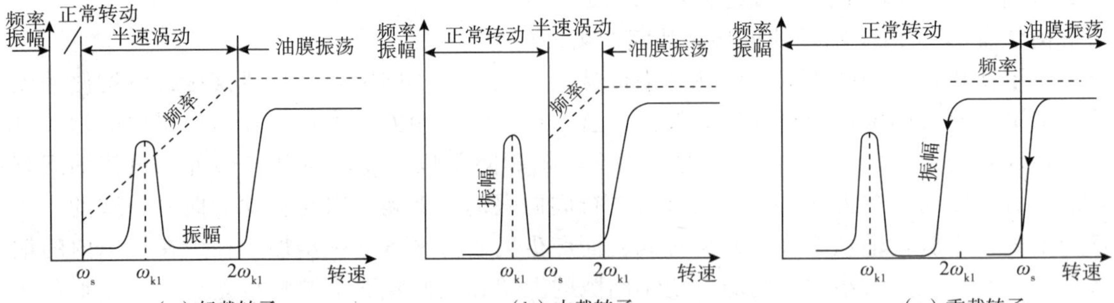

(a) 轻载转子　　(b) 中载转子　　(c) 重载转子

图 5－85　载荷对油膜振动的影响

半速涡动与油膜振荡既有密切联系，又有区别的两种不同现象。轴承发生半速涡动时，尽管其振幅较小，对轴承的润滑和工作影响不大，但是它所产生的附加动力载荷，易使汽轮机零部件发生松动和疲劳失效等。轴承发生油膜振荡时，振幅急剧增加，振动剧烈，由于油膜破裂而引起轴承以及轴系损坏，甚至造成严重事故。

3. 油膜振荡的防治措施

(1)避开油膜共振区域

机器设计时应避免转子工作转速在2倍一阶临界转速区域运行。因为这样很容易造成油膜不稳定引起的涡动频率与转子轴系自振频率相重合，从而引起油膜振荡。对于挠性转子，一般除了要求工作转速应避开2倍一阶临界转速外，还应尽可能使转子工作转速在第二阶临界转速以下，以提高转子稳定性。

(2)增加轴承比压

轴承比压是指下轴承衬表面上单位面积所承受的载荷 $\bar{P}$，即

$$\bar{P}=\frac{P}{DL} \tag{5-22}$$

式中 P——轴承载荷，N；

D——轴颈直径，mm；

L——轴承宽度，mm。

一般轴承比压为：椭圆形轴瓦比压可达1.2～2.0MPa，甚至达2.5MPa；多油楔轴承比压可达2.0～3.0MPa；可倾瓦轴承比压可达4.0MPa。

增加比压值等于增大轴颈的偏心率，提高油膜的稳定性。重载转子之所以比轻载转子稳定，就是因为重载转子偏心率大，质心低，比较稳定。因此，对一些引起油膜失稳的转子，可用车削方法将轴承宽度减小，或在轴承下瓦开环向沟槽，以减小轴颈与轴瓦的接触面积，改善油楔内的油压分布等，以增大轴承比压，提高转子的稳定性。

(3)减小轴承间隙

试验表明，若减小轴瓦间隙，则可提高发生油膜振荡的转速。其实减小轴承间隙，就相对增大了轴承的偏心率。各类轴承间隙应符合制造厂技术文件的规定。

(4)改变轴承内孔形状

改变轴承内孔的形状，可以加大轴承各段圆弧相对轴的偏心率，同时将油膜分隔成不连续的多段，形成多个油楔，如图5-88所示。多油楔轴承将油楔分隔成4个，其油楔角度为45°，转子旋转时4个油楔都建立油膜，油膜压力作用在轴颈的4个方向上。当负荷与转速发生变化时，轴颈上、下压差变化相对较小，且瓦块能自由摆动，故不易发生油膜振荡。

(5)选用抗振性能好的轴承

从轴承结构形式分析，可倾瓦轴承在稳定性、承载能力和功耗等性能均居各径向轴承之首，四油楔轴承、三油楔轴承和椭圆形轴承次之，圆柱形轴承最差。因此应选用稳定性好的可倾瓦，四油楔轴承、四油叶轴承，其瓦块可以绕支点摆动，每个瓦块只形成收敛油楔，因而不会产生失稳分力。这种结构具有良好的缓冲作用和振动阻尼，所以可以有效地阻止油膜振荡发生。所以，解决油膜振荡的根本措施是设计结构合理的滑动轴承。

(6)提高油温，降低油的黏度

润滑油的黏度越大，油分子间的凝聚力也越大，轴颈旋转时所带动的油分子也越多，这样，油膜厚度就越厚，轴颈就容易失稳。降低润滑油黏度的最有效的办法是适当提高轴

承进油温度，这样可以增加轴颈在轴承中的偏心率，有利于轴颈稳定。

三、支持轴承的结构

支持轴承的型式很多，支持轴承按其结构不同，可分为圆筒形轴承、椭圆形轴承、多油楔轴承、多油叶轴承和可倾瓦轴承等。

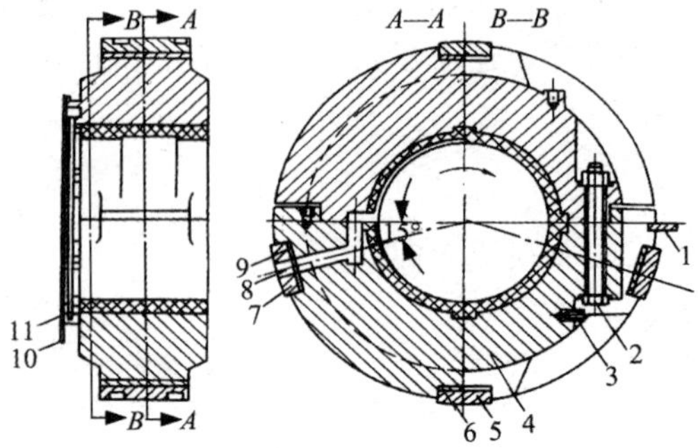

图 5-86 圆筒形轴承

1—销饼；2—连接螺栓；3—定位螺钉；4—轴承；5、7—枕块；6、9—调整垫片；8—进油口；10—油挡；11—节流孔板

1. 圆筒形轴承(圆柱形轴承)

图 5-86 所示为圆筒形轴承结构。其轴瓦内孔呈圆柱形，转子静止状态时，轴承顶部间隙约为侧间隙的两倍。轴承由水平中分面，分为上、下两半组成，并由止口螺栓 2 连接在一起。水平中分面处的销饼 1 是用来防止轴承径向移动的。下轴承支持在三个枕块上，枕块用螺钉与轴瓦固定，调整中心位置时，通过增减调整垫片 6 的厚度，并可以调整轴承的垂直位置(上下位置)。上轴承顶部的轴承枕块内的调整垫片则是用来轴承与轴承压盖之间的过盈量。轴承壳体用优质铸铁 HT20-40 铸造，轴瓦内弧面上车出燕尾槽，浇铸一层厚度为 1.0～1.5mm 巴氏合金，轴瓦内开有油槽，用以输送和贮存润滑油。

进入轴承的润滑油应具有一定的压力，以便克服进油口和油管道各处的阻力，保证油流畅通、无阻。一般润滑油压力为 0.08～0.14MPa。润滑油通过下轴瓦油环形通道处通过进油口 8 处的节流孔板 11 的节流进入轴承，并随着转子的转动，润滑油被带进楔形间隙中形成油膜，润滑油从轴承两端流出排入油箱。

圆筒形轴承结构简单，油量的消耗和摩擦损失都较小。它只是在下部形成一个楔形压力油膜，在高速轻载的条件下，油膜刚性差，容易引起振动，因此多用于中、小型汽轮机或减速齿轮箱，转速一般在 4000r/min 以下。

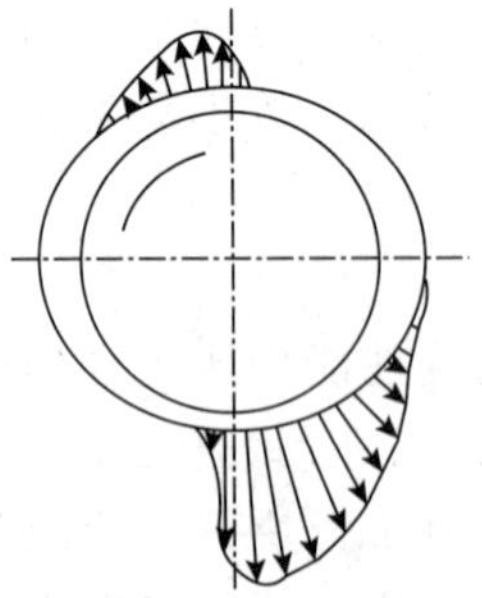

图 5-87 椭圆型轴承油楔压力分布

2. 椭圆形轴承

椭圆形轴承的轴瓦内孔呈椭圆形，其结构与圆柱形轴承基本相似，只是轴承的内孔侧间隙增大了，使轴承内表面呈椭圆形，如图 5-87 所示。由于轴承上部间隙减小，轴颈在运行中形成上下两个油楔，并且有上下两个油膜，由于上部油楔的作用，压低轴心位置，阻尼也相应增大了，增加相对偏心率，提高了轴承的稳定性；另外，由于轴承侧面径向间隙的增大，使油楔的收缩更为剧烈，有利于形成液体摩擦及增大了轴承的承载能力。

椭圆形支持轴承与圆柱形支持轴承相比，其优点是运行稳定，在运行中若转子向上晃动，轴承上部的径向间隙减小，油膜压力增大，而轴承下部的径向间隙增大，油膜压力变小，上、下合力将轴颈推回到原来的位置。由于椭圆轴承的侧间隙比圆柱轴承侧间隙大，轴向方向油的流量大，可带走更多的热量。因此，它的顶间隙可比同样尺寸的圆柱形轴承的顶间隙小，所以在垂直方向上的抗振性能好。但由于椭圆轴承产生上下两个油膜，故消耗功率比圆柱轴承稍大一些。这种轴承比压一般可达 1.17～1.96MPa，甚至可达 2.5MPa，由于其高速运行稳定性较好，在中大型机组得到了广泛应用。

3. 多油楔轴承

在圆柱轴承的内表面加工出 3 个以上的油腔就形成多油楔轴承。即改变轴承内孔的形状，加大轴承各段圆弧相对轴的偏心率，同时将油膜分隔成不连续的多段，形成多个油楔，称为多油楔轴承。如三油楔轴承、四油楔轴承，三油叶轴承、四油叶轴承，如图 5-88 所示。椭圆轴承只有两个油膜，故水平方向抗振性能较差。多油楔轴承能够形成几个动压油膜，从轴颈四周将转子推向轴承中心，所以各个方向的抗振性能都好，运行平稳。三油叶、四油叶轴承都可以用与转子正反转，但油楔角度小。从理论上讲，圆柱形轴承和椭圆形轴承的油楔角度为 180°，三油叶轴承为 60°，四油叶轴承为 45°。角度越小，油楔越小，承载能力越低。所以单向回转的转子可采用三油楔、四油楔轴承，这样就将油楔加长 1 倍，提高了轴承的承载能力。

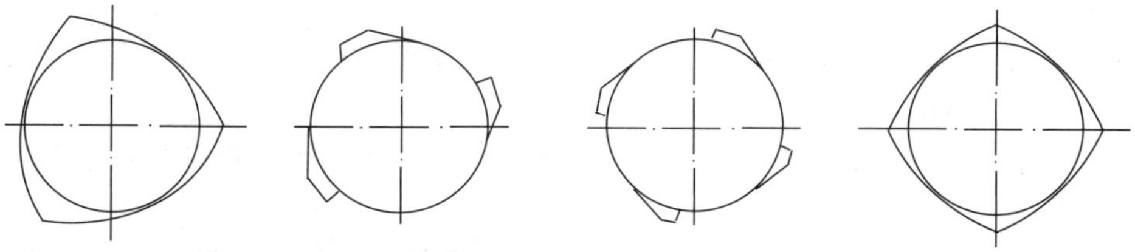

（a）三油楔轴承　（b）三油叶轴承　（c）四油叶轴承　（d）四油楔轴承

图 5-88　多油楔轴承示意图

多油楔轴承有如下特点：

a)抗振性能好，运行稳定，能减小转子由于动不平衡或制造、安装原因造成的振动；

b)在不同的负荷下，多油楔轴承中轴颈的偏心度比圆柱形轴承小得多，保证了转子的对中性；

c)当负荷与转速发生变化时，瓦块能自由摆动调节位置，可以防止油膜振荡，确保转子在高速轻载时可靠运行。

①三油楔轴承

三油楔轴承是多油楔轴承的一种，其结构如图 5-89 所示。这种轴承 3 个长度不等的固定油楔，轴承上半有两段固定油楔，轴承下半有一段固定油楔，每个油楔入口的最大间隙为 0.27mm。为了使油楔分布合理又不使轴承水平中分面通过油楔区，上下瓦的水平中分面与水平中分面倾斜 35°。转子旋转时，带动润滑油在 3 个油楔里都建立油膜，3 个油楔中的油膜力分别作用在轴颈的 3 个方向上，这样可使轴颈比较稳定地在轴承中运行。3 个油楔所产生的压力分布如图 5-89(a)所示。下部大油楔产生的压力起承受载荷的作用，上部两个小油楔产生的压力使转子运转平稳，由于上部两个小油楔的作用，使三油楔轴承不但在垂直方向上，而且在水平方向上具有较好的抗振性能。轴承中除固定油楔面及排油沟外，都是光滑连续的圆柱面。固定油楔两端的窄面称为阻流边，使固定油楔不与大气相通，以减少轴端漏油，增加承载能力。

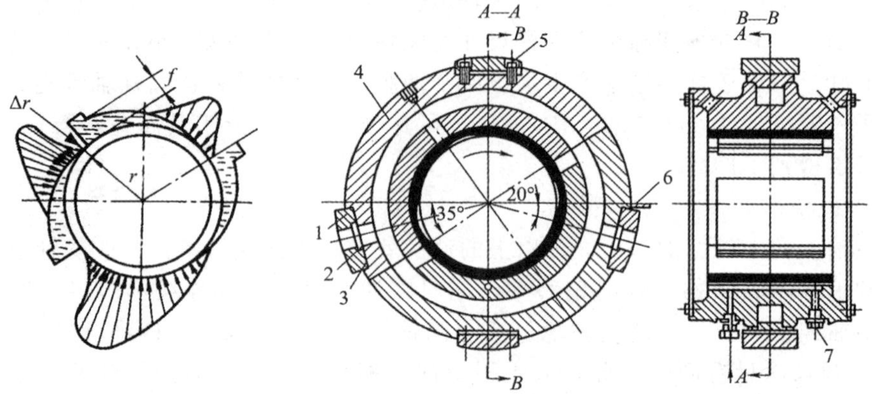

(a) 油楔压力分布图　　　　　　　　　(b) 结构图

图 5-89　三油楔轴承

1—调整垫片；2—节流孔板；3—带孔轴承枕块；4—轴承体；
5—内六角螺钉；6—止动垫圈(销饼)；7—高压油顶轴进油

轴承的进油口与水平中分面呈 20°，润滑油从进油口进入轴瓦的环形油室，然后分别经过 3 个油楔的进油口进入固定油楔，如图 5-89(b)所示。在轴承下部工作面上开有高压油顶轴油袋。汽轮机启动时，从柱塞式顶轴油泵输送来的高压油经进油口进入油袋，瞬时油间油压为 25～30MPa，将转子顶起。

三油楔轴承具有较好的抗振性和稳定性，不但在垂直方向上，而且在水平方向上都有较好的抗振性能。

近年来随着加工制造和安装、检修工艺的不断提高，已能保证轴承水平中分面在安装、检修过程中的严密程度，不会影响油楔中油膜的建立及其压力的分布，即不会影响轴承静特性，因此有些三油楔轴承已改成水平中分面，而再不必反转 35°了。三油楔轴承由于高速稳定性好，承载能力大，其比压可达 23MPa，适用于高转速及中载轴承。

②四油楔轴承

四油楔轴承是多油楔轴承的一种，在其内表面有四段半径均为 R 的圆弧，圆弧的圆心距轴承的偏心距为[$R-(r+\delta)$]，如图 5-90 所示。四个圆弧的交界处各有一个进油孔及贮油槽。当轴颈转动时，即形成 4 个液体动压油楔与压力区，沿轴颈圆周 4 个 45°方向将转子推向中心，成为具有均匀油膜的动压轴承。

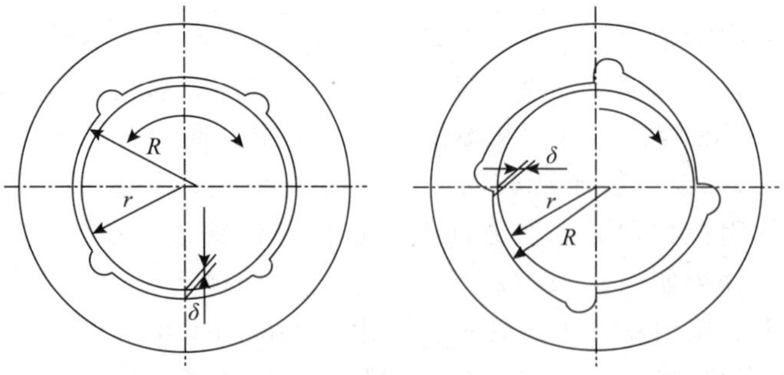

(a) 双向回转　　　　　　　　　(b) 单向回转

图 5-90　四油楔轴承示意图

四油楔轴承有单向回转和双向回转两种结构，如图 5－90 所示。单向回转结构通常称为四油楔轴承，双向回转结构称为四油叶轴承，单向回转四油楔轴承的承载能力比双向回装四油楔轴承高，摩擦力距更小。但是，由于工业汽轮机驱动的离心式压缩机在停机时可能会出现反转，所以这样的机组几乎都是使用双向回转结构的支持轴承，即四油叶轴承较多。

四油楔轴承将油楔分隔成四个，其油楔角度为 45°，如图 5－91 所示。转子旋转时 4 个油楔都建立油膜，油膜的压力作用在轴颈的四个方向上。当外负荷变化时，轴颈上、下压差变化相对较小，因而就不易发生油膜振荡。

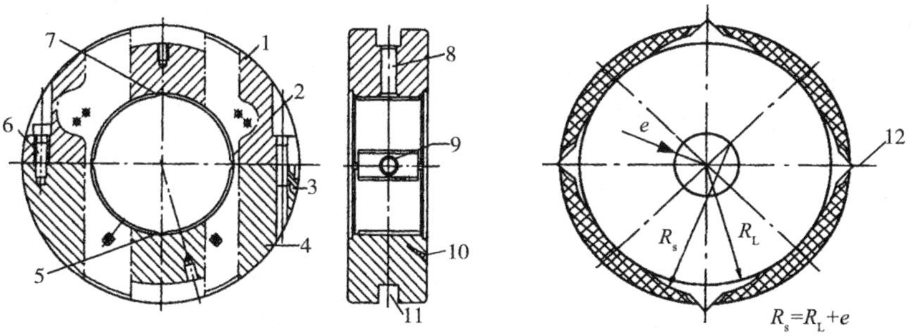

（a）剖面图　　（b）轴承孔示意图(调整状态，运行状态旋转45°)

图 5－91　四油楔径向轴承

1—上半轴承；2、5、7—轴承油槽；3—锥形销钉；4—下半轴承；6—圆柱形螺栓；8、9—轴承进油孔；10—测温元件孔；11—轴承环形油通道；12—轴承水平中分面

四油楔轴承有上下两半轴瓦组成，上下两半轴瓦由锥形销钉 3 进行固定，并通过螺栓 6 将其连接。轴承的承载面上浇注有巴氏合金。下半轴瓦与下半轴承箱中分面用圆柱销钉定位，以阻止轴瓦径向转动或轴向移动。

四油楔轴承的优点是结构简单，温升较小，抗振性能好，不易发生油膜振荡，承载能力远高于圆筒型轴承，动压可达 30MPa 以上。缺点是油楔固定，不如可倾瓦轴承可以自动调位。

③四油叶轴承

图 5－92 所示为四油叶轴承的两种结构。其中图 5－92(a)所示为由四瓣瓦块组成，每瓣瓦块上的巴氏合金弧面即为一段油叶圆弧；图 5－92(b)所示为仅由上、下两半瓦块组成，每个瓦块上的巴氏合金层加工出两段油叶圆弧，由销钉定位，借紧固螺钉连接。四油叶轴承的承载能力与油叶的布置方式有关，在安装时，若将图 5－92(b)所示的轴承旋转 45°放置，则可使载荷正好对正油楔中心，从而提高轴承的承载能力。

④可倾瓦轴承

图 5－93 所示为可倾瓦轴承。其主要由轴承壳体、两侧油封和可以自由摆动的弧形瓦块所组成。这种轴承有 3 个以上的瓦块所组成，一般是由 5 个瓦块组成轴承，瓦块沿轴颈圆周均匀分布，每个瓦块可以绕自身的一个支点摆动，其中有一个瓦块在轴颈的正下方，以便在停机时支承轴颈及冷态时用于轴对中找正，如图 5－93(a)所示。但亦有轴颈正下方不放瓦块的情况，如图 5－93(b)所示。

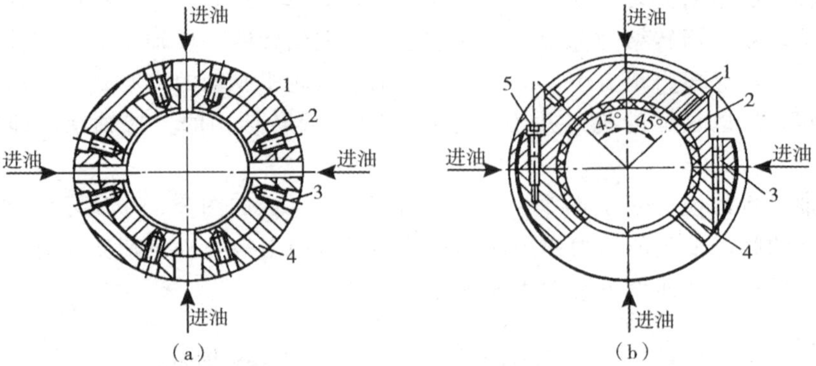

图 5-92　四油叶轴承结构

1—上半轴承；2—巴氏合金瓦块；3—瓦块定位螺钉(销)；4—下半轴承；5—紧固螺钉

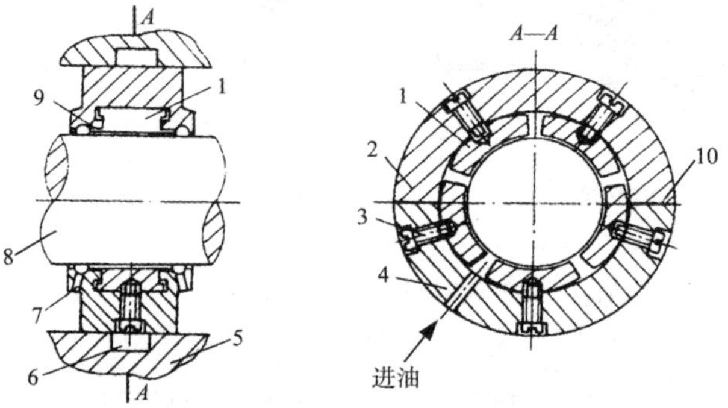

(a)

1—推力瓦块；2—上轴承壳体；3—定位螺钉；4—下轴承壳体；5—轴承座；

6—进油槽道；7—泄油孔；8—转子；9—油封；10—轴承水平中分面

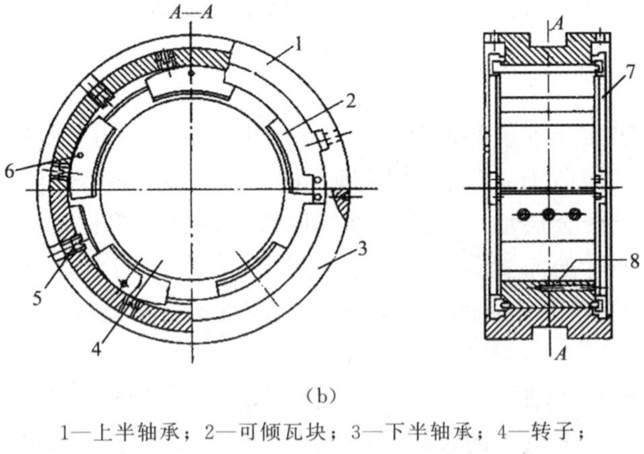

(b)

1—上半轴承；2—可倾瓦块；3—下半轴承；4—转子；

5—瓦块定位螺钉；6—喷油孔；7—油封；8—热元件测温孔

图 5-93　可倾瓦轴承

可倾瓦轴承与轴颈的径向间隙一般为轴颈直径的1.2‰～2.5‰。瓦块背面圆弧与轴承壳体的内孔为线接触，它相当于一个支承点，加之瓦块背面与其定位销之间具有一定间隙，当载荷、转速及轴承温度等运行条件发生变化时，瓦块能在轴承壳体的支承面上自由摆动 5°～10°，自动调节瓦块的位置，在轴颈四周形成多个油楔，自动地调整各油楔间隙，使瓦块达到最佳位置，以形成最佳润滑油楔，大大提高了轴承的稳定性。下瓦块承受转子的载荷，其余瓦块保持转子的稳定性。为了防止瓦块随轴颈沿圆周方向一起转动，在每个瓦块的背面中间各装有松动销钉或螺钉进行定位。为了防止瓦块沿轴向和径向窜动，将瓦块安装在轴承壳体内的一个“T”形槽中。

另外，可倾瓦径向轴承还有两种典型结构。一种是瓦块定位销不在瓦块中间，定位销至瓦块进油边的距离大于出油边，因此应注意瓦块的安装方向。其优点是改善润滑条件，提高抗振性；另一种是更具动压特性的径向轴承，瓦块背面在横向和纵向有一不同曲率半径的球面，如图 5－94 所示。因此，瓦块不仅可以沿圆周方向摆动，还可以沿轴线方向摆动，瓦块背面与轴承壳体的接触为点接触。

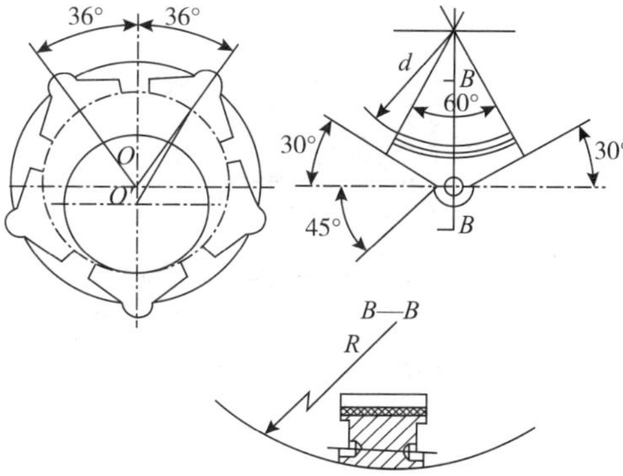

图 5－94　双向可倾瓦径向轴承

可倾瓦轴承与其他支持轴承相比，其轴承结构简单，每一个瓦块均可自由摆动，增加了支承柔性，还具有吸收轴承振动能量能力，即具有较好的减振性。由于每个瓦块作用到轴颈上的油膜作用力总是通过轴颈中心，而不会产生引起轴颈涡动失稳力，因此具有较高的稳定性，不易发生油膜振荡。同时，可倾瓦轴承还具有承载能力大，比压可达到 4.0MPa，功率小即可承受各个方向的径向载荷，适应正反方向转动等优点，广泛应用于高速轻载工业汽轮机组。但其不足之处是结构复杂，成本较高，装配难度大，安装、检修较为困难。

综上所述，可倾瓦轴承在稳定性、承载能力及功耗等性能均优于各种支持轴承，四油楔轴承、三油楔轴承及椭圆形轴承稍差，最差的是圆筒形轴承。

四、推力轴承

工业汽轮机广泛采用密切尔推力轴承和金斯伯雷推力轴承。这两种轴承都是活动多块式推力轴承。其推力瓦块可以自动倾斜，以形成油楔。在每个推力瓦块下有一个偏离其中心的球面支点，因此推力瓦块可以绕支点自由摆动。密切尔推力轴承的推力瓦块直接与基环接触，可摆动件是单层的；而金斯伯雷推力轴承的推力瓦块下面还有上水准块与下水准块，然后才是基环，可摆动件相当于三层零件的叠加，即叠层式的。

1. 密切尔推力轴承

在单缸汽轮机中，推力轴承和前部支持径向轴承多制成一体，称为径向-推力联合轴承，如图 5－95 所示。在球面支持轴承的前半部分为推力轴承。推力轴承采用密切尔推力轴承。其主要由支持轴承、推力盘、推力瓦块和基环等组成。在推力盘两侧布置的主推力瓦块和副推力瓦块，推力轴承的瓦块为 8 块，沿圆周均匀分布(见图 5－96)，瓦块的支点顺转子的旋转方向偏于一边，当瓦块承受推力时可以自动调整位置，形成油楔。基环与推力瓦块之间有定位销，起限制瓦块的作用。

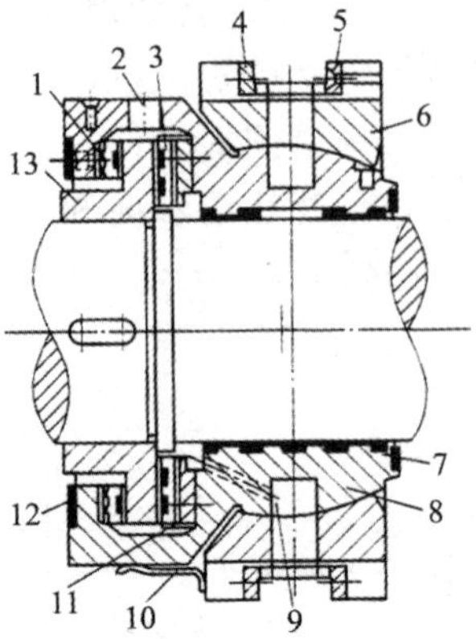

图 5-95　径向-推力联合轴承

1—副推力瓦块；2—温度计插孔；3—主推力瓦块；4、5—调整垫片；6—轴承壳体；7、12—油挡；8—支持轴承；9—推力轴承进油孔；10—弹簧支板；11—油封环；13—推力盘

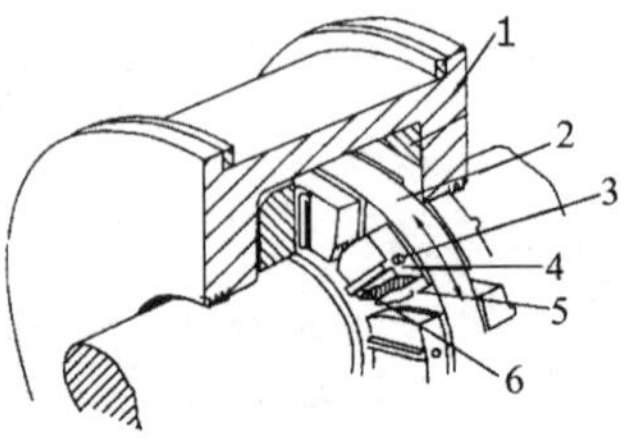

图 5-96　瓦块的沿圆周的均匀分布

1—轴承壳体；2—推力盘；3—圆柱销；4—推力瓦块；5—巴氏合金层；6—棱边(摆动筋)

汽轮机运行时，转子的轴向推力通过推力盘通过润滑油膜传给主推力瓦块(工作瓦块)，然后将轴向推力传给轴承体。在启动或停机及机组故障突然关闭主汽阀时，转子会出现反向轴向推力，此时将有副推力瓦块来承受转子的轴向推力。在推力瓦块与转子上推力盘接触的一面浇铸有巴氏合金层，其厚度应小于汽轮机动、静部分间的最小轴向间隙值，一般巴氏合金层厚度为 1.0～1.5mm。推力瓦块数一般为 8～12 块，在每块瓦块的背面有一条摆动的筋条，以销柱在瓦块支持环定位，如图 5-97 所示。

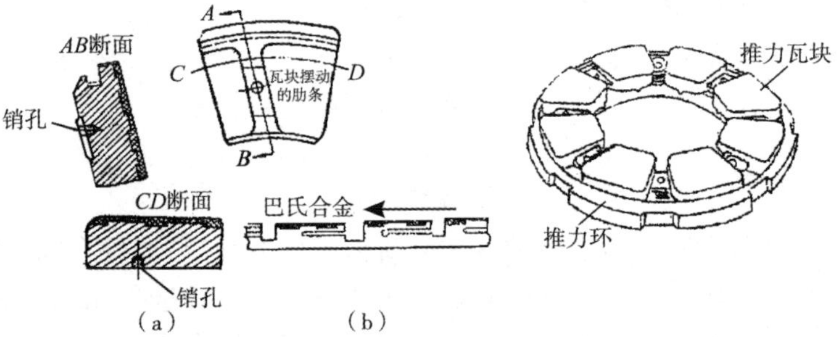

图 5-97　推力瓦块示意图

密切尔推力轴承与径向支承轴承共用一个润滑油系统的润滑油，润滑油从轴承壳体的下部进入，润滑油通过内部油槽进入推力盘与推力瓦块之间。推力轴承的回油，是通过推力轴承壳体上部两侧回油孔和油封处流回到轴承箱。推力轴承两端穿过转子的位置设有轴封，它与推力轴承的正压一起共同防止空气的吸入。

这种推力轴承的最大比压为 $p_{max}=2.5 \sim 5.6$MPa，允许最高线速度为 130m/s，同组各推力瓦块厚度允许偏差为 0.01～0.02mm，推力瓦块与推力盘的接触面积应分布均匀，并应大于 60%，推力盘与推力瓦块之间应留有一定的间隙，一般为 0.20～0.60mm，以保证形成油楔承受转子的轴向力。

瓦块与推力盘之间楔形油膜建立过程，如图 5-98 所示。汽轮机转子在静止状态时，推力瓦块表面与推力盘平行，如图 5-98(a)所示。汽轮机转子旋转后，供入轴承的润滑油，被旋转的推力盘带入推力瓦块与推力盘之间的间隙中，当转子承受推力时，间隙中的油膜就受到压力，并传递给推力瓦块时，其油压合力 Q 并不作用在推力瓦块的支点 O 上，而是偏向推力瓦块的进油侧，如图 5－98(b)所示。因此合力 Q 便与推力瓦块支点 O 的支反力 R 形成一个力偶，在油压的作用下推力瓦块倾斜一个角度，在推力盘与推力瓦块之间形成油楔。随着推力瓦块的偏转，油压的合力 Q 逐渐向排油一侧移动，当合力 Q 与 R 作用一条直线上时，油楔中的压力便与轴向力保持平衡状态，如图 5－98(c)所示。当推力盘旋转时，又被带入楔形间隙中，随着间隙的减小，油被挤压，油压逐渐增加，楔形间隙造成油的出口面积减小，而形成一定的压力油膜，在推力盘与推力瓦块之间建立了液体润滑。

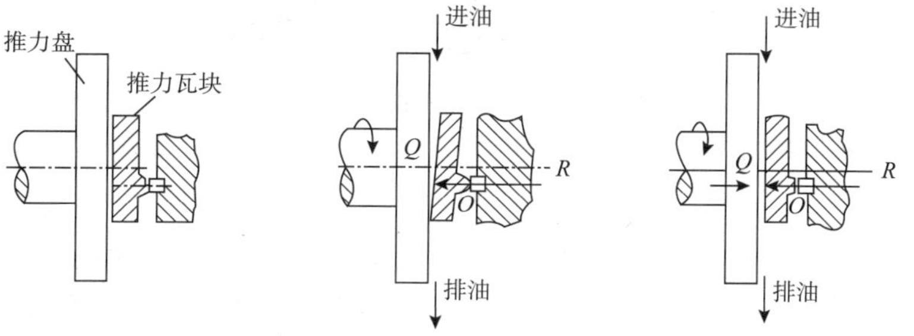

(a) 推力瓦块静止状态　(b) 推力瓦块继续偏转　(c) 工作时的平衡状态

图 5－98　推力瓦块油膜的形成

2. 金斯伯雷推力轴承

金斯伯雷推力轴承是英国格拉斯的专利技术，其结构如图 5－99 所示。它是由主推力瓦块、副推力瓦块、下水准块、上水准块、基环、防转销、定位螺钉等组成。轴承有 8 个沿圆周均布的推力瓦块，推力瓦块下垫有上水准块、下水准块，相当于三层可摆动的零件叠加起来放置在基环上，它们之间由球面支点接触，保证推力瓦块、水准块可以自由摆动，使载荷分布均匀，如图 5－100 所示。当推力盘随转子倾斜时，推力瓦块可通过上下水准块的作用自动找平，使所有的推力瓦块与推力盘均匀的接触在同一平面上，这样使所有的推力瓦块均匀地承受轴向推力。

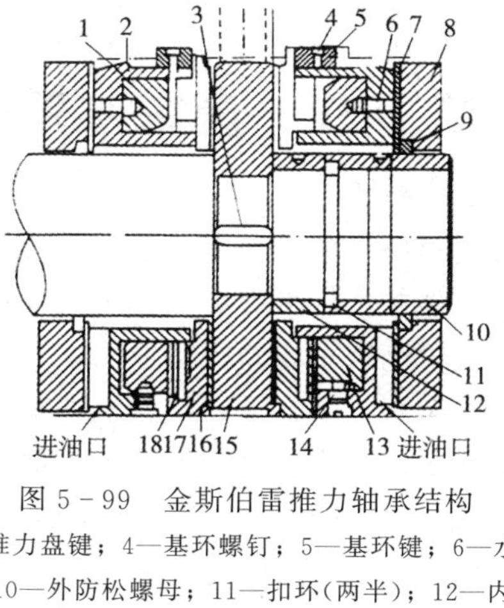

图 5－99　金斯伯雷推力轴承结构

1—下水准块；2—基环；3—推力盘键；4—基环螺钉；5—基环键；6—水准块定位销；7—调整垫片；8—推力轴承圈；9—护圈；10—外防松螺母；11—扣环(两半)；12—内防松螺母；13—上水准块；14—水准块定位螺钉；15—推力盘；16—推力瓦块；17—巴氏合金层；18—支承块

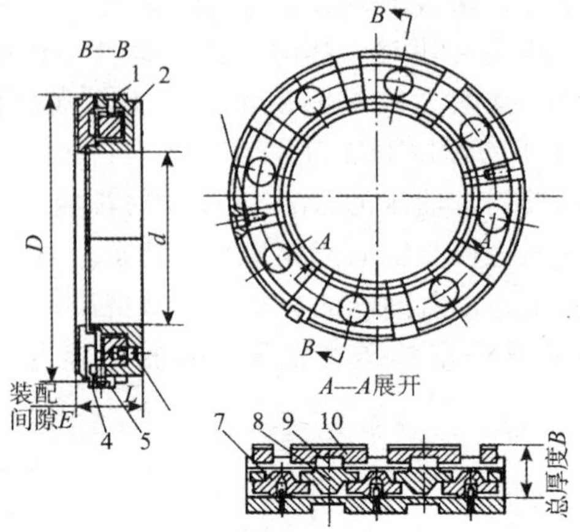

图 5-100 金斯伯雷推力轴承

1—固定螺钉；2—基环；3—半圆头螺钉；4—键；5—螺钉；6—水平销钉；
7—下水准块；8—上水准块；9—支撑销；10—推力瓦块

推力瓦块的材质为碳钢，上面浇铸有巴氏合金层 17，推力瓦块体中镶有一个工具钢制作的支承块 18，硬度为 HRC50～60，这个支承块与上水准块接触。上水准块 13 用一个定位螺钉 14 在圆周方向定位。上下水准块一般用耐磨的 QT40-10 材质精密铸造而成，下水准块 1 安装在基环的凹槽中，用其底部的凸起与基环接触，并借助定位螺钉 6 进行定位。为防止基环转动，在基环上设有防转销键。转子与推力盘的轴向间隙可以用调整垫片进行调整。

润滑油从轴承座与机壳之间流入，经过基环背面铣出的油槽，并通过基环与轴颈之间的间隙进入推力盘与推力瓦块之间。排油是靠推力盘转动时的离心力作用，将油甩出，从轴承座的上方排油口排出。

金斯伯雷推力轴承的特点是载荷分布均匀、调节灵活，能补偿转子的不对中倾斜。但其轴向尺寸稍长，结构较为复杂，最高线速度一般为 80～130m/s，最大比压 p_{max}=3.0～5.0MPa，正常运行时承受轴向推力为 1.5～2.0t，最大轴向推力可达 4～9t。特别适应于高速轻载的汽轮机组，特别是轴向推力不易估算准确的汽轮机组。

第七节 盘车装置

在汽轮机启动前和停机后，利用动力装置在非常低的转速下使转子转动的驱动组件，称为盘车装置。盘车装置的作用是在汽轮机启动冲转前或停机后，提供扭矩使转子以一定的速度连续旋转起来，以保证汽轮机转子均匀受热或冷却，从而避免转子产生弯曲。

汽轮机启动时，为了迅速提高真空，常需在汽轮机冲动转子前向轴封供汽。这些蒸汽进入汽缸后大部分滞留在汽缸上部，造成汽缸与转子上下部位受热不均匀，如果转子静止不动，便会引起自身上下温差而产生向上弯曲变形。弯曲后转子重心与旋转中心不相重合，机组冲转后势必产生很大的离心力，引起振动，甚至引起动静部分摩擦或碰撞。因此，在汽轮机启动冲转前，应用盘车装置带动转子低速转动，使转子受热均匀，以利于机组顺利启动。

汽轮机停机后，汽缸和转子等部件会由热态逐渐冷却至冷态，由于上、下汽缸散热条件不同以及气(汽)体的对流作用，其上部冷却速度慢，下部冷却速度快，上汽缸温度高于下汽缸，转子因上下温差而产生弯曲，弯曲程度随停机后的时间而增加。对于大型汽轮机，这种弯曲可以达到很大的数值，并且需要经过几十个小时才能逐渐消失，在热弯曲减少到制造厂技术文件规定数值之前，是决不允许重新启动机组的。因此，停机后应立即投入盘车装置，盘车可使转子受热均匀，防止转子变形，并可消除上下汽缸温差。

对盘车装置的要求是既能盘动转子，又能在汽轮机转子转速高于盘车转速时自动脱开，并使盘车装置停止转动。

汽轮机盘车装置，按其动力来源分，可分为电动盘车和液压盘车；按其脱扣装置的结构特点可分为螺旋轴传动、具有摆动齿轮的电动盘车以及具有链轮-蜗轮蜗杆的电动盘车，一般中小型汽轮机使用的电动盘车装置多为螺旋轴游动齿轮式。低速盘车一般用在中小型汽轮机上，而高速盘车用在大型机组上。高速盘车虽然耗电较多，但盘车转速高，有利于改善轴承的润滑条件，同时对消除转子热变形和停机时充分均匀冷却轴承大有益处。

盘车转速的选择是以各轴承能建立其完整的润滑油膜为下限。高速盘车时转子的转速为40～70r/min，可以较好地建立起润滑油膜，还可以加速改善汽缸内部冷热蒸汽的热交换，减少上、下汽缸之间及转子内部温差，缩短机组的启停时间。但采用高速盘车启动转矩增大，盘车电机的功率也相应增大。为减小电动机的功率，采用高压油顶轴装置，以便在盘车前将转子顶起0.03～0.04mm以上，以减小启动转矩。低速盘车时转子转速为2～4r/min。启动力矩小，冲击载荷小，有利于延长部件的使用寿命。

1. *螺旋轴游动齿轮式盘车装置*

图5-101所示为螺旋轴游动齿轮式盘车装置。电动机5通过小齿轮1和大齿轮2，游动齿轮3及盘车大齿轮4带动汽轮机转子11旋转。游动齿轮3与螺旋轴12之间用螺旋滑动键相连，并可沿螺旋轴左右滑动。推转动手柄同时盘动电动机，可以使游动齿轮沿螺旋轴移动，并同时控制盘车装置的润滑油滑阀9和电动机行程开关10。

投入盘车装置时，应首先拔出手柄7上的保险销8，然后将手柄7从原位向左推置工作位置，同时用手盘动电动机联轴器13，使游动齿轮3在下部叉杆的作用下向右移动，使之与盘车大齿轮4啮合。当手柄7下部的凸轮10推动行程开关9的触头，使行程开关接点闭合，接通盘车电源。同时使齿轮的润滑控制油滑阀接通，向各齿轮处供润滑油。此时也可将控制电动机的行程开关闭合，接上电源，做好准备工作。

如需启动盘车装置时，可以手按启动按钮，盘车装置就能带动转子转动，游动齿轮转动时的轴向分力由凸肩承受。

当汽轮机冲转后，转子转速高于盘车转速时，游动齿轮3反被盘车大齿轮4带动，此时螺旋齿的轴向分力改变了方向，游动齿轮3被推动，使之与盘车大齿轮4脱开(退出啮合位置)，手柄7也被润滑油滑阀15下部弹簧及油压的作用而回到原来的位置，保险销8自动掉入销孔内，同时断开行程开关，供油中断，盘车装置自动停止工作。

若需手动停止盘车时，只要手动切断电源即可。电源切断后，电动机停止运行，螺旋轴也停止转动，游动齿轮3在汽轮机转子的惯性作用下与盘车大齿轮4脱开，手柄7也回到停用的位置，供油同时中断。

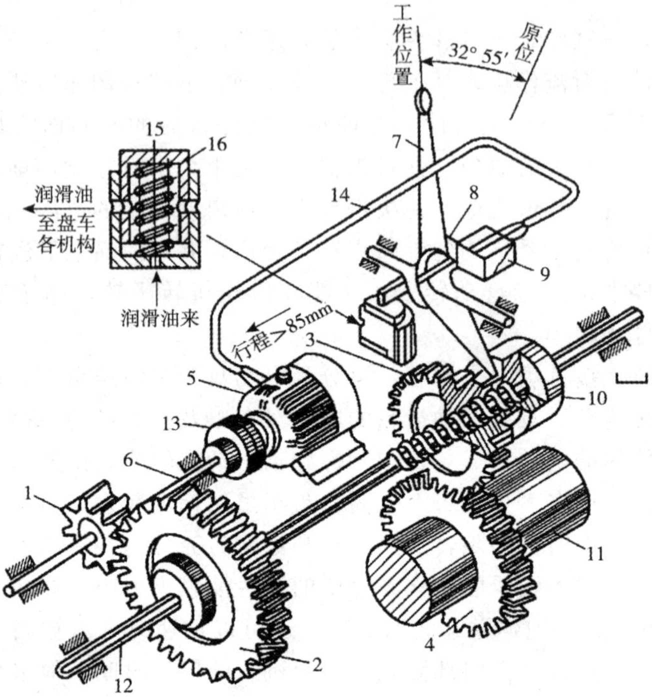

图 5-101 螺旋轴游动齿轮式盘车装置示意图

1—小齿轮；2—大齿轮；3—游动齿轮；4—盘车齿轮；5—电动机；6—小齿轮轴；7—手柄；8—保险插销；9—电动机行程开关；10—凸轮；11—汽轮机转子；12—螺旋轴；13—联轴器；14—电缆；15—润滑油滑阀；16—活塞

电动盘车装置可以在汽轮机停机后连续盘动转子，保持汽缸内各部件受热均匀，使汽轮机能随时启动。

有些国产中小型汽轮机组的电动盘车装置将小齿轮 1 和大齿轮 2 改成蜗轮蜗杆减速装置，其他部分的结构原理与上述变化不大。

2. 电液操纵低速自动盘车装置

图 5-102～图 5-104 所示为电液操纵低速自动盘车装置。该装置主要由行星摆线针轮减速机、曲柄连杆机构、摆动齿轮切向啮入式超越离合器和液压机组成。

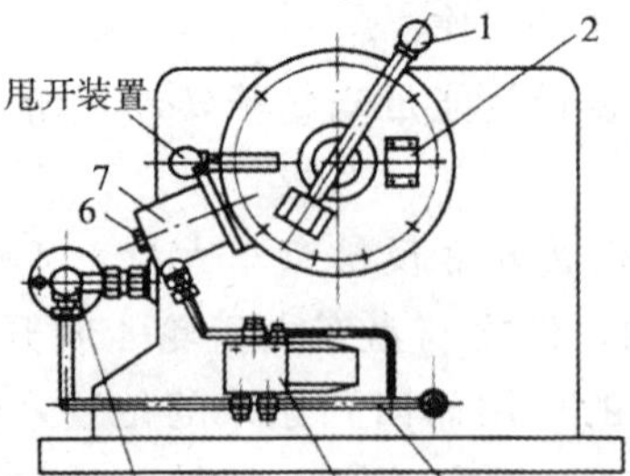

图 5-102 电液操纵低速自动盘车装置正面视图

1—手柄；2—行程开关；3—回油管；4—电磁阀；5—进油管；6—螺塞(丝堵)；7—操纵滑阀

图 5-102 所示为盘车装置的工作原理。电动机与减速器连为一体，电动机的转速为 1460r/min，经过减速器减速后转速为 85.9r/min。减速器的输出轴伸入盘车装置的壳体内，通过第一级减速齿轮带动齿轮轴转动，通过齿轮轴上的二级减速齿轮带动摆轮轴转动，完成了二级减速。摆轮轴直接与汽轮机轴上的大齿轮啮合，带动汽轮机转子转动，转速为 4.19r/min。

投入原理：盘车装置的投入，既可以手动也可以遥控。手动时，直接将图 5-

102 所示中的手柄拉到“投入装置”的位置即可；遥控或程控时，按下“投入”按钮，投入动作开始，盘车电动机同时启动，图 5－103 所示中的电磁阀接通油路。导致油动机的回转活塞(图 5－103 中的 6 和图 5－104 中的 4)动作，回转活塞通过连杆(图 5－104 中的 5)缓冲弹簧(图 5－104 中的 6)和弹性拉杆(图 5－104 中的 8)带动摆轮轴(图 5－103 中的 11)到啮合位置，使得二级减速齿轮和汽轮机转子上的盘车齿轮相啮合，这样投入动作便完成。

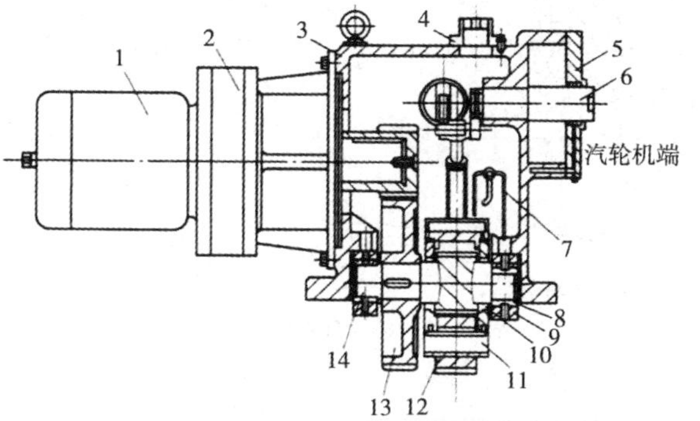

图 5－103　电液操纵低速自动盘车装置纵剖面图

1—电动机；2—减速器；3—壳体；4—排烟罩；5—密封盖；6—回转活塞；7—油管；8、12—铜套；9—轴承座；10—铜环；11—摆轮轴；13—第一级减速齿轮；14—齿轮轴

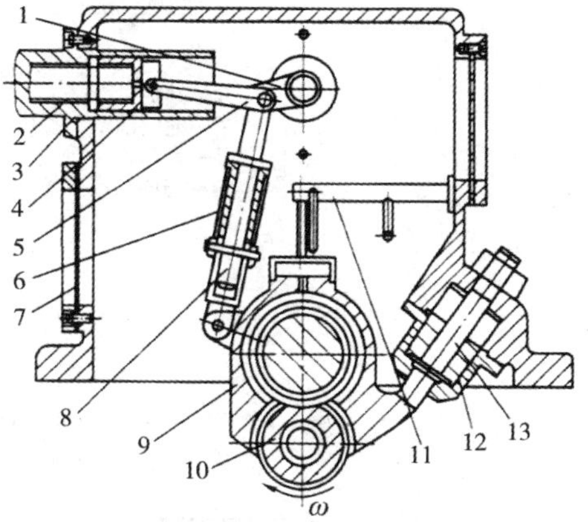

图 5－104　连杆机构

1—曲柄；2—复位弹簧；3—弹簧罩；4—活塞；5—连杆；6—缓冲弹簧；7—窥视窗口；8—弹性拉杆；9—摆轮壳体；10—摆动齿轮；11—油管；12—蝶形弹簧；13—顶杆

当盘车装置需手动停止时，可以就地通过操纵图 5－102 所示中的手柄移动到“甩开位置”实现手动停止。当盘车装置需遥控停止时，电磁阀排油，油动机活塞在复位弹簧(图 5－104 中的 2)的作用下动作，带动连杆、缓冲弹簧以及弹性拉杆动作，使二级减速齿轮与汽轮机转子的盘车齿轮脱离啮合状态。

3. *液压冲击式盘车装置*

(1)液压盘车装置

液压冲击式盘车装置安装在后轴承座上，其主要由电磁阀 1、压力油缸 2、活塞 4 和齿条 9 组成，如图 5－105 所示。连接板 2 将电磁阀与装在后轴承座上的压力油缸连接在一起，在压力油缸中装有活塞 4 及活塞杆 5，在压力油缸上有一个导向杆 6，活塞杆上固定着可摆动的齿条。

连接板上有多个油孔。压力油经过接口 P 引向电磁阀的滑阀壳体。如果电磁阀未被激磁，则压力油要流向接口 A，压力油进入活塞 4 上端，使活塞下移，齿条下移。如果电磁阀被激磁，滑阀移向左端，关闭通向活塞上端压力油接口 A 的压力油通道，同时打开通向活塞下端压力油口 B 的通道(见图 5－106)。压力油进入活塞下端，活塞带动拉杆和齿条一起向上，齿条中的销轴 8 拉动棘轮 7，使汽轮机转子旋转。活塞每次向上运动时，齿条带动棘轮使转子转动 15°。

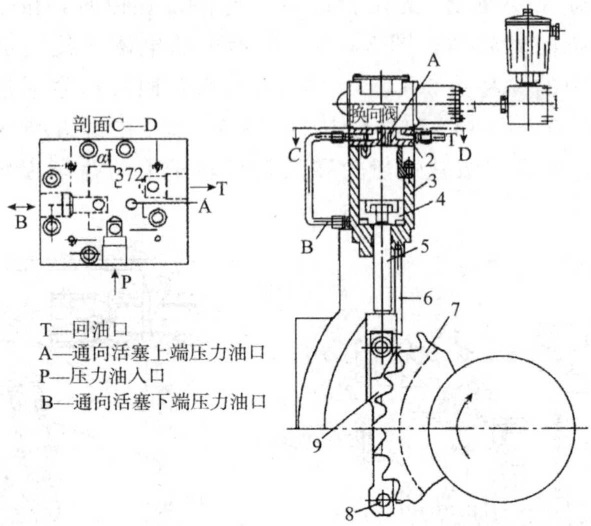

图 5-105　冲击式盘车装置

1—电磁阀；2—连接板；3—压力油缸；4—活塞；5—活塞杆；

6—导向杆；7—棘轮；8—销轴；9—齿条

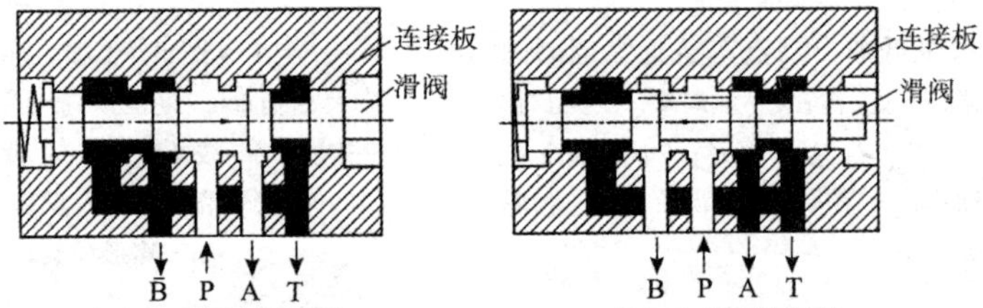

(a) 电磁阀未被激磁　　(b) 电磁阀被激磁

图 5-106　电磁阀原理图

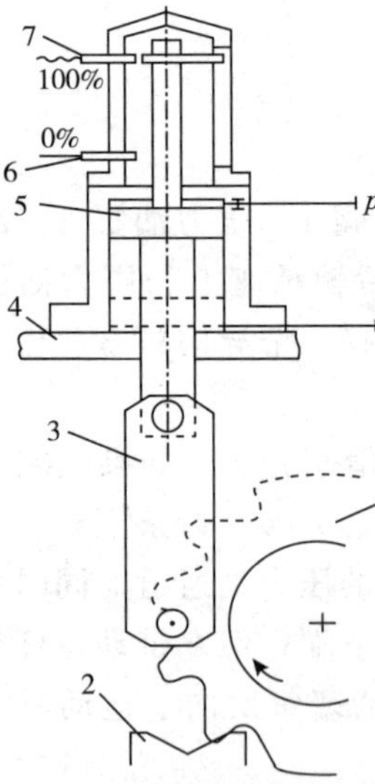

图 5-107　液压盘车装置剖面图

1—齿轮；2—固定架；3—齿条；4—后轴承座；

5—活塞；6—0%开关；7—100%开关

若切断电磁阀，则弹簧又把滑阀压向它原先的位置上，油路 B 无压力，压力油 P 向 A 换向，则活塞又向下滑动。

在回油管 T 上装有带位置指示的针阀，作为回油节流用。用以调整活塞上下运动速度，与棘轮转动很好地相互配合。在装置投入时，该针阀使活塞的向上运动减慢到使齿条中的销轴 8 能与棘轮很好啮合，针阀不能全关。冲击式盘车装置停止工作时，首先停止电磁阀动作，这可以保证活塞处于最下端的位置。只有当汽轮机转子完全停止转动时，冲击式盘车装置才可以投入使用。

(2)液压盘车装置

液压冲击式盘车装置安装在后轴承座上，其主要由齿轮 1、液压油缸、牵引架(齿条)3、活塞 4 等组成，如图 5-107 所示。活塞每次向上运动时，压力油进入活塞下端，活塞带动拉杆和齿条一起向上，齿条中的销轴围绕拉杆旋转，齿条与转子上的齿轮啮合带动转子旋转 15°。

液压盘车装置由顶轴油泵或专用油泵供液压油 P_2，液压油流经节流口和调节系统的电磁阀，进入盘车装置的液压缸活塞下端做功，设置节流口可以控制在 6～12min 将转子转动 360°。而来自调节油系统控制油 P_1 只在活塞上端做功。

4. 油蜗轮盘车装置

图 5－108 所示为油蜗轮盘车装置。油蜗轮装在后轴承座上，由辅助油泵提供的高压油通过喷嘴喷向热装在转子上的油蜗轮，推动转子旋转，经油蜗轮后的油与轴承润滑油一起进入回油管，当高压油的截止阀全开时，盘车速度可达 80～120r/min。

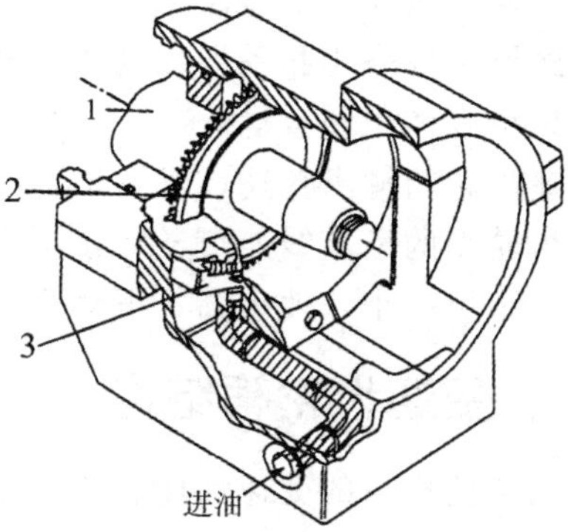

图 5－108　油蜗轮盘车装置

1—汽轮机转子；2—叶轮；3—喷嘴组壳体

第八节　变速齿轮箱

工业汽轮机大多具有较高的转速，为了驱动转速较低或较高的工作机械，应在汽轮机与被驱动工作机械之间设置变速齿轮箱。

变速齿轮箱在运行过程中起着传递扭矩和改变转速(旋转方向)的作用。对小功率汽轮机设计时为了达到结构紧凑，金属材料消耗少，成本低且运行效率较高的要求，因此，首先就要减少小功率汽轮机的级数，而级数的减少将导致各级的焓降增大，从而使各级喷嘴的蒸汽喷射速度增大。在汽轮机中，叶轮的平均圆周速度 u 和蒸汽喷射速度 c_1 之比 u/c_1 称为速度比，它将直接影响汽轮机的效率。为了使小功率汽轮机在最佳速度比下工作，从而获得较高的效率，并不使叶轮直径过大，就必须在增大各级焓降的同时，提高汽轮机的工作转速。

但是，我国规定汽轮发电机交流电的频率 f 为 50Hz。根据发电机的磁极对数 p 和规定的交流电频率 f，便可知发电机的转速 n：

$$n=\frac{60f}{p} \tag{5-22}$$

当发电机为一对磁极时，转速应为 3000r/min；而当发电机为二对磁极时，转速应为 1500r/min。

由以上分析可知，为了使汽轮机的结构紧凑，工作效率高，小功率汽轮机的转速都比较高。但是，发电机的转速由于频率的要求转速又不能太高，因此，应在它们之间设置减速装置——减速齿轮箱来解决这一矛盾。

石油化工装置中的离心式压缩机是一种高速旋转机械，随着石油化工和冶炼工业的发展，用于输送各种石油化工气体和空气的离心式压缩机，其单机功率有的已达 20000～30000kW，风机的主轴转速已达 20000r/min 以上。这些机组一般使用电动机或汽轮机来驱动的，而电动机的转速为 3000r/min 和 1500r/min，汽轮机的转速一般小于 10000r/min，由于它们规格有限，不能直接满足离心式压缩机转速的需要，因此采用变速齿轮箱来进行变速的途径。变速齿轮箱可以使离心式压缩机组获得各种转速的需要，为离心式压缩机和鼓风机规格化和系列化创造有利的条件。另外，提高离心式压缩机和鼓风机的转速还可以减少其体积和重量。

增速齿轮箱输出转速已达 10000～20000r/min，齿轮线速度已达 100～150m/s，已接近增速齿轮箱的最高线速度 190m/s。变速齿轮箱具有体积小，重量轻，强度大，承载能力强，功率损失小，效率高，振动小，噪音低，并能长周期安全、平稳运行等特点。

一、变速齿轮箱结构

目前汽轮机组的变速齿轮箱广泛采用平行轴渐开线或圆弧形齿轮传动。以渐开线为齿形的渐开线齿轮传动，已有二百多年的历史，在设计、制造和安装及维修等方面已发展到相当完善的程度。汽轮机组的减速齿轮箱以前均采用渐开线斜齿轮传动。其优点是：增加齿的长度，使同一时刻啮合的齿数增加，各齿受力均匀，保证齿轮副安全、平稳地运行，并减小运行过程中的振动和噪声。由于斜齿轮的齿是斜的，将产生轴向力，轴向力随螺旋角的增加而增大。为了减小轴向力，而采用人字齿轮，这样左右两边轮齿的螺旋角大小相等，方向相反，可将轴向力抵消。因此，在大齿轮输出端上的两个推力盘与径向推力轴承，来平衡轴向推力，而小齿轮的轴可以轴向移动。

图 5－109 所示为 GY 系列圆弧齿轮变速器。圆弧齿轮与渐开线齿轮相比较，具有齿面接触强度高，并承载能力高；接触迹线能形成齿间较厚的油膜，可减轻振动和降低噪音；运行安全可靠，最高转速可达 20000r/min，在离心式压缩机组得到广泛应用。

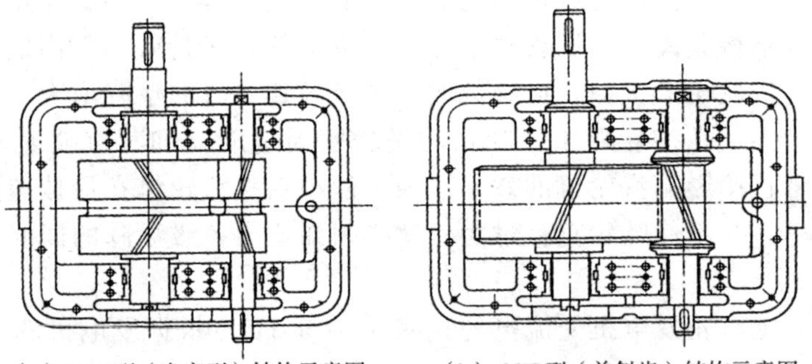

（a）GYR型（人字型）结构示意图　　（b）GYD型（单斜齿）结构示意图

图 5－109　GY 系列变速器结构示意图

二、高速圆弧齿轮变速器结构特点

高速圆弧齿轮变速器主要由齿轮箱体、轴承、润滑油和冷却油系统、油封环和齿轮副等组成。箱体是由铸铁(HT25—47)制成，箱体水平剖分为上、下两半，上半称为箱盖，下半称为箱体。在箱体上安装轴承及轴承盖，轴承盖与箱盖是分开的，制造、安装都很方便。

为了保证齿轮啮合良好，变速齿轮箱采用集中强制润滑，用机组润滑油系统来的经过冷却的润滑油进行润滑。在变速齿轮箱内对准齿轮啮合部位有专用喷嘴，喷油嘴喷出的润滑油呈平面三角形。通常沿小齿轮长度方向安装几个喷油嘴，使相邻喷油嘴喷出的润滑油互相连接起来，并被旋转的齿轮带入齿轮副。润滑油经进油孔进入箱体油通道分别流至4个轴承和喷油管及喷油嘴。在进油孔内设有5个带节流孔的节流圈，改变孔径可以调节各处的进油量。变速齿轮箱下部有一集油箱，工作后的润滑油从这里返回油箱。变速齿轮箱箱盖上设有排气装置，将齿轮箱内油气排出，使回油通畅。在箱盖上设有窥视窗，以观察齿轮啮合及润滑情况。在箱盖上还设有轴承温度计孔，用于安装温度计，可随时了解轴承温度，粗略判断轴承工作情况。

三、齿轮结构

大齿轮由于直径较大，一般都采用齿环与轮轴套装结构，齿环孔与轴采用静配合并用键连接；齿轮是整体结构，轮缘应有足够的厚度，人字齿轮的两半轮缘也应作成一体；齿环应在未滚齿前就应热装到轴上，与轴一起精加工和磨外圆及端面，然后再加工齿形，这样可保证齿环和轴的连接更加牢固、可靠，使相对误差较小。小齿轮应与轴作成一体的齿轮轴。大、小齿轮应与半联轴器进行动平衡检验。

齿轮中心距 $A=200\sim400$mm 的变速器的齿轮都做成单斜齿结构。采用锥面推力盘装置，来平衡斜齿轮产生的轴向推力，如图5-110所示。这种推力盘装置，是两个顶角很大的圆锥体相接触，理论上是线接触，不同接触点的圆周速度各不相同，因此锥面推力盘与大齿轮之间的运动是有滑动的相对滚动，因而容易形成油膜，达到液体摩擦，能够承受较大的轴向推力。

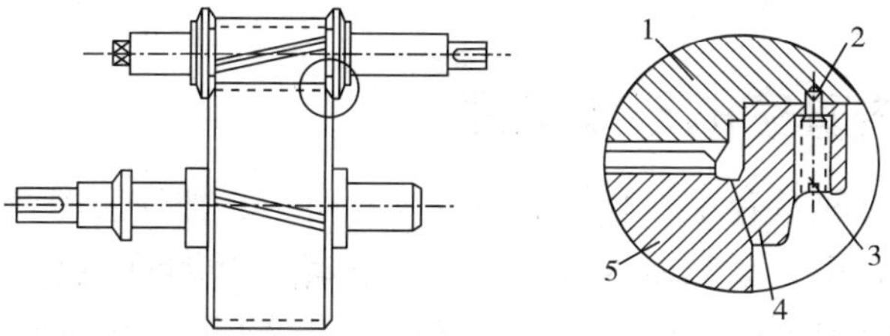

图5-110　锥面推力盘示意图

1—小齿轮；2—销钉；3—紧固螺钉；4—锥面推力盘；5—大齿轮

第六章　工业汽轮机凝汽设备

提高汽轮机热效率最有效方法是提高汽轮机的进汽参数，也可在进汽参数不变的情况下，选择一个最佳排汽压力来提高汽轮机输出的功率和热效率。从水蒸气的焓-熵图可以看出，当汽轮机的进汽压力、温度不变时，降低其排汽压力可使蒸汽在汽轮机内的焓降显著增加，使蒸汽的热能在汽轮机内更多地转变为有用功，从而调高了汽轮机的热效率。目前，降低汽轮机的排汽压力最有效、最简便的方法是使排汽冷却、凝结成水，凝汽器正是按这种情况而设计的有效设备。凝汽设备的主要作用是，一是建立并维持汽轮机排汽口的高度真空使蒸汽的排汽压力尽可能降低，从而使蒸汽在汽轮机中的可用焓降增大，从而提高汽轮机的功率和循环热效率。二是将做完功的蒸汽凝结成水回收，重新送回锅炉，作为锅炉给水循环利用，以提高电厂和石化企业自备电站的经济性。

第一节　凝器设备概述

一、凝汽器内真空的形成机理

在汽轮机启动或停机过程中，凝汽器内的真空由主、辅抽气器将其内部的空气抽出而形成的。而在正常运行中，凝汽器内真空是由于汽轮机排汽在汽轮机内骤然凝结成水时，其比体积急剧缩小而形成的。如在0.1MPa压力下，饱和蒸汽的比体积比水的比体积大1725倍，而在0.004MPa压力下，饱和蒸汽的比体积比水的比体积大28000多倍。如果在0.004MPa压力下的饱和蒸汽完全凝结成水，几乎就是真空状态。因此，只要使饱和蒸汽得到充分冷却，完全变成凝结水，就能够形成并维持高度的真空状态。但是，由于汽轮机排汽中含有少量的不凝结气体，同时凝汽器本身及其连接系统也存在漏气现象，有部分气体不断漏入凝汽器内，所以需用抽气器将气体不断地从凝汽器中抽出，以维持凝汽器在真空下连续运行。抽气器在汽轮机的正常运行中，只起维持凝汽器真空的作用，凝汽器内真空主要是蒸汽的凝结而形成的。

现代汽轮机凝汽器内的真空一般都设计在0.00343～0.0049MPa范围内。虽然在凝器设备中还可以得到比这更低的压力，但其经济效益不一定更好。因为在相同的气候条件下，继续降低凝汽器内的压力，需要增大凝汽器的冷却面积，或者增大冷却水量，这将提高凝器设备的造价和增大循环水泵的功率，以致提高运行成本。从汽轮机末级叶片出口截面来分析，在每台汽轮机末级叶片出口截面处，都有一个确定的极限背压，当汽轮机背压低于其极限背压时，蒸汽在汽轮机内的可用焓降增值也不会提高。因此，凝器设备的设计压力是根据汽轮机设备和当地的气候条件选定的最佳值，称为经济压力或最有利真空。汽轮机的排汽压力对循环热效率的影响，如图 6-1 所示。

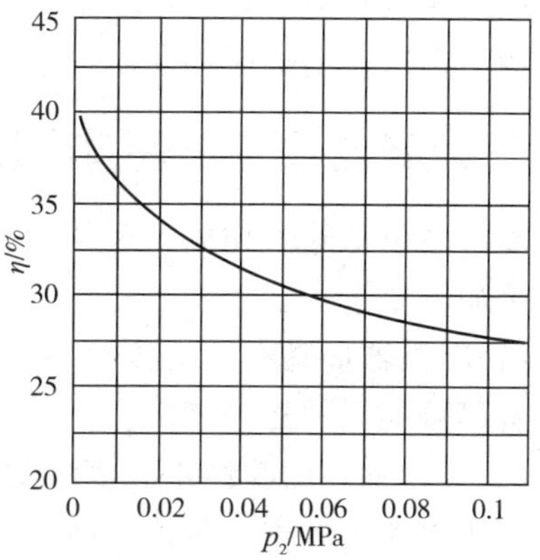

图 6-1　排汽压力对循环热效率的影响

二、凝器设备的组成及工作原理

1. 凝器设备的组成

图 6-2 所示为最简单的凝汽设备系统图。凝器设备主要下列设备组成：

(1)凝汽器　用循环水(冷却水)冷却凝汽式汽轮机的排汽，在冷却管束的外表面凝结成水，并使水蒸气体积缩小，形成真空的设备。

(2)循环水泵　向凝汽器供给冷却水的设备。

(3)凝结水泵　从凝汽器中抽出凝结水的设备。

(4)主抽气器　抽出凝汽器蒸汽空间的不凝结气体，维持凝汽器真空的设备。

(5)启动抽气器　汽轮机启动前将凝汽系统形成启动真空的设备。

(6)循环水冷却设备　冷却循环水的设备。包括冷却循环水的喷水池、冷水塔及其管道系统。

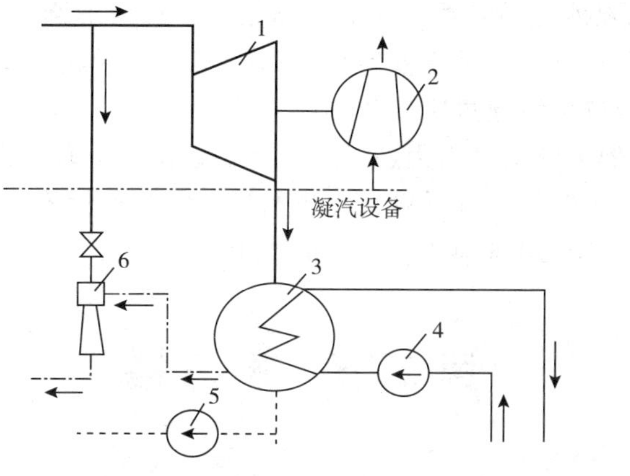

图 6-2　凝汽设备

1—凝汽式汽轮机；2—离心式压缩机或发电机；3—凝汽器；4—循环水泵；5—凝结水泵；6—抽气器

2. 工作原理

凝器设备的工作原理如图 6-2 所示。来自汽轮机的排汽进入凝汽器 3 中，循环水泵 4 不断地将冷却水送入凝汽器，将蒸汽冷却，蒸汽释放的大量凝结热被冷却水带走，蒸汽冷却后凝结成水。同时体积急剧缩小，在凝汽器中压力降低形成真空，汽轮机的排汽压力与凝汽器中的压力一致，因此汽轮机的可用焓降增加，效率提高。水蒸气中总有一定的空气混入，空气在此条件下不会凝结，回流在凝汽器中。此外凝汽器中的压力低于大气压，而凝器设备的外部大气压也会从管道、法兰、阀门等不严密处漏入，它们与残留的蒸汽混合物逐渐积累，导致凝汽器压力升高，降低真空值。因此应设置抽气器装置 6，将空气及未凝结成水的蒸汽抽走，以维持凝汽器中的真空值。凝结水泵 5 从凝汽器下部热水井中将凝结水抽出，送往锅炉循环使用。

三、凝器设备的基本要求

凝汽器设备除了完成上述任务外，还应使整个凝汽系统的能耗最小，所以凝汽设备必须满足如下要求：

(1)凝汽器应具有高的传热系数，以保证良好的传热效果，使汽轮机在同样的工作条件下有尽可能低的运行背压。

(2)送往锅炉的凝结水温度应尽可能不低于排汽压力 p_k 对应的饱和温度 t_s(凝汽式汽轮机的排汽多为湿饱和蒸汽，故 t_s 也就是排汽温度)。如果凝结水温度 t_k 低于 t_s，则称为凝结水受到过冷，温差(t_s-t_k)称为过冷度。产生过冷的原因一方面是由于汽侧放热热阻、蒸汽流动阻力及漏入的空气等因素影响，使蒸汽在管壁凝结时的蒸汽分压力低于凝汽器进口的排汽压力 p_k，致使对应的凝结水饱和温度降低；另一方面则因为管壁上的凝结水膜受到冷却水的冷却作用而产生一定的温降。由于上述两方面原因，在一般工作条件下，凝汽器凝结水的平均过冷度可达 2～3℃。

凝结水过冷使动力循环的经济性下降，因为要加热到同样的锅炉给水温度，需要消耗更多的回热蒸汽，使循环的热效率增大。在朗肯循环中，凝结水每过冷 1℃大约要增加热耗率 0.5%。另外，凝结水过冷使凝结水含氧量增加，这会加剧管道的腐蚀。

现代汽轮机装置要求凝结水过冷度不超过 0.5～1℃。为此，在凝汽器结构上采取了一系列措施，在运行也应避免引起过冷的各种因素。

(3)冷却水在凝汽器中的流动阻力(水阻)要小，以降低循环水泵的耗功量。

上述各项要求与凝汽器结构设计有关，也与运行时各种因素变化有关。除此之外，还要求凝汽器汽侧阻力(汽阻)尽量地小。

第二节　凝汽器

一、凝汽器的分类

使凝汽式汽轮机的排汽冷却为凝结水并形成真空的装置，称为凝汽器。凝汽器是一种热交换设备，按排汽的凝结方式的不同可分为表面式凝汽器和混合式凝汽器两种，由于通常采用表面式凝汽器，所以这里只介绍表面式凝汽器。

表面式凝汽器的冷却工质和蒸汽被冷却表面分隔开来，互不接触。以空气作为冷却工质的凝汽器称为空气凝汽器；用水作为冷却工质的凝汽器称为表面式凝汽器。由于用水作为冷却工质，其传热系数较高，且能保证凝汽器内维持高度的真空，并可获得洁净的，几乎不含氧的且过冷度很小的凝结水。因此，表面式凝汽器是现代汽轮机装置中应用最广泛的凝汽器。凝汽器大多采用水作为冷却工质，但在特别缺水的地区或移动电站，则可采用空气作为冷却工质。

图 6－3 所示为典型的表面式凝汽器。其主要由外壳、端盖、管板、冷却水管、热井、

隔板和挡板组成。

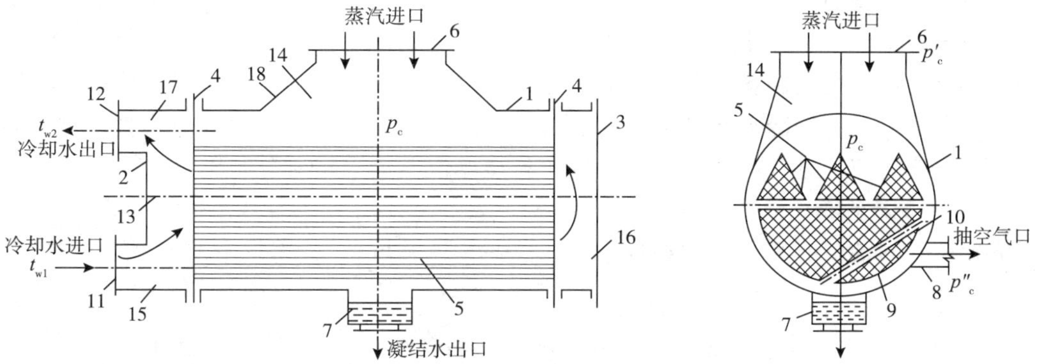

图 6-3　表面式凝汽器结构示意图

1—外壳；2—水室端盖；3—回流水室端盖；4—管板；5—冷却水管；6—蒸汽入口；7—热井；8—空气抽出口；9—空气冷却区；10—空气冷却区挡板；11—冷却水进水管；12—冷却水出口管；13—水室隔板；14—凝汽器的汽侧空间；15、16、17—水室；18—喉部

凝汽器主体是由外壳1通常呈圆柱形或椭圆柱形，用10～15mm的钢板卷成筒体后焊接而成。外壳两端有水室，水室的外端有前、后端盖2和3，水室与外壳间装有管板4，管板将水室与蒸汽室隔开。管板上装有许多铜管，铜管两端是开口的，并与管板上的管孔胀接密封，铜管内孔与前后水室15、16、17连通。循环水由冷却水进口进入水室，在水室中分别流入各铜管内，在循环水流经铜管时，来自汽轮机排汽口6的蒸汽通过凝汽器喉部进入凝汽器的蒸汽空间，蒸汽在经过冷的铜管外壁时，热量被铜管内的循环水带走，蒸汽变凝结成水，流聚于热井中，然后由凝结水泵抽走，送至冷却塔或冷却水池，经冷却后再循环使用。

由凝汽器外壳、管板和冷却水管将凝汽器分为两个空间。凝汽器外壳、管板和冷却水管外壁部分为蒸汽空间，另一部分为冷却水空间。在凝汽器中与蒸汽接触部分，如铜管外部空间称为汽侧；凝汽器中与循环水接触的空间，如水室、铜管内部称为水侧。在凝汽器的汽侧设有专门的空气抽气口8，用抽气器抽出不凝结的空气和少量的未凝结气体。在凝汽器抽空汽口附近有一空气冷却区9，被抽出的蒸汽、空气混合物在这里再次冷却凝结，以减轻抽气器的负担。另外，凝汽器上设有安全阀或安全膜板，当汽轮机排汽压力高到大于大气压时，安全装置能自动动作，进入凝汽器的蒸汽及时排入大气。

二、表面式凝汽器的分类

1．按冷却水流程分

表面式凝汽器按冷却水的流程可分为单流程、双流程、三流程和多流程几种。冷却水通过凝汽器管子的往返次数称为凝汽器流程数。冷却水由凝汽器前水室一端流入，经凝汽器冷却水管直接由后水室一端排出，冷却水在凝汽器冷却水管内只流过一个单程就排出凝汽器，称为单流程凝汽器。冷却水在凝汽器冷却水管内经过一个往返的流程再排出凝汽器，称为双流程凝汽器。三流程凝汽器和多流程凝汽器以此类推。流程数越多，水阻越大，大型机组一般采用单流程凝汽器，中、小型机组多采用双流程式凝汽器。一般功率较小的工业汽轮机有采用三流程式和多流程式凝汽器。

2. 按冷却水水室的垂直隔板分

表面式凝汽器按冷却水室的垂直隔板可分为单一制和对分制凝汽器两种。单一制凝汽器在冷却水入口水室中无垂直隔板。对分制凝汽器在冷却水入口水室中间设有垂直隔板，隔板将入口水室分为两个各自独立的部分，并设有各自独立的端盖和冷却水进出水管口。其主要优点是当凝汽器冷却水管脏污或泄漏时，汽轮机无需停机，只要适当地减低负荷便可停止凝汽器的一半进行清洗和检修。现代新型凝汽器均采用对分制凝汽器。

3. 按凝汽器的抽气口位置分

按凝汽器的抽气口的位置不同，表面式凝汽器又可分为以下几种形式，如图 6 - 4 所示。

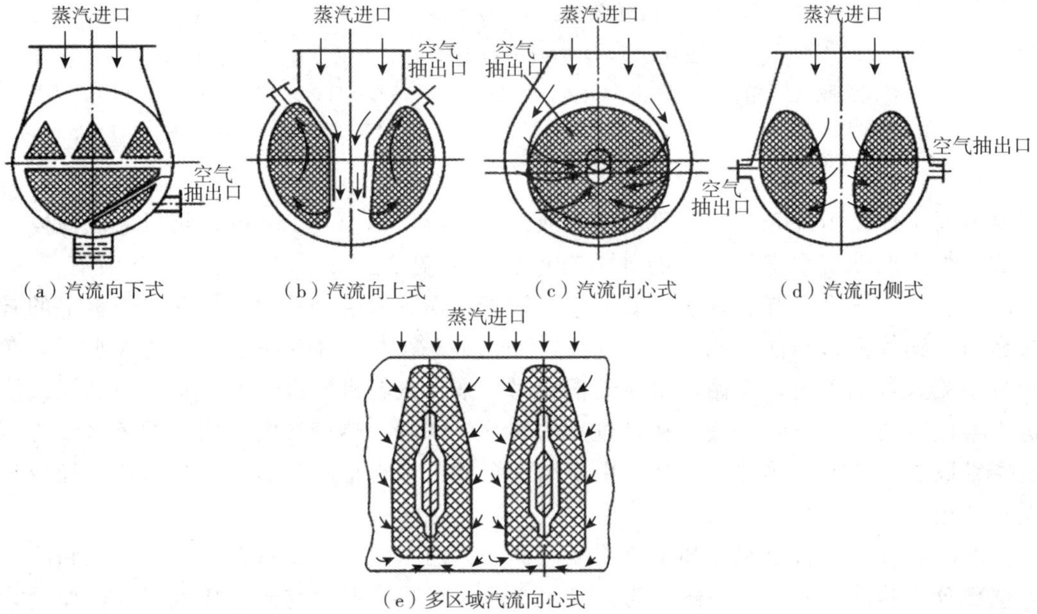

图 6 - 4　凝汽器抽气口布置示意图

(1)汽流向下式凝汽器

图 6 - 4(a)所示为汽流向下式凝汽器。这种凝汽器的特点是凝汽器的全部容积都布满冷却水管。汽轮机排汽的流动方向是由上至下，抽气口和空气冷却区的管束都布置在凝汽器下部。其缺点是蒸汽向抽气口流动的路径长、阻力大，增大了凝汽器的汽阻损失。同时，在排管排凝结的蒸汽在向下滴落的过程中，会遇到下排冷却水管的再冷却。另外，由于抽气口在凝汽器的下部，凝结水与蒸汽不能产生对流传热，致使凝结水过冷度增大，降低了机组的热经济性，这种形式的凝汽器适用于工业汽轮机组。

(2)汽流向上凝汽器

图 6 - 4(b)所示为汽流向上凝汽器。汽轮机排汽进入凝汽器后，先沿着蒸汽空间由纵向隔板所形成的宽广中央通道向下流动，流至冷却水管的底部后分成左右两股，分别向上部两侧抽气区流动。其特点是蒸汽的流动是由底部冷却水管向上流动的，在流动过程中蒸汽较均匀地分布到两个对称布置的管束中，蒸汽与凝结水向下滴落的过程形成了逆向流动，使凝结水得到加热，减小了凝结水的过冷度；蒸汽在进入冷却水管束之前经过一个转向，在离心力的作用下排汽中所含水滴被甩向凝汽器的底部，进入热水井，减少了由于水

滴在管束上黏附形成水膜的现象，有利于管束的传热，同时也消除了管束受湿蒸汽直接冲刷而损坏的可能。其缺点是这种凝汽器由于汽流转向多，因而加长了蒸汽的流动路径，使蒸汽阻力增加，凝汽器的尺寸增大，故目前很少采用。

(3)汽流向心式凝汽器

图 6－4(c)所示为汽流向心式凝汽器。这种凝汽器的抽汽口布置在凝汽器中央，其特点是冷却水管管束的中心略偏于外壳下侧，管束外侧与凝汽器外壳之间形成了两个镰刀形的蒸汽通道，上面宽，下面窄。汽轮机的排汽进入凝汽器后，沿着外壳与管束形成的通道布满了管束的四周，并沿半径方向向凝汽器中央抽气口流动。其优点是：在凝汽器冷却管束下部有足够的回热通道，使凝结水在向下流动时，与向心流动的蒸汽产生换热，从而保证了凝汽器的回热效果，减小了凝结水的过冷度；蒸汽在凝汽器管束中的流程较短，汽阻小；另外，凝结水在向下流动时不与被抽出的蒸汽、空气混合物接触，因此凝结水的除氧效果好。其缺点是体积较大。在我国大型机组中，普遍采用这种凝汽器。

(4)汽流向侧式凝汽器

图 6－4(d)所示为汽流向侧式凝汽器。这种凝汽器的抽汽口布置在凝汽器的两侧，冷却水管布置在蒸汽中央通道的两侧，在凝汽器中央形成一个无阻碍的通道，保证蒸汽可从凝汽器顶部直流至底部。其优点是：其结构保证了凝汽器有足够的回热通道，使凝结水在向下滴落时与蒸汽接触换热，保证了回热效果，减小了凝结水的过冷度，一般可降低至0.5℃以下；这种凝汽器中蒸汽在向抽汽口流动时距离较短，汽阻小，减小了汽轮机的排汽损失。汽轮机的排汽进入凝汽器后，因抽气口处压力最低，所以汽流向抽气口处流动。汽流向侧式凝汽器有上下直通的蒸汽通道，保证了凝结水与蒸汽的直接接触。一部分蒸汽由此通道进入下部，其余部分从上面进入管束的两半，空气从两侧抽出。这种凝汽器在中小型汽轮机得到了广泛应用。

(5)多区域汽流向心式凝汽器

近年来，为了加大管束四周的进汽周界，减短汽流途径，减少汽阻，发展了多区域汽流向心式结构凝汽器，应用于大功率机组，如图 6－4(e)所示。独立区域数由两个到十几个、平行布置于矩形外壳内，每个区域的中部都有空气冷却区。

为了减少凝结水的过冷度，提高热经济性，在现代凝汽器中都设置了回热通道。蒸汽可以直接流至凝汽器底部加热凝结水，使凝结水温度接近排汽温度，这种凝汽器称为回热式凝汽器。因此，在上述几种形式的凝汽器中，汽流向心式和汽流向侧式凝汽器应用得较多。

三、表面式凝汽器的结构

1. 凝汽器的外壳

外壳是凝汽器的核心部件，其作用是接受汽轮机排汽和其他各种辅助排汽、疏水和补水等，包容全部冷却管束和热井，以实现真空条件下的蒸汽凝结，收集凝结水。汽轮机外壳一般有铸铁铸造和普通碳钢板焊接两种形式。铸铁外壳常用于旧式凝汽器，其具有接合面少、严密性好、耐腐蚀能力强等优点。但其不能经受大的温差变化，容易产生裂纹，随着机组容量的不断增大，用铸铁铸造的凝汽器的加工、运输都比较困难。所以，新式表面凝汽器的外壳一般都采用 10～15mm 厚的钢板焊接而成，在凝汽器外壳上开有很多孔口，用短管或法兰接出，以连接凝结水出口、循环水出入口、抽气器出口等。由于凝汽器尺寸较大，容易产生变形，所以在外壳的内部适当的位置，加焊一些增加强度的筋板、角钢和槽钢，以提高外壳的刚度。为防止钢板氧化锈蚀，在凝汽器外壳的内壁涂上一层防腐漆。钢板焊接的凝汽器的优点是结构简单，质量轻、运输方便，减少金属耗量，降低了制造加工难度，降低了制造成本。

一般中小型凝汽器外壳为圆柱形，大型机组凝汽器外壳为矩形。凝汽器的喉部应具有适当的扩散角，以便于蒸汽进入凝汽器后能均匀分布于整个管束。

2. 凝汽器的水室和端盖

凝汽器水室是在表面式凝汽器中冷却管进口和出口端的腔室。凝汽器水室和端盖是用铸铁铸造或钢板焊接制成的。冷却水室装在凝汽器外壳的两端，在端盖上设有观察孔和人孔，用于检查、清洗和检修冷却水管。水室的内壁涂一层防腐漆。为了检修时，便于开启端盖，常将端盖做成安装有铰链能转动，端盖用螺栓压紧在水室上。对于双流程或多流程凝汽器的水室，用横隔板将水室分隔成多个部分，将冷却水流分成多个流程，增加冷却水在凝汽器内流动时间，以便充分地吸收排汽中的热量。在对分式凝汽器的水室中装设有对分的垂直隔板，在垂直隔板两侧分别装设有冷却水的进、出水管，以便于在运行中对凝汽器进行半面清洗或检修。

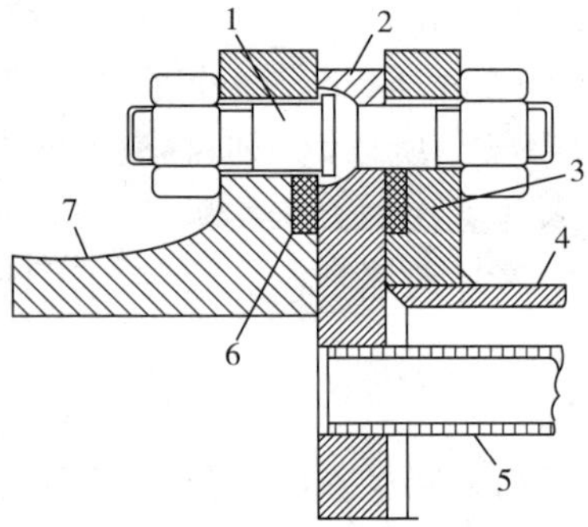

图 6-5　管板在外壳与水室间的固定方法
1—螺栓；2—管板；3—凝汽器外壳法兰；
4—凝汽器外壳；5—铜管；
6—密封垫料；7—水室壁

3. 凝汽器的管板与中间隔板

凝汽器中固定冷却水管的板称为管板。管板一般由 15～35mm 的钢板制成，装在凝汽器汽室的两端，和水室壁用螺栓连接，如图 6-5 所示。也有的将管板直接焊接在凝汽器外壳上。凝汽器的管板承受水侧的正压力和汽侧真空形成的负压力作用。为了增加管板的刚度，避免管板在水室侧压力作用下产生弯曲变形，导致冷却水管两端与管板固定处发生松动而泄漏，通常在两端管板设有支承螺栓。支承螺栓在管板上的固定方法如图 6-6 所示。管板和凝汽器外壳以及和水室的所有接合法兰面，都应用橡胶垫或石棉绳密封，以防止漏水，如图 6-7 所示。

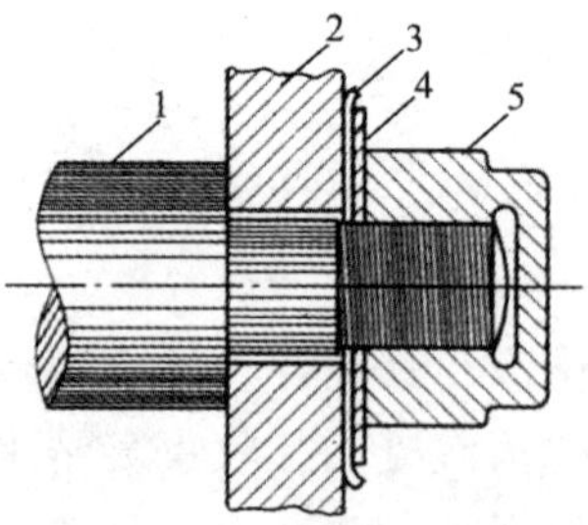

图 6-6　管板的支承螺栓在管板上的固定方法
1—管板；2—支承螺栓；3—橡胶垫；
4—钢垫片；5—螺母

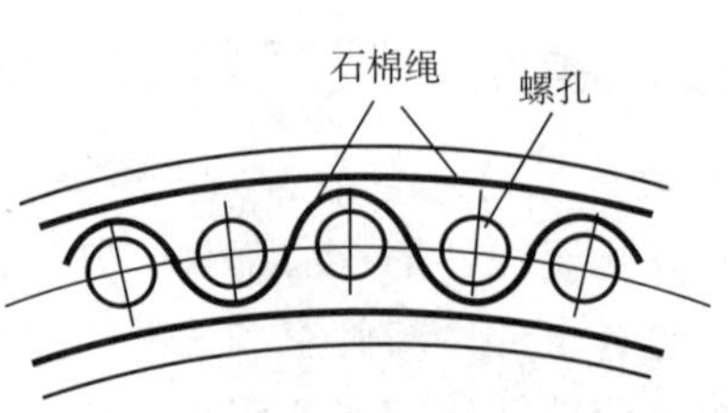

图 6-7　法兰结合面用石棉绳密封的情况

为了提高铜管的刚度，减少和消除铜管在运行中的挠度和振动，在凝汽器的两管板之间装设若干块中间隔板(支承板)用以支持铜管，中间隔板上的管孔布置应与管板上的孔一致，隔板上的孔径应比管板上的孔径大1mm，两支承板间距离应小于(50～60)d_2，以免振动时相邻两管摩擦而损坏。中间隔板上中心线为上拱形，中间隔板上的孔中心一般比管板孔中心高5～10mm/m(见图6-8)，两侧隔板的抬高量应逐次减小。

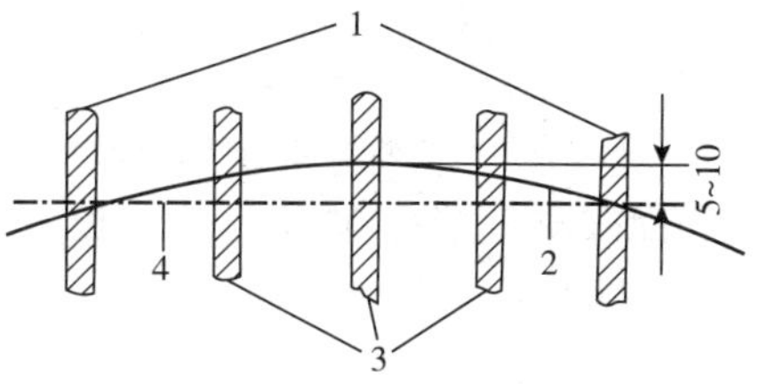

图6-8　隔板与管板的分布
1—两端管板；2—冷却水管中心线；3—中间隔板；4—管板管孔中心线

管板上管孔抬高的目的是保证管子能与隔板紧密接触，以改善冷却水管的振动特性。另外，由于管子向上弯曲，可以减小热胀时所产生的弯曲应力，并能使凝结水沿弯曲管子向两端流下，并使凝结水膜沿着管子流动到管板，以减薄积聚在下一排冷却水管子上的水膜，可以使凝结水膜变薄和发生紊流，由此增加凝汽器导热系数的平均值，以提高凝汽器内的传热效果，还便于冬季停机时的排水防冻。

4. 凝汽器的热井

热井是指表面式凝汽器底部汇集凝结水的容器。热井聚集一定数量的凝结水，保证在甩负荷时不使凝结水泵断水，有利于凝结水泵的正常运行。其有效容积应为1～3min内所聚集的凝结水量。

5. 冷却水管

表面式凝汽器中通过冷却水并组成凝汽器冷却表面的管子，称为冷却水管。冷却水管沿凝汽器纵向布置在外壳内，冷却水在管内流动，冷却水管外是蒸汽。

在凝汽器中，蒸汽与冷却水的热量交换是由冷却水管的管壁来传递的，如果管壁受到腐蚀而破裂，冷却水就会漏入蒸汽空间，使凝结水的水质污染。为了使凝汽器在运行中保持良好的凝结水质，因此要求冷却水管的材料必须有良好的抗腐蚀性、良好的传热性能及一定的机械强度。凝汽器的运行经验证明，凝汽器的冷却水管在运行会中会受到冷却水的腐蚀而损坏，造成漏水现象。

冷却水管的材质，随冷却水的水质不同而有差异。若冷却水采用淡水，其冷却水管通常采用H68的黄铜(铜锌合金)，其成分是铜占68%，锌占32%。黄铜是铜与锌的合金，改变锌的含量可以得到不同力学性能的黄铜。黄铜中锌的含量越高，其强度越大，塑性越低。支座凝汽器铜管的锌含量一般控制在40%以下，含锌量过高就可能产生脆性，使合金性能变坏。为了改善黄铜的性能，在冶炼时可以加入其他合金元素，例如加入铝可以提高抗腐蚀性能，但其塑性稍有降低，在黄铜中加入锡可以提高黄铜的抗腐蚀性。若在黄铜中加入砷，则黄铜管的抗腐蚀性提高更显著，不仅能够避免铜合金的脱锌腐蚀，而且还能降低腐蚀的速度，但加砷过多会使合金加工困难，因此砷的含量一般控制在能抑制脱锌腐蚀为止。有时为使黄铜降低腐蚀速度，在黄铜中加入锑和稀土金属。近年来，我国试制出的铝锰合金管代替黄铜合金管，经运行证明只要保护措施得当，其效果还是良好的。国内一般采用含铝1.5%的铝黄铜HA170-1.5或含锡黄铜HSn70-1(又名海军黄铜)。

若采用海水工作的凝汽器时，其冷却水管的耐腐蚀要求比较高，则可采用HA177-2或BF_e30的材质。常用的铜管内径为17～25mm，壁厚δ=1.0mm。国内通用的铜管直径

d_2/d_1 = 19mm/17mm，25mm/23mm。冷却水质较差或长度较长的凝汽器的冷却水管直径一般较大。

6. 凝汽器冷却水管在管板上的固定

表面式凝汽器冷却水管在管板上的固定方法有垫装法、密封圈法和胀接法 3 种，如图 6 -9 所示。

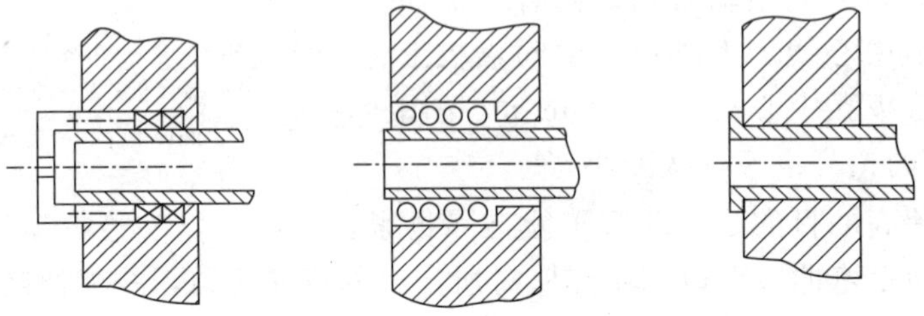

(a) 垫装法　(b) 密封圈法　(c) 胀接法

图 6 - 9　管子在管板上的连接方法

(1)垫装法

垫装法是将冷却水管自由地装入管板孔中，然后用在管子四周用垫料(如浸过油的棉纱绳、白油线火包锡箔的棉纱垫圈)密封，如图 6 - 9(a)所示，然后在垫料外端用套筒(管环)将垫料压紧，在管板和垫料之间再加一圈铅垫。其优点是铜管在温度变化时能自由伸缩，检修时拆换管束方便。其缺点是制造复杂，成本较高，垫料宜腐烂而漏水，严密性较差，不易保证凝结水质量，检修工作量大，故较少采用。

(2)密封圈法

密封圈法是一种新型的垫装结构，它是利用密封圈的紧力达到密封作用的，如图 6 - 9(b)所示。密封圈用丁腈橡胶和氯乙烯共聚体制成。经试验，当用 4 个密封圈，冷却水的压力达到 0.9MPa 时也发生泄漏。其优点是铜管受热后能自由膨胀，且拆装方便，但长期运行时严密性较差，适用于温差变化较大的场合。

(3)胀接法(胀管法)

胀接法方法是将铜管置于管板上后，用专用胀管器将铜管直径扩张，使铜管产生塑性变形，从而使管束与管板孔紧密接触，将管子固定管板上，见图 6 - 9(c)，并在接触表面形成弹性压力，保证连接的强度和严密性，胀接后的管束与管板相对固定。胀接后，铜管管端外径扩大约 1.0～1.5mm，因此胀管前，铜管两端应经过退火，以防止胀管时铜管裂开。胀管后铜管与管板间应严密接触，不易泄漏。

为了使铜管在受热时能自由膨胀，在凝汽器中部设有若干个中间隔板支承管束，将管束略微向上抬起，使管束产生一个预弯曲，这样管束热膨胀时就可借铜管的弯曲度来补偿，并有利于减弱管束因蒸汽排汽冲击而引起的振动，有利于管束外表面上的凝结水膜向两端流动落下，提高传热效果。这种方法工艺方便，严密性好，广泛应用在表面式凝汽器上。

7. 管束在管板上的布置

冷却水管在管板上的排列形式主要有三角形排列、正方形排列和辐向排列 3 种，如图 6 - 10 所示。

图 6 - 10(a)所示为三角形排列。三角形排列的管子都位于等边三角形的各顶点上。其

优点是管束紧凑，换热效果佳，所以应用较广。其缺点是管子布置较密，所以汽阻较大。

图 6－10(b)所示为正方形排列。正方形排列的管子位于正方形四个角上，其优点是管子布置较稀，汽阻小，多用于凝汽器喉部。

图 6－10(c)所示为辐向排列。辐向排列管子位于各辐射线和各同心圆的交点上。其优点是管子布置较稀疏，汽阻小，换热效果佳。此种方法多用于凝汽器喉部。因为凝汽器喉部的蒸汽流量大，为了降低汽流速度(一般小于 40～50m/s)，减少汽阻，在冷却水管的开始几排管子上，采用管距较大的辐向排列。

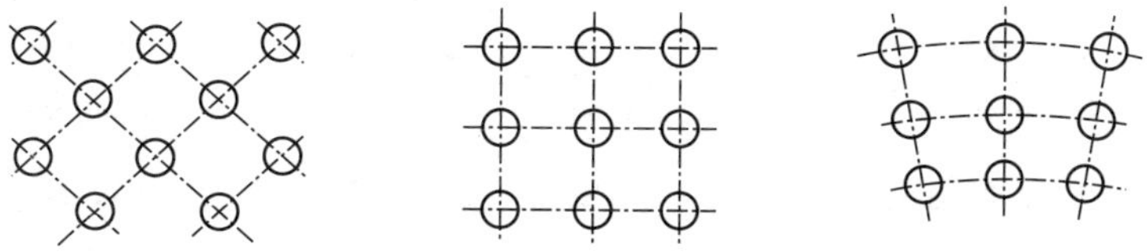

(a) 三角形排列　　(b) 正方形排列　　(c) 辐向排列

图 6－10　冷却水管在管板上的排列形式

虽然冷却水管在管板上的基本排列形式只有 3 种，但由这 3 种基本形式所组成的管束在管板上布置的形状却是多种多样。管束布置的形状对凝汽器的工作有很大的影响。在设计时已经考虑到凝汽器中蒸汽空气混合物流动及放热的特点，使得凝汽器具有较高的传热系数，较小的汽阻及凝结水过冷度。一般凝汽器冷却水管管束的排列，应遵循下列基本原则：

(1)为了减少汽阻，开始的几排管子最好采用辐向排列，以便在管束的迎汽面处有足够的蒸汽通流面积，使蒸汽进入管束时的平均流速为 40～50m/s；在中央通道和侧通道中及管束汽道入口处的流速为 60～80m/s。

(2)在空气冷却区内，为提高传热效果，蒸汽、空气混合物在空气冷却区内应有较高的流速(不应超过 50m/s)，其冷却面积一般占总面积的 5%～10%。

(3)为避免内层管束的热负荷过低，应设有侧向通道，使蒸汽能直接进入内层管束，而且沿汽流方向的管子排列数应尽可能少，以减少主要管束(主凝结区)的汽阻。

(4)为消除凝结水的过冷现象，减少热损失，应设有一定的通道使蒸汽能自由地流向热井，以便于用排汽来加热凝结水，增大凝结水表面上的蒸汽分压力，减少凝结水的溶解氧。

(5)汽轮机排汽由凝汽器进口至抽气口的途径应力求直接，沿程的压力降应小。这样，当抽气口处的压力一定时，凝汽器内可维持较高的真空。

(6)为防止蒸汽不经过主要管束而直接进入空气冷却区，以及防止蒸汽、空气混合物不经过空气冷却区直接流向抽气口，必须在管束与壳体之间加设挡汽板。

(7)通过设置回热通道，在管束之间安装凝结水收集板，减小凝汽器中凝结水的过冷度。

8. 凝汽器喉部与汽轮机排汽口的连接

凝汽器喉部与汽轮机排汽口的连接必须保证严密、无泄漏，同时在汽轮机受热后应具有自由膨胀的性能。否则，将会引起汽轮机排汽缸的变形或位移，引起汽轮机转子中心发生变化，导致机组振动。凝汽器喉部与汽轮机排汽口之间的连接方式主要有以下两种方式：

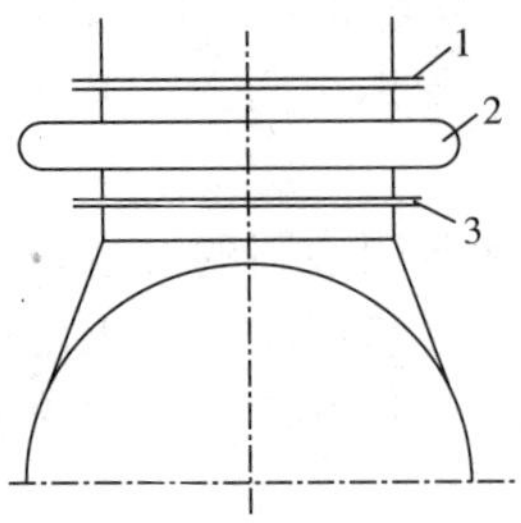

图 6－11 波纹型补偿器(伸缩节)
1—汽轮机排汽口法兰；2—波纹补偿器；
3—凝汽器喉部法兰

(1)波纹补偿器连接(波纹管连接)

波纹管连接是将凝汽器固定在基础上，凝汽器喉部与排汽口之间采用波纹补偿器连接，如图 6－11 所示。当工况变化时，波纹补偿器可以允许凝汽器与汽轮机之间发生一定的自由位移，不致引起额外作用力。波纹补偿器连接不仅能够吸收轴线方向上的位移，而且还能够吸收横向位移和角偏转。波纹补偿器的补偿量已在制造厂调整完毕，靠定位螺栓固定，波纹补偿器现场安装完毕后应将固定螺栓取走。它具有安装方便、结构紧凑、补偿量大、耐腐蚀、热应力小，吸收变形和振动能力强等许多优点，适应于介质温度低于 420℃、压力小于 2.5MPa 的各类管道上。

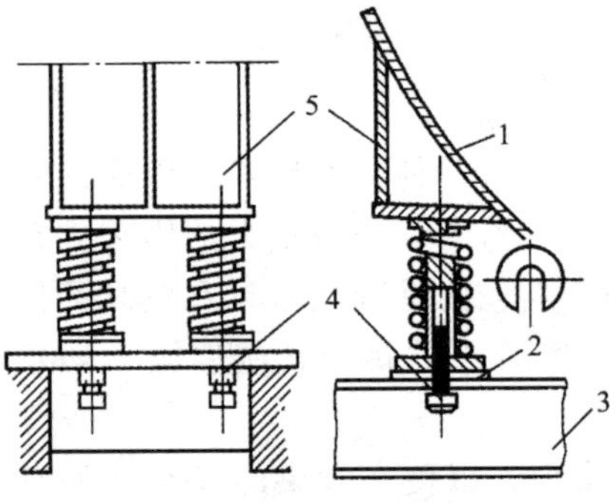

图 6－12 凝汽器的弹簧支架
1—凝汽器壳体；2—垫圈；3—底座；
4—调整螺栓；5—凝汽器支座

(2)法兰连接

这种连接方式是将凝汽器喉部法兰与排汽室法兰用螺栓连接紧固在一起。凝汽器的本体用弹簧支持在基础上，当汽轮机受热膨胀时，由弹簧发生弹性变形补偿，如图 6－12 所示。这种连接方式的凝汽器在安装时，先将凝汽器放置在弹簧上，然后再安装汽轮机汽缸，调整凝汽器支座上的调整螺栓 2，使凝汽器的喉部法兰与汽轮机排汽室法兰相接触，再向凝汽器冷却水侧的水室和冷却水管内注满水，使凝汽器标高因受重而下沉，然后加热汽轮机排汽缸使其膨胀，再次调整凝汽器支座的调整螺栓 2，使凝汽器喉部法兰与汽轮机排汽管道法兰的密封垫圈相接触并平行，此时可将两法兰连接螺栓紧固。其优点是可以补偿凝汽器与汽轮机排汽缸的热膨胀，并有很好的密封性，且汽轮机的排汽管又不承受重力，故这种连接方式被近代汽轮机装置广泛采用。

支承弹簧的刚度可以用特殊垫圈或压板来调整，使得全部弹簧能够承受不带水时凝汽器的重量，而水的重量由汽轮机的汽缸来承受。凝汽器自重或部分水重通过压缩弹簧支承在基础上，其上、下方向的热膨胀靠弹簧来补偿。

第三节 表面式凝汽器理论

一、凝汽器内压力的确定

从凝汽器形成真空的过程可以看出，凝汽器汽侧蒸汽是处于饱和状态下被凝结成水，因而蒸汽与水两相之间的平衡压力，是由两相所共处的温度来决定，而且两者之间的关系是单值的。在理想情况下，即在冷却水量无限多，凝汽器的冷却面积无限大的条件下，蒸汽与冷却水之间的传热端差等于零，即蒸汽的最低极限温度就是冷却水的温度。例如，若冷却水温度为 20℃，则凝汽器内蒸汽能达到的极限温度为 20℃，与此对应的饱和压力为 0.0233Pa。

在实际的凝汽器中，凝汽器压力总是大于这一理想压力值，因为在冷却面积为一有限值条件下，应将蒸汽凝结时放出的汽化潜热通过水管壁传递给冷却水，蒸汽与冷却水之间必须保持一定的温差。此外，因为冷却水也是有限的，冷却水在吸收汽化潜热温度也会升高，所以实际凝汽器中蒸汽的凝结温度要比冷却水的进口温度高出一定的数值。另外，在实际的凝汽器中，由于蒸汽的等压凝结过程是在有不凝结气体(主要是空气)存在情况下发生的。如果不采取特别措施将空气不断地从凝汽器中抽出来，则尽管对应于蒸汽饱和温度的蒸汽分压力可以比大气压低很多，但在蒸汽凝结过程中，由蒸汽分压力和空气分压力所构成的凝汽器中的总压力，将随着空气的积聚会逐渐升高。由前面分析可知，在主凝结区内，凝汽器总压力 p_c 基本等于蒸汽分压力 p_s，即 $p_c \approx p_s$。p_s 可由相对应的饱和蒸汽温度 t_s 来确定，而 t_s 则需根据蒸汽与冷却水的传热温度曲线确定。

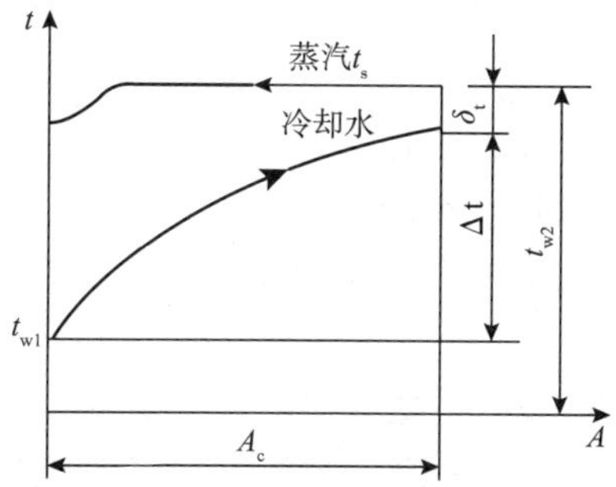

图 6-13　蒸汽和冷却水的温度沿冷却面积的变化

A_c—空气冷却区面积

图 6-13 所示为蒸汽温度与冷却水温度沿着冷却表面积的变化情况。图中凝汽器中的蒸汽与冷却水的流动近似看作是对流的，横坐标是冷却面积。

由图可以看出，沿着冷却面积，冷却水的温度由进口的 t_{w1} 逐渐吸热上升到出口处的温度 t_{w2}，蒸汽温度 t_s 又比冷却水出口温度高 δ_t，这样和凝汽器压力 p_c 相对应的饱和蒸汽温度 t_s 可表示为

$$t_s = t_{w1} + \Delta t + \delta_t \tag{6-1}$$

式中　Δt——冷却水温升，$\Delta t = t_{w2} - t_{w1}$，℃；

δ_t——凝汽器的传热端差，$\delta_t = t_s - t_{w2}$，一般设计 δ_t 为 2～3℃。

由式(6-1)求出蒸汽饱和温度 t_s 后，即可求出 t_s 所对应的饱和压力，即为凝汽器的压力 p_c。并且 t_s 与 t_{w1}、Δt、δ_t 的变化有关。

二、影响凝汽器压力和凝汽器工作的因素

凝汽器的压力、凝结水的过冷度、蒸汽在凝汽器冷却管管束间的流动阻力(汽阻)以及冷却水在凝汽器中流动阻力(水阻)等都是凝汽器设计及运行中的重要特性参数。影响这些特性的因素很多，有的属于结构参数的选择，有的与管理运行有关。为了合理地掌握凝汽器的运行，下面对影响凝汽器正常工作的各种因素进行讨论。

1. 冷却水进口温度 t_{w1}

在其他条件相同和冷却倍率不变的情况下，凝汽器冷却水进口温度 t_{w1} 愈低，则凝汽器冷却水出口温度 t_{w2} 就愈低，因而排汽温度 t_s 也愈低，凝汽器的真空度就愈高。这个关系可以从式(6-1)及图 6-13 中都可以看出。

前面已经指出，t_{w1} 在理想条件下也是被凝汽器的蒸汽能达到的极限最低饱和温度。可见，冷却水温度在一定程度上影响着凝汽器真空高低。t_{w1} 不是由凝汽器运行情况好坏所决定的，而是取决于冷却水的供水方式，冷却设备即冷水池、喷水池和冷却水塔的工作情

况，t_{w1}以及季节及气温的变化有密切关系。不同地域全年平均水温也不相同。

当采用直流供水方式使用江河湖泊里的水源时，t_{w1}可取 10～15℃，此时 $t_{w2}=t_s-$(4.5～6.5℃)(双流程凝汽器)。

如果采用循环供水方式(如冷水池、喷水池和冷却水塔)时，则 t_{w1}可取 20～25℃，此时 $t_{w2}=t_s-$(3～5℃)。

汽轮机在夏天运行时，循环水进口温度往往较高，为了保持一定的真空度，需要采取一些降温措施，例如开动冷却水塔内的冷却风机来降低冷却水温，或者增大冷却水的水量。如果在采取降温措施以后，仍不能保持凝汽器应有的真空，就应该限制汽轮机的负荷。在这种情况下，如果要提高凝汽器的真空度和汽轮机的功率，就必须改进和增多循环水的冷却设备，或增加循环水的补充水量。

2. 冷却水温升 Δt

冷却水出口温度与进口温度之差称为冷却水温升。冷却水温升可根据凝汽器热平衡方程式求得。在凝汽器中，汽轮机的排汽凝结时所放出的热量，是被冷却水所吸收。因此，排汽放出的总热量等于冷却水所吸收的总热量：

$$Q=D_c(i_c-i'_c)=D_w(i_{w2}-i_{w1})=4.187D_w\Delta t \tag{6-2}$$

式中　Q——凝汽器的传热量或总热负荷，kJ/h；

D_c——进入凝汽器的蒸汽流量，kg/h；

i_c、i'_c——凝汽器的排汽焓及凝结水的焓值，kJ/kg；

i_{w1}、i_{w2}——冷却水的进、出口的焓，kJ/kg；

D_w——进入凝汽器的冷却水量，kg/h。

由上式可以求出冷却水流经凝汽器时的焓值 Δt

$$\Delta t=\frac{i_c-i'_c}{4.187\dfrac{D_w}{D_c}}=\frac{i_c-i'_c}{4.187m} \tag{6-3}$$

式中　m——凝汽器的冷却倍率，$m=\dfrac{D_w}{D_c}$。

式中的比值 D_w/D_c，称为凝汽器的冷却倍率。冷却倍率 m 值越大，则温升 Δt 越小，相应的蒸汽温度 t_s 越小，凝汽器就可以达到较低的压力。但 m 值增大时，消耗的冷却水量和驱动循环水泵的耗功量也增大。凝汽器设计时合适的 m 值是通过技术经济比较以后确定的。现代凝汽器的冷却倍率 m 约在 50～120 范围内。在多流程的凝汽器中，当采用回流供水系统时，冷却倍率 m 多半在 50～70 之间，直流供水时，冷却倍率 m 可达 90。而在单流程凝汽器中，冷却倍率 m 增大到 100～200，个别情况当水压很低时，冷却倍率 m 甚至可达 250。

知道了冷却倍率 m 以后，由式(6-3)可以求出流经凝汽器后冷却水的温升 Δt，式中$(i_c-i'_c)$是每千克蒸汽在凝汽器中凝结时所放出的汽化潜热，在一般汽轮机排汽压力变动范围内，$(i_c-i'_c)$的变化很小，约为 2140～2220kJ/kg，如取其平均值 2180kJ/kg。则冷却水温升值 Δt 为

$$\Delta t\approx\frac{520}{m} \tag{6-4}$$

上式表明，冷却水温升 Δt 与冷却倍率 m 成反比，冷却水温升主要取决于冷却倍率，

m 一般为 50～80。一般 $\Delta t=5\sim10$℃，在多流程凝汽器中，Δt 约在 7.5～11℃；当直流供水时，Δt 则低至 6℃；在单流程凝汽器中，Δt 约为 5℃。

知道了冷却倍率 m 值后，可按下式求出冷却水出口温度 t_{w2}。

$$t_{w2}=t_{w1}+\frac{520}{m} \tag{6-5}$$

3. 终端温差 δ_t

在实际凝汽器中，为了实现热量交换，被凝结的蒸汽与冷却水出口温度之间始终保持一定的终端温差 δ_t，即汽轮机的排汽温度 Δt 与冷却水出口温度 t_{w2} 之差，称为终端温差 δ_t，其关系式可写成：

$$t_s=t_{w2}+\delta_t \tag{6-6}$$

式中　t_s——汽轮机的排汽温度，℃；

t_{w2}——循环水出口温度，℃；

δ_t——终端温差，℃。

终端温差的大小影响排汽温度 t_s、凝汽器压力 p_c。表面式凝汽器的终端温差 δ_t 一般为 3～10℃。对多流程凝汽器，δ_t 设计值一般为 4.5～6.5℃；对单流程凝汽器，δ_t 设计值一般为 7～9℃。通常 δ_t 可取 5℃。

终端温差 δ_t 的大小和冷却面积、传热系数有关。在一定的传热量和传热系数条件下，δ_t 随冷却面积的增加而减小。对于一台运行中的凝汽器，它的传热面积的大小是确定不变的，这时的传热端差的大小和传热量大小有关，即和排入凝汽器的蒸汽流量有关；还和传热系数大小有关，即和铜管内外表面的清洁程度，铜管内冷却水的流量及流速，排入凝汽器内的蒸汽量，冷却水的进口温度以及真空系统的严密性等因素有关。凝汽器在运行时终端温度差值 δ_t 愈小，凝汽器的压力低，真空度提高了，说明冷却水吸收的热量愈多，冷却水的利用率愈高，凝汽器内铜管换热情况愈好。

另外，必须说明的是凝汽式汽轮机除了在空转和负荷很低运行情况以外，在所有其他运行方式下，汽轮机的排汽均为饱和蒸汽。因此，在求得了饱和温度 t_s 以后，就可从饱和蒸汽表中查出相应的凝汽器喉部，即汽轮机排汽口处饱和蒸汽的压力 p_c。

表 6-1 为循环水进口温度 t_{w1}、冷却倍率 m 与凝汽器压力 p_c 的关系。

表 6-1　循环水进口温度、冷却倍率与凝汽器中压力的关系

循环水进口温度 t_{w1}/℃	冷却倍率/m			
	50	60	80	100
	凝汽器中的压力（$\times10^5$ Pa）			
0	0.0178	0.0160	0.0138	0.0125
5	0.0245	0.0221	0.0191	0.0176
10	0.0331	0.0330	0.0261	0.0241
15	0.0442	0.0402	0.0353	0.0327
20	0.0586	0.0533	0.0472	0.0438
25	0.0770	0.0702	0.0624	0.0579
30	0.0998	0.0915	0.0815	0.0761
35	0.1282	0.1178	0.1055	0.0987
40	0.1639	0.1515	0.1362	0.1370

三、凝汽器的汽阻 Δp

当蒸汽空气混合物在凝汽器的汽侧管间空间内自喉部向抽气口流动时，因为流体流动阻力，其绝对压力将降低。如凝汽器喉部的蒸汽压力为 p_c，空气抽气口处混合气的压力为 p''_c，则压力差 $\Delta p = p_c = p''_c$，称为凝汽器的汽阻 Δp。

汽阻 Δp 的大小与蒸汽空气混合物的流动特性及凝汽器的结构因素有关。主要是凝汽器的几何尺寸，特别是管束的排列方式和抽气口的位置等，在同一类型凝汽器中 Δp 的大小主要与汽流速度的平方成正比和喉部蒸汽的比体积成反比。

汽阻的存在将会造成凝汽汽喉部蒸汽压力升高，凝结水过冷度及含氧量增加，从而引起热经济性降低和管子腐蚀。现代凝汽器中，汽阻 Δp 的正常值应不超过 5mmHg (660Pa)，现代凝汽器的冷却水管排列的很科学，汽阻可以减少到 2～3mmHg(260～400Pa)。

四、凝汽器的水阻

冷却水在凝汽器中流动时受到的阻力，称为凝汽器的水阻。凝汽器的水阻主要包括冷却水在冷却水管内的流动阻力、冷却水进入和离开冷却水管时产生的局部阻力，以及冷却水在水室中和进出水室时的阻力。

凝汽器水阻的大小与循环水管内水的流速有关，所以当水流速度 W_w 提高时，要增加循环水泵的功耗，并会引起管道进口处的冲蚀现象。用淡水作为冷却水的凝汽器，冲蚀现象发生在水流速度为 2.5～3m/s 时，而以海水作为冷却水的凝汽器，冲蚀现象就会发生在水流速度为 1.5m/s 时。增大水流速度 W_w 可以提高传热系数 K。水流速度过低，传热效果较差，而且会使冷却水中的悬浮物容易沉积在管道内壁形成水垢，会使传热系数急剧降低。一般水流速度 W_w 在 1.5～2.5m/s 范围内。单流程凝汽器水流速度一般稍高一些。

水阻的大小对循环水泵的选择、管道的布置均有影响，水阻越大，循环水泵的功耗越大。一般应通过技术经济比较来合理确定，大多数双流程凝汽器的水阻在 50kPa 以下，在单流程凝汽器中一般不应超过 40kPa。

五、空气对凝汽器的影响

空气经过两条途径进入凝汽器汽侧空间的，一条途径是溶解在锅炉补水中的空气随汽轮机的排汽进入凝汽器，这部分空气数量不多，约占从凝汽器排出空气量总数的百分之几，因为近代汽轮机设备中，锅炉给水都经过妥善的除氧。另一条途径是通过汽轮机装置的真空系统的不严密处漏入凝汽器，这部分空气量占主要部分。大气中的空气是通过汽轮机设备处于负压状态部件密封不严密处漏入真空系统的。

凝汽器中的空气是通过法兰连接处、阀门的阀杆、水位计玻璃管接头处和其他不具备足够严密性的凝汽器配件及焊缝处渗入凝汽器的。除了凝汽器的严密性外，真空系统的严密性也取决于汽轮机设备所有处于真空状态部件的严密性，如汽缸、轴端汽封、向大气排放的管道等。

漏入的空气数量取决于凝汽设备的尺寸、结构的完善程度、凝汽设备的安装质量及运行情况。而与凝汽器中的真空值无关，因为空气漏入高度真空的凝汽器时，其总压比总是小于空气流动的临界压比。但漏入的空气量随着凝汽器的进汽量的减小而有所增加，因为此时处于真空下运行汽轮机级数将要增加，即漏汽的范围扩大。有试验数据说明，当凝汽器的蒸汽负荷降低一半时，漏入空气量就增加了30%～40%。

空气漏入真空系统后，给凝汽器带来如下危害：

(1)降低了凝汽器的真空，使排汽压力和温度升高，降低了汽轮机的经济性。严重时，由于排汽温度过高，还会引起汽轮机低压汽缸的变形和振动，导致汽轮机被迫减负荷或停机。

(2)增加了凝汽器内空气分压力，因而增加了空气在水中的溶解度，使凝结水中的含氧量增加，造成锅炉、汽轮机和管道的金属腐蚀性增大。

(3)由于空气传热性差，空气漏入凝汽器后，将增大蒸汽与铜管间的传热热阻，致使终端温差加大。

(4)凝结水的过冷度增大。

六、真空系统严密性的检查

为了保持真空系统各部件的严密性，汽轮机运行中应经常对真空系统进行严密性检查。检查时应在凝汽器负荷为40%～100%额定值的范围内进行，其检查的方法有：

一种方法是在汽轮机工况一定条件下，完全停止抽气器的工作，测量凝汽器中真空随时间下降的关系，对于凝汽器来说，真空下降的速度与漏入的空气量是线性关系。即当抽气器停止工作后，真空的下降速度与时间成正比。通常都以真空下降速度ΔH(mmHg/min)来判断系统严密性。测量时，真空表读数每隔半分钟记录一次，整个试验的持续时间限制在5～7min之内，为了防止汽轮机排汽部分过热，不允许真空度降低到500mmHg以下。这样，假如从凝汽器切除空气的抽出工作时，规定一个真空度下降速度的标准，则获得的准则数，仅能相对地评价真空系统空气的严密性。

真空下降速度ΔH值一般为3～4mmHg/min。对于功率在25000kW以下的机组，ΔH值在2～3mmHg/min时，系统的空气严密性被认为是优等的；ΔH值在3～5mmHg/min时，属于良好。对于功率在25000～50000kW汽轮机，ΔH值应不超过1mmHg/min，空气的严密性是良好的。

上述数据范围都是在接近正常负荷时测量的真空下降速度。因为，当停止抽气时，真空下降的速度ΔH是与凝汽器的进汽量有关的。

为了更确切地估算凝汽系统空气的严密程度，也可将测量所得的ΔH值和由式(6-7)计算所得的ΔH值进行比较：

$$\Delta H \leqslant K \cdot \frac{d_k}{F_k} \cdot \left(\frac{D_k}{100}+1\right) \quad \text{mmHg/min} \qquad (6-7)$$

式中　ΔH——当切除抽气器，真空下降速度，mmHg/min；

d_k——在检查空气严密性时真实的凝汽器单位蒸汽负荷，$d_k=\frac{D_k}{F_k}$kg/(m^2·h)；

F_k——凝汽器的冷却面积(以汽侧计)，m^2；

D_k——进入凝汽器的正常进汽量(及设计进汽量)，t/h；

K——系数，按照空气严密性评定为优良、良好及合格时，相应系数分别为25、50及100。

另一种更为可靠的检查空气严密性的方法是直接测定漏入凝汽器中的空气量。这时，凝汽器必须具备测量漏汽的设备，通常采用安装在抽气器的出口管道上的孔板来测定抽气器排出的空气和少量蒸汽混合物的流量。鉴于凝汽器稳定工况运行时，抽出的空气量几乎准确地与漏入的空气量相等，空气流量表的指示值，如同苏联《发电厂和电力网运行技术法规》中所规定的那样，可以在数量上监测汽轮机真空系统的空气严密性。例如，汽轮机容量为 25MW 及以下，漏入的空气量为 5kg/h。

这样凝汽设备的严密性程度可按下时估算

$$G_a \leqslant K_1 \left(\frac{D_k}{100}+1\right) \tag{6-8}$$

式中 G_a——由抽气器出口测定的被抽出的空气量，kg/h；

D_k——凝汽器的设计进汽量，t/h；

K_1——严密性系数，当 K_1 分别为 1.0、2.0 和 3.5 时，凝汽设备的空气严密程度分别为优、良、和中等。

七、凝汽器的极限真空和最佳真空

当蒸汽在末级叶片中膨胀达到极限时，所对应的真空称为凝汽器的极限真空。真空超过极限真空，将会使经济性下降。凝汽设备在运行中应采取措施以获得良好的真空，但真空的提高也不是越高越好，而有一个极限。这个真空极限由汽轮机末级叶片出口截面的膨胀极限所决定。当通过末级叶片的蒸汽已达到膨胀极限时，若超过此限度继续降低汽轮机排汽压力，蒸汽膨胀只能在末级动叶通道外进行，当初参数和蒸汽流量不变时，汽轮机的功率不再增加。虽然在极限真空下，蒸汽做功能力得到充分利用，但此时循环水量和水泵电耗维持在较高水平上，而且由于凝结水温降低，使汽轮机功率相应减少，使汽轮机效益降低。

每台汽轮机的极限真空值一般有制造厂提供，也可通过热力试验取得数据，国产汽轮机的极限真空所对应的排汽压力为 0.003MPa 左右。

凝汽器的最佳真空是指凝汽器真空提高使汽轮机增加的功率与循环水泵多耗功率的差值达到最大时的真空值。汽轮机组运行时，凝汽器的真空值常在极限真空以下，因此确定凝汽器最佳真空，可以提高汽轮机组运行的经济性。

凝汽器在极限真空内，当蒸汽参数和流量不变时，提高真空可使蒸汽在汽轮机中的可用焓降增大，就会相应地增加汽轮机的输出功率。但是在提高真空的同时，应向凝汽器多提供冷却水，从而增加循环水泵的功耗。真空值超过此数值时，将会使经济效益降低。

影响凝汽器最佳真空的主要因素是：进入凝汽器的蒸汽流量、汽轮机排汽压力、冷却水进口温度、循环水量、汽轮机的出力变化和循环水泵的耗电量变化等。汽轮机运行中是根据凝汽量和冷却水进口温度来选用最佳真空下的冷却水量。

八、凝结水水质的监视

控制工业汽轮机凝结水水质，是对凝器设备运行情况和蒸汽品质的有效监视。为了防止凝器设备结垢和腐蚀，应经常对凝结水水质进行监视。凝结水之水质不良主要是由于冷却水漏出管外而引起的，因此应经常对凝结水水质进行监视。冷却水泄漏的原因是冷却水管被腐蚀，或是冷却水管与管板胀接质量不佳，而导致胀接口不严密造成的。若发现凝结水水质不合格时，应找出冷却水管泄漏的位置并消除。

现代动力设备对给水质量提出很高的要求，即要求高质量的凝结水。因此，凝汽设备对冷却水的泄漏标准，作了硬性规定，冷却水泄漏量与凝结水量之比为：当冷却水为淡水时，其标准为0.001%～0.005%；当冷却水为海水时，其标准为0.0001%～0.00001%。但是，实际上不是检验凝汽器的冷却水漏入量，而是在检验凝结水的硬度(凝结水净化设备之前)。凝结水水质的一般要求为：硬度小于5mg/L；含氧量小于0.03mg/L；pH值大于7。

第四节　凝汽器的清洗

由于水质及环境等因素使凝汽器冷却水管结垢或被脏物堵塞，导致热阻力增加，从而引起凝汽器的真空下降，机组的热经济性降低，影响机组的安全运行。因此，应定期清洗凝汽器的积垢或脏物，使其保持较高的清洁度。

凝汽器的脏污有汽侧脏污和水侧脏污两种。汽侧脏污主要是亚硫酸盐和碳酸盐附着在冷却水管外表面所致；水侧脏污主要是冷却水带入的泥沙、树叶、木片、杂草和加热过程中分解出的盐分等，均会不同程度地沉积在冷却水管内壁上。其中的有机物质附着在管子内壁表面形成微生物附面层，会使传热系数降低，将导致凝汽器真空下降，影响机组运行的经济性；另外，其还会加速冷却水管的腐蚀，甚至造成穿孔，使冷却水漏入凝结水中，恶化凝结水水质，影响机组的安全运行。因此，应根据凝汽器的脏污情况，不定期地对凝汽器进行清洗。

一、冷却水管脏污的清洗方法

根据凝汽器铜管结垢或堵塞的程度不同，应采用不同的清洗方法，通常采用的方法有机械清洗法、化学清洗法和胶球清洗法3种。应根据凝汽器脏污情况选择不同的清洗方法。

1. 机械清洗

机械清洗即用软钢丝刷、毛刷和水龙头的喷枪(嘴)，用人工清除凝汽器铜管和管板机械污垢最简单的方法。其缺点是劳动强度大，生产效率低，而且工作非常繁重，清洗时间长。在大容量凝器设备上，不推荐这种清洗方法。

2. 冷却水氯净化法

为了消除或减少铜管中有机物的生长，可以采用冷却水氯净化法(加氯法)。溶解于水中的氯，对有机物和微生物显出毒杀及抑制繁殖的作用。加氯可以避免铜管积软垢或延缓管壁的脏污。

实践表明，为了达到预期的效果，循环水并不需要不断地进行氯净化。定期地加氯，完全能够取得满意的效果。此时，黄铜管金属表面被氯活化，在两次加氯的时间间隔内，对微生物起毒杀作用。两次加氯时间间隔的长短和加氯本身的持续时间，取决于水中含有的植物和微生物的种类和数量，它们在管壁殖居下来和滋生的能力，以及它们对氯作用的稳定性。

实践中采用各种不同定期加氯的工况，其中有两次加氯的时间间隔从10min到若干昼夜，而加氯的持续时间，则从2～3min到若干小时。在大多数情况下，适当的加氯应由试验方法来决定。在加氯阶段，氯的分成剂量，应保持这样的剂量，使凝汽器冷却水的排水活性氯的数量为 0.2～0.3mg/kg 范围内。当污垢很严重时，建议将排水活性氯的数量增加到 0.5～1mg/kg。

加氯过程中，应对凝汽器出水残余氯量进行监督。加氯量不足不能起到保持凝汽器铜管清洁的作用，但也必须控制加氯不可过量。若加氯过量，将会污染环境。加氯过量时，将使冷却水中含酸量过大(氯与水中进行化学反应的生成物为次氯酸)对冷却水管道和凝汽器铜管都有腐蚀作用。

图 6－14 所示为冷却水用液体氯进行氯净化时的示意图。氯罐 5 内装的液体氯，经蒸发进入中间贮罐 4 内，通过氯液抽气器 1，使它进入循环水泵 3 的进水管道。这套氯净化装置非常简单，但是采用纯氯时，应严格遵守所有的安全措施，因为氯是有毒的气体。

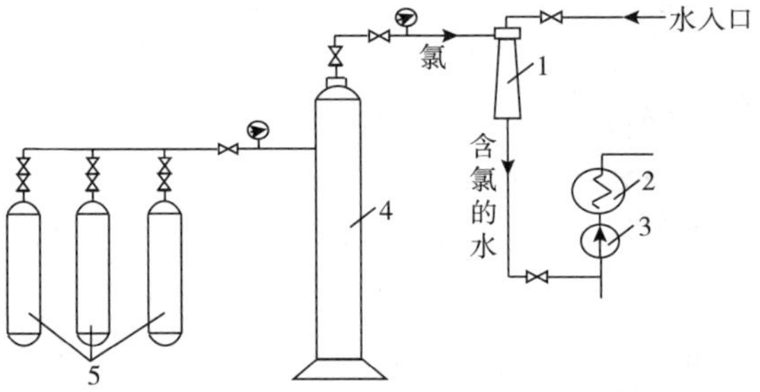

图 6－14 用液体氯进行氯净化水的示意图

1—氯液抽气器；2—凝汽器；3—循环水泵；4—贮罐；5—氯罐

人吸入氯气会刺激呼吸道黏膜，引起充血肿胀，严重时会造成窒息。液氯的贮罐内部压力为 1.6MPa。当贮罐温升高时，液氯饱和压力也随之上升，将会引起贮罐上阀门的连接螺栓松脱，甚至液氯罐爆炸伤人和中毒等事故发生，故在贮存和运输液氯罐时，不得使其受热。加氯时，也不得用汽吹或热水浇罐壁。为保障运行人员的安全，必须制定可靠的加氯措施。工作场所必须备有防毒面具，并注意氯罐不得有泄漏现象。加氯室必须有强力的通风装置。

加氯地点与凝汽其应保持适当的距离，以使进入凝汽器的冷却水中含氯均匀。

3. 化学清洗

当凝汽器铜管结有碳酸盐的结垢，采用化学清洗法清洗凝汽器，可以导致完全溶解碳酸盐结垢，而且凝汽器管子的金属损伤最小。在具有去垢效力的带水凝结液组成中，添加剂不仅促进吸收泡沫，还使铜管腐蚀速度缓慢下来。

如图 6－15 所示为化学清洗凝汽器管子结构装置。具有去垢效力的溶液，在清洗过程中沿着下列闭式回路循环：中间箱-清洗水泵-凝汽器第一通道-凝汽器第二通道-中间箱。将化学清洗装置安装在一个公共底座上，并于凝汽器连接管道系统和临时管道。清洗后的溶液排放到专用的容器中，在该容器内对这些溶液进行中和处理。在凝汽器水室焊接接头，用来连接作为清洗溶液的输入和排出的管道 8，和连接引入有去垢效力的清洗溶液输送管道 6，在正常运行期间，这些接头都应加盲板堵塞。试剂的引入或进入后面的水室(在水的第一和第二通道之间)，或者直接送入中间箱。在清洗期间，循环水压力管道和排水管道应加盲板堵塞以切断水流。

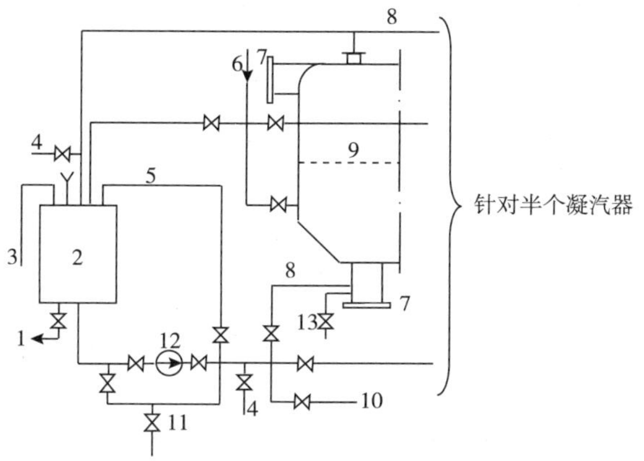

图 6-15　化学清洗凝汽器冷却水管示意图

1—中间箱事故排液管道；2—中间箱；3—排汽管道；4—取样管；5—再循环管；
6—清洗溶液输送管道；7—盲板；8—化学清洗回路；9—凝汽器；
10—清洗溶液排放管道；11—工业水输送管道；12—清洗用泵；13—疏水

在清洗过程中，在凝汽器的进口和出口，定期检测溶液中三价铁离子的含量和含酸的浓度。根据第一个指示值，调整送入溶液中硫代硫酸钠的剂量，根据第二个指示值，进行清洗强度的检测。在清洗过程中，如具有去垢效力的溶液的酸价减少非常缓慢，表示吸收泡沫的物质不足。

溶液进行循环过程中，直到清洗溶液中酸的浓度在清洗回路出口处不再下降，稳定在1%～1.5%的水平。清洗完毕后，停止送入试剂，所有遭受到酸作用的全部腔室用水进行强有力的冲洗，沿着闭式回路送入工业水到水泵的吸入管道，通过回路后排放入水箱或排入循环水管道(假如不具酸性)。用水清洗一直到延续到排出水的颜色完全清澈和水中不再有酸性为止。

最后必须指出，化学清洗凝汽器的强度，在很大程度上取决于具有去垢效力的溶液和流过管道的流速。因此，建议在清洗期间，应在凝汽器水室安装临时隔板，其目的是在清洗期间增加凝汽器通道的数目，并提高溶液自身流经管束的流速。

4. 逆向冲洗法

高压凝汽式大容量汽轮机，通常具有两个或两个以上凝汽器，而中小容量汽轮机则具有对分式凝汽器，即用垂直隔板将冷却水分为完全独立的两股水流的凝汽器。因此，在冷却水较脏、杂物堵塞凝汽器管板时，可以在机组带负荷运行中停止一个或半面凝汽器进行逆向冲洗，从而保证凝汽器水侧的清洁。

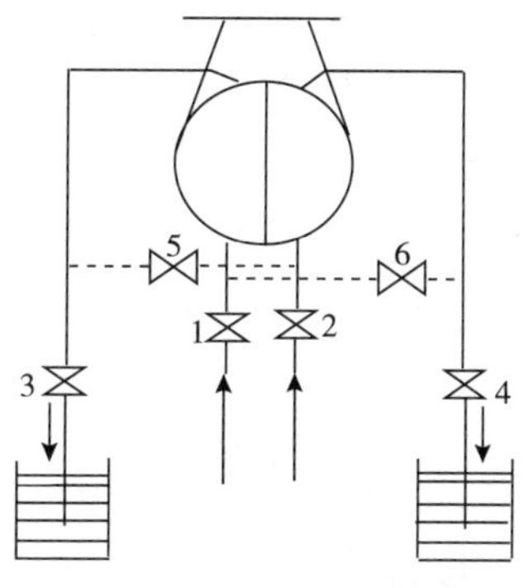

图 6-16　水流逆向冲洗凝汽器示意图

凝汽器逆向冲洗前，应安装临时管，连接压力管和排水管以及相应的阀门，如图 6-16 所示。当冲洗左侧半个凝汽器时，应开启阀门 2、4 和 6，关闭阀门 1 和 3。当冲洗右侧半个凝汽器时，应关闭阀门 2 和 4，开启阀门 1、3、5 和 6。逆向冲洗的效果取决于冲洗管道的管径。若冲洗管经小，逆向冲洗时冷却水流速低，杂物不易冲刷掉。

用水流逆向法冲洗凝汽器时，必须在降低负荷时进行，因为在这种工况时，凝汽器的正常工况可能被破坏。冲洗的时间，包括全部必要的阀门切换，不应超过20～30min。逆向冲洗凝汽器时，负荷的极限值，必须在每种情况下，通过试验的方法，根据排汽缸的温度来决定。通常该温度不得超过50～60℃。

5. 胶球清洗法

胶球连续清洗装置于20世纪50年代初在西德创始，已有60多年历史，被世界上许多国家采用。我国在近50年来，在这方面也积累了比较多的经验。事实证明，正确的设计胶球清洗装置，选用合适的胶球和运行方法，严格运行管理，会取得很好的清洗效果。在原来结垢严重的情况下，经过机械方法清洗铜管后，再投入胶球连续清洗装置，凝汽器端差可保持6℃以下，对于新装的铜管或化学清洗后的铜管，凝汽器端差可保持4℃以下，经济效益十分明显。

凝汽器胶球连续清洗装置，可以在机组不减负荷的情况下清洗冷却水管内壁，降低凝汽器的端差和汽轮机的背压，提高汽轮机的热效率。胶球清洗法就是一定数量的胶球，在管道系统里不断地循环，这些胶球擦洗凝汽器管道的内壁，将紧贴在管道内壁表面的沉积物冲刷掉。

连续清洗铜管所用的胶球有两种，一种是半硬球，另一种是微孔胶球，又称海绵球。半硬球的直径较铜管内径小1～2mm，球的表面是光滑的或呈稀疏的小突起状，半硬球的清洗机理是半硬球随冷却水进入铜管后不规则地跳动，并与铜管内壁发生碰撞，加之水流的冲刷作用，将附着在管内壁上的沉积物清除掉，达到清洗的目的。微孔胶球非常柔软，其直径比铜管内径大1～2mm，密度为0.9～1.2g/cm³。其清洗机理是质地柔软的海面球随冷却水进入铜管内后，与管壁接触的环带所提供的擦拭作用，即被压缩变形与铜管内壁全周接触，从而将管内壁的污垢清除掉。

由此可知，铜管的清洗必须依靠连续多次的通球才能完成，这就要求投入足够数量的胶球和持续运行足够时间。一般投入胶球数量为凝汽器一个水流程铜管根数的10%～20%。胶球的密度要求适当充分吸水以后接近于冷却水的密度，因此在以海水为循环水时，胶球的湿密度将稍大于1。从长期实践来看，胶球以接近的概率通过每一根铜管主要依靠水的流动状态，胶球密度差异起不了明显的作用。此外，胶球密度如果小于水的密度，将会停留在凝汽器水室及管道顶部而影响回收。对胶球的要求还包括足够的耐磨性和沾上的污垢易于脱落，以及具有一定的机械强度等。胶球磨损到比新球直径小2～2.5mm时即应更换，一般胶球的连续运行使用寿命为600～1000h。

在循环水水流中，胶球实际上处于悬浮状态，可以保证胶球在管道内壁中非常均匀分布。用胶球清洗时，凝汽器的每根铜管在1～2min内将清洗一次。为了监视胶球的循环情况，在装球室设有专用的舷窗(观察窗)。假如从舷窗观察到每秒钟不少于4～5个胶球的循环，则胶球连续自动清洗装置的工作可以认为合格。

图6-17所示为胶球连续自动清洗装置。该装置由胶球泵4、装球室5、收球网3和二次滤网6等组成。胶球泵4输出的压力水将加球室5内的胶球带出，经注球管8注入凝汽器的冷却水进水管，胶球和冷却水一起进入冷却水管。初始投放的胶球，经过装球室5用胶球泵4将球射入凝汽器的压力管道，被循环水流带走的胶球，经过凝汽器的管道，清洗管道内壁的结垢，回到凝汽器排水管道，在排水管道安装有收球网3，收集胶球并送到胶

球泵 4 入口管道，经胶球泵 4 加压后，重新进入装球室 5 循环冲洗。经过长时间冲洗，磨损的胶球由专门的管道，排放到循环水沟道里。

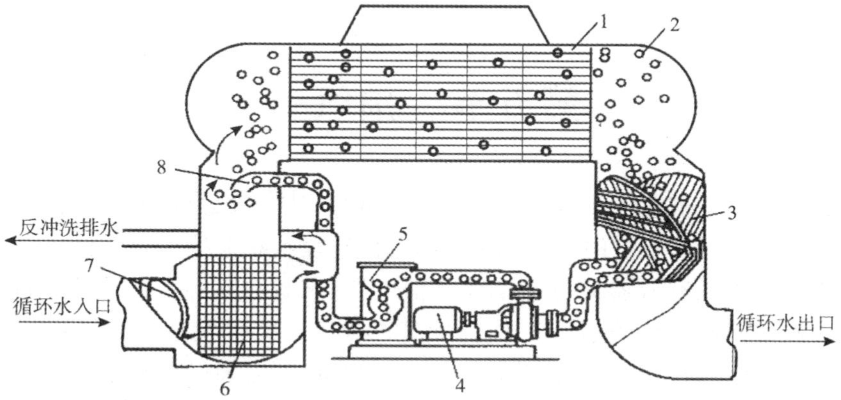

图 6－17　凝汽器胶球自动清洗装置

1—凝汽器；2—胶球；3—收球网；4—胶球泵；5—装球室；6—二次滤网；7—蝶阀；8—注球管

软胶球清洗时，将海绵球填入装球室，启动胶球泵，胶球便在比循环水压力略高的压力水流带动下，经凝汽器进水室进入铜管进行清洗。由于胶球的输送管道出口朝下，所以胶球在循环水中分散均匀，使各铜管的进球率相差不大。胶球是一种质地柔软的，且富有弹性的海绵橡胶球，胶球直径比铜管内径大 1～2mm，在铜管内，胶球被压缩成椭圆形，胶球用其自身全部周长将铜管内壁进行擦拭。在胶球冲洗过程中，通过胶球内壁的挤压和摩擦将铜管内壁上的污垢一起带出管外。当胶球离开铜管的管口时，在自身的弹力作用下恢复原状，使胶球表面带出的污垢脱落，并随冷却水排出，胶球随冷却水流到达收球网，被胶球泵入口负压吸入泵内，重复上述过程，反复清洗。根据机组的大小、胶球管道的长短及冷却水流速的不同，胶球在冲洗系统中循环一周的时间约为 10～40s。

虽然在循环水泵进口装设有拦污栅、回转式滤网等设备，但仍有许多杂物进入凝汽器，这些杂物容易堵塞管板、铜管，也会堵塞收球网。这样不仅降低了凝汽器的传热效果，而且有可能会使胶球清洗装置不能正常工作。为了是进入凝汽器的冷却水进一步的过滤，所以在凝汽器循环水进口管道上装设二次滤网。二次滤网既要过滤效果好，又要水流的阻力损失小。

二次滤网是胶球自动装置中的主要设备，其过滤效果好，水流的阻力损失小，它的好坏直接影响胶球清洗装置的正常投运，也是保证胶球装置收球率的重要部件。二次滤网应保证 $\phi6$～$\phi8$mm 以上的杂质硬物不进入凝汽器内，并制造挂物刺、挡物板、挡物盒等来防止纤维状的软杂物尽量少地进入凝汽器的循环水管道中。

目前国内使用的二次过滤装置(二次滤网)有两种类型，一种是旋流式，水进入滤网后发生旋转，部分密度大的杂物被离心力推到器壁底部定期排出，其他杂物则被滤网阻挡，滤网应便于清理。滤网孔眼直径一般取胶球直径的 30%～40%，通流面积应不小于冷却水管截面积的 3～4 倍。这一类二次过滤装置对于阻截条状或丝状杂物不易清洗下来。但其加工容易，维修较方便。另一类二次过滤装置的滤网是旋转的，为降低阻力，滤网制作成圆锥形，用一个液压马达带动。在圆周上有一个弧度是反冲洗间隔。液压马达转速是可调的，也可以间断运行。这一类二次滤网装置加工复杂，加工工艺要求高，但外形直径小，场地安排困难小些。

二次过滤是一种细过滤，前面必须进行一次可靠的一次过滤，否则大量的或是大尺寸的杂物涌进来，二次滤网就不能正常工作。

第五节 抽气器

为保持凝汽器内的真空度而将其内部空气抽出的装置，称为抽气器。抽气器的作用是将漏入凝汽器内的空气和蒸汽中所含的不凝结气体连续不断地抽出，保持凝汽器始终处于高度真空状态，以保证凝汽器的正常工作。抽气器(又称空气泵)主要有活塞式、离心式(旋转式)、水喷射式和蒸汽喷射式4种。活塞式和离心式空气泵结构复杂，工作可靠性低，建立真空所需时间较长，国内应用的不多。射水抽气器和射汽式抽气器去都是气流引射器，工作原理相同，只是工质不同。由于这两类喷射泵的结构紧凑，工作可靠，制造成本低，且能在较短的时间内(5～10min)便可建立所需的真空，所以在现代汽轮机凝器设备中得到广泛的应用。

一、射汽抽气器的工作原理

图6-18所示为射汽抽气器的工作原理示意图。主要由工作喷嘴A、混合室B和扩压器C三部分组成。工作蒸汽由蒸汽管引入，蒸汽压力为0.8～1.2MPa。

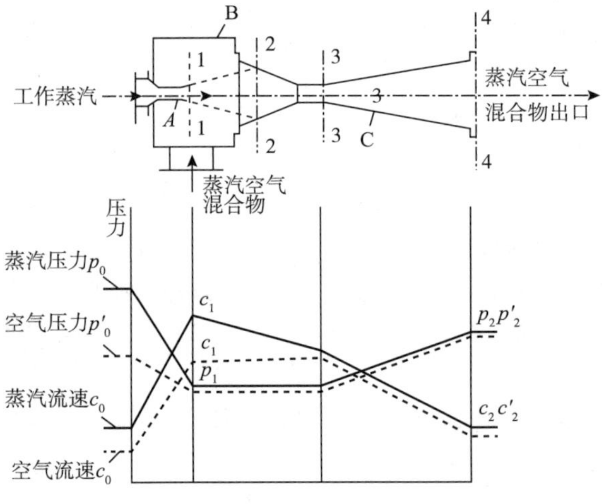

图6-18 射汽抽气器的工作原理示意图

A—工作喷嘴；B—混合室；C—扩压管

工作喷嘴A通常为缩放喷嘴，蒸汽在喷嘴中自工作压力膨胀到混合室B中的压力p_k。由于蒸汽在喷嘴中压力降很大，喷嘴出口的流速很高，通常可达1000m/s左右，在混合室内形成低压区，这样凝汽器中未被凝结的蒸汽和空气混合物被抽进混合室B内，并被高速汽流带进扩压器C中，这股高速流动的蒸汽、空气混合物扩压器后，速度不断地降低，将部分动能转变为压力能，压力不断地升高，在扩压器出口以略高于大气压力将混合物排入大气。抽气器的整个工作过程可分为三个阶段，如图6-18所示的1-1断面以前为工质在喷嘴内的膨胀增速阶段；在1-1与2-2断面之间是工质与混合室内的气、汽混合物相混阶段；在2-2与4-4断面之间是超音速流动的压缩阶段；断面3-3为超音速流动转变为亚音速流动的过渡断面；3-3与4-4断面为亚音速流动的扩压阶段。当工质流至4-4断面以外，其压力上升至略高于大气压力而排入大气。

二、射汽抽气器

以蒸汽为工质的抽气器称为射汽抽气器。使用射汽抽气器的机组一般都设有启动抽气器和主抽气器。虽然射汽抽气器抽气效率低，但其结构简单，能回收工作蒸汽的热量和凝结水，比较经济，因而在很多机组中仍被采用。

1. 启动抽汽器

汽轮机启动时使用的抽气器称为启动抽气器。其作用是在汽轮机启动前抽出汽轮机和凝汽器内的大量空气，加速凝汽器内建立真空的速度，缩短机组的启动时间。另外，在运行中当汽轮机真空系统严重漏气，凝汽器内真空下降至80KPa(600mmHg)以下时，也可临时投入启动抽气器，维持机组的运行，待漏气消除后再将其停止。

启动抽汽器在汽轮机启动时，它就既可以单独工作，也可以与主抽气器并列工作。启动抽气器都是单级的，所以它的抽气能力有限，只能将凝汽器的绝对压力降到 0.061～0.048MPa（即真空 300～400mmHg)，而汽轮机正常工作时需要的凝汽器的绝对压力为 0.021MPa(即真空600mmHg)，故启动抽气器只能在汽轮机启动时使用。

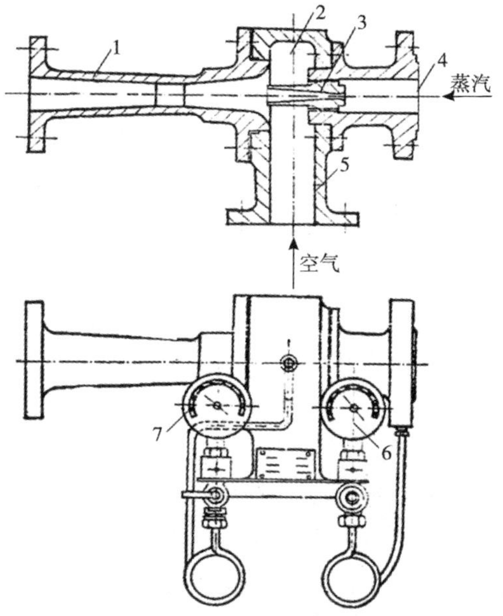

图 6－19　启动抽气器

1—扩压管；2—吸气室；3—蒸汽喷嘴；4—蒸汽入口；5—空气入口管；6—蒸汽压力表；7—真空表

图 6－19 所示为启动抽气器的结构。抽气器上有一个吸气室 2，它与凝汽器来的空气入口管 5 连接。吸气室上装有一个蒸汽喷嘴 3，工作蒸汽由蒸汽入口 4 进入，然后从喷嘴 3 喷出。蒸汽在喷嘴中的热焓降很大，流速很高，压力降落很多(低于凝汽器中的绝对压力)。因此，凝汽器中的不凝结气体被吸进了抽气器。

空气和蒸汽混合进入扩压管 1 中，因为扩压管的截面积不断增大，混合气体流动的速度就逐渐降低，这时流动气体的动能转变成压力能，使其压力不断地升高，最后在略高于大气压力的情况下排入大气中。

进入抽气器的工作蒸汽压力可以用其前面的针型阀进行调节，抽气器上装有蒸汽压力表 6 和真空表 7，可以指示抽气器喷嘴前的蒸汽压力和吸气室的真空数值。

启动抽气器的特点是结构简单(无冷却器)，启动快，抽气量大，建立真空迅速。其缺点是建立真空较低，工质不能回收，且直接排入大气，热损失大。因此，在正常运行中，只将它作为备用设备。

2. 主抽气器

抽出凝汽器蒸汽空间的不凝结气体，维持凝汽器真空的设备，称为主抽气器。主抽气器一般由两个抽气器和两个冷却器组成的，称为两级抽气器。它既可以维持凝汽器较高的真空，又可以回收工作蒸汽的凝结水。有些大型机组还使用三级抽气器，但其工作原理都是相同的。

图 6-20 所示为两级射汽抽气器的工作原理。蒸汽由第Ⅰ级喷嘴喷射出来，流速很高，压力很低，将凝汽器中的不凝结气体吸入抽气器；在第Ⅰ级扩压管中混合降低流速，压力升高，然后进入冷却器中将其中大部分蒸汽凝结成水。其余未凝结的气体再被第Ⅱ级抽走，同样经过第Ⅱ级扩压管降低流速，升压后，进入第Ⅱ级的冷却器中，将蒸汽冷却凝结成水。由于第Ⅱ级扩压管后的气体的压力已升高到稍高于大气压力，所以可以将这些不凝结气体直接由排气管排入大气。

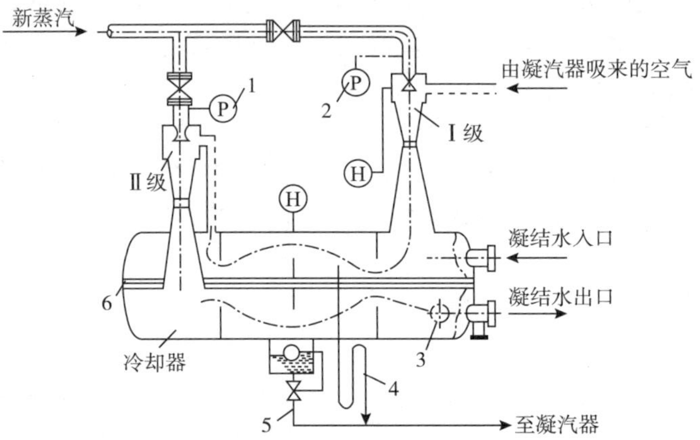

图 6-20 两级射汽抽气器工作原理图

1—Ⅱ级汽压表；2—Ⅰ级汽压表；3—排汽管；4—Ⅰ级冷却器疏水；5—Ⅱ级冷却器疏水；6—隔板

主抽气器冷却器采用的表面式换热器，一般都用凝汽器的凝结水作为冷却水，由凝结水泵将它先输入第Ⅰ级冷却器铜管中，然后经过水室流入第Ⅱ级冷却器铜管里，与工作蒸汽进行热交换后重新送入汽轮机的凝结水系统中。凝结水经过主抽气器后，既冷却了工作蒸汽又得到了加热，从而相应地提高了循环热效率，同时也简化了系统。

主抽气冷却器汽侧空间的工作蒸汽凝结水，由于凝汽器中的压力相差不太大，故用U形管排入凝汽器中。而第Ⅱ级冷却器的工作蒸汽凝结水因压力较凝汽器低得多，所以必须用疏水器排入凝汽器中。

多级抽气器由于采用了冷却器，因此它的工作蒸汽消耗量较少，一般为汽轮机装置消耗量的 0.5%～0.8%，小功率机组中最高可达 1.5%。

主抽气器的优点是结构简单，运行可靠，蒸汽供应方便，效率比较高，可以回收工作蒸汽的热量和凝结水，比较经济，因而在很多机组中仍被广泛应用。

三、射水抽气器

以水为工作介质的抽气器，称为射水抽气器。目前，我国新设计制造的高压凝汽器式机组中，较多的是用射水式抽气器作抽气设备。射水抽气器的工作原理与射汽抽气器基本相同，其不同是它以水(压力保持在 0.2～0.5MPa)代替蒸汽作为工作介质，以高速水流形成的真空来抽吸凝汽器中的不凝结气体。射水抽气器由专用射水泵供水，也可采用由凝汽器冷却水入口管的低压工作水头供水。

图 6－21 为射水抽气器结构示意图。它主要由管高压水水室、喷嘴、混合室（吸气室）、扩压管和逆止阀等组成。由射水泵供给的压力水，经水室 7 进入喷嘴 5，喷嘴将水的压力能转变为速度能以高速射出，在混合室 3 内形成高度真空，将凝汽器内的气、汽混合物被吸入混合室，然后被高压水带进扩压管 4，高压水在扩压管中流速逐渐降低，由速度能转变为压力能，最后在扩压管出口其压力升至略高于大气压力而排出扩压管进入冷却水池。在吸气室与凝汽器连通的进口处装有逆止阀 2，发生故障时，逆止阀 2 自动关闭，以防止水和空气倒流入凝汽器。

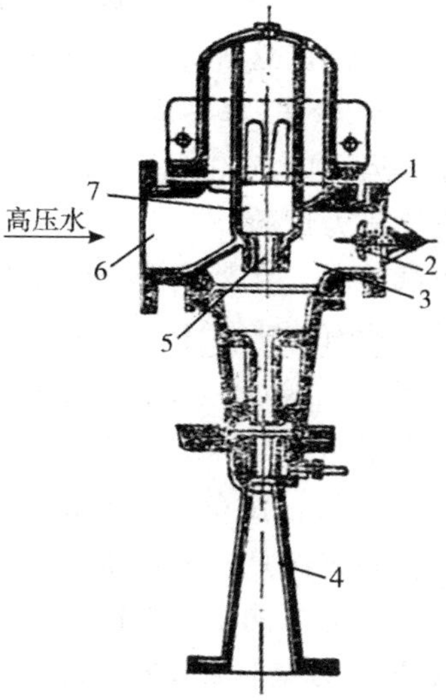

图 6－21　射水式抽气器

1—空气进口；2—逆止阀；3—混合室（吸气室）；4—扩压管；5—喷嘴；6—高压水进口；7—水室

射水抽气器的高压水消耗量约为凝汽式机组冷却水总量的 10％左右，因为射水抽气器出口水温升较低，故其仍可排入冷却水的入口处。

射水抽气器由专用射水泵供水，也可采用凝汽器冷却水入口管的低压循环水供水，或两套系统并存使用。

四、射水式与射汽式抽气器的比较

射水式抽气器与射汽抽气器相比较具有以下特点：①节省蒸汽，降低了机组消耗，省去冷却器，提高了装置的经济性，降低了投资。②对于低压力的射水抽气器，还可以节省辅助抽气器，使系统简化，结构紧凑，喷嘴直径大，易于加工制造，运行中不易堵塞，维修方便，运行可靠，功率大，质量小，价格低廉。③在同一台机组上使用射水抽气器，可获得比射汽抽气器更高一些的真空度。其不足之处是要消耗一部分水，且射水泵电动机消耗耗电较大，但工作特性易受水温的影响，并占地面积大。

经试验证明，当汽轮机真空系统漏入少量的空气时，被射水抽汽器所抽出的蒸汽量，比同样条件下用射汽抽气器所抽出的蒸汽量要多 10～20 倍。当汽轮机真空系统漏入大量空气时，射水抽气器比射汽抽气器工作更可靠。

第六节　汽轮机真空系统泄漏防止与检测

凝汽器真空系统的检漏方法很多，各制造厂根据机组的实际情况选用合适的检测方法。我国普遍采用的是蜡烛法和烟气法、灌水法、泡沫法，还有卤素法、电磁感应法、超声法、红外线法等等。在现代大容量汽轮机及范围广为扩大的真空系统里，要判定泄漏空气的地点是一个非常复杂的任务。

1. 蜡烛法和烟气法

在运行的汽轮机上，借助于点燃的蜡烛检查管板，根据蜡烛的火焰的摇曳来找出泄漏空气的部位。但对于较小泄漏空气的部位，就不能采用此法检测。不准使用明火的现场，严禁使用此方法。这种方法是一种最原始的检测方法，常用于停用凝汽器半侧检测。

2. 水压试验法(灌水法)

在停止运行的汽轮机上，确定真空系统的泄漏处，这种方法牵涉到要进行系统的水压试验和空气压力试验。

水压试验时，在凝汽器蒸汽空间，将凝结水或用化学处理水灌到汽缸低压段汽封洼窝。这时，所有原来处于真空的转动部件和空气阀、疏水阀必须开启，而汽轮机轴端汽封则要进行密封。这时，从胀接处或某根铜管出现水滴或漏水的部位来判定泄漏处。在水压试验时，为了增加内部的压力，在汽轮机上部可引入 0.0196～0.0294MPa(0.2～0.3kgf/cm^2)的压缩空气，使系统形成正压。

此种试验方法是一种传统的检测方法，其简单易行，成本较低。它不但能检测铜管的泄漏，有时还能检测出焊缝的裂纹。但其不适于检测微小泄漏的部位。

3. 空气压力试验法(泡沫法)

空气压力试验是向汽缸送入正压空气的方法。根据点燃烛光的摇曳，或在可疑地点涂洗衣粉泡沫及 TX-10 乳化剂加温水稀释成的发泡液，以判定泄漏处。

此种方法成本较低，简单易行，效果显著，但试验时必须清除铜管内的积水，以免泡沫被水冲击。为使泡沫稳定，管板和环境温度应在 38℃以下，避免泡沫消失。

4. 卤素检测法

汽轮机真空系统检测泄漏部位最先进和最现代化的方法是：使用大气式和真空式卤素检漏仪进行检测。借助于这些仪器可以检测出汽轮机设备处于低压状态的任何部位，即使极微小的泄漏空气处，也能将泄漏处检测出来。

卤素检漏仪的原则性作用的基础，是铂在炽热状态发射离子的性能。如该时灼热的铂是处在含有卤素气体(氟氯烷、四氧化碳及其他等等)的工质中，则离子发射作用要增加。

假如法兰、阀门密封填料、管接头及焊缝等处泄漏，用含有卤素的气体吹扫检查时，应在凝汽器抽出空气的地方装设传感器，这时气体和空气一起进入汽轮机的真空系统，并从真空系统内被抽气器抽出去。在抽出的空气中若出现卤素将在卤素检漏仪上有反应。若检测时，卤素检漏仪上没有信号，则说明所检测的处于真空系统里的部件密封严密，无泄漏现象。

通常采用氟利昂-12 作为试剂的气体，其无毒性，与金属不起化学反应，且非常便宜。检测泄漏部位时，可以将装氟利昂的小贮罐及软管来回搬动，非常方便且由其喷吹氟利昂。

为了校验卤素检漏仪的工作能力和选择其工况，应首先将卤素检漏仪安装在真空系统上，易于靠近凝汽器的地方安装标定用喷嘴(喷嘴直径为 0.5～1mm)试喷吹氟利昂，来选择卤素检漏仪的灵敏度。当用卤素检漏仪检测泄漏部位时，应记录仪器上出现的信号。当用氟利昂开始喷吹某个检测部位时，要有若干时间的延滞，延滞的时间一般为几秒钟到几分钟范围内，延滞时间取决于喷吹的部位到安装真空传感器的距离。用氟利昂喷吹某个检测部位的时间通常为 1～3s，当检测出泄漏处后，不应立即检测下一个部位，而应间隔十分钟等真空系统通风以后，待卤素检漏仪的指针回到零位后，方可用检漏仪检测下一个部位。

试验表明，采用卤素检漏仪来检测泄漏空气的部位，可以保持汽轮机真空系统很高的严密性，对于大容量汽轮机尤其重要。

5. *超声波法*

检测泄漏部位时，当真空系统有泄漏空气时，可以凭借高频声波的振荡来检测出泄漏处。

超声波检漏仪由传感器、放大器和戴在头上的耳机所组成。检测时，将检漏仪的传感器按顺序递挨近靠近可能泄漏空气的部位。当遇到泄漏的部位时，耳机中发出吱吱声响，随着传感器距离泄漏部位越近，其吱吱声响的强度逐渐增大。

超声波检漏仪的优点是质量小(400g)、操作方便，其在发电机尚未给励磁时，在凝汽器装置启动和建立真空阶段检测特别方便，而且在远离噪声干扰的位置检测也比较方便。但其缺点是它对其他噪声有反应，如蒸汽管道上焊缝的气孔，管道中的蒸汽、水和空气流的流动声等。超声波检漏仪也不能检测汽轮机轴端汽封的泄漏，因为转子转动的噪声必有用的信号要大。另外，超声波检漏仪的电气部分也会受到发电机和励磁机励磁的影响。为了减少其他噪声的影响，可在传感器装上装专用的圆柱体隔音罩，在罩的内层垫上隔音材料。也可采用具有滤频能力的超声波检漏仪，这样可以防止周围环境干扰检测的影响。

第七章　工业汽轮机的调节系统

第一节　汽轮机调节基本概念

石油化工装置中的自备电站生产的电能或热能是不能大量储存的，而是随用户对电能或热能的需求不断变化的，这就需要汽轮机调节系统根据用户的需要随时调节机组的供电负荷或供热负荷，以保证电力系统的电压、频率以及热网供汽压力的稳定，同时在电网或热网出现事故时，能够使汽轮发电机组安全停运。

当石油化工装置产量或投料发生变化时，按工艺系统的要求，需要改变压缩机的流量，为此机组应改变转速。为了保证压缩机工况符合生产工艺的要求，保证机组在各种条件下，安全、平稳运行。所以，为满足上述要求，在汽轮机上均设有转速自动调节系统，以调节汽轮机的进汽量，适应外界负荷的变化。由于汽轮机调节系统是以机组转速为调节对象的，故习惯上将汽轮机调节系统称为调速系统。

一、汽轮机调节系统的任务

石油化工装置中的自备电站生产的电能是无法大量储存的，因此电用户对电力的供应有一定量和质的要求。

对量的要求：电能无法大量储存，而电用户对电能的需要是随时变化的，因此要求汽轮发电机组能够随时按用户的电能需要来调整功率。

对质的要求：质指的是电压和频率。供电电压除与汽轮发电机组运行转速有关外，还与发电机的励磁电流有关，自备电站主要通过调整发电机励磁电流的大小来调节电压。供电频率取决于汽轮发电机组的运行转速。频率 f(Hz)与转速 n(r/min)的关系为

$$f=\frac{np}{60}$$

式中　p——发电机的磁极对数。

对具有一对磁极，转速为 3000r/min 的汽轮发电机组，其频率为 50Hz。通常要求电网频率的变动范围为±0.5Hz，亦即转速的波动范围为±30r/min。

由汽轮发电机组转子的运动方程可得到汽轮机的功率、用户负载和转速之间的关系。汽轮发电机组运行时，作用在转子上的力矩有三个：一是与汽轮机功率相对应的蒸汽主力矩 M_t，二是与电用户负载相对应的发电机电磁阻力矩 M_e，三是摩擦力矩 M_f。在负荷较高时，M_f 与 M_t、M_e 相比很小，可忽略不计，所以根据牛顿第二定律可列出转子运动方程式，即

$$I\frac{d\omega}{dt}=M_t-M_e \tag{7-1}$$

式中 I——转子的转动惯量，kg·m·s²；

ω——转子旋转的角速度，$\omega=\frac{2\pi n}{60}$；

$\frac{d\omega}{dt}$——汽轮发电机组转子的角加速度。

由式(7-1)可知，当功率平衡时，$M_t=M_e$，则 $I\frac{d\omega}{dt}=0$，因 $I\neq0$，故$\frac{d\omega}{dt}=0$，则 $\omega=$常数，即 $n=$常数，汽轮机处于稳定工况；当 $M_t>M_e$ 时，$\frac{d\omega}{dt}>0$，则 n 升高；当 $M_t<M_e$ 时，$\frac{d\omega}{dt}<0$，则 n 下降。由图 7-1 可知，曲线 M_{t1} 与 M_{e1} 的交点 a 为汽轮机的稳定工况点，此时汽轮机转速为 n_a。当外界负荷减小时，反力矩由 M_{e1} 变为 M_{e2}，而汽轮机的进汽量保持不变，则由于 $M_t>M_e$，转速升高，导致 M_t 减小，而 M_e 增大，最后使 M_{t1} 与 M_{e2} 以 n_b 转速稳定运行，新的平衡点为 b。由此可见，当外界负荷变化时，从理论上讲汽轮发电机组没有即使没有自动调节系统，它也可以从一个稳定工况过渡到另一稳定工况。从上述分析可知，汽轮机转矩随转速增加而减少，发电机转矩却随转速增加而增加，当两个增量的代数和为零时，即达到平衡状态。这种能力，称为自平衡特性或自调节特性。但是，这种情况事实上是不允许的，因为对带交流发电机的汽轮机来讲，这种自平衡能力很小，因为汽轮机转速变化很大，不仅会使机组发出的电能频率和电压不能满足用户需求，而且就汽轮机组的强度和效率也是不允许的。

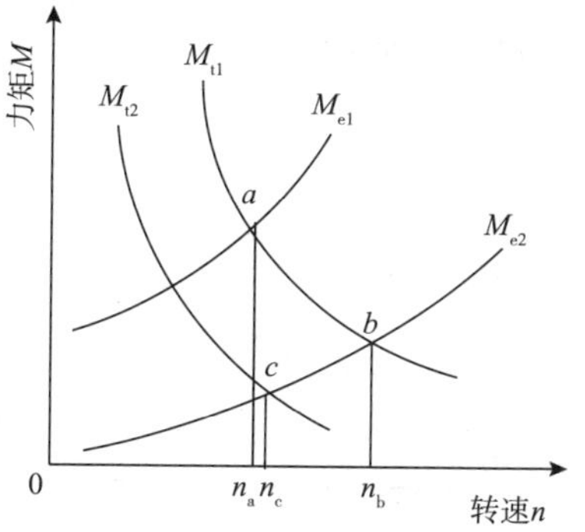

图 7-1 汽轮机与发电机的力矩—转速特性曲线

为了减少转速的波动，当外界负荷变化时，就应随之调节汽轮机的进汽量。如继续上述过程，将由调节系统来调节汽轮机的进汽量，即从曲线由 M_{t1} 减少到曲线 M_{t2}，则 M_{t2} 和 M_{e2} 的交点 c，即为新的平衡工况，这此时的工作转速 n_c 与初始转速 n_a 相差较小，即汽轮机转速始终保持额定转速允许范围内。上述过程说明了自动调节系统的功能，即用自动调解进汽量的手段使机组在转速变化不大的情况下达到新的平衡，以适应外界负荷或蒸汽状态的变化。

石油化工装置除了自备电站驱动发电机的汽轮机外，还有驱动压缩机、风机的汽轮机。下面就凝汽式工业汽轮机驱动离心式压缩机的调节任务加以说明。

(1)当大型石油化工装置的产量或投料不发生变化时，调节的任务就是保证工业汽轮机的转速不发生变化，或在允许范围内变化。

当工业汽轮机功率小于压缩机功率时，机组转速下降，为了保证机组转速基本不变，就必须增加工业汽轮机的功率，使工业汽轮机的功率与压缩机的功率相平衡。

前面所述，只要相应地增加工业汽轮机的蒸汽流量 D_0 或理想焓降 H_t，就可以使工业汽轮机的功率增加。当机组转速降低时，由于调节系统的作用使调节汽阀开度开大，就增加了蒸汽流量 D_0，同时蒸汽的节流损失也减少，内焓降也有所增加。这样，工业汽轮机的功率就增加了，使其与压缩机的功率又相等，机组转速稳定，达到新的平衡，机组又出现新的稳定工况。新的稳定工况在运行中还会遭到破坏，调节系统可再进行调节，使机组又达到另一个稳定工况。

从上述分析可以得出这样的结论：当工艺系统要求压缩机的气量和压力不变时，调节系统的任务是保证机组转速不变或在允许的范围内变化。当汽轮机转速增加时，迅速关小调节汽阀。当汽轮机转速减少时，则应迅速开大调节汽阀，使机组建立新的功率平衡。

(2)当石油化工装置产量或投料发生变化时，按工艺系统的要求需要改变离心式压缩机的气体流量，为此则应改变机组的转速。离心式压缩机流量增加时，机组转速升高，反之，机组转速应降低。

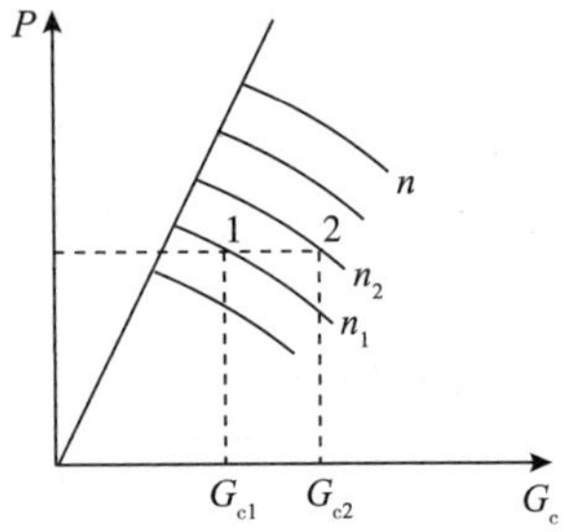

图 7-2　离心式压缩机性能曲线示意图

图 7-2 所示为离心式压缩机性能曲线示意图。压缩机开始工作点为 1 点，流量为 G_{c1}，转速为 n_1；当装置投料增加时，压缩机流量要增加到 G_{c2}，而出口压力不变，这时的工作点为 2 点，转速为 n_2。由性能曲线得知：$n_2 > n_1$，因此要改变压缩机流量时，调节系统的任务就是改变机组的转速。

改变工业汽轮机的功率和调速器的整定值(也称参考值或基准值)就可以改变机组的转速。人工或自动地发出信号，信号作用在调速器上来改变转速的整定值，同时将调节汽阀的开度开大或关小，来改变工业汽轮机的功率，这样就达到改变转速的目的。由此可知，当装置由于产量发生变化而要求改变压缩机流量时，调节系统的任务是按需要改变转速整定值和开大或关小调节汽阀的开度来达到变转速的目的。

二、汽轮机调节系统的要求

汽轮机调节系统应能满足下列运行要求：

(1)当蒸汽参数和电网频率在允许范围内变动时，调节系统应能使机组稳定地在满负荷至零负荷范围内运行，并保证机组能顺利地并网和解列。调节系统静态特性曲线应连续、光滑且不出现水平段。

(2)当主汽阀全开和蒸汽参数在额定参数下，调节系统应能维持汽轮机在空负荷下稳定运行，转速不应有明显摆动；当负荷变化时，调节系统应能保证机组平稳地从一个工况过渡到另一工况，且不发生较大的和长期的负荷摆动(摆动值不得大于额定负荷的 2%)。

(3)当机组突然甩全负荷时，调节系统应能维持空负荷运行，其最大动态超速值不应使危急保安器动作。

(4)同步器的工作范围，空负荷的转速应保证在额定转速的 95%～107%范围内，调节系统的速度变动率应满足要求(一般在 3%～6%)；迟缓率越小越好，一般应在 0.3%以内。

(5)大型机组的主汽阀关闭时间应不大于 1s，中小型机组的主汽阀关闭时间应不大于 0.5s。

(6)调节抽汽式机组在电、热负荷各自分别变化时，电、热两者相互干扰应不大于 10%～15%，且应满足能带电负荷或热负荷，并能与其他机组的热电负荷并列运行。对抽汽式汽轮机抽汽压力变动率一般为10%～20%，而调压系统的迟缓率约为1%左右，同时应具有压力变换器，供平移调压静态特性曲线。

(7)工业用变速汽轮机的调节，除接受机组转速信号外，还应接受被驱动机械所发出的信号，即应具有双脉冲调节装置。

(8)中间再热式机组调节系统应克服中间容积不利因素，满足负荷调节适应性要求。

(9)调节系统的保护装置应能保证被监控参数达到极限值时能迅速自动工作，并发出报警信号，保证机组安全。

三、汽轮机调节系统的发展

汽轮机上所采用的调速器，自第一代用于控制原动机转速的机械离心式调速器，至今已有一百多年。为了改善调节系统的性能，20 世纪 20、30 年代出现了液压式调节系统，这可以谓之第二代调节系统。随着大容量汽轮机的发展，为了适应电站自动化的需要，在 20 世纪 50 年代又出现了可靠性高、灵活性好的模拟式电液调节系统，使汽轮机的响应特性大为提高，可以谓之第三代的调节系统。1971 年美国威斯汀豪斯电气公司生产出数字式电液调节系统，其可谓第四代调节系统。即汽轮机调节系统的发展经历了三个阶段，即液压调节系统、电液调节系统和数字电液调节系统。

1. 液压调节系统

早期的汽轮机调节系统是由机械部件和液压元件组成。其主要依靠液体作为工作介质来传递信号，因而被称为液压调节系统。由于它仅根据机组转速的变化来进行自动调节，故又称为液压调速系统。此调节系统的调节精度低，反应速度慢，运行时工作特性是固定的，不能根据转速以外的信号进行及时调节，并且调节功能少。但是由于其工作可靠性高，且能满足机组运行调节的基本要求，所以至今仍应用汽轮机上。

2. 电液调节系统

随着汽轮机发电机组参数的提高、容量的增大以及中间再热的采用，对汽轮机调节系统、集中控制以及电厂综合自动化水平等方面提出了更高的要求。汽轮机液压调节系统以频率(转速)的偏差作为唯一的调节信号，调节过程中一个转速的变化对应于一个负荷的变化，不能实现无差调节。对于大容量机组，由于动态飞升时间常数的减小，动态特性变差，所以对调节系统的静态和动态特性提出了更高的要求。另外，随着电厂自动化水平的提高，必然采用集中控制、机炉协调的运行方式，液压调节系统也是不能满足要求的。电液调节系统控制部分元件采用电子元件，具有测量方便，运算、比较、综合能力强，运算速度快、精确度高的优点，还可以较方便地改变放大倍数、时间常数等，从而较方便地改变调节特性，满足机组不同运行方式的要求。因此电液调节系统在大型机组上被广泛采用。

电液调节系统发展的初期，曾经采用过功频电液调节系统，它实际上是一种模拟电压(或电流)来控制的系统，将其称为模拟电液调节系统则更加严格和准确。从本质上来讲，它仍属于常规调节系统。

我国汽轮机电液调节系统始于 20 世纪 60 年代初期，20 世纪 70 年代已应用在大型机组上，但因受电气部件可靠性的制约，限制了其广泛应用。

3. 数字电液调节系统

采用计算机控制技术和液压元件组成的调节系统，称为数字电液调节系统，简称数字电调。其组成特点是控制器用数字计算机，采用计算机控制技术进行数字运算和软件编程，实现各种功能的数字化，执行部件保留原有的液压部分不变，近年来，在分散控制系统发展的影响下，均采用了由分散控制系统组成的电调。

随着计算机技术的发展，以及计算机性能价格比的不断提高，用微型数字计算机来控制电液调节系统，很快便取代了尚未完善发展的模拟电液调节系统。这种新型数字电液调节系统(Digital Electrc Hydraulic Control System)习惯上简称 DEH 调节系统或数字电液调节系统。20 世纪 80 年代引进了数字电液调节系统 DEH-Ⅱ技术，并进行了国产化工作，20 世纪 90 年代初已在大型机组上投入使用。目前，汽轮机数字电液调节系统在我国被广泛采用。

所谓数字式控制的基本概念就是采用计算机技术进行数字运算和软件编程，实现各种控制功能。数字控制在通信、控制功能的扩展、故障诊断等方面比模拟控制有明显的优点。甚至模拟控制很难实现或不可能实现的功能，数字控制只要稍做软件修改即可方便地实现。因此，在生产过程中，数字控制逐渐成为自动控制的主要形式。数字式电液控制系统就是计算机数字式控制的输出通过电液转换环节，以液压动力驱动液压执行机构，控制被控制对象。

四、调节系统的工作原理及组成

1. 汽轮机调节系统的工作原理

图 7-3 所示为凝汽式汽轮机的调节系统原理及方框图。当外界负荷变动时，汽轮机转速也相应发生变化。当外界负荷减少时，则汽轮机转速上升 Δn，离心式调速器飞锤的离心力也相应增加，克服了弹簧的约束力，使滑环产生一个向上的位移 Δx，再通过杠杆的传递带动错油门滑阀上移 Δs，这时从主油泵来的动力油就进入油动机活塞的上部，而活塞下部的油则排向回油管道。活塞在其上下油压差的作用下向下移动，从而关小调节汽阀，减小汽轮机的进汽量，使机组功率与外界负荷相适应。与此同时，由于杠杆的反馈将错油门滑阀下移，使错油门滑阀回到中间位置。这样，当进出油动机活塞上下的油口(窗口)均被错油门滑阀上的凸肩所遮盖时，压力油不再与油动机相通，油动机活塞停止运动，此时调节系统达到新的平衡状态，整个机组就在升高了 Δn 的新转速系稳定运行。这就是常用的转速调节的基本原理。

现将组成调节系统的各部件以方框形式顺序排列，再按各部件的输入量和输出量的关系用直线连接并示以箭头方向，如图 7-3 所示。方框图可以清晰地表明系统中各元件的功能和信号传递情况，并能以数学形式将各部件的特性表达出来，进行分析研究。

汽轮机的调节系统与一般调节系统相同，都具有调节信号的感受机构。对于凝汽式汽轮机，根据转速进行调节的调速器就是转速感受机构；对于供热机组，其感受机构除了调速器-转速感受机构外，还有调压器-压力感受机构。为了更好地理解调节系统的基本工作原理，首先分析以下两个最简单的调节系统。

(1)直接调节系统

图 7-4 所示为汽轮机直接调节系统原理示意图。其调速器 1 由汽轮机主轴经过传动机构 8 带动，经杠杆 3 传动，并带动受转速变化的信号控制调节汽阀 5。当汽轮机外界负荷稳定时，则调节系统的各部件位置稳定在图 7-4 所示的位置，此时转速变化为零。

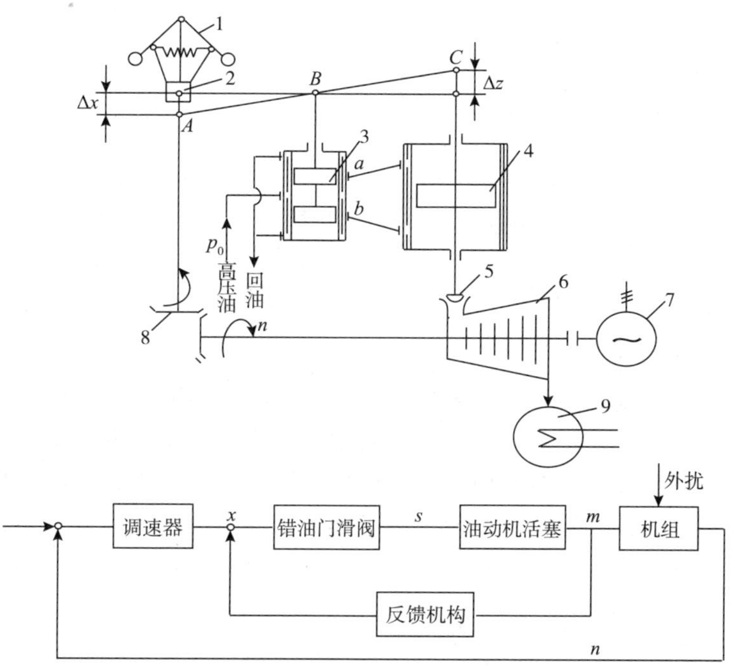

图 7－3　凝汽式汽轮机调节系统原理图及方框图

1—调速器；2—滑环；3—错油门滑阀；4—油动机活塞；5—调节汽阀；
6—汽轮机；7—发电机；8—传动齿轮；9—凝汽器

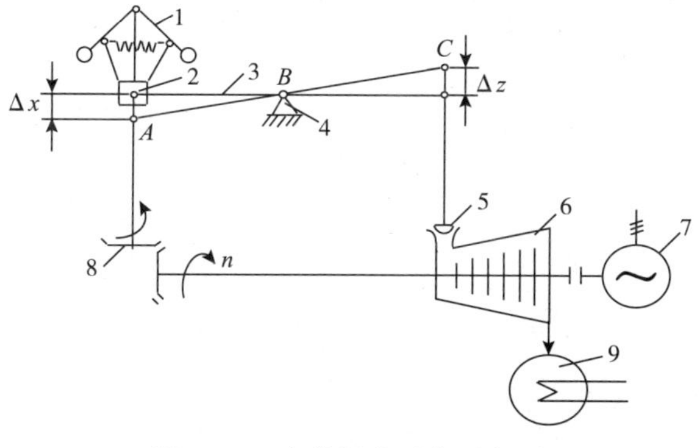

图 7－4　直接调节系统示意图

1—调速器；2—滑环；3—杠杆；4—支架；5—调节汽阀；
6—汽轮机；7—发电机；8—传动齿轮；9—凝汽器

当外界负荷增加时，则汽轮机转速降低，使离心调速器的飞锤的离心力减小向内收缩，调速器滑环自 A 点向下移动 Δx，滑环下移通过 B 支点 4 使杠杆 3 右端上移，开大调节汽阀 1 的开度，增大汽轮机的进汽量以适应外界新的负荷。当负荷减小时，调节系统动作过程与上述相反。该系统的基本工作原理可用方框图来表示，见图 7－5。

这种调节系统是基于调速器滑环的运动与调节汽阀由杠杆直接带动实现的自动调节，称为直接调节。其特点是组成调节系统的结构简单，在石油化工装置驱动泵与风机等小功率汽轮机中广泛应用。由于提升调节汽阀的力来自离心飞锤的离心力，通过杠杆传递，而从空负荷到满负荷的变化区间，转速变化范围不允许过大。

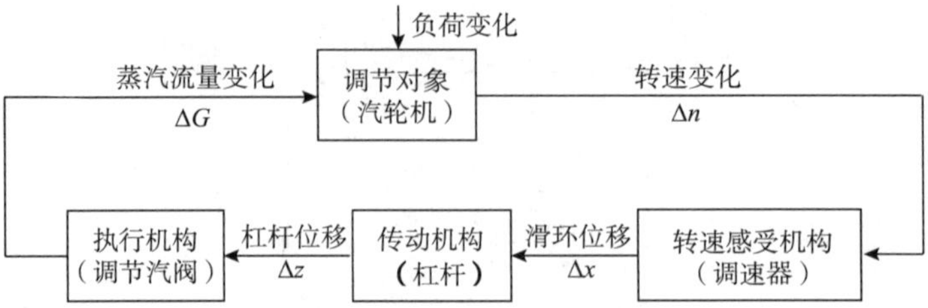

图 7-5 直接调节系统方框图

2. 间接调节系统

由于调速器滑环的提升力很小，在较大功率的汽轮机中，调速器无法直接带动调速器，因此需在调速器与调节汽阀之间增加中间放大机构，将调速器的工作能力提高，使其能带能较大的调节汽阀，这种具有中间放大机构的调节系统称之为间接调节系统。图 7-6 所示为最简单的一级放大间接调节系统，由于放大机构是液压式，调速器是机械式的，所以又称为半液压式调节系统。在间接调节系统中，调速器滑环带动的是错油门滑阀，再借助于压力油的作用，使油动机带动调节汽阀。

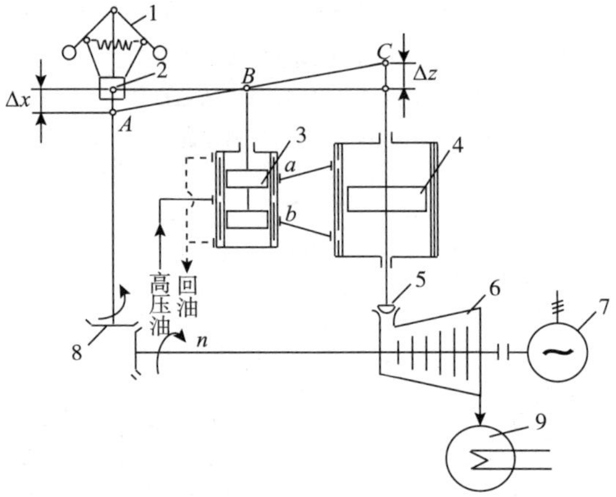

图 7-6 间接调节系统示意图

1—调速器；2—滑环；3—错油门滑阀；4—油动机活塞；5—调节汽阀；
6—汽轮机；7—发电机；8—传动齿轮；9—凝汽器

当外界负荷减小，机组转速升高时，调速器 1 的飞锤向外张开，调速器 1 的滑环 A 向上移动，通过杠杆带动错油门滑阀 3 向上移动，使高压油经错油门油窗口 a 进入油动机活塞 4 上腔室，其下腔室的高压油经错油门油窗口 b 与回油管道相通。于是，油动机活塞 4 在上下两侧油压差的作用下，带动调节汽阀 5 一起向下移动，关小调节汽阀 5，减少进汽量，汽轮机转速下降，使机组功率与外界负荷相适应。在油动机活塞下移的同时，通过杠杆带动错油门滑阀 3 向下移动，使滑阀恢复至居中位置时，重新切断了通往油动机的油路，油动机活塞和调节汽阀就停止运动。此时，调节系统处于新的平衡状态，机组就在新的工况下稳定运行。当外界负荷增加时，调节系统的动作过程与上述相反。

油动机活塞的运动是错油门滑阀的位移引起的，而油动机活塞的位移反过来又影响错油门滑阀的位移，这种作用称为反馈，这里的反馈元件为杠杆。因为这种反馈是要抵消调速器对错油门滑阀的作用的，故称为负反馈。如果没有这个负反馈，油动机将一直运动到死点，因而无法实现稳定的调节。因此，负反馈是间接调节系统中必不可少的环节。

图 7-7 所示为间接调节系统方框图。

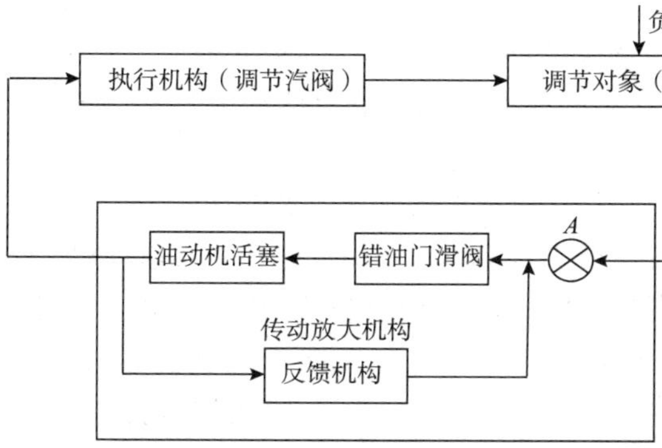

图 7-7　间接调节系统方框图

从以上分析可知，一个闭环的汽轮机自动调节系统根据其动作过程一般由转速感受机构、传动放大机构、执行机构(配汽机构)、反馈装置等组成，如图 7-8 所示。

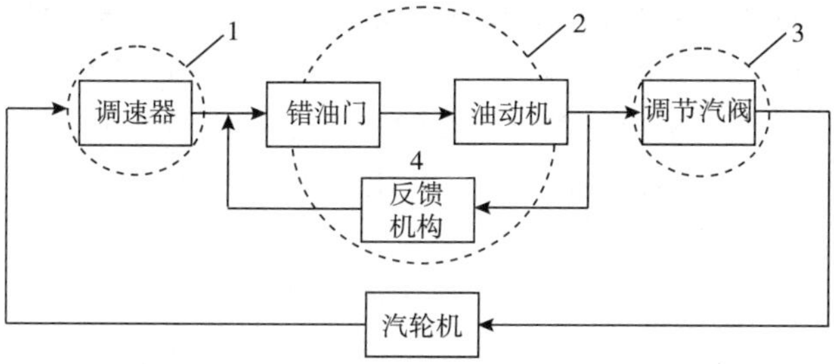

图 7-8　汽轮机调节系统的组成

1—感受机构；2—传动放大机构；3—执行机构；4—反馈装置

汽轮机调节系统各组成机构的作用是：

(1)转速感受机构：感受汽轮机转速的变化并将其变换成位移变化和油压变化的信号送至传动放大机构。转速感受机构通常又称为调速器。

(2)传动放大机构：能接受转速感受机构传来的信号，并将以放大，然后传递给执行机构。由于转速感受机构产生的信号微弱，不足以直接去驱动执行机构，因此必须将信号加以放大。

(3)执行机构(配汽机构)：能接受传动放大机构传来的信号，并以此改变汽轮机的进汽量。

(4)反馈装置：在汽轮机调节系统中，错油门滑阀的位移使油动机活塞运动。而油动机活塞的运动又反过来影响错油门滑阀的位移，形成反馈作用。为了保证调节系统的稳定性，在调节系统的传动放大机构中均设有反馈装置。反馈装置一般有机械反馈(杠杆反馈和弹簧反馈)和液压反馈(油口反馈)两种，不同的调节系统采用不同的反馈装置。

第二节　汽轮机液压调节系统简介

国产凝汽式汽轮机上采用的液压调节系统主要有三个类型：高速弹性调速器的液压调节系统、径向泵调速器液压调节系统、旋转阻尼调速器液压调节系统。现分别介绍上述液压调节系统，以了解液压调节系统整体概貌和调节系统各组成环节之间的相互关系。

一、高速弹性调速器液压调节系统

图 7-9 所示为高速弹性调速器液压调节系统的工作原理图。高速弹性调速器为转速感受机构，将转速变化信号转化为调速器挡油板的位移信号。当外界负荷减小，汽轮机转速升高时，调速器 1 由于转速升高，飞锤向外飞出，弹性钢带发生变形，使挡油板右移，加大了随动滑阀油喷嘴 2 与挡油板之间的排油间隙 s。压力油经节流孔板 a_1 进入随动滑阀的左腔室，形成油压 p_1，在稳态时 p_1 等于压力油的油压 p_p，使随动滑阀活塞左侧油压大于右侧油压，对随动滑阀产生一个向右的作用力，随动滑阀活塞随之右移，以确保挡油板与随动滑阀油喷嘴之间的间隙值保持不变。压力油还通过节流孔 a_1 和 a_2 进入随动滑阀右侧的油室，并从右侧油室经间隙 s 排向回油，于是在右侧油室建立油压 p_2，对滑阀产生一个向左的作用力。当喷油嘴排油间隙 s 增大后，使嘴嘴的排油面积增大，从而使随动滑阀右侧油室中的油压 p_2 降低，在油压差的作用下，使随动滑阀 2 活塞左侧的油压 p_1 大于右侧油压 p_2，随动滑阀活塞随之右移，使挡油板与随动滑阀 2 油喷嘴之间的间隙不变，随动滑阀右移通过杠杆传动使调速器滑阀(分配滑阀)3 也随之右移，使调速器滑阀上的排油口面积 A 增大。

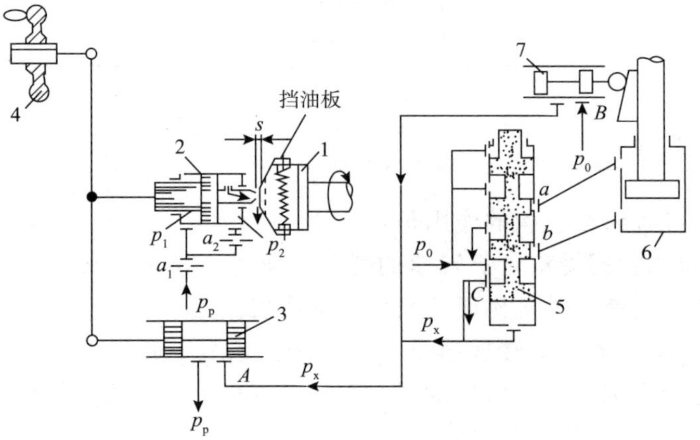

图 7-9　高速弹性调速器液压调节系统原理图

1—调速器；2—随动滑阀(差动滑阀)；3—调速器滑阀；4—同步器；5—错油门滑阀；6—油动机；7—反馈滑阀

该系统的控制油有两路来源：一路压力油来自反馈滑阀上的油口 B，另一路来自错油门滑阀 5 下端的所控制的油口 C，而油口 A 为排油口。排油口 A 泄油口面积增大，使控制油压 p_x 下降。此时错油门滑阀 5 的顶部与底部两端的作用力是相等的，致使错油门滑阀处于中间位置，遮断了通往油动机的油口 a 和 b，油动机活塞无运动，调节系统处于稳定状态。当控制油(脉冲油压)p_x 下降后，错油门滑阀承受的压力油向下作用力大于控制油压 p_x 的向上的作用力，破坏了错油门滑阀的平衡，于是错油门滑阀 5 将向下移动，打开油口 a 和 b，使油动机 5 活塞上腔室与压力油接通，活塞下腔室经错油门滑阀与排油相通。在油动机活塞在上下压差的作用下，使油动机活塞向下运动，通过执行机构关小调节汽阀的开度。在油动机活塞向下运动时，又通过反馈斜板的作用，使反馈滑阀 7 上的进油口 B 面积增大，控制油压 p_x 上升，于是又使错油门滑阀 5 向上移动。在稳定状态时，错油门滑阀又回到中间位置，堵住了通往油动机的油口 a 和 b，使油动机活塞停止运动，调节结束，调节系统在新的功率下重新处于平衡状态。当外界电负荷增加，机组转速下降，调节系统动作与上述相反。

错油门滑阀油口 C 起到负反馈作用。当控制油压 p_x 下降时，错油门滑阀下移，油口 C 面积增大，促使 p_x 回升，从而限制了错油门滑阀的向下移动速度，使整个调节过程比较平稳。当调节过程结束，错油门滑阀又回到中间位置，错油门滑阀油口 C 面积又回到原来的大小，反馈作用消失。即错油门滑阀油口 C 面积仅在调节过程中发生变化，稳定时为一常数。这种仅在动态调节过程中起反馈作用的反馈，称为动反馈。

反馈滑阀油口 B 也起到负反馈作用，其面积在调节系统稳定后，仍不能恢复到动作前的数值，亦即反馈作用依然存在，这种反馈称为静反馈或刚性反馈。错油门滑阀油口 C 和反馈滑阀油口 B 均是通过液压来传递反馈信号的，故又将它们所起的反馈作用，称为液压反馈。

二、径向泵调速器液压调节系统

图 7-10 所示为径向泵液压调节系统工作原理图。径向泵(也称脉冲油泵)是转速感受机构。径向泵实际上是一台离心式油泵，根据离心油泵的工作原理，泵的出口油压与转速的平方成正比。

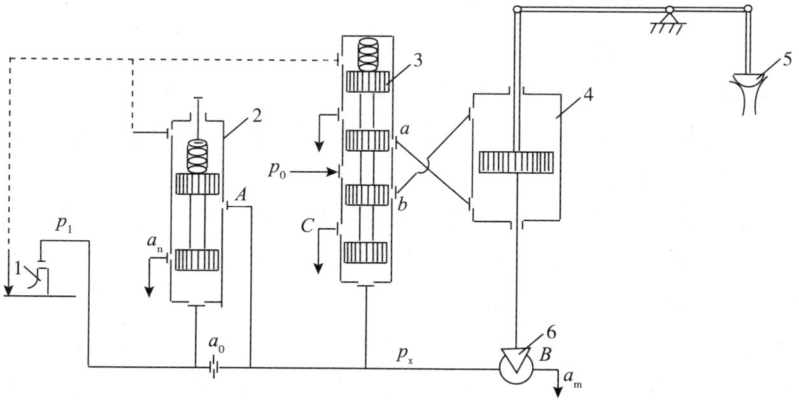

图 7-10　径向泵液压调节系统

1—径向泵；2—压力变换器；3—错油门滑阀；4—油动机；5—调节汽阀；6—反馈油口

如图 7-10 所示径向泵的入、出口分别与压力变换器 2 的上、下部腔室相连。稳定状态时，压力变换器活塞上下的压差与弹簧力相平衡。径向泵出口压力油一路通至压力变换器 2 活塞的下部腔室，作为转速变化的脉冲信号，而压力变换器活塞上部腔室通往通至径向泵入口，因此压力变换器活塞的上下存在着一个压差，其数值即为径向泵进出口的油压差。这个压差产生的向上作用力与活塞上部弹簧的向下的作用力相平衡。

径向泵出口压力油的另一路经过一个节流孔 a_0 减压后作为控制油，通至错油门滑阀的下部腔室，错油门滑阀上部与径向泵进口相通。然后一部分从压力变换器活塞控制的泄油口 a_n 流回油箱，另一部分从油动机活塞下部套筒控制的反馈泄油口 a_m 泄掉，形成控制油压 p_x。通至滑阀 3 的下部油腔室，而滑阀 3 的上部与油泵的进口相通。稳定状态下，滑阀上下油压差产生的作用力与上部的弹簧力相平衡，使滑阀处于中间位置，阻断了通向油动机活塞上下腔室的油路 a 和 b，油动机活塞稳定某一位置不动。

当外界负荷减少，汽轮机的转速升高时，与汽轮机同轴的径向泵 1 出口一次油压 p_1 也随之升高，压力变换器活塞上的力平衡被破坏，导致活塞上移，使其控制油的泄油口 a_n 面积变小，控制油压 p_x 升高，滑阀 3 向上的作用力大于向下的作用力，使滑阀上移，打开通向油动机的油口 a 和 b。压力油经油口 a 进入油动机活塞的下腔室，油动机活塞的上腔室与回油相通，油动机活塞在压差的作用下向上运动，关小调节汽阀 5，减小汽轮机进汽量，汽轮机发出的功率减小，使新的功率与外界负荷相适应。

当油动机活塞向上运动的同时又带动活塞下部的反馈套筒上移时，开大了反馈套筒所控制控制油泄油口 a_m，使控制油压 p_x 降低，滑阀向下移动。当最后达到平衡状态时，控制油压 p_x 重新恢复到动作前的原始数值时，滑阀又回到中间位置，重新封住通往油动机的油口 a 和 b，重新关闭去油动机的油口，油动机活塞停止运动，调节过程结束。

当外界电负荷增加时，机组转速下降，调节系统动作与上述相反。

油口 a_m 面积的变化对控制油路乃至滑阀，是起反馈作用的，由于通过液压传递的，所以称为液压反馈。油动机活塞下面的套筒称为反馈套筒，油口 a_m 称为反馈油口。

径向泵液压调节系统采用两级放大：一级放大是继流式压力变换器，二级放大是断流式错油门—油动机。

三、旋转阻尼调速器液压调节系统

图 7－11 为旋转阻尼调速器液压调节系统工作原理图。该系统主要由旋转阻尼、放大器、伺服机构(继动器、错油门滑阀及油动机)和调节汽阀等元件组成。在该系统采用旋转阻尼 2 作为转速感受机构。旋转阻尼实际上也是一台逆流式离心泵，它的输出油压(一次油压 p_1)与转速的平方成正比。

主油泵输出压力油送往四处：一路压力油经滑阀 4 作为油动机动力油；一路经可调节针形阀 a_1 节流后进入旋转阻尼室，通过旋转阻尼外缘进入阻尼管，从轴芯排出，于是在针形阀 a_1 后形成一次油压 p_1；另一路压力油经过固定的节流孔 a_2 后形成二次油压 p_2，二次油压 p_2 作用在放大器的蝶阀 a，并从放大器蝶阀与二次油室之间的间隙 s_2 中泄出，二次油压 p_2 还作用于继动器 7 的活塞上部；最后一路压力油经另一节流孔 a_3 供至错油门滑阀 4 的上部油室，形成三次油压 p_3(继动油压)，然后通过继动器 7 所控制的蝶阀和错油门滑阀 4 之间的间隙 s_3 后从滑阀中心孔向下排出。

当外界负荷减小，汽轮机转速升高时，与汽轮机同轴的旋转阻尼产生的油压增大，使一次油的排油量减少，一次油压 p_1 随之升高。一次油压 p_1 经波纹管 A 作用在平衡板 10 上。由于一次油压 p_1 的升高，破坏了原来的平衡板 10 上各作用力的平衡，使平衡板绕支点逆时针旋转，弹簧松弛波纹筒上移，同时杠杆带动蝶阀上移，于是放大器碟形阀 B 的排油间隙 s 增大，二次油压室中的排油量增加，使二次油压 p_2 下降，破坏了继动器 7 活塞上二次油压作用力与反馈弹簧 8、9 作用力的平衡，于是继动器活塞上移，这样又使继动器活塞下端三次油的排油间隙增大，三次油压 p_3 下降，滑阀 4 上部油压降低，在其下部弹簧力作用下向上移动，打开油口 e 和 f，压力油通过滑阀进入油动机活塞 5 上部，而油动机活塞下部与排油相通。于是在油动机活塞在其上下油压差的作用下向下运动，通过杠杆关小调节汽阀。汽轮机进汽量减小，汽轮机发出功率减少量，直至与外界负荷相适应。

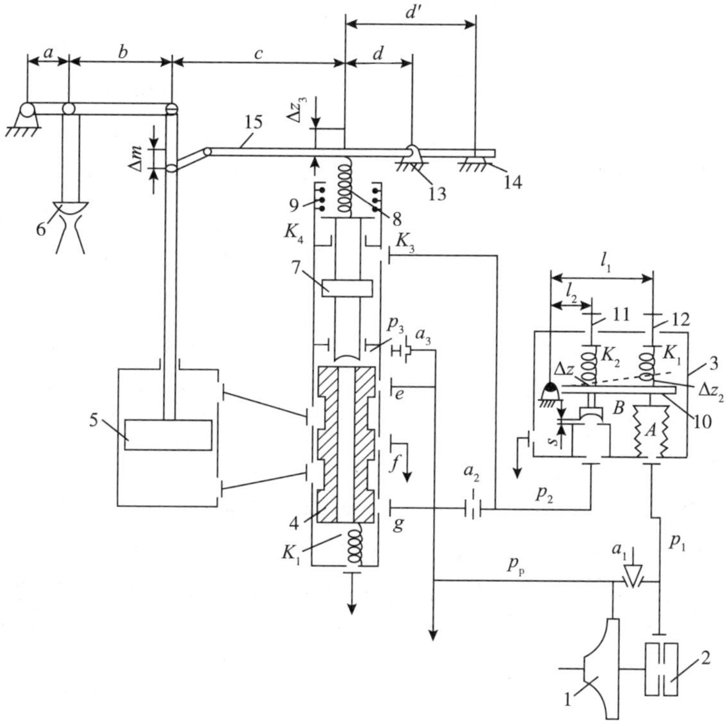

图 7－11　旋转阻尼液压调速系统

1—主油泵；2—旋转阻尼；3—放大器；4—滑阀；5—油动机；6—调节汽阀；7—继动器；8—静反馈弹簧；9—动反馈弹簧；10—放大器平衡板；11—主同步器；12—辅助同步器；13—可调支点；14—固定支架；15—反馈杠杆

在油动机活塞向下运动的同时带动反馈杠杆 15 下移，减小反馈弹簧 8 的拉力，使继动器活塞下移，三次油压 p_3 又恢复到原来的数值时，滑阀 4 又处于中间位置，遮断了油动机油口，油动机活塞停止运动，调节系统又处于新的稳定状态。动反馈弹簧 9 上端与继动器外壳固定，其只有在继动器活塞动作时才起反馈作用，一旦激动器活塞复位后，该反馈作用消失，故弹簧 9 称为反馈弹簧。反馈弹簧只在调节过程中起到反馈作用，稳定状态时不起作用。

当外界负荷增加时，汽轮机转速下降，调节过程与上述相反。

第三节　液压调节系统机构及其静态特性

工业汽轮机的液压调节系统，一般都由转速感受机构、传动放大机构和执行机构（配汽机构)等三部分所组成。

一、转速感受机构

转速感受机构又称调速器，它直接感受汽轮机转速的变化，输出一个比例于转速变化的物理量。常用的转速感受元件有高速弹性调速器、径向泵离心调速器和旋转阻尼调速器。前者属于机械式转速感受机构，后两者属于液压式转速感受机构。

(一)机械离心式调速器及其静态特性

在机械离心式调速器中又分低速重锤离心式调速器和高速弹性调速器两种。

低速重锤离心式调速器由飞锤、弹簧、滑环等组成。它是按重锤的离心力随转速变化的原理进行工作的，即调速器旋转时，重锤的离心力与弹簧力相平衡，滑环则停留于某一位置。当转速增加时，重锤的离心力增大而外张，拉伸主弹簧使滑环上移，即将转速变化信号转换为滑环位移信号。这种调速器工作转速低，摩擦力大、磨损多且灵敏度低，因而只用在小机组上。

图 7-12 所示为高速弹性调速器的结构简图。其主要由飞锤、挡油板(调速块)、钢带(弹簧板)、弹簧等组成。其安装于汽轮机转子的前端，工作转速为 3000r/min，因此不需要减速装置，就可以直接与汽轮机转子连接。工作时飞锤的离心力直接被弹簧 6 的拉力所平衡。当汽轮机转速变化引起飞锤离心力改变时，将使弹簧缩短或拉长，同时引起钢带(弹簧板)5 变形。钢带的变形使固定在钢带上的挡油板移动，输出位移信号。挡油板的位移则控制随动滑阀喷油嘴的排油面积，挡油板的位移是高速弹性调速器的输出量。由此可见，挡油板就相当于低速重锤离心式调速器的滑环。钢带弯成拱形，两端固定在弹簧中心支架上，而弹簧中心支架又直接与汽轮机转子连接在一起，在钢带两端装有飞锤，两飞锤之间用弹簧连接起来。

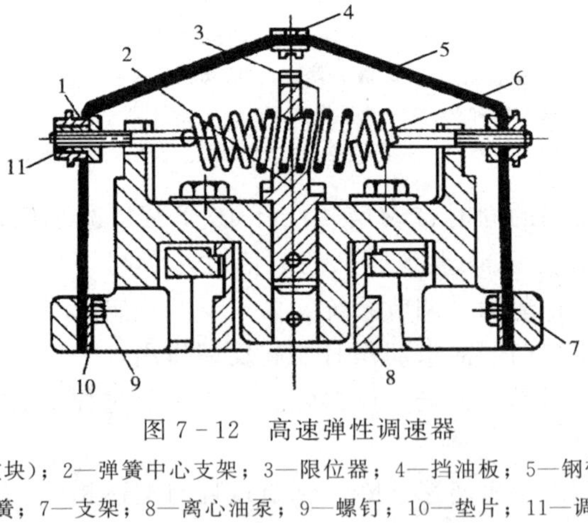

图 7-12 高速弹性调速器

1—飞锤(重块)；2—弹簧中心支架；3—限位器；4—挡油板；5—钢带(弹簧板)；6—弹簧；7—支架；8—离心油泵；9—螺钉；10—垫片；11—调节螺母

图 7-13 所示为高速弹性调速器的工作原理。调速器的轴 1 端部固定着钢带 2，钢带 2 绕着它的一个直径旋转。在与钢带的旋转轴垂直的另一直径的两端固定着飞锤 3。当转速升高或降低时，飞锤受离心力的作用向外伸张或向内收缩，从而使安装在钢带上的挡油板 4 发生轴向位移。挡油板的移动会改变溢油口的间隙值的大小。当溢油口间隙为 a 值时，随动滑阀处于平衡状态，在转速升高时，挡油板向右移动，于是溢油口间隙大于 a 值，从

而使 b 室油压下降，因而随动滑阀向右移动直至间隙等于 a 值，又重新处于平衡状态。反之，当转速下降时，动作过程与上述相反，随动滑阀向左移动。调速器将汽轮机转速的变化为挡油板位移的信号，再经随动滑阀将位移信号转变为一次脉冲油压信号。

图 7-14 所示为高速弹性调速器的静态特性曲线。它是一条二次曲线，在调速器工作转速(2800～3200r/min)范围内，可近似看作为一直线。这种调速器可从转速为 0 开始，即有位移输出，其工作转速范围在 0～3600r/min。在 3000r/min 附近时，挡油板位移 1mm 大约相当于转速变化(156±15)r/min。在 3000r/min 时，挡油板设计位移值为 8.77mm，制造厂要求此位移值应在(9±0.40)mm，如图 7-14 所示。

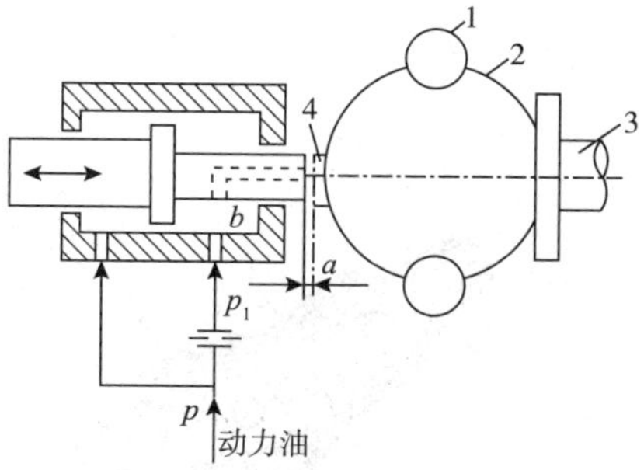

图 7-13　高速弹性调速器的工作原理

1—轴；2—弹簧片；3—飞锤；4—挡油板

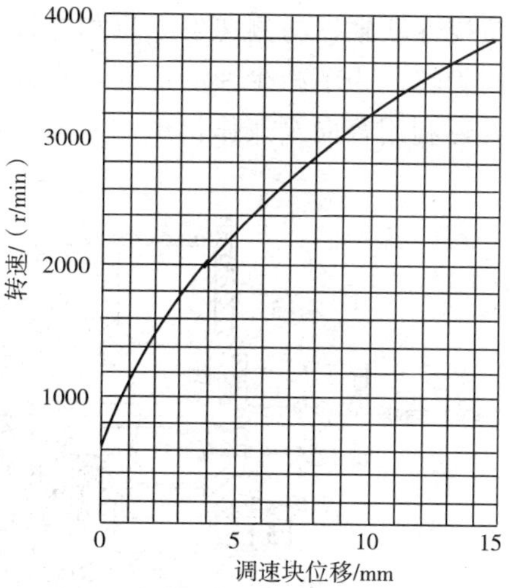

图 7-14　高速弹性调速器的静态特性

高速弹性调速器的静态特性反映了稳定时弹簧的支持力与飞锤的离心力相平衡，故改变调速器的弹簧预紧力，在同样挡油板(或滑环)位置下，对应的转速必然改变。预紧力越大，对应的转速就越高，即静态特性曲线发生平移。

挡油板(或滑环)的位移反映了弹簧的变形，弹簧的刚度越大，在同样的转速变化下其变形就越小，引起的挡油板位移也相应变小，即在同样的输入量变化的情况下，输出量的变化减小了，显然，调速器的静态特性斜率将变大。

由上述分析可知，通过改变调速器弹簧的预紧力可以平移其静态特性线，而通过改变调速器弹簧的刚度，则能改变静态特性的斜率。

高速弹性调速器特点是：①工作转速可以从零开始，可以全行程调节；由于以钢带的弹性变性代替了一般调速器的铰链运动；②这种调速器完全消除了零部件的摩擦或磨损，因而迟缓率低(ε<0.1%)，灵敏度高，工作可靠；③调速器由汽轮机转子直接带动，无需减速机构，因此结构简单，使用可靠，稳定性好。其缺点是制造工艺精度要求高，所以损坏时现场难以检修和调试。

高速弹性调速器的静态特性是指稳定工况下调速器的转速与挡油板(或滑环)行程之间的关系。讨论其静态特性时，应讨论作用在调速器上的各种作用力及其平衡关系。作用在调速器上的力主要有三个：第一个是飞锤、杠杆以及弹簧本身在旋转时所产生的离心力；第二个是弹簧力和重力，又称约束力，其中以弹簧力为主要的约束力；第三个是摩擦力。

(二)液压式调速器及其静态特性

1. 径向泵调速器及其静态特性

图 7-15 所示为径向泵(也称径向钻孔泵、脉冲油泵、调速泵)调速器。它是基于离心油泵工作原理的转速感受机构，其主要由泵轮、泵体、稳流网、油封环和测速装置等组成。汽轮机主轴带动的泵轮是一个钻有若干个径向孔的轮盘，泵轮出口加装一个环形稳流网，以消除信号油压的波动。制造厂在进行径向泵出口油压波动试验时，其波动值可控制在 0.002～0.003MPa 范围内，既能满足调节系统工作的需要。径向泵的入口与主油泵入口连接在一起，由注油器供油，设计油压为 0.8～1.0MPa。泵轮的吸入口加装了导流杆，通过弹簧挠性联轴器与测速发电机相连接。泵轮通过联轴器连接在主油泵轴端上与汽轮机转子一同旋转。为了减少油的泄漏，在泵轮与泵体之间设有三个浮动油封环有些中、小型汽轮机，还利用径向泵兼作机组的主油泵。图 7-16 所示为径向泵外形图。

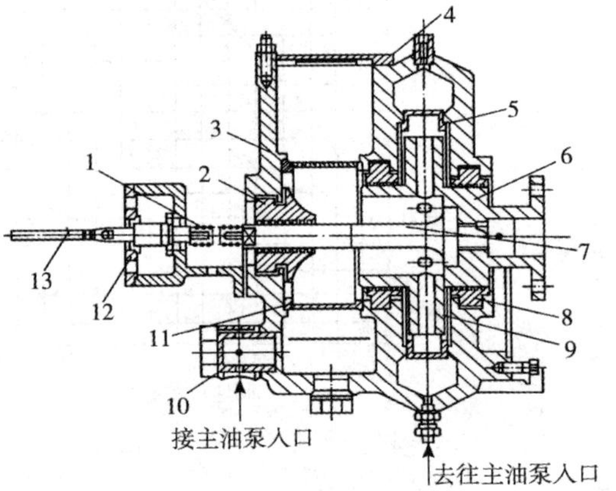

图 7-15　径向泵结构图

1—挠性联轴器；2、8、9—油封环；3—泵体；4—溢流盖；5—稳流网；6—泵轮；7—导流杆；10—特制连接管；11—入口网；12—测速装置；13—导杆

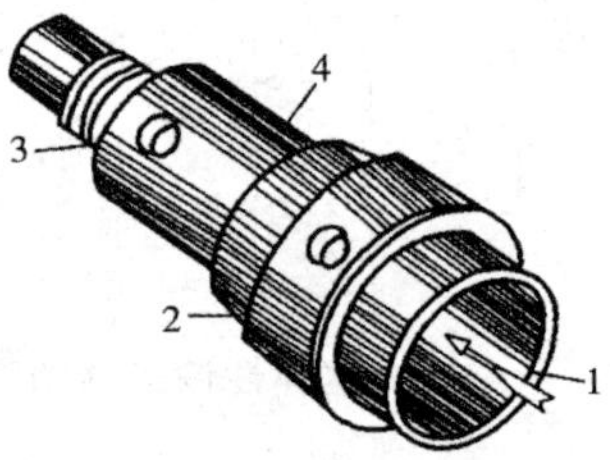

图 7-16　径向泵的外形图

1—进油口；2—出油口；3—危急保安器；4—泵体

径向泵的静态特性是指在稳定状态下，汽轮机转速(输入信号)与径向泵的进出口压力差(输出信号)的关系。在管道阻力特性基本不变的情况下，泵的进出口压力与转速的关系为

$$\Delta p = p_2 - p_1 = An^2 \qquad (7-2)$$

在管道阻力特性基本不变的情况下，径向泵的静态特性曲线如图 7-17 所示。在径向泵的工作转速范围内，可近似认为静态特性曲线是一直线。

图 7-18 所示曲线 A 和 B 表示不同转速下径向泵的 $p-Q$ 特性曲线，若阻力特性线为Ⅰ，当转速由 n_1 升高到 n_2 时，工作点由 1 移到 2，油泵进出口油压差分别为

$$\Delta p_1 = p_{11} - p_2 = An_1^2$$

$$\Delta p_2 = p_{12} - p_2 = An_2^2$$

式中　p_{11}、p_{12}——转速为 n_1、n_2 时，油泵的出口压力，MPa；

p_2——油泵的进口压力，MPa。

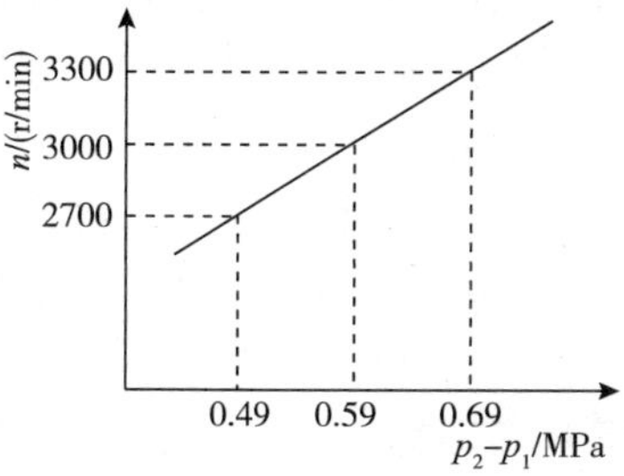

图 7－17　径向泵调速器静态特性曲线

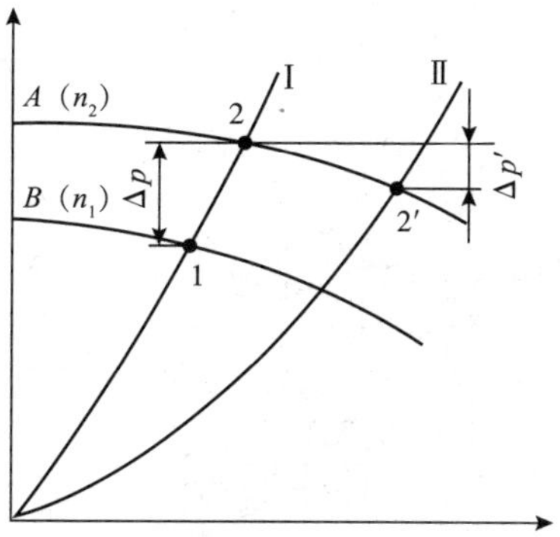

图 7－18　阻力特性改变对径向泵调速器的影响

因此，当转速变化一个微小值 Δn 时，即 $n_2=n_1+\Delta n$，油泵进出口油压差的变化量为

$$\begin{aligned}\Delta p &= \Delta p_2-\Delta p_1=A(n_2^2-n_1^2)\\ &=A(n_1^2+2n_1\Delta n+\Delta n^2-n_1^2)\end{aligned}$$

由于 $2n_1\Delta n>\Delta n^2$，Δn^2 可忽略不计，则

$$\Delta p\approx 2An_1\Delta n$$

因为 $p_{11}-p_2=An_1^2$，所以上式可写成：

$$\frac{\Delta p}{p_{11}-p_2}=\frac{2An_1\Delta n}{An_1^2}=2\frac{\Delta n}{n_1} \tag{7-3}$$

由上式可知，当转速变化不大时，油泵进出口油压差的变化量的相对值与转速变化量的相对值呈线性关系，并且进出口油压差变化量的相对值要比转速变化量的相对值大 1 倍。即转速升高 10％时，进出口油压差要增加 20％。因此，径向泵出口油压作为转速感受信号，也有两倍放大作用。

上述结论只有在管道阻力特性一定情况下才是正确的。实际上流量与泵出口油压特性曲线不可能是一条平行于流量 Q 轴的直线。随着流量的增加，油泵内阻力随流量平方增加，使泵出口油压随流量增加而降低。$p-Q$ 特性线是一条随流量 Q 增加，使出口油压 p 微微下跌的二次曲线。若由于某种原因，阻力特性曲线从Ⅰ变为Ⅱ，虽然转速保持在 n_2 不变，工作点将由 2 变到 2′，产生一个油压变化 $\Delta p'$，显然这个油压变化不是由于转速变化引起的，而是由阻力变化引起的，所以会引起调节系统不正常的动作。为缩小这种不利影响，应尽量采用。$p-Q$ 特性线平坦的油泵作信号泵，此外应减小信号泵供油量的变化，为此大型机组就另用一台离心式主油泵供油。

径向泵作为感应元件具有结构简单、制造维修方便，灵敏度高及迟缓率小，泵的特性曲线较平坦的优点。其不足是有时会出现油压低频周期性波动，作为主油泵供油时效率太低（＜25％）。在小型汽轮机上才作为主油泵及信号泵兼用，在大中型机组中，只作为信号泵。

2. 旋转阻尼调速器及其静态特性

图 7－19 所示为旋转阻尼调速器的结构图。旋转阻尼的工作原理与径向泵基本相似，实际上它是一个逆流的离心泵，也是基于离心式油泵工作原理的转速感受机构，旋转阻尼作为感受机构通过螺纹连接直接与主轴装配在一起。其主要由阻尼壳、阻尼体、阻尼管、针形节流阀等组成。在旋转阻尼体上径向均匀地布置了八根阻尼管，主油泵的高压油经可调节针形阀节流后进入旋转阻尼的环形一次油压室内，为保证一次油压与转速的平方成正

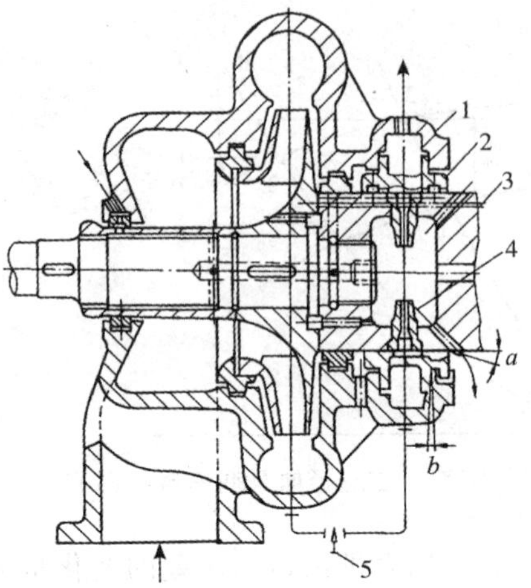

图 7-19 旋转阻尼调速器

1—阻尼壳；2—阻尼体；3—油封环；
4—针形节流阀；5—阻尼管

比，必须让阻尼管始终充满油，故恒有一些油从阻尼管由外向内倒流而排油，另有一部分油由油封环的径向间隙和轴向间隙排出由于油倒流内腔的阻力是由旋转离心力而产生，故这种装置称为旋转阻尼。这时的压力油克服阻尼器旋转时所产生的离心力的阻力，经阻尼管流入阻尼器的中心后，再经排油孔排入前轴承箱。当汽轮机转子旋转时，阻尼管中油柱亦随之旋转，产生离心力，阻止排油，于是阻尼管外油室中的油压升高，即形成一次油压 p_1。旋转阻尼调速器就是以转速变化引起一次油压变化作为脉冲信号的。该信号经过放大，进行汽轮机转速的调节。

旋转阻尼调速器的静态特性是指在稳定状态下，汽轮机转速信号(输出信号)与阻尼管外室中的一次油压 p_1(输出信号)的关系。若忽略油流动中的阻力损失，则一次油油室中的压力便等于旋转阻尼管中油柱的离心压头，即

$$p_1 = \int_{R_1}^{R_2} \rho R \omega^2 \mathrm{d}R = \frac{1}{2}\rho(R_1^2 - R_2^2)\left(\frac{2\pi n}{60}\right)^2 \quad (7-4)$$

式中 ρ——油密度，kg/m³；

R_1——旋转阻尼的阻尼管外径，m；

R_2——旋转阻尼的阻尼管内径，m；

n——汽轮机转速，r/min。

可见一次油压 p_1 与转速 n 的平方成正比，其关系曲线是一条二次曲线。旋转阻尼调速器的静态特性曲线，如图 7-20 所示。如在其工作转速范围内，转速与一次油压可近似看成为一直线关系。

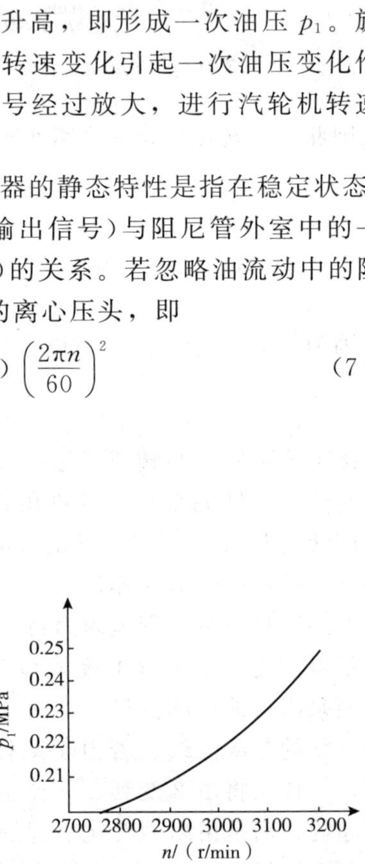

图 7-20 旋转阻尼调速器静态特性曲线

旋转阻尼调速器作为调速感应元件，具有结构简单、灵敏度高、工作可靠等优点。其缺点主要是出口油压值或一次油压容易波动，会引起调节系统摆动。

(三)乌德瓦特(Woodward)PG-PL 型调速器

美国 Woodward 公司生产的 Pressure Compensated Governor Pipe Line 型(波纹管压力补偿调速器)，简称 PG-PL 型调速器。此种型式调速器适用于驱动压缩机组类汽轮机，我国引进的大化肥、乙烯装置的汽轮机-压缩机组广泛采用了这种调速器。其特点是压缩机进口或出口压力变化通过空气讯号反映给调速机构，使汽轮机的转速适应负荷变化。它是一种机械式离心调速器，采用软反馈的机械液压调节系统，构成无差调节系统，即可用手动操纵同步器使汽轮机单独运行，也可通过波纹管接受风压信号进行远方控制，如图 7-21 所示。其调速调节范围为 250～1000r/min。

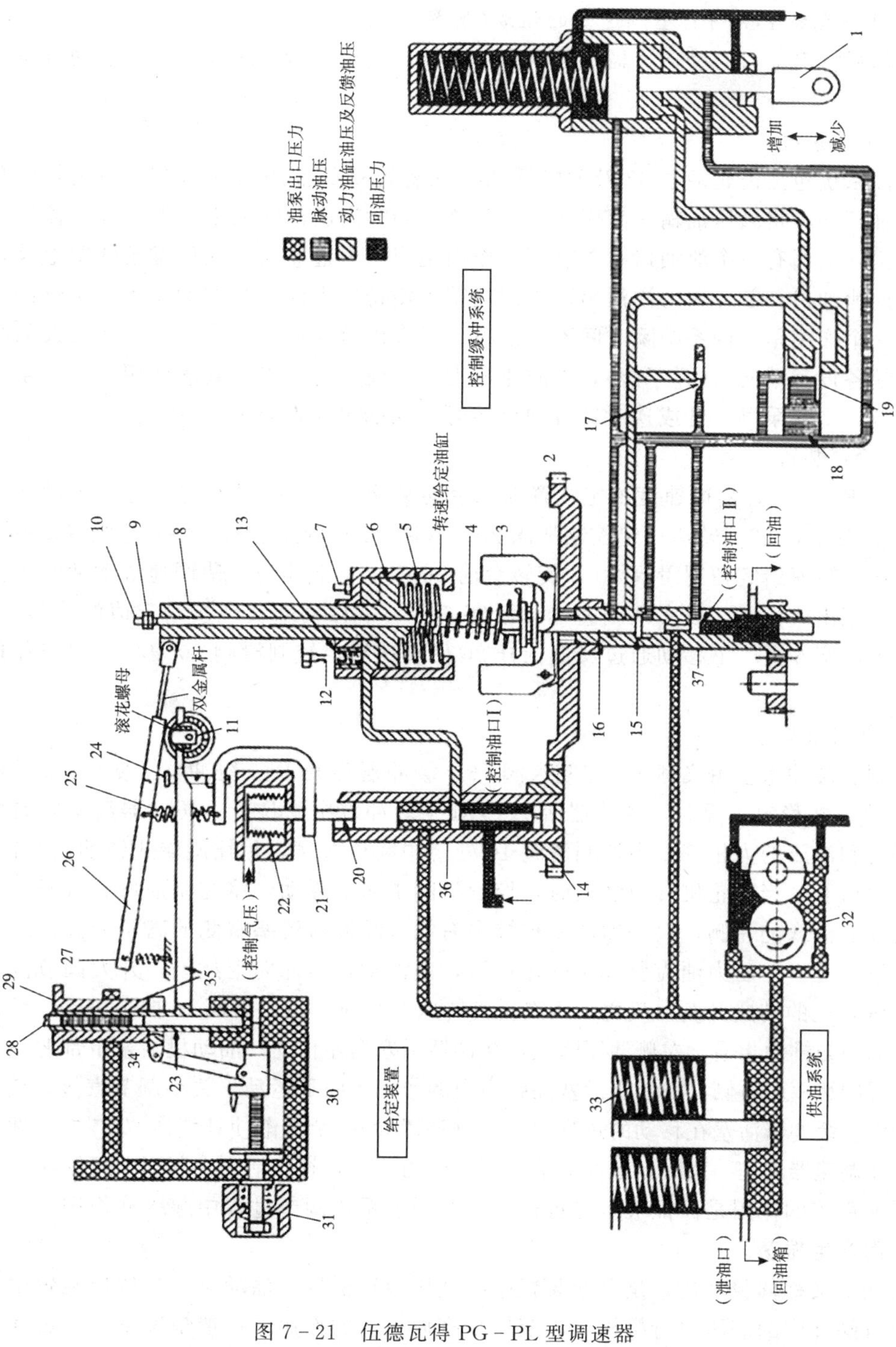

图 7-21　伍德瓦得 PG-PL 型调速器

1—油动机活塞；2—大齿轮；3—飞锤；4—调速器弹簧；5—弹簧；6—调速继动活塞；7—活塞限位螺钉；8—活塞杆；9—停车螺母；10—停车杆；11—可调支点；12—限制阀调整螺钉；13—最高转速限制阀；14—小齿轮；15—补偿活塞；16—控制滑阀；17—补偿针阀；18—缓冲器弹簧；19—缓冲器活塞；20—转速给定控制滑阀；21—连杆；22—波纹管；23—最高转速限位销钉；24—手动低转速限位螺钉滚花螺母；25—反馈弹簧；26—反馈杠杆；27—弹簧；28—最高转速限位调整螺钉；29—手动转速调整螺母；30—移动螺母；31—手动转速调整旋钮；32—齿轮油泵；33—蓄能器；34—限位环；35—手动转速给定器结构；36—转速给定控制套筒；37—旋转式错油门套筒

1. 乌德瓦特 PG－PL 型调速器的组成(见图 7－21)

乌德瓦特 PG－PL 型调速器主要有供油系统、给定装置、缓冲装置、油动机及变速机构等组成。

(1)供油系统

供油系统包括齿轮油泵 32 及蓄能器 33，其标准型的油压为 0.68MPa。齿轮油泵由汽轮机主轴驱动，将高压油输入高压油管路系统，同时高压油通入蓄能器。蓄能器活塞上部装有弹簧，侧面有一个泄油口。蓄能器的作用是当压力过高时，油压推动活塞上移，直到打开侧面泄油口，部分压力油泄出，流回油箱，使得压力油系统的油压不至于过高；蓄能器的另一个作用是当油系统瞬时间不供油时，可以由蓄能器暂时来补充。在油泵的吸入端和排出端各设有单向阀(弹子阀)，以防止压力油倒流。这种单向阀的作用不受油泵旋转方向的影响，当油泵顺时针或逆时针方向旋转时，阀的单向效果依然不变。

(2)给定装置

PG－PL 型调速器的速度给定装置即能手动又能气动。速度给定装置由手动转速给定机构 35、波纹管 22、转速给定控制滑阀 20、套筒 36 和调速继动活塞 6 等组成。手动或气动信号输入转速给定控制滑阀 20 在旋转套筒 36 中上、下移动，使调速继动活塞 6 上部油腔中的油流出或注入，以实现调速继动活塞 6 上、下移动来实现按给定值的调整。同时，调速继动活塞 6 上、下移动通过反馈杠杆 26 使转速给定控制滑阀 20 复位，以封住控制油口Ⅰ。

(3)缓冲装置

控制、缓冲系统由飞锤 3、控制滑阀 16、缓冲器弹簧 18、缓冲器活塞 19 及补偿针阀 17 等组成。在稳定工况时，缓冲器活塞 19 处于缓冲缸中间位置，缓冲器活塞左右两侧受到弹簧力和油压的力相等。当控制滑阀 16 处于中间位置时，封住旋转式错油门套筒 37 上的控制油口Ⅱ。当汽轮机转速降低时，控制滑阀 1 向下移动，将控制油口Ⅱ打开，高压油进入缓冲器活塞的左侧，缓冲器活塞被推向右侧，缓冲器活塞右侧的高压油被挤入油动机活塞 1 下部腔室，压力油克服弹簧的作用力，使油动机活塞向上运动，开大调节汽阀的开度，使汽轮机的转速升高。反之，当汽轮机转速升高时，控制滑阀 16 向上移动，缓冲器活塞左侧的油与排油相通，左侧油压降低，缓冲器活塞向左移动，油动机活塞下部腔室的高压油进入缓冲活塞的右侧，油动机活塞在弹簧力的作用下向下运动，关小调节汽阀，使汽轮机转速降低。缓冲器活塞在移动的过程中，通过补偿针阀 17 逐渐使补偿活塞 15 左右两侧油压相等。在调速器动作结束时，缓冲器活塞两侧受力平衡，补偿活塞又回到中间位置。

缓冲系统的作用是保证机组运行稳定，在调节系统调节过程中起缓冲作用，以免调节量过大而产生振荡。

油动机又称伺服马达，是调速装置中的液压执行机构。油动机 1 是调速装置中用来控制调节汽阀开度的液压执行机构，起液压功率放大器的作用。一般情况下，通过油动机活塞的运动带动杠杆去控制调节汽阀的开度。在工业汽轮机中，调速器的输出不足以启闭汽轮机调节汽阀的开度，还需要通过液压放大机构(错油门、油动机)去改变调节汽阀的开度。

(4)变速机构

当机组需要改变转速时，变速机构是受信号风压的变化而导致改变调速器弹簧的预紧力，来达到改变转速的目的。PG-PL调速器变速机构除了气动元件调速外，还可以采用手动调速旋钮进行调速，并可以将汽轮机的转速调节到正常转速范围的任何数值。

根据乌德瓦特调速器的型号不同，变速机构的型式也不相同，PG-PL调速器变速机构采用的是气动元件，气动元件分为金属膜片式和波纹管式。从实际应用来看，波纹管式的效果较好，可以消除迟滞现象。波纹管式变速机构由波纹管、转速给定控制滑阀、调速继动活塞、复位杠杆等组成。该调速器的速度整定值取决于调速器弹簧的压缩性，即又取决于调速继动活塞的位置。因而当需要改变调速器速度整定值时，只要改变调速继动活塞位置就可以达到。转速给定控制滑阀控制调速继动活塞上部油的进出，调速导阀柱塞20向下移动，压力油进入调速继动活塞6上部，迫使调速继动活塞6向下移动，对调速器弹簧4进行压缩，增加了调速器速度整定值。复位杠杆的一端连接在调速继动活塞杆8的顶部延伸段，另一端有一加载弹簧将复位杠杆往下拉，以保证始终与滚动轴承支点相接触。当调速继动活塞6向下移动时，复位杠杆绕滚动轴承支点转动，增加复位弹簧5向上的拉伸力。当复位弹簧拉伸力所增加的净值，等于空气信号压力增加而引起的向下力的增量正好相等时，则转速给定控制滑阀20将恢复到中间位置。此时流向调速继动活塞的压力油即停止，停止运动，调速继动活塞也停止运动，起到反馈作用。

空气压力输入信号与波纹管部件相连接，空气压力输入信号的变化通过一个机械连接装置与转速给定控制滑阀相连。输入信号压力的变化引起波纹管运动，转速给定控制滑阀也相应随着移动，因而改变了调速器速度整定值。若空气信号压力增加，导致波纹管部件的压缩，使转速给定控制滑阀下降，压力油流入调速继动活塞上部，使调速继动活塞向下运动，压缩调速器弹簧，调速器速度整定值增加。

当空气信号压力(信号风压)减少时，复位弹簧5顶起转速给定控制滑阀20，油从调速继动活塞6泄出，使调速继动活塞6上移，减少调速弹簧4的变形，调速器的转速整定值减少。复位杆杆的右端随着调速继动活塞6的运动而向上移动，使得复位弹簧5向上的力减少；转速给定控制滑阀20便回到它的中间位置，调速继动活塞6的运动立即停止。复位弹簧5力的大小，除取决于调速继动活塞6的运动外，还取决反馈杠杆贴靠在滚动轴承上的位置。

当空气信号消失时，如空气压缩机因故停机，波纹管损坏等。为了能立即进行手动控制，通常是在空气信号和调速器速度在正常最小位置情况下，将空气低速限制螺钉24调整到与复位杆接触为止。因而，当空气信号中断或减少到调速器最小速度所要求的压力极限时，复位弹簧将调速导阀柱塞提高到低速止动螺钉与复位杆接触为止。由于调速导阀柱塞位置的提高，调速器将向上移动到低速位置，在此位置复位杠杆绕轴承支点旋转并向下压在低速止动螺钉上。既使空气信号消失，调速器仍能达到最小速度整定值。

除了空气信号调速外，还可以采用手动转速调整旋钮31进行调速，并可以将汽轮机的转速调节到正常转速范围的任何数值。

当不采用空气信号控制时，在复位弹簧的作用下使低速止动螺钉与复位(反馈)杠杆相接触。这样，转速给定控制滑阀20机械地随复位杠杆的移动而移动。复位弹簧对球轴承和速度调整螺栓装置有一向下压的趋势。

当顺时针方向转动手动转速调整旋钮31(即提高调速器速度整定值)，使调速器转速调整螺母29基座下的限位环34便向下移动，使移动螺母动作，限位环的下降使球轴承支点与速度调整螺栓装置也下降，直到最高速限位调整螺钉 28 碰到固定销为止。随着旋钮的转动，手动速度调整螺母 29 与滚动轴承可调支点(支架)11 向下移，复位杠杆的一端推动低速限位螺钉 24 向下，使转速给定控制滑阀 20 向下移动，压力油流入调速继动活塞 6 上侧，推动调速继动活塞下移，增加调速弹簧 4 的变形，也就是增加了转速整定值。在调速继动活塞 6 向下移动时，复位杠杆 26 的一端升高，从而将转速给定控制滑阀 20 抬起，使其回到中间位置，调速继动活塞 6 停止运动。

将手动转速调整旋钮 31 按逆时针方向旋转，手动转速调整螺母 29 和滚动轴承支架 11 向上移动，复位杠杆 26 一端上升，将转速给定控制滑阀 20 顶起，调速继动活塞 6 上移，减少了调速弹簧 5 的变形，即减少了转速整定值。在调速继动活塞 6 向上移动时，也有反馈作用，使转速给定控制滑阀 20 回到中间位置。

最高转速限制阀：在调速器顶部装有一个安全逆止阀，此阀是单向的，用来控制调速器的最高转速，称为最高转速限制阀 13。当调速继动活塞 6 动作达到最大速度整定值时，接在调速继动活塞 6 的凸缘上的调节螺钉将顶逆止阀的滚珠顶开，压力油从旁路流入油箱。最高速度限制阀对手动或气动速度调节均有效。

最高转速限位调整螺钉：

当调速器降低，最高转速限位调整螺钉处于调速继动活塞 6 向上移动界限位置时，应将存油排净。当汽轮机需再次启动时，对活塞限位螺钉 7 行程进行整定，此时调速继动活塞与油缸顶部尚有 1.9mm 余隙(位置)。在该余隙达到调速器最低速度整定值。

2. PG－PL 调速器的动作过程

图 7－21 所示为汽轮机在稳定工况下，调速器的基本元件和转速给定机构的原理图及其相互位置关系。下面叙述调速器稳定转速的原理及作用过程。

(1)提高转速

当汽轮机-压缩机组根据工艺情况需要改变转速时，波纹管信号风压自动变化。机组若需增速时，则信号风压增加(信号风压的范围为 0.0218～0.0352MPa)，波纹管 22 是感受气压信号的敏感元件，当输入气压增高(即提高给定转速)引起波纹管压缩，从而使转速给定控制滑阀 20 向下移动，打开控制油口Ⅰ，压力油进入调速继动活塞 6 的上油室，推动调速继动活塞向下运动，压缩调速弹簧 5，增加弹簧的预紧力，即增大了调速器的转速给定值。

当转速给定控制滑阀 20 向下移动时带动连杆 21，使以滚动轴承为支点的反馈杠杆发生转动，增大悬挂在反馈杠杆上的反馈弹簧 25 的张力，当反馈弹簧的提升力等于风压信号的向下作用力时，转速给定控制滑阀 20 将恢复到它的中心位置，使控制油口Ⅰ关闭。

调速器转速给定值的增大的同时，将使调速器弹簧 4 向下的作用力也同时增大，从而使飞锤 3 收缩，导致控制滑阀 16 向下移动，打开控制油口Ⅱ，压力油进入缓冲器活塞 19 的左侧，使缓冲活塞 19 向右移动，并将等量的压力油进入油动机活塞 1 的下部腔室，压力油的作用力大于弹簧的作用力，推动油动机活塞 1 向上运动，从而开大调节汽阀，增加汽轮机的蒸汽量，提高汽轮机转速。

当缓冲器活塞 19 向右移动的同时，缓冲活塞右侧的弹簧被压缩，而松弛了左侧缓冲器的弹簧 18。这时缓冲活塞左侧的油压将暂时大于右侧的油压。

在油动机活塞 1 与缓冲器活塞 19 产生位移的同时，缓冲器活塞 19 两侧的压力差将作用在补偿活塞15的上下补偿面，补偿活塞15下部压力大于上部压力，因而将产能生一个向上的作用力，缓冲器活塞19两侧的压差将不断地增大，直至它与飞锤3离心力的合力与调速器给定弹簧4的作用力相等，此时它将控制滑阀16重新关闭旋转式错油门套筒37上的控制油口Ⅱ，并使飞锤恢复至垂直位置。

控制油口Ⅱ关闭后，油动机活塞1将停止运动并停留在一个新的位置上，这一位置与汽轮机在新的较高转速运行时所需的进汽量相对应，使汽轮机的转速增加，飞锤3的离心力增大，弹簧5的预紧力也增大，所以调速器处于稳定工作状态。

由于汽轮机的增速，使飞锤的离心力逐渐增加到某一较高的值，同时在升速过程中，补偿针阀17的泄油，使缓冲活塞19两侧的油压得到平衡，因而补偿活塞15上下油压差逐渐降至零，使油压差在补偿面上的力减少恰好等于离心力的增大，则飞锤3将保持其垂直位置，控制滑阀始终将控制油口Ⅱ封住，油动机活塞1在新的工作位置保持不变。在缓冲器活塞19两侧油压逐渐平衡过程中，由于缓冲器弹簧18的作用，使缓冲器活塞19恢复到中间位置。

汽轮机降速调节过程与上述过程相反。

(2)等速调节

当汽轮机-压缩机无需改变转速时，风压信号不变，这时调节系统应保证机组转速不变。由于某些原因机组转速升高，飞锤3离心力增加，飞锤3向外扩张向上，使转速给定控制滑阀20向上移动，打开控制窗口。缓冲器活塞19左侧与排油相通，缓冲器活塞向左移动，油动机活塞1下侧的油流入缓冲器活塞19右侧。由于油动机活塞1上侧的弹簧力的作用，油动机活塞1向下移动，使调节汽阀的开度关小。与此同时在转速给定控制滑阀20补偿面上面的力大于下面的力，补偿面向下移动，使转速给定控制滑阀20回到中间位置，飞锤3又回到垂直位置，关闭控制油口。使油动机活塞1停止运动。同时经过补偿针阀排油。缓冲器活塞19已经回到中间位置，这时调节汽阀的开度关小，汽轮机进汽量减少，机组又回到原来的转速。

(3)调整

调速器在工厂出厂时已完成调整工作，一般无需作调整，下面介绍补偿针阀及转速范围的调整。

①补偿针阀17的调整

补偿针阀的位置取决于被调节系统的调节特性，它将直接影响调速器的工作状况。其调整步骤如下：

a)汽轮机处于空载或低负荷状态运行时，缓慢开大补偿针阀17，直至汽轮机调节系统发生几次振荡，将液压系统中的空气排除。

b)逐渐关小补偿针阀17，直至振荡恰好消失。补偿针阀应尽量开大，使调速器获得较高的灵敏度。

c)松开调速器壳体一侧的排气螺塞(丝堵)，将空气气泡排净，直至有油漏出。一般情况下，针阀调好后，不许再进行调整。

②转速范围的调整

a)将手动转速调整旋钮31旋在最低转速位置。

b)手动调整最高转速限定螺钉28直至与手动转速调整螺母29顶部平齐。

c)按要求在波纹管 22 输入对应最低连续转速的控制气压信号，顺时针调整手动转速调整螺母 29 将转速降低，直至获得要求的最低转速为止。调整时，不应将低速限位螺钉 24 触及反馈杠杆。

d)调节最高转速限位阀 13 的限制阀调整螺钉 12，使它在转速升高时不能打开最高转速限位阀 13。上限转速范围的整定按以下步骤进行：

(a)逐渐提高输入控制气压信号，直至对应最大连续转速下的气压值，使转速达到预定的最高值。

(b)移动可调支点 11，使转速达到最大连续转速。调整方法为：松开可调支点顶部的沉头螺钉，松开一侧的滚花螺母，转动对面的滚花螺母以移动可调支点 11，使转速达到最大连续转速下的气压值，然后拧紧沉头螺钉和滚花螺母。

(c)可调支点 11 向转速给定装置方向移动，则转速升高，向远离转速给定装置方向移动，则转速降低。

e)重复步骤 c)和 d)，直至输入控制气压与转速范围相对应并符合要求。

f)将最高控制气压作用在调速器上，使汽轮机达到最高工作转速，调整最高转速限位阀 13 的限制阀调整螺钉 12，使之正好与最高转速限位阀 13 的滚珠相接触。

g)最高转速限位调整螺钉 28 的调整：

(a)关闭输入控制气压；

(b)旋转手动转速调整旋钮 31，将汽轮机转速升高到最大连续转速；

(c)顺时针旋转最高转速限位调整螺钉 28，直至与最高转速限位销钉 23 接触为止。

(四)调压器

感受蒸汽压力的变化并用来调整蒸汽压力的装置，称为调压器。在背压式、中间抽汽式式汽轮机中，背压和抽汽及注汽压力也是被调参数。另外，汽轮机驱动压缩机的入口压力或出口压力也同样是被调参数。由于压力变送的方式不同，因而结构也不同，常用的调压器有活塞式、波登管式、波纹管蝶阀式、薄膜钢带式等几种型式。

1. 活塞式调压器

图 7-22 所示为活塞式调压器示意简图，其是一种最简单的压力变送器。活塞上面被弹簧压紧，弹簧有一定的预紧力，活塞下面感受被调介质压力的作用。若忽略摩擦力和活塞重量的影响，可写出力的平衡方程，即

$$pF=R_0+Kx \qquad (7-5)$$

式中 p——被测压力，MPa；

F——活塞面积，m^2；

R_0——弹簧的预紧力；

K——弹簧刚度；

x——弹簧变形，它等于活塞的位移值。

由式(7-5)可得：

$$x=\frac{pF-R_0}{K}=-\frac{R_0}{K}+\frac{F}{K}p \qquad (7-6)$$

该方程是以 p 为自变量的直线方程，其特性线如图 7-23 所示。这条特性线考虑了活塞运动与油缸间的摩擦力，因而特性线不是一条“线”，而是一个“带”，由于存在摩擦阻力

Q，只有当压力升高到 $p+\Delta p=\frac{R_0+Kx+Q}{F}$ 时，活塞才开始运动。如果运动的摩擦阻力是恒定的，那么整个特性线要移过 $\Delta p=Q/F$ 的距离。相反，当压力降至比平衡压力低 Δp 时，活塞才开始向下运动，这时的压力值为

$$p-\Delta p=\frac{R_0+Kx-Q}{F}$$

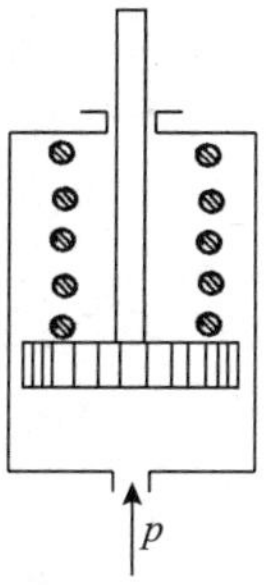

图 7-22　活塞式调压器简图

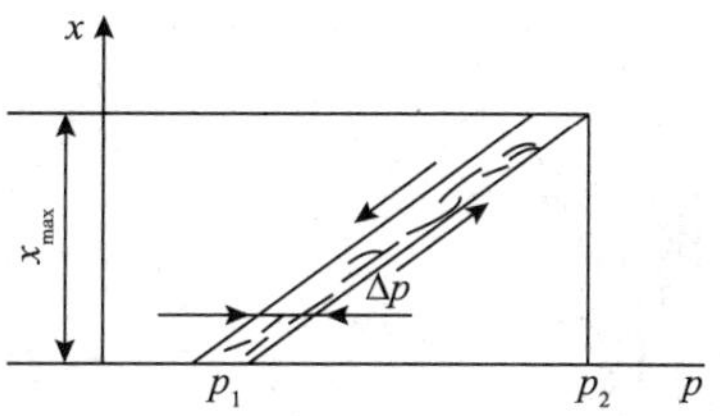

图 7-23　活塞式调压器特性线

2. 波纹管式调压器

波纹管式调压器又称为“阿斯卡尼”调压器，其作用原理如图 7-24 所示。当作用于测量元件波纹管 3 上的压力信号 p_x 增大时，波纹管 3 向左推动喷管使它转动 α 角。于是喷管 4 喷出具有一定速度的油流，油流在受油分配器 2 中由调压管将其速度能装变为压力能，使伺服油缸 1 两端产生压力差，从而伺服活塞向左移动，其移动速度的大小与喷管倾斜角 α 大小有关。当伺服活塞向左移动时，反馈杠杆 6 使整定弹簧 5 压缩，于是整定力增大。当整定力与波纹管的作用力相等时，喷管又重新回到中间位置。

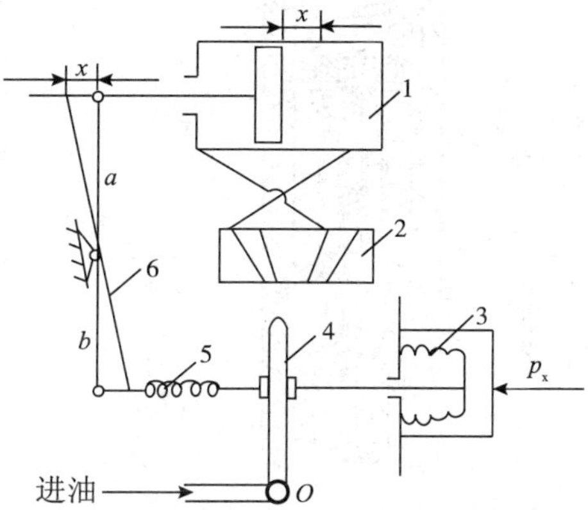

图 7-24　波纹管式调压器作用原理图

1—伺服油缸；2—受油分配器；3—波纹管；4—喷管；5—整定弹簧；6—反馈杠杆

喷管是控制油流的元件，喷管可绕 O 轴自由转动，其转动的角度不同，在受油分配器扩压管中的压力亦不同。若喷管在中间位置，则两个扩压管内的压力相等。

图 7-25 所示为波纹管式调压器的结构。其主要由波纹管 1、调压器滑阀 3、弹簧 4、偏心凸轮 7 等组成。

排汽压力的脉冲信号自下部进入脉冲室 C，对波纹管 1 起着压缩作用，当排汽压力变化时，波纹管的轴向尺寸也相应发生变化；然后通过顶杆 2 克服弹簧 4 的反作用力，带动滑阀 3 上下移动。脉冲油自 A 室经油口 a 节流后，由油口 b 排至低压油路。滑阀 3 的上下移动，将使油口 a 的通流面积发生变化，从而改变排油量，影响脉冲油压。通过上部手轮 6 可以改变弹簧 4 的预紧力，从而使调压系统静态特性平移。转动侧面的手轮 8，可使偏心凸轮 7 随之转动，当偏心凸轮的最大偏心点转至上部位置时，滑阀 3 将被顶至最高位

置，关闭油口 a，这时排汽脉冲信号对滑阀位移不起作用，此即调压器退出工作；而当最大偏心点偏离最高位置，并使滑阀与偏心凸轮脱离接触时，调压器即可开始工作，图示偏心凸轮最大偏心点处于最低位置，调压器完全投入工作。

3. 波纹管杠杆蝶阀式调压器

图 7－26 所示为波纹管杠杆蝶阀式调压器。其主要由以下两部分组成：第一部分为压力脉冲的感受单元，其由手轮、压力平衡弹簧、杠杆及波纹管等组成；第二部分为脉冲油压发生部分，其由错油门、小油动机活塞、蝶阀以及上部的压弹簧等组成。波纹管杠杆蝶阀式调压器主要用于背压式汽轮机或抽汽式汽轮机的调压器，也可用作全液压调节系统中的压力变换器。

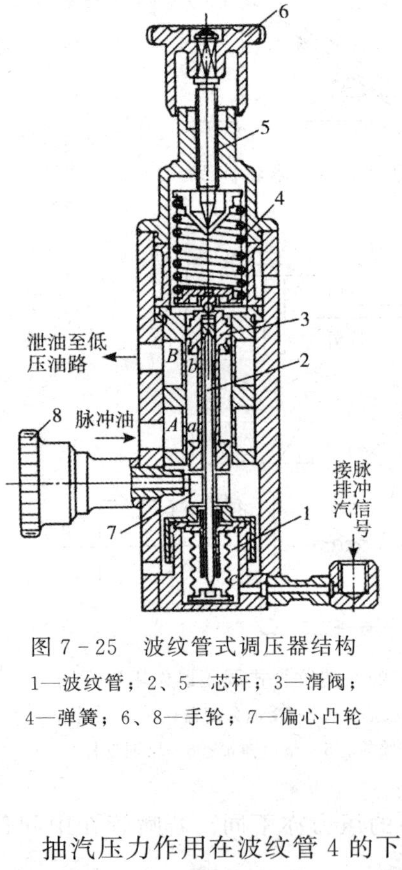

图 7－25　波纹管式调压器结构

1—波纹管；2、5—芯杆；3—滑阀；4—弹簧；6、8—手轮；7—偏心凸轮

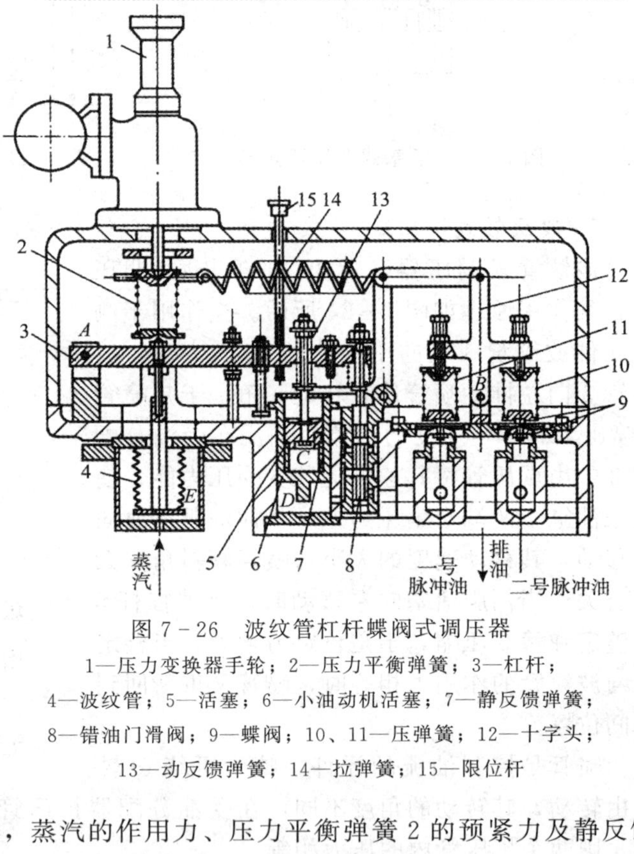

图 7－26　波纹管杠杆蝶阀式调压器

1—压力变换器手轮；2—压力平衡弹簧；3—杠杆；4—波纹管；5—活塞；6—小油动机活塞；7—静反馈弹簧；8—错油门滑阀；9—蝶阀；10、11—压弹簧；12—十字头；13—动反馈弹簧；14—拉弹簧；15—限位杆

抽汽压力作用在波纹管 4 的下部，蒸汽的作用力、压力平衡弹簧 2 的预紧力及静反馈弹簧 7 的预紧力对支点 A 的力矩使杠杆 3 处于平衡状态。此时错油门滑阀处于中间位置，因此小活塞也处于静止状态。当抽汽量增大而引起 E 室中压力降低时，杠杆 3 绕支点 A 顺时针方向摆动，带动错油门滑阀 8 向下移动，此时打开了高压油去小油动机活塞下部 D 室的油路。油室 D 内压力升高，在压力油的推动下，小油动机活塞 6 下部与压力油接通，小油动机活塞 6 克服拉弹簧 14 的拉力而向上移动，带动十字头 12 绕 B 点顺时针摆动。十字头的摆动，改变了蝶阀 9 上的压弹簧 10 和 11 的预紧力，使压弹簧 10 的预紧力增加，蝶阀的泄油间隙减小，使二号脉冲油压升高，压弹簧 11 的预紧力减小，其蝶阀泄油间隙增大，一号脉冲油压降低。

在小油动机活塞 6 因抽汽压力降低而上移的瞬间，活塞 5 及与之连接的活塞杆也同时上移，杠杆带动错油门滑阀 8 回到中间位置，调节过程结束。

改变压力平衡弹簧 2 的预紧力可以使调压器的静态特性作平行移动，改变抽汽室的压力。

4. *薄膜钢带式调压器*

图 7－27 所示为薄膜钢带式调压器的一种形式。其主要由带喷嘴的薄膜钢带系统喷、带切换开关的油嘴移动机构、调压器错油门和缓冲装置等部件组成。其工作原理是：薄膜 5 是经过旋磨加工制成的，薄膜与钢带之间采用刚性连接，在钢带下边有紧固钢带的螺钉 13，利用此螺钉可调整钢带的松紧度，螺钉每旋转一圈使钢带移动 0.25mm，当改变螺钉松紧度时，使钢带的弯曲增加或减小。油喷嘴顶在钢带上，给它以初弯曲，而喷嘴与钢带之间的间隙控制着喷油量和错油门滑阀上的油压。抽汽室的压力直接由抽汽室引至钢制的薄膜室，当抽汽压力变化时，薄膜的变化量也在改变，钢带因受到薄膜的作用弯曲程度也在改变。因而当薄膜产生微小变形时，就能使钢带弯曲十几倍，这样就引起了钢带与喷油嘴间的间隙改变，因而使喷油嘴控制的油压发生变化，也改变了错油门滑阀上的油压，错油门产生位移，并通过放大机构使油动机活塞和调节汽阀的动作，达到调整抽汽压力的目的。

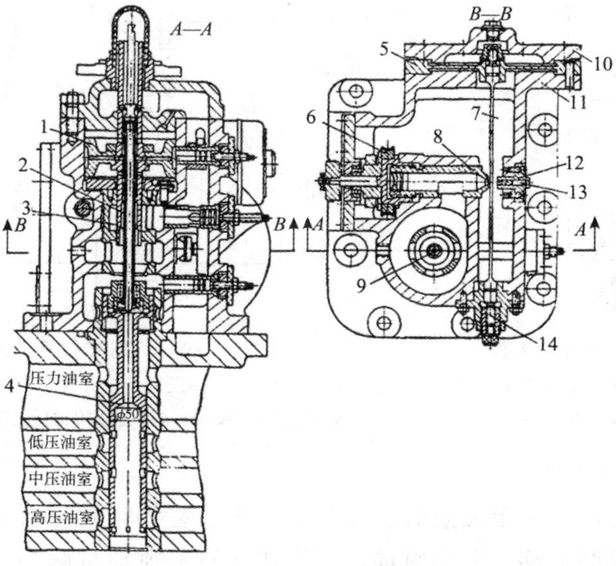

图 7－27　薄膜钢带式调压器

1—缓冲活塞；2—缓冲错油门；3—缓冲错油门套筒；4—ϕ50 错油门；5—薄膜；6—移动喷嘴的蜗轮；7—钢带；8—喷油嘴；9—错油门；10—薄膜压盖；11—外壳；12—钢带限位点；13—调整螺钉；14—钢带调整螺钉

二、传动放大机构

在全液压式调节系统中，不论是汽轮机转速变化的脉冲信号，还是供汽压力变化的脉冲信号，都比较弱，不可能用它直接去驱动调节汽阀及旋转隔板。因此必须将脉冲信号放大，它可以将微弱的转速变化的脉冲信号或蒸汽压力变化的脉冲信号，经过若干级转变与放大，变成强大的力矩，去驱动调节汽阀，使调节汽阀根据需要开大或关小。例如，径向泵液压调节系统一般有两级放大。压力变换器为第一级脉冲放大装置，断流式错油门与油动机组成第二级放大装置。

组成传动放大机构的元件型式种类繁多，但根据其作用可分为信号放大和功率放大两种，根据工作原理分为继流式和断流式两种。

整个传动放大机构，通常由作为前级传动放大的贯流式传动放大装置和最终提升调节汽阀的断流式传动放大装置两部分组成。贯流式放大机构通常用作信号放大(前置放大)，而断流式放大机构用做功率放大(末级放大)。

(一)贯流式放大机构及其静态特性

贯流式放大机构由于信号放大后的提升力较小，所以在调节系统中常作为前置的信号放大。常见的贯流式传动放大装置有波纹筒放大器、随动滑阀和压力变换器三种型式。这几种放大装置的作用都是将转速变化信号放大。

1. 具有波纹管-蝶阀的信号放大机构

波纹筒放大器按一次油压增大后，二次油压是增大还是减小，可分为正向波纹筒放大器和负(反)向波纹筒放大器两种，如图 7－28、图 7－29 所示。前者为正向放大，后者为负向放大。所谓正向放大是二次油压 p_2 随一次油压 p_1 的升高而升高，负向放大则相反。

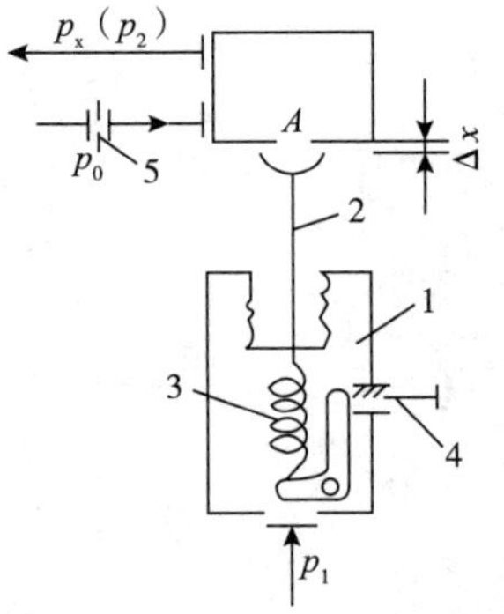

图 7－28 正向波纹管放大器

1—波纹管；2—蝶阀；3—弹簧；4—同步器；5—节流孔板

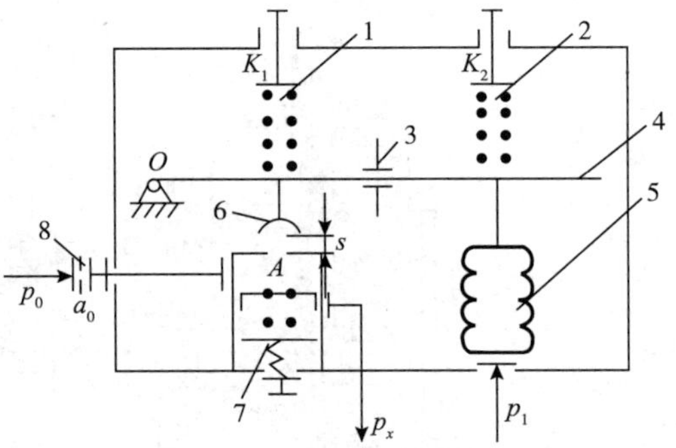

图 7－29 负向波纹管放大器

1—主同步器弹簧；2—辅助同步器弹簧；3—限位螺母；4—杠杆；5—波纹管；6—蝶阀；7—安全阀(过压阀)；8—节流孔板

(1)正向波纹管放大器

正向波纹管放大器主要由波纹管、弹簧、二次油室和蝶阀等组成。当一次油压升高时，波纹管收缩，蝶阀上移，关小泄油口，二次油室的泄油量减小，二次油压升高，这样，波纹管放大器将较小的一次油压信号放大为二次油压变化的信号。

压力油 p_0 经节流孔板 5 进入二次油控制室，该室二次油压的大小受控于蝶阀 2 的开度，当蝶阀开度增加，泄油量增加时，二次油压 p_2 降低，而蝶阀开度是由一次油压 p_1 控制的，当一次油压 p_1 降低，蝶阀开度增大，二次油压 p_2 下降。

正向放大的倍数 β 可以根据放大器作用力的平衡方程求得：

$$p_1F_1=p_2F_2+K_1x_1 \tag{7-7}$$

式中 p_1——一次脉冲油压，MPa；

p_2——放大后的二次控制油压，MPa；

F_1——一次油压作用在波纹管上的有效面积，m^2；

F_2——蝶阀面积，m^2；

K_1、x_1——弹簧的刚度和变形。

当工况变动时，则作用力的平衡方程式为

$$\Delta p_1 F_1 = \Delta p_2 F_2 + K_1 \Delta x_1 \quad (7-8)$$

由于 Δx_1 数量很小，一般只有 0.2～0.3mm，因此可以忽略不计，由此可得

$$\Delta p_1 F_1 = \Delta p_2 F_2$$

则蝶阀放大器的放大比 $\beta = \dfrac{\Delta p_2}{\Delta p_1} = \dfrac{F_1}{F_2}$

(2)负向波纹管放大器

负向波纹管放大器主要由波纹管、蝶阀、杠杆、主同步器弹簧和辅助同步器弹簧等组成。当一次油压 p_1 升高时，波纹管伸长，杠杆上移，蝶阀泄油间隙 s 增大，泄油量增加，二次油压 p_2 降低，从而将一次油压变化的信号放大为二次油压变化信号。

负向波纹管放大器的输入信号为一次油压 p_1，输出信号为二次油压 p_2，通过杠杆力平衡的变化，达到改变蝶阀间隙、变换和放大油压信号的作用。杠杆上的作用力是向上的一、二次油压力，向下的是主、辅同步器及波纹管的弹簧力。压力油 p_0 经节流孔板 8 进入蝶阀腔室 A(二次油控制室)，二次油压力 p_2 的高低受控于蝶阀的排油面积。二次油压力 p_2 可由流量平衡方程求得，即

$$p_2 = \frac{1}{\left(\dfrac{a_2}{a_0}\right)^2 + 1} p_0 \quad (7-9)$$

式中　a_2——蝶阀泄油面积，$a_2 = \pi d_1 s$，mm；

d_1——蝶阀直径，mm。

由上式可以看出，当蝶阀间隙 s 增大时，泄油量增加，二次控制油压力 p_2 下降。若二次油压过高时，安全阀(过压阀)7 动作，使泄油量增加，以保证二次油压在规定范围内。为防止杠杆 4 动作幅度过大，设有上、下限位螺母 3，以控制杠杆形成。

负向波纹放大器的放大倍数 β，可根据放大器作用力的平衡方程求得。作用于杠杆 4 上的力共有四个：即一次油压 p_1 作用于波纹管上的力和二次油压 p_2 作用于蝶阀上的力，这两个力对支点 o 形成反时针力矩，主同步器弹簧 8 和辅助同步器弹簧 1 对杠杆的作用力对支点 o 形成顺时针力矩，这些力矩应满足下列平衡方程式

$$K_1 \Delta x_1 l_1 + K_2 \Delta x_2 l_2 = F_1 \Delta p_1 l_1 + F_2 \Delta p_2 l_2 \quad (7-10)$$

式中　K_1、K_2——辅、主同步器弹簧刚度；

Δx_1、Δx_2——辅、主同步器弹簧压缩量；

l_1、l_2——辅、主同步器力作用点对 o 支点的力臂；

F_1、F_2——一次脉冲油压作用在波纹管上的有效面积和二次油压作用在蝶阀上的有效面积，m^2。

由于 Δx_1 和 Δx_2 的压缩量很小，因此 $K_1 \Delta x_1 l_1$ 和 $K_2 \Delta x_2 l_2$ 可忽略不计，则上式为

$$F_1 \Delta p_1 l_1 = -F_2 \Delta p_2 l_2$$

则 蝶阀放大器的放大比 β 为

$$\beta = \frac{\Delta p_2}{\Delta p_1} = \frac{-F_1 l_1}{F_2 l_2}$$

同步器的弹簧力作用在杠杆 4 上，起到改变蝶阀 6 的间隙 s、平移传递特性的作用。

应用负向放大器在运行时比较安全。因为，一旦漏油使二次油压 p_2 急剧下降时，不

会像正向放大那样开大调节汽阀，而是关小调节汽阀。

图 7 - 30 所示为放大器的一种结构示意图。放大器是放大一次油压即脉冲油压的装置，它是将一次油压放大为二次油压，放大倍数约为 5 倍。二次油压用以带动油动机活塞，从而改变调节汽阀的开度。

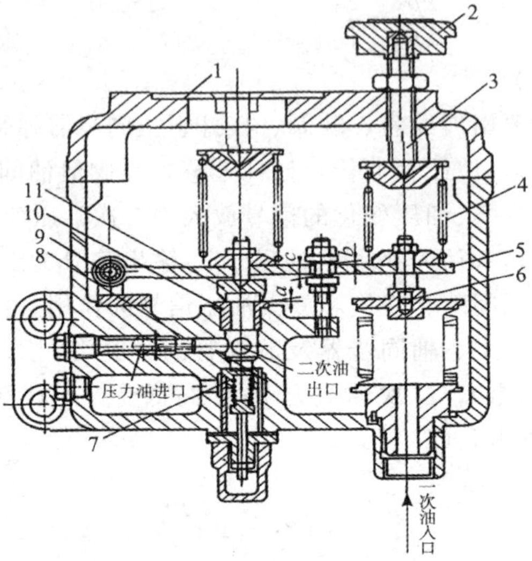

图 7 - 30　波纹管蝶阀杠杆式放大器

1—主同步器位置；2—辅助同步器；3—调整螺杆；4—弹簧；5—杠杆；6—波纹管组；7—安全阀(过压阀)；8—节流孔；9—滚动轴承；10—蝶阀座；11—蝶阀

作用在杠杆上的力有四个：一是作用在波纹管上的一次油压，该作用力的方向向上；二是作用在蝶阀上的二次油压，该作用力的方向向上；三是主同步器弹簧产生向下的作用力；四是辅助同步器弹簧产生的向下的作用力。在稳定工况时，作用在杠杆上的这四个力对杠杆支点(轴承)的力矩得到平衡，使蝶阀具有一定的开度。

高压油 p_0 经节流孔板 8 进入蝶阀腔室，其中一部分经蝶阀 11 的间隙 a 排出，在蝶阀腔室中形成二次油压力 p_2。当汽轮机转速发生变化时，从旋转阻尼器来的一次油压 p_1 随之发生变化，从而破坏了杠杆上的力矩平衡，使蝶阀产生位移，进而改变了蝶阀腔室中的排油面积，故二次油压也相应地发生变化；与此同时，二次油压作用在蝶阀上的作用力发生变化，最后使杠杆达到新的平衡位置。由于二次油压的改变，使调节汽阀的开度发生变化，使机组的功率达到新的稳定值。

当汽轮机转速升高时，一次油压 p_1 升高，杠杆向上移动，蝶阀的排油间隙增大，使二次油压降低，减小调节汽阀的开度；当转速下降时，其动作过程相反。

由于波纹管的有效面积比蝶阀的面积大，加上杠杆力臂的长度，以及杠杆上作用力的作用点的不同，使二次油压 p_2 的变化幅度比一次油压 p_1 的变化幅度大 5 倍，从而起到了放大油压的变化的作用。

同步器的推杆顶在弹簧座上，当同步器动作时，压缩弹簧 4 的压缩量发生变化，从而改变了蝶阀的排油面积，使二次油压相应地发生变化，以平衡弹簧力的变化。所以，调整主同步器弹簧的预紧力，可在一次油压不变的情况下改变二次油压，从而放大器的特性曲线得以平行移动。辅助同步器的作用类似主同步器，但其调整汽轮机转速的范围比主同步器大得多，可用于汽轮机的超速试验。

为了防止杠杆的动作幅度过大，在放大器上设置了上、下限位螺母，下限间隙 $c=0$ 时，调整蝶阀的间隙 $a=0.20$mm 左右，此时一次油压 $p_1=0$；当主同步器在“0”位时，二次油压 p_2 最大值为 0.34MPa 左右。

2. 具有随动滑阀的信号放大机构

随动滑阀装在调速器的前面，其总是跟随挡油板同向运动(其最大运动量时间一般为 0.1～0.3s，因而称之为随动滑阀。随动滑阀放大器是与高速弹性调速器配套的调节系统的第一级中间放大机构，它将挡油板的位移信号放大为分配滑阀的油口开度信号。它主要由随动滑阀、控制滑阀、分配滑阀和杠杆等组成，其作用是将挡油板的位移非接触地转变为分配滑阀的油口开度，同步器作用在控制滑阀上，使杠杆以随动滑阀位支点转动，通过改变分配滑阀油口的开度起到平移传递特性曲线的作用。

图 7－31 所示为随动滑阀的工作原理。压力油 p_0 经节流孔 a_1 进入随动活塞的左侧腔室，左侧压力为 p_1。压力油再经节流孔 a_2 进入随动活塞的右侧腔室，右侧压力为 p_2，最后从喷油嘴与挡油板之间的间隙 s 排出。随动活塞两侧腔室的油压 p_1、p_2 取决于节流孔 a_1、a_2 和喷油嘴与挡油板的间隙 s。根据流体力学理论，随动活塞两侧可建立下列流量平衡方程：

$$a_1\sqrt{p_0-p_1}=a_2\sqrt{p_1-p_2}$$

$$a_2=\sqrt{p_1-p_2}=a_3\sqrt{p_2}$$

式中　a_3——喷油嘴泄油面积，$a_3=s\pi D$；

D——喷油嘴的直径，mm。

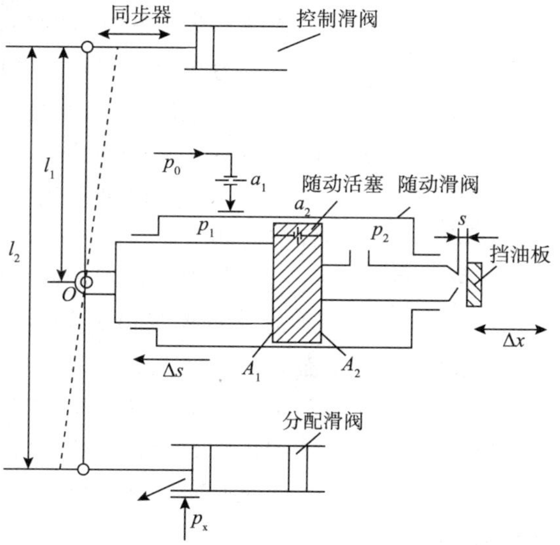

图 7－31　随动滑阀中间放大机构

由上述流量平衡并可求得作用于随动活塞上的净油压作用力(向右侧为正)为

$$F_n=A_1p_1-A_2p_2=\frac{A_1\left[1+\left(\frac{a_3}{a_2}\right)^2\right]-A_2}{\left(\frac{a_2}{a_1}\right)^2\left(\frac{a_3}{a_2}\right)^2+\left(\frac{a_3}{a_2}\right)^2+1} \tag{7-11}$$

式中　A_1、A_2——随动活塞左、右两侧面积，m^2。

随动活塞在平衡状态下，作用在其两侧净油压作用力应相等，即 $A_1p_1=A_2p_2$。当汽轮机转速升高，挡油板向右运动时，间隙 s 增大，排油面积增加(在间隙 s 小于 1/4 喷油嘴直径范围内)，随动活塞右侧的压力 p_2 下降，随动活塞在左右侧压差作用下也向右运动，使挡油板与喷嘴之间间隙 s 减小，p_2 也随之升高，与间隙 s 又恢复到原来平衡状态下的间隙 s_0 时，随动活塞两边油压又重新平衡，随动活塞不再移动。

当汽轮机转速降低时，调速器上的挡油板向左移动，喷油间隙 s 减少，喷油量减小，随动滑阀右油室 p_2 油压升高，在左右两油室压差推动下，随动活塞向左移，随动滑阀的位移通过杠杆传动，使调速滑阀也向左移动，关小了控制油的泄油口，控制油压升高。档转速升高时，动作过程与此相反。

所以，随动滑阀放大机构的静态特性是

$$\Delta x=\Delta s$$

研究表明：p_2 相当于控制油压 p_x。为提高随动滑阀的灵敏度，根据前述 p_2 应等于 $0.5p_1$，因此随动活塞左右两侧的油压作用面积比 $A_2/A_1\approx2$。

3. 具有压力变换器的信号放大机构

一级脉冲放大装置称为压力变换器，又称为调速器滑阀，是与径向泵转速感受机构配套的调节系统中的第一级放大器。其主要由滑阀、主弹簧、辅弹簧、滑阀套筒等组成，如图 7-32 所示。通过作用在滑阀端面上油压作用力的平衡，将一次油压信号转变为滑阀的位移和控制泄油口 A 的开度。同步器通过改变滑阀上的弹簧预紧力起到平移传递特性曲线的作用。

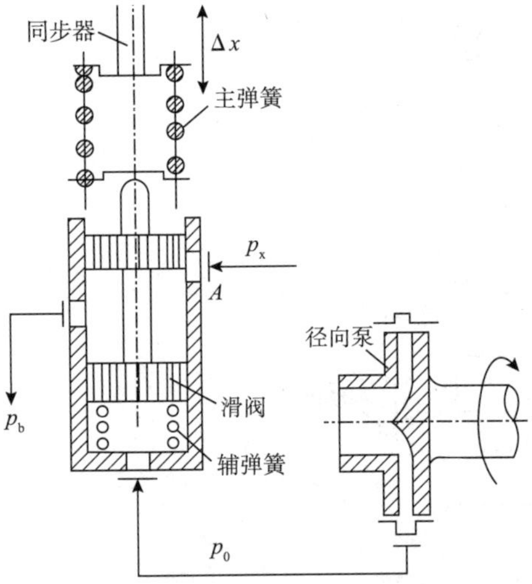

图 7-32　压力变换器(调速器滑阀)

压力变换器与径向泵联用，当机组转速降低时，径向泵出口脉动油压下降，压力变换器的滑阀在弹簧力的作用下向下移动，开大二次油油口，二次油压降低。当机组转速升高时，动作过程与此相反。

当压力变换器滑阀上油压作用力的改变量与弹簧力的改变值相等时，滑阀达到新的平衡状态，从而建立起一次油压与滑阀形成的一一对应关系。为消除径向钻孔泵进口油压波动对调节系统的影响，通常将压力变换器滑阀的顶部腔室与径向钻孔泵的进口油路相连接，使压力变换器的滑阀仅感受径向钻孔泵的压力。

试验研究证明，当控制油压 p_x 等于压力油压 p_0 的 1/2 时，系统的灵敏度最高，即有一定值压力变换器位移，控制油压 p_x 的变化幅度最大。

图 7-33 所示为全液压式调节系统中的继流式压力变换器结构图。其主要由套筒、滑阀、弹簧、手轮、蜗轮、蜗杆和芯杆等组成。在压力变换器套筒 7 上开有两个矩形溢油窗口 A 和 B。滑阀做成带有凸缘的结构，使其具有自动对准中心的作用，它的上端采用球形支点 4 来支撑弹簧座，这种结构可以减少作用在滑阀上的倾斜力和提高压力变换器的灵敏度。

压力变换器的滑阀为钢制的，套筒为铸造黄铜的，滑阀与套筒配合部分加工精度很高，并且在滑阀上钻有切向小孔，使滑阀在套筒中能够自由旋转运动，同时，在滑阀的上端采用球形支点来支撑弹簧座，以减少作用在滑阀上的侧向力，防止卡涩。

主油泵出口高压油一路通往压力变换器下端，另一路径节流孔节流后成为一次脉冲油压从油窗口 B 进入压力变换器，再经油窗口 A 流向主油泵入口的低压油路，在压力变换器上端的衬套 11 还开有油窗口 C，此油窗口也与主油泵入口的低压油路相通，使滑阀上端保持 0.1MPa 的低压油路油压，从而使压力变换器滑阀的上、下两端受力不等，产生一个向上作用的压力差 Δp，此压力差由弹簧 3 来平衡。这样，当弹簧调整设计符合要求后，压力变换器的滑阀位置实际上就只与油泵出口油压即取决于汽轮机的转速。当汽轮机转速不变，主油泵出口油压亦不变，则滑阀上下作用力相平衡，滑阀处于中间位置，静止不动。

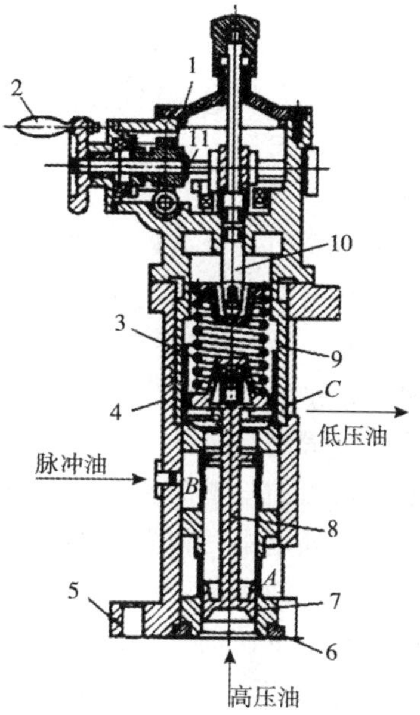

图 7－33　继流式压力变换器

1—蜗轮；2—手轮；3—弹簧；4—球形支点；5—壳体；6—底座；7—套筒；8—滑阀；9—衬套；10—芯杆；11—衬套

当机组转速升高时，径向泵出口脉动油压随之增大，从而改变了滑阀上、下作用力的平衡关系，使压力变换器的滑阀在弹簧作用下向上移动，同时泄油窗口 A 随之关小，脉冲油压因回油减少而增加。这样，压力变换器就接受了微弱的主油泵出口的油压变化信号，而发出了较强的脉冲油压变化信号，起到了传动放大作用。当机组转速下降时，动作过程则与上述相反。

压力变换器的滑阀上端保持 0.1MPa 的低压油路油压的特点是：当低压油路的油路(即主油泵入口油压)波动而引起主油泵出口油压波动时，压力变换器的滑阀下端(主油泵出口高压油)和滑阀上端(主油泵入口的低压油)将同时感受这一油压波动，滑阀上下端的油压变化也相同，从而使滑阀上、下两端的油压差 Δp(Δp＝主油泵出口油压 p_g－主油泵入口油压 p_d)不受其影响而只与转速有关。所以，滑阀上端与主油泵入口低压油路接通，就可以消除由于主油泵入口油压的波动而引起主油泵出口油压的波动，从而消除对调节系统不稳定的影响。

(二)断流式滑阀-油动机机构

随着汽轮机运行蒸汽参数和容量的不断增大，开启调节汽阀所需要的功率也相应地增大。转速感受机构输出的信号，其变化幅度和能量均较小。因此，在调节系统中除了信号放大装置以外，还必须有功率放大装置对信号的能量加以放大，才能迅速地控制调节汽阀。目前国内生产的功率放大装置，大多采用断流式滑阀(错油门)-油动机机构。

断流式滑阀-油动机机构的功率放大装置，主要由滑阀和油动机两部分组成。它的输入信号是信号放大装置的输出信号 p_x，它的输出信号是油动机活塞行程 m。

1. 断流式错油门

断流式错油门因切断进入油动机的高压油而得名。在全液压调节系统中，它与油动机组成第二级放大装置。错油门接受脉冲油压的变化，而使一个更强的高压油来驱动油动机活塞的运动，起到了进一步的放大作用。

图 7－34 所示为断流式错油门滑阀的结构。其主要由壳体、滑阀、套筒、调整螺杆等组成。在套筒中部开有四个圆孔 D，从主油泵来的高压油经过 D 孔进入错油门；高压油流经错油门套筒上部的四个矩形油窗口 E，可通往油动机活塞的下部油腔室；流经错油门套筒下部的四个矩形油窗口 F，则可通往油动机活塞的上部油腔室。错油门滑阀下端与脉冲油路相通，错油门滑阀上端与主油泵入口低压油路接通。这样，脉冲油压与主油泵入口油压之差，给滑阀一个向上的作用力，此力由弹簧 5 来平衡。

断流式错油门滑阀在汽轮机稳定工况下运行时，要求活塞两侧既不进油也不漏油，错油门滑阀应处于中间位置，即滑阀的两个凸肩将衬套上的油口 E 和 F 封住，切断油口通往油动机上下油室的通路。当脉冲油压因机组负荷减小而增加时时，错油门滑阀由于上、下部受力的不平衡而使滑阀向上移动，高压油经油窗口 E 进入油动机活塞下部油腔室，使油动机活塞动作。反之，若脉冲油压因机组负荷增加而减少时，其动作过程与上述相反。显然，错油门滑阀接受了脉冲油压的变化，而使一个更强的高压油来驱动油动机活塞动作，从而起到了进一步放大的作用。

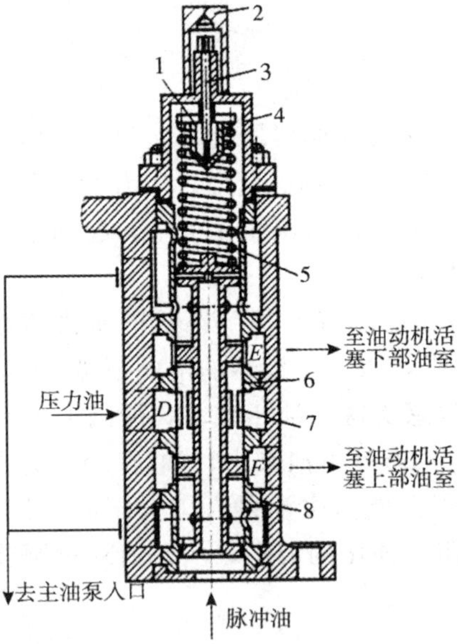

图 7－34　断流式错油门结构

1—弹簧座；2—罩盖螺母；3—调整螺杆；4—弹簧室；5—弹簧；6—套筒；7—滑阀；8—壳体

错油门滑阀是由感受机构推动的，担负着控制动力油流动方向的作用。按照信号的要求及时打开动力油通往油动机的窗口，从而实现调节汽阀按照预定的要求开大或关小。因此要求错油门滑阀应做到：①控制动力油流动方向应及时、准确、灵敏，无卡涩现象；②错油门滑阀的移动阻力应尽量小。

错油门滑阀完全满足上述两项要求是困难的，就控制动力油及时、灵敏而言，在汽轮机稳定工况下运行时，滑阀必须居中，即滑阀凸肩遮盖住套筒上的油口，使压力油既不能进入油动机，也不能从油动机中排油。断流式滑阀上遮盖油窗口的凸肩高度大于油窗孔的高度。为了使油动机先排油后进油，避免油动机活塞受到油冲击，故其进油侧重叠度(Δ_1 和 Δ_3)应大于排油侧重叠度 Δ_2 和 Δ_4。一般为 $\Delta_1=\Delta_3=0.08\sim0.15$mm；$\Delta_2=\Delta_4=0.05\sim0.10$mm。

由于重叠度(盖度)的存在，滑阀移动时必然有空行程，因而造成滑阀接收信号之后，压力油并不能及时通往油动机，只能待滑阀移完重叠度那一部分之后，压力油才能通往油动机，油动机活塞才能移动。所以，由于有重叠度的存在将会导致调节动作迟缓或滞后。由于滑阀控制的压力油不能及时进入油动机，因此降低了调节系统的灵敏度。但是，由于重叠度存在，有效地克服或减少了由于各种原因引起的滑阀上下微小摆动而产生的油动机活塞和负荷的晃动。如果重叠度过大，调节过程中会动作迟缓，使调速系统迟缓率增加。如果没有重叠度或重叠度太小，就会漏油，容易造成调节系统摆动。在液压调节系统中，由于油压不可避免地会有些波动，滑阀重叠度的存在就显得十分必要。

由上述分析可以看出，过大的重叠度是有害的，因此为了减少重叠度以及为了克服重叠度过大所引起调节过程动作迟缓，有的错油门滑阀的凸肩制作成锯齿形结构，如图7-35所示。

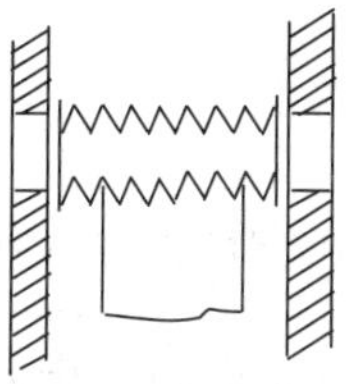

图7-35　滑阀锯齿形结构

为了减少滑阀的运动阻力，除有适当的配合间隙（一般为0.05～0.08mm）外，滑阀凸肩通常制作成如图7-36所示的形状。其目的是当滑阀打开油窗口时，减少高压油流的反作用力R。设滑阀向下运动打开油窗口，在打开油窗口的瞬间，若凸肩制作成一般的平面形状，则油流流向如虚线v所示，高压油流对滑阀的反作用力的合力R如图所示，此力与滑阀的运动方向相反，会阻止滑阀的运动。若凸肩制作成如图所示形状，则高压油流方向接近水平方向，甚至会沿凹陷的形状使油流方向向上，因此油流的反作用力不至于成为滑阀运动的阻力。

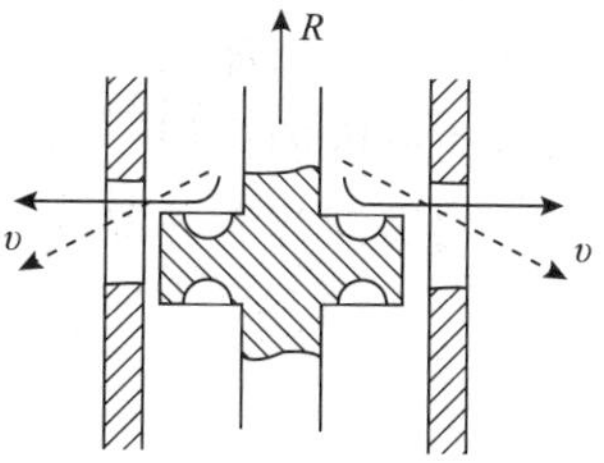

图7-36　滑阀凸肩形状

错油门滑阀的运动中心应当与套筒同心，否则将会使摩擦阻力增大或出现卡涩现象。为此，滑阀套筒上的开孔应左右对称，上下开孔之间的平行度误差应尽量地小，以减下滑阀在油压作用下产生不对称的侧向油压。国内某些制造厂的滑阀与套筒的尺寸要求，如图7-37所示。图7-37(a)中要求$a \leqslant 0.02$mm；图7-37(b)中要求滑阀与套筒之间径向间隙s为$(0.03+\frac{1}{1000}D)\pm 0.02$mm，磨损极限为$(0.05+\frac{2}{1000}D)$；重叠度：$E=0.025$～$0.075$mm，$F=0.00$～$0.050$mm，且必须保证$E>F$；要求滑阀尖角必须保留，滑阀径向跳动$\leqslant 0.02$mm。

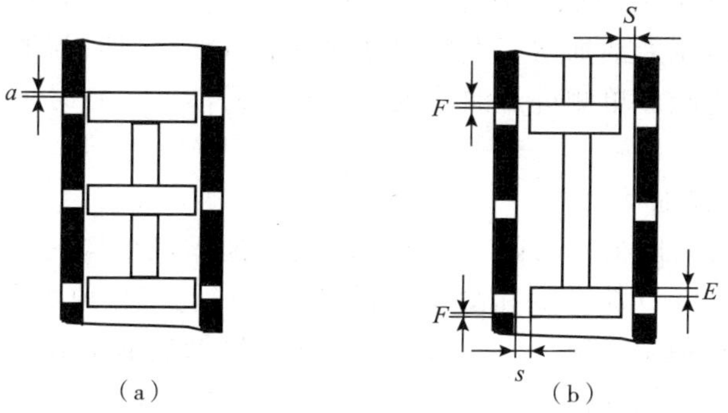

图7-37　滑阀与套筒的尺寸

断流式错油门-油动机机构的静态特性是指稳定工况下，其输出油动机行程Δm与输入滑阀位移Δz或控制油压的Δp_x变化之间的关系。

图7-38所示为具有双侧进油油动机的调节系统中滑环、滑阀和油动机活塞的动作轨

迹。从图中可以看出，OO'是由于 Δx 所引起的信号，这个信号实质上就是 Δz(或 Δp_x)信号，因此按 $\Delta AB'B'$和 $\Delta O'A'O$ 相似，可以看出

$$\frac{\Delta m}{\Delta z}=\frac{AB}{OA}=\text{常数}$$

上式表明，Δm 和 $\Delta z(\Delta p_x)$为线性关系。

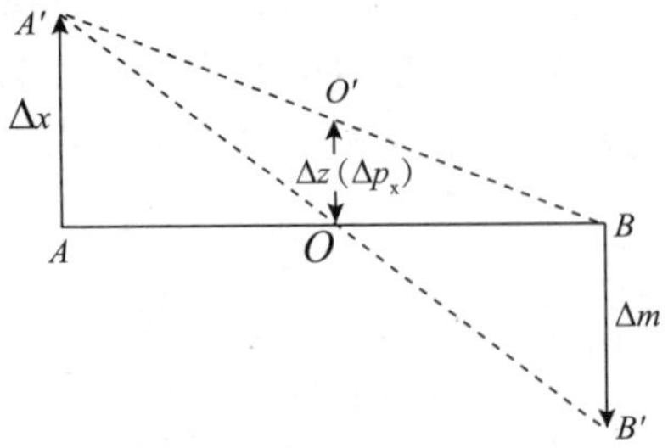

图 7-38　断流式滑阀油动机的动作轨迹

2. 油动机

油动机又称为伺服马达，通常是控制调节汽阀开度的液压执行机构。油动机是调节系统中用来开启、关闭主汽阀、控制调节汽阀开度的液压执行机构，起液压功率放大器的作用。往复式油动机具有惯性小、驱动力大、动作快、体积小、能耗低的优点。所以目前汽轮机调节系统中，油动机是带动调节汽阀的唯一执行机构。

油动机是一个典型的反馈控制位置随动系统，主要由错油门、油动机及反馈机构等组成，其原理框图如图 7-39 所示。其中，错油门起着控制进、出油动机上下腔室的流量或活塞运动速度的作用；静反馈起到消除静态偏差的作用，使油动机活塞的行程与输入信号同步；动反馈起着消除动态超调、抑制过渡过程振荡的作用。

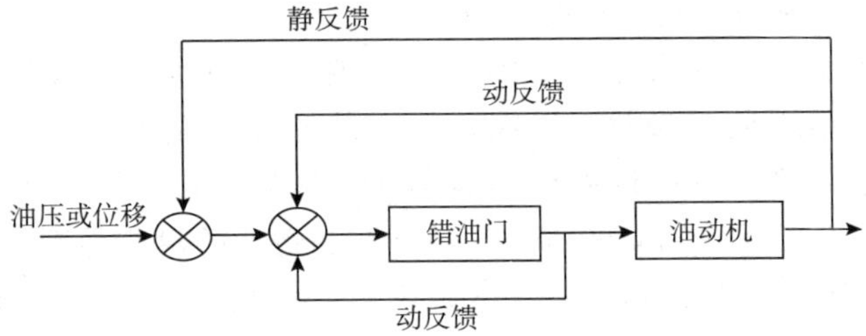

图 7-39　油动机原理框图

尽管油动机有多种形式，但我国电站或自备电站汽轮机的调节系统中主要采用断流往复式双侧进油或单侧进油两种形式的油动机。断流往复式油动机是指油动机活塞静止不动时，错油门滑阀凸肩遮断油动机活塞上下腔室的进、回油口。双侧进油油动机的活塞运动、开启或关闭都依靠压力油推动；而单侧进油油动机在开启时需要压力油推动，但关闭时依靠弹簧力运动。为减少单侧进油油动机关闭时的回油量，有时将活塞下腔室经错油门排至活塞的上腔室。

(1)双侧进油往复式油动机

图 7-40 所示为带有断流式滑阀双侧进油往复式油动机结构图。其主要由错油门、继动器活塞、反馈杠杆、动反馈弹簧和静反馈弹簧等组成。信号放大器的二次油压 p_2 与继动器活塞上部接通。在稳定工况下，二次油压作用在继动器活塞有效面积上的力与动、静反馈弹簧的力相平衡，而继动汽下部“C”油室内的油压为 p_3，p_3 受蝶阀间隙的排油量大小所控制。继动油压 p_3 作用在错油门滑阀顶部有效面积上的力与错油门滑阀下面弹簧的压缩力相平衡。错油门从上至下有 5 个油室。Ⅰ、Ⅴ油室与压力油相通为高压油室，Ⅲ油室与回油相通为油动机排油室，Ⅱ、Ⅵ油腔室分别于油动机的上部和下部腔室联通。

在稳定状态时，错油门滑阀处于中间位置，滑阀上凸肩将所有油窗口封住。

当二次油压发生变化时，继动器活塞移动，使继动器活塞下部蝶阀的间隙改变，p_3

的排油量改变，使错油门离开中间位置，导致油动机活塞运动，调节汽阀开度发生变化。静反馈弹簧的上端用螺杆和螺母固定在反馈杠杆 1 上，通过螺母调整静反馈弹簧的预拉伸，以调整油动机活塞的初始位置。在反馈杠杆 1 上钻有 5 个小孔，可用来改变杠杆支点的位置，以改变速度变动率。

为了防止油动机活塞卡涩，活塞与油动机之间具有一定的径向间隙，但活塞的上下腔室之间要求不能漏油，故在活塞槽内装有两个开口的弹性活塞环，活塞环的外表面始终与油动机内壁面接触，防止漏油现象发生。为了避免油动机活塞在高速关闭时冲击油动机底部，将油动机活塞下腔室的进排油口开在距油动机底部一定距离的位置，油口下部腔室就形成了缓冲室。当活塞下行至开始逐渐遮断住油口时，油只能通过活塞与油动机之间的间隙排出，由于排油不畅，活塞下面腔室油压升高，使活塞的运动速度降低，起着液压缓冲作用。

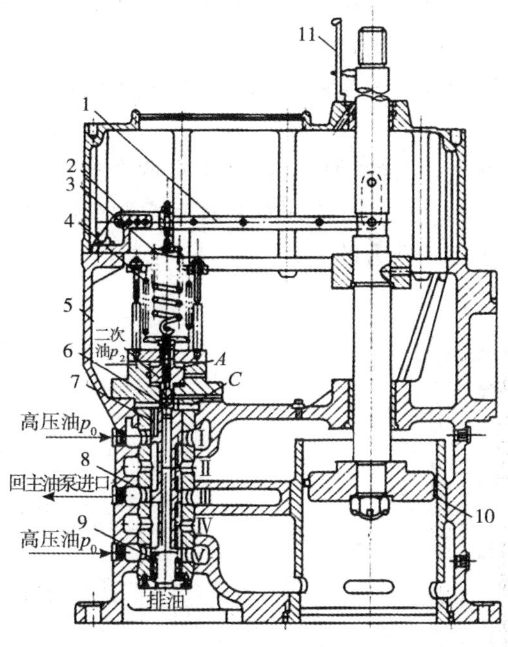

图 7-40　带有断流式滑阀双侧进油往复式油动机

1—反馈杠杆；2—反馈杠杆支点；3—静反馈弹簧；4—动反馈弹簧；5—继动器；6—蝶阀；7—节流孔；8—错油门；9—错油门弹簧；10—油动机活塞；11—油动机活塞行程标尺

图 7-41 所示为国产中、小型汽轮机全液压调节系统，采用的双侧进油往复式油动机的结构。其主要由反调整套筒、活塞衬套、活塞、活塞环、球面支承和紧定套筒等组成。在油动机活塞上下油室各有一个油窗口 A 和 B，它们分别与错油门的下方和上方的油窗口相通。当错油门滑阀在脉冲油压作用下位移时，使油动机活塞的上、下油窗口与错油门来的高压油或排油系统相通，油动机活塞就在压力油的作用下向下或向上运动，通过球头拉杆带动调节汽阀的启闭，以调整调节汽阀的开度。

在反调整套筒 6 上开有反馈油口 7，它通过油口 C 与调节系统的排油系统相连。不同机组的反馈油口的形状不同，如有矩形、三角形和 T 形。

当脉冲油压降低时，错油门滑阀下移，压力油便从错油门的下部油口流至油动机的上

部油窗口 A，进入油动机活塞 3 的上部，油动机活塞下部的油经油窗口 B 流出，经错油门上部排至主油泵入口，迫使油动机活塞带动球头拉杆 2 将调节汽阀开启。

油动机活塞所处的位置不同，反调整套筒 6 上的反馈油口 7 就有不同的开度。不同的反馈油窗口位置对脉冲油压就有不同的影响，借此抵消转速信号对脉冲油压的影响，使脉冲油压恢复到给定值，并使调节汽阀、油动机活塞处于新的平衡位置。

如前所述，当脉冲油压降低时，油动机活塞下移，反馈油窗口被关小，使脉冲油压上升。当反馈油窗口使脉冲油压升高值与原脉冲油压降低值相等时，错油门滑阀又回到中间位置，调节汽阀、油动机活塞便稳定在一个新的平衡位置上。

由于是用改变反馈油窗口开度的方法来改变脉冲油压，以起到反馈作用，所以这种反馈称为油口反馈，或称液压反馈。

当脉冲油压降低时，油动机活塞下移，反馈油窗口被关闭，使脉冲油压上升。当反馈油窗口使脉冲油压升高值与原脉冲油压降低值相等时，错油门滑阀又回到中间位置，调节汽阀和油动机便稳定在一个新的平衡位置上。

通过改变反馈油窗口的开度来改变脉冲油压，以起到反馈的作用，所以这种反馈称为“油口反馈”或“油压反馈”。

为保证调节系统工作可靠，对油动机性能评价有两个技术指标：一在静态方面是提升力(提升力倍数必须大于 1.5)，二在动态方面是时间常数(油动机关闭时间在 0.5s 以下)。图 7－42 为油动机活塞位移与提升力的关系。

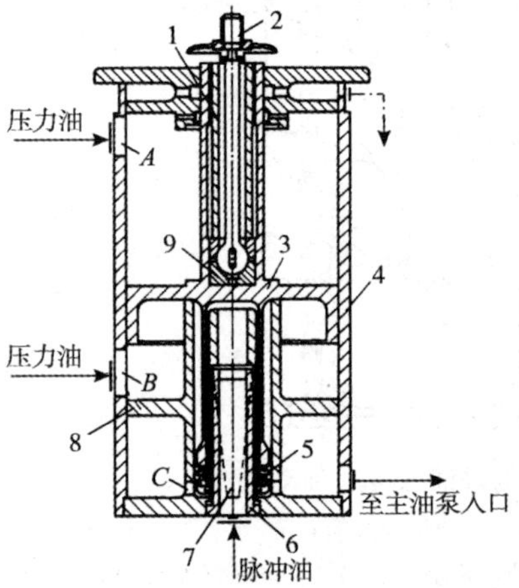

图 7－41　活塞式油动机结构图

1—紧定套筒；2—球头拉杆；3—活塞；4—壳体；5—活塞环；6—反调整套筒；7—反馈油口；8—活塞套；9—球面支承

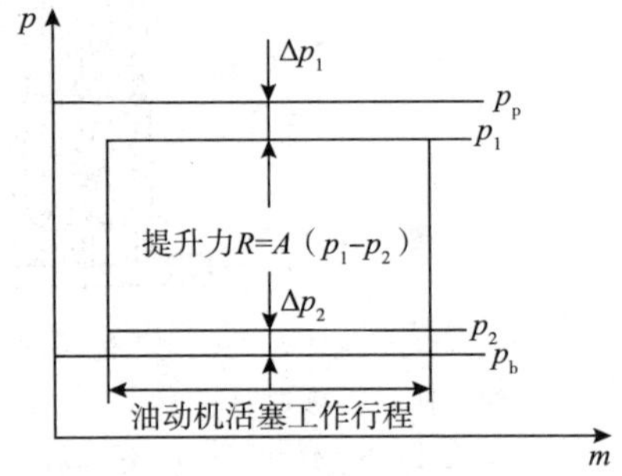

图 7－42　双侧进油油动机的进出油压与提升力

①提升力

油动机作用在调节汽阀开启方向的力，称为油动机的提升力。油动机应具有足够的提升力，确保调节汽阀的迅速开启。双侧进油往复式油动机的提升力，取决于活塞的承压面积和两侧的油压差。考虑到活塞在运动过程中的阻力以及调节汽阀阀杆上稍有卡涩等特殊情况，油动机提升力应克服最大阻力 R_{max}，而且应留有一定裕量并保证活塞应有足够的运动速度，即满足下列关系式

$$A_1 p_0 - A_2 p_b > 1.5R_{max}$$

式中　R_{max}——最大阻力(蒸汽作用力、调节汽阀重力、弹簧力、摩擦力);

A_1——压力油作用面积;

A_2——排油压力 p_b 的作用面积。

油动机活塞上的提升力(作用力)F 可用下式计算

$$F = \frac{\pi}{4}(D^2 - d^2)(p_0 - p_b - \Delta p) \tag{7-12}$$

式中　D——油动机活塞直径，mm;

d——活塞杆直径，mm;

p_0——主油泵出口压力，MPa;

p_b——主油泵进口油压，MPa;

Δp——压力油压力损失，MPa。

油动机提升力的富裕程度称为提升力系数。它是油动机的提升力 F 与杠杆比 ε 的乘积同开启调节汽阀的最大提升力 Q_{max} 的比值，即

$$提升力系数 = \frac{F \times \varepsilon}{Q_{max}} \tag{7-13}$$

开启调节汽阀所需的最大力，可根据调节汽阀的计算求得。通常要求油动机的提升力系数大于 3～4，以保证在提升杆稍有卡涩时，仍能启闭调节汽阀。

②油动机时间常数

时间常数是油动机动作的快速性指标，通常是由它在关闭方向的时间常数来代表。即时间常数 T_m 是指当油动机关闭时，在没有反馈及油动机活塞的进出油口全开的情况下，油动机活塞从满负荷位置移动到空负荷位置，走完整个工作行程 Δm_{max} 所需的时间，即

$$T_m = \frac{A\Delta m_{max}}{Q_{max}} = \frac{A\Delta m_{max}}{\mu n \Delta s_{max} b_s \sqrt{\frac{2}{\rho}(p_0 - p_b)}} \tag{7-14}$$

式中　Q_{max}——油动机最大进油量;

Δm_{max}——油动机活塞走完整个行程，mm;

A——油动机活塞面积，m^2;

μ——油口流量系数，一般取 $\mu = 0.7$;

n——滑阀油口的数量;

b_s——滑阀油口宽度，m;

Δs_{max}——滑阀油口的最大位移，m;

ρ——油密度;

p_0、p_b——压力油的压力及排油压力，MPa。

油动机的时间常数一般为 0.1～0.5s，大功率汽轮机油动机的时间常数通常在 0.1～0.25s。显然，油动机时间常数 T_m 越大，表示油动机活塞移动速度慢，机组不能很快适应外界负荷的变化，汽轮机的调频性能较差，甩负荷时越容易引起超速。所以，油动机时间的常数直接影响汽轮机调节系统的调节特性。

油动机的时间常数与错油门油口的面积(宽度与开度)、油动机活塞的工作行程及面积、压力油油压等参数有关。为了减小 T_m，可以采取以下措施：a)可以增大错油门滑阀

油口宽度和最大位移值及采用多油口；b)提高主油泵出口油压；c)在保证油动机提升力足够大的前提下，减小油动机活塞的活塞面积和工作行程。

双侧进油往复式油动机的优点是提升力大，工作稳定，基本上不受外界作用力影响，动作迅速，应用很广。其缺点是当向油动机供油的油管破裂时，油动机就不起作用。另外，为了使油动机获得较大的速度，就要在很短的时间内补充大量的油，因此主油泵的容量就要很大；但在正常工作时，油动机并不需要大流量的油，这样很多油就要经过溢流阀流回到油箱中，造成功率的浪费。为了克服此缺点，可以将油动机的排油管连接到油泵入口管道中。

(2)单侧进油往复式油动机

图 7－43 为调节系统中的带有断流式滑阀的单侧进油油动机示意图。单侧进油断流式滑阀油动机的特点是由断流式滑阀控制的压力油通向油动机活塞的一侧，在油动机活塞的同一侧实现进油、排油；油动机活塞的另一侧作用着弹簧力，用以关闭调节汽阀。

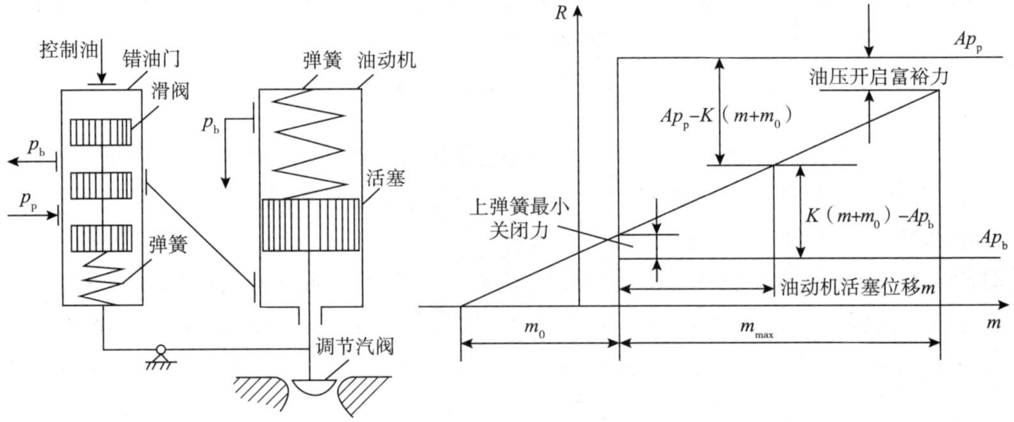

(a) 工作原理　　(b) 提升力与油动机位移关系

图 7－43　带有断流式滑阀的单侧进油式油动机

在调节过程中，当机组转速下降，需要开大调节汽阀时，滑阀向上移动，油动机进油通道打开，压力油进入油动机活塞底部，克服上部弹簧力的作用，使活塞向上运动。当外界负荷减少转速升高，需要关小调节汽阀时，油动机活塞有油的上部与排油接通，使活塞在上部弹簧力的作用下向下运动。

在稳定工况下，错油门滑阀处于中间位置，滑阀上的凸肩堵住了通往油动机活塞下部的通路。当信号放大器后的二次油压(控制油压)发生变化时，继动器活塞产生位移，从而改变了继动器活塞下部 4 个方形油孔的排油面积，即改变了排油量，使继动器油压发生变化，迫使错油门滑阀离开中间位置，导致油动机活塞下部与高压油或排油相通，油动机活塞便运动，调节汽阀开度发生变化，这时继动器活塞与错油门滑阀的动作方向是一致的。

这种单侧进油油动机可以改变弹簧的有效圈数来改变弹簧刚度，从而达到改变机组速度变动率的目的；改变弹簧预紧力，就可以改变油动机活塞起始动作点对应的二次油压值，可使静态特性线平移；改变反馈斜板的型线，可改变机组速度变动率。

设计单侧油动机油缸时，不仅应考虑调节汽阀的作用力，还应考虑克服弹簧作用力，所以油缸直径应比双侧进油油动机的油缸应大一些。单侧进油油动机关闭时间应小于 0.5s，提升力系数应大于 1.5。

①油动机提升力

单侧进油式油动机开启调节汽阀时的有效提升力是活塞上的油压作用力与弹簧作用力之差。它主要取决于压力油油压、油动机活塞的受力面积、行程以及弹簧的刚度和预压缩量。随着调节汽阀的开启，弹簧不断地被压缩，其压缩力不断地增大，使提升力逐渐减小，如图 7－43 所示。若忽略油流动阻力，则提升力 R 为

刚开启时　$R=p_{p}A-Km_{0}$

中间位置时　$R=p_{p}A-K(m_{0}+m)$

全开启时　$R=p_{p}A-K(m_{0}+m_{max})$

式中　K——弹簧刚度；

m_{0}——初压缩量；

A——油动机活塞的受压面积，m^{2}；

m——油动机行程(位移量)，mm；

m_{max}——油动机最大行程。

单侧进油油动机由于依靠弹簧力来关闭调节汽阀，可以保证在失去压力油时仍能可靠地关闭调节汽阀；另外，压力油只用于开大调节汽阀，在开大调节汽阀时，加负荷的速度不应太大，所以主油泵的油量也较小。

单侧进油油动机的提升力与油动机活塞行程有关，在相同的油动机尺寸和油压条件下，其提升力比双侧进油油动机提升力小，其提升力较双侧进油油动机小，活塞运动行程也受到弹簧最大变形量的限制。但是，单侧进油油动机是靠弹簧力关闭的，不需要压力油，所以可以设计成一个油动机带动一个调节汽阀，这样每个油动机所需要的提升力就可减少，同样能满足开启调节汽阀的需要。

依靠弹簧关闭调节汽阀时，如不计油流动阻力，则关闭力 R 为

刚关闭时　$R=K(m_{0}+m_{max})-p_{b}A$

中间位置时　$R=K(m_{0}+m)-p_{b}A$

全关闭时　$R=Km_{0}-p_{b}A$

为了保证使调节汽阀能可靠的提升，提升力应符合如下要求：

a)油动机最小的提升力必须大于开启调节汽阀所需的力，并留有一定的富余量，以保证在任何情况下都能将调节汽阀开度开足。b)同样，在调节汽阀全关闭位置时，仍需有一定的弹簧作用力，即弹簧的预压缩量应有足够大，以保证在调节汽阀关闭后其阀芯可以紧贴在阀座上，并保证密封严密。

②油动机时间常数

单侧进油油动机时间常数是指当错油门滑阀开度为最大时，油动机活塞由最大工作行程位置关闭至零位置时所需的时间。单侧进油油动机关闭调节汽阀的速度与滑阀油口面积、油动机活塞最大工作行程、压力油油压、弹簧刚度及其初始压缩量有关外，主要取决于弹簧力和排油速度。而弹簧力是随油动机活塞位置不同而不同的，故关闭力是一变量，所以关闭调节汽阀的速度也是一个变量。

经推导，单侧进油油动机关闭时间常数 T_{s} 为

$$T_{s}\approx\frac{\sqrt{2V}}{\mu nb_{s}S_{max}\sqrt{\frac{1}{\rho}(p_{max}-p_{b})}} \tag{7-15}$$

$$p_{\max}=\frac{K(m_0+m_{\max})}{A}$$

式中 μ——滑阀油口的流量系数；

n——滑阀排油口的数量；

b_s——滑阀排油口宽度；

$S_{\max}$——滑阀最大位移量；

$p_{\max}$——调节汽阀刚开始关闭时活塞下部的油压。

在相同的几何尺寸和油压的条件下，双侧进油油动机的时间常数小于单侧进油油动机的时间常数。但是，双侧进油油动机的时间常数受主油泵容量的限制而难进一步减小，而单侧进油油动机只要弹簧设计合理，错油门滑阀的排油口足够大，就能将时间常数减小到需要的数值。使用单侧进油油动机对提高调节系统的稳定性、可靠性及甩负荷性能大有益处。

单侧进油往复式油动机的优点是耗油量少，工作可靠。它是靠油压推动活塞来提升调节汽阀的，而关闭调节汽阀则依靠活塞上部的弹簧来完成的。所以，当供油管破裂时，活塞下部油压降低，依靠弹簧的力将调节汽阀关闭。关闭调节汽阀时不需要高压油，因此耗油量大为减少。其缺点是提升力较小，因在提升调节汽阀时，高压油的一部分作用力需用来克服活塞上部的弹簧力。

在半液压调节系统中，传动放大机构采用了一次继流放大(蝶阀)与一次断流放大(错油门和油动机)装置。一次继流放大是由蝶阀 5 与蝶阀座 6 完成的(见图 7 - 44)。从主油泵来的压力为 0.37～0.42MPa 的调节油经节流孔 A 进入错油门滑阀 12 内，其油压降为 0.17～0.20MPa，称为负油压(二次油压)，该压力油不断地自蝶阀座溢流孔 B 流走。显然，蝶阀与蝶阀座之间的间隙——溢流间隙，控制了溢流油孔 B 的溢流量，也就控制了二次油压。当汽轮机转速增加时，飞锤的离心力增大，使扁弹簧变形向上拱起，蝶阀上移使溢流间隙减小，二次油压因溢流孔 B 的溢流量减少而升高。

反之，当机组转速降低，二次油压则相应升高，其动作过程与上述相反。这样，通过蝶阀与蝶阀座将蝶阀芯杆的位移变化转换放大成二次油压的变化，起到了一次继流放大的作用。

一次断流放大是通过断流式错油门和油动机来完成的，如图 7 - 44 所示。断流式错油门主要由套筒 8、滑阀 12、调速器主弹簧 10 及随从弹簧 13 等部件组成。错油门套筒上共有四个环形孔，分别为 C、D、E、F 和二个圆孔 G、H。油孔 D 是来自主油泵的高压油入口，高压油流经孔 G、H 可分别通往油动机活塞的上部油室与下部油室，油动机活塞的上油室与下油室的油可分别经油孔 C、E 排回油箱，油孔 F 与二次油压室相通，供测量二次油压装设压力表用。错油门滑阀受二次油压与调速器弹簧即主弹簧的向上作用力，此力由随从弹簧的向下作用力来平衡。当机组转速不变时，溢流间隙未发生变化，二次油压也不变化，错油门滑阀上、下作用力相平衡，滑阀处于如图所示的中间位置，将通往油动机的油孔 G、H 完全关闭。当汽轮机转速升高时，二次油压因溢流间隙减小而增大，错油门滑阀受力不平衡而向上移动，通往油动机活塞下部油室的窗口 H 开启，高压油进入油动机使其动作，与此同时，油窗口 G 和泄油孔 C 相通，油动机上部油室的油排回油箱。

反之，若机组转速降低时，其动作过程与上述过程相反。这样，错油门进一步把二次油压的变化转化放大成驱使油动机活塞动作较强的压力油油压，完成了传动、放大的作用。

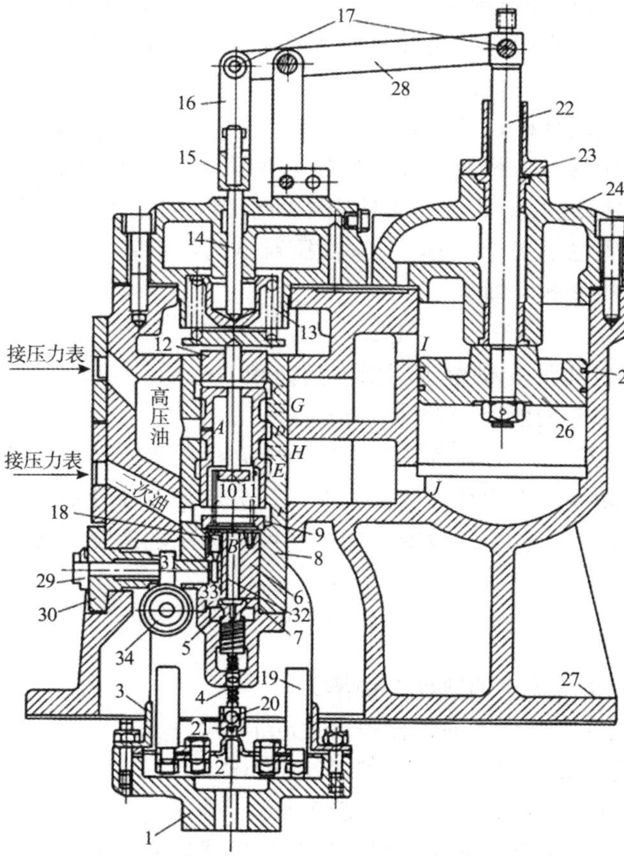

图 7-44　半液压调节系统错油门与油动机

1—托盘；2—扁弹簧；3—挡铁；4—蝶阀芯杆；5—蝶阀；6—蝶阀座；7—蝶阀壳；8—套筒；9—弹簧座；10—主弹簧；11—弹簧座；12—滑阀；13—随从弹簧；14—调整顶杆；15—十字接头；16—连杆；17—销轴；18—紧固螺钉；19—飞锤；20—钢珠；21—蝶阀珠盒；22—活塞杆；23—定距套筒；24—油动机盖；25—活塞环；26—活塞；27—调速器壳体；28—反馈杠杆；29—同步器行程(角度)指示盘；30—蜗母凸轮套筒；31—蜗轮；32—偏心轴；33—滚珠轴承；34—传动蜗杆

油动机为双侧进油活塞式油动机，其结构参如图 7-44 所示。其主要由活塞 26、活塞杆 22、活塞环 25 等部件组成。活塞的上下油室各有窗口 I 、J 与错油门相通，其动作原理与全液压调节系统的双侧进油活塞式油动机相同。

活塞环 25 起密封作用，它阻止活塞上、下油室的油沿活塞与油动机内壁的间隙产生泄漏。活塞中间带凹槽，有着减少油流的轴向反作用力的作用，使活塞的运动更加灵敏、迅速。

3. 反馈机构(反调整装置)

调节系统中完成一次调节过程后，建立新的平衡状态(如错油门滑阀回到中间位置)的装置，称为反馈机构。

在汽轮机的调节系统中，滑阀的位移使油动机活塞运动，而油动机活塞的运动又反过来影响滑阀的位移，这种作用称为反馈作用。反馈作用是汽轮机自动调节中保持调节动作稳定下来的一个重要组成部分。如果没有反馈作用，调节系统将无法工作。

为了保证调节系统的稳定性，在调节系统的放大机构中均设有反馈装置。常用的反馈装置有机械反馈(杠杆反馈和弹簧反馈)和液压反馈(油口反馈)两种形式，不同的调节系统采用了不同的反馈装置。不同的反馈将使传动放大机构具有不同的特性。

(1)机械反馈

机械反馈一般是通过杠杆、弹簧来实现的。以杠杆来实现反馈作用的称为杠杆反馈，以弹簧来实现反馈作用的称为弹簧反馈。旋转阻尼液压调节系统采用的是机械反馈机构，如图 7－11 所示。在稳定工况下，滑阀处于中间位置，故作用于滑阀上部油压 p_3 不变，为此继动器活塞的位置也不变。因此，二次油压对继动器活塞上的作用力的改变应与静反馈弹簧作用力的改变相平衡，即

$$A_3\Delta p_2 = K_4\Delta z_4 \tag{7-16}$$

式中 A_3——承受二次油压 p_2 的继动器活塞的面积，mm^2；

K_4、Δz_4——静反馈弹簧的刚度和变形。

稳定状态下，Δm 与 Δp_2 的关系，即为传动放大机构静态特性。改变杠杆比例或静弹簧刚度，均可改变传动放大机构特性线的斜率。杠杆比的改变使放大机构斜率改变，必然引起调节系统静态特性曲线斜率的改变，即为速度变动率的改变。其关系式如下：

$$\delta_a = \frac{\delta}{\left(\dfrac{d}{c+d}\right)}\frac{d_1}{c+d_1} \tag{7-17}$$

式中 δ——机组调节系统原有的速度变动率；

d——对应原速度变动率 δ 的杠杆距离，mm；

d_1——对应现速度变动率 δ_a 的杠杆距离，mm；

δ_a——杠杆长度由 d 变为 d_1 时的速度变动率。

杠杆反馈的动作过程可分为两个步骤：当汽轮机转速升高时，首先杠杆以油动机活塞为支点，调速器滑环位移使错油门滑阀向上移动，然后，杠杆以调速器滑环为支点，油动机向下运动，使错油门滑环向下移动。当调节结束时，调速器滑环和油动机都在一个新的位置，而错油门滑环又回到中间位置。这时调节系统处在一个新的稳定状态。杠杆反馈一般用在中、小型汽轮机上。

弹簧反馈机构中，压缩弹簧仅在调节过程中起阻尼作用，故称为动反馈弹簧；拉弹簧为静反馈弹簧。二次油压 p_2 作用在激动器活塞的上部，与动静两个反馈弹簧的作用力相平衡。当汽轮机转速升高时，二次油压 p_2 降低，激动器活塞在静反馈弹簧的作用下向上移动，激动器蝶阀排油间隙增加，错油门滑阀上移，油动机活塞向下运动，与此同时，反馈杠杆也下移，使静反馈弹簧的拉力减小，激动器活塞在二次油压 p_2 的作用下又下移，错油门滑阀又回到中间位置。

(2)油口反馈

以油口作为反馈元件的反馈机构，称为油口(液压)反馈。图 7－9 和图 7－10 所示的调节系统中均采用这种反馈形式。它们都是改变控制油路中的进油口 B 的面积来实现反馈作用，使控制油压 p_x 回复到原始稳定值。

具有油口反馈的调节系统，当汽轮机转速升高时，调速滑阀右移，开大泄油口使控制油压降低，错油门滑阀下移，压力油进入油动机活塞上部油室，油动机活塞向下运动。与

此同时油动机活塞杆上的反馈斜铁也下移，反馈滑阀右移，开大反馈油口，控制油压又重新上升，直至错油门滑阀又回到中间位置，调节过程结束。

在稳定状态下，控制油压 p_x 是不变的，滑阀位置居中，所以油口 C 的面积 a_c 为常数。因此，从一个稳定工况变到另一个稳定工况时，油口 B 和油口 A 的面积的变化量应相等，即

$$\Delta a_B = \Delta a_A \tag{7-18}$$

图 7-45 所示为随动滑阀、反馈滑阀的传动关系。随动滑阀与调速滑阀位移的几何关系为

$$\Delta x' = \Delta x\left(\frac{l_1 + l_2}{l_1}\right) \tag{7-19}$$

反馈滑阀与油动机活塞位移的几何关系为

$$\Delta m' = \Delta m\,\frac{A}{B} \tag{7-20}$$

将上二式代入 $\Delta a_B = \Delta a_A$ 关系式，可得

$$n_1 b_A\,\frac{l_1 + l_2}{l_1}\cdot\Delta x = n_2 b_B\,\frac{A}{B}\cdot\Delta m \tag{7-21}$$

整理后可得

$$\frac{\Delta m}{\Delta x} = \frac{n_1 b_A}{n_2 b_B}\frac{B}{A}\frac{l_1 + l_2}{l_1} = 常数 \tag{7-22}$$

由于 Δx 和 Δm 的变化方向相反，因此上式常数为负值。改变常数值即可改变传动放大机构静态特性曲线的斜率，也即可改变调节系统静态特性曲线的斜率——速度变动率。只要增加反馈量(如增加 A 值或减少 B 值)既可增加速度变动率(制造厂是采用反馈斜铁比值 B/A 来改变调节系统速度变动率的)。

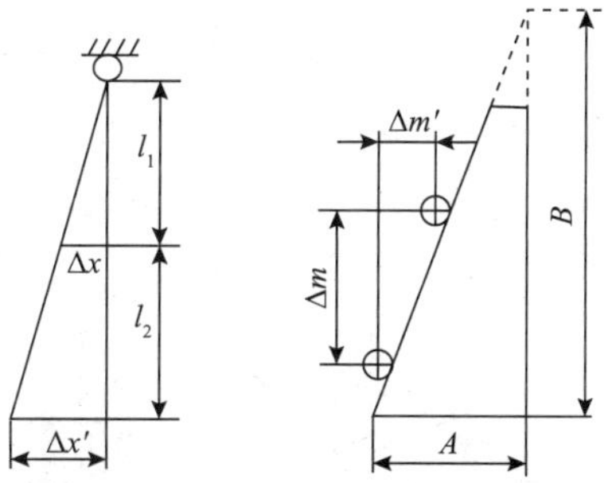

(a) 随动滑阀位移与调速器滑阀位移关系　(b) 反馈滑阀位移与油动机活塞位移关系

图 7-45　随动滑阀、反馈滑阀传动关系

(3)动反馈

机械反馈和油口反馈都是在滑阀位移使油动机活塞运动后才产生的，这种反馈称为静反馈，它的大小对传动放大机构的静态特性有影响(负反馈量的改变会改变静态特性曲线斜率)。还有一种是动反馈，其作用只发生在滑阀移动过程中，对传动放大就的静态特性没有影响，如图 7-10 径向泵调节系统的反馈机构中，控制油压由调速滑阀、反馈滑阀控制外，还受到调速滑阀最下面一个凸肩所控制的油窗口 C 的作用。稳定工况下，调速滑阀处于中间位置，控制油压 p_x 不变，油窗口 C 的面积不变，所以不影响稳定工况下的控制油压 p_x，也不影响油动机活塞运动与调速滑阀位移之间的关系，故对传动放大机构静态特性没有影响。但在调节过程中，当控制油压 p_x 增加，使滑阀上升时，油窗口 C 被关小，进油量也减小；当控制油压 p_x 下降时，使滑阀向上移动的趋势削弱，产生负反馈作用。当负荷变化较快，滑阀质量的惯性不能忽略时，它常能消除振荡，增加调节系统的动态稳定性。

在旋转阻尼调节系统中，继动活塞上部除有，静反馈弹簧 8 外，还有一动反馈弹簧 9，

起到动反馈作用，如图 7－11 所示。在稳定工况下，继动器活塞位置不变，动弹簧受力也不变，故未影响二次油压改变量 Δp_2 和油动机活塞位移 Δm 的关系，即不改变传动放大机构的静态特性。但在继动器活塞移动的过程中，动反馈弹簧受力改变，而且起到阻止继动器活塞移动的趋势，使得动态过程变得稳定。

为了保证调节系统的动态性能，继动器上动静反馈比 θ 应在 0.5 以上，即

$$\theta=\frac{K_2}{K_2+K_1} \tag{7-23}$$

式中 K_1——反馈弹簧的刚度；

K_2——静反馈弹簧的刚度。

设计静反馈弹簧的刚度 K_2 时，必须符合动静反馈比的要求。

三、执行机构(配汽机构)

能接收传动放大机构传来的信号，并以此改变汽轮机的进汽量的装置，称为执行机构。执行机构将信号转换成相应运动，为信号和运动的机械力提供能量的物理介质可以是气、电、液压油或三者的任意组合。运动可以由膜片、杠杆、活塞往复动作或电磁线圈产生。通常，执行机构推动阀件。在全液压调节系统中，它是由活塞式油动机和调节汽阀组成，其作用是根据转速或抽汽压力的变化，控制汽轮机进汽量和抽汽量，满足电网或热网的需要。在中小型汽轮机组上使用的调节汽阀多为群阀提板式结构。

(一)驱动调节汽阀的传动机构

将油动机活塞位移信号转变成调节汽阀开度信号的装置，称为传动机构。驱动调节汽阀的传动机构的作用是将油动机活塞的位移传递给调节汽阀，使其产生相应的位移。对于喷嘴调节的汽轮机，传动机构还用来确定调节汽阀的启闭顺序。常用的传动机构通常有提板式、杠杆式和凸轮式 3 种。

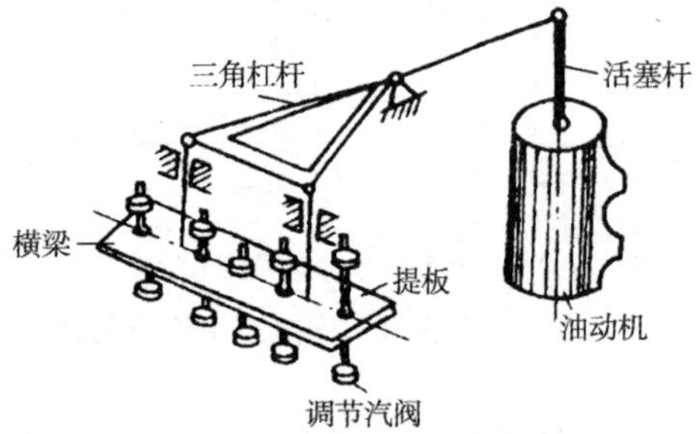

图 7－46 提板式传动机构

1. 提板式传动机构

图 7－46 所示为提板式传动机构示意图。调节汽阀的开启顺序由阀杆上的螺母上下位置所决定，调节汽阀的关闭是依靠调节汽阀本身的自重和蒸汽作用力。阀杆上螺母带动调节汽阀向上移动，依靠调整提板上各阀杆上螺母与提板的距离，就能够调整各个调节汽阀的开启顺序和重叠度。调节汽阀在开启时，阀杆上螺母与提板的距离最小的调节汽阀先开启，然后依次开启其他调节汽阀。为了使调节汽阀开启顺序符合要求，使提板受力均匀，应使阀杆与提板孔中保持 2～3mm 的间隙，使阀杆可以在提板孔中自由活动。在关闭调节汽阀时，油动机活塞行程的位移，不应让调节汽阀阀芯压到阀座上，以免阀座受力过大。在汽缸受热膨胀时，三角杠杆的支点会向上移动，在油动机活塞行程不变时，提板也会向上移动，使第一个调节汽阀开启。为了避免第一个调节汽阀开启，在冷态调整时，应将第一个调节汽阀的螺母与提板之间留有 2～3mm 的间隙。

这种传动机构优点是结构简单，但只适用于调节汽阀所需提升力较小、而且是部分进汽中、低参数机组上。

2. 杠杆式传动机构

图 7－47 所示为杠杆式传动机构。一个或几个调节汽阀吊装在传动杠杆上，在杠杆的一端为活动支点，另一端由油动机活塞杆带动上、下摆动。阀杆与杠杆之间用圆柱销连接，圆柱销穿装在腰子槽(椭圆孔)内，随着杠杆一起转动的圆柱销，可在腰子槽内做相对运动。当油动机驱动着杠杆绕其支点作逆时针转动时，通过圆柱销带动调节汽阀，调节汽阀的开启顺序取决于调节汽阀的关闭状态下，圆柱销到腰子槽的距离与圆柱销到杠杆支点的距离的比值，比值小的调节汽阀先开启。椭圆吊环的长度确定了各调节汽阀的开启顺序，通过调节螺母可以调整圆柱销到腰子槽顶部的距离，就可以调整调节汽阀的开启顺序。调节汽阀依靠自身重量及双圈弹簧的向下的作用力而关闭。

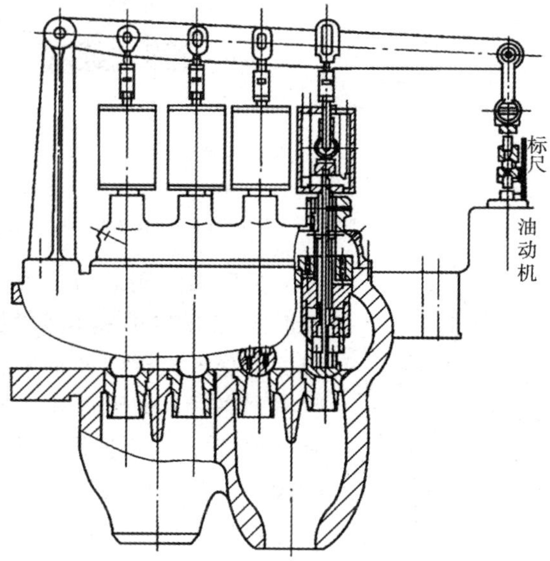

图 7－47　杠杆式传动机构

3. 凸轮传动机构

图 7－48 所示为凸轮开启机构。油动机活塞的位移，是通过齿条和齿轮带动凸轮轴转动，再由凸轮推动杠杆控制调节汽阀启闭。调节汽阀的开启顺序是由凸轮型线所控制的。调节汽阀的开启是靠油动机活塞产生的提升力，而关闭调节汽阀是靠调节汽阀上部的弹簧的向下作用力来完成的。

在凸轮轴上装有 4 个凸轮，每个凸轮控制一个调节汽阀，4 个凸轮采用不同的型线，可使 4 个调节汽阀依次开启。改变凸轮的型线即可改变调节汽阀的流量特性，因此调节比较方便。这种机构开启力量较大，通常在高压机组上采用。

(二)调节汽阀的结构形式

1. 调节汽阀的分类

按阀芯的数量可将调节汽阀分为单座阀和双座阀两种。

单座阀主要由阀芯和阀座组成。根据阀芯的形状分为球形阀和锥形阀两种型式，如图 7－49 所示。阀芯为球形的称为球形阀，阀芯为锥形的称为锥形阀。阀座采用较好的流线型结构，以减少流动损失。阀座带有约 3°的扩张角，起到降速扩压作用。

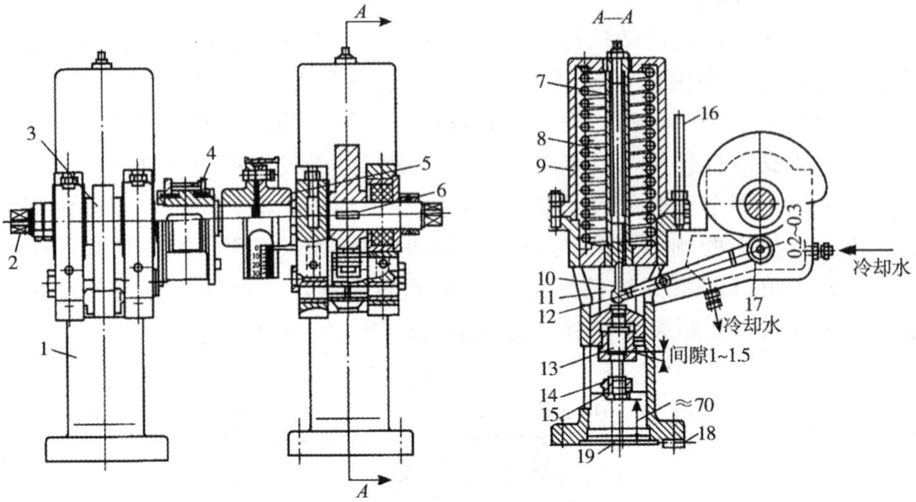

图 7-48　凸轮传动机构

1—底座；2—凸轮轴；3—凸轮；4—齿轮；5—联轴器；6—键；7—调整螺杆；8—弹簧；9—罩盖；10—顶杆；11—滑架；12—杠杆；13—芯轴；14—阀杆接合器；15—挡汽片；16—长螺栓；17—滚轮；18—圆柱销；19—阀杆

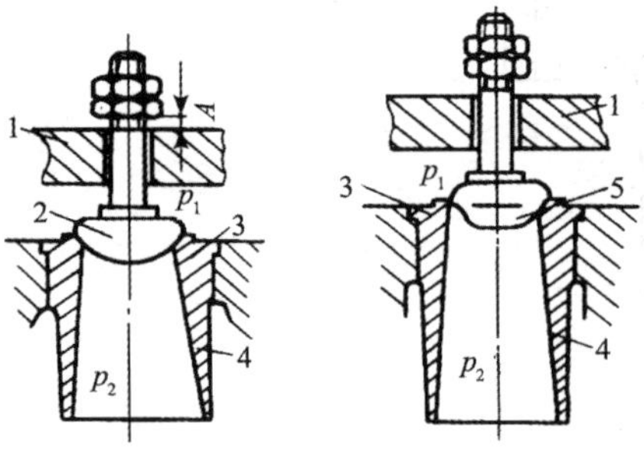

(a) 球形阀　　(b) 带节流锥阀

图 7-49　单阀芯式调节汽阀

1—提板；2—球形阀芯；3—阀座；4—扩压管；5—锥形阀芯

锥形阀的阀芯有一个伸入阀座的节流锥体，锥形阀在开启的初始阶段，通流面积增加很缓慢，故蒸汽流量增加不太显著，只有当节流锥体脱离阀座后，通流面积才有较快的增加，由于具有这种特性，广泛用于喷嘴调节中的第一个调节汽阀，以提高机组空负荷运行时的稳定性。

现代大功率汽轮机，由于蒸汽参数高、阀门直径大，提升力也很大，为了减少开启调节汽阀的提升力，采用了带预启阀的结构。带预启阀的调节汽阀结构有带普通预启阀的调节汽阀和带蒸汽弹簧预启阀的调节汽阀两种型式。

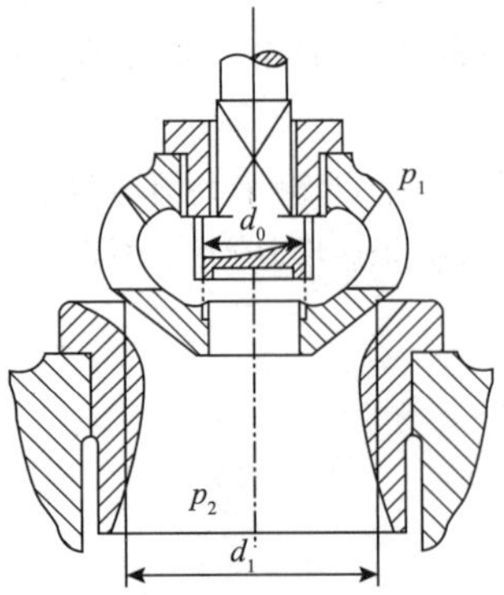

图 7-50　带普通预启阀的调节汽阀

图 7-50 所示为带普通预启阀的调节汽阀。在调节汽阀开启时，首先提升预启阀，使阀碟的上部和下部相通。蒸汽经预启阀进入汽轮机，由于蒸汽对预启阀的作用面积小于对主阀的作用面积，因而所需的提升力大为减小。而当预启阀上行至极限位置并带动阀碟一起提升时，由于阀碟的上下的蒸汽作用力基本上是平衡的，所以阀碟上下压差已经减小，最大提升力也相应地减小了。在阀门和预启阀关闭时，蒸汽经由间隙进入阀碟上部，但此时阀碟上部的压力又逐渐升高到和新蒸汽压力相近的水平。因为有比较大的蒸汽压力作用在阀碟上，所以调节汽阀关闭的严密性较好。由于这种调节汽阀的减载是靠阀后压力 p_2 的升高来实现的，这就要求预

启阀应有较大的尺寸，使足够的蒸汽流量通过以提高阀后压力 p_2，但这样又增加了预启阀的提升力，所以调节汽阀的减载能力是有限的。从合理应用油动机工作能力的角度看，最好将提升预启阀和提升主阀的提升力相接近。

图 7－51 所示为带蒸汽弹簧预启阀的调节汽阀。由于预启阀的尺寸较小，开启时所需的提升力较小。预启阀开启时，当阀杆向上移动时，首先带动预启阀，预启阀打开后，由于孔 B 的节流作用而产生阻尼效应，使 A 室(卸载室)内压力 p'_2 降低到接近阀后压力 p_2。在预启阀继续提升时，带动主阀芯向上移动。由于主阀的蒸汽作用有效面积很小，这样从而减少了主阀芯前后的压差，使主阀芯所需的提升力大为减少。如果卸载室直径和阀芯与阀座配合直径相同，可达到 100％卸载。理论上讲，调节汽阀阀前、阀后蒸汽压力差作用在阀芯上投影面积为零，提升阀芯所用的力仅需克服上下移动零件的重量和摩擦力即可。当阀门处于全关位置时，压力为 p_1 的新蒸汽自孔 B 漏入 A 室(卸载室)，由于预启阀将主阀芯的下孔堵住，这时 A 室压力 p'_2 上升到接近 p_1，即 $p'_2=p_1$，使主阀芯紧贴在阀座上，所以关闭时的严密性很好。因此，预启阀的通流面积只要保证通过的流量大于 B 孔漏入 A 室的蒸汽量，即能起到减小提升力的作用。由于这种调节汽阀的预启阀直径不大，故开启时的提升力亦不大，因此这种调节汽阀在大型汽轮机上得到广泛的应用。

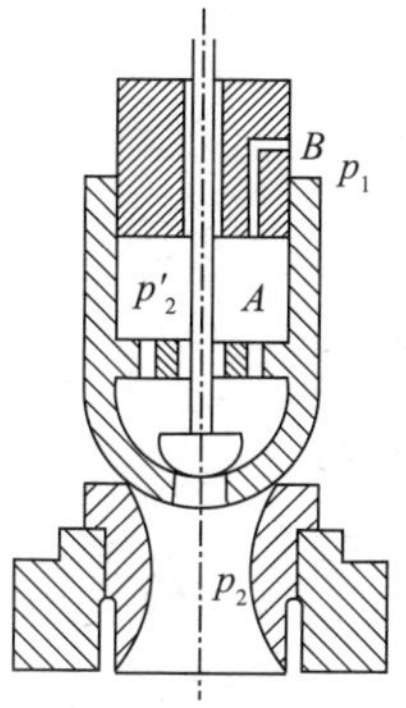

图 7－51　带蒸汽弹簧预启阀的调节汽阀

2. 调节汽阀的计算

调节汽阀的计算包括升程流量特性和提升力计算。

(1)调节汽阀的升程-流量特性

调节汽阀的升程特性是指调节汽阀的升程 L 和流经调节汽阀的蒸汽量 G 之间的关系。流经调节汽阀的蒸汽流量 G 除于流通面积，即阀门的升程 L 有关外，还与阀门前后的压差和流量系数等因素有关。单座阀门的流量特性曲线，如图 7－52 所示。在调节汽阀开度较小时，升程与流量基本上是直线关系，以后随着调节汽阀开度的逐渐增大，流量逐渐趋向饱和。当达到最大流量后，由于整机的流量继续增加，阀后的压力仍继续升高，调节汽阀前后压差减小，使得流经阀门的流量不但不继续增加，反而逐渐减少。

当调节汽阀升程(开度)$L=0$ 时，流量 $G=0$；当调节汽阀升程很小时，阀后的压力很低，阀门内为超临界流动，当阀前压力不变时，流量与面积成正比，即流量与调节汽阀升程基本上呈直线关系，如图 7－52 中的Ⅰ段所示。当升程继续开大时，通流面积虽仍在增大，但由于阀后压力也不断增大，调节汽阀前后压比逐渐增大，流动由超临界变为亚临界，因此流量 G 随着调节汽阀开度(升程)L 的增加而趋于缓慢，如图 7－52 中的Ⅱ段所示。以后，虽然升程 L 虽继续增大，但由于受到阀门喉部面积的限制，流量 G 渐趋饱和。图中Ⅰ、Ⅱ段即为调节汽阀有效升程范围。通常认为当调节汽阀前后压力比为

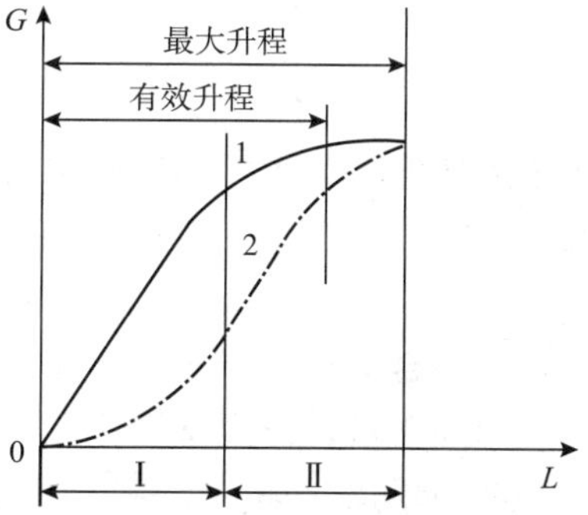

图 7－52　单座阀的升程-流量特性

$p''_0/p'_0=0.95\sim0.98$ 时，调节汽阀就算全开。为了减小调节系统在空负荷(空载)时的晃动，往往采用阀芯带有节流锥的阀作为首先开启的第一调节汽阀。由于锥形阀在刚开启时通流面积增加较小，所以升程流量特性开始段平缓(图中 2 线)，因此流量摆动小，所以引起负荷摆动亦小。

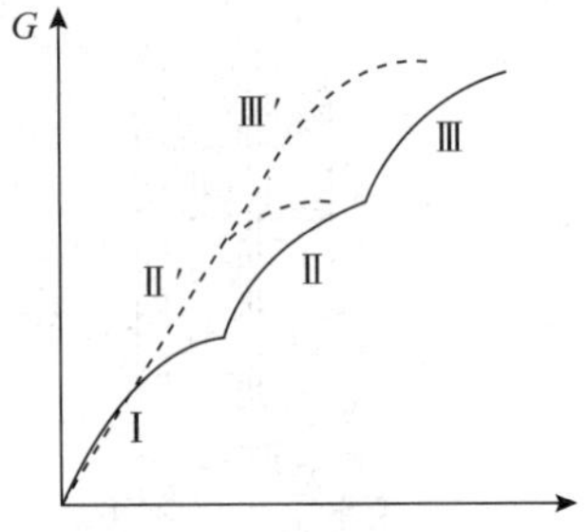

图 7-53 调节汽阀联合升程流量特性

(2)调节汽阀的联合升程-流量特性

汽轮机采用喷嘴调节时，是有多个调节汽阀是依次启闭的。即待前一个调节汽阀全开后，再开启下一个调节汽阀，则调节汽阀的联合升程流量特性曲线将是波浪形的，如图 7-53中的实线所示，它不是一条连续的直线，这是不符合要求的。最有效的解决措施是使这些调节汽阀在开启和关闭过程中有一定的重叠度，即在前一个调节汽阀尚未完全开启时，下一个调节汽阀提前开启，这一提前开启的量称为调节汽阀的重叠度。采用重叠度后的调节汽阀联合升程流量特性曲线，如图 7-53 中的虚线所示，流量特性趋于一根光滑的直线。重叠度的选取以前一个调节汽阀开启前、后蒸汽压力比 $p''_0/p'_0=0.85\sim0.90$ 时，下一个调节汽阀便开始开启为适宜。$p''_0/p'_0=0.85\sim0.90$ 时，调节汽阀重叠度为 15%～10%。

有些机组为了降低调节级动叶片的应力，增加第一组喷嘴的部分进汽度，以及减小机组启动时的热应力，通常将第一、第二调节汽阀同时开启。

(3)调节汽阀的升程-提升力特性

开启调节汽阀所需的力称为提升力。在稳定工况下，调节汽阀升程与其提升力的关系称为调节汽阀的升程-提升力特性。启闭调节汽阀必须了解调节汽阀在不同升程时，开启阀门所需的提升力。调节汽阀前的压力基本不变，但在不同的调节汽阀开度、阀芯下部的压力和扩压管后的压力是不相同的，因此用理论计算很复杂，所以和阀门流量计算一样，通常也是借助于试验曲线来进行调节汽阀提升力的计算。提升力 R 的计算公式如下：

$$R=\xi A_v p_1 \tag{7-24}$$

式中 A_v——调节汽阀公称面积，m^2；

p_1——调节汽阀前的压力，MPa；

ξ——提升力系数，它与调节汽阀前后的相对压力差 $\dfrac{p_1-p_2}{p_1}$ 和调节汽阀的相对升程 $\dfrac{h}{D_v}$ 有关。

单座球形阀的提升力特性如图 7-54 所示。当调节汽阀开度 $h=0$ 时，由于此时调节汽阀前后压差最大，所以所需的提升力也最大。随着调节汽阀的开度的增加，调节汽阀后的压力逐渐增大，调节汽阀前后的压差逐渐减小，所以提升力也逐渐减小。

若用一台油动机来控制多个调节汽阀，则各调节汽阀依次开启时，其联合提升力曲线如图 7-55 所示，曲线呈波浪状。第一个调节汽阀开启时的提升力最大，随着第一个调节汽阀开度的增加，第一个调节汽阀的提升力逐渐减小。开启第二个调节汽阀时，第二个调节汽阀后的压力仍然不高，此时第二个调节汽阀前后的压差仍很大，压比很小。而且相对开度为零，因而有较大的提升力，使总的提升力曲线出现第二峰值，然后随着调节汽阀开度的增加，提升力又变小。其后各调节汽阀开启式的情况相似。由于各调节汽阀直径各不相同，所以调节汽阀前后的压差也不相同，各调节汽阀的提升力也不相同。

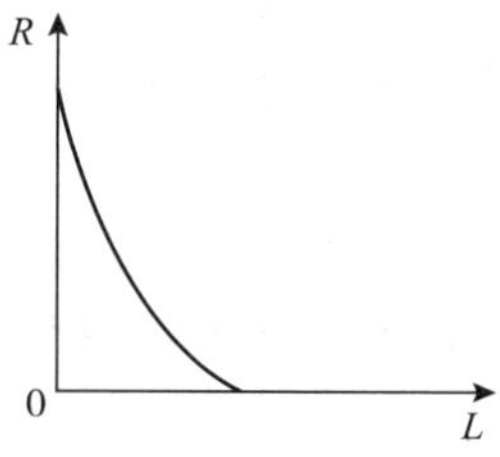

图 7-54　单阀座调节汽阀提升力特性

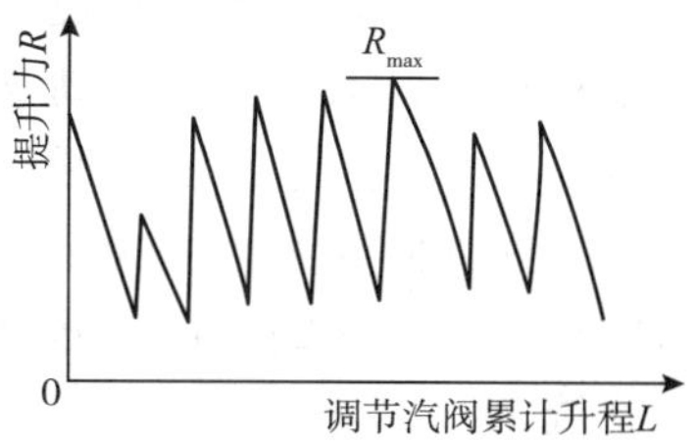

图 7-55　多个调节汽阀依次开启时的提升力特性

(4)调节汽阀的重叠度

采用喷嘴调节的汽轮机，一般都有几个调节汽阀。当前一个调节汽阀尚未完全开启时，就让后一个调节汽阀开启，即称调节汽阀具有一定的重叠度。调节汽阀的重叠度通常为10%左右，也就是说，前一个调节汽阀开启到阀后压力为阀前压力的90%左右时，后一个调节汽阀随即开启。

如果调节汽阀没有重叠度，执行机构的特性曲线就有波折，这时调节系统的静态特性也就不是一根平滑的曲线，这样的调节系统就不能平稳地工作，所以调节汽阀必须要有重叠度。

3. 典型的全液压调节系统的调节汽阀

全液压调节系统的调节汽阀多为群阀提板式结构，如图 7-56 所示。汽轮机的调节级喷嘴共分为5组，每组喷嘴的进汽都有1个调节汽阀控制，因此共有5个调节汽阀，第1个调节汽阀为梨形阀，其余4个均为球形阀，采用梨形调节汽阀的特点是在空负荷时转速容易控制。汽轮机空负荷运行时，第1个调节汽阀开启，其余4个调节汽阀均处于关闭状态。汽轮机正常运行时，前4个调节汽阀开足即可发出额定功率，第5个调节汽阀作为低参数、循环水温升高及背压升高时，保证机组仍能发出额定功率。

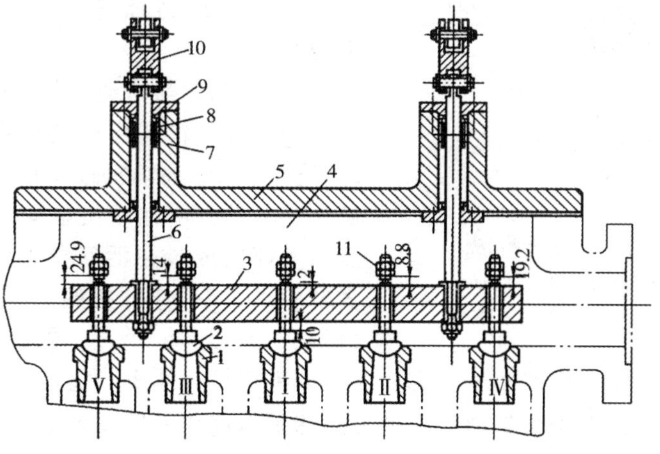

图 7-56　全液压式调节系统的提板式调节汽阀

1—阀座；2—阀碟；3—提板(横梁)；4—蒸汽室；5—蒸汽室盖；6—阀杆；
7—填料密封圈；8—漏汽口；9—压盖；10—叉形接头；11—螺母

由图 7-56 可以看出，整个群阀提板结构由阀杆 6、提板(横梁)3、阀碟 2、阀座 1、密封圈 7 及漏汽口 8 等组成。阀杆 6 通过叉形接头 10 与油动机杠杆相连，杠杆的支点由固定在蒸汽室 4 上的支架来支撑，形成一定的杠杆比。5 个调节汽阀均安装在提板上，当油动机活塞向下移动时，通过杠杆带动阀杆向上移动，提板随之上移，调节汽阀即可按预先调整好的螺母 11 的位置先后依次开启，(其顺序如图 7－56 中Ⅰ、Ⅱ、…、Ⅴ所示)。锁紧螺母与提板之间的间隙大小，决定了调节汽阀的开启顺序。密封圈 7 起到减少蒸汽室内的新蒸汽沿阀杆向外泄漏的作用，漏汽口 8 通过管道与汽封系统相连，可将少量的阀杆漏汽引至汽封系统。

同全液压调节系统一样，半液压调节系统亦采用喷嘴调节法，调节汽阀也采用群阀提板式结构。不同的是它共有 4 个调节汽阀，前 3 个调节汽阀开足即带额定负荷，第 4 个调节汽阀供机组在低参数、循环水温升高以及背压升高时带额定负荷之用。其主要结构与动作原理与全液压调节系统的调节汽阀相同，这里不再叙述。应该指出的是，由于机组热力系统有所差异半液压调节系统中的调节汽阀的阀杆漏汽经漏汽口由管道引出至疏水膨胀箱。

工业汽轮机执行机构的种类很多，下面介绍德国西门子公司采用的全液压调节系统执行机构。执行机构由错油门和油动机组成，如图 7－57 所示。

(1)油动机与错油门的作用

油动机通过错油门将由调速器输出的二次油压 p_2 变化的信号转换成油动机活塞的行程，并通过杠杆系统操纵调节汽阀的开度，调节进入汽轮机的蒸汽流量来调节机组转速，使之与所要求的流量或功率相适应。

错油门从二次油路中得到信号，并控制作为动力油的压力油进入油动机活塞的上腔或下腔。

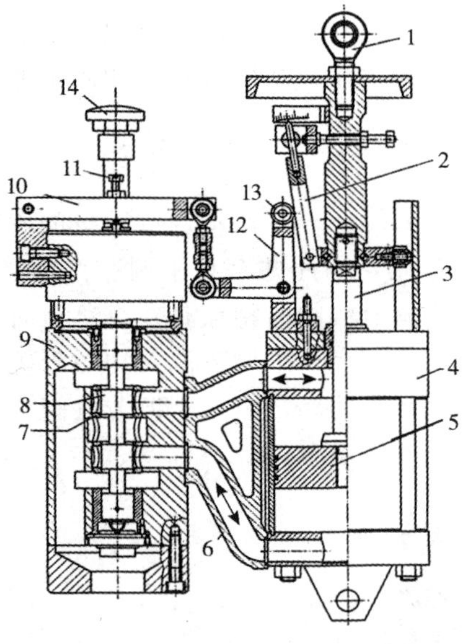

图 7－57　错油门与油动机示意图

1—关节轴承；2—反馈导板；3—活塞杆；4—油动机缸；5—活塞；6—连接体；7—滑阀套筒；8—滑阀；9—错油门壳体；10—杠杆；11—调整螺钉；12—弯角杠杆；13—滚针轴承；14—排气过滤器

(2)油动机与错油门的结构(见图 7－57)

油动机与错油门的结构主要由错油门壳体 9、连接体 6、油动机缸 4 和反馈导板 2 等组成。双作用油动机由油动机缸 4、活塞 5、活塞杆 3 及活塞环组成。在活塞杆上装有反馈导板 2 及关节轴承 1，用于连接调节汽阀操纵系统和执行机构。

断流式错油门的错油门滑阀 8 和套筒 7 被装配在其壳体中。错油门滑阀顶端装有转动轮盘，其径向和切向钻有均部的通道。推力滚珠轴承被热装配在轮盘顶端的轴上，弹簧压靠在推力轴承上。弹簧的作用力取决于调节螺钉 11 和杠杆 10 的位置。

在错油门滑阀套筒上开有上、下两个排油窗口，上下、两排油窗口分别通向油动机活塞的上部和下部。在中间的油窗口则与高压油相通，高压油的油压一般情况下为 0.1MPa 左右，错油门滑阀的下侧与二次油相通。在稳定工况下，错油门滑阀处于中间位置，将压力油通向油动机活塞上部和下部的油窗口封住。在稳定工况下，油动机活塞处于平衡状态，其位置不变。

错油门与油动机的反馈是由反馈导板和弯角杠杆实现的。用调整螺钉可以调整反馈导板的斜率，改变反馈导板的斜率就改变了二次油压与油动机活塞行程的关系。如果二次油压的变化相同。而由于反馈导板的斜率改变了，错油门滑阀回到中间的位置的速度也发生变化了，所以油动机活塞位移也将发生变化。反馈导板斜率变小，油动机活塞位移增加。

(3)错油门的工作原理(见图 7-58)

当二次油压发生变化时，错油门滑阀产生上、下移动。当二次油压升高时，错油门滑阀向上移动，高压油经滑阀套筒上侧油窗口进入油动机活塞上腔，而油动机活塞下腔则与排油相通。油动机活塞在油压差的作用下向下移动，并通过调节杠杆使调节汽阀的开度增大，机组又达到新的稳定工况。与此同时，使反馈导板向下移动，由于反馈导板有一定的斜度，推动弯曲杠杆将活塞的运动传递给杠杆，杠杆便产生与滑阀逆时针运动，使杠杆的右端向下，作用在压缩弹簧上，使反馈弹簧的力增加，错油门滑阀向下移动，于是错油门滑阀又回到中间位置。又遮断通向油动机的油窗口，油动机活塞便停止运动，机组在一个新的稳定转速下运行。

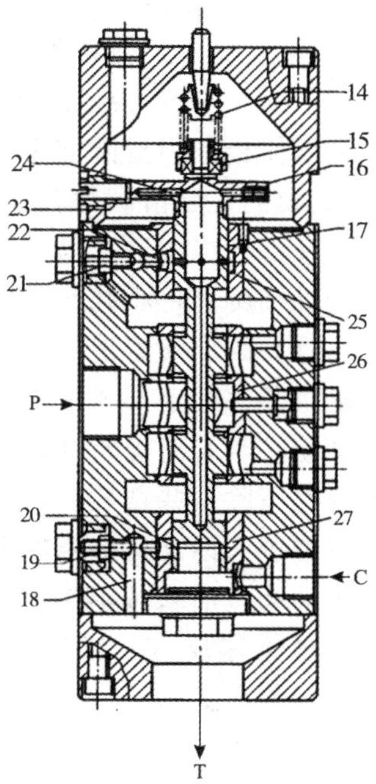

图 7-58　错油门

14—反馈弹簧；15—推力球轴承；16—轮盘；17—错油门滑阀；18—排油孔；19—振荡用调节螺钉；20—放油孔；21—调节螺钉；22—径向钻孔；23—测速套筒；24—轮盘径向油孔；25—上套筒；26—中间套筒；C—二次油；T—排油(回油)；P—压力油(动力油)

当二次油压下降时，调节过程动作与上述相反。

通过油动机活塞杆上的调节螺钉调整反馈导板的斜度，可改变二次油压与活塞行程之间的比例关系。图示的反馈导板是直线，二次油压与活塞行程是线性关系。若反馈导板是特殊型线，则两者也可以是非线性关系。

反馈系统的作用是使油动机活塞的动作过程稳定，它通过弯曲杠杆、杠杆、活塞杆及错油门滑阀构成反馈调节。弯曲杠杆一端的滚针轴承顶在反馈导板上，另一端和受弹簧作用的杠杆、调节螺栓连接。

(4)错油门的旋转与振动

为了使错油门滑阀工作灵敏，不致于产生卡涩现象，而采用了旋转式滑阀，滑阀中心通入高压油。压力油从接口进入错油门，并经其壳体内的通道，由进油口经滑阀的中心孔通至错油门滑阀的上部，它经过四个径向孔流入空心错油门滑阀中心。错油门滑阀上部有一个轮盘，轮盘上开有径向孔 16 和切向孔 24 通道，压力油则沿转动轮盘的切线方向连续向外喷出，切向离开旋转轮盘的恒定油流使错油门滑阀产生连续旋转运动，油流的反作用

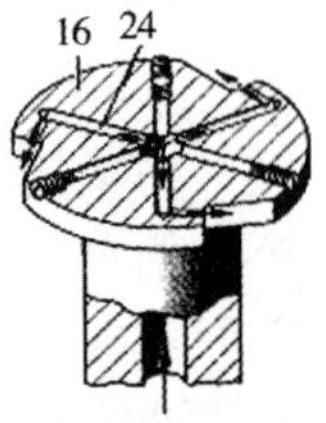

图 7－59 轮盘
16—轮盘；
24—轮盘径向油孔

力使旋转滑阀产生了旋转力矩，如图 7－59 所示。由于旋转滑阀有一定的圆周速度，因而在滑阀的侧面上出现较大的侧压力，这种力可抵抗住使滑阀产生偏斜的歪斜力和偏压力，使错油门滑阀上、下移动灵活。

通过图 7－58 中的调节螺钉 21 调节喷油量的大小来调节滑阀的转速，可改变错油门滑阀的转动频率，这一频率可用专门测量仪器在铝制螺栓套 23 中测出，滑阀推荐的工作转速为 300～800r/min(小滑阀用高转速)。

为提高油动机的灵敏度，在错油门滑阀旋转的同时，作用在其下侧的二次油压使错油门滑阀产生一恒定轴向振动，这一过程是通过错油门滑阀下部的一个小孔 20 来实现的，当滑阀每转动一圈时，此小孔瞬时间便于壳体上的排油孔 18 接通一次。这时就有一部分二次油排出，于是引起二次油压暂时下降并导致滑阀产生一微小向下位移，当滑阀继续旋转，小孔与排油孔错开后，小孔被遮断时，二次油压上升，滑阀又回到正常工作位置。因此随着滑阀的旋转，滑阀一直重复着上述动作，这时就有微量压力油反复进入油动机活塞的上部或下部，就引起油动机活塞及调节汽阀阀杆出现轻微振动。滑阀的微小振动使它与套筒经常处在相对运动状态，故能改善滑阀的润滑，将静摩擦转为动摩擦，并能及时清除一些杂质，因此提调高了滑阀的灵敏度。在滑阀每次短暂运动时，都有少量的压力油进入油动机活塞的上部或下部，这就引起了油动机活塞和调节汽阀阀杆的脉动，避免了油动机活塞或调节汽阀阀杆的卡涩，保证了这些部件对调速器的调节信号(控制脉冲)作出迅速反应。错油门滑阀的振幅可借助图 7－58 中的调节螺钉 19 来进行调节。

第四节 液压调节系统静态特性

一、调节系统的静态特性

汽轮机液压调节系统为有差调节，即在稳定工况下，汽轮机的每一负荷都有一转速与其相对应。调节系统的静态特性曲线即在稳定工况下其转速 n 与负荷 N 之间的关系曲线。这种特性若用曲线来表示，则可绘成图 7－60 所示所示的曲线，称为调节系统的静态特性曲线。

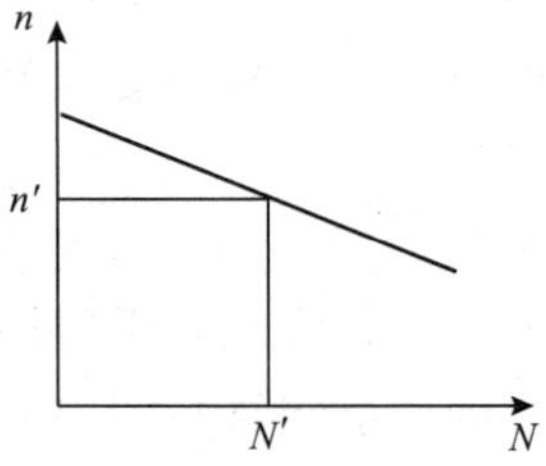

图 7－60 调节系统静态特性曲线

调节系统静态特性曲线应该是一条平滑下降的曲线，中间不应有水平部分，曲线两端较陡，如图 7－60 所示。如果中间有水平部分，运行时会引起负荷的自发摆动和不稳定现象。曲线左端较陡，主要是使汽轮机容易稳定在一定的转速下进行发电机的并列和解列，同时在并网后的低负荷下还可减少外界负荷波动对机组的影响。右端较陡是为使机组稳定经济负荷，当电网频率下降时，使汽轮机带上的负荷较小，防止汽轮机发生过负荷现象。

前述分析可知，对应于汽轮机一定的负荷，调节汽阀的开度、油动机活塞行程、压力变换器滑阀等都只能有一定的位置，负荷变化时，其位置也将相应变化。所以，汽轮机在各种负荷下稳定运行时的转速是不相同的，不同的转速对应着不同的负荷。

(一)液压调节系统静态特性曲线的绘制

既然调节系统是由转速感受机构、传动放大机构、执行(配汽)机构和调节对象等部分所组成的，所以系统的静态特性取决于各基本组成环节的静态特性。所以，调节系统的静态特性不是用现场试验方法直接求得的，而是通过部分试验或计算间接求得的。

有了调节系统各调节机构的静态特性，就可以用投影图解法求得调节系统的静态特性曲线，如图 7－61 所示。具体方法是：沿着调节信号传递方向，根据其静态对应关系，在四象限图的第二、三、四三个象限上分别绘出转速感受机构、传动放大机构和配汽机构的静态特性曲线，然后根据这已知的三条曲线按投影作图原理，就可在第一象限内绘制出汽轮机功率与转速的关系曲线，即汽轮机调节系统的静态特性曲线，此图称为调节系统的四象限图或称四方图。

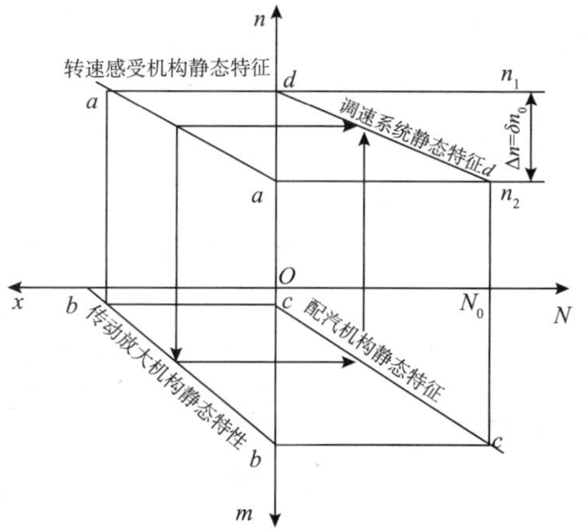

图 7－61　调节系统的四象限图及静态特性线

绘制四象限图时，应符合下列规定：

(1)机械位移的方向。一般规定调速器的滑环、挡油板、压力变换器活塞的位移，均以转速增加方向为正；油动机活塞的位移，则以增加负荷为正。调速器滑环位移以初始动作位置为零，油动机活塞位移以零负荷位置为零。

(2)四象限图坐标的参数。绘制四象限图时，如转速 n、功率 N 和油动机活塞行程 Z 是固定的。有些根据具体调节系统来确定：旋转阻尼调节系统中，既可用转速 n 和一次油压 p_1 作感受机构坐标参数，也可用转速 n 与二次油压 p_2 作坐标参数，而后者用得较多，因一次油压除用针形阀调整外别无其他手段，而且运行中针形阀往往不再进行调整。机械调速器则以转速 n 和滑环(挡油板)位移 x 作坐标参数；而径向泵调速器既可用转速 n 和径向泵出口油压 p_1 作坐标参数，也可用转速 n 和压力变换器活塞位移 x 作坐标参数，由于油压比位移容易测得，所以常用 p_1 而不用压力变换器活塞位移 x。

(3)四象限图中四个坐标的正方向。一般规定以中心点向外放射的方向为正。

(二)速度变动率

根据调节系统的静态特性曲线，当汽轮机单机(孤立)运行时，功率为零时对应的稳定转速为汽轮机的转速 n_1，功率为额定值由 N_0 对应的转速为 n_2，转速变化值 $\Delta n = n_1 - n_2$ 与额定转速 n_0 之比的百分数，称为调节系统速度变动率，也称速度不等率，通常用符号 δ 表示，其表达式为

$$\delta = \frac{n_2 - n_1}{n_0} \times 100\% \tag{7-25}$$

速度变动率的大小与机组运行特性有密切关系，是衡量调节系统静态特性的重要

指标。

速度变动率 δ 的大小表示了汽轮机由于负荷变化所引起的转速变化的高低。速度变动率越大，表明调节系统的稳定性越好；速度变动率越小，则表明调节系统的稳定性越差。速度变动率越大，汽轮机由于负荷变化所引起的转速变化就越大，反映在静态特性曲线上曲线愈陡；反之，若速度变动率越小，汽轮机由于负荷变化所引起的转速就越小，其静态特性曲线趋近平缓。

速度变动率不宜过大或过小。速度变动率过大，则静态特性曲线较陡，会使甩负荷时机组易超速；相反，速度变动率若过小，又会使静态特性曲线过于平缓，易引起负荷摆动(并列运行)，调节系统可能出现晃动。一般规定 δ 值为 4%～6%，全液压调节系统的速度变动率约为 5%。

(三)迟缓率

1. 迟缓现象和迟缓率

汽轮机稳定运行时的转速是随负荷变化而变化的，即一定的负荷总对应着一定的转速。但是由于调节系统各部套间的连接部分存在着间隙、摩擦力以及错油门重叠度等影响，使静态特性在升速和降速时并不相同，变成两条几乎平行的曲线，如图 7-62 中的曲线 1、2，从而使静态特性曲线不是一根简单的曲线而是一束曲线，形成了一个"带"状曲线，这种现象称为调节系统的迟缓现象。

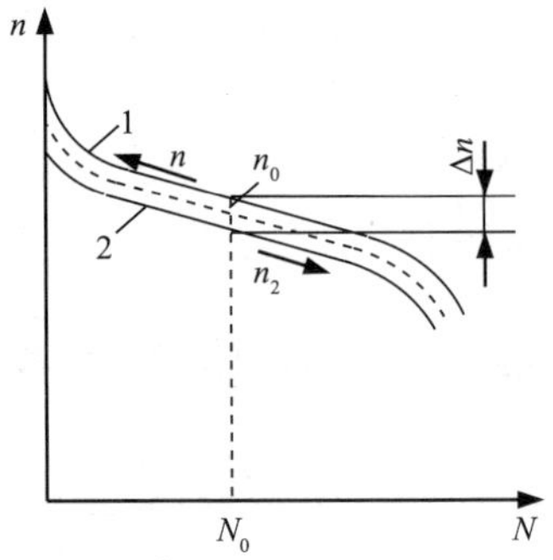

图 7-62　调节系统的迟缓率

静态特性曲线形成"带"状是由于调节系统的迟缓率 ε 所造成的。一台机组原来在功率 N_0 下运行，转速为 n_0，见图 7-62。当外界负荷减少时，汽轮机的转速升高，主油泵出口油压增大，但是压力变换器滑阀由于存在摩擦阻力而未动作，也就是说主油泵出口油压虽然增大，但此压力增值还不足以克服此摩擦阻力，这时调节系统并未动作，调节汽阀维持原开度并没有关小，所以汽轮机转速继续上升，一直升速至 n_1 时，离心式主油泵出口油压所升高的数值方能克服摩擦阻力使压力变换器滑阀开始移动，整个调节系统动作使调节汽阀开度关小，转速的上升是沿曲线 1 进行的。反之，当汽轮机转速因负荷增加而下降时，其转速要一直降至 n_2 时，调节系统才开始动作，转速的下降是沿曲线 2 进行的。

调节系统由于迟缓现象的存在，使曲线 1、2 在同一功率下转速相差了 Δn 的数值。同一负荷下可能的最大转速变动 Δn 与额定转速 n_0 比值的百分数，称为调节系统的迟缓率(或称为不灵敏度)，通常用字母 ε 表示，即

$$\varepsilon=\frac{\Delta n}{n_0}\times 100\% \tag{7-26}$$

式中　Δn——由于迟缓现象使机组在同一负荷下所相差的转速数值，$\Delta n=n_1-n_2$，r/min；

n_0——汽轮机的额定转速，r/min。

调节系统中除了各部件本身的摩擦导致系统的迟缓外，还有许多因素增加了调节系统的迟缓率，如错油门滑阀的重叠度、机械传动的铰链接头、压力变换器滑阀和错油门滑阀的偏心及油质恶化等所引起的卡涩等。

2. 迟缓对机组运行的影响

调节系统理想状态下，转速应与功率一一对应，即有单值对应性。在迟缓范围内，实际上起不到调节作用，破坏了调节系统的单值对应性。当速度变动率δ和迟缓率ε一定时，单值对应性破坏程度与机组运行方式有关。

(1)机组在空转或单机带负荷运行时，会引起转速的摆动(不稳定)，转速摆动的幅度正比于迟缓率ε，而与速度变动率的大小无关，如图7-63(a)所示。其转速最大摆动值为$\Delta n=\varepsilon\times n_0$，如迟缓率为0.5%，则转速最大摆动值为$\frac{0.5}{100}\times 3000=15$r/min。

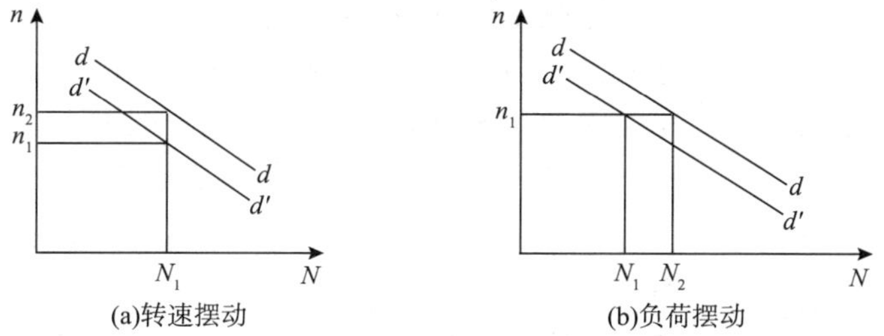

图7-63　迟缓对机组运行的影响

(2)机组并列运行时，其转速与电网频率同步，可以认为恒定不变，由于迟缓率的存在，引起负荷摆动，如图7-63(b)所示。由图可知，迟缓率愈大，则负荷摆动就愈大。负荷的摆动值不仅由迟缓率ε有关，而且与速度变动率δ的多少有关。故正常运行时，二者同时影响机组负荷的摆动。可用下式表示负荷的摆动值

$$\Delta N=\frac{\varepsilon}{\delta}N_0 \tag{7-27}$$

式中　N_0——机组的额定负荷。

由上式可知，并网运行机组因迟缓引起的自发性功率变动量的大小与迟缓率成正比，与转速变动率成反比。

迟缓率的变化是随速度变动率而变化的，速度变动率δ愈小，迟缓率的影响愈大。因此即要减小ε，又要注意δ与ε的关系，当速度变动率大时，允许迟缓率稍大些。机组自发性负荷摆动一般不应超过(1.5%～2%)N_0，通常认为负荷摆动值应小于(1%～2%)N_0是正常的。

速度变动率δ不希望过大，也不希望过小，一般在3%～6%范围内。而迟缓率希望越小越好，但过小对制造工艺有一定的困难，目前，一般要求调节系统的迟缓率$\varepsilon<0.3\%\sim0.5\%$。一般机械调节系统要求$\varepsilon<0.5\%$；液压调节系统要求$\varepsilon<0.3\%$；半液压调节系统要求$\varepsilon<0.2\%$；电液调节系统要求$\varepsilon<0.1\%$。国际电工会议定为$\varepsilon=0.06\%$。

二、同步器

同步器又称转速变换器。可在一定范围内平移调节系统静态特性曲线以整定机组转速或改变负荷的装置，称为同步器。同步器是调节系统中调节电负荷与转速的调节装置。

调节系统的静态特性曲线如不考虑迟缓的影响，汽轮机的每一负荷对应一个转速。这样，对于单机(孤立)运行的机组，转速随负荷的变化而变化，也就是电频率将随之变化，使得供电质量不能保证。对于并列运行的机组，其转速由于电网频率近于稳定而不变化，

因此并列运行的机组只能接带一个与该转速相对应的固定的负荷，而不能根据需要进行调整。显然，这样的调节系统在实际运行中是不能满足正常要求的。为了在汽轮机单机运行时，能人为地改变转速保证供电质量，而在汽轮机并列运行时，能根据需要改变负荷，因此就必须在汽轮机的调节系统中设置了一个平移调节系统静态特性曲线的装置——同步器。

1. 同步器的作用

由调节系统的静态特性得知，汽轮机的每一负荷都对应着一个确定的转速。

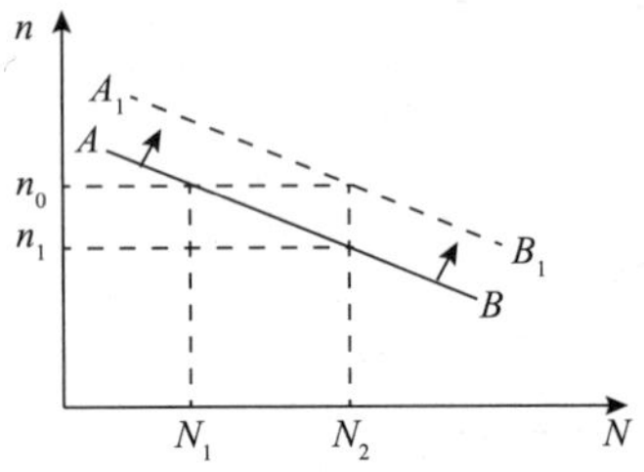

图 7-64　单机运行时同步器的作用(改变负荷)

对单机(孤立)运行的机组，其转速就随负荷变化而变化，也就是发电机发出的电能的频率随负荷变化而变化，是的供电质量得到保证。操作同步器，使调节系统静态特性曲线向上平移，即可使机组既带现负荷 N_2，又可在原转速 n_0 转速下运行，如图 7-64 所示。

并列运行的机组，由于受到电网的牵制，其转速几乎是不变的，因此并列运行的机组只能接带一个与该转速相对应的固定负荷，而不能根据需要进行调整。操作同步器，汽轮机并列运行时可以改变机组的负荷(功率)，如图 7-65 所示。

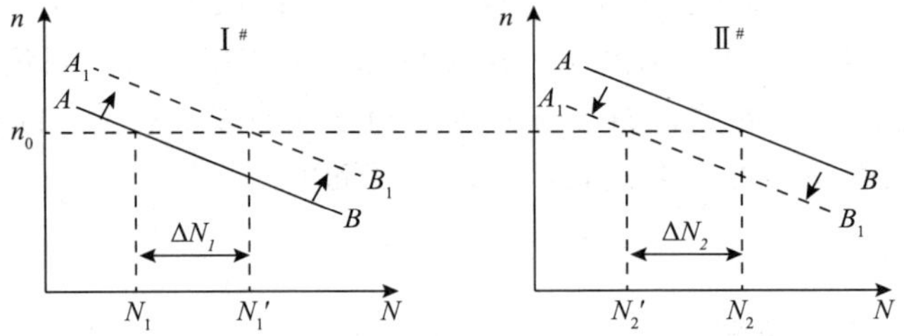

图 7-65　二台机组并列运行时同步器的作用(重新分配负荷)

当电网频率不正常时，通过同步器动作，平移机组静态特性曲线，增加或减小某些机组的负荷，以恢复电网的正常频率，这一过程称为二次调频，如图 7-66 所示。一次调频能够使机组出力满足外界电负荷变化，但不能保持电网频率不变，只有通过二次调频才能保持电网频率不变。

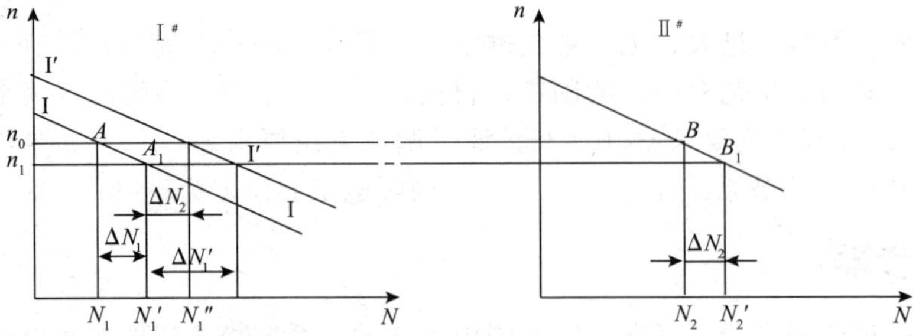

图 7-66　并网机组的二次调频

A、B—原稳定工况点；A_1、B_1—降转速后的新工况点

对于驱动工作机械(泵、风机、压缩机)的汽轮机，由于工作机械的需要也要求汽轮机具有变速机构，通过变速机构可使静态特性平移，如图 7-67 所示。静态特性平移后，相

同的功率 N_A 在不同静态特性线上，可得到不同的转速 n_1 与 n_2，而不同的功率 N_B 与 N_A，又可以得到相同的转速 n_2。实际上常用的方法是改变调速器弹簧的预紧力或改变带辅助弹簧的调速器的辅助弹簧的预紧力。弹簧预紧力的增加或减少，可使静态特性线向上或向下平移。

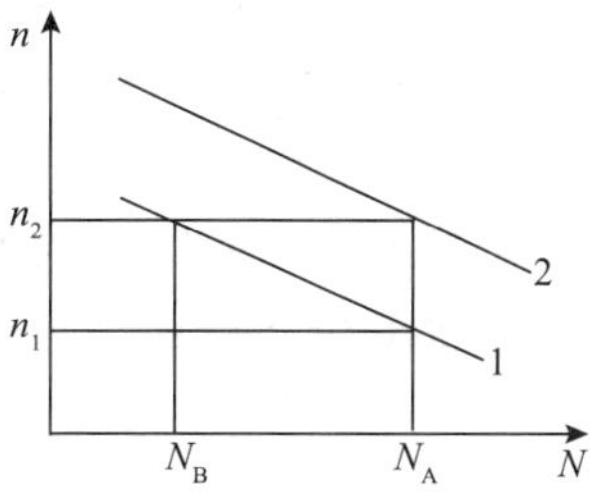

图 7-67　泵组、风机机组、压缩机组

2. 同步器的类型

从四象限图可知，平移第Ⅱ、Ⅲ、Ⅳ象限中任意一条静态特性曲线，都能使调节系统静态特性曲线作相应的平移。实践中常用平移转速感受机构或传动放大机构来达到平移调节系统静态特性曲线的目的。习惯上称前者为第一类同步器，后者为第二类同步器。按同步器的结构形式可分为改变弹簧初紧力的同步器和改变支点位置的同步器两种型式

(1)改变弹簧初紧力的同步器

图 7-68 所示为改变弹簧初紧力的同步器。在具有旋转阻尼的调节系统中，放大器的弹簧上设置了改变弹簧初压缩量的同步器。在稳定工况下，操作同步器改变弹簧的初紧力，可以使同一转速 n 和一次油压 p_1 的条件下改变蝶阀的排油间隙，从而改变二次油压 p_2。即同一个二次油压值可得到不同的转速。如第Ⅱ象限的输出坐标用 p_2。即平移第Ⅱ象限静态特性曲线，从而达到改变了调节汽阀的开度，平移调节系统静态特性曲线。

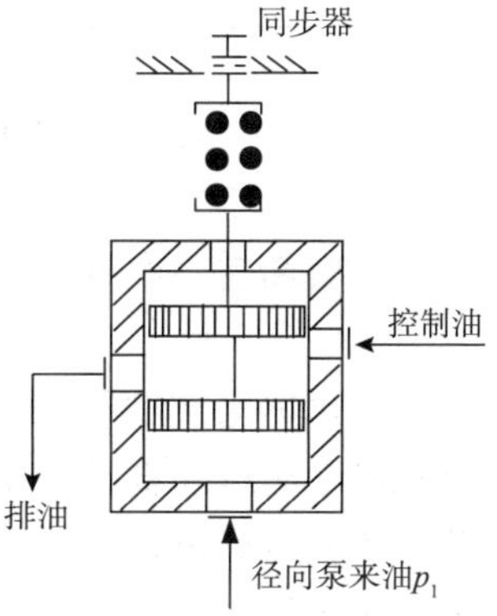

图 7-68　改变弹簧初紧力的同步器

具有径向钻孔泵调节系统中，在压力变换器活塞顶部弹簧上，设置改变其初紧力的同步器。在稳定工况下，操作同步器改变压力变换器顶部弹簧初紧力时，便可在同一转速 n 和径向出口压力 p_1 条件下，将引起控制油排油口面积的变化，从而使控制油压改变，油动机活塞动作。这样使同一个 p_1 将与新的油动机活塞行程位置 Z 相对应，达到了平移传动放大机构静态特性曲线，从而改变了调节汽阀的开度，平移第Ⅰ象限调节系统静态特性曲线。

(2)改变支点位置的同步器

图 7-69 所示为改变杠杆支点位置的同步器。具有高速弹性调速器的调节系统中，设置了改变杠杆支点位置的同步器。在稳定工况下，当汽轮机转速不变时，随动滑阀位置不动，O 点的位置不变。此时若转动同步器手轮 1 改变支点位置，将使杠杆支点 O_1 右移至 O_1'，则杠杆 O_1OO_2 以 O 点为支点，通过杠杆改变调速器滑环 4 的位置向左移动，从 O_2 移至 O_2'，改变了控制油排油口 A 的面积，关小控制油的排油口，从而使控制油压 p_x 随之增高，进而使油动机活塞的行程增大，调节系统动作。这样就

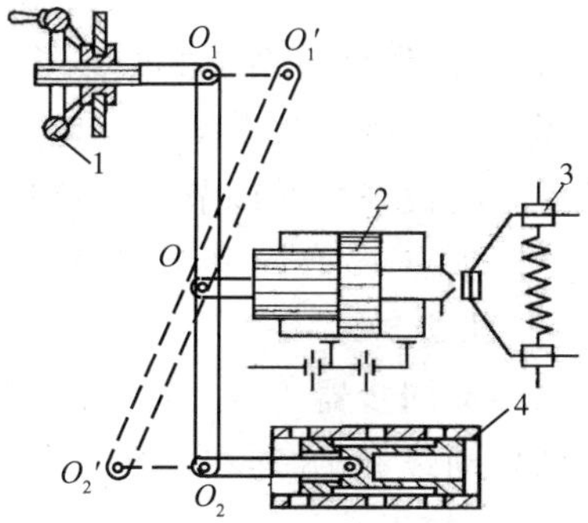

图 7-69　改变支点位置的同步器

1—同步器手轮；2—随动滑阀；3—调速器；4—调速滑阀

平移了传动放大机构静态特性曲线，从而使调节系统的静态特性曲线平移。

3. 同步器的工作范围

同步器的工作范围是指同步器能使汽轮机液压调节系统静态特性线平行移动的范围。

汽轮机不仅在额定参数下运行，而且还可以在其他工况下运行，因此，同步器的工作界限应能满足如下要求。

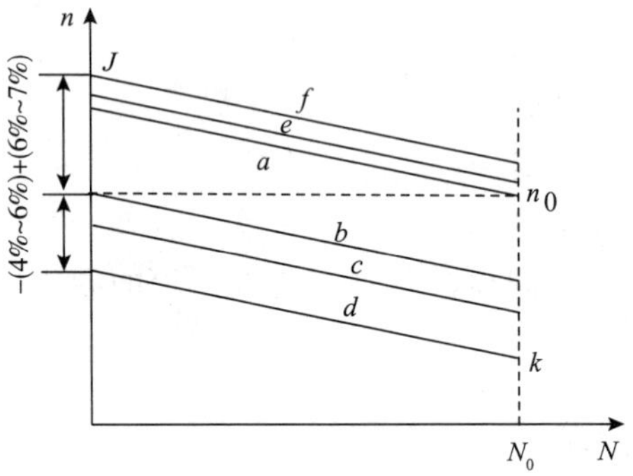

图 7－70 同步器的工作范围

(1)在额定参数下，机组应能在空负荷至满负荷之间作任意调节负荷，如图 7－70 中的 a、b 线范围。

(2)当电网频率低于额定频率，仍能用同步器并列或减负荷至零后解列，同步器工作范围应扩大一些，则下限线位置应从 b 扩大范围至 c 位置；当新蒸汽参数和真空升高时，机组用同步器仍然可以并网或者减负荷至零，即维持空转，下限线位置应从 c 扩大至 d 位置。

(3)当电网频率高于额定频率，机组仍能满负荷运行，上限线位置应从 a 扩大至位置 e。当新蒸汽参数和真空降低时，为使机组带足额定负荷运行，上限线位置又应从 e 扩大至 f 位置。

通常同步器的调节范围是：上下限分别为额定转速的－(4％～6％)＋(6％～7％)。

同步器上限过小会造成电网频率升高时机组并网较困难，尤其是大型机组采用滑参数启动时。并网后引电网频率升高，使机组不能带满负荷，另外，由于运行中蒸汽参数恶化，也不能用同步器增至满负荷，影响机组出力。同步器下限过小会造成电网频率降低，同步器不能使机组减负荷至零，影响机组的解列。需要指出，同步器上限不能过大，否则在汽轮机突然失去负荷时，将造成汽轮机严重超速。

4. 同步器的典型结构

汽轮机调节系统所使用的同步器，其结构形式是多种多样，从工作原理上大致可分为改变调节系统的感应机构的静态特性和改变调节系统中传动机构的静态特性曲线两种型式。

(1)全液压调节系统的同步器

图 7－71 所示为中小型汽轮机上采用全液压调节系统的同步器，其是通过改变传动机构的静态特性来平移调节系统特性曲线的。该同步器安装于压力变换器的上方，芯杆 14 顶在球形支点 15 上。其主要由手轮 1、蜗杆轴 19、蜗轮 6 和 12、传动螺母 13 及同步器心杆 14 等组成。

当转动同步器手轮 1 时，使蜗杆 20 带动蜗轮 12 及传动螺母 13 一起旋转。蜗轮以平键 7 和传动螺母 13 连在一起，传动螺母 13 与同步器芯杆 14 为螺纹连接。并且在同步器心杆 14 上加工有凹槽，行程限止销 16 在压力弹簧 17 的作用下压入槽内(图 7－71 中的 $C-C$ 视图)，从而限制了同步器心杆 14 只能上下移动而不能转动，这样，当传动螺母 13 旋转时，同步器心杆 14 不能随之转动而只能上下移动，这样，压力变换器的弹簧便被压紧或松弛，使弹簧紧力改变，使其滑阀产生位移，使调节系统动作，达到调节负荷(或转速)

的目的。

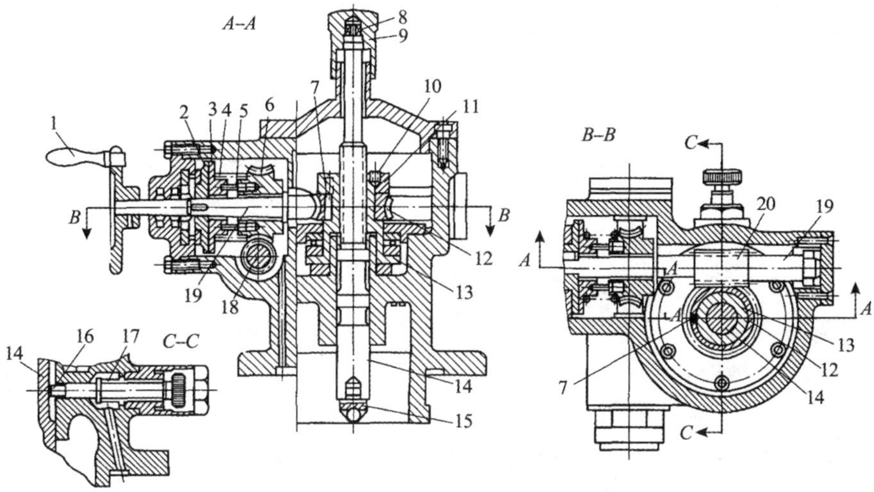

图 7－71　全液压式调节系统的同步器结构图

1—手轮；2、3—摩擦盘；4—弹簧；5—圆柱销；6、12—蜗轮；7—平键；8—四方头；9—螺母罩；10—紧定螺钉；11—固定螺母；13—传动螺母；14—同步器芯杆；15 球形支点；16—行程限制销；17—压力弹簧；18、20—蜗杆；19—蜗杆轴

下面以孤立运行的机组为例说明利用同步器提升转速时的动作过程，如图 7－71 所示。顺时针转动同步器手轮 1，通过蜗杆、蜗轮传动使同步器芯杆 14 下移，压力变换器弹簧紧力增加，使滑阀下移，脉冲油压(控制油压)因回油量增加而降低，错油们滑阀下移，压力油进入油动机活塞上部油室使活塞向下运动，调节汽阀开度开大，进汽量增加。此时，因外界负荷未变，故机组转速增加。但是，此转速的增加是由于进汽量增加，从而使蒸汽力矩超过负载力矩所致，即机组仍处于不稳定状态，这样调节系统会因感受转速变化而再次动作，其动作结果将调节汽阀开度关小，直至恢复到同步器动作前的开度，最后机组将在较高的转速下重新稳定运行。

同样，当机组并列运行时，若顺时针转动同步器手轮，通过蜗杆、蜗轮传动使同步器芯杆下移，并使压力变换器弹簧紧力增加，脉冲油压因回油量增加而降低，错油门滑阀下移，压力油进入油动机活塞上部油室使活塞向下运动，调节汽阀开度开大，进汽量增加。因机组并列运行，其转速受电网频率限制而近似不变，故汽轮机进汽量的增加，将使汽轮机的负荷增加。

由上述可知，机组并列运行时，机组转速未发生变化，即相应于同一主油泵出口油压，不同的同步器位置可以有不同的油动机活塞行程，就是讲，全液压调节系统中同步器平移了传动机构的静态特性曲线。

全液压调节系统的同步器既可以手动操作，还可以在主控室内通过电动直接遥控。电动操作同步器时，同步器手轮随着转动，而手动同步器手轮时，电动机轴却不转动。这种手动与电动的切换是通过由摩擦盘 2 和 3、圆柱销 5 及弹簧 4 构成的离合装置来完成的(图 7－71 中 $A-A$ 视图)。其动作过程为：当采用电动遥控同步器时，直流电动机轴带动蜗杆 18 转动，经蜗轮、蜗杆传动，使蜗轮 6 转动，蜗轮 6 由通过四根圆柱销 5 带动摩擦盘 3 转动，而摩擦盘 3 在弹簧 4 作用下与摩擦盘 2 紧密贴合，在两摩擦盘之间的静摩擦力的作用下使摩擦盘 2 跟随转动，摩擦盘 2 通过摩擦盘上的平键带动蜗杆轴 19 相应转动，这样，蜗杆轴转动的同时手轮也跟随转动，蜗杆 20 带动蜗轮 12 转动，传动螺母 13 和蜗轮 12 用平键 7 连接在一起跟随转动。传动螺母 13 与同步器芯杆 14 为螺纹连接，并且在同步器芯杆上加工有凹槽，行程限止销 16 在压力弹簧 17 的作用下压入槽内，如图 7－71 中的 $C-C$ 视图，从而限制了同步器芯杆 14 只能上下移动，对压力变换器弹簧产生作用。反之，当手动操作同步器手轮时，蜗杆轴 19 通过蜗杆轴上的键带动摩擦盘 2 转动，但此时摩擦盘 3 此时却因蜗轮、蜗杆的制动作用，不能随着转动，这样在两摩擦盘之间就产生干摩擦，所以手动同步器时，电动机轴并不转动。

全液压调节系统中，同步器的工作范围为－4％～＋6％。其工作范围由行程限制销的结构来保证(见图 7－71$C-C$ 视图)。在同步器芯杆上开有键槽，行程限制销 16 在压力弹簧 17 的压力下嵌入槽内，当同步器芯杆向上移动至行程限制销位于键槽的下端时(图 7－72(a)中的 C 点)，此时同步器的位置处于下限位置；反之，当芯杆下移至行程限制销位于键槽的上端时，[图 7－72(a)中的 B 点]，同步器处于上限位置。

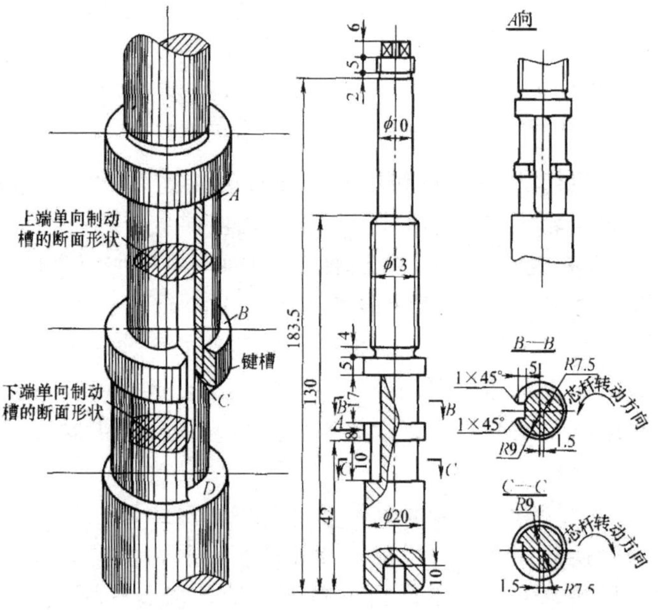

(a) 芯杆外形　　(b) 结构尺寸

图 7－72　全液压调节系统中同步器芯杆

当同步器已处于上限或下限的极限位置时，若仍继续旋转同步器手轮，同步器芯杆就不再向下或向上移动，这是因为同步器芯杆上的键槽加工成了图 7－72 所示结构的缘故，在键槽[图 7－72(a)中的 BC 段]的上端(AB 段)及下端(CD 段)制作成方向相反的两段单向制动槽道，键槽的这一结构使得同步器芯杆已达到上限位置后再向下移动，若稍一偏离上限位置时，行程限制销就会滑出键槽而进入图 7－72(a)所示的上端单向制动槽内[其断面形状如图 7－72(b)中的 $B-B$ 视图]。在单向制动槽内，行程限制销只能起单向限制同步器芯杆转动的作用，即此时行程限制销只能限制同步器芯杆顺时针方向的转动，而对芯杆沿逆时针方向的转动没有限制作用。这时，芯杆就将沿图 7－72(b)所示的箭头方向随传动螺母(图 7－71 中的 13)一起原地转动而不会继续下移，所以，此时虽然在继续旋转同步器首轮，但由于芯杆没有向下移动，压力变换器的弹簧也就保持同步器在上限位置时的紧力不再变化，即调节汽阀的开度维持同步器在上限时的开度不再增大。同理，当同步器已处于下限位置时，若继续旋转同步器手轮，行程限制销就会向下滑出键槽，而进入下端单向制动槽内[其断面形状如图 7-72(b)中的 $C-C$ 视图]，此时虽然继续旋转同步器的手轮，但由于芯杆在沿顺时针方向转动时[图 7-72(b)所示箭头方向]不受行程限制销的限制，因而芯杆只跟随传动螺母一起原地转动而不再继续上移，压力变换器弹簧也就保持同步器在下限位置时的紧力不再变化。这样，行程限制销就保证了同步器的工作范围。此时欲需恢复同步器工作，只需逆时针旋转同步器手轮即可。这是因为当逆时针旋转同步器手轮时，芯杆上的单向制动槽就使行程限制销重就又起道限制芯杆反方向转动的作用，所以芯杆不能转动而产生向上或向下的位移，同步器就重新投入工作。

(2)半液压调节系统的同步器

在半液压调节系统中，同步器是通过改变感受机构的静态特性来平移调节系统特性曲线的。该同步器安装于调速器蝶阀座一侧，其结构如图 7-73 所示(参见图 7-44)。其主要由手轮 1、同步器轴 2、止动板 3、定位螺母 4、蜗杆 8，离合头 10(以上部件表示在图 7-73中)，蜗轮 31、偏心轴 32、滚珠轴承 33 以及指示盘 29(以上部件表示在图 7-44 中)等组成。如图 7-44 所示，在节流调速器的蝶阀座上装有螺钉 18，该螺钉与紧套在偏心轴上的滚珠轴承相接触。

如图 7-73 所示，当旋转同步器手轮 1 时，带动同步器轴 2 旋转，因蜗杆 8 与同步器轴 2 上用螺纹相连，且用紧固螺钉 9 紧固，因此当同步器轴 2 转动时，蜗杆 8 也随之转动，蜗杆的转动通过蜗轮 31 (见图 7-44)的转动使偏心轴及滚珠轴承亦相随转动。由于滚珠轴承装配在偏心轴上，故转动的结果使螺钉 18(见图 7-44) 产生上下的位移，蝶阀座随之上下移动，从而改变了溢油间隙。溢油间隙的变化使二次油压相应地变化，因而错油门滑阀随二次油压的变化向上或向下移动，最终使调节汽阀的开度发生变化，改变汽轮机的进汽量。

下面以机组并列运行时用同步器增加负荷为例说明上述动作过程：逆时针转动同步器手轮，同步器通过蜗轮-蜗杆传动机构带动偏心轴旋转。此时，因偏心距的增大使蝶阀座上移，溢流间隙增加，二次油压因回油量增加而减小，错油门滑阀向下移动，压力油进入油动机活塞的上部油室，使活塞向下运动，开大调节汽阀的开

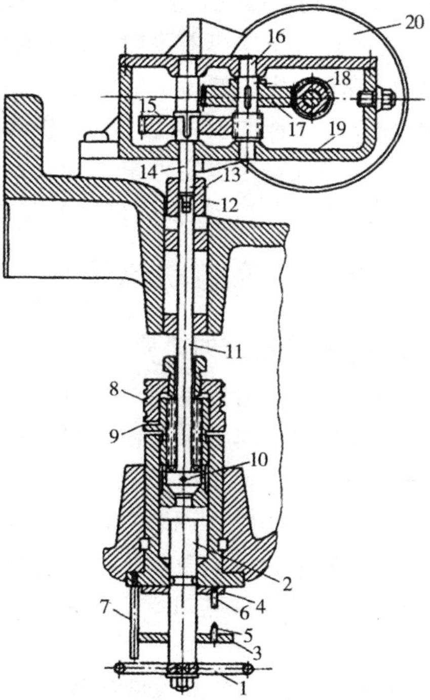

图 7-73　半液压式调节系统的同步器结构

1—手轮；2—同步器轴；3—止动板；4—定位螺母；5、6—圆柱销；7—定位杆；8、18—蜗杆；9、13—紧定螺钉；10—离合头；11—连接轴；12—联轴节；14—从动轴；15—正齿轮；16—中间轴；17—蜗轮；19—减速箱；20—电动机

度，汽轮机的进汽量增加，使汽轮机所带负荷相应地增加。显然，若用同步器减负荷，只需逆时针转动手轮，其动作过程与上述相反即可。

由上述可知，机组并列运行时，转速不发生变化，此时动作同步器同样可使二次油压发生变化，也就是说，相应于同一转速，不同的同步器位置可以有不同的二次油压，即在半液压调节系统中，同步器平移了感受机构的静态特性曲线。

与全液压调节系统的同步器一样，半液压式调节系统的同步器既可以手动操作，也可以电动操作，只是它的手动与电动的切换工作是通过另一种形式的离合装置—离合头来完成的(图 7－73)。电动操作时，直流电动机 20 经减速机构和联轴器 12 带动连接轴 11 转动，连接轴 11 经离合头 10 与同步器轴 2 相连接，并依靠离合头中的摩擦片的静摩擦力带动同步器轴 2 转动，再经与上述手动操作相同的一系列传动过程，最后使蝶阀座上下移动，改变溢油间隙，使二次油压变化。当手动操作同步器手轮时，连接轴 11 因齿轮箱中蜗轮-蜗杆的制动作用不能转动，只在离合头与摩擦片之间产生的干摩擦，所以同步器轴 2 随手轮 1 转动而电动机轴此时却不转动。

半液压调节系统中，同步器的调节范围为－5％～＋7％。在半液压调节的同步器中(图 7－73)，采用了定位螺母 4 及行程止动板 3 来保证它的行程。其工作原理为：止动板与同步器轴为螺纹连接，当旋转同步器手轮时，同步器轴跟随旋转，但止动板因有定位杆 7 的限制不能转动，因此，止动板将跟随同步器轴的转动而沿定位杆 7 向前或向后移动。这样，当逆时针旋转同步器手轮，使汽轮机负荷增大时，止动板将随之向前移动，当止动板上的圆柱销 5 与定位螺母上的圆柱销 6 相接触时，止动板不能继续向前移动，这样止动板既不能转动也不能向前移动，使同步器手轮不能再沿增负荷方向转动，汽轮机的负荷受到限制将不会增大，所以定位螺母和止动板起到了限制同步器的上限(即限制了机组的最大负荷)的作用。所以，应根据机组的需要调整螺母的位置，来改变同步器的上限。

三、调节系统的动态特性

(一)动态特性研究的必要性

调节系统的动态特性是指汽轮机从一个稳定工况过渡到另一个稳定工况调节过程中的特性。前面所述已经对调节系统的静态特性做了一个概括的介绍，可是对于汽轮机这样的调节系统，稳定的平衡工况只在个别情况下才能存在。换言之，当汽轮机组接受外界能源以及外部负荷等扰动时，调节系统均处在一个动态的过程中。

图 7－74 所示为一个简化了的汽轮机调节系统。这种系统用的调速器是无差的，即积分式调节器。经过分析可知，这是一个动态不稳定的系统，但是为了便于说明问题而在此加以研究。

调节对象(汽轮机)的输入量是蒸汽流量，输出量是转速。在调节汽阀前蒸汽压力稳定的条件下，蒸汽流量取决于调节汽阀的开度。显然，对于调节系统来讲，汽轮机转速为其输入量，而输出量为油动机活塞行程。当油动机活塞杆与调节汽阀相连时，调节汽阀的开度就是调节系统的输出。这样，将汽轮机与调速器彼此的输入量与输出量连接起来，就成为一个闭环系统，可用图 7－75 的方框图表示。为了分别研究各环节的特性，将调节系统的输出至汽轮机的输入的的阀位联络线断开，即将油动机活塞杆与调节汽阀分开，如图 7－75 中“×”处，系统就成为一个开环系统。我们用一个已知型式的函数作为扰动量，比如通常用的正弦函数曲线，加在调节汽阀上，然后观察汽轮机输出有何变化，同样调节系统的输出有何响应。

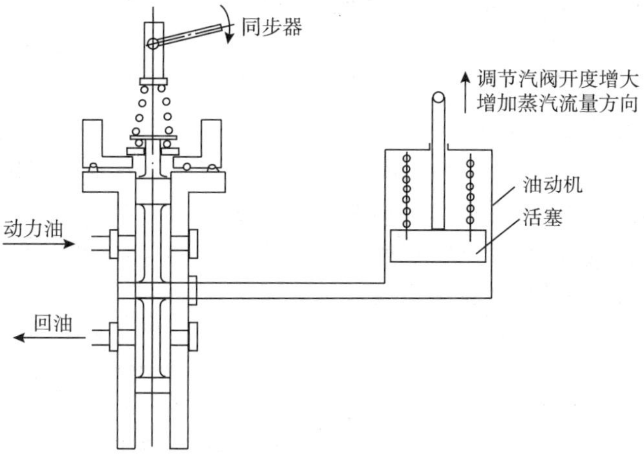

图 7-74　无差转速调节系统

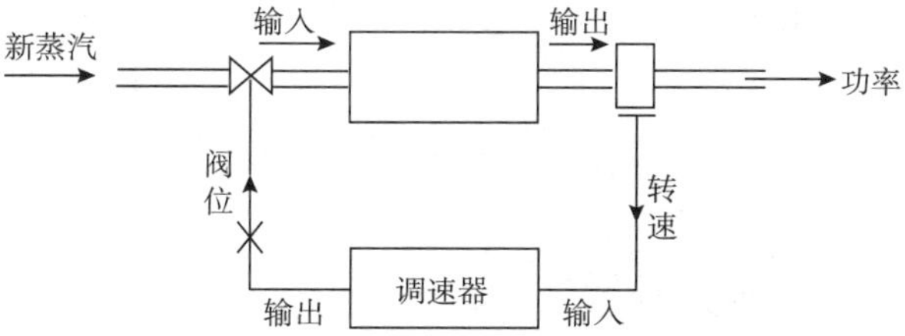

图 7-75　简化的闭环系统方框图

试验开始时，将汽轮机的转速升到某一转速，用调节汽阀的开度维持来维持这一转速，然后用上述正弦函数型的扰动量输入调节汽阀，使得调节汽阀在它原先的稳态值上振荡，频率为每秒一次。利用记录一起记录下来，如图 7-76 中的曲线(a)，即表示了调节汽阀的开度曲线。0°时调节汽阀处于稳定状态，90°时开度开到最大位置，180°时又回到平衡位置，360°时又回到一个循环的终点，作为第二次振荡的开始。那么，做为汽轮机输出的转速，对这样的调节汽阀振荡有什么响应呢？我们知道，调节汽阀的开度决定了进入汽轮机的蒸汽流量。当不考虑汽轮机的效率变化时，那么蒸汽流量正比于汽轮机功率。而汽轮机功率又是转矩与转速的乘积，由于转速变化对其平均值的百分比很小，可以认为转矩正比于调节汽阀的开度。再考虑到转矩的大小是汽轮发电机组转子的转动惯量与转子加速度的乘积，而转动惯量是一个常数，所以最终转子的加速度是正比于调节汽阀开度的。这样，调节汽阀在 90°时开度最大，因而加速度最大，在这点的转速曲线上升的斜率最陡。在 180°时，调节汽阀回到平衡位置，加速度为零，所以转速曲线在这点的斜率应为零，是一根水平的切线。在 270°时，调节汽阀的开度为最小位置，所以汽轮机在降速方向的负向加速度为最大。在 360°时，调节汽阀又回到平衡点，速度又为常数，与此相应的转速曲线如图 7-76(b)所示。注意到速度曲线的形状与调节汽阀开度曲线是相似的，但是时间横坐标轴上有一个 90°的滞后，即为 1/4s。这种环节在自动调节原理中称为一阶迟滞环节，也称积分环节。所以，汽轮机对象可以认为是一个有迟后 90°相位的积分环节。

下面再来分析调节系统。首先，我们认为调速器本身很灵敏，即当转速升高时，飞锤离心力向外飞出，将错油门滑阀上移是没有迟缓的。这样，错油门滑阀移动的位移曲线也与转速记录曲线一致，根据错油门滑阀位移曲线就可以研究油动机活塞的运动。现在取180°这一点来看，转速达到最大值时，相应的错油门滑阀位移在上部为最大值，因此油动机活塞下腔室的油将以最大速度经错油门油窗口排出，即以最大速度关小调节汽阀。而在270°时，转速在平衡位置点上，错油门滑阀正好封住油窗口，这时油动机活塞下腔室与进油及排油管路均隔绝，油动机活塞的速度为零，所以油动机活塞位移曲线在这点的斜率为零。在360°时，转速最低，所以油动机活塞以最大速率向增加蒸汽流量方向运动。由此可见，油动机活塞行程(运动)曲线也较转速曲线迟后一个90°，如图7-76(c)所示，调节系统也呈现出“一阶迟滞环节”的特性。

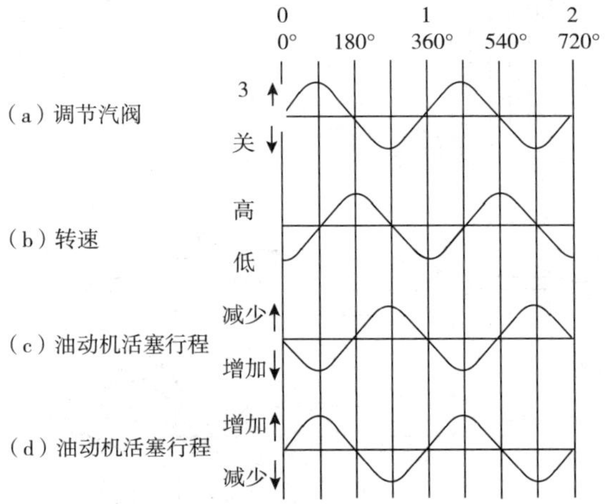

图7-76 各参量的响应曲线

从图7-76中三根曲线看出，调节汽阀开度、转速和油动机活塞行程三者的运动轨迹都是正弦曲线，但各自又相继地迟(滞)后了90°，而油动机活塞比调节汽阀滞后了180°。如果设想将油动机活塞杆和调节汽阀直接连接起来，成为一个闭环控制系统。为了研究方便和看图清晰，将曲线(c)的增加方向倒转向上，如图7-76曲线(d)所示。由图可见，油动机活塞和调节汽阀在同一时间的运动方向是一致的，所以是一个动态不稳定的系统，这在自动调节原理中称为“二阶滞后”环节组成的系统。如果两个环节滞后相加之和小于180°，则系统可以稳定。如果相加之和大于180°，则组成的系统就会发生振荡，并会使振幅愈来愈大，最后将因超速而停机，或者由于某些非线性因素的影响而使转速持续地等幅振荡。

由上述分析可知，汽轮机的调节系统不仅应满足静态特性的要求，而且其动态特性也必须是一个稳定的调节系统。系统之所以不稳定，是因为调节系统的输出量，即油动机活塞位移曲线，与有正弦发讯器的扰动输入的调节汽阀曲线的运动方向一致。所以系统一旦受扰动后，即使去除发讯器的扰动输入量，也会因油动机活塞位移曲线的正弦特性而使系统周而复始地振荡下去。因此，稳定性的概念所涉及的是系统在没有外作用时的行为，也即当有外作用时使系统偏离平衡工况，而当此外作用去除后，观察系统是否能受敛地回到它原来的平衡工况。这就是研究其稳定性的任务。其另一个内容就是研究系统的瞬态响应，即研究调节系统在有外作用的情况下，其过渡过程的品质。例如，对汽轮发电机组而言，外界电负荷变化就是外作用的扰动源。对应于这种扰动，系统被调量转速的过渡过程的几种可能性，如图 7－77 所示。其中曲线 a 是非周期过程，曲线 b 是微振的过渡过程，曲线 c 是振荡的过渡过程。这三种过程经过一定时间后，均能稳定在一个新的转速稳定值，所以称为稳定过程，如图 7－77(a)所示。而曲线 d 为等幅振荡，曲线 e 为发散振荡，即幅度越来越大，最后曲线 f 则一下就飞升出去，它们均为不稳定过程，如图 7－77(b)所示。

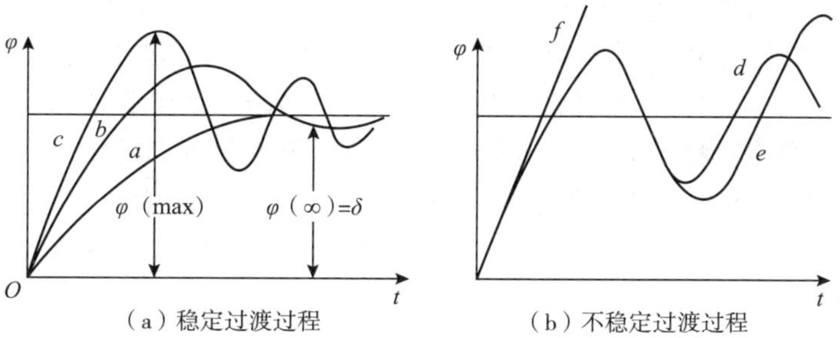

图 7－77　各种过渡过程

(二)动态特性指标

根据上述分析，调节系统动态特性一般可按下列几个动态特性指标进行评定。

1. 稳定性

汽轮机组在运行中，当受到干扰而离开平衡状态后，经调节系统的作用，能过渡到新的平衡状态，或者扰动消除后，能恢复到原来的稳定工况，这样的调节系统便认为是动态稳定的。不稳定的调节系统是不能采用的，所以稳定性是调节系统的必要条件。

图 7－78 所示为汽轮机甩全负荷时，转速的几种变化过程。图 7－77(a)上的三条过程线，都随时间 t 的增加而最终趋近于由静态特性线决定的空负荷转速 n_1，这样的过程称为稳定过渡过程。图 7－77(b)的三条过渡曲线，转速围绕 n_1 做不衰减的谐振(曲线 d)，或者振幅随时间 t 逐渐增大(曲线 e)，或者偏离额定转速后并一直扩散开去(曲线 f)，这些过程统称为不稳定过渡过程。图中纵坐标量为转速相对值，即 $\varphi=\dfrac{n}{n_0}$。

对汽轮机调节系统而言，调节系统应是稳定的，对调节过程的形式并无一定要求，可以是单调的，也可以是衰减振荡的，但明显的振荡次数应少于 3～5 次。

2. 超调量(转速动态偏差)

图 7－78 所示为甩全负荷时一种典型的稳定的转速过渡过程曲线。如果同步器在额定负荷位置，则机组在额定负荷、额定转速下甩负荷时，通过调节系统的调节，理应达到空负荷的稳定工况点，这一新的稳定工况点可按同步器在额定负荷位置处的静态特性关系求出：$n_s=(1+\delta)n_0$。

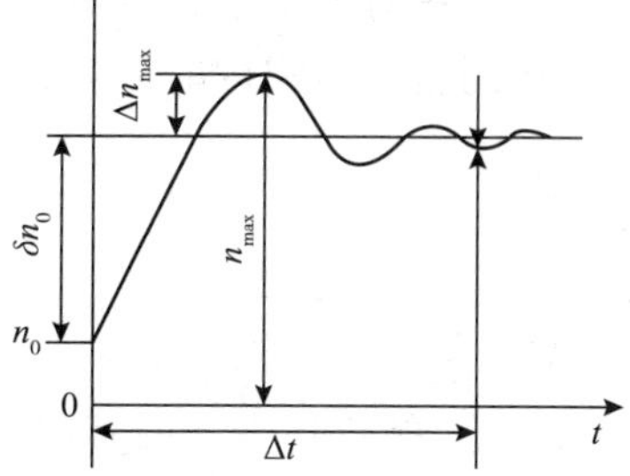

图 7－78　机组甩全负荷时的转速过渡过程

在转速调节过程中，最大动态转速 n_{max} 与最后的静态稳定转速 n_s 之差 Δn_{max} 称为转速超调量。甩全负荷时的最大动态转速为 $n_{max}=(1+\delta)n_0+\Delta n_{max}$。

为保证机组在甩全负荷时不引起危急遮断器动作而停机，最大动态转速 n_{max} 必须低于超速保护装置的动作转速，并且还应留有 $3\% n_0$ 左右的余量，超速保护装置的动作转速为 $(110\%\sim112\%)n_0$。

3. 静态偏差值 $\varphi(\infty)$

在汽轮机转速调节系统中，对有差转速调节系统来讲，其静态偏差值为 $\varphi(\infty)=\delta$。

4. 过渡过程时间

汽轮机运行时受到外界扰动离开原来的稳定状态后，过渡到新的稳定状态，或在扰动消除后恢复到原来的稳定状态所需的时间称为过渡过程时间。过渡时间长短取决于调节系统特性，过渡时间越短越好。在汽轮机甩负荷后，希望这个过渡时间小于 5～50s。实际上，调节系统要达到绝对稳定是不大可能的，调节系统有微小波动是允许的。当被调量与最后稳定值之差 Δn 小于静态特性偏差的 1/20～1/15 时，便认为调节系统已达到稳定。对转速而言，$\Delta n=(1/20\sim1/15)\delta n_0=(0.05\sim0.067)\delta n_0$。图 7-78 中的 Δt 为机组甩全负荷时的过渡过程时间。

(三)影响动态特性的主要因素

1. 转子飞升时间常数 T_a

转子飞升时间常数是指汽轮机转子在额定功率时的蒸汽主力矩 M_{t0} 作用下，转速由零升高到额定转速时所需的时间，即

$$T_a=\frac{I_\rho(\omega_0-0)}{M_{t0}}=\frac{I_\rho\omega_0}{M_{t0}} \tag{7-28}$$

式中 I_ρ——汽轮发电机组转子的转动惯量，kg·m·s^2；

ω_0——额定角速度，rad/s。

上式表明，影响转子飞升时间常数的主要因素是汽轮发电机组转子的转动惯量 I_ρ 和汽轮机转子额定功率时的蒸汽主力矩 M_{t0}。I_ρ 越小，M_{t0} 越大，则 T_a 越小。T_a 小说明转子升速快，在汽轮机负荷变化时，转子越容易加速，因而在甩负荷时汽轮机超速的可能性越大。所以为了避免超速，主观上希望 T_a 越大越好。但随着机组容量的增大，M_{t0} 成数倍地增加，而转子的转动惯量 I_ρ 却增加不多，因而 T_a 越来越小。例如中压机组的 T_a 约为 11～14s；高压机组的 T_a 约为 7～10s。可见，汽轮机的功率越大，超速的可能性越大，因而使得甩负荷后控制动态超速的难度越大。

2. 中间容积时间常数 T_V

中间容积时间常数是指蒸汽在额定流量下，以多变过程充满整个中间容积，并达到额定工况下的密度所需的时间，即

$$T_V=\frac{V\rho_0}{nG_0}=\frac{V}{nG_V} \tag{7-29}$$

式中 n——多变指数；

V——中间容积，m^3；

G_V——额定功率下的容积流量，m^3/s。

从汽轮机的调节汽阀后一直到最末级为止，在蒸汽流过的整个路径内，包括调节汽阀后的蒸汽管道、蒸汽室、通流部分、回热抽汽管道以及再热器等，这些被蒸汽占据的容积称为汽轮机的中间容积。中间容积越大，则中间容积压力越高，中间容积时间常数 T_V 越

大。T_V 越大表明储存在中间容积中蒸汽量总能量越多，其做功能力越大。当机组甩负荷后，即使调节汽阀迅速关闭到空负荷位置，但中间容积中的蒸汽仍将继续流进汽轮机对转子做功，使汽轮机转速额外飞升。所以，T_V 越大，使动态超调量增加，甩负荷时容易超速。

3. 速度变动率 δ

图 7－79 所示为速度变动率 δ 对动态过程的影响。δ 值影响是：一是影响调节精度（静态与动态偏差），二是影响动态稳定性。当 δ 值较大时，动态过程中的最高转速与稳定转速较高，所以速度变动率 δ 有个上限，不能大于 6%。但 δ 大，动态稳定性好，而且动态超调量小，反馈信号强，调节速度快，但其静态偏差大。当 δ 较小，虽然飞升转速绝对值较小，但此时超调量大，而且 δ 反馈量小，调节过程波动次数较多，稳定性差，所以要求速度变动率 δ 应大于 3%。

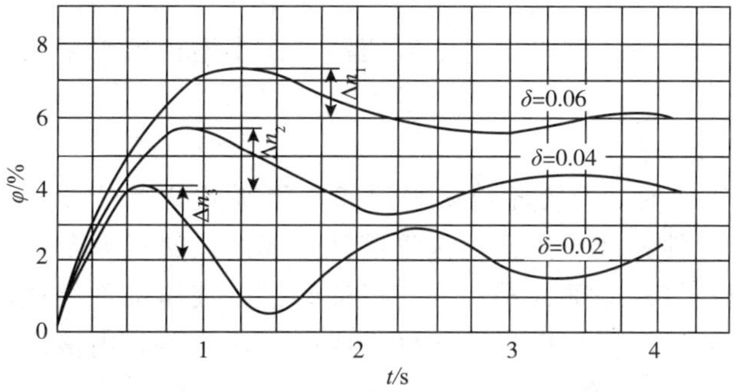

图 7－79　速度变动率 δ 对动态特性的影响

4. 油动机时间常数 T_m

油动机时间常数 T_m 是指在错油门滑阀在最大开度位置时，油动机活塞走完全行程所需的时间。图 7－80 所示为油动机时间常数 T_m 对动态过程的影响。油动机时间常数 T_m 越大，则调节汽阀关闭的时间越长，调节过程的动态超量越高，转速过渡过程曲线摆动幅度越大，过渡过程时间越长，因而调节品质越差。但是另一方面，油动机活塞动作较缓慢，则可以减小油压波动而造成调节系统的摆动。

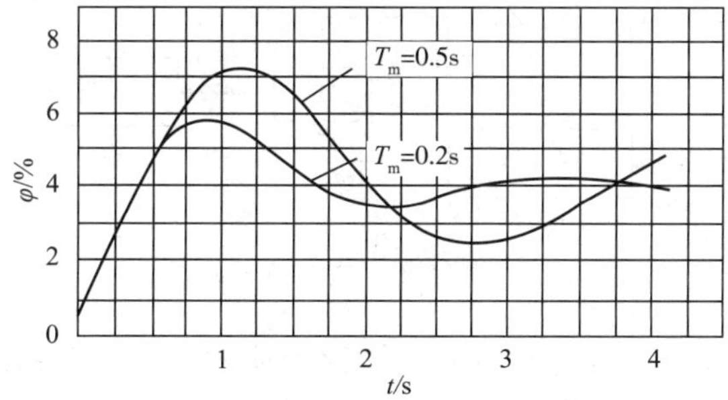

图 7－80　油动机时间常数 T_m 对动态特性的影响

5. 迟缓率

由于迟缓的存在，甩负荷时不能及时使调节汽阀动作，造成关闭时间延长，使动态超调量增大，转速过渡曲线的摆动幅度增大。从而使过渡过程的振荡次数增多和调整时间延长，严重时可能产生不衰减振荡。

第五节　伍德瓦得电子调速器与电液转换器

一、汽轮机调节系统的发展

美国伍德瓦特(Wood Ward)公司是专门生产汽轮机调速器的跨国公司，20 世纪 70、80 年代以前生产的了一系列机械-液压式调速器，如 PG-PL 型、PG 型、UG 型和 TG 型等，这些型式的调速器在我国石油化工装置正广泛应用。20 世纪 80 年代后期该公司又推出了电子式调速器，如 505 型、505E 型、501 型和 EG 型等。电子调速器实际上是一个微机控制系统。它具有灵敏度高、安全可靠和操作简单等特点，因此 20 世纪 80 年代后期引进的石油化工装置中的汽轮机都采用电子调速器。而小型机组则采用机械液压式调速器或机械式调速器。

1. 机械液压式调节系统

20 世纪 70、80 年代的工业汽轮机多采用离心飞锤式式调速器。按机械、液压原理设计的敏感元件，放大元件和液压执行机构等部件组成的汽轮机调节系统。其调节系统是由离心飞锤、杠杆、凸轮等机械部件和错油门、油动机等液压部件组成的，称为机械液压式调节系统。这种系统的控制器是由机械元件组成的，执行器是由液压元件组成的。通常只具有窄范围的闭环转速调节功能和超速跳闸功能，并且系统的响应速度较低，由于机械间隙引起的迟缓率较大，静态特性是固定的，所以不能根据需要任意改变，但由于其可靠性高，并能满足机组运行的基本要求，所以至今仍在汽轮机调节系统广泛使用。

2. 电气液压式调节系统

随着单机机组的容量增加，由于采用了单机运行方式和滑压运行方式，对汽轮机调节系统提出了更高的要求，仅仅依靠液压式调节系统已不能满足控制要求，这时便产生了电气液压调节系统，即电液调节系统，其示意如图 7-81 所示。

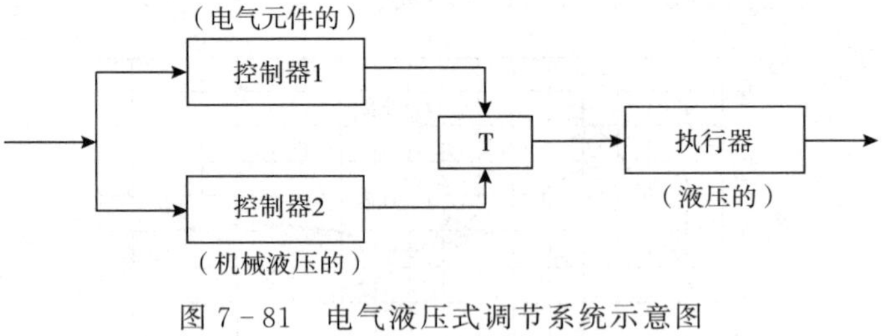

图 7-81　电气液压式调节系统示意图

采用电液调节控制机组运行的调节系统，称为前液压式调节系统。这种系统由电气元件和液压元件组成，有两个控制器，其中一个控制器由电气元件组成，另一个控制器由机械元件组成，执行部件仍保留原来的液压部分。使用电气元件替代机械式和液压式调速器，通过电液转换器将转速变化的信号转换为液压信号，然后利用液压放大机构和执行元件来完成调节任务。这种系统很容易实现信号的综合处理，具有测速范围大，线性好，无机械接触部件，控制精确度高，能适应复杂的运行工况，运行寿命长，可靠性高，而且操作、调整及修改都比较方便等特点。当电调的电路因故障退出工作时，还有机械液压式调节系统接替工作，以保证机组的安全、平稳、长周期运行。

电液调节系统的电器测速元件与功率-频率电液调节系统相同。电液转换器是将电气信号转换成液压信号的装置，一般常用电气力矩马达推动液压滑阀位移的结构，经贯流放大系统，放大为液压信号。

电液调节系统的基本工作原理是：电液调节系统是一个以转速信号作为反馈的调节系统。转速信号来自安装在汽轮机轴端的磁阻发送器(或测速发电机)。将被侧轴的转速转换成相应的频率电信号，线性地转换成电压输出，通过运算放大器与转速给定值综合比较，并将差值放大。这一代表转速偏差的电量又在下一级运算放大器中与同步器给出的电压偏量综合，然后作为电调的总输出。经过电液转换器将这一输出电量线性地转换成油压量。最后由控制执行机构来控制调节汽阀的开度，对汽轮机转速进行自动调节。

3. 功频电液调节系统

功频电液调节系统是 20 世纪 80 年代发展起来用于发电设备的汽轮机调节系统，与机械离心式调速器和液压式调速器相比是第三代调速器。这种调节系统一般由测频单元、测功单元、放大器、PID 校正单元、电液转换器以及液压执行机构所组成，如图 7 - 82 所示。

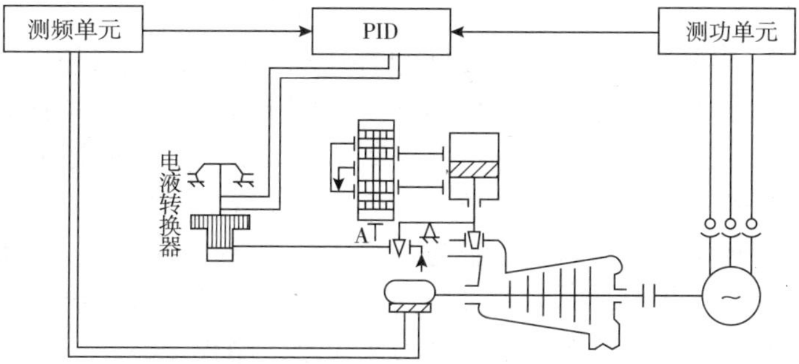

图 7 - 82　功频电液调节系统原理示意图

图中测频单元与其给定装置的作用与液压调节系统的调速器和同步器相当，它感受转速与给定值的偏差并以之工作为调节信号。在机械式或液压式调节系统中，调速器所感受的转速偏差是以滑环的机械位移或脉动油压变化的形式反映出来的，而这里的测频单元则以电压变化的形式反映出来。即测频单元在感受了转速变化后输出一个相当电压信号。

测功单元及给定装置是功频电液调节系统中所特有环节，它感受功率与给定值（由功率给定装置给定)的偏差，发出功率调节的信号，功率给定装置也是一个由高精度稳压电源供电的可变电位器，其输出的电压代表了所希望的功率给定值，经过负荷幅值阶跃限幅、负荷变化率限制器以及机组允许功率限制三个条件修正后，送入第一级综合放大器，与上述频差电压及功率反馈的电压值进行比较，然后经过 PID 等逐级放大，并由电液转换器转换成油压脉冲、去控制油动机活塞行程，以改变调节汽阀的开度，调节汽轮机的进汽量来增减功率，以满足外界要求。

校正单元是一个具有比例、积分和微分作用的无差调节器(PID 调节器)，其作用是将测频、测功和给定的输入信号进行比例、微分和积分运算，同时将信号加以放大，其输出信号便去推动电液转换器。电液转换器就是将电信号转换成液压控制信号的装置，它是电调部分与液压部分的联络部件。给定装置相当于原来调节系统中的同步器，由它给出电信号去操纵调节系统。

当外界负荷增加，汽轮机转速下降时，测频单元感受了转速偏差，产生了一个电压信号，经过整流、滤波之后输出一个与转速偏差成比例的直流电压信号 ΔU_P，输入 PID 校正器。经过处理后输入电液转换器的感应线圈，当线圈的电磁力克服了弹簧支持力后，使其滑阀向下移动，关小油口 A，脉动油压升高，油动机活塞向上移动，使调节汽阀的开度开大，增加了功率，与外界负荷变化相适应。汽轮发电机功率增加，测功单元接受了这一变化后，输出一个负值的直流电压信号，也输入 PID 校正器。若果测功单元输出变化值 ΔU_P 等于测频单元输出变化值 ΔU_n，由于两者极性相反，其代数和等于零。此时 PID 校正器的输出值保持不变，因此调节系统的动作结束。

当外界负荷减少时，其调节过程与上述相反。

当外界负荷变化而新蒸汽压力降低时，在同样调节汽阀开度的情况下，汽轮发电机组功率将减少，因此在 PID 校正器入口处仍有正电压信号存在，使 PID 校正器输出继续增加，经过一系列的作用又开大了调节汽阀的开度，直到测功单元输出电压与给定的电压完全抵消时，也就是 PID 校正器入口信号代数和为零时才停止动作。由此可见，采用了测功单元后可以消除新蒸汽压力变化对功率的影响。从而保证了频率偏差与功率变化之间的比例关系，即保证了一次调频能力的不变。

利用测功单元和 PID 调节器的特性还可以补偿功率的滞后。当外界负荷增加时，汽轮机转速下降，测频单元输出正电压信号作用于 PID 调节器。经过一系列的作用后，将高压调节汽阀开度开大，使高压缸功率增加。此时测功单元输出的信号还很小，不足以抵消测频单元输出的正电压信号，因此高压调节汽阀开度继续开大，即产生过开。高压缸调节汽阀因过开而产生的过剩功率刚好抵消中低压缸功率的滞后。当中低压缸功率的滞后逐渐消失时，由于测功单元的作用又使高压调节汽阀关小，当中低压缸功率完全消失后，高压调节汽阀开度又回到稳定工况设计值，此时调节系统动作结束。

其特点是：除采用电气元件测定转速变化的信息外，还同时测定汽轮机功率变化的信息，这两个信号同时输入信号综合器进行汽轮机调节。由于采用电气测量装置并保留原调节系统中的液压执行及放大元件，使系统具有电气元件对信号进行测量、运算和校正方便，控制精确度及可靠性高的功率-频率电液调节系统，能适应复杂的运行工况，而且操作、调整及维修都很方便。

当汽轮机负荷减少时，机组转速升高，测速元件的输出信号推动电液转换装置，使转速变化信号转换为液压信号，再经放大机构并通过执行元件的作用关小调节汽阀，减少汽轮机的进汽量，使功率下降。

当汽轮机功率减少后，测定汽轮机功率的测功元件的输出信号发生变化，这个信号在信号综合器内将抵消转速升高的信号(负反馈信号)，当功率变化的结果使功率输出信号完全抵消转速信息时，信号综合器的输出值为零，则汽轮机调节结束，机组在新的功率和转速下保持稳定运行。

从上述分析可知，无论是新蒸汽压力发生波动或者功率产生滞后，都能保证转速偏差与功率变化之间的固定比例关系，即保证了一次调频能力的不变。

图 7－83 所示为功频电液调节系统方框图，其由测频单元和测功单元构成了两个闭合回路。在汽轮机发电机组未并网时，改变给定值可以调节汽轮机转速，精确地保持汽轮机

转速与给定值吻合；在机组并网时，转速可以认为不变，改变功率给定值可以调整汽轮机功率，使其功率值也能精确地等于给定值。

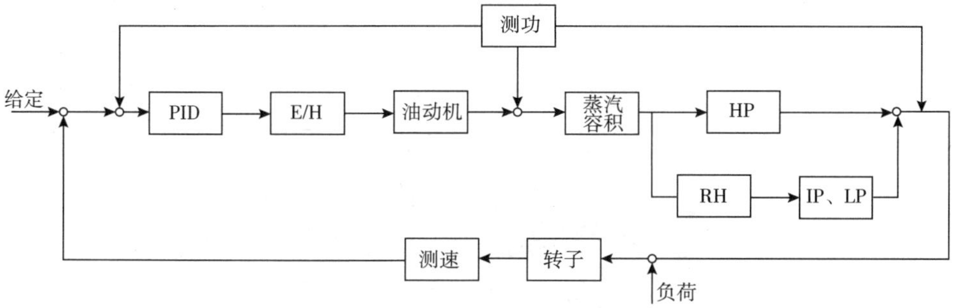

图 7-83　功频电液调节系统方框图

(1)转速敏感元件——磁阻发讯器

功率电液调节系统的转速信号是由磁阻发讯器(磁阻发送器)检测的。磁阻发讯器有一个 60 个齿轮的脉冲轮，它与汽轮机的转子连接在一起，当发电机组运行在 3000r/min 时，磁阻发讯器即输出频率为 3000Hz 的交变感应电势，送入频率变换器，转换成高精度的模拟电压。此输出电压与输入电压的频率成正比，所以完成了数-模转换，得到了与转速成线性的关系曲线。

磁阻发讯器是一种敏感元件，它将汽轮机的转速转换为相应频率的电压信号。其原理是根据法拉第感应定律，即改变线圈中的交链磁通，在线圈中将获得感应电势，这可用下式表示：

$$e=-W\frac{\mathrm{d}\Phi}{\mathrm{d}t} \tag{7-30}$$

感应电势 e 与线圈匝数 W 及线圈中交链磁通的变化率 $\frac{\mathrm{d}\Phi}{\mathrm{d}t}$ 成正比。因此，根据这一原理可以做成简单的磁电式转速感应元件，如图 7-84 所示。它是由永久磁钢及位于磁钢前端的铁芯以及套在铁芯上的线圈所组成。永久磁钢产生的磁场将通过铁芯及自身的 N、S 极在空气介质中形成闭合的磁路。当与汽轮机转子相连的齿轮旋转，齿顶接近铁芯时，由于铁芯前端的磁阻骤然变小，永久磁钢所产生的磁场在其周围重新分配，分配的结果使铁芯中集中了较多的磁力线。所以，齿顶接近或离开铁芯时，铁芯中的磁力线将发生增减，从而在线圈中感应出电势。该电势的频率与齿轮每接近或离开的次数一致，即等于齿数和转速的乘积。

磁阻发讯器由测速齿轮和测速头组成，如图 7-84 所示。测速齿轮装在汽轮机转子上，测速头固定在齿轮旁边的支架上，处于测速齿轮径向位置。测速头内装有永久磁钢、铁芯与线圈，在铁芯端部与齿顶之间留有较小的间隙 δ，当齿轮随转子旋转时，铁芯与齿轮之间的间隙 δ 交替变化，从一个齿转到另一个齿时，气隙磁阻交变一次，相应的线圈中的磁通就交变一次，从而在线圈两端感应出交变电势，此电势就是测速头输出信号，它的频率 f 与齿数 z、汽轮机转速 n 的关系为

$$f=\frac{nz}{60} \tag{7-31}$$

式中　z——齿轮的齿数；

n——汽轮机转速，r/min。

由于齿轮的齿数 z 是固定的，因此频率 f 与转速 n 为单值关系，可将频率 f 代替转速 n 作为信号。此电势经过频率—电压变送器，将电势频率 f 转换成直流电压模拟信号。

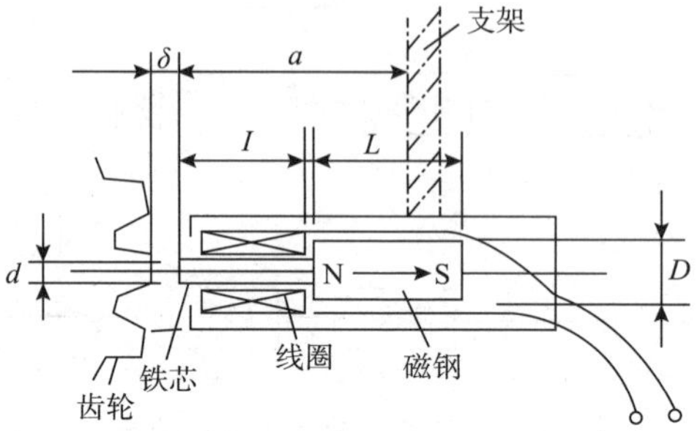

图 7-84　磁阻发讯器

D—磁钢直径；L—磁钢长度；d— 铁芯直径；W—线圈匝数；
I—线圈长度；a—铁芯头部距支架的距离；δ—铁芯与齿轮间的间隙

为了便于转速的换算和用数字显示，常采用 60 齿的齿轮。这样，汽轮机转速在数值上即为讯号电压的频率。一般而言，取 $z=60\times10^m$（m 为正整数），则 m 数愈大，可以使转速的测量精度愈高。

输出的电压信号电压幅值不仅随转速升高而增大，并且与结构尺寸、磁钢材料、线圈匝数以及装配间隙 δ 均有密切关系。实际上，铁芯中的磁通变化可认为近似于正弦函数，即

$$\Phi=\frac{\Delta\Phi_M}{2}\sin\omega t \tag{7-32}$$

式中　$\Delta\Phi_M$——齿轮旋转时，齿间磁阻最小与最大时的磁通量差值；

ω——圆频率，$\omega=2\pi f$。

将式(7-32)代入式(7-30)得

$$e=2\pi fW\frac{\Delta\Phi_M}{2}\cos\omega t$$

$$=E_M\sin\left(\omega t-\frac{\pi}{2}\right) \tag{7-33}$$

输出信号电压的有效值

$$E=\frac{E_M}{\sqrt{2}}=4.44\frac{\Delta\Phi_M}{2}=0.037nZW\Delta\Phi_M \tag{7-34}$$

由此可见，电压 E 与转速 n、齿数 Z、匝数 W 以及磁通变化的差值 $\Delta\Phi_M$ 成正比。其中 $\Delta\Phi_M$ 与磁通材料、结构以及间隙有关。一般情况下，材料与结构均已确定，所以安装间隙 δ 对输出电压大小起着显著的影响。

在安装磁阻发讯器时，除应注意间隙 δ 外，还应注意磁阻发讯器的支架与磁阻发讯器端部的距离不应过小，以免引起漏磁而影响工作，通常尺寸 a 应大于 40mm。

功率测定元件一般采用电气测功器，测功器采用霍尔元件三相有功功率变送器。取自发电机输出端的电流互感器的电流信号和电压互感器的电压信号，经功率变送器转换成与发电机功率成线性的模拟量电压值。

(2)功率变送器

测量发电机输出功率作为调节信号的功率变送器，通常应用较广的是霍尔测功器。霍尔效应功率变送器的基本原理是基于霍尔效应。霍尔效应是物理学家 E · H · Hall 于 1879 年发现的半导体基本电磁效应之一。

如果将一矩形半导体薄片置于磁场 B 中，并使磁场磁力与薄片平面垂直，当在薄片的 1、2 端通以电流 I 时，则在垂直于磁场方向和电流方向的 3、4 端就会有电动势 E_H 产生，如图 7－85 所示。这一物理现象称为霍尔效应，E_H 称为霍尔电势，该半导体薄片称为霍尔元件。

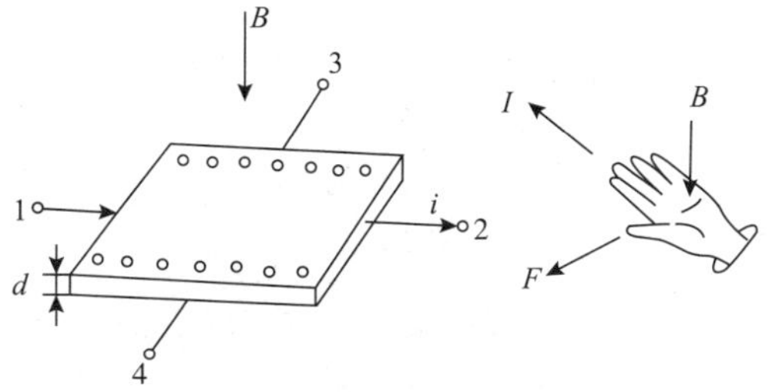

图 7－85　霍尔效应

霍尔效应的产生是由于磁场对运动着的载流子(电子或空穴)产生洛伦磁力的作用，载流子受力偏向一侧所致，采用砷化铟半导体作为测功元件，由于 P 型中的导电载流子是带正电荷的空穴，按左手定则，空穴所受的力指向 3 端，因而空穴就聚集在 3 端，密度增加，而在 4 端空穴密度减弱，这样就形成一个电场，3 端为正，4 端为负。这个电场的电势将阻止空穴进一步向 3 端聚集，一直增大到霍尔电势作用在空穴上的力等于磁场作用的洛仑磁力为止，达到了稳定的平衡状态。

目前，霍尔元件的应用极广，这是因为它具有下列特点所致：由于霍尔元件的输出是比例于两个输入量的乘积，因此可以方便而准确地实现乘法运算，这对测量功率是十分自然而确切的；工作动态范围大(即输出信号的信噪比大)；频率范围广，最高可达 10^{12} Hz；体积小，重量轻，可靠性高、稳定性好、寿命长。

二、工业汽轮机数字电液调节系统

1. Wood-Ward 505 型电子调速器的调节系统

Wood-Ward 505 型电子调速器的调节系统主要由速度传感器、数字式调速器、电液转换器(I/H)、错油门、油动机和调节汽阀等组成，如图 7－86 所示。

速度传感器经过二个通道将转速信号转换成二个交流电频率信号 f，将较大的 f(经高选电路)输入到电子调速器 1310，将接收到的转速信号与电子调速器内的转速设定值(基准值)进行比较后输出 4～20mA 的电信号给电液转换器，再经电液转换器转换成二次油压 p_2。二次油通过油动机 1910 操纵调节汽阀，油动机所需的提升力通过阻尼装置 5600，用来自电液转换器 1742 的二次油压来控制调节汽阀的开度。

汽轮机转子的实际转速值由速度传感器 SE715 的两个通道来获取，并经过 MAX 逻辑传给速度控制器 1330。一旦其中一个速度传感器发生故障，即发出报警，当两个速度传感器都发生故障或电源发生故障时，汽轮机脱扣而且速度设定点调定到零，可用升/降键调节速度设定点。调速器的输出信号通过电液转换器 1742 和油动机 1901 来控制调节汽阀的开度。505 调速器的转速设定值接受外部信号控制，即实现转速远程控制。

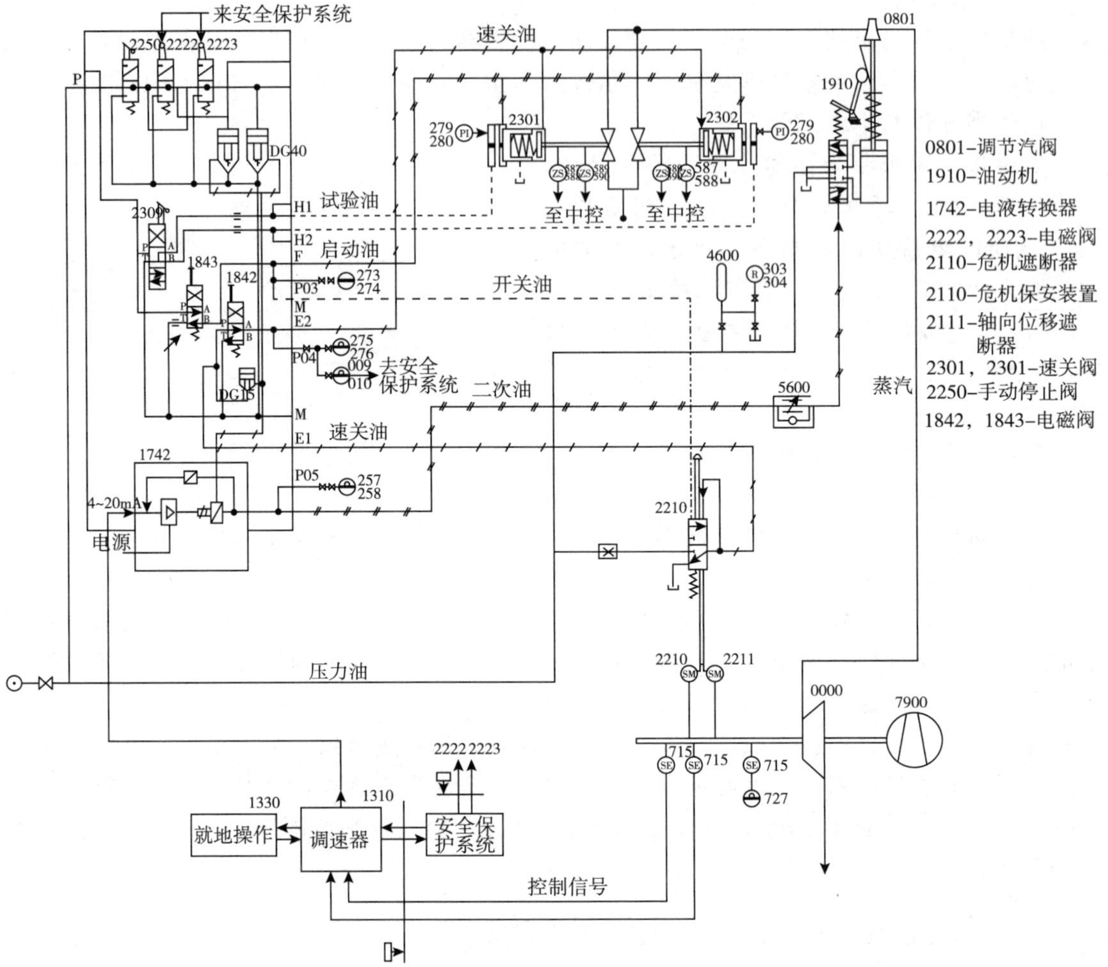

图 7-86　Wood Ward 505 电子调速器的调节系统图

0801—调节汽阀；1742—电液转换器；1842、1843—电磁阀；1910—执行放大机构；2210—危急遮断器；2210—危急保安装置；2211—轴向位移保安装置；2222、2223—电磁阀；2301、2302—主汽阀(速关阀)；2250—紧急手动停机阀；5600—阻尼装置

(一)Wood Ward 505 型电子调速器

美国伍德瓦特(Wood Ward)公司是专门生产汽轮机调速器的跨国公司。以前生产了一系列的机械—液压式调速器，如 PG-PL 型、PG 型、UG 型和 TG 型等。近几十年来该公司又推出了电子调速器，有 505 型、505E 型和 501 型等。电子调速器实际上是一个微机控制系统。

1. 505 电子调速器概述

505 电子调速器又称为 505 数字调速器，用于凝汽式或背压式汽轮机。505 电子调速器的所有元件都装在一个控制箱的钢制壳体内。控制箱的内部装有各种功能的卡板(或称芯片)，主要有 CPU(中央处理器，是微机核心，由芯片组成)、存储器、模拟输入/输出接口，供电转换等。在控制箱外面的前面板上装有 LCD 液晶显示屏、键盘等。

软件上配有系统软件和应用软件，应用软件可根据用户需要进行改变。

505调速器具有两种操作方式。一种是程序控制方式；另一种是工作方式(运行方式)。在机组启动前选用程序控制方式，采用人机对话的方式，根据机组控制的要求将各程序模块进行程序化使控制性能与设备匹配；如选定启动方式(手动、半自动和自动启动方式)、选择转速参考(基准)值(校准点)和超速脱扣转速，临界转速范围等等。在程序控制方式结束后(各程序模块已程序化后)，将调速器进入工作方式(运行方式)，这时，机组才可以启动运行。

2. 505调速器组成及工作原理

505调速器主要由斜面控制模块、辅助控制模块、转速控制模块，转速基准模块、级联控制模块，遥控转速整定值模块组成。

505调速器用于不带可调抽汽的汽轮机，其主要的调节任务是调节机组转速；在转速参考值(转速基准)不变时，应保证机组转速不变或根据需要改变机组转速基准达到改变转速的目的。下面对调速器如何完成调节任务加以说明。

(1)在转速基准不变时，保证机组转速不变

505电子调速器为无差调节，为NeMA标准的D级，其速度变动率δ为0～0.5%，即在调速系统动作后，机组转速不变。转速信号由两个转速传感器测得，它将转速n转化为电频率f记为转速信号MPu，MPu与机组的转速成正比。MPu经电频率数字转换为F/D转化为数字信号，在PID(比例-积分-微分调节器)转速控制放大器将该信号与转速基准值相比较。当MPu的数字信号与转速基准相等时，PID转速控制放大器的输出信号不变，执行机构不动作，调节汽阀的开度不变，机组在稳定工况下运行。而当MPu的数字信号与转速基准不相等时，PID转速控制放大器的输出信号变化，执行机构动作，改变调节汽阀的开度，使机组恢复到原来的转速。若机组转速升高时，MPu的数字信号值增加，而机组转速基准不变，PID转速控制放大器的输出信号变化经过低选LSS，再经过驱动器输出4～20mA(或20～160mA)的电流传给电液转换器，再经电液转换器转换成二次油压，二次油压通过错油门-油动机，将调节汽阀关小，使机组转速又恢复到原来的转速。当机组转速降低时，其动作过程相反。这样，就完成了保证机组转速不变的任务。

(2)根据工况需要改变转速

机组在运行中有时需要改变转速，转速基准的改变能使机组转速改变。在机组转速一定时，转速信号MPu与转速基准相等，若输入到PID转速控制器的基准改变了，MPu与转速基准不相等，PID转速控制器的输出信号就发生变化，改变了调节汽阀的开度，也改变了机组转速。机组转速变化了，MPu也随之变化，MPu又与基准相等，PID转速控制器的输出信号不再变化，机组又稳定在新的转速下运行。

改变机组转速基准的方法有种：一种是手动调节，另一种是自动调节。下面分别加以说明。

机组运行中需要提高转速时，可以通过键盘手动操作增加转速基准。通过转速基准控制模块中升高模块来增加转速基准，达到增加机组转速的目的。还可以通过转速控制基准模块中降低模块，就可以降低机组转速。

机组在运行中通常是采用自动调节转速，当工厂的投料增加(产量增加)时，为了保证压缩机的入口(或出口)的压力不变，就应增加机组转速。增加机组转速的信号来自压缩机的入口(或出口)的压力，当投料增加时，压缩机入口的压力将升高(出口压力将降低)，压

力的变化经仪表测得并转化为电流信号(4～20mA)，在505电子调速器的级联控制模块的级联输入到505调速器，经电流、数字转换I/D将信号传到转速基准模块的转速基准处，增加了机组转速基准，进而增加了机组转速。当工厂投料减少(产量减少)时，信号的变化与上述动作相反。

3.505电子调速器的操作

505电子调速器的操作过程(程序)如图7－87所示。主要分为两步：程序方式和工作方式(运行方式)。

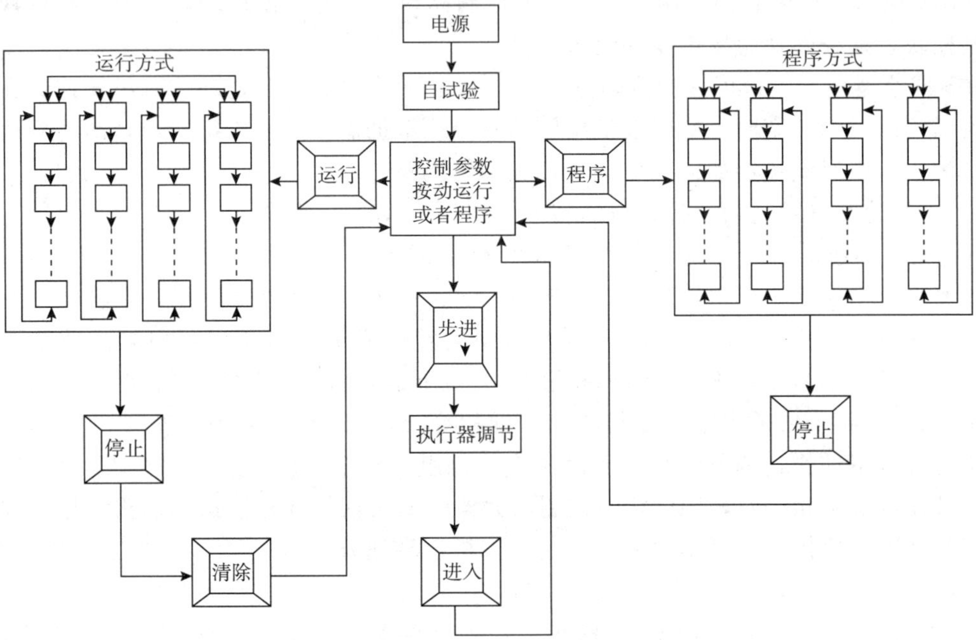

图7－87 基本程序结构

(1)程序方式

在机组投入运行前，首先按程序方式操作调速器。

505电子调速器具有系统软件和应用软件，系统软件的程序事先已经固化在内，一般情况下是不允许改变的，而应用软件程序是根据用户的需要，在机组投入运行前要程序化(或称程序配置)。每一台机组都具有个性，如转速基准，临界转速，启动方式等，在机组运行前应将这些参数用人机对话的方式输入给调速器，这就是程序化。需要程序化的框图共17个程序块，前5个程序块必须程序化，余下的12个程序块都含有任选功能部件，即必须是选择或者拒绝。前5个程序框图为：

①汽轮机启动——选择手动、自动或半自动启动汽轮机；

②速度控制——选择MPu数目，执行机构的数量和型号，加速和复原；

③转速基准——选择转速基准点及超速运行点；

④触点输入——选择所要求的触点输入；

⑤停机逻辑——选择所要求的停机项目；

任选框图(模块)是：

⑥辅助控制——选择功率(kW)控制，进汽/排汽压力控制或温度控制的数据；

⑦阀斜面控制——选择阀斜面和斜面速率；

⑧下降功能(Droop)——选择速度下降的数值；

⑨临界转速——选择临界转速范围；

⑩空载/额定——选择空载和额定工况的整定值；

⑪单位——选择用于显示所要求的压力和温度单位；

⑫遥控(远程控制)——选择遥控的数据；

⑬级联控制——选择压力和温度控制数据；

⑭继电器输出——选择继电器的输入功能；

⑮手动阀门——选择手阀继电器(对“手”阀可以使用其他术语，例如功率或步进阀)；

⑯模拟读出——选择 4 个模拟读出的功能；

⑰RS－232——选择 RS－232 波特率(位/秒)。

图 7－88 所示为 505 键盘和 LED 液晶显示面板。505 控制器面板由 30 个操作键和 24 个字符 LED 液晶显示屏组成，LED 液晶显示屏可显示在控制汽轮机过程中的所有信息，操作键可完成控制汽轮机的所有操作。

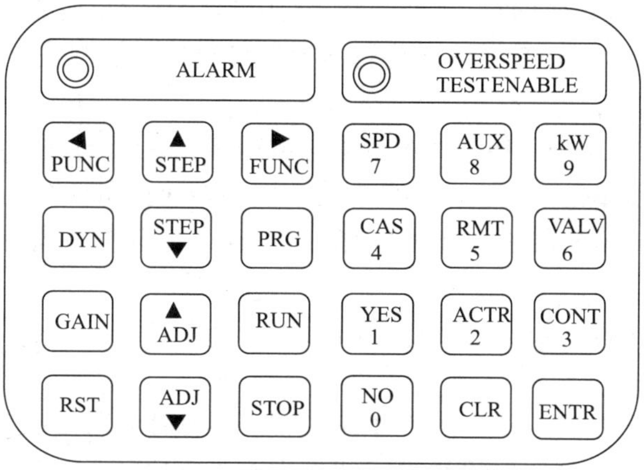

图 7－88　505 型调速器键盘

Wood Ward 505 所有控制指令可以通过控制器本身键盘、触点、遥控或通讯方式发布。控制器配有 RS－232 通讯接口供用户与 DCS 通讯。

功能键描述如下：

FUNC：运行和组态时在同级菜单之间向左或向右移动功能模块。

STEP：在某一功能模块中向上或向下移动模块。

ADJ：在运行模式中增大或减少某一可调参数。

DYN：在运行模式下，获取参数控制驱动器位置的动态位置。

GAIN：在运行模式下，激活显示参数的动态，增益控制(必须按 DYN 键)，然后再做适当的动态调整。

PRG：按此键，停机时调节器由控制状态转入程序状态；运行模式时，进入菜单查询组态模式参数(参数只能监测，不能修改)。

RUN：按此键，调速器由控制状态转入运行状态。

STOP：在运行模式下，按此键可控制汽轮机停机命令。

RST：在运行模式下，激活显示参数的动态，重新设置(必须按 DYN 键)，然后再做适当的动态调整

0/NO：在程序模式下，输入 0 或 NO；在运行模式中，执行 NO。

1/YES：在程序模式下，输入 1 或 YES；在运行模式中，执行 YES。

2/ACTR：在程序模式下，输入 2；在运行模式中显示执行机构的位置。

3/CONT：在程序模式下，输入 3；在运行模式中显示控制参数。

4/CAS：在程序模式下，输入 4；在运行模式中显示串级调节信息。

5/RMT：在程序模式下，输入 5；在运行模式中显示远程遥控转速设定点信息。

6/LMTR：在程序模式下，输入 6；在运行模式中显示阀位控制信息。

7/SPD：在程序模式下，输入 7；在运行模式中显示转速控制信息。

8/AUX：在程序模式下，输入 8；在运行模式中显示抽汽控制信息。

9/kW：在程序模式下，输入 9；在运行模式中显示功率控制信息。

CLR：退出功能模块。

ENTR：用于输入新数值。

ALARM：当键盘上的 LCD 显示器上指示灯亮时，显示出所有的报警原因。

OVERSPEEDTESTENABLE：允许将速度提高到最大控制速度设定值，来进行机组超速试验。

用 LCD 液晶显示屏及控制箱前的键盘来完成程序化。

现举例说明如何程序化。例如汽轮机启动框图和转速控制框图。

在按图 7-88 所示键盘上的 PRG 键，在 LCD 液晶显示屏上显示出“汽轮机(透平)启动功能”；

按键盘上 STER 下键，形成透平启动的功能框图。若按 FUNC 键就选择要形成的另外的框图。

在 LCD 液晶显示屏上显示“手动启动”若需要“手动启动”方式就按键盘上的 YES 键，若需要另一种启动方式，就按 ENTR 键。如果你输入 YES 键，控制器将回到该程序框图开始并显示“透平启动”。如果输入 NO 键，LCD 液晶显示屏上显示“自动启动”。若需要自动启动方式就按 YES 键。如果需要半自动启动方式就按 NO 键，然后按 ENTR 键。如果输入 YES 键，控制器将回到该程序框图的开始并显示“透平启动”。如果输入 NO，LCD 液晶显示屏将显示“半自动启动”。这时按 YES 键，随后按 ENTR 键。控制器将回到该程序框图的开始并显示“透平启动”。这样，就选择了启动方式。目前，一些制造厂多选用半自动启动方式。

当启动方式选择后，“转速控制功能”出现在 LCD 液晶显示屏时，按 SETP↓下键就形成“转速控制框图”，若要形成另外框图则按 FUNC 键。框图一旦形成，则在 LCD 液晶显示屏上逐条显示，并对各条作出回答。

LCD 液晶显示屏自动显示“MPU 齿轮比”，这时将齿轮比键入，然后按 ENTR。齿轮比是指透平转子的转速与磁性传感器 MPU 齿轮转速之比。LCD 液晶显示屏显示：使用 MPU 齿轮的数量，这时输入使用的数量(1 个或 2 个)，然后按 ENTR。

LCD 液晶显示屏显示：“20～160mA 的执行机构”，若要使用的执行机构 20～160mA 的，就按 YES 键，随后按 ENTR；若要使用 4～20mA 的执行机构，就按 NO 键，随后按

ENTR 键。如果输入 YES，调速器将显示“执行机构高频振动”。若输入 NO，调速器则显示“4～20mA 的执行机构”，按 YES 键，随后按 ENTR 键，这样就选择了 4～20mA 的执行机构。505 调速器只有 20～160mA 的执行机构和 4～20mA 的执行机构两类，根据需要可以任选。

执行机构选择以后，LCD 液晶显示屏显示“执行机构高频振动”，若希望执行机构有高频振动，就按 YES 键，若不需要高频振动，就按 NO 键，然后按 ENTR 键。为了得到快速响应，高频振动将小的高频信号(约 60Hz 时 20mA)输入执行机构来克服 Wood Ward TM 型执行机构中的摩擦力。

当 LCD 液晶显示屏显示“采用两个执行机构”，若要使用两个执行机构，就按 YES；若要使用一个执行机构，就按 NO，然后按 ENTR。如果输入 YES，调速器将显示“2 号执行机构位移”。如果输入 NO，调速器将显示“转速增加”。若显示了“2 号执行机构位移”时，输入一个百分比数，这个百分比数说明当 2 号执行机构开始动作时，在 1 号执行机构上输入百分比数，若输入 0，则两个执行机构将一起动作。然后在 LCD 液晶显示屏显示“转速增加”，这时要输入转速增加的百分数，然后按 ENTR 键。百分数数值由制造厂技术文件提供。

下一步是在 LCD 液晶显示屏显示“转速重整定”，这时应输入重整百分数，然后按 ENTR。转速重整百分数由制造厂技术文件提供。到此“转速控制框图”已经程序化完毕，然后进入下一个框图，即“转速基准框图”，对“转速基准框图”再逐条回答“用键盘”。对 17 个框图逐个程序化。

17 个程序块程序配置完毕后，推动 STOP 键，退出程序方式，然后调速器就会对编制的程序进行完整的检查，以确保将数值装入所需要的程序块里。检查符合要求后，调速器返回准备状态，这时就可以进入工作方式(运行方式)，即可启动汽轮机，机组投入正常运行。

(2)工作方式

程序编制完毕后，按 RUN 运行键就进入运行方式，这时调速器有四种功能，推动 FUNC 键就可以从一种功能转换到另一种功能。四个程序块以及它们的基本功能是：

a)显示当前的参数；

b)显示或调整所有的输入、输出值和基准值(基准)；

c)显示各种报警；

d)显示或调整所有控制通道的动态调整量。

汽轮机-离心式压缩机组的启动应根据制造厂技术文件的规定进行。启动方式一般分为自动、半自动和手动启动三种方式。在程序配置时，已将其中的一种启动方式已配置完毕。

①自动启动方式

在启动前主汽阀(速关阀)和调节汽阀处于关闭状态。启动时，先按运行键(RUN)，手动打开主汽阀，这时调节汽阀仍关闭。再按运行键(RUN)，调速器自动地开始将 HP 阀斜面从最小位置向最大位置移动，调节汽阀开始开启，机组运行。

按键盘上的 VAVL 键可测得机组转速和调节汽阀斜面位置。当汽轮机转速达最低转速设定点或空载转速时，调速器投入工作，调速器自动地使 HP 阀斜面向最大位置移动。

接着按键盘上的 SPD 键，再按 ADJ 键将转速基准值(参考点)升高，机组升速至额定转速，在升速过程中调速器会自动越过临界转速。

②半自动启动方式

机组启动前，主汽阀和调节汽阀处于关闭状态。启动时，手动开启主汽阀，调节汽阀仍关闭，这时可按运行键(RUN)，按汽轮机制造厂安装、维护、使用说明书，按 STEP 键和 ADJ 键来打开 HP 阀斜面，调节汽阀开始开启，机组开始运行。当汽轮机转速达到最低转速基准值(参考点)或空载转速时，调速器投入工作，这是必须手动调速器使调节汽阀斜面推到最大位移，以保证阀斜面不妨碍升速。然后按 SPD 键和 ADJ 键升高转速基准，开大调节汽阀开度，机组转速升至额定转速。

③手动启动方式

机组启动时，首先按键盘上的运行键(RUN)，主汽阀处于关闭状态，调速器的转速指示为“0”，自动打开调节汽阀斜面到最大位移，调节汽阀开启。启动时，用人工打开主汽阀，逐渐升速，当汽轮机转速达到最低转速基准值或空载转速时，调速器投入工作，主汽阀全开。这时按 SPD 键和 ADJ 键，改变转速基准值，按制造厂技术文件给出的机组升速曲线升速。

(3)空载/额定

505 调速器配有空载/额定的功能，该功能只能从外触点引入，这一功能不受键盘控制。在空载/额定框图程序化的过程中，必须配置空载/额定功能，否则调速器就没有该功能。来自键盘、外部触点或远距离控制(RS232)的手动升高转速基准值或降低转速基准值的指令优先于空载/额定功能，并取消其运行。

当外部空载/额定触点打开时，505 调速器处于空载转速。当空载/额定触点关闭后，调速器从当前转速自动地以一定的速率上升到额定转速，额定转速可以设定在最小调速器转速。当空载/额定触点被重新打开时，调速器以同样的速率回到空载转速。空载转速的选择可以不考虑转速参考值(基准)的大小。额定转速可以等于或大于最低控制转速，但必须小于或等于最大控制转速。

汽轮机运行时，空载/额定触点可以处在打开或闭合位置，随着触点的打开，调速器在空载转速下实现控制。然后空载/额定触点闭合后，调速器以空载/额定速率将转速升至额定转速。如果启动时，空载/额定触点已被闭合，则调速器在额定转速下实现控制。

(4)参考值(基准)

转速参考值(转速基准)在机组运行前程序配置时，就已确定完毕，其转速基准值有如下基准：

最大转速基准值：调速器最大运行转速，该值大于脱扣转速；

脱扣转速基准：一般大于或等于$(1.1\sim1.2)n_0$；

最大控制转速基准值：该值应小于脱扣转速；

最小控制转速基准值；

转速基准慢变速率；

转速基准快变速率。

在机组投入运行后，当机组需要改变转速时，可以用外部触点及远程控制来改变转速参考值(基准)。在运行中，可以用外部触点及远程控制来改变转速参考值，此时只能用慢变速率改变基准值，慢速率值已知，在程序模块中确定。

利用键盘上的 ADJ 键来改变转速基准，从而达到改变机组转速的目的。用按住 ADJ 时间长短来选择转速参考值变动的速率，按住 ADJ 键 0～3s，参考值以慢速率变化，按住 ADJ 时间超过 3s 时，参考值以 5 倍慢速率变化。

为了确保压缩机入口或出口的压力不变，本调速器采用了级联控制，级联控制信号来自 DCS，DCS 接受了压缩机入口（或出口）的压力变化，能自动改变转速参考值，达到改变转速的目的。当所测压力与级联参考值误差小时，转速参考值以慢速率改变。当所测压力与级联参考值误差大时，转速参考值以可变速率改变，其速率大小取决于误差数值，对于很大的误差，以快速率移动。

（5）动态调节

在汽轮机组启动后，应进行动态调节。按键盘上的 DYN 键再按 STEP 键，依次是动态值（P、I）出现，进行调节。

机组运行中要求调节系统瞬态响应应符合要求，即要求瞬态响应有稳定性和快速性。根据转速变化来判断瞬态响应是否符合要求，若不符合要求就应调整 P（比例值，它影响快速性）和 I（积分），它影响稳定性。

（6）超速试验

汽轮机试运行后应进行超速试验，检验超速保护装置工作是否正常。电子超速装置和机械超速装置应同时进行试验。

机组运行中用 SPD 键和 ADJ 键提高转速只能达到最大控制转速（一般为额定转速的 105%）当不能达到超速转速，这时便按超速试验键（OVERSPEED TEST ENABLE），然后再按住上面的 ADJ▲ 键，当实际转速大于最大控制转速时，超速试验键上面的红灯闪亮。按这两个键使转速基准点以慢的速率增加到超速转速，红灯闪亮，机组可能由于机械断开装置被切断，同时继电器也动作。

（二）伍德瓦特 505E 电子调速器

1. 505E 电子调速器概述

505E 电子调速器是一种微处理机为基础的控制装置。它与 505 电子调速器有许多相同的地方。505E 电子调速器主要用于抽汽式汽轮机，而 505 电子调速器用于无抽汽式汽轮机，所以它们之间也有很多不相同的地方。抽汽式汽轮机的系统除了控制汽轮机转速外还必须控制抽汽压力，典型的一次抽汽式汽轮机如图 7-89 所示，高压蒸汽经过主汽阀（又称脱扣阀或速关阀）、高压调节汽阀（HP）进入汽轮机高压段做功，做功后的中压蒸汽分为两路：一路经抽汽（低压）调节汽阀（LP）进入低压缸继续做功；另一路排入抽汽管道，供热用户使用。

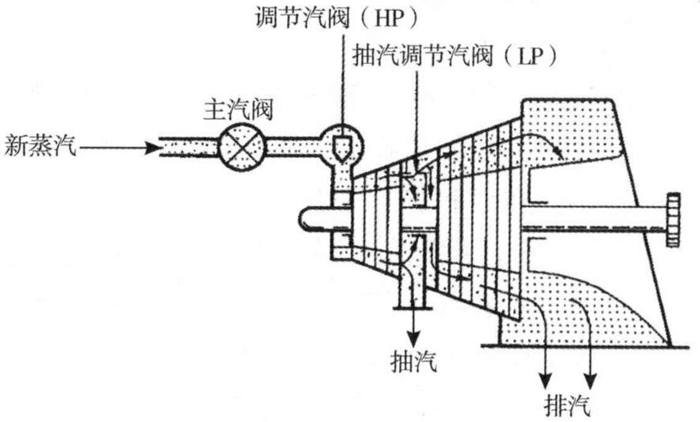

图 7-89　典型的一次抽汽式汽轮机

在机械负荷发生变化而热负荷不变化时，为了控制机组转速和保证抽汽压力不变，就要改变高压调节汽阀(HP)和低压调节汽阀(LP)的开度，高压调节汽阀和低压调节汽阀的开度应同时开大或关小。在热负荷发生变化而机械负荷不变时，为了控制抽汽压力和保证机组转速不变，也应改变高压调节汽阀及低压调节汽阀的开度，但高压调节汽阀开大(或关小)时，低压调节汽阀应关小(或开大)。

2. 505E 电子调速器控制器及面板操作

505E 电子调速器的所有元件装在一个钢制控制箱内，在控制箱底部有两个引线用开口，所有接线都由此通过。

在 505E 调速器内装有各种功能卡板：CPU(中央处理器是微机的核心，由芯片组成)、存储器、供电转换器、继电器、输入/输出接口等。在控制箱外面的前面板上装有 LCD 液晶显示屏和键盘及遥控 RS - 232 通讯系统等。通过键盘或遥控开关触点及通过 RS - 232 通讯系统和 CRT 与 505E 通信联系。

用 LCD 液晶显示器及控制箱前面的键盘来完成程序化，键盘如图 7 - 88 所示。将各键的功能介绍如下：

FUNC：通过功能块向左或向右移动显示面板。

STEP：在功能模块范围内，移动显示面板向上或向下。

ADJ：在运行状态下用于调整参数大小。

DYN：在运行模式下，获取参数控制驱动器位置的动态位置。

GAIN：在运行模式下，激活显示参数的动态，增益控制(必须按 DYN 键)，然后做适当的动态调整。

RST：在运行模式下，激活显示参数的动态，重新设置(必须按 DYND 键)，然后做适当的动态调整。

PRG：令控制器状态进入编程模式(控制参数按 RUN 键或 PRG 键)。

RUN：令控制器进入运行模式(控制参数/按 RUN 键或 PRG 键)。

STOP：在编程模式下，使控制器返回到准备状态，在运行模式下，按此键可控制汽轮机停机。

0/NO：在编程模式下输入 0/否，在运行模式下，否/关闭。

1/YES：在编程模式下输入 1/是，在运行模式下，是/开启。

2/ACTR：在编程模式下输入 2，在运行模式中显示驱动器(执行机构)的位置。

3/CONT：在编程模式下输入 3，在运行模式中显示控制参数。

4/CAS：在编程模式下输入 4，在运行模式中显示级联控制信息。

5/RMT：在编程模式下输入 5，在运行模式中显示远程转速控制信息。

6/VALV：在编程模式下输入 6，在运行模式中显示调节汽阀(HP)阀位变化信息，按 STEP 下键抽汽调节汽阀(LP)阀位变化信息。

7/SPD：在编程模式下输入 7，在运行模式中显示转速控制信息。

8/AUX：在编程模式下输入 8，在运行模式中显示抽汽控制信息。

9/kW：在编程模式下输入 9，在运行模式中显示功率控制信息。

CLR：在编程模式下的输入或重设，运行模式下的报警，按此键也可使控制器在停止后返回状态。控制参数/按 RUN 键与 PRG 键。

ENTR：在编程模式下输入新的数值。

ALARM：当键盘上的 LED 指示灯亮起时，显示出所有报警的原因。

OVERSPEEDTESTENABLE：允许将速度提高到最大控制速度设定点，来进行机组超速试验。

505E 电子调速器与 505 电子调速器一样，软件上配有系统软件和应用软件，应用软件可根据用户需要进行改变。

505E 调速器操作方式有两种。一种是程序控制方式；另一种是工作方式(运行方式)。在机组启动前选定程序控制方式，采用人机对话的方式根据本机组控制的要求将各程序模块进行程序化，使控制性能与设备匹配；如选定启动方式(手动、半自动和自动启动方式)、转速基准值、抽汽基准和超速脱扣转速，临界转速范围等。在程序控制方式结束后，才能将调速器进入工作(运行)方式，这时机组才能启动运行，当机组运行时不能再回到程序方式。

505E 型调速器的输入和输出如下：

输入：输入两个 MPU，该输入来自装在汽轮机转子上的磁性传感器(又称磁阻发讯器)它将转速 n 变化转化为电频率 f，将 f 输给 505E 型调速器；一个是抽汽输入，来自汽轮机抽汽管道上的压力传感器；另一个是级联输入，来自压缩机入口或出口的压力传感器，压力传感器输出信号输给 DCS(集散控制系统)，由 DCS 将信号输给 505E 型调速器；一个遥控转速输入，当采用遥控机组时，则有转速输入信号；另一个是功率(kW)输入，发电机组有功率输入，其他机组没有功率输入；6 条硬连接线触点和 10 个可编能触点输入，该输入由 15 个触点输入中选择 10 个

输出：输出 2 个 20～60mA 或 2 个 4～20mA 的电流信号给 HP 调节汽阀传动放大机构和 LP 抽汽调节汽阀传动放大机构，再通过执行机构控制 HP 调节汽阀和抽汽调节汽阀 LP 的开度；4 个 4～20mA 电流信号去驱动仪表，在使用程序方式时，可以从 12 种模拟中选出 4 和 8 个继电器触点输出，在该输出的 15 个触点输出中选择 8 个。

3. 505E 调速器的工作原理

505E 调速器是无差调节，符合 NEMA 标准的 D 级，其速度变动率为 $\delta=0\sim0.5\%$，保证了机组转速不变。505E 调速器由低压调节汽阀(LP)斜面控制模块、高压调节汽阀(HP)斜面控制模块、转速控制模块、抽汽控制模块、转速基准控制模块和级联控制模块等组成。

505E 调速器的调节任务是：一是调节转速，在转速参考值(转速基准)不变时，应保证机组转速不变，并应根据需要改变转速基准达到改变转速的目的；二是调节抽汽压力，在抽汽基准不变时，应保证抽汽压力不变。下面对 505E 调速器调节任务加以说明。

(1)调节机组转速

1)在转速基准不变时，保证机组转速不变

505E 调速器为无差调节，为 NEMA 标准的 D 级，其速度变动率为 $\delta=0\sim0.5\%$，即在调速器动作后，机组转速不变。转速信号由转速传感器测得，它将转速 n 转化为频率 f 记为 MPu，MPu 与机组转速成正比。在转速控制模块中，可以看出 MPu 经频率数字转换 F/D 为数字信号，在 PID(比例、积分、微分环节)转速控制放大器将该信号与转速基准值相比较，当 MPu 数字信号与转速基准相等时，PID 转速控制放大器的输出信号不变，执行机构不动作，调节汽阀的开度不变，机组在稳定工况下运行。而当当 MPu 数字信号与转速基准

不相等时，PID转速控制放大器的输出信号发生变化，调节系统动作，改变了高、低压调节汽阀的开度，保证了机组转速恢复到原来的转速，同时也保证了抽汽压力不变。

若热负荷不变，工厂投料也不变时，机组转速升高，MPu值增加，而转速基准不变，PID转速控制放大器输出值的变化输给比例限制器。比例限制器(比率器)接受转速控制放大器和抽汽控制器的信号，输出二个信号，一个去高压调节汽阀(HP)执行机构驱动器，另一个去调压调节汽阀(LP)执行机构驱动器，同时关小了高、低压调节汽阀。

比例限制器的作用是：一是控制高、低压调节汽阀开度的大小，使它们之间的开度相匹配，以使转速(机械负荷)与抽汽压力(热负荷)均维持在要求值；二是确定转速与抽汽压力的调节次序，在机械负荷和热负荷发生矛盾时，应选择哪个优先。若要求最大机械负荷，即功率(N)为最大时，要求开大高压调节汽阀的同时也开大低压调节汽阀。若要求最大抽汽量时，就应开大高压调节汽阀，关小低压调节汽阀。由此可以看出，不能同时得到最大功率和最大抽汽量。当要求最大功率和最大抽汽量时，就要根据需要选择功率优先还是抽汽量优先，在程序工况时(机组运行前程序化时)，输入转速(功率)优先还是抽汽压力(抽汽量)优先，调速器只能保证优先值。当机组转速降低时，其动作与上述相反。这样，就完成了调节机组转速不变的任务。

2)根据需要改变机组转速

机组在运行中有时需要改变转速，如工厂投料增加时，就应增加机组转速，而当投料减少时，就应减少机组转速。通过改变转速参考值(基准)的方法就能使机组转速改变。在机组转速一定时，输入到PID转速控制放大器的转速信号MPu与转速基准相等，PID转速控制放大器的输出信号不变。若输入到PID转速控制放大器的转速基准改变，而转速信号MPu不变，这时转速基准与转速信号MPu不相等，PID转速控制放大器的输出信号改变，将信号输出给比例限制器，比例限制器给高压调节汽阀执行机构驱动器和给低压调节汽阀执行机构驱动器的输出值发生变化，使高、低压调节汽阀的开度均发生变化，改变了机组转速。转速信号MPu发生变化时，转速信号MPu又与转速基准相等，PID转速控制放大器的输出信号不再变化，机组便稳定在新的转速下运行。

(2)调节抽汽压力

505E型调速器应保证抽汽压力不变。当热用户需要的蒸汽量增加时，抽汽管线的压力下降，这时就应开大高压(HP)调节汽阀，补充高压蒸汽，为了保证机组输出的功率不变，同时应关小低压(LP)调节汽阀，高压调节汽阀开度开大。低压调节汽阀关小的同时，使抽汽压力升高，恢复至原来的抽汽压力，完成了保证抽汽压力不变的任务。当热用户蒸汽量需要减少时，动作过程与上述相反。为了完成这一任务，在抽汽管线上设有压力传感器、压力变送器、测量抽汽压力的变化，并转化为4～20MA的电流信号。代表抽汽压力的电流信号经I/D(电流-数字转换器)输到PID抽汽控制器，抽汽基准(参考值)信号也输到抽汽控制器，在抽汽控制器中抽汽压力与抽汽基准相比，在热负荷不变时，抽汽压力与抽汽基准相等，抽汽PID控制器的输出值不变，高压调节汽阀与低压调节汽阀的开度不变，机组在稳定工况下运行。当机械负荷不变，而热负荷减少的情况下，抽汽管线的压力升高，这时压力传感器的输出信号发生变化，抽汽压力数字信号与抽汽基准不相等，抽汽PID控制器的输出值发生变化，比例限制器接受了抽汽PID控制器的输出信号，该信号发生了变化，同时接受了转速PID控制的输出信号，转速信号未发生变化。在比例限制其中经过运算，输出给高压执行机构驱动器和低压执行机构驱动器不同的信号，使高压调节汽阀开度关小，低压调节汽阀开度开大。抽汽压力恢复至正常，完成了保证抽汽压力不变的任务。

4. 505E 型电子调速器的操作

505E 型电子调速器的操作过程与 505 型调速器很相似，主要也分为两步：程序方式和运行方式。

(1)程序方式

在机组投入运行前，首先按程序方式操作调速器，输入电源检查后，自我检查后，按 PRG 键就可以进入程序方式。

505E 型电子调速器与 505 型电子调速器一样也具有系统软件和应用软件，程序软件的程序事先已固化在调速器内，一般情况是不能改变的，而应用软件是根据用户的需要，在机组运行前进行程序化。每台机组都具有其个性，如机组转速基准、临界转速、启动方式等，在机组运行前应将这些参数用人工对话的方式输入给调速器，即程序配置。需要程序化的模块有 17 个，前 5 个是必须程序化，剩下的 12 个程序模块由任选性，即必须是选择或是拒绝。

前 5 个程序模块是：

1)汽轮机启动块——可选择手动、自动或半自动启动汽轮机；

2)速度控制块——可选择 MPU(磁性收集)数目，执行机构的数量和型号，加速度和复位；

3)转速基准块——可选择转速基准设定值和超速脱扣设定值；

4)抽汽控制块——选择汽轮机的抽汽数据；

5)触点输入块——选择所要求的触点输入；

任选程序模块是：

6)停机逻辑块——可选择所要求的停机项目；

7)阀动作控制块——可选择高压(HP)和低压(LP)阀斜面和斜面速率；

8)下降(Droop)功能块——可选择速度下降的数据；

9)临界转速块——可选择临界转速范围；

10)空载/额定工况块——可选择空载和额定工况的基准设定值；

11)单位块——可选择显示所要求的压力和温度单位；

12)远程控制块——可选择远程控制数据；

13)级联控制块——选择压力和温度的控制数据；

14)继电器输出块——可选择继电器的输出方式，如报警、电气超速脱扣和停车；

15)手动阀块——可选择手动阀继电器输出；

16)模拟读数块——可选择模拟读出数值；

17)RS232 通讯块——可选择 RS-232 的波特率(位/秒)，如 300、1200、2400 波特。

用液晶显示器(LCD)及控制箱前面的键盘来完成程序配置。505E 型调速器的键盘与 505 型调速器相同。505E 型调速器的程序化与 505 型调速器基本相同，这里不再重复。

505E 型调速器用于抽汽式汽轮机，所以它比 505 型调速器增加了抽汽控制模块(框图)。以下就有关抽汽控制模块加以说明。在抽汽控制模块程序化中要输入一系列数据，这些数据与抽汽式汽轮机的运行工况图(抽汽蒸汽图)有关，图 7－90 所示为抽汽式汽轮机的运行工况图(抽汽蒸汽图)。

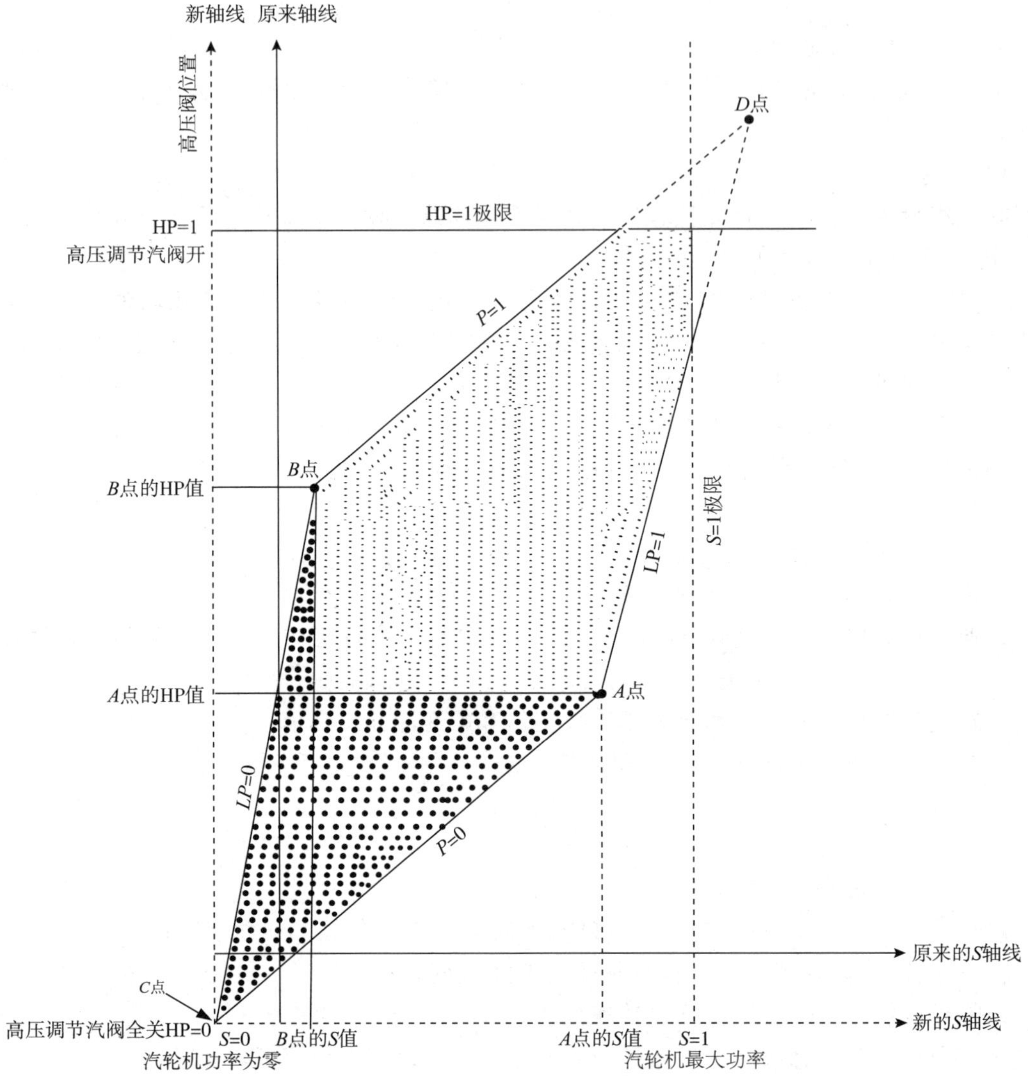

图 7－90　抽汽式汽轮机工况图

$P=0$ 抽汽量为零；$P=1$ 抽汽量最大

图中：横坐标 S 为功率；纵坐标 HP 为高压调节汽阀的阀位，它的大小表示了流量的大小。

当 $S=1$ 时，得到最大功率，也是最大功率极限，汽轮机输出功率必须小于此值。

HP＝1 时，得到最大流量，最大流量限制。

$P=0$ 时，抽汽量为 0。

$P=1$ 时，抽汽量为最大。

$P=0$ 与 $P=1$ 两条线平行，由这两条平行线就确定了抽汽量的范围，由 0 到最大。

LP＝0，LP＝1 两条线也平行，它表示了低压(LP)调节汽阀的位置，低压调节汽阀由关到开的位置。

在图 7－90 中上述线的包络图(灰色区域)即为抽汽式汽轮机的运行区域。对于不同的抽汽式汽轮机，其包络图的形状是相同的，但各机组工况的特性是不同的。这些特性恰好描述了工况图，其特性如下：

最大功率——$S=1$ 线(有具体值)；

最大 HP 流量——HP=1 线(有具体值)；

最小抽汽量，最大功率——在 A 点的 S 值；

最小抽汽时，HP(高压调节汽阀)的流量——在 A 点 HP 值；

最大抽汽时，最小功率——在 B 点的 S 值；

最大抽汽量时，HP 的流量——在 B 点 HP 值；

由制造厂技术文件应提供带有具体数值的工况图，从工况图可以得到以上所需的 S 值和 HP 值，并将这些值输给 505E 调速器，但制造厂技术文件提供的工况图应符合以下条件，如不符合条件时操作人员应对工况图进行修改。符合要求的条件如下：

1)工况图上各条线必须是线性的，即为直线。

2)$P=0$ 和 $P=1$ 时，两线平行，LP=0 和 LP=1 时，两条线必须平行。

3)C 点必须在原点。

若不满足以上条件应修改，重画和改坐标原点。

当得到符合要求的工况图后，就可以对抽汽控制框图程序化。抽汽控制框图如图 7－91 所示。

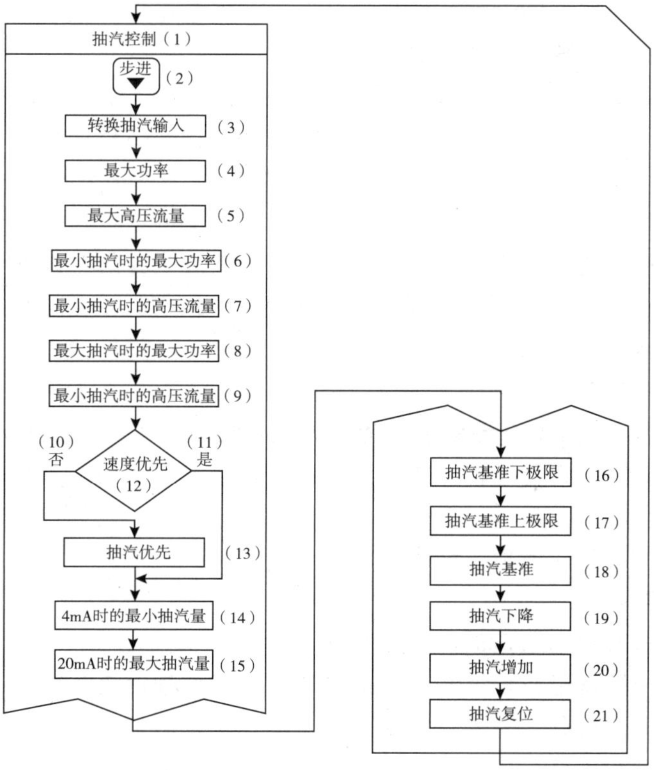

图 7－91　抽汽控制框图

当在 LCD 显示器上显示“抽汽控制功能”时，按 STEP 键来形成本框图，或按 FUNC 键则选择要形成的另一个框图。

当在 LCD 显示器上出现“最大功率”时，用键盘输入汽轮机发出的最大功率值(相等于工况图 7 - 90 上的 $S=1$ 线)，然后按 ENTR 键。这时，LCD 显示器上显示出“高压调节汽阀最大流量”时，用键盘输入高压调节汽阀的最大流量值(相等于工况图上的 HP=1 线)，然后按 ENTR 键。这样依次输入给 505E 型调速器在工况图 A 点的最小抽汽时的最大功率值和高压调节汽阀的流量，并输入在工况图上 B 点的最大抽汽量时的最小功率值和高压调节汽阀的流量值。

当 LCD 显示器上显示“速度优先”时，若功率及抽汽量都达到最大时，应选转速优先于抽汽压力控制时，应按 YES 键。如果不要转速优先时，就按 NO 键，然后按 ENTR 键。如果输入 YES，控制器显示“相等于 4mA 的最小抽汽值”。如果输入 NO，控制器将显示“抽汽优先”。

当 LCD 显示器上显示“抽汽优先”时，按 YES 键，按 ENTR 键。紧接着在当 LCD 显示器上显示“相等于 4mA 的最小抽汽量”，这时要输入最小抽汽量值，该值相当于 4mA 输入电流，然后按 ENTR 键。

当 LCD 显示器上显示“相等于 20mA 的最大抽汽量”时，输入最大抽汽量值，该值相当于 20mA 输入电流。然后按 ENTR 键。

当 LCD 显示器上依次显示出：抽汽基准下极限、抽汽基准上极限、抽汽基准变化速率、抽汽下降、抽汽增加、抽汽重新整定时，操作人员应在每一条语句出现后，输入所要求的数值，在输入每一个数值后应按 ENTR 键。

当所有数值都输入完毕，LCD 显示器将回到程序框图的开始并显示下一个框图的标题“触点输入框图”。利用上述相同的方法，将“触点输入框图”程序化。

17 个框图应逐个程序化，当程序配置完毕后，推动 STOP 键退出程序方式，然后调速器(控制器)自动对所配置的程序进行完整检查，以保证将数值装入所要的程序块里。只检查数据是否进入程序块，数据是否足够，但不保证数值本身的正确性。

检查符合要求后，调速器返回准备状态，这时就可以进入运行方式，即可启动汽轮机，机组投入正常运行。

(2)运行方式

结束程序配置后，按 RUN 键就进入运行方式，这时调速器有四种功能，推动 FUNC 键就可以从一种功能转换到另一种功能。四个程序块以及它们的基本功能是：

a)显示当前的参数；

b)显示或调整所有的输入值、输出值和参考值(基准)；

c)显示各种报警；

d)显示或调整所有控制通道的动态调整量。

汽轮机驱动的压缩机组应根据制造厂提供的技术文件规定进行启动并符合制造厂技术文件的要求。启动方式可分为三种：自动、半自动和手动启动方式。在程序配置时已将其中的一种方式配置进去。

① 自动启动方式

机组启动前应将主汽阀(速关阀)和调节汽阀处于关闭状态。机组启动时，应先按运行键(RUN)，用手打开主汽阀，这时调节汽阀仍处于关闭状态。再按运行键(RUN)，调速器自动地开始将HP(高压调节汽阀)斜面和LP(低压调节汽阀)斜面从最小向最大位置移动，高、低压调节汽阀开始开启。

按键盘上的VAVL键可测得机组转速和调节汽阀斜面位置。当汽轮机转速达到最低转速整定值或空载转速时，调速器投入工作，调速器自动地使HP调节汽阀斜面向最大位置移动。接着按键盘上的SPD键，再按ADJ键将转速基准值升高，机组升速至额定转速，在升速过程中调速器会自动越过临界转速。

②半自动启动

机组启动前主汽阀和调节汽阀处于关闭状态。机组启动时，手动打开主汽阀，此时调节汽阀仍处于关闭状态，这时按运行键(RUN)，按汽轮机制造厂维护使用说明书进行操作，按STEP键和ADJ键来打开HP调节汽阀斜面，调节汽阀开始开启，机组转子开始转动。当机组转速达到最低转速基准(参考点)或空载转速时，调速器投入工作，这时必须手动将HP和LP调节汽阀斜面推到最大位移，以保证阀斜面不妨碍升速。然后按SPD键和ADJ键升高转速基准，开大HP和LP调节汽阀，机组转速升高至额定转速。

③手动启动

机组启动时，应首先推动键盘上的运行键(RUN)，主汽阀处于关闭状态，调速器的转速指示为“0”，自动打开调节汽阀斜面到最大位移，HP和LP调节汽阀开启。启动时，用人工打开主汽阀，逐渐升速，当转速达到最低转速基准或空载转速时，调速器投入工作，主汽阀全开启。这时按SPD键和ADJ键，改变转速基准，按制造厂技术文件提供的机组升速曲线升速。

机组启动后，主汽阀全开，HP和LP调节汽阀也开启，此时抽汽量最小，然后抽汽控制投入工作。

(3)动态调节

在机组启动后，应进行动态调节。按键盘上的DYN键，再按STEP键，依次使动态值(P、I)出现，进行调节。

机组在运行中要求调节系统瞬态响应符合要求，即要求瞬态响应有稳定性和快速性。根据转速变化来判断瞬态响应是否符合要求，若不符合要求就应调整P(比例值)它影响快速性，I(积分)它影响稳定性。

(4)超速试验

汽轮机试运行完毕后应进行超速试验，检验超速保护装置是否符合要求。电子超速装置和机械超速装置应同时进行试验。

机组运行中用SPD键和ADJ键提高转速只能达到最大控制转速(一般为额定转速的105%)，而不能达到超速转速。这时按超速试验键(OVEREED TESTENABLE)，然后再按ADJ▲键，当实际转速大于最大控制转速时，超速试验键上面的红灯闪亮。按这两个键使转速基准点以慢的速率增加到超速转速，红灯闪亮，机组可能由于机械断开装置的作用被切断，同时继电器也动作。

(三)电控液压放大器与电液转换器

1. 电控液压放大器

电控液压放大器是将电信号转换成液压信号的转换放大元件，它是电液系统中的一个关键部件。其作用是将 505 数字调速器的输出电流信号转换为油动机活塞的位移，通过油动机活塞的位移去控制调节汽阀的开度或再经过一次液压放大来控制调节汽阀的开度。

电控液压放大器由 EG－3P 调节器和液压放大执行机构两部分组成。EG－3P 调节器是将 505 型数字调速器的输出电流信号转化为输出轴的旋转位移，并将输出轴的旋转位移输入给放大器，使脱扣油(高压油)或流出油动机(或称伺服活塞)，使油动机活塞产生位移。

(1)EG－3P 调节器

EG－3P 调节器是一个电动-液压转换机构。它通过一个两圈极化线圈，一个永久磁铁，一个中心弹簧和一个导阀柱塞的作用控制油流出或流进动力活塞。

EG－3P 调节器主要由线圈、永久磁铁、中心弹簧、导向阀柱塞、负载活塞、动力活塞、调节连杆、复位弹簧等组成，如图 7－92 所示。

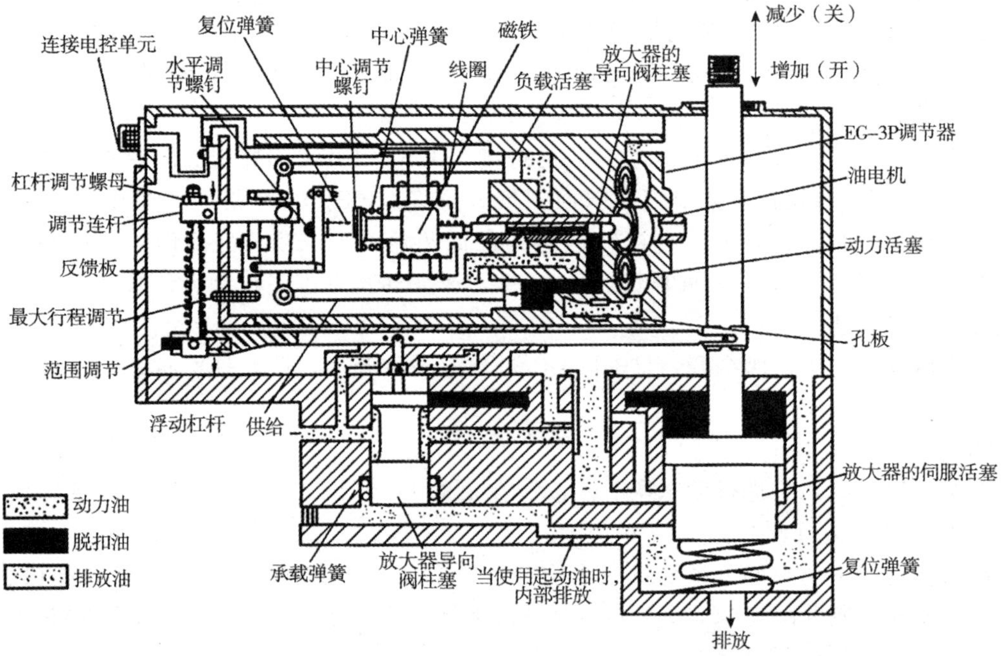

图 7－92　电信号输入的液压放大器的剖面示意图(EG－3P 调节器和放大器)

磁铁与导向阀柱塞连接在一起，磁铁在线圈的磁场中受到的三种力分别是：中心弹簧迫使磁铁和导向阀柱塞向减少蒸汽量关闭阀门减蒸汽方向的力(如图示向右的方向)；当线圈通电励磁而产生的电磁吸力的方向，是复位弹簧和磁铁迫使导向阀柱塞处在增加蒸汽量开阀门的方向(如图示向左的力和与磁场相同方向复位弹簧的力)。在稳定工况下，三者力是平衡的，磁铁不动，导向阀柱塞将控制油口封住，负载活塞与动力活塞停止不动，输出轴输出转速不变。

负载活塞和动力活塞的相对运动使调节器的输出轴转动。负载活塞一侧通高压油，使调节器输出轴产生向降低蒸汽量的方向旋转。但实际上负载活塞不能自行运动，只有动力活塞移动至相反方向时它才运动。动力活塞一侧作用脱扣油(也是高压油，比动力油略低一些)，脱扣油的流入、流出受到调节器导向阀柱塞位置的控制，当导向阀柱塞不动，导向阀柱塞上的凸肩处在导向阀轴套中间位置时将控制油口封住时，脱扣油不从动力活塞流入、流出，动力活塞不动，且调节器输出轴也不转动。而当导向阀柱塞上凸肩未封住控制油窗口时，脱扣油流入或流出动力活塞，动力活塞产生位移，负载活塞也随之位移，两个活塞的运动使调节器输出轴转动。

输入电流信号的大小的任何变化都将引起线圈电磁吸力的变化。电流信号减少时，减少了磁场力，使电磁吸力与复位弹簧力之和将小于中心弹簧的力，磁铁和调节器的导向阀柱塞向减少蒸汽量的方向移动，打开了动力活塞的控制油窗口，动力活塞泄油。负载活塞一侧的动力油引起输出轴转动，向减少蒸汽量的方向转动。当输出轴转动时，通过连杆复位弹簧受到压缩，增加复位弹簧的力，使磁铁和导向阀柱塞回到中间位置，轴上凸肩又将控制油口封住，这时动力活塞停止泄油，动力活塞停止运动，负载活塞也停止运动，输出轴停止转动，停在新的位置。

当电流信号增加时，与上述动作相反。电流信号增加，线圈内产生的电磁吸力增加时，导致中心弹簧相对力的增加，这样中心弹簧的力就小于电磁吸力和复位弹簧力之和，于是磁铁和导向阀柱塞产生位移，向增加蒸汽量的方向移动(如图示向左位置)，打开控制油窗口，动力油进入动力活塞一侧，使动力活塞运动，而负载活塞则向相反方向运动，输出轴转动增加蒸汽的进汽量。在输出轴转动的同时使复位弹簧的力减少，致使磁铁和导向阀柱塞一同回到中间位置，轴上凸肩将控制油口封住，动力活塞和负载活塞停止运动，输出轴也停止转动。

动力活塞和负载活塞具有同样的面积，由于动力活塞杠杆臂长而有较大的机械能力。因此，较低的控制油压力作用在动力活塞内腔产生足够的力使输出轴向增加方向移动，提起放大器导向阀柱塞。

(2)液压放大器

液压放大器由导向阀柱塞(或称错油门滑阀)及其套筒、伺服缸、伺服活塞及作用在伺服活塞底部的复位弹簧等组成，如图 7 - 93 所示。伺服缸及伺服活塞又称为油动机或动力缸。放大器为断流式单侧进油滑阀油动机。在稳定工况时，导向阀柱塞将套筒上的控制油口封住，动力油(高压油)不流向伺服缸，伺服缸也不与泄油相通。此时伺服活塞居一定位置，不移动。伺服缸为单侧进油，脱扣油(实际比动力油低一点的高压油)进入或流出油动机活塞的顶部，油动机活塞底部也进动力油，但底部油压基本不变只产生向上的力，由于油动机活塞底部的面积小于活塞顶部的面积，所以底部弹簧产生向上的动力加上油压产生的向上力之和与活塞向下力在稳定工况是平衡的。

液压放大器接受 EG - 3P 调节器输出轴转动的信号。EG - 3P 调节器的输出轴和调节连杆与放大器连杆连接杠杆紧紧连接。EG - 3P 调节器的输出轴位置的任何改变都传送至放大器的导向阀柱塞(或称错油门滑阀)，从而控制油动机油量的流入或流出。

当 EG - 3P 调节器的输出轴向增加蒸汽方向转动时，抬高放大器的连杆一端，从而抬起放大器的导向阀柱塞。动力油进入动力活塞的顶部，此时伺服活塞上部的脱扣油压比活塞下部的油压低，但由于活塞上部的面积是下部面积的二倍，于是伺服活塞向增加蒸汽量的方向移动，如图示位置向下移动。当伺服活塞向下移动时，导向阀柱塞也向下移动，又处于中间位置封住控制油口，动力油就不再流入伺服缸，伺服活塞停止运动。

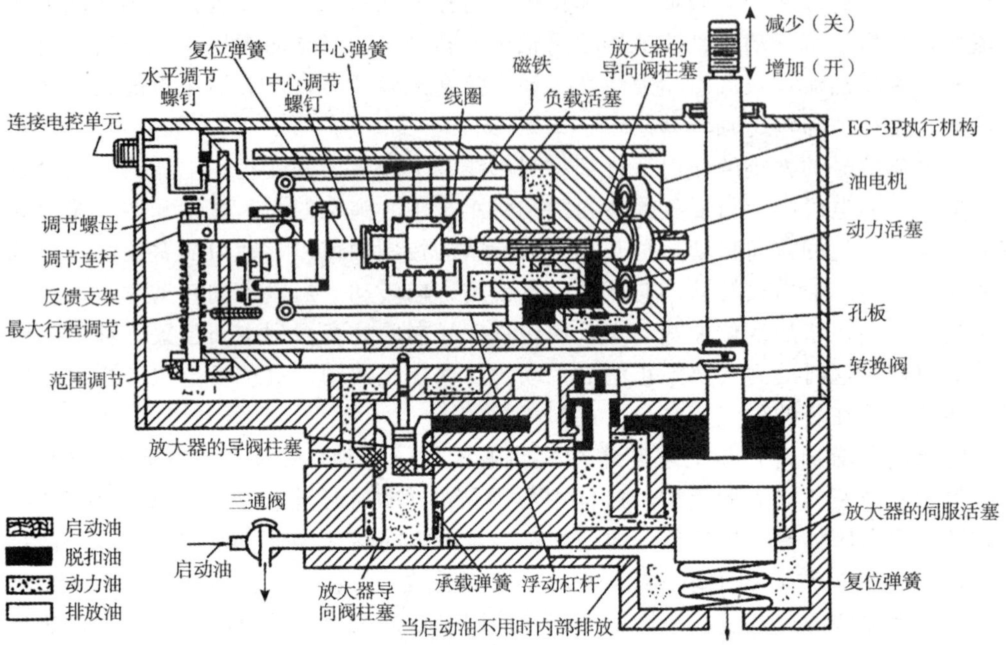

图 7 - 93　带传输阀、导阀柱塞和三通阀的电动控制液压放大器示意图

当 EG - 3P 调节器输出轴转动向减少蒸汽量的方向，将放大器连杆左端降低，带动放大器的导向阀柱塞向下移动，打开控制油口，伺服活塞顶部的脱扣油与泄油相通，油从伺服活塞流出，伺服活塞顶部向下的力减少，在活塞底部油压力和弹簧力的作用下使伺服活塞向上运动(图示位置)，向减少蒸汽流量的方向运动。当伺服活塞向上运动时，带动导向阀柱塞又回到中间位置，重新将控制油口封住，伺服活塞停止运动，机组达到新的稳定工况。

实际应用中，在汽轮机启动之前和放大器暂时没有电信号时，若需开启调节汽阀，则应按下列方法进行启动：

启动辅助油泵，用辅助油泵供油，压力油经启动油口进入液压放大器中。将启动油油路上的三通阀转动，将通排油口的三通阀接通，其中的一个油口连接至排放。启动油经三通阀通向启动油口，进入到放大器导向阀柱塞的下部，使导向阀柱塞内的屈服柱塞向上移动。当导向阀柱塞和屈服柱塞向上移动时，压力油进入伺服活塞的顶端，推动伺服活塞向下移动，开启汽轮机的蒸汽调节汽阀。机组启动后将三通阀转向正常工作位置，使放大器停止运行。

如果供油来自汽轮机主轴驱动的主油泵，且辅助低油压供给必须用于启动，这时应使用转换阀，此阀可以减少作用于油动机活塞下部的力。在启动位置，转换阀阻止油流入有动机活塞的下部。同时打开排油孔。当汽轮机启动时，压力油进入屈服柱塞下部。当供油压力达到 45～65psi 时，屈服柱塞向上移动(打开位置)，压力油进入油动机活塞下部。正常操作时，屈服柱塞仍处在打开位置，当停机时屈服柱塞又回到关闭位置，如图 7 - 94 所示。

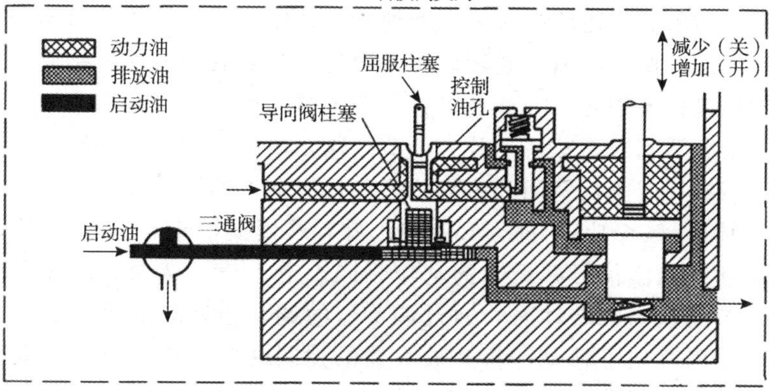

图 7－94　屈服柱塞和转换阀处于关闭位置

2. EG－3P 调节器及放大器的动作过程(图 7－92)

(1)当压缩机入口压力(或出口压力)不变时，调节系统的任务是保持机组转速不变，转速升高时，EG－3P 调节器接受的电流信号减少，线圈的电磁力减少，中心弹簧力将大于复位弹簧和电磁力之和，磁铁和调节器的导向阀柱塞向减少蒸汽流量方向运动(图示位置向左运动)，打开控制油口，调节器动力活塞排油，调节器的负载活塞一侧的动力油引起调节器的输出轴转动。当调节器输出轴转动时，通过调节器的调节连杆使调节器的复位弹簧受到压缩，增加复位弹簧的力，使导向阀柱塞回到中间位置，将调节器的控制油口封住，调节器的输出轴停止转动。在调节器输出轴转动时，通过调节器的调节连杆使放大器的连杆一端降低，放大器导向阀柱塞随之向下移动，打开放大器的控制油口，放大器的伺服活塞顶部的脱扣油(跳闸油)与排油连通，在伺服活塞向关闭蒸汽调节汽阀的方向移动(图示位置向上移动)，当放大器伺服活塞向上移动时，通过放大器的连杆使放大器的导向阀柱塞回到中间位置封住放大器的控制油口，伺服活塞顶部停止排油，伺服活塞稳定在新的位置上。伺服活塞可直接带动调节汽阀，也可以再经过一次液压放大去带动调节汽阀。

当机组转速降低时，EG－3P 调节器接受的电流信号增加。当电流信号增加时，线圈内产生的电磁力也增加，这样电磁吸力和复位弹簧的力之和大于中心弹簧力，于是磁铁和调节器的导向阀柱塞向增加蒸汽流量开大调节汽阀的方向运动(图示向左运动)，打开调节器的控制油口，动力油进入调节器的动力活塞一侧，动力活塞运动时，调节器的负载活塞向相反方向运动，调节器的输出轴转动，通过机械连杆使复位弹簧的力减少，这时，磁铁与调节器的导向阀柱塞一起回到中间位置，将调节器的控制油口盖住，调节器的输出轴不再转动。在调节器输出轴转动时，通过调节器的调节连杆抬起放大器连杆的一端，使放大器导向阀柱塞随之向上移动，打开放大器的控制油口，动力油(高压油)流入放大器的伺服活塞的顶部，伺服活塞顶部的油压增加，伺服活塞克服弹簧阻力向开大调节汽阀增加蒸汽流量的方向移动(图示位置向下移动)，开大调节汽阀，增加了蒸汽流量，使汽轮机的功率增加，机组转速恢复到原来的转速，稳定在新的工况下，完成保证机组转速不变的任务。

(2)当装置投料改变时，即压缩机入口压力(或出口压力)改变时，调节系统的任务是根据需要改变机组转速。

当需要增加机组增加转速(增加机组功率)时，EG-3P调节器接受的电流信号增加，这时调节器的动作与前面叙述的电流信号增加时的动作相同。电流信号增加时，线圈内产生的电磁吸力也增加，调节器输出轴转动时，通过调节器的调节连杆抬起放大器连杆的一端，使放大器导向阀柱塞随之向上移动，打开放大器的控制油口，动力油进入放大器的伺服活塞的顶部，伺服活塞向下移动，开大调节汽阀，增加汽轮机的功率。伺服活塞向下运动的同时使放大器的导向阀柱塞回到中间位置，伺服活塞的运动停止。

当需要减少转速(减少功率)时，EG-3P调节器接受的电流信号降低，这时调节器的动作与前面叙述的电流信号减低时的动作相同。电流信号减少时，线圈内产生的电磁吸力也减少。调节器输出轴转动时，通过调节器的调节连杆降低放大器连杆的一端，使放大器导向阀柱塞随之向下移动，打开放大器的控制油口，放大器的伺服活塞的顶部与排油连通，在弹簧作用下向关小调节汽阀的方向移动，减小进汽量，减小汽轮机的功率。在伺服活塞向下运动的同时使放大器的导向阀柱塞向下移动，回到中间位置，封住控制油口，伺服活塞不再运动，机组稳定在新的工况，此时汽轮机功率减少，机组转速也相应减少。

3. 电液转换器

电液转换器是将电调装置发来的阀位偏差电信号控制指令转换为液压信号的转换、放大部件，它是电液调节系统中的一个关键部件。电液转换器(I/H转换器)的作用是将505型电子调速器的输出电流转换为二次油压，二次油压通过放大执行机构来控制调节汽阀的开度。

在电液调节系统中，电气调节装置将转速、功率、阀位等信号进行各种运算后输出电流或电压信号，无论是静态的线性度、精确度、灵敏度，还是动态响应等指标，都达到较高的水平，所以电液转换器就能尽快地、不失真地完成这一转换任务。所以要求电液转换器也应具有较高的精确度、线性度、灵敏度和动态响应指标。其次，为了达到这些要求，电液转换器在结构上应采取相应的措施，比一般的液压元件有更高的要求。例如，在动圈式电液转换器中，电流输入信号所产生的电磁力是很小的，仅为0.98N左右，不足以作为直接输出信号，而需要采用多级放大的结构。同时，为了提高灵敏度，电液转换器的液压放大部分—跟随滑阀，在结构上采取了自定中心的措施。此外，在电液转换器中存在电和液的两种介质，就必须考虑减少油对电的污染及影响，应采取措施将电信号和液压信号两部分加以隔离。

以上所述可知，电液转换器可以说是一个精密的关键元件，所以保证电液转换器的可靠性，对整个电液调节系统的可靠运行具有重要的意义。

按工作原理，电液转换器可以分为力矩马达和液压放大部分。力矩马达的作用是将电的信号转化成机械位移信号，而液压放大部分则将机械信号进一步放大输出。电液转换器(电液伺服阀)的种类很多，各国汽轮机的电液控制系统中的电液转换器也随各国传动不同而异，电液转环器主要有如下几种类型：①从力矩马达的结构来分，有动圈式和动铁式；②从力矩马达的励磁方式来分，有永磁式和外激式；③从液压部分的结构来分，有断流式和继流式，或者滑阀式和蝶阀式。④从工质来分，有汽轮机油和抗燃油，使用工质的压力有低压式(1.2MPa和2MPa)和高压式(8MPa和14MPa)等。

一般在西欧及苏联多数采用动圈式力矩马达，带有套管式节流滑阀液压放大器；英、美及日本国家大都采用动铁式力矩马达，带动双喷嘴或射流管式前置液压放大器。我国汽轮机的电液调节系统是低压采用动圈式力矩马达，高压采用动铁式力矩马达。前者采用汽轮机油(透平油)，后者则抗燃油和透平油都有使用的。

(1)动圈式电液转换器

图 7－95 所示为动圈式电液转换器的结构。这种电液转环器主要由磁钢、控制线圈、十字平衡弹簧、控制套环、跟踪活塞、节流套筒等零部件组成。

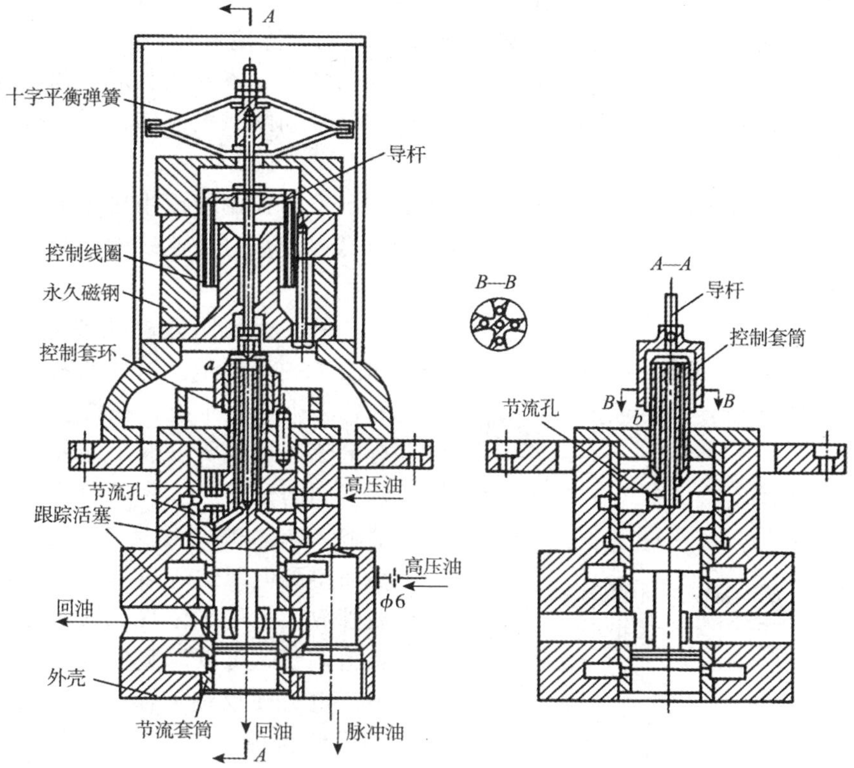

图 7－95　动圈式电液转换器结构

当电气调节装置输出的电流被送入控制线圈时，安装在磁钢及磁轭间隙内的控制圈在磁场及电流作用下产生了移动力，如果电流增加，则线圈移位向下，由于控制套环(与导杆连接在一起)改变了跟踪活塞的控制喷油口 a 和 b，使套环上边缘的喷油口 a 开度增大，下边缘的喷油口 b 开度减小，这样，高压油经过跟踪活塞的节流孔后，再经过这两个喷油口 a 和 b 排出的油量发生了变化，使跟踪活塞下部的排油量增加，上部的排油量减少，从而改变了作用在跟踪活塞上、下面积上的油压力，使跟踪活塞下移。只有当喷油口 a 和 b 恢复到原来稳态的开度，使跟踪活塞上、下油压作用的油压力达到平衡时，跟踪活塞才维持不动。可见，实际上跟踪活塞的位移即为线圈的位移，而线圈的位移使上部十字弹簧产生变形，所增加的弹簧力与线圈所受的电磁力相平衡，使控制线圈处于一个新的平衡位置。已经下移的跟踪活塞改变了其下凸肩所控制的脉冲油的排油节流窗口。当排油节流窗口面积减小时，输出的脉冲油就会增加。为了保证输出的脉冲油压与输入的电流信号成线性正比，节流窗口应做成二次曲线型。

在控制线圈上绕有两层线圈，一层即为直流线圈，输入直流电流作为控制信号用；另一层为交流线圈，输入 50Hz、6.3V 交流电流，使控制套环产生脉动，以防止控制套环卡涩。为了使控制套环与跟踪活塞之间有良好的同轴度，应保持四周间隙均匀，并有足够的润滑，在跟踪活塞的中心开设油孔。高压油经节流孔流入中心油孔，自跟踪活塞上端的四个喇叭形的径向小孔流出。如图 7-95 中剖面图 $B-B$ 所示，压力油经过四个径向小孔流至套环与跟踪活塞端之间，由于四周压力均匀使跟踪活塞起到自动对中的作用，如果哪一侧间隙减小，相应的喇叭口中的油压就会升高，对应 180°的喇叭口中油压就会降低，在此压差的作用下，将使套环作径向移动，维持四周间隙仍保持均匀。由于这四个径向喷油孔的直径仅有 0.3mm，所以高压油进入电液转换器之前，除应经过一般的刮片式滤油器过滤外，还应经过磁性滤油器过滤，以防止杂质和铁屑进入、堵塞喇叭形小孔，也防止铁屑被强磁钢吸附、磨损线圈、产生短路或卡死现象。这种动圈式电液转换器，时间常数约为 0.05s 以下。

图 7-95 所示的动圈式电液转换器，在稳定工况下，控制线圈中总有电流通过。不论汽轮机在空载或满载工况，均相应有空载电流和满载电流流过控制线圈。其输入电流与输出油压呈线性比例关系。

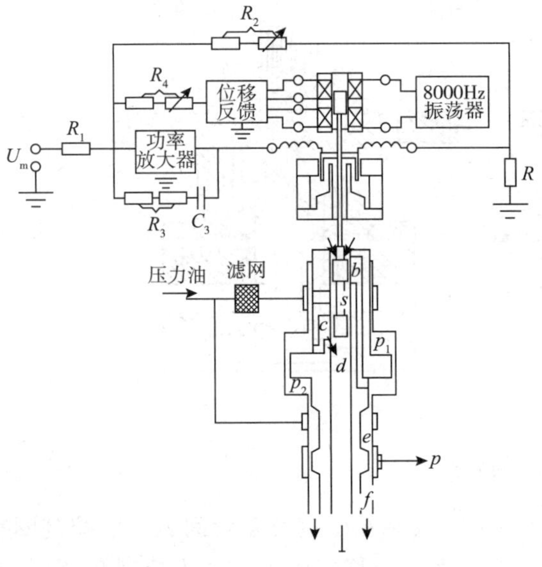

图 7-96 动圈式电液转换器原理图

另一种动圈式电液转换器的原理图，如图 7-96 所示。这种动圈式电液转换器的每一个稳定工况，在控制线圈中几乎没有电流通过，所以液压部分的小滑阀及跟踪滑阀的位移经位移反馈回授到功率放大器输入端，并与输入电压信号 U_{in} 平衡，从而得到电压输入信号与位移输出信号的线性放大作用。位移反馈回路具有零位和幅值调整，可以调整控制线圈的零位和幅值。电流硬反馈回路 R_2 可以调整功率放大器的传输系数，以获得适当的静态刚度。电压软反馈回路 R_3C_3 可以调整控制线圈的运动阻尼，使随动系统得到较好的稳定性和快速性。

这种形式电液转换器的主要动作过程如下：由电调装置来的电压控制信号输入功率放大器，转变为电流控制信号，使至于磁钢气隙中的控制线圈产生电磁力，随之发生运动。运动产生的位移信号，通过反馈线圈和位移反馈电路转换成与位移成正比的电压信号，反馈至放大器的输入端，使控制电流恢复平衡值(此平衡值很小)，以使控制线圈平衡在与输入电压信号对应的位置上。这样，便得到了与输入电压成正比的位移输出。

当控制线圈位移直接带动小滑阀时，假定位移向上，则控制油窗口 a 及 d 开大，b 与 c 关小，使 p_2 增大，p_1 减少，于是随动的跟踪滑阀也跟着向上移动，直到恢复至原来的平衡位置，即 $a=b$、$c=d$、$p_1=p_2$ 为止。跟踪滑阀的向上移动使差动控制油窗口 e 减小，f 增大，随之输出油压 p 降低。由于采用差动方式，所以扩大了输出油压的线性范围，从而实现了电气信号转换成油压信号的功能。

(2)动铁式电液转换器

图 7-97 及图 7-98 所示分别为带双喷嘴式及带射流管式前置级液压放大器的电液转换器。这种力反馈电液转换器一般具有线性度好、工作稳定、动态性能优良等优点。其结构原理分述于后。

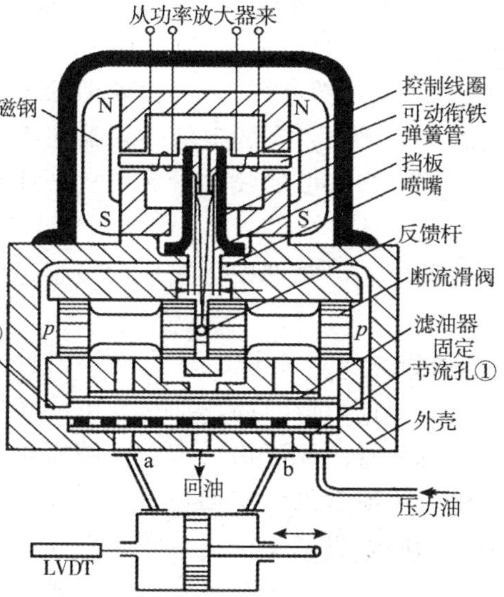

图 7-97　双喷嘴式电液转换器
LVDT—线性电压位移传感器

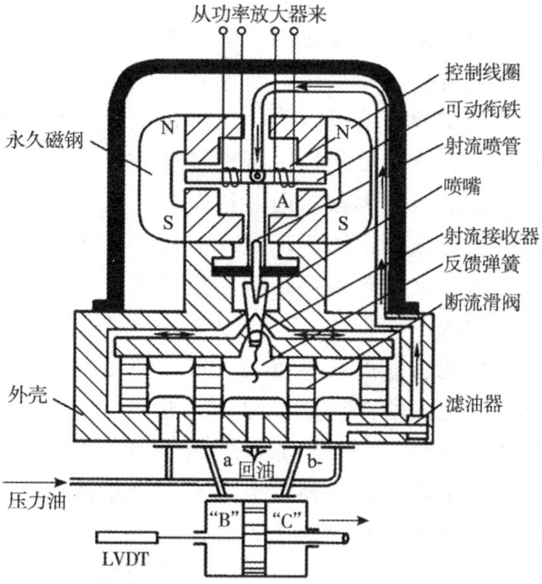

图 7-98　射流管式电液转换器
LVDT—线性电压位移传感器

双喷嘴式电液转换器主要由控制线圈、永久磁钢、可动衔铁、弹性管、挡板、喷嘴、断流滑阀、反馈杆、固定节流孔、滤油器、外壳等主要零部件组成。

当来自 505 电子调速器的电流信号(4～20mA)经过印刷电路板后作用在控制线圈上时，就有电流流过控制线圈，使可动衔铁的一端呈现 N 极，而另一端为 S 极。可动衔铁支承在弹簧管上，弹簧管是具有弹性的薄壁圆管。当可动衔铁磁化后，它受到磁铁的吸引与排斥作用，产生扭转力矩，这个力矩使弹簧管产生变形，同时又使可动衔铁转过一定的角度。可动衔铁的转动使反馈杆产生弹性变形，故改变了喷嘴的排油面积。

假设电流信号使可动衔铁的左端为 N 极，右端为 S 极，则可动衔铁受磁铁的吸引与排斥作用顺时针方向转动，可动衔铁的转动使反馈杆产生弹性变化，减小了左端喷油嘴的排油面积而增大了右端的排油面积。

高压油从右侧进入电液转换器后分成两股油路。一路经过滤油器到左右端固定节流孔到达断流式滑阀的左右两端油室，然后从喷嘴与挡板间的控制间隙中流出。在稳定工况时，两侧的喷嘴与挡板间的间隙是相等的，因此排油面积也相等，作用在断流式滑阀两端的油压也相等，使断流式滑阀处于中间位置，封住了进出油动机的油窗口。另一路高压油作为移动油动机活塞的动力油，由断流式滑阀控制。

当电调装置来的电流送入控制线圈，在永久磁钢磁场的作用下，产生偏转扭矩，使可动衔铁带动弹簧管及挡板旋转，改变了喷嘴与挡板的间隙。间隙减小的一侧的油路油压升高，间隙增大的一侧的油路油压降低。在此油压差的作用下，使断流式滑阀移动，打开了油动机通往高压油及回油的两个油窗口，使油动机活塞运动，输出位移量来操纵调节汽阀的开度。

当可动衔铁、弹簧管及挡板旋转时，弹簧管发生弹性变形，反馈杆发生挠曲。待断流式滑阀在两端油压差作用下产生位移时，就使反馈杆产生反作用力矩，它与弹簧管、可动衔铁吸动力等的反力矩一起与输入电流产生的主动力矩相比较，直到总力矩的代数和等于零，即断流式滑阀达到一个新的平衡位置，这一位置与输入电流增量 ΔI 成正比。当输入信号电流极性相反时，断流式滑阀位移方向也随之相反。

采用弹簧管可以防止喷嘴排油进入动力马达(即电磁线圈部分)，这样就消除了油液污染电磁部分的可能性。特别是使用抗燃油时，这点更为重要。有的电液转换器在喷嘴挡板前置级液压放大器的回油通路上，加装了节流孔，使喷嘴扩散的喷油具有背压，油流就不会产生涡流及汽蚀等现象，从而提高了挡板运动的稳定性。

这种电液转换器的特点是灵敏性高，动态特性良好，但对油中污物极为敏感，要求有完善的滤油设备。

射流管式电液转换器主要由控制线圈、永久磁钢、可动衔铁、射流喷管、射流接收器、断流式滑阀、反馈弹簧、滤油器及外壳等主要零部件组成。高压油进入电液转换器分为两股油路，一路经滤油器送入射流喷管，油从射流喷管高速喷出。在射流喷管正对面安置了一个射流接收器，上面有两个扩压通道。如果射流喷管处于中间位置，则在左右两个扩压通道中形成相同压力，使断流式滑阀两端油压相同，也处于中间位置，封住了进出油动机的油口；另一路高压油就作为移动油动机活塞的动力油，由断流式滑阀控制。

当电调装置来的电流信号送入控制线圈时，在永久磁钢磁场的作用下产生了扭转，使可动衔铁带动射流喷管偏离了中间位置，而使射流喷管喷出的油液在接收器两个扩压通道中形成不同的油压。在这两个油压差值的作用下，使断流滑阀产生位移，打开油动机进油及回油的两个控制窗口，使油动机活塞运动，来控制调节汽阀的开度。

在断流式滑阀偏离它的中间位置时，它通过反馈弹簧使偏转了的射流管达到一个新的平衡位置，从而使整个调节过程很快的处于稳定状态。

这种电液转换器对加工精度、装配工艺要求均很高，由于断流滑阀与套筒间的间隙很小，对油的清洁度也有较高的要求。

4. 线性位移差动变送器(LVDT)

LVDT 的作用是将油动机活塞的位移(同时也代表调节汽阀的开度)转换为电压信号，反馈到伺服放大器前，与计算机送来的信号相比较，其差值经伺服放大器功率放大并转换为电流值后，驱动电液伺服阀、油动机活塞直至调节汽阀。当调节汽阀开度满足了计算机输入信号的要求时，伺服放大器的输入偏差为零，于是调节汽阀处于新的稳定位置。

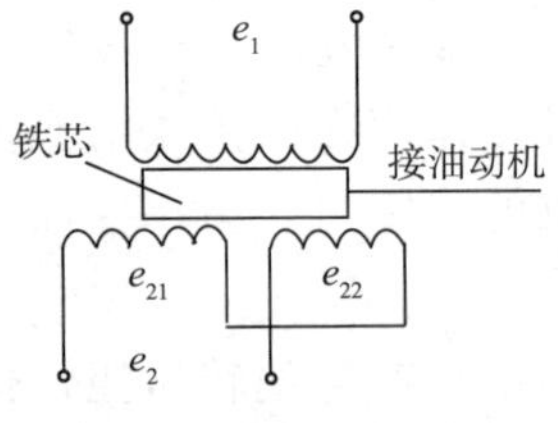

图 7－99　LVDT 工作原理示意图

图 7－99 所示为 LVDT 工作原理示意图，其主要由一芯杆与外壳所组成。在外壳中有 3 个绕组线圈，一个是初级绕组线圈，供给交流电源；在中心点的两侧各绕有一个次级绕组线圈，这两个绕组线圈反向连接，故次级绕组线圈的净输出，是该两绕组线圈所感应的电动势之差值。当绕组线圈内的铁芯处于中间位置时，两个次级绕组线圈所感应的电动势相等，变送器输出的信号为零。当铁芯与绕

组线圈有相对位移，例如铁芯向上移动时，则上半部绕组线圈所感应的电动势较下半部绕组线圈所感应的电动势大，其输出的电压代表上半部的极性。两侧次级绕组线圈所感应的电动势经整形滤波后，转变为铁芯与绕组线圈相对位移的电信号输出。在实际装置中，外壳是固定不动的，铁芯通过杠杆与油动机活塞连杆相连，这样，输出的信号更可模拟油动机活塞的位移，于是，也就代表了调节汽阀的当前开度。

在进行 LVDT 设计时，应使其输出信号具有"凸轮特性"，即当油动机活塞移动到某一定的位置后，再将调节信号增大时，油动机活塞的位移和调节汽阀的开度增加较小，使汽轮机进汽量增加也较小，正如凸轮旋转到靠近圆弧段一样，只需在差动变送器端单位长度中增加绕组线圈数便可以实现。增加反馈信号就意味着局部速度变动率的增大，信号变化时进汽量增加很小，但是，这样设计成的线性差动变送器所产生的位移信号就不再是线性的，不再是正比于油动机活塞的位移。因此，当油动机活塞进入凸轮效应的影响范围后，其反馈信号增加相对减小，使得计算机来的调节信号与反馈信号比较时不再为零，即伺服放大器一直有一信号输入，使油动机活塞继续位移，该动态过程一直到极限位置为止。凸轮位置的开始影响点是可调的，即油动机活塞的极限位置是可调的。

5. 速关组件

速关组件用于汽轮机就地启动、停机，遥控停机及速关阀(主汽阀)联机试验和危急遮断油门自动脱扣。速关组件适用于电-液调节系统的汽轮机、无危急遮断油门的汽轮机。

速关组件是汽轮机保安系统和控制系统的集合，它将原来该系统中单个部套组合在一起，如图 7-100 所示。速关组件主要由速关油换向阀，启动油速关阀、停机电磁阀、速关阀和危急遮断器、手动停机阀、试验用手动阀以及速关油回路上和停机回路上插装阀等组成。

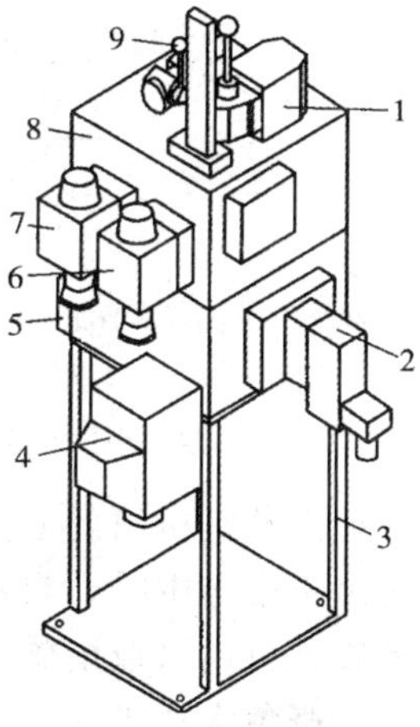

图 7-100　速关组件
1—手动停机阀；2、5—停机电磁阀；3—支座；4—电液转换器；6—速关油换向阀；7—启动油换向阀；8—速关组件体；9—试验阀

速关组件能实现汽轮机正常启动与停机、电动与手动紧急停机、速关阀和危急遮断器在线试验。电磁阀还能远程操作抽汽(或补汽)调节汽阀的启闭。为了增加安全性，速关组件还设置了电动停机的冗余系统。

电磁阀冗余配置的先导电磁阀是速关组件的组成部分。电磁阀接收到各种外部综合停机信号后，立即切断速关油路，使速关阀(主汽阀)关闭。

手动停机阀用于汽轮机就地手动紧急停机。其前方有一块红色保护板，若要手动紧急停机，应先将保护板朝操作侧翻下，然后手拍击手柄，速关油泄油，速关阀迅速关闭，切断汽轮机进汽，汽轮机紧急停机。

速关组件上试验阀用于在线试验速关阀是否卡涩，检验速关阀动作的灵活性。

第六节　汽轮机保护系统及保护装置

一、汽轮机的保护系统

汽轮机组在启动和运行过程中，主机和各系统主要参数超出正常值，或调节系统失灵或机组发生损伤和其他异常情况时，发出报警甚至停机保护机组安全的系统，称为汽轮机的保护系统。

图 7-101 所示为杭州汽轮机厂生产的 NK32/36 型中压凝汽式汽轮机保护系统和调节系统示意图。

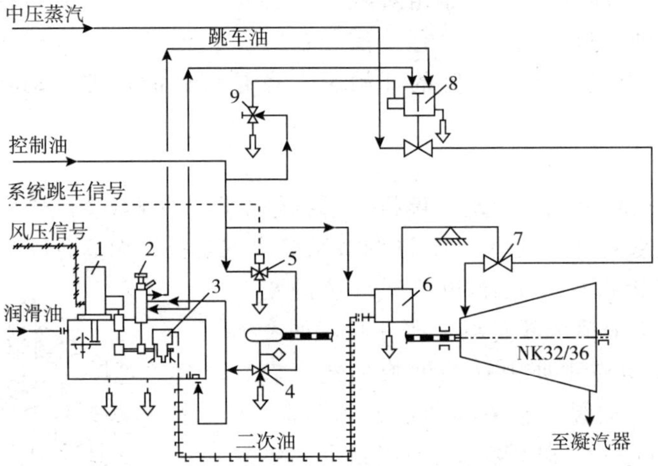

图 7-101　NK32/36 型凝汽使汽轮机保护和调节系统示意图

1—调速器；2—启动器手轮(开车手轮)；3—压力变换器；4—危急遮断器；5—电磁阀；6—错油门—油动机；7—调节汽阀；8—主汽阀；9—试验阀

为了保证汽轮机机组的安全运行，在汽轮机上设置了各种自动保护设备。当汽轮机的运行参数超出正常范围时，自动保护设备将根据情况及时动作，发出报警，提醒操作人员及时采取措施或自动采取措施。当运行参数超过机组安全运行允许的范围时，它将自动使汽轮机停机，避免事故进一步扩大。目前，汽轮机组的保护系统一般具有如下几方面保护功能：

(1)超速保护。当汽轮机的转速超过额定转速的 10%～12%时，超速保护系统发出信号并动作，迅速关闭主汽阀，切断汽轮机进汽，使汽轮机停止运行。

(2)低油压保护。当润滑油压低于某一整定值时，发出声光报警信号；油压继续下降至某一定整定值时，启动辅助润滑油泵，并使汽轮机停止运行。

(3)轴向位移及差胀保护。汽轮机运行过程中，当转子轴向位移值或差胀达到某一整定值时，发出报警信号，当增大到规定极限值时，使汽轮机紧急脱扣停机。

(4)低真空保护。当汽轮机真空低于规定值时，发出声光报警信号；当真空降至极限值时，自动停止汽轮机运行。

(5)振动保护。当汽轮机的振动值超过安全范围时，使汽轮机停机运行。

二、保护装置

保证汽轮机安全运行的装置称为保护装置。由于汽轮机组是在高温、高压、高转速下运行，为了保证汽轮机安全运行，防止设备损坏事故发生，避免引起严重事故，在汽轮机上都装有自动保护装置。这些保护装置主要有自动主汽阀、轴向位移遮断器、磁力短路油门、启动油泵自启动装置、低真空保护装置等。

(一)自动主汽阀

自动主汽阀又称为危急切断阀或速关阀。自动主汽阀是汽轮机保护装置的执行机构。当汽轮机发生危及设备安全时，能够迅速切断汽轮机进汽，停止汽轮机的运行，从而保证机组设备的安全。

全液压调节系统用的自动主汽阀由两部分组成，一部分称为主汽阀操纵座，它是为主汽阀的启、闭提供动力的装置，另一部分称为主汽阀，它是自动主汽阀的通流部分。

1. 半液压调节系统的自动主汽阀

图 7-102 所示为中、小型汽轮机半液压调节系统的自动主汽阀的结构。其主要由阀座 1、阀碟 2、阀杆 3、活塞 4、弹簧 5、罩盖 6 及手轮 8 等部件组成。

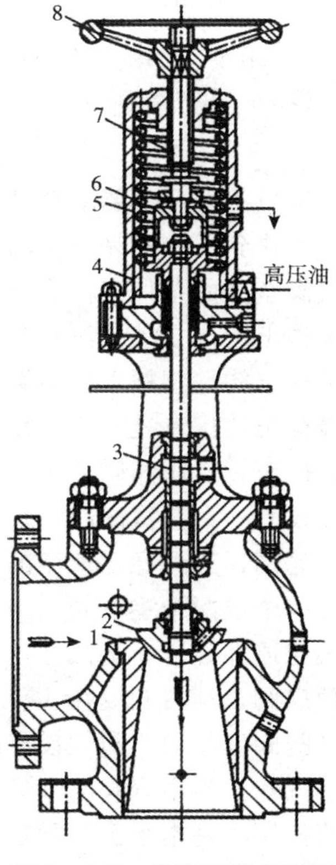

图 7-102　半液压调节系统改进的自动主汽阀结构

1—阀座；2—阀碟；3—阀杆；4—活塞；5—弹簧；6—罩盖；7—螺杆；8—手轮

主汽阀在开启时应先挂上危急保安器，接通高压油路，使压力油自油孔 A 进入活塞 4 的下部，给活塞一向上的力。此时，只需逆时针转动手轮 8 时，带动螺杆 7 旋转上移，同时带动罩盖 6 上移，于是活塞 4 在压力油的作用下，克服了弹簧 5 的向下作用力而随之上移，便打开了自动主汽阀。当危急保安器动作，事故停机时，将活塞 4 下部的脱扣油迅速泄掉，活塞 4 便在弹簧力的作用下迅速向下运动，带动阀杆 3 向下移动，迅速关闭自动主汽阀，切断汽轮机的进汽，使汽轮机迅速停机。

为了迅速泄掉活塞下部的脱扣油，使自动主汽阀迅速关闭，在活塞顶部开有泄油孔，正常工作时该泄油孔是靠螺杆下端的罩盖 6 密封，当脱扣油压力降低时，在弹簧力的作用下，活塞与罩盖脱离，活塞下部的脱扣油便从泄油孔溢流到活塞上部，再经过回油管流回油箱内。若需重新开启自动主汽阀，应先将手轮顺时针旋转到最底部，使罩盖下降与活塞接触，将泄油孔堵住，使脱扣油进入活塞下部油室，然后再缓慢逆时针旋转手轮，使罩盖、活塞缓慢上移，带动活塞杆、阀杆向上运动，自动主汽阀缓慢开启。

2. 全液压调节系统和电液调节系统的一种自动主汽阀

自动主汽阀的类型较多，下面介绍用于全液压调节系统和电液调节系统的一种主汽阀，如图 7－103 所示。这种主汽阀装在调节汽阀之前，是新蒸汽管道和汽轮机之间的主要关闭阀，在正常运行时保持全开状态，不参与负荷与转速的调节。在汽轮机运行中当任何一个遮断保护动作时，脱扣油脱口，主汽阀便迅速关闭，切断汽轮机进汽，紧急停机。因此，自动主汽阀是保护装置的执行元件。

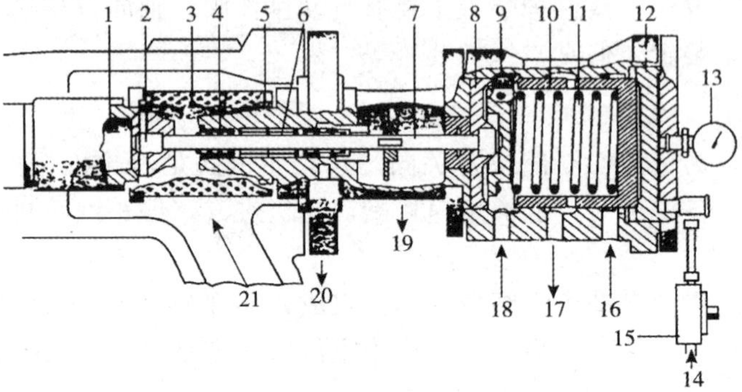

图 7－103　自动主汽阀结构

1—蝶阀；2—预启阀；3—蒸汽过滤网；4—导向套；5—阀盖；6—套筒；7—阀杆；8—盘状活塞；9—弹簧座；10—筒形活塞；11—弹簧；12—试验活塞；13—压力表；14—试验油；15—两位三通阀；16—启动油；17—回油；18—脱扣油；19—排水孔；20—漏汽；21—蒸汽入口

为保证机组安全，要求自动主汽阀动作迅速、关闭严密。对于高压汽轮机，自汽轮机保护系统动作到主汽阀完全关闭的时间，通常要求应不大于 0.5～0.8s；严密性的要求是在调节汽阀全开的条件下，当自动主汽阀完全关闭时，机组转速能降到规定值。

从结构上看，自动主汽阀分为蒸汽通道部分和油通道部分，如图 7－103 所示。主汽阀采用卧式结构，阀杆水平布置，主汽阀水平地安装在汽轮机缸体外部的蒸汽室侧面。这种布置最突出的优点是汽流转角次数少，附加压力损失小。在自动主汽阀上设有一个预启阀阀碟，由于预启阀阀碟 2 的直径小，可以降低刚开启主汽阀时所需的提升力。在主汽阀的蒸汽腔设有一个蒸汽滤网，用于防止锅炉各管道中的杂质颗粒进入汽缸，打坏叶栅。同时，蒸汽滤网还起到稳定汽流的作用。根据进入汽轮机新蒸汽容积流量的大小，一台汽轮机可配置一个或两个主汽阀。

蒸汽通道部分：新蒸汽通过蒸汽滤网 3 后进入预启阀 2 和主汽阀 1 前面的空间。主汽阀带有预启阀，预启阀设在主汽阀阀杆 7 的顶部。预启阀阀碟 2 与主汽阀阀杆 7 为同一体。主汽阀阀碟与预启阀上设有防止转动的导向键。在主汽阀阀碟上设有 4 个孔，作为预启阀的进汽孔。当主汽阀刚开启时，蒸汽首先进入预启阀，流至主汽阀下部汽室，主阀阀碟前后蒸汽压力基本平衡，预启阀开足全行程后，即可轻而易举地顶起主汽阀阀碟开启，蒸汽进入汽缸。主汽阀阀座带有扩压管，主汽阀的下部汽室直接与调节汽阀的汽室相连。阀杆 7 与导向套 4、套筒 6 间有汽封槽，且相配密合，少量泄漏蒸汽通过漏汽口 20 排出，防止蒸汽漏入右端的油缸。

油通道部分：来自启动装置的压力油口 16 进入活塞 10 的右端，克服弹簧 11 的力，使活塞向左移动与盘状活塞 8 相贴合，这时启动装置出来的速关油经油口 18 进入盘状活塞 8 的左端，速关油压将活塞盘连同活塞一起推向右端，预启阀阀碟与主汽阀阀碟相继开启，同时活塞右端的压力油和启动装置的回油口相通。

如果危急保安装置动作，活塞盘左端速关油压迅速下降，活塞盘在弹簧力的作用下立即推向左端，阀杆带动阀碟切断进汽。

试验活塞 12 是为检查主汽阀功能的可靠性。主汽阀试验时，压力油通过二位三通阀 15 进入试验活塞 12 右端的空间，但由于试验活塞受油压的面积比盘状活塞受力面积大，所以试验活塞在油压作用下推动筒形活塞 10 和盘状活塞 8 一起推向左端，并带动阀杆 7 一起移动。使阀碟向关闭方向移动，阀杆的移动量应观察与阀杆相连的指针移动值。泄掉试验油压，活塞又回到原来的位置。

若主汽阀试验状况良好，试验结果应是 $p_2<p_1$，p_1 是许用试验压力，p_2是试验活塞开始位移时的试验油压。按计算的压力公式为：

$$p_1 \leqslant A+B(p_4-1) \tag{7-35}$$

$$A=\frac{p_3}{F_1}$$

$$B=\frac{F_2-F_3}{F_1}$$

式中 F_1——试验活塞面积，m^2；

F_2——筒形活塞面积，m^2；

F_3——阀杆面积，m^2；

p_3——弹簧力上限值；

p_4——盘状活塞前的速关(脱扣)油压，MPa。

若试验时测得 $p_2 \geqslant p_1$，则表明阀杆上因有盐垢或油缸中有油垢沉积而产生额外的运动阻力，致使主汽阀动作不正常。为使主汽阀能正常工作，在这种情况下应反复试验多次，若最终仍然是 $p_2 \geqslant p_1$，则应拆卸主汽阀，找出原因，消除故障，重新进行试验。

进行主汽阀试验时，活塞的最大移动量只有 8mm，主汽阀也移动了 8mm，不会影响汽轮机的进汽量，也不会产生进汽波动，所以试验可以随时进行。

对自动主汽阀的要求：

(1)在任何紧急情况下，特别是油源断绝时，自动主汽阀仍能动作迅速关闭并严密。因此，自动主汽阀一般多采用双弹簧结构的弹簧力来进行关闭。

(2)有足够大的关闭力和快速性。一般要求在主汽阀全关后，弹簧对汽阀的压紧力应留有 5000～8000N 的裕量，从保护装置动作到主汽阀全关闭的时间应小于 0.5～0.8s。

(3)有隔热防火措施。因为自动主汽阀一般由压力油进行开启，而主汽阀的温度又很高，所以要求自动主汽阀的油压操作机构应有良好的密封装置，操作机构与主汽阀之间应采取隔热措施。

(4)设置汽轮机正常运行中活动自动主汽阀的装置，以防自动主汽阀长期不动而造成卡涩现象。

(5)应有良好的严密性。在正常进排汽参数情况下，调节汽阀全开，自动主汽阀关闭后，汽轮机转速应能降至规定值。

(6)有足够的强度。由于自动主汽阀在高温、高压下工作，故要求有足够的强度。

(7)具有良好的型线，以减少节流损失。采用带预启阀的阀芯，以减少开启自动主汽阀时所需的提升力，使操纵装置结构紧凑。

(二)超速保护装置

超速保护装置是指汽轮机转速超过额定转速一定值时，使汽轮机组紧急停机的各类机械或电气的保安装置，包括电超速保护装置和机械超速保护装置。机械超速保护装置是汽轮机转子转速升高，离心力增大至飞锤击出定值，飞锤击出，滑阀动作泄掉脱扣油，关闭主汽阀和调节汽阀。电超速保护装置是通过传感器将将转速信号转换为电信号，再通过回路、逻辑判断系统使机组脱扣(跳闸)停机。

超速保护装置的感受元件有机械式、液压式和电气式等。机械式是利用飞锤或飞环所受的离心力的大小来感受转速的，机械性保护元件几乎用在所有的大小功率汽轮机上，即使在已经采用电子型超速保护元件的机组上也同时采用机械性超速保护元件；液压式则以主油泵出口油压信号作为转速信号；电气式用直接测得的转速向超速保护系统发讯，电气式保护元件仅仅用于电液系统中。机械式感受元件通常称为危急保安器或危急遮断器，是超速的发信触发装置，而其执行机械是危急遮断错油门；而液压式及电气式感受元件的执行机构是电磁阀。所有机组均装有危急遮断器保护系统，而现代大型机组同时还装有液压式和电气式超速保护系统，以确保机组的安全、平稳地运行。

1. 危急保安器

危急保安器是机械式超速装置的转速感受机构，按其结构特点分为飞锤式和飞环式两种，两者的工作原理相同，均属于不稳定调节器，工作时飞锤(或飞环)只能从一个极限位置移至另一个极限位置。危急保安器装在用联轴器和汽轮机主轴联为一体的短轴上。

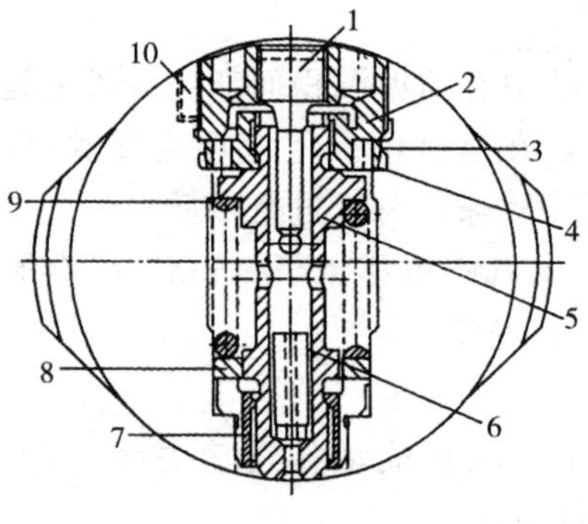

图 7-104　飞锤式危急保安器

1—螺钉；2—螺纹衬套；3—导向套；4—导向环；5—偏心飞锤；6—脱扣销；7—导向套；8—导向环；9—弹簧；10—埋头螺钉

图 7-104 所示为飞锤式危急保安器的结构。其主要由调整螺钉 1、调节套筒 2、偏心飞锤 5、配重脱扣销 6、弹簧 9 等部件组成。导向环 4 和 8 装配在汽轮机转子前端纵向孔内，高耐磨性能的导向衬套 3 和 7 装配在导向环 4 和 8 内，螺纹衬套 2 将上导向环 4 压在孔内支承面上，下导向环 8 支撑着弹簧 9，两导向环 4 和 8 之间的偏心飞锤 5 被弹簧压住，偏心飞锤只能在工作位置上滑动。配重脱扣销 6 装配在飞锤的中心孔内，将螺钉 1 拧入螺栓衬套内，使配重脱扣销 6 不会掉到另一侧。

(1)动作原理

当汽轮机转子旋转时，飞锤的离心力欲使飞锤飞出。但在正常转速下，离心力小于弹簧的约束力，飞锤被弹簧压在如图所示的位置不动。随着转子转速的升高，飞锤的离心力增大，当转子转速升高至危急保安器动作转速时，飞锤的离心力将大于弹簧的约束力，飞锤便向外飞出。飞锤击出后，偏心距增大，飞锤离心力也随之增大，此时离心力与弹簧约束力同时增大，但离心力的增大速度大于弹簧力的增大速度，因此飞锤即加速走完全程，飞锤迅速飞出撞击到机械限位凸肩为止。通常危急保安器动作转速时飞锤的出击力应达 50～200N 或者大于当时离心力的 35%以上。飞锤飞出的最大出击距离(行程)Δ_{max}值一般为 4～6mm。飞锤飞出后，打击脱扣杠杆，使危机保安器滑阀动作，使控制油和安全油同时泄压，自动主汽阀和调节汽阀迅速关闭，切断汽轮机进汽，使汽轮机迅速停机。

上述情况说明，危急保安器实际是一种不稳定性调速器，当达到动作转速后，飞锤就处于不稳定的工作状态。现说明如下：

在动作转速下，偏心飞锤的离心力 C 为：

$$C=mr\left(\frac{\pi n}{30}\right)^2 \tag{7-36}$$

式中　m——飞锤质量，kg；

r——偏心距，mm；

n——转速，r/min。

上式说明，飞锤离心力 C 是偏心距 r 与转速 n 的函数，当 $r=$常数时，每个转速都对应一个离心力。因此若以离心力 C 和偏心距 r 作坐标，则可以作出不同转速 n 的离心力 C 与偏心距 r 的关系线，如图 7－105 中虚线所示，它们是一束通过原点的射线，它们的斜率分别为

$$K=\tan\theta_i=\frac{mr\left(\frac{\pi n_i}{30}\right)^2}{r}=m\left(\frac{\pi n_i}{30}\right)^2$$

每个转速对应一个斜率。

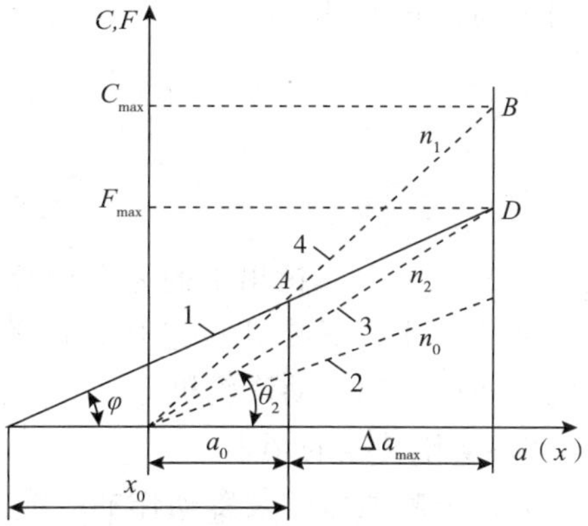

图 7－105　弹簧力与离心力的变化关系

安装弹簧是有一个预压缩量 x_0，所以弹簧约束力 F 随飞锤位置的变化规律为

$$F=K(x_0+\Delta r)$$

从上式可知，弹簧约束力 F 与弹簧预压缩量 x_0 是线性关系，而其斜率就等于弹簧刚度 K，即 $\tan\varphi=K$。图 7－105 中直线 1 表示 F 与 r 的关系，而虚线 2 和 4 为正常转速 n_0 和飞锤动作转速 n_1 下离心力的变化规律。在正常转速 n_0 时，飞锤不能飞出，其位移 $\Delta r=0$，弹簧力大于离心力，当转速升高到 n_1 时(在 A 点)，离心力等于弹簧力，而 A 点离心力变化的斜率大于弹簧力变化的斜率，即 $m\left(\frac{\pi n_1}{30}\right)^2>K$。所以，只要飞锤稍向前移动位置，离心力就大于弹簧力，随着飞锤飞出，离心力和弹簧约束力都在增大，但离心力大于弹簧约束力的差值在增大，所以飞锤一经飞出就加速向前移动，一直到结构上可达的最大位移为止。一般最大位移量 $\Delta a_{max}=4\sim6$mm。

(2)危急保安器的动作转速

A 点处的转速即为危急保安器的动作转速，此处的弹簧约束力与飞锤离心力相等，即

$$mr_0\cdot\left(\frac{n_1\pi}{30}\right)^2=Kx_0 \tag{7-37}$$

由上式得

$$n_1=\frac{30}{\pi}\sqrt{\frac{Kx_0}{mr_0}}$$

要求危急保安器动作转速 $n_1=(1.10\sim1.12)n_0$。由上式可知，改变弹簧预压缩量 x_0，就可以改变危急保安器动作转速 n_1。由图 7－104 可知，转动螺纹衬套 2 就可以改变弹簧预紧力，从而改变危急保安器的动作转速。

为了保证飞锤的出击力有足够力量推动脱扣杠杆，使其脱扣，一般要求$(C_{max}-F_{max})>$(50～200N)。

(3)危急保安器的复位转速

危急保安器除了动作转速外，还应考虑复位转速 n_2。当危急保安器动作以后，主汽阀及调节汽阀立即关闭，切断汽轮机进汽，机组转速下降，飞锤的离心力随之减小。当机组转速降至复位转速 n_2 时，飞锤的离心力(直线 3)等于弹簧约束力(D 点)。当稍降一些转速，弹簧力大于离心力，飞锤开始向内移，在内移过程中飞锤偏心距减小，飞锤离心力和弹簧约束力同时减小，但飞锤离心力的减小速度大于弹簧约束力的减小速度，所以使飞锤加速内移。直至底座，飞锤恢复到飞出前原来的位置。根据 D 点的力平衡关系，复位转速可用下列公式求得，即

$$K(x_0+\Delta r_{\max})=m(r_0+\Delta r_{\max})\left(\frac{\pi n_2}{30}\right)^2$$

即

$$n_2=\frac{30}{\pi}\sqrt{\frac{K(x_0+\Delta r_{\max})}{m(r_0+\Delta r_{\max})}} \tag{7-38}$$

式中　$\Delta r_{\max}$——飞锤出击的完全行程，mm。

如前所述，不希望 n_2 过低，应略高于额定转速 n_0，这样就可以便于在排除故障后，在短时间内立刻启动汽轮机。

(4)动作转速的调整

为保证超速保护装置动作的可靠，确保机组安全运行，新安装、大修及运行 2000h 后的汽轮机，危急保安器都必须进行超速脱扣试验，以检查危急保安器动作转速在设计文件规定范围内。规定超速保护的动作转速为(1.10～1.12)n_0，超速脱扣试验应连续作三次，前两次的动作转速差值应不大于 0.6%，第三次的动作转速与前两次动作转速的平均值之差应不大于 1%，否则应按制造厂技术文件要求进行调整，调整方法如下：

若试验时，第一次试验的动作转速 n'_1 不能满足要求，记录调整螺母的位置，然后将调整螺母旋紧或旋松一个 $\Delta\theta_1$ 角，第二次试验动作转速为 n'_2。忽略弹簧变化对离心力的影响，欲调整至要求的动作转速 n'，应将调整螺母再转过一个角度 $\Delta\theta$，即

$$\Delta\theta=\Delta\theta_1\ \frac{n'^2-n'^2_2}{n'^2_2-n'^2_1} \tag{7-39}$$

调整合格后，应再次进行试验，直至符合设计文件规定的动作转速。

2. 危急遮断油门

危急遮断油门是接受危急保安器的动作，来控制主汽阀及调节汽阀关闭的机构。由于汽轮机调节保安系统各有区别，危急遮断油门的构造及油路也不尽相同。其相同之处是靠油压开启而靠弹簧力关闭的主汽阀，当危急遮断油门动作时，都是将主汽阀操纵座油动机活塞下面的压力泄掉，从而使主汽阀在弹簧力的作用下迅速关闭。

图 7-106 所示为全液压调节系统采用的危急遮断油门(A 型)结构示意图。其主要由小弹簧 2、大弹簧 4、芯杆 8、套筒 7、挂钩(拉钩)12 等部件组成。在危急遮断油门的壳体 6 的互为90°的两个断面上分别开有 A、B、C 三个油窗口。套筒 7 的上端用螺纹与大弹簧罩 5 相连，下端通过销轴 10 与挂钩 12 相连。在正常工作位置时，挂钩卡在盖板 11 上，如图 7-106 所示位置，此时大弹簧 4 给大弹簧罩的向上作用力由挂钩平衡，使套筒处于平衡位置，油窗口 A 与 C 相通，来自轴向位移遮断器的高压油经此通路去磁力断路器，经磁力断路器流向主汽阀操纵座的油动机活塞下部。

当危急遮断器动作时，飞锤飞出撞击危急遮断油门的挂钩(安装和检修时危急遮断油门的拉钩与危急保安器之间的间隙为 0.8～1.2mm)，使挂钩脱落，于是套筒便在大弹簧的作用力作用下向上移动，从而切断了油窗口 A、C 的通路，即切断了高压油去主汽阀的油路，同时，自动主汽阀活塞下的高压油经油窗口 C 及套筒上的回油窗口 D 泄回油箱，自动主汽阀因失去高压油便迅速关闭。与此同时，危急遮断油门套筒的上移还使油窗口 A、B 接通，高压油经油窗口 A、B 与脉冲油路相通，脉冲油压迅速上升，调节汽阀迅速关闭。这样，全液压调节系统在危急保安器动作后，主汽阀与调节汽阀将同时迅速关闭，切断汽轮机进汽，使机组停止运行。

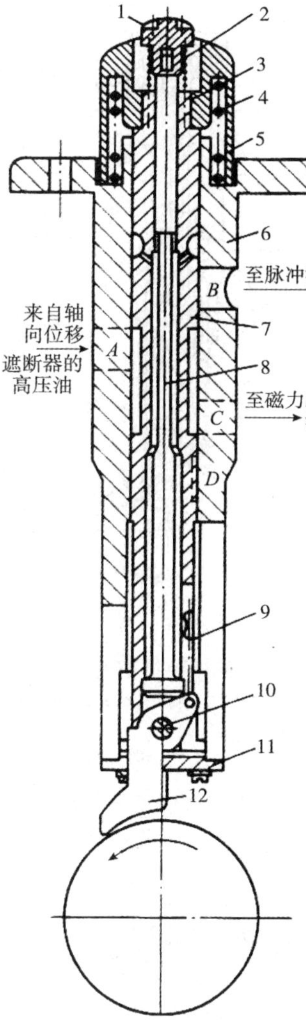

图 7－106　A 型危急遮断错油门结构示意图

1—小弹簧罩；2—小弹簧；3—紧定螺钉；4—大弹簧；5—大弹簧罩；6—壳体；7—套筒；8—芯杆；9—拉力弹簧；10—销轴；11—盖板；12—挂钩

图 7－107 所示为半液压调节系统(B 型)危急遮断油门结构示意图。其结构原理 A 型结构基本相同。它主要由小弹簧 3、大弹簧 4、芯杆 5、拉力弹簧 6、角形杠杆 7、舌形杠杆 8、油阀套筒 9、壳体 10 等组成。在危急遮断油门正常工作状态下，高压油从 A 孔经过 B 孔直达主汽阀操纵座活塞下部。当危急保安器动作跳闸时，飞锤飞出撞击在角形杠杆 7 上，使角形杠杆脱落，使危急遮断油门动作，于是油阀套筒 9 在大弹簧 4 的作用下向上移动，切断了高压油去主汽阀的 $A-B$ 通路，同时主汽阀活塞下部的高压油自套筒上的泄油孔 B 从危急遮断油门的下部排出，自动主汽阀失去高压油而迅速关闭。同时接通了 $A-C$ 油路，高压油便直达错油门的下方，将错油门滑阀顶起，调节汽阀迅速关闭。与 A 型危急遮断错油门不同之处是，它不是将高压油导入脉冲油路，而是提高脉冲油压的方式只关闭主汽阀而不关闭调节汽阀。

由于汽轮发电机组的危急遮断器的复位转速在 3055r/min，所以必须在低于此转速下才能进行复位操作。危急遮断器动作后，尽管汽轮机转子的转速已降至危急保安器动作转速以下，但仍在 3055r/min 以上，由于弹簧存在的静不稳定性，使危急保安器仍处于动作状态，这时进行恢复操作是无效的。

3. 危急遮断器(快速脱扣装置)

汽轮机转速超过额定转速一定值(110％～112％)时立即动作，使自动主汽阀及调节汽阀立即关闭，切断汽轮机进汽，使汽轮机组紧急停机避免事故发生的机构，称为危急遮断器。

危急遮断器(危急保安装置)的结构形式很多，常用的危急遮断器有以下几种。

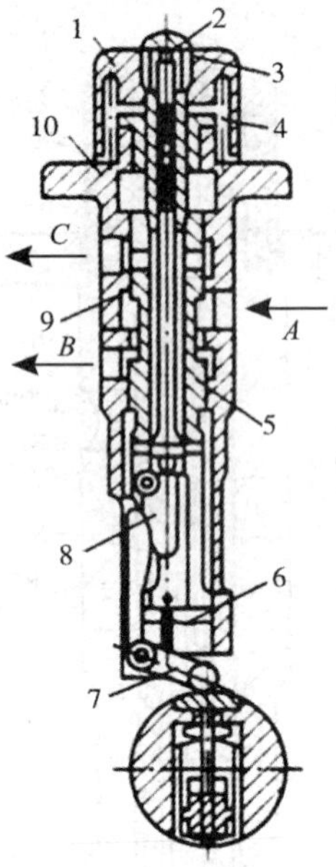

图 7－107　半液压调节系统的危急遮断油门结构示意图

1—大弹簧罩；2—小弹簧罩；3—小弹簧；4—大弹簧；5—芯杆；6—拉力弹簧；7—角形杠杆；8—舌形杠杆；9—油阀套筒；10—壳体

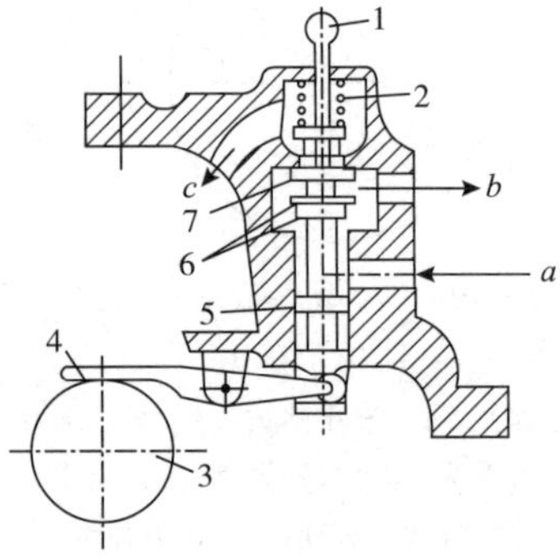

图 7－108　危急遮断器

1—手柄；2—弹簧；3—转子；4—脱口杠杆；5、6、7—滑阀；a—压力油口；b—脱扣油口；c—排油口

(1)图 7－108 所示为一种危急遮断器，也称为危急遮断油门。其主要由手柄 1、弹簧 2、脱口杠杆 4 及滑阀 5、6、7 等部件组成。

在危急遮断器的壳体上开有 a、b、c 三个油窗口。在正常运行中，压力油经油窗口 a 进入油腔，然后由油窗口 b 送出，作为脱扣油(又称跳闸油)。滑阀在正常运行中受到弹簧向下的力和油压产生的向上的力，油压产生的向上的力大于弹簧向下的力，所以滑阀处在最高位置，压力油窗口 a 与脱扣油窗口 b 相通。脱扣油窗口 b 与排油窗口 c 隔开，脱扣油充压，这时保护系统能建立起油压。当机组处于事故状态时，紧急停机有三种：

1)超速停机

当汽轮机转速达到脱扣(跳闸)转速时，危急保安器动作，飞锤克服了弹簧的约束力飞出，撞击危急遮断器的杠杆上，使杠杆旋转，滑阀下落，于是压力油被切断，脱扣油口 b 与排油口 c 相通，脱扣油从排油口泄出，使主汽阀和调节汽阀迅速关闭，切断汽轮机的进汽，汽轮机紧急停机。

2)油压下降停机

汽轮机运行时，由于某种原因使压力油压降低至 0.3～0.18MPa 以下时，油压对滑阀产生向上的力减小，大大小于弹簧力，于是在弹簧力的作用下，滑阀向下移动，于是压力油被切断，脱扣油口 b 与排油口 c 相通，脱扣油从排油口泄出，使主汽阀及调节汽阀迅速关闭，切断汽轮机的进汽，汽轮机紧急停机。

3)手动停机

当因某种原因需要紧急停机或机组转速升至脱扣转速，且危急保安器仍不动作时，可手拍危急遮断器手柄，同样可使滑阀下落，使主汽阀和调节汽阀迅速关闭，切断汽轮机的进汽，汽轮机紧急停机。

机组停机后需再次启动时，必须先复位，手提危急保安器手柄 1，克服弹簧 2 向下的力，压力油进入油腔，建立油压，使滑阀又回到最高位置。

(2)危急保安装置

危急保安装置也是汽轮机保安系统的重要组成部分，其结构如图 7－109 所示。当汽轮机发生故障时，危急保安装置将主汽阀(速关阀)中速关油压泄掉，主汽阀和调节汽阀迅速关闭，切断汽轮机的进汽，使汽轮机紧急停机。

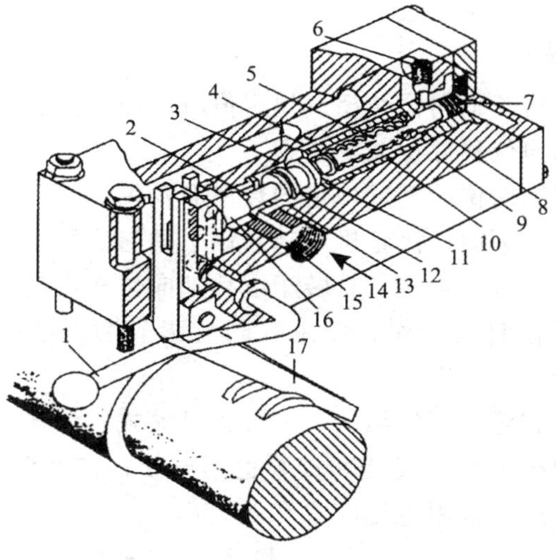

图 7－109　危急保安装置

1—手柄；2—活塞腔室；3—回油(T)；4—脱口油(E)；5—滑阀；
6—转换油(从危急遮断器试验滑阀来的压力油)；7—活塞；8—套筒；9—壳体；10—弹簧；
11—控制凸肩；12—控制凸肩；13—套筒；14—压力油(p)；15—节流孔板；16—活塞；17—脱扣杠杆

危急遮断器安装在汽轮机前轴承座上，滑阀 5 可在套筒 8、13 内水平移动，滑阀 5 上的两个控制凸肩 11、12 分别与套筒 8、13 相贴合，起着接通或切断压力油油路的作用。危急保安装置在未投入工作时，弹簧 10 将滑阀 5 推向左侧，与套筒 13 端面贴合。滑阀左端是活塞 16 与脱扣杠杆 17 相连接，脱扣杠杆 17 下端位于转子上两个凸肩之间。当手柄 1 处于图中所示的位置时，压力油流过油口 14，经过壳体上的节流孔板 15 从油口 4 流出成为脱扣油(速关油)，进入危急保安装置腔室。由于控制凸肩 12 面积大于活塞 16 面积，所以脱扣油克服弹簧力将活塞 7 推向右端，使控制凸肩 11 与套筒 8 左端面贴合，这样，回油 3 被挡住，而脱扣油经出口 4 流经启动装置进入主汽阀的活塞盘。

如果危急保安装置的油压下降，则弹簧力则将滑阀 5 推向套筒 13 的左端面，切断压力油，脱扣油与回油接通，通向主汽阀的油压下降，使主汽阀迅速关闭。

在危急保安装置之前有危急遮断器试验滑阀，用以在汽轮机运行时对危急遮断器进行试验。特别应注意在试验后，必须将危急遮断器试验滑阀复位，以便使危急保安装置投入运行，否则压力油由转换油口 6 进入活塞 7 右端，始终使滑阀 5 推向右端而不能正常投入运行。

对于大功率、高转速汽轮机，往往同时设置三套超速保护装置，以保证机组的安全可靠性。

第一套超速保护装置是针对低速机组的，设置一机械液压式危急遮断超速保护装置，采用上述的飞锤或飞环式危急保安器。

第二套超速保护装置是针对中速机组的，这一附加装置是一错油门机构，当机组超速危急遮断器失灵不动作，机组转速继续上升时，在压力油作用下错油门动作而使机组停机。

第三套为电气超速保护装置，其作用是当机组低超速时，发出超速报警信号；当超速达到极限转速时，保护装置开关电路动作接通自动停机保护控制电路和信号电路，发出声光信号同时自动停机。

(三)轴向位移保护装置

机组运行过程中，当转子轴向位移超过规定值时，控制仪表自动报警并使汽轮机停止运行的保安装置，称为轴向位移保护装置。

为防止汽轮机转子因轴向位移超过规定的数值而发生汽轮机内部动、静部分摩擦和碰撞使设备损坏的严重事故。为此，汽轮机上都装设了轴向位移保护装置。当转子轴向位移量超过规定第一极限值时便自动报警，若转子继续轴向位移，其位移量超过规定第二极限值时，轴向位移保护装置便自动动作，使主汽阀与调节汽阀迅速关闭，切断汽轮机的进汽，便自动停机，以保护设备的安全。

轴向位移保护装置按其感受元件结构，可分为机械式、液压式、电感式和涡流式。前两种精度较差，信号不便于远传，安装和校验也不方便，在大型工业汽轮机上很少采用。目前国内外工业汽轮机中广泛采用电感应式和涡流式。

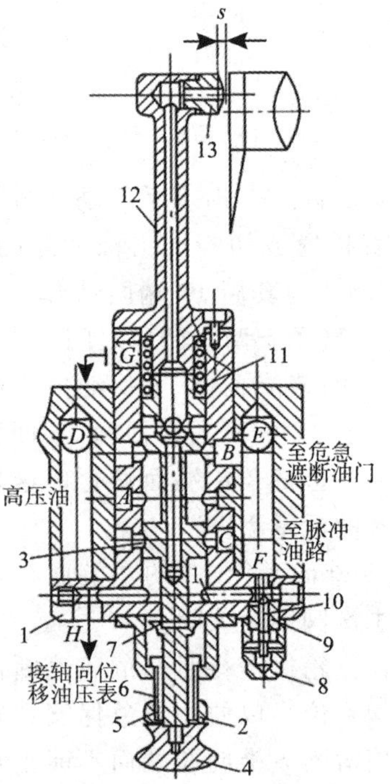

图 7－110　轴向位移遮断器的结构示意图

1—壳体；2—紧定螺钉；3—滑阀；4—捏手；5—滚花环；6—限位螺栓；7—挡油环；8—螺纹套；9—连接螺母；10—调整螺钉；11—弹簧；12—延伸臂；13—喷油嘴

图 7－110 所示为中小型汽轮机的全液压式轴向位移保护装置——轴向位移遮断器。其主要由滑阀 3、限位螺钉、调整螺钉 10 及喷油嘴 13 等部件组成。图中所示处于正常工作时的位置。

从主油泵来的高压油分为两路：一路经壳体上的油口 A 至 B 经危急遮断油门、磁力断路油门，直达主汽阀操纵座活塞的下部；另一路自油口 D、E 节流孔 F 进入滑阀 3 下部的油室Ⅰ，然后经滑阀 3 的中心孔从喷嘴 13 喷出。正常工作时，滑阀处于图示位置，弹簧 11 对滑阀产生的向下作用力与下部油室Ⅰ中的压力油给滑阀的向上作用力相平衡。显然，油室Ⅰ中的油压—轴向位移油压取决于喷油嘴 13 的喷油量，即取决于喷油嘴与挡油板之间的间隙 s。在正常运行中，喷油嘴与挡油板间的间隙 s 为 0.5mm。若此间隙增大时，油室Ⅰ中的压力就降低，在弹簧力的作用下滑阀 3 就会下移。当间隙 s 大于 1.2mm，即轴向位移为 0.7mm 时，此时弹簧向下的作用力将大于油压向上的作用力而使滑阀向下移动，从而切断了高压油至危急遮断油门的通路，并使自动主汽阀活塞下的高压油自油口 B、G 排出，自动主汽阀自动关闭。

滑阀下移的同时，接通了油口 A、C 之间的通路，高压油经此通路与脉冲油路相通，使脉冲油压升高，调节汽阀迅速关闭。这样，当轴向位移遮断器动作时，自动主汽阀与调节汽阀同时迅速关闭，切断了汽轮机的进汽，机组停止运行，保护了设备的安全。

如过需手动紧急停机时，将手柄 4 用力往下拔出至极限位置，同样可以同时关闭主汽阀及调节汽阀，达到紧急停机的目的。

旋转调整螺钉 10 可以调节节流孔 F 的通流面积，使油室Ⅰ中的油压随之发生变化，这样就可以改变轴向位移遮断器的动作整定值，使油室Ⅰ中的油压增高，即相当于转子轴位移整定值增大。按设计文件要求：只有当喷油嘴与挡油板间隙 s 大于 1.2mm 时，轴向位移遮断器才能动作。

这种轴向位移遮断器有一个缺点，当轴向位移遮断器动作后，由于油室Ⅰ中的油压无法建立，所以必须将手柄 4 向上推，使滑阀 3 克服弹簧向下的作用力达到工作位置，然后旋转限位螺钉 6 使其顶在挡油环 7 上，以保证滑阀不被上方的弹簧压回来，保持其工作位置。当油室Ⅰ中的油压达到正常值后，应将限位螺钉旋出，这样可以保证汽轮机转子轴向位移值超过整定值后立即动作，起到了对机组的保护作用。

(1)电感式轴向位移保护装置

电感式轴向位移保护装置有两种类型：一种是先差动后整流的电感式，发讯器内有一个激励线圈和两个感应线圈，两个感应线圈的电势先差动连接，后经桥式整流给二次指示仪表和控制回路。当铁芯位于中间位置时，差动输出电压为零。当铁芯偏离中间位置时，其输出电压与位移量成正比。这种发讯器结构简单、寿命长、安装方便，但线性关系差。另一种是先整流后差动的电感式，发讯器有两个激励线圈和两个感应线圈，分别装在山形铁芯的两个侧柱上，激励线圈内部反向串联在一起。两个感应线圈的电势分别经两个桥式整流后再差动比较，比较后给二次指示仪表和控制回路。当铁芯位于中间位置时，差动输出电压基本为零。当铁芯偏离中间位置时，其输出电压和位移量成正比。这种发讯器的线性很好，受温度影响很小。

(2)电磁式轴向保护装置

电磁式轴向保护装置由发汛器(发送器)、控制器和指示器三部分组成。并由单独的稳压电源供电。发送器由发送头及调整支架组成，发送头的铁芯由山形矽钢片叠成。

图 7－111 所示为电磁式轴向位移保护装置发讯器的原理图，它是由山形铁芯 3 和线圈组成。发讯器是根据感应原理制成的，用差接式变压器来测量转子的微小轴向移动。在铁芯中间主芯上(中心导柱)绕有初级线圈。左右两侧芯柱绕有一组配对的次级绕组线圈。当汽轮机转子上的凸肩位于铁芯中间位置时，初级绕组线圈通入稳压 24V 交流激磁所产生的交变主磁通，经凸肩与左右两侧芯柱组成的两条分磁路在次级线圈中感应出交变电动势 e_1、e_2。在铁芯端面与转子凸肩间的径向间隙不变的条件下，当转子发生轴向位移时，凸肩与中间铁芯间径向气隙未有变化，主磁路磁阻不变，而左、右两侧芯柱与凸肩间的轴向气隙则发生变化。

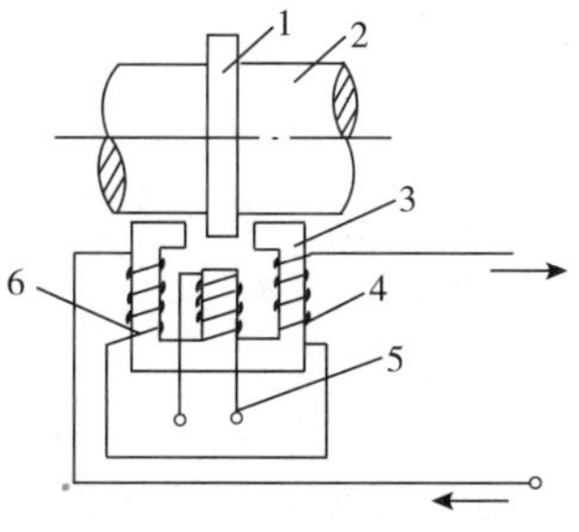

图 7－111　电磁式轴向位移测量元件

1—凸肩；2—转子；3—山形磁铁；4、6—次级绕组线圈；5—初级绕组线圈

当有电流通过线圈时，初级绕组线圈在中间铁芯和左右两侧铁芯中建立磁通。磁路中的磁阻主要是由空气间隙的大小来决定的，所以转子上的凸肩所移动靠近的那一个铁芯中的磁通就较大。因此，左右两个磁通在二级绕组中感应出与转子轴向位置相应的电压。气隙增大的一侧磁阻减小，分磁通增加，感应电动势 e_1 增加，而另一侧感应电动势 e_2 减小。

由于两个次级绕组的进入端连接在一起，这样在其外出端产生了电压，其数值等于两个绕组中所感应的电压差(向量差)。这样次级绕组线圈就输出一个电压，该电压的大小，就反映了转子轴向位移的大小，故这个电压可用作轴向位移保护动作的控制讯号。只要通过控制器适当地综合 e_1、e_2 这两个信号，在指示器上就能显示转子的位移值，当轴向位移达到某一极限整定值，电压达到相对应的一定数值时就出现报警或停机信号，可通过控制回路使磁力断路油门动作，关闭主汽阀和调节汽阀。

图 7-112 所示为电磁式轴向位移保护装置结构图。发送器固定在特殊的转动支座 5 上，该支座又安装在前轴承箱 8 的侧壁内的支架 7 上。试验时，微微地转动支座就可变动发送器和转子推力盘的相对位置。从轴承箱壁的外面用方形扳手旋转顶在支座一端的调节螺钉 11，就可以使支座移动。而弹簧 6 顶在支座的另一端。制动螺钉 4 和 9 在试验时限制发送器移动到极限位置，以免转子上的推力盘与发送器两侧铁芯相碰。在调节螺钉上部有一指针，当转动调节螺钉 11 时，指针就在刻度盘上指出转子的“虚假移动”。调整试验完毕后，将机械刻度指针调整到“0”位，并用止动板和螺栓加以固定。当机械刻度指针指向零位时，相当于汽轮机转子推力盘贴在推力轴承的非工作瓦块上，此时应保持规定的 a、b、c 间隙值。在正常运行时，继电器的维护人员应在螺栓上加以铅封标记。

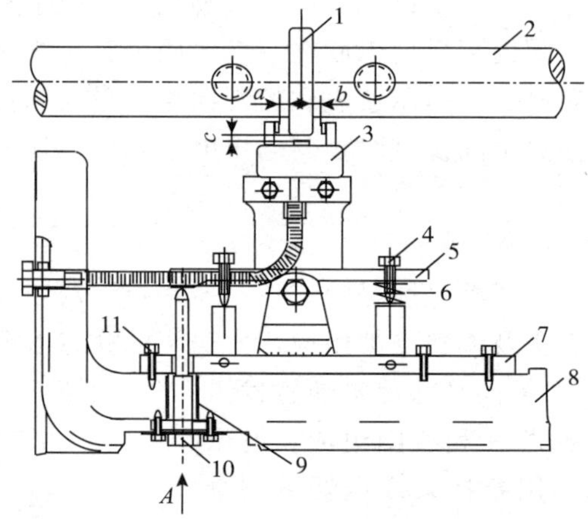

图 7-112　电磁式轴向位移保护装置示意图

1—凸肩；2—汽轮机转子；3—发送器；4、9—制动螺钉；5—特殊转动支座；6—弹簧；7—支架；8—前轴承箱；10—电磁式轴向位移试验装置；11—调节螺钉

一般功率较小的中压机组，只装有轴向位移保护装置，对于功率较大的高温、高压机组，除装有轴向位移保护装置外，还应装设相对差胀保护装置。

推力轴承构成汽轮机转子轴向位移的死点。当汽轮机转子的轴向位移超过事先整定的极限值(推力间隙)时，将会造成严重后果。汽轮机运行中，应经常检查转子的轴向位移情况，当发现转子的轴向位移超过极限时，应立即脱扣停机，避免事故的扩大。

转子轴向位移测量装置设在紧靠推力轴承的前轴承箱中。它由接近器(前置器)、传感器(非接触探头)和加长电缆等组成，如图 7-113 所示。其采用涡流原理进行测量工作。在接近器中借助于辅助电压产生一高频信号(HF 信号)，并被送给传感器中的线圈，该线圈将能量传给周围大气形成一磁场。当有导电材料切断该磁场时，便会产生涡流，涡流电流幅值越大，汽轮机转子上的测量盘距传感器中的线圈就越近。这时测量单元产生的能量损失降低了传感器和接近器间的高频信号幅值，高频信号幅值随间隙变化而变化，即转子上的测量盘距传感器越近，能量损失越大而高频信号就越低。

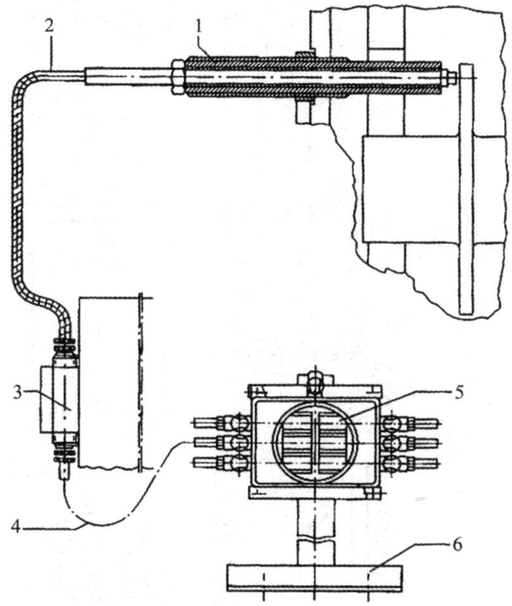

图 7-113　转子轴向位置测量装置

1—传感器；2—加长电缆；3—插头保护盒；4—加长电缆；5—接近器；6—底座

(四)低油压保护装置

在汽轮机启、停及正常运行中，汽轮机的油系统中的润滑油必须具有一定的油压，若润滑油压过低，将导致润滑油膜破坏，造成轴承磨损或熔化等严重事故，而且还可能引起动、静部件磨损等严重事故。为保证润滑油系统正常工作。因此，在汽轮机油系统必须设置低油压保护装置。其功能是：当润滑油压力降低时，根据润滑油压降低的不同程度，自动地依次发出报警信号，启动辅助油泵，脱扣停机及停止盘车。

低油压保护装置有活塞弹簧式、压力继电器式和电接点压力表式三种。

1. 活塞弹簧式

图 7-114 所示为活塞弹簧式低油压保护装置。其主要由压力弹簧 4、定位环 5、活塞杆 7、活塞 9、弹簧 10 等组成。活塞 9 装在由继电器外壳组成的油缸内。在活塞杆 7 上自由地装有三个接触环 2，它们被胶木制作的套筒 1 和螺母 2 夹紧并与活塞杆 7 绝缘。接触环 2 被弹簧 10 压紧，其位置被定位销 6 锁紧的定位环 5 和活塞杆 7 上的凸肩所限定。三个接触环由上向下分别为 A、B、C 三个接点。活塞 9 下部被拉伸弹簧 10 向下拉紧，弹簧的紧力用锁紧螺母 12 调整。来自润滑油系统的压力油引在油缸的活塞 9 下面，活塞被弹簧 10 向下拉紧，此时油压对活塞 9 向上的作用力与弹簧 10 向下的作用力相平衡。弹簧的紧力用拉紧螺栓 11 进行调整：当活塞处在油缸凹槽处的下限位点时，活塞被 0.05MPa 油压所平衡；当油压升到 0.35MPa 时，活塞移动到上限位点。

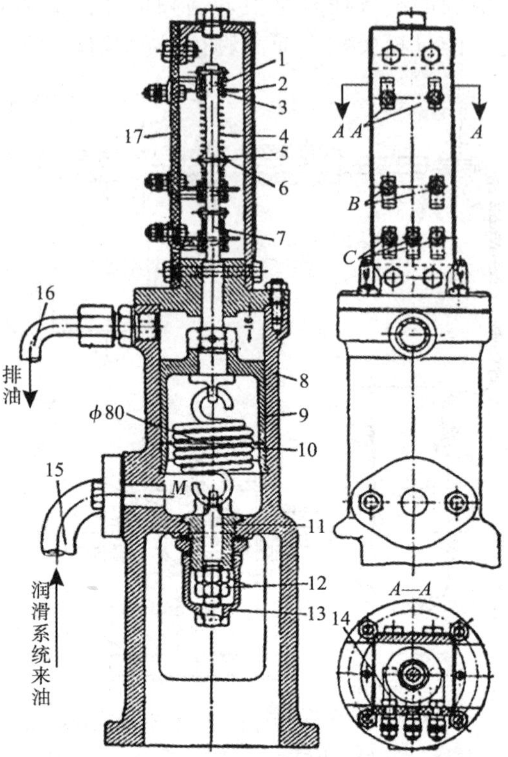

图 7－114　活塞弹簧式低油压保护装置

1、3—胶木套筒和螺母；2—接触环；4—压力弹簧；5—定位环；6—定位销；7—活塞杆；8—继电器壳体；9—活塞；10—弹簧；11—拉紧螺母；12—锁紧螺母；13—罩帽；14—接点；15—接触片；16—回油管；17—胶木盘；*A*—切断盘车电机的接点；*B*—接通辅助油泵电机的接点；*C*—接通信号灯和声响信号的接点

活塞杆 7 与活塞 9 一起移动，在活塞杆上自由地装着三个接触环 2，它们被胶木套和螺母夹紧并和活塞杆绝缘。接触环被弹簧所压紧，而且接触环在活塞杆上的位置用定位销 6 来固定定位环 5 和活塞杆上的凸肩所固定。当活塞杆移动时，接触环就使胶木盘 17 上的接点 14 接通。在调整低油压保护装置时，应将定位环安装好，并用固定销加以固定，当活塞移动时，接点应按着一定的顺序接通。

(1)当润滑油系统中的油压大于 0.35MPa 时，活塞上升到最高位置，上部接点 *A* 闭合，接点 *B* 和 *C* 断路。

(2)当润滑油系统中的油压降低至 0.25MPa 时，活塞下降，三个下部的接点 *C* 闭合，而上部的接点 *A* 仍保持闭合状态。接点 *C* 闭合后，油位计中部的信号灯则发亮，并发出声音信号。

(3)当润滑油系统中的油压降低到 0.20MPa 时，活塞还要下降，并使中间的接点 *B* 短路，这时电动油泵的电动机启动电磁线圈的线路接通，就启动辅助油泵投入工作。

(4)当润滑油系统中的油压减低到 0.15MPa 时，活塞再次地下降，并使上部接点 *A* 断路。这时盘车装置电动机的电磁启动器线圈的线路断开，启动器的主接点而断路，使盘车装置停止盘车。

2. 压力继电器式低油压保护装置

图 7－115 所示为压力继电器式低油压保护装置，也称波纹筒式低油压保护装置。其主

要由三组继电器组成，各组压力继电器结构相同，感应元件由 ϕ78.5mm 的波纹筒 10、法兰 8、弹簧 6 及导杆(芯杆)2 等部件组成。

波纹筒一端焊接在法兰 8 上，并装入壳体 9 内。用弹簧压盘 7 将法兰 8 压紧并形成密封室。润滑油从下部引入，并作用于波纹筒上。螺栓 11 为下限，螺母 1 为上限。在导杆上装有三个接触环，在接触环 3 上有压缩弹簧 4，接触环由导杆 2 上的凸肩及限位螺母 5 定位。当润滑油压超过某一整定值时，保护处于上限；当润滑油压降至某一整定值时，接触环Ⅱ接通信号电源；当润滑油压继续降至某一整定值时，接触环Ⅲ接通润滑油泵电源；当润滑油压再继续降至某一极限值时，接触环Ⅰ断开盘车装置电源，停盘车装置。导杆压住微动开关的触点，使三组继电器微动开关分别动作，并使线路闭合，发出电气信号。三个微动开关整定的油压值不同，其分别起不同的作用：

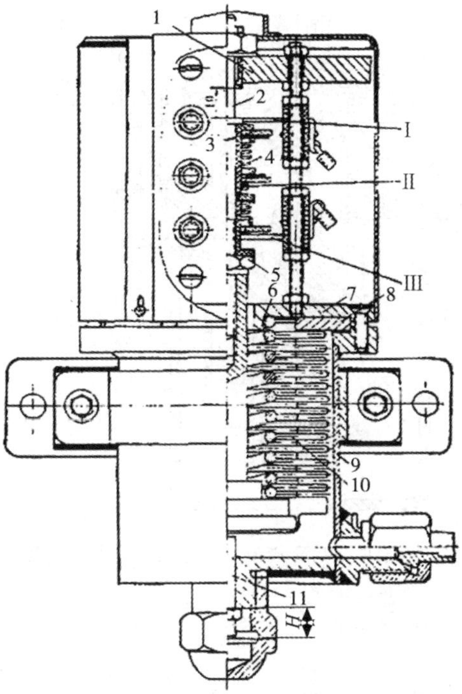

图 7-115　压力继电器式低油压保护装置

1—上限位螺母；2—导杆；3—接触环；4—压缩弹簧；5—限位螺母；6—弹簧；7—弹簧压盘；8—法兰；9—壳体；10—波纹筒；11—下限位螺栓

(1)当润滑油压降低至 0.05MPa 时，启动交流润滑油泵，并发出“润滑油低至 0.05MPa”的信号。

(2)当润滑油压继续降低至 0.04MPa 时，发出“润滑油低至 0.04MPa”的信号。与此同时，一方面启动直流润滑油泵，另一方面接通磁力遮断装置电路，关闭主汽阀、调节汽阀，切断汽轮机进汽，使汽轮机紧急停机。

(3)当润滑油压降低至 0.03MPa 时，发出“润滑油低至 0.03MPa”的信号。同时停止电动盘车，只能手动盘车。

(五)低真空保护装置

凝汽器真空度降低到一定整定值后，能使汽轮机减负荷运行或停机的装置，称为低真空保护装置。

当汽轮机真空降低时，将使汽轮机的功率降低，热经济性降低，而且还会使轴向推力增大、排汽温度升高、机组振动等，影响汽轮机的安全、平稳运行。因此，较大功率汽轮机均设置低真空保护装置。当汽轮机真空降低于整定值时，发出报警信号，当真空降至极限值时，自动关闭主汽阀和调节汽阀，使汽轮机自动停机。当真空降至零，凝汽式汽轮机排汽产生正压时，还会使排汽缸安全阀(大气阀)动作，以保护汽轮机不受损坏。

图 7-116 所示为单筒式波纹管低真空保护装置。其主要由弹簧 1、波纹管 2、微动开关 5、6 及触头 7 等组成。低真空保护装置的工作原理是：用一根玻璃管与凝汽器连通，玻璃管内装有水银，按不同水银高度接出电路线，当真空降到某一值时，接通电源，发出声光信号，当真空降到最低允许值时，水银接点接通电路，关闭自动主汽阀。

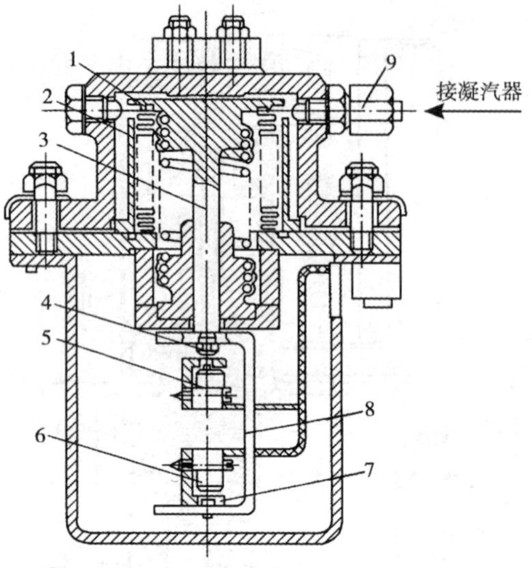

图 7-116　单筒式波纹管低真空保护装置

1—弹簧；2—铜波纹管；3—芯杆；4—端头；5、6—微动开关；7—触头；8—支架；9—接头

波纹管外部汽室与凝汽器喉部相通，随着真空数值的变化，波纹管相应伸缩，通过芯杆 3 带动支架 8 移动。当真空处于正常时，端头 4 不与微动开关触头 5 接触，处于断开位置，而微动开关 6 则被支架 8 压住，处于闭合状态。当真空降到某一整定值时，波纹管受压而收缩，带动中芯杆向下移动，使支架 8 与微动开关 6 脱离，发出真空低声光报警信号。当真空度进一步下降至规定的极限数值时，芯杆端头 4 与微动开关 5 接触，微动开关通过电气回路接通磁力断路油门的电源，泄掉二次油压，使主汽阀和调节汽阀同时关闭，停止汽轮机的进汽，使汽轮机紧急停机。

图 7-117 所示为水银触点式低真空保护装置。其主要由三根装有水银的连通玻璃管和三通块等组成。玻璃管 1 与凝汽器连通，玻璃管 2、3 内水银柱上升，按不同水银高度接出电路线。当真空降到某一整定值时，玻璃管 3 内的水银柱与引出线接触，接通电源，发出声光信号，当真空继续降至设计文件规定的极限值时，水银接点接通电路，关闭自动主汽阀，切断汽轮机进汽，紧急停机。真空降低的动作整定值，可通过调整螺钉 7 改变引出线的高度进行调整。

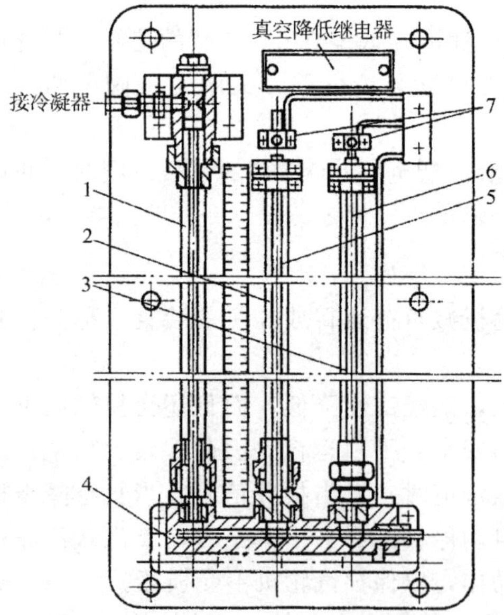

图 7-117　水银触点式低真空保护装置

1、2、3—玻璃管；4—三通块；5、6—底板；7—调整螺钉

由于水银有毒，故现在一些工厂企业自备电站已停用水银式低真空保护，取而代之的是以 DDZ-Ⅱ仪表中的负压力变送器对真空进行测量和保护。

(六)磁力断路油门

在汽轮机调节保安系统中，磁力断路油门是一种综合性的电动保护装置。当机组出现异常，如超速、润滑油压低、真空恶化、背压机的背压低至极限值、工作机械跳闸等，只要电磁回路接通，磁力断路油门就动作停机。

在中小型机组中常见的磁力断路油门有两种。第一种磁力短路油门(A 型)如图 7-118 所示，其主要由套筒、壳体、滑阀、弹簧和牵引电磁铁、限位销等部件组成。图中所示的位置为正常运行时的位置。此时 $A-D$ 油孔是封闭的，$B-C$ 油孔是连通的，来自危急遮断油门的高压油经油孔 B、C 后去主汽阀操纵座活塞下部。当手动或其他原因接通了牵引电磁铁的电路后，电磁铁带电，依靠磁力将磁力断路油门滑阀 2 吸起，切断高压油 B、C 的通道，此时主汽阀的高压油自油孔 C、D 排出流回油箱，因此主汽阀迅速关闭。在磁力断路油门滑阀上移的同时，接通了油孔 A、B 通道，高压油经此通道流至脉冲油路，使脉冲油压上升，调节汽阀关闭。这样，磁力断路油门滑阀动作时，主汽阀与调节汽阀同时关闭，起到了在需要时能紧急停机的作用。

磁力断路油门的卡销 9 的作用是：当电磁阀将磁力断路油门滑阀 7 吸起后，卡销 9 便在小弹簧 8 的作用下卡入磁力短路油门滑阀凸肩上，使得即使此时电磁铁失去电源，磁力断路油门滑阀由于卡销的支撑仍处于断开位置，从而保证了磁力断路油门动作的可靠性。

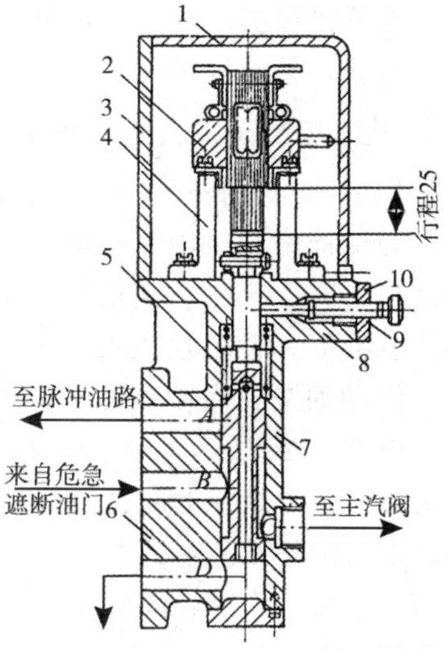

图 7 - 118　磁力断路油门

1、3—盖板；2—牵引电磁铁；4—支腿；5—弹簧；6—壳体；7—滑阀；8—小弹簧；9—卡销；10—螺母

磁力断路油门动作后，欲重新启动汽轮机时，必须首先断掉电磁铁的电源并将卡销 9 向外拔出后，才能使磁力断路油门滑阀在弹簧 5 的弹簧力的作用下复位，接通高压油路。

磁力断路油门的保护作用可因电磁铁的电源接点位置不同而不同。它可以接在仪表盘上，供运行人员(操作人员)手按电钮使磁力断路油门动作进行紧急停机用；也可以作为主控室远程操作使机组紧急停机之用。另外，低真空保护、轴向位移保护等均可以考虑用磁力断路油门来作为一种附加保护，以增加机组保护装置的可靠性。

另一种磁力短路油门(B 型)如图 7 - 119 所示。其主要由套筒、滑阀、弹簧、壳体、限位销、和电磁铁等组成。图中所示的油门位置为正常运行时的位置，壳体背面有一油管接头，将主汽阀操纵座活塞下部的脱扣油接至油室 A。由于此时套筒下部与室相通的油窗口被滑阀封住，因此脱扣油不能排出。

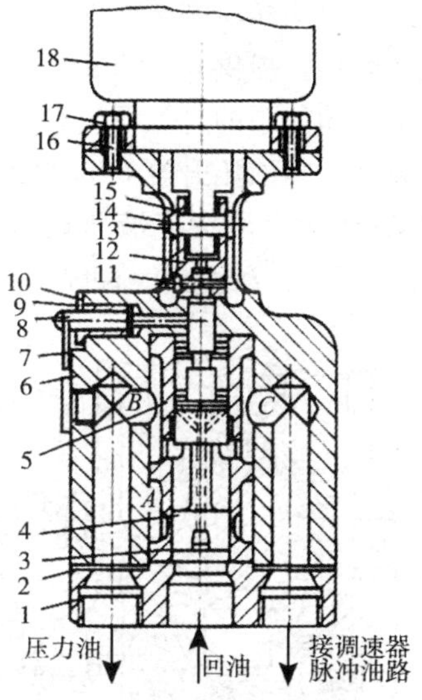

图 7 - 119　半液压调节系统的磁力短路油门结构

1—底板；2—垫片；3—套筒；4—滑阀；5—小弹簧；6—壳体；7—拉环；8—限位销；9、17—螺母；10—弹簧；11、14—开口销；12—接头；13—销轴；15—垫圈；16—双头螺栓；18—电磁铁

磁力短路油门下方有三根油管，左边的油管接主油泵出口压力油，中间的油管为回油管，右边的油管与调速器脉冲油路接通。磁力断路油门在正常运行状态时，压力油不能进入脉冲油路(油室 B、C 之间有一隔板隔开，图 7 - 119 中未绘出)。当由于某种原因引起电磁铁回路接通时，电磁铁将滑阀吸至上方位置，此时限位销在小弹簧的作用下伸入滑销的凹槽中，将滑销锁死在动作位置。此时电磁铁失电，滑阀也不能自动复位。磁力断路油门动作后，一方面使主汽阀操纵座活塞下部的安全油经油室 A，从套筒下方的油口排至回油管路，主汽阀自动关

闭，汽轮机停机。另一方面使压力油从油室 B 通过套筒上方的油口进入油室 C，然后进入脉冲油路，使脉冲油压升高，调节汽阀立即关闭，汽轮机自动停机。

(七)汽轮油泵自启动装置

如果汽轮机在运行中突然供油中断，将会发生轴承烧毁、汽轮机转子损坏等恶性事故。为保证汽轮机油系统的安全运行，在调节系统中设有汽动油泵自启动装置。它在油系统油压下降至某一整定值后自动动作，使汽动油泵投入工作，保证供给轴承的正常的润滑油压、油温，使汽轮机安全、平稳、长周期运行。

汽动油泵自启动装置有很多种，小型汽轮机常用的汽动油泵自启动装置有如下两种。

图 7－120 所示为全液压调节系统的汽动油泵自启动装置。高压油经活塞上的油孔 E 及衬套 3 流入滑阀 8 上部油室 A，然后经油孔 D 引至活塞 2 的上部油室 C。在油室 A 与 C 中，高压油对滑阀及活塞产生一个向下的作用力，此力分别由小弹簧 7 和大弹簧 5 向上作用力相平衡。正常工作时，高压油油压为 0.7MPa，滑阀与活塞处于平衡位置。当高压油油压降至 0.5MPa 时，油室 A 与 C 中的油压均相应降低，滑阀与活塞在弹簧力的作用下开始下移，汽动油泵的进汽阀随之逐渐开启，蒸汽进入汽动油泵并开始低速运行，当油压继续下降至 0.3MPa 时，油室 A 中的油压也继续降低，使滑阀 8 在小弹簧力的作用下迅速上移，顶住衬套 3，将活塞上部油室 C 的高压油路切断，同时将油孔 D 和 B 接通，使油室 C 中的高压油经此通路排出，这样活塞 2 便在大弹簧力的作用下迅速上移，汽动油泵进汽阀全部开启，汽动油泵正常运行，提供 0.5MPa 的高压油。启动油泵自启动装置还可以在油压恢复正常值之后，自动关闭汽动油泵的进汽阀，使汽动油泵停止运行。当油压升至 0.48MPa 时，汽动油泵进汽阀开始关闭，当油压升至 0.55MPa 时，汽动油泵进汽阀全部关闭，汽动油泵停止运行。

图 7－121 所示为半液压调节系统的汽动油泵自启动装置。其主要由拉杆 1、调整套筒 2、压缩弹簧 4、活塞 5、阀碟 7、阀杆 9 等部件组成。

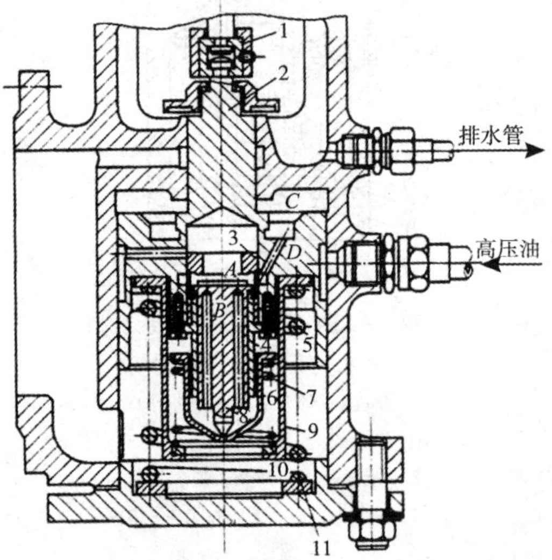

图 7－120　全液压调节系统的汽动油泵自启动装置

1—法兰；2—活塞；3、4—衬套；5—大弹簧；6—弹簧座；7—小弹簧；8—滑阀；9—弹簧杯；10、11—调整垫片

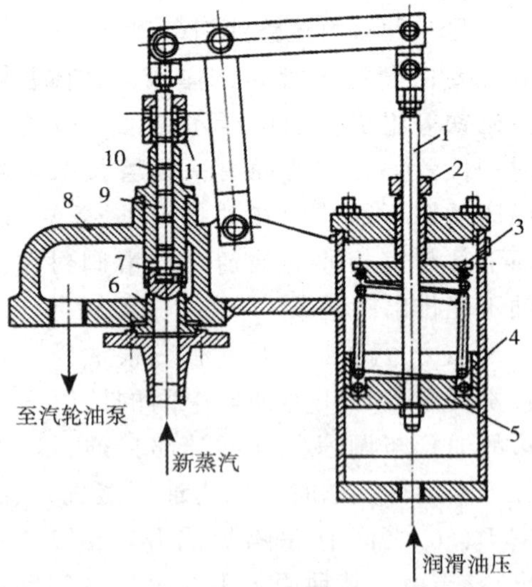

图 7－121　半液压调节系统的汽动油泵自启动装置

1—拉杆；2—调整套筒；3—弹簧座；4—压缩弹簧；5—活塞；6—阀座；7—阀碟；8—蒸汽室壳体；9—阀杆；10—套筒；11—紧定螺钉

来自油冷却器的润滑油按图示的箭头方向进入活塞5的下方，当润滑油压正常值为0.08～0.1MPa时，润滑油压给活塞5向上的作用力和压缩弹簧4给活塞5向下的作用力相平衡，使活塞处于图示位置，压缩弹簧4通过拉杆1将阀碟7关闭。当润滑油压下降时，活塞5在压缩弹簧4力的作用下开始向下移动，并通过拉杆1将阀碟7逐渐开启，使汽动油泵开始低速运行。若润滑油压进一步降低，影响到轴承的正常工作时，活塞5在压缩弹簧4力的作用下将迅速向下移动，汽动油泵阀碟7全部开启，汽轮机油泵开始正常运行，其出口压力为0.5MPa。

同全液压调节系统的启动油泵自启动装置一样，半液压调节系统的启动油泵自启动装置在润滑油压恢复正常数值后，也能自动停止汽轮机的运行，其动作过程不再叙述。

当汽动油泵自启动装置的动作不符合制造厂技术文件规定时，可用调节套筒2来进行调整，其方法是：当汽动油泵自启动装置的动作过早，即润滑油压尚未降至整定值以下时，汽动油泵就已提前投入运行，此时可逆时针方向旋转调节套筒2，使其旋出一定螺距，以减小压缩弹簧4的预紧力；反之，当汽动油泵自启动装置的动作过迟，则应顺时针方向旋转调节套筒2，使其旋进一定螺距，以增加压缩弹簧4的预紧力，直至动作符合规定为止。

(八)启动装置

启动装置通过供给压力油压来开启汽轮机主汽阀。只有当主汽阀完全开启时，调速器才接受允许汽轮机启动的启动信号。其作用是利用启动装置可开启主汽阀(速关阀)，启动汽轮机。它是汽轮机从启动到调速器投入工作之前这段过程的操作部件。启动装置或启动器的类型很多，主要介绍以下几种。

1. 带比例杠杆的启动装置

图7-122所示为带比例杠杆的启动装置。其安装在调速器本体的壳体14中，它主要由手动启动调节器1、连杆4、套筒6和滑阀7等组成。启动调节器有手动和电动两种。套筒6装配在调速器壳体中，其中间是滑阀7，连杆4从滑阀内孔穿过。在图示位置上，滑阀被弹簧8顶起并被套筒中的挡圈13所限定，连杆在压盖和套筒中滑动，但这时连杆被弹簧3，拉起，使其凸肩与压盖接触。连杆下端通过弹簧11及轴10与比例杠杆相连。

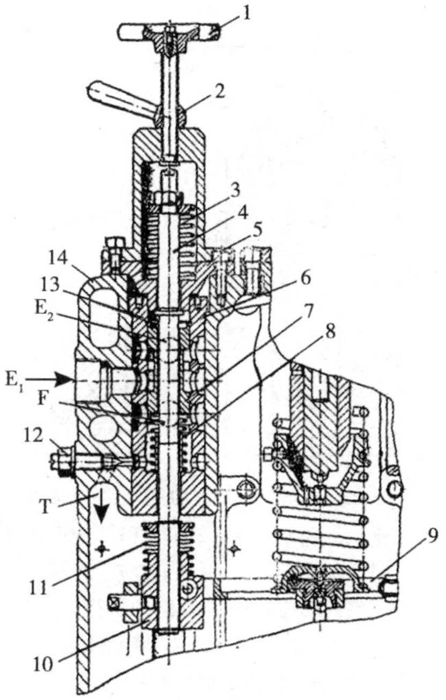

图7-122　带比例杠杆的启动装置

1—启动调节器；2—锁紧手柄；3—弹簧；4—连杆；5—压盖；6—套筒；7—滑阀；8—弹簧；9—比例杠杆；10—弹簧座；11—弹簧；12—节流螺钉；13—挡圈；14—调速器壳体；E_1—速关油；E_2—脱扣油；F—启动油；T—排油口

(1)启动

松开锁紧手柄2顺时针方向旋转，旋转启动调节器1，这时连杆4克服弹簧3作用力向下移动，当连杆凸肩与滑阀7接触后，滑阀7及弹簧8亦一起向下移动，同时通过比例杠杆使调速器处于“调节汽阀关闭”状态。

在上述情况下，由 E_1 接口引入的速关油通过接口 F 作为启动油通到主汽阀(速关阀)活塞前，并将活塞压向活塞盘，主汽阀关闭。当逆时针方向旋转启动调节器时，由于各弹簧的作用，连杆 4 及滑阀 6 一起向上移动，使 E_1 与通向主汽阀活塞盘后的速关油油口 E_2 接通，随着滑阀的继续上移，活塞盘后油压升高，同时 E_1 与 F 的通道面积减小，启动油与回油接通，于是在活塞盘和活塞两侧油压差的作用下，主汽阀逐渐开启。

节流螺钉 12 可调节启动油从回油口 T 的回油量，也就是调整主汽阀的开启速度和时间，所以在任何情况下都可以使主汽阀安全开启。

在主汽阀开启后，由于连杆及与其相连的比例杠杆继续上移，使调速器处于(调节汽阀开启)状态，这时二次油压已建立，调节汽阀开启，继续操作启动调节器使汽轮机升速，直至调速器动作。然后，继续上移启动调节器至图示位置，并用锁紧手柄 2 固定。

(2)切断

启动装置也可用于汽轮机的停机操作，如前节启动过程所述一样操作启动调节器，使连杆及滑阀一起向下移动，通过比例杠杆的作用，使调速器处于“调节汽阀关闭”状态，同时主汽阀关闭，带危急保安装置动作后，连杆及滑阀可恢复至图示的初始位置。

2. 带手动启动定位器的启动装置

该启动装置如图 7 - 123 所示，它与电液转换器安装于底座上，并与压力油管道相连接，在其上部开有压力油口 P、脱扣油口 E、启动油口 F 和回油口 T。其结构主要由带螺杆 2 的手动启动定位器 1、压力弹簧、滑阀套筒 9 和带变速杆 4 的滑阀 7 组成。滑阀套筒 9 垂直装配在启动装置壳体中并由压盖 5 固定位置，其中间是滑阀 7，变速杆 4 从滑阀顶部内孔穿过。压力弹簧 8 将滑阀压靠在滑阀套筒 9 的凸肩 6 上，经由变速杆 4，手动启动定位器的螺杆，使滑阀被弹簧顶起使滑阀移动至所需的位置，然后用锁紧螺母固定。

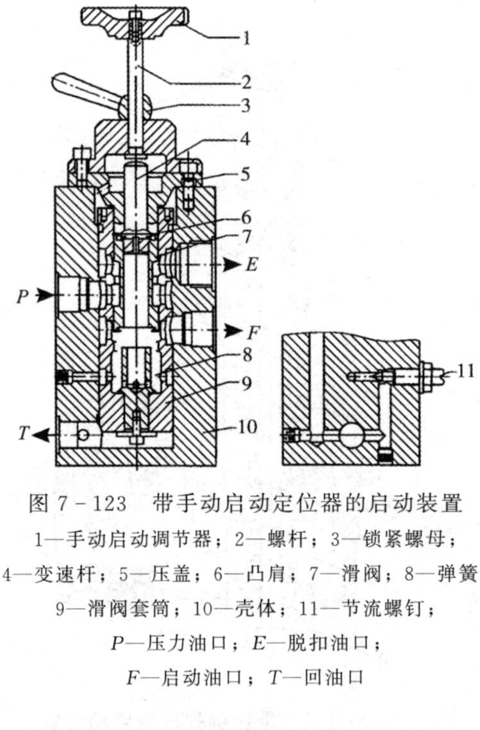

图 7 - 123　带手动启动定位器的启动装置

1—手动启动调节器；2—螺杆；3—锁紧螺母；4—变速杆；5—压盖；6—凸肩；7—滑阀；8—弹簧；9—滑阀套筒；10—壳体；11—节流螺钉；P—压力油口；E—脱扣油口；F—启动油口；T—回油口

操作方式：打开主汽阀，松开锁紧螺母 3，顺时针方向旋转启动调节器手柄，带滑阀 7 的变速杆 4 克服弹簧力向下移动至凸肩 6，在这个位置时，接头 E_1 处的压力油经启动油通往主汽阀筒装活塞前，压力油将筒装活塞压靠在活塞盘上。

如果逆时针旋转启动调节器手柄，弹簧力将再次将滑阀和变速杆上向移动使压力油经 E_2 通往主汽阀的活塞盘，随着滑阀继续上移，主汽阀前的压力就越高。同时，主汽阀后面的启动压力 F 由于供给横截面减小和排油口 T 打开而下降，一旦达到活塞盘前油室和活塞后油室间的设定压差值，主汽阀即开始逐渐开启。

主汽阀的开启速度可借助于回油口 T 中的节流螺钉 11 来调节回油量，保证主汽阀可靠地打开。主汽阀开启后，电气控制器就会接受来自阀行程限位开关的允许启动信号，此时可借助于对电气控制器的启动命令来启动汽轮机。

启动装置不用来停止汽轮机，因为在最低控制器速度时会触发汽轮机脱扣停机。

3. *启动器*

图 7－124 所示为启动器结构。在汽轮机启动时，首先松开锁紧手柄 2，上旋启动调节器 1，将主汽阀开启，由于连杆 4 及其相连的比例杠杆 9 继续上移，使调速器处于“调节汽阀开启”的状态，再用启动调节器 1 逐步提高二次油压，调节汽阀开启，继续操作启动调节器 1 使汽轮机转速随之升高，直至达到调速器动作转速。然后继续上旋启动调节器 1 至图示位置，汽轮机转速不再升高。这时将锁紧手柄 2 下旋到底并锁牢，继续用调速器升速。

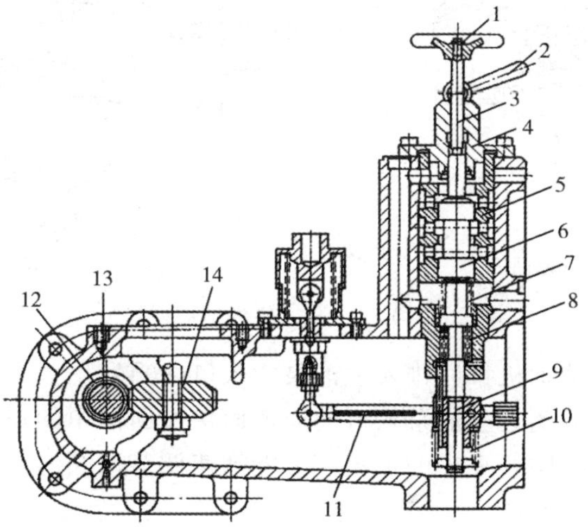

图 7－124　启动器结构图

1—手动启动调节器；2—锁紧手柄；3—连杆；4—盖；5—衬套；6—滑阀；7、8、10—弹簧；9—轴；11—比例杠杆；12—蜗杆；13—传动轴；14—蜗轮

(九)防火油门

大功率汽轮机的蒸汽参数和调节系统的油压都较高，由于油系统漏油而引起的火灾事故常有发生。为了在发生火灾事故机组被迫停机时，避免事故扩大，大功率汽轮机油系统中均设有防火油门。其作用是当油系统发生火灾事故紧急停机时，防火断油门动作，自动地切断通往油动机的压力油；防火放油滑阀动作，同时将油动机的排油由回主油泵的入口而改排至油箱，使油动机内回油迅速排净。

图 7－125 所示为防火油门。其主要由断油门和放油门两部分组成，断油门是控制压力油通往油动机的油门。在汽轮机正常运行时，断油门活塞的上部与压力油接通，下部与安全油接通。由于活塞上部受力面积比下部小，故安全油向上的作用力大于压力油向下的作用力，将活塞推至上端，使压力油至油动机的油路接通。一旦汽轮机油系统发生火灾被迫紧急停机时，断油门下部的安全油压卸掉，活塞在压力油的作用下向下运动，切断了压力油通往油动机的油路，即切除了失火的油源。但是若断油门活塞向下运动的过快，否则会过早的切断通往油动机的压力油，将会使调节汽阀无法关闭，所以断油门的活塞应缓慢向下运动，图中的逆止阀 2 和油孔 C 就能起此作用。当安全油压卸掉后，断油门活塞在上部压力油的作用下向下运动，活塞下部的油便排入安全油。由于逆止阀的阻力作用，迫使活塞下部的油从 C 孔缓慢排出，因此断油门活塞向下运动速度较慢，延迟了切断通往油动

机的压力油时间。所延迟的这段时间正好来满足关闭调节汽阀的需要。调节汽阀关闭后，压力油被完全切断。

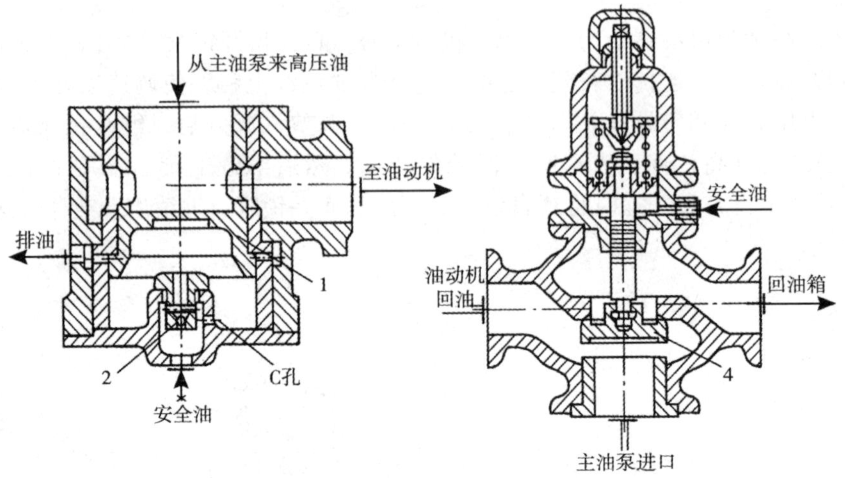

(a) 断油门　　(b) 放油门

图 7-125　防火油门

放油门是用来控制油动机排油排入主油泵的入口。当发生火灾被迫停机时，安全油压卸掉，活塞下降，阀芯关闭去主油泵入口的通道而接通回油箱的通道，使油动机的排油迅速地排入油箱，这样既能防止火灾的扩大，又能加速调节汽阀的关闭速度。

(十)接地保护

有的机组在前轴承座配装有接地电刷，作以接地保护。接地电刷的作用使电位差平衡，防止轴承、联轴器、汽封等防止过电流传送的损害。汽轮机可以有一个或几个接地电刷接地，但不论在任何情况下都不允许存在接地回路。特别是发电机的励磁端不允许接地。

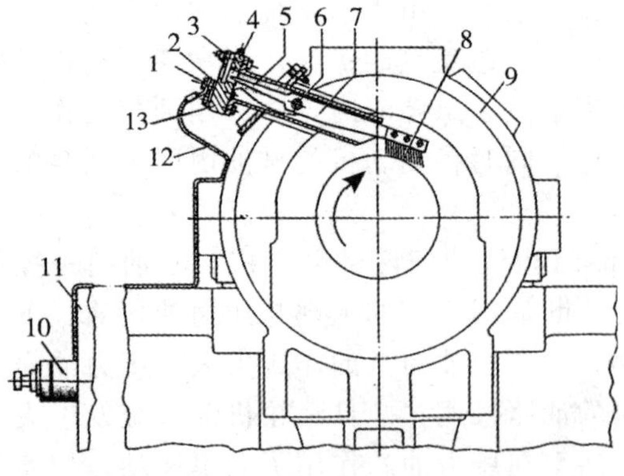

图 7-126　安装在前轴承盖上的电刷

1—端子组件；2—螺栓和销；3—法兰连接螺栓；4—提升螺钉；5—指示器；6—销轴；7—电刷臂；8—电刷；9—前轴承盖；10—电刷接地开关；11—前轴承座；12—电流导线；13—法兰组件

接地电刷结构如图 7-126 所示。接地电刷连同它的外壳一起插入前轴承盖上，并与轴承盖呈一角度。电刷外壳内有套管，内装法兰组件 13、电刷臂 7 和电刷 8。拆卸法兰组件上的连接螺栓 3 就可将电刷 8 取出。电流导线接到刷头的端子组件 1 上，导线通过轴承座 11 上的电刷接地开关 10，将电刷接到地端。

电刷臂安装在销轴 6 上，加在电刷上的力以及电刷丝的弹性使电刷不会在轴上跳动，当电刷与轴的接触力定得低时，轴表面和电刷丝磨损较小，而电阻亦很小。电刷指示器装在电刷臂上，通过电刷外壳法兰上的小窗口可以看到电刷的磨损程度，当接地电阻增大时，指示器指在“ENW”位置，当需要更换电刷时，指示器指在“RPL”位置。一般应在电刷未达到“RPL”位置时就需更换，否则电刷与轴的接触压力减小，火花会在轴接触面上产生，从而会磨损轴。

接地电刷安装在紧靠轴承附近，这样从轴承流出来的润滑油可以冷却电刷。

(十一)电磁阀

两位三通电磁阀是一种电动保护装置，它安装在危急遮断器前面的控制油管道上，当机组遇到紧急状态(机组转速达到或超过脱扣转速)时，电子调速器将发出信号，将电磁阀的电路接通，电磁阀就动作，同时引起危急保安装置动作而将速关油泄掉，主汽阀及调节汽阀迅速关闭，切断汽轮机的进汽，使汽轮机停止运行。

另外，当机组遇到紧急状态需要停机时，可在控制室按电钮将电磁阀接通，使电磁阀动作，将电磁阀后的压力泄掉，迅速关闭主汽阀及调节汽阀，切断汽轮机的进汽，使汽轮机停止运行。

电磁阀是利用通电线圈产生的电磁力来驱动铁芯运动，来改变速关油流向的阀门。电磁阀是执行机构中一个关键的部件，它主要用于油系统管道中的自动控制、程序控制和远距离控制。

电磁阀的结构与工作原理如图 7 - 127 所示。其主要结构由弹簧 1、磁铁、滑阀Ⅰ及滑阀Ⅱ和壳体组成。

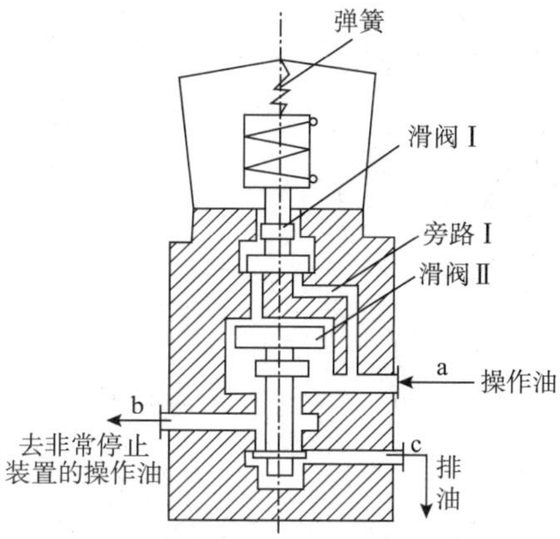

图 7 - 127　电磁阀工作原理

在正常状态下，滑阀Ⅰ在弹簧压力的作用下将旁路Ⅰ堵住，这时压力油只能向滑阀Ⅱ与阀体所构成的油腔进油。滑阀Ⅱ的上端无油压作用，而滑阀下端受压力油的作用而上移。滑阀Ⅱ下端的活塞将排油口 c 堵住，于是控制油便从油口 b 送至危急遮断油门。

当有切断信号输入电磁阀时，即接通电路，磁铁产生磁力，滑阀Ⅰ在磁力的作用下被提起，打开旁路Ⅰ。于是压力油便经旁路Ⅰ进到油腔，然后经上下油腔进入滑阀Ⅱ的上端活塞的上端。这时作用于滑阀Ⅱ上端与下端的油压是相同的，但由于受油的作用面积不同；上端的受压面积大，迫使滑阀Ⅱ下移，切断压力油通向油口 b 的通路，同时打开油口 b 与油口 c 的通路，于是脱扣油被泄掉，迅速关闭主汽阀及调节汽阀，切断汽轮机的进汽，使汽轮机停止运行。

第七节　汽轮机油系统

汽轮机向调节系统及保护装置的执行机构提供高压油，向轴承、变速齿轮箱和联轴器等转动部分提供润滑油以及对某些压缩机提供密封油。润滑油、调节油及密封油都采用同一种介质的透平油，因此汽轮机的调节系统、保安系统、润滑油系统和密封油系统是密不可分的。汽轮机组油系统为了简化结构，往往与工作机械(泵、风机、压缩机和发电机)的油系统组合在一起，形成整个机组的统一油系统。汽轮机油系统的作用是：向机组各轴承供润滑油，传动装置及辅助设备提供一定温度和压力的洁净润滑油，对机械设备进行润滑和冷却；供给调节系统及保护装置充足的高压油(即动力油)；供给盘车装置和顶轴油泵用油。根据汽轮机油系统的作用，一般将油系统分为润滑油系统和调节(保护)油系统两个部分。

对某些输送原料气、合成气、氨气等可燃或有毒气体的压缩机，提供密封用油(因为这些压缩机都是采用油膜密封)，为了防止这些可燃(或有毒)气体漏出机外，并严禁与油类接触，润滑油绝对不允需漏入气缸，因为这类压缩机大都采用油膜密封，在运行时密封油不准中断。供油系统必须在任何情况下必须确保供油。否则，将会引起滑动轴承巴氏合金的损坏或熔化，影响动力控制，严重时将会造成机组设备损坏恶性事故。

图 7－128 所示为某 30 万吨/年合成氨装置氨压缩机组供油系统图。

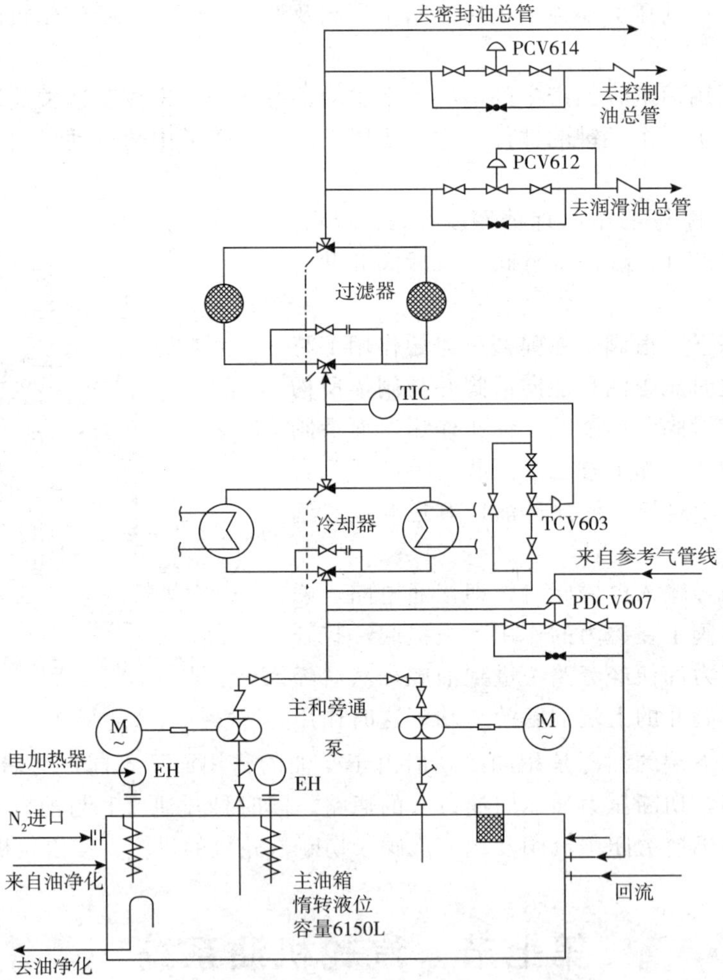

图 7－128 300kt/a 合成氨装置氨压缩机组润滑油系统图

润滑油系统一般包括油箱、主油泵、辅助油泵、油冷却器、油过滤器、注油器、高位油箱、蓄能器、润滑油压调节阀、安全阀及阀门、管道、管件等。

一、油箱

汽轮机调节及润滑油系统中贮存一定汽轮机油量的容器称为油箱。油箱是汽轮机组油系统中的一个重要设备，它除了具有储油作用外，同时还从油中分离油烟、水分和沉淀、过滤杂质的作用。油箱容积的选择应满足油系统中油流动的循环倍率要求和考虑机组运行、停机时，油管道容积对油箱液面波动的影响，以保证油系统的安全、平稳、运行的可靠性。

油箱布置在运行层的下方。油箱一般由钢板焊接而成，其结构尺寸应足够大，应使连续循环的最大油量的油在油箱中将杂质分离和沉淀，油箱底部应倾斜，并在最低处设有排污管，以便定期排除油箱中的水分和沉淀物及其他杂质。为了不使油箱内压力高于大气压力，在油箱上盖装有排油烟机，以便排除油箱中的烟气和其他气体及蒸汽。这样一方面使水蒸气不在油箱中凝结；另一方面使油箱中的压力高于大气压力，使轴承回油顺利地流入油箱。排油烟机还有排除有害气体，使油质不宜恶化，还可以使油箱保持一定的负压(100～300Pa)，以使回油通畅。但负压不宜过大，以免吸入灰尘和杂质。

在油箱上装有浮筒式油位计，不仅可指示油箱油位的高低，在油位计上还装有最高、最低油位的电气接点，当油位超过最高或最低油位时，这些接点接通，发出声响和灯光报警信号和低油位保护信号。油箱上除装有浮筒式油位计外，还装有玻璃管式油位计，两者油位计均带有刻度指示，可以互相核对，以免油箱出现假油位。

在有些油箱内底部装有浸没式电加热器或蒸汽加热器，在机组启动前用以提高油温。为了将水分和沉淀物集中在最下部，应将油箱底部应制作成一定的坡度或“V”字形，以便能将已分离开来的水、沉淀物或其他杂质从最底部排放掉。油箱内设有两道隔板，使回油至主油泵的流程长些，可以充分消除泡沫及沉淀杂质。

汽轮发电机组油箱的油位高度能使电动油泵和注油器的吸入口全部进入油内，并有足够的深度，以保证电动油泵和注油器有足够的吸入高度，防止电动油泵和注油器汽蚀；同时可以保证电动油泵和注油器入口标高处以上有存有相当多的油量，以便获得较低的再循环倍率。

二、油泵

工业汽轮机油系统设有多种油泵，如主油泵、辅助油泵和事故油泵等。有的油泵与主轴连接，有的单独设置。

1. 主油泵

主油泵是汽轮机调节、保护及轴承润滑油系统的主要供油设备。常用的主油泵一般有容积式油泵和离心式油泵两种型式，容积式油泵包括齿轮油泵和螺杆油泵。

容积式油泵的供油量和齿轮(螺杆)的转速成正比。其唯一优点是吸油可靠，当在管道内不仅充满不可压缩的液体，还充满有空气时，他们能在进油管中建立真空。这样，容积式油泵在转速较低时，也能够从邮箱中吸油，不需要在进油管中灌油，保证供油的可靠性。但其转速较低，容量较小，一般用在中、小功率汽轮机上。

(1)螺杆泵

螺杆泵是容积式泵的一种，它是依靠两个或几个相互啮合的螺杆间容积的变化来输送液体的转子泵。螺杆泵有单螺杆、双螺杆、三螺杆和五螺杆等多种型式。

1)螺杆泵的结构及工作原理

图 7－129 所示为一台三螺杆泵的结构图。它主要由衬套 4、主动螺杆 9、从动螺杆 5、10、填料箱 7 和碗状止推轴承 2、3 等部件组成。

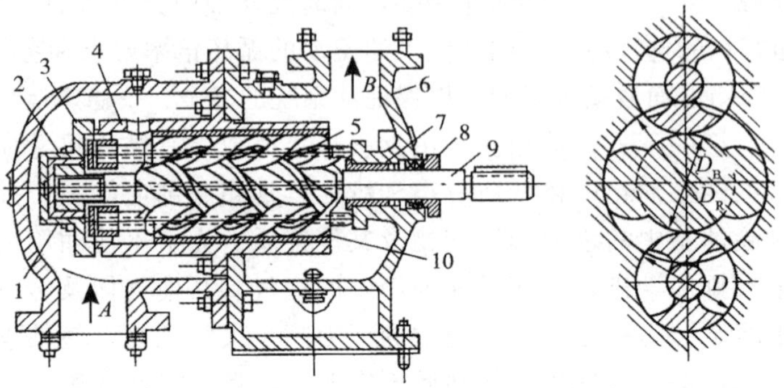

（a）总剖面图　（b）螺杆齿廓图

图 7－129　三螺杆泵的结构图

1—端盖；2、3—碗状止推轴承；4—衬套；5、10—从动螺杆；
6—泵体；7—填料箱；8—填料；9—主动螺杆

主动轮螺杆是右旋的凸齿螺杆，从动螺杆为左旋的凹齿螺杆，主、从动螺杆与泵体包围的螺杆凹槽空间形成了密闭的容积。当电动机驱动主螺杆旋转时，吸入腔的一端的密封线连续地向排出腔一端沿着轴向向前移动，使吸入腔的容积增大，压力降低，液体在泵内外压差的作用下，沿着吸入管进入吸入腔。随着螺杆的旋转，三个相互啮合的螺杆凹槽密闭空间中的液体就连续而均匀地沿着轴向移动到排出腔。由于排出腔一端的容积逐渐缩小，就将液体排出。

但由于出口端压力较高，会产生轴向力朝向入口端。因此吸入腔螺杆端部装有卸载(平衡)活塞，卸载活塞在螺杆止推轴承 2、3 的顶端，将出口高压油通过螺杆中心的钻孔，将高压油引至卸载活塞背面，起到了平衡轴向力的作用。

2)螺杆泵的特点

螺杆旋转时，液体沿着螺杆齿槽空间作相对直线运动，且又是连续不断的，因此从螺杆齿槽排出的液体比齿轮泵均匀且压力脉动小；螺纹密封性好，有良好的自吸能力；螺杆凹槽空间较大，少量杂质颗粒液体仍不妨碍工作；主动螺杆只受扭转力矩，不受径向力和轴向力，从动螺杆仅受侧面径向力，不受扭转力矩作用。因此螺杆受力情况好，使用寿命长。

汽轮机驱动压缩机正常运行时，由主油泵供给润滑油系统和调节油系统，以润滑轴承和供调节系统、保安系统用油。主油泵是电动机(或汽轮机)直接驱动的，在泵出口装有安全阀，当油泵出口压力超出安全阀的设定值时，安全阀起跳动作，使油泵出口压力不能高于设定值；当调节油系统中的油压降到一定最小值时，压力开关动作报警，并启动辅助油泵，保持油系统中的设计压力。

(2)齿轮泵

在小型汽轮发电机组半液压调节、保护及润滑油系统中，主油泵为齿轮泵。它装于减速箱内靠汽轮机一侧，经过一套蜗轮-蜗杆减速装置由汽轮机主轴驱动，如图 7－130 所示。

图 7－131 所示为齿轮泵的工作原理图。它主要由主动轴、从动轴、主动齿轮、从动齿轮及壳体等组成。如图 7－131 所示，轴与齿轮间以平键 4、5 连接。当主动齿轮带动从动齿轮按图示方向旋转时，齿穴中充满油，也随同主、从动齿轮一起转动，吸入侧压力降低，形成低压空间，油被吸入泵内。在主、从动齿轮啮合的过程中，由于两齿轮啮合所形成齿间容积缩小，油受到挤压而升高压力，当主、从动齿轮转至出油侧时，由于齿轮的啮合作用，油被齿轮挤出排出泵体。当油被排出后，吸入口又形成脱开空间，形成局部真空，在油箱液面上静压力作用下，油又被齿轮泵吸入。这样油就不断地吸入和排出循环下去。

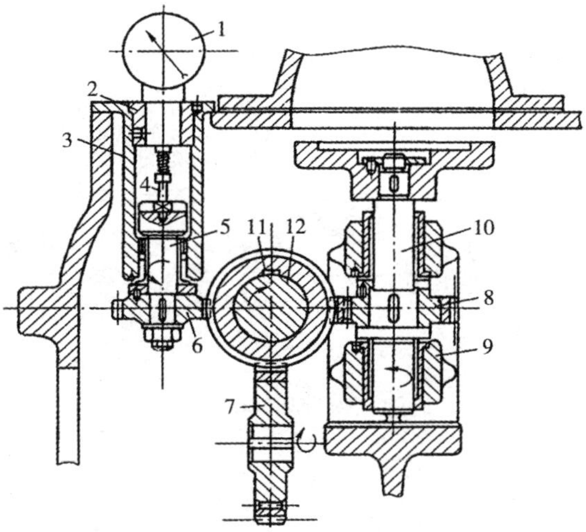

图 7－130　调速器、齿轮泵和转速表的传动机构
1—转速表；2、3—套筒；4—转速表连接轴；5—传动轴；6—转速表的传动蜗轮；7—齿轮泵的传动蜗轮；8—调速器的传动蜗轮；9—轴承座架；10—调速器传动轴；11—蜗杆；12—汽轮机传动轴

齿轮油泵的出油量正比于齿轮的转速。由于齿轮油泵的构造简单，供油可靠，在吸油管不十分严密且漏入空气的情况下仍能正常供油的优点，因此在小型汽轮机组的油系统中应用较多。随着机组逐渐采用全液压调节系统后，以齿轮泵作为主油泵的情况逐渐减少。但是，有些机组的电动润滑油泵还采用齿轮油泵。

在半液压调节、保护和润滑油系统中，齿轮泵供给的压力油分为两路，一路去调节系统及各保护装置，另一路经减压阀、节流止回阀后进入油冷却器、油过滤器，经过滤后的润滑油经各轴承前的节流孔板去各轴承起润滑及冷却作用。

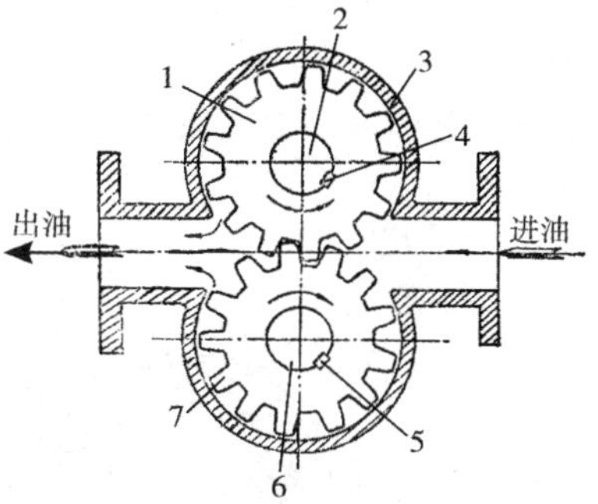

图 7－131　齿轮油泵
1—主动齿轮；2—主动轴；3—壳体；4、5—平键；6—从动轴；7—从动齿轮

(3)离心式主油泵

中小型汽轮机组油系统的主、辅油泵多为离心式主油泵，事故油泵为立式离心式油泵。离心式主油泵多数与汽轮机转子同轴安装，它具有较平坦的压力-流量特性曲线，能满足调节系统快速动作的要求。但主油泵不能自吸，必须用专门的注油器向主油泵入口提供 0.05～0.1MPa 压力油。

汽轮发电机组油系统的离心式主油泵是汽轮机供油系统中的重要元件。在汽轮机组达到额定转速后，它向汽轮机组供油系统提供动力油源，为调节、保安系统控制设备提供控制油，为轴承提供润滑油，为注油器提供动力油。

图 7－132 所示为单级双吸卧式离心式油泵。主油泵采用汽轮机轴驱动，通过联轴器与汽轮机主轴连接，其安装在汽轮机前轴承箱内。其主要由泵体、支持滑动轴承、转子、叶轮和油封环等组成。

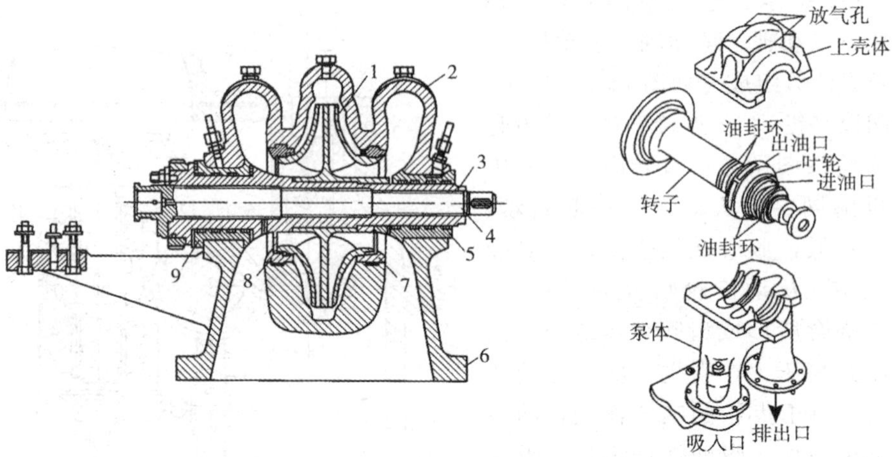

图 7-132　单级双吸离心式油泵

1—叶轮；2—上壳体；3—空心轴；4—转子；5、9—支持轴承；6—泵壳；7、8—油封环

图 7-133 所示为单侧进油的离心式油泵。该主油泵的芯轴是用螺纹与汽轮机的短轴连接在一起的，主油泵泵轮的背后为旋转阻尼体。单级单吸卧式离心式油泵安装在汽轮发电机组汽轮机的前轴承箱内。压力油一路通过液压调节、保安和监控装置，另一路经节流到一定压力后通过油冷却器和油过滤器供给润滑系统。

图 7-134 所示为立式润滑油泵结构。这种油泵设置在油箱中。泵的叶轮、泵体浸在油中，无需底阀装置。泵的轴承润滑无需加润滑油。其结构由联轴器 3、轴封 4、轴承 5、转子 6、泵体 8、支承轴承 9、叶轮 10 等组成。

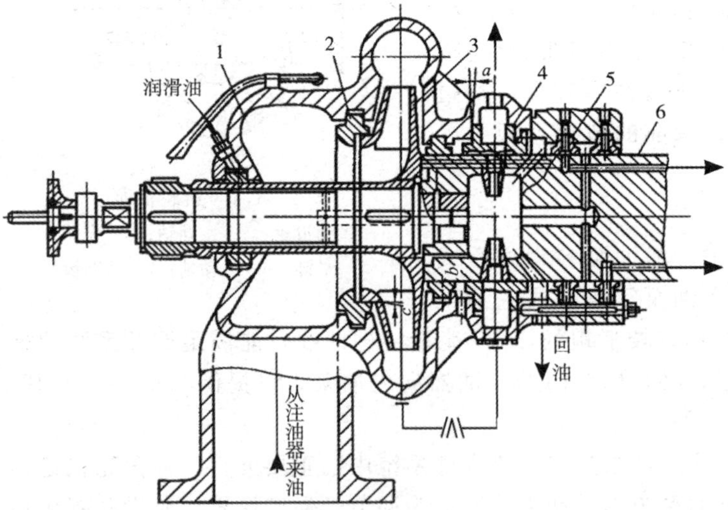

图 7-133　单级单吸卧式离心式油泵

1—泵体；2—密封环(右旋)；3—叶轮；4—旋转阻尼密封环；5—油封环；6—阻尼体；7—节流针阀

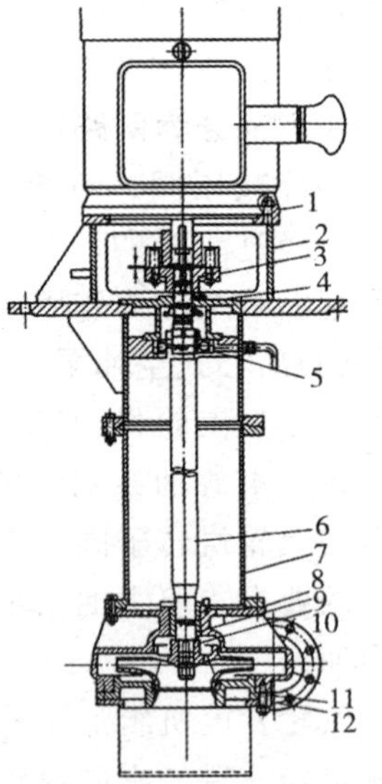

图 7-134　立式润滑油泵的结构

1—电动机；2—支架；3—联轴器；4—3J 型轴封；5—轴承；6—转子；7—连接管部件；8—泵体；9—支承轴承；10—叶轮；11—泵盖；12—过滤网

2. 辅助油泵

在机组启动、停机过程或主油泵发生故障时，位调节、保安系统及润滑油系统供给压力油的泵，称为辅助油泵。

辅助油泵按动力源的不同可分为汽动辅助油泵、电动辅助油泵和手摇油泵。电动油泵一般用在大功率汽轮机组，而汽轮机驱动油泵用在中小功率汽轮机组上。电动油泵又可分为交流电动油泵和直流电动油泵。

(1)汽动油泵

汽动离心式油泵的供油压力一般较高，在机组启动时，因主油泵转速较低不能正常供油，在启动机组时，用汽动离心式油泵提供调节系统动力油及润滑系统的润滑油。在停机过程中，当主油泵因转速降低而不能正常供油时，用它向润滑油系统提供润滑油。汽动油泵的汽源来自汽动油泵自启动装置，由启动装置来控制，也可由手动操作控制。汽动油泵实际上就是一台功率比较小的单级冲动式汽轮机带动一台同轴的单级离心式油泵。

图 7－135 所示为汽动油泵的结构。它主要由汽轮、喷嘴、蒸汽室、转子、离心油泵叶轮和逆止阀等部件组成。蒸汽进入小汽轮机之前，先经过调节螺钉 10 对蒸汽进行节流，然后通过汽道 A 进入喷嘴室 12 内膨胀加速，冲动小汽轮机叶轮 9，并通过轴 7 带动油泵叶轮 2 一起旋转。作过功后的排汽进入排汽室，从窗口 B 排入大气。调节螺钉 10 对小汽轮机起保护作用，它一方面可防止小汽轮机超压，另一方面限定了小汽轮机的进汽量，以防止汽动油泵超速。

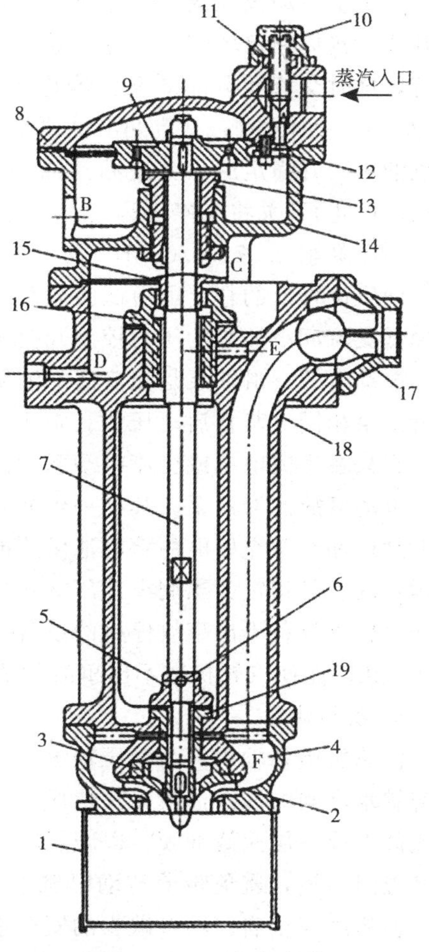

图 7－135　汽动油泵

1—过滤网；2—油泵叶轮；3—密封环；4—油泵壳体；5—推力套；6—圆锥销；7—轴；8—蒸汽室盖；9—汽轮；10—调节螺钉；11—罩形螺母；12—喷嘴；13—汽封；14—蒸汽室；15—挡汽盘；16、19—轴承；17—逆止阀；18—压力油出口管

汽轮 9 上有的镶有叶片，有的则直接在叶轮外缘上铣制许多半圆形的挖槽，以代替动叶片。在这种结构中，从喷嘴中喷出的蒸汽从凹槽的上部吹入，沿弧形槽拐弯后从下部排入排汽室，从孔 B 排至室外的排汽管。

小汽轮机的汽轮通过轴 7 与油轮连接。汽轮旋转时，油轮随之旋转，油轮四周的油通过过滤网不断进入油轮中，油便不间断地通过油泵的扩压室 F 及输油管排出。

汽动油泵安装在油箱盖上，为保证油泵吸油可靠，除了小汽轮机外，其他部分全部浸在油箱内，油泵叶轮浸在油箱油面以下。为防止蒸汽及疏水沿轴漏入油箱，在小汽轮机下方设有密封圈 13，少量漏汽可从孔 C 排入大气，疏水可从孔 D 排出泵体外。在油泵的压力油管 18 上开有油孔 E，少量的润滑油经此孔供轴承16润滑。压力油管的出口装有逆止阀，在启动油泵不工作时，防止其他油泵启动时油倒流回油箱。在油泵吸入口设有过滤网1，以防止杂质吸入泵内而影响油质。

汽动油泵的转子旋转时，是依靠轴承16和19支承，而推力盘5为轴向支承，承担着转子的整个重量，推力轴承则承受着整个转子的向下作用力。

(2)电动辅助油泵

交流润滑油泵在机组启动和停机时，向润滑油系统供油，并通过一节流孔板向主油泵供油。机组启动投入盘车装置前，应启动该泵进行油系统循环，并向各轴承供油。当汽轮机升速至接近额定转速时，主油泵大于系统中油压时，由逆止阀切换，主油泵就自动投入运行，这时交流润滑油泵就应停止运行。当机组停机或事故状态下，轴承供油压力降至0.07～0.08MPa时，交流润滑油泵应自启动，将润滑油系统油压升至整定值。当润滑油系统油压回升稳定后，交流润滑油泵不会自动停止运行，必须在控制室操作三位(启动、自动、停止)开关将泵停止运行。从停止位置释放开关后，开关弹回到自动位置，当轴承润滑油压降至0.07～0.08MPa时，三位开关就会再度自动启动油泵。

油压设置值的整定可由试验装置进行，其可以在不影响润滑油总管油压的情况下，局部降低交流润滑油泵的压力控制开关所感受的油压，来达到试验目的。

电动事故润滑油泵是交流润滑油泵的紧急备用油泵。其设计参数及其结构与交流电动润滑油泵相同。其自启动压力控制开关整定值低于交流润滑油泵自启动压力开关的整定值。它只在交流电源或交流电动润滑油泵发生故障时才投入运行。

电动事故润滑油泵，其中一台油泵是由厂用变压器的母线直接供电的，另一台则由直流电动机和经常充好电的蓄电池供给电源。这些油泵是由润滑油系统的油压继动器自动投入运行的，是指定为当润滑油压突然降低至0.06～0.07MPa(表压)或厂用电跳闸时，用以保证汽轮机设备不出事故停机的设备。当失去厂用电源时，由蓄电池供给电源的电动泵运行1～2h，能使汽轮机在不出事故的情况下停机。

3. 顶轴油泵

汽轮机组各轴承均为动压轴承，在机组启动或停机过程中，由于转子的转速很低，轴颈与轴承之间的润滑油膜无法形成。这时，在各轴承与轴颈之间引入高压油，在轴颈与轴承之间形成一层润滑油膜，以减轻转子对轴瓦巴氏合金面上的正压力，以减小机组启停时的摩擦阻力矩，避免转子转动时轴颈与轴承之间的干摩擦，并保护了轴承与轴颈的滑动面，使机组安全启停不可缺少的安全措施。

机组启动时，首先开启润滑油泵向轴承供油并保持油压0.08～0.1MPa。然后，启动顶轴油泵，将油压升高到额定值时，启动盘车装置，当机组转速大于顶轴油泵设计的整定停机转速时，顶轴油泵停运。当顶轴油泵油压达不到额定值水平时，连锁开关阻止盘车装置启动。机组停机时，随着汽轮机惰走时间而转速接近顶轴油泵整定启动转速值时，顶轴油泵便投入运行。

机组正常运行时，顶轴油泵处于备用状态。机组是否设置顶轴油泵，取决于转子的质量。

三、注油器

注油器亦称射油器，它实际上是一个以油为工质的喷射泵。向主油泵进口或润滑用油系统供油的引射装置。由于主油泵的位置高于油箱，为使径向钻孔泵、离心式主油泵能正常地工作，不发生因入口侧不严密而吸入空气，造成供油中断事故，必须采用注油器向主油泵入口侧连续不断地供油，使主油泵入口形成0.05～0.1MPa的正压，避免空气吸入，提高主油泵运行的可靠性。注油器主要是利用了拉伐尔喷嘴的工作原理设计而成。

图7-136所示为注油器的结构图。其主要由油喷嘴、滤网、扩压管和进油管等组成。整个注油器安置在油箱内，注油器扩散管出口法兰和进油法兰用螺栓固定在油箱的箱盖板上，传动部分安装在油箱盖板上。注油器的吸入口位置比油箱允许最低位置还要低约0.5m，以确保运行中能连续供油。为了防止喷嘴被杂质堵塞和异物进入系统，在注油器的吸油侧装有一个可拆卸的多孔钢板滤网，在一程度上，滤网还起着稳定注油器工作的作用。

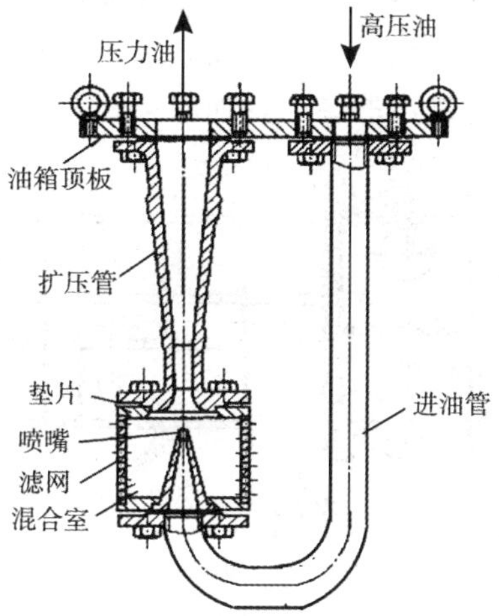

图7-136　注油器

高压油从进油管进入喷嘴，使油的流速增加，在喷嘴出口形成负压，造成混合室真空，油箱中的油被吸入混合室。高速油流带动周围低速油流，并在混合室中混合后进入扩压管。油流在扩压管中速度降低，油压升高，最后以一定压力(0.15MPa左右的压力)流出注油器，以正压进入径向钻孔泵及离心式主油泵的入口。由于能量交换发生在混合室中相互撞击，所以注油器效率较低，一般为20%～35%。

注油器一般有并联、串联两种连接方式：

(1)并联双注油器系统的第一级注油器从油箱内吸油，并以较低的正油压(0.05～0.1MPa)供主油泵吸油，以保证主油泵工作可靠；第二级注油器也从油箱中吸油，并以较高的油压(0.2～0.25MPa)送入机组润滑系统，经油冷却器、滤油器送入轴承。这种连接方式避免了节流损失，经济性好，应用较普遍。

(2)串联双注油器系统第一级注油器从油箱中吸油，并以较低的正油压(0.05～0.1MPa)供主油泵吸油，保证主油泵可靠地工作，第二级注油器也从油箱中吸油，并以较高地的油压(0.2～0.25MPa)送入机组润滑系统，经油冷却器、滤油器送入轴承。

四、油冷却器

汽轮机组运行时，轴承因摩擦产生热量，同时转子上有一部分热量经轴颈传出，这些热量使轴承内油温升高，返回到油箱中的润滑油温度一般都在60℃以上。为在运行中保持轴承油膜正常，进入轴承的油温一般应控制在40℃±5℃范围内，经过轴承的温升一般在10℃左右，因此必须将轴承排出的润滑油经油冷器冷却后才能再进入轴承循环使用。油冷却器就是为此目的而设计一种表面式热交换器。温度较高的汽轮机油与低温冷却水在油冷却器中进行热交换，通过调节冷却水流量的办法来控制汽轮机的油温，以保证机组安全、平稳运行。

图7-137所示为国产小型汽轮机组的油冷却器。铜管束采用胀接的方法固定在管板3及7上。冷却水进入前水室2的上水室A，然后经铜管至后水室9，再由下部铜管返回前水室2的下水室B，最后流出油冷却器。润滑油由图7-137所示的箭头方向进入油冷却器，在铜管束外流动。为了防止铜管束运行中振动和增强冷却效果，在前后管板之间的管束上装有与铜管方向垂直的隔板5，隔板为大半圆形，沿管束全长对称交错布置，是油在

管束外曲折流动，以提高冷却效果。

油冷却器一般均设计成油在壳程(铜管)外流动，冷却水在管程(铜管)内流动，且油侧压力大于水侧压力(油侧压力一般为 0.15MPa 左右，而水侧压力一般为 0.12MPa 左右)，这样即使铜管偶有渗漏现象也不至于造成冷却水漏入油中，造成油质恶化现象。另外，由于冷却水一般采用循环水，因此铜管应定期进行清洗。为了便于清洗铜管，常做成铜管束可以抽出的结构，如图 7-138 所示。

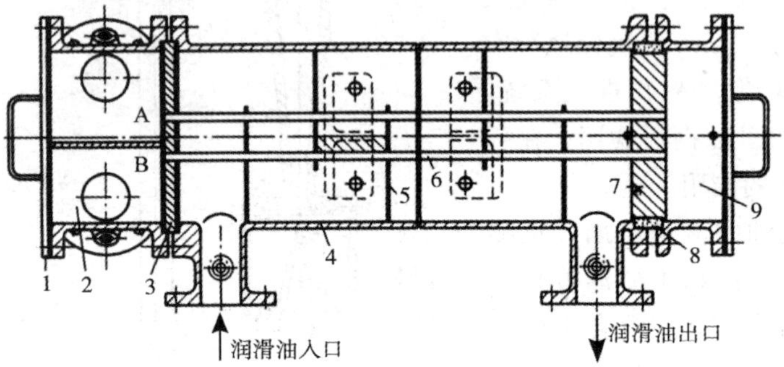

图 7-137　油冷却器结构图

1—盖板；2—前水室；3—前管板；4—壳体；5—隔板；6—管束；7—后管板；8—密封圈；9—后水室

图 7-138　可抽出管束的油冷却器

从水侧的流程上分为单流程油冷器和双流程油冷器两种。从冷油器布置方式分为立式油冷器和卧式油冷器两种。一台机组通常设置两台油冷却器，一台投入运行，另一台备用，这样既可以保证冷却效果，又可以轮换进行检修。油冷却器在切换过程中，为了防止机组断油，应保证备用油冷却器切换前应充满油，为此应将两台油冷却器的进油口通过一连通管和连通阀连接起来，切换前必须打开连通阀，并将备用油冷器内空气排净，同时监视油系统油压。两台油冷器是通过三通切换装置相互中间连接，当三通切换装置从一台油冷却器切换到另一台油冷却器时，油仍然不断地流经油冷却器。只有将切换手柄转到任一末端位置时，这可将油流从一个油冷器切换到另一个油冷器中。

五、油过滤器

图 7-139 所示为油过滤器。其结构主要由壳体 5、滤芯 8 和三通切换阀 1 等组成。为了保证机组油系统的清洁度，在油泵的下游、油冷却器之后，装设两个精细油过滤器，两个过滤器之间通过三通转换阀并列连接。当一个油过滤器工作时，另一个作为备用，目的是在不停机的情况下，可以清洗或更换滤芯。油过滤器的壳体应根据操作压力等级，按照有关安全规程进行设计，使其能承受一定的压力，滤芯应符合设计文件或铭牌上的压差要求。一般油过滤器的过滤精度为 20～40μm 左右。

在油过滤器进出口之间装有压差计，测量油过滤器的压差。当滤油器的前后压差超过 0.01～0.015MPa 时，接点闭合、发出警报，表示正在运行的油过滤器滤芯上的杂质增多了，阻力增大了，这时应将三通阀切换到另一个油过滤器运行的位置，对已污脏的油过滤器的滤芯进行检查、清洗或更换。

为了保证在各种条件下运行可靠，在三通控制阀前设置了另一通向油箱的回油管道。当油过滤器堵塞导致回油压力过高时，使回油经过此回路管道，绕过油过滤器回油箱。

六、高位油箱

高位油箱是机组安全保护设施之一，机组正常运行时，润滑油由底部进入，而由顶部溢流口排出直接回油箱。一旦发生停电停机故障，辅助油泵又未及时启动供油，则高位油箱内的润滑油将沿进油管道靠重力作用流入各润滑点，以维持机组惰走过程的润滑需要，并应保证各润滑部位有一定量的润滑油，高位油箱的储油量，一般应维持 5min 以上的供油时间。

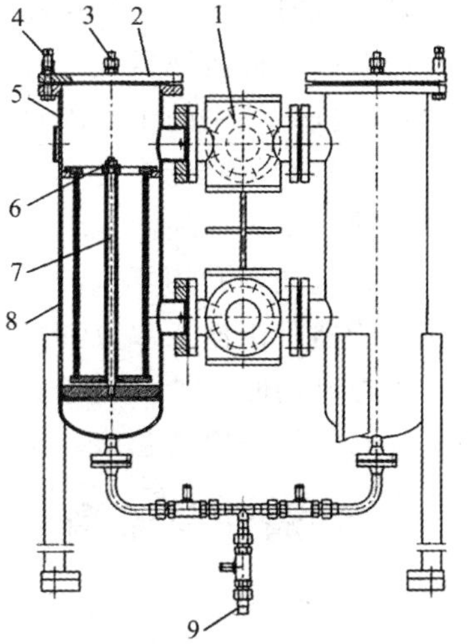

图 7-139　油过滤器

1—三通切换阀；2—上盖板；3—排气接头；4—顶盖机构；5—壳体；6—螺母；7—拉杆；8—滤芯；9—排污口

对高位油箱的安装技术要求如下：

(1)高位油箱应安装在距机组中心线高 58m 处，其位置应在机组轴心线一端的正上方，以使管线长度最短，弯头数量最少，并保证高位油箱的润滑油流入轴承时的阻力最小。

(2)高位油箱顶部应设呼吸孔，当润滑油由高位油箱流入轴承时，油箱的容积空间由呼吸孔吸入空气予以补充，以免油箱形成负压，影响润滑油靠重力流出高位油箱。

(3)在润滑油泵出口至机组前的总管上应设逆止阀(止回阀)，一旦主油泵停运，辅助油泵又未及时启动供油，则逆止阀应立即关闭，使高位油箱的润滑油必须经轴承流入回油管中，然后返回油箱。这样，可以防止高位油箱的润滑油短路，从而避免机组惰走过程烧毁轴承故障的发生。

七、蓄能器(或称蓄压器)

在润滑油系统中设有蓄能器的作用是稳定润滑油压力，当主油泵需切换时，主油泵停机、备用油泵启动的瞬间，能保持一定的润滑油压，而使机组不因油泵的正常切换而误停。

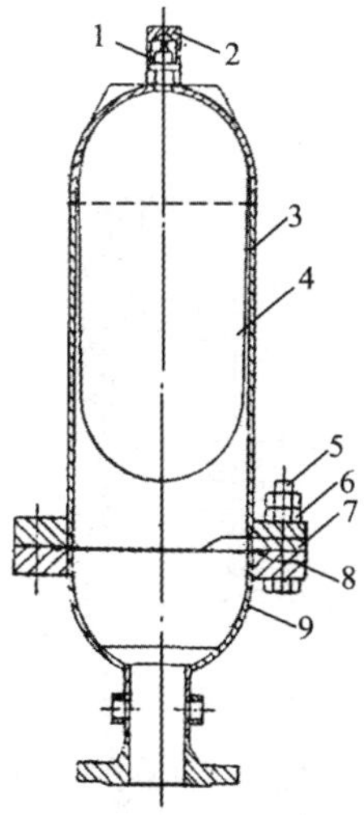

图 7-140　蓄能器

1—充气阀；2—护罩；3—蓄能器体(球胆)；4—蓄能器皮囊；5—螺栓；6—螺母；7—软垫片；8—O 形密封圈；9—油阀体

图 7-140 所示为汽轮机组润滑油系统中设有的蓄能器。蓄能器结构是球胆式的，由合成橡胶制成的球胆装在不锈钢壳体内，通过壳体上的充气阀向球胆内充入干燥的氮气，其氮气压力应等于或大于最高工作压力的 1/4，或等于或低于最小工作压力的 9/10。壳体下端接压力回油管，球胆将气室与油室分开，起隔离油气的作用。由于合成橡胶球胆可以随氮气的压缩或膨胀任意变形，因此使蓄能器在回油管路上起调压室的缓冲作用，减小回油管中的压力波动。在油系统压力失稳时，蓄能器可以将油系统内的油压在一定的时间里维持较高压力。当主

油泵故障停机时，蓄能器将保持油系统油压稳定至辅助油泵投入运行。

蓄能器是一种将液压能储存在内压容器里，待需要时将其释放出来的能量储存装置。蓄能器是液压系统中的主要附件，对于保证系统正常运行、改变其动态品质、保持工作稳定性、延长寿命、降低噪音起着重要的作用。

液压油是不可压缩液体，因此利用液压油是无法蓄积压力能的，必须依靠其他介质蓄积压力能。例如：利用氮气的可缩性质研制的皮囊和蓄能器就是一种蓄积液压油的装置。皮囊式蓄能器是由液压部分和带有气密封件的气体部分组成，位于皮囊周围的油液回路接通。当压力升高时，油液进入蓄能器，气体被压缩，系统管路压力不再上升；当系统管路压力下降时，压缩氮气膨胀，将油液压入回路，从而减缓管路压力的下降。

八、润滑油节流阀

润滑油的流速，回油管取 0.5m/s，进油管取 11.5m/s。为合理分配各轴承的流量，可在轴承进油口加装润滑油节流阀或节流孔板。节流速度取 7m/s 左右。

润滑油节流阀结构如图 7 - 141 所示。其由螺钉 1、罩盖螺母 2、壳体 4、节流螺钉 6 等组成。在首次调整润滑油流量时，拆卸螺钉 1 并稍松开罩盖螺母 2，将节流螺钉向上转动，调整所需要的润滑油流量流向轴承，然后紧固罩盖螺母，再紧固定位螺钉 7，将罩盖螺母固定。对大功率机组，为减少投入盘车装置时的启动转矩，从而减少耗功，常在油系统中设置高压油顶轴管路。顶轴油泵的压力和容量，应根据机组转子的重量，轴承的结构形式和顶轴管路的布置等情况合理确定。

九、润滑油压力控制器(卸荷阀)

图 7 - 142 所示为润滑油压力控制器的结构。其主要由壳体、滑阀、壳体、滑阀等组成。

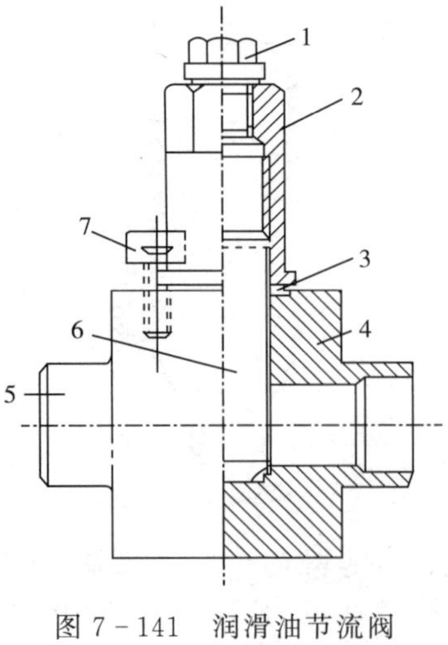

图 7 - 141　润滑油节流阀

1—螺钉；2—罩盖螺母；3—密封垫；4—壳体；5—管接头；6—节流螺钉；7—定位螺钉

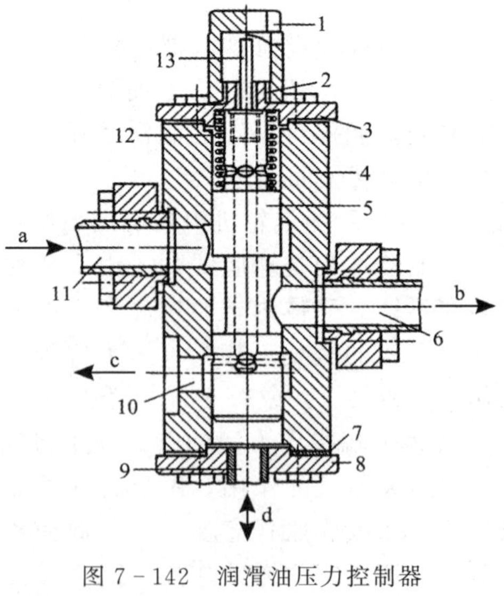

图 7 - 142　润滑油压力控制器

1—罩盖螺母；2—盖；3、7—填料；4—壳体；5—滑阀；6、9、11—管接头；8—盖板；10—排油口；12—弹簧；13—销；a—压力油；b—至速关油；c—排油；d—至轴承油

(1)润滑油压力控制器的作用

其作用是当轴承油压不足时，控制器动作使汽轮机停机，按汽轮机装置的设备配置情况，在轴承油压下降而润滑油压力控制器动作之前，接通辅助油泵或润滑油泵。

(2)润滑油压力控制器的工作原理

当轴承油压充足时，管接头 9d 处的油压克服滑阀 5 的自重和弹簧 12 的作用力，使滑阀移至图中所示的上部位置，压力油 a 通过接头 6 到速关阀，漏至弹簧 12 腔室的油通过滑阀 5 中的小孔流至排油管接头 10c 处。

当轴承油压下降时，由于弹簧力的作用使滑阀下移，堵住通往速关阀的压力油，并使从管接头 11a 出来的油流入排油管接头 10c 处，使汽轮机立即停机。

十、过压阀

当用汽动油泵或电动油泵向调节、保安系统及润滑系统供油时，在机组启停过程中，由于调节油量变化较大，会引起油泵出口油压的波动，过压阀即可起到稳定油压的作用，保持阀前油压恒定。过压阀有高压过压阀(减压阀)和低压过压阀(溢流阀)两种型式。近代汽轮机装置多采用双注油器系统，不采用高压过压阀，所以这里只介绍低压过压阀。

图 7－143 所示为低压过压阀。其主要由弹簧、调整螺杆、壳体、阀碟、阀座等组成，其通常安装在油冷却器出口管道上。润滑油在阀碟 5 的下方给阀碟一个向上的作用力，此作用力与压缩弹簧 4 向下的作用力相平衡，则此阀关闭。当润滑油压升高，油压作用在碟阀 5 上的向上的作用力大于弹簧 4 向下的作用力时，阀碟 5 向上移动，阀碟的开度增大，回油口 A 的开度也增大，使返回油箱的回油量增大，从而使润滑油压下降，直至恢复正常；反之亦然，这样可以减少润滑油压的波动范围。

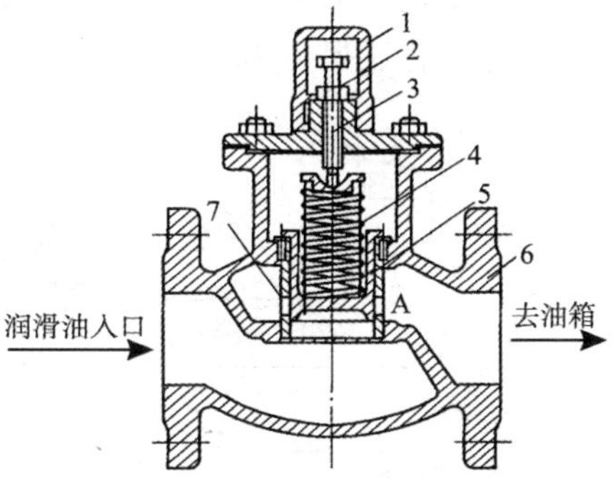

图 7－143　过压阀

1—保护罩；2—锁紧螺母；3—调整螺钉；4—弹簧；5—阀碟；6—阀体；7—油口

转动调节螺钉 3 可以改变弹簧 4 的预紧力，从而改变泄油口的开度，以调整润滑油压，调整好后将调节螺钉 3 用锁紧螺母 2 锁紧，防止调节螺钉 3 运行中松动，并应在调节螺钉 3 上方用防护罩 1 保护。

第八节　供热式汽轮机调节

既带动发电机又对外供热的汽轮机称为供热式汽轮机，又称为热电合供汽轮机。此类机组有两种基本型式，即背压式和调整抽汽式汽轮机。它们在拖动发电机对外供电的同时，前者以其排汽、后者以其中间调整抽汽向外供热。为了保证供给用户一定数量和质量的电能和热能，其调节系统除具有一般凝汽式汽轮机的转速自动调节功能以外，还应具有供热蒸汽压力自动调节功能。

一、背压式汽轮机的调节系统

背压式汽轮机主要用于供热。为满足热用户需要，其排汽压力应基本维持恒定。这样，在进汽参数也一定的条件下，每千克蒸汽在汽轮机内做的功也基本不变，因此其排汽量(或进汽量)就与机组输出功率紧密相关，机组输出功率越大，供热蒸汽量(即机组排汽量)也越多；反之，供热蒸汽量越多，机组可输出功率也越大。这种输出功率和供热蒸汽量之间相互牵制的关系，是背压机组的主要特点之一。但是从用户角度来看，它们对供电功率和供热蒸汽量的需求却不可能和汽轮机完全一致，电用户耗电量改变时，热用户的耗汽量未必改变；反过来，热用户耗汽量改变时，电用户的耗电量未必改变；再者，即便用户的热、电负荷同时改变，也未必符合汽轮机工况所确定的比例。因此，对背压机组来讲，仅凭其本身是不能同时满足用户对热、电量方面的需要，反映在具体工作过程(启动和甩负荷除外)中，只能采取单一的按热负荷的需求运行或单一的按电负荷需求运行。

在石油化工装置中，压缩机组用的背压式汽轮机既供热又驱动压缩机的汽轮机的一种，它一方面带动压缩机做功，同时又利用它的排汽向热用户提供热量。背压式汽轮机又可作为低压汽轮机的前置式汽轮机，利用它的排汽作为低压机组的汽源，从而提高循环热效率，降低煤耗。因为热用户对所提供的蒸汽参数有一定的要求，所以对于背压式汽轮机通常要求它的背压保持为一恒值。

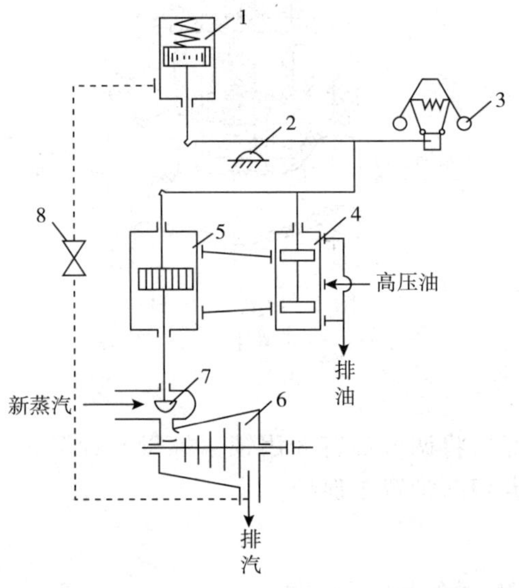

图 7-144　背压式汽轮机调节系统原理图

1—调压器；2—限位支点；3—调速器；4—断流式错油门；5—油动机；6—汽轮机；7—调节汽阀；8—排汽压力脉冲阀

1. 调节系统的工作原理

图 7-144 所示为背压式汽轮机调节系统原理图。在这个系统中有两个测量元件，一个是调速器，另一个是调压器。它的结构虽与实际系统有差别，但基本原理是类似的。该系统和凝汽式汽轮机调节系统相比较，主要增加了一个供热蒸汽压力的感应机构——调压器，通过调压器可将背压汽轮机的排汽压力转换为滑阀的位移。系统中，调速器和调压器均可通过杠杆对同一传动放大机构(断流式错油门和油动机)起作用，从而控制调节汽阀的开度，调节汽轮机的进汽量(或排汽量)。但因背压汽轮机不能同时满足热负荷、电负荷的需要，故在实际带负荷运行时，调速器和调压器只能单独投入运行。

当背压机组按热负荷进行时，调速器退出工作位置，而调压器根据机组排汽压力的变化来控制进汽量。当热负荷增大而使汽轮机的排汽压力降低时，调压器活塞即在弹簧力的作用下向下移动，通过杠杆(以调速器滑阀为支点)使错油门滑阀偏离中间位置而下移，高压油经滑阀流入油动机 5 活塞的下部，开大进汽阀，增大进汽量，使供热蒸汽压力重新稳定，从而满足热用户耗汽量增大的需要。由此引起电负荷的改变或供电频率波动，只能由并网运行的其他机组来平衡或调节。

2. 背压式汽轮机的运行方式

背压式汽轮机运行中担负着输出功率和供汽两个任务，因此背压式汽轮机输出动力负荷(驱动发电机即为电负荷)与热负荷两种负荷。背压式汽轮机有两种运行方式，一种是按热负荷运行，另一种是按电负荷运行。若以供汽或供热为主，则应首先满足供汽或供热，汽轮机进汽量以满足供汽量为准，功率则处于服从位置；若以输出功率为主，则进汽量应根据功率决定，背压供汽处于服从位置。

(1)背压机组按机械负荷(电负荷)来调节汽轮机的进汽量

当背压式机组按电负荷运行时，将排汽压力脉冲阀 8 关闭，活塞式调压器 1 处于被切出的非工作状态。其滑阀相当于一个固定支点，整个系统由调速器控制，汽轮机的进汽量(调节汽阀的开度)由电负荷的大小来确定，因此当电负荷改变时，调节系统的动作过程和一般凝汽式汽轮机动作过程完全相同。在这种运行方式下，热负荷改变或因电负荷改变而引起的供热蒸汽压力变动，只能依靠和背压机组排汽并接在同一供热管道(或称热力网)其他供热设备(低压锅炉、减温减压器或抽汽机组等)来调节，以保证热用户所需要的蒸汽量。这时，背压式汽轮机的进汽量则由调速器控制，和一般凝汽式汽轮机一样，它的调压器实际上是不起作用。向用户提供的蒸汽压力(即汽轮机背压)由其他汽源来保持。

(2)按热负荷来调整汽轮机的进汽量

当背压式汽轮机按热负荷运行时，此时机组必须并入电网，调速器由同步器控制处于空负荷位置基本不动，而调压器则根据机组供热蒸汽压力的变化来控制进汽量。

在这种运行方式下，汽轮机的功率随着热负荷变化而变化，而电网的频率则由电网中并列运行的其他凝汽式机组来平衡或调节。按热负荷运行的机组其进汽量的调节由调压器来完成。

当热用户所消耗的蒸汽量增加时，供汽管道中的蒸汽压力就要降低，则调压器接收压力降低信号后，通过中间放大和执行元件，将调节汽阀的开度开大，增加汽轮机的进汽量。使供热蒸汽压力重新稳定，从而满足热用户耗汽量增大的需要。反之，当热用户所消耗的蒸汽量减少时，供汽管道中的压力升高，调压器接收压力升高信号后，调压器的动作将使油动机活塞移动关小调节汽阀的开度，减少进汽量。由于调压器的调节作用，背压式汽轮机的排汽压力维持在一定范围之内。背压式工业汽轮机一般是单机运行，只能按第一种运行方式运行。

3. 调节系统静态特性

从图 7-145 可知，当调速器不动作时，不同的阀门位置对应不同的调压器的位置。因此，在采用调压系统后，在热用户耗汽量变化时，汽轮机的排汽压力实际上也是变化的，而且可以根据各元件的静态特性绘制出调压系统的静态特性，如图 7-145 所示。供热蒸汽量和供热蒸汽压力之间的这种关系，称为压力调节系统的静态特性。若用曲线表示，则称为压力调节系统的静态特性曲线。调压系统的静态特性曲线的四象限图绘制与调节系统特性曲线的

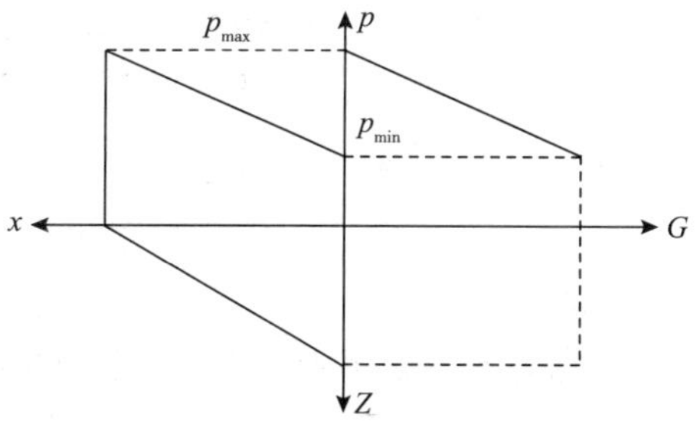

图 7-145　调压系统的静态特性

p—供热蒸汽压力；G—供热蒸汽量；

x—调压器活塞位移；Z—油动机活塞行程

绘制相同，只需将图中的第二象限的调速器静态特性曲线改成调压器静态特性曲线即可。调压系统和调节系统相比，图中背压 p 相当于转速 n，调压器活塞位移相当于调速器滑环位移 x，而蒸汽流量 G 相当于汽轮机功率 N。

和调节系统一样，调压器有它自己的不等率(压力变动率)，其不等率等于最高压力 p_{max}与最低压力 p_{min}之差与平均压力的之比，即

$$\delta_p=\frac{p_{max}-p_{min}}{\frac{p_{max}+p_{min}}{2}}\times 100\%\approx\frac{p_{max}-p_{min}}{p_0}\times 100\% \tag{7-40}$$

式中　δ_p——调压系统压力变动率；

p_{max}——最高蒸汽压力，MPa；

p_{min}——最低蒸汽压力，MPa；

p——汽轮机排汽压力的额定值，MPa。

压力变动率和速度变动率一样，压力变动率对调节系统的过渡过程品质(如稳定性、摆动次数、衰减率等)有密切的联系，在几台背压机组并列运行同时向热用户供汽时，压力变等率也决定各台机组之间的热负荷分配。因为热用户对调节精度的要求一般比较低，所以压力变动率往往取得比较大，一般为 10%～20%。

在背压机组启动过程中，为避免背压波动对转速的干扰，应将调压器切除，而由调速器控制转速和最后并入电网。只有在并网或带一定负荷之后，方可根据需要逐步使调压器投入工作。

图 7-146 所示为压力调节过程的工作原理。在这个系统中调节对象不是汽轮机而是排汽管的蒸汽容积。当机组突然甩去电负荷并自电网解列时，汽轮机转速将迅速升高，调速器滑环上移，并通过错油门滑阀和油动机活塞关小调节汽阀的开度，阻止转速过分上升。但是，因为减少了供给热用户的蒸汽量，排汽压力也会相应降低，此时调压器活塞也下移，并力图通过错油门滑阀和油动机活塞开大调节汽阀的开度，增加进汽量。调压器的这种作用称之为“反调”。显然，调压器的这种反调作用，增加了调速器在甩负荷后控制转速的负担，使最高飞升转速和最后稳定转速均高于不投调压器的数值。因此，在甩负荷时调速器的动作不仅要关小调节汽阀，而且还要克服调压器的反作用。所以对图 7-144 的调节系统，在调压器投入的情况下，甩负荷时，其转速飞升的最高和稳定值都要大于不投调压器时的数值。

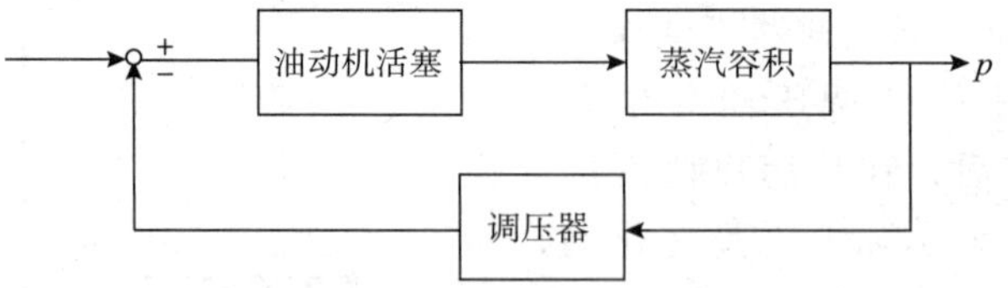

图 7-146　压力调节过程方框图

为了限制调压器在甩负荷过程中的反调作用，在调节系统中设置了限位支点(限位块)2(见图 7-144)，当调压器活塞的下移和限位支点 2 相遇时，调压器活塞就不能再向下移动，此时调速器才能单独控制汽轮机，限制汽轮机转速继续上升。从而使调压器的反调受到遏制，保证调速器能有效地控制汽轮机转速飞升。

当机组按电负荷运行时，可以用机械限位的方法将调压器卡住，使其不起作用，这时调节系统的工作情况与前面介绍的转速调节系统完全相同，因而无需再述。

二、抽汽式汽轮机的调节系统

抽汽式汽轮机可以驱动发电机或压缩机。抽汽式汽轮机可分为抽汽凝汽式汽轮机、抽汽背压式汽轮机，驱动发电机和驱动压缩机的抽汽式汽轮机的调节系统的基本原理相同，但驱动压缩机的抽汽式汽轮机调节系统更为复杂。这里首先以驱动发电机的汽轮机调节系统为例说明一般原理，然后再说明驱动压缩机调节系统的特点。

抽汽式的汽轮发电机组是一种既供电又供热的汽轮机，和背压式汽轮机相比它的优点是灵活性比较大，而且电能和热能可以分别进行调节，而且在配备了设计良好的调节系统以后，可以基本上做到电能和热能的独立调整。即在调整发电量时基本上不影响抽汽量，而在调整抽汽量时不影响发电量。这种机组在热负荷等于零时，也可按纯凝汽工况运行，因此特别适合在热负荷变动量大的情况下运行。抽汽式汽轮机可以同时满足热、电两种负荷变化的需要。为了实现上述目标，汽轮机的结构应复杂一些，对汽轮机调节系统将提出特殊的要求。

目前，比较常见的抽汽式汽轮机有两种形式。一种是一段调整抽汽凝汽式汽轮机，另一种是两段调整抽汽凝汽式汽轮机。除此之外，还有抽汽背压式汽轮机。从原理上讲，它们的调节系统并无大的差别，只是调节变量的多少不同而已。但在工厂企业自备电站只有一段抽汽式汽轮机。下面只讨论一段调整抽汽凝汽式汽轮机。

一段抽汽机组需要调节的变量有两个，一个是转速，另一个是供热抽汽压力，它们的改变分别反映了电负荷和热负荷的变化。要使用户对热、电两方面的需求同时得到满足，必须保证汽轮机能够在热、电两种负荷中任一种改变而进行调节时，对另一种负荷不产生影响。由此对供热机组的调节过程提出了一些要求。

一段抽汽式汽轮机主要有两种型式：第一种一段抽汽式汽轮机的抽汽供工业使用，其抽汽压力为 0.8～1.2MPa，甚至可达 4MPa 或更高；第二种一段抽汽式汽轮机的抽汽供取暖使用，其抽汽压力为 0.07～0.25MPa，这两种汽轮机可调整抽汽的压力虽不相同，但其调节系统的原理是相同的。

1. 一段抽汽式汽轮机的工作原理

图 7－147 所示为一段调整抽汽凝汽式汽轮机的工作原理图。流量为 G_1 新蒸汽经过高压调节汽阀 5 进入高压缸，并在高压缸中膨胀做功发出功率 N_1，流出高压缸分成两股汽流，流量为 G_c 一股通往热用户 3，另一股汽流 G_2 经低压调节汽阀 6 进入低压缸 2 并在其中继续膨胀做功发出功率 N_2，最后的乏汽排入凝汽器 4。设高压缸和低压缸的流量和功率分别为 G_1、G_2 和 N_1、N_2，则

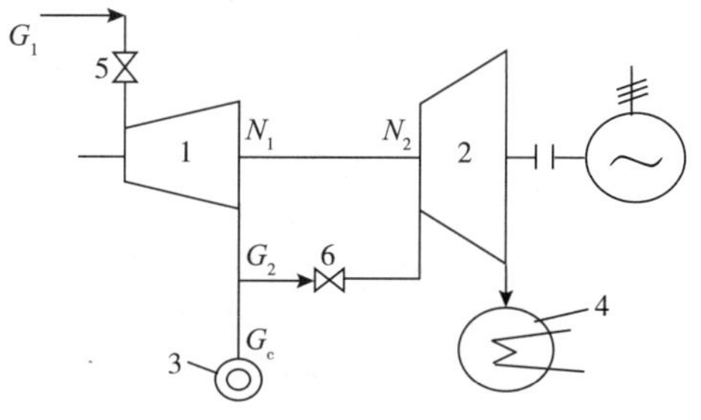

图 7－147　一段抽汽式汽轮机工作原理示意图
1—高压缸；2—低压缸；3—热用户；
4—凝汽器；5—高压调节汽阀；6—低压调节汽阀

汽轮机的总功率为　$N=N_1+N_2$

供给热用户的抽汽量为　$G_c=G_1-G_2$

(1)电负荷不变，热负荷增加

如果热用户所消耗的蒸汽量(热负荷)增加时，而电用户所需要的电负荷不变，将引起供热抽汽压力下降。因此，调节系统应完成下列动作：首先开大高压调节汽阀，使高压缸的流量 G_1 增加到 $G_1+\Delta G_2$，并同时关小低压调节汽阀，使低压缸流量由 G_2 减少到 $G_2-\Delta G_2$，因此抽汽压力可以几乎不变。这时高压缸的功率相应地为 $N_1+\Delta N_1$，而低压缸功率则为 $N_2-\Delta N_2$。高压缸多发的功率 ΔN_1 等于低压缸少发的功率 ΔN_2(即机组总功率保持不变)，抽汽量增加了，但抽汽压力可以几乎不变。

(2)热负荷不变，电负荷增加

如果热负荷保持不变，而电负荷增加时，汽轮机转速下降，调节系统应完成下列动作：即同时开大高压调节汽阀和低压调节汽阀。进入高、低压缸流量分别为 $G_1+\Delta G_1$、$G_2+\Delta G_2$；高、低压缸所发的功率分别为 $N_1+\Delta N_1$、$N_2+\Delta N_2$，在这种条件下应满足：

热负荷不变，则 $\Delta G_1-\Delta G_2=0$

功率的增量为 $\Delta N=\Delta N_1+\Delta N_2$

由此可见，当电负荷不变，而热负荷变化时，高低压调节汽阀运动方向相反，应满足如下条件：

$$\Delta N=\Delta N_1+\Delta N_2=0(\text{即 }\Delta N_1=-\Delta N_2)$$

$$\Delta G_c=\Delta G_1+\Delta G_2$$

当热负荷不变，而电负荷变化时，高、低压调节汽阀运动方向相同，而且应满足下列条件：

$$\Delta G_c=\Delta G_1+\Delta G_2=0$$

$$\Delta N=\Delta N_1+\Delta N_2$$

2. 一段抽汽式汽轮机的调节系统

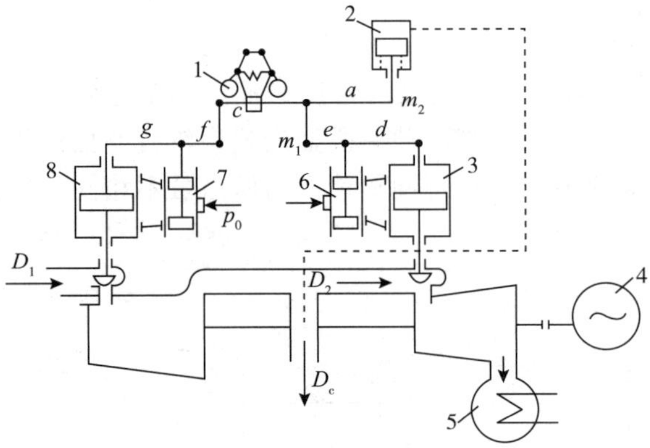

图 7-148 抽汽凝汽式汽轮机调节系统示意图

1—调速器；2—调压器；3—低压缸油动机；4—发电机；5—凝汽器；6—低压缸错油门滑阀；7—高压缸错油门滑阀；8—高压缸油动机

图 7-148 所示为抽汽凝汽式汽轮机调节系统示意图。在系统中，调速器或调压器均能通过杠杆系对油动机活塞起作用，实现同时控制高、低压调节汽阀开度的变化。当电负荷减少，而机组转速升高时，调速器滑环向上移动，使杠杆 m_1m_2 以 m_2 点为支点按顺时针方向旋转，同时通过杠杆的传动带动高压缸和低压缸的错油门滑阀 6 和 7 同时向上移动，高压油经滑阀进入高压缸和低压缸油动机活塞的上部，推动油动机活塞向下运动，同时也带动高、低压调节汽阀向下移动，同时关小高、低压调节汽阀，使高、低压缸的蒸汽流量及功率同时下降，并通过适当的杠杆传动比使供热抽汽量保持不变，实现调节电负荷而不影响热负荷的调节目的。

当热负荷增加，供热抽汽压力下降时，调压器 2 的滑阀向上移动，使杠杆 m_1m_2 以 m_2

点为支点按逆时针方向旋转，通过杠杆的传动，使高压调节汽阀的油动机活塞和错油门滑阀向下移动，而低压调节汽阀的油动机活塞和错油门滑阀向上移动。高压油进入高压调节汽阀的油动机活塞的下部，推动油动机活塞向上移动，开大高压调节汽阀；高压油进入低压调节汽阀的油动机的上部，推动油动机活塞向下移动，关小低压调节汽阀，使供热抽汽量增大，同时通过适当的传动比例，使高压缸功率的增加值和低压缸功率的减小值相互抵消，最终实现调节热负荷而不影响电负荷的目的。

根据工作原理，当电负荷变化时仅仅由于调速器的动作，就能够同时开大(或关小)高、低压调节汽阀。如果调节汽阀的开度能保证高低压缸的流量变化相等，即 $\Delta G_1=\Delta G_2$，则抽汽量的供求将始终保持平衡，因此抽汽量将不会变化。同样，在热负荷变化时仅仅由于调压器的动作，就能够使高、低压缸的调节汽阀按照相反的方向移动。如果调节汽阀的位移能够保证高、低压缸的功率变化大小相等而方向相反，即 $\Delta N=\Delta N_1-\Delta N_2=0$，则电负荷始终保持平衡，因此汽轮机转速将不发生变化。

图 7－149 所示为某液压式一段调节抽汽凝汽式汽轮机调节系统，该系统采用全液压两级放大的结构形式。系统中调压器 5 和压力变换器 1 分别接受抽汽压力和转速的脉冲信号，通过第一脉冲油路 p_{x1} 和第二脉冲油路 p_{x2} 油压变化去控制高、低压调节汽阀 4、8 的开度。

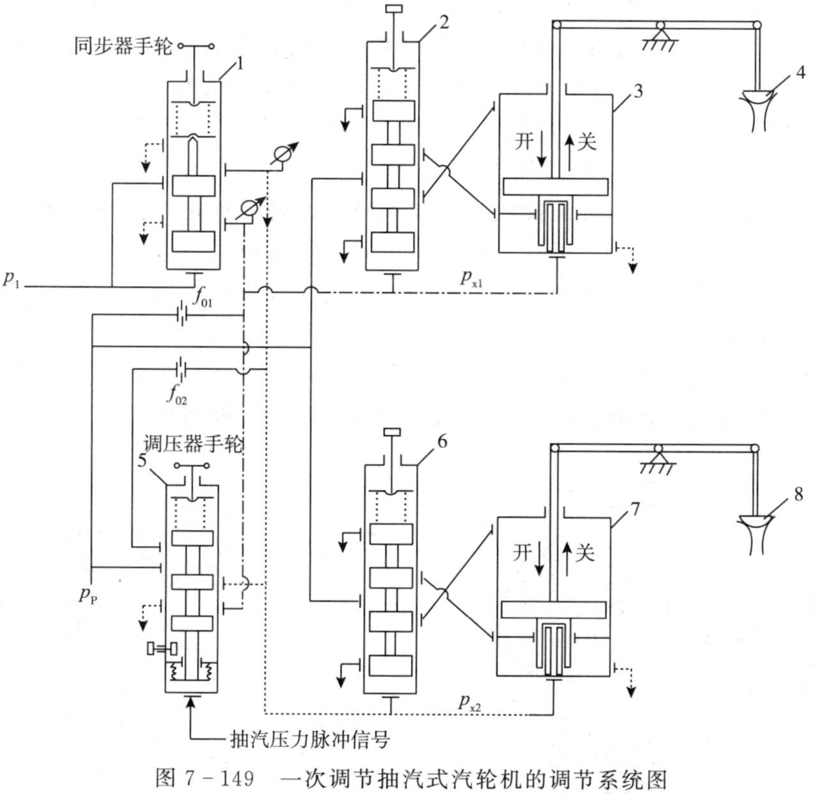

图 7－149　一次调节抽汽式汽轮机的调节系统图

1—压力变换器；2、3—断流式错油门和油动机；4—高压调节汽阀；5—调压器；6、7—低压调节汽阀的错油门和油动机；8—低压调节汽阀；—— 高压油路；-·-·- 第一脉冲油路；······ 第二脉冲油路；回油至主油泵；回油至油箱

当热负荷不变而电负荷减小时，机组转速升高，引起主油泵压力 p_1 上升，压力变换器滑阀上移，同时关小第一和第二脉冲油路的排油口，造成第一、第二两路脉冲油压同时

升高，通过高、低压调节汽阀的错油门滑阀和油动机活塞同时关小高、低压调节汽阀，使机组输出功率下降，与此同时油动机活塞的位移开大其下部排油口，使第一、第二脉冲油路油压降低，错油门滑阀下移；当机组功率与外界负荷重新平衡时，错油门滑阀又回到中间位置，调节过程结束。当电负荷增加，转速下降，动作过程与上述过程相反。

当电负荷不变而热负荷减小时，抽汽压力上升，调压器滑阀上移，关小第一脉冲油路排油口而开大第二脉冲油路排油口，通过两套错油门滑阀和油动机活塞关小高压调节汽阀而开大低压调节汽阀，使抽汽量增大，抽汽压力重新恢复稳定。

通过同步器可调节电负荷或供电频率，同样，通过调压器上部手轮可调整供热负荷和供热抽汽压力。

调节抽汽式汽轮机的低压调节汽阀，有的不采用调节汽阀的形式而采用旋转隔板，如图 7－150 所示。其特点是可以将调节抽汽前后汽轮机的两个不同的压力部分合成一个汽缸，使结构紧凑，轴向尺寸大为减小。其结构是喷嘴叶栅前有环形进汽孔 2，并在隔板前装有右转动的旋转挡板 1 及隔板体 3 和气缸或隔板套 4 等组成。

当旋转挡板在油动机活塞的带动下沿关闭方向转动时，逐渐遮挡进汽孔(相当于调节汽阀的开度逐渐关小)，使低压部分进汽量逐渐减小。当旋转挡板转动至极限位置时，进汽孔尚留有一定的通流面积，以保证汽轮机的低压部分留有足够的进汽量，以便带走各级叶轮摩擦鼓风产生的热量，防止排汽温度过高。当旋转挡板逆时针方向转动时，进汽孔的通流面积逐渐增大，低压部分的进汽量逐渐增加。从图 7－150 中可以看出，在旋转挡板旋转时，遮挡或开启各进汽孔时有先后顺序，因此旋转隔板的作用相当于几个调节汽阀的喷嘴调节。

3. 抽汽式汽轮机变工况及特性线

抽汽式汽轮机有两种，一种是抽汽凝汽式汽轮机，另一种是抽汽背压式汽轮机。抽汽式汽轮机的抽汽压力保持恒定，可视为有两种型式汽轮机组成，抽汽口以前的高压缸为背压式，抽汽口以后的低压缸为凝汽式或背压式。因此，背压式与凝汽式汽轮机的变工况理论都适用于抽汽式机组。

抽汽式汽轮机的特性线统称为工况图，如图 7－151 所示。它表示抽汽式汽轮机的进汽量、调节抽汽量及功率之间的相互关系以及全部可能的工况范围。

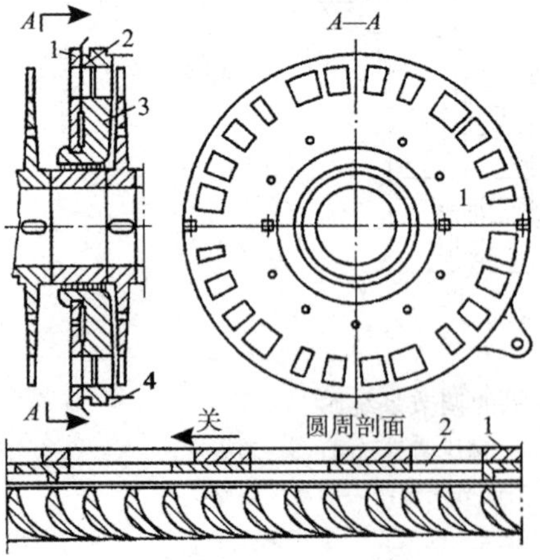

图 7－150　旋转隔板结构示意图

1—旋转挡板；2—进汽孔；

3—隔板体；4—汽缸或隔板套

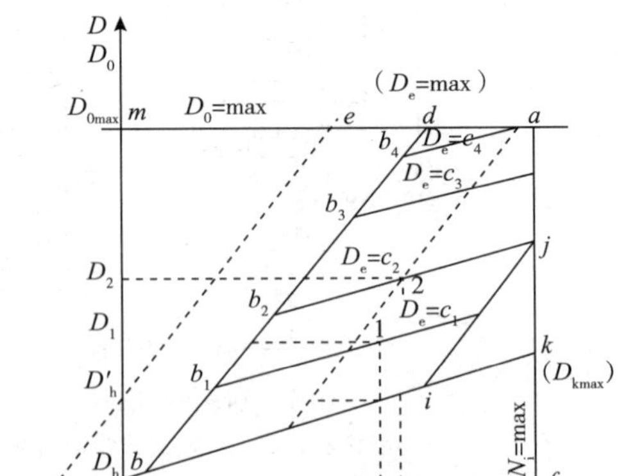

图 7－151　抽汽式汽轮工况图

(1)凝汽工况线 $O'k$

当供热抽汽量 $D_e=0$ 时，全机相当于凝汽式汽轮机，因此，$D_e=0$ 时机组功率与流量的关系曲线称为凝汽工况线，如图 7-151 中 $O'k$ 线。在此工况线上的各点抽汽量 D_e 都为零，$N_i=\dfrac{D_k H_i}{3600}$，$D_k=0$。功率与流量呈直线关系，它与凝汽式汽轮机的变工况特性线完全一样。在此工况线上相当于低压段的抽汽调节汽阀关闭，低压段可通过最大流量，机组功率取决于总进汽量 G_0(等于 G_k)的大小。凝汽工况线 $O'k$ 为抽汽或汽轮机运行工况图的下部边界，k 点为最大凝汽量工况点，即 $D_k=D_{max}$，抽汽式汽轮机作凝汽状态运行时，在此点流量最大，功率最大。

凝汽工况下，凝汽工况线 $O'k$ 与纵坐标($N_i=0$)的交点 D_h 即为空负荷流量，凝汽工况线 $O'k$ 与横坐标交点 O' 与原点 O 间距离代表空负荷功率 N_h，$N_h=\dfrac{D_h H_i}{3600}$。因为空负荷功率 N_h 不是机组的输出功率，故 N_h 点在工况图上位于坐标原点 O 的左边。

(2)背压工况线 $O'e$

在低压段流量 $D_k=0$ 时，相当于背压式汽轮机，因此 $D_k=0$ 时机组功率与流量的关系曲线称为背压工况线。背压工况线比凝汽工况线陡一些，且截距更大，如图 7-151 中 $O'e$ 线。机组功率 N_i 取决于抽汽量 D_e，$N_1=\dfrac{D_e H_i}{3600}$。背压工况的空负荷流量为 G'_h，空负荷功率 N'_h，$N'_h=\dfrac{D'_h H_{i1}}{3600}$，全抽汽工况虽然流量大，当高压段焓降小，空负荷功率与凝汽工况相近。背压工况线在理论上是工况图左边运行线。

(3)最小凝汽量工况线 bd

为了带走低压段叶轮、叶片高速旋转所产生的鼓风摩擦损失，避免低压段过热，必须保证最低限度的冷却汽量 G_c 流过低压段进入凝汽器，D_{kmin} 一般为低压段总流量 D_0 的 5%～10%。$D_k=\min$ 时，机组功率与流量的关系曲线称为最小凝汽量工况线。由于 bd 与 $O'e$ 线相同，故最小凝汽量工况线平行于 $O'e$，且在 $O'e$ 线的下方，如图 7-151 中的 bd 线。

(4)最大流量工况线 ma

此工况为蒸汽流过高压段总流量 D_0 为最大时的工况。在工况图上用 ma 线表示，点 m 即 $D_0=\max$，线上各工况点都符合 $D_0=D_e+D_k=D_{0max}$。在最大流量线上不同的抽汽量 G_e 与凝汽量 D_k 相匹配可发出不同功率。对抽汽式汽轮机来讲，最大流量并不等于最大功率，最大功率取决于抽汽量 D_e 与凝汽量 D_k 的比例，在此线上只有 a 点工况才能达到最大功率 N_{imax}。

最大流量工况线是工况图上的上部运行边界，即流量极限。汽轮机总流量受高压段通流面积限制，无法超越流量极限运行。

最小流量点与最小功率点($D_0=\min$，$N_i=\min$)为最小凝汽量工况线 bd 与凝汽工况线 bk 的交点 b。因为在此点 $D_e=0$，即 $D_0=D_{kmin}=D_c$，$N_i=\dfrac{D_{kmin}\cdot H_i}{3600}$，此工况点功率 N_i 为最小，只有冷却蒸汽做功。

最小流量及最小功率点在抽汽式汽轮机运行工况图的下部端点，不能低于此点运行，否则不能保证最低冷却汽量与最低功率。

(5)最大功率(额定功率)工况线 ak

高压调节汽阀全开时的工况线 ea 为最大抽汽量 D_{emax} 工况线，ak 为最大功率工况线。在此工况线上汽轮机功率发出最大值 N_{imax}。由不同的抽汽量 G_{e} 与凝汽量 G_{k} 匹配可以得到最大功率 N_{imax}。

最大功率线是工况图右部运行边界，没有特殊原因汽轮机不得超越额定功率运行。超越额定功率运行属于超负荷运行，这样对汽轮机部件的强度及使用寿命都是不利的。

(6)等抽汽量工况线($D_{\text{e}}=c$)

即抽汽量 D_{e}=常数工况线，斜率 d_1 与 $O'k$ 线相同，D_{e}=常数都平行于 $O'k$；D_{e}=常数线位于 $O'k$ 线之上，便构成许多的抽汽量为常数的工况线，如 $D_{\text{e}}=c_1$、$D_{\text{e}}=c_2$、$D_{\text{e}}=c_3$……。同一条线上各工况点抽汽量 G_{e} 都一定，故也称为“等抽汽量”工况线。等抽汽量工况线在 $D_{\text{e}}=0$ 与 $D_{0\max}$ 区间内有许多条。

最大抽汽工况点($D_{\text{e}}=\max$)为最小凝汽工况线 ba 与最大抽汽工况线的交点 d，因为在此点进汽量 D_0 为最大，而凝汽器量 D_{k} 为最小，所以抽汽量 $D_{\text{e}}=D_{\text{emax}}$ 为最大。即 $D_{\text{emax}}=D_{0\max}-D_{\text{kmin}}$。最大抽汽工况的功率为

$$N_{\text{i}}=\frac{(D_{0\max}-D_{\text{kmin}})H_{\text{i1}}}{3600}+\frac{D_{\text{kmin}}H_{\text{i}}}{3600}$$

虽然流经高压段的汽量最大，但焓降甚小，因此输出功率并非最大，最大功率点与最大抽汽点并非一致。

各抽汽量 $D_{\text{e}}=\text{c}$ 工况线上每一点，都可表示出汽轮机在该抽汽量工况下的进汽量 D_0、抽汽量 D_{e}、凝汽量 D_{k} 和机组内功率 N_{i} 的数值，根据工况图即可知道该工况下机组主要技术参数。例如，已知抽汽量 $D_{\text{e}}=c_1$ 线上运行点 1，则可求出该点工况下述参数：

内功率

$$N_{\text{i}}=\frac{(D_0-D_{\text{e}})H_{\text{i}}+D_{\text{e}}H_{\text{i1}}}{3600}=\frac{(D_1-c_1)H_{\text{i}}+c_1H_{\text{i1}}}{3600}$$

式中　c_1——对应 1 点的进汽量。

凝汽量

$$D_{\text{k}}=D_0-D_{\text{e}}=D_1-c_1$$

汽轮机高压段内功率

$$N_{\text{i1}}=\frac{D_1H_{\text{i1}}}{3600}$$

汽轮机低压段内功率

$$N_{\text{i2}}=\frac{(D_1-c_1)H_{\text{i2}}}{3600}$$

汽轮机内功率

$$N_{\text{i}}=N_{\text{i1}}+N_{\text{i2}}$$

机组实际运行中，可从工况图上根据 1 点，直接查出 N_{i}、D_1 和 D_{k}。

(7)等凝汽量工况线($D_{\text{k}}=0$)

在工况图上按照流经汽轮机低压段的凝汽量 D_{k} 为不同的常数值，绘出功率 N_{i}、流量 D_0 和抽汽量 D_{e} 之间相互关系的变工况特性线。斜率 d_1 都与 $O'e$ 线相同，故 D_{k}=常数工况线都平行于 $O'e$(背压工况线)。各 D_{k}=常数线与各抽汽量线 $D_{\text{e}}=c$ 有许多交点，每个交点都是一个稳定运行工况。例如在运行工况点 2，根据工况图立即可查出该点的技术参数为：进汽量 D_2、内功率 N_2，抽汽量 $D_{\text{e}}=c_2$，凝汽量 $D_{\text{k}}=k$。如果利用计算方法它们应符合下列公式：

进汽量　$D_0=D_2=D_e+D_k=c_2+k$

机组内功率　$N_i=N_2=\dfrac{(c_2+k)H_{i1}+kH_{i2}}{3600}$

(8)最大凝汽量工况线

当中压调节汽阀已全开，低压端流量已达极限值，但抽汽压力仍能维持稳定的工况线，在工况图上用 ij 表示，它与背压工况线 $D_k=0$ 相平行，为最大凝汽量 D_{kmax} 工况线。当调节抽汽量 $D_k=0$ 时，高、低压段流量相等，汽轮机应能发出额定功率。

(9)最大功率(额定功率)工况线

高压调节汽阀全开时的工况线 ea 为最大抽汽量 D_{emax} 工况线，ak 为最大功率工况线。在此工况线上汽轮机功率发出最大值 N_{imax}。由不同的抽汽量 G_e 与凝汽量 G_k 匹配可以得到最大功率 N_{imax}。最大功率线是工况图右部运行边界，没有特殊原因汽轮机不得超越额定功率运行。超越额定功率运行属于超负荷运行，这样对汽轮机部件的强度及使用寿命都是不利的。

图 7－151 中 $bdajib$ 所围成的封闭面积上的任何一点，都代表着汽轮机的一种运行工况，也就是常见的调节抽汽式汽轮机工况图的形状。

第九节　调节系统试验与调整

一、汽轮机调节系统试验

调节系统常见的缺陷与调节系统的各项特性有关，为了了解调节系统的工作性能，测取它的各项特性，发现调节系统存在的缺陷并分析缺陷产生的原因，予以及时消除，以保证调节系统在运行中工作性能正常的试验，称为调节系统试验。调节系统试验的主要有以下几项：静态保护装置试验(静止试验)、超速试验、空负荷试验、带负荷试验和甩负荷试验。

1. 静止试验

静止试验是指汽轮机在静止状态下，检验各保护装置动作可靠性的试验。静止试验主要是手动检查危急保安器、轴向位移遮断器、磁力短路油门等保护装置动作的可靠性。一般在机组每次启动前均应进行检查。

静止试验时因主油泵不工作，因此压力油应由高压辅助油泵供给，以代替主油泵供给压力油，转速信号需人工产生的，对系统进行试验。试验具体方法视不同系统而异：对高速弹性调速器，用同步器来移动调速器滑环位置以代替转速变化；径向泵及旋转阻尼调速器则用人工产生可调节油压，以代替转速变化。

静止试验主要内容为：调整各部套符合设计要求、测取各部套之间的相互关系，即

(1)调速器信号(滑环位移或一次油压)与二次油压及油动机活塞行程之间的关系；

(2)油动机活塞行程与各调节汽阀开度的关系；

(3)同步器的工作范围；

(4)传动放大机构的迟缓率等。

2. 静态试验

静态试验包括空负荷试验及带负荷试验。

(1)空负荷试验

空负荷试验是指机组在不带负荷状态下的性能试验。此试验在汽轮发电机在无励磁空转运行工况下的试验，空负荷试验主要测取：主油泵进出口油压差(或二次油压)与转速的变化关系——感应机构特性曲线，和主油泵进出口油压差(或二次油压)与油动机行程的变化关系——传动放大机构的特性曲线；检验同步器的工作范围；测定感应机构和传动放大机构的迟缓率等。同时检查调节系统能否维持汽轮机空负荷运行的特性。

在空负荷试验前必须进行如下试验：危急保安器充油脱扣(跳闸)试验、自动主汽阀和调节汽阀严密性试验、手打危急保安器试验以及超速试验，同步器整定及调节系统静态特性的测定。

通过试验达到下列要求：同步器转速控制范围在额定转速－5%～＋7%的范围内变化，感受机构的迟缓率0.3%。阀门的严密性，在主汽阀(或调节汽阀)单独关闭而调节汽阀(或主汽阀)全开的情况下，汽轮机的稳定转速在1000r/min以下，但其中一种阀门的稳定转速应低于400～600r/min。当主汽阀全开时调速系统应能为此空转。充油试验，危急保安器动作应合格。

(2)带负荷试验

机组在规定负荷状态下的性能试验称为带负荷试验。带负荷试验是在机组并网运行时进行的，此时汽轮机转速已不再变化。带负荷试验主要测取配汽机构的静态特性曲线及调节系统的静态特性曲线，判定调节系统工作的稳定性。此试验是汽轮机发电机组在系统内运行时进行的，最好选择在电网负荷较稳定的时间内进行。其目的是测取配汽机构的静态特性线、同步器与油动机活塞行程关系曲线、油动机活塞行程与各调节汽阀的开度之间的关系曲线、各调节汽阀之间的重叠度，同时还应检查调节系统工作的稳定性。

试验前应在调节汽阀后加装压力表。试验过程中调节系统应工作稳定，并在带负荷后在任何负荷点均能维持稳定运行；用同步器增减负荷或由于电网频率波动引起负荷变化时，油动机活塞应运动平稳，无卡涩、突跳或摆动现象；速度变动率应在3%～6%，迟缓率应小于0.3%；蒸汽参数、真空及电网供电频率等参数均应维持在额定值。

根据试验中所测数据整理并绘制出油动机活塞行程Z和负荷N之间的关系曲线；再结合空负荷试验中求得的感受机构和传动放大机构的特性曲线，绘制出调节系统的静态特性曲线，即$n=f(N)$曲线。最后求得调节系统的速度变动率、迟缓率及同步器的工作范围、各调节汽阀的重叠度。并对该系统的静态特性作出全面评价。

3. 甩负荷试验

汽轮机在不同负荷下突然卸去负荷以考核调节系统动态特性的试验，称为甩负荷试验。甩负荷试验又称为动态特性试验。动态特性试验一般在机组安装后进行。大修前后如无特殊原因不做此试验。

在汽轮发电机组运行中，测取甩负荷性能、判定调节系统的动态特性。此试验是在带负荷状态下进行，其目的在于测定甩负荷后的瞬间最大转速和最后稳定转速，检查飞升转速是否仍在危急保安器动作转速之内，从而判定调节系统的动态特性是否合格。

甩负荷试验前必须具备如下条件：

(1)调节系统静态特性符合要求，即迟缓率、速度变动率、各部套的行程范围及特性曲线均应符合要求；

(2)自动主汽阀、调节汽阀关闭时间应小于0.4～1s。自动主汽阀、调节汽阀严密性试验合格，且主汽阀全开时，调节汽阀能维持机组空负荷运行；

(3)经超速试验，危急保安器动作转速正常，手拍危急遮断装置手柄动作可靠、正常；

(4)抽汽逆止阀联锁装置动作灵敏、准确、可靠，且关闭迅速、严密；

(5)发电机拉闸按钮工作正常、可靠；

(6)电气、锅炉、汽轮机现场均有相应的安全措施。

甩负荷试验时，应符合下列规定：

(1)试验时，汽轮机的蒸汽初参数、真空值应为额定值，电网频率接近额定值(一般频率不高于50.5Hz)。

(2)根据甩负荷的安全性，确定甩负荷的次数和甩负荷的等级。甩负荷试验应分三次进行，先甩1/2额定负荷，然后依次甩3/4额定负荷和额定负荷。只有当上一级甩负荷试验合格后，方可进入下一级甩负荷试验。若经不起甩部分负荷时，试验即应停止。

(3)甩负荷试验过程中应记录如下项目：

①录波项目，包括时间，转速，油动机行程，调速器滑阀行程，脉冲油泵进、出口油压，一、二次油压，脉动油压，功率信号等。

②记录项目，包括主蒸汽参数(压力、温度)、真空度、电网频率、调节油压、油温，抽汽逆止阀是否动作、灵敏、可靠、严密性等。

(4)试验时，由专人监视机组转速，当转速超过脱扣转速，危急保安器仍不动作时，应立即打闸停机。

(5)试验时，如发生事故，则应停止试验，按事故规程处理。

4. *超速试验*

超速试验是指机组转速达到额定转速的110%～112%时，检验危急保安器动作转速的准确性的试验。为了确保汽轮机的安全运行，必须定期试验危急保安器，检查其动作是否正确。一般规定在设备大修后；检修中拆卸过调节系统后；运行2000h以上；停机一个月后再启动时都要进行超速试验。

超速试验是在系统解列的情况下用提升转速的方法进行，并且必须在危急保安器静态试验正常的情况下进行；另外应设专人监视，其任务是待危急保安器动作后发出信号，或超过动作转速仍不动作时手打危急保安器手柄停机，以防造成飞车事故发生。

一般超速试验应连续进行两次，并且两次试验动作转速之差不应超过0.6%。新安装和大修后的汽轮机，超速试验应进行3次。前两次试验动作差值不应超过0.6%，第三次试验动作转速与前两次的平均值之差不应超过1%。

二、调节部套试验

新安装机组及机组大、中修时，对调节部套进行解体、检查。当机组投运前应对调节部套和系统进行性能试验，以保证机组顺利启动和安全、平稳运行。

1. *放大器及同步器试验*

旋转阻尼调速器试验的目的：测取转速 n 与一次油压 p_1 的关系，见表7-1。对额定转速为 3000r/min 的汽轮发电机组而言，只有旋转阻尼转速达到 50%额定转速以上时方起作用，即转速平方与一次油压成正比。

表 7-1 旋转阻尼一次油压 p_1 与汽轮机转速 n 的关系

转速 n/(r/min)	2800	2850	2900	2950	3000	3050	3100	3150	3200	3210	3250
一次油压 p_1/MPa	0.1910	0.1979	0.2049	0.2121	0.2193	0.2267	0.2342	0.2418	0.2495	0.2511	0.2574

具体试验时可记录 80%～112%额定转速范围内一次油压变化，可以先给定一个转速得到相应的一个一次油压，这样上行及下行各做一次试验记录，并绘出转速与一次油压的关系曲线 $n-p_1$。进行上述试验时，要求在同一转速下，上行与下行之间一次油压的误差应在 0.98kPa 左右，一次油压波动范围也应在 0.98kPa 左右，这样就认为是良好的。

2. 径向泵调速器试验

径向泵调速器试验的目的是测取转速与径向泵出口压头与转速之间的关系。由于该泵是一台离心式油泵，所以其关系式可用下式表示，即

$$p=an^2 \tag{7-41}$$

式中 p——泵出口压头(泵的出口压力与入口压力之差值)，kPa；

n——泵转速，r/min；

a——与结构有关的比例常数，其设计点是：$n_0=3000$r/min，出口压头 $p_0=0.588$MPa，则

$$a=\frac{p_0}{n_0}=\frac{0.588}{3000^2}=0.6533\times10^{-7}\text{MPa}\cdot\left(\frac{\text{r}}{\text{min}}\right)^{-2}$$

试验值应符合表 7-2 的要求。

表 7-2 径向泵转速与泵出口油压、压头的关系

转速/(r/min)	2400	2500	2600	2700	2800	2900	3000	3100	3200	3300	3400	3450	3500
泵出口压头/MPa	0.384	0.417	0.451	0.486	0.522	0.560	0.600	0.640	0.682	0.724	0.771	0.794	0.864
泵出口压力/MPa	0.484	0.517	0.551	0.586	0.622	0.660	0.700	0.740	0.782	0.824	0.871	0.894	0.964

3. 放大器试验

放大器试验时同步器应一起参加。放大器试验的目的是：测取一次油压 p_1 与二次油压 p_2 的关系，计算出放大比和获得同步器工作范围，使同步器的工作范围为(−5%～+7%)n。

放大器具体试验方法为：人为产生一次油压信号通道放大器的一次油压油室，然后在同步器上、中、下三个不同的位置分别进行试验，以给定一个一次油压相应得到一个二次油压值，这样上行与下行来回分别做两次试验并记录，同时绘出同步器上、中、下三个不同位置时的一次油压 p_1 与二次油压 p_2 的关系曲线 p_1-p_2。试验中要求同一个一次油压、二次油压数值下，上行与下行之间误差应在 3.9～4.9kPa 范围内。同步器在零负荷的工作范围应在额定转速的 95%～107%。

放大器动作转速(即调速器动作转速)应为汽轮机额定转速 90%±2%，如有误差，可通过辅助同步器的弹簧来进行调整。

4. 油动机试验

油动机试验的目的：是测取控制油压 p_x（或 p_2）与油动机行程 m 的关系。试验时应记录油动机动作油压值与最大行程时的控制油压值 p_x（或二次油压 p_2）。控制油压与油动机活塞行程的初始值调整可通过改变反馈油口初始面积或改变静弹簧预紧力来进行调整。

油动机试验时，可先给定一个控制油 p_x（或二次油压 p_2）相应得到一个油动机活塞行程数值 m，这样上行与下行来回做两次试验并记录，并绘出控制油压 p_x（或二次油压 p_2）。与油动机活塞行程 m 曲线控制油压 p_x（或二次油压 p_2）$-m$。试验要求在同一个 p_x（或 p_2）数值下，油动机活塞行程与行程在上行与下行之间数值误差为 1.5～3mm。

5. 调压器试验

调压器主要用于抽汽(凝器)式汽轮机和抽汽背压式汽轮机的调节系统中。试验时主要测取在机组压力变动率范围内，调压器的输出脉冲油压变化 p_{c1} 和 p_{c2} 和小油动机活塞行程 Z 的关系。

试验时的人为提供油压作为蒸汽脉冲，给定一个抽汽压力（或背压）讯号通往调压器的蒸汽压力脉冲室内，然后调整油动机活塞杆上的螺母，使小油动机活塞行程 $Z=0$ 时并处于未动位置，而后再给定一个蒸汽压力脉冲讯号，记录调压器输出脉冲油压 p_{c1} 和 p_{c2} 以及小油动机活塞行程 Z。脉冲油压的初始值可以通过调节阀碟上面的小弹簧压紧力来达到。这样上行与下行来回做二次试验并记录，绘出蒸汽脉冲压力 p_{c1} 和 p_{c2} 和小油动机活塞行程 Z 的关系曲线 $p-p_{c1}$ 或（p_{c2}）、p_{c1} 或（p_{c2}）$-Z$，试验要求在同一抽汽压力或背压值下脉冲油压上行与下行之间的误差值 3.9～4.9kPa 范围内，这样就认为是良好的。

6. 自动主汽阀和调节汽阀试验

自动主汽阀和调节汽阀试验包括严密性试验和关闭时间试验。自动主汽阀和调节汽阀进行严密性试验的目的是鉴定它们是否漏汽和漏汽的程度。

(1)严密性试验

①主汽阀严密性试验

在额定蒸汽参数、真空和转速条件下，调节汽阀处于全开状态，关闭主汽阀，并同时记录汽轮机转速随时间变化的关系。一般要求在主汽阀关闭后，汽轮机转速下降到 1000r/min 以下（或 10～15min 左右，机组由额定转速 3000r/min 降到 1500r/min 以下）。

②调节汽阀严密性试验

调节汽阀严密性试验可以有两种过程进行试验：

a)在额定蒸汽参数、真空和转速条件下，自动主汽阀处于全开状态，关闭调节汽阀并同时记录汽轮机转速随时间变化的关系。调节汽阀关闭后，汽轮机转速的下降速度一般要求应与在相同蒸汽参数、真空条件下，脱扣停机时的惰走曲线基本一致。

b)在汽轮机空负荷和主汽阀处于全开状态，同步器放在低限位置。试验时可操作同步器或辅助同步器，使调节汽阀逐渐关闭，这时汽轮机转速也下降，如果调节汽阀不严密，则汽轮机转速降到一定值后就不再下降，这一稳定转速就表示调节汽阀严密程度。一般要求在 2min 左右时间内，机组由额定转速 3000r/min 下降到 70％额定转速左右（即 2000r/min 左右）。也有规定在延续 20～30min 时间内，转速降到 1000r/min 以下即认为严密性合格。

(2)关闭时间试验

关闭时间试验是测量操纵自动主汽阀和调节汽阀的自动关闭器(安全保护装置)和油动机关闭时间，以判断其动作迅速性是否符合要求。试验分别在静止状态(无蒸汽作用力)和空负荷(额定蒸汽参数时)下进行。

具体方法是将行程发信器安装在主汽阀和油动机上，将位移信号转变成电气信号送入录波器，同时还要送入危急保安器的打闸(脱扣)信号(表示打闸开始时间)。试验时手打危急保安器，录波器就自动记录自动主汽阀和调节汽阀的关闭过程。

①主汽阀关闭时间试验

全开主汽阀，然后手拍危急遮断装置或危急遮断器手柄或手拍紧急停机手柄，脱扣油立即卸压，主汽阀迅速关闭。此项试验应连续做二～三次。一般中压机组主汽阀关闭时间在1s内为合格；高压机组或超高压机组关闭时间在0.5s内为合格。

②调节汽阀关闭时间试验

调节汽阀处于全开位置，手拍危急遮断装置或危急遮断器手柄或手拍紧急停机手柄，脱扣油立即卸压，调节汽阀迅速关闭。要求调节汽阀关闭时间在0.5s内为合格。

试验合格后，危急遮断器手柄复位，调节汽阀应立即自动开启，处于全开状态。

7. 超速保护装置试验

新机组安装完毕，每次大修前后或停机一个月和运行2000h以后，均应按有关规定进行超速保护装置试验，即手动、注油试验和超速试验。

(1)手动试验

手动试验的目的是检查危急遮断油门、自动主汽阀和调节汽阀是否能正常动作。手动试验应结合主汽阀和调节汽阀严密性试验和关闭时间试验一起进行，试验也应分别在汽轮机静止状态和空负荷状态下进行。

开启抽汽调节汽阀(开度约三分之一)，手打危急保安装置手柄，主汽阀、调节汽阀、抽汽调节汽阀迅速关闭(关闭时间应小于0.5～0.8s)，并应有信号发出。然后旋回启动手轮，关闭抽汽调节汽阀手轮，复位危急保安装置后，重新开启各汽阀，恢复机组转速至额定转速。

(2)注油试验

此项试验必须在危急保安装置试验良好的情况下进行，此项试验的目的是检查危急保安装置的灵活性，可在额定转速下进行。将试验手柄压向试验位置，并用手轮调整。如EHNG50/63汽轮机，额定转速为3000r/min时，注油压力为0.14MPa左右动作；当转速为2850r/min时，注油压力为0.16MPa左右动作。试验良好后，将试验装置恢复至正常位置。

(3)超速试验

超速试验的目的是测取危急保安器实际动作转速。

超速试验时，必须先试验手动紧急停机装置、自动主汽阀和调节汽阀能迅速动作关闭。超速试验时，将汽轮机缓慢升速至额定转速的110%～112%时，危急保安器飞锤应动作，主汽阀、抽汽速关阀、调节汽阀应迅速关闭，转速也应迅速下降。若超过额定转速112%时，危急保安器还未动作，应立即降低机组转速，当降低转速无效时，则应立即手打危急保安器手柄，停机，检查、调整危急保安器，再进行试验。

超速试验危急保安器动作转速范围为额定转速的110%～112%。同一情况下应进行两次，并且两次试验动作转速差不应超过0.6%；新安装的机组，危急保安器动作转速应连续做三次。前两次动作转速差不应超过0.6%，第三次动作转速与前两次平均值之差不应超过1%。

三、调节系统的调整

对通过试验发现的调节系统某些性能不符合要求，或者运行中发现某些缺陷进行的调整，称为调节系统的调整。调整的具体内容包括调节汽阀的重叠度、油动机活塞行程界限、同步器的工作范围、速度变动率等，通过调整以保证调节系统的性能。

1. 调节汽阀的重叠度

调节汽阀按顺序开启式，应有适当的重叠度，即

$$重叠度=\frac{p_0-p'_0}{p_0}\times 100\%$$

式中　p_0——调节汽阀前的压力，MPa；

p'_0——后一个调节汽阀刚开启时，前一个调节汽阀后压力，MPa。

一般要求相邻两调节汽阀开启时的重叠度应在10%左右。若实际运行中发现调节系统在调节汽阀开启的交界处有不正常的摆动，或者通过试验发现调节系统静态特性曲线个别区段有过陡或过平(局部速度变动率过大或过小)现象，则应对调节汽阀重叠度进行检查调整。

调节汽阀重叠度的调整，可在静止时通过改变各调节汽阀的阀量来实现(参见图7-53)。可通过调整螺母适当减小第三调节汽阀的阀量或增大第四调节汽阀的阀量来取得合理的重叠度。

2. 油动机活塞行程界限

在蒸汽参数正常范围之内，油动机活塞除具有将调节汽阀由空负荷提升到额定负荷位置的工作行程之外，在对应于调节汽阀开大和关小方向，还应能分别移动一段距离，称为富裕行程。其中，相应于调节汽阀关小方向的富余量，除应保证调节汽阀能由空负荷位置移动到关闭位置之外还应在提升装置的机械连接件间出现间隙的条件下，确保调节汽阀关闭，一般富余量应不小于活塞工作行程的10%。但对于群阀提板式配汽机构，当油动机活塞相应于调节汽阀关小方向移动到极限位置时，提板不应压在调节汽阀上(一般应留有1mm左右的间隙)，以防阀芯与阀座因受冲击而损坏。相应于调节汽阀开大的方向的富余量，除应能保证各调节汽阀全开，以便在蒸汽参数、真空下降至允许极限值时仍能发出额定功率外，油动机活塞还应能移动不小于工作行程的3%～5%的距离，以便在传动件之间间隙稍有增大时各调节汽阀仍能充分开启。

当运行过程或试验中，发现油动机活塞行程界限不符合要求时，应在各调节汽阀的阀量合理的条件下，通过改变油动机活塞行程或调节汽阀拉杆长度来进行调整，使油动机活塞的富余行程满足上述要求。

3. 同步器调节范围的调整

同步器调节范围的调整包括：工作范围不足的调整和上下限线位置同时偏高或偏低的调整。

当同步器调节范围不足是指在同步器上、下限之间的转速差值过小，在并列运行前同步器的变速范围小于规定的转速变化值。在这种情况下，主要是调整同步器的螺杆行程。

如果螺杆行程受到结构限制，也可以考虑增大同步器所控制的弹簧刚度。使得在同步器的同一个行程中，弹簧的作用力改变较大，从而使转速改变也较大。

如调节系统静态特性曲线上、下限之间距离是满足要求的(即同步器变转速范围合格)，只是上、下限线位置偏高或偏低的情况，从原理上讲，只要采取平移任一调节机构静态特性曲线即可。但由于实际调节系统的结构各有差别，因而具体调整的主要部位也不尽相同。对于全液压调节系统可以考虑采取以下几方面的调整措施，平移同步器上下限。

(1)调整压力变换器弹簧的预紧力。当增加垫片厚度，增大压力变换器上部弹簧的预紧力时，同一同步器位置的转速升高，上下限上移；反之，减小垫片厚度，弹簧预紧力减小，同步器上下限下移。因此，若同步器上下限偏高时，应减小垫片厚度；同步器上下限偏低时，应增加垫片厚度。垫片厚度的调整量，可通过试验确定。

(2)调整错油门弹簧的预紧力。当调整错油门上部螺杆增大其弹簧预紧力时，脉冲油压上升，与此对应的转速也必然上升，同步器上下限上移；反之，减小错油门弹簧的预紧力时，脉冲油压下降，同步器上下限下移。因此，若同步器上下限偏高时，可适当减小错油门弹簧预紧力；同步器上限偏低时，可适当增大错油门弹簧预紧力，以使同步器上下限符合规定要求。

(3)调整油动机活塞杆或调节汽阀拉杆长度。当需通过调整螺母来增大油动机活塞杆或调节汽阀拉杆长度时，同一调节汽阀开度(或负荷)下的油动机活塞位置降低，反馈油口开度减小，并维持稳定工况下一定的脉冲油压，压力变换器滑阀必然处在一较低位置，以增大由滑阀所控制的脉冲油排油口开度，而较低的压力变换器滑阀位置必然与较低的转速相对应。这就表明，增大油动机活塞杆或调节汽阀拉杆长度后，使同一负荷所对应的转速降低了，相应的同步器的上下限下移；反之，减小油动机活塞杆或调节汽阀拉杆长度，同步器的上下限将上移。但应注意，调整时，必须保证油动机活塞富裕行程符合要求。

对于半液压调节系统，完全可以根据上述原理和措施，借助于增大反馈弹簧的预紧力，增加静止时阀碟泄油间隙及缩短调节汽阀拉杆长度等措施，使同步器上下限上移，或者采取相反方向的调整措施，使同步器上下限下移。

4. 速度变动率的调整

要改变速度变动率，即改变调节系统静态特性线的斜率，只要改变组成机构中任一机构静态特性线的斜率(即改变该机构输入量与输出量的比例常数)，都可能成为调整速度变动率的措施。但对具体调节系统，还应结合实际部套结构，从方便可行角度具体的调整措施。对于全液压调节系统速度变动率的主要调整措施如下：

(1)改变压力变换器上部弹簧的刚度

当更换压力变换器弹簧使其刚度增大时，调节系统的速度变动率变增大；反之，减小压力变换能器弹簧刚度时，便可使速度变动率减小。这是因为，当压力变换器弹簧刚度增大后，压力变换器脉冲油的泄油窗口的开度变化相同数值时，所需要的主油泵出口油压变化相应增大。即油动机活塞行程改变同样数值时，所需要的主油泵出口油压变化增大。这样，当机组运行时，同样的负荷变化所引起的转速变化就相应增大。所以，调节系统的速度变动率随压力变换器弹簧刚度的增大而增大。

(2)改变压力变换器脉冲油泄油窗口的宽度

增加压力变换器脉冲油泄油窗口的宽度，可使调节系统的速度变动率减小；反之，减小压力变换器脉冲油泄油窗口的宽度，可使调节系统的速度变动率增大。这是因为，当泄油窗口的宽度增加后，在同样的主油泵出口油压变化下，该泄油窗口的泄油面积增大，于是油动机活塞行程的变化也相应增大。即同样的转速变化，所引起的油动机活塞变化增大；反过来讲，同样的油动机活塞行程变化，所引起的转速变化减小，即速度变动率减小。反之，同样可说明，速度变动率随压力变换器泄油窗口宽度的减小而增大。

(3)改变油动机反馈窗口宽度

增加油动机反馈窗口宽度，将使调节系统的速度变动率增大；反之，减小油动机反馈窗口宽度，将使调节系统的速度变动率相应减小。这是因为，当油动机反馈窗口宽度增大后，同样的油动机活塞行程发生变化，所引起的油动机反馈窗口泄油面积增大，相应的压力变换器泄油窗口开度增大，所需的主油泵出口油压也增大。所以，反馈窗口宽度增大后，同样的负荷变化，所引起的转速变化增大，速度变动率增大。

(4)改变调节汽阀的重叠度

增加调节汽阀的重叠度(或减小调节汽阀的空行程)，可使调节汽阀的速度变动率减小；反之，减小调节汽阀的重叠度，可使调节汽阀的速度变动率增大。这是因为，调节汽阀重叠度增大后，同样的负荷变化，调节汽阀开度减小，油动机活塞行程及其所对应的转速减小，因而速度变动率也相应减小。同样，调节汽阀重叠度减小，同样的负荷变化，调节汽阀开度及油动机活塞行程增大，速度变动率增大。

对于半液压调节系统，除可采取与上述(4)点相同的调整措施外，还可采取改变反馈弹簧与调速器板弹簧刚度、反馈杠杆比例等措施改变调节系统速度变动率。通过对调节系统各部套信号传递关系的分析，增大反馈弹簧与调速器板弹簧的刚度，移动反馈杠杆支点，增大反馈弹簧一侧的杠杆比例尺寸，均可使速度变动率增大；反之，均可使速度变动率减小。

四、Wood Ward 调速器调节系统的整定

(一)505 电子调速器的调节系统的整定和上下限线位置偏高、偏低的调整

1. 电液转换器的整定

(1)建立脱扣油压，将自动主汽阀开启。

(2)利用信号发生器，向电液转换器输入 4mA 的电流，此时二次油压应为 0.15MPa，当电流升高到 20mA 时，二次油压应为 0.45MPa，二次油压与电流应成对应的线性关系。若不成对应的线性关系时，则应调节电液转换器上的调整按钮。

2. 油动机活塞行程的整定

(1)给错油门 0.15MPa 的二次油压，调整错油门的反馈弹簧，使油动机活塞行程位于“0”。

(2)逐渐将二次油压升高至 0.45MPa，此时油动机活塞行程应符合设计值。若有差别，则应调整油动机活塞杆上的反馈架的反馈高度，从而使油动机活塞行程达到设计值。

(3)反复进行上述调整，直至二次油压从 0.15MPa 升高到 0.45MPa 时，油动机活塞行程从“0”到设计值的对应关系为止。

3. 505 电子调速器的调节系统静态调试步骤

(1)建立脱扣油(或称速关油或跳闸油)。

(2)在控制室内的 Wood Ward 505 电子调速器上执行开车程序，按“RUN”键，并增加反馈导板的倾斜角度，由 0 升至 100%，现场对应的二次油压从 0.15MPa 升高到 0.45MPa，油动机行程应与二次油压相对应，并符合设计值。若有误差时，应调整反馈导板的倾斜角度，然后按“调节汽阀特性曲线”调整油动机行程。若油动机行程的偏差大于 2mm 时，则应检查反馈导板上是否有卡涩现象或零件配合是否超差。

(3)反复进行上述调整，直至二次油压从 0.15MPa 升高到 0.45MPa 时，油动机活塞行程从“0”到设计值的对应关系为止。在调整过程中，各部件应动作灵活、无卡涩、抖动等现象。

4. 505 调速器保安系统的调试步骤

(1)调节汽阀静态试验完毕后，将调节汽阀、抽汽调节汽阀全开，手动关闭主油泵出口阀，当控制油压降至低联锁值时，联锁应动作，并应使调节汽阀、抽汽调节汽阀等迅速关闭。

(2)复位控制油系统，分别按现场停机按钮、压缩机控制室按钮、主控制室按钮及手打危急保安器各一次，并确认联锁应动作，使调节汽阀、抽汽调节汽阀等迅速关闭。

(二)PG－PL 型 Wood Ward 调速器调节系统静态整定

1. PG－PL 型 Wood Ward 调速器调节系统静态整定

(1)将启动器手轮沿顺时针反方向旋转到最高位置，然后再逆时针方向旋转启动装置手轮，记录往下旋转的圈数同二次油压的关系，与检修前记录进行比较，必要时可调整压力变换器滑阀的上、下移动位置，并应保证二次油压能升到 0.45MPa 以上。

(2)利用启动器调节二次油压，当二次油压达到 0.15MPa 时，调整错油门滑阀上部弹簧的预紧力，使油动机活塞微微动作。

(3)逐步增加二次油压，当油压增加到 0.45MPa 时，调整油动机上的反馈板角度，使油动机活塞行程刚好符合设计格数。

(4)反复进行上述调整，将实际测得值与制造厂设计值相比较，同时记录二次油压同油动机活塞行程的对应关系。当二次油压从 0.15～0.45MPa 时，对应油动机活塞行程应符合设计文件要求，且线性关系应良好。

(5)在调整过程中，调节汽阀、错油门滑阀和油动机活塞及调节传动机构应动作灵敏，无卡涩、抖动现象。

2. PG－PL 型 Wood Ward 调速器保安系统动作试验步骤

(1)手拍危急保安装置手柄，速关阀、调节汽阀及抽汽调节汽阀应迅速关闭。然后重新挂上危急保安装置手柄，开启速关阀、调节汽阀及抽汽速关阀。

(2)手拍紧急停机阀手柄，迅速泄掉高压油，速关阀、调节汽阀及抽汽调节汽应迅速关闭，试验之后再开启速关阀、调节汽阀及抽汽调节汽阀。

3. 电磁阀遥控切换试验

两位三通电磁阀是安装保安系统的压力油管道上的，它不但可以切断进入危急保安系统的压力油，而且可以切断进入危急遮断装置的压力油，同时使危急遮断装置动作而迅速泄掉速关油，使速关阀迅速关闭。

(1)电磁阀可以在控制室控制或在现场控制按下停机按钮进行试验，控制油压力低指示灯亮，速关阀迅速关闭。

(2)电磁阀也可以由某一保护装置来控制，如润滑油压、轴向位移、轴振动、抽汽压力、相对膨胀值等超过规定范围时来控制，根据需要将要求保护的物理量通过合适的传感器转换成电信号与电磁阀连接。

4. 轴向位移试验步骤

(1)由安装配合仪表调试人员分别接通或操作做轴向位移保护。主汽阀(速关阀)、调节汽阀、抽汽调节汽阀应迅速关闭。

(2)试验合格后，应再用启动器手轮开启自动主汽阀、调节汽阀。

5. 润滑油过低保护试验步骤

(1)启动辅助油泵，将联锁开关打至“自动位置”。

(2)缓慢关闭辅助油泵出口阀或开启辅助油泵出口回油阀，逐渐降低油压。

①当润滑油总管油压低于0.14MPa时，低油压报警动作，备用润滑油泵应自启动。

②当停备用油泵，继续降低润滑油总管压力至0.10MPa时，磁力断路油门联锁应动作，自动主汽阀应迅速关闭。

第八章　工业汽轮机运行

工业汽轮机是用来驱动工作机械（泵、风机、压缩机和发电机）的热力机械，其所组成的机组及其运行较为复杂。在运行中，其主要零部件（如转子、汽缸和法兰等）内的温度分布规律随工况的变化而变化，从而引起交变热应力，导致零部件低周疲劳损伤，汽轮机的寿命缩短。

由于汽轮机和工作机械的种类、用途不同，启动前所处的状态不同（冷态、热态），新蒸汽的特性不同，不同类型的汽轮机就有各自不同的特点，即使是同一类型的汽轮机，每台汽轮机也有各自不同的性能和特点。因此，必须结合每个机组的特点及制造厂技术文件的要求，遵循一般的原则和规律，制定出每一台汽轮机试运行方案及运行操作规程，确保机组安全、平稳、满负荷地运行。

第一节　汽轮机热应力、热膨胀和热变形

一、汽轮机的受热特点

汽轮机启动、停机过程是其所有运行工况中最为复杂的工况。汽轮机各种参数和工作条件都将发生剧烈变化，高参数汽轮机在冷态启动时，其进汽部分的金属温度将由室温升至500℃以上，压力由常压升至100MPa以上，同时转速、流量、功率等参数也都从零值变至额定值。因此，汽轮机的启动过程是从静态到动态，从冷到热，从常压到高压的变化过程。由于汽轮机各零部件的作用和结构不同，它们的受热条件也不同，加热和传热的情况也各不相同。某些部件不均匀受热和传热使汽轮机部件温度分布不均，即形成“温度梯度”或温差，因此产生热应力、热膨胀和热变形。热应力、热膨胀和热变形是汽轮机运行中不安全因素的主要根源，而它们又是由于汽轮机受热产生的，因此需要分析汽轮机启动时的受热特点。

汽轮机受热的主要特点是单向加热。多数部件都是从一侧受热，再传到另一侧。热源就是蒸汽，蒸汽流经汽缸内部首先加热汽缸内壁，再向外壁传热。由于汽缸壁存在热阻，故汽缸内壁温度将高于外壁温度，在汽缸壁之间形成温差。一般汽缸壁尺寸比较厚，这种温差更不可忽视。对汽轮机转子来讲，它的受热条件较汽缸为好，其周围都与加热工质接触，蒸汽可从四周向它传热，但转子表面相对转子中心来讲，也属于单向受热，即在转子表面加热，向转子中心传热。因此，转子沿半径方向也会出现温度梯度，其温度梯度要比汽缸的小。

汽轮机运行时，蒸汽与汽轮机金属壁面存在热交换，主要是对流换热，或简称放热。包括蒸汽流动所产生的对流换热和蒸汽分子之间的导热作用。汽轮机在启动或停机过程中处于不稳定的传热状态，这时单位面积对流换热的换热强度 q 与蒸汽温度 t_1 和金属表面温度 t_2 之差成正比，即：

$$q=\alpha(t_1-t_b) \tag{8-1}$$

式中　q——面积对流换热量，kJ/(m^2 · h)；

α——放热系数，kJ/(m^2 · h · ℃)；

t_1、t_b——蒸汽和金属表面温度，℃。

注：上式中如 α 采用国际单位，则 q 也应采用国际制单位。

由式(8－1)可知，换热强度的大小随蒸汽与金属表面的温差增大而增加，且与换热系数成正比。

蒸汽的放热系数主要由蒸汽的流动速度、蒸汽密度(单位容积的质量，随压力和温度而改变)来决定。通常，在汽轮机内部蒸汽相对流速范围内，流速越大，放热系数越高。而当流速相同时，不同状态的蒸汽就不同的放热系数，高压蒸汽和湿蒸汽的放热系数较大，可分别达 1500～2000kJ/(m^2 · h · ℃)和 3000kJ/(m^2 · h · ℃)，甚至更高。而低压微过热蒸汽放热系数就较小，约为 150～200kJ/(m^2 · h · ℃)。汽轮机启停过程中，蒸汽的流速和密度都有较大的变化，放热系数也随之有较大的变化。放热系数大时，传热强度就大，将加剧金属部件加热或冷却的不均匀性，造成金属壁内外温差过大。因此，汽轮机启停过程中，应通过改变蒸汽压力、温度和流速来控制蒸汽与金属壁的换热强度。

汽轮机的加热工质为蒸汽，当汽轮机在冷态启动时，温度较高的蒸汽流入汽轮机与室温的汽缸内壁接触，蒸汽便凝结成水，放出热量，所以在开始阶段蒸汽的热量主要以凝结放热形式传给汽轮机金属壁。这时的传热温度可大致看作蒸汽饱和温度与金属壁面温度之差。由于蒸汽的凝结放热系数很高，瞬间可达 15000kJ/(m^2 · h · ℃)以上，并且蒸汽压力越高放热系数越大，因此传热强度也越大，金属表面迅速加热，使金属壁面温度迅速达到该蒸汽压力下的饱和温度。如中压蒸汽压力为 38MPa 时，则它的饱和温度为 246.17℃。如果用这种蒸汽加热汽轮机，则汽缸内壁温度便会很快接近到该蒸汽压力下的饱和温度，而此时汽缸外壁温度仍为室温，这时汽缸内、外壁温差相差过大，金属壁面将受到很大的热应力。

为不使金属壁受热过于剧烈，一般在凝结放热阶段需控制蒸汽压力和流量。凝结放热开始后金属壁面将形成一层水膜，水膜将会使放热系数减小，对金属壁面继续被剧烈加热起到一定的缓冲作用。当被加热的金属壁温度达到该蒸汽压力下的饱和温度时，蒸汽凝结放热阶段也就结束，而转入以对流放热为主的换热过程。就整个凝结放热阶段而言，一般认为放热系数可达 5000～6000kJ/(m^2 · h · ℃)。

汽轮机部件本身金属内部的换热过程是热传导过程，或称为“导热”过程。汽缸和其他部分金属被蒸汽加热时，当金属外壁温度仍接近周围空间温度的时候，被内壁吸收的热量在金属中传导，主要用于提高金属本身的温度，通过外壁和保温层向空间的散热量非常少。而当外壁温度开始升高，并与保温层及周围空间形成温差时，则蒸汽给予金属的热量除大部分为金属吸收用于提高本身的温度外，还有一小部分热量自外壁向空间散出。随金属温度的升高，向空间散出的热量逐渐增多。这段过程称为不稳定的导热过程。汽轮机金属被加热开始的一段时间，由于金属外壁温度较低，并且由于保温层的存在，向外散出的热量很少，所以仍可看作换热的热量全部使金属温度升高。

而当金属壁达到某一平均温度水平时，蒸汽和金属温度都基本稳定，比如汽轮机带稳定负荷运行后，金属本身不再吸收热量，这时蒸汽给予金属的热量又全部由汽缸外壁经保温层传向周围空间散出，这时的传热过程是稳定的导热过程。在稳定的导热过程中，单位面积在单位时间内所传导的热量 q(即传热强度)与两侧温差成正比，与金属壁厚度成反比，即：

$$q=\lambda\frac{t_n-t_w}{\delta} \tag{8-2}$$

式中 t_n——金属内壁温度,℃；

t_w——金属外壁温度,℃；

λ——金属导热系数，kJ/(m² · h · ℃)，它与金属种类有关。汽轮机使用的碳钢和合金钢，其导热系数一般为 λ=3050kJ/(m² · h · ℃)；

δ——金属的厚度，m。

二、热应力

在汽轮机运行中，各零部件是在高温下工作的，当温度发生变化时，汽轮机金属部件将产生胀缩，并因胀缩而引起热变形。而当这种热变形受到约束时，将会在金属部件内产生热应力，热应力过大往往是造成汽轮机设备损坏的主要原因之一。尤其是在汽轮机启停或变工况时，常因温升温降速度控制不当，使热应力过大，造成汽缸产生裂纹；汽缸、主汽阀连接螺栓断裂以及转子表面发生裂纹等设备损坏事故。因此，汽轮机技术人员、操作人员必须对热应力及其产生的原因应进行了解和掌握。下面着重讨论汽缸的热应力、转子的热应力及螺栓的热应力。

1. 汽缸的热应力

在汽轮机启动及工况变动时，由于掠过汽缸表面的蒸汽温度是不断变化的，这就引起汽缸内部温度分布不均匀且随工况而变化。正是由于这种不均匀的温度分布，使汽缸产生热应力。

下面以金属圆筒为例，来说明汽缸壁内产生热应力的情况。设圆筒壁厚为 δ 金属筒壁厚原温度为室温 t_0，加热后内壁的温度 t_1 大于外壁的温度 t_0，如图 8-1(b)所示。如果内壁可以自由膨胀，则内壁半径将增大 Δr：

$$\Delta r=(r-\delta/2)\beta(t_1-t_0) \tag{8-3}$$

但是外壁因温度 $t_0<t_1$，膨胀小，阻止内壁自由膨胀，其结果是外壁受拉增大直径，内壁受压，使实际膨胀后的直径小于自由膨胀时的直径。这样内壁将产生热压应力，外壁产生热拉应力，如图 8-1(b)箭头所示。这两种力超过一定数值时，将使圆筒产生永久变形或损坏。

金属部件被加热时，其内部的温度分布，称为温度场。汽轮机部件金属壁单侧被加热时，当加热蒸汽温度为 t_0，被加热一侧金属温度为 t_n，另一侧金属温度为 t_w 时，则 $t_0>t_n>t_w$。以金属平板为例，按照加热蒸汽与金属温度的差值及放热系数的不同，则沿金属壁厚度方向的温度场呈双曲线型、抛物线型和直线型三种典型情况，如图 8-2 所示。剧烈的加热温度使温度场呈双曲线分布，而当吸放热过程渐趋均匀后的稳定加热，可使温度场变为直线型。直线型温度场的平均温度点位于板壁中心。如板壁受约束不发生弯曲变形，则中心线与内侧热表面间的金属受到拉伸应力，拉伸与压缩热应力对称分布于中心线两侧，在中心线处为零。抛物线和双曲线型温度场中，热应力的分布不对称，最大应力为压缩热应力，发生在温度高的内表面。

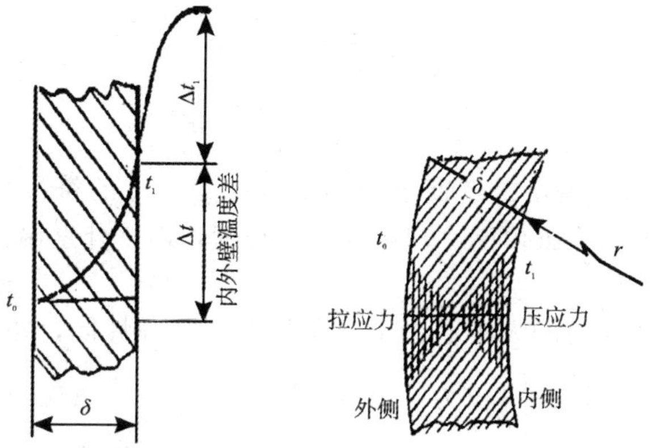

（a）汽缸内、外壁温度分布　　（b）汽缸内、外壁热应力分布

图 8-1　机组启动时汽缸热应力

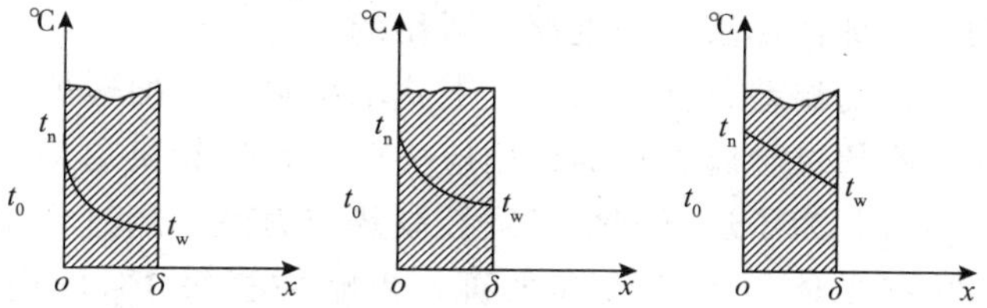

（a）双曲线型　　（b）抛物线型　　（c）直线型

图 8-2　金属平壁被加热时沿厚度方向的温度分布

不做精确计算时，汽缸壁和法兰壁可当作金属平壁板看待。金属壁面两侧存在温差时，加热或冷却的一侧表面承受的最大热应力可用下式近似计算：

$$\sigma_{max}=-K\frac{E\beta}{1-\mu}\Delta t \tag{8-4}$$

对侧表面承受的热应力为：

$$\sigma=(1-K)\frac{E\beta}{1-\mu}\Delta t$$

式中　σ_{max}、σ——热应力，MPa；

β——钢材的线膨胀系数，1/℃；

E——钢材的弹性模数，MPa；

μ——钢材的泊松比，一般取 $\mu=0.3$；

Δt——内外金属壁的温度差，℃；

K——与沿壁厚温度分布规律有关的温度分布系数。

上式表明，σ 的负值为热压应力，正值为热拉应力。K 值则是由金属壁内沿壁厚的温度分布形态而决定的。在吸放热已趋稳定的过程中，温度场呈直线型时，K 值为 0.50；在中度急剧温度变化，温度场为抛物线型时，（汽轮机正常停机时大多是这种情况），K 值约为 0.70；在极度急剧温度变化下，温度场为双曲线型时，K 值可达到 0.90。

当汽轮机启动和停机时，缸壁温度分布都接近二次抛物线规律，对内壁面 $K=\frac{2}{3}$，对外壁面 $K=\frac{1}{3}$，由此可得：

内壁面热应力：
$$\sigma_n=\frac{2}{3}\cdot\frac{\beta\cdot E}{1-\mu}\Delta t \tag{8-5}$$

外壁面热应力：
$$\sigma_w=-\frac{1}{3}\cdot\frac{\beta\cdot E}{1-\mu}\Delta t \tag{8-6}$$

式中　σ_w 的符号为负时，表示外壁面承受的是拉应力；σ_n 的符号为正时，表示内壁面承受的是压应力。停机时，汽缸内壁冷却速度快于外壁，内、外壁温差成为负值，此时内壁产生拉应力。

公式表明金属壁热应力的大小取决于金属材料的物理性能，并且表明对于一定机组，由于它的金属材料已定，即$\frac{\beta E}{1-\mu}$值为一定值，则汽缸和法兰热应力的大小取决于 Δt 及 K 的数值，而与其厚度无直接关系(在同样传热强度下，Δt 将受到厚度的明显影响)。加热或冷却越快，K 值越大，同时内外壁温差 Δt 也越大，故热应力 σ 迅速增大。由于热应力与内外壁金属温差 Δt 成正比的关系，因此 Δt 被用作控制热应力的直接监督指标。这个重要结论对其他受热的平壁部件如法兰等也都是适用的。

如果知道了内、外壁的温差，就可以根据上式求出热应力的数值，为了保证机组安全运行，热应力数值必须不超过金属材料的许用应力值。在汽轮机启动、升温时，内壁热应力值应大于外壁热应力值。为了运行安全必须控制热应力值不超过许用应力值，只有控制内、外壁温差。对采用珠光体材料的汽缸来讲，粗略估算每 1℃的内、外壁温差约引起 2MPa 的热应力。

知道了金属材料的许用应力值[σ]值，就可以求出保证机组运行安全的最大允许温差 $\Delta t'$，如汽缸内、外壁保持在这个温差范围，热应力就不会超过许用应力值。

汽缸最大允许内、外壁温差 $\Delta t'$为：
$$\Delta t'=\frac{[\sigma]\cdot(1-\mu)}{K\cdot E\cdot\beta} \tag{8-7}$$

在实际启、停汽轮机时，必须控制热应力不超过金属材料的许用应力值[σ]值，只要控制汽缸和法兰内外壁的温差在规定范围内即可。如仅就材料短时间考虑，这一温差控制在 100℃左右不致发生接近于屈服强度的热应力(按 $K=0.7\sigma_{max}<300$MPa 计算)。但考虑到材质不均匀，应力集中及低周应力对使用寿命的影响等因素，对于不同类型的机组规定有不同的允许温差值。一般不频繁启、停的机组，内外壁面温差以不大于 50℃为宜。

热态启动汽轮机，包括滑参数启动，如新蒸汽温度比金属温度低，处于高温状态的汽轮机金属受到冷却，受冷却的表面将产生热拉应力而另一侧则产生热压应力。

汽轮机启动和停止时，有些部件没有内外壁温差指示表，我们可以使用一个间接指标，即用金属的温度变化率作为控制热应力的指标。所谓温度变化率是指每分钟温度变化的大小，单位为℃/min，正值是加热过程，负值是冷却过程。以金属的热应力为基础，通过热传导的计算，可以确定汽缸内壁允许的金属温度变化率和蒸汽与金属表面的温差：

$$b=\frac{a}{30}\times\frac{\Delta t}{\delta^2}\quad ℃/min \tag{8-8}$$

式中　b——金属温度变化率；

δ——金属的厚度，m；

a——钢的导温系数，一般取 $45\times10^{-3}m^2/h$；

Δt——允许的内外壁温度,℃。

也可以根据允许的内外金属壁温差 Δt 算出允许的金属温度变化率，再推算机组启动的最短时间。从安全角度出发，监视金属壁的温度变化率，从而控制金属的热应力也是一种可行的方法。为了在启动中得到允许的内外壁温差或理想的金属温度变化率，还可以采取控制蒸汽与金属表面温差的办法。在金属温度变化率恒定的情况下，蒸汽与金属壁面温差 t_0-t_n 和内外金属壁温差 Δt 及壁厚 δ 的关系如下：

$$t_0-t_n=\frac{2ac\gamma}{\alpha}\times\frac{\Delta t}{\delta} \tag{8-9}$$

式中　c——金属比热容，kJ/(kg·℃)；

γ——金属密度，kg/m^3；

α——放热系数，$kJ/(m^2·h·℃)$。

由上式可以看出，允许的蒸汽温度与金属壁面温差和金属壁的厚度 δ 成反比，而与允许的内外壁温差 Δt 成正比，金属壁越厚，允许的蒸汽温度与金属壁面的温差应越小。内外金属壁允许的温差 Δt 越大，蒸汽与金属壁面也允许有较大的温差。此外，还与放热系数 α 成正比，α 越小，允许的蒸汽温度与金属壁面的温差越大。

汽轮机启动时，汽缸内蒸汽压力不断升高，汽缸壁产生静压力，同时由于内外壁温差而产生热应力。为了使汽缸总应力不超过汽缸材料的允许应力，必须选定和控制启动时的升温速度 δ_t。热应力与汽缸(材料为20Cr1Mo1V)壁厚的关系见图 8-3 所示。

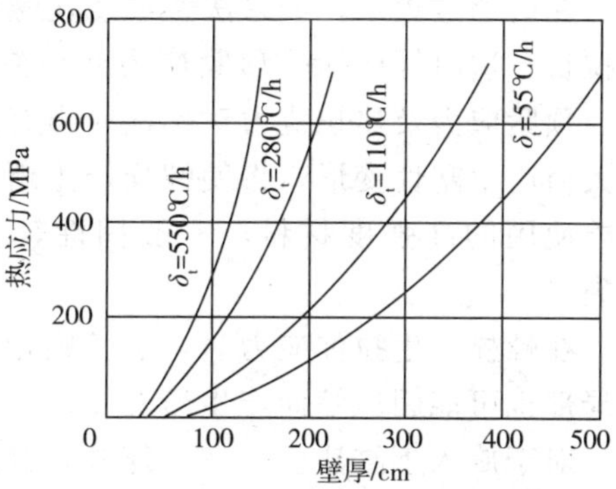

图 8-3　汽缸热应力与汽缸壁厚的关系

2. 转子的热应力

汽轮机冷态启动过程中，对转子来讲是个加热过程，随着汽轮机冲转，并网及带负荷，转子表面温度迅速上升，但中心孔温度的上升则明显滞后，使转子表面和中心孔形成温差。即转子表面的膨胀受约束而产生压缩应力，内孔则受到拉伸应力，如果转子表面加温剧烈，压缩应力使材料屈服，则在负荷稳定后转子表面就受到持续的残余拉伸应力。

汽轮机停机过程实际上是汽轮机部件的冷却过程，随着蒸汽温度的降低和流量减小，转子表面首先被冷却，而转子中心孔冷却滞后，致使转子表面温度低于中心孔，与启动过程相反；转子表面产生拉伸应力，这时可能与启动中残余拉伸应力叠加而达到较高的数值。而转子中心孔则产生压缩应力。

因此，汽轮机从启动、稳定工况下运行至停机过程，转子各点的热应力都要经历一个拉-压应力循环，转子外表面由压缩应力变为拉伸应力，而中心孔壁则由拉伸应力变为压缩应力。因此，一次启动就形成一次交变应力循环。

根据前面所述，不考虑轴向的热量传导，根据热弹性理论可知，由于转子内外表面的径向热膨胀不受约束，故径向热应力 σ_r 为零；转子内外表面的切向热应 σ_θ 力与轴向热应力 σ_z 相等，其热应力为：

$$\sigma_\theta=\sigma_z=\frac{\alpha E}{1-\mu}(t_m-t) \tag{8-10}$$

式中 σ_θ、σ_z——转子内任一点处的切向和轴向热应力；

α——金属材料的线膨胀系数，1/℃；

μ——金属材料的泊桑比；

E——金属材料的弹性模量；

t_m——体积平均温度,℃；

t——计算部位对应的金属温度,℃。

显然，在任意点处：$\sigma_z=\sigma_r+\sigma_\theta$；在中心孔或转子表面：$\sigma_r=0$，$\sigma_z=\sigma_\theta$。

对于汽轮机转子来讲，在机组启停或变工况条件下，高、中压缸的进汽部分要发生较大的温度变化，往往在调节级后或调节级前汽封处产生最大的热应力。对于冲动式机组，由于调节级前后离心应力也较大，因此在变工况条件下热应力与离心应力合成可能使总应力大大升高；对于反动式机组，由于其转子结构上的特殊性，其最大应力点与离心应力点往往不在相同的部位，这对减小汽轮机转子总应力比较有利。

3. 螺栓的热应力

汽轮机启动过程中，如果螺栓的温度不能与法兰的温度以相同的速度升高，就会使螺栓与法兰之间产生温差。螺栓与法兰之间存在一定的空隙，空气的绝热作用会产生温差。

在启动过程中，如果法兰温度比螺栓温度高，则因法兰沿厚度方向上的热膨胀使螺栓被拉长。这时螺栓除受预紧应力和汽缸内部工作压力引起的应力外，又额外产生热拉应力。预紧应力及热拉应力对螺栓应力有决定性的影响。当温差过大时，由于总的拉伸应力过大而产生塑性变形，将使螺栓产生断裂。有些螺栓的结构有明显的应力集中条件，加上螺栓使用的高强度材料，一般韧性较差，因此启动时若不严加监视，就容易造成螺纹断裂。

在螺栓产生拉伸应力时，法兰则相应受到压缩应力的作用。当应力过大时，法兰结合面局部也可能因压缩而产生塑性变形，使法兰结合面的严密性受到破坏。

对于旋入下缸法兰的双头螺柱，其温差和热应力的状况要好一些。

法兰与螺栓温差产生的拉伸应力可用下式进行粗略计算：

$$\sigma_l=E\beta\Delta t \tag{8-11}$$

式中 E——螺栓材料的弹性模量，Pa；

β——螺栓材料的线膨胀系数，1/℃；

Δt——法兰与螺栓的温差,℃。

由式(8-11)可知，金属材料一定时，E 和 β 值就一定，这时螺栓的热拉伸应力随法兰和螺栓的温差 Δt 的增大而增加的。

螺栓工作的正常载荷是拉伸应力。各圈螺纹的载荷分配是不均匀的。螺母底部的第一圈螺纹受得最大载荷，而最后一圈螺纹承受的载荷，仅为第一圈螺纹承受载荷的几十分之一，所以大多数螺纹断裂都出现在第一圈。

合理地对法兰和螺栓进行加热，可以很好地控制法兰与螺栓的温差，从而控制螺栓的应力不超过允许值。一般在启动过程中，法兰与螺栓的温差不应大于30～35℃，无加热装置时，最大也不应超过50℃。

检修时，应对螺栓预紧力进行严格的控制，不使其过大。屈服极限为700～800MPa的螺栓，预紧力按300～400MPa计算值控制。保证螺栓有必要的紧力和尽量使螺栓紧力均匀是十分必要的。

螺栓的紧力在运行中逐渐松弛。螺栓松弛的进度可认为大体上符合对数曲线的规律，即运行初始阶段松弛得特别快，以后逐渐稳定。为了保证汽缸法兰结合面的严密性，要求到下一次大修前螺栓的残余紧力有相当的水平，一般要求不应小于100～150MPa。

汽轮机启动中汽缸螺栓断裂的事件屡有发生，特别是新紧固螺栓后汽轮机的启动，更需加倍警惕，防止螺栓受到过大的热应力。另一方面，有些汽轮机的汽缸水平剖分面漏汽，多发生在调节级处。追溯其原因，不外是汽轮机法兰有残余应力以及启停和变工况的热应力的作用，但法兰螺栓紧力不足也是一个重要的原因。

如前所述，当蒸汽温度升率一定时，汽轮机进入准稳态后，转子表面与中心孔、汽缸内外壁的温差接近该温升率下的最大值，因此汽轮机启动进入准稳态时，零部件的热应力值最大。

由于汽轮机转子和汽缸各处的几何尺寸的差异，汽轮机启停及变工况时，各处的温度变化范围不同，产生的热应力也就不同，最大热应力发生的部位通常是：在高压缸调节级处，中压缸进汽室。这些部位蒸汽温度最高，变工况时温度变化范围大，引起的热应力也大。此外，这些部位还存在结构突变，如叶轮根部、轴肩处的过度圆角及转子上的弹性槽等都存在较大的热应力集中现象，使得热应力成倍增加。

汽轮机在启停和工况变化时，转子与汽缸除了承受热应力外，还要承受蒸汽的工作压力。对于转子，还要承受旋转离心应力，因此汽缸和转子实际上承受的是工作应力和热应力的合成。

在汽轮机启动和加负荷过程中，转子表面承受压缩应力，转子中心孔面产生的拉伸应力，由于热应力一般比离心应力大，工作应力和热应力合成将使转子表面应力减小，使中心孔面应力增大。

在汽轮机停机和减负荷时，转子表面承受拉伸应力，中心孔面承受压缩应力。与工作应力合成后，使转子表面应力增大。此外，由于转子表面存在热应力集中现象，其实际应力值将大幅度增加。

三、热冲击

所谓热冲击是指蒸汽与汽缸、转子等部件之间在短时间内进行大量的热交换，金属部件内温差迅速增大，热应力增大，甚至超过材料的屈服极限，严重时，一次大的热冲击就能造成部件的损坏。汽轮机部件受到热冲击时产生的热应力，取决于蒸汽和金属部件表面的温差和蒸汽的放热系数。造成汽轮机热冲击的原因主要有如下几个方面。

1. 启动时蒸汽温度与金属温度不匹配

汽轮机启动时，为了保证汽缸、转子等金属部件具有一定的温升速度，要求蒸汽温度高于金属温度，且两者应当匹配，相差过大就会对金属部件产生热冲击。由于蒸汽和金属表面存在温差，在金属部件上产生的最大热应力为：

$$\sigma=\frac{E\Delta T}{1-\mu}\cdot\frac{3.25}{Bi} \tag{8-12}$$

式中 ΔT——热冲击温差，即蒸汽与金属部件温差，℃；

Bi——毕渥数，$Bi=\frac{\alpha\delta}{\lambda}$；

α——换热系数，W/(m^2·K)；

δ——部件厚度，m；

λ——材料的热导率，W/(m^2·K)。

启动时蒸汽与金属温度的匹配是以高压缸调节级处参数来衡量的，不同类型的机组对匹配温度有不同的要求，一般要求汽轮机冷态启动时，由于金属温度较低，应特别注意温度的匹配，避免大的热冲击。

2. 极热态启动时造成的热冲击

由于保护装置误动作或机组出现小故障可能造成汽轮机短时间事故停机，如果在2～4h内汽轮机重新启动，此时高压缸调节级处金属温度极高，可达450℃左右，这种启动方式称为极热态启动。由于启动时不可能将蒸汽温度调高至额定值或提高蒸汽温度所需的时间太长，往往在蒸汽参数相对较低时即启动。蒸汽经过汽阀的节流、喷嘴降压后，到调节级汽室时温度比该处金属温度低很多，因而在汽轮机转子和汽缸内产生较大的热应力。经过一段时间后，蒸汽温度高于金属温度，转子表面又产生了压应力。因此，经过了一个热态启动过程，汽轮机转子将经受一次较大的拉-压应力循环，这对汽轮机的安全性是极为不利的，故应尽量减少极热态启动次数，在极热态启动时，尽可能提高蒸汽温度，加强启动前暖管、暖阀，并在启动初期尽快提高汽轮机负荷，加速蒸汽温度与金属温度的匹配，减轻热冲击。

3. 甩负荷时造成的热冲击

汽轮机在稳定工况运行时，如果发生大幅度的甩负荷工况，则由于汽轮机通流部分蒸汽温度的急剧变化，在转子和汽缸上产生很大的热应力。

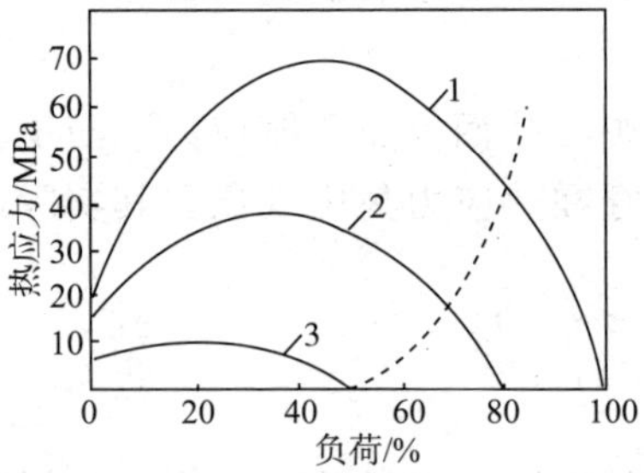

图 8-4　负荷突然变化时的热应力变化曲线

图8-4所示为汽轮机甩负荷时，在转子上产生的热应力。曲线1、2、3分别在100%额定负荷、80%额定负荷、50%额定负荷时突然甩负荷，在汽轮机转子上产生的热应力。可以看出，负荷越大，甩负荷后引起的热应力越大；但机组甩掉全部负荷(至空转)所产生的热应力比甩掉部分负荷还要小。从图中可以看出，甩负荷至30%～40%额定负荷时，在转子上引起的热应力最大，因为此时甩负荷后调节级后较大流量的低温蒸汽流过汽轮机通流部分，造成转子和汽缸的急剧冷却，从而产生很大的热应力。而甩掉全负荷后，虽然蒸汽温度下降很多，但由于流量很小，蒸汽很快被金属温度释放的蓄热加热，因此对转子和汽缸冷却作用较小，产生的热应力也较小，但甩负荷后长时间在空负荷状态下运行也会引起较大的热应力。因此，大部分汽轮机制造厂对甩负荷带厂用电及甩负荷空转工况应进行严格的时间限制，有的甚至不允许甩负荷后带厂用电工况。

图中虚线所示为负荷突增时所产生的热应力。因为负荷突增时，不仅蒸汽与金属表面的放热系数也突然增大，故所产生的热应力较甩负荷时要大。但对一般情况，负荷突然增加的速度不会比甩负荷快，产生的热应力也就不一定有这么大。

四、热膨胀

1. 汽缸的绝对热膨胀

在汽轮机启动过程中，金属温度变化很大，金属构件在受热后，其长、宽、高各个方向都要膨胀，膨胀值按比例增大。这是由金属材料的线膨胀系数所决定的。汽轮机从冷态启动到带额定负荷运行，金属温度的变化很大，因此汽缸的轴向、垂直和水平各个方向的尺寸都显著增大。汽轮机启停和工况变化时，汽缸的膨胀、收缩是否自由，直接决定机组能否正常运行。滑销系统的合理布置和应用，就可以保证汽缸在各个方向上自由膨胀的要求，同时也保证了汽轮机与工作机械各部件的相对位置正确，从而保证汽轮机组的安全、平稳运行。

汽轮机启动时，汽缸膨胀的数值取决于汽缸的长度、材质和汽轮机的热力过程。由于汽缸的死点布置在后方，汽缸受热膨胀沿轴向向前伸长，并通过两拉杆螺钉，将前轴承箱推向前方，汽轮机的推力轴承也随之前移，将转子亦拉向前方；当转子受热膨胀时，则以推力轴承为死点，沿轴向向后的伸长。汽缸的热膨胀值可用下式近似计算：

$$\Delta L = \beta \cdot \Delta t \cdot L \tag{8-13}$$

式中　ΔL——汽缸的轴向热膨胀数值，mm；

β——汽缸金属材料的线膨胀系数，1/℃；

L——汽缸的轴向长度，mm；

Δt——汽缸的平均温升值，℃。

对于高压汽轮机来讲，有的法兰厚度比汽缸壁厚得多，因此汽缸的热膨胀往往取决于法兰各段的平均温升。在启动时，为了使汽缸得到充分膨胀，通常用法兰加热装置来控制汽缸和法兰的温度在允许范围内。

汽轮机正常运行时，沿轴向各级金属温度的分布都有一定的规律性。因为金属的线膨胀与金属的温升有一定的线性比例关系，所以汽缸的轴向膨胀值与汽缸法兰的平均温度也有一定比例关系。因此总可以测出调节级处汽缸或法兰的金属温度与汽缸自由热膨胀值之间的对应关系。通常选择调节级处汽缸或法兰的金属温度作为汽缸轴向膨胀的监视点。

随着汽轮机组容量的增大，其轴向尺寸也随之增加，转子和汽缸的绝对膨胀往往会达到相当大的数值，因此在汽轮机启停和变工况过程中，应加强对汽缸绝对膨胀的监视，另外，还要防止汽缸左右两侧膨胀不均匀，以免汽缸中心偏斜。将调节级处左右两侧法兰温差控制在合理范围内(其温差不应超过 28℃)，就可以保证汽缸左右两侧膨胀均匀。某些汽轮机厂房内冷风过大，对机组左右两侧温度和膨胀的均匀性都有不良的影响，在机组启停时以及运行中应特别加以注意。

汽轮机的轴向膨胀值，在汽轮机启停及正常运行中，应经常与正常值进行对照。当汽缸的膨胀值在膨胀或收缩过程中有跳跃式增加或减小时，则说明滑销存在卡涩现象，应查明原因予以处理。对汽缸上进汽和抽汽管道的合理布置也应予以重视，否则会发生膨胀不均匀及动静部分中心发生偏斜现象。

2. 汽缸和转子的相对膨胀

汽轮机启停或工况变化时，转子和汽缸分别以各自的"死点"为基点膨胀或收缩。大型汽轮机的高压段具有又厚又重的汽缸和法兰，而相对来讲，转子的质量较小，通常单层汽缸的高压段汽缸的重量是转子重量的 3～4 倍，甚至更多倍。但是，在运行中汽缸接触蒸汽的面积却仅是转子接触蒸汽面积的 1/5 左右。汽缸或转子的质量和接触蒸汽的面积之比称为质面比。汽缸的质面比比转子的质面比大很多。汽缸被加热的金属质量大而接触蒸汽的面积小；转子被加热的金属质量小，而接触蒸汽的面积大。在开始加热时，转子的膨胀数值大于汽缸，汽缸与转子间发生的热膨胀差值称为汽轮机相对胀差。若转子轴向膨胀值大于汽缸膨胀值，则称为正胀差；反之，称为负胀差。对于单流程汽轮机，通流部分各级动叶片出汽侧的轴向间隙大于进汽侧间隙，故允许正胀差大于负胀差。在稳定工况下，汽缸和转子的温度趋于稳定值，相对胀差也趋于一个稳定值。但在启停和工况变化时，由于转子和汽缸温度变化的速度不同，可能产生较大的胀差，这就意味着汽轮机通流部分相对间隙发生了较大的变化。如果相对胀差值超过了规定值，就会使通流部分动静间隙消失，甚至动静部分碰摩，引起机组振动增大等事故。

汽缸与转子沿轴向温差越大，机组的长度越长，则胀差值也就越大。转子与汽缸的轴向相对位置是由推力轴承所决定。汽缸与轴承座的相对位置又由猫爪下面的横销相互固定，这样就使推力轴承成为转子和汽缸轴向位置的"相对固定点"。在推力轴承处可认为胀差值为零。而离推力轴承越远处，胀差的累计值也越大，沿轴向不同的位置，其胀差值也不同。对于单缸机组，若推力轴承设置在前轴承箱内，则最大的差胀值便在距推力轴承最远处的后轴承处，测量胀差的指示器也应装在后轴承处附近。汽缸轴向由"死点"向汽轮机进汽方向膨胀，推动前轴承箱向前移动，由于推力轴承的作用，转子也将随同向前移动；转子由安装在前轴承箱内的推力轴承定位，转子轴向以推力轴承为"死点"向汽轮机排汽方向膨胀，如图 8－5 所示。

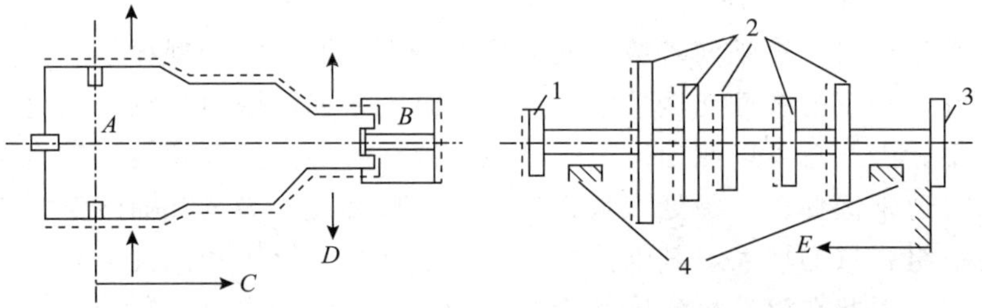

（a）汽缸热膨胀　　（b）转子轴向热膨胀

图 8－5　汽缸与转子相对膨胀示意图

1—联轴器；2—叶轮；3—推力盘；4—轴承

A—汽缸"死点"；B—纵销；C—汽缸轴向膨胀方向；D—径向膨胀方向；E—转子轴向膨胀方向

如果转子和汽缸某一截面至推力轴承距离为 L，转子由推力轴承至的平均温升为 Δt_r，则转子在这个截面的膨胀值为 $\Delta L_r = \beta_r \cdot \Delta t_r \cdot L$，同样汽缸在这个截面的膨胀值为 $\Delta L_c = \beta_c \cdot \Delta t_c \cdot L$，则膨胀差值为：

$$\Delta L = \Delta L_r - \Delta L_c \tag{8-14}$$

式中　ΔL——汽缸与转子的胀差值，mm；

ΔL_r——转子的热伸长值，$\Delta L_r = \beta_r \cdot \Delta t_r \cdot L$，mm；

ΔL_c——汽缸的热伸长值，$\Delta L_c=\beta_c \cdot \Delta t_c \cdot L$，mm；

β_r、β_c——转子与汽缸的金属膨胀系数，1/℃；

Δt_r、Δt_c——转子与汽缸由该处到推力轴承的平均温升，℃；

L——转子与汽缸某截面处至推力轴承位置，mm。

如果取转子与汽缸的 β 值相同，而且初始温度也同为 t_0，转子与汽缸的平均温度分别为 t_r、t_c，则温升分别为：

$$\Delta t_r=t_r-t_0;\quad \Delta t_c=t_c-t_0$$

则胀差值为：

$$\Delta L=\beta \cdot L(t_r-t_c) \tag{8-15}$$

上式说明胀差值与金属膨胀系数、机组长度和转子与汽缸的温度差成正比。实际上，汽缸和转子是由许多段组成的，每段的膨胀差值可由其长度和该段平均温差求出，而该段末端的相对膨胀值则由相对固定点(推力轴承处)至该段中间各段膨胀差值的代数和。例如单缸汽轮机的推力轴承一般位于前轴承座内，置于低压汽缸后的转子相对膨胀表指示值为各段膨胀差值的代数和，其计算公式如下：

$$\text{相对膨胀指示}=\beta(L_1\Delta t_1+L_2\Delta t_2+L_3\Delta t_3+L_4\Delta t_4+L_5\Delta t_5) \tag{8-16}$$

式中　L_1——高压轴封长度，mm；

L_2——高压段汽缸长度，mm；

L_3——中压段汽缸长度，mm；

L_4——低压段汽缸长度，mm；

L_5——低压轴封长度，mm；

Δt_1——高压轴封的平均温差，℃；

Δt_2——高压汽缸段的平均温差，℃；

Δt_3——中压汽缸段的平均温差，℃；

Δt_4——低压汽缸段的平均温差，℃；

Δt_5——低压轴封的平均温差，℃。

由上式可知，加热时相对膨胀正值是由前段至后段一般是递增的，这就是制造厂在设计通流部分动静部件轴向间隙时，由前至后将间隙设计的越来越大的原因。一旦某一相对膨胀值超过在这个方向的预留动静部件轴向间隙时，就将发生动静部件之间碰摩，甚至造成设备损坏。制造厂技术文件提供了相对膨胀数值正负值的极限。

单缸高压汽轮机在转子尾部轴承室内装有机械式或电磁式的相对膨胀测量装置；多缸汽轮机则在每个转子推力盘另一端轴承室内装有同样的相对膨胀测量装置。机组启停过程中，汽轮机运行人员应认真监视这些相对膨胀值的变化。

对于不同类型的汽轮机，其滑销系统可能有些差异，但只要掌握了机组的结构及其膨胀原理，就能正确判断汽缸和转子的膨胀方向和动静部件间的间隙的变化规律，以防止通流部分动静部件发生碰磨。

汽轮机冷态启动前，汽缸一般都要进行预热，向轴封供汽，此时汽轮机胀差总体表现为正胀差。从冲转到定转速阶段，汽缸和转子温度要发生变化，由于转子加热快，汽轮机的正胀差呈上升趋势。

热态启动时，转子、汽缸的金属温度高，若冲转时蒸汽温度偏低，则蒸汽进入汽轮机后对转子和汽缸起冷却作用，也会出现负胀差，尤其是极热态启动，几乎不可避免地会出现负胀差。

汽轮机在热状态下，转子与汽缸之间由于存在差胀，将使通流部分动、静部件的轴向间隙发生变化。当胀差为正值时，表明动叶出口与下一级静叶入口之间的间隙减小；当胀差为负值时，表明静叶出口与动叶入口之间的间隙减小。无论胀差出现正值或负值，若超过允许值时都将发生动静部件间的轴向磨损。因此，汽轮机在运行中。尤其是启动、停机过程中必须将胀差变化控制在允许范围内。

监视胀差是机组启动和停机过程中的一项重要任务。研究表明，胀差的大小主要取决于蒸汽温度的变化率，故在运行中通常采用控制蒸汽温度变化率的方法来控制胀差的变化。

3. 影响胀差的因素及控制胀差的措施

(1)汽轮机滑销系统滑动是否灵活。运行中应经常往滑动面之间注油，保证滑动面润滑及自由滑动。

(2)控制蒸汽温升(温降)和流量变化速度。这是控制胀差的有效方法，因为产生胀差的根本原因是汽缸与转子存在温差，蒸汽的温度或流量变化速度大，转子与汽缸温差也大，引起胀差也大。因此，在汽轮机启、停过程中，控制蒸汽温度和流量变化速度，就可以达到控制胀差的目的。

(3)轴封供汽温度的影响。由于轴封供汽直接与汽轮机转子接触，故其温度变化直接影响转子的伸缩。因此，应根据工况的变化情况，适时投入不同温度的轴封供汽汽源，可以控制汽轮机汽缸与转子的相对胀差。汽轮机冷态启动时，为了不使胀差正值过大，应选择温度较低的汽源；汽轮机热态启动时，为了防止向轴封供汽后胀差出现负值，向轴封送入高温汽源(一般为180～190℃)，应先向轴封供汽，后抽真空。根据工况变化，适时投用不同的轴封供汽汽源，可以控制汽轮机的胀差。

(4)汽缸法兰、螺栓加热装置的影响。汽轮机在启动、停机过程中使用汽缸法兰和螺栓加热装置，可以提高汽缸法兰和螺栓的温度，有效地减小汽缸内外壁、法兰内外壁，汽缸与法兰、法兰与螺栓之间的温差，加快汽缸的膨胀或收缩来控制胀差。

(5)凝汽器真空的影响。在汽轮机暖机和升速过程中，当机组维持一定转速或负荷时，改变凝汽器真空可以在一定范围内调整胀差。

当真空降低时，欲保持机组转速或负荷不变，必须增加进汽量，使高压转子受热加快，其高压缸正胀差值随之增大；由于进汽量的增大，中低压缸摩擦鼓风的热量被增加的蒸汽量所带走，因而转子被加热的程度减小，正胀差减小。当凝汽器真空升高时，过程正好相反。特别指出，对不同的机组、不同的工况，凝汽器真空变化对汽轮机胀差的影响过程和程度是也不相同的。因此，一般不允许采用提高凝汽器真空的办法来调整各汽缸胀差。

(6)汽缸保温和疏水的影响。由于汽缸保温质量不佳，可能会造成汽缸温度分布不均匀且偏低，从而影响汽缸的充分膨胀，使汽缸膨胀差增大；汽缸疏水不畅可能造成下汽缸温度偏低，影响汽缸膨胀，并容易引起汽缸变形。

(7)转速的影响。转子高速旋转时，离心力与转速的平方成正比。在离心力的作用下，转子会发生径向和轴向的变形，即转子在离心力作用下，变粗、变短，这种现象称为回转效应(又称泊桑效应)。当转速降低时，离心力作用减小，转子的径长又回到原来的状态，即转子变细、变长，使胀差向正的方向增加，对于低压转子，由于其直径大，故回转效应更明显。

五、热变形

汽轮机启动、停机以及带负荷运行工况变动时，由于蒸汽对各部件金属加热(或冷却)的程度不同，汽缸和转子在径向和轴向都会产生温差，此时除了热应力、热膨胀外，还会引起热变形，严重的热变形可能导致运行事故和设备损坏。热变形的规律是：温度高的一侧向外凸起，温度低的一侧向内凹进，即“热凸冷凹”。

1. 上、下汽缸温差引起的热变形

汽缸的上、下汽缸存在温差，将引起热变形。上、下汽缸的温度，通常是上汽缸温度高于下汽缸温度，上汽缸温度高热膨胀大，而下汽缸温度低热膨胀小。因而上汽缸变形大于下汽缸，引起汽缸向上拱起，发生热翘曲变形，如图 8－6 虚线所示，俗称猫拱背。汽缸的这种变形将使下汽缸底部径向动静间隙减小甚至消失，造成动静部分摩擦，尤其是当转子存在热弯曲时，动静部分磨损更大。汽缸发生猫拱背变形后，还会出现隔板和叶轮偏离正常时所在的垂直平面的现象，使轴向间隙发生变化，进而造成轴向摩擦。

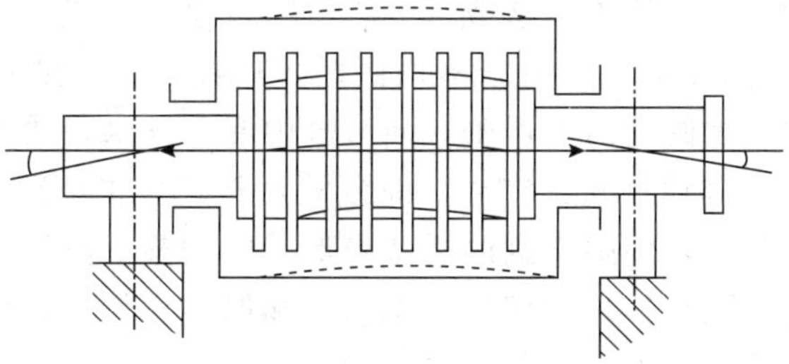

图 8－6 上、下汽缸温差引起的汽缸热翘曲变

上、下汽缸温差引起的弯曲变形，可由下列公式进行估算(假定汽缸整个长度上温差相等)：

$$f=\frac{\alpha\Delta tL^2}{8D}\text{mm} \tag{8-17}$$

式中 α——汽缸金属线膨胀系数，1/℃；

Δt——上下汽缸温差，℃；

L——汽缸支承点的距离，mm；

D——汽缸平均直径，mm。

上下汽缸温差最大值出现在调节级区域内(因为此处进汽温度高、上、下汽缸温差较大)，所以上汽缸最大拱背和下汽缸底部动静部件之间的径向间隙最小处也多出现在调节级附近。停机之后，这一区域有些向后扩展。几种类型机组经过试验确定，调节级处上下汽缸温差每增加 10℃，该处动静间隙约减少 0.1～0.15mm 左右。隔板汽封的径向间隙约为 0.4～0.7mm。根据上述规律，因此规定上下汽缸温差一般规定不应大于 35～50℃，避免动静部件摩擦。高压汽轮机的高压转子轴封凸肩都是在转子上车旋加工而成的，凸肩圆周上不均匀的摩擦，将导致转子弯曲、引起转子振动。如不及时处理，可能扩大成永久性变形。汽缸上下温差过大，是造成转子弯曲事故的初始原因。

导致上下汽缸温差大的原因很多，其主要原因是：

(1)下汽缸带有通向低温设备的抽汽管道，其不仅重量大，且散热面积也大，这使得在同样的加热或冷却条件下，下汽缸加热慢而散热快，下汽缸的温度要比上汽缸下降得快，所以上汽缸的温度要高于下汽缸的温度。

(2)在启动过程中，经汽缸壁冷却后的蒸汽变成疏水，都流到下汽缸，从下汽缸的疏水管排出。较厚的水膜使下汽缸的受热条件恶化。如果疏水不良，将使上下汽缸温差大的情况更为严重。

(3)在汽轮机周围空间，运行平台以上的空气温度高于运行平台以下的空气温度，气流从下向上流动；另外，汽轮机只在上部有罩壳，汽缸上部有较高温度的空气，下部则有较低温度的空气，并不断有空气对流；造成上下汽缸的冷却条件不同，使上汽缸的温度高于下汽缸。

(4)下汽缸保温不良，如运行中机组振动，保温层容易自汽缸壁脱落或剥离，使保温层与汽缸之间有空隙，造成空气存在于保温层与汽缸之间，造成空气冷却下汽缸，使下汽缸温度低于上汽缸。

(5)有的机组采用部分进汽，喷嘴弧段不是沿圆周分布，而是多将进汽喷嘴多布置在上汽缸，或者调节汽阀开启顺序不当造成部分进汽时，也会造成上下汽缸温度不均匀。

(6)从运行角度看，因停机以后有新蒸汽阀门、连接运行着的抽汽管道、与汽缸的抽汽调节汽阀以及汽缸的疏水阀密封不严密，向汽缸内漏入汽水，或者停机后冷蒸汽从抽汽管道返回汽缸以及由蒸汽自轴封漏入汽缸，都会增大上下汽缸温差。

为减小上下汽缸的温差，消除汽缸的拱背变形，应改善下汽缸的疏水条件，防止疏水下汽缸内积存。还应给下汽缸使用较好的保温结构和保温材料，并根据情况加厚保温层并加装挡风板减少空气对流；应严格控制暖机时间、升温速度。有些机组使用下蒸汽或电加热下汽缸的装置，可以更有效地控制上下汽缸温差在允许范围内。但是使用这种加热装置时必须加强监视，防止对下汽缸加热过度，使下汽缸温度高于上汽缸。当下汽缸温度高于上汽缸时，又会造成与上汽缸相反的热变形，使上汽缸上部的径向间隙减小，同样也会引起机组设备的损坏。

2. 汽缸法兰内外壁温差引起的热变形

汽轮机在不稳定工况下运行时，由于蒸汽对各部件加热(或冷却)的程度不同，在部件内会产生温差，如汽缸内外壁的温差。汽缸内外壁温差除产生热应力外，还会引起汽缸的热变形。对于一些大容量机组，水平剖分面法兰厚度约为汽缸壁厚的4倍。在启动和停机时，汽缸的内、外壁之间以及法兰内、外侧之间温度分布不均，形成很大的温差，将造成法兰和汽缸在水平方向和垂直方向发生变形。法兰的变形又引起汽缸横截面发生变形。

汽缸的变形量与汽缸法兰内外壁成正比，在启动过程中，当蒸汽温度按线性变化时，进入准温度后法兰内外壁温差达到最大值，并且温升率越大，温差也越大，汽缸的变形量也越大。

在启动过程中，当法兰内壁温度高于外壁温度时，则法兰内壁金属沿轴向伸长的较多，而法兰外壁金属伸长的较少，这时法兰在水平面内产生热变形(热挠曲)，如图8-7所示。法兰的变形使汽缸中间段横截面变为立椭圆，如剖面$A-A$处虚线所示，即垂直方向的直径大于水平方向的直径，汽缸沿垂直方向拱起，法兰向内收缩出现内张口。而汽缸前后两端的横截面变为横椭圆，如剖面 $B-B$ 处虚线所示，即水平方向的直径大于垂直方向的直径。变形的结果，使汽缸中间级两侧的径向间隙变小；也使汽缸前后两端的上下径向间隙变小；严重时，还将引起汽封片或叶顶围带摩擦或碰撞。

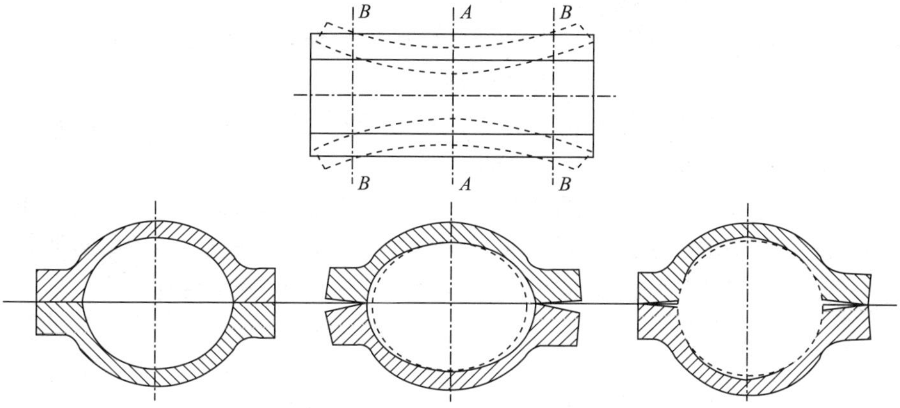

（a）变形前　（b）汽缸前后两端的变形　（c）汽缸中间段的变形

图 8-7　汽缸内、外壁温差引起的热变形

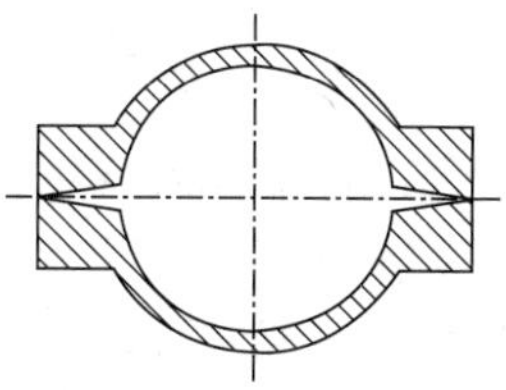

图 8-8　汽缸出现内张口

汽缸内外壁温差、法兰内外壁温差，也能引起法兰在垂直方向上的变形。当汽缸外壁温度高于内壁温度、法兰内壁温度高于外壁温度时，在法兰水平剖分面处形成“外张口”，此时螺栓的紧力将大部转到法兰内结合面上，使其压应力增大，再加以由温差产生的热压应力，可能使法兰内结合面产生压缩塑性变形。当温差消失后，这一塑性变形使汽缸法兰结合面出现“内张口”，如图 8-8 所示。这样，可以使连接螺栓所受的拉应力增大，甚至造成运行中的汽缸法兰水平剖分面漏汽。同时，还会导致汽缸法兰连接螺栓被拉断或螺母结合面被压坏等事故发生。为了防止这种现象发生，应尽量使汽缸内外温差不要过于剧烈。

为了减少启动时汽缸及法兰内、外壁温差、减少热变形与热应力，对宽而厚的法兰应使用法兰加热装置，使启动中法兰内外壁的温差和汽缸内外壁的温差减小，从而控制了上述几种热变形。在启动和停机过程中，控制蒸汽温度的变化率，并采用法兰加热装置，能够减少法兰内外壁温差，减小热变形。

汽轮机运行中，应监视调节级处法兰内外壁温差，实质上也监视了汽缸内、外壁温差，因为汽缸内外壁温差比法兰内外壁温差小，控制了调节级处法兰内外壁温差，实质上也就控制了该处汽缸内外壁的温差。对装有法兰加热装置的汽轮机，应将法兰内外壁温差控制在 30℃左右；对于没有设置法兰螺栓加热装置的汽轮机，其法兰内外壁温差应控制在 100℃。

3. 汽轮机转子的热弯曲

在汽轮机启动前和停机后，由于上下汽缸存在温差，使转子上下部分也存在温差，在此温差的作用下，转子将产生热弯曲。

如果汽轮机转子中心孔存有液体，在运行过程中也会发生热弯曲。在变工况时，由于转子金属温度的变化，可能导致液体的蒸发或凝结，从而使转子产生局部过冷或过热而引起转子热弯曲。

转子表面发生局部的摩擦也会使转子产生热弯曲，严重时可能造成转子永久弯曲。

在转子弯曲值大于动静部分径向间隙时，转子的弯曲的高点与隔板汽封梳齿将发生摩擦。摩擦不仅造成汽封梳齿和转子的磨损，还会使转子弯曲的高点产生高温。当转速低于第一临界转速时，转子表面局部的高温加大了转子的弯曲，摩擦又因此加剧。结果是机组发生振动，转子和动叶片顶部的围带也要磨损，直至汽轮机转子产生塑形弯曲。一旦转子的弯曲发展到动静部分发生硬性冲击时，不仅使转子发生剧烈振动，而且汽缸也会发生振动，甚至造成保温材料脱落。

转子热弯曲的最大部位一般在调节级前后。对于多缸机组的高压转子和背压机组的转子，约在其中部；对于单缸机组，则稍偏于转子的前端。偏离原设计轴线向上弯曲的数值，称为热挠度。一般的热挠度数值可近似地由下式求得：

$$f=\frac{\alpha(t_P-t_B)L^2}{8D} \tag{8-18}$$

式中　D——转子中间部分直径，mm；

α——转子金属线膨胀系数，1/℃；

L——转子在两轴承间的距离，mm；

t_P、t_B——转子上、下部的温度，℃。

另外还有一种用测量转子的晃动度来测量转子的热挠度的方法。其测量方法是将百分表触头打在轴颈处或轴向位移发信器处的圆盘上进行测量，如图8-9所示。根据所测得的晃度的数值、两轴承间的距离、百分表与轴承间的距离的比例关系，可以计算转子的最大弹性弯曲值 f_{max}，即

$$f_{max}=0.25\frac{L}{l}f_u \tag{8-19}$$

式中　f_u——弯曲度，即百分表所测的转子的晃动值的一半，mm；

L——两轴承间转子的长度，mm；

l——百分表与轴承间的距离，mm。

也有的机组使用电磁感应式测量装置，可直接读出转子的弯曲数值。

由式(8-19)可以看出，转子的最大热弯曲值与转子的晃动值，有一固定的比例关系。根据其比例关系只要限定转子的晃动度不超过允许值，转子的最大弯曲值应在允许范围内。一般规定汽轮机转子的晃动度不允许超过0.05mm；对于大型高压机组的转子，转子的晃动度不允许超过0.03～0.04mm。

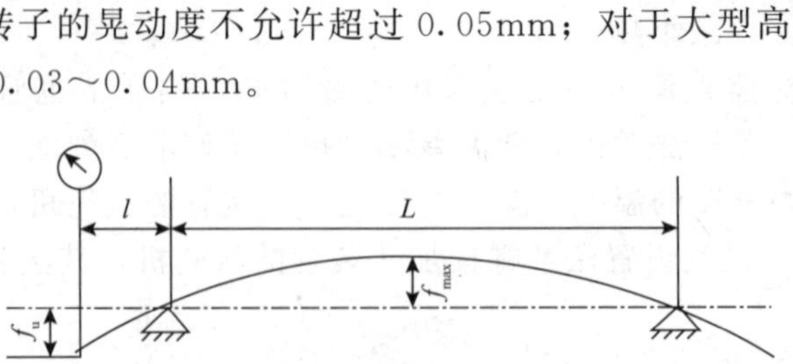

图8-9　用百分表测量转子的弹性弯曲

减少转子热变形的措施如下：

为了防止或减小转子热变形，汽轮机启动前和停机后，必须正确使用盘车装置，使转子均匀受热或冷却。①冲转前，应盘动转子足够长时间，待转子伸直后，再升速，并控制

加热速度；②停机后，也应盘车一段时间，使转子均匀冷却，待转子金属温度降至规定的温度以下方可停盘车装置；③转子转动之前，不要向轴封供汽，防止蒸汽通过各种管道漏入汽缸，并防止转子静止受热；④停机和停止盘车之后，应关闭与汽轮机连接管道上的阀门，防止任何蒸汽和疏水漏入汽缸；另外，大型 机组都应设置转子挠度指示装置，可直接测量转子弯曲度。

第二节　工业汽轮机启动

汽轮机从静止状态逐渐加速到额定转速，并将负荷逐渐增加到额定负荷的过程，称为汽轮机的启动。在启动过程中，汽轮机各部件的金属温度将发生十分剧烈的变化，即从冷态或温度较低的状态，加热到对应负荷下的高温工作状态。故汽轮机的启动过程，实质上是对汽轮机各金属部件的加热过程。

汽轮机组的冷态启动是操作中最复杂、最全面的过程。机组要经历从静止到额定转速，从室温到高温，从零负荷到额定负荷，从小流量到大流量，从低压到高压等全部变化过程。在启动过程中，在不同阶段中会出现一系列物理现象，应掌握它们的规律，采取相应的措施加以解决，这是掌握冷态启动过程的实质。

一、汽轮机启动方式的分类

汽轮机的启动方式很多，一般可分为如下几种。

1. 按新汽参数分类

按启动过程的新蒸汽参数分为额定参数启动和滑参数启动两种。

(1)额定参数启动

在整个启动过程中，直到机组带额定负荷，电动主汽阀前的新蒸汽参数始终为额定值，不随启动过程而变化。采用额定参数启动时，锅炉需将蒸汽参数提高到额定值方可冲转。这种启动方式的缺点是蒸汽与汽轮机金属部件间的初始温度高，冲转流量小，调节汽阀节流损失大，调节级后温度变化剧烈，零部件受到较大的热冲击、热应力、热变形及热膨胀差大，而且不易控制，对金属部件的寿命损耗大；而且这种启动方式所需时间长，所耗的经济费用高。这种启动方式一般用于母管制供汽的汽轮机，现代大型汽轮机几乎不采用额定参数启动方式。

(2)滑参数启动

在启动过程中，汽轮机随新蒸汽参数的升高逐步进行暖管、冲转、升速和带负荷的启动，称为滑参数启动。滑参数启动使汽轮机启动与锅炉启动同步进行，因而大大缩短了启动时间。滑参数启动中，金属加热过程是在低参数下进行的，且冲转、升速是全周进汽，因此加热较均匀，金属温升速度亦比较容易控制；滑参数启动还可以减少汽水损失和热能损失。其缺点是用新蒸汽参数的变化来控制汽轮机金属部件的加热，再用人工控制的情况下，启动程序较难掌握，参数变化率大。根据汽轮机冲转时主汽阀前压力的不同，滑参数启动又分为压力法启动和真空法启动两种。

①压力法启动

采用压力法启动时，电动主汽阀前应有一定的蒸汽压力，利用调节汽阀控制蒸汽流量冲动转子和升速暖机。要求新汽温度高于调节级上汽缸金属温度 50～80℃，还应保证有 50℃的过热度，即要不产生过大的热应力，同时还要避免水冲击。

②真空法启动

采用真空法启动时，锅炉点火前，应将锅炉汽包至汽轮机之间所有的阀门全部开启，在汽轮机盘车状态下开始抽真空。让汽轮机新蒸汽管道、锅炉的汽包、过热器全部处于真空状态，然后通知锅炉点火，锅炉压力、温度缓慢上升，当蒸汽参数还很低时，汽轮机转子即被冲动，此后汽轮机的升速及加负荷全部依靠锅炉汽温汽压的滑升。

真空法的缺点是：如果锅炉控制不当，有可能使锅炉过热器积水和新蒸汽管道的疏水进入汽轮机，从而损坏设备。另外，抽真空较困难，汽轮机转速不易控制，所以较少采用真空法滑参数启动。

2. 按启动前汽轮机的金属温度水平分类

按汽轮机启动前的金属缸温度水平可分为冷态启动和热态启动。一般用机组冷态启动时维持空转的金属温度水平来区分冷态启动和热态启动，低于这个温度水平的为冷态启动，高于该温度水平的为热态启动；

①冷态启动。金属温度低于 150～180℃，称为冷态启动。

②温态启动。金属温度在 180～350℃，称为温态启动。

③热态启动。金属温度在 350℃以上，称为热态启动。有时热态又分为热态(350～450℃)和极热态(450℃以上)。

有的按停机时间长短来划分启动状态：停机一周为冷态启动；停机 48h 为温态启动；停机 8h 为热态启动；停机 2h 为极热态。

3. 按冲转时进汽方式分类

(1)高、中压缸进汽启动

采用高、中压缸进汽启动时，蒸汽同时进入高、中压缸冲动转子，这种启动方式可使高中压合缸的机组分缸处加热均匀，减少热应力，并能缩短启动时间。其缺点是汽缸、转子膨胀情况较复杂，胀差较难控制。

(2)中压缸进汽启动。

中压缸冲转时，高压缸不进汽，而是待转速升到 2000～2500r/min 后才逐步向高压缸进汽，这种启动方式对控制胀差有利，可以不考虑高压缸胀差问题，以达到安全启动的目的。但启动时间较长，转速也较难以控制。采用中压缸进汽启动，高压缸无蒸汽进入，鼓风作用产生的热量使高压缸内部温度升高，因此还需引进少量冷却蒸汽。

4. 按控制汽轮机进汽流量的阀门分类

按控制汽轮机进汽阀门可分为：

①调节汽阀启动，汽轮机冲转前，电动主汽阀和自动主汽阀全部开启，进入汽轮机的蒸汽流量由调节汽阀控制。

②自动主汽阀和电动主汽阀启动，启动前，调节汽阀均全部开启，由自动主汽阀和电动主汽阀来控制蒸汽流量。

③电动主汽阀的旁路阀启动。

启动时，自动主汽阀、调节汽阀均全部开启，由电动主汽阀的旁路阀冲转汽轮机，可使机组冲转到带部分负荷(通常为额定负荷的 20%～30%)，汽轮机为全周进汽，受热均匀，因此这种控制方式得到广泛应用。

汽轮机启动方式的安全性的重要标准之一是否能实现金属的均匀加热。只有均匀加热才能避免设备各部分金属内发生危险的热应力；避免汽轮机静止部分和转动部分之间的间隙减小到危险的程度；避免汽缸对轴承、对转子发生歪斜和转子本身弯曲。启动中，对于汽缸容易发生裂纹的汽轮机偏重于注意避免过大的汽缸热应力；对于容易发生动静部分摩擦的汽轮机偏重于注意避免过大的汽缸和转子的热变形；对于容易发生轴向摩擦的汽轮机偏重于注意避免过大的汽缸和转子的膨胀差。

二、汽轮机的启动

汽轮机的启动主要介绍新安装机组的启动。汽轮机组安装完毕，在投入运行前，必须按照《汽轮发电机组运行规程》、制造厂技术文件规定和机组安装、使用、维护说明书以及施工单位编制的试运行方案和调试单位编制的启动调试措施，进行调整、启动、试运行。未经调整试运的设备，不得投入生产。通过全面认真的调整与试运行，应达到下列要求：

(1)检查各系统设备的安装质量，应符合设计文件，制造厂技术文件及汽轮机组施工及验收技术规程规范的要求；

(2)检查各项系统及设备的设计质量，应满足安全经济运行和操作、检修方便的要求；

(3)检查、调整并考核各设备的性能，应符合制造厂技术文件的规定；

(4)吹扫或冲洗各系统达到充分洁净，以保证机组安全、平稳投入运行；

(5)有关单位及部门提出整套设备系统交接试验的技术文件和交工资料，作为生产运行的原始资料。

(一)启动前的准备工作

启动前的准备工作是实现安全启动和缩短启动时间的重要条件，也是关系到启动工作能否安全、顺利进行的先决条件。

新安装机组试运行工作是一个严谨有序的系统工程，涉及设备制造、系统设计、工程安装、生产准备、启动调试、运行验收组织等方面，因此要求参加试运行的有关单位及部门既要分工明确，又要密切配合，并在工程指挥部及机组验收委员会的组织下，做好各项准备工作，确认启动条件符合要求，方可进行试运行工作。

参加试运行的操作人员(运行人员)试运行前必须全面掌握新机组的设计特点、自动化水平以及该类型机组的运行特性，通过专业培训，熟知机组设备，包括汽轮机本体、调节系统、凝汽设备，除氧器、加热器、各种泵等的构造和工作原理；熟知每个阀门的位置、仪表的用途，各种保护及自动装置的动作原理和作用；熟练地掌握汽轮机设备的启动、停机和正常运行操作；能根据运行规程要求正确地处理所发生的各种事故和异常情况。

试运行前，操作人员必须对设备及系统的安装情况进行全面系统的检查，在熟悉设备及系统的基础上，及时提出安装缺陷及错误以及设计问题，以保证试运行工作的顺利进行，并保证移交生产后能安全、平稳地运行和满足运行操作及检修方便的要求。

操作人员应在学习掌握运行规程、安全运行规章制度以及反事故措施的要求的同时，认真学习掌握有关试运行单位制定的调试措施及技术方案，了解调试内容、步骤及方法，以便配合施工单位及电气、仪表单位进行调试，并通过试运行，全面掌握设备的特性。

随着科学技术的进步，新安装机组广泛采用高科技及新工艺、新技术，这就要求操作人员需不断地提高自身的技术素质，全面掌握新安装机组的相关技术。尤其是大型机组热控水平不断地提高，如汽轮机组调节系统广泛采用数字调节系统、电液调节系统、计算机控制及机、炉协调控制技术，这就要求操作人员掌握常规机组运行技术的同时，尽快掌握机组的热控系统的工作原理及操作方法，保证机组投产后的安全、平稳地运行。

机组试运行前，应具备下列条件：

(1)试运行现场场地应平整，交通道路(包括消防通道)和人行通道应畅通、无阻；

(2)现场施工用脚手架已全部拆除，环境已清理干净，平台有较正规的楼梯、通道、过桥和栏杆及其挡脚板；现场的沟道及孔洞的盖板齐全，临时孔洞装好护栏和盖板；

(3)具备保证雨水从建筑物顶部以及整个场地流入水沟内的设施；

(4)具有排水系统、工业用水、生活用水和消防用水的管道和设施能使用；

(5)现场有足够的消防器材，并处于备用状态；

(6)厂房及厂区的排水系统及设施能正常使用，积水能排至厂区外，生活用的上下水管道应畅通，卫生设施能正常使用；

(7)现场有足够的正式照明，事故照明系统完整、可靠，并处于备用状态，电话等通信设备安装完毕，并可以使用；

(8)与试运行有关的空调设施可以投入使用，在寒冷气候下进行试运行的现场，应有防寒、防冬措施，室内温度保持在5℃以上。

机组试运行的条件：

(1)机组的安装工作已全部结束，并经检验合格，有完整的施工记录；

(2)基础混凝土及设备的二次灌浆层均以达到设计强度等级，基础的抹面工作已完成；

(3)机组管道及支、吊架均按设计文件要求已安装完毕，其质量已符合施工技术规程的要求，并经检验合格验收，弹簧支、吊架已按设计文件要求调整完毕；

(4)新蒸汽管道及压缩机工艺管道均已强度试压、吹扫完毕，且严密性试验合格；各管道系统用的安全阀、已按设计文件要求整定完毕；

(5)各有关的手动、电动、气动、液动阀门，经逐个检查调试，动作灵活、可靠、正确，并标明名称及开关方向的操作标志，并处于备用状态；

(6)完成了设备及管道的隔热、防腐蚀工作；

(7)各水位计、油位计已标好最高、最低和正常运行位置的标志；油箱内油位应正常，油位计的浮标上下活动应灵活自如，无卡涩现象；

(8)与机组试运行有关的水、电、气、汽等应供应正常；

(9)与汽轮机运行有关的电气、仪表的各项调试、联锁试验等工作已完成，检查和试验通信设备和联络信号应准确、可靠；

(10)机组的润滑油、调节油、密封油系统的管道油循环已符合设计文件要求；

(11)各指示和记录仪表以及信号、音响装置已装设齐全，并经校验、调整准确，有关保护装置可投入运行；

(12)机组的自动调节、安全保护、报警装置等设备必须齐全，调整完毕，动作可靠，并验收合格；危急保安器调整完毕，性能良好。危急保安装置脱扣杠杆处于脱扣位置；

(13)油系统投入运行，检查油系统油压、油温，高位油槽油位及回油情况，从轴承回油管道窥视镜检查径向轴承和推力轴承回油情况。通常要求轴承进油温度应保持在40℃±5℃，润滑油压应保持在0.096～0.124MPa；

(14)新蒸汽系统的电动主汽阀(主闸阀)应提前进行手动和电动开关检查，检查完毕后，将电动主汽阀和自动主汽阀关闭严密，并将调节汽阀处于关闭位置；

(15)检查主汽阀、调节汽阀和其他安全保护装置的动作应灵活、准确、可靠；调节系统的传动机构的零部件应完好、齐全，并加以润滑油润滑；

(16)调节汽阀滑阀和油动机活塞的行程调整至符合制造厂技术文件的规定；

(17)检查转子轴向位移指示值、汽缸热膨胀、相对膨胀指示值、测振仪指示值、热井液位指示值和上下汽缸温度等原始值进行确认，准确、无误并记录；

(18)凝结水系统投运，检查凝汽器热水井水位正常，凝汽器汽侧应补水至水位计的3/4位置，打开水位计的阀门，打开水室放空阀，打开水位报警器上的阀门；投入热井液位自控系统，备用冷凝水泵投入联锁。

(19)投入盘车装置，检查其动作应准确、可靠；对设有顶轴油泵的机组，启动盘车装置前应启动顶轴油泵；

(20)循环水系统投运，开启凝汽器两侧循环水出口旁路阀，待空气排净后关闭排气阀；开启凝汽器两侧循环水进出、口阀，关闭出口旁路阀；开启汽封冷却器循环水进、出口阀；

(21)抽气器投运，将启动真空值达到60～70kPa(450～550mmHg)；

(22)启动前，检查启动装置手轮应在“下限”位置。同步器手轮应在“下限”位置。调压器手轮应在“0”位。危机保安装置手柄应在“遮断”位置。手击快速停机手柄应在“投运”位置。危急保安装置应在“投运”位置。磁力断路油门应在“投运”位置；

(23)汽轮机与工作机械之间的联轴器已脱开。

(二)调节系统、保护装置的静态试验

调节系统、保护装置的试验应根据机组调节、保安系统图，制造厂技术文件及汽轮机安装、维护、使用说明书等进行调整试验。调试前，油系统循环合格，且加入油箱的透平油的油质经分析化验合格，油温保持在40℃±5℃。油系统各表计安装齐全，并经效验合格。

错油门滑阀、油动机活塞、调节汽阀、抽汽调节汽阀或旋转隔板、容量限制器和油压调节阀均能全开全关，且活动灵活、密封严密。在汽轮机启动前，必须对调节系统和各自动保护装置的启闭位置和行程进行调整。

自动主汽阀调整试验时，手拍危急保护装置手柄，自动主汽阀和调节汽阀应迅速关闭，自动主汽阀迟缓率应符合设计文件的要求。

低油压保护装置联锁试验时，启动辅助油泵运行后，投入润滑油泵的低油压自启动装置，用低油压继电器压力油管泄油的方法，作电动润滑油泵油压低自启动试验。试验后恢复到原来的运行状况。然后，作汽轮机调节系统静态试验。为此将容量限制器调整到不起作用的位置，将主汽阀和危急保安装置手柄抬起(挂闸)，根据每台机组的具体结构特点检查调节汽阀开度和油动机活塞行程刻度情况。操作控制机构开启主汽阀和调节汽阀，然后用同步器或容量限制器使之关闭，检查各部分有无卡涩，与主汽阀相连的油系统管道有无

漏油现象。再将主汽阀开启约 1/3 的开度，手拍危急保安装置手柄(打闸)检查主汽阀和调节汽阀是否迅速关闭。如果发现不正常情况时，应查找原因并设法消除，否则禁止启动机组。

盘车联锁试验时，先建立润滑油压符合设计文件要求，缓慢开启盘车低油压继电器放油阀，待油压降至 0.1MPa 时，盘车装置应停止运行，然后恢复盘车装置低油压继电器正常油压。

启动盘车装置时，开启润滑油的进油阀，空转检查电动机的转动方向和转动正常后，停止电动机转动。使盘车装置的齿轮啮合良好，然后盘车装置可投入连续运行。盘车时应检查盘车方向正确，从动齿轮的啮合和脱开应灵活、无卡涩现象，齿轮无撞击声。当盘车装置试运行时，汽轮机转子开始转动后，应倾听汽轮机内有无异常声响。使用高速盘车装置的机组设有顶轴油泵，在连续盘车之前应投入顶轴油泵运行。

凝结水泵联锁试验时，开启凝汽器补充水阀，往凝汽器补水至 3/4 水位计处；启动 1# 凝结水泵，开启水泵出口阀，开启再循环调节阀进行水循环；联系电气仪表人员送上凝结水泵联锁保护，停 1# 凝结水泵联锁试验，2# 凝结水泵应自启动；重复做停 2# 凝结水泵联锁试验，1# 凝结水泵应自启动。

低真空保护试验时，复位危急遮断器，手操启动装置开启主汽阀，同时调节汽阀、抽汽调节汽阀全开启；投入抽气器建立凝汽器真空，并维持真空≥0.0112MPa；停用抽气器，关闭一、二级蒸汽喷嘴阀，观察凝汽器真空应缓慢下降，当真空降至 0.04MPa 时，低真空保护装置动作，主汽阀、调节汽阀、抽汽调节汽阀迅速关闭

三、汽轮机的启动

(一)辅助设备投入运行

1. 油系统投入运行

启动辅助油泵，进行油循环；调整检查润滑油压在 0.1MPa 以上，油箱油温在 25℃以上，否则应投入油箱加热器。检查油过滤器的前后压差值应不超过 0.01～0.15MPa，检查高位油箱油位符合要求，通过各轴承回油管道上的窥视镜检查支持轴承和推力轴承的回油应正常。投入排油烟机运行。

机组启动前应先投入油系统，油温控制在 40℃±5℃。保持适当的润滑油温主要是为了在轴瓦中建立润滑油膜。如果润滑油温过低，油的黏度增大将使油膜增厚，使油膜不但承载能力下降，而且工作不稳定。如果润滑油温过高，将使油的黏度过低，以致在轴瓦中难以建立润滑油膜，失去润滑作用，使轴瓦损坏，造成恶性事故。

2. 投入盘车装置

为了防止转子受热不均，在新蒸汽有可能进入汽轮机的情况下，必须投入盘车装置，进行连续盘车。为了减少盘车功率，防止轴承磨损，在投入盘车装置前必须启动润滑油供油系统，向轴承供油。大型机组配有顶轴油泵，在盘车装置投入前，启动顶轴油泵，利用顶轴油压将转子微微顶起来，对轴承进行强制润滑。

3. 循环水系统投入运行

在向循环水系统通水时，开启凝汽器两侧循环水出口旁路阀，并应打开相应设备上的排气阀，在充水的同时，排出系统内的空气，当排气阀冒水时，证明系统已充满水，空气

已排净，可关闭排气阀；缓慢开启凝汽器两侧循环水进出口阀，关闭循环水出口旁路阀；开启汽封冷却器循环水进出口阀。

4. 凝结水系统投入运行

检查热水井水位正常后，开启凝结水泵入口阀和平衡管阀，并向盘根填料函处通以密封水；然后逐台试验凝结水泵，作凝结水泵联锁试验，并使一台凝结水泵保持运行；投用热水井液位自控系统，备用泵投入联锁。

5. 抽汽器投入运行

凝结水系统的运行方式应使凝结水通过主抽气器、轴封冷却器、轴封抽气器，然后经过再循环阀回到凝汽器。这样，主抽气器、轴封冷却器、轴封抽气器中有冷却用的凝结水通过，具备了投入运行的条件。关闭防腐汽阀和导管排大气疏水阀后，就可以启动抽气器抽真空。

开启中压蒸汽总阀暖管，暖管完毕，关闭汽封管疏水阀。开启启动抽气器蒸汽阀，调整蒸汽压力至符合要求。汽轮机凝汽器的容积一般都比较大，使用射汽抽气器形成真空十分缓慢，一次可将主抽气器、辅助抽气器同时投入运行，即使这样也还需要比较长的时间才能达到足够的真空。

6. 轴封冷却系统投入运行

轴封供汽管道应事先暖好管，疏水排净。当真空度增长缓慢时，就向轴封供汽，以便迅速升高到需要的真空值。

抽气器投入工作后，应投入轴封蒸汽系统。轴封送汽后应检查轴封抽气器、轴封冷却器水位和内部压力是否正常，或轴封信号管冒出的蒸汽是否正常。无论在启动时间向轴封供汽还是机组运行时向轴封供汽，应防止轴封蒸汽沿转子泄出，以免使转子产生热弯曲。

（二）暖管

对电动主汽阀或自动主汽阀前的新蒸汽管道进行加热，称为暖管。对设有汽动油泵、射汽抽气器的机组，这些设备的供汽管道应同时进行暖管，而电动主汽阀或自动主汽阀至调节汽阀的蒸汽管道，一般与启动暖机时同时进行。只有调节汽阀能确保严密的机组，方可以打开电动主汽阀和自动主汽阀进行暖管。

额定参数启动时，如果不预先暖管并充分排放疏水，由于较长的蒸汽管道要吸热，这就保证不了汽轮机冲动参数达到额定值，同时管道中的凝结水进入汽轮机将造成水冲击。

暖管时应避免新蒸汽管道突然受热造成过大的热应力和水冲击，使管道产生变形和裂纹。新蒸汽管道的暖管一般分为低压暖管和升压暖管。

低压暖管必须在汽轮机前电动主闸阀及其旁路阀关闭的情况下进行。开启全部排大气疏水阀。低压暖管时的蒸汽压力一般维持在 0.25～0.3MPa，而对高参数大功率机组则应用 0.5～0.6MPa 蒸汽进行暖管。这时疏水量比较大，待有白色蒸汽冒出后，确保管内压力高于公用疏水系统内的压力时，才可以关闭排大气疏水阀，将疏水导入疏水系统中去。

低压暖管所需的时间取决于暖管区段的长度，管径尺寸和蒸汽参数的高低及管道强度所允许的温升速度。当温升太快时，管道内外壁温差很大，将会引起很大的热应力。一般中参数机组暖管时间为 20～30min，高压机组为 40～60min 左右。

在低压暖管时，必须严格控制管内蒸汽压力，不使管内蒸汽压力升得过高。低压暖管时，由于管道的初温（接近室温）比蒸汽的饱和温度低得多，蒸汽对管壁进行急剧凝结放热。凝结放热的放热系数相当大，如果不严格控制蒸汽压力，管内蒸汽压力升得过高，则蒸汽的饱和温度与管道内壁温差过大，蒸汽剧烈冷却，从而使管道内壁温度急剧增加，造成管道内、外壁，特别是阀门、三通等部件受到过大的热应力，使管道及其附件产生裂纹或变形。因此，低压暖管时，必须根据金属管壁的温升速度，逐渐提高蒸汽压力。

此外，管壁的温升速度与通入管道的蒸汽流量有关，如果蒸汽流量过大，也会使管道及其附件受到过分剧烈的加热，故低压暖管时，还应十分注意调节总汽阀或疏水阀的开度。实际工作中，使用旁路阀进行暖管，对压力的控制比较方便。

低压暖管到管壁温度接近于150℃后，便可逐渐适当开大进汽阀进行升压暖管。升压速度取决于管道强度所允许的温升速度，一般当汽压在1.5MPa以下时，以0.1MPa/min的提升速度进行；当汽压在1.5～2.0MPa时，以0.2MPa/min的提升速度进行；当汽压在4.0MPa以上时，以0.1～0.5MPa/min的提升速度进行。一般中参数汽轮机组升压暖管过程中的温升速度为5～10℃/min。高压汽轮机升压速度为3～5℃/min。

新蒸汽管道暖管中，除需按运行规程严格控制升温升压速度外，还应不断检查管道、法兰及阀门有无漏汽、漏水的现象，检查管道的膨胀指示器是否指示正确，并检查管道附件、支架、吊架有无异常情况。若有异常应急时采取措施消除。

暖管时为防止蒸汽漏入汽轮机内造成上下汽缸温差过大和转子热弯曲，防腐汽阀一开始就应打开。暖管和升压过程中还应检查防腐汽阀是否漏汽。如漏汽应设法关严电动主闸阀和启动汽阀。

采用新蒸汽作射汽抽气器工作汽源的高压汽轮机，在升压暖管过程中辅助抽气器可以投入运行，缩短抽真空时间和提高后期暖管速度。

使用汽动油泵的汽轮机，在暖管后期开启汽动油泵之前，可稍开小汽轮机新蒸汽管道疏水阀和进汽阀，进行几分钟的短时间暖管。

(三)盘车

汽轮机启动前和停机后，使转子做低速(连续或断续的)转动，称为盘车。

在汽轮机启动时，如果转子不是在运动状态下加热，而是在静止状态下通入蒸汽，则转子会产生不均匀热变形，使得转子向上产生弯曲(拱背)，影响动静部分径向间隙，产生摩擦或振动，甚至会发生事故。因此，在启动冲转之前，在暖管时可以启动润滑油系统，并使盘车装置投入运行，使转子缓慢转动后，方可以向轴封供汽，加速抽真空。

汽轮机在停机后，其零部件逐渐冷却，这个过程需要经过若干小时。对于大型工业汽轮机转子需要进过30～40h后才能达到周围环境温度。因此，汽轮机停机后，应继续盘车逐渐冷却转子，否则转子就会产生变形、弯曲。因为汽缸内热空气向上升，上部转子处于热的环境中，所以转子上部温度高；因为冷空气集聚在汽缸下半部，使转子处于冷空气环境中。使转子上、下部的温差竟高达50～60℃，因此转子下部的金属材料较上部先发生收缩，使转子产生向上弯曲。弯曲程度开始时逐渐增大，以致使汽轮机某一段时间内不允许再启动。此段时间内如果启动，由于转子的弯曲最大，容易导致动静部分碰撞和强烈的振动，造成发生事故。超过一定时间之后，汽轮机内温度趋于平衡，转子的温度也趋于一致，转子开始逐渐伸直。

盘车是减少转子弯曲变形的较好方法，根据各机组的情况不同，盘车装置一般分为两种：一种是手动盘车(定期盘车)，对没有设置盘车装置的机组只好用手动盘车，即定期将转子转动 180°，这样转子原来向上弯曲的部分，转动后便逐渐开始变直，然后再向相反的方向弯曲。

盘车间隔时间随机组不同和停机以后时间不同而不同，这取决于转子弯曲变形速度，而变形速度又与转子结构、尺寸和汽轮机转子的上下部分温差有关。若结构尺寸一定，则只与转子上下部分温差有关。因此，每次盘车间隔时间也应相应地变化，即刚停机时转子上下部分温差较小，盘车间隔时间可稍长些，此后由于转子上下部分温差增加，盘车间隔时间可适当缩短些。再以后汽轮机内温度又趋于均匀，转子上下部分温差又减小，盘车间隔时间可延长些，当转子变形小到一定数值时即可停止盘车。在实际停机过程中，为了操作上的方便，将盘车过程作了适当的简化，一般在停机初期(如 4～8h 内)每隔 15～30min 盘车一次，此后将盘车间隔时间逐渐延长，甚至每隔 1～2h 盘车一次；一般先每隔 30min 将转子转动 180°，4h 后每隔 1h 将转子转动 180°。总之，只要保证在每次盘车时，转子的挠度不超过允许的最大挠度值(0.30～0.50mm)即可，具体盘车时间应遵照各制造厂技术文件的规定。

另一种盘车方法是电动盘车装置或液压盘车装置。在汽轮机停机后的冷却全部阶段内，或启动前的一定时间内，利用盘车装置不断地缓慢转动转子，使转子均匀受热、均匀变形以达到安全运行的目的。汽轮机停机时待转子完全静止后，必须立即投入盘车装置；汽轮机启动时，必须先启动盘车装置，然后再向轴封供汽。

各机组应按照制造厂技术文件规定的盘车时间和盘车方式进行盘车。在盘车之前，必须将润滑油系统投入运行。对于停机时间不长需再次启动的机组，应在转子静止到下一次转子冲动前的一段时间内应进行连续盘车。连续盘车时间对高压机组一般不少于 3～8h，中压机组不应少于 1～2h，在此之后可改为定期盘车。在启动之前应再改为连续盘车，一般机组应在冲动转子前 2h 进行连续盘车。

盘车前应投入润滑油系统，油温控制在 45℃±5℃，这样可以在轴承中建立油膜。如果油温过低，油的黏度增大会使油膜过厚，使油膜不但承载能力下降，而且工作不稳定。油温也不能过高，否则油的黏度过低，以致难以建立油膜，失去润滑作用。

对于没有盘车设备的机组，在冲动转子前暖管阶段，最好定期手动盘车，使转子上下部分均匀受热。冲动转子后，应在低速下充分进行暖机，低速暖机时间不宜过短，以弥补没有盘车装置的缺欠。停机后，应设法手动盘车，停机至下次再启动间隔时间应稍长些，以消除转子弯曲或变形，使转子恢复正常。

(四)建立真空

凝汽式汽轮机冲转前，电动油泵(或启动油泵)、循环水泵、凝结水泵和抽气器等辅助设备都已投入运行，其目的是建立必要的启动真空度。汽轮机冲转前必须有一定的真空度，一般为 60kPa 左右。启动真空度的高低对凝汽式机组的经济性和安全性有很大的影响。启动真空度高，也就是凝汽器内绝对压力低，从而使汽缸内压力低，则汽轮机内空气密度小，转子冲动时摩擦鼓风损失就少，转子冲动时阻力就小，可以减少从动转子所需要的蒸汽量。这样做一方面可以减少启动时的蒸汽消耗量，提高经济性；另一方面又可以减少叶片所受的力，因为叶片所受的力与蒸汽流量成正比，这样对提高安全性大有益处的。另外，真空度高亦即排汽压力低，相应的排汽温度也低，对凝汽器铜管来讲也是安全的，铜管胀口也不致受到损害。

如果启动真空低，则转子冲动时的阻力大，相应的启动用蒸汽消耗量增大，叶片受力也大；过多的乏汽突然排至凝汽器，凝汽器汽侧压力瞬间升高较多，可能使凝汽器汽侧形成正压，造成排大气安全薄膜损坏，同时也给汽缸和转子造成较大的热冲击。如果真空度过低，阻力大，冲动转子时若主汽阀开度不足，则可能造成转子短时间(10～60s)内转子冲动不起来，而蒸汽又已经进入汽轮机内，会形成“静止暖机”现象，这时如不及时盘车，甚至会造成转子弯曲。所以，除制造厂技术文件有特殊的规定外，一般是不允许在过低的真空下冲动转子的。

汽轮机冲转前应建立适当的启动真空。不同结构的汽轮机组，启动真空也不相同。一般凝汽式工业汽轮机冲动转子时真空要求达到 450～500mmHg，最低不应小于300mmHg。在这样的真空下冲动转子，在转子转动后，真空不会降到 100mmHg 以下，大气安全阀也不至于动作，同时在这样真空下冲动转子排汽温度也不会太高，可减缓排汽缸的膨胀速度，对减少汽缸的热应力也是有利的。一般中压机组启动真空为正常真空的60%～70%左右，随着转速的增加，真空也应随之上升。有的工业汽轮机要求启动时真空应达到 600mmHg，而升速时真空应在 650mmHg 以上。当制造厂技术文件无规定时，机组在启动时真空至少应达到 350mmHg 以上。

(五)轴封供汽

在汽轮机转子冲动前，抽气器已投入工作。如果它所建立的真空值能够达到要求时，就可以在不向轴封供汽的条件下冲动转子，在冲动后立即向轴封供汽，使真空随转速不断升高。如果抽气装置不能达到 300mmHg 以上的真空或者汽轮机要求在较高的真空下冲转，就应首先向轴封供汽。向轴封供汽的目的是为了防止空气沿转子漏入汽缸，较快地建立有效的真空，并减少叶片受力。从安全角度出发，向轴封供汽时，尽可能采用经过减温的蒸汽，并将蒸汽温度控制在 120～140℃之间。所以，应将供给轴封的汽源配置成两路；冷态启动时，向轴封供给减温的蒸汽；热态或半热态启动时，则可供新蒸汽。如在冲转前向汽轮机轴封送汽，应当在转子连续盘车状态下进行。

向轴封供汽应注意下列事项：

(1)轴封供汽前，应先对轴封供汽管道进行暖管，并将疏水排尽。

(2)必须在连续盘车状态下向轴封供汽，以免使转子产生热弯曲。

(3)向轴封供汽的时间必须恰当，冲转前过早地向轴封供汽，会使上、下汽缸温差增大，或使胀差正值增大。

(4)应注意轴封供汽的温度与金属温度的匹配。热态启动时，最好选用适当温度的备用汽源，有利于胀差的控制，如果系统有条件将轴封供汽的温度进行调节，使之高于轴封体的温度则更好；而冷态启动时，轴封供汽最好选用低温汽源。

(5)在高、低温轴封汽源切换时，如果切换过快不仅引起胀差的显著变化，而且还能产生轴封处不均匀的热变形，以致导致摩擦、振动。

(6)抽气装置功能小于 300mmHg 以上的真空或汽轮机要求在较高的真空下冲动转子时，就应首先向轴封供汽。如需在冲动转子前向轴封供汽时，应在机组连续盘车状态下进行。

(7)轴封供汽后，检查轴封冷却器水位和内部压力是否正常，检查轴封信号管冒出的蒸汽是否正常。无论是启动时向轴封供汽，还使机组运行时向轴封供汽，均应防止轴封蒸汽沿轴端泄漏。泄漏的蒸汽进入轴承室，凝结水将混入润滑油中，使油质恶化。

若转子在静止状态下向轴封供汽，不仅会使轴封局部不均匀受热，产生弯曲变形，而且蒸汽从轴封端处漏入汽缸也会造成汽缸不均匀膨胀，产生较大的热应力与热变形，从而使转子产生弯曲变形。所以，汽轮机转子在静止状态下一般严禁向轴封供汽。

对有盘车设备的机组，一般可以在连续盘车状态下先向轴封供汽。如果需要时，对于没有盘车设备的机组，也可在每隔几分钟将转子转动180°的情况下，向轴封供汽。对于不能进行盘车的机组，从安全角度来讲应在转子冲动后，再向轴封供汽。如果不向轴封供汽，启动真空就不能建立时，也可以在冲动转子之前向轴封供汽，但是在转子静止时轴封供汽时间太长。轴封供汽后争取尽快冲动转子。

(六)冲动转子

冲动转子是汽轮机由冷态变到热态，由静止到转动的开始。操作的关键是控制汽轮机金属温度和转子转速的升高。转子刚一转动，接近额定温度的新蒸汽进入金属温度较低的汽轮机，这时蒸汽对金属进行剧烈凝结放热，因此汽轮机金属温度变化剧烈容易造成很大的热应力。随着转速的升高，汽轮机温度也随之升高，汽缸内蒸汽对金属对流放热的成分逐渐增大，金属温升速度才放慢。新蒸汽进入汽轮机前应达到50℃的过热度。

为了减少热应力，在额定参数下冷态启动的机组，采用限制新蒸汽流量，延长暖机升速和加负荷时间的办法来控制金属加热速度。

冲动转子的方式有许多种，主要视汽轮机的调节系统和执行机构的具体情况而定，一般有下列四种方式。

(1)用单个调节汽阀冲动转子

在自动主汽阀和电动主汽阀全部开启的情况下，用同步器或调速器上的特殊手轮操作调节汽阀的开度来控制汽轮机的进汽量。这种冲转的方式可以节省冲转的蒸汽能耗，可以减少蒸汽的节流作用。但冲动转子时，仅一个调节汽阀部分地开启，蒸汽只通过某一弧段，容易使汽缸受热不均匀，各部温差较大，加剧了机组部件的热变形。

(2)用自动主汽阀冲动转子

目前，对喷嘴调节的汽轮机，大都采用全开自动主汽阀和调节汽阀开启(但过负荷汽阀应关闭)用电动主汽阀的旁路阀(称为启动汽阀)控制冲动转子的方式进行启动。这时全开启动汽阀的一次阀，使用二次阀控制汽轮机的蒸汽流量。这种启动方式可以保证蒸汽通过全圆周喷嘴弧段进入汽缸，使汽缸各部受热均匀，减少温差。但容易造成自动主汽阀阀芯和阀碟的冲刷，密封面易磨损，从而使自动主汽阀关闭不严密，从而降低了自动主汽阀这一保护装置的可靠性。这种启动方式多用在中、小型汽轮机组上冲转显得较为方便。

(3)用电动主闸阀的旁路阀冲动转子

在自动主汽阀和调节汽阀开启(但过负荷汽阀应关闭)的情况下，用电动主闸阀的旁通阀来控制汽轮机的进汽量冲动转子。这种冲转方式可以保证汽缸前段的全周进汽，加热均匀，又避免了自动主汽阀冲动转子的缺点，是一种合理的冲动转子方式。所以，目前被广泛应用。

(4)用启动装置冲动转子

目前德国西门子公司、意大利新比隆、我国杭州汽轮机厂、美国克拉克公司、日本三菱重工广岛造船所制造的工业汽轮机，普遍运用启动装置冲动转子，操作很方便，控制进汽量灵活、准确。利用启动装置启动可开启、速闭主汽阀，启动汽轮机。它是汽轮机从启动到调速器投入工作之前这段过程的操作单元。通过调节系统油压控制主汽阀的开度，并限制调节汽阀的开度，从而起到功率限制的作用。

将危急保安装置手柄复位，顺时针方向旋转启动装置启动手轮到底。速关阀(主汽阀)活塞盘后的速关油压逐渐建立，当速关油压的作用力超过活塞后的启动油压产生的作用力与弹簧力之和，便将速关阀逐渐向开启方向运动，此时启动手轮就可以停止转动，直至活塞后的压力消失后，再逆时针旋转启动手轮，建立二次油压，当二次油压升至0.15MPa时，开启调节汽阀，调节汽阀开始开启冲动转子。

汽轮机启动时，除应注意启动汽阀位置，主汽阀和调节汽阀开度，油动机行程与正常启动比较外，还应注意调节级后压力升高情况。一般汽轮机冲动转子时，调节级后的压力升高至规定的冲转数值(一般为该机额定压力的10%～15%)以上时，应注意转子是否转动，尤其应注意没有盘车装置的机组，如果此时转子不能在此状态下转动，应立即停止冲转，并查明原因、待消除后再进行冲动转子。

汽轮机冲动转子时，转子冲不动的原因有：

(1)汽轮机动静部分有摩擦、卡涩现象；

(2)冲动转子时真空过低或新蒸汽参数过低；

(3)盘车装置未投入；

(4)操作不当，应开启的阀门未开启，如危急保安器未复位，主汽阀、调节汽阀未开启等。

高压汽轮机的盘车装置在转子冲转后自行脱扣。连续盘动中的转子摩擦力已有减小，所以不像冲动静止的转子需要大量的蒸汽。同时为使冲动转子后的汽轮机调整段汽缸金属加热不至于剧烈，应逐渐开启启动阀门，使转子自盘动中逐渐平稳升速。

冲动转子后将转速维持在500r/min后可关闭启动汽阀，用听棒倾听机组内有无金属摩擦声；如一切正常，再开启启动汽阀，将转速维持在500r/min左右，进行全面检查。

冲动转子后还应检查机组的轴振动。如轴承箱有明显晃动，则说明转子存在暂时弯曲或机组动静部分之间发生碰磨。应立即手打危急保安装置手柄，关闭启动汽阀停止启动。停机后，应测量转子轴颈径向跳动，查明原因，采取措施消除。

汽轮机冲转前必须有一定的真空，一般为60kPa左右，若真空过低，转子转动就需要较多的新蒸汽，而过多的乏汽突然排至凝汽器，凝汽器汽侧压力瞬间升高较多，可能使凝汽器汽侧形成正压，造成排大气安全阀薄膜损坏，同时也会给汽缸和转子造成较大的热冲击。

冲动转子时，真空也不能过高，真空过高不仅要延长建立真空的时间，也因为通过汽轮机的蒸汽流量较少，放热系数也小，使汽轮机加热缓慢，转速不易稳定，从而延长启动时间。

汽轮机冲转时，一般真空还比较低，有部分空气在汽缸及管道内未完全抽出，在冲转时随着汽流冲向凝汽器。冲转时蒸汽瞬间还未立即与凝汽器通铜管发生热交换而凝结，故冲转时凝汽器真空总是要下降的。当冲转后进入凝汽器的蒸汽开始凝结，同时抽汽器仍在不断地抽空气，真空即可较快地恢复到原来的数值。

冲动转子后，通过调整凝结水再循环阀和放水阀适当调整凝汽器的水位，防止发生凝汽器无水或满水的情况。

转子转动后，还应检查各轴瓦的温度、油温、油的温升及回油情况。

冲动转子后，机组运行一切正常时，将转速维持在低于额定转速的某一转速下进行暖机，暖机转速应根据启动升速曲线或操作规程规定进行。

（七）暖机和升速

暖机是指转动汽轮机转子并送入少量新蒸汽使其各部件均匀受热的操作过程。暖机的目的是使汽轮机各部件金属温度得到充分的预热，减少金属内部应力，使汽缸、法兰及转子均匀膨胀，保证汽轮机通流部分动静部件间隙不致消失而发生摩擦，并使带负荷速度加快，缩短带至满负荷的时间，达到节约能源的目的。暖机结束时，受热各部件的温差很小或接近于零。

汽轮机启动从静止状态到额定转速时，汽轮机金属温度一般要升高近 200℃。暖机和升速的过程是汽轮机金属温度逐步升高的过程，也是转速逐步升高的过程。正确进行暖机和升速过程，才能使汽轮机各部件升温和膨胀均匀。

暖机时的转速和时间随着机组参数、功率和结构的不同而不同。各制造厂的运行规程对汽轮机暖机和升速时的各项指标都有明确的规定，并且提供了机组的升速曲线。在升速和暖机过程中，应密切监视汽轮机各部件的金属温差，使之不超过制造厂技术文件的规定。

对于冲动式汽轮机，采用叶轮式转子，其级数较少，动静间隙较大，因而所需暖机时间相对较少；对级数多，动静间隙小的反动式汽轮机，暖机所需的时间相对很长；对中参数汽轮机暖机所需时间较短；对高参数汽轮机所需暖机时间较长；对驱动辅助设备的小冲动式汽轮机，甚至可以不经过暖机阶段。因此，汽轮机暖机时间因机组而不同，可以从几十分钟到数小时不等，总之应按制造厂技术文件的规定进行。

目前工业汽轮机暖机过程，多采用分段升速暖机，即在不同的转速阶段进行暖机。这种暖机方式要比稳定在一个低转速下进行暖机效果好。一般分为低速暖机、中速暖机和高速暖机。低速暖机转速约为额定转速的 10％～15％；中速暖机转速约为额定转速的 30％～40％；高速暖机转速约为额定转速的 80％左右。

暖机时间是由汽轮机的金属温度水平、温升率及汽缸膨胀值、差胀值决定。在各个转速阶段暖机的持续时间视机组而异。低速暖机时间对中压机组约为 20～30min；高参数机组则约为 1～2h。一般汽轮机额定转速为 3000～6000r/min，低速暖机时间为 30～45min；汽轮机额定转速为 6000～10000r/min，低速暖机时间为 60～90min；额定转速＞10000r/min，低速暖机时间＞90min。

低速暖机的作用除了使汽轮机各部件温升均匀，减少热变形与热应力外，主要是给操作人员提供一个全面检查汽轮机启动后运行情况的时间。对没有盘车装置的机组，低速暖机时间可稍长一些。

在稳定转速下暖机时应避开临界转速 150～200r/min。因为启动过程中新蒸汽参数和真空都会波动，且制造厂技术文件提供的临界转速值在实际运行中会有一定的出入，如不避开临界转速一定范围，转速波动时容易落入临界转速区域内，而引起机组剧烈振动，可能造成事故。带动压缩机的工业汽轮机额定转速都很高，从低速暖机到临界转速之间的中速暖机可分为两段或三段进行，以免每段转速上升过多，金属温升过快。

中速暖机是中、高压汽轮机启动的重要环节。中速暖机必须充分，因为中速暖机后升速时，将要通过机组的临界转速，进行高速暖机。如果中速暖机不充分，高速暖机时金属温升率可能过高。

中速暖机前后，法兰内外壁金属温差显著增加，法兰与螺栓的温差也显著增加。因此，这个阶段应适时投入法兰和螺栓加热装置。法兰和螺栓加热装置投入后，应严格控制法兰内外壁金属温差、法兰与螺栓温差、左右两侧法兰温差；中速暖机时，应检查汽轮机的金属温度、汽缸膨胀、相对膨胀和汽缸左右的对称膨胀情况。考虑到启动中，汽缸和转子的受热条件不同，膨胀情况也不同，各级轴向间隙将发生改变，个别级的动静间隙将缩小很多，所以法兰加热装置不得使用过度。

汽轮机通过临界转速后，到接近调速器工作最低转速运行一段时间，可作为高速暖机范围，也可以分为两个或三个阶段进行。高速暖机是升速过程中汽轮机金属加热速度最大的阶段。其目的是使汽轮机各部件热应力、热变形、转子与汽缸的相对差胀以及转子轴振动均维持在制造厂技术文件规定的范围内，尽快地将汽轮机各部件金属温度均匀地升值额定负荷下的工作温度。此时由于进汽量大，金属膨胀比较显著。高速暖机阶段需 30min 以上。高速暖机阶段也应对机组进行全面的检查。如果机组振动值过大，则不许强行升速。当一切正常后，充分进行高速暖机后，可继续升速到调速器工作转速。调速器开始动作时，应检查调速器的工作情况，此时汽轮机进入自动调节。转速升高后，润滑油温度将升高，凝汽器真空也将发生变化，因此操作人员应注意调整。

通过临界转速时，因升速较快，蒸汽流量有较大的变化，金属部件也容易产生较大的温差。为避免金属温差引起过大的热应力以及避免金属温差引起膨胀不均而使机组振动，通过临界转速后，应使机组在适当的转速下停留一段时间，使各部分金属温度趋于一致，温差减小。

每次升速前后和通过临界转速后，必须检查机组的轴振动、声响、金属温度、汽缸膨胀、相对膨胀和汽缸左右两侧对称膨胀情况。检查油箱油位、上油管油压、轴承回油温度及回油窥视镜的回油油流情况。还应检查新蒸汽压力、温度、凝汽器的真空、排汽温度等。当发现机组异常振动时，则不允许强行升速。应降低机组转速到振动消除后，再在该转速下继续暖机，直到机组一切正常后，方可继续升速至调速器工作转速。调速器开始动作时，应检查调速器的工作情况，此时汽轮机进入自动调节。

机组投入自动调节后，再运行暖机一段时间便可以将转速上升到额定转速。在额定转速下应稳定运行一段时间，对机组进行全面检查并进行保安系统试验，一切正常后，便可准备加负荷。

在达到额定转速前的升速过程中，应当注意排汽温度的变化。凝汽式汽轮机的排汽温度将有所提高，这是因为汽轮机没有负荷，流经汽轮机的蒸汽流量很小，排汽缸的热量不能被蒸汽全部带走，使排汽室得不到充分的冷却，因而排汽温度升高。靠近末级叶片尺寸大，鼓风摩擦损失大，使蒸汽受到加热，使排汽温度升高。启动时一般真空都比较低，排汽压力大，因而排汽温度升高。

机组在暖机和升速过程中，应监视汽轮机凝汽器真空值不应低于 600mmHg，否则不应升至高速暖机。若真空过低，转子转动就需要较多的新蒸汽，而过多的排汽突然排至凝汽器，使凝汽器汽侧压力瞬间升高较多，可能使凝汽器汽侧形成正压，造成排大气安全薄膜损坏，同时也会给汽缸和转子造成较大的热冲击。若真空过高，暖机的蒸汽流量太小，机组预热不充分，暖机时间反而会加长。

以上原因使排汽温度升高，使排汽温度与凝汽器中的真空不对应，排汽温度高于该真空下的饱和温度，这是启动中的特殊现象，应当加以注意，通常启动时控制排汽温度在60℃以下。排汽温度过高，将导致排汽缸受热和膨胀不均匀，致使机组中心变动，引起振动。它也会使凝汽器铜管与管板胀口松脱，造成泄漏。严重时可使叶片达到很高的温度，从而降低了叶片材料的强度，造成事故。因此，有的机组专门设有凝汽器低负荷时的喷水装置，在排汽温度高于60℃时投入使用，以降低排汽温度。没有这种装置的机组，则需尽量减少空负荷的运行的时间，同时，选择适当的真空保持适当的蒸汽流量，对控制排汽温度有一定的作用。

升速和暖机是有密切联系的，从冲动转子后低速暖机到额定转速，整个过程就是暖机和升速的过程，也是汽轮机各部件的升温过程。汽轮机升速的速度取决于金属的允许温升速度。根据运行经验，低、中参数机组可按每分钟5%～10%额定转速的速度提升转速；对高压机组可用每分钟2%～3%的额定转速的速度提升转速。升速过快，会引起金属过大的热变形和热应力；升速过慢，会引起启动时间不必要的延长，也无其他好处。不同的机组在不同的升速阶段，金属升高速度也不同。具体机组的升速速度和各阶段暖机时间，应严格按照各机组的升速曲线执行。

在机组升速之前，应严格控制汽轮机各部分的金属温度在允许范围内，对高压汽轮机应当测量调节级处的上、下汽缸之间温差，升速之前不应大于30℃，最大不应超过50℃。温差太高时，会造成汽轮机汽缸变形，使汽缸向上弯曲从而使叶片和围带损坏，使汽轮机动静部分径向间隙消失，使径向汽封产生摩擦等，此时应检查附近汽缸上的疏水阀是否正常，疏水是否畅通。汽缸水平剖分面法兰与螺栓间的温差不应超过45℃。汽缸的膨胀，转子与汽缸的差胀值应符合设计文件规定，汽缸内应无异常声响。升速之前油压应正常，油温不应低于30℃，否则不应升速。因为油温过低时，润滑油黏度大，轴颈与轴承之间形成油膜困难；油温过高时，润滑油黏度小，会使油膜不稳定。当润滑油油温低于25℃时，应对油箱内的油进行加热。并注意轴承回油温度，当油冷却器出口温度超过40℃时，应开启冷却水进口阀门，调整冷却水出口阀门，使进入轴承的润滑油油温保持在40℃±5℃。升速时应注意油箱油位，轴承油流和轴承进出口温度是否正常。

(八)机组振动的监视

大型机组启动时，发生振动多在中速暖机及其前后升速阶段，特别是通过临界转速的过程中，机组振动将大幅度的增加时，表明暖机不良或升速过快，导致汽轮机主要部件变形或转子与汽缸中心变动，引起动静部分摩擦，汽封磨损。此时应将汽轮机转速降低，再进行10～30min暖机，直到振动值达到允许值后，方可继续升速。如果是由于转子暂时性热弯曲引起的振动，则经过降低转速暖机后，振动便可以消除，转子弯曲消除后再进行升速。汽轮机升速过程中，转子一旦弯曲，振动将会越来越大，振动越大摩擦就越厉害。这样恶性循环，将使转子产生永久性弯曲，使设备严重损坏。因此要求在暖机或升速过程中，如果出现较大的振动值，应立即打闸停机，进行盘车直轴，查明原因，采取措施消除振动后，再重新启动机组。另外，由于汽轮机转子的不平衡或热弯曲产生的振动，振动幅度与转速的平方成正比，所以在到达第一临界转速之前，如果机组出现0.04mm以上的振动值时，则应停机处理，绝对不允许强行升速！

对高速工业汽轮机，应保证在轴承上的全振幅值应满足下式要求：

$$A \leqslant 25.4\sqrt{\frac{12000}{n}},\ \mu m \tag{8-20}$$

式中 A——轴承上的全振幅值，μm；

n——汽轮机转子转速，r/min。

(九)通过临界转速

目前大型汽轮机普遍采用柔性轴，它的工作转速大于第一阶临界转速，第二阶临界转速由于转速太高，在工业汽轮机转速范围内一般碰不上。一般要求 $1.4n_{c1}<n<0.7n_{c2}$。汽轮机与工作机械所组成的机组，其临界转速不只有一个，一般汽轮机每个转子有一个临界转速，被驱动的工作机械的每个转子也各有一个临界转速，这些临界转速凑在一起便构成了机组的一个临界转速区域，升速时应迅速通过临界转速区。汽轮机组的临界转速应转子的结构不同而不同，制造厂为各台机组提供了汽轮机、工作机械转子的临界转速。升速时应迅速通过每个临界转速。在通过临界转速之前应当稳定运行一段时间，一般为 15～30min 左右，在此期间主要进行机组的全面检查并充分暖机，为通过临界转速做好充分准备，主要检查机组的轴振动、摩擦声响、蒸汽参数、凝汽器真空、油系统、保安系统、金属温度、汽缸膨胀、相对膨胀、汽缸左右两侧对称膨胀等情况，并做好记录。检查一切正常后，表明机组具备了通过临界转速的条件，及时向主控室报告，按照制造厂升速曲线快速低通过临界转速区，在临界转速区域内不得停留，应在 2～3min 之内通过。主控室应密切配合现场，监视机组通过临界转速时各参数的变化，特别应监视转速、轴振动和轴向位移。预先向锅炉岗位通知，做好供汽工作，保证汽压和汽温。现场人员应合理分工、各负其责，密切监视转速、油温、油压、轴承回油温度、轴承温升、轴振动及用听棒倾听机内声响。

通过临界转速后，应使机组在适当的转速下稳定运行一段时间，一般为 15～30min，使各部分的金属温度趋于一致，温差减小。

每次升速前后和通过临界转速前后，必须检查、记录机组的如下项目：①新蒸汽压力、温度、凝汽器的真空、排汽温度；②轴振动、摩擦声响、金属温度、汽缸膨胀、相对膨胀、汽缸左右两侧对称膨胀情况；③轴承温升、油压、油温、轴承回油温度及油流情况；④油箱油位、排油烟机运行情况。若发现与以往启动记录有显著差别时，应停止继续升速，查明原因，采取措施，消除。

汽轮机油的黏度受温度影响很大，温度过低油膜厚且不稳定，对轴颈有粘拉作用，容易引起振动甚至油膜振荡。但油温过高，其黏度降低很多，使油膜过薄，过薄的油膜也不稳定且易被破坏，所以对油温的上下限有一定的要求。汽轮机启动初期，轴颈表面线速度低，比压过大，汽轮机油的黏度小，就不能建立润滑油膜，所以要求油温较低，一般要求油温在 30℃以上。汽轮机通过临界转速时，转速很快提高，汽轮机油的黏度比低速时小一些，即要求油温高一些，一般要求通过临界转速时的油温在 38～45℃。

(十)调速器投入工作

调速器投入工作之前，由启动阀控制进汽时，蒸汽通过调节级膨胀压降较小，故调节级温度较高。等到调速器工作时，用调节汽阀控制进汽时，通过第一级喷嘴后的蒸汽压降和温降增大，调节级汽温反而降低。因此，为防止调节级金属的迅速冷却，要求调节汽阀应缓慢逐渐关小，这样可以使调节汽阀前蒸汽平稳、均匀地升温升压。

常规手动操作一般是手动主汽阀或启动器提升汽轮机转速到调速器最低工作转速后，汽轮机调速器开始动作，便进行自动控制。汽轮机转速由调速器控制或由风压信号控制，也可以由主控室控制。这时主汽阀或启动器手轮就可以全开，开满之后再向后退半圈，以免受热后卡住。

一般规定，调速器最低工作转速应为额定转速的85%，而脱扣停机转速为额定转速的105%。

当转速靠近调速器最低工作转速时，特别应注意调节汽阀阀杆的动作。到达调速器工作转速时，调节汽阀阀杆应下行，关小调节汽阀。因为调速器动作前，调节汽阀是全开的，进入汽轮机的进汽量是靠手动主汽阀节流控制的。只有确认调速器投入工作后，才可将主汽阀或启动器手轮全开，开满后，倒转半圈。

调速器投入工作后，机组便进入自调空转运行，机组便由主控室控制，并稳定运行一段时间，对机组进行全面检查，如轴振动、润滑油温、油压、汽缸热膨胀、汽缸与转子的胀差，转子轴位移以及排汽温度等均应无异常现象。当确信机组一切正常后，可在此阶段对机组的保安系统或调节系统进行试验。

对机组进行全面检查和有关试验都确认一切正常后，便可以由主控室将机组转速调整到需要的转速下运行。

每台汽轮机都有本机的启动、升速曲线，试运行时和机组启动时均必须遵守。图8-10为4.5×10^4kW自备电站汽轮发电机组启动升速曲线图。

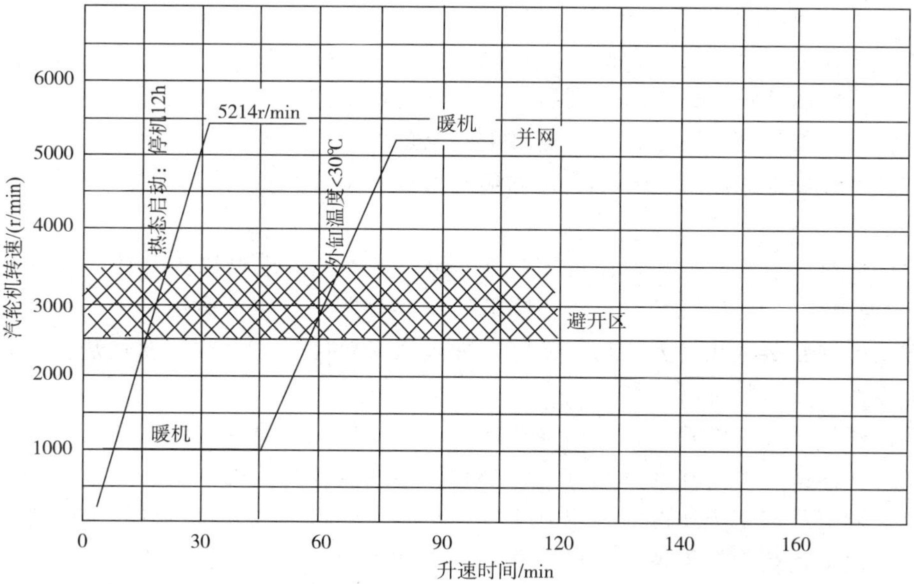

图8-10　4.5×10^4kW自备电站汽轮发电机组启动升速曲线图

(十一)汽轮机的加负荷

不同用途的汽轮机组的加负荷的概念不同。对驱动发电机的汽轮发电机组的加负荷是指并入电网，即并列。并列后汽轮机开始接带负荷，负荷可逐渐增大，即输电量逐渐增加。

如果汽轮机驱动的是工作机械，如压缩机、泵、风机等，当汽轮机转动后，工作机械与汽轮机一起转动、升速的，因此升速和加负荷是分不开的。汽轮发电机组运行正常就可使机组迅速并入电网，带规定的低负荷。驱动压缩机的汽轮机是带着负荷启动的，并随着汽轮机的转速升高被驱动工作机械的流量、压力亦随着逐步增大。由于启动时压缩机的气体回流或放空，因此低负荷运行或称为“空负荷”运行。当压缩机升压时，则为加负荷。汽轮机加负荷是指压缩机升压，并入管网系统送气。

机组接带负荷的过程，实际上汽轮机加热过程的继续。但必须注意，在接带负荷阶段，蒸汽流量增大了很多，因此对汽轮机的加热较启动过程的任何阶段都要剧烈。为了保证汽轮机各零部件的热膨胀、热变形、热应力不超过允许范围，应控制加负荷的速度。

汽轮机不易长时间空负荷或低负荷运行，除了有特殊要求，如拖动发电机的汽轮机用于干燥发电机，汽轮机单机实验，压缩机进行气体循环或压缩机试验等，除此之外汽轮机不应长时间空转或低负荷运行。长时间空转或低负荷运行会造成一些不良后果，如调节汽阀在开度很小的范围内工作，蒸汽节流现象严重，压力降大，流速也大，使调节汽阀的阀座与阀芯磨损加剧，密封不良。另外，在空负荷或低负荷运行时，通过汽轮机的蒸汽量很少，不足以将转子转动时的摩擦鼓风损失所产生的热量被蒸汽带走，这就导致汽轮机排汽温度高于正常值。将造成排汽缸或凝汽器温度过高。一般汽轮机允许的长时间运行最低负荷的10%～15%额定出力，尽量减少汽轮机空转时间，尤其当压缩机与汽轮机联轴器脱开，汽轮机单独运行时，运行时间不宜过长。在空负荷或低负荷运行时，特别应注意排汽温度，不要超过规定值，一般中压凝汽式机组排汽温度控制在120℃以下，短时间运行时的排汽温度可以允许到150℃。

1. 汽轮发电机组并列与接带负荷

在额定转速下对机组进行全面检查，机组运行正常便可与主控室联系使机组迅速与电网并列，带规定的低负荷。并入电网后，无特殊需要不能使汽轮机在进汽量小于空载耗汽量或调节汽阀全关的状态下运行，汽轮机由发电机拖动。对于大型机组的末级长叶片，蒸汽流量过低时，局部涡流可使叶片受到危险的动应力，故空负荷运行时间应遵守制造厂技术文件的规定。

空负荷运行时应注意使排汽温度控制在100℃以下。如果难以控制或需要在空负荷长时间运行(如进行发电机试验)，可适当降低新蒸汽参数。从空负荷运行到并列后带低负荷运行，汽轮机的新蒸汽流量要增加，动静部件金属又要经受一个剧烈的加热过程，故需在低负荷下停留一段时间进行暖机。

低负荷暖机之后，汽轮机负荷增加的速度应按汽轮机金属温度的变化规定。为了将金属的热应力和热膨胀控制在允许范围内，必须严格控制并列后的加负荷速度。加负荷速度一般取决于调节级汽室金属的允许温升速度。根据汽轮机参数和机构的不同，加负荷速度亦不同。一般加负荷的初期速度应慢一些，中参数汽轮机应控制在每分钟增加4%～5%额定负荷，高参数汽轮机控制在每分钟增加1%～2%额定负荷。

加负荷过程中，金属的温升率、汽缸膨胀、相对膨胀都有较大的变化，因此还需分别在几个负荷点停留进行暖机，以保证机组金属温度均匀上升。

加负荷过程中也必须监督汽轮机的振动情况。加负荷时引起振动说明机组加热不均匀，因动静部件之间轴向、径向间隙消失而引起摩擦；或加热不均匀使机组中心发生了变化。无论是几个轴承，或者是一个轴承的某个方向(垂直、水平或轴向)的振动逐渐增大，必须停止加负荷，使机组在原负荷或更低负荷下维持运行一段时间。如果振动没有消除，可再降低10%负荷再运行一段时间。当振动减小后，方可继续增加负荷。如果停止加负荷后振动仍然较大，或再次加负荷时振动重新出现，应从汽缸的纵向和横向膨胀情况、各部金属温度、排汽温度、真空等方面进行分析研究，以确定汽轮机是否可以继续运行。对于汽轮机检修后的第一次启动前，还应检查汽缸保温符合制造厂技术文件的规定，否则应重新施工。

加负荷时，汽缸内部压力逐渐向额定压力变化，在汽缸内部压力作用下，金属应力随之改变；汽缸和法兰内壁金属的热压应力中被工作压力引起的拉应力抵消的部分逐渐增大，总的压应力将减小。但是汽缸法兰上的螺栓，随汽缸内部工作压力的增加，总的拉伸应力将增大。所以加负荷时法兰内外壁温差、法兰和螺栓的温差，仍需控制在运行规程允许的范围之内。

随着负荷的增加，凝汽器中凝结水位要升高，所以应及时调整凝结水再循环阀门及抽汽器出口凝结水阀门，保持热水井水位正常，以维持合理真空运行。

随着负荷的增加，调节级汽室压力也要升高，达到一定压力后即可关闭轴封供汽阀，让高压端轴封的漏汽供低压端轴封用汽，并利用汽封余汽调节阀门进行调整，使多余的蒸汽排入凝汽器。

最初带负荷暖机和以后加负荷暖机过程中，除仍对机组振动、金属温度、轴封供汽、油系统进行监测外，还必须对转子的轴向推力变化进行监测。一般情况下，负荷增加后，蒸汽流量相应增加，轴向推力将增大，推力轴承部分的弹性位移将增大。因此，在加负荷暖机过程中，应检查并记录转子的轴向位移、推力轴承温度及推力轴承回油温度。若发现异常应停止加负荷，分析原因、采取措施，消除。

加负荷时应根据负荷增加的程度，相应的调整轴封蒸汽压力，保持规定值。根据凝结水质情况回收凝结水，调整凝汽器水位。随着负荷的增大，相应增大循环水量，维持合理地真空运行。注意发电机温度，一般当负荷增加至空气入口风温达到30℃时应向空气冷却器通水，保持入口风温为25～35℃。水冷发电机应根据冷却水的温度投入水冷却器。当负荷增加至额定值时，经全面检查各项监视指标符合要求后，即可投入正常运行。

一台国产 4.5×10^4 kW 自备电站汽轮发电机组加负荷曲线，如图 8-11 所示。

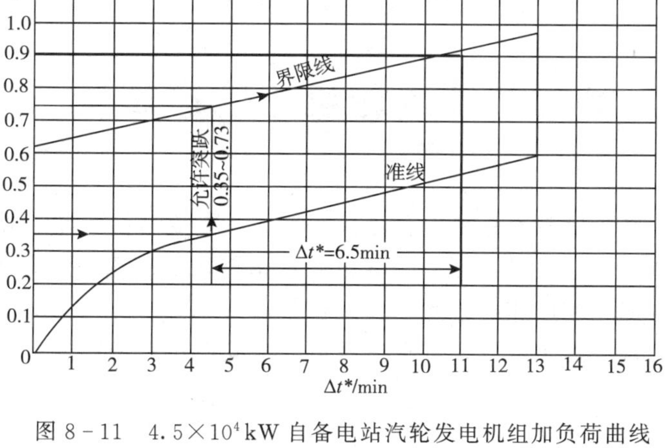

图 8-11　4.5×10^4 kW 自备电站汽轮发电机组加负荷曲线

$\overline{P}$—实际功率/额定功率。从实际功率出发，可从准线和界限之间的功率突跃，超出此突跃范围的功率增加需要一个时间 t。$t=4.5\times\Delta t^{*}$。

例：当需要相对功率 $\overline{P}$ 从 0.35 增加到 0.9 时，从图 8－11 可查出 $\Delta t^{*}=6.5\text{min}$，则所需加负荷时间 $t=4.5\times6.5\text{min}$。

加负荷过程中，应检查调节系统工作是否正常，油动机活塞、错油门滑阀、同步器手轮、调节汽阀阀杆等应活动自如，无卡涩现象，且气动控制系统应正常。当转动同步器手轮而负荷不增加时，应停止旋转，在没有查明原因之前，应将同步器手轮先向减负荷方向退回几转。

2. 离心式压缩机组的加负荷

汽轮机带动压缩机联合运行，在压缩机升压、并入系统送气之前，应属于低负荷运行。汽轮机加负荷是指压缩机升压、并入管网系统送气。压缩机升压并网前应稳定运行一段时间，这段时间的运行为低负荷暖机。低负荷暖机时间不应过长，在此阶段应对汽轮机和压缩机进行全面检查，并与有关部门联系，做好加负荷准备工作，即压缩机升压并网的准备工作。

工业汽轮机带负荷运行规程可参见离心式压缩机、发电机等的运行规程。

离心式压缩机的升压(加负荷)时，应“升压先升速”，可以通过增加转速和关小放空阀或回流阀来实现，但操作时应动作缓慢稳妥。当需要升高压缩机出口压力时，应逐渐打开出口阀，并缓慢地关小放空阀或回流阀，直至全关闭，以使压缩机出口的流量和压力符合制造厂技术文件的规定，如果通过流量调节还不能达到规定的出口压力时，应将汽轮机升速，并切记加负荷过程中应防止压缩机发生喘振。当压缩机经过全面检查一切正常后，且运行平稳，其出口压力比管网系统压力高出 0.1～0.2MPa 时，就可将压缩机出口阀逐渐打开，向管网系统送气体，并入管网并保持管网压力稳定。

驱动工作机械的汽轮机的允许加负荷的速度为：加负荷的初期速度应慢一些，中、低压机组应控制在每分钟增加额定功率的5%～10%左右，在加负荷的后期速度应稍快一些，应控制在每分钟增加额定功率的10%～15%左右。加负荷过程如发现振动过大时，必须减少负荷直到振动消除，稳定运行一段时间后，再重新增加负荷。

汽轮机组应按机组运行方案的升速曲线进行升速，升速过程中应迅速通过机组的临界转速。在各升速阶段按技术文件要求稳定运行一段时间，并进行机械检查。轴承温度、轴振动、轴向位移、胀差、回油温度和辅助系统等均应符合制造厂技术文件的规定。

第三节　汽轮机组动态试验

在下列情况下，必须进行汽轮机组各项保护试验。新安装的机组在第一次试运行或大修后；以及停机一个月以上或者运行 2000h 以后；调节系统、危急保安器检修后。

当汽轮机暖机升速完成调速器投入工作，稳定运行 10～15min 后，在额定转速下对机组进行全面检查，确认一切正常后，则可进行危急保安器试验与超速试验。

1. 手击危急保安装置试验

将自动主汽阀开启 1/3 开度，手击危急保安装置手柄，自动主汽阀(速关阀)、调节汽阀应迅速关闭，并有信号发出。然后，旋回启动手轮，关闭自动主汽阀，提起手击危急保安装置手柄复位，缓慢开启自动主汽阀、调节汽阀，将汽轮机转速维持在额定值。

2. 紧急停机阀停机试验

手击紧急停机阀手柄，速关阀、调节汽阀应迅速关闭。试验后，应重新提起(挂上)危急保安装置手柄复位，开启各汽阀。

3. 电磁阀速关试验

操作电磁阀开关使之动作，速关阀、调节汽阀应迅速关闭，试验后应重新提起危急保安装置手柄复位，开启各汽阀。也可由主控室操作停机按钮进行停机。进行试验时自动主汽阀、调节汽阀的动作应迅速灵敏。做试验停机时，应用秒表记录从脱扣(打闸)到停机时的时间，并绘出汽轮机惰走曲线。

4. 危急遮断器动作试验(超速试验)

此试验必须在手击危急保安装置试验合格后方可进行。

(1)用给定值调节器手轮提升机组转速至上限值。

(2)用加速器继续提升机组转速至危急遮断器动作转速整定值，危急保安器飞锤应动作，危急保安装置应同时动作，速关阀、调节汽阀应迅速关闭。

(3)若转速超过危急遮断器设计规定的动作转速最高整定值时，危急保安器飞锤仍不动作，应立即降速运行，当降速无效时，则应立即手击危急保安装置手柄停机。停机后，应检查、调整危急保安器，使之符合要求，再进行危急保安装置动作试验，直至符合要求。

(4)试验完毕后，将给定值调节器手轮复位，待转子转速在额定转速以下时，开启速关阀、调节汽阀，然后再调整转子转速至额定转速值。

(5)在升速过程中应严密监视机组的振动状况，并检查油系统应密封严密、无泄漏现象。

(6)危急保安器动作转速应符合设计文件的要求，危急遮断器动作试验应作三次，前两次动作转速差不应超过 0.6%的额定转速，第三次和前两次的平均数值差应不大于 1%的额定转速。

(7)若危急保安器动作转速不符合设计文件的规定时，必须停机调整。并于制造厂商联系处理，应由制造厂专业人员遥控或在现场由制造厂专业人员指导下进行调整。

当危急保安器动作转速不符合规定时，可通过改变调整套筒的旋入圈数或调整螺栓的旋入圈数来进行调整。旋入圈数可由以下两种方法来确定：

第一种方法：若第一次动作转速为 n_1，拧紧或旋松套筒或螺栓的旋入圈数 L_0 后得到的第二次动作转速为 n_2，规定的危急保安器动作转速为 n_x，则应调整套筒或螺栓的旋入圈数 L_x 为：

$$L_x = L_0 \frac{n_x^2 - n_2^2}{n_2^2 - n_1^2}$$

当 $L_x > 0$ 时，则应向增大动作转速的方向调整；当 $L_x < 0$ 时，则应向减小动作转速的方向调整。调整完毕后，应再次做超速试验，如仍为达到规定要求时，应在按上述方法进行调整，直至符合要求为止。

第二种方法：根据制造厂技术文件所提供的每调整套筒或螺栓1圈所能改变的动作转速的数值，求出应调整套筒或螺栓的圈数，即

$$L_x = \frac{n_1 - n_x}{n_2}$$

当$L_x>0$时，则应向减小动作转速的方向调整；当$L_x<0$，则应向增大动作转速的方向调整。

做超速试验时；①应统一指挥，明确分工，严密监视；②汽轮机上的转速表及外接转速表(包括手持转速表)均应校验合格；③必须有一名操作人员负责手动脱扣按钮操作，一旦有超过动作转速仍不动作时，立即手打危急保安器停机，以防造成飞车事故；④严密监视机组转速和轴振动，当超过极限值时应立即紧急停机；⑤升速应平稳，严禁在超速状态下停留。

下列情况之一禁止做超速试验：

①未经手动危急保安器试验或手动试验不合格；

②自动主汽阀和调节汽阀开闭有卡涩现象或蒸汽严密性试验不合格；

③在额定转速下任意轴承振动异常时；

④任意轴承温度高于极限值时。

做超速试验时，由主控室或手动调速器使机组升速，并用经校验的转速表测量转速，记录机组超过额定转速后的实际脱扣转速。危急保安器的脱扣转速一般为额定转速的110%。如果机组超过额定转速的脱扣实际转速110%时，机组未能脱扣(跳闸)，必须降速，或用手动危急保安装置手柄停机，不准继续升速。

在进行危急保安器脱扣试验时，若机组转速超过额定转速的110%后，危急遮断器仍不动作时，应立即手动打闸停机。

超速脱扣试验完毕，重新启动汽轮机，除临界转速外，以1000～1200r/min速度升速，升至调速器动作转速，然后再用手动调速器，做超速脱扣试验。脱扣停机后，待转速降到额定转速90%以下时，方可手动将危急保安器复位。

第四节　滑参数启动

汽轮机随新蒸汽参数的升高逐步进行暖管、冲转、暖机、升速和带负荷的启动，称为滑参数启动。滑参数启动广泛应用于单元制机组。根据汽轮机在冲转时主汽阀前的压力不同又可分为压力法启动和真空法启动两种方式。

滑参数启动有如下优点：

(1)滑参数启动时，锅炉点火后，就可以用低参数蒸汽预热汽轮机和锅炉间的蒸汽管道，锅炉压力、温度升至一定值后，汽轮机就可冲转、升速和接带负荷。随着锅炉蒸汽参数的提高，机组负荷不断地增加，直至带到额定负荷。滑参数启动时，汽轮机启动与锅炉启动同步进行，因而大大缩短了机组启动时间。

(2)滑参数启动时，金属加热过程是在低参数下进行的，加热温差小，使热应力减小；另外，由于低参数蒸汽在启动时，容积流量大，且冲转、升速是全周进汽，因此加热较均匀，金属温升速度容易控制，从而改善机组的加热条件。

(3)滑参数启动减少了汽水损失和热能损失，并消除了噪声。滑参数启动时，锅炉基本不对空排汽，几乎所有的蒸汽及其热能都用于暖管和暖机，大大减少了蒸汽的损失，提高机组运行的经济性。

(4)滑参数启动时，通过汽轮机的蒸汽流量大，可有效地冷却低压段，使排汽缸温度不致升高，有利于排汽缸的正常工作。

(5)由于滑参数启动可事先做好系统的准备工作，使启动操作大为简化，各项限额指标较容易控制，从而有效地降低了发生事故的可能性。

一、滑参数启动系统的配置

采用滑参数启动的机组，在系统方面有不同于额定参数方法启停的特殊要求。首先，对于非再热机组，需要有一连接电动主汽阀前新蒸汽管道和汽轮机凝汽器的凝汽器疏水管(简称凝疏管)。

滑参数启动时，锅炉过热器的积水和新蒸汽管道的疏水，可经凝疏管排到凝汽器中，防止管道和汽轮机内发生水冲击。凝疏管在滑参数启动中还起到协助锅炉调整汽压、汽温和新蒸汽流量的作用；同时，也起到帮助调整汽轮机转速和回收汽水的作用。

凝疏管必须有足够大的直径，以便锅炉从点火后一直到冲转前所产生的蒸汽得以顺利通过，不经汽轮机直接排入凝汽器。

为了不使进入凝汽器的蒸汽温度过高而造成排汽温度过高，高温蒸汽经凝疏管进入凝汽器前经蒸汽冷却装置进行冷却。当蒸汽冷却装置流过较高参数的蒸汽和疏水时，可以喷射凝结水减温，将进入排汽缸的蒸汽温度控制在 80～100℃。

凝疏阀必须在凝汽器处于真空状态时才能开启，否则将造成排汽缸压力升高，启动时凝疏阀的开度应适当。如果凝疏阀开度过小，会使滑参数启动锅炉压力增长过快，而温度增加较慢，使蒸汽管道的暖管时间延长，并且不利于新蒸汽管道的疏水。凝疏阀开度过大时，过多的新蒸汽将直接排入凝汽器，降低了机炉启停时的经济性。

高压汽轮机滑参数启动和停机时，为缩短启停时间，有的机组也配置有适合这种启停方法的法兰和螺栓加热系统，并应合理应用。

采用额定参数方法启动的机组，法兰和螺栓加热的高温汽源是额定参数的新蒸汽，其蒸汽管道直径较小。而采用滑参数方法启动和停机的机组，其法兰和螺栓加热用的高温汽源管径大得多，否则就不能保证有足够的加热蒸汽量。这是因为滑参数启动和停机时，某一阶段新蒸汽压力很低。采用滑参数启动的机组，一般法兰和螺栓的加热汽源从电动主闸阀前新蒸汽管引出，加热蒸汽温度随新蒸汽温度的升高而升高。

滑参数启动时，冲动转子前应对法兰和螺栓加热装置进行暖管，在升速或升负荷过程中，当法兰内外壁温差和法兰与螺栓温差增加较快时，就可以投入使用。启动时，在机组各部分温差较小的情况下，法兰和汽缸金属温度达 400℃时，法兰和螺栓加热装置就可以停用。

滑参数启动和停机时，只要新蒸汽参数滑降速度控制恰当，法兰和螺栓加热装置的调整较额定参数启动时容易，法兰内外壁温差和汽缸与转子的相对膨胀较稳定，不易出现危险数值。

采用滑参数启动和停机的机组，高压轴封的高温蒸汽供汽和射汽抽气器的工作蒸汽，需要依靠相邻运行着的机组或新蒸汽总管从专用的蒸汽管道送来。这是因为在滑参数启动和停机的低汽压阶段，靠本机组的新蒸汽汽源不能保证轴封系统和射汽抽气器的正常工作。

采用滑参数启动和停机的机组，应在新蒸汽管道、主汽阀、调节汽阀、汽缸调节级以及法兰处装设足够的金属温度测点，以便启动和停机时监测蒸汽和金属温度的变化。

二、蒸汽参数的选择

启动参数的选择主要是考虑部件的热应力。热应力是制约汽轮机启动速度的关键因素，只有将热应力控制在合理的范围内，才能减少部件的疲劳损伤。热应力的大小主要取决于蒸汽与金属部件之间温差和放热系数，故选择适宜的蒸汽启动参数对汽轮机的合理启动具有决定性的意义。

1. 汽压

汽轮机的冷态启动希望采用较低的蒸汽参数与金属温度匹配，同时也可以节约启动燃料。但为了简化操作，新蒸汽压力应能满足汽轮机迅速通过临界转速及进行超速试验的要求(如果制造厂技术文件要求)。这样，锅炉的燃烧调整和旁路系统的调整可以大为减少，汽轮机则能通过启动旁路阀或调节汽阀来控制其转速。此外，较高的汽压有利于再热管道的暖管和疏水。

汽压数值的选择有很大的伸缩余地。低者约为额定压力的10%，高者有的可达额定压力的40%，非中间再热机组可以低到5%以下，应综合机、炉两方面及旁路系统的因素来考虑。

从根本上来讲，启动汽压的选择主要取决于启动温度，当要求启动汽温低时，不可能达到高的汽压；反之，要求启动汽温高时，也无法采用低汽压。此外，在低汽压时，旁路系统的通流能力将受到很大的限制。在汽压高时，启动前蒸汽经过高压缸排汽逆止阀漏入高压缸，使高压缸受到加热。

2. 汽温

选择适宜的汽温以及汽温变动率对于汽轮机的合理启动具有决定性的意义。理想的汽温应当是能够避免启动初期的热冲击，而在随后的过程中汽温的上升能够保证关键部位的金属维持在某一选定的综合应力水平上。通常认为调节级汽缸金属温度代表了汽轮机启停中关键部位的温度状态，所以启动时汽温即按此处温度来选择。多数制造厂技术文件推荐的匹配是汽温高于汽缸温度30～55℃。

以上所说的汽温是指调节级的汽温，即汽缸调节级所接触的蒸汽温度。值得注意的是由于启动阀或调节级的焓降、调节级的汽温会低于新蒸汽温度，在采用调节汽阀启动时，其差值更大。因此在确定启动开始的新蒸汽温度时应将焓降引起的汽温下降考虑在内。并应按制造厂提供的新汽压力下的新汽温度与调节级汽温的关系图来匹配汽温。例如某一机组当新汽温度为300℃，如果新汽压力为7MPa，调节级汽温将为160℃。如果汽压为1MPa，则调节级汽温将为265℃，可以利用这种图线来确定启动新蒸汽温度。例如当汽缸温度为180℃时，要求匹配汽温为210～235℃。现在很多机组规定启动的新蒸汽温度高于汽缸温度50℃，而不考虑所选择的汽压如何，这不是很理想的。此外，为保证汽轮机内部过早的出现湿汽区，一般要求新蒸汽有50℃以上的过热度。

三、冷态滑参数启动

滑参数启动前的准备工作、检查事项和额定参数启动基本相同。大型机组自动调节和保护装置较为完善，应根据制造厂技术文件和专用规程进行试验、整定，各项保护应按机组规定投入，不得随意在失去保护状态下启动汽轮机。

滑参数启动汽轮机应从汽轮机抽真空、送轴封蒸汽开始，锅炉可以同时点火。当凝汽器真空达到 450mmHg 左右时，即可接纳锅炉点火蒸汽。

1. 暖管

对电动主汽阀或自动主汽阀前的主蒸汽管道进行加热称为暖管。对设有汽动油泵、射汽抽气器的机组，这些设备的供汽管道应同时进行暖管，而电动主汽阀自动主汽阀至调节汽阀的管道，一般与启动暖机同时进行。暖管的目的是减小温差引起的热应力和防止管道水击。

暖管一般与锅炉升压同时进行，为此应开启各疏水阀，排除不合格的疏水，压力上升之后可立即导入通向凝汽器的疏水扩容器。由于疏水管径小，自动主汽阀和调节汽阀在预热时温升率不会达到较高值。

当凝汽器真空达 460mmHg 左右即可接纳锅炉点火蒸汽。开始暖管的汽压与机组启动压力有关，启动汽压选得低时，可以在锅炉压力达到 0.05MPa 时开始暖管；启动汽压选得高时，暖管汽压也可以稍高，以便于排除疏水。根据要求，暖管应暖到电动主汽阀前或调节汽阀前。为防止水冲击，应先开锅炉主汽阀的旁路，使蒸汽直接通过减温减压器排入凝汽器。电动主汽阀或调节汽阀前的疏水管也有一部分汽水排出，这个阶段新蒸汽管道的暖管已经开始。暖管的同时应疏水。如果不及时疏水，当高速汽流通过时便会发生水冲击，引气管道振动，如果疏水被带入汽轮机，还会发生水冲击事故。此外，通过疏水还可以较快地提升汽温，加速暖管。

新蒸汽暖管时，法兰加热装置和汽封供汽系统也应同时暖管。主汽阀和调节汽阀应关闭，稍开电动主闸阀的旁路阀暖管。暖管 10～15min 后全开电动主闸阀，关闭其旁路阀。

暖管一段时间后，可向汽轮机轴封送汽，调整轴封压力和低压轴封供汽温度，并密切监视盘车运行情况。

2. 冲转、升速与暖机

随着锅炉压力和温度的升高，汽轮机电动主闸阀前的蒸汽压力和温度也逐渐升高。当电动主闸阀前蒸汽压力达 0.3～0.5MPa 时，蒸汽温度应有 50℃过热度后，确信蒸汽管道内已无积水，就可逐渐开启调节汽阀，让蒸汽通过汽轮机冲动转子。冲动转子时凝汽器的真空应在 450～650mmHg 左右。冲动转子后及时停止盘车装置，关闭凝疏汽阀和电动主闸阀前的疏水阀以及调节汽阀前的各疏水阀。

从冲动转子开始，锅炉供给低温低压大流量的新蒸汽，以此对新蒸汽管道和汽轮机各金属部件同时进行加热。

锅炉根据预定的滑升蒸汽参数的速度，增加投入锅炉的燃料量，使新蒸汽升温、升压。升压的速度应根据管道及机组金属加热速度和锅炉的要求进行确定，升温速度一般为 1～2.5℃/min，不同的机组有不同的要求。

随新蒸汽参数和流量的增加及凝汽器真空的升高，汽轮机转子随之升速。当转子转速达300～500r/min时，可在此转速下稳定运行一段时间，对汽轮机进行全面检查。低速检查一切正常后，以100～150r/min的升速率提升转速，然后将转速升至中速进行中速暖机。中速暖机时，应避开临界转速，防止落入共振区，引起强烈振动。中速暖机结束后，继续提升转速，应迅速、平稳通过各临界转速。

中速暖机和额定参数暖机的目的是：防止材料脆性破坏和过大的热应力。从冲转到额定转速主要是提高转子的温度，防止低温脆性破坏。这时由于蒸汽对转子的放热系数较小，在提高转子温度的过程中，若暖机转速控制得过低，则放热系数就小；温度上升过慢就会延长启动时间，若暖机转速控制得过高，则会因离心力过大而带来脆性破坏的危险。因此，在确定暖机转速时，应两者兼顾，同时还应考虑避开转子的临界转速。

在升速过程中应检查机组振动，若有异常，应查明原因、采取措施消除。在第一临界转速以下，如果汽轮机轴振动值达0.04mm时，必须打闸停机；通过临界转速时，汽轮机轴振动值不应超过0.1mm，严禁硬闯临界转速和降速暖机。

升速过程中，由于转子温度的升高和轴颈与轴瓦的摩擦发热，使润滑油温逐渐升高，当油温达到45℃时，应开大油冷却器循环水阀门，加大循环水流量，维持油温在40～45℃之间，切不可使油温大幅度波动，以影响转子转动的稳定性。

由于滑参数启动达到定转速快，启动前油温应保持在32℃以上，以免在升速过程中发生油膜振荡。

3. 并网、接带负荷

汽轮机额定转速暖机后，应进行全面检查，确认汽轮机运行正常，并按规程规定进行操作，并根据机组需要进行超速试验和其他各项试验。试验前，应关小调节汽阀开度，提高新蒸汽压力、温度。当各项试验正常后，可将汽轮机并入电网，接带初负荷(一般为额定负荷的5%～10%左右)，进行低负荷暖机。低负荷暖机结束后，逐渐开大调节汽阀增加负荷，调节汽阀全开后，机组进入滑压段运行，锅炉开始加强燃烧，按冷态启动曲线进行升温升压，汽轮机负荷随之滑升。

随着新蒸汽参数的滑升，机组的负荷也不断增加，当机组负荷达到额定负荷的80%后，汽缸、转子金属部件的温度水平已接近额定工况的金属水平，此时锅炉能以较快的速度升温、升压，同时用同步器逐渐关小调节汽阀，直至锅炉新蒸汽参数升至额定值，机组负荷增加至额定负荷，从而完成机组滑参数启动。

四、滑参数启动时的注意事项

汽轮机滑参数启动在冲转和并网后的加负荷过程中，需要注意的问题很多，且随机组设备系统特性不同而不同。一般来讲，加负荷时应注意以下事项。

加负荷过程中，金属加热比较剧烈，负荷变化直接影响汽缸、转子金属的温度，特别是低负荷阶段，汽缸与转子之间容易出现较大的温差和差胀。这时应控制加负荷的速率，并使加负荷速率符合制造厂技术文件的规定。若出现较大差胀，应及时通知锅炉停止升温、升压，使机组在稳定转速下或稳定负荷下停留暖机，还可以调整凝汽器真空度的方法来减小差胀值。

在加负荷过程中还应经常检查和监视调节系统，应工作正常、稳定，控制油压与调节汽阀的开度、油动机活塞行程与当时负荷应相对应，调节保安系统油压均应正常。

随着负荷的增加，机组的轴向力增大，所以增加负荷时应加强对推力轴承温度和轴向位移变化进行检查。负荷增加时，还应加强对机组振动和声音的监视和检查。

在冷态滑参数启动过程中，对新蒸汽温度、压力都有明确的要求，因为滑参数启动，调节汽阀处于全部开启状态，机组增加负荷控制主要取决于锅炉的燃烧与调整。为使机组并网后能稳定的增加负荷，要求新蒸汽压力、温度应按转子寿命损耗率启动曲线控制升温升压。在机组升速和加负荷过程中，如果发现机组振动增加，应停止新蒸汽压力和温度的滑升，在原参数下加强暖机，如果振动值超标过大，应脱扣(打闸)停机。

第五节　热态启动

汽轮机停机后其金属温度尚未降至冷态启动的温度而再次进行的启动称为热态启动。一般启动前汽缸金属温度高于 150℃。汽轮机热态启动是由机组启动前汽缸金属温度来决定的。

汽轮机的热态启动，目前尚没有一个一致的温度界限划分。不同的机组和不同的启动方式其温度界限是不同的，一般认为在汽轮机热态启动温度在 150～200℃范围内，对于高压汽轮机则以内上缸内壁温度高于 150℃为热态启动。工业汽轮机一般常用停机的时间长短来区分冷态与热态，这个时间一般按制造厂技术文件的规定。

一般认为，汽轮机停机后 2～12h，特别是停机后 5h 以内，转子的热弯曲最大，有些机组将这段时间规定为禁止再次启动时间，因此对热态启动时间应特别注意，必须保证汽轮机的安全运行。各机组热态启动条件应按制造厂技术文件规定进行。

一、热态启动前应具备的条件

1. 新蒸汽温度高于汽缸温度

机组热态启动时，要求新蒸汽温度高于汽缸温度 50℃以上。这样可以保证新蒸汽经调节汽阀节流、导汽管散热、调节级喷嘴膨胀后，蒸汽温度仍不低于汽缸的温度。因为机组的启动过程是一个加热的过程，不允许汽缸金属温度下降。

2. 上、下汽缸温差应在允许范围内

汽缸采用柔性保温材料并有适当的压紧方法，停机后上下汽缸温差仍能保持在允许范围内。一般要求高中压汽缸上下外壁的温差均应不大于 50℃，双层结构汽缸内缸上下温差应不大于 35℃。

3. 转子挠度在允许范围内

热态启动时，汽轮机会很快便会升到定速，不能期待在升速过程中矫正转子的残余热挠曲。因此，热态启动前必须检查、确认转子没有热挠曲。转子在没有残余热挠曲的状态是汽轮机热态启动的关键条件。一般要求汽轮机热态启动前，转子挠度表指示的转子最大弯曲值应不大于 0.03～0.04mm。

对于大型高压汽轮机，热态启动前应连续盘车不少于 4h。如果机组在停机后 4h 以内启动，则视为不曾中断盘车。若由于某种原因中断了盘车，则上述情况 4h 之外，则应追加 10 倍于中断时间的连续盘车。

4. 启动参数的匹配

汽轮机热态启动时，考虑到热态启动的快速性，启动汽压宜采用较高蒸汽压力，一般推荐为3～5MPa，以便于使汽温满足要求以及使汽轮机能迅速接带负荷而中途无须调整汽压。汽轮机热态启动，一般都用正温差启动。规定新蒸汽温度应高于调节级蒸汽室上缸内壁金属温度50～100℃，且有50℃以上的过热度。

5. 润滑油温在允许范围内

热态启动前应先投入油系统，润滑油温度控制在35～40℃之间，若油温过低时，可采用提前启动电动油泵，用加强油循环或加热装置来提高油温。

保持适当的油温，主要是为了在轴瓦中建立正常的润滑油膜。如果油温过低，将使润滑油的黏度增大，油膜增厚，使油膜不但承载能力下降，而且工作不稳定。油温也不能过高，否则润滑油的黏度过低，以致难以建立润滑油膜，失去润滑作用。

6. 轴封蒸汽的温度与汽缸温度的匹配

热态启动时，应先送轴封蒸汽，后启动抽真空设备，以防冷空气漏入汽缸内。热态启动时，转子和汽缸金属温度均较高，如先抽真空，冷空气将沿轴封进入汽缸，而冷空气是流向下汽缸的，因此下汽缸温度急剧下降，使上下汽缸温差增大，汽缸变形，通流部分动静间隙消失，产生摩擦，严重时使盘车装置不能投入，造成转子弯曲，所以轴封的蒸汽温度应与汽缸温度匹配。如果热态启动时接触低温蒸汽，特别是接触到带水或湿蒸汽，将造成转子的损伤。

7. 控制胀差在允许范围内

对高压汽轮机来讲，汽缸体积庞大，汽缸法兰均很厚重，汽轮机运行时，转子与汽缸只要有温度，就有一定的膨胀量，而且转子的膨胀量或收缩量均大于汽缸，且胀差变化范围较大，一般在－1～＋6mm之间，而汽轮机通流部分轴向动静间隙仅有2mm，因而为了保证机组在运行中通流部分动静轴向间隙安全、可靠，不致发生摩擦，所以应控制胀差应符合设计文件要求。

二、热态启动的特点

热态启动具有一系列的特点，首先是机组热态启动前，汽轮机金属部件已具有较高的温度，二是启动升速过程中，不需要暖机，启动速度快。但是，由于汽轮机经过短时间的停机，各部件的金属温度仍都比较高，而且由于停机后各部件的冷却速度不同而存在温差，因此处于热态的汽轮机在启动前就存在着一定的热变形，动静部件间的间隙已经发生变化。当启动前热变形超过极限整定值或启动过程中操作不当时，将造成动静部件的严重碰磨和转子弯曲事故。因此热态启动时必须注意。热态启动的另一个特点是启动之前汽缸和转子就已存在着一定的热弯曲变形，汽轮机在停机过程中各部件的冷却是不均匀的，汽轮机下部冷却的快，形成上下的温差，使汽缸和转子向上拱曲。汽缸由于壁厚、保温良好，停机后只能靠内部冷却，一般经2～3天和更长的时间，上下汽缸温度才能趋于一致。当经过一定的时间汽轮机完全冷却后，上下部温差消失，弯曲值也逐渐消失。汽缸上下部温差最大时为60℃甚至100℃，由此而产生的转子最大弯曲值可达0.1～0.3mm，此值远远大于启动时允许的最大弯曲值0.03～0.04mm。所以，在停机后某一段时间内禁止启动汽轮机，不同的机组有不同的要求。禁止启动时间一般认为停机后2～30h范围内，各类机组禁止启动，详细要求内容可参照制造厂安装、维护使用说明书。

每台机组在停机后达到最大热弯曲的时间 t_{max} 对安全启动具有重要的意义。这个时间一般由运行经验来确定，对于小型的机组停机后为 1.5～2h，对于中等容量或较大容量的机组为 5～12h，对于最大容量和更高参数的机组时间更长，有的将近为 30h。

当转子处于最大弯曲时，启动机组最危险。这是因为：

(1)转子转动可能引起动静部件的碰磨，产生大量热量，使转子的两侧温差增大，更加大转子的弯曲，转子弯曲的加大有加剧动静部件的碰磨，形成恶性循环，将使转子发热处产生塑性变形和永久性弯曲，造成事故。

(2)由于转子弯曲，使转子中心偏离回转中心，导致转子产生不平衡离心力，造成机组强烈的振动。振幅的大小与转速的平方成正比，当汽轮机升速时，振幅急剧增加，严重时将使汽轮机无法继续升速。

(3)造成汽封和轴封的磨损或损坏，增加漏汽量和轴向推力，将发生转子轴向位移过大或推力轴承毁坏。

三、热态启动时的注意事项

为了保证汽轮机在热态下安全启动，必须注意下列事项：

(1)应严格遵守操作规程规定的热态下的再启动时间，避免在转子最大弯曲时启动汽轮机，没有盘车装置和未按操作规程投入盘车的机组，不准在禁止启动时间内启动，具体再启动时间应按制造厂安装、维护、使用说明书的要求进行。

(2)加强盘车。在汽轮机停机后应立即连续盘动转子，是缩短禁止启动时间，消除转子弯曲的有效方法。定期盘车效果比连续盘车效果差，它只能减少转子热弯曲，而不能消除转子热弯曲。定期盘车应定时地将转子盘转 180°。热态启动前机组必须处于连续盘车状态，如果停机时，在短时间内即将再次启动机组，应当在转子静止时到再次转子冲动前的一段时间内应进行连续盘车。连续盘车时间对高压机组一般应不少于 3～8h，中压机组应不少于 1～2h，不得中断，避免转子产生弯曲。在此之后可改为定期盘车，在启动之前应再改为连续盘车。一般机组应在转子冲动前 2h 进行连续盘车。如果跳闸停机后，未盘车时间超过 2h，则汽轮机不得按热态启动方式进行再次启动。

(3)向轴封供汽、抽真空。

对热态启动的机组，应在盘车状态下先向轴封送汽，然后再启动抽汽器抽真空，以防冷空气漏入汽缸中。因为汽轮机在热态下，汽轮机转子的前后轴封金属温度较高，如果不先向轴封供汽就开始抽真空，会有大量的空气从轴封处被吸入汽缸，使轴封段转子收缩，引起前几级动叶片进汽侧轴向间隙减小。另外，还可能使轴封套内壁冷却产生松动及变形，使轴封径向间隙减小。

轴封供汽温度还应与汽缸金属温度匹配，当汽缸金属温度在 150～300℃以内时，轴封供汽可用低温汽源；当汽缸金属温度高于 300℃时，轴封供汽应用高温汽源。轴封用蒸汽应有温度监视仪器，投入时应进行暖管疏水，切换汽源时动作应缓慢，防止汽温骤变。

热态启动时，转子和汽缸温度都较高，若先抽真空，冷空气将会沿着轴封进入汽缸，而冷空气是流向下汽缸的，因此下汽缸温度急剧下降，使上下汽缸温差增大，汽缸变形，动静部件发生摩擦，严重时使盘车装置不能正常投入，造成转子弯曲，所以热态启动时应先供轴封蒸汽，后抽真空。

(4)热态启动时，应加强汽轮机本体和管道疏水，有利于提高蒸汽温度，还可以维持凝汽器较高真空，并可以防止冷水、冷汽倒至汽缸或管道内，引起水击振动。

(5)高压汽轮机热态启动时，应严格监视调节段附近上下汽缸的温差，在冲动转子前不应超过50℃。

(6)热态启动的冲转及带负荷方式与冷态启动方式相同。对于驱动发电机的汽轮机，汽轮机冲动转子升速至500r/min左右时应停留一段时间，对机组进行全面的检查，确认机组运行正常后，应迅速地以200～300r/min的升速速度，将转速升至额定转速。转速达到3000r/min，应对机组进行全面检查，确认一切正常后，将机组同步并网，并以每分钟额定负荷的5%的升负荷率升至额定负荷，加负荷时应按热态启动曲线进行。

对于驱动压缩机的工业汽轮机热态启动，可按制造厂提供的热态升速曲线和技术文件规定进行。

(7)加强监视轴振动和轴位移。机组振动是由于转子弯曲，动静部件间轴向、径向间隙消失，动静部件碰磨，机组中心发生变化等原因引起的。在热态启动过程中，上述原因发生的可能性比冷态启动为多。机组在加负荷过程中，应密切监视蒸汽参数、轴振动、轴承温度、轴位移、胀差、润滑油温度及轴承回油温度等。如发现较大的故障，应立即降速，查清原因并消除后方可继续升速。如故障太大，则应脱扣(打闸)停机，查清原因并消除，方可重新启动机组。

四、热态启动的操作程序

汽轮机热态启动的操作程序与冷态启动基本上是相同的。热态启动操作程序与冷态启动操作程序不同之处是汽轮机所处的温度水平不同，启动的关键是不能让处于热态的汽轮机转子和汽缸发生冷却。

汽轮机热态启动时，使用高温辅助蒸汽供轴端汽封，供汽温度控制在160～170℃。抽真空应在冲转前1h进行，防止投真空过早有空气从轴端漏入汽缸，使汽缸冷却。冲转前0.5h投入高、低压旁路，给水泵应为机组迅速加负荷做好启动准备。热态启动前，应连续盘车，检查转子挠度不应大于0.03mm；机组所有疏水阀均应全部开启。

冲转时，新蒸汽温度过热度应大于50℃，或进入汽轮机的高压主汽阀和高压调节汽阀后的蒸汽温度应比汽轮机进口处转子的温度至少高20℃，并保证有20℃以上的过热度，以此来保证蒸汽对高压转子进行加热，而不是冷却。

冲转后，汽轮机稳定运行一段时间后，对机组进行全面检查，一切正常后，便以200～250r/min的升速率升至额定转速，定速后机组运行稳定、正常应立即并网，若15min不能并网，应立即停机。

汽轮机高压缸调节级后金属温度小于200℃时，应按制造厂技术文件规定转速补充暖机，将调节级后金属温度升至200℃以上，然后按冷态启动运行。

机组冲转后，新蒸汽温度应稳定，并分别以较高的速率平稳地增加负荷，始终保持汽缸温度无明显下降。

第六节　汽轮机停机

汽轮机从带负荷的运行状态到静止状态的过程，称为汽轮机停机。汽轮机停机方式分为正常停机和故障停机。故障停机是指因机组故障不停机将危及机组设备安全的停机。故障停机又分为紧急停机或一般性故障停机。

一般性故障停机在操作上应事先请示汇报，在得到领导同意后方可迅速减负荷停机，不需要破坏真空。紧急停机是指因设备已严重损坏或不停机会造成设备严重损坏的事故停机。紧急停机在操作上不考虑负荷情况，不需要请示汇报，可随时打闸并破坏真空。

正常停机按停机过程中蒸汽参数不同又分为滑参数停机和额定参数停机两种方式。

一、正常停机

汽轮机的停机过程是一个降温过程、冷却过程，随着机组温度的下降，各金属部件受到不均匀的冷却，也将产生热变形和热应力，出现负胀差。但与启动过程所产生的情况相反，因此停机时降速、减负荷速度应比升速、升负荷速度为小。在停机的降速、减负荷过程中，新蒸汽参数可以维持额定值保持不变，用调节汽阀控制逐渐减小进汽量的办法来降速、减负荷而停机，称为额定参数停机。采用这种方式停机，进入汽缸内蒸汽温度的降低是靠调节汽阀节流来实现的，所以不能使汽轮机零部件金属温度降低到较低水平。其优点是：能保持汽缸处于较高的温度水平；热应力小，负胀差较小。其缺点是：单靠调节汽阀节流，使汽轮机各部金属温度的降温速度较慢，且温度也不均匀，停机后要等较长时间才能检修；不能利用锅炉余热。

为了缩短检修时间，希望汽轮机各部分金属温度尽快冷却，争取早日检修开工，目前普遍采用滑参数停机。所谓滑参数停机就是在停机过程中，调节汽阀逐渐开大(或接近全开位置)，随着负荷的减少，而逐渐降低新蒸汽的压力和温度，直至停汽停机。从热变形和热应力的角度出发，滑参数停机对机组有利，但给锅炉供汽带来不少麻烦，紧急停机时根本无法实现这种方式。

正常停机时根据不同的停机目的，在运行操作上也有所不同，停机后所保持的汽缸金属水平也不同。如果只需要短时间停机，并很快再启动时要求汽缸金属温度维持在较高水平，停机时可以用较快的速度减负荷、降速，大多数汽轮机可以在30min内均匀地降速、减负荷并安全停机，不会产生过大的热应力。如果机组停机后，需要长时间停运或计划大修停机，一般要求汽缸金属温度较低，以便及早开工检修，缩短检修工期，这样可以采用滑参数停机，也可采用额定参数停机。在这种停机过程中应在不同的转速负荷下适当的停留运行，这样也可将汽缸金属温度降得低一些。

1. 滑参数停机

停机过程中，保持调节汽阀全开，采用锅炉逐渐降低新蒸汽参数的方法减负荷和冷却机组的停机，这一过程称为滑参数停机。滑参数停机普遍应用于单元制机组，对于母管制系统的汽轮机组，将系统切换为单元制后也可以采用。

滑参数停机与额定参数停机程序基本相似，但具体操作有所不同。

滑参数停机除应做好与额定参数停机的准备工作外，还应绘制出降温降压曲线图。滑参数停机时，对新蒸汽的滑降有一定的规定，一般高压机组新蒸汽的平均降压速度为0.02～0.03MPa/min，平均降温速度为1.2～1.5℃/min。较高参数时，降温、降压速度可稍快一些；较低参数时，降温、降压速度可稍慢一些。

滑参数停机时，新蒸汽温度应始终保持50℃的过热度，以保证蒸汽不带水。为防止蒸汽带水发生水冲击，当新蒸汽温度在10min以内下降50℃以上时，应立即脱扣停机。

滑参数减负荷停机时，通常先在额定参数下减负荷至80%左右，然后新蒸汽参数开始滑降，随着新蒸汽参数的下降逐渐开大调节汽阀以维持原有的负荷，直到调节汽阀全开，继续降低蒸汽参数，负荷相应下降。在整个过程中，应密切注意新蒸汽压力和温度的变化。降温时，应使蒸汽温度低于调节级金属温度20～50℃，一般每一阶段降温约为20～40℃时，应停留一段时间，金属降温速度应缓慢，待温差减小后再按上述方法降温降压，如此重复进行，一直降到低负荷为止，当锅炉运行不稳定时，可直接脱扣停机。

当负荷降低到约30%额定负荷时，汽轮机尾部蒸汽湿度增大，湿蒸汽区前移，为防止水冲击事故，应开启最后一级抽气管道上的疏水阀。当负荷降到约15%额定负荷时，则应开启再热管道冷段和热段及其余各抽汽管道上的疏水阀，投入和调整旁路系统，使锅炉能保持一定负荷(视锅炉特性而定)。负荷降至零以后，新蒸汽管道、高压缸调节汽阀导汽管上的疏水阀均应开启。

在滑参数减负荷过程中，还应监视汽缸和转子的相对膨胀变化情况。如果出现相对膨胀负值并持续增大，应立即停止降温或减慢降温速度。同时应检查汽缸和前轴承座的膨胀和收缩情况应符合运行规定。

滑参数停机时，最好先降汽温再降压。这是因为在汽轮机正常运行中，新蒸汽温度较大，所以滑参数停机时最好先维持汽压不变而适当降低汽温，降低新蒸汽的过热度，这样有利于汽缸的冷却，可以使停机后的汽缸温度低一些，以缩短盘车时间。

滑参数停机过程中，不得进行汽轮机超速试验。在蒸汽参数很低的情况下做超速试验是十分危险的。一般滑参数停机到发电机解列时，主汽阀前蒸汽参数已经很低，要进行超速试验就必须关小调节汽阀来提高调节汽阀前的压力。当压力升高后新蒸汽的过热度更低，有可能使新蒸汽温度低于对应压力下的饱和温度，致使蒸汽带水，造成汽轮机水冲击事故，所以规定大机组滑参数停机过程中不允许进行超速试验。

滑参数减负荷停机过程中，应加强对轴振动、轴向位移、轴承温度、轴承回油温度、胀差、相对膨胀、上下汽缸温差等进行监视。

2. 额定参数停机

在停机过程中，电动主汽阀的蒸汽压力和温度保持额定值，用调节汽阀控制，以较快的速度减负荷停机，这种停机称为额定参数停机。额定参数停机应注意严格控制汽缸温度和法兰的温降速度和各部温差的变化。

减负荷过程中，必须严格控制汽缸和法兰金属的温降速度(温降率)及各部温差变化。为了保证这个温降率，可以在额定蒸汽参数下逐步减少机组进汽量以减低负荷。一般采用的汽缸金属温降率不应大于1℃/min。减负荷时温度变化最大是高压缸的调节级，故在减负荷过程中，应重点监视高压缸调节级内壁的温度。

减负荷过程中，如果汽轮机通流部分轴向间隙较小，相对膨胀限制较严，且减负荷的幅度又较大，则上述的温降率不一定能保证相对膨胀负值的增长不超限。同时减负荷速度能满足汽缸温降率是较难的。因此，应结合各阶段的操作，安排几个阶段的稳定负荷暖机(实际上是冷却汽轮机)，在下降一定转速后必须停留一段时间，使汽缸和转子的温度缓慢均匀下降，减少各部件间的温差。

为了控制相对膨胀负值的增长幅度，还可以提前将轴封蒸汽切换为高温蒸汽(应遵守运行规定的切换注意事项)。

减负荷过程中应注意调整凝汽器的水位，随负荷的降低逐渐开大凝结水再循环阀，保持凝汽器的水位。

在减负荷过程中，必须注意调整轴封供汽，以减少胀差和保持真空。一旦负差胀过大时，应停止减负荷，待负差胀减小后再以适当的速度减负荷。另外，在减负荷和停机过程中，不宜在低负荷和空负荷低转速下停留时间过长，因为额定参数停机是通过关小调节汽阀来控制进汽量的，在负荷很低及空负荷时，调节汽阀节流较大，将引起调节级温度大幅降低，而在空负荷时，由于转子的鼓风作用，排汽温度上升较快，使汽缸和转子的热应力增大。

额定参数停机是通过操作同步器，使调节汽阀关小，在1～3min内将负荷降到零，迅速解列发电机后打闸停机。因为整个过程进行得很快，汽缸的温度变化量不大，从寿命损耗的角度来看是完全可以接受的。在机炉方面操作都不复杂，事先不能进行的系统切换都留在机组打闸、锅炉灭火后进行。额定参数停机时应注意以下事项：在操作上，应掌握好打闸后真空度下降速度，争取作到真空度和转速到零时，轴封供汽也到零。因为停机时汽缸内部温度很高，如果停机后有冷空气漏进汽缸，可能引起某部件的冷却收缩和盘车(或惰走)中发生摩擦。

二、转子惰走曲线

汽轮机组在停机停止进汽后，汽轮机转子依靠自己的惯性继续转动的过程，称为惰走。汽轮机在额定转速下，从切断向汽轮机进汽开始，至转子完全停止转动所需的时间，称为转子惰走时间。

表示转子惰走时间与转速下降数值的关系曲线，称为惰走曲线。绘制惰走曲线有利于分析汽轮机技术状况，当惰走时间急剧减少时，表明汽轮机可能存在轴承磨损或动静部分摩擦。

新安装机组运行一段时间，待各部件工作正常后即可在停机期间，测绘汽轮机转子降低与时间的关系曲线，此曲线可称为该机组的标准惰走曲线，如图8-12所示。该曲线表示转子的惰走时间与转速的关系，其形状主要决定于转子的转动惯量以及其他环境因素，即转动过程中的阻力条件。如叶轮的摩擦鼓风损失、轴承、辅助机构等的机械摩擦损耗。摩擦、鼓风损失又与叶轮所处的周围介质的特性有关。绘制惰走曲线应在汽轮机停机过程中并控制凝汽器的真空度以一定的速度降低的情况下进行，或在凝汽器真空度为一定的情况下进行。

从图8-12上可以看出惰走曲线可分为三段，在第Ⅰ段(即 ab 段)转速下降最快，该机从3000r/min下降到1600r/min，打闸停机后，汽轮机转速从额定转速开始下降，汽轮机组转子在惯性转动中因为转速较高，鼓风摩擦损失的能量很大，鼓风摩擦损失的功率与

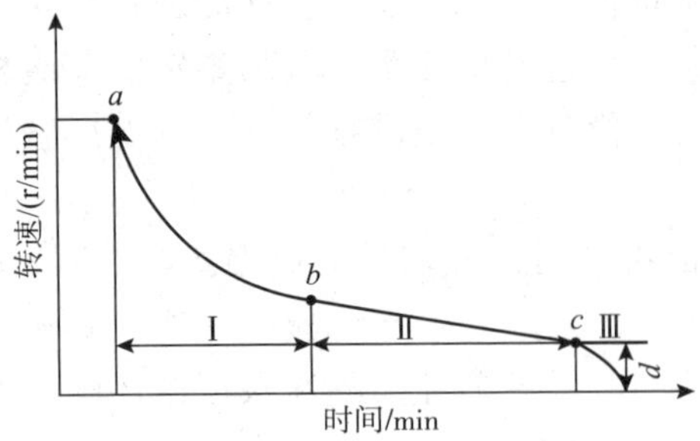

图 8-12　标准惰走曲线

转子转速的三次方成正比，与蒸汽密度成正比(与真空度成正比)；第二段(即 *bc* 段)较平坦，此阶段转速较低，但轴承润滑仍良好，转子的能量损失主要消耗在克服调速器、主油泵、轴承、传动齿轮等的摩擦阻力，故机械损失较小，并随着转子转速的降低更趋于减少。所以这时转子转速的降低极为缓慢，转子惰走的大部分时间被这个阶段所占据。第三段(即 *cd* 段)较陡。第三阶段(即 *cd* 段)为转子即将静止的阶段，由于轴承润滑油膜的破坏，轴承的机械摩擦阻力迅速增大，转子转速也迅速下降，而达到静止状态。

每次停机都应记录转子的惰走时间，以便与该机组的标准惰走进行比较，如果转子惰走的时间明显减少，较快地停止转动，则说明汽轮机轴承已经磨损或汽轮机通流部分动静间隙消失发生摩擦；如果转子惰走时间显著增加，则说明汽轮机的新蒸汽管道阀门或抽汽逆止阀关闭不严，致使有压力的蒸汽自抽汽管漏入汽缸。惰走曲线与真空度变化有密切关系，真空度下降过快，则惰走时间缩短。因此，必须控制真空度下降的速度，以便比较惰走时间。

转子的惰走情况是汽轮机操作人员断定汽轮机是否可以在故障停机以后再行启动的重要根据之一。

汽轮机打闸后应使真空度逐步破坏，破坏过程的长短对转子惰走时间的长短有很大的影响。若真空度破坏过快，大量空气进入汽缸，使汽轮机的鼓风摩擦损失大大增加，转子的惰走时间将会缩短。若真空度破坏较慢，转子的惰走时间也会相应延长。为使转子的惰走时间更好地说明问题，每次停机时应尽量使真空度破坏的速度趋于一致。

另外，对有高压顶轴油泵的机组，顶轴油泵的开启时间，也会对惰走时间有影响。如转子尚未静止就开启顶轴油泵，转子的惰走时间将显著增加。最好在转速达到形成润滑油膜的最低转速之前投入顶轴油泵，这样转子将静止时使轴承处于润滑状态，使之轴承不被磨损。在惰走过程中将油温降低并稳定到30℃左右并保持稳定，使转子在较低转速下保持一定的润滑油膜厚度，也可以保护轴承不被磨损。

在汽轮机转速降低过程中，应注意凝汽器真空的调整。当转速在 500r/min 左右时，采用逐渐关小射汽抽汽器等办法降低凝汽器真空，以使转子静止时真空接近于零。只在加速停机时，才很快切断射汽抽汽器工作汽源。开启真空破坏阀破坏真空。大型机组末级叶片较长，在高转速下如果真空过低，空气和蒸汽混合物密度增大，这将使长叶片产生复杂的振动和很大的动应力。因此，不允许在高转速下破坏真空，应按制造厂规定进行。

在汽轮机转速降低过程中，应注意凝汽器真空的调整。在真空降至零时，方可停止向轴封供汽。如果真空未到零就停止轴封供汽，则冷空气将自轴端进入汽缸，使转子和汽缸局部冷却，严重时会造成轴封摩擦或汽缸变形，所以规定要真空降至零时，方可停止轴封供汽。

除采用降低射汽抽气器工作汽压的方法降低凝汽器的真空外，还可以采用开启真空破坏阀向凝汽器送入空气的方法降低凝汽器真空，以使转子静止时真空尽量接近于零。但不能采取让空气自汽轮机端部轴封漏入汽缸的方法、来降低凝汽器的真空，避免使接触空气的金属过渡冷却。

在转子惰走阶段使凝汽器保持一定的真空度，使叶片在真空中转动，可以减少后几级叶片的鼓风摩擦损失所产生的热量，有利于控制停机过程中排汽温度的升高；同时也有利于汽缸内部积水的排出，减少停机后对汽轮机金属的腐蚀。

当真空降落情况一定时，惰走曲线的形状与转子的惯性力矩、摩擦、鼓风损失以及机组的机械损失等有关。上述这些因素在机组正常运行时不会有什么改变，所以惰走曲线的形状也应该相同。

转子的惯性力矩对一定的机组是有一个固定数值的。摩擦、鼓风损失与真空度成反比，与转速的立方成正比。一般来说，机械损失是由轴承摩擦引起的，与转速成正比，不过当转速低于一定值时，油膜条件发生变化，机械损失就不按比例降低了。所以惰走曲线上刚开始时转速降低很快，中间部分曲线较平坦，而到最后又迅速下降。

图 8－13 所示为典型的惰走曲线，惰走曲线 1 应平滑无突变。同时还给出了真空值降低和破坏的情况，如图 8－13 中真空下降曲线(虚线 2)。为了简化操作，一般情况下，停机时只要准确测定惰走时间即可。机组大小修停机时应绘出惰走曲线。大小修后第一次停机时也应绘出惰走曲线，以后则将它当基准惰走曲线，以便与以后停机的惰走曲线进行比较。根据经验，对于容量 3000kW 以下的凝汽式汽轮机组，惰走时间一般在 8～10min 之间；背压式汽轮机组，惰走时间一般在 3～4min。对 6000kW 以上的凝汽式汽轮机组，则惰走时间还会略长一些。

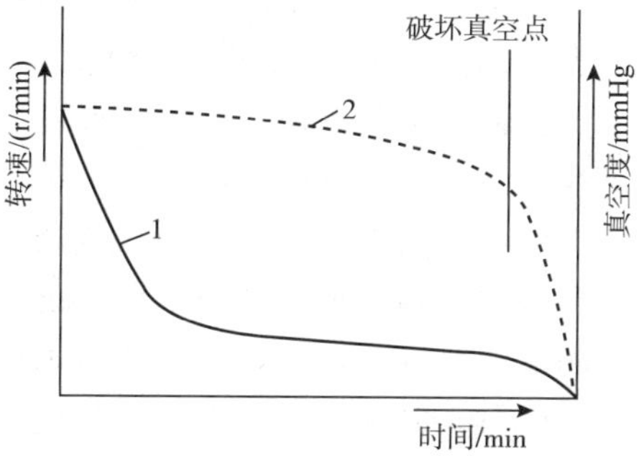

图 8－13　典型的惰走曲线
1—惰走曲线；2—真空下降曲线

三、盘车

汽轮机启动前和停机后，使转子做低速(连续或断续的)转动，称为盘车。

汽轮机打闸转子停止转动后，应立即投入盘车装置盘动转子，以使转子不发生热弯曲，以保证机组随时都能启动。同时，应保持润滑油泵连续运行并将油温、油压调整符合要求，连续向轴承供给润滑油，以保证轴承润滑和冷却轴颈，防止损伤轴承。对装有顶轴油泵装置的机组，投入盘车装置前应首先启动顶轴油泵，确认转子被顶起后，再投入盘车装置盘动转子。

转子停止转动后的盘车方式，应根据停机的目的采用不同的操作方式。中小型汽轮机多数采用低速盘车，盘动转子的转速为 3～6r/min；大型汽轮机采用高速盘车，盘动转子的转速为 40～70r/min。高速电动盘车虽然耗电较多，但有利于改善轴承的润滑条件，既保护轴颈和轴瓦，又减少盘车中的磨损；同时对消除转子热变形和停机时充分均匀地冷却轴承大有益处。

在汽轮机停机后多数制造厂规定连续盘车，连续盘车终止时间视上汽缸内壁温度而定。不同的制造厂对这个温度规定的指标有较大的差异，基本上是 120℃到 220℃范围内，上述温度指标都是安全的。对停机大修的汽轮机，一般按规定先连续盘车 8h 后，然后改为定期(间断)盘车 180°，以减少轴瓦磨损，直至汽缸温度降至 100℃以下时，方可停止盘车。对于仅有手动盘车的汽轮机，则按规定的间隔时间定期盘动转子 180°，直至机组完全冷却。未设盘车装置的汽轮机，停机 4h 内每 30min 应人工盘动转子 90°，保持间断盘车，4h 后可每隔 1h 盘动转子 1 次。对于短时间停机再启动的机组，在启动前 1～2h 应由定期盘车改为连续盘车，手动盘车的机组还应在转子热弯曲值最小时才允许冲转。

不论采用哪种盘车方式，盘车时都应向轴承供油，以保证轴承润滑良好，防止损坏轴承。且润滑油泵应连续运行至上汽缸内壁金属温度降至 150℃为止。

汽轮机转子静止后，辅助油泵应连续运行一段时间，向轴承提供润滑油，以便冷却轴颈和轴承，停机后的转子金属温度仍然很高，顺轴颈方向传热。如果没有足够的润滑油冷却转子，轴承温度会升高，严重时会使轴承巴氏合金熔化，轴承损坏。循环水泵继续向油冷却器供冷却水，并保持油冷却器出口温度 40℃±5℃，以保证冷却效果。对于高压汽轮机，油系统运行时间不应少于 8h；一般中、小型机组，在转子停转后油系统运行时间一般不少于 4h。一般当机组轴承温度低于 43℃，轴承回油温度降至 38℃以下时，可方停运油系统。辅助油泵停运后，轴承温升应小于 15℃。

盘车结束，润滑油泵还应继续运行一段时间，其目的是冷却轴颈和轴瓦，停机后转子温度仍很高，如果没有足够的润滑油冷却转子轴颈，轴瓦温度会升高，严重时会使轴承巴氏合金熔化，轴承损坏；轴承温度过高还会造成轴承中的剩油急剧氧化，甚至冒烟起火。

润滑油泵运行期间，油冷却器也应继续运行并使润滑油温度应不大于 40℃。高压汽轮机停机以后。润滑油泵至少应运行 8h 以上。每台机组的润滑油泵应根据具体情况而定。

四、停机后的维护

在停机过程中应及时开大再循环水阀，并同时关小至除氧器隔离阀，以保持凝结水位，也同时保证抽气器冷却铜管内有足够的冷却水量。为了保证抽气器冷却铜管的冷却，凝结水泵应在抽气器停用之后再停止运行。

停机后，系统中仍有疏水排向凝汽器，除氧器也会向凝汽器排水。一般规定，汽轮机停止进汽后，循环水泵仍应继续的运行一段时间，并继续使冷却水通过凝汽器。对短时间停机的机组，凝结水泵和冷却水泵没有必要停止运行。对短时间不启动的机组，当确认凝汽器无任何水源进入，排汽室温度降至 65℃以下时，方可停止凝结水泵的运行。凝结水泵停运后，若排汽室温度不再上升，也可停止向凝汽器供冷却水，但应保证油冷却器仍有冷却水通过。使用射汽抽气器的机组，在停止凝结水泵运行之前，应检查抽气器的工作蒸汽阀的严密性。

在转子停止转动后，应开启所有通大气的疏水阀，直到下一次启动。并将通往汽缸本体的各疏水阀门关严，以防止高温蒸汽从各管道漏入汽轮机内部，使上、下汽缸温差过大，甚至可能造成转子热变形。

机组停机后，除了自动主汽阀关闭以外，还应关闭电动闸汽阀和隔离汽阀，在新蒸汽管道压力降至零后打开防腐蚀汽阀，使漏入这段管道内的蒸汽不会进入汽轮机内而引起腐蚀。

五、紧急停机(事故停机)

在机组运行过程中，因设备已严重损坏或不停机将会造成设备严重损坏的事故停机，称为紧急停机。紧急停机在操作上不考虑负荷情况，不需要请示汇报，可随时打闸停机并破坏真空。区别汽轮机紧急停机的两种方法，即破坏真空和不破坏真空。

当采用破坏真空紧急停机时，为缩短空转时间而打开真空破坏阀，使空气进入凝汽器，破坏凝汽器真空，然后停止运行中的抽气器，使其内的压力迅速升高到大气压力。破坏真空的目的在于，增加摩擦损失和鼓风损失，从而减少转子的惰走时间，使转子转速迅速降至零。当空气进入凝汽器后，然后进入汽轮机汽缸，摩擦损失和鼓风损失要增加许多倍，增加了制动因素，汽轮机的停机时间与不破坏真空停机时间相比，要缩短一倍多。

这种停机方法的缺点在于，向刚才还在运行中的汽轮机注入冷空气，会引起转子和汽缸内表面急剧冷却。因为密度较大的空气与压力为 0.00343～0.0049MPa 的蒸汽相比，对汽缸壁的放热系数前者要大。因此，若无特殊需要，不宜采用破坏真空紧急停机。当转动的转子，有可能使事故扩大时，只有在这种情况下，才不得不采用破坏真空停机的方法。

当采用不破坏真空紧急停机，汽轮机转子惰走时间很长(一般为 25～30min)。其原因是当主汽阀和调节汽阀关闭之后，汽轮机的汽缸均处于真空状态，转子在密度非常低的工质里转动。

(一)破坏真空紧急停机

究竟在什么情况下紧急停机，这需要根据各机组的用途、生产中所处的位置和各企业的具体规定执行。对一般汽轮机-压缩机组而言，在下述情况下应当采取紧急停机措施，立即打闸停机，破坏真空，并与主控制室和有关部门联系。

(1)蒸汽、冷却气、电气和仪表气源以及工艺气体等突然中断。

(2)汽轮机转速升高超过额定转速 11%～12%时。

(3)抽汽管道上的安全阀启跳后不能自动复位，处理有危险时。

(4)汽轮机突然产生强烈振动并超过极限值时。

(5)转子产生不允许的轴向位移、差胀。

(6)通流部分发出金属撞击并能听到明显的摩擦声和其他异常声响。

(7)汽轮机发生水冲击。

(8)转子轴端出现火星。

(9)油箱油位下降至最低油位以下。

(10)油系统着火，并且不能很快扑灭时。

(11)润滑油系统油压下降至规定最低极限值(一般为 0.06MPa)以下时。

(12)轴承温度突然升至 90℃以上，或推力轴承温度突然升至 105℃以上时。

(13)新蒸汽管道、抽汽管道及油系统管道断裂时。

(14)凝汽器真空迅速下降到规定极限值以下而不能恢复时。

(15)机组调节系统发生严重故障，使机组失控而不能继续运行时。

(16)新蒸汽管道、油系统管道、工艺管道破裂或法兰泄漏而不能消漏时。

(17)机组及其附属管道发生着火、爆炸等恶性事故时。

(18)出现威胁机组和运行人员的人身安全的意外情况时。

(19)压缩机发生严重喘振而不能消除时。

(20)压缩机密封系统突然漏气，密封油系统故障不能消除时。

(21)压缩机系统和控制仪表系统发生严重故障而不能继续运行时。

汽轮机破坏真空紧急停机时，主汽阀和调节汽阀关闭后，机组从运行负荷瞬间降至零负荷，发电机应立即与电网解列。出现下列情况时，汽轮发电机组应破坏真空紧急停机。

(1)机组任一轴承振动值突增。

(2)推力轴承磨损，转子轴向位移超过极限值。

(3)汽轮机通流部分动静部分摩擦。

(4)汽缸内有异常声响。

(5)转子弯曲值超标。

(6)轴承突然断油，轴瓦温度或回油温度升高超过极限值。

(7)汽轮机转速升高超过额定转速11%～12%时。

(8)汽轮机发生水冲击。

(9)润滑油压低于极限值。

(10)油系统漏油严重。

(11)油箱油位降至不允许低限值。

(12)发电机或励磁机冒烟、着火。

(13)厂用电中断且无法立即恢复。

(二)不破坏真空紧急停机

汽轮发电机组运行中出现下列情况时，不破坏真空紧急停机。

(1)新蒸汽温度和中间再热温度，超过给定值的上限或下限的急骤变动，15min内不能恢复。

(2)真空下降低于允许极限值。

(3)低压缸向空排大气阀薄膜裂。

(4)新蒸汽管道、凝结水管道断裂。

(5)发电机断水超过30s，不能恢复。

(6)油系统漏油无法消除。

(7)发电机或励磁机冒烟。

不破坏真空紧急停机时，假如操作规程允许，汽轮机组可在电动机工况运行4min。

现代汽轮机组为了预防危险工况，都装设有足够的保护设施，所以上述大部分事故的情况，都是在相应的保护设施和联锁装置拒动时才可能发生。

汽轮机紧急停机在切断进汽后，应按操作规程规定完成汽轮机停机所必需的其他操作。

(三)紧急停机的操作

在机组发生故障，自动保安系统拒动，机组又不能继续运行，或上级指示需要立即停机时，按如下操作要点进行。

1. 发电机组紧急停机时的操作要点

(1)手打危机保安装置手柄，切断蒸汽进入汽轮机的一切通道，特别应注意抽汽管道是否切断，否则将会有蒸汽倒回汽轮机内，引起汽轮机超速。

(2)立即向主控室发出“注意”、“机器危险”信号，并启动辅助油泵。

(3)当必须紧急停机时，应关闭抽气器的蒸汽入口阀，或打开自动排大气阀，破坏真空。

(4)在主控制室发回解列信号后，检查转子转速是否下降。

(5)应根据操作规程规定，完成其他有关停机的操作。

(6)如因汽轮机进水而停机时，必须将汽轮机的疏水阀和新蒸汽管道上的疏水阀全部开启。

(7)如因发电机或励磁机内冒烟着火而停机时，应关闭发电机冷风系统的风阀。另外，当发电机转速降低到150～200r/min左右时，启动第二级抽汽器，挂上危急保安器，供给蒸汽，维持上述转速直到着火被扑灭为止。如无值班长的命令，不可将机组停下，以防止发电机转子因温度不均匀而发生永久性变形，造成设备的严重损坏。

2. 汽轮机-离心式压缩机组紧急停机的操作要点

(1)手打危急保安器或其他跳闸机构，自动主汽阀、调节汽阀及抽汽调节汽阀均应迅速关闭，切断新蒸汽进入汽轮机的一切通道，必要时应迅速破坏真空(打开真空破坏阀)。

(2)停运抽气器。

(3)手打危急保安器的同时，检查离心式压缩机回流旁通阀或放空阀是否全开。如果防喘振控制阀不能自动打开，应迅速打开旁通阀或放空阀以防止喘振。检查排气管道上的逆止阀是否关闭严密，以防止气体的倒流。

(4)调整汽封压力，真空至零，关闭轴封汽封管蒸汽阀及汽封冷却器蒸汽阀。

(5)有备用机时，在机组打闸之前，应将备用机启动开关拨到“自动启动”位置，以便汽轮机打闸停机后，备用机组立即投入运行。

(6)向主控室及有关上级部门和其他岗位迅速报告机组停机。

(7)辅助油泵投入运行，进行油系统循环。

(8)开启汽缸疏水阀、蒸汽管道上的疏水阀和抽汽管道上的疏水阀。

(9)按离心压缩机组所规定操作规程，完成其他停机操作事项。

六、汽轮机停机后的快速冷却

随着机组容量的增大，蒸汽参数的不断提高，汽缸保温条件的改善，使停机后自然冷却的时间越来越长，额定参数下停机至允许停止盘车一般需要7d时间，滑参数停机也需要4d左右时间，在这段时间内汽轮机处于连续盘车状态，无法对汽轮机进行解体检修工作。自然冷却时间占用了机组检修的时间，降低了机组的可用率。在事故抢修时尤为突出。一般采用快速冷却可以使机组由停机至允许停止盘车时间缩短2～5d时间，具有明显的经济效益。

为了缩短停机时间，增加检修时间，应采用强制快速冷却是最有效途径。汽轮机强制冷却采用空气或蒸汽作为冷却介质。冷却的方式有蒸汽顺流冷却、蒸汽逆流冷却、压缩空气顺流冷却、压缩空气逆流冷却几种方式。

(1)蒸汽顺流冷却

利用邻机或锅炉汽源，在汽轮机低速状态下(约500r/min以下)，采用同蒸汽流动方向顺流方式进入汽轮机，使汽轮机金属部件冷却的方式。

蒸汽顺流快速冷却时，应注意如下事项：

①保持真空系统运行，维持凝汽器真空(73～80kPa)。

②保持凝汽器和除氧器水位正常。

③严格控制新汽温度和汽缸的温降率应不大于 30℃/h。

④锅炉汽包压力降至 2MPa 时，开启邻机汽源投入炉底加热。

⑤快速冷却过程中，调整并保持汽轮机转速在 500r/min 以下，当高压缸上缸内壁金属温度降至允许停止盘车时，停止快速冷却。

(2)蒸汽逆流冷却

利用邻机抽汽(汽温在 400℃左右)和除氧器的汽平衡管汽源，在汽轮机低速状态下(约 500r/min 以下)，采用同蒸汽流动方向逆流方式进入汽轮机，使汽轮机金属部件冷却的方式。这种冷却方式高压缸采用逆流冷却、中压缸采用顺流的冷却方式。蒸汽进入汽缸的温度由上述两种汽源根据各阶段冷却汽缸的金属温度进行混合调节。经过调温后的蒸汽分成三路：

①一路由高压缸排汽逆止阀进入高压缸，一部分逆流经通流部分到高压导管、调节汽阀及防腐阀排出，另一部分高压内外缸夹层、到高压缸外缸调节级处疏水及高压汽封第一段溢汽管到抽汽输水管排出。

②第二路引入汽缸、法兰螺栓加热系统。

③第三路由高压缸排汽逆止阀经过路再热器、中压联合汽阀顺流进入中压缸。一部分蒸汽经中压缸通流部分后，从中压缸后部及抽汽疏水管排出，大部分蒸汽流到低压缸做功后进入凝汽器。

(3)压缩空气顺流冷却

压缩空气经过滤和加热后，高压部分经高压导管、疏水管进入高压缸，经高中压缸排汽管或抽汽管排出。中压缸为顺流冷却，导入空气温度应考虑与中压调节汽阀温度匹配。另一路供法兰螺栓和夹层冷却，然后经法兰螺栓联箱、法兰后排出。

(4)压缩空气逆流冷却

压缩空气逆流冷却时，从高压缸排汽逆止阀前导入经过加热的纯净而干燥空气。通常高压缸为逆流冷却，压缩空气温度主要考虑与高压缸及高压排汽管温度匹配。中压缸则为顺流冷却，空气经再热器进入中压缸，然后经凝汽器或抽汽管疏水排出。压缩空气导入温度应考虑与中压调节汽阀温度的匹配，并有分路供法兰螺栓和夹层冷却。

不论采用压缩空气顺流冷却还是逆流冷却，送入汽轮机的空气均应经过预热，预热温度应比汽缸温度低 100～150℃左右，并根据需要进行调控，以防空气进口产生过大的热冲击，并保证合理的冷却速度。以干燥洁净的压缩空气作为冷却介质，具有放热系数小、比热容小、无相变换热的优点。一般电厂和工厂企业自备电站都有检修用的空气压缩机，其工作性能为压力 0.8MPa、流量 $20m^3/min$ 左右，可以满足快速冷却的需要。在相同流速、相同管径的条件下，蒸汽冷却的对流放热为空气的 3 倍以上，从传热观点来讲，采用蒸汽冷却速度大于空气冷却速度，而且不需要增加设备，系统改动也不大。采用空气加热作为冷却介质对机组防腐保护是有益的。

顺流冷却和逆流冷却各有利弊，顺流冷却可以利用原有的蒸汽管道，而且汽轮机的高温部分处在介质压力较高、流速较大的范围内，冷却速度快；同时可以利用原有的金属温度测点，便于监视进汽区的温度；但介质流量和温度控制不当，将会引起较大的热冲击。逆流冷却从热力的角度来讲比较合理，因为冷却介质先接触汽缸温度较低的部分，待到达高温部分时，介质已吸收了金属的热量，温度有所升高，热冲击小；逆流冷却过程中，由于无法利用原有的金属温度测点，给操作带来很大的不便。

为了保证机组长周期安全、平稳运行，对快速冷却系统有如下要求：

(1)应正确选择热应力敏感部位，检查和增设检测仪表，制定快冷运行措施，减小快冷对停机的寿命损耗。

(2)快冷系统应因地制宜，尽量利用电厂或自备电站已有的条件，操作力求简单。

(3)冷却介质的接入和引出应有合理的设计，防止运行中积水或部件脱落。

(4)如使用空气作为冷却介质，空气含水量及清洁度应合格，必要是对快冷装置进行吹扫。

(5)通过试验，制定操作性较强的运行规程，指导运行操作。

(6)建立快冷运行记录，记录各部分的金属温度、膨胀、振动等数据。

(7)统筹选取最佳冷却速度(一般平均汽缸温度下降率12～18℃/h为最佳值)，必须保证热应力敏感部位的长期安全。

(8)快冷过程中，转子必须处于转动状态，绝对禁止在停机状态下导入冷却介质。

(9)快冷应和停机保护一起考虑，特别是用蒸汽作为冷却介质，冷却后机内湿度大，加剧停机腐蚀。

评价快速冷却是否安全的关键在于金属热应力的大小。热应力的大小主要取决于金属温度的变化量、变化率及金属截面的温度梯度。所以，快速冷却的控制指标主要为冷却速度和冷却介质与金属表面的温差。

第七节　汽轮机运行中的监督

汽轮机组的安全、平稳经济运行是操作人员的职责，操作人员必须对机组进行正确地运行维护、监督和调整并准确记录运行记录，预防事故和异常情况的发生，以提高机组运行的经济性。

机组正常运行时，值班运行人员的职责为：

(1)监督汽轮机组设备的主要参数；

(2)监督汽轮机调节系统及自动保护系统运行工作情况；

(3)监督汽轮机各部件的工作情况；

(4)定期进行各种保护试验备用设备的正常试验和切换工作；

(5)定期检查、监视仪表，并在操作日志上填写仪表指示值；

(6)每班填写值班日志、操作日志和设备缺陷记录；

(7)保持环境卫生，监督遵守安全技术规程和防火技术规程。

必要时，值班运行人员执行改变电负荷和热负荷的所有切换和操作。

汽轮机正常运行中监视的项目有：新蒸汽压力和温度、凝汽器真空、监视段压力、轴向位移、轴振动、轴承温度、油温和油压及轴承回油温度、循环水压力和流量、汽轮机排汽温度和压力、汽轮机监视段压力等。现代汽轮机装置虽然拥有自动调节系统和保护系统的设施，但并没有减轻运行操作人员对汽轮机组设备安全运行监督的责任。

当汽轮机组设备发生异常运行工况时，值班操作人员应立即采取措施，以恢复正常运行的条件，使机组能安全运行。

一、监视段压力的监督

汽轮机带负荷运行中，应监视其内部的清洁状况，通常在汽轮机调节级汽室以及某几级非调节级汽室装有压力表，监视其压力值的变化，用以判断汽轮机通流部分的清洁状况。

对于凝汽式汽轮机，在压力级的通流截面积没有发生变化和没有结垢的情况下，调整段的压力与该处蒸汽流量成正比。一般情况下，凝汽式汽轮机调节级汽室压力和各段抽汽压力(最末一级、二级除外)与该处蒸汽流量近似成正比关系，如图 8－14 所示。因此，通过各抽汽段的压力也可以监视流量。如果在同样流量下该段压力增加，则说明该段后面的级段结垢。

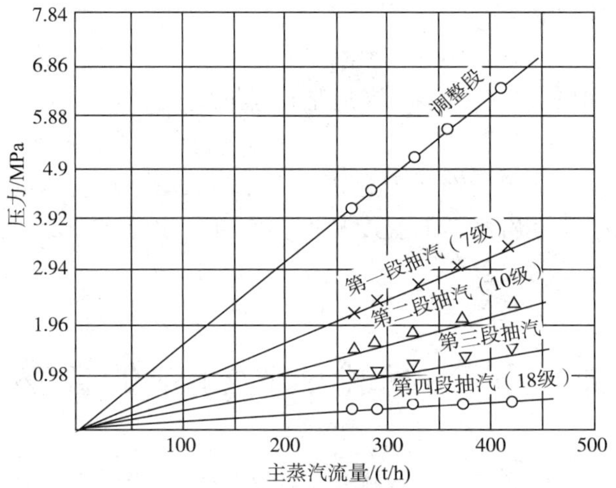

图 8－14　某汽轮机各监视段压力与流量的关系

汽轮机通流部分结垢时，结垢级前蒸汽压力将增加，压力的增加和该级结垢的多少成正比关系。而结垢的各级压力降大大增加，使隔板因前后压差过大而增大了变形严重时将导致隔板与动叶的摩擦，造成动叶和隔板损坏。喷嘴和叶栅通道结垢将导致通道截面积变窄，其结果使各级叶轮和隔板的压力增大。隔板热降的增大，导致隔板应力增大和隔板汽封的漏汽量增加。动叶和叶轮的热降增加，将引起汽轮机推力轴承过负荷。此外，级的反动度增加，不可避免地引起叶轮减荷孔漏汽量增大和流经围带上部汽封的漏汽量增加。在喷嘴和叶栅通道堆积硬质沉淀物，增加通道壁面的粗糙度，由此增加了型线损失。迷宫式汽封积垢，将导致汽封齿之间汽室尺寸缩小，并使这些部件的工作效率降低。这样，既要增加轴端汽封的漏汽量，又要增加流经隔板汽封的漏汽量。

在通流部分结垢的同时，汽轮机的配汽机构也可能结垢。这将使汽阀阀杆或汽阀卡住，致使汽轮机失去自动调整负荷的功能，甚至在机组甩负荷时造成超速事故。

据有关资料介绍，某汽轮机高压通流部分1kg盐垢，将导致该机高压缸绝对效率下降1%，它将导致汽轮机组热耗率增加0.5%，即每年多耗用1500t标准煤。

汽轮机通流部分结垢主要是由新蒸汽品质不良引起的，而新蒸汽品质又受到给水品质的影响。当新蒸汽品质不符合要求时，有可能在几十小时甚至十几小时的较短时间内就会造成通流部分严重结垢。对于水质较差的工厂企业，对监视段压力的监督是一个重要的问题。当监视段压力超过制造厂技术文件规定时，即应采取适当措施限制机组的负荷。否则，会造成不良后果。

一般采用定期对照、分析调节级压力相对增长率的方法来判断监视段压力的增长率ΔP，即

$$\Delta P=\frac{P_2-P_1}{P_1}\times 100\% \tag{8-21}$$

式中　P_1——一定负荷下通流部分洁净时，某一监视段压力，MPa；

P_2——同一监视段在结垢时的压力，MPa。

一般规定监视段压力增长率为，对冲动式机组为5%；对反动式机组为3%。通常规定：对于中、低压汽轮机，在相同的流量下监视段压力增加率ΔP不应超过15%(反动级为20%)；对高压汽轮机ΔP不应超过5%。若超过此范围就必须对汽轮机通流部分进行清洗。若再勉强继续运行，由于汽轮机轴向推力的增大，必将威胁到机组的安全。

如果在同一负荷下(汽轮机的初、终参数相同)监视段压力升高，说明该监视段以后的通流面积减小，通流部分某些级结垢，有时由于某些金属部件破裂或机械杂物侵入，导致堵塞了通流部分流道，或是由于叶片损坏变形等原因造成监视段压力升高。

汽轮机通流部分某些级结垢时，一般在第一、二级结垢较少，以后各级结垢才逐渐增多。结构物质大部分沉积在汽流速度较低的部位，或者可能发生在断流的部位和表面粗糙度差的部位。若汽轮机结垢严重，结垢级前的压力增加，使前面各级理想焓降减少，反动度增加，将引起汽轮机轴向推力显著增加，导致推力轴承过负荷，使推力轴承温度和回油温度升高。

汽轮机通流部分结垢后，在调节汽阀开度不变的情况下，由于通流部分面积减小，因而蒸汽流量也相应减少，降低了叶片效率，将使汽轮机负荷下降和效率降低。

汽轮机结垢后，不但热效率下降，而且也影响机组安全运行。如运行中，一旦自动主汽阀、调节汽阀和逆止阀阀杆因结垢卡死，将会造成严重的运行事故。

现代各种类型的锅炉所产生的蒸汽并不是十分纯净的，蒸汽中或多或少存在一些杂质。盐和蒸汽一起从锅炉通过管道进入汽轮机的，由于锅炉汽包蒸发面过大的单位蒸发负荷、锅炉分离装置运行不良、急剧的增负荷，水位骤然上升，蒸发面表面起水泡沫和水工况恶化等原因导致积盐垢。

机组设备水工况的恶化，是现代单元制汽轮机积盐垢的原因。如凝结水处理装置容量不够以及运行不当、凝汽器水侧密封不严、蒸发器二次蒸发质量不佳、蒸汽管道系统腐蚀、凝汽器铜管腐蚀等原因所造成的积盐垢。

沉积在汽轮机通流部分的盐垢，可分为易溶于水的，稍溶于水的或完全不溶于水的两大类。第一类易溶于水的包括碳酸钠(Na_2CO_3)、硫酸钠(Na_2SO_4)、硅酸钠(Na_2SiO_3)、氯化钠(NaCl)、硫酸钙($CaSO_4$)、过氧化磷(P_2O_5)。第二类稍溶于水的或完全不溶于水的盐包括铜的氧化物(Cu_2O，CuO)、铁的化合物(Fe_2O_3)、铝的化合物(Al_2O_3)、硅的化合

物(SiO_2)。

对于低压和中压汽轮机，盐垢的特征是能够溶于水的积盐。沉积在汽轮机通流部分的盐垢，主要是从蒸汽蒸发表面携带的液滴微粒。这些盐类常沉积在中压级段区域内。在高压级段也发现有易溶性盐类沉积，但是在湿蒸汽区域没有发现有这类盐沉积。

随着蒸汽采用高参数，在汽轮机沉积的盐类的组成中，增加了稍溶于水的或完全不溶于水的化合物份额。这些化合物是由于分子状态的携带而沉积在汽轮机内的，分子携带则起因于在高压干饱和蒸汽中单个盐和氧化物的可溶性。

溶于蒸汽的盐类，在蒸汽中处于平衡状态，这些盐类的浓度除了与它们的组成有关外，还取决于蒸汽的压力和温度。蒸汽在汽轮机的膨胀过程中，蒸汽参数发生了变化，而原溶解在蒸汽中的盐类变为饱和状态。在这种情况下，从蒸汽中要发生呈硬质晶体体状的沉淀物的盐类沉降。

各种盐类在汽轮机沉淀的区域，取决于汽轮机内各级的蒸汽参数，但是由于蒸汽流经汽轮机通道是很快的(0.05～0.01s)，这些混合盐类不仅是到达可溶性极限即进行沉淀，而且还要沉降到随后各级的叶片上去。

分析汽轮机通流部分硬质结垢，有助于探索沉积的沉淀物与蒸汽参数的关系。假如中压汽轮机沉积物的主要成分是溶解于水的钠盐，则蒸汽压力进入到 8.8MPa 时，则硬质沉淀物将主要由氧化硅(SiO_2)所组成。蒸汽压力为 13.7MPa 单元制机组，在硬质沉淀中，除了硅的氧化物外，三氧化二铁(Fe_2O_3)占有很大的部分。而在超临界压力机组，在高压部分还存在有大量的铜化合物。这些铜化合物是凝汽器和低压加热器铜管氨腐蚀的产物。汽轮机积满了有铜的氧化物，对汽轮机是不利的，因为这些铜化合物沉积在汽轮机的前部，而在这些部位的喷嘴和叶片都比较小，沉积物的影响是很大的。

为了保持汽轮机通流部分的清洁，使机组有高的经济性水平，必须系统地清除汽轮机通流部分的沉积物，在运行实践中，总结了 4 种清除汽轮机通流部分结垢的方法：

(1)汽轮机停机解体时，用机械方法清除结垢；

(2)当采用盘车装置转动汽轮机转子时，用热水冲洗法清除结垢；

(3)对从电网解列后转动着的汽轮机时，用湿蒸汽冲洗法清除结垢；

(4)汽轮机带负荷情况下，用湿蒸汽冲洗法清除结垢。

二、轴向位移的监督

汽轮机转子和静止部分的轴向相对位置的变化，称为轴向位移，是用来监视推力轴承工作状况的指标。轴向位移的变化，即汽轮机静止部分和转子轴向相对位置发生了变化。

汽轮机带负荷运行时，轴向力作用在转子上。推力轴承用来承受转子的轴向推力，借以保持汽缸或其他静止部分与转子的相对轴向位置，保证机组动静部分之间的轴向间隙。转子轴向位移的大小，反映了汽轮机推力轴承的工作状况。若转子轴向推力过大、推力轴承本身有缺陷或工作失常，都会造成推力瓦块烧损，使汽轮机动静部分发生碰磨，造成设备的严重损坏事故。所以在汽轮机的运行中，必须严格监督转子轴向位移和推力瓦块温度的变化。

转子轴向位移的检测装置种类繁多，最原始的是机械式的，需就地手动操作才能读数。目前使用较多的是电磁式和涡流感应式，这两种检测装置都可以进行遥测并附有保护跳闸回路。实践表明，汽轮机的轴向位移保护是一项重要的保护，对于防止因汽轮机推力轴承损坏扩大为汽轮机通流部分严重磨损事故是必不可少的。汽轮机运行规程规定，汽轮机启动前必须投入轴向位移保护装置，机组运行过程中，当转子轴向位移值超过规定值时，使机组自动报警并停机。

汽轮机轴向位移保护跳闸值，一般为推力瓦块的巴氏合金厚度减去0.1～0.2mm。如果零位定在推力轴承非工作侧，则应再加上推力轴承轴向间隙值。其意义是当推力轴承的巴氏合金熔化磨损而瓦胎金属尚未触及推力盘时即跳闸停机。这样，推力盘和机组内部零部件都不至于损坏，机组修复也比较容易。

汽轮机运行中，当轴向位移指示值异常时，应立即找出原因，检查影响汽轮机轴向推力增大的因素，如新蒸汽参数和流量、监视段压力、排汽压力等，同时检查推力轴承的运行情况，并查找原因，及时采取措施消除，使轴向位移恢复正常值。

推力轴承工作失常的早期阶段，很难从推力轴承的回油温度来进行判断。由于润滑油量很大，推力瓦块损坏是由少数瓦块开始的，当回油温度明显升高时，往往来不及检查和处理。一般规定推力瓦块巴氏合金温度不应大于95℃，回油温度不应大于75℃。

当轴向位移指示增大或信号装置报警时，应做好记录，汇报上级部门，并针对具体情况采取相应措施加以处理。运行人员应联系有关人员减负荷，维持轴向位移不超过允许值；当采取措施无效，并且机组有异常声响和振动较大时，应迅速破坏真空紧急停机；若是发生水冲击引起的轴向位移增大，或推力轴承损坏，应立即破坏真空停机；若是新蒸汽参数不合格引起的轴向位移增大，应立即要求锅炉调整至正常参数；轴向位移达到极限值时，轴向位移保护装置未动作，应立即手动脱扣停机。

三、汽轮机的振动及其监督

一种周期性的往复运动，称为振动。汽轮机组在运行中都存在不同程度和方向的振动，其振动值的大小，在很大程度上表明机组运行的稳定性，汽轮机组的大部分事故都在一定程度上表现出某种异常振动。汽轮机振动的原因很多，从设备方面分析，主要有调节系统不稳定使进汽量波动；叶片受到侵蚀，叶片结垢或叶片脱落等造成转子不平衡；机组轴对中不良；汽轮机膨胀受阻或汽缸保温质量不佳，或保温层损坏，汽轮机受冷风影响使汽缸热膨胀不均匀；轴承支承刚度不足和共振，因安装和检修时轴瓦与轴承盖之间过盈量不足及经受长期振动后，轴承会在轴承座孔中松动；以及转子热不平衡等引起的振动。

除设备结构和安装、检修质量不佳外，汽轮机带负和运行中发生振动，是由于负荷或新蒸汽参数变化过快，致使机组膨胀或收缩不均匀而引起的；另外，由于润滑油的油质、油温不符合要求，使轴承的润滑油膜遭到破坏而引起的。轴向位移增大，致使汽轮机动静部分摩擦以及转子部件受到侵蚀，叶片结垢或叶片飞脱致使转子不平衡，引起机组的振动增加。引起振动过大的激振力中95%是转子不平衡力。汽轮机通流部分动静摩擦或汽封摩擦、叶片断落、水冲击等，也是产生振动的原因。个别情况还有机组基础下沉将引起振动发生。

因此，从汽轮机启动开始，就必须对汽轮机振动加以监督。运行人员应经常注意机组振动情况及变化规律，以便在发生异常时能够正确判断和处理。

汽轮机带负荷运行时，通常应定期在机组各支持轴承处测量轴振动。振动应从3个方向进行测量，即从垂直、横向和轴向测量。垂直和横向测得的振动值视转子振动特性与轴承垂直和横向的刚性而定。轴承振动与轴承的刚性有关，并往往随轴承的垂直振动而变化。每次测量轴振动时，应尽量维持机组的负荷、参数、真空相同并记录，以便进行比较。当运行条件改变，机组负荷变化时，也应对机组的振动情况进行监视和检查。

汽轮机正常带负荷运行时，各轴承的振动在较小的允许范围内变化。当振动振幅增加较大时(虽然在规定的范围内)，应向班长汇报，同时应检查新蒸汽参数、润滑油温度和压力、真空和排汽温度、轴向位移和汽缸膨胀的情况等。如发现异常现象，应立即查找原因、采取措施予以消除，或根据机组具体情况改变负荷和其他运行参数，以观察振动的变化。

当发现汽轮机带负荷运行时，突然发生强烈振动并伴随有异常声响及其他现象时，必须采取紧急停机的措施，以尽量减少汽轮机设备的损坏，避免事故扩大。因此，振动停机时，还应认真观察和记录转子的惰走情况，并倾听汽轮机内部声响，作为判断、分析事故以及供检修时作为参考依据。

机组发生振动时，首先应收集该机组有关振动方面的运行和检修资料，然后通过各项振动试验，例如转速试验、负荷试验、真空试验、油温试验等，找出振动与哪些运行参数有关，必要时还可以用示波器测定振动的振幅、频率、波形和相位情况。通过试验分析找出振动的规律和主要原因。

对振动监视的手段有：

(1)采用连续测量机组轴承和轴的振动振幅的方法，并根据既定的振动幅值，通过热控和保护系统进行振动报警或自动控制停机，从而达到预防机组设备损坏的目的；

(2)采用实时频谱分析，提供了振动信号谱对机组进行监控。

(3)进行信号谱的分析，对振动进行实测而得到的频谱，反应机组在特定条件下的振动情况，机组的信号谱随运行条件的变化而变化，在长时间的运行过程中，随着机组部件的磨损、缺陷等情况的发生而有所变化。

对汽轮机组进行振动监督，对防止重大的设备损坏事故具有重要的意义。振动故障诊断从目的来分，可分为在线诊断和离线诊断。前者是对运行状态下的机组振动故障原因作出粗线条的诊断，以便操作人员作出纠正性操作，防止事故扩大，因此诊断时间上要求很紧迫，目前采用计算机实现，故又称自动诊断系统。

离线诊断是为了消除振动故障而进行的诊断，这种诊断在时间上要求不那么紧迫，可以将振动信号、数据带到实验室，进行仔细分析、研究或模拟试验，因此称它为离线诊断。在故障诊断深入程度上要比在线诊断具体的多，因此难度大。

四、热膨胀和胀差的监视

汽轮机在正常运行中，由于汽缸和转子的温度已趋于稳定，正常情况下差胀很小。当机组运行中负荷增减速度过大或主蒸汽温度骤然变化时，汽缸和转子的热膨胀都将发生相应的变化，如果膨胀不均匀和差胀过大甚至超过极限值，就会造成汽轮机动静部分摩擦。为监视汽轮机的热膨胀情况，汽轮机上设有汽缸热膨胀指示器，大型机组还装有胀差指示器。热膨胀和胀差是运行中的主要控制指标之一。因此，汽轮机运行中，对热膨胀和胀差的监视是十分重要的。

汽缸热膨胀指示器是用来检查汽缸受热后轴向伸长数值的变化的，借以检查汽缸受热的均匀性，应在汽缸前端两侧各安装一个汽缸热膨胀指示器，如图 8-15 所示，这样便于监视汽缸膨胀有无倾斜现象。

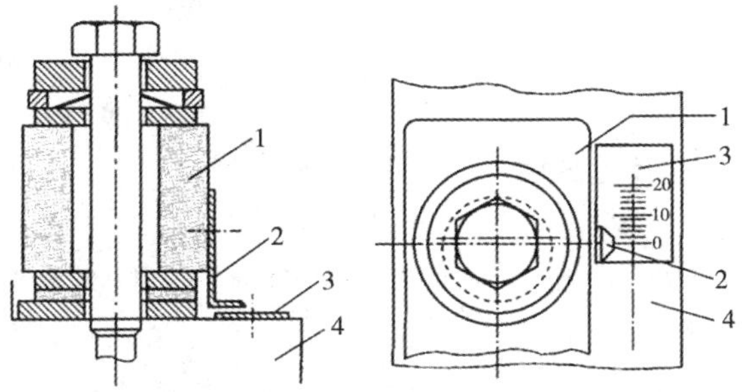

图 8-15　汽缸热膨胀测量装置

1—汽轮机前支承爪(猫爪)；2—指示器；3—刻度；4—前轴承座

有的汽轮机装有测量转子和汽缸胀差的装置(相对膨胀指示器)，用以测量转子和汽缸的热膨胀差，这样可以保证通流部分不发生摩擦。

五、油系统的运行监视

油系统的主要任务是供给汽轮机组各轴承的润滑用油，供给调节和保护系统的脉冲油和动力油，向某些离心式压缩机组提供密封用油。确保油系统的可靠、平稳的工作是汽轮机组安全运行的十分重要的条件。

汽轮机带负荷运行中，必须连续地供给各轴承正常压力、温度且洁净的润滑油。不论何种原因引起断油，均会使支持轴承和推力轴承瓦块巴氏合金熔化，造成轴颈磨损和汽轮机动静部分等严重事故。汽轮机运行中，还必须保证连续地供给调节系统正常压力、温度的动力油，作为操纵调节汽阀和保护系统的工作油。有些机组还用油来发送和传递转速、汽压、真空等信号。汽轮机运行中，应加强对油系统的油压、油温和轴承回油油流及回油温度等进行监视。

1. 油温的监视

一般轴承进油温度应控制在 40℃±5℃，对于大型机组考虑油膜工作的稳定性，轴承进油温度应维持在 40～45℃。运行中通过适当调整油冷却器的冷却水量来控制轴承的进油温度，必要时对应冲洗油冷却器前的滤水网和清理油冷却器。油冷却器应有可靠的水源和备用水源，不应出现油冷却器断水或水侧虹吸破坏的情况。使用凝汽器冷却水系统冷却润滑油的机组，夏季应及时清理油冷却器水侧的污物。

轴承的出口油温应在 65℃以下，在 65℃以上时，油的老化过程将大大加速。在正常工作的轴承内，油的温升不应大于 15℃。运行中，如果发现某一轴承润滑油温升明显增加，会加剧油的氧化作用，并降低油的黏度，使润滑油膜厚度减薄，甚至会使油膜破坏。其温升过高的原因是油管堵塞、油量减小和轴承本身出现异常，这时应严密进行监视，查找原因并采取措施消除。如果轴承温度升高超过 75℃时，应采取紧急停机措施，停止汽轮机组的运行。

2. 油压的监视

维持润滑油压和调节油压为规定值，是保证调节系统正常工作和轴承润滑油流正常的先决条件之一。汽轮机运行中，油压过高将导致油系统设备或管道泄漏事故，严重时甚至造成设备或管道破裂的严重事故，这样不仅损坏设备或管道，而且还易造成油系统火灾事故的发生。油压过低，将会造成轴承油量不足或断油，并造成调节系统工作失常。

汽轮机运行中，如发现油压不正常变化时，应及时查找原因，采取措施消除。引起油压降低的原因主要是主油泵工作失常、高压油减压阀或低压油减压阀失常、油过滤器前后压差增大、油冷却器的油侧有污脏堵塞、油系统泄漏等。

3. 油箱油位的监视

各机组在油箱都装有油位计和油箱油位低时的音响和灯光信号，用以监督油箱的油位。机组正常运行时，油箱油位应比最低油位线高 50～100mm；最低油位线应不低于油泵吸入口以上 100～150mm；最高油位线应离油箱顶部至少 100mm。运行中一旦发现油箱油位下降时，应及时补油，以保证润滑用油和调节系统用油。同时应迅速检查和判断油管、油泵、油冷却器是否发生漏油情况，如有漏油应采取措施消除。当油箱油位降低至规定的最低极限值时，而仍然无法处理时，应采取紧急停机措施以保护设备。

油箱一般采用浮子式油位计。应检查油位计浮子是否卡涩或其连接部分是否松动，防止油位计指示为假油位而威胁汽轮机的安全运行。

4. 油质的监视

随着机组运行时间的延续，因为氧化，透平油的油质将逐渐恶化。因此，运行中为保证良好的油质，必须对所用油的油质进行严格的化学监督。

除从外观上检查油中有无存在水分和机械杂质外，标明油中含有有机酸的酸价、酸碱反应、油的黏度、油的抗乳化度等，是油质好坏的主要标志。水分和机械杂质应每周进行检查，酸价、闪光点及黏度应每季检查一次。

透平油如呈酸性，则对设备产生腐蚀作用。油的酸价高，表明油被氧化的程度严重，腐蚀性也较强。油中含溶于水的低分子酸较多时，如油中水分过高，就会导致油系统和调节系统部件的腐蚀，并将生成破坏调节系统和润滑系统正常工作的铁锈等杂质，还会产生不溶于水的油渣。油渣使轴承润滑条件恶化，恶化了油冷却器的传热条件，使油温升高，并有淤塞油系统管道的危险和影响调节系统部件的灵活性。酸价以每克油用多少毫克的氢氧化钾(KOH)才能中和其含酸量来测定。运行中透平油的酸价应不大于 0.2mgKOH/g 油。油中不应含有低分子酸，油的酸价反应应是中性的。

透平油的运动黏度在 50℃时，一般应不大于 3.2(20 号透平油)和 4.3(30 号透平油)恩氏度。在长时间运行后黏度逐渐升高，但不应比新油大 20%。因为油长时间受热氧化，并与金属和水分接触，引起黏度升高，且形成不溶于水的油渣。不仅使润滑条件恶化，而且油渣对油氧化又有促进作用。

透平油本身到一定温度时，就有较轻的油分子以气体的形式从油中分离出来，这时一点火油气就能闪火，这一温度称为透平油的闪点。透平油的闪点通常应高于 180℃。运行中油的闪点不应比新油标准低 8℃，也不应比前次测值低 8℃。闪点过低表明油因过热而分解。这是因为油中低分子的碳氢化合物的蒸发，将使油的黏度增大。其他原因引起油质劣化时，闪点也将降低。

透平油的抗乳化度表明油与水分离的能力，以油中加水并经规定方式搅拌后多少时间水能分离来表示，正常的抗乳化度应不大于 8min。抗乳化度降低时，当水浸入油以后。油与水不能很快分离，产生乳化并在油系统内循环，在轴颈与轴承之间因而不能形成正常的润滑油膜，严重威胁轴承运行的安全。有机酸的存在，也会使透平油的抗乳化度降低。

5. 油过滤器的监视

机组运行中，当油过滤器的前后压差值大于 0.15MPa 时，说明过滤器堵塞，应切换油过滤器，清洗污脏油过滤器，使油过滤器的前后压差值保持在 0.01～0.15MPa 范围内。

第八节　供热式汽轮机运行

供热式汽轮机又称热电联产汽轮机。它既带动发电机发电有对外供热的汽轮机。它在向电用户供电的同时，还向热用户供热，同时满足电用户和热用户的需要，因此供热汽轮机在运行上也有一些特殊要求。

为了能在向外界用户供电的同时满足供热的需要，小型火力发电装置可采用调整抽汽(凝汽)式汽轮机或背压式汽轮机。当同时要满足两种不同的热负荷时，为了简化系统、降低成本，往往采用具有一次调整抽汽的背压式，而较少采用具有两次调整抽汽式汽轮机。调整抽汽式汽轮机从原理上分析，可当作背压式汽轮机与凝汽式汽轮机的联合体。抽汽口以前的高压段相当于背压式汽轮机，抽汽相当于背压排汽；抽汽口到凝汽器喉部的低压段相当于凝汽式汽轮机。

采用背压式汽轮机和抽汽式汽轮机，则可以将在汽轮机中做过功的全部或部分蒸汽以热能的形式加以利用，不用凝汽器或减少排向凝汽器的排汽量。在生产电能的同时，利用汽轮机排汽或由中间抽出的蒸汽向其他企业或单位供热。

背压式汽轮机的排汽，全部供热用户使用，因而热经济性好，并且还可以减少减少冷却水量。调整抽汽式汽轮机，以一部分中间抽汽作为供热汽源，只有一部分蒸汽需排入凝汽器，在供热运行时，其经济性高于凝汽式汽轮机，但低于背压式汽轮机。

热电联供机组可节约燃料并有效地改善环境。供热机组可以同时或分别向供热用户和采暖热用户供热。工业热用户要求较高的压力(0.4～0.7MPa、0.8～1.3MPa、1.0～1.6MPa 或更高)和温度的蒸汽，全年负荷比较均匀；采暖热用户只要求用较低的压力(1.2～2.5atm)和温度的蒸汽加热的热水，并且负荷随季节变化而改变。

一、抽汽式汽轮机的运行

抽汽式汽轮机的启动都是在凝汽工况下进行的，即解列调压器并使低压调节汽阀(回转隔板)处于全开位置。启动、暖机、升速和并列运行都按纯凝汽式汽轮机运行规定进行。带负荷运行后，当电负荷达到额定负荷的 30%以上时，抽汽点的压力经调压器调整后，将抽汽室压力调整到高于供热管网的压力，才开始投入抽汽。

抽汽投入前，应检查抽汽逆止阀的动作，应灵敏、可靠，并试验确认抽汽安全阀事先已按设计文件要求的压力调试完毕，且工作可靠。为防止误操作，抽汽安全阀与抽汽室之间不应安装截止阀。

抽汽投入前应开启疏水阀，以便对抽汽管道进行暖管和疏水，并应排除与本机抽汽管道相连的蒸汽管道内的积水。当抽汽投入后，方可关闭疏水阀。

开启抽汽调节汽阀前，应先用调压器将抽汽点压力调整到稍高于抽汽总管内的压力，然后开启抽汽调节汽阀，再用调压器调整到所需的压力。如果电负荷较大，回转隔板全开的情况下，抽汽室压力已高于所需要压力，在开启排汽阀以前，仍应稍降负荷并将回转隔板开度稍关一些使压力再提高一些，待抽汽送出抽汽室后压力就会自动降低到调压器起作用的压力。

当需要向调压器的脉冲机构灌水时，应按制造厂技术文件的规定程序进行。在投调压器时，应放净脉冲机构中的空气并检查有无泄漏现象，以防止调节系统发生摆动。

接带热负荷过程中，应监视相应的调压器、错油门和油动机及整个调节系统的动作情况，监视监视段的压力、轴向位移、相对膨胀等表计的变化，同时还应监视排汽量和排汽温度的变化。增加和减少热负荷的速度不应过快，一般应不大于 4～5t/min。热负荷与电负荷不易同时增加。

抽汽机组的调整系统可以保证当抽汽流量改变时，电负荷保持不变；当电负荷改变时，抽汽点压力保持不变；带两级抽汽的机组，某一抽汽流量改变时，电负荷和另一抽汽压力均可以维持不变。这种特性被称为调整系统的自治能力。

在投入抽汽的运行中，抽汽室蒸汽压力升高后，抽汽点以前几级焓降减少，也就是做功减少，而低压汽缸的调整段焓降增加。这时可将高压汽缸当作背压式汽轮机，低压汽缸可当作凝汽式汽轮机来看。如果调整抽汽室压力升高，是由于调节汽阀关小，则抽汽点以后的蒸汽受到节流，因此汽轮机的经济性降低。为提高抽汽机组的运行经济性，在保持向热用户正常供热的条件下，应尽量使抽汽室的压力保持在操作规程允许的最低压力。抽汽室压力降低运行时，高压汽缸与背压机组背压降低情况相似，而低压汽缸与凝汽式汽轮机新蒸汽压力降低的情形相似。为保证机组的安全运行，抽汽室的压力不应低于操作规程允许的最低值。抽汽室压力过低时，抽汽室前一级焓降将增大，将可能导致隔板和叶片过负荷，尤其是抽汽量大时，更应特别注意。

抽汽机组运行时，如果抽汽量较大，进入凝汽器的蒸汽量可能很小，虽然抽汽调节汽阀在全关闭时还有一定量的蒸汽通过，但其数量能否满足后部级段的冷却要求，应经试验证实。长期带稳定抽汽量运行时，应定期对调节汽阀和回转隔板进行活动试验，防止卡涩。

抽汽机组停机时，负荷减至25％～40％后，即可停止向外供热，使中低压调节汽阀或回转隔板全开，解列调压器，然后按纯凝汽式机组的停机方式进行停机操作。停机过程中应保证机组与外界热网供热抽汽管道完全切断，防止解列时机组超速。停机后，也必须确认无蒸汽自外部蒸汽管道漏入汽轮机。

二、背压式汽轮机的运行

背压式汽轮机无须维持真空，没有凝汽器、抽气器、凝结水泵及与之相关的设备、管道、阀门及附件。相对于凝汽式汽轮机，背压式汽轮机具有本体结构和系统紧简单、紧凑、体积小、造价低、维护方便等优点。出于运行经济性的考虑，背压式汽轮机一般都采用喷嘴调节。但背压式汽轮机的电负荷完全取决于供汽负荷，而且在低负荷时由于要保持不降低过多，故效率下降特别显著。

背压式汽轮机对压力变化比对转速变化较敏感。背压式汽轮机既供热又发电，为满足热负荷需要，应维持排汽压力稳定；为满足电负荷的需要，应维持转速稳定。为此，背压式汽轮机的调节系统除设有凝汽式汽轮机的调速器外，还设有保证排汽压力稳定的调压器。背压式汽轮机主要是供热，其次是发电。因此，完成这一任务的调节系统必须设计成对排汽压力敏感，对转速变化迟缓的调节系统。

背压式汽轮机启动时，对调节系统、油系统、盘车装置、保护装置及主要监视仪表的检查和投入使用与凝汽式汽轮机启动的要求相同外，对汽轮机的金属温度、转子的弯曲情况等也有与凝汽式汽轮机组类似的要求。另外，背压式汽轮机组启动时，要求排汽安全阀动作应正常、灵敏、可靠，并将调压器置于解除位置。

背压式汽轮机的启动可采用向空排汽启动和背压暖机启动两种启动方式。启动时，启动时宜采用比额定参数稍低的新蒸汽，以防止启动过程中排汽温度超过规定限额。

背压式汽轮机采用向空排汽方式启动时，新蒸汽管道暖管到规定的压力和温度，油系统与盘车装置应正常运行，并具备其他应有的启动条件后，即可开启电动主闸阀的旁通阀冲动转子。转速升至 500r/min 左右时，关闭导汽管疏水阀和电动主闸阀前后的疏水阀，稳定转速对机组进行检查，待一切正常后继续升速。当转速达到 1200r/min 时，投入轴封抽气器，按机组启动曲线升速暖机。每次升速时，应对机组进行一次全面检查，确认机组的振动、声响、油温、油压、轴承回油温度及回油情况、机组的膨胀、相对膨胀、调整段金属温升、上下汽缸温差等一切正常后，方可继续升速。

转速达到额定转速后，除对机组进行与凝汽式机组相似的危急保安器试验外，在排汽安全阀大修后的启动中，还应对排汽安全阀进行试验。其试验方法是：在空负荷运行的情况下进行，缓慢关小向空排汽阀，提高汽轮机的背压，当背压达到规定的压力时，排汽安全阀应动作。排汽安全阀的作用是保护汽轮机设备和排汽管道系统，防止它们因蒸汽压力的升高而损坏。

试验之后，将向空排汽运行方式切换为背压运行方式。切换时应先逐渐关小向空排汽阀，提升背压，并入热网的操作。调整汽轮机背压使之略高于低压蒸汽总管网的压力，然后开启到低压蒸汽总管网去的排汽阀的旁通阀，再全开排汽阀和关闭其旁通阀，关闭向空排汽阀，与热网并列后，关闭排汽管的疏水阀和防腐阀。并入热网的操作应缓慢谨慎，还应注意使排汽压力、温度应均匀上升，防止排汽安全阀动作和相对膨胀超过规定值。

采用背压暖机启动方式主要用于并列供汽的背压式机组，即供汽总管可向机组倒流送汽进行暖机启动，此时机组应有连续盘车装置。暖机前，应先启动油泵和盘车装置，向轴封供汽，然后稍开排汽阀或其旁路阀，使蒸汽由供热总管经过汽轮机排汽管导入汽缸进行暖机，此时应开启汽缸上的疏水阀。禁止汽轮机在未投入盘车装置的情况下进行背压暖机。暖机时应按制造厂技术文件规定和机组运行操作规定的升压速度提升汽缸内的压力，同时应使汽轮机各部位的温差应符合规定。通常应先在 0.2～0.3MPa 的压力下维持低压暖机一段时间，然后均匀升压，逐渐提高汽缸内的压力，同时关小汽缸上的各疏水阀，并投入汽封冷却器和轴封抽气器。在机组排汽管及汽缸内的压力达到工作背压后，应开大排汽阀，关闭其旁通阀。

在背压暖机的同时可进行新蒸汽管道的暖管，待新蒸汽管道温度达到启动时的新蒸汽参数，且汽缸膨胀达到规定值不再升高时，就可以开启自动主汽阀和调节汽阀，用启动汽阀冲动转子。一般来讲，此时启动汽阀的开度要比向空排汽启动时要大。排出的蒸汽直接进入低压蒸汽管网，此时排汽管道的阀门必须全部开启。升压和在各个不同暖机阶段的持续时间，应按操作规程进行。由于机组已在倒汽的情况下进行暖机，所以冲转后汽轮机转速就可以较快地升速到额定转速，进行各项空负荷试验，然后并入电网。此后的操作与向空排汽启动方式基本相同。

与向空排汽法启动相比，采用背压暖机启动的方式有以下优点：

(1)可减小汽轮机冲转及切换背压时的热冲击，使汽缸、转子金属受热比较均匀，启动过程中胀差值也较小，有利于机组安全运行；

(2)简化了切换背压操作，缩短了机组启动时间。新蒸汽管道暖管可与背压暖机同时进行，且因背压暖机使汽缸金属温度可达较高数值，转子升至额定转速的时间也相应缩短；

(3)减小了向空排汽时的汽水损失，并减少在机组启动时向空排汽对周围环境发出的噪声。

从上述分析可知，只有具备供热总管并有足够的供热汽源的机组，方可采用背压暖机启动的方式。

背压式汽轮机按电负荷运行时，背压调压器不应投入。按热负荷运行时必须投入调压器，并将同步器退至空负荷位置。按热负荷运行时，应在机组带到一定负荷(通常为25%的额定负荷)之后才能投入背压调压器。投入时使用背压调压器应缓慢增加机组负荷，同时使用同步器也缓慢减少机组负荷，保持调节汽阀开度不变，直到同步器处于空负荷位置。这时机组的运行已改为由背压调压器控制(背压调压器解除改为同步器控制，操作过程与上述操作相反)。同步器置于空负荷位置，可以防止汽轮机从电网断开电负荷降到零时机组超速，此时虽然调压器仍欲使进汽量增加，但调速器的作用仍可使调节汽阀完全关闭，即在这种情况下调速器将起主要作用。

背压式汽轮机正常运行时的进汽量决定于排汽量，而排汽量取决于热负荷，因此它的电负荷由热负荷所决定。当在电网中运行时，背压式汽轮机可以调整排汽量，以符合热用户的要求；而供电量就需由电网来平衡。当在热网中运行时，背压式汽轮机组可以在一定范围内调整排汽量，电负荷因之也可以作相应的调整。

背压汽轮机运行时，背压限制器应投入工作。这样，当供热系统发生故障供热总管压力严重降低时，背压限制器将动作，关闭自动主汽阀，以保护机组的安全。

背压汽轮机停机时，为防止排汽温度急剧上升，在减负荷的同时应适当降低新蒸汽参数并尽量缩短空负荷运行的时间。

背压式汽轮机停机时，应解除背压调压器，即改为由同步器对机组进行控制，然后用同步器调整进行停机操作。

第九节　汽轮机故障及其处理

汽轮机组脱离正常运行方式的各种工作状态，称为故障。凡汽轮机组正常运行的工况遭到破坏，被迫降低汽轮机出力，减少或停止向外供电，甚至造成机器损坏，人身伤亡时，称为事故。

汽轮机在实际运行过程中，由于各种因素的影响，机组永久安全、平稳运行是不可能的，要求机组绝对不出故障也是很难做到的。故障的出现是有多方面原因造成的，如机器设备本身的制造、安装质量、外界的影响、自然条件、偶然原因等。另外，汽轮机长期在高温、高压、高转速条件下工作，又与众多辅助设备和复杂的汽、水、油、气系统联合工作，不可避免地会发生一些事故和故障。但应作到少出故障，不出大的故障；即使出现故障后，立即采取适当措施消除，将故障所造成的损失减少到最低程度。更主要的是尽量做到预先防止故障的发生，将故障消灭在萌芽状态，防患于未然。为了防止重大事故的发生，减少事故造成的损失，必须掌握、了解汽轮机组运行中的一些典型的事故原因、征兆及处理方法。

一、汽轮机事故处理的原则

机组一旦发生事故时，操作人员应根据故障征兆，对照表计、信号进行综合分析判断，迅速作出事故的种类、严重程度、范围、原因以及可能后果的正确判断，正确处理，以避免汽轮机组设备的损坏或减轻设备损坏程度。这就要操作人员必须通晓本厂汽轮机组运行规程、机组的性能、可能出现的各种事故及处理方法。

1. 消除事故应遵循的原则

(1)发生事故时，操作人员应迅速解除对人身和设备的危险，必要时立即停止发生事故的设备；根据仪表指示和设备外部的征象，判断事故发生的原因，迅速消除事故并保证安全，不使事故扩大。保持非故障设备的继续运行，必要时增加非故障设备的负荷，以保证对用户的正常供电、供热。

在处理事故过程中，操作人员应当设法保证厂用电的正常供应。在事故处理过程中，操作人员应坚守岗位、沉着冷静，保持设备的正常运行，消除所有不正常情况时，必须正确迅速地执行上级命令。

(2)机组发生事故时，操作人员一般应按如下顺序进行工作，消除事故：

①根据仪表的指示和机组设备外部的征象，判定设备确已发生故障；

②迅速解除对人身和设备的危险，必要时立即解列发生故障的设备；

③迅速查清事故的性质、发生地点和损伤的范围；

④保证所有未受损害的机组能正常运行；

⑤消灭事故的每一阶段都应尽可能迅速地报告值班长和车间主任，以便及时采取正确的处理方法，防止事故蔓延。

(3)消灭事故时，动作应迅速、正确，但不应急燥、慌张，否则不但不能消灭故障，反而更使事故扩大。在处理事故时，接到命令后应复诵一遍，如果没有听懂应反复问清楚。命令执行以后，应迅速向发令者报告。

(4)运行班长在处理事故时，受值班长的领导，但在汽轮机组工作区域范围内，工作完全独立。

发生事故时，班长应迅速参加消灭事故的工作，并尽可能首先通知值班长，同时将自己所采取的措施向值班长和车间主任报告。值班长的所有命令，班长必须服从。

(5)汽机车间主任或副主任在机组发生事故时，必须亲临现场指挥、监督消灭事故工作，并给予操作人员必要的指示，但这些指示不应和值班长的命令相抵触。

(6)从机组发生事故起直到消灭事故，机组恢复正常状态为止，值班操作人员不得擅自离开工作岗位。假如事故发生在交接班的时间，应延迟交接班；在未签写交接班日志前，交班的操作人员应继续工作，并在接班人员的协助下消灭事故，直到机组恢复正常运行状态或接到值班长关于接班的命令为止。

(7)禁止与消灭事故无关的人员停留在发生事故的地点。

(8)班长在机组发生事故时，对所属工作人员发布的命令，应以工作人员不离开原来岗位地点就能执行为原则，并使工作人员能兼顾到原来的岗位工作和继续监视主要仪表指示的情况。

(9)操作人员发现自己不了解的现象时，必须迅速报告班长，共同实地分析、研究查清之。

(10)事故消除后，班长或运行值班人员应将所观察到的现象、事故的发展过程和时间、设备损坏的范围、所采取消除事故的措施等，如实记录在班长工作日志上，并应及时写出书面报告，上报有关部门。

2. 汽轮机的紧急故障停机

汽轮发电机在下列情况下，应立即紧急故障停机。

(1)汽轮机的转速升高到超过危急保安器动作范围仍不动作，通常是超过额定转速的112%。

(2)汽轮机转子轴向位移或差胀以及振动值超过规定的极限值。

(3)油系统油压或油箱油位下降超过规定的极限值。

(4)机组任一轴承或推力轴承瓦块温度突然上升，并超过规定的极限值。

(5)凝汽器真空下降超过规定的极限值。

(6)新蒸汽温度突然上升，并超过规定的极限值。

(7)新蒸汽温度突然下降，并超过规定的极限值。

(8)汽轮机内部发出明显的金属摩擦、撞击声或其他异常声响。

(9)机组轴承或端部轴封冒火花或冒浓烟。

(10)汽轮机油系统着火，就地采取措施不能扑灭。

(11)汽轮机发生强烈振动。

(12)新蒸汽管道、主凝结水管道、给水管道、抽汽管道、背压排汽管道及油系统管道或附件发生破裂或法兰泄漏而无法消除。

(13)加热器、除氧器等压力容器的压力超过规定的极限值而无法降低或容器发生爆破。

(14)发电机、励磁机冒烟或着火。

3. 汽轮发电机紧急停机步骤

(1)手拍危急保安器，检查、确认自动主汽阀、调节汽阀及抽汽逆止阀均已迅速关闭严密。

(2)向主控室发出“注意”、“危险”信号，解列发电机，机组转速下降，记录惰走时间。

(3)打开真空破坏阀，停运抽气器，破坏凝汽器真空。

(4)调整汽封压力，真空到零，关闭轴封汽封管蒸汽阀及汽封冷却器蒸汽阀。

(5)启动辅助油泵进行油循环，并观察油温油压变化。

(6)开启凝结水再循环阀，保持凝汽器热井水位。

(7)打开汽缸疏水阀和蒸汽管道上疏水阀以及抽汽管道上疏水阀。

(8)其他按正常停机操作进行。

(9)处理结束后，应向值班长或车间主任汇报。

二、汽轮机通流部分动静摩擦

为了减少汽轮机通流部分的漏汽损失，汽轮机的通流部分动静间隙一般都很小。汽轮机运行中，由于动静间隙安装、检修质量不佳及动静部件的热膨胀和工作应力的变化，常常会引起动静部件的相互摩擦或碰摩，严重时会发生转子弯曲。

1. 事故的原因

造成汽轮机动静摩擦事故的原因是多方面的，归纳起来主要有以下几种：

(1)在机组安装和检修时，动静间隙调整不当。在汽轮机启动和运行过程中，汽缸热应力和热变形以及各受力部件的机械变形，必然会引起动静间隙的变化。

(2)动静部件加热或冷却时，膨胀或收缩不均匀。

(3)受力部件机械变形超过允许值。通流部分的受力部件如隔板、叶轮等由于设计刚度不足或在异常工况下运行，使工作应力增加将使这些部件产生过大的变形，从而导致严重的动静摩擦事故。

(4)推力轴承或支持轴承损坏。由于推力轴承或支持轴承损坏，转子随之产生轴向或径向移动，使动静部件产生摩擦。

(5)转子套装部件的松动位移值，超过设计文件规定的轴向间隙。

(6)机组的强烈振动。由于转子的强烈的振动，使轴振动的振幅超出动静部件的径向间隙，从而造成动静摩擦。

(7)在转子挠曲或汽缸严重变形的情况下强行盘车。

(8)通流部分动静部件破损或硬质杂物进入通流部分。

(9)汽轮机启动和运行方式不合理。

(10)保温质量不良或法兰螺栓加热装置使用不当。

动静部分在轴向和径向的摩擦原因往往是很难绝对分开的，但仍然有区别。在轴向方面发生摩擦，沿通流方向各级的汽缸与转子的温度并非一致，因而膨胀也不同。在启动、停机和变工况运行时，转子与汽缸膨胀差超过极限数值使轴向间隙消失，便造成动静部分磨损。在径向方面发生摩擦，主要是汽缸热变形和转子热弯曲所致。当汽缸变形程度使径向间隙消失时，便使汽封与转子发生摩擦，同时又不可避免地使转子弯曲，从而产生恶性循环。径向磨损一般是转子与汽缸的偏磨。

另外，机组振动或汽封套变形都会引起径向摩擦。比如，在机组紧急停机后真空未降至零，就过早停止轴封供汽，使冷空气进入汽缸，导致高压端汽封套变为立椭圆，以致在盘车过程中发现严重摩擦声。在转子挠曲或汽缸严重变形的情况下，强行盘车也会使动静部分产生摩擦。

2. 事故征象

(1)汽缸内部有金属摩擦声响。

(2)机组发生异常振动，甚至振动强烈。

(3)轴封冒火花。

(4)上下汽缸温差超过规定值。

(5)轴向位移和胀差指示值增大或超限。

(6)转子挠度指示值增大或超限。

3. 通流部分动静部件发生摩擦的处理

转子与汽缸的相对差胀表指示超过极限值或上下汽缸温差超过允许值时，机组发生异常振动，这时即可确认动静部分发生摩擦，应立即破坏真空紧急停机。停机后，如果差胀及汽缸各部温差达到正常值时，方可重新启动。启动时应注意监视差胀和温差的变化，并注意倾听汽缸内声响和监视机组的轴振动。

如果停机过程中，转子惰走时间明显缩短，甚至盘车装置盘不动转子，或者盘车装置运行时有明显的金属摩擦声，说明动静部分严重磨损，应解体检修。

4. 防止动静摩擦的技术措施

为了防止汽轮机动静部分摩擦发生磨损事故，应采取相应的技术措施如下：

(1)根据机组结构的特点，认真分析转子和汽缸的膨胀特点和变化规律，制定有效的防范措施，选择合理的启动方式。

(2)加强机组在启动、停机或变工况时对胀差的监视，其胀差值应符合制造厂技术文件的规定。

(3)在正常运行中，由于某种原因造成锅炉熄火，应根据蒸汽压力和温度下降情况和差胀的变化，将机组负荷减至零。如果空转时间超过 15min 不能恢复，应立即紧急停机。

(4)根据制造厂技术文件提供的通流部分动静设计间隙和机组运行的实际需要，合理调整通流部分间隙。

(5)在机组启动过程中，严格控制上下汽缸温差和法兰内外壁温差在允许范围内，以防汽缸变形造成动静摩擦。

(6)机组启动前和启动过程中应密切监视转子挠度指示值不得超标。

(7)加强对叶片的安全监督，防止叶片及其连接件的断落。

(8)汽轮机停机后，应按操作规程规定投入盘车装置进行连续盘车。若因上下汽缸温差过大等原因导致动静部分摩擦，使盘车装置不能正常投入，或手动盘车也盘不动转子时，不可采用桥式吊车等进行强行盘车。只有待通流部分动静金属部件冷却，热变形和动静摩擦消失后，方可投入盘车装置，进行连续盘车。

(9)严格控制机组在工作转速和临界转速的振动值均应在制造厂技术文件规定的范围内，振动值超标的机组不允许长时间运行。

(10)机组运行中，应控制监视段压力不得超过规定值，以防止通流部分隔板等部件过负荷、轴向推力过大以及通流部分动静部件损坏等事故发生。

三、汽轮机转子弯曲

转子弯曲通常分为弹性热弯曲和永久性弯曲。弹性热弯曲是指转子因内部温度不均匀，转子受热时，而使其在轴向上热膨胀不均匀或受阻而造成弯曲。但这时转子所受的温差小，热应力较低未超过材料的屈服极限，因而不会产生永久变形，待转子内部温度均匀后，弹性热弯曲便会自行消失，转子又变直了。永久性弯曲是指转子局部受到急剧加热(或冷却)时，此局部部位与邻近部位将产生很大的温差，当受热部分热膨胀受到约束，当所产生的热应力超过材料的屈服极限时，将产生塑性变形。当转子内部温度均匀后，该部位将有一些残余内应力，塑性变形并不会消失，从而使转子产生永久性弯曲。

1. 事故征象

汽轮机转子弯曲事故，一般多发生在汽缸内，无法直接观察，而只能根据事故的原因、征象进行判断，一般事故有下列征象：

(1)机组发生异常振动，振幅增大，轴承箱晃动，甚至振动剧烈。

(2)前、后轴端汽封处冒火花或形成火环。

(3)汽缸内部有金属摩擦声响。

(4)装有转子挠度指示表计的机组，其表针指示值摆动范围明显增大或超限。

(5)若是推力轴承损坏，将使推力轴承温度升高，轴向位移指示值超标并发出报警信号。

(6)上下汽缸温差可能急剧增加。

2. 转子弯曲的原因

引起汽轮机转子弯曲的原因很多，但运行方面的原因主要有：

(1)由于通流部分动静摩擦，使转子局部过热。一方面显著降低了该部位屈服极限，另一方面受热局部的热膨胀受限于周围材料而产生很大压应力。当应力超过该部位屈服极限时，发生塑性变形。当转子温度均匀后，该部位呈现凹面永久性弯曲。

(2)汽缸进冷汽、冷水。汽轮机停机后，在汽缸温度较高时，因某种原因使冷气、冷水进入汽缸，引起高温状态下的转子局部骤然冷却，汽缸和转子将因上下汽缸温差而产生很大的热变形，造成转子弯曲，严重时将造成转子永久性弯曲。计算结果表明，当转子上下温差达到150～200℃时，就会造成转子弯曲。

(3)汽轮机进汽温度低。

(4)转子原材料存在过大的内应力。转子在较高的温度下经过一段时间运行后，内应力逐渐得到释放，使转子产生弯曲变形。

(5)操作人员在机组启动或运行过程中因未严格按汽轮机运行规程规定操作，机组轴振动值超标时，未采取措施立即打闸停机，也会造成转子弯曲。

(6)对于套装转子，过盈配合的套装件在热装配过程中装配不当，发生偏斜、蹩劲等缺陷，导致转子动不平衡，将造成转子弯曲。

3. 事故处理方法

根据事故征象判断事故原因，如机组振动过大、汽缸内有金属摩擦声响或轴端汽封处产生火花等，结合有关仪表计指示值变化判断确认为事故后，应果断地故障停机。但不应采取降负荷或降转速继续暖机维持机组运行，这样将延误了停机时间而导致事故扩大，加剧设备的损坏。停机时应记录转子惰走时间，转子静止后进行手动盘车。如果盘不动转子，不得强行盘车，必须进行分析研究，采取有效措施，直至汽缸解体检查，采取措施消除。

4. 防止汽轮机转子弯曲事故发生的措施

为防止汽轮机转子弯曲事故发生，通常可采取以下措施。

(1)机组启动过程中防止转子弯曲的措施

①每次启动前应连续盘车 2h 以上，不得中断，并测量转子弯曲值不应大于原始值 0.02mm 或不超过规程规定的数值。

②上下汽缸温差应在规定范围内，一般要求高压外缸上下缸温差不应大于 50℃，内缸上下缸温差不应大于 35℃。

③热态启动时，应先送轴封汽，后抽真空。且应对机组进行全面检查，并保证汽封送汽温度、新汽温度与金属温度相匹配，在送汽前应充分疏水。

④启动过程中应监视轴振动在规程规定范围内，若振动值超过规定时，应立即打闸停机。

⑤极热态启动时，不得做超速试验。

(2)停机后防止转子弯曲事故发生的措施

①机组停机后应立即投入盘车装置，以减少转子的热弯曲。当盘车电动机电流比正常值偏大，出现摆动或有异常声响时，应及时处理。当机组内有摩擦声响时，应禁止强行连续盘车，应先手动间断盘动转子 180°，待缺陷消失后，再投入连续盘车；转子盘不动时，严禁强行盘车。

②因故停止盘车时，应检查转子弯曲度的变化，当转子弯曲较大时，应实施手动盘车 180°的方法，待转子弯曲消失后，再进行连续盘车。

③停机后，应定期记录转子径向跳动值(晃动度)、上下汽缸温差、相对胀差、汽缸膨胀等，如有异常应立即汇报，分析原因、采取措施消除。

④转子在静止状态下，应做好防止汽轮机进水、进冷气的措施并严禁向轴封供汽，以防转子受热不均而产生热弯曲。

⑤机组停机后，应采取措施防止蒸汽和水漏入汽缸内。

四、汽轮机水冲击

新蒸汽管道蒸汽带水进入汽轮机的事故，称为水冲击，也称为汽轮机进水。汽轮机的水冲击是一种恶性事故，汽轮机运行中突然发生水冲击，将使高温下工作的蒸汽室、汽缸、转子等金属部件骤然冷却，而产生很大的热应力和热变形，导致汽缸发生拱背变形而产生裂纹，并使汽缸法兰结合面漏汽，负胀差增大，造成汽轮机动静部分碰摩损伤，转子发生弯曲，引起机组发生剧烈振动。水冲击发生时，因蒸汽中携带大量水分，水的速度比蒸汽速度低，将形成水塞汽道现象，使叶轮前后的压差增大，导致轴向推力急剧增加，如果不及时紧急停机，推力轴承将因过载而被烧毁，从而使汽轮机发生剧烈的振动，导致动静部件发生碰摩而损坏。另外，发生水冲击时，进入汽轮机将对高速旋转的动叶片起着制动作用，特别是最末几级长叶片，其叶顶线速度可达 300～400m/s，水滴对其打击力相当大，严重时可将叶片打弯或打断。总之，水冲击将导致汽轮机严重损坏。

1. 水冲击的征象

由于发生水冲击的原因不同，其发生水冲击事故的征象也不相同。汽轮机发生水冲击的征象包括：

(1)新蒸汽温度急剧下降(10min内下降50℃或50℃以上)。

(2)从主汽阀和调节汽阀阀杆、法兰、轴封等处冒白汽或溅出水珠。

(3)蒸汽管道有水击声和强烈振动。

(4)汽轮机内发出金属响声或水冲击声,使机组振动加剧。

(5)转子轴向位移增大,推力轴承温度升高,胀差减小或出现负胀差。

(6)汽缸上下缸温差变大,下汽缸温度降低很多。

(7)调节汽阀开度不变,负荷降低,汽轮机声音变沉,机组振动增大。

以上征象不一定同时出现。发现水冲击征象时,必须采取迅速和果断措施,否则将引其设备的严重损坏(如推力轴承瓦块巴氏合金熔化、迷宫式轴封破损、叶片碰伤等)。

2. 水冲击发生的原因

(1)锅炉汽包满水或负荷骤增。

(2)锅炉蒸发量过大或蒸发不均,炉水品质不良,引起汽水共腾。

(3)人工调整减温器时操作不当,造成锅炉满水。

(4)汽轮机组的疏水系统疏水不良或疏水操作不当,使蒸汽系统聚积凝结水也可能引起水冲击。

(5)新蒸汽管道或锅炉的过热器输水系统不完善,将积水带入汽轮机内,引起水冲击。

(6)去除氧器或加热器的抽汽管道上逆止阀关闭不严,当水位调节装置失灵或加热器铜管破裂水位升高时,水会从抽汽管道倒流入汽轮机造成水冲击。

(7)汽轮机启动时,汽封供汽系统管道暖管和疏水不充分,在轴封送汽时,使汽、水混合物进入轴封。

(8)由于设计缺陷,将不同压力的疏水连接到一个联箱上,而且输水管的管径尺寸又偏小,这样压力大的疏水,就有可能从压力低管道返回汽缸。

(9)停机后,忽视对凝汽器水位的监督,如果进入凝汽器的补水阀关闭不严,就会发生凝汽器满水,并灌入汽缸的事故。

3. 水冲击事故处理方法

(1)迅速破坏真空,紧急故障停机。

(2)开启汽轮机本体和新蒸汽管道上的所有疏水阀,进行充分疏水。

(3)正确记录转子惰走时间及惰走时真空数值。

(4)在转子惰走过程中,用听棒认真倾听汽轮机内部声响,以判定汽轮机内部有无损坏。

(5)检查并记录推力轴承温度及润滑油回油温度。

(6)测量转子的轴向位移数值。

(7)盘车后,测量转子弯曲数值,且盘车装置应转动灵活、稳定、可靠。

(8)当转子惰走过程中,机内无异常声响,且转子惰走情况、推力轴承温度、推力轴承出口油温及轴向位移数值均为正常时,可以继续启动汽轮机,但需开大蒸汽管的直接疏水阀。重新提升机组转速时,应按规程规定进行,并倾听汽轮机内部声响。

当重新启动汽轮机时,如发现汽轮机内部有异常声响和动静发生摩擦,且机组振动超标时,应立即停止启动,停机解体检查汽轮机内部。

(9)如果在水冲击时,推力轴承温度升高和出口油温升高,轴向位移超过极限数值或惰走时间较正常时间缩短，必须停机检查推力轴承，并根据推力轴承磨损情况，决定是否进行汽轮机解体检查。

故障停机时，如发现汽轮机内部有异常声响和动静部件发生摩擦，应解体汽轮机进行检查、处理。

(10)如果因加热器管束破裂造成汽轮机进水，应迅速关闭汽轮机抽汽管道上的相应的阀门，停发生故障的加热器并切换备用加热器。

4. 防止发生水冲击，在运行维护方面应采取的措施

(1)当新蒸汽压力和温度不稳定时，应密切监视，一旦汽温急剧下降到规定值，通常为直线下降 50℃时，应按紧急停机处理。

(2)应监视汽缸的金属温度变化和加热器、凝汽器水位，即使停机后也应密切监视。如果发现有进水危险时，应立即查明原因，迅速切断可能进水的水源。

(3)热态启动前，新蒸汽管道应进行充分暖管，并保证疏水畅通。

(4)在锅炉熄火后，蒸汽参数不稳定的情况下，不应向汽轮机供汽。如因特殊需要(如快速冷却汽缸)，应事先制定可靠的技术措施。

(5)加强对除氧器水位监视，定期检查水位调节装置，杜绝发生满水事故。

(6)滑参数停机时，汽温、汽压应按规程规定的变化率逐渐降低，并保持必要的过热度。

(7)为保证汽轮机安全运行，汽轮机在运行状态时，必须投入各种保护装置，不得任意退出。

(8)运行人员应该了解、熟知在汽轮机低转速下进水，对设备的威胁要比额定转速下或带负荷运行状态时更大。

五、汽轮机叶片损坏

汽轮机转动部分中受力较大、最容易发生故障的部件就是动叶片。它在运行过程中不但要承受高速汽流的冲击力，还要承受高速转动时产生的离心力。此外，还要承受由于汽流不均匀而引起的往复振动的作用力。所以，动叶片损坏是经常发生的一种设备损坏事故。汽轮机运行中发生叶片损坏事故，包括叶片裂纹、断落、水蚀、围带飞脱、拉筋开焊或断裂以及叶片冲蚀等。叶片损坏事故在汽轮机事故中占的比例较大，给设备安全、经济运行带来一定的影响。

1. 事故征象

(1)汽轮机内部或凝汽器内有异常响声。

(2)单个叶片或围带飞脱时，汽轮机通流部分发出碰击声或尖锐而清晰的声响，并伴随着机组振动突然加大，有时振动会很快消失。

(3)当调节级围带铆钉头被导环磨平，围带飞脱时，如果堵在下一级静叶片上，则将使调节级汽室压力升高。

(4)当低压缸末级叶片或围带飞脱落入凝汽器内时，可能打坏凝汽器铜管，引起循环水漏入凝结水中，致使凝结水硬度剧增，凝汽器热水井水位也急剧升高，凝结水过冷度伴随增大。

(5)当末几级叶片不对称地断落较多时，使转子不平衡，从而使机组振动明显增大。

(6)某监视段后的某级叶片断裂脱落时，可能会使通流部分堵塞，造成监视段压力的升高。

(7)叶片损坏较多时，将会改变蒸汽通流面积，从而使同一个负荷的蒸汽流量、监视段压力、调节汽阀的开度均会改变。

(8)如果断落叶片发生在抽汽级处，叶片就有可能进入抽汽管道，造成抽汽逆止阀卡涩或进入加热器，使加热器的管子受撞击而断裂，引起加热器疏水水位升高。

(9)在停机惰走过程或盘车状态下，若倾听到机内有金属摩擦声响，动静摩擦阻力增大，将使惰走时间缩短。在启动和停机过程中，通过临界转速时机组振动振动将会发生明显地变化。

汽轮机运行中发生叶片断落时，为防止事故的扩大，必须立即进行紧急停机。为了避免加剧叶片断落损坏事故的发生，应尽量防止机组在低频率下运行。

2. 造成叶片损坏或脱落的原因

叶片损坏和脱落的原因是多方面的，它与设计、材质、制造及安装和检修工艺、运行维护等因素有关。一般可归纳为以下几个方面：

(1)机械损伤

①外来的机械杂质随蒸汽进入汽轮机内打伤叶片。

②汽缸内部固定的零部件脱落，如阻汽片、导流环等，导致叶片严重损伤。

③因支持轴承或推力轴承损坏、转子弯曲、胀差超标以及机组振动剧烈，使通流部分动静摩擦，导致叶片严重损伤。

(2)腐蚀和锈蚀损伤

叶片的腐蚀常发生在进入湿蒸汽的各级，这些级段在运行中，蒸汽干、湿交替变化，使腐蚀介质易浓缩，引起叶片腐蚀。另外，长期停机备用的机组，由于空气中的潮气或蒸汽漏入汽缸内，致使叶片严重锈蚀。

叶片受到侵蚀削弱后，不但强度减弱，而且叶片被侵蚀的缺口、孔洞还将产生引力集中现象，侵蚀严重的叶片还会改变叶片的振动频率，导致叶片因应力过大或共振疲劳而断裂。

(3)水蚀损伤

水蚀一般多发生在末几级湿蒸汽区的低压段长叶片上，尤其是末级叶片。水蚀是湿蒸汽中分离出来的水滴对叶片冲击造成的一种机械损伤，而末级叶片旋转线速度高，并且蒸汽湿度大，水滴多，所以水蚀程度更严重，叶片将出现缺口、孔洞等，叶片强度大大降低，导致叶片断裂损坏。

(4)水冲击损伤

汽轮机发生水冲击时，前几级叶片的应力会突然增加，并骤然受到冷却，使叶片过载，末几级叶片则冲击负荷更大。叶片遭到严重水击后将产生变形，其进汽侧扭向内弧，出汽侧扭向背弧，并在进出汽侧产生细微裂纹，成为叶片振动断裂的根源。水冲击时将使叶片拉筋断裂，改变了叶片连接形式，甚至原来成组的叶片变成单个叶片，改变了叶片的振动频率，降低了叶片的工作强度，致使叶片发生共振，造成叶片断裂。

(5)叶片本身的缺陷

①设计应力过高或结构不合理，如叶片顶部厚度过薄，围带铆钉头应力大，常在运行

中发生应力集中，铆钉头断裂，围带裂纹折断，致使叶片损坏。

②叶片振动特性不良。由于蒸汽在汽轮机内的不均匀流动，形成周期性的作用于叶片上的冲击力。当叶片或叶片组的固有振动频率与周期性的冲击力的频率(或频率的倍数)相吻合时，就会产生叶片或叶片组的共振。共振将造成叶片或围带材料的疲劳，使叶片或围带断裂。

③叶片制造和材质上的缺陷，例如：叶片上有凹痕或裂纹；叶片厚度不规则地突变；叶片卷边；突变部分的过渡圆弧曲率不够而产生应力集中；材料中夹有杂质或有发丝状裂缝；材料热处理不良等。

④加工工艺不良，例如叶片表面粗糙、留有加工刀痕，围带铆钉孔或拉筋孔无倒角等，将使叶片应力集中而导致叶片损坏。

(6)运行维护缺陷

①机组在低周波或周波不稳定工况下运行，引起机组的过负荷，使叶片或叶片组陷入共振范围而引起共振，而导致叶片断裂。

②机组过负荷运行，使叶片工作应力增大，尤其是最后几级叶片，蒸汽流量增大，各级焓降也增加，而导致叶片严重超负荷。

③新蒸汽参数不符合要求，频繁而较大幅度地波动，新蒸汽压力过高，而温度偏低或水冲击以及真空过高，导致加剧叶片的超负荷或水蚀而损坏。

④蒸汽品质不良，使叶片上沉积盐垢，使叶片所受的离心力增大，同时因叶栅通流面积减小而引起反动度增加，产生附加作用力使叶片承受过大的应力，导致叶片损坏。

⑤停机后维护不当，新蒸汽或抽汽系统不严密，使少量汽水漏入汽缸，时间一长，使通流部分锈蚀而损坏叶片。

3. 事故处理方法

汽轮机叶片损坏事故发生在汽缸内，只能根据叶片损坏事故征象进行综合判断。当清楚地听到汽缸内发出金属响声或机组出现剧烈振动时，则应判断为通流部分叶片损坏或断落，应立即紧急故障停机，并记录惰走时间，在转子惰走时间内或盘车过程中应倾听汽缸内有无异常声响，经全面分析研究后，再决定是否解体汽缸进行进一步检查或拆装、更换新叶片。

(1)汽轮机运行中发生叶片损坏或断落，各种现象不一定同时出现，发现有可疑征象时，应报告值班长，破坏真空，紧急停机。

(2)因汽轮机末级叶片断落，振动明显增大，且打坏凝汽器铜管，凝结水硬度、电导率均急剧升高，此时应降低负荷停机。若只是凝结水硬度增大，且能短时间维持运行时，应减负荷至50%以下，停半侧凝汽器进行找漏并处理，并监视凝汽器真空。当真空下降时，应开启备用抽气器。

(3)水质恶化到不能维持机组运行时，应报告值班长，故障停机。

(4)因叶片损坏或断落，破坏真空紧急停机后，应立即记录惰走时间，倾听汽轮机内部声响，判断转子静止后是否投入盘车装置。

4. 防止措施

(1)加强对蒸汽品质的监督，防止叶片结垢而造成叶片腐蚀。

(2)在汽轮机启动和正常运行过程中，应保持蒸汽参数应符合设计文件要求，保持汽轮机本体及管道系统疏水畅通。

(3)严格控制监视段压力，发现压力明显变化时，应及时查找原因，采取措施消除。

(4)调频叶片应严格控制变转速运行的范围，避免频率偏高或偏低，避免末几级叶片陷入共振区。

(5)禁止汽轮机过负荷运行，特别应防止在低频率下过负荷。

(6)蒸汽参数和各段抽汽压力、真空等超过制造厂技术文件规定的极限值时，应限制机组负荷。

(7)尽量缩短或减少汽轮机在低负荷下运行，防止调节级过负荷而损伤叶片。

(8)运行中经常倾听汽轮机内有无异常声响，并监视机组振动情况，以防动静部件发生碰摩。

(9)停机时间较长的机组，应做好维护保养工作，避免汽、水进入汽缸，引起叶片腐蚀。

六、汽轮机超速

汽轮机转速超过危急保安器动作转速并急剧升高的事故称为汽轮机超速。汽轮机超速如不及时进行处理，将导致叶片断裂飞出，轴承损坏，动静部分摩擦，甚至转子折断等恶性事故。

1. 事故征象

(1)汽轮机超速事故的机组负荷突然甩到零，汽轮机发生异常声响。

(2)转速表和频率表指示值超过高红线数字，并继续上升。

(3)主油压迅速升高，采用离心式主油泵的汽轮发电机组油压上升更为明显。

(4)汽轮机振动增大。

2. 汽轮机超速的原因

汽轮机超速除由于汽轮机调节保安系统故障和设备本身的缺陷造成之外，与运行操作维护也有直接的关系。汽轮机超速事故的原因如下：

(1)调节系统的缺陷

①自动主汽阀、调节汽阀关闭失灵或漏汽量过大；

②调节系统迟缓率过大或部套卡涩；

③调节系统速度变动率过大；

④调节系统动态特性不良；

⑤调节系统调整不当，如同步器的调节范围、配汽机构膨胀间隙不符合要求等。

(2)汽轮机超速保护系统故障

①汽轮机油质管理不善，如油中有油垢、杂质或带水，使调节系统和保安系统部套锈蚀和卡涩或拒绝动作，失去保护作用；

②危急保安器不动作或动作转速过高。造成危急保安器拒动或动作过迟的原因为：

a)飞锤或飞环导杆卡涩；

b)弹簧在受力后产生过大的径向变形，使之与孔壁产生摩擦；

c)脱扣间隙过大，撞击子飞出后不能使危急保安器滑阀动作。

③危急遮断器滑阀卡涩或动作不灵敏。

④因蒸汽品质不良，自动主汽阀和调节汽阀阀杆结垢，使主汽阀和调节汽阀阀杆卡涩致使阀关闭不严，而引起超速。

⑤抽汽逆止阀失灵或拒动。

(3)运行操作维护不当

①油品不合格，油中进水，引起调节系统和保护部套卡涩。

②运行中，同步器的调节范围超标，不但造成机组甩负荷后飞升转速升高而且还会使调节部套失去脉动而卡涩。

③蒸汽品质不良，使主汽阀和调节汽阀结盐垢后卡涩。

④超速试验操作不当，转速飞升过快等。

(4)在汽轮机升速过程中，因电调系统故障而导致汽轮机转速失控。

(5)抽汽或供热系统逆止阀失灵或拒动，汽轮机甩负荷或停机解列后，蒸汽返回汽缸内或邻机的抽汽进入汽轮机。

3. 事故的处理方法

汽轮机超速是严重的恶性事故之一，若处理不当，会造成汽轮机或工作机械转子上的零部件由于离心力过大而松脱损坏。甚至造成更大的事故。

(1)若汽轮机转子转速超过额定转速12%以上时，危急保安器仍未动作，应立即手打危急保安器，破坏真空，紧急停机。

(2)如危急保安器动作，而自动主汽阀、调节汽阀、抽汽逆止阀阀杆由于结盐垢，卡涩关闭不严时，应立即关闭电动主闸阀和抽汽电动阀，同时设法关闭自动主汽阀、调节汽阀、抽汽逆止阀。

(3)如果采取上述方法后机组转速仍然上升时，则应迅速关闭与汽轮机相连接的汽阀，并迅速切断进入汽轮机的汽源。

(4)机组停机后，应全面检查、调整调节保安系统的缺陷并消除。机组重新启动时，在加负荷前，必须作危急保安器超速动作试验，确认超速动作转速符合设计文件规定后，方可将转速升至额定转速加负荷投入运行。

4. 防止汽轮机超速事故的技术措施

(1)各超速保护装置均应完好，并正常投入且工作正常。

(2)在正常参数下，调节而系统应能维持汽轮机在额定转速下运行。

(3)机组每运行2000h时，应定期进行危急保安器的充油试验，以保证其动作准确、灵活、可靠；若充油试验不合格时，仍需做超速试验。

(4)汽轮机安装、大修后，或危急保安器解体检修后及停机1个月后，应用提升转速的方法做超速试验。

(5)调节系统的速度变动率应不大于5%，迟缓率应小于0.2%。

(6)自动主汽阀和调节汽阀动作时应灵活、迅速关闭并密封严密，无卡涩、泄漏等缺陷。

(7)调节保安系统的定期试验装置应完好、准确、灵敏、可靠。

(8)新安装机组或对机组的调节系统技术改造后，均应进行调节系统动态特性试验，以保证汽轮机甩负荷后，飞升转速不超过规定值。

(9)按照规定应定期进行自动主汽阀、调节汽阀的活动试验以及抽汽逆止阀的开关试验。当汽水品质不合格时，应适当增加活动次数和活动行程范围。

(10)运行中发现自动主汽阀、调节汽阀阀杆卡涩时，应及时采取措施消除。消除前应有防止汽轮机超速的措施。自动主汽阀不能立即消除时，应停机处理。

(11)加强对油品的监督，定期进行油品的化验分析，并出检验报告。油净化装置应经常投入运行，将油中水分和杂质进行过滤，避免造成调节部套腐蚀和卡涩。

(12)加强对蒸汽品质的监督，防止蒸汽带盐使自动主汽阀和调节汽阀阀杆结垢造成卡涩。

(13)每次停机或做危急保安器试验时，应有专人检查抽汽逆止阀的关闭动作情况，若发现异常应进行及时处理。

(14)机组每次大修后，应有专人按制造厂技术文件规定进行自动主汽阀和调节汽阀的严密性试验，且要求汽阀严密性试验每年进行 1 次。

(15)在汽轮机运行中，应经常检查调节汽阀开度与负荷的对应关系以及调节汽阀后的压力变化情况，若有异常应尽快查找原因，采取措施并消除。

(16)做超速试验时，调节汽阀应逐渐平稳开大，转速也相应逐渐升高至危急保安器动作转速，若调节汽阀突然开至最大开度，应立即打闸紧急停机，防止严重超速事故发生。

(17)做超速试验时应选择适当的蒸汽参数，蒸汽压力、温度应控制在规定范围内，投入旁路系统，待蒸汽参数稳定后，方可做超速试验。

(18)做超速试验时，应设专人监视危急保安器，当危急保安器动作后发出信号，或超过危急保安器动作转速仍不动作时，应立即用手拍打危急保安器紧急停机，以防造成飞车恶性事故。

七、汽轮机真空下降

机组运行中，凝汽器真空下降，不仅会使机组效率降低，而且会使机组输出功率下降，影响驱动工作机械的工作性能，甚至造成机组停机事故。因此，各类凝汽式汽轮机在运行程中都规定正常运行中允许的最低真空值，当真空再进一步降低时，将影响到机组的安全运行，如轴向推力增大；与排汽缸相邻的轴承温度升高，使轴承的润滑油膜遭到破坏；当轴承温度升高时，将引起转子中心的改变，引起各轴承负载的重新分配，从而引起机组的异常振动；由于汽轮机真空的破坏，使低压缸容积流量变小，将引起末级叶片的过热和异常振动等。

1. 事故征象

(1)凝汽器真空表指示值下降。

(2)排汽温度升高，凝汽器端差明显增大。

(3)凝汽器水位升高。

(4)机组负荷降低或带同样负荷时新蒸汽流量增大。

(5)循环水泵、凝结水泵、抽气设备、循环水冷却设备等工作失常。

(6)当采用射汽式抽气器时，通常还会看到抽气器的排汽口冒汽量增大的现象。

2. 汽轮机真空下降的原因

按真空降落速度的不同，可分为真空急剧下降和真空缓慢下降两种情况。

(1)真空急剧下降的原因

①循环水中断。厂用电中断、循环水泵故障、驱动循环水泵的电动机失电或跳闸、循环水泵吸入口水位过低、循环水入口滤网堵塞、循环水泵逆止阀损坏或循环水管破裂，均可能导致循环水中断；另外，循环水泵轴封密封不严密或吸入管密封性差，使空气进入泵内等，也可能导致循环水中断。

②低压轴封供汽中断。轴封压力调整器失灵、调节汽阀阀芯脱落；机组负荷降低时，未及时调整轴封供汽压力，致使供汽压力降低或汽源压力降低；轴封供汽汽源中断或汽封系统进水等，都可能使轴封供汽中断，将使大量的空气漏入排汽缸，使凝汽器真空急剧下降。

③抽气器故障。射汽式抽气器喷嘴堵塞或冷却器满水，射水式抽气器的射水泵工作失常或射水系统管道破裂、水池水位过低、抽气器逆止阀阀芯脱落，都将使抽气器工作失常。

④真空系统严密性差。汽轮机运行中，由于真空系统管道破裂，法兰、阀门密封不严密，将使大量漏气漏入凝汽器，导致凝汽器真空急剧恶化，使汽轮机经济效益下降。

⑤凝汽器满水。凝汽器铜管破裂；备用凝结水泵出口逆止阀损坏，水从备用凝结水泵倒流回凝汽器内；正常运行时运行人员误操作，将凝结水再循环阀开大等都可能造成凝汽器满水而导致真空下降。

(2)真空缓慢下降的原因

①真空系统不严密，漏空气。真空系统漏入空气，通常表现为汽轮机同一负荷下的真空值比正常时低，并稳定在某一真空值，随着负荷的升高，凝汽器真空反而提高(因为升负荷使机组真空系统范围缩小)。另外，空气漏入真空系统，将会导致凝结水过冷度增加，并且使凝汽器端差增大。

②凝汽器水位升高。凝结水泵运行失常或水泵故障，使水泵负荷下降、铜管破裂使冷却水漏入汽侧(凝结水硬度将增大)、软水阀未关严、凝结水再循环水阀门泄漏等，都能造成凝汽器水位升高。

③循环水量不足。凝汽器铜管内有杂物进入或结垢严重而使部分铜管堵塞、循环水泵进口法兰或填料箱等处漏气及过滤网堵塞、循环水泵运行失常等所致。

④抽气器工作失常或效率降低。射汽式抽气器是由于汽压偏低，冷却水量不足所致，射水式抽气器是由于水压偏低，水池水位、水温偏高所致。

⑤凝汽器铜管结垢或循环水冷却设备效率低。凝汽器铜管结垢引起真空降低，端差增大，严重降低了铜管的传热能力，影响冷却效果，引起循环水进水温度升高，导致凝汽器真空降低。

3. 事故的处理方法

视汽轮机真空是急剧下降还是缓慢下降，根据形成原因的不同进行相应的处理。减负荷过程中，若故障一时不能处理，凝汽器真空值降至允许最低值时仍继续下降，则需停机处理。

(1)真空急剧下降时的处理方法

①如不属于厂用电中断时的运行循环水泵跳闸，就应立即启动备用泵或迅速切换系统由邻机供水；若数两台循环水泵同时故障跳闸，水泵未出现倒转时，可立即强起一次掉闸泵。在处理过程中，应根据真空变化情况减少汽轮机负荷并监视汽轮机真空。当真空下降

到最低允许值仍不能恢复循环水系统正常运行且真空值有继续下降趋势时，应立即采取紧急停机措施。

②及时查找原因，调整轴封蒸汽压力在正常范围。

③切换备用抽气器，必要时可启动辅助抽气器，停止故障抽气器进行检修，以保持汽轮机真空。

④启动备用凝结水泵迅速排水，必要时可将部分凝结水排入地沟，以尽快使真空、水位恢复正常；然后查找、消除凝结水泵故障。

⑤真空系统大量漏气一般是由于膨胀不均或机械碰撞造成管道破裂引起的，必要时可在管道上加装膨胀补偿器。

(2)凝汽器真空缓慢下降的处理

①进行负压系统查找漏点，可用烛焰或专用的检漏仪进行捡漏并及时消除。用烛焰捡漏时应注意防火。

②检查凝结水泵运行是否正常，必要时启动备用凝结水泵。若凝汽器或加热器铜管破裂，可通过凝结水硬度、加热器水位判断，另外，还应检查凝结水泵再循环阀是否关闭等。

③检查循环水泵运行情况，进口滤网清洁情况，循环水出口虹吸完好情况。

④启动备用(辅助)抽气器。当真空降低到600mmHg时，应投入启动抽气器。

⑤检查抽气器汽源汽源或水源的压力是否正常，检查抽气器的喷嘴是否清洁畅通，检查射汽式抽气器疏水系统运行是否正常，冷却水量是否满足要求。对射水抽气器应检查水位、水温是否正常，必要时可通过试验检查射水抽气器的工作效率与能力。另外，可通过凝汽器端差、进水温度的变化，来判断凝汽器是否结垢。

4. 防止真空降低引起设备损坏事故采取的技术措施

(1)加强运行监视，保持凝汽器水位正常，凝汽器水位自动调整应投入。

(2)汽封压力调整器应自动投入并运行正常。

(3)循环水泵、凝结水泵、抽气器应有备用设备，以便在需要时能进行切换，且联锁自动应投入运行。

(4)循环水量和凝汽器进水温度应符合设计文件的要求。

(5)加强对循环水质的监督，应经常保持凝汽器铜管的清洁，无结垢、杂物等缺陷。保持胶球清洗装置完好，使其经常保持正常运行。

(6)严格按检修工艺要求施工，使真空系统严密性符合制造厂技术文件的规定。

(7)加强对冷却水、循环水冷却设备的维护，以提高冷却效率。

(8)低真空保护装置应投入运行，其整定值应符合设计文件要求，任何人不得任意变更低真空保护装置的报警、停机的整定值。

八、油系统着火

汽轮机油系统一旦着火，将直接导致设备损坏、厂房倒塌，甚至人身伤亡。如果火灾处理不当，火势将迅速蔓延到相邻机组，使事故进一步扩大。

1. 事故原因

(1)油系统着火的条件。一是油系统的漏油，二是油系统附近有未保温或保温不良的热体。由于透平油的燃点只有200℃左右，当透平油一旦接触到高于200℃左右的热体表面时，就会立即着火。

(2)设备的结构存在缺陷或安装、检修质量缺陷，如油系统管道设计布置或安装质量不佳，在运行中发生振动导致油管螺纹接头断裂或脱落；设备、阀门、法兰等部件螺栓紧固力矩不均匀或未达到紧固力矩；法兰结合面使用的密封垫片不符合要求，均会导致漏油。

(3)由于外部意外原因将油管击破，漏油喷到热高温体上，也会发生火灾。

(4)汽轮机安装或检修时，将油渗漏到保温层内，又未及时清除或更换保温，汽轮机投入运行时，当管道温度升高时便引起火灾。

(5)油系统发生着火事故时，操作值班人员发生误操作，使事故扩大。如脱扣紧急停机时，没有破坏真空就停机，使转子惰走时间延长；紧急停机时，未停高压油泵，甚至误启动，使高压油大量喷出，导致着火；操作值班人员忘记开启事故排油阀或着火后事故排油阀无法开启；着火后，由于消防设备准备不全或消防设备使用不当，导致不能及时控制火势，使火势蔓延扩大。

2. 事故处理的方法

(1)当发现油系统着火时，操作人员应迅速采取有效措施灭火，迅速发出火灾信号，并上报领导并通知消防队，切断油源和故障设备电源。

(2)在消防队未到现场之前，注意不使火势蔓延至回转部位及电缆处。

(3)火势蔓延无法扑灭，威胁机组安全运行时，应破坏真空紧急停机。

(4)在破坏真空停机惰走的阶段可维持润滑油泵运行，保持尽量低的油压，但不得开高压油泵。带转速降至1000r/min以下将润滑油泵停运。

(5)有防火油门的机组，应按规定程序操作防火油门。

(6)当火灾无法控制或危及油箱时，应立即打开事故放油阀，将油排放到事故油箱。

3. 预防油系统着火的措施

(1)设计油系统时，应尽量远离高温管道或高温设备，并应布置在低于高温蒸汽管道以下位置。

(2)靠近蒸汽管道或其他高温设备的高压油管法兰应装设隔离罩，以防漏油直接喷射到高温管道或设备热体上。

(3)油系统附近的新蒸汽高温管道或其他高温汽水管道，保温层尺寸及保温镀锌铁皮(或铝皮)厚度应符合设计规定，并保温完整。

(4)油系统管道应有牢固的支吊架，仪表管道尽量减少交叉布置，并不准与转运层的铁板相接触，防止运行中发生振动磨损而漏油。

(5)油系统的阀门不应采用铸铁或铸铜阀门，靠近热管道或阀门附近油管接头，尽可能采用焊接来代替法兰连接或丝扣接头。法兰的密封垫片应采用耐油石棉垫片或金属缠绕垫片，切勿采用橡胶板或塑料石棉垫片。

(6)应将调节系统的液压部件，如油动机、错油门滑阀等远离高温区，并尽量装在热力设备管道或阀门的下方，至少应装在这些管道和阀门的侧面。

(7)应使油箱的事故放油阀远离油箱，至少应有两个通道可以到达事故放油阀。事故油箱布置在厂房以外的较低的位置。

(8)发现油系统漏油时，应及时查找漏油部位及原因，并及时消除，必要时停机处理。

渗到地面上或轴承外的油应随时清理干净。

(9)油系统的管道安装完毕后，应进行耐压试验，并密封严密，无泄漏现象。

(10)汽缸保温层进油时，应及时更换。

(11)当调节系统大幅度摆动时或油系统油管道发生振动时，应及时检查油系统管道有无漏油。当发现漏油时，应及时采取措施消除。泄漏在机体、管道及地上的油应立即进行擦拭，如果机组运行中无法更换渗有油的保温材料而有可能引起火灾事故时，应采取果断措施停机处理。

(12)汽轮机厂房内应配置足够的消防器材，保证经常处于完好状态，随时可用，并放置在明显的位置，其附近通道应通畅。

(13)在油箱、油管道密集的上方应装设感烟报警探测装置和消防喷管，当油系统发生火灾时，能自动报警或向火源喷射灭火剂。

第十节　汽轮机寿命

一、汽轮机寿命的概念

汽轮机的寿命是指汽轮机从初次投入运行到转子出现第一条宏观裂纹期间的总工作时间。汽轮机转子因长期处于高速旋转和高温状态下运行，与汽缸等其他零部件相比，其工作条件更为恶劣。汽轮机的寿命实质上是汽轮机主要部件金属材料永久性损坏的标志，汽轮机寿命取决于其最危险部件的寿命，也可以说汽轮机寿命指的是转子的寿命。

汽轮机转子在运行中，相对汽缸而言，它不仅承受高压工作蒸汽产生的应力和高温蠕变带来的损伤，而且还要承受高速旋转引起的离心应力、传递工作扭矩而产生的扭转剪切应力、高速旋转下自重引起的交变切向应力及工况变化时引起的热应力等。在汽轮机启停过程和工况变化时，蒸汽对高速旋转的转子的传热系数大约是对应位置汽缸的 3 倍。另外，大功率汽轮机多采用双层汽缸结构，使得汽轮机启停时，转子所受的热应力也远大于汽缸的热应力。所以，研究汽轮机的寿命损耗实质上就是研究汽轮机转子的寿命损耗。

机械部件的寿命是指可以安全工作的时间，即指部件的材料由新至损伤，再至产生局部宏观裂纹所经历的时间。对于宏观裂纹的尺寸，世界上尚无统一规定，它与各国冶金、机械加工水平及测试手段有关，一般认为宏观裂纹等效直径达到 0.2～0.5mm 时，汽轮机寿命达到终点。

二、影响汽轮机寿命的因素

影响汽轮机寿命的因素很多，但总的来讲汽轮机寿命由两部分组成，即受到高温和工作应力的作用而产生蠕变损耗以及受到交变应力作用引起低周疲劳寿命损耗。转子的高温蠕变损耗约占总寿命的 20%～30%。另外由于电网负荷扰动引起机组大幅度负荷变动及由于不定因素引起的汽温波动、短时超限振动等因素也会引起转子寿命的损耗。

1. 高温蠕变损耗

汽轮机运行时，汽缸、转子等金属部件在高温和工作应力的条件下工作，金属材料要发生蠕变，因此会产生蠕变损伤，蠕变损伤积累到一定程度，将导致部件产生裂纹，最终发生破坏。当转子材料一定，工作温度和承受的应力不变时，则可从转子材料的蠕变极限曲线上查出相应的蠕变断裂时间。图 8－16 所示为材质为 CrMoV 转子钢的蠕变极限曲线。当转子材料一定时，根据转子的工作温度和承受的应力值就可查出相应的蠕变断裂时间。

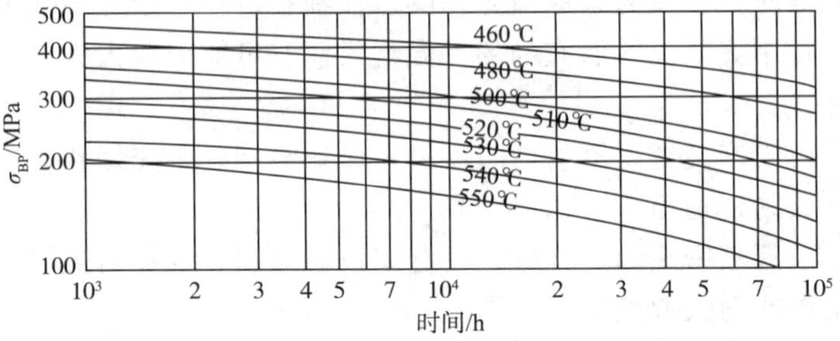

图 8－16　CrMoV 转子钢的蠕变极限曲线

由图 8－16 可以看出，在同一应力下，转子的工作温度越高，蠕变断裂时间越短；在同一温度下，转子承受应力越大，蠕变断裂时间越短。转子的蠕变寿命损耗用蠕变寿命损耗率 Φ_c 来表示蠕变对金属材料的寿命损耗程度，即

$$\Phi_c = \frac{\Delta t}{\tau} \tag{8-22}$$

式中　Δt——在某种条件下累计运行的时间；

τ——在相应的工作条件下金属的蠕变断裂时间。

如果考虑到汽轮机转子工作温度及承受应力是变化的，那么其蠕变寿命损耗将以累计的方式给出，即

$$\Phi_c = \sum \frac{\Delta t_i}{\tau_i} \tag{8-23}$$

式中　Δt_i——第 i 种工作条件下累计运行时间；

τ——第 i 种工作条件下金属蠕变断裂时间。

汽轮机运行时，汽缸和转子都有蠕变损伤。目前大型汽轮机对汽缸的结构进行了一系列的优化设计，如采用波形法兰，使法兰宽度减小；采用双层汽缸结构，减小汽缸厚度；取消法兰，采用垂直剖分型结构汽缸等。这样使汽缸的承受应力的情况大大改善，所以在计算金属材料寿命时，只考虑转子的寿命损耗即可。

2. 低周疲劳损伤

低周疲劳是相对于高周疲劳的，在周期较长的交变应力作用下产生的疲劳现象称为低周疲劳。如汽轮机零部件受热应力交变作用产生的疲劳即属于低周疲劳。通常指金属部件承受 10^4～10^5 次应力和应变循环而产生裂纹的现象称为低周疲劳。对汽轮机而言，汽轮机每启停一次为一个循环，汽轮机的部件承受一次交变应力的循环。另外，汽轮机启停过程中蒸汽参数高，金属温度变化大，产生的热应力大，所以对转子的材料的影响也大。由于这一循环过程间隔时间较长，导致部件失效的次数较少，所以汽轮机启停过程为一低周疲劳损伤过程。

图 8－17 为 30CrMoV 转子钢材料的疲劳曲线。疲劳曲线之所以差别很大，主要由以下几个原因，即材料不同、实验条件(温度)及实验方法不同，疲劳寿命终点的含义不同。

当转子材料一定时，根据转子承受的应力即可查出器极限循环次数。

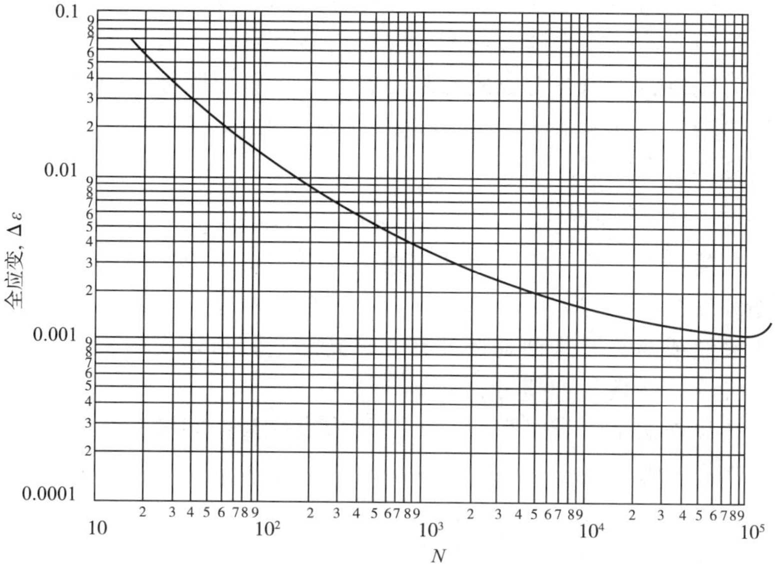

图 8－17　30CrMoV 转子钢材料低周疲劳曲线

由图 8－17 可以看出，转子承受的应力越大，其极限循环次数越小。

对于转子的材料已确定，转子内部热应力不同，则造成转子材料的疲劳损伤的程度也不同，热应力越大，每次循环对材料所造成的损伤也越大，即材料损坏越快。若在应力 σ_i 反复作用下，材料经过 N_1 次循环就发生裂纹或断裂，那么每次循环的寿命损伤指数为 $1/N_1$；同样，在应力 σ_i 反复作用下，经 n_i 次有限循环就发生裂纹或断裂，每次循环的寿命损伤指数为$\frac{n_i}{N_i}$。那么根据线性损伤积累法则，转子低周疲劳寿命损耗率 Φ_f 为：

$$\Phi_f = \sum \frac{n_i}{N_i} \tag{8-24}$$

若不考虑材料蠕变，则寿命损伤指数 Φ_f 达到 100％时，认为到达转子寿命终点，即产生宏观裂纹。

对于确定的转子可以根据其疲劳曲线绘制寿命损耗曲线。图 8－18 给出了汽轮机转子典型寿命损耗曲线，其横坐标为转子金属温度的变化幅度，纵坐标为转子金属温度的变化率。根据转子金属温度变化幅度和变化率，就可以从曲线中查出该次循环引起的寿命损耗。

应该说明，转子温度不易直接测量，通常近似用内缸温度来代替，所以在制定寿命损耗曲线时，纵、横坐标也可用蒸汽温度来代替，这样更便于应用。从曲线上可以看出，

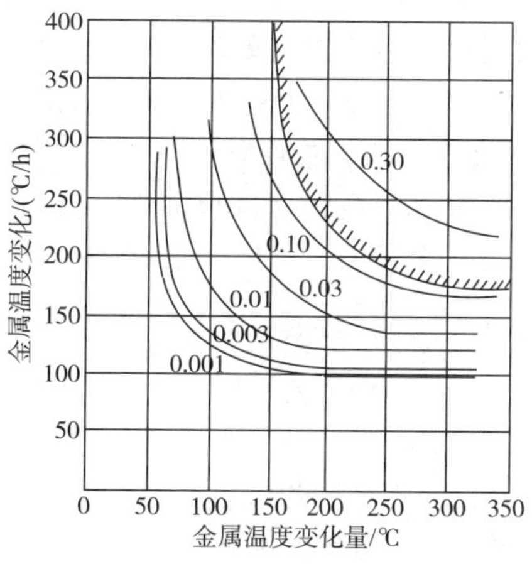

图 8－18　汽轮机转子寿命损耗曲线

图中，曲线上数值表示每一应变循环寿命消耗率，阴影部分为中心孔应力极限区，运行中不要进入该范围。

转子温度变化幅度越大，温度变化率越大，在转子内引起的热应力也越大，损耗转子寿命的百分数也越大。图中阴影部分为转子中心孔部分应力限制区，主要考虑到转子表面裂纹比较容易发现和处理，而轴孔内膛容易产生裂纹则不易发现，且转子中心部位在冶炼过程中易产生缺陷，为此将转子内孔合成应力限制在金属材料屈服极限的 $0.6\sigma_{0.2}$ 以内，将此作为转子内孔的应力的限制区。在汽轮机启动及工况变化时，应控制好蒸汽温度的变化情况，严防寿命损耗率落入限制区。

(三)转子寿命的累积计算

目前一种比较简易的方法是线性累计损伤法，常用于评价零件的寿命损耗。累计损伤法认为疲劳损伤和蠕变损伤在零件内部线性累积消耗其寿命，一旦损伤累积量达到它的临界值，就会产生裂纹或断裂。这种观点没有考虑高温疲劳和蠕变的交互作用，只是将这两种寿命损耗单独计算，线性累加即可。

按照线性累计损伤法估算转子寿命时，只要将疲劳损伤和蠕变损伤分别计算，线性累加即可，即转子的总寿命损耗率 Φ 为：

$$\Phi=\Phi_c+\Phi_f=\sum\frac{\Delta t_i}{\tau_i}+\sum\frac{n_i}{N_i} \tag{8-25}$$

式(8-25)中第一项是蠕变寿命损耗，第二项为低周疲劳寿命损耗，如果两者之和达到100%($\Phi=1$)时，则表明材料的寿命已经消耗完，转子可能出现裂纹。

一般来讲，对一台汽轮机，若考虑其使用寿命为30年，其蠕变寿命损耗约为20%～30%，则其低周疲劳寿命损耗累计可达70%，为安全起见，设计时，汽轮机寿命损耗值应小于1。

以上分析是在汽轮机正常运行条件下的寿命，实际工作中影响汽轮机寿命的因素很多，如运行方式、制造工艺、材料质量等。如不合理的启动所产生的热冲击、运行中水冲击等事故，蒸汽品质不良等，都会加速设备的损坏。

三、汽轮机残余寿命

汽轮机转子产生第一条宏观裂纹，并不意味着转子使用寿命达到终点。当裂纹是表面或近表面的，经过适当的处理，消除裂纹后，仍可使转子寿命保持相当高的值，即使是内部埋藏裂纹，也不能简单认为转子完全报废，因为裂纹从初始尺寸扩展到临界尺寸仍有相当长的寿命，通常工程上将这种寿命称为残余寿命。

1. *疲劳裂纹扩展过程*

对于大多数金属材料来讲，裂纹的扩展过程呈S形曲线，如图8-19所示。它可明显地划分为三个区域，Ⅰ区表明有一个界限值 ΔK_{th}，在此值以下，看不出裂纹的扩展；Ⅱ区表明 $\lg\frac{da}{dN}$ 与 $\lg\Delta K_{\mathrm{I}}$ 基本上呈线性关系，此阶段裂纹的扩展通常用Paris公式表示，即

$$\frac{\Delta a}{\Delta N}=A\ (\Delta K_{\mathrm{I}})^m \tag{8-26}$$

式中 a——裂纹长度；

N——应力循环周次；

A——系数；

m——指数，即曲线斜率；

ΔK_{I}——应力强度因子变化范围。

在Ⅲ区，裂纹的扩展进入失稳阶段，扩展速率很高，相应的寿命很短。

在裂纹扩展过程中，只有Ⅰ区比较有意义，裂纹在此区中的扩展是稳定的。裂纹的扩展除与材料本身有关外，还与所受载荷的大小及作用形式、环境温度因素等有关。以下是转子用 30Cr2MoV 钢，在高温时裂纹扩展率公式：

$$\frac{\Delta a}{\Delta N}=2.512\times10^{-10}\Delta K_{\mathrm{I}}^{2.2} \qquad (8-27)$$

用该式可以初步估计在各种载荷条件下裂纹扩展速率及残余寿命。

2. *应力强度因子 K 及断裂韧性 K_c*

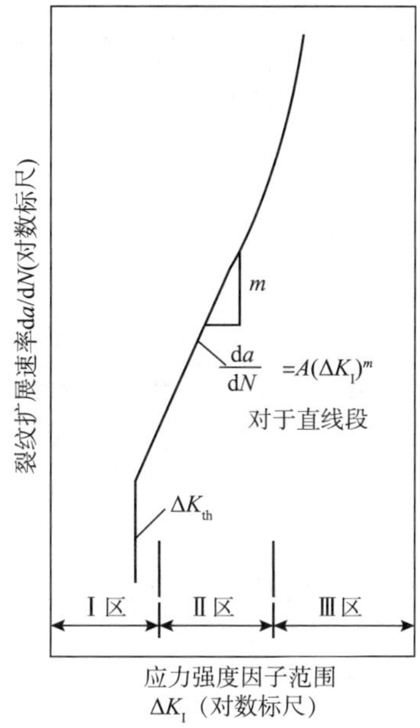

图 8-19　裂纹扩展速率随应力强度因子范围 ΔK_{I} 的变化规律

裂纹的扩展有三种可能的型式，Ⅰ型为张开型(拉伸)，Ⅱ型为剪切型或滑开型，Ⅲ型为撕开型或平面型。这三种裂纹扩展型式也可能组合在一起，形成复合型式的裂纹扩展。裂纹尖端附近的应力值，即可用应力强度因子 K 决定，因此，它又称为应力场参数。K 值取决于载荷、物体外形、裂纹形状和裂纹位移形式，因为Ⅰ型裂纹扩展比较常见，因此通常使用Ⅰ型应力强度因子 K_{I}。

应力强度因子 K_{I} 的通常表达式为：

$$K_{\mathrm{I}}=Y\sigma\sqrt{\frac{a}{Q}} \qquad (8-28)$$

式中　Y——反映部件尺寸的几何因子；

σ——无裂纹时的名义应力，MPa；

a——裂纹尺寸，mm；

Q——形状因子。

K 的量纲为 $\mathrm{MPa\cdot m^{\frac{1}{2}}}$。可以看出，$K_{\mathrm{I}}$ 与外加应力及裂纹尺寸有关。

应力强度因子有其临界值，K 的临界值是指裂纹以快速(失稳)方式扩展而载荷或所加能量不需要增加的状态。K 的临界值用 K_c 表示如下：

$$K_c=Y_c\sigma_c\sqrt{\frac{a_c}{Q}} \qquad (8-29)$$

或

$$K_c=\sigma_c\sqrt{\pi a_c}\,f\left(\frac{a_c}{\omega}\right) \qquad (8-30)$$

式中　σ_c——裂纹失稳状态下的名义应力；

a_c——失稳状态下的裂纹长度，mm；

ω——部件厚度，mm。

K_c 称为断裂韧性，它取决于材料、温度、应变率、环境和厚度，而与裂纹长度的关系较小。对于一定的材料和厚度来讲，K_c 是已知的。K_c 的大小反映了材料的韧性，K_c 越大，则材料防止脆性断裂的能力越强。同时 K_c 对承受循环载荷部件裂纹的扩展及残余寿命至关重要，由于 K_c 也表示疲劳断裂前最后一次循环的应力强度因子，因此可用 K_c

求出在循环载荷作用下断裂时的临界裂纹尺寸 a_c。

3. 初始裂纹尺寸和临界裂纹尺寸

对于表面裂纹，初始裂纹尺寸 a_0，即是实际测量的裂纹尺寸；对于近表面埋藏裂纹，即裂纹与表面的距离为：

$$L_{in} \leqslant 1.59\left(\frac{K_{Ic}}{\sigma_s}\right)^2 \tag{8-31}$$

这时，取初始裂纹尺寸为 a_0+L_{in}；对于内部埋藏裂纹，初始裂纹尺寸 a_0 为：

$$a_0 = a_0^* A \tag{8-32}$$

式中　a_0^*——超声波探伤测得的当量尺寸；

A——修正系数，$A=2.5\sim3.0$。

当内部相邻各裂纹间距离大于5倍裂纹长度时，裂纹可作为不相干单个裂纹处理；间距小于1.3倍裂纹长度时，应作为一个大裂纹处理，其长度取两个裂纹较远的外边界的距离。

临界裂纹尺寸 a_c 与载荷的大小、部件形状、材料的断裂韧性等因素有关，计算 a_c 公式如下：

$$a_c = \frac{\Phi^2 - 0.212\left(\frac{\sigma}{\sigma_s}M_e\right)^2}{\pi(M_e\sigma)^2}K_{Ic}^2 \tag{8-33}$$

式中　Φ——常数，取决于裂纹的纵横尺寸，见图8-20；

σ——承受的应力；

σ_s——材料屈服极限；

M_e——反映部件形状的因子。

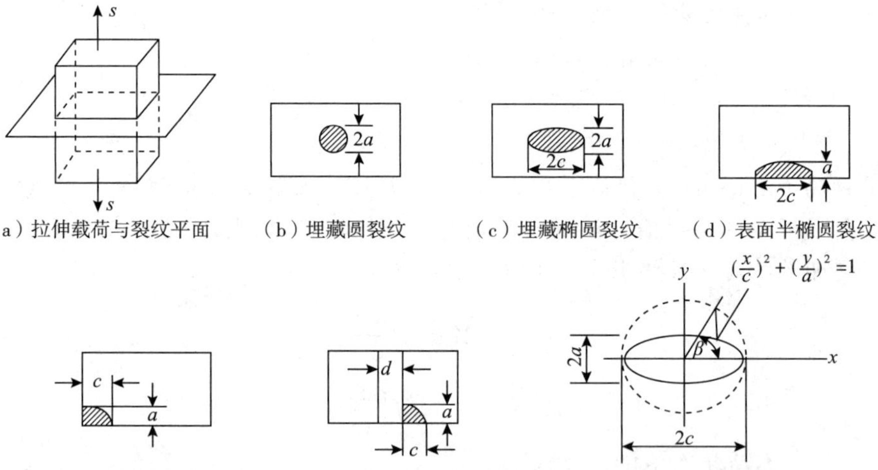

(a) 拉伸载荷与裂纹平面　(b) 埋藏圆裂纹　(c) 埋藏椭圆裂纹　(d) 表面半椭圆裂纹

(e) 1/4椭圆角裂纹　(f) 起源于一个孔的1/4椭圆角裂纹　(g) 椭圆裂纹的参数

a/c	0	0.1	0.2	0.3	0.4	0.5	0.6	0.7	0.8	0.9	1.0
Φ	1.0	1.016	1.051	1.097	1.151	1.211	1.277	1.345	1.418	1.493	1.571

(h) Φ值

图8-20　裂纹类型图示

对于内部埋藏圆片裂纹，有：

$$a_c=\frac{2.467-0.212\left(\frac{\sigma}{\sigma_s}\right)^2}{\pi\sigma^2}K_{\mathrm{I}c}^2 \tag{8-34}$$

对于内部埋藏椭圆裂纹在平面应变状态下

$$a_c=\frac{\Phi^2-\frac{1}{4\sqrt{2}}\left(\frac{\sigma}{\sigma_s}\right)^2}{\pi\sigma^2}K_{\mathrm{I}c}^2 \tag{8-35}$$

对于表面指甲型裂纹，有：

$$a_c=\frac{\Phi^2-0.212\left(\frac{\sigma}{\sigma_s}\right)^2}{1.2\pi\sigma^2}K_{\mathrm{I}c}^2 \tag{8-36}$$

对于内部条带状裂纹，有：

$$a_c=\frac{0.998-0.086\left(\frac{\sigma}{\sigma_s}\right)^2}{\pi\sigma^2}K_{\mathrm{I}c}^2 \tag{8-37}$$

总之，在相同的裂纹尖端名义应力下，表面裂纹的临界尺寸小于埋藏裂纹临界尺寸；细长裂纹临界尺寸小于圆形裂纹临界尺寸。

4. 残余寿命估算

前面已经讲过，在研究裂纹扩展过程时，比较有意义的阶段是裂纹稳定扩展阶段。在此阶段，裂纹的扩展可用 Paris 公式表示，即

$$\frac{\Delta a}{\Delta N}=A\ (\Delta K_{\mathrm{I}})^m$$

在系数 A、指数 m 不变时，对承受某一个恒定交变载荷的部件，其残余寿命可由下式求得：

$$N=\frac{a_c^{-\frac{m}{2}+1}-a_0^{-\frac{m}{2}+1}}{\left(-\frac{m}{2}+1\right)c\ (\Delta\sigma)^m\pi^{\frac{m}{2}}M_e^m} \tag{8-38}$$

例：某汽轮机转子材质为 30Cr2MoV 钢，其初始裂纹尺寸为 0.5mm，根据对其材质断裂韧性试验结果取 $K_{1c}=119\mathrm{MPa}\cdot\mathrm{m}^{\frac{1}{2}}$，若取热应力循环值为 $\Delta\sigma=350\mathrm{MPa}$，转子的残余寿命可按下式进行计算：

(1)临界裂纹尺寸 a_c

$$a_c=\frac{1}{\pi}\left(\frac{K_{\mathrm{I}c}}{\sigma_{max}M_e}\right)^2=\frac{1}{\pi}\left(\frac{1.19}{350\times1.12}\right)^2=0.0294\mathrm{m}$$

(2)残余寿命 N_f

$$N_f=\frac{0.0294^{(-\frac{2.2}{2}+1)}-0.0005^{(-\frac{2.2}{2}+1)}}{\left(-\frac{2.2}{2}+1\right)\times(2.512\times10^{-10})\times350^{2.2}\times\pi^{\frac{2.2}{2}}\times1.12^{2.2}}=15950\text{ 次循环}$$

上式说明，在 350MPa 循环应力幅值的作用下，转子的残余寿命仍有 15950 次。但这么多次寿命是不能全部被利用的，必须按照合理的准则，取一个比较保守的安全倍率，汽轮机方能在严格的监视下运行。

四、汽轮机寿命管理

为了更合理、经济地使用汽轮机，提高设备的可靠性，必须对汽轮机的寿命进行有计划的管理，汽轮机的寿命管理包括两个方面的内容：一是对汽轮机在总运行年限内的使用情况作出明确的、切合实际的规划，即确定汽轮机的寿命分配方案，事先给出汽轮机在整个运行年限内的启动类型及启停次数以及工况变化、甩负荷次数等；二是根据寿命分配方案，制定出汽轮机启停的最佳启动及变工况运行方案，在保证在汽轮机寿命损耗不超限的条件下，汽轮机启动最迅速，经济性最好。

在正常运行条件下，汽轮机的寿命损耗主要包括低周疲劳损伤和蠕变损伤两部分，其比重视机组担负的负荷性质而有所不同，同时还应考虑工况变化、甩负荷等造成的寿命损耗。

在制定汽轮机寿命规划时，汽轮机的使用年限视各国家的能源政策和机械加工水平等因素综合分析。对于能源非常短缺，而机械加工水平很高的国家，为了解决能源紧缺的矛盾，可能要求机组快速启停，寿命损耗较大，机组的使用年限可能设计的短些，一般 20 年就要更新换代。反之，对于机械加工水平及生产成本较高的国家，可能首先要求机组有较长的使用寿命，因此对机组的启动时间要求相对长些。我国汽轮机的使用年限，一般认为 30 年较合适。若要机组使用的时间较长，这就要减小每次启停的热应力，以减少寿命的损耗。只有延长启动与停机的时间，控制温升率达到减小热应力，达到延长汽轮机寿命的目的。

汽轮机寿命确定后，应根据汽轮机的任务对其低周疲劳损伤和蠕变损伤进行分配。如果机组承担基本负荷，启停和工况变化的次数较少。在稳定工况下，若转子材料为 CrMoV 钢的蠕变断裂时间约为 6.5×10^5h，机组使用年限按 30 年计算，每年运行时间为 7000h，则 30 年总共运行 2.1×10^5h，因此该机组 30 年的蠕变损耗率为 $\frac{2.1\times10^5}{6.5\times10^5}=32.5\%$，那么低周疲劳寿命损耗的比例应小于 67%。

总之，制订汽轮机寿命分配方案时，除了考虑机组的实际运行情况外，还应考虑机组甩负荷、热态启动等工况。表 8－1 为给出了《机械工程手册》调峰篇推荐的寿命分配数据；表 8－2 给出了日本三菱重工公司汽轮机寿命分配方案；表 8－3 给出了 GE 公司对正常启动制订的机组寿命分配数据。

表 8－1　汽轮机寿命分配方案(设计寿命 30 年)

运行方式	损耗率/%	运行次数	累计运行次数	寿命损耗
热态启动	0.01	200	6000	60%
冷态启动	0.05	4	120	6%
温态启动	0.01	1	30	0.3%
大修前停机	0.05	三年一次	10	0.5%
甩负荷带厂用电	0.01	三年二次	20	2%
大幅变负荷	0.005	50	1500	7.5%
小幅变负荷	0.0025	～530	16500	4%
总计				80.3%

表 8-2　日本三菱重工公司汽轮机寿命分配方案

运行方式	温度变化/℃	温度变化时间/min	极限循环次数	每次寿命消耗	30 年内使用次数	30 年内寿命消耗	控制应力极限/MPa
冷态启动	500	300	10000	0.010%	100	1.0%	460
温态启动	300	200	10000	0.010%	1000	10%	460
热态启动	200	100	11000	0.0091%	3000	27.3%	440
极热态启动	180	30	3500	0.029%	10	0.3%	690
正常停机	100	60	5000	0.002%	4000	8%	390
强迫冷却停机	170	180	4000	0.0025%	100	0.3%	310
正常负荷变化	80	30	4000	0.0025%	12000	30%	310
带厂用电	180	20	3000	0.033%	10	0.3%	720
总计						77.2%	

表 8-3　GE 公司汽轮机机组寿命分配(设计寿命 30 年)

运行方式	损耗率	运行次数	寿命损耗
8h 停机后启动	0.01%	5000	50%
周末停机后启动	0.02%	1000	20%
冷态启动	0.05%	100	5%
负荷变动	0.005%	4000	20%
其他			5%
总计			100%

从各制造厂给出的汽轮机寿命分配数据可以看出，各项寿命分配的比例是不同的。而且根据已投运的机组运行情况来看，同一类型的机组启停情况差异很大，寿命损耗的数据差别也很大，因此，目前有观点认为只需根据机组的寿命损伤特性简单规定机组在整个运行年限 30 年内允许的标准启动循环次数就够了，关于汽轮机寿命分配，由用户视具体情况自行决定。

在给定了寿命分配数据后，寿命管理的另一个内容是如何根据寿命分配数据确定机组各类启动方式的最佳方案。从理论上讲，给定了寿命损耗值，就可从转子材料的疲劳曲线推算出某种启动方式下允许的应变值或应力值，启动方案可根据这个应力值进行优化。最终要实现汽轮机的寿命管理和优化启动，机组的自动化水平必须提高。目前，现代化的大功率机组都设计了汽轮机自动启动功能，机组的启动过程根据机组的应力情况实时控制，在应力不超限的情况下，保持最快的启动速度。

一旦汽轮机寿命分配方案制定完毕后，就可以计算出每次启停允许的疲劳损耗值。可以在疲劳寿命损耗曲线中找到对应的曲线，依据该曲线制定合理地运行操作程序。在转子疲劳损耗曲线中可以看出，即使同样的寿命损耗值，温升量大时，对应的允许温升率小；而温升量小时，对应的允许温升率大。因此，理想的启动过程应严格控制新蒸汽温度变化，使汽轮机调节级汽温按允许的最大温升率升温，直至额定负荷。但在实际操作中，机组的启动还应考虑到汽缸膨胀、差胀等因素，在升速和加负荷阶段都应安排一定的暖机时间。这样使转子在升温过程中产生的热应力逐渐减小，从而减少转子的寿命损耗。由于暖机使转子表面产生的热应力变化并不均匀，而是一个增大到衰减，再到增大，再衰减的过程，因此转子的寿命损耗应为多次热应力波动引起的寿命损耗之和。在制定启动方案时，应考虑暖机过程，将整个启动过程分段，考虑各段的温升量和温升率。对于一次完整的启动或停机过程，转子的疲劳寿命损耗可按从曲线查得的停机损耗和启动损耗之和的 1/2 计算。

同样，在变工况运行时，也可以利用疲劳寿命损耗曲线，根据控制值和负荷变化范围(转子温度变化范围)，求得负荷变化率。由于转子温度很难测量，可以利用调节级后的蒸汽温度作为参考值。

由于蠕变损伤和蒸汽温度、压力有关，因此在汽轮机寿命管理中，应对蒸汽超温、超压进行严格控制。

五、汽轮机寿命监测

汽轮机寿命取决于最危险部件的寿命，汽轮机转子是汽轮机最关键的部件，汽轮机转子的寿命在某个意义上决定整个汽轮机的寿命。汽轮机在启动、停机及变工况情况下，蒸汽参数剧烈变化，转子危险截面部位承受剧烈的温度变化及低周期大应力作用，使金属材料出现低周疲劳损伤，从而缩短汽轮机的服役寿命。由于汽缸内蒸汽高温、高压，转子的工作环境非常恶劣，转子温度场和应力场很难直接测量到，一般是通过建立数学模型计算分析得到。转子热应力监测是汽轮机优化启动与寿命管理的基础，应用汽轮机转子热应力在线监测系统，为汽轮机安全运行提供理论依据，将汽轮机的转子危险截面部位承受剧烈的温度变化及低周期命损耗率控制在允许范围内。因此建立汽轮机转子应力检测及寿命管理系统对于提高机组运行水平，延长机组设备寿命具有重要的意义。

为了更好地机组的寿命管理，现代大功率机组设置了寿命管理在线监测系统，其作用就是实时监测汽轮机寿命损耗值。利用测温探头连续监测调节级的温度变化以及某个时间范围内的温度变化，借助于相关原理，将温度变化用温度分布和等温线的标准模型表示，这些标准模型便构成了寿命计算的基础。测温探头应尽可能装设在调节级范围附近，此处测温探头对温度变化最为敏感，可将此处的蒸汽温度看作是转子的表面温度。

寿命监测系统不仅能在机组启、停和负荷变化中计算寿命的损耗并累计，而且还和汽轮机的调节系统结合在一起对机组的启、停和负荷变化进行自动调节，这不仅能确保汽轮机的寿命损耗率控制在允许范围内，而且可以在应力不超限的情况下保持最快的启动速度。

汽轮机寿命检测系统的应用使寿命管理科学化、规范化，为合理利用汽轮机部件寿命管理提供了科学依据。汽轮机寿命监测系统分为如下两种。

1. 在线监测系统

将转子几何尺寸、蒸汽参数、机组转速或负荷等参数转化为数字信号输入计算机，计算机将按预先整定的数学模型以时间为第二变量进行追踪计算，求出监测部位的热应力和相应的寿命损耗率，随时将计算结果输送到终端或在荧屏上显示及打印机打印，实时指导操作人员进行参数的调整。在寿命终结时，具有报警功能。

2. 离线监测

应定期地对汽轮机转子的蠕变损耗进行统计计算，并在每次启、停之后或负荷大幅度(或快速)变动之后，根据调节级出口的蒸汽温度变化曲线，查取各阶段的温度变化量和温度变化率，计算其热应力及寿命损耗率或直接在转子寿命曲线上查取极限疲劳循环周次，从而计算出寿命损耗率。

第九章　工业汽轮机安装

第一节　汽轮机安装前准备

汽轮机组的安装工作，具有工作量大、各专业交叉作业多、技术精度要求高、施工管理要求严谨、施工周期紧等特点。同时随着科学技术的进步，汽轮机向高参数、大容量方向发展，因此结构上愈来愈复杂，也愈来愈精密，这就给汽轮机的安装提出了更高的要求。合理地做好施工前的准备工作，是保证汽轮机组安装工程的安全、质量、成本和施工进度平衡的重要条件。所以，做好施工前的准备显得尤为重要。

一、人员组织

由于汽轮机结构复杂，零部件多，质量要求高、安装难度大，因此汽轮机安装前应做好周密、细致的准备工作。根据用户进度要求成立"机组安装小组"，一般由项目部领导、项目部调度、质管部、各专业技术人员等组成。要求参与汽轮机的安装人员，应有高度的责任感、事业心，应了解、熟悉汽轮机的结构性能及施工工艺，并执行相关的规程规范及标准，施工中运用新技术、新工艺，不断提高施工质量。施工中认真执行 QHSE 及各项安全制度和措施，确保汽轮机优质、高速、低耗地完成安装任务，并使机组一次试运行成功。

二、技术准备

(1)设计文件，包括机组平面布置图、安装图，设备的基础图，管道的施工图及相关专业的施工图等。

(2)制造厂技术文件，包括设备供货清单及装箱清单；设备的安装、使用、维护说明书和技术文件；设备产品出厂合格证书及检验试验记录及重大缺陷记录；主要零部件材料的质量证明文件；各部套的装配图及易损件图和热力系统图、调节保安系统、油系统图等。

(3)建设单位应组织设计、监理、施工等单位的有关人员进行设计交底。

(4)施工单位应组织图纸会审，编制施工方案，进行技术交底并记录。

(5)汽轮机组的施工技术人员和施工负责人必须熟悉其施工范围的图纸、制造厂技术文件，并应熟悉设备的原理及构造；所有施工人员都应掌握汽轮机组施工的规程规范、安装程序、新工艺、新方法和熟知和使用精密测量仪器。

三、施工程序

根据施工进度的安排和汽轮机型式的特点作出施工措施和安装工艺流程，并结合参加施工的人员和工、机具及设备到货情况，制订出施工计划。现将解体凝汽式汽轮机的安装程序列于图 9－1，仅供参考。

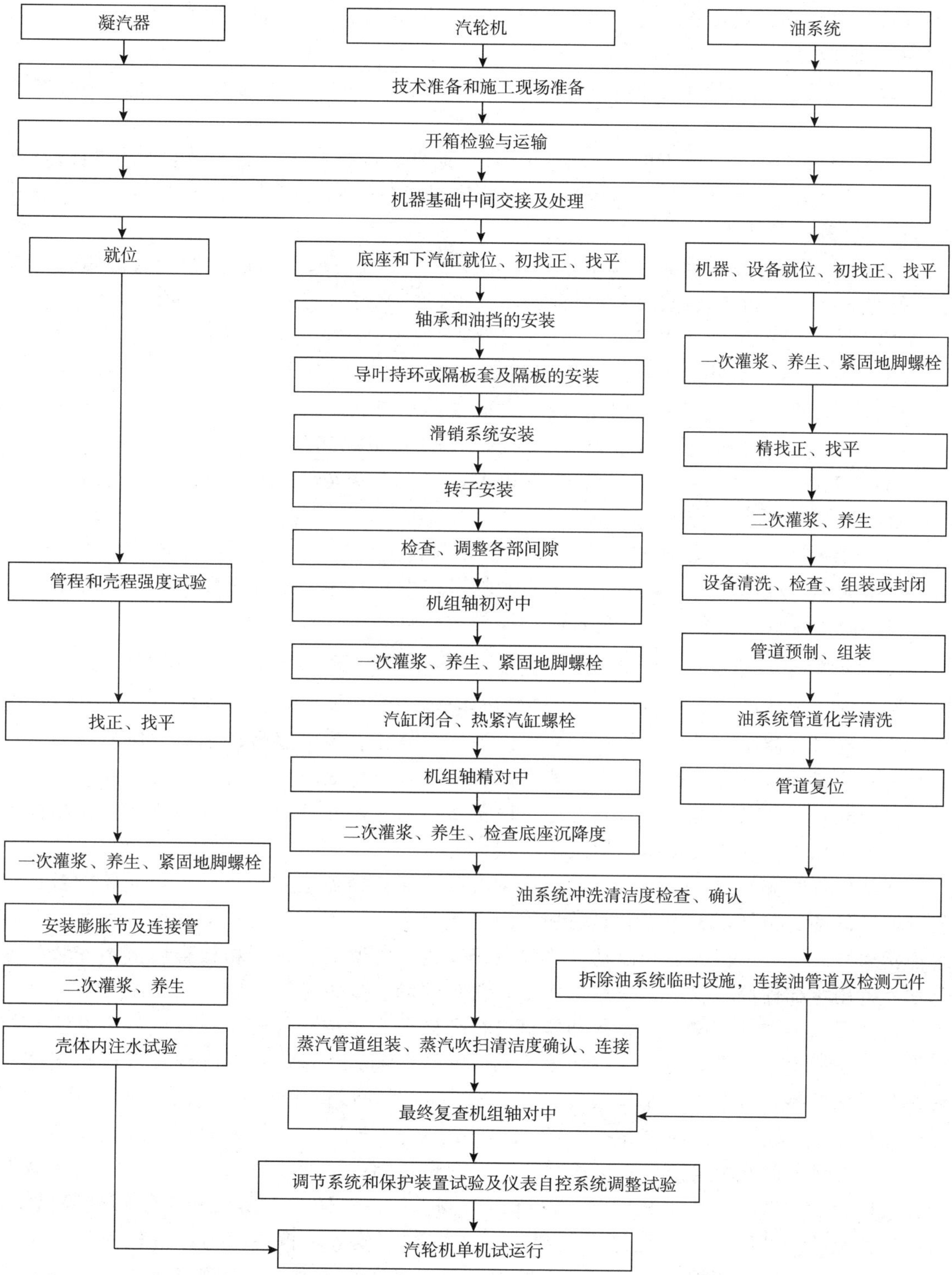

图 9－1　凝汽式汽轮机安装程序

(一)施工现场准备

施工现场应按施工组织设计合理布置，并应具备以下条件：

(1)与机组安装相关的土建主体工程已完工，机器基础混凝土达到设计强度的70%以上，并经验收合格。

(2)桥式起重机的轨道已铺设完毕，二次灌浆的混凝土已达到设计强度，并经检查合格。

(3)厂房内的桥式起重机的起吊重量、行车速度、起吊高度、起吊速度以及起吊及纵横向行车的极限范围等性能应检查确认，并能满足设备安装的工艺要求。起重施工机械及索具等完好并具备使用条件。

(4)场地、平台及运输通道应平整、道路畅通，并确信能承受所放置设备的重量，有足够的存放面积和周转余地；避雷接地设施完善，备有可靠的消防设施和消防水源。

(5)具有足够的施工用水、电、照明、压缩空气等设施并已具备使用条件。

(6)现场应有零部件、工具及施工材料等存放设施，地面或货架应具有足够的承载能力，特殊材质的钢管、管件和部件，应分类摆放，不得混淆。

(7)现场应具有相应的防风、防雨、防冻、防尘等防护措施。

(8)施工地点环境温度应保持在+5℃以上，当气温降至低于0℃时，应预先做好必要的防寒防冻措施，并实施。

(9)各层平台、步道、梯子、栏杆、扶手和踢脚板等均应安装完毕并焊接牢固，各孔洞和尚未完工的敞口部位应有可靠、牢固的临时盖板和栏杆，并有醒目标示。

(10)施工现场、设备和工、机具应保持清洁、整齐。

(二)开箱检验与运输

设备到达现场后，应会同建设/监理单位组织，供货方及施工单位参加，按照设计图纸、技术资料和装箱清单逐一核对、清点设备的位号、名称、型号、规格、包装箱号及数量和完好情况进行外观检查并记录。若发现有损坏或质量缺陷应及时通知有关单位。对于设备制造缺陷，应联系制造厂研究处理。设备检查和缺陷处理应有记录和签证。开箱检查后，应由参加各方的代表在检查记录上签字。

开箱检查时应使用合适的工具，不得用大锤、撬杠猛烈地敲击，以防止损坏设备；对装有精密设备的箱件，更应注意对其加工面妥善保护；设备的转动和滑动部件表面，在防腐油脂未清洗前，不得转动和滑动，检验后仍应进行防腐处理；开箱检查后暂不安装的零部件，备用零部件经检验后，应列出明细，重新装箱并妥善保管，以保证设备的完好。

按性质和要求的不同，对设备和器材进行分区分类存放和保管。存放区域应有明显的区界和消防通道，并具备可靠的消防设施和有效的照明；大件设备的存放位置应根据施工程序和运输条件，按照施工组织设计的规定合理布置，尽量避免二次搬运；存放设备时，其底部与地面保持一定的高度(200～250mm)的枕木垫牢，枕木间的距离在1500～2000mm之间，存放场地排水应畅通，并不得堆叠过高；地面或货架应具有足够的承载能力；根据设备的特点和要求分别采取防冻、防潮、防震、防尘、防雨和不致倾倒等措施，防止设备损坏；精密部件应摆放在货架上，或按要求放置在保温库内；对精密设备和电气、仪表设备，应入库保管，库内应有控制湿度和温度的设施；对充氮气保护的设备，应定期检查氮气压力及设备密封情况，当氮气压力低于3.53kPa时，应立即补充氮气。

设备装卸和搬运，除应按 SH/T 3536 的规定执行外，还应遵守下列规定：

(1)设备吊装时，应按设备箱上指定的吊装部位绑扎索具。索具转折处应加衬垫物或将索具用软质材料包裹，防止损坏设备。

(2)明确设备或箱件的重心位置，对箱内设备上的活动部位应予以固定，并防止设备重心偏移，造成倾斜发生事故。

(3)对刚度较差的设备，应采取措施，防止变形。

(三)材料及工具的准备

安装过程中所需要的材料及工具应事先提出，以供材料采购部门及时订购备料。材料计划的提出应依照已审定的设计施工图进行。填报的施工材料必须详细说明材料的名称、规格、材质、数量及使用日期，同时还应考虑施工中的必要损耗。

对于施工中所采用的管道附件、高颈法兰、阀门及合金钢螺栓应及早提出，以免因材料供应而延误工期，甚至造成窝工。

需要事先提出的材料和工具可分为三类。第一类是装设性材料，如管子、型钢、角钢、支吊架、管道附件。第二类是消耗材料，如白布、破布、煤油、透平油、润滑脂、亚麻仁油、螺栓松动剂、密封胶、涂料、研磨料等。第三类是工具和机具。

汽轮机安装时所用的工具很多，一般可分为普通工具和专用工具。普通工具如锉刀、刮刀、大锤、手锤、铜棒、螺丝刀、线锤、丝锥、铰刀、板钻、样冲、字头等。专用工具一部分由制造厂提供，绝大部分要由现场制作，如表 9－1 中所列。

此外，尚需根据安装的需要准备某些专用机具，如立式钻床、台式钻床、手提电钻、角向磨光机、手提砂轮机、液压千斤顶、风动工具、切管机、电动胀管器、滤油机等。

表 9－1 汽轮机安装专用工具表

序号	名称	用途
1	吊装转子工具	吊装转子用
2	吊装上汽缸工具	吊装上汽缸用
3	微抬轴工具	研刮下轴瓦或将下轴瓦取出加减垫片用
4	转子搁架	安放转子用
5	假轴	找隔板和轴封洼窝与转子中心用
6	找同轴度钢丝线架	找轴承座孔中心用
7	激光准直仪	找轴承座孔、导叶持环、隔板中心用
8	测力计	测量汽缸负荷分配用
9	平尺	找正汽缸水平剖分面用
10	激光对中仪	机组轴对中用
11	汽缸螺栓加热器	热紧汽缸螺栓用

1. 吊装上汽缸工具

吊装上汽缸时应根据汽缸结构使用专用的工具。图 9－2 所示为一种吊装汽轮机上汽缸的工具。它包括导链、钢丝绳、卸卡等。

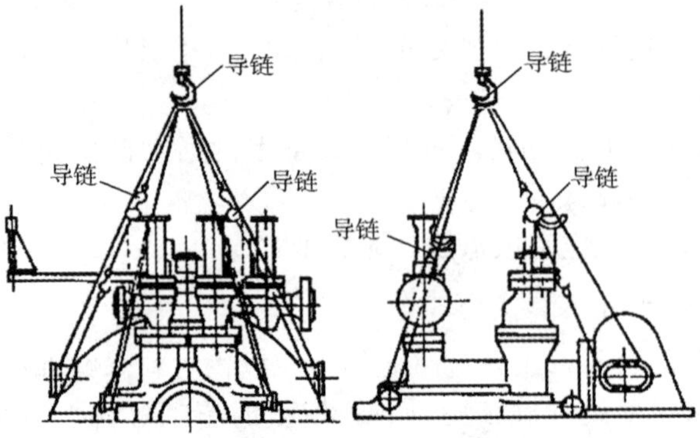

图 9-2 上汽缸吊装工具

2. 吊装转子工具

吊装转子工具通常由横梁、链条及钢丝绳等组成，如图 9-3 所示。

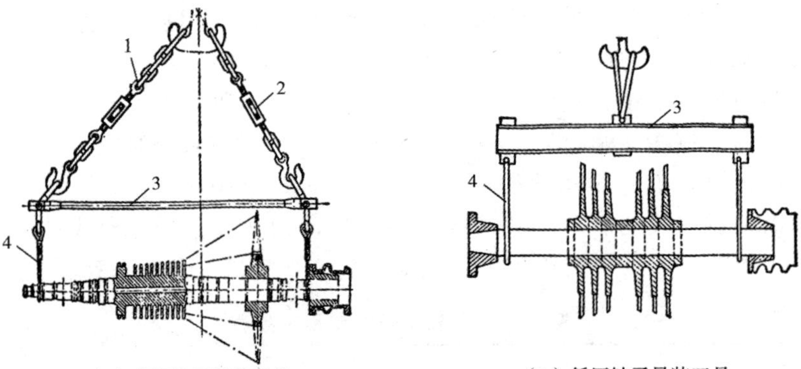

(a) 高压转子吊装工具　(b) 低压转子吊装工具

图 9-3 吊装转子的工具

1—链条(或导链)；2—调节套筒(或导链)；3—横梁；4—钢丝绳(或尼龙带)

3. 安放转子的搁架

安放转子的搁架俗称马櫈，根据转子的结构做成木搁架或钢搁架，搁架必须牢固、坚实，搁架高度应保证最后一级叶片距离地面 200～300mm。图 9-4 所示为型钢焊接而成安放转子的搁架。

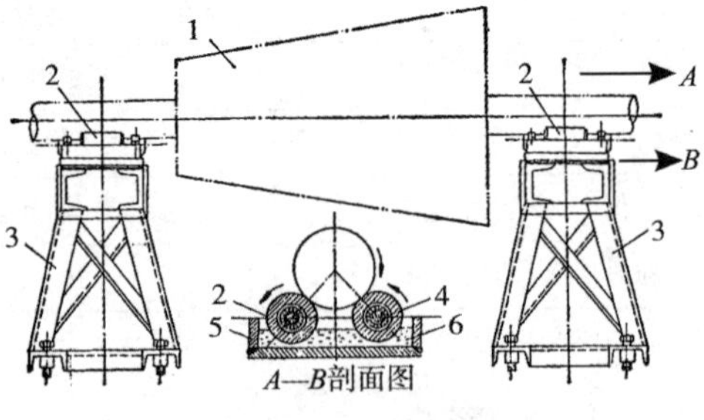

图 9-4 安放转子的搁架

1—转子；2—铜滚筒；3—型钢；4—滚动轴承；5—润滑油；6—支承油盘

4. 微抬轴工具

微抬轴工具俗称铁马，如图 9－5 所示。用来轻微抬起轴颈，研刮下轴瓦或将下轴瓦取出加减垫片。使用微抬轴工具时，抬轴高度应小于汽缸通流部分动静间隙或端部汽封最小径向间隙，若最小径向间隙为 0.5mm，则抬起轴颈的最大高度应不大于 0.4mm，抬轴时应架设百分表进行监视。

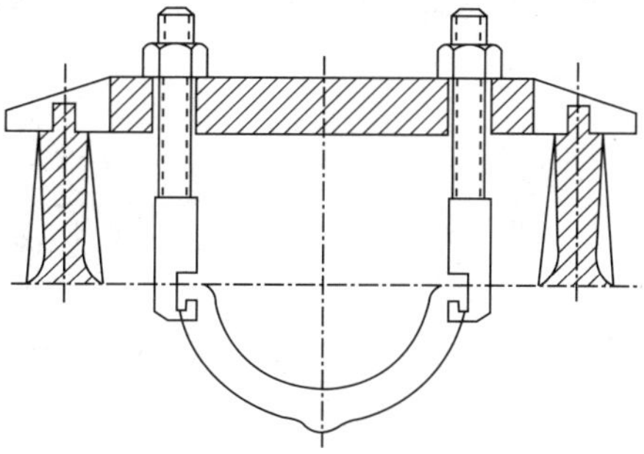

图 9－5　微抬轴工具

(四)汽轮机安装常用量具

汽轮机是高速而精密的旋转机械，通流部分动静间隙设计的很小，因此要求施工人员在安装过程中合理使用量具，使测得的数据正确。所以，汽轮机施工人员必须十分熟练地掌握各种常用量具的性能和使用方法。安装过程中常用的精密量具主要是千分尺、百分表、合像水平仪等。

1. 外径千分尺

外径千分尺分用于测量工件的外形尺寸(如长、宽、高)，测量精度为 0.01mm。测量时，应根据所测部位、尺寸选用。

外径千分尺的构造如图 9－6 所示。其由弓架、固定量砧、固定套管(带刻度)、微动螺杆、转筒、棘轮和锁紧装置组成。转筒转 1 圈螺距为 0.5mm。

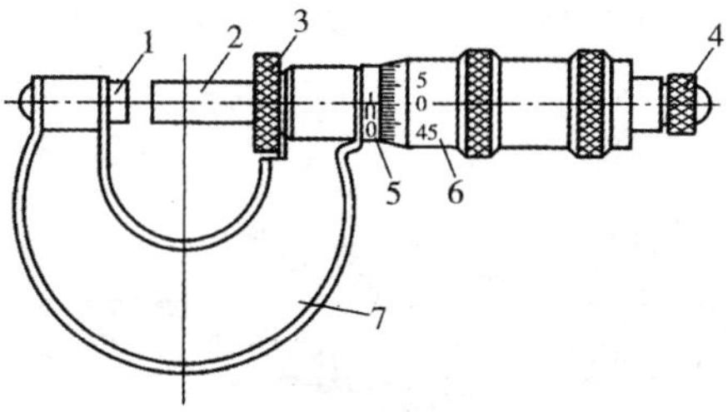

图 9－6　外径千分尺

1—固定量砧；2—微动螺杆；3—锁紧装置；4—棘轮；5—固定套管；6—转筒；7—弓架

使用外径千分尺前，应先将固定量砧与微动螺杆之间贴合面擦拭干净，检查固定套管中心线与转筒上的零线是否重合。如不重合，应进行调整至重合。

测量时，当量测量面接触工件后，当听到棘轮发出“轧轧”的空转声为止，将锁紧装置锁紧，并读出测量数值。然后松开锁紧装置，使测量杆面离开工件表面后再取下外径千分尺。如果由于条件所限，不能在测量时及时读出尺寸数值，可旋紧锁紧装置，然后取下外径千分尺，再读尺寸数值。

使用外径千分尺注意事项：

(1)使用外径千分尺时，不得强行旋转转筒，应尽量使用棘轮。

(2)使用外径千分尺时，不得将外径千分尺测量面固定好后，再用力向工件上测量，这样将损坏测量面或弄弯微动螺杆。

(3)使用完毕后，应将外径千分尺擦拭干净，放入盒内。

(4)应定期校验，以保证测量精度。

2. 内径千分尺

内径千分尺用于测量零件内径及两表面所限定的距离，其精度为 0.01mm，测量最小范围为 50mm。若测量范围超过这一范围时，则应将保护套 2 拆下加上一段所需要尺寸的测量杆，然后将保护套装上，再进行测量，如图 9－7 所示。通常每一内径千分尺，都配套有各种尺寸的接长杆。内径千分尺分格原理与螺杆螺距与外径千分尺相同。

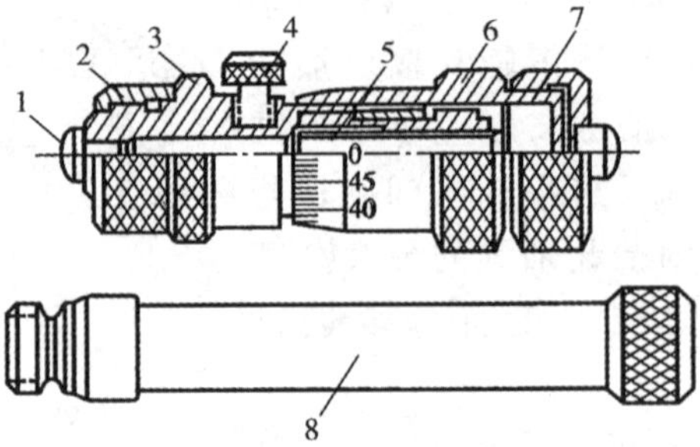

图 9-7　内径千分尺

1—测量头；2—保护套；3—带刻度的固定套筒；4—止动螺钉；5—0.5mm 螺距丝杆；6—带游标刻度的旋转套筒；7—调整螺母(可调整读数误差)；8—加长杆

测量时，内径千分尺的一端支撑在固定点上，为寻求最大尺寸，可将内径千分尺相对该点晃动，并旋转套筒 6，直至与顶端一点接触为止。然后拧紧止动螺钉 4，取出内径千分尺，测取读数，即为所测尺寸。

3. 游标卡尺

图 9-8 所示为游标卡尺。它是一种精密量具，游标卡尺是用来测量工件的内径、外径、长度、宽度和深度。游标卡尺是利用游标原理进行测量的，其测量范围有 0～125mm、0～150mm、0～200mm、0～300mm、0～500mm、0～1000mm 几种。

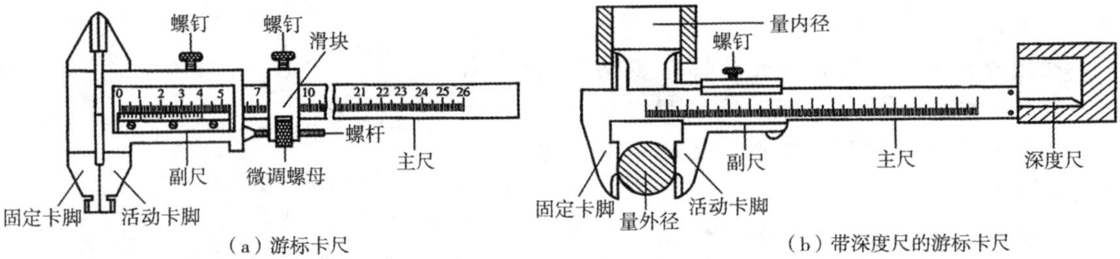

图 9-8　游标卡尺的构造

图 9-8(a)所示为游标卡尺构造。它由主尺和副尺(游标)组成。主尺和固定卡脚制成一体，副尺和活动卡脚制成一体，依靠弹簧压力沿主尺滑动。有的游标卡尺还带有测量深度的装置，如图 9-8(b)所示。游标卡尺用膨胀系数较小的钢制成，它的两个卡脚经过淬火和充分的时效处理。

测量时，应检查各卡脚的测量面是否贴合。如果透光不均，说明卡脚测量面已经磨损，这样的游标卡尺不能测量出精确的尺寸。使用游标卡尺测量工件内、外径和深度的方法，如图 9-8(b)所示。测量时，将工件放在两卡脚中间，通过副尺刻度与主尺刻度的相对位置，便可读出工件的尺寸。当需要使副尺作微动调节时，先拧紧螺钉，然后旋转螺母，就可推动副尺微动。

游标卡尺的型式分为Ⅰ、Ⅱ、Ⅲ、Ⅳ四种。各种游标卡尺的测量范围和游标读数值见表 9-2。

表 9-2　游标卡尺的测量范围和读数值

mm

型式	测量范围	游标读数值
Ⅰ	0～125，0～150	0.02，0.05，0.10
Ⅱ、Ⅲ	0～200，0～300	
Ⅳ	0～500，0～1000	

图 9-9 所示为深度游标卡尺。它主要用于测量孔的深度、槽的深度和台阶的高度等。其主要由主尺、副尺、游标、基座和螺钉等组成。

测量工件时，将基座紧贴工件表面，再将主尺插到工件底部，即可从游标卡尺上读出测量数值，或先旋紧螺钉，取出后再读测量数值。

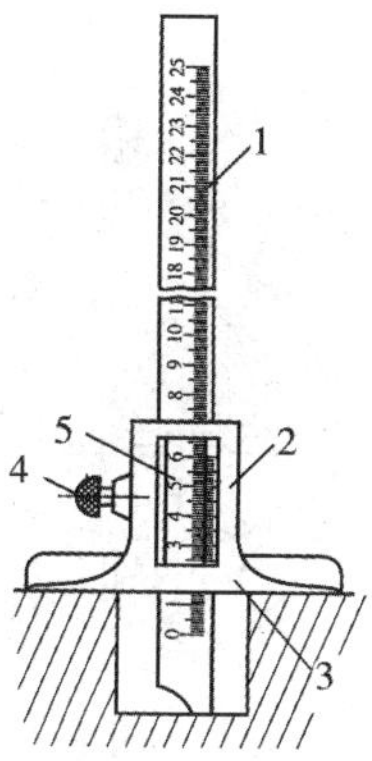

图 9-9　深度游标卡尺

1—主尺；2—副尺；3—基座；4—螺钉；5—游标

使用游标卡尺注意事项：

(1)测量前，先用清洁软布将卡脚的接触面擦拭干净，并使两卡脚紧密贴合，可用透光法检查两卡脚的贴合情况。在检查卡脚贴合时，主尺与副尺的“0”线应对正，如卡脚不贴合，有透光或“0”线不能对正，应检查原因，消除。

(2)被测工件表面应擦拭干净，并检查表面应无毛刺、擦伤等缺陷，游标卡尺不可在毛坯和粗糙表面上测量，以免损坏卡尺的测量平面。

(3)测量可移动的工件时，左手拿住工件，右手拿住卡尺，将工件放入两张开的卡脚内时，工件的被测端面必须仅靠在固定的卡脚上，用轻微的压力将活动卡脚推过去，当两卡脚的测量面和工件表面津贴时，就停止推动。这时可从卡尺上读出工件的尺寸，然后松开活动卡脚取出工件。禁止将卡脚调到工件近似尺寸，将固定螺钉旋紧后，强行卡到工件上，或测量后，固定螺钉未松的情况下，活动卡脚未来开将卡尺从工件上强行取下，这样会损伤卡脚。

(4)测量工件尺寸时，不可在工件转动时进行测量。

(5)测量时，卡脚应与被测工件垂直，无歪斜现象，以免影响测量尺寸的准确性。

(6)游标卡尺使用完毕后，应擦拭干净。

(7)游标卡尺长时间不用时，应涂上一层薄薄油脂，以防生锈。

6. 百分表

百分表是常用的一种精密量具，一般用于测量零部件表面的径向跳动、端面跳动以及平面位移等数值。百分表的测量范围有 0～3mm、0～5mm 和 0～10mm 三种。分度值为 0.01mm。百分表的外形，如图 9-10 所示。百分表是利用一套与齿杆相啮合的齿轮将齿杆移动放大，通过指针表示在表面的刻度盘上。

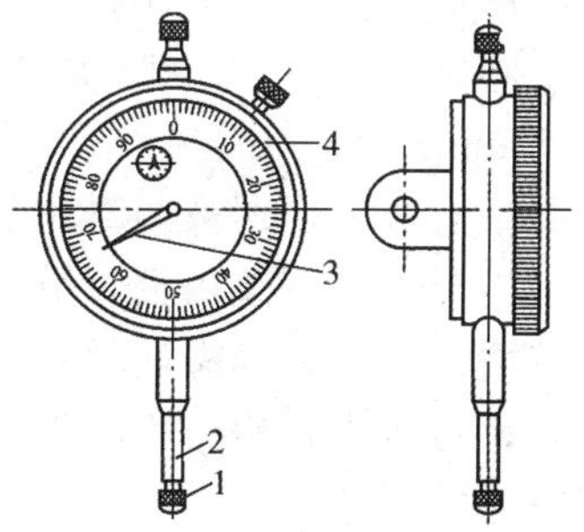

图 9-10　百分表外形图

1—触头(测量头)；2—测量杆；3—大指针；4—表盘

图 9-11 所示为百分表内部结构示意图。中间的测量杆 2 上部有齿与小齿轮 6 啮合。在小齿轮 6 的轴上有一个小指针 3，在小齿轮的轴上还有一个大齿轮 7，大

齿轮与小齿轮8啮合。小齿轮8位于百分表的中心部位，百分表的大指针就装在小齿轮8的轴上。若齿杆稍微向上移动一点距离，指针就可转动很大的角度或者旋转几圈。圆盘弹簧10可使齿轮系的齿轮紧密接触，减少因齿轮松动所产生的误差。螺旋弹簧4可经压杆20将测量杆2的触头1压紧在被测的零部件上。测量时，当百分表触头1触及被测零件表面后，测量杆能上下移动。测量杆将带动齿轮旋转，指针就可指示出压入的距离。测量杆每移动1mm，大指针即转动1整圈。在表盘上将全圆周分成100等份，因此每等份为0.01mm，即大指针每转动1格时，测量杆就移动0.01mm。所以，百分表的测量精度为0.01mm。大指针旋转十圈，小指针就旋转1圈为10mm。图中刻度盘11可以旋转，以便于校正百分表大指针零位。

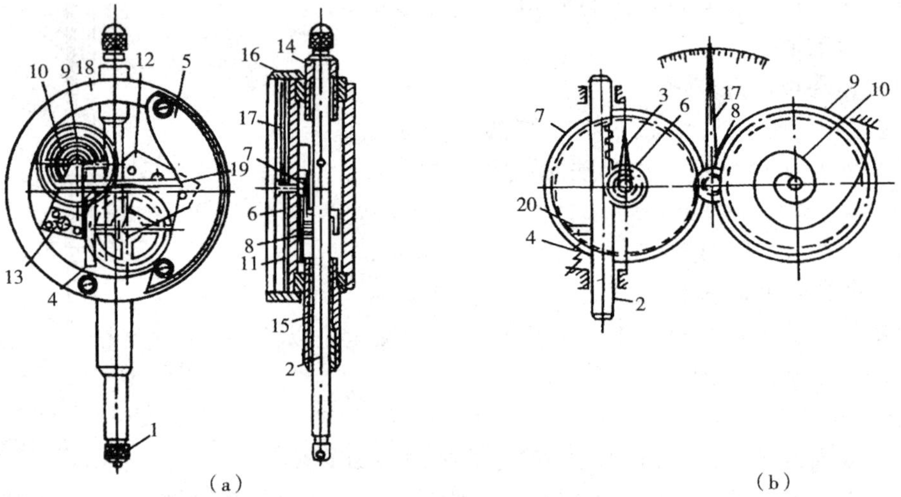

图9-11　百分表内部结构图

1—触头；2—测量杆；3—小指针；4—螺旋弹簧；5—盖板；6、7、8、9—齿轮；10—圆盘弹簧；11—刻度盘；12、13—支架；14、15—套筒；16—转动环；17—大指针；18—壳体；19—导板；20—压杆

百分表使用前，应检查测量杆2移动灵活，无卡涩现象；表指针应固定牢固、且无松动现象；套筒15应在表架上固定牢固，无松动现象；测量时，将百分表测量杆缩短1圈行程(一般约1mm)左右，以保证百分表触头与被测部件表面接触。

7. 内径百分表

内径百分表是测量孔径的精密量具，常用来测量圆柱形内孔和深孔的尺寸及其几何形状的正确性。图9-12所示为内径百分表的外形及可换测量头。内径百分表的分度值为0.01mm。

测量前，应根据被测量工件的尺寸选取相应的测量头，装在表架上，然后利用标准环或外径千分尺来调整内径百分表的零位。调整内径百分表零位时，先按几次活动测量头，然后将内径百分表稍做摆动，如图9-13所示。转动内径百分表的刻度盘，使零线与大指针重合，再将内径表分表稍摆动几次，检查零位应归零。零位对好后，从标准环内取出内径百分表。

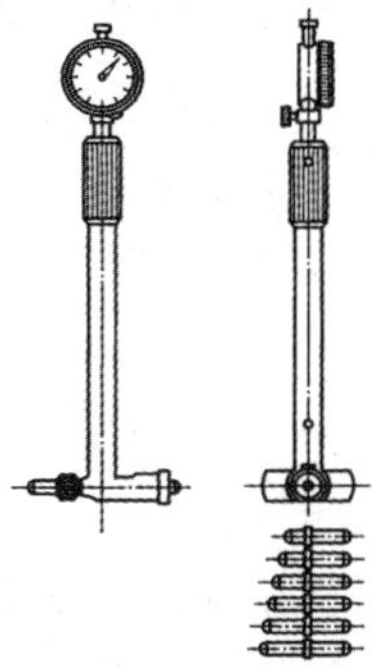

图 9-12　内径百分表盘和可换测量头

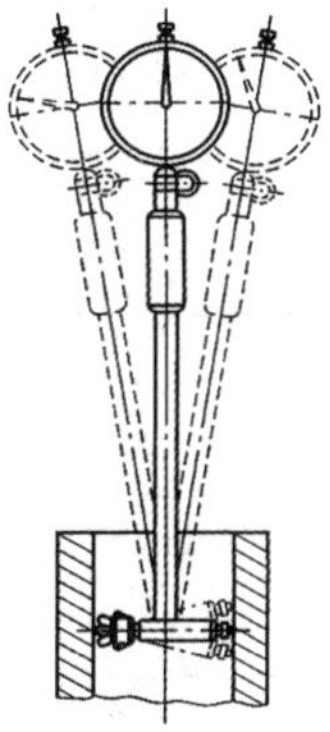

图 9-13　内径百分表的测量方法

使用内径百分表应注意事项：

(1)测量时，应将被测工件表面擦拭干净，以保证测量准确；

(2)内径百分表应避免受潮及沾染油污和灰尘；

(3)使用完毕后，应解除所有负荷，并在容易生锈的表面涂抹一层薄薄的工业凡士林，安放在盒内。

8. 水平仪

水平仪是一种测量微小角度用的量具，水平仪常用于检查机器设备或零件的水平或垂直位置的偏差，是机器设备安装工作中常用的量具。水平仪有框式水平仪和钳工(条形)水平仪或精度较高的光学合像水平仪。

(1)钳工水平仪

图 9-14 所示为钳工水平仪。它由 V 形工作底面与工作底面平行的水准器(气泡)两部分组成。当水平仪的底面都处于准确水平位置时，水准器的气泡正好处于中间位置；被测工件平面稍有倾斜，水准器里的气泡就向高的一侧移动，在水准器的刻度上就可读出两端高低相差值。

(2)框式水平仪

图 9-15 所示为框式水平仪。它有四个相互垂直的都是工作面的平面，并有纵向、横向两个水准仪。因此，它除了能完成钳工水平仪的工作外，还能检验工件的垂直度。框式水平仪的分度值(精度)为 0.02mm/m 和 0.04mm/m。

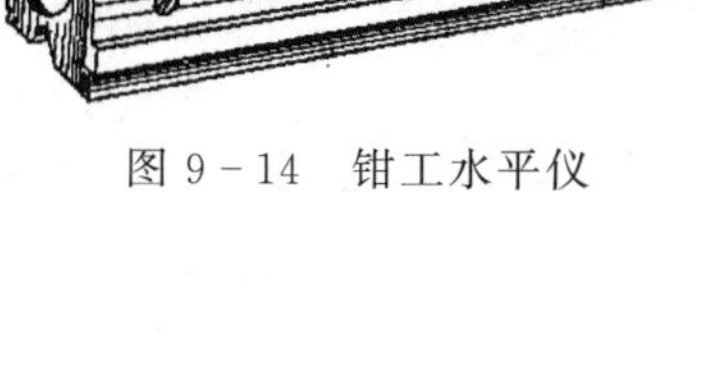

图 9-14　钳工水平仪

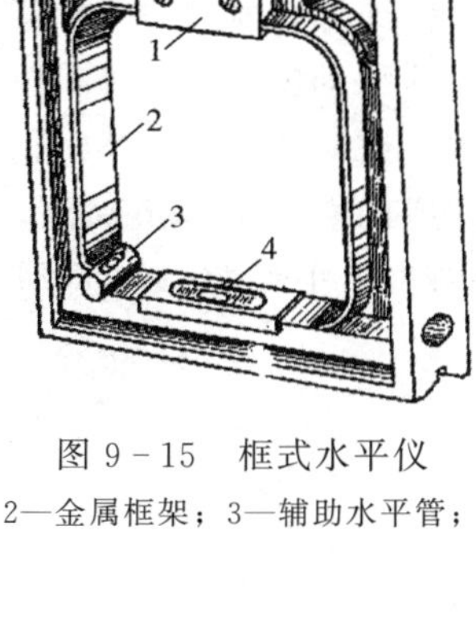

图 9-15　框式水平仪

1—手捏块；2—金属框架；3—辅助水平管；4—主水平管

框式水平仪和钳工水平仪的精度是以水准器里的气泡移动1格刻度时，表面所倾斜的角度，或表面在1m内倾斜的高度差来表示。表9-3中所示为常用的各种精密水平仪的精度。水平仪的外形尺寸见表9-4。

表9—3 框式水平仪和钳工水平仪精度

精度等级	1	2	3
水准气泡移动1格时的倾斜角度	4″～10″	12″～20″	24″～40″
1m内的倾斜高度差/(mm/m)	0.02～0.05	0.06～0.10	0.12～0.20
气泡刻度的测量范围	±8	±5，±8	±5，±8

表9-4 水平仪的外形尺寸 mm

水平仪	1组	2、3组
框式水平仪	200×200×45	150×150×35
钳工水平仪	200×45×42	150×35×26

例：精度为0.02mm/1000mm的水平仪。当水准气泡移动1格时，水平仪底面倾斜角度ϕ为4″；1m内的高度差为0.02mm。

①水平仪的读数方法

水平仪由于加工制造上的原因或由于长期使用及保管不善，测量时便会产生误差，使气泡指示的水平度不准确。所以，在使用水平仪时，应事先了解或设法消除水平仪本身误差。为了减少水平仪本身误差的影响，所以应在被测工件表面上原地旋转180°进行两次测量，以两次读数的平均值加以计算修正，如表9-5所示。

表9-5 水平仪测量数据的计算方法

	水平仪读数			
	例1	例2	例3	例4
第一次测量	0	0	X_1	X_1
第二次测量(旋转180°后)	0	X_2	X_2	X_2
被测工件表面水平仪偏差a	$a=0$	$a=\frac{1}{2}X$	$a=\frac{X_1-X_2}{2}$	$a=\frac{X_1+X_2}{2}$

②框式水平仪和钳工水平仪的测量工作原理

水平仪的工作部分是水准器(水准管)，水准器是封闭的玻璃管，内装有一定量的乙醚或酒精和一个灵活移动的气泡，如图9-16所示，这个气泡永远停留在玻璃管的最高点。如果水平仪在水平或垂直位置时，气泡就处于玻璃管的中央位置，若水平仪倾斜一个角度，气泡就向左或向右移动到最高点，气泡偏左，说明左边偏高；气泡偏右，说明右边偏高。根据气泡移动的刻度(格数)即可知道平面的水平度或垂直度。水平管上刻度的单位一般用mm/m表示。

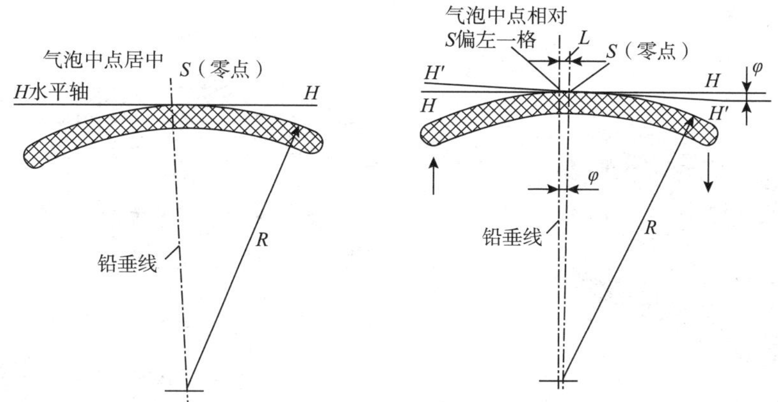

（a）水平气泡居中　　（b）水平气泡偏左一个刻度值（格）

图 9－16　框式水平仪和钳工水平仪的工作原理

③计算实例

例：用精度为 0.02mm/1000mm 的框式水平仪，测量汽缸水平剖分面水平度。第一次测量时，水平仪气泡向左移动 6 格，然后在原地旋转 180°后测量，气泡向反方向移动 2 格，试求汽缸 1500mm 支座处汽缸水平仪的高度差。

计算公式：

$$H=caL \tag{9-1}$$

式中　H——高度差，mm；

c——水平仪精度，0.02mm/m；

a——气泡移动格数，格；

L——汽缸两支座间距离，mm。

解：$H=caL$

$$=0.02/1000\times\frac{6-2}{2}\times1500$$

$$=0.02\times2\times1.5=0.06\text{mm}$$

答：在汽缸支座 1500mm 处的高度差为 0.06mm。

(3)光学合像水平仪

除了以上两种水平仪外，还有一种精度很高的光学合像水平仪，其外形如图 9－17(a) 所示，其测量精度为 0.01mm/m，它主要通过精密的细牙螺杆和凸透镜的放大以及采用合像棱镜系统，提高了眼睛的分辨能力而获得的。相反它使用的水平管精度较低，相等于 0.1mm/m。精度较低的水平管具有气泡停止快而且稳定的优点。

光学合像水平仪中的合像棱镜系统是由两块完全对称的多面棱镜组成，每块多面棱镜上有三个倾斜角为 45°的直角反射面 A、B、C，其工作原理如图 9－17(b)所示。当水平管水平时，水平气泡居中，气泡左右两端的半个影像通过多面棱镜上的 A 面(该面上镀有银，以提高反射能力)反射到 B 面，再由 B 面反射到 C 面，最后通过凸透镜放大可以获得合像气泡影像。如果水平管左端偏高、右端偏低，则水平气泡偏向左端，这时通过合像棱镜系统反射后，出现左边半个气泡影像长、右边半个气泡影像短的现象。如果水平管右端偏高、左端偏低，则出现相反的情况。水平管的倾斜度越大，则左、右两半个气泡影像偏差越大。

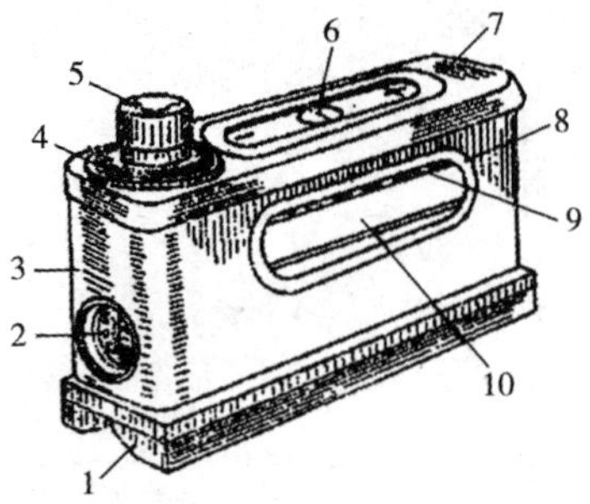

(a)外形图

1—V 形底座；2—倾斜度标尺；3—外壳；
4—倾斜度刻度盘；5—旋钮；6—合像放大镜；
7—盖板；8—窗口；9—水平管；10—反光板

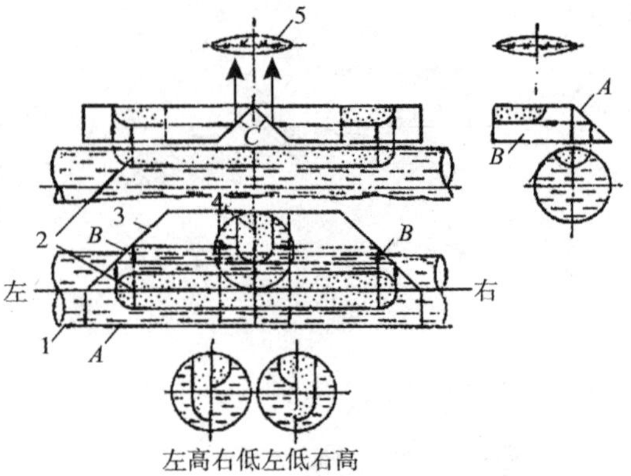

(b)工作原理图

1—水平管；2—气泡；3—多面棱镜；
4—合像气泡影像；5—放大镜

图 9-17　光学合像水平仪

合像水平仪内部结构如图 9-18 所示。其主要由光学部分、杠杆部分和读数部分组成。

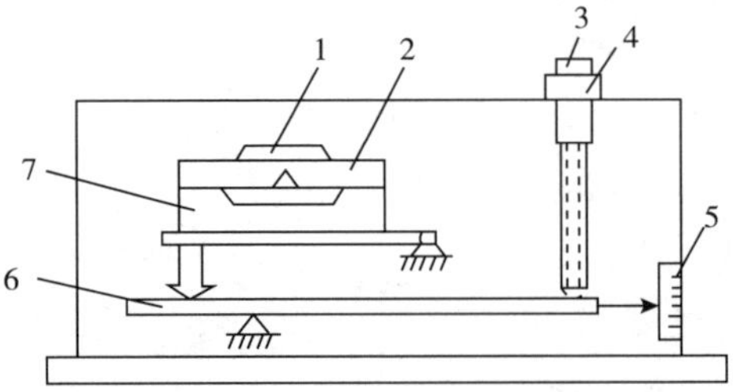

图 9-18　合像水平仪构造简图

1—放大镜；2—光学棱镜；3—调节螺钉；4—读数盘；
5—读数标尺；6—杠杆部分；7—水泡盒

①光学部分

合像水平仪的光学部分是由光学棱镜 2 和放大镜 1 组成，光学棱镜位于水泡盒 7 上。水泡盒是一个封闭的玻璃管，管内装有液体乙醚，还有一部分稀薄的空气。玻璃管的表面做成圆弧形的。水平仪倾斜时，管内空气形成的气泡总是向最高的部分移动，通过光学棱镜将偏移的当水泡合像成图，并通过放大镜的放大作用可以看出两半气泡一高一低。例如水平仪处于水平位置时，水泡盒中的气泡处于中间位置，此时从放大镜中看到两半气泡重合，如图 9-19(a)所示。当水平仪倾斜时，水泡盒内的气泡移向高的一端，当平尺倾斜度为 0.01mm/m 时，气泡就偏离中间位置，向高处移动 0.20mm，如图 9-19(b)所示。这时，从放大镜看到的左右气泡的相对偏移为 0.20＋0.20＝0.40mm。这个偏移值再经过放大倍数为 5 的放大镜，这样在人们肉眼所看到的读数即为 5×0.40＝2mm。所以水平仪倾斜度为 0.01mm/m 时，气泡的读数为 2mm(每格距离为 2mm)。

②杠杆部分

图 9-20 所示为合像水平仪杠杆部分简图。其中 B、C 两点为固定支点，当水平仪倾斜时，杠杆组随之倾斜。这时应调整 A 点，使杠杆绕 B 点向上、向下移动，就可使气泡

恢复到中间位置。杠杆的比例取 1∶5，即$\frac{BD}{AB}=\frac{1}{5}$。

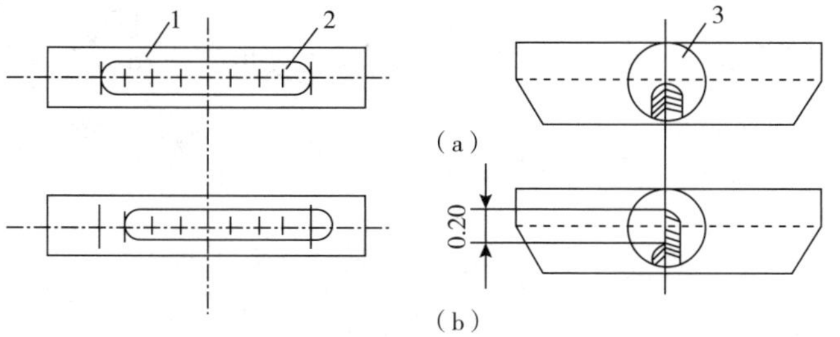

图 9－19　气泡的位移及合像图形

1—水泡盒；2—气泡；3—合像图形

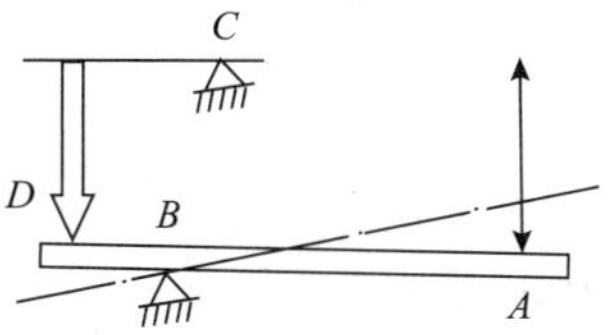

图 9－20　合像水平仪的杠杆部分

③读数部分

通过读数部分的指示值，就可以知道所测部件的水平情况。读数时先旋动调节螺钉使杠杆恢复水平状态，这时就能从读数盘上读出被测部件平面的水平倾斜度。

如图 9－18 所示，调节螺钉 3 的螺距为 0.5mm。读数盘 4 的整圈分为 100 等份(100 格)，当调节螺钉每旋转一格，杠杆 A 点的位移即为 0.005mm。因此，当 1m 长的平尺倾斜 0.01mm 时，则测量部件平面 100mm 长的水平仪就倾斜 0.001mm。由于杠杆的比例为 1∶5，所以这时 A 点就应向上(或向下)移动 0.005mm，才能使气泡位于中间位置。当 A 点位移值较大时(大于 1mm)，调节螺钉必须旋转 1 圈以上，这时就可以从水平面侧面的读数标尺 5 上显示 A 点位移值。读数盘上的“＋”与“－”表示调节螺钉的旋转方向，即为表示被测平面的倾斜方向。

在进行测量时，首先将水平仪的读数盘和标尺安置在零位，再将水平仪放置于被测平面上。调整调节螺钉，使两半气泡合为一体，从读数盘测取读数为 A。为了校验水平仪是否准确，需将水平仪在原地旋转 180°，然后沿反方向调整调节螺钉，使二半气泡合为一体，此时从读数盘测取的读数为 B。

若 B 值位于零点的另一侧，则其符号与 A 值相反：即 A 为“＋”值时，B 即为“－”值。

在此情况下，被测平面的倾斜度(简称扬度 δ)，可用下式求出：

$$\delta=\frac{A-(B)}{2}=\frac{A-B}{2} \tag{9-2}$$

如果 $A\neq B$，说明气泡的中间位置与读数盘的刻度零位不相符合，其偏差值 S 可用下式计算：

$$S=\frac{A+(B)}{2}=\frac{A+B}{2} \tag{9-3}$$

例 1：如图 9－21 所示为合像水平仪读数盘的几种位置。图 9－21(a)所示，A＝5 格、B＝－5 格，计算扬度值 δ 和偏差值 S。

则扬度值：

$$\delta=\frac{A-(B)}{2}=\frac{5-(-5)}{2}=\frac{5+5}{2}=5\text{ 格}=0.05\text{mm/m}$$

偏差值：

$$S=\frac{A+(B)}{2}=\frac{5+(-5)}{2}=0$$

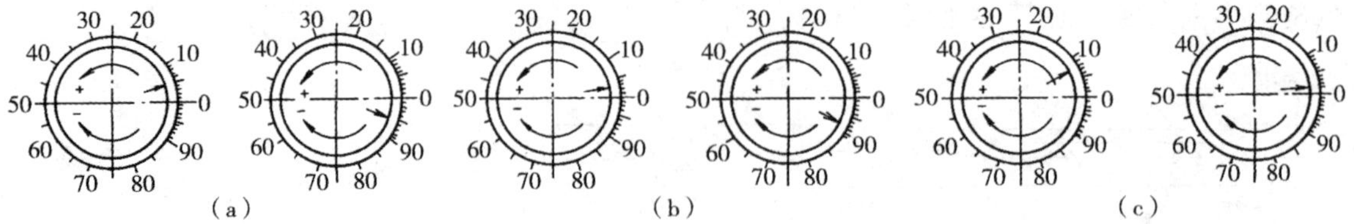

图 9-21　合像水平仪读数盘的几种位置

例 2：如图 9-21(b)所示，$A=3$ 格、$B=-7$ 格，计算扬度值 δ 和偏差值 S。

则扬度值：

$$\delta=\frac{A-(B)}{2}=\frac{3-(-7)}{2}=5 \text{ 格}=0.05\text{mm/m}$$

偏差值：

$$S=\frac{A+(B)}{2}=\frac{3+(-7)}{2}=-2 \text{ 格}$$

上述两例，所求得的扬度值相同，而后者由于气泡中间位置与读数盘刻度的零位不相符，零点偏移至−2 格处，所以旋转 180°所测的读数，其绝对值不相等。因此为了消除水平仪本身的误差，在使用水平仪时应旋转 180°重复进行测量，再按式(9-2)求得平均值。

所测平面扬度的方向，可根据读数盘旋转的方向来确定。若沿"＋"方向旋转才能使两半气泡重合，则水平仪此头的扬度高，水平仪另一头的扬度低；反之，则相反。

如果测量时，读数 A、B 均在零点的同一侧，即同为"＋"或同为"－"值，仍可以用式(9-2)和式(9-3)计算扬度值和偏差值。

例 3：如图 9-21(c)所示，$A=8$ 格、$B=-2$ 格，计算扬度值 δ 和偏差值 S。

则扬度值：

$$\delta=\frac{A-(B)}{2}=\frac{8-(2)}{2}=3 \text{ 格}=0.03\text{mm/m}$$

偏差值：

$$S=\frac{A+(B)}{2}=\frac{8+(2)}{2}=5 \text{ 格}$$

即零点偏移至 5 格处。

上述三组数值，总结了不同读数扬度和偏差的计算方法。为了测得比较精确的读数，在应用水平仪使用时应注意如下事项；

①测量工件表面及水平仪底座应清洁、光滑、平整，无毛刺、锈蚀等缺陷；

②第一次测量时，应将水平仪底座四周用记号笔标记其所占据的位置，以便将水平仪旋转 180°仍摆在原来位置上，以消除加工面不平整的影响；

③用水平仪在平尺上进行测量时，不但水平仪应旋转 180°进行二次测量，而且平尺也应旋转 180°进行二次测量，以消除平尺的误差；

④测量时应避免温度的影响，因水准器中液体受温度影响后将是水准气泡长度改变，当温度变化 2～3℃时，水准器里的气泡的长度将近变化 1 格。为减少温度的影响，测量时应由气泡两端读数，然后取其平均值作为测量结果；

⑤测量时，应先将辅助(横向)水平管气泡居于中间位置，然后再进行测量、读取数值。

9. 水准仪

在机械设备安装中，经常用水准仪对机械设备基础(垫铁)的标高进行测定。水准仪主要部件如图 9-22 所示。

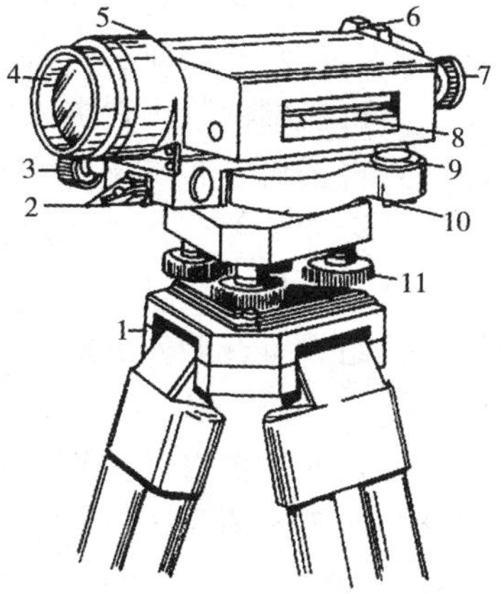

图 9-22 水准仪的构造

1—三脚架；2—制动扳手；3—微倾螺旋；4—物镜；5、6—瞄准器；7—目镜；8—长水准管；9—圆水准器；10—校正螺钉；11—脚螺栓

(1)水准仪的主要部件

①望远镜制动扳手：当制动扳手向下扳紧后，可固定望远镜在水平方向的转动。

②望远镜微动螺旋：当制动扳手向下扳紧后，可转动微动螺旋，使望远镜在水平方向进行微小的转动。

③微倾螺旋：转动微倾螺旋可使望远镜和长水准管一起在竖直(垂直)方向进行微小的转动。因此，当转动微倾螺旋时，可使望远镜的视线水平(即长水准管里的气泡居中)。

④对光螺旋：转动对光螺旋，可使目标的像调节到清晰为止。

⑤脚螺旋：用它来放平仪器。

⑥长水准管：当长气泡在水准管的中间位置时，说明望远镜的视线已经水平。

⑦长水准管校正螺钉；用以校正水准管的位置。

⑧圆水准器：用它来粗略地放平仪器。当圆气泡居中时，说明望远镜已经大致水平。

⑨目镜：调节目镜的位置，使十字线的像显得很清晰。

⑩瞄准器：可用它在望远镜外面粗略地瞄准目标。

(2)水准仪测定设备基础(垫铁)标高的方法

根据机械设备基础施工图，在机械设备就位之前，应对垫铁标高进行测定，现将用水准仪测定垫铁标高的方法叙述如下。

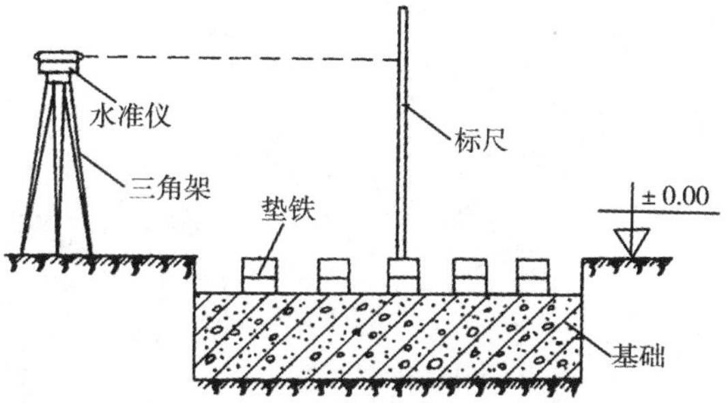

图 9-23 用水准仪测量垫铁标高

如图 9-23 所示，将水准仪安放在大致水平的三脚架上，调整水准仪使圆气泡和长水准管的气泡居中，望远镜的视线基本处于水平位置，扳松望远镜制动扳手，使水准仪目镜能水平转动。在标准标高垫铁上立一标尺，用望远镜瞄准长标尺转动微倾螺旋，使观察孔中的两个气泡头吻合，指挥立放长标尺的人用红铅笔划一条与望远镜十字线相重合的水平线。然后分别测量其余垫铁的标高，使其与设计标高相差 1～2mm，待机械设备就位之前，使垫铁有可调高或可调低的余量。

(五)基础的验收及垫铁布置

1. 基础复查

汽轮机基础除了承受汽轮机、工作机械及附属设备的重量外，还要承受转子旋转时不平衡质量所产生的离心力的作用，因此要求混凝土基础必须打在牢固的石基上或有相当数量的桩基上。基础的底面积一定应按土壤允许的负荷来确定。基础交付安装时，土建施工单位在汽轮机基础混凝土保养期满后(达到设计强度70%以上，并经验收合格)，将基础清理干净，并根据机组布置图及制造厂提供的有关图纸，用墨线标出机组、地脚螺栓的纵、横中心线及标高，并有基础质量合格证书，然后由监理单位人员组织汽轮机安装单位人员会同土建施工单位人员进行机器基础验收，基础验收合格后，应办理中间交接手续。

汽轮机组设备开始安装时，土建单位交付安装单位的基础，应复查如下项目：

(1)基础混凝土表面应平整，无裂纹、空洞、蜂窝、麻面和露筋等缺陷。特别是布置垫铁的基础表面不应有外露钢筋，更不允许用水泥砂浆抹面。铲掉基础表面的疏松层，以保证基础二次灌浆质量。

(2)设计要求抹面和粉饰的部分，尤其是发电机风室和风道的抹面应平整、光滑、牢固，无脱皮、掉粉现象，必要时应涂耐温油漆；内部的金属平台、爬梯等应做好防腐。

(3)按基础图及设计技术文件复测基础的几何尺寸、纵横轴线、标高、地脚螺栓孔中心线及预埋地脚螺栓套管相对位置尺寸，其允许偏差应符合表9-6的规定。

表9-6　机器基础尺寸及位置允许偏差

项次	项目名称		允许偏差/mm
1	坐标位置(纵横轴线)		±20
2	不同平面的标高		−20
3	平面外形尺寸		±20
	凸台上平面外形尺寸		−20
	凹穴尺寸		+20
4	平面水平度	每米	5
		全长	10
5	垂直度	每米	5
		全高	10
6	预埋地脚螺栓	标高(顶端)	+20
		中心距(在根部和顶端两处测量)	±2
7	预留地脚螺栓孔	中心位置	±10
		深度	+20
		孔壁垂直度，每米	10
8	带锚板的活动地脚螺栓	标高	+20
		中心位置	±5
		水平度(带槽的锚板)，每米	5
		水平度(带螺纹孔的锚板)，每米	2

(4)基础的纵向中心线对凝汽器和工作机械底座的横向中心线应垂直，并保证机组上下部件连接和受热膨胀及受冷收缩自由，无阻碍。

(5)汽轮机的地脚螺栓孔一般是预埋套管或穿孔。孔洞表面应光洁，无杂物。预埋套管不应高出混凝土平面，以防与底座相碰而影响二次灌浆质量。

(6)螺栓孔中心线对基础中心线偏差应不大于0.1d(d为预埋钢套管内径)且小于10mm。地脚螺栓孔内壁的垂直度可用线锥吊线法检查，如图9－24所示。螺栓孔壁的铅锤度偏差应不大于$L/200$且小于10mm(L为预埋钢套管或地脚螺栓的长度)，孔内应畅通，无横筋和杂物；螺栓孔下部与锚板接触的混凝土平面应平整，且应大于锚板面积的50%，以防在基础二次灌浆时，在锚板四周漏浆。

(7)根据汽轮机厂房柱子的中心线或土建施工单位在基础上预留的标志，用钢丝划出基础的纵向中心线，如图9－25所示。

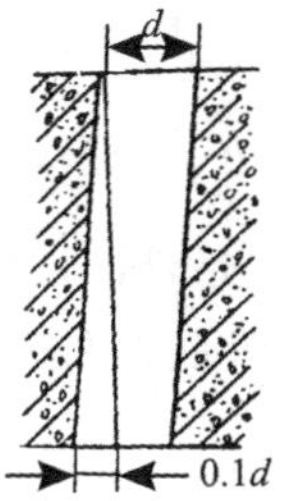

图9－24　地脚螺栓孔垂直度的检查

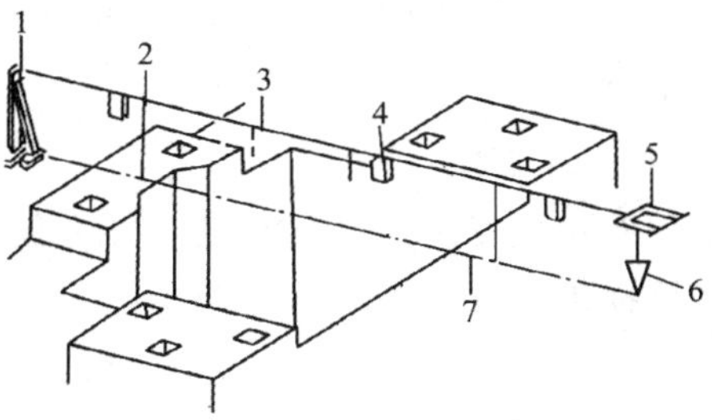

图9－25　复查基础轴线

1、5—线架；2—线锤；3—钢丝；4—带颜色的纸条；6—铅锤；7—纵向轴线

纵向中心线确定完毕后，参照图纸上的地脚螺栓孔和汽缸排汽口的相互位置定出各轴承座、排汽口(或凝汽器)、工作机械的横向中心线。同时应根据基础上各地脚螺栓孔的实际偏差情况，调整各横向中心线的位置，使汽轮机安装时地脚螺栓能够顺利地穿入并应有调整的余量。

图9－26所示为用木质三角尺检查基础的纵横两中心线。以钢丝线的交点O为基准，自O点在$B-B'$线上测量出OB尺寸，在$A-A'$线上测量出OA尺寸，若$OB=\sqrt{OA^2+OB^2}$，则说明$A-A'$线垂直于$B-B'$，其误差应小于1mm。中心线确定后，用墨线或油漆将纵横中心线划到基础上。基础的纵向中心线对凝汽器或工作机械的横向中心线的垂直度偏差应不大于1mm/m。

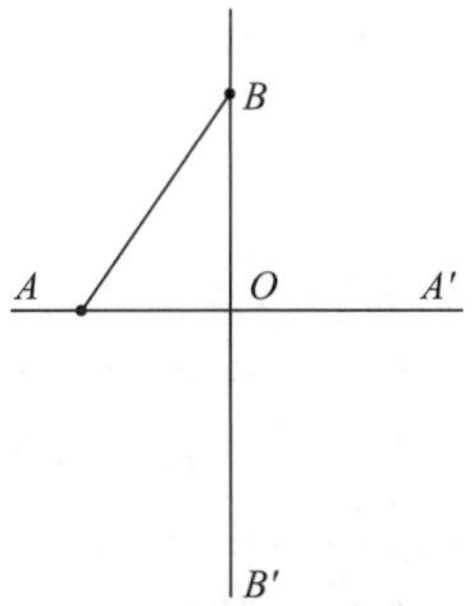

图9－26　检查纵横中心线的垂直度

(8)基础与厂房及有关运行平台的隔震缝中的模板和杂物应清理干净，并应留有10～15mm的隔震缝。

(9)在机组设备安装过程中，按不同阶段用地质水准仪测量并记录基础上各沉降观测点的标高。该标高作为原始记录，以便检查今后基础下沉的情况。以防因基础沉降影响设备安装质量，基础沉降观测工作应配合下列工序进行：

①基础养护期满后(此次测定值作为原始数据)；

②汽轮机全部汽缸就位和工作机械定子就位前、后；

③汽轮机和工作机械二次灌浆前；

④机组整套试运行后。

进行沉降观测时，应使用精度为2级的仪器观测并记录，并应将沉降观测点进行妥善保护。沉降值应符合规范要求，不允许基础有较大的不均匀沉降。

2. 机器基础的处理

①与二次灌浆层相结合的基础表面应铲掉混凝土疏松层，并凿出麻面，麻点深度不宜小于10mm，麻点分布以每平分分米内有3～5个点为宜。渗透在基础上的油垢应清理干净，并将高出基础表面的预埋钢套管切割掉；

②按照机组机器设备实物尺寸核对基础的有关主要尺寸，应能满足机组安装的要求；

③放置垫铁处的混凝土表面应凿平，并使两者接触密实并四角无翘动；

④放置螺丝千斤顶或临时垫铁的基础部位应平整。

(六)垫铁布置

1. 垫铁组布置的原则

汽轮机采用有垫铁安装时，当基础混凝土强度达到70%以上时，便可进行机组安装。首先根据制造厂提供的技术文件的垫铁布置图，在基础上划出垫铁的位置；若制造厂未提供垫铁布置图时，可按下列原则进行垫铁布置。

(1)在负荷集中的部位。

(2)底座(台板)地脚螺栓两侧各放置一组垫铁，并应使垫铁尽量靠近地脚螺栓。

(3)当地脚螺栓间距小于300mm时，每个地脚螺栓旁至少应有一组垫铁。

(4)相邻两垫铁组的间距，可根据机器的重量、底座的结构形式以及载荷分布等具体情况而定，小型底座一般为300mm左右，大型底座可达700mm。

(5)设备底座的接缝处的两侧应各放置一组垫铁，并在底座加强筋部位下方应增设垫铁组。

(6)布置垫铁的总面积按垫铁单位面积的静负荷不应超过392N/cm^2(～4MPa)计算。

(7)每一垫铁组的面积，应根据设备负荷按下式计算：

$$A \geqslant C\frac{(Q_1+Q_2)\times 10^4}{Rn} \tag{9-4}$$

式中　A——每一组垫铁的最小面积，mm^2；

Q_1——设备本身及其他重量作用在该垫铁组上的负荷，N；

Q_2——地脚螺栓紧固后，所分布在该垫铁组上的压力，(可取地脚螺栓紧固后所产生的轴向力，N；

R——基础混凝土的单位面积抗压强度，MPa(可取混凝土设计强度)；

C——安全系数，宜取1.5～3；

n——垫铁组数。

2. 垫铁的准备

垫铁主要用来调整机组的标高及水平度，其安置在底座与基础之间，并为基础二次灌浆创造条件，使灌浆料充实于底座与基础之间。

机组安装前应根据制造厂技术文件提供的垫铁规格及垫铁布置图配制足够数量垫铁，并要求垫铁采用钢板割制，经刨床加工。

(1)垫铁表面应平整，无毛刺及卷边等缺陷。垫铁平面四周边缘应倒45°角。

(2)平垫铁表面粗糙度为 $Ra6.3$，斜垫铁的斜面粗糙度为 $Ra12.5$。斜垫铁的薄边厚度一般应不小于 10mm，其斜度宜为 1：10～1：25，相互接触的两斜面应接触密实，无翘动现象。

3. 垫铁安装的要求

(1)斜垫铁应配对使用，与平垫铁组成垫铁组时，垫铁的层数宜为 3 层(即一平二斜)，且不应超过 4 层；放置平垫铁时，厚的垫铁宜放在最下面，薄的垫铁宜放在垫铁组中间且不宜小于 2mm。垫铁组的高度宜为 50～70mm 为宜(大容量机组取上限)。

(2)设备找正、找平后，每一组垫铁组应放置整齐、平稳且接触良好，平垫铁端面应露出底座 10～30mm；斜垫铁宜露出 10～50mm。垫铁组伸入设备底座底面的长度，均应超过设备地脚螺栓的中心。

(3)底座与垫铁或垫铁之间应接触密实，用 0.05mm 塞尺检查，应塞不进，局部塞入部分在同一断面处以两侧塞入的长度总和不应超过垫铁长(宽)度的 1/3。

(4)安装配对斜垫铁时，两块斜垫铁错开的偏斜角 α 应不大于 3°。

(5)垫铁组安装完毕后，汽缸正式闭合前，应用电焊将各垫铁组侧面点焊。

(七)无垫铁安装

无垫铁安装是不采用垫铁，机器的自重及地脚螺栓的紧固力矩均有二次灌浆层来承担的安装方法，适用于底座底面比较平整的机器。

当机组采用无垫铁安装时，底座的支承板可采用坐浆法和黏合法与基础面相接触。当支承板采用坐浆法时，应根据机器的质量和机器底座的结构形式，确定调整螺顶或临时螺纹千斤顶下部支承板的位置及数量。根据支承板的规格，铲出比支承板每边大 20mm，深度为 15～20mm 的坐浆坑，并在坐浆坑内及周围涂一层水泥浆。清理坐浆坑内杂物并用水冲洗干净，用水充分浸润 30min 后，清除坑内积水。浇注支承板的砂浆墩，如图 9－27 所示，将搅拌好的专用灌浆料浇注模板内，放置支承板并用胶皮锤敲击，使其平稳下降，支承板上平面的水平度允许偏差为 0.20/1000mm，灌浆料应低于支承板上平面 2～3mm，各支承板上平面标高允许偏差为±2mm。待专用灌浆料养生期满后，即可将底座、下汽缸或汽轮机吊装就位。

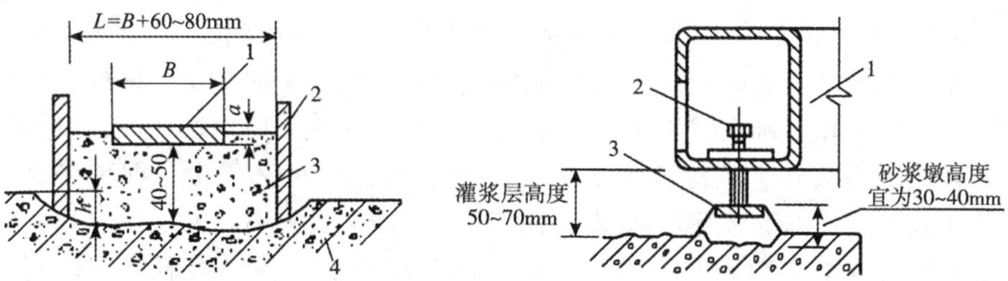

(a) 支承板安放示意图

1—支承板；2—模板；3—专用灌浆料；4—混凝土基础；

B—支承板尺寸(一般为□100×100mm)；

h—坐浆坑深度(一般为 15～20mm)；

a—支承板厚度(一般为 10～15mm)；L—模板尺寸；

1—底座；2—调整螺钉；3—支承板

(b) 砂浆墩制作示意图

1—底座；2—调整螺钉；3—支承板

图 9－27　支承板安放及砂浆墩制作示意图

所谓黏合法，即是用环氧树脂砂浆将支承板或垫铁黏合在基础表面上，环氧树脂与砂浆的配比见表 9-7。

表 9-7 环氧树脂砂浆的配比

性能	环氧树脂：石英砂(质量比)	
	1∶6	1∶8
抗压强度/MPa	115	95
抗拉强度/MPa	49	15
抗弯强度/MPa	44	32

注：表中树脂包括固化剂，一般环氧树脂配 6%～8%乙二胺、10%二丁酯。

当采用黏合法时，在黏接支承板或垫铁前，应按制造厂垫铁布置图在基础上确定垫铁的位置，然后将垫铁位置处基础表面混凝土疏松层铲掉 10～15mm，并应铲平整。黏接支承板时，首先将混凝土表面与支承板的结合面刷一层环氧树脂黏合剂，然后填入厚度为 5～10mm 环氧树脂砂浆层，再安放支承板。从黏接到砂浆层凝固，应经常用水平仪监视支承板上平面的水平度。为防止环氧树脂砂浆与空气接触而老化，降低强度，应在支承板四周进行二次灌浆，二次灌浆层混凝土的标号应与基础混凝土标号相同或略高些。二次灌浆层只起保护树脂的作用，并不承受载荷。为不妨碍调节螺钉的调整，二次灌浆层应低于支承板上平面 2～3mm。

无垫铁安装方法有如下两种：

(1)机器底座上带有的调节螺钉(顶丝)，安装前将底座上的调节螺钉均匀落出底座 25～30mm。安装时在基础上与调节螺钉相对应的位置埋设一块宽 100～150mm，厚度 10～20mm(按机器负荷选择)的支承板，用高强度水泥砂浆使其与基础相结合。机器找正、找平完毕后，用专用二次灌浆料或无收缩水泥砂浆进行二次灌浆(地脚螺栓预留孔和底座与基础之间的灌浆同时进行)，并用捣浆工具将灌浆层捣实，如图 9-28 所示。待灌浆强度达到设计强度 75%以上时，旋松调整螺钉，进行地脚螺栓紧固，同时检查底座的沉降度。

(2)机器底座上无调节螺钉，可用自制螺纹千斤顶进行机器找正、找平，如图 9-29 所示。小型千斤顶或临时垫铁布置的位置和数量，应根据机器的重量、底座的结构等具体情况而定，一般应先在基础上铲出千斤顶垫板窝，然后浇注一层稠密的高强度砂浆，并将垫铁放在砂浆之上将其找平，待砂浆强度达到设计强度的 80%以上，即可将机器吊装就位，进行找正找平。二次灌浆前，将螺纹千斤顶位置用模板隔离，然后用专用灌浆料灌入基础与机器底座之间的空隙，并用捣浆工具将灌浆层捣实，待二次灌浆层达到设计强度 75%以上时，取出千斤顶，并复测水平度，然后用砂浆补灌螺纹千斤顶空位。

(八)地脚螺栓的安装要求

1. 安装预留孔内的地脚螺栓的要求

(1)地脚螺栓的光杆部分应无油污和氧化皮，螺纹部分应涂少量油脂。

(2)螺栓在预留孔中应呈垂直状态、无歪斜，其允许偏差为≤L/200(L 为地脚螺栓长度)，且不大于 5mm；

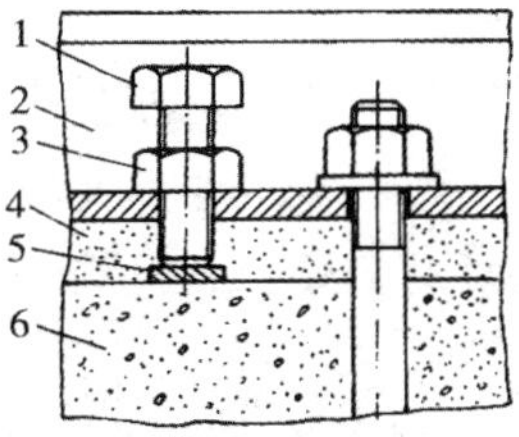

图 9-28 用调节螺钉进行机器找正、找平

1—调节螺钉；2—机器底座；3—螺母；4—二次灌浆层；5—支承板；6—混凝土基础

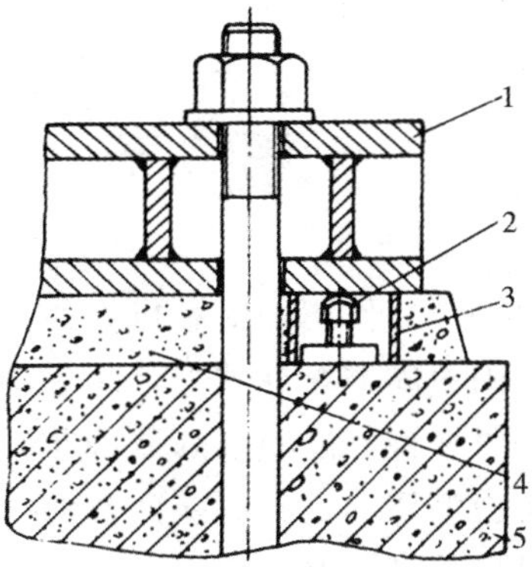

图 9-29 用螺纹千斤顶进行机器找正、找平

1—机器底座；2—螺纹千斤顶；3—模板；4—二次灌浆层；5—混凝土基础

(3)螺栓在螺栓孔内或螺栓套管内四周应有不小于 5mm 的间隙，距预留孔壁距离 a 应大于 15mm，且不应碰孔底，如图 9-30 所示。

(4)螺母与垫圈、垫圈与底座间的接触均应接触均匀、密实。

(5)拧紧螺母后，螺纹应露出螺母外 1.5～3 个螺距。

(6)一次灌浆达到设计强度的75%以上时，方可紧固地脚螺栓，地脚螺栓应对称紧固，紧固力矩应均匀并符合设计文件规定。

(7)地脚螺栓最终紧固时，应复查汽缸水平和转子与汽缸的同轴度，并用 0.05mm 检查底座与轴承座间、底座与汽缸支座间的滑动面、底座与垫铁以及垫铁之间的接触面均应接触密实，且应塞不进。

紧固地脚螺栓时，不得使汽缸负荷的分配和汽轮机通流部分动静间隙及中心位置发生变化。

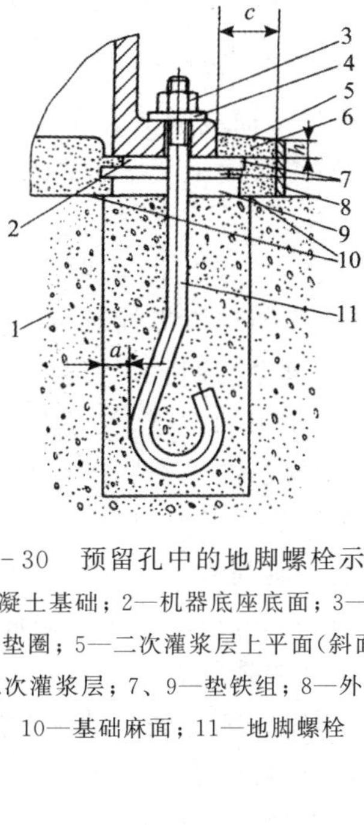

图 9-30 预留孔中的地脚螺栓示意图

1—混凝土基础；2—机器底座底面；3—螺母；4—垫圈；5—二次灌浆层上平面(斜面)；6—二次灌浆层；7、9—垫铁组；8—外模板；10—基础麻面；11—地脚螺栓

2. 安装带锚板的地脚螺栓的要求

(1)地脚螺栓的光杆部分及锚板应涂防锈漆两道。

(2)地脚螺栓的长度、直径应符合设计规定，其垫圈、锚板中心孔等尺寸均应符合制造厂技术文件的规定。

(3)螺栓在套管内或螺栓孔内应处于垂直状态，四周均有间隙。

(4)用螺母托着的钢制锚板应放置平整，并与基础接触应密实，在底座定位后，螺母与锚板之间应进行定位焊固定或采取其他防松措施。

(5)当锚板直接焊在地脚螺栓上时，其角焊缝高度应小于螺杆直径的 1/2。

(6)地脚螺栓最终紧固时，应复查汽缸水平和转子与汽缸的同轴度，并用 0.05mm 塞尺检查底座与轴承座、底座与汽缸间、底座与垫铁间以及各层垫铁之间的接触应密实无间隙。

第二节 底座与轴承座安装

底座(台板)的作用是支承机组的各部件，使它们的重量合理地分布在基础上，并通过地脚螺栓牢固地固定在基础上，然后用专用灌浆料进行二次灌浆，使底座与垫铁、基础形成一体。同时允许汽缸因热膨胀而推动轴承座在底座上滑动，使汽缸不至于变形。目前，底座大多是由型钢和钢板焊接而成的。

底座可以单独就位、找正、找平，也可将底座与轴承座组合在一起，一同就位、安装，然后再组装其他部件。目前，许多制造厂将汽轮机与底座在组装台上组装好，然后运到现场后一同安装。

一、底座的检查与安装

(1)底座就位之前首先应将底座底面上的沙土、油漆、污垢、锈蚀等清理干净，检查底座上的滑动面应清洁、光滑，平整、无损伤、变形等缺陷。

(2)检查底座上浇灌混凝土的孔洞、放气孔、底座与轴承座的注油孔应清洁、畅通，无堵塞现象。

(3)校核底座上地脚螺栓孔及基础上的螺栓孔尺寸应符合设计文件的要求。

(4)底座与地脚螺栓螺母、螺母与垫圈的接触面应平整，无歪斜。

(5)底座上的调整螺钉与螺纹应配合良好，无锈死或松动现象。

(6)底座与轴承座、底座与汽缸的结合面应清洁、光滑、平整，无毛刺、锈蚀等缺陷。

(7)用着色法检查底座与轴承座或底座与汽缸的接触面积，每 25mm×25mm 接触 3～5 点的面积应达 75%以上，并均匀分布，用 0.05mm 塞尺沿四周检查应塞不进。否则，应进行研刮。研刮时，在其结合面上涂以红丹油，按运行时热膨胀方向来回推动，移动距离一般为 20～50mm，根据接触痕迹进行研刮。研刮完毕后，应在底座与轴承座结合面上涂以二硫化钼或磷状石墨粉，并装上滑销。

(8)用线锤测量底座的轴线应与机组基础的轴线应一致，允许偏差为 2mm。

(9)底座的安装标高与中心位置应符合设计文件要求。用水准仪测量各底座的标高，其允许偏差值为±1mm，并应控制使其偏差值的方向应一致(或都为“+”，或都为“-”)。

(10)底座纵、横向水平度测量，应在底座基准面上架设平尺用精密水平仪测量，如图 9-31 所示，其允许偏差为 0.10mm。

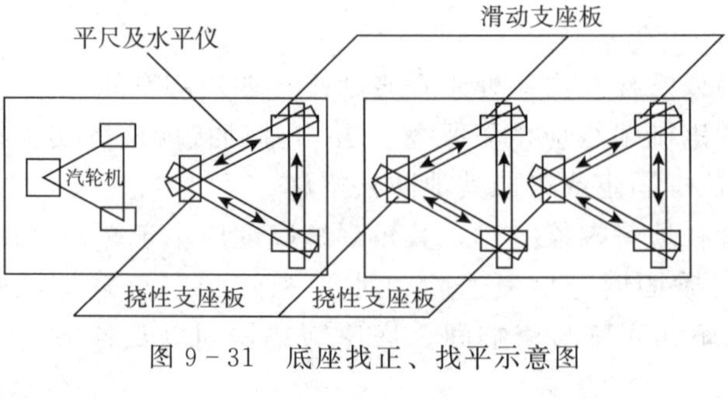

图 9-31 底座找正、找平示意图

(11)底座与汽缸整体供货时，纵向水平度应在前后轴承座孔上进行测量，横向水平度在前后轴承座水平剖分面上进行测量。

(12)单独落地式轴承座，应按基础上的纵横中心线和图纸要求的标高定位。吊装就位后，用拉钢丝法将其初步找正、找平，轴承座纵、横向位置需要调整时，可用液压千斤顶移动；轴承坐标高需要调整时，增减轴承座底面垫片厚度即可。

(13)机组若由两个或两个以上底座构成时，应以设计文件规定的机器底座为基准。当以汽轮机底座为基准时，应调整工作机械底座；当以齿轮变速箱为基准时，应向两侧分别调整汽轮机底座和工作机械底座，并应保证机组的轴端距符合设计文件的规定。

(14)底座找正、找平、标高调整完毕后，应初步将地脚螺栓紧固。

二、轴承座的检查与安装

用扁铲、磨光机等将轴承座内表面型砂、夹渣等清理干净，并将内表面所涂油漆能溶于汽轮机油中则应予清除掉并用白面粉团粘干净。将各轴承座的油室及油孔和油道应清理洁净、用干燥压缩空气吹干，畅通、无异物。将轴承座油室内表面所涂油漆应牢固、无脱落、起皮现象，如油漆能溶于汽轮机油中则应除掉；轴承座油室应作注油渗漏试验，注油前将轴承座下部法兰及其他孔用盲板紧固封闭，将煤油注入轴承座内，注油高度至回油管上缘以上，在轴承座外部相对盛油部位涂白垩粉，持续时间不得小于 24h，并应无渗漏现象。注油试验时应有防火措施。如有渗漏时，可根据具体情况采取如下措施进行处理：

(1)当轴承座出现裂纹时，处理时应在裂纹的两端，分别用 $\phi3\sim5$mm 钻头钻出两个制止裂纹的小孔，以防止裂纹继续延伸。再将配制好材料为紫铜板或低碳钢板的补板盖在裂缝上，将补板加热用锤轻轻敲击，使补板与裂纹处相互贴合，并将补板固定。补板的尺寸应大于裂纹外缘 20～30mm。然后在补板沿边缘距离 10～15mm 处，用 $\phi6\sim8$mm 钻头钻孔，并在轴承座上钻孔、攻丝，用埋头螺钉将补板紧固，进行焊接。补焊后应进行渗漏检查，直至无渗漏为止。

(2)若渗漏处为气孔或砂眼时，应根据砂眼的大小进行钻孔、攻丝，再在螺栓抹上密封胶紧固，在接缝处涂以混合耐油涂料。常用的涂料配方见表 9－8。

表 9－8　耐油涂料配方

配方	成分	质量分数/%
1	(1)环氧树脂	40
	(2)间苯二胺	5～6
	(3)磷二甲酸二磷脂	5
	(4)铁粉	40～48
2	(1)环氧树脂	42
	(2)苯二甲酸二丁酯	5
	(3)聚苯乙烯树脂	5
	(4)铁粉或其他填充剂	42～48
3	(1)环氧树脂	30～40
	(2)磷酸三苯酯	2.5
	(3)乙二胺	6～8
	(4)电解铁粉或铸铁粉	适量

配方 3 的调制方法：在加热稀的环氧树脂内加入磷酸三苯酯后搅拌均匀，然后放入干燥箱内烘烤，直至磷酸三苯酯全部溶解后取出，不停地搅拌，并将其放入冷水中冷却，当冷却至 30℃左右时，倒入乙二胺和铁粉搅拌。

耐油涂料涂抹前，应先用电动磨光机将轴承砂眼处打出金属光泽，用清水将其表面清洗干净，再用白布蘸丙酮擦拭后再抹涂料。涂料自然干透需要 1～2h，也可在低温下烘干。

各轴承座的进出油管法兰(工作压力在 0.49MPa 以上)，应采用着色法检查接触情况，在 1 圈内连续接触达一定的宽度且无间断痕迹(宽度一般应大于法兰密封面宽度的 3/5)，否则应进行研刮；法兰上载丝孔不得穿透轴承座壁。

用着色法检查轴承座与底座的接触面应均匀，且接触面积达 75％以上，用 0.05mm 塞尺检查四周应不得塞入，否则应进行研刮。

轴承座上的销槽表面应光滑，无毛刺，并将滑销和销槽尺寸及配合间隙应符合制造厂技术文件的规定。

汽轮机运行中受热后，轴承座与底座之间的相对位置应按照滑销系统的要求产生相对的滑动，因而不论是公用底座还是单个底座，组装之前应对滑动面进行检查。用着色法检查其接触面积应均匀达到 75％以上，且用 0.05mm 塞尺检查接触面四周，均不得塞入。如有缺陷，应进行研刮。

在底座与轴承座接触面上涂鳞状黑铅粉或二硫化钼。组装时，还应根据轴承座工作部位热膨胀位移量的大小，确定轴承座与底座的相对位置，以便热膨胀时轴承座与底座接触面的边缘对齐，不得悬空。

落地式轴承座与底座都是用螺栓连接，紧固螺栓后两者便组合为一体，但应注意滑销都相同一侧靠近，以防滑销相互歪斜，避免轴承座在运行中膨胀不畅或发生卡涩现象。

制造厂在进行轴承座水平中分面面工时，由于机床的误差和刀具的误差，所以会产生加工偏差，安装时，应计算出这个偏差，然后用调整垫片来加以修正。

图 9－32 所示为检查轴承座水平中分面与几何水平结合面的偏差示意图。检查时，在前后轴承座孔处，用平尺至于水平中分面上，然后用内径千分尺测量轴承座孔底部到平尺下表面的尺寸 A，然后再用相同的方法测量轴承盖洼窝的尺寸 B，根据测量出的 A、B 值，便可计算出轴承座中心对几何水平结合面的偏差。

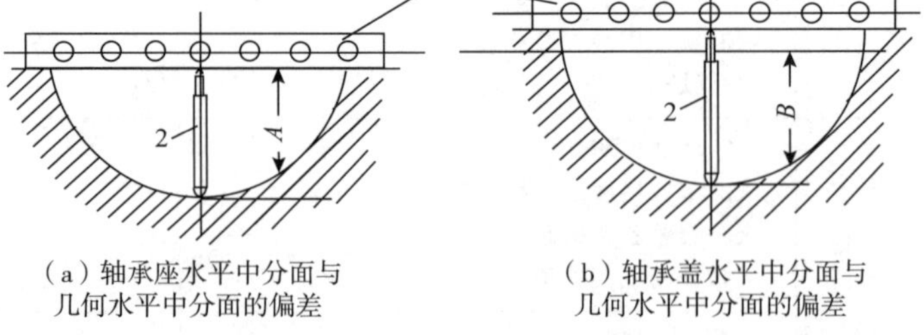

(a) 轴承座水平中分面与几何水平中分面的偏差　　(b) 轴承盖水平中分面与几何水平中分面的偏差

图 9－32　测量轴承座水平中分面与几何水平中分面的偏差

若前后轴承座孔处水平中分面的测量值 $A=B$，则表明轴承座水平中分面与几何水平中分面重合；若前后轴承座孔处 A 减 B 的差值相等，则表明轴承座水平中分面与几何水平中分面平行；若 A 减 B 差值不相等，则表明轴承座水平中分面与几何水平中分面交叉。前两种情况，对轴承座找水平时没有影响。但后一种情况则应考虑轴承座水平中分面与几何水平中分面相差的数值。

三、落地式轴承座的安装

落地式轴承座的轴向位置找正是将轴承座的横向中心线与基础上的横向中心线重合，如图 9－33 所示。将一平尺置于轴承座水平中分面上，平尺的一底边与轴承座水平中分面上的横向中心线标记重合，然后在平尺两端处各挂一线锤，横向移动调整轴承座的位置，使线锤的尖端指在基础的横向中心线上即可。

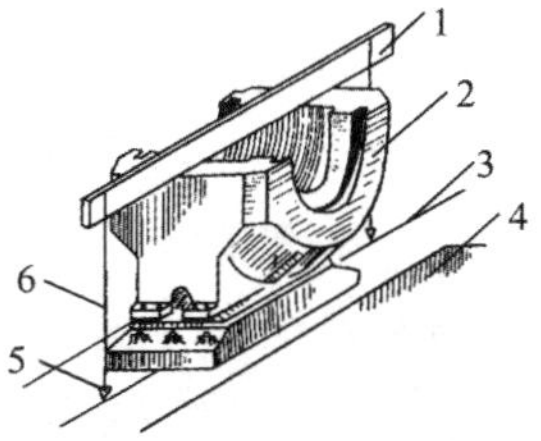

图 9－33　轴承座轴向位置找正

1—大平尺；2—轴承座；3—基础中心线；4—基础；5—线锤；6—粉线

在安装落地式轴承座（轴承座不与汽缸刚性地连接在一起）时，应先将各轴承座就位，然后将各轴承座找正、找平并定好标高。初步确定各轴承座的标高时，可用水准仪进行测量。将水准仪标线片上的水平横线对准某一标准的标高点，然后在轴承的水平中分面上竖一标尺，沿水平方向转动水准仪，使标线片上的横线对准标尺，读出其刻度值。由某标准标高减去轴承座水平中分面上标尺的读数，即为轴承座水平中分面的实际标高。通过调整轴承座下部的垫铁使其达到设计标高要求。

轴承座的横向定位通常是将轴承外油挡洼窝或轴承座孔水平中分面的两侧与汽轮机纵向中心线的距离调至相等。纵向同轴度找正是使轴承中心线与基础上的轴承中心线重合。轴承座的纵、横水平度找平，可在其水平中分面上用精密水平仪进行测量。确定轴承座横向位置的方法，目前多采用拉钢丝法、激光准直仪法找同轴度。

1. 拉钢丝法找轴承座孔中心

在轴承座同轴度找正前，在汽轮机基础纵向中心线前后位置的预埋件上，各安装一个用槽钢做成的调整线架，线架类似车床小刀架的装置，用以调节钢丝左右位置的偏差；在找正线架上装有可上下移动的丝杆，用来调节钢丝高低位置的偏差，如图 9－34 所示。钢线架两端系以相应质量的重锤，将钢丝拉紧，钢丝线应无曲折和打结现象。固定钢丝的支架、导轮均应绝缘。

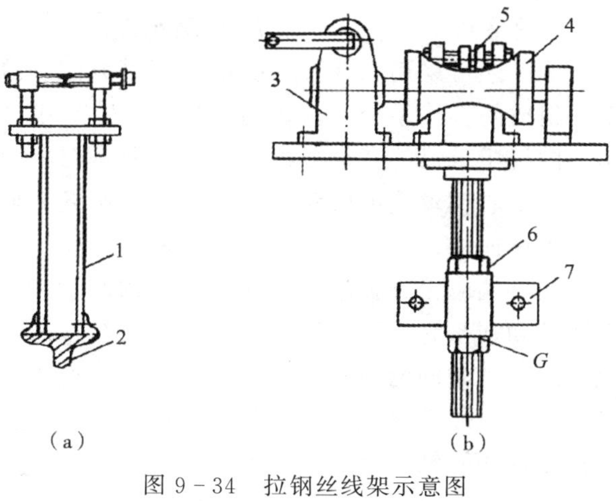

图 9－34　拉钢丝线架示意图

1—槽钢；2—预埋件；3—蜗轮、蜗杆组合件；4—绕线盘；5—敛线螺母；6—调节螺母；7—固定件

将两找正支架按汽轮机基础纵、横中心线定位后，应用电焊将其牢固地焊接在基础的预埋件上，应使线架稳固、可靠。然后以钢丝线作为轴承座的找正中心线，将各轴承座的同轴度找正。

轴承座采用拉钢丝法找正时，应考虑钢丝挠度的影响，钢丝的直径一般取 0.30～0.50mm，钢丝的拉力等于悬重 G，G 按下式近似计算：

$$G=80d^2 \quad \text{kg} \tag{9-5}$$

式中　d——钢丝直径，mm。

钢丝直径与悬重重量的对应关系见表 9－9。

表 9－9　钢丝直径与重锤的对应关系

钢丝直径/mm	铅锤重量/kg
0.30	6.95
0.35	9.45
0.40	12.34
0.45	15.62
0.50	19.29

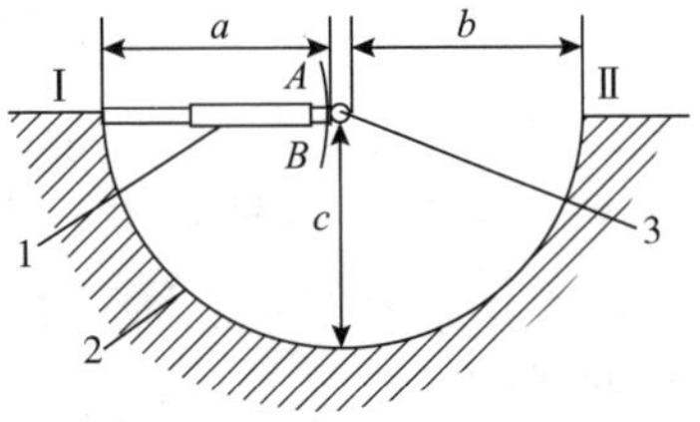

图 9－35　拉钢丝测量轴承座同轴度的方法
1—内径千分尺；2—轴承座孔；3—钢丝

落地式轴承座初步找正时，首先将轴承座孔放置内径千分尺位置清理光滑、无毛刺。然后用钢卷尺置于轴承座孔两侧，测量钢丝与轴承座孔中心两侧的距离，用千斤顶或特质的螺栓调整轴承座横向位置，使其两侧距离相等，其允许误差在 0.50mm 之内。然后利用内径千分尺进行测量，如图 9－35 所示。首先用游标卡尺测量出轴承座孔内径右侧或左侧至钢丝外径的尺寸，然后在内径千分尺将其测量尺寸 a 或 b 定好。将内径千分尺一端放置在轴承座孔或轴承座挡油板洼窝靠近水平结合面的Ⅰ点上，另一端沿钢丝附近的 AB 弧上下移动，用千斤顶或特质的螺栓调整轴承座与钢丝微微接触，使其尺寸等于 a。然后，再将内径千分尺拿到另一侧Ⅱ点处，用同样的方法调整轴承座与钢丝微微接触，使其尺寸等于 b。使 a 与 b 差值小于 0.05mm。并调整到 $a=b=c+f_x$(f_x 为钢丝挠度)。

为了使测量精度更准确，还可采用图 9－36 所示的测量方法。拉钢丝找正工具主要由钢丝、铅锤(悬重)及钢丝组成的拉线系统和由普通耳机、4～6V 电池组合导线组成的供电收信系统及起导电作用的内径千分尺等三部分组成。找正测量时，以干电池作为电源，利用导线将轴承座、耳机、找中心钢丝连成回路。将耳机两个听筒并联后，电池的一个极与钢丝连接，另一个极与轴承座连接。

测量时，内径千分尺的一端应紧靠在轴承座左端内壁的测量点上，其另一端应经常的向左、右，前、后作来回摆动，当它与钢丝接触时，因电路被接通，在接触点上就会发生火花，同时在耳机里也可以听到微弱的“嗒嗒嗒”的声音。为了获得最精确的测量数据，应不断地调整内径千分尺的长度，使耳机里的声音越轻越好。测量者应根据声音的响度来确定测量数据，来调整或校核这些同轴部件的同轴度。但是，应注意钢丝由于风或基础振动而引起的振动(动荡)，产生间断的声音，所以测量者需正确判断。当调整到 $a=b=c+f_x$ 时，且误差很小时，则找中心完毕；如误差过大，则可以对轴承座位置加以调整。

由于钢丝本身的自重使其产生挠度，因此，以水平布置钢丝为基准测量同轴度时，应考虑钢丝静挠度的影响。在实际找正测量时，应将挠度影响的数值计算在内，作为调整的依据。水平布置钢丝线上各点的挠度可以用计算法或查表法来确定。

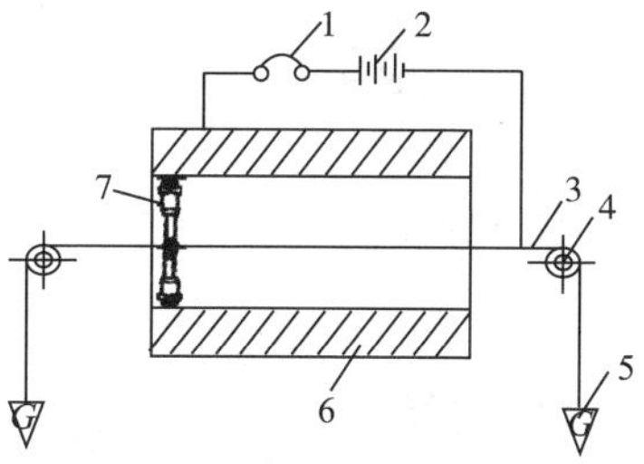

图 9-36　拉钢丝找正同轴度工具工作原理

1—耳机；2—电池；3—钢丝；4—导轮；5—悬重；6—轴承座孔；7—内径千分尺

(1)钢丝挠度近似计算法

由于计算挠度的公式是一个近似公式，计算误差较大，故在实际工作中很少应用。此法的特点是计算简便，不受钢丝跨度的限制，只适用于要求不高的场合。

水平布置时钢丝线两端线架的导向轮处于同一标高时，如图 9-37 所示，钢丝悬重后的自重挠度 f_x 可按下式近似计算：

$$f_x = 0.0383(L-x)x \quad (\text{mm}) \tag{9-6}$$

式中　f_x——计算点的钢丝挠度，μm；

L——两个线架上导向轮中心线之间的距离，m；

x——从测量点到较近一端固定点的距离，m，当 $x=1/2L$ 时，$f_x=f_{max}$。

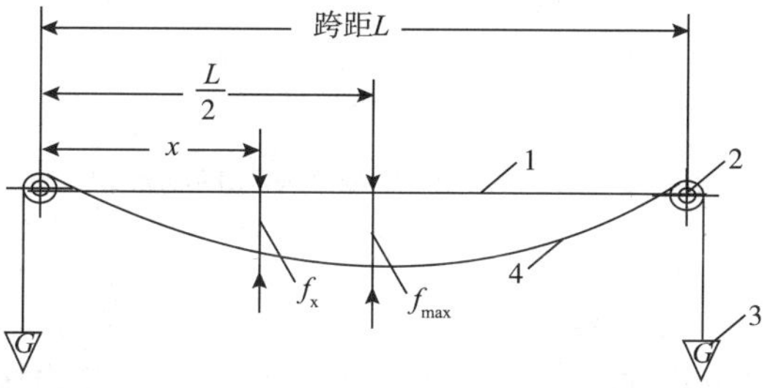

图 9-37　水平布置时钢丝的挠度计算图

1—钢丝的理想中心线；2—导向轮；3—悬重；4—钢丝(实际中心线)

(2)查表法

为了减少计算工作量，钢丝静挠度 f_x 值可从挠度表中直接查出。当两个线架上的导向轮处于同一标高和中心距一定时，用查表法精确度高，测量中所架设的钢丝的跨度与表中所列的跨度相同，才能使用挠度表查挠度。由于钢丝线的挠度曲线左右是对称的，其中间点的挠度最大，所以挠度表中只列出半边挠度曲线的挠度值。

查表法是根据两线架导向轮中心线之间的距离 L 和测点到支架间的最近距离 x 从钢丝挠度表中中查得钢丝的静挠度 f_x。

当实际的 x 与表中的 x 距离相同时，f_x 可直接从钢丝挠度表查得。

例： $L=8$m，$x=2$m 时，从挠度表查得 $f_{2m}=460\mu$m；

$L=12$m，$x=3.5$m 时，从挠度表查得 $f_{3.5m}=1139\mu$m。

当实际的 x 与挠度表中的 x 值不同时，应对 f_x 进行修正。

例：$L=4m$，$x=1.5m$ 时，而从表中只能查得 1.1m 和 1.2m 的 x 值，对应的 $f_{1.1m}=122\mu m$ 和 $f_{1.2m}=129\mu m$。则 $x=1.15m$ 的挠度值可用下述方法之一进行计算。

$$f_{1.15m}=122+\frac{1.29-1.22}{1.2-1.1}\times(1.15-1.1)=125.5\mu m$$

或

$$f_{1.15m}=122+\frac{1.29-1.22}{1.2-1.1}\times(1.2-1.15)=125.5\mu m$$

当从挠度表查出各点的挠度后，用内径千分尺测量钢丝至轴承座孔中 a、b、c 三个位置的尺寸，如图 9-38 所示，由于钢丝至轴承座孔左右两侧的测量点之间的水平距离 a 和 b 应相等(应无挠度的影响)，而钢丝至上下两测量点之间 c 的垂直距离不相等(因为钢丝在该点有静挠度的影响)，测量时应满足下列条件：

$$a=b\approx c+f_x$$

或

$$a=b=r-\frac{d}{2}$$

$$c=r-\frac{d}{2}-f_x$$

式中 r——为轴承座孔半径，mm，$r=\frac{a+b}{2}$；

d——为钢丝的直径，mm。

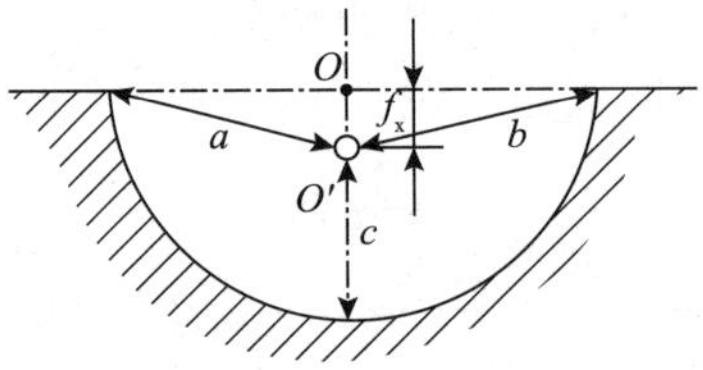

图 9-38 查出钢丝静挠度后轴承座孔同轴度找正示意图

O—钢丝的理想位置；O'—钢丝的实际位置；f_x—挠度

2. 激光准直仪找正轴承座同轴度

激光准直仪是由功率较小能发出红色可见光的氦氖激光器和接收装置组成。为了改善激光束的方向性和缩小发射角，在激光器前装有望远镜。为了提高分辨的灵敏度，在接收装置中有光电检测和放大器。氦氖激光器是由激光管、电极和光谐振器等部分组成。激光管内充氦氖气体，管上安装适当的电极以便进行放电激励，在光谐振器输出的是波长为 6328Å 的可见红光，最大输出功率为 100mW 左右。

激光发射器连同望远镜装于可调节的支架上，其几何中心和光轴的同轴度应小于 0.02mm，角度差应$<\pm1°$。

激光束经接收靶中的四棱锥面(或圆锥面)反射到装在四周成直角配置的四块硒光电池上，当有偏差时，光电池电流强度产生差值，通过放大器放大后在显示器上显示出被校正零件中心线与基准光轴的偏差值。采用光电检测后，分辨灵敏度提高到 0.01mm。

激光准直仪找正长距离多轴承同轴度的装置，如图 9-39 所示。找正前，应根据轴承设计中心线的两端点的悬吊重锤，调整激光发射器，使激光束对准垂线，其高度是轴承设计中心线的标高，并用水平仪来找平激光发射器的水平度，使激光束成水平，以它作为基准光轴，并在另一端设有光电监视靶以监视光轴的漂移。校正时，在轴承座内安置一个带有光电接收靶的定心器，当光束射到接收靶的锥面上后，通过光电检测，在显示器上的显示值即为该轴承座的调整值。根据这些数值就可以调整轴承座的位置，使其中心线与基准光轴同轴。如果表示上下和左右的两只显示器的读数均为零，则说明轴承座孔的中心与光速重合。此时，该轴承座的标高即为基准轴承的安装标高。然而各轴承座找正时，其标高并不一致，因此应根据各轴承座的相对标高来找正轴承座。所以，应用此法也可以校正其他轴承座的中心线与基准光轴同轴。

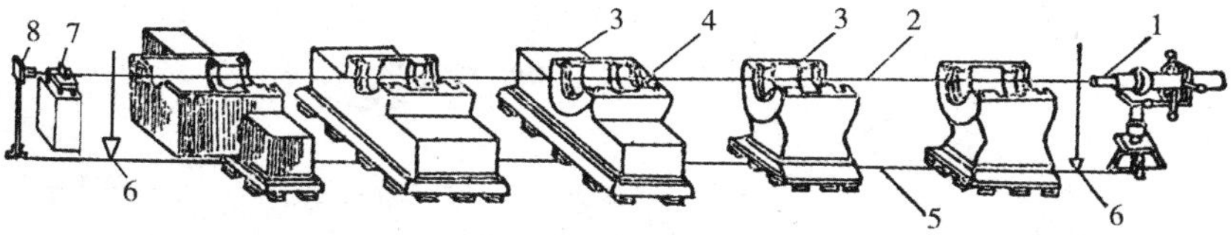

图 9-39 激光准直仪找正轴承座同轴度示意图

1—激光发射器；2—光轴；3—轴承座；4—定心器；5—基础中心线；6—线锥；7—三棱镜；8—显示器

用激光准直仪找轴承座中心时，除了在轴承座孔处进行测量外，还应在轴承座挡油环洼窝处进行测量，以便今后转子吊入轴承内，可用轴承座挡油环洼窝处测得的数值调整转子的中心位置。但由于转子有一定的挠度，因此轴承座挡油环洼窝中心的相对标高应将该轴承座孔的相对标高减去转子在该点的挠度。

激光准直仪不仅可用于多轴承座找正和确定标高，亦可用于汽缸轴封室、导叶持环以及隔板和汽封套找同轴度。这种方法大大优于假轴法或拉钢丝法。目前国内制造的激光准直仪，其精度已达到在 20m 距离内每小时飘移量小于±0.10mm。这种新的工艺技术，已在工业汽轮机安装、检修得到广泛应用。

用激光准直仪找正时，应避免环境温度的变化、强光照射、基础振动等影响，否则将使激光束变形、漂移及不稳定，降低测量精度。

轴承座的找平包括横向和纵向找平。轴承座的横向找平，可将精密水平仪放在轴承座孔两侧水平中分面上进行测量，如图 9-40 所示。为了消除轴承座水平中分面加工精度和轴承座变形的影响，使测量结果更准确。可采用在轴承座孔上放置一平尺，将合像水平仪放在平尺上进行测量，如图 9-41 所示。测量轴承座水平度时，应在放置水平仪部位划上标记。测量时，应将平尺和精密水平仪在原地旋转 180°进行测量，求其平均数值，以消除水平仪本身及平尺两平面的不平行度所造成的测量误差。调整轴承座下部的垫铁，就可使轴承座横向水平符合要求，轴承座横向水平允许偏差为 0.20mm/m。各轴承座横向水平之差值允许偏差为 0.10mm/m。

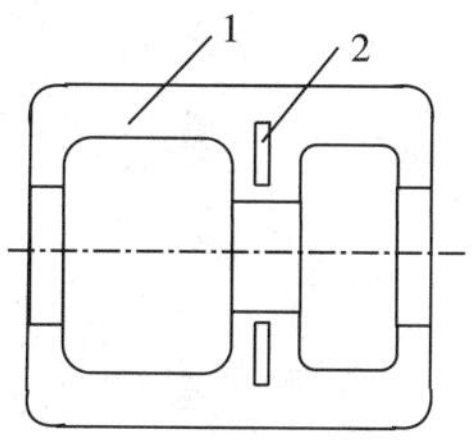

图 9-40 利用合像水平仪测量

1—合像水平仪安放位置；2—轴承座水平中分面

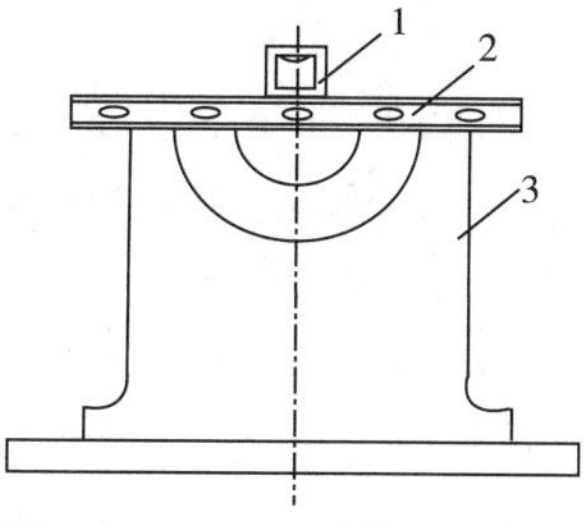

图 9-41 利用平尺和精密水平仪

1—精密水平仪；2—平尺；3—轴承座

轴承座的纵向水平应与转子的扬度应基本相符。测量轴承座纵向水平时，可在轴承座孔处用精密水平仪进行测量；也可将平尺放置在轴承座的水平中分面上，将精密水平仪放置平尺上进行测量。

当所有轴承座最后定位后，在百分表的检测下，必须再次将各地脚螺栓对称、均匀紧固。同时，复查各轴承座标高、纵向及横向中心位置、纵向及横向水平度等数值并记录，其数值均应符合制造厂技术文件的规定。

第三节　汽缸安装

一、汽缸和轴承座的检查

这节介绍的轴承座是指与汽缸铸造在一起或刚性地连接在一起的轴承座。

1. 汽缸的清理检查

汽缸安装前应将汽缸表面毛刺、杂物清理后，再用砂轮机将汽缸内表面的焊瘤、焊渣和铸砂打磨、清除干净，并应露出金属光泽；用放大镜检查汽缸表面有无裂纹和气孔等缺陷，若有裂纹应与制造厂研究处理，必要时进行补焊。将汽室上的导汽管、调节汽阀通道及喷嘴室清理干净、畅通，并用干燥的压缩空气吹净，其内部无任何附着物。

将汽缸各结合面、滑动承力面、法兰面、轴承座孔等加工面清理干净，检查其表面应光滑、平整，无锈蚀、翘曲、毛刺和污垢等缺陷，防腐层也应全部除净；汽缸疏水孔的部位及直径应符合设计文件规定。疏水孔及管接口应清洁、通畅，在导叶持环或隔板就位后，其疏水通流断面不得减少并通畅。

用着色法检查汽缸上工作压力超过 2.5MPa 的管道法兰密封面，要求每平方厘米接触 12 点的面积应达到总面积的 75%以上，并均匀分布；或连续 1 圈接触达一定宽度且无间断痕迹(宽度一般不小于密封面宽度的 3/5)。不合格时，应进行修刮或用凡尔砂研磨。

随着科学技术的进步，汽缸制造工艺水平的不断提高，汽缸在加工过程中的缺陷亦随之减少，汽缸水平剖分面在制造厂均经过精磨，安装时可不做研刮，但需进行试装检查。检查时，将汽缸螺柱用手旋入下缸法兰螺孔内，螺柱与螺孔应配合良好，无松动现象。闭合上汽缸时，上汽缸应能自由地落在下汽缸水平剖分面上，螺柱与螺孔之间在四周均应有 0.5mm 以上的间隙，打紧定位销。在自由状态下，用塞尺检查沿汽缸水平剖分面间隙并记录，然后每隔两只螺柱紧固一只螺柱，再用塞尺检查。要求用 0.03mm 塞尺检查高压缸水平剖分面内、外侧，均应塞不进；要求用 0.05mm 塞尺检查中压缸水平剖分面内、外侧应塞不进，但个别塞进部分不应超过水平剖分面密封面宽度的三分之一；用 0.05mm 塞尺检查低压缸的水平剖分面应塞不进。检查结果若不符合要求，可用着色法进行研刮，直至符合要求为止。

2. 轴承座的检查

(1)轴承座的油室及油路应清洁、畅通，无任何异物。油室内表面所涂油漆应牢固，无起皮现象，如油漆能溶于汽轮机油中则应予清除掉。

(2)轴承座与轴承盖的水平中分面螺栓紧固后，用 0.05mm 塞尺检查，应塞不进；通压力油的油孔用着色法检查，油孔四周应均匀、连续地接触，无间断现象。

(3)油管法兰的密封面应清洁、平整、光滑并接触均匀，无贯通密封面内外缘的沟痕，接触不良时应进行机加工或研刮；法兰载丝孔应不穿透轴承座壁。

(4)轴承座油室应做注油试验，注油高度应不低于回油管的上口外壁，并经24h应无泄漏现象。如有渗漏应进行修补并重新进行试验。

二、汽缸螺栓的检查

汽缸螺栓是汽轮机的重要部件之一，它对于保证汽缸的严密性和机组的安全运行具有重要的作用。

汽缸螺栓的受力情况是复杂的，运行条件是严峻的，它不仅要承受很大的拉应力和螺栓与汽缸法兰之间温差所引起的温差应力，同时还要承受附加的弯曲应力。当工况变化时，螺栓内的应力随之脉动，这对于应力集中较大的螺栓根部等部分的疲劳强度有较大的影响。

为了保证汽缸螺栓在高温下长期运行的安全性，除了在研究、设计、制造方面采取合适的材料、合理的结构、良好的冷热加工工艺等以外，安装时应加强对汽缸螺栓的技术检查并采用合理的安装工艺，以改善汽缸螺栓的工作条件，也具有重要的意义。

1. 根据安装现场条件，汽缸螺栓的金属方面的检查

(1)金属的光谱复查：其目的是防止错用钢材。要求根据设计文件中对汽缸高中压段所用的合金钢螺栓及其他部件，均应全部进行光谱复查，检查件数为10%。打光谱检查的部位应在螺栓的两个端面，不应在螺杆面上打光谱，以免打出凹弧疤痕造成应力集中。

(2)硬度检查：其目的是通过硬度值的大小间接地掌握材料的韧性情况，作为现场检查材料韧性的重要手段之一。螺栓应逐件检查其硬度，检查部位应在螺栓的两个端面，硬度值可按表9-10选取(硬度测点处应磨去硬化层)。

表9-10　汽缸螺栓硬度控制范围

钢材质	硬度控制范围	不得超过
25Cr2MoV	242～272HB	300HB
25CrMo1V	242～272HB	300HB
20Cr1Mo1VNbTiB	240～280HB	300HB
20Cr1Mo1VTiB	240～280HB	300HB

当螺栓硬度超过设计文件所要求的控制范围时，应进行热处理。其处理方法如下：

①对于材质为25Cr2Mo1V的螺栓，当硬度超过设计文件要求控制范围时，应与制造厂联系处理方案。若必须在现场进行处理时，可按照重新热处理的规范进行：即950～970℃正火，650～680℃回火6h。为了防止螺纹的氧化、脱碳、变形，可选用直径较螺栓直径稍大的钢管，制作成圆筒，将需要热处理的螺栓放入筒中，筒中充填铸铁屑或车床加工的切屑废料(应经过筛选和干燥)，加盖密封，然后进行热处理。热处理时应严格按处理工艺要求进行。尤其是热处理时加热和冷却应特别认真，以防止螺纹处发生裂纹。

②对20Cr2MolVNbTiB和20CrlMolVTiB发生硬度偏高的情况时应由制造厂进行处理。

(3)金相组织的抽查：其目的是检查热处理是否合理，同时掌握汽缸螺栓原始金相组

织情况，以便与长期运行后的金相组织进行对比。

(4)高温螺栓蠕变监视：对于工作在蠕变温度以上的高温汽缸螺栓均应进行蠕变伸长的监视。目前仅监视工作温度高于450℃以上的汽缸螺栓。因此在安装时，会同金属监督人员将上述范围的螺栓原始长度一一测量并记录，作为今后监视蠕胀的原始依据。

(5)磁粉探伤或超声波探伤复查：必要时，根据现场条件可进行此项工作并记录。这两种探伤复查的方法和检验标准均应根据有关规程规范进行。当复查不合格时，应予以更换。

2. 机械配合的检查项目

检查的目的是从机械工艺上来保证汽缸螺栓在运行和检修的要求，检查内容如下：

(1)检查螺栓的表面粗糙度。螺栓的表面粗糙度应设计技术文件的规定，且螺纹部分应无伤痕及锈蚀，装配时螺栓与螺母应按标记装配，不得任意调换。

(2)检查螺栓与螺母配合公差。螺栓、螺母及汽缸水平剖分面上的螺纹孔(也称载丝孔)均应光滑、无毛刺，螺栓与螺母的配合不宜松旷或过紧，用手能将螺母自由地拧入或旋出螺孔内，否则可用凡尔砂进行研磨。高压缸的螺柱与螺母均应有钢印标记，不得任意调换。

(3)检查螺栓的垂直度。螺栓拧入螺纹孔内与汽缸水平剖分面的垂直度应不大于0.5mm/m。如稍有偏差可采用球面垫圈进行修正，并用着色法检查螺母与垫圈的接触面积，应球面吻合、接触均匀。在汽缸闭合，用扳手紧固螺母，用0.03mm塞尺检查应塞不进。当出现螺栓偏斜间隙时，应对球面垫圈的平面进行研刮。螺栓检查完毕后，应打上钢印标记，成组摆放。

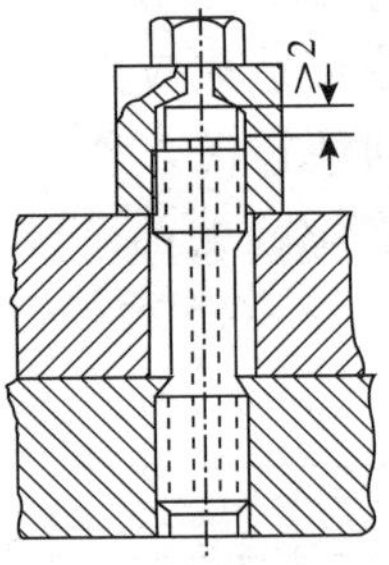

图9-42　螺栓端部与罩形螺母之间的间隙(富裕螺纹)

(4)其他尺寸的检查：

①当螺母在螺栓上试紧固到安装位置时，螺栓螺纹应落出螺母2～3个螺纹。罩形螺母冷紧到安装位置时，应确认其在紧固到位后，螺栓端部与罩形螺母之间应留有2mm以上的间隙(富裕螺纹)，如图9-42所示。

②汽缸的双柱螺栓(载丝螺栓)丝扣部分全部拧入汽缸法兰螺孔内，螺栓螺纹应低于汽缸水平剖分面，螺栓至少应有1～2富裕螺纹。

③汽缸水平剖分面的紧固螺栓与螺孔之间的四周均应有0.5mm以上的间隙。汽缸联系螺栓与其螺栓孔的直径应符合设计文件规定。

④检查螺栓加热孔的直径与同心度，应符合制造厂技术文件的规定。检查时应将螺栓加热器装入加热孔内试插一次。如不能插入，应事先采取措施处理或更换。

三、下汽缸和落地轴承座安装

工业汽汽轮机下汽缸安装一般分为两种：一种是下汽缸(下汽缸和轴承组合成一体)安装在底座上，另一种是落地式轴承座找正、找平后，再安装下汽缸。

下汽缸就位后，可根据制造厂技术文件规定的轴承座与汽缸间以及汽缸彼此间的尺寸，将下汽缸进行找正、找平，并将标高调整至符合设计文件要求，使汽缸与轴承座的纵横中心线与设计文件要求一致，并同时将汽轮机与工作机械的各地脚螺栓均能穿入地脚螺栓孔内。

凝汽式汽轮机汽缸或多缸汽轮机的低压缸和轴承座纵向水平的测量位置，应在前后轴承座孔上用光学合像水平仪或框式水平仪进行测量，后轴承座孔上的水平度允许偏差为0.02mm/m，前轴承座孔上的水平度仅作参考，测量部位如图 9－43 所示。测量汽缸水平时，应将放置水平仪测量位置划出记号，并应将水平仪在原地旋转 180°，再次测量一次，取两次实测读数的代数平均值。当汽缸水平与汽缸负荷分配发生矛盾时，应以保证汽缸负荷分配为主。

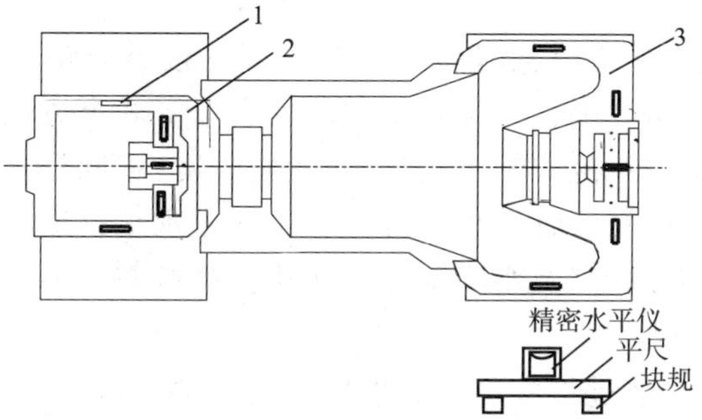

图 9－43　测量凝汽式汽轮机下汽缸或低压缸水平剖分面水平时水平仪安放位置

1—精密水平仪安放位置；2—前轴承座水平中分面；3—排汽段水平剖分面

背压式工业汽轮机下汽缸或高中压缸是通过猫爪搁在轴承座上的。因此，在下汽缸就位前应将落地式轴承座找正、找平，就可将背压式汽轮机或高中压缸就位。就位时先将出厂组装的猫爪调整垫片按编号装入，取下猫爪横销，待下汽缸吊至接近安装位置而钢丝绳仍在受力时，装上猫爪横销。下汽缸就位后，用精密水平仪检查汽缸水平剖分面的水平情况，测量位置如图 9－44 所示。汽缸横向水平也可用大平尺放在汽缸前后轴封室及两轴封室中间的结合面上，然后将精密水平仪放在平尺上进行测量，其方法与测量轴承座结合面横向水平相同。

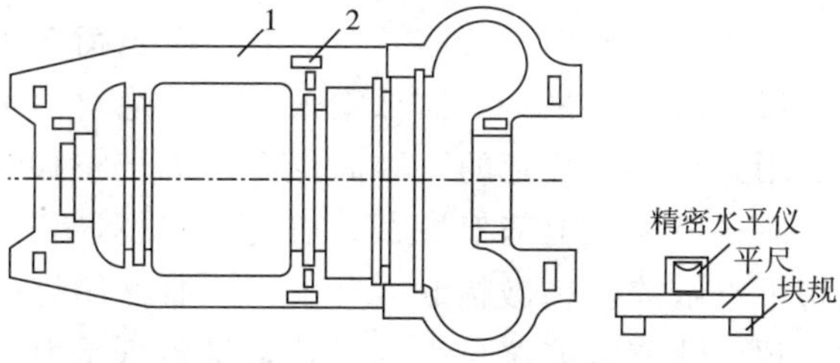

图 9－44　测量背压式工业汽轮机下汽缸或高中压缸水平时精密水平仪的安放位置

1—下汽缸水平剖分面；2—精密水平仪安放位置

(1)汽缸就位前，在汽缸与基础间安装的管道和铁件等均应预先安装完毕，防止就位后无法施工。

(2)汽缸水平剖分面和轴承座中分面的标高应符合设计文件要求，其允许偏差应不大于 5mm。

(3)汽缸和轴承座与底座的相对位置及尺寸均应满足机组运行时热膨胀的要求，在最大热膨胀的情况下，汽缸或轴承座各滑动面不应伸出底座边缘并应有一定的裕量。

(4)下汽缸在底座上就位后，用着色法检查汽缸或轴承座与底座的滑动面的接触面积应达 75%以上并均匀分布，用 0.05mm 塞尺检查应塞不进。

(5)汽缸和轴承座与底座各滑动面上所涂擦耐高温的粉剂涂料应符合制造厂技术文件的规定。

(6)下汽缸的找平可与激光准直仪法或拉钢丝找中心同时交叉进行。

测量汽缸水平时，应将放置水平仪测量位置划出记号，并应将水平仪在原地旋转180°，再测量一次，取两次实测读数的代数平均值。当汽缸水平与汽缸负荷分配发生矛盾时，应以保证汽缸负荷分配为主。

(7)用拉钢丝法或激光准直仪法调整汽缸定位后，按纵向钢丝(即汽轮机转子中心)调整轴封洼窝或轴承油挡洼窝，测量洼窝与钢丝左、右、下3个方向的尺寸，应符合设计文件的要求。具体测量方法与落地式轴承座找正(找同轴度)相同。找正完毕后，紧固与底座连接螺栓。紧固螺栓前，应在汽缸上架设百分表、精密水平仪进行监视，在紧固螺栓的过程中，不应造成汽缸位移和标高及水平度发生变化。并检查底座与汽缸支座结合面接触应无间隙和滑销间隙应无变化。

(8)在汽缸和轴承座安装过程中，应保护好汽缸、轴承座各滑动面接缝和滑动面油槽，防止尘土或杂物掉入。

1. 汽缸的负荷分配

汽缸安装时，将汽缸的重力合理分配到各个承力面上，称为负荷分配。

在设计汽轮机组的基础时，已经考虑了各支承点的负荷。对于小型机组，由于尺寸小，底座数少，机组安装完毕后，基础支承点的实际负荷与设计数值通常基本相符。但对于大型机组，由于其体积大、底座数多，安装时汽轮机各承力面无间隙，并不一定说明负荷分配均匀。为了使各承力面承受应有的负荷，汽缸安装后，还需按制造厂技术文件的要求来检查和调整各承力面的负荷。如制造厂无此规定时，可不作负荷分配。通常采用猫爪垂弧法、测力计法及猫爪抬差法进行检查和调整。

(1)猫爪垂弧法

由于两端支承的汽缸属于静定结构，其前端左、右猫爪负荷合理，则后端左、右猫爪负荷也自然合理。因此，仅需测量调整一端猫爪垂弧，对其绝对值可不作要求。由于上汽缸和其他部套对基础的作用力也都是静定的，因而仅需在下半空缸时测量汽缸前端左、右猫爪垂弧即可。测量时，应在该猫爪上部架设百分表进行监视，利用厂房内桥式吊车钩头上挂手动导链或千斤顶将下汽缸前端稍微抬起0.20mm，抽出任何一个猫爪横销和安装垫片，然后松下导链或千斤顶，让汽缸前端自由降下，测量猫爪承力面与轴承座的距离B及安装垫片厚度A，如图9-45所示。$A-B$即为猫爪垂弧数值，该数值应与百分表测量出的读数差相符合。

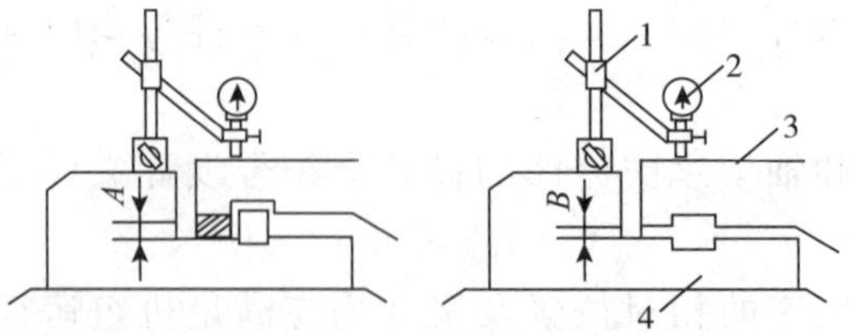

图9-45　测量汽缸猫爪垂弧示意图

1—磁力表架；2—百分表；3—下汽缸水平剖分面；4—轴承座

A—测量间隙值；B—调整垫片厚度

前端左猫爪垂弧测量好以后，可回装猫爪横销和安装垫片，再用同样方法测量右端猫爪垂弧。一般左、右允许偏差值为0.10mm左右。左、右垂弧值之差，应小于左右垂弧平均值的5%。在进行负荷分配时，应检查猫爪横销的承力面、滑动面及底座的滑动面等均应接触良好，用0.05mm塞尺检查不得塞入并应与试装时基本相符。特殊情况下，允许在猫爪横销不滑动的接触面间加一层不锈钢调整垫片，其厚度不应小于0.10mm。

对于没有后支座而只有前猫爪和两侧支座支持的汽缸，其负荷分配一般可根据汽缸水平度及猫爪垂弧调整。

(2)测力计法

用测力计进行汽缸负荷分配时，需将测力计装入猫爪专用的螺孔内。图9-46所示为测力计的构造，其工作原理类似于弹簧秤。当测力计受力时，通过跳杆3使盘形弹簧受压缩变形，跳杆的上部再推动百分表指示弹簧的压缩量。每个测力计都有编号，并各带有制造厂出厂负荷试验曲线表。因此，根据测力计上百分表的指示值，查对试验曲线便能求出所承受的负荷值。

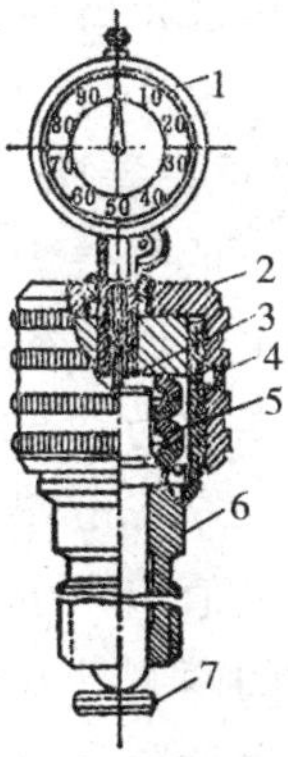

图9-46　测力计结构

1—百分表；2—上罩；3—跳杆；4—调整螺栓；5—弹簧；6—壳体；7—垫片

用测力计检查汽缸负荷分配时，应特别注意的是汽缸下部不允许与任何管道相连。测量前，先将百分表端头插入测力计，然后用手将百分表向下移动，使百分表有0.20mm紧力时拧紧顶丝，百分表触头不可过分下压，必须检查百分表指针有可能移动垫片7，保证其剩余的行程能满足测力计曲线的要求。

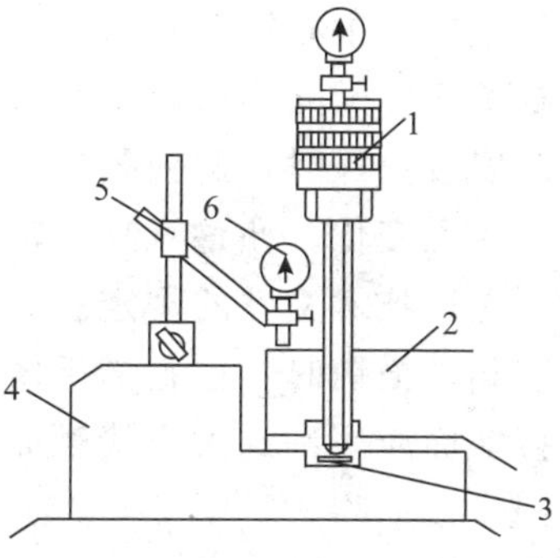

图9-47　测力计在汽缸猫爪处的安装

1—测力计；2—汽缸猫爪；3—硬质垫片；4—轴承座；5—磁力表架；6—百分表

开始测量时，首先将测力计下部的丝杆拧入猫爪或汽缸底座所规定的螺丝孔内，如图9-47所示。在猫爪上部用百分表监视猫爪抬高的数值。在检查各猫爪处的负荷值时，为防止猫爪横销附加额外力，用小千斤顶顶起猫爪，拆下猫爪横销及安装垫片。横销拆下后落回千斤顶使猫爪恢复到原来的高度，然后将弹簧及跳杆随测力计本体往下拧，直到接触硬质垫片3的表面。硬质垫片应放置平整，硬质垫片表面应与测力计跳杆垂直。用手或扳手继续逐个旋转测力计，当测力计上的百分表开始动作时，说明测力计开始受力，这时旋转测力计上的百分表触头是指针指到“0”位。继续用扳手逐个旋转测力计，使各猫爪均匀抬起0.03～0.05mm，抽出安装垫片，并说明测力计本体开始承受负荷而使弹簧变形，此时汽轮机下汽缸随测力计本体同时上升，百分表指针移动，表示出弹簧受压数值，然而负荷的增加使每一个测力计弹簧受压数值可以在测力计制造厂技术文件中查出。根据测力计上百分表的指示数值，便可得出该猫爪处所承受的汽缸荷重。用测力计调整负荷时，应几个测力计对称调整，使负荷由几个测力计均匀负担。同时应检查汽缸不能受到其他外力的影响，如临时脚手架、其他管道的影响，汽缸与轴承座之间的立销不应卡涩、倾斜等。

用测力计进行汽缸负荷分配时，应做到：①测力计使用前应经校验合格。②测力计测得的负荷值应符合设计文件要求，一般在汽缸中心线两侧对称位置的负荷差应不大于两侧平均负荷的5%。③汽缸用测力计支持时应处于自由状态，小千斤顶不得受力，滑销不扭斜。④测力计不应过负荷使用，在调整负荷分配时，各测力计应均匀抬起，每次微抬不宜大于0.10mm，在抬起过程中不得中途回落，并以上抬值为准。⑤镶装永久垫块时，其相邻的测力计的负荷变化不应大于980N。⑥测力计不应承受超出制造厂技术文件规定的最大负荷，测力计表面应涂以凡士林油。为了使在制造厂已校验合格的测力计不遭到损坏，在安装现场禁止解体。⑦测力计测得的最后负荷值及汽缸与轴承座的水平扬度值均应记入安装记录。

(3)猫爪抬差法

采用猫爪抬差法进行负荷分配的汽轮机，前后猫爪应分别进行，并在半实缸和全实缸各进行1次。作前猫爪负荷分配时，应先紧固后猫爪螺栓，松开前猫爪螺栓，在左侧猫爪下加一个厚度为0.50mm不锈钢垫片，用百分表测量右猫爪的抬升值，然后拆掉左侧猫爪下所加的0.50mm垫片，将其加在右猫爪下，用百分表测左侧猫爪得抬升值，左、右两侧抬升值的差值应小于0.05mm，后猫爪的负荷分配与前猫爪检查方法相同，负荷分配以全实缸所测的两侧抬升值的差值为准。

调整负荷分配时，应同时综合考虑汽缸水平以及转子在轴封室的中心位置，使其达到制造厂技术文件的规定。如汽缸水平剖分面水平超出规定值时，必须在测力计负荷分配符合要求的情况下，尽可能调整汽缸水平剖分面的水平度在要求范围之内；如在测量汽缸与轴封室中心时，发现前轴封室的中心偏低，则应在负荷分配时，可将前端两个猫爪处的测力计向下多拧一些，使前轴封室的中心抬高。这样对汽缸前、后端的负荷分配不会有影响，并使轴封室中心符合要求。

汽缸负荷分配完毕后，用塞尺检查猫爪下部安装垫片处的间隙，来调整安装垫片的厚度。回装安装垫片时，监视猫爪高度的百分表指针变化应小于0.02mm。然后复测汽封室的中心，应无变化。调整汽缸与轴承座之间的立销，应无卡涩及歪斜现象，其配合间隙也应符合制造厂技术文件的规定。

回装猫爪横销时，检查猫爪横销应间隙均匀、一致，无卡涩、歪斜现象。横销的一侧与猫爪接触面应研刮到大于接触面积75%，横销间隙均留在另一侧。如猫爪横销出现歪斜时，必须予以消除。

单缸凝汽式汽轮机或多缸机组的低压缸因尺寸大，刚性差，其本身作用于基础上的负荷较易趋向合理，同时低压转子的轴承座不与汽缸连接在一起。因此，安装时只要单缸凝汽式汽轮机或多缸机组的低压缸的支座与底座以及底座与垫铁之间不出现间隙即可，而不需做负荷分配的检查。

2. 内缸找正

汽轮机汽缸内、外缸同轴度找正工作虽已在制造厂总装时已调整，但现场安装时还应进行复查。汽轮机外缸找正、找平完毕后，可将内缸吊入，检查内缸四只猫爪应密实地支持在外下缸的4个支承上。支承处的调整垫片应平整、光滑，无毛刺、卷边、松动等缺陷。在内缸处于自由状态下，采用激光准直仪或拉钢丝法或假轴法来找正，然后以外下缸前后轴封室中心为基准，通过调整内缸上、下、左、右的位置，使内缸中心与外缸中心同轴。下面介绍以假轴找正、内外缸的方法。

图 9-48 所示为用假轴测量内、外缸同轴度找正示意图。将假轴安放于外缸前后轴封室处的临时支承上，通过调整支承假轴的临时轴承的位置，使假轴与外缸轴封室(轴封洼窝)同心。然后在假轴上套上带可调螺丝测量杆的套箍，在内缸前后两端轴封室处，用塞尺测量 A、B、C 3 个方向的数值，若测得的 3 个数值相等，则说明内、外缸同心。若内，外缸不同心时，可将内缸全部隔板的下半装入，然后用假轴法进行隔板洼窝找中心。若全部隔板同轴度在允许范围内，可对内缸不进行调整；若全部隔板中心基本偏向于内缸中心的一侧，可用修正内外缸之间的纵销来调整内缸的左、右中心位置。内外缸之间的纵销是由两半组成，调整好纵销与销槽配合后，用电焊焊成一体。

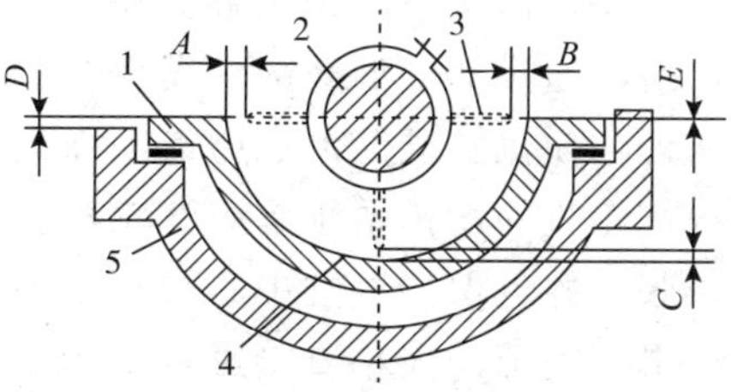

图 9-48 用假轴测量内、外缸的同轴度

1—假轴；2—套箍；3—可调测量杆；4—内下缸；5—外下缸

内缸中心的高低位置的调整，可以用改变内缸两侧挂耳下部的安装垫片的厚度来达到。安装垫片的改变数值 Δ，可根据找中心测得的 A、B、C 数值和内外缸水平剖分面高低偏差值 E、D，按下式进行计算：

$$\Delta=C-\frac{A+B}{2}\pm\left(\frac{D-E}{2}\right) \tag{9-7}$$

式(9-7)括号前的正负号按下列规定选取：内缸平面高出外缸平面的一侧(图 9-48 中的左侧)取负号；内缸平面低于外缸平面的一侧(图 9-48 中的右侧)取正号。

例：某汽轮机内缸找正时测得：$C=0.48\text{mm}$、$A=0.40\text{mm}$、$B=0.35\text{mm}$、$D=+0.10\text{mm}$、$E=-0.30\text{mm}$，试求该内缸两侧挂耳垫片应如何调整，才能使内缸中心与外缸中心同心？

解：左侧的调整垫片的调整量为：

$$\delta_D=C-\frac{A+B}{2}-\frac{D-E}{2}=0.48-\frac{0.40+0.34}{2}-\frac{0.10-(-0.30)}{2}$$
$$=0.48-0.38-0.20=-0.10\text{mm}$$

此时，左侧 D 处应拆掉 0.10mm 厚度的调整垫片。

右侧的调整垫片的调整量为：

$$\delta_E=C-\frac{A+B}{2}+\frac{D-E}{2}=0.48-\frac{0.40+0.34}{2}+\frac{0.10-(-0.30)}{2}$$
$$=0.48-0.38+0.20=0.30\text{mm}$$

此时，右侧 E 处应增加 0.30mm 厚度的调整垫片。

内、外缸同轴度找正完毕后，其同轴度允许偏差应不大于 0.10mm；高压或中压内外缸的轴向位置偏差应不大于 0.05mm。

3. *滑销系统的安装*

由上述分析可知，汽轮机汽缸的重量均是通过底座传递到基础上的，而底座通过地脚螺栓及二次灌浆层和基础牢固地联系在一起。汽缸笨重，运行时受到各种力的影响，可能发生少量的位移和振动，因此汽缸必须支承牢固。另外汽缸外形庞大，特别是高中压缸温度高，受热后膨胀及冷却时收缩值较大，如果不让其自由膨胀，必然会使汽缸变形，甚至损坏设备，但又不能让它任意膨胀而不加以引导，否则将使汽缸中心与转子中心发生偏移，引起通流部分动静部件发生摩擦，以致造成重大事故。这就需要有一系列的滑销来加以保证，使汽缸既能沿底座滑动面自由膨胀，又能保持汽缸中心与转子中心一致。

汽轮机的滑销系统是起汽轮机受热膨胀时定位和导向作用的，使汽缸按一定的方向自由膨胀，并且保持汽缸中心与转子中心一致，不发生任何偏移。

滑销间隙的大小直接影响机组能否安全运行。间隙过小将使汽缸膨胀受阻，甚至卡死；间隙过大将会使汽缸膨胀失去控制，以致汽缸中心发生偏移，使已调整好的汽缸通流部分动静间隙发生变化，严重时将引起动静部分碰磨，所以滑销间隙修整时，必须符合制造厂技术文件的规定。

对滑销系统进行下列检查：

将滑销及销槽清理干净，滑销各滑动配合面应平整、光滑，无毛刺、卷边和损伤等缺陷，必要时应进行修刮。然后用塞尺测量滑销与销槽的配合间隙，或用内、外径千分尺沿滑动方向分别测量滑销及销槽相对应处的尺寸，取其差值作为滑销间隙，并记录。各部滑销配合间隙应符合制造厂技术文件的规定。

测量滑销间隙时，一般沿滑动方向测量两端及中间 3 点，尺寸较长的滑销的测点应根据具体情况适当增加。所测得的滑销或销槽各自 3 点测得的尺寸应相等，其相互允许偏差应不大于 0.03mm，间隙沿销长方向应均匀分布。若间隙过小，可修刮销槽或滑销本身；若间隙过大，一般可将滑销侧面用刨床刨去 2mm 左右，进行补焊或离子喷镀，然后经机械加工后再进行研刮。但其硬度不应低于滑销本身的硬度，不允许用敛挤的方法缩小滑销间隙。

将滑销进行试装，应滑动自如。在同一块底座上有两个纵销位于一条直线上时，应在滑销安装好后，将轴承座试装在底座上，借助手动倒链进行往复推拉，应滑动自如、无卡涩现象。检查两个滑销是否平行时，可在滑销上涂以红丹油，将轴承座紧靠滑销一边，往复推拉数次，再将轴承座推向另一边，往复推拉数次，然后将轴承座吊离，检查接触痕迹：若痕迹接触不均匀，说明纵销有偏斜现象，应予以修整销槽；若痕迹接触均匀，则说明两个纵销在一条直线上。滑销经研刮调整后，将轴承座推至紧靠滑销一边，用塞尺检查滑销另一边的间隙，塞尺数值应均匀，并符合制造产技术文件的规定，滑销在滑销槽内往复滑动应灵活并无卡涩现象。

如果同一块底座上既有纵销又有横销的滑销装置，则应将纵、横销试装在其对应的底座及轴承座上，再用塞尺检查间隙应均匀，应无歪斜现象。

滑销在汽缸、支座或轴承座上必须固定牢固，直接镶嵌的必须有一定紧力，用螺栓连接的其定位销必须紧固牢固，固定滑销的螺钉不得影响滑销与销槽的配合间隙，内外缸水平剖分面上的横销，在轴向位置固定后必须焊牢。

将猫爪横销及其支承部件清理干净，并在各部件非接触面上打上钢印标记，检查其表面应光滑、无毛刺、锈蚀等缺陷。用着色法检查猫爪横销的承力面和滑动面应接触良好。试装时用 0.05mm 塞尺从两端检查，除局部有不规则缺陷外，塞尺应塞不进。猫爪横销的定位螺钉应光滑、无毛刺，用着色法检查应受力均匀，销孔应无错口、椭圆等现象。用着色法检查圆柱销与销孔的接触痕迹应均匀，装配圆柱销时，应以铜棒轻轻敲入为宜。

滑销与滑销槽回装时，应将其清理干净，涂上黑铅粉或二硫化钼粉，按标志安装，切不可装反。

各轴承座或汽缸与底座的联系螺栓紧固至极限位置时，联系螺栓垫片与轴承座或汽缸底座平面间的间隙 a 应符合制造厂技术文件的规定，如图 9－49 所示；联系螺栓安装后与螺孔的相对位置，应符合制造厂技术文件的规定，联系螺栓与螺孔之间应保持一定的膨胀间隙 b 和 c，如图 9－50 所示，以满足机组运行时热膨胀的需要。

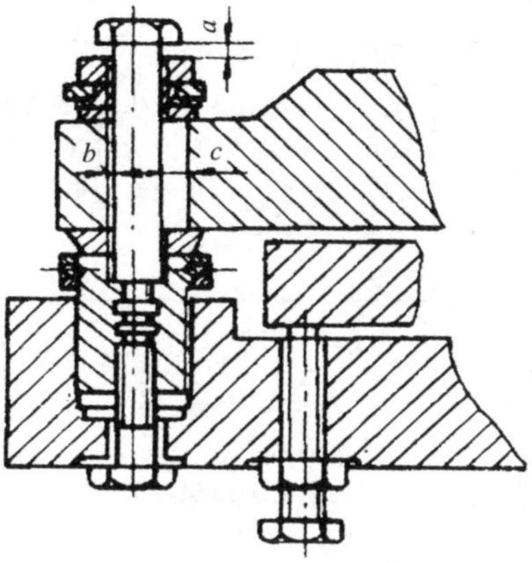

图 9－49　前轴承座与支座间的联系螺栓

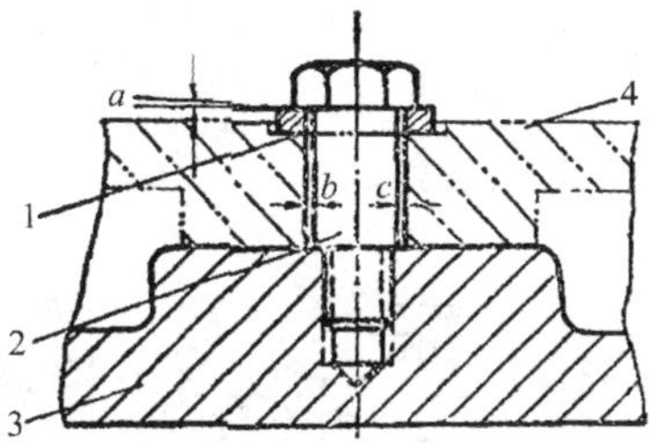

图 9－50　低压段汽缸支脚与支座间的联系螺栓

1—垫圈；2—联系螺栓；3—支座；4—低压段支脚

各部滑销配合的要求应符合制造厂技术文件的规定，如无规定时应符合表 9－11 的要求。

表 9－11　汽轮机滑销系统装配间隙要求　　mm

名称	简图	装配间隙要求
纵、横销	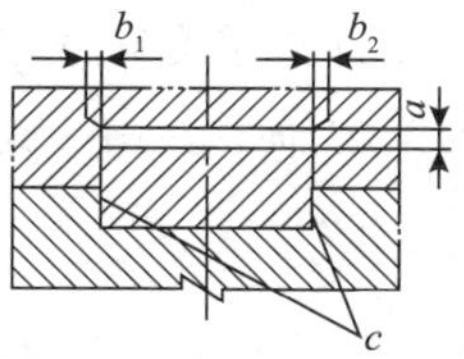	$b_1+b_2=0.04\sim0.08$ 过盈 $c=0.01\sim0.03$ $a=1\sim2$
前汽缸立销	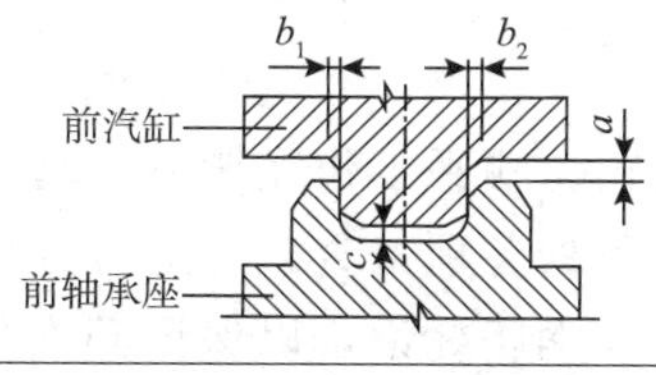	$a=3$ $b_1+b_2=0.04\sim0.08$ 过盈 $c=0\sim0.02$
排汽缸立销	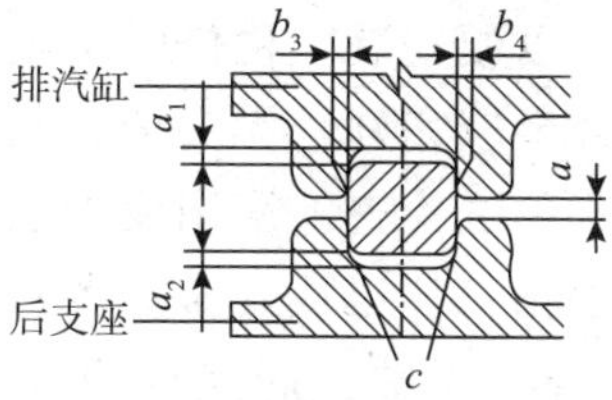	a 大于膨胀量且不小于 3 a_1+a_2＝大于膨胀量且不小于 3 $b_1+b_2=0.12\sim0.16$ $b_3+b_4=0.04+0.08$ 过盈 $c=0\sim0.02$

续表

名称	简图	装配间隙要求
角销(或压销)	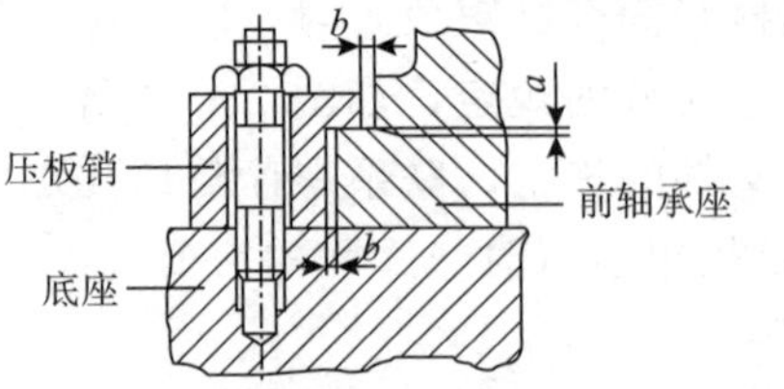	$a=0.04\sim0.08$ $b\geqslant1.0$
圆销	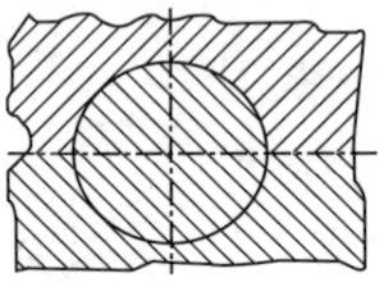	销与孔配合为 H7/h6，表面粗糙度：销孔为 $Ra3.2$，销为 $Ra1.6$，孔中心应与结合面重合，其允许偏差为：在全长上不大于孔径的 1/10
猫爪销	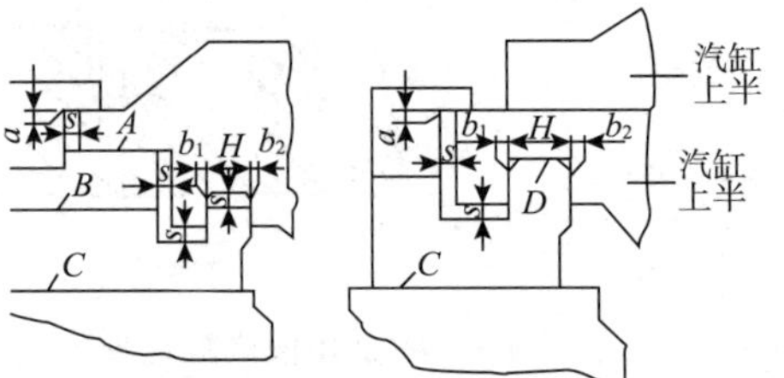 上猫爪销　下猫爪销	$b_1+b_2=0.04\sim0.08$ 销两侧面平行，A、B、C、D 平面接触均匀，接触面积大于 75% $a=0.12\sim0.16$ $s=1.0$

第四节　轴承和轴封安装

汽轮机的轴承按其作用可分为两种类型：一种是承受转子径向载荷的支持轴承；另一种是承受转子轴向载荷并确定转子轴向位置的推力轴承。由于这两种轴承的作用和结构不同，其安装工艺亦有不同的要求。

一、轴承的安装

1. 支持轴承的检查

支持轴承的安装应在汽缸、轴承座找正、找平工作完毕后，转子就位前进行。支持轴承在装入轴承座之前，应对径向轴承进行下列各项检查，并应符合制造厂技术文件规定。

支持轴承清洗时，检查轴承各部件应有钢印标记，以保证其安装位置和方向正确。如没有钢印标记，可在解体前打上钢印标记，以便安装、检修时不至于装错。

先用煤油将轴承清洗干净，检查巴氏合金应完好，无夹渣、气孔、凹坑、裂纹或脱胎等缺陷。检查脱胎时，一般可用浸油法或着色法检查。采用浸油法时，将轴瓦浸入盛有煤油的容器内浸泡约 24h 后，取出擦干，用手指挤压巴氏合金，若自巴氏合金与瓦胎的接合处有煤油被挤出，则说明巴氏合金脱胎，若发现轴瓦脱胎应更换新轴承。当对三油楔轴承、四油楔轴承或可倾瓦轴承瓦块黏合有怀疑时，可用超声波进行检查，应无脱胎现象。如有缺陷时，应通知制造厂研究处理或更换瓦块。

轴承水平中分面应光滑、平整，用着色法检查轴承水平中分面应接触良好，用 0.05mm 塞尺检查，应塞不进。

如采用球面轴承时，轴承衬背的球面与轴承座孔球面的结合面应光滑，无毛刺、划痕等缺陷，其接触面在每平方厘米上有接触点的面积应占整个球面的 75%以上，并均匀分布，其接口处用 0.03mm 塞尺检查，塞尺塞入长度不应超过球面半径的 10%。发现球面接触不良时，一般对球面不宜进行修刮，应通知制造厂研究处理。组合后的球面轴承和球面轴承座的水平中分面应平齐，无错口现象。

轴承的进油孔应光滑、清洁、畅通，无毛刺、锈蚀等缺陷，并应与轴承座孔上的供油孔对齐，且四周应与其轴承座孔接合处整圈保持不间断地均匀接触。进油孔带有节流孔板时，应测量节流孔板尺寸应符合制造厂技术文件的规定并记录。节流孔板的厚度不得妨碍枕块与轴承座孔的接触密实。

埋入轴瓦的温度测点位置应符合制造厂技术文件的规定并正确无误，接线应牢固。

检查带调整枕块轴承时，两侧枕块的中心线与垂线间的夹角 α 接近于 90°时，无论转子是否压在下轴瓦上，用着色法检查三处枕块与轴承座孔均应接触良好，并用 0.05mm 塞尺检查，应塞不进。

两侧枕块的中心线与垂线间的夹角 α 小于 90°时，转子压在下瓦上，用着色法检查三处枕块与轴承座孔均应接触良好，接触面达 75%以上，用 0.05mm 塞尺检查，应塞不进。抽取下轴承底部枕块下的调整垫片厚度 c 约 0.03～0.05mm，使下部枕块与轴承座孔之间形成间隙，如图 9－51 所示，即在下瓦不放转子的状态下，使两侧枕块无间隙，下部枕块与轴承座孔的接触应较两侧为轻或有 0.03～0.05mm 的间隙 c。当转子放入轴承后，由于转子本身的重量将使轴承稍许变形，从而使轴承下部枕块底部与轴承座孔接触并压紧，不至于造成两侧枕块翘起。因此，分配在各枕块上的负荷较均匀。

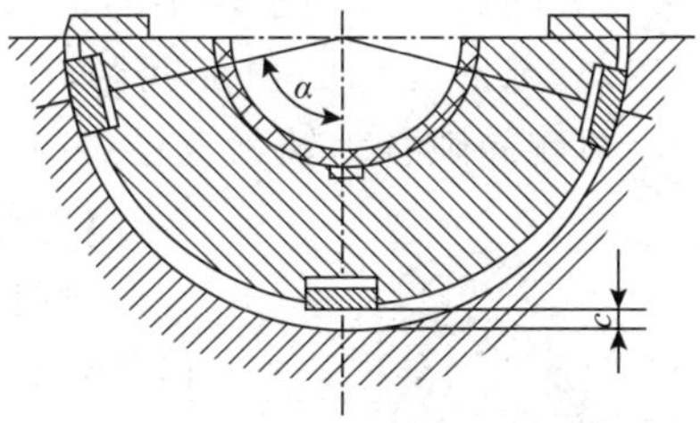

图 9－51　检查调整枕块与轴承座孔接触情况示意图

当枕块下的垫片调整好后，用着色法检查枕块与轴承座孔的接触情况，检查将轴瓦转动 5°～10°，其接触面积应在 75%以上。与进油孔结合面处的接触，应在进油孔四周具有一定宽度并保持不间断的均匀接触。

轴承枕块下的调整垫片应采用整张的不锈钢垫片，每个枕块下的调整垫片不得超过三层。垫片应平整、光滑，无毛刺和卷边等缺陷，其尺寸应比枕块稍窄 0.25～0.50mm，每组调整垫片厚度应均匀其允许偏差±0.02mm。

2. 四油楔轴承、可倾瓦轴承的安装

将四油楔轴承、可倾瓦支持轴承清理干净后，用百分表或外径千分尺检查各瓦块，厚度应均匀，其偏差应不大于 0.02mm。装配后各瓦块均能自由摆动，应无卡涩现象。用着色法检查轴承衬背与轴承座孔应接触均匀，其接触面积应大于 75%。

轴承检查工作完毕后，将下轴承装入轴承座孔内，并将转子放入下轴瓦上，用着色法检查轴颈与轴承衬的接触情况。检查时，应按汽轮机转子旋转的方向进行盘车，下轴承与轴颈的接触面应均匀，接触面积应达 75%以上。

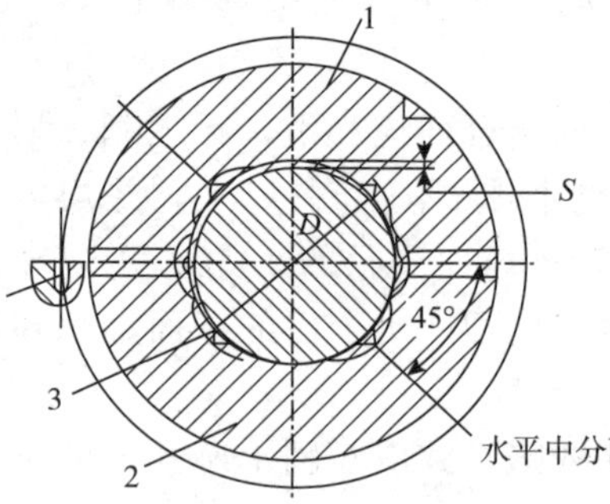

图 9-52　四油楔轴承

(图示为运行状态。调整状态时，轴承向上旋转 45°，轴承水平中分面呈水平状态)

如果制造厂技术文件要求支持轴承组装时需旋转一个角度时，必须保持其角度。而且用定位销在旋转后固定轴承，以防运行中轴承改变位置。如四油楔轴承要求在安装、调整状态时水平结合面应处于水平位置，而运行状态时需旋转 45°，如图 9-52 所示为运行状态。

四油楔轴承在调整状态时旋转 45°，使其中一块瓦块在底部，位于轴颈的水平静止点，以便停机时支承轴颈及冷态时用于轴对中找正。此要求为制造厂技术文件规定，四油楔轴承组装需旋转 45°，而且必须保持其角度，然后用定位销在旋转 45°后固定轴承，以防运行中轴承改变位置。

3. 支持轴承的轴承间隙

支持轴承的轴瓦间隙应符合制造厂技术文件规定，如无规定时，应符合下列要求。

(1)圆柱形轴瓦的顶部间隙，当轴颈直径大于 100mm 时，为轴颈直径的(1.5～2)/1000(较大的数值适用于较小的轴颈直径)，两侧间隙各为顶部间隙的一半。

(2)椭圆形轴瓦的顶部间隙，当轴颈直径大于 100mm 时，为轴颈直径的(1～1.5)/1000，两侧间隙各为轴颈直径的(1.5～2)/1000(较大的数值适用于较小的轴颈直径)。

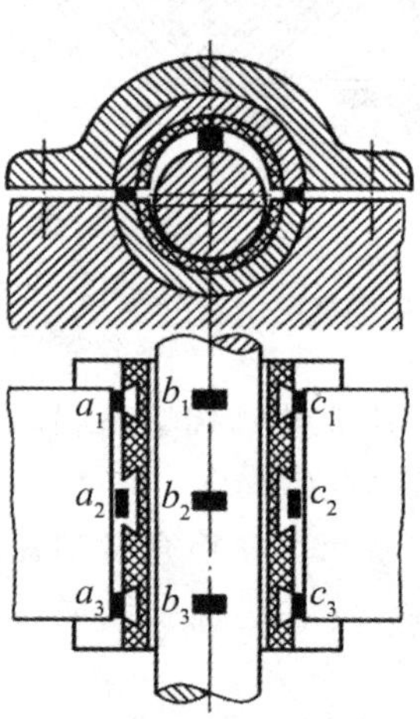

图 9-53　用压铅法测量轴承的顶间隙

(3)轴承间隙的测量方法：

顶部间隙应用压铅法进行测量，将直径为顶间隙的 1.5～2 倍的软铅丝，截成 10～40mm 长，分别置于轴颈最高处和轴瓦水平中分面上，根据轴瓦的宽度，每侧放置 23 段用润滑脂粘住，如图 9-53 所示。然后将上轴瓦和轴承压盖扣上，并按连接螺栓紧固力矩紧固压盖螺栓。将轴瓦压盖和上轴瓦取出，用外径千分尺测量被压扁每段的软铅丝厚度，并用下式计算轴承顶间隙的平均值

$$\Delta=\frac{b_1+b_2+b_3}{3}-\frac{a_1+a_2+a_3+c_1+c_2+c_3}{6} \tag{9-8}$$

式中　Δ——轴承的平均顶间隙，mm；

b_1、b_2、b_3——轴颈上各段软铅丝压扁后的厚度，mm；

a_1、a_2、a_3、c_1、c_2、c_3——轴瓦水平中分面各段软铅丝压扁后的厚度，mm。

若实际测得的顶部间隙小于要求值时，则应在上、下轴瓦的水平中分面间隙按式(9-8)计算平均值增加调整垫片的厚度或修刮上瓦顶部巴氏合金；若实际测得的顶部间隙大于要求值时，则应减小上、下轴瓦水平中分面间减小调整垫片的厚度或修刮水平中分面来加以调整。

检查轴瓦与轴颈之间侧间隙时，可采用塞尺进行测量。测量时以塞尺测量阻油边为准，塞尺插入深度为 15～20mm，侧间隙测量应从下瓦水平中分面用塞尺塞，应是塞入越深，间隙越小的趋势，呈均匀的楔形油楔。若侧间隙过小，可通过修刮两侧巴氏合金表面来进行调整；当两侧间隙稍大时，若运行中无异常现象，可不必处理。

支持轴承安装时，还应修刮下轴瓦的油囊。其油囊尺寸应符合制造厂技术文件规定，一般深度为0.20～0.40mm，油囊面积应为轴颈投影面积的1.5%～2.5%(较大的数值适用于较小的轴颈直径)，油囊四周与轴颈应接触严密，油不泄漏。

4. 四油楔轴承、四油叶轴承和可倾瓦轴承间隙测量方法

(1)抬轴法

先将上半轴承和轴承盖安装好，然后用两块百分表进行测量。将其中一块百分表触头放置距离径向轴承最近的轴颈上的最高点，将另一只百分表触头触及轴承盖上的最高点，将两块百分表指针调至“0”进行监视。然后采用适当的抬轴工具将转子轻微地垂直向上抬起，当轴承盖上的百分表指针移动0.005mm读数时，轴颈上的百分表读数就是轴承径向间隙。测量轴承径向间隙时，应连续测量2～3次，而且每次将转子放到下瓦块上时，轴颈和轴承盖上的百分表读数均应回到“0”。

图9-54所示为微抬轴工具。汽轮机轴颈拆卸下轴瓦或测量轴承径向间隙时，用抬轴工具将转子微微抬起，并用百分表进行监视，转子抬起高度应低于上汽封或油封间隙(一般应小于0.20mm)，不允许在转子两端同时进行拆卸下轴瓦或测量径向轴承间隙工作。

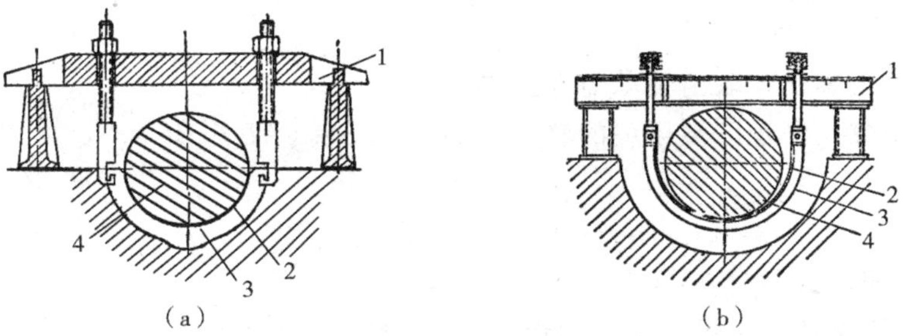

图9-54　微抬轴工具

1—抬轴支架；2—橡胶垫；3—微抬轴工具；4—汽轮机转子

(2)假轴法

加工一个与轴颈直径相同的假轴颈，长约400～500mm，将假轴垂直固定于比轴瓦直径稍大的平台上，装入轴承，然后在轴承外面两侧分别将百分表触头触及在最高点并将其读数至于“0”，沿水平方向来回推动轴承，此时百分表的读数就是轴承径向间隙。

(3)塞规测量法

塞规由三种不同的直径组成(见图9-55)，A、B、C分别代表过端、标准端及止端。轴承的标准直径应使塞规的过端和标准端通过，止端不得通过。塞规的标准端通过轴承内径，表明轴承径向间隙符合的要求。轴承在测量时出现下述两种情况之一，表明这个轴承的间隙值不符合制造厂技术文件的规定。

①过端A未能通过轴承内径；

②止端C通过轴承内径。

(4)压铅法

用压铅法测量可倾瓦径向轴承间隙步骤如下：

①将转子轴颈放置在可倾瓦轴承的下瓦块上，如图9-56所示；

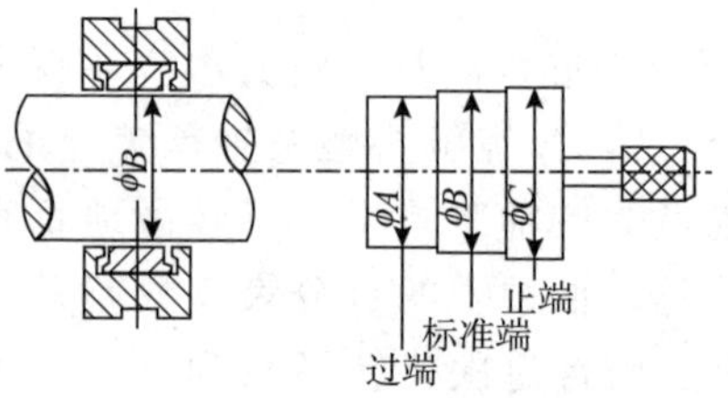

图 9－55　可倾瓦轴承径向间隙塞规测量法

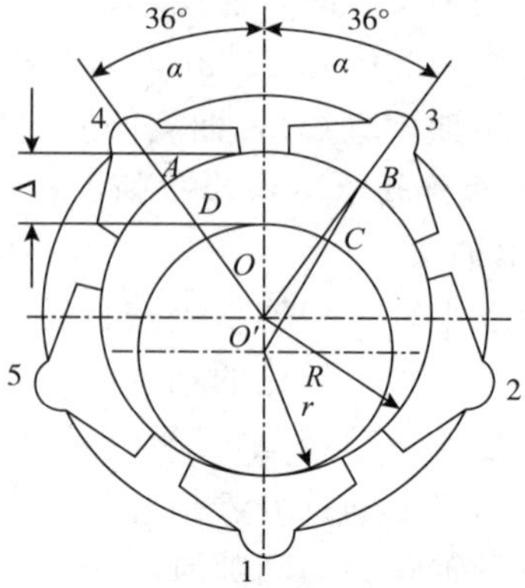

图 9－56　压铅法测量可倾瓦轴承径向间隙

②用直径为 1.5 倍顶间隙的软铅丝，其长度应超过一个油楔弧长，将两根软铅丝轴向放在轴颈上，为防止软铅丝滑落，可用润滑脂粘住。

③将上瓦和轴承盖装好，均匀地紧固轴承盖螺栓，用 0.02mm 塞尺检查轴承水平中分面应不得塞入；

④拆卸轴承盖螺栓，取出轴承盖和上轴瓦；

⑤用外径千分尺测量已被压扁的软铅丝的厚度 $S=(AD+BC)/2$，再按下式换算出顶间隙 Δ。

$$\Delta=KS \tag{9-9}$$

式中　Δ——间隙，mm；

K——换算系数，它可以从三角形 $\Delta OO'B$ 的关系中求出。

$$O'B^2=OO'^2+OB^2-2OO'\cdot OB\cos(180°-\alpha)$$

$$O'B^2=r+S$$

$$OB=R=r+OO'=r+\Delta/2$$

忽略 Δ 和 S 的二次方项可得

$$K=\Delta/S=2/1+\cos\alpha$$

对于五块瓦均等的可倾瓦轴承，$\alpha=36°$，$K=1.1$，故对可倾瓦轴承的换算式为 $\Delta=1.1S$。

二、推力轴承的安装

汽轮机运行时，产生很大的轴向推力。推力轴承的作用就是承受汽轮机转子的轴向推力和限定转子的轴向位置。否则由于汽轮机转子窜量过大，将使通流部分动静轴向间隙消失，甚至发生动静部分碰撞和磨损。

转子的轴向推力通过推力盘传递到推力轴承上。推力盘则是与转子整锻加工在一起的。在推力轴承上，位于推盘的工作面和非工作面各有若干个(一般 8～12 个)推力瓦块。瓦块的背面有一销孔，松套在安装环的销钉上，使瓦块可略微摆动。

通常应用最广泛的推力轴承是米切尔式推力轴承，它是借助于推力轴承上的若干推力瓦块与推力盘之间构成的楔形间隙建立液体摩擦的。其工作原理(见图 9－57)为：当转子的轴向推力经过油膜传给推力瓦块时，其油压合力 Q 并不作用在推力瓦块的支点 O 上，而是偏在进油口一侧，如图 9-57(a)所示。因此合力 Q 便与推力瓦块支点的支反力 R 形成一个力偶，使推力瓦块略微偏转形成油楔。随着推力瓦块的偏转，油压合力 Q 逐渐向出油口一侧移动，当 Q 与 R 作用于一条直线上时，油楔中的压力便与轴向推力保持平衡状态，如图 9-57(b)所示，便在推力盘与推力瓦块之间建立了液体摩擦。

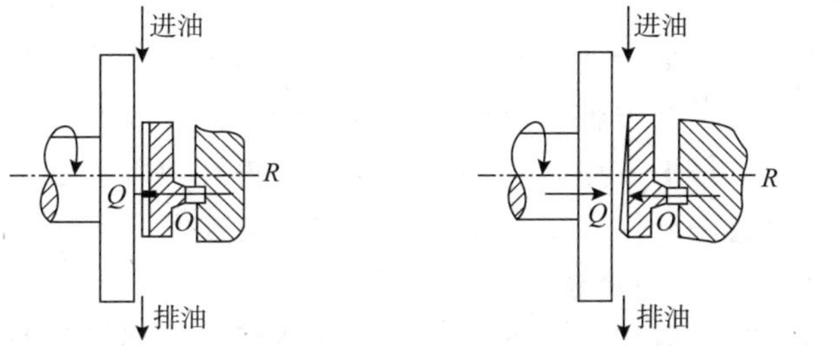

（a）油压力与支反力形成一个力偶（推力瓦块继续偏转）　（b）油压力与支反力作用在一条直线上（工作时的平衡状态）

图 9-57 推力瓦块与推力盘间油膜的形成

1. 推力轴承的检查

(1)推力瓦块应逐个编号，用浸油法检查推力瓦块巴氏合金与轴承衬应结合牢固，无脱胎等缺陷。

(2)清理检查推力轴承的进、出油孔，应清洁、畅通。

(3)用放大镜检查推力瓦块巴氏合金表面，应完好，无裂纹、气孔、砂眼等缺陷。

(4)用图 9-58 所示的方法检查推力瓦块的厚度。其方法是在平板上架设磁力表架并装上百分表，将百分表触头触在推力瓦块上，然后在平板上来回移动推力瓦块，用百分表测量每块推力瓦块的厚度并记录，同组瓦块的厚度差应不大于 0.02mm。若瓦块偏差超过此数值时，不宜立即研刮，应在机组安装阶段根据推力盘与推力瓦块的接触情况进行修刮。

图 9-58 用百分表检查推力轴承瓦块厚度

1—磁力表架；2—小平台；3—推力瓦块；4—百分表

(5)对于推力支持联合轴承的安装环，检查其承力面应平整、光滑，检查沿安装环周长各点厚度是否均匀一致，其任意两点的厚度差应不大于 0.02mm 并记录。装入安装环时，其装入的力度以 0.5kg 手锤轻轻打入为宜。

(6)检查定位销应无磨损、弯曲或松动等缺陷，否则应予以更换。

(7)用着色法检查推力轴承水平中分面应接触均匀，且接触面积达 75% 以上，用 0.05mm 塞尺检查应塞不进。

(8)埋入推力轴承的温度测点位置应符合制造厂技术文件规定并准确无误，且接线牢固。

2. 推力轴承的安装

(1)检查推力轴承接触情况

①将下半轴承装入轴承座孔内，在推力盘承力面上涂上一层薄薄的红丹油，然后将转子吊入就位。按制造厂匹配标示装上推力瓦块和基环(或上、下基准块)的组件，装好上半推力轴承，打入定位销并紧固推力轴承水平中分面螺栓。

②将上半轴承盖安装就位，打入定位销后，轴承座水平中分面应无错口现象，用着色法检查推力轴承水平中分面接触面积应达75%以上且接触均匀，自由状态下用0.05mm塞尺检查，应塞不进。

③按汽轮机旋转方向盘动转子，前后往复盘动转子数圈，使推力盘与推力瓦块(工作及非工作瓦块)接触。

④旋松推力轴承座水平中分面螺栓，将轴承压盖吊走，然后旋松推力轴承水平中分面螺栓，取出定位销，将上半推力轴承取出，再取出推力瓦块和基环(或上、下基准块)的组件，检查每个推力瓦块上每平方厘米有接触点面积应占瓦块除去油楔所余总面积的75%以上，且均匀分布。否则应进行修刮，若修刮量大时应更换瓦块。

(2)推力轴承间隙的检查与调整

检查推力轴承间隙时，应将上、下两半推力轴承组装完毕后进行。

①推力轴承轴向间隙的检查

检查推力轴承轴向间隙时，在汽缸水平剖分面上架设3块磁力表架并装上百分表，将百分表1触头触在轴端或转子某一光滑端面上与转子平行，将百分表2、3触头触在推力轴承座左右两侧端面上来监视轴承座的移动值。按汽轮机旋转方向盘动转子，同时用力将汽轮机转子推向前后极限位置，经几次往复推动过程中，将所测取百分表1的最大移动值中减去推力轴承座的百分表2、3的最小位移平均值，便为推力轴承间隙。即转子位移值与推力轴承座位移值之差作为推力轴承间隙值。

②间隙的调整

推力轴承间隙若需调整时，应结合转子轴向通流部分间隙的调整要求，综合考虑。即将转子推至压紧工作推力瓦块，测量通流部分尺寸符合制造厂技术文件的规定时，将转子定位。然后，再将转子推至压向非工作推力瓦块，测量推力间隙。若推力间隙不符合要求时，可调整非工作面调整垫片的厚度，使推力间隙符合制造厂技术文件的规定。推力轴承的调整垫片应平整、无毛刺，各处厚度差应小于0.01mm，且调整垫片数不应超过2层。

3. 推力轴承组装的要求

推力轴承组装时，应将油封环(挡油环)的间隙修刮调整至符合制造厂技术文件的规定，并将推力瓦块上的金属测温元件及导线固定牢固，再次复测推力轴承间隙应符合要求。然后，将推力轴承上盖就位，紧固水平结合面螺栓。按转子旋转方向盘动转子，测量推力轴承轴向间隙应无变化，即为合格。

三、油封环的安装

轴承座油封环(挡油环)间隙的测量及调整，应在径向轴承和推力轴承各项检查及间隙调整完毕，转子轴向位置定位后进行。

油封环安装应符合下列要求：

(1)油封环密封齿应清洁、光滑、完整、无损伤、松动等缺陷，密封齿边缘厚度应不大于0.10mm，必要时应修薄，并固定牢固。

(2)油封环水平中分面应接触严密，用0.03mm塞尺检查应塞不进，并无错口现象，上下两半油封环组装时，水平中分面应涂密封胶密封。

(3)油封环的边缘应修薄，其倾斜面应修在外侧，油封环的回油孔应排向油室，不得装反；检查油封环下部各密封齿之间的回油孔应清洁、畅通。

(4)检查、调整轴承座油封环检查时，应在转子轴向位置确定后进行。图 9－59 为积木块式汽轮机轴承座油封环简图。检查时应先安装下半油封环，用塞尺测量其间隙，然后自上轴承盖拆下上半油封环，并将其安放至下半油封环上，用塞尺法或贴医用胶布法测量其间隙，其值应符合制造厂技术文件的规定。如需调整时，应先调整下半油封环，再调整上半油封环。

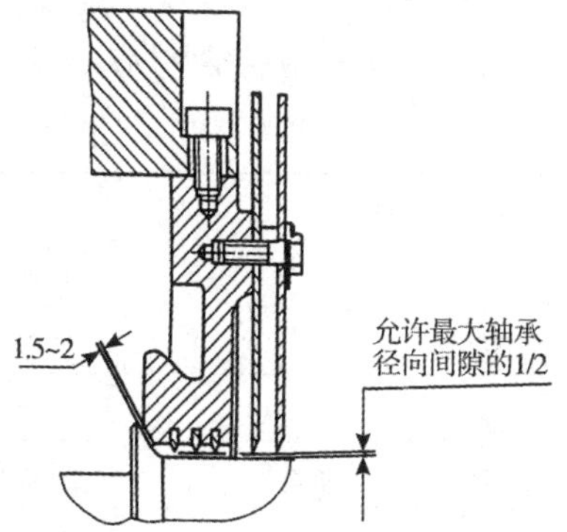

图 9－59　轴承油封环

一般上部汽封间隙为 0.20～0.25mm，两侧间隙为 0.10～0.15mm，下部间隙为 0.05～0.10mm。考虑到运行中由于油膜的建立将转子托起的影响，使下部油封间隙增大，上部油封间隙缩小。所以，在安装油封环时，应调整下部间隙稍小些，顶部间隙稍大些。

四、轴承过盈量(轴瓦紧力)

轴承在工作中，为了防止轴承在轴承座孔内发生转动或轴向移动，使轴承体与轴承座为过盈配合，其过盈值称之为轴承过盈量。轴承与轴承座和轴承盖的过盈量，常采用$\frac{H7}{K6}$的过渡配合。轴瓦过盈量一般采用下列几种方法。

1. 压铅丝测量法

将是轴承过盈量 1.5 倍，长 40mm 的软铅丝分别放置在轴承衬背上和轴承盖与轴承座的水平中分面之间，如图 9－60 所示。扣上轴承盖，均匀对称地紧固轴承盖螺栓，然后松开螺栓并吊走轴承盖，将被压扁的铅丝取出后，用外径千分尺测量其厚度后，用下式计算出轴瓦的过盈量，即：

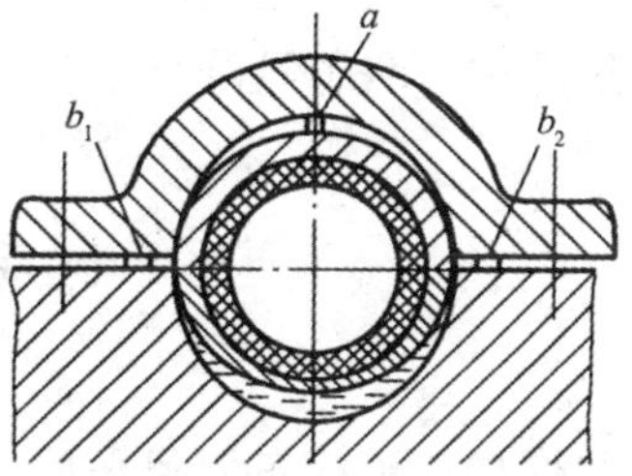

图 9－60　用压铅法测量轴瓦过盈量

$$A=\frac{b_1+b_2}{2}-a \tag{9-10}$$

式中　A——轴瓦的过盈量，mm；

b_1、b_2——轴承盖与轴承座之间的软铅丝压扁后的厚度，mm；

当实际测得的过盈量不符合技术文件要求时，可采用在轴承盖与轴承座结合面处增减调整垫片厚度的方法进行调整。若差值为负值时，说明上轴瓦与轴承盖之间存在间隙，没有过盈量，应在轴承座水平中分面减去垫片。

2. 铜垫片与铅丝结合测量法

在轴承盖水平中分面两侧 b_1、b_2(见图 9－60)处分别放置厚度为 0.15mm 的黄铜垫片，在上轴承衬背上横向放置几条 0.50mm 铅丝并用润滑脂固定；然后将轴承盖放置在上轴承衬背上，紧固轴承盖水平中分面连接螺栓；旋松轴承盖水平中分面螺栓，取出被压扁的软铅丝，用外径千分尺测量被压扁的铅丝厚度，计算出其平均值。0.15mm 黄铜垫片厚度减去软铅丝压扁平均厚度之差，即为轴承过盈量。轴承过盈量可通过调整轴承盖水平中分面上的垫片厚度来达到要求。

在轴承盖水平中分面上放置黄铜垫片，可以限制铅丝的压缩量，且铅丝受力均匀，不至于使铅丝厚薄相差悬殊，避免产生测量误差。

轴承过盈量应符合制造厂技术文件的规定。如无规定时，应符合表9-12的规定。

表9-12　轴瓦过盈量的要求

mm

序号	轴承型式	过盈量
1	圆柱形轴瓦	0.03～0.07
2	椭圆形轴瓦	0.02～0.05
3	多油楔轴承	0.02～0.04
4	可倾瓦轴承	0.01～0.03
5	球面瓦轴承	－0.06～－0.02

五、轴承盖的安装

清理、检查轴承箱内应清洁、无杂物，全部零部件组装齐全，螺栓紧固并锁牢，各部间隙均符合制造厂技术文件规定并有记录；仪表元件安装并调整完毕，各部间隙符合制造厂技术文件的规定并有记录；轴承盖水平中分面、轴承座与油封水平中分面处均应涂以制造厂技术文件规定的密封胶，然后将轴承盖螺栓对称、均匀紧固；某些汽轮机由于调节汽阀的杠杆、支架、错油门和油动机等在前轴承的上方，吊装前轴承盖，不能垂直吊装时，可采用专用吊装工具进行吊装。

第五节　转子安装

在汽缸初步找正、找平后，将已清理检查合格的轴承安装至符合要求，就可将转子吊入汽缸内。转子第一次吊入汽缸内就位时，应事先将各道汽封环拆卸，以免碰伤。汽轮机转子吊装应使用由制造厂提供并具备出厂试验证书的专用横梁和吊索。使用自行设计和制造的横梁和吊、索具时，应进行200%工作负荷的试验，时间为1h，无异常后方可使用。在不使用期间，专用横梁和吊索具应妥善保管，防止锈蚀和损伤。

起吊时，转子吊索具的绑扎位置应符合制造厂技术文件规定，转子吊装宜采用尼龙吊装带进行吊装。在绑扎部位应垫上软质衬垫或将其吊索具用柔软材料包裹，不得将索具直接绑扎在轴颈上进行起吊。

转子吊入下汽缸之前，应用压缩空气将转子或下汽缸内部吹干净。向汽缸内安放或从汽缸内取出转子时，应在后轴颈处用精密水平仪测量水平，用手拉导链调整转子水平度，其偏差为0.10mm/m，保持转子水平状态，防止动静部分发生摩擦、晃动和卡涩现象，然后再用桥式吊车缓慢地将转子吊出或吊入下汽缸。

在转子起吊过程中，应有专人指挥，转子两端应有专人扶稳转子，防止转子左右摆动。当转子距下轴承约150mm时，在下轴承内浇以经过滤的汽轮机油，将转子平稳地落在下轴承中。然后安装推力轴承下部，并向轴颈上浇经过滤的汽轮机油。松开并取走绳索，盘动转子应转动灵活，并检查汽缸内部有无异常声响。转子吊入下汽缸、落在下轴承上，如图 9－61 所示。

转子吊出汽缸时，应将转子处于轴向间隙的中间位置，并将推力轴承取出。转子吊出后，应搁置在专用支架上，支承部位应垫上软质衬垫保护，如图 9－62 所示。转子需作动平衡试验和做其他检查运输时，应用专用的运输支架或用转子包装箱进行运输。

图 9－61　转子吊入下汽缸时的情况

图 9－62　转子专用支架

一、转子的检查与测量

转子表面检查一般分为宏观检查、无损(超声波、磁粉、着色)探伤、显微组织检查、测量检查等几种。

1. 宏观检查

宏观检查就是不借助任何仪器设备，用肉眼对转子作一次全面仔细检查，即对整个转子的轴颈、叶轮、轴封套、推力盘、平衡盘、联轴器等用肉眼进行检查。主要检查轴颈表面应清洁、光滑，无伤痕、锈蚀、裂纹等缺陷；套装叶轮的相邻轮毂之间的膨胀间隙应符合制造厂技术文件规定并记录，膨胀间隙内应清洁，无毛刺、杂物等缺陷；叶片边缘应光滑、无碰伤，叶片及围带应固定牢固，无松动、损伤、变形等缺陷；围带与围带之间应有符合制造厂技术文件规定的膨胀间隙；叶片与围带的铆钉头应完好，铆钉头处的围带四角应无裂纹；转子上的汽封齿、围带、无围带叶片顶部和轮盘端面等部位应清洁、光滑，无磨损及磨损过热痕迹；若叶片上有焊接拉筋，应检查焊接是否牢固；推力盘的工作面应无毛刺、擦伤、凹痕、裂纹、锈蚀等缺陷；联轴器端面及止口应清洁、光滑、平整，无毛刺、凸起等缺陷；轴颈、推力盘、联轴器等表面应清洁、光滑，粗糙度应符合制造厂技术文件规定；轴向位移及差胀等监测装置在转子上的凸缘应完好，无损伤或凹凸不平等缺陷；转子两端的各平衡配重块或平衡螺钉、销键和其他锁紧零件应清洁、固定牢固、完好，无冲刷、松动现象，并应有可靠的锁紧装置；转子轴颈和转子端部安装联轴器锥段部位应清洁、光滑，表面粗糙度应符合制造厂技术文件规定，无麻点、压痕、沟槽等缺陷。

2. 转子的测量

汽轮机转子属于高精度部件，运行中要求各转动部件无明显的不平衡，并保持通流部分间隙和其他部位配合间隙符合制造厂技术文件规定。转子放入下轴承内后，在盘动前，应事先装好工作面和非工作面的推力瓦块或临时止推装置，然后进行下列测量。

(1)转子的轴向定位尺寸的测量

转子的轴向位置在制造厂已按技术文件调整完毕，现场可根据制造厂提供的转子在汽缸及轴承座中的轴向位置定位尺寸，用深度游标卡尺测量转子甩油环至汽缸前端面尺寸E_1，测量前轴承座前端面至转子推力盘尺寸E_2，如图9－63所示。

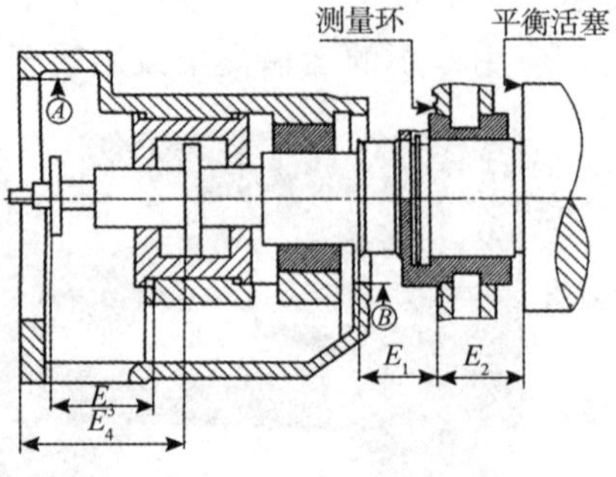

图9－63 转子在汽缸及轴承座轴向定位尺寸示意图

E_1—转子甩油环至汽缸前轴封室端面尺寸；E_2—汽缸前轴封室端面至平衡活塞前端面尺寸；
E_3—转子转速发送器至推力轴承座定位端面尺寸；E_4—前轴承箱前端面至推力盘前端面尺寸；
A—转子与轴承箱(座)前(外)端(前轴承箱(座)前/后轴承箱(座)后)；
B—转子与轴承箱(座)后(内)端(前轴承箱(座)后/后轴承箱(座)前)

(2)轴颈圆度和圆柱度的测量

①测量圆度的方法有两种：

a)将转子吊入下轴承内，在轴承座上架设磁力表架并装上百分表，测量轴颈最大径向跳动值，即圆度。

b)在轴颈长度方向上取3～5横断面，用外径千分尺在同一横断面上测出上下左右4个位置直径的数值，同一横断面内测得的最大直径与最小直径之差即圆度。

②测量圆柱度

用外径千分尺测量沿轴颈全长不同纵断(一般测量轴颈前、后、中间3处)面的上下左右的直径，计算出算术平均值，在同一纵断面内最大直径与最小直径之差即圆柱度。轴颈的圆度和圆柱度一般应不大于0.02mm。

(3)轴颈扬度的测量

轴颈扬度的测量，一般在大修前、后及联轴器螺栓连接前后各测量1次。

检查轴颈扬度是用框式水平仪或合像水平仪放置在前后轴颈上直接测量的。测量时，将水平仪放置在前后轴颈的中间位置，待水平仪气泡稳定后读数，并用记号笔画上记号，然后在原地将水平仪旋转180°再次进行测量读数，取两次水平仪读数的算术平均值即为转子的扬度。将测得的扬度与制造厂技术文件规定和安装记录或前次检修记录进行比较，掌握轴系的扬度变化趋势，每次检修前后应基本一致。

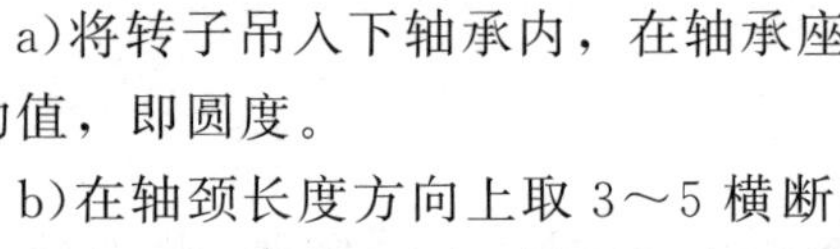

图9－64　某汽轮机转子轴颈扬度值

例：某离心式压缩机组由汽轮机驱动，在汽轮机大修中，用精度为0.02/1000mm/格的精密水平仪，测量转子前后轴颈上的扬度值，如图9－64所示。

前轴颈扬度为：

$$\frac{(+6\text{格})-(-4\text{格})}{2}\times 0.02/1000=+0.10/1000\text{mm}$$

后轴颈扬度为：

$$\frac{(-2\text{ 格})-(+1\text{ 格})}{2}\times 0.02/1000=-0.03/1000\text{mm}$$

根据图 9-64 计算，前轴颈向进汽侧方向扬起 0.10/1000mm，后轴颈向离心式压缩机方向扬起 0.03/1000mm。

(4)轴颈径向跳动的测量

轴颈径向跳动(晃度)是指由于轴颈加工时的误差，造成轴颈外圆不同心或椭圆形状。当转子旋转时，就会产生振动。

测量轴颈径向跳动时，先将转子全圆周按汽轮机转子旋转方向分成 8 等份，并使危急遮断器飞出的方向为 1 号。在汽缸水平剖分面或轴承座水平中分面上装设磁力表架并装上百分表，将百分表触头触及轴颈表面垂直于轴心位置，如图 9-65 所示。缓慢地盘动转子旋转 1 周，百分表上的指针应回到原始读数。然后再次盘动转子，每旋转 1 等份记录 1 次百分表读数，取最大读数值与最小读数值之差，即为径向跳动值。轴颈的径向跳动一般应不大于 0.02mm。径向跳动过大时，将会造成轴瓦巴氏合金不均匀磨损和机组额外振动。

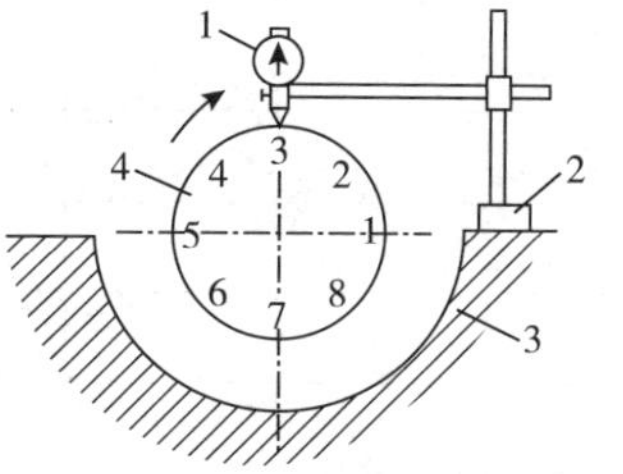

图 9-65　轴颈径向跳动的测量

1—百分表；2—磁力表架；3—轴承座或汽缸；4—轴颈

联轴器、推力盘、叶轮外圆的径向跳动，也可采用此法进行测量，并应符合下列要求：整锻转子推力盘外圆径向跳动应不大于 0.02mm，叶轮外缘的径向跳动应不大于 0.04mm，其余圆柱表面应不大于 0.03mm。套装转子推力盘径向跳动应不大于 0.02mm，叶轮外缘的径向跳动应不大于 0.05mm，轴封套的径向跳动应不大于 0.05mm，挡油环的径向跳动应不大于 0.05mm，联轴器外圆的径向跳动应不大于 0.03mm。

(5)转子端面跳动(瓢偏度)的测量

转子上的叶轮、推力盘、联轴器等部，其端面应与轴线之间应有准确的垂直度，否则在运行时就可能引起叶轮与隔板或导叶持环相碰、推力瓦不均匀磨损和机组振动等。端面跳动即表示被测平面与转子中心线不垂直的程度。

在转子上需要测量端面跳动的位置主要有下列几处：推力盘工作面和非工作面，叶轮进汽侧轮缘、联轴器端面等处。

测量方法如下：将转子圆周分成 8 等份，在需要测量端面左右靠近边缘处相 180°的部位，各装设一个磁力表架并装上百分表，如图 9-66 所示。将百分表触头垂直于端面，两表与边缘的距离应相等，且两侧点的位置应处于同一圆周之上。装设两块百分表测量，是考虑到转子在旋转时可能沿轴线方向移动，使百分表读数产生误差。测量时，现将转子置于 1、5 两个测点，将两块百分表的指针读数均对正 50 的位置。然后按汽轮机转子转动方向缓慢盘动转子，每旋转 1 等份记录 1 次百分表读数，当转子旋转 1 周后又回到 1、5 起点位置时，

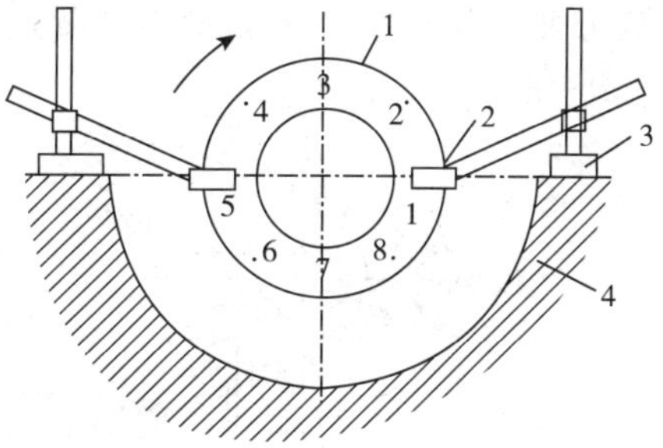

图 9-66　转子上各端面跳动的测量

1—推力盘或联轴器及叶轮；2—百分表；3—磁力表架；4—轴承座或汽缸

这时两块百分表的读数又回到原始的读数 50，则表明转子无轴向窜动；若两块百分表读数相等，但不是原始值，则表明是转子轴向移动造成的，表针指示值仍可作为计算依据。如果两块百分表读数值不等，则应查明原因，待缺陷消除后重新测量。

将两块百分表所测得的最大读数差减去最小读数差取其半数，即为端面跳动值。

如表 9 - 13 的举例数据，其端面跳动值为 0.03mm。

表 9 - 13　推端面跳动测量记录　　0.01mm

<table>
<tr><th colspan="2">百分表位置编号</th><th colspan="2">百分表读数</th><th>两表读数差</th><th rowspan="2">端面跳动</th></tr>
<tr><th>A</th><th>B</th><th>A</th><th>B</th><th>A - B</th></tr>
<tr><td>1</td><td>5</td><td>50</td><td>50</td><td>0</td><td rowspan="9">端面跳动＝最大的(A－B)－最小的(A－B)/2
＝＋2－(－4)/2
＝2＋4/2
＝3</td></tr>
<tr><td>2</td><td>6</td><td>43</td><td>47</td><td>－4</td></tr>
<tr><td>3</td><td>7</td><td>49</td><td>52</td><td>－3</td></tr>
<tr><td>4</td><td>8</td><td>47</td><td>49</td><td>－2</td></tr>
<tr><td>5</td><td>1</td><td>42</td><td>46</td><td>－4</td></tr>
<tr><td>6</td><td>2</td><td>53</td><td>55</td><td>－2</td></tr>
<tr><td>7</td><td>3</td><td>46</td><td>44</td><td>＋2</td></tr>
<tr><td>8</td><td>4</td><td>55</td><td>58</td><td>－3</td></tr>
<tr><td>1</td><td>5</td><td>60</td><td>60</td><td>0</td></tr>
</table>

从表 9 - 13 中测量数据可以看出，测量的最大差值与最小差值，并不在通过轴心的对称点上，这是由于部件端面不平所造成的。

通常要求推力盘的端面跳动应不大于 0.02mm；叶轮进汽侧轮缘的端面跳动应不大于 0.05mm；联轴器的端面跳动应不大于 0.03mm。

对于推力盘，还需检查其端面平面度。检查方法可按图 9 - 67 所示进行。即将薄刃平尺紧靠在推力盘端面上，用 0.02mm 塞尺按图示方向检查薄刃平尺与推力盘端面间的间隙，应塞不进，即认为合格。

(6)转子弯曲的测量

将转子全圆周分为 8 等份，以危急遮断器向上为第 1 点，沿转子全长选出 6～8 点作为百分表测量的位置，如图 9 - 68 所示。测点都应选在轴表面光滑的部分，并考虑架设百分表方便、易观察。并测量出各测点间的距离 a、b、c、d、e、f、g，并记录。

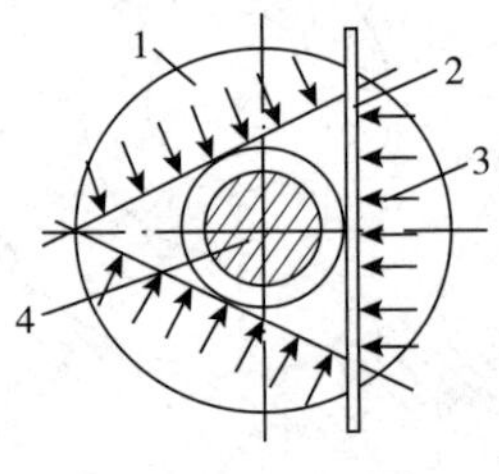

图 9 - 67　检查推力盘端面平面度

1—推力盘；2—平尺；

3—塞尺塞入方向；4—转子

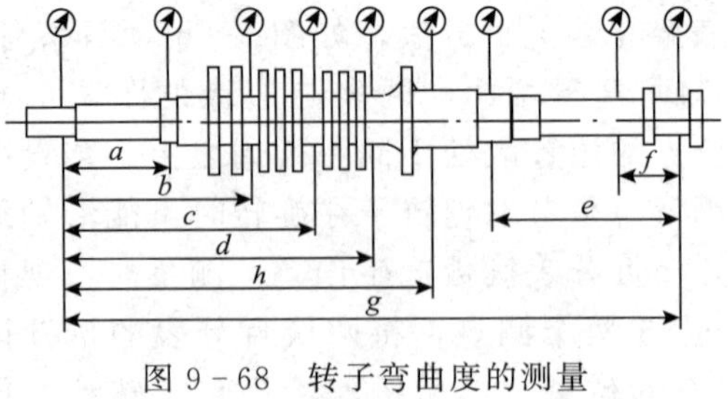

图 9 - 68　转子弯曲度的测量

在各测点出架设一块百分表，百分表的原始读数都应调整为同一数值。盘动转子，每转 1 等份，记录 1 次百分表的读数。当转动 1 圈后回到原始位置时，各表读数都应回到原始读数。为避免测量误差，这种测量应连续测量 2 次。

根据百分表的读数，计算出各百分表在相对 180°的读数差，记在记录图的中间，并以箭头表示向量，如图 9－69 所示。然后用图解法将各断面的径向跳动值综合起来，求出转子在四个方向的弯曲情况，如图 9－70 所示。作图时，将转子中心线作为横坐标，再将各百分表的位置按距离比例，标在横坐标上，将各测点百分表同一方向读数差的 1/2 值，按比例标在垂直坐标上，然后连接各点成两条直线。直线交点 A，即为转子的最大弯曲点；与横坐标的距离 B，即为该方向的弯曲度。

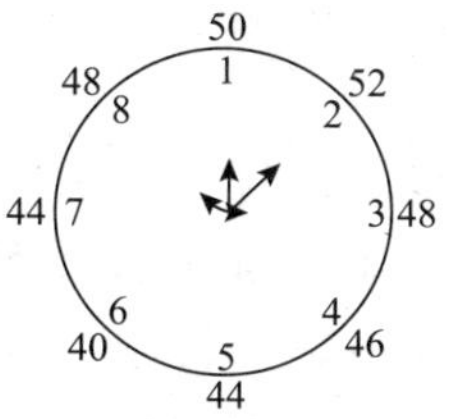

图 9－69　转子弯曲度测量记录图

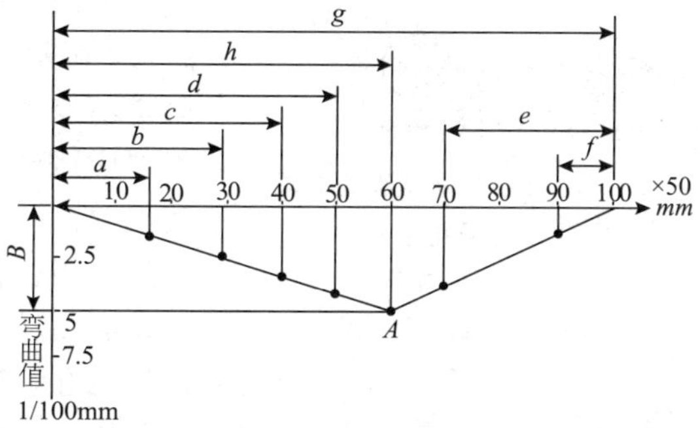

图 9－70　转子最大弯曲度示意图

在转子的 4 个方向弯曲度中，选取最大的一个，就是转子的弯曲度，即图 9－70 中的 B 值。

转子弯曲度的允许值为：对于转速 3000r/min 的转子应不大于 0.03mm；对于转速 3000r/min 以上的转子应不大于 0.02mm；对于转速 3000r/min 以下的转子应不大于 0.04mm。

测量转子弯曲度应注意事项：

①百分表应安装牢固，百分表触点应垂直于轴线，且所有百分表触点处于同一纵剖面上。

②每次大检修时，转子轴向测点应固定，被测量点在轴系上具有代表性，测量转子表面应清洁、光滑。

③每个固定测点应选择在应力较大的断面，如在较细转子的台肩处。

④发现转子弯曲度增大时，应增加测量点。

二、轴封室孔(轴封洼窝)按转子找中心

对于采用落地式轴承座的多缸机组，应在轴系按联轴器找好转子同轴度并确定好转子的安装扬度完毕后，方可进行轴封室孔按转子找中心的工作。其目的是使转子中心与轴封室孔中心线之间在安装时保持某一相对位置，从而使机组运行时两中心线尽可能同轴。

对于轴承座与汽缸连为一体的机组，则在汽缸初步找正、找平后，就可以将转子按轴承座前后油封环洼窝和轴封室孔找中心，然后随同汽缸一起将转子扬度调整符合要求。

1. 测量方法

轴封室孔按转子找中心的测量方法较多，在安装现场大多采用内径千分尺和用带可调

长杆的特制套箍及塞尺测量，或用内径百分表测量直接读出数值的方法，也可在转子两端找平衡用的 M8 螺钉上安装特制表架上装设杠杆百分表测量直接读出数值等方法。

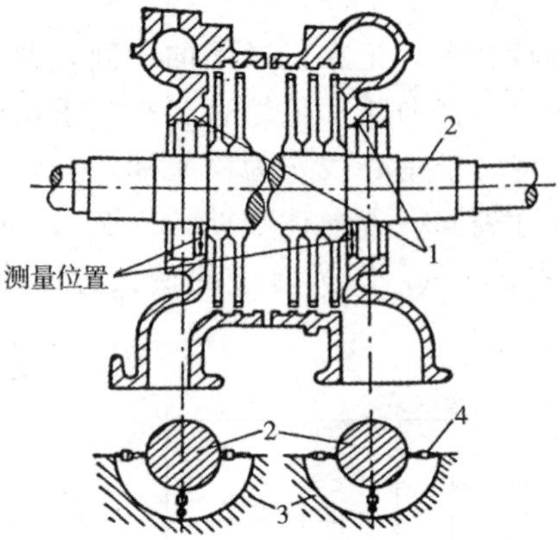

图 9-71　用内径千分尺法测量轴封室孔按转子找中心

1—轴封室；2—转子；3—轴承座；4—内径千分尺

采用内径千分尺测量轴封室孔按转子找中心时，用内径千分尺测量转子与轴封室下方及两侧的距离，如图 9-71 所示。每次测量时，a、b、c 3 个测点位置均应相同，并做好标记，以免测得数据不准确。左右两侧的测点 a 和 b，应在轴封室孔水平中分面以下 5～10mm 处，避免水平中分面处有凹凸不平的现象。a、b、c 3 点的位置应在安装记录上注明。

采用带调节杆的特制套箍及塞尺测量法，如图 9-72 所示。每次测量时，a、b、c 3 个测点位置应固定不变并做标记，塞尺不得超过 3 片，塞尺松紧程度应适当，并应有专人负责测量，以免造成人为的误差。

采用杠杆百分表法测量轴封室孔按转子找中心时，利用转子上的主、附平衡面处铰有的配重 M8 的螺纹孔，在任一螺纹孔中架设特制百分表架并装上杠杆百分表，将杠杆百分表触头触在轴封室孔左、右及下面 3 点，测量轴封室孔与转子的同轴度。测量环测点位置如图 9-73 所示。

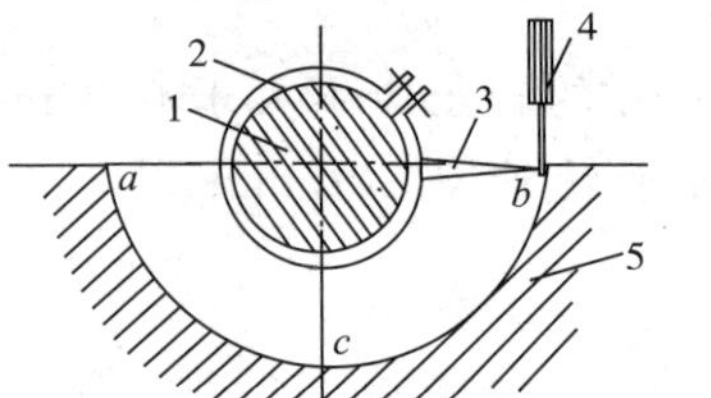

图 9-72　用带调节杆的特制套箍及塞尺测量转子按轴封室孔找中心

1—转子；2—套箍；3—可调螺钉；4—塞尺；5—轴封洼窝(轴封室孔)

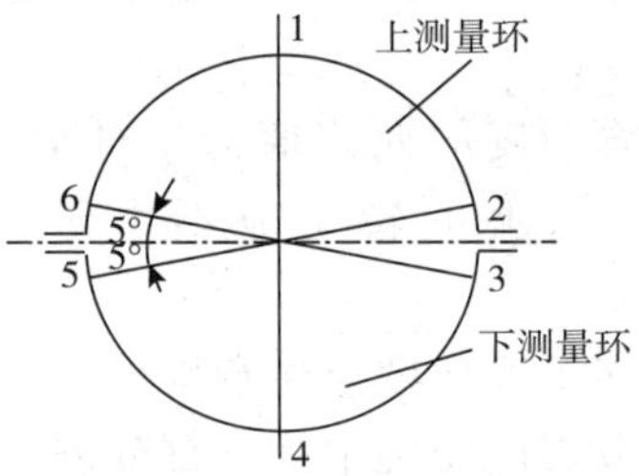

图 9-73　测量环测点位置

2. *调整方法及要求*

对于采用落地式轴承的汽轮机，轴封室孔中心需进行左右位置调整时，可横向移动汽缸，然后再重新装配立销。当需进行垂直(上下)位置调整时，如汽缸采用猫爪支承方式，可增减猫爪下部垫片的厚度即可；如汽缸通过底座放在基础上，可调整底座下的斜垫铁来改变汽缸的高低位置；用千斤顶来改变汽缸位置以调整轴封室孔的水平(左右)位置的中心。

对于轴承座与汽缸连为一体的汽轮机，转子按轴封室孔找中心应符合如下要求。

(1)无论采用哪种找中心方法，均应以轴承座前后油封室孔(油封洼窝)和轴封室孔(轴封洼窝)找中心，根据测量结果，调整轴承枕块下垫片的厚度，来改变轴承的位置。

(2)测量部位应光洁、无毛刺，每次测点均应在同一位置并做好标记。

(3)轴承各部件应全部安装完毕并检查正确，盘动转子后，中心不会发生径向变化。

(4)盘动转子时，动静部分应无异常声响和卡涩现象。

(5)盘动转子时，应装设临时的止推装置和防止轴瓦转动装置。

(6)转子与汽缸轴封室孔、轴承座油封室孔的中心偏差应不大于 0.05mm，偏差的方向应考虑运行状态后中心变化的因素。

转子与汽缸轴封室孔和轴承座油封室孔找中心的允许偏差应符合制造厂技术文件的规定，如无规定时，应符合如下要求(见图 9-74)：

左右偏差：$a-b=0\sim0.10$mm

上下偏差：$c-\frac{a+b}{2}=0.04\sim0.08$mm(考虑到运行中，由于油膜的建立将转子抬高，故转子下部距离 c 应比上部稍小些。)

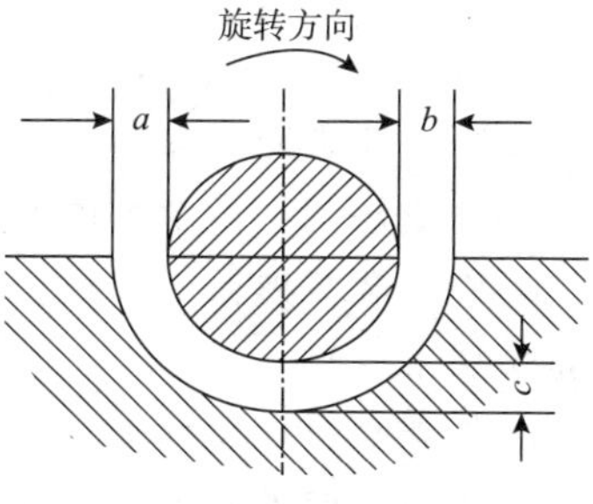

图 9-74　对轴封室孔找中心的调整要求

转子按轴封室孔找中心后应将迷宫式密封轴封套安装就位(无汽封环)并用内径千分尺或样板及塞尺来检查转子相对于轴封套的位置。最后应确认轴封室孔与汽缸内隔板洼窝是否同心。为此，在转子按轴封室孔找中心的同时，还应进行下列的校验测量工作：

(1)汽缸内每个转子对于轴封处 1～2 隔板洼窝的相对位置；

(2)检查 2～3 段动叶片与隔板之间的轴向间隙，与相对侧测量的数值进行比较是否一致。

同时还应用内径百分表复查转子与汽缸、轴承座孔的同轴度并记录。

转子在汽缸及轴承座孔中的径向位置是在制造厂内装配时确定的，在现场应用用内径百分表复查径向尺寸，测量部位如图 9-75 所示。

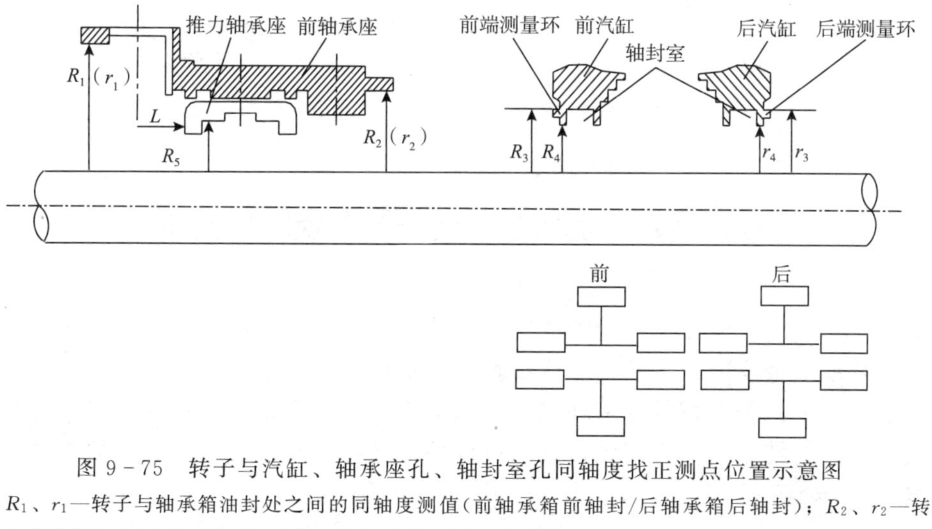

图 9-75　转子与汽缸、轴承座孔、轴封室孔同轴度找正测点位置示意图

R_1、r_1—转子与轴承箱油封处之间的同轴度测值(前轴承箱前轴封/后轴承箱后轴封)；R_2、r_2—转子与轴承箱油封处之间同轴度测值(前轴承箱后轴封/后轴承箱前轴封)；R_3—转子与汽缸前轴封处测量环同轴度测值(适用于制造厂提供的找同轴度工具加塞尺进行测量)；R_4—转子与汽缸前轴封室同轴度测值(适用于用杠杆百分表进行测量)；r_3—转子与汽缸后轴封室处测量环同轴度测值(适用于制造厂提供的找同轴度工具加塞尺进行测量)；r_4—转子与汽缸后轴封室同轴度测值(适用于用杠杆百分表进行测量)；R_5—推力轴承座与转子同轴度径向测值；L—推力轴承座与转子同轴度轴向测值。

(1)复查转子与轴承座孔的同轴度应符合下列要求：

①前后轴承座孔应光滑，无毛刺、锈蚀等缺陷；

②用内径百分表复查转子与轴承箱轴封室之间的尺寸 R_1 与 r_1、R_2 与 r_2 应与制造厂产品合格证书相符。

③用内径百分表复查推力轴承座与转子的同轴度尺寸 R_5、L。

(2)在测量环复查转子与汽缸的同轴度应符合下列要求：

①测量环表面应光滑，无毛刺、锈蚀等缺陷；

②测量环测点位置如图 9－73 所示；

③松开调节螺钉，使球面垫圈与上汽缸猫爪相接触，使上汽缸的重量完全由猫爪下的球面垫圈来支撑。

④复查测量环尺寸 R_3 与 r_3、R_4 与 r_4 均应符合制造厂技术文件规定。如无规定时，转子中心的上下偏差应低于汽缸中心 0～0.05mm，转子的左右偏差应不大于 0.05mm。

为了保证汽缸闭合后复查转子与汽缸的同轴度，应在测量环处进行测量，使用制造厂提供的找中心工具用塞尺进行测量，如图 9－76 所示。测量时塞尺不应超过 3 片，每次测量时塞尺插入深度、方向、用力均应相同。

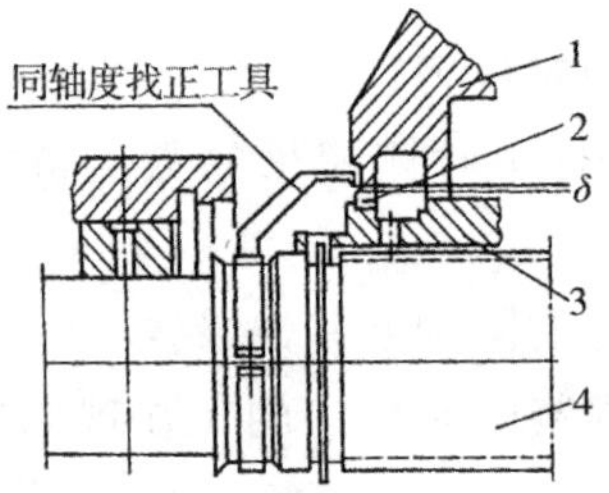

(a)前端

1—找正工具；2—前汽缸；3—测量环；4—汽封体；5—转子

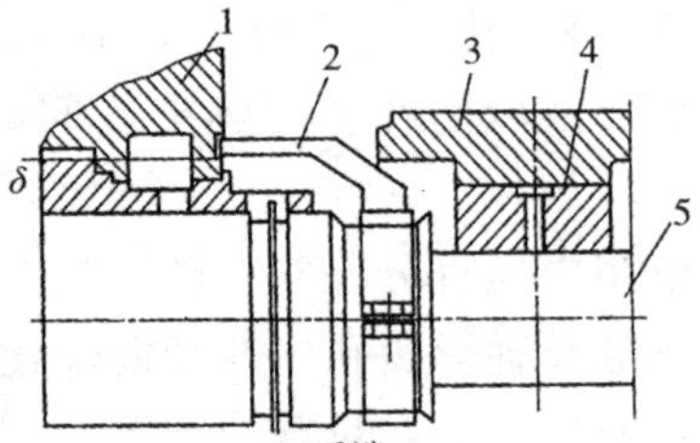

(b)后端

1—后汽缸；2—同轴度找正工具(测量环)；3—后轴承座；4—后轴承；5—转子

图 9－76 用测量环测量汽缸与转子同轴度

第六节 通流部分静止部件安装

本节适用于汽轮机通流部分的喷嘴组、导叶持环、隔板、轴封等部件的安装。

导叶持环或隔板及隔板套的安装应在转子按轴封室孔同轴度找正后进行。导叶持环或隔板的安装实际上就是进行导叶持环或隔板找中心。其目的是为了使所有导叶持环或隔板及隔板套的中心与转子的中心同轴，这样可以保证导叶持环或隔板与转子之间的轴向、径向间隙均匀。

一、喷嘴的检查与安装

喷嘴组安装前，应将喷嘴室清理干净。外观检查喷嘴片应无裂纹、铸砂、焊瘤及油污、松动、卷边等缺陷，喷嘴与蒸汽室或喷嘴槽的结合面应清洁、无油漆、锈蚀等缺陷。

用着色法喷嘴组两侧与喷嘴室环形槽或蒸汽室的结合面，其接触面积应达 75%以上，且无贯通密封面缺陷，必要时应进行研刮；散装式喷嘴各喷嘴之间的结合面以及喷嘴组两端面密封键与密封槽的结合面间隙，均不应大于0.04mm。组装好的喷嘴或喷嘴组应固定牢固、无松动缺陷，喷嘴组出汽口应平齐。着色法检查Π形密封键的密封面应平整、光滑，无毛刺、卷边等缺陷。

固定喷嘴用的单头螺栓紧固后，螺纹端部应与螺孔底部应留有大于0.50mm的间隙，螺栓紧固力矩与伸长量均应符合制造厂技术文件规定，并记录。圆柱销钉与销孔应同心，配合松紧适宜，无错口、松动现象。

喷嘴组安装时，应用黑铅粉及二硫化钼干擦喷嘴及槽道，各结合面上均应擦耐高温涂料。喷嘴组装完毕后，螺栓与销钉应在汽缸盖闭合前用电焊焊牢或用保险垫圈锁紧并固定。然后封闭喷嘴的蒸汽出入口，以防杂物进入喷嘴。

二、导叶持环或隔板及隔板套的安装

导叶持环或隔板及隔板套安装前，先将导叶持环从汽缸中取出，将隔板从汽缸或隔板套中取出，拆卸汽封环，然后用煤油将各部位清理干净，进行下列检查：

(1)静叶片应无裂纹、松动等缺陷，边缘应平整，无卷曲或突出现象。

(2)汽封片应完整、边缘尖薄，无短缺、卷曲等缺陷。

(3)导叶持环或隔板及隔板套应清洁、无油脂，其水平中分面应清洁、光滑、平整，无毛刺等缺陷；导叶持环或隔板及隔板套、汽缸间的接触面以及安装汽封块的轴封室孔等部位应清洁、光滑，无损伤、锈蚀、毛刺、油漆等缺陷，并应露出金属光泽，组装时应在接触面上涂擦耐高温的密封胶。

(4)用着色法检查导叶持环或隔板及隔板套水平中分面应接触良好，自由状态下用塞尺检查。高、中压部分隔板水平中分面用0.05mm塞尺检查，应塞不进；低压部分根据运行压力的高低，用0.10mm塞尺检查，应塞不进。紧固水平中分面螺栓后，水平中分面的间隙应小于0.05mm，否则应予以修刮。上下两半导叶持环或隔板组装时，打入水平结合面的定位键后，其轴向和径向方向应无错口。

(5)用内径千分尺检查上下导叶持环或上下隔板组装后其内圆直径的圆度应符合制造厂技术文件规定并记录。

(6)导叶持环装入汽缸，隔板放入汽缸或隔板套中时，要求以本身自重自由落入洼窝内，无卡涩现象。然后检查隔板各部间隙，检查方法如下：

隔板轴向间隙应符合图9-77所示的要求。检查时，可在汽缸水平剖分面左右两侧各放置1个磁力表架并装上百分表，将百分表触头触在被测隔板轴向端面上，用撬杠在左右两侧沿轴向来回撬动隔板，用百分表监视隔板来回移动的数值。若轴向间隙不符合要求，可以结合通流部分间隙调整时进行调整。隔板的径向膨胀间隙一般为2～2.5mm。

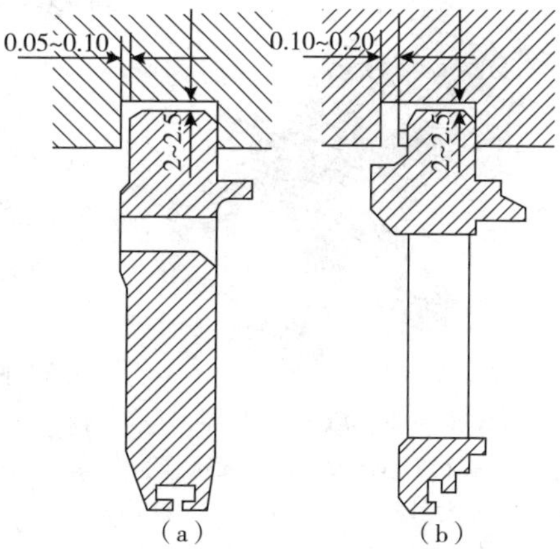

图9-77　隔板的轴向间隙

(7)固定上下隔板或隔板套水平中分面处的密

封键及定位销和其相对应的槽、孔间的配合不应过紧或过松旷。水平中分面密封键与槽的配合间隙为0.05～0.08mm。上隔板吊装在上隔板上，检查内圆汽封处应平齐，无错口现象。

(8)检查导叶持环或隔板及隔板套与汽缸对应的匹配标志，并按其标示组装。上、下导叶持环或上、下隔板套组装时，打入水平中分面的定位销，应平齐、无错口现象。

(9)用着色法检查悬挂销支承面的接触面积应大于60%。

(10)检查导叶持环或隔板及隔板套尺寸及疏水孔位置，应符合制造厂技术文件的要求。导叶持环或隔板及隔板套安装后，应满足疏水流通面积。

(11)导叶持环或隔板及隔板套吊装时，应使用专用吊耳吊装，起落应缓慢，且不应碰撞汽缸。

(12)检查静叶环、平衡活塞的汽封套、轴封套的轴向间隙(轴向窜量)均应符合制造厂技术文件规定。

三、导叶持环或隔板找中心

导叶持环或隔板找中心的目的是使导叶持环或隔板上的静叶片的中心对准转子上的动叶片中心，并使导叶持环汽封或隔板汽封具有均匀的间隙。为了达到上述目的，必须使导叶持环洼窝或隔板洼窝的中心与转子的中心同轴。

导叶持环或隔板找中心是以转子中心找正导叶持环或隔板洼窝中心，即导叶持环或隔板相对于转子应处于同轴度状态，才能保证动静部分间隙符合制造厂技术文件的要求。若导叶持环或隔板相对于转子同轴度不良，将会引起动静部分摩擦，漏汽增大和级效率降低等。导叶持环或隔板找中心(同轴度)常用以下几种方法。

1. 激光准直仪找正导叶持环或隔板中心

激光准直仪是根据光在均匀介质中沿直线传播的规律，采用方向性好、发散角小、亮度高、光强分部稳定并对称的氦氖气体激光器作为光源，在空间形成一条可见的红色光束，再配探测器和显示单元，将偏离这条直线的差值显示出来，因此其读数准确。激光准直仪使用于大型工业汽轮机的安装中，是一种较理想的同轴度找正仪器，其具有系统操作简单、显示精度高(0.001mm)、测量距离可达20～40m、最多测量和存储点数为600、工作效率高和省工省时等特点。

图9-78 激光发射器

1—微调旋钮(G)；2—微调旋钮(E)；3—激光发射器；4—可调节支承杆；5—定位销；6—磁吸盘；7—微调旋钮(H)

(1)激光发射器

激光发射器由激光发射器、微调旋钮、可调支承杆、磁吸盘、定位销等组成，如图9-78所示。激光发射器有3个带磁力的刚性支承杆，支承杆可进行调节适应不同测量点的直径(ϕ150～1700mm)。激光束可以利用微调旋钮进行垂直方向和水平方向的微调，微调旋钮E可进行垂直方向的平行调整、旋钮F(图中未示出)可进行水平方向的调整、旋钮G可进行垂直方向角度调整、旋钮H可进行水平方向角度调整。

(2)激光探测器

激光探测器由探测器、横梁、支架、测量探杆、显示单元、滑动杆、磁座等组成，如图 9－79 所示。

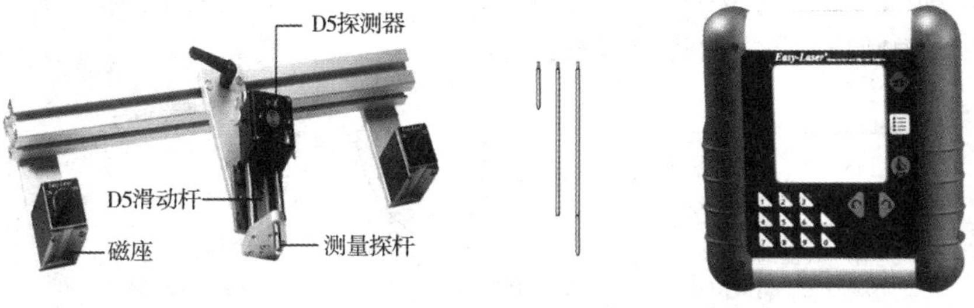

（a）激光探测器　　（b）测量探杆　　（c）显示单元

图 9－79　激光探测器与显示单元

探测器固定在支架上，连接于带滑道的横梁上，支架可在横梁上做水平方向移动，探测器的支架可旋转调整，同时探测器可在滑动杆上下滑动。当测量点直径较大时，可加长横梁和加长测量探杆。磁座可固定在横梁的任意位置，这样当测量点直径不同时，可以简化测量过程中横梁的移动和固定。

激光探测器内置 360°倾角仪，其精度为 0.1°，内置温度传感器，其精度为±1℃。水平仪和目标靶用于粗略对中，探测器面积为 18mm×18mm。两个测量接口用于连接显示单元和其他测量单元。

(3)激光准直仪找正导叶持环或隔板中心的步骤

①粗略调整激光束

将激光发射器放置在前轴承座孔或后轴承座孔上。将带有光电接收靶的定心器放置到最远的轴承座孔内，调整激光发射器上的旋钮 G 和旋钮 H，使激光束穿过自定心标靶的靶心。将自定心标靶放置在离激光发射器最近的轴封室孔上，调整激光发射器上的旋钮 E 和旋钮 F，使激光束穿过自定心标靶的靶心，如图 9－80 所示。

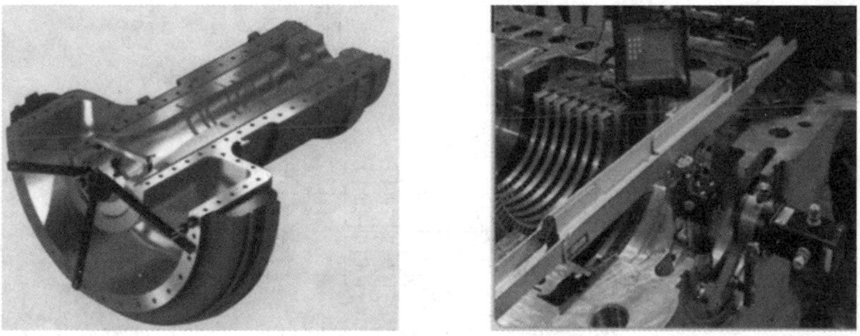

图 9－80　粗调激光束

②调整探测器

根据测量孔直径选择合适的测量探杆长度。将探测器装于可调节的支架(水平臂)上，在 c 点(180°)位置时，利用滑动杆上调整探测器的垂直位置，使激光束与关闭的目标靶的靶心高度一致，其高度是轴承设计中心线的标高。调整探测器的水平臂，水平方向移动水平臂，使激光束打到关闭的目标靶心上。

③测量过程

启动同心度测量程序，输入测量点的个数，并输入测量点之间的距离。根据显示单元提示放置探测器在相应的测点上，测出每一孔中心相对激光束的位移量和偏差方向，并记录3个方向(90°、180°、270°)点的测量值，如图9-81所示。在测量时，电子倾角仪会给出探测器的准确倾角，可实时进行调整。

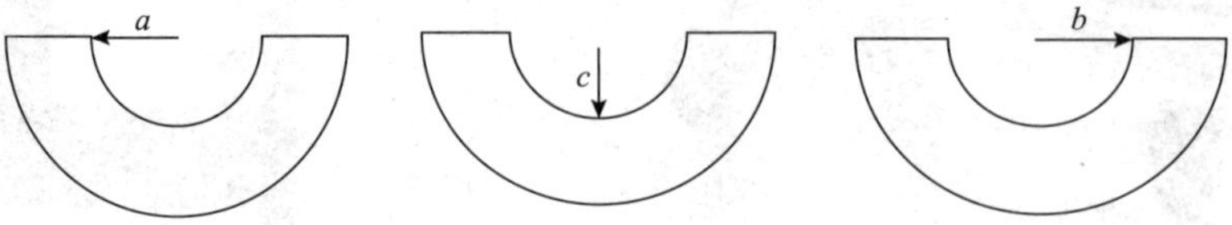

(a) 270° 测量位置　(b) 180° 测量位置　(c) 90° 测量位置

图9-81　导叶持环或隔板找同轴度测量位置

④测量结果

测量完毕后，显示单元以表格和图形方式显示测量结果。图形中显示水平和垂直方向测量结果。

⑤调整

在显示单元上的显示值即为该导叶持环或隔板的调整值，根据这些数值就可以调整导叶持环或隔板的位置。调整完毕后，应重复上述方法进行复查，使其同轴度符合制造厂技术文件的规定。

2. 用假轴法找正导叶持环或隔板中心

假轴通常是用壁厚10mm的无缝钢管加工而成的，其加工误差0.02～0.03mm。两端装上直径较大的短管，将该短管直径加工成与转子轴颈相同的直径，其加工误差0.02mm。然后，将假轴直接放在支持轴承的巴氏合金上，应转动灵活、无卡涩现象，如图9-82所示。假轴也可以不支承在轴瓦上而支承在特制的假轴上，此种假轴的两端无须加短管。

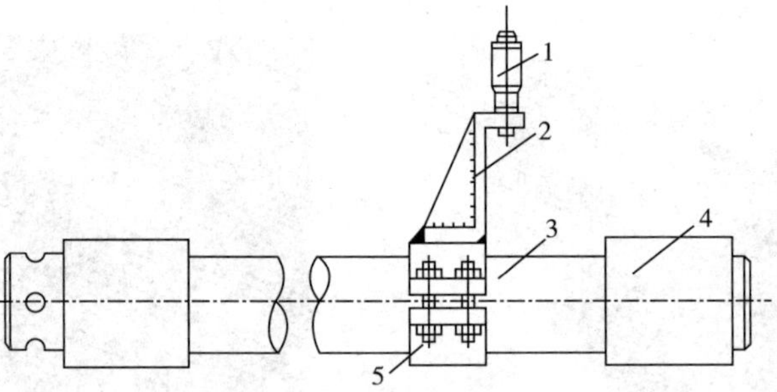

图9-82　假轴测量隔板同轴度

1—百分表或内径千分尺；2—找正支架；3—假轴；4—假轴颈；5—套箍

隔板找中心工具的定位洼窝应与转子在汽缸的定位洼窝相同，工具与转子对洼窝的中心位置偏差应不大于0.05mm，其挠度差大于0.10mm时，应将其挠度与转子挠度进行比较并在找中心时加以修正。用假轴找中心时，假轴支承座和轴承座孔应接触良好，并安放牢固，测量时不应有径向位移和轴向窜动。

用假轴法找中心时，亦应考虑假轴颈挠度值对测量数值的影响，因此应时先计算或用试验法求出假轴的静挠度值。钢管制成的假轴支持在轴承上时，可看成是一根受均布载荷的梁。由材料力学可知，此种梁的静挠度计算也适用于假轴，计算公式为：

$$f=\frac{5}{384}\cdot\frac{PL^3}{EJ} \tag{9-11}$$

式中　f——假轴的静挠度，cm；

E——弹性模数，$E=2\times10^6\,\mathrm{N/cm^2}$；

P——假轴重量，N；

J——惯性矩，$J=\frac{\pi(D^4-d^4)}{64}$，$\mathrm{cm^4}$；

D——假轴外径，cm；

d——假轴内径，cm；

L——假轴两轴颈间的距离，cm。

假轴的静挠度也可用假轴两端轴颈处的扬度值间接地求出。图 9－83 所示为假轴在水平状态时，轴颈两端的扬度应相等，即：

$$\delta_1=\delta_2=\delta_0$$

假轴由轴承支持时，在自身重量的作用下所形成的弯曲中心线可以近似地看作是一根圆弧，其半径为 R。设两轴承之间的距离为 L，最大静挠度为 f，则得下列关系式：

$$R^2=\left(\frac{L}{2}\right)^2+(R-f)^2$$

当 f^2 忽略不计时，可得：

$$\frac{L}{2R}=\frac{4f}{L}=\sin\alpha$$

或 $4f=L\sin\alpha$

$$f=\frac{L\sin\alpha}{4} \tag{9-12}$$

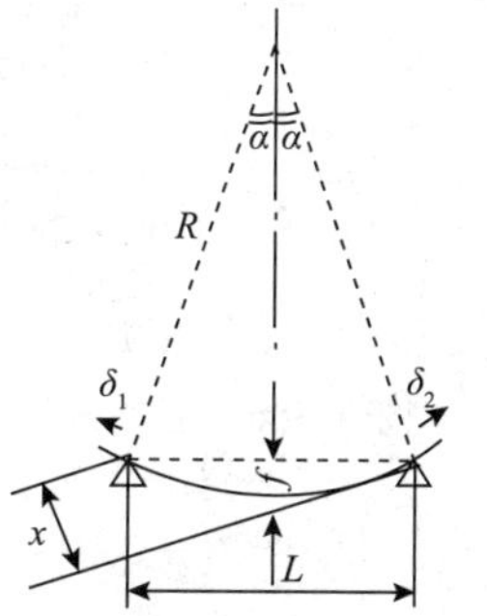

图 9－83　假轴颈挠度与轴颈扬度的关系

又轴颈扬度一般用精密的合像水平仪进行测量，其每一格代表 1/100000 的扬度。如图 9－84 中轴颈的扬度可近似地表示为：

$$\delta=10000\,\frac{x}{L}=100000\,\frac{L\sin\alpha}{L}$$

则

$$L\sin\alpha=\frac{L\delta}{100000} \tag{9-13}$$

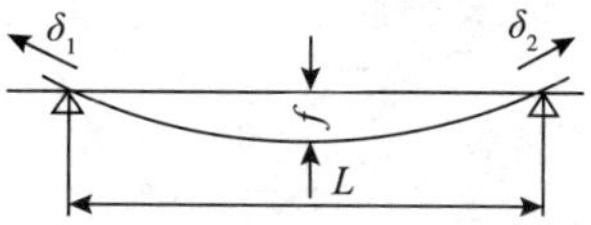

图 9－84　假轴两端轴颈扬度不等且方向相反

当用合像水平仪测得的假轴两轴颈处的扬度不等且方向相反时，此时假轴的静挠度可按下列经验公式计算：

$$f=\frac{(\delta_1+\delta_2)L}{740000}\quad \mathrm{mm} \tag{9-14}$$

图 9－85 所示为用合像水平仪测得的假轴两轴颈处的扬度不等，但方向一致，此时假轴的静挠度为：

$$f=\frac{(\delta_1-\delta_2)L}{740000}\quad \mathrm{mm} \tag{9-15}$$

式中　L——假轴两轴颈间的距离，mm；

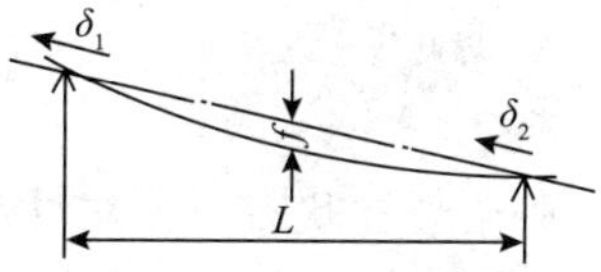

图 9－85　假轴两端轴颈扬度不等但方向一致

δ_1、δ_2——假轴两轴颈上合像水平仪读数，格，(1 格 =0.01mm/m)，即合像水平仪精度为 0.01mm/m(0.01/1000mm)。

图 9-86 所示为绘制测量精度要求不高假轴静挠度的方法。将假轴自由地放置在轴承上，在假轴中点上方吊放一滑轮和钢丝绳，将钢丝绳的一端绑在假轴的中心，而另一端则悬吊 3/5 等于假轴自重的重物。用百分表测量出假轴中点在悬吊重物前后的静挠度，在悬吊重物前、后的百分表读数差，可近似地认为是假轴的最大静挠度值。求出最大静挠度值后，以假轴的长度为横坐标，以静挠度值为纵坐标，取假轴两支点(两轴承)的静挠度值为零，便可绘出假轴的静挠度曲线，如图 9-87 所示。

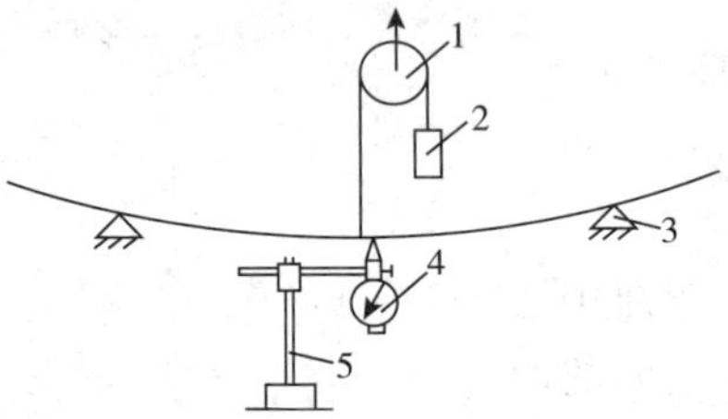

图 9-86　假轴静挠度测量示意图

1—滑轮；2—重物；3—轴承；
4—百分表；5—磁力表架

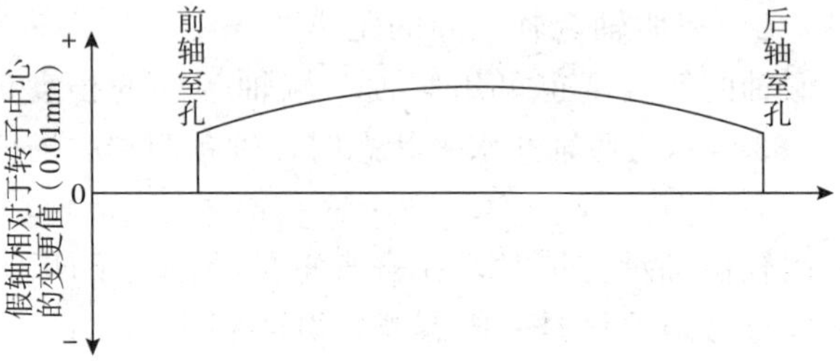

图 9-87　假轴与转子静挠度(垂弧)的偏差曲线

变更值为正时，表明假轴中心比转子中心高；
变更值为负时，表明假轴中心比转子中心低。

为了校验假轴与转子静挠度差，可将转子在某洼窝处中心测量的数值与假轴在同一位置中心上测量的数值进行比较，两者中心在该洼窝处垂直方向上的差值，即为假轴与转子在该洼窝处的静挠度差值。

导叶持环或隔板找中心时，一般以前后下半轴封室孔为基准。对于由于制造原因使汽封洼窝椭圆度较大的隔板，则应将上下隔板组装好后再进行找中心。并应根据汽封洼窝的椭圆情况，将其中心尽量校正，即使水平方向或左右方向偏移量达到最小。

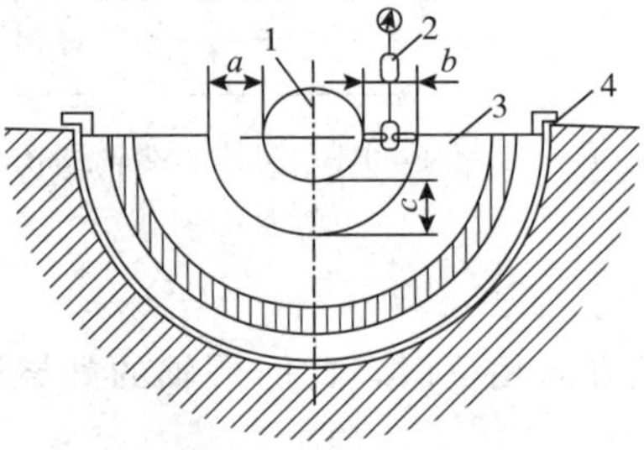

图 9-88　用内径百分表测量导叶持环或隔板洼窝的中心位置

1—假轴；2—内径百分表；
3—导叶持环或隔板；4—汽缸或隔板套

用假轴找正导叶持环或隔板中心时，既可采用内径百分表测量，也可以采用塞尺测量，还可以采用内径千分尺进行测量，如图 9-88 所示。其水平方向测得的 a 应等于 b，其允许误差值应小于 ±0.05mm(按照图 9-74 所示转子的旋转方向，$a>b$)；其垂直方向差值为 $\left(c-\frac{a+b}{2}\right)$ 应与挠度偏差曲线进行对照。若假轴静挠度小于转子静挠度，则该差值应为正值，若假轴静挠度大于转子静挠度，则应为负值。其绝对值应与静挠度差相等，其允许偏差应小于 0.06mm。

导叶持环或隔板找中心时，如果汽缸刚性不足，则在半缸状态下汽缸中部出现挠度较大，而在汽缸闭合并紧固汽缸水平剖分面螺栓后，汽缸挠度减小。对于这类汽缸，应当测量半缸时与闭合汽缸并紧固汽缸剖分面时的汽缸垂弧差，以便在导叶持环或隔板找中心时进行修正。或者在汽缸闭合后，紧固汽缸水平剖分面 1/3 的螺栓的情况下，用假轴来进行隔板找中心。

对于采用下猫爪支承方式的汽缸，在导叶持环或隔板洼窝中心时，除应考虑静挠度的影响外，还应考虑运行中猫爪受热上抬对中心造成的影响。

四、导叶持环或隔板位置的调整

1. 导叶持环位置的调整

调整导叶持环水平(左、右)位置时，可通过旋转导叶持环前下端的偏心套筒来调整导叶持环的水平位置(调整偏心套筒时偏心销在外缸底部纵向凹槽内前后移动)，调整完毕后，应将偏心销紧固螺钉紧固牢固。

导叶持环水平位置调整元件如图 9－89 所示。它主要由旋紧螺栓 1、偏心套筒 4、偏心销 6 等组成。偏心销 6 一端是圆锥，一端是榫形，圆锥部分与偏心套筒 4 的锥孔相配合，榫头部分配装入相应的外缸底部的凹槽中。偏心套筒的外圆与锥孔中心在 X 方向偏心 7.5mm，因此调整时，旋转偏心套筒就会使固定件与被调整件之间在 Y 方向产生相对位移，从而满足水平位置找中心的要求。由于偏心套筒上开有槽，所以旋紧螺栓 1 就可以锁紧偏心套筒和偏心销。

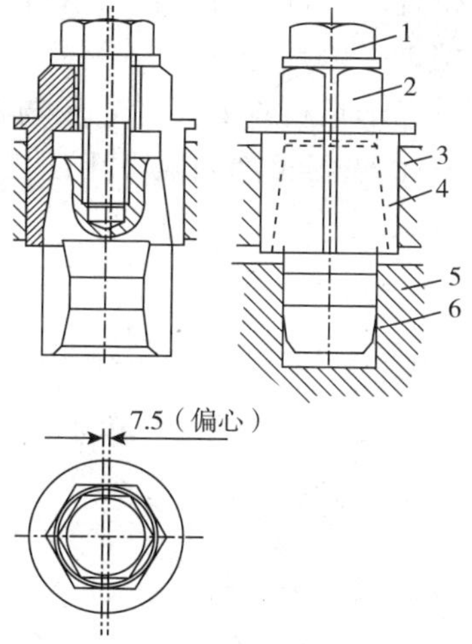

图 9－89　导叶持环水平位置调整元件

1—旋紧螺栓；2—垫片；3—内汽封(或导叶持环)；4—偏心套筒；5—汽缸；6—偏心销

调整导叶持环垂直(高低)位置时，可利用上下调整元件进行调整，如图 9－90 所示。导叶持环中心的水平位置由下螺纹座 5 进行调整，通过调整上螺纹座 3 和上部球面垫圈 1 来调整球面垫圈与汽缸水平剖分面之间的膨胀间隙，测量时用深度游标卡尺测量球面垫圈与汽缸水平剖分面的间隙并调整至符合制造厂技术文件的要求，然后装上垫圈 2 及内六方螺栓 4 并紧固。在紧固内六方螺栓的同时应用百分表监视导叶持环水平位置的变化，如百分表读数发生变化偏离要求值时，应重新进行调整。要求导叶持环中心应低于汽缸中心 0～0.05mm。

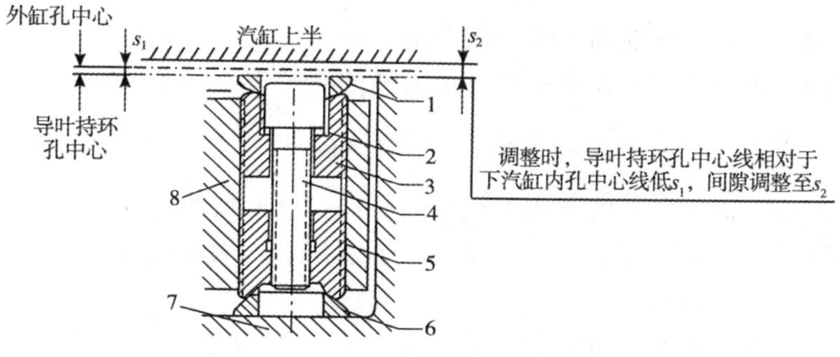

图 9－90　导叶持环垂直方向调整元件

1—上部球面垫圈；2—垫圈；3—上螺纹座；4—内六方螺栓；5—下螺纹座；6—下部球面垫圈；7—下汽缸；8—导叶持环下半

2. 隔板中心位置的调整

隔板位置的调整，是根据所测得的找中心数据，并结合隔板水平中分面与汽缸水平剖分面的高度差综合进行的。其调整目的是使隔板中心与转子中心在机组运行时趋于一致，同时尽可能使隔板水平中分面与汽缸水平剖分面平行。

检查隔板水平中分面放置在汽缸内的水平情况，可利用深度游标卡尺或百分表测量隔板水平中分面与汽缸水平剖分面左右两侧的高度差，如果测得左右数值 $\Delta D=\Delta E$，则表明隔板水平中分面与汽缸水平剖分面平行，如图 9-91 所示。

对于下隔板在水平中分面处为挂耳支吊，底部中心以纵销定位，如图 9-92 所示。调整横向位置时，可通过修锉或补焊下部纵销的两侧面来达到要求，调整时应拆卸下隔板底部的纵销，一般是将纵销一侧补焊，另一侧锉削的办法来调整隔板中心，隔板纵销修正后，用游标卡尺检查其尺寸，销与销槽两侧的总间隙值为 0.03～0.05mm；顶部间隙应不小于 1mm，隔板顶部间隙可用压铅法进行测量。

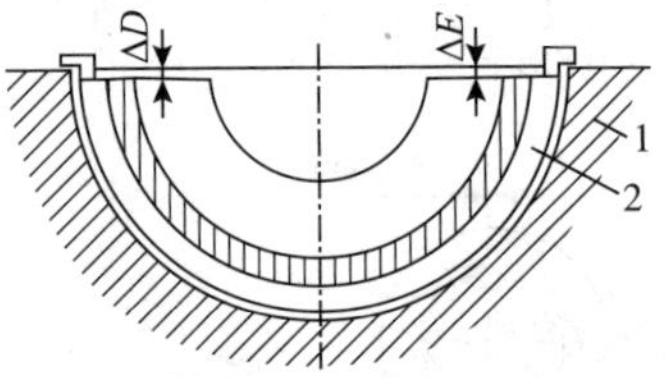

图 9-91　检查隔板水平中分面与汽缸水平剖分面的平行情况

1—汽缸(或隔板套)；2—隔板

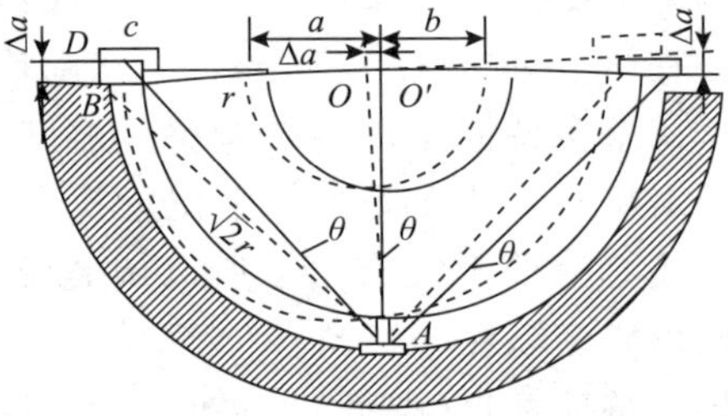

图 9-92　悬挂结构隔板左右两侧挂耳高度的调整

O—调整前的隔板中心；O′—调整后的隔板中心

隔板垂直(高低)位置的调整，对于下挂耳与承力块之间有调整垫片的隔板，则可增减调整垫片厚度来进行调整。隔板中心调整后，应能自由膨胀。调整垫片的调整值，可根据所测 a、b、c 的值和隔板水平中分面与汽缸水平剖分面两侧挂耳高或低的调整值，由下式决定：

$$\Delta=c-\frac{a+b}{2}\pm\left(\frac{D-E}{2}\right)\pm\Delta f-A \qquad (9-16)$$

式中　c——假轴与隔板汽封洼窝底部的间隙值，mm；

a、b——假轴与隔板汽封洼窝水平中分面两侧的间隙值，mm；

$\pm\frac{D-E}{2}$——隔板水平中分面与汽缸水平剖分面平行时，两侧挂耳的应调整数值，当隔板水平中分面相对于汽缸水平剖分面高的一侧取负值，低的一侧取正值；

$\pm\Delta f$——假轴与转子静挠度差，当假轴静挠度大于转子静挠度时，取正值，小于转子静挠度时，取负值；

A——考虑下汽缸在汽轮机运行时，因上、下缸的温差使下汽缸向上弯曲以及转子静挠度增加的影响，一般 A 取 0.05～0.10mm。

经调整后，用着色法检查下挂耳承力面的接触面积应大于 60%，切接触均匀，不合格时应进行研刮。调整垫片应采用不锈钢垫片，垫片应平整、光滑、无毛刺、卷边等缺陷，且不应超过 3 层。

上述方法是考虑到隔板水平中分面与汽缸水平剖分面找成平行的调整方法。

在实际找中心过程中，不必造成两者平行。对于悬挂结构的隔板，其水平位置的偏差在0.30mm以内时，允许用抬高一侧挂耳，降低另一侧挂耳的方法来调整。抬高或降低的数值近似于等于水平位置需要调整的数值。

当挂耳与承力面无调整垫片时，则可用锉削或补焊下挂耳承力面方法来达到。调整后的挂耳承力面，用着色法检查下挂耳承力面的接触面积应大于60%以上，切接触均匀，不合格时应进行修刮。

3. 隔板或隔板套膨胀间隙的调整

为了防止在汽轮机运行时，由于振动的影响使隔板在汽缸内抖动，但又不阻碍其受热膨胀，安装隔板时应按制造厂技术文件的规定调整隔板的膨胀间隙。现以某汽轮机为例，说明隔板和隔板套膨胀间隙的调整方法。如图9-93所示，制造厂技术文件对各部分膨胀间隙要求为：$a=0.1\sim0.12$mm；$b=0.1\sim0.12$mm；$c\geqslant2$mm；$d=2\sim2.5$mm。

(1)间隙 a 的测量方法

用深度游标卡尺测量下半汽缸(或隔板套)与上半隔板凹槽的深度 e 和 f，设下半隔板水平中分面与下半汽缸(或隔板套)水平剖分面高低的差值为$\pm\Delta$，则间隙 a 为：

$$a = f - e \pm \Delta \tag{9-17}$$

当隔板水平中分面高于汽缸(或隔板套)水平剖分面时，Δ 取正值，反之 Δ 取负值。若 a 值为负，则在汽缸闭合后，将会使隔板水平中分面出现间隙而漏汽，使机组效率降低。因此，应按制造厂技术文件的要求对 a 值进行修整。一般可用锉刀锉削压板7与上隔板接触面，即将压板锉削成如图9-94所示的台阶形状。

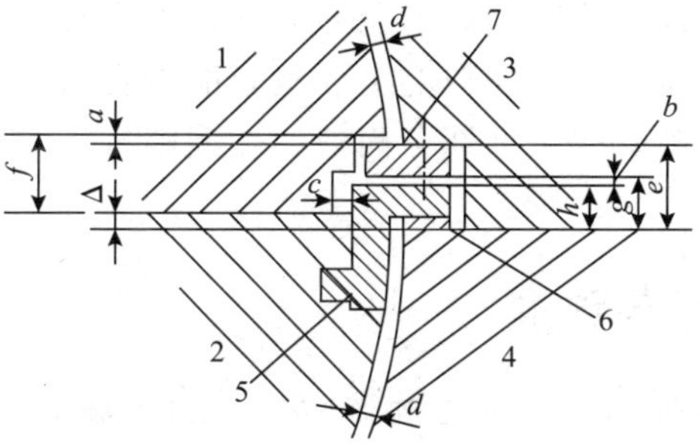

图9-93 隔板的支承

1—上半隔板；2—下半隔板；3—上汽缸(或上隔板套)；4—下汽缸(或下隔板套)；5—挂耳；6—垫片；7—压板；$a=0.1\sim0.12$mm；$b=0.1\sim0.12$mm；$c\geqslant2$mm；$d=2\sim2.5$mm

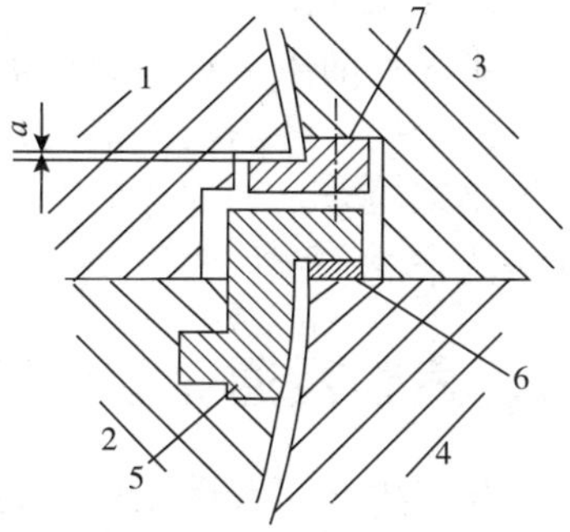

图9-94 隔板膨胀间隙 a 的调整示意图

1—上半隔板；2—下半隔板；3—上汽缸(或上隔板套)；4—下汽缸(或下隔板套)；5—挂耳；6—垫片；7—压板

间隙 a 也可采用以下方法来测量：将上汽缸(或隔板套)吊装翻转180°，使其水平剖分面朝上时，用深度游标卡尺或在汽缸剖分面上放置磁力表架并装上百分表，将百分表触头分别触在汽缸水平剖分面上和隔板水平中分面上，测量上半隔板水平中分面与汽缸(或隔板套)水平剖分面的高度差，然后与下隔板水平中分面和汽缸(或隔板套)水平剖分面的高度差进行比较，便可计算出隔板膨胀间隙 a 的数值，即

$$a=\Delta'-\Delta \tag{9-18}$$

式中　Δ'——上隔板水平中分面低于上汽缸水平剖分面的数值，mm；

Δ——下隔板水平中分面与下汽缸水平剖分面的高度差，(隔板水平中分面高于下汽缸水平剖分面 Δ 取正值，反之取负值)，mm。

(2)间隙 b 的测量

用深度游标卡尺测量出隔板下挂耳高出下汽缸剖分面(或隔板套)的数值 h 和压板下表面距离汽缸剖分面的距离 g，如图 9－93 所示。两个距离相比较，便可得知间隙 b 值：

$$b=g-h \tag{9-19}$$

若间隙 b 值不符合制造厂技术文件要求时，可用锉削或补焊压板下平面的方法进行调整，使间隙 b 值符合要求。

(3)隔板径向膨胀间隙 d 的测量

测量下半隔板的径向膨胀间隙 d 时，左右两侧可用塞尺在隔板外圆与汽缸之间进行测量；而下部则可用压铅块或压肥皂快的方法进行检查，将隔板吊出后，用外径千分尺或游标卡尺测量其压扁的厚度，即为膨胀间隙 d。

测量上半隔板的径向膨胀间隙 d 时，可将上半隔板吊入上半汽缸内，用深度游标卡尺或百分表检查隔板水平中分面低于汽缸水平剖分面的数值 δ，其与下半隔板水平中分面高出汽缸水平剖分面的数值 Δ 之差，即为上隔板的径向膨胀间隙：

$$d=\delta-\Delta \tag{9-20}$$

当隔板径向膨胀间隙局部过小时，可用电动磨光机打磨；若整圈过小时，则应用机床进行车削。

隔板的膨胀间隙经测量和调整后，为了校验测量和计算的对错，应先将转子吊出，再将装有上半隔板的内上缸和隔板套，落在内下缸和下半隔板套上并对准作下列检查：上半隔板落下的情况；各隔板水平中分面是否有间隙；内上缸与上半隔板套能否自由落在各内下缸和下半隔板套水平剖分面上，是否由卡涩现象或水平剖分面处存在间隙等，若有缺陷可采取措施消除。

五、汽封及通流部分间隙的检查与调整

在汽轮机安装过程中，应按制造厂技术文件的规定检查和调整汽封和通流部分间隙。间隙的过大或过小，对汽轮机运行的安全性和经济性均有很大的影响。若径向间隙过小，在汽轮机运行时发生振动或部件热变形不均匀时，汽缸内的动静部件发生摩擦，引起转子局部过热而发生弯曲。若径向间隙过大时，不仅使漏汽损失增加，而且使级效率下降，而且隔板汽封漏汽增大时，使叶轮前后压差增大，因而使转子所受轴向推力加大，影响机组运行安全。因此，在汽封和通流部分间隙检查和调整过程中，应根据制造厂技术文件给定的间隙范围，制定施工工艺标准，务必使各部间隙符合要求。

图 9－95 所示为 HG32/20 型汽轮机汽封和通流部分安装间隙图，其要求值见表 9－14。

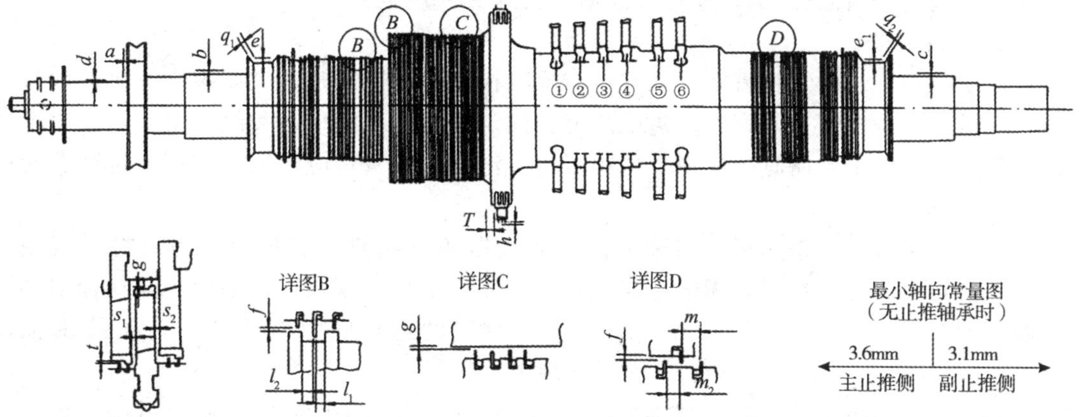

图 9－95　汽封和通流部分安装间隙图

表 9－14　HG32/20 型汽轮机汽封和通流部分安装要求间隙值

项目	汽封间隙	平衡盘密封间隙	速度级顶间隙	内部汽封间隙	前汽封间隙		后汽封间隙		喷嘴间隙
代号	f	g	h	j	l_1	l_2	m_1	m_2	r
设计值	0.20～0.40	0.20～0.40	0.20～0.40	0.20～0.40	1.20～1.80	2.40～2.80	2.20～2.80	3.70～4.30	4.60～5.20
安装值									

项目	静叶-动叶轴向间隙	动叶-静叶轴向间隙	静叶间隙	动叶顶间隙	转子定位	
代号	s_1	s_2	t	u	主推力侧	副推力侧
级数	1～6 级	1～6 级	1～6 级	1～6 级		
设计值	4.10～4.90	3.60～4.40	0.20～0.40	0.20～0.40	≥3.60	≥3.10
安装值						

汽封间隙的检查与调整，包括轴端汽封和导叶持环汽封及隔板汽封，其间隙的检查与调整均应在导叶持环或隔板按转子找同轴度后进行。

1. 汽封套的检查

汽封套安装前，汽封套清理后的检查应符合下列要求：

(1)汽封套外观检查应完好，无损伤、油污等缺陷。

(2)汽封套的水平剖分面和垂直剖分面的销钉与销孔应配合良好，无松旷现象；汽封套的水平中分面应光滑、平整，无错口、沟槽等缺陷。

(3)汽封套的水平中分面应光滑、平整，无错口、沟槽等缺陷，用着色法检查汽封套水平剖分面、汽封套与汽缸垂直剖分面均应接触密实，且接触面积应达 75%以上，在自由状态下，用 0.05mm 塞尺检查，应塞不进。在紧固螺栓的情况下，用 0.03mm 塞尺检查，应塞不进。

(4)检查汽封套疏水孔位置及尺寸应符合制造厂技术文件规定并畅通，安放汽封块的洼槽内应有通往进汽侧的平衡孔。

(5)用着色法检查汽封套与其洼窝接触面积应达 75%以上，并应接触密实，无松旷现象。

(6)汽封套各部膨胀间隙，应符合制造厂技术文件规定。

2. 汽封块的安装

汽封块(环)安装时，将汽封块从汽封套或隔板汽封槽拆卸时，应在各汽封块的两端打上钢印标示。检查汽封片应完整、边缘圆滑且固定牢固，无缺口、裂纹、扭曲、卷边等缺陷。汽封齿如有轻微卷曲时，应用平口钳板直。汽封的弹簧片应无氧化剥落、锈蚀、裂纹等缺陷，且弹性良好。

汽封块组装时，按钢印标记回装至汽封套或隔板汽封槽内。带弹簧的汽封块组装好后，每块汽封块应弹性良好，无卡涩现象，并应能用手自由压入，松手后能自动弹回到原位。弹簧的退让间隙应符合制造厂技术文件规定。

各汽封块之间的连接应光滑、平整，用0.05mm塞尺检查，应塞不进且轴向应无严重错开现象。通常汽封环一个整圈中应留有膨胀间隙，其总间隙一般为0.30～0.60mm，径向接缝各圈应错开，以减少漏汽，如图9-96所示。

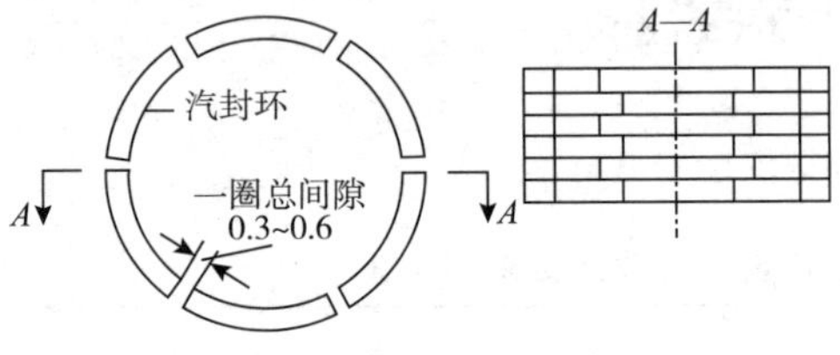

图9-96　汽封环1圈总间隙

3. 汽封间隙的测量与调整

检查汽封间隙(包括端部汽封、隔板汽封以及叶片围带的阻汽片等的径向和轴向间隙)，均应在端部汽封和隔板汽封套按转子找中心后进行。然后将汽封块组装入汽封套内，将转子吊入汽缸，汽封径向的左右两侧间隙应用塞尺进行测量，且必须逐片进行测量并记录，不得抽查。测量时，塞尺不应超过3片，塞尺塞入深度一般为20～30mm，且用力应均匀一致，如用力过大将会使汽封块位置移动。

对于汽封的上下径向间隙常用贴医用胶布法进行测量。汽封间隙调整符合要求后，可用长塞尺抽查测量下部间隙是否与贴医用胶布法相符合，必要时可用压铅法进行核对。

汽封径向间隙应符合制造厂技术文件规定：一般小容量汽轮机单侧间隙各为0.25～0.50mm；大容量汽轮机左右侧的半径间隙为0.60～0.70mm为宜，上下侧的半径间隙应考虑轴承油膜厚度及汽缸垂弧的影响，一般上侧间隙为0.50～0.60mm，下侧间隙为0.80～0.90mm为宜。

测量汽封轴向间隙时，转子所处的轴向位置应按制造厂技术文件的规定定位，一般将转子推力盘处于推力轴承工作面承力的位置，其前后轴向间隙应符合转子轴向膨胀方向的要求。汽封的轴向间隙可用楔形塞尺在下汽封两侧进行测量如图9-97所示。

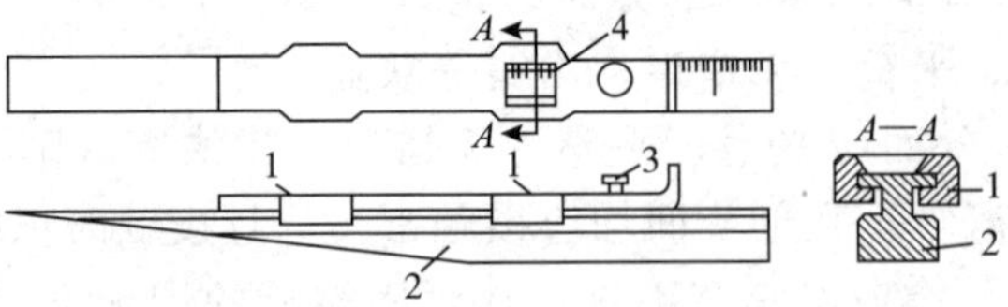

图9-97　楔形塞尺

1—游标；2—楔形尺；3—固定螺钉；4—游标刻度

测量汽封径向间隙的几种方法：

(1)贴医用胶布测量法

①用医用胶布贴在导叶持环或隔板汽封齿上进行测量。

测量垂直方向下汽封径向间隙时，可根据制造厂技术文件规定的间隙值选用医用胶布层数(一般医用胶布厚度为 0.25mm)。在轴端汽封齿上和导叶持环或隔板汽封齿上，沿纵向按汽封齿的高低形状，在各汽封块(环)贴两层医用胶布，医用胶布的厚度分别按规定取最大间隙和最小间隙值，将医用胶布裁成宽约 10mm 且各层胶布宽度依次 5～7mm，呈阶梯形粘贴在一起，并顺着转子转动的方向增加层数，紧贴在汽封齿上，以防止胶布被转子上的汽封齿刮掉，如图 9－98 所示。然后在转子与汽封的相对应的部位涂抹一层薄薄红丹油，将转子吊入汽缸内，按汽轮机旋转方向缓慢盘动转子 1～2 圈后，将转子吊出，检查各道汽封上医用胶布上的压痕。根据医用胶布上的接触印迹来判断汽封间隙，层数厚的胶布应基本上都有接触痕迹，层数薄的胶布应无接触痕迹或有轻微的痕迹。

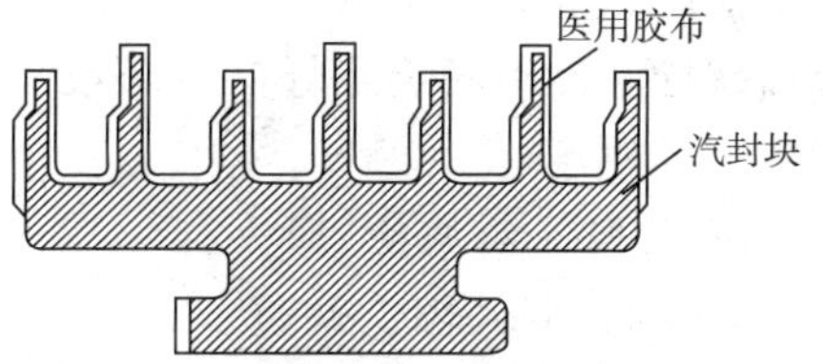

图 9－98　汽封块上贴医用胶布测量汽封间隙

用同样的方法在上半轴端汽封齿和上半隔板汽封齿上贴医用胶布，取出下半部汽封环，以防上半汽封环被下半汽封环顶起，使测量间隙不精确。然后将转子吊入下汽缸内，将上半轴封套和下半轴封套用连接螺栓紧固，并将上半隔板吊装在相对应的位置上，缓慢盘动转子 1 圈后，吊出上半轴封套和上半导叶持环或上半隔板，检查医用胶布上的接触痕迹，来确定汽封的径向间隙。

如采用三层医用胶布测量汽封径向间隙时，未接触红丹痕迹时，表明汽封径向间隙大于 0.75mm；如呈微红色痕迹均匀分布时，其间隙即为医用胶布的厚度，表明汽封径向间隙为 0.75mm；接触红丹痕迹较重时，表明汽封径向间隙为 0.65～0.70mm。当汽封间隙过大或过小时，应进行调整或修刮。

汽封间隙用贴医用胶布法检查调整完毕后，可用长塞尺抽查测量汽封底部间隙，应与医用胶布法测得的间隙相符，也可采用压铅法测量汽封间隙，进行校核。

②用医用胶布贴在转子汽封齿上测量。

将转子放在转子支架上，在转子圆周每相隔 90°划出 4 等分标志，并在转子相应的高、低汽封齿上贴上医用胶布，并涂抹一层薄薄红丹油，然后将转子吊入汽缸内，缓慢盘动转子旋转 1～2 圈后，吊出转子，按胶布的接触痕迹深浅，调整或修刮对应的汽封齿。

然后再将上半轴封套和上半导叶持环或隔板安装到相应的位置上，并紧固部分连接螺栓，按转子旋转方向盘动转子 1～2 圈后，吊出上半轴封套和上半导叶持环或上半隔板，检查医用胶布上的压痕，不符合要求时应进行研刮修整。

(2)塞尺法测量汽封径向间隙

塞尺法只适用于下半轴封套和下半导叶持环或下半隔板水平方向左右两侧汽封径向间隙的测量。下半轴封套和下半导叶持环或下半隔板汽封安装好后，将转子吊入下汽缸内，用塞尺在转子左右两侧逐片进行测量。测量时，用力应均匀一致，不得用力过大，以免弹簧汽封环变位。对于带弹簧的汽封插入过深、太紧，会超过弹簧压力造成汽封块退让。如塞尺塞入时过紧，应初步进行修刮。当用塞尺检查汽封间隙基本合格后，仍要用贴胶布法进行复查。如汽封径向间隙不符合要求时，应进行修刮调整。

(3)压铅法检查汽封径向间隙

压铅法是检查汽封垂直方向径向间隙的另一种方法，也可校核医用胶布测得的汽封间隙。在下半导叶持环或隔板汽封和端部轴封顶部中间位置放置一根直径稍大于汽封间隙的上限值铅丝，将转子吊入汽缸，在转子上汽封的顶部中间位置同样放置一根直径稍大于汽封上限值的铅丝，上下两处铅丝均应用润滑脂贴牢，安装上半导叶持环或隔板并紧固水平结合面螺栓，然后将上半导叶持环或隔板吊出，取出铅丝，再将转子吊出，测量铅丝压入汽封齿上的厚度。

4. 汽封间隙的调整

(1)径向汽封间隙的调整

当大部分汽封径向间隙过小时，对铜质材料的汽封齿，可在假轴上装上专用刀具进行车旋，车旋时应将上下隔板组装好，并将每块弹簧汽封块用木楔塞紧，如图 9－99 所示。若为钢质的材料的汽封齿，可将整圈汽封环组装在专用胎具上，在车床进行车旋，车床加工后的汽封齿应进行修整，使其尖薄、光滑。若仅个别汽封片径向间隙过小时，可手工修刮，并采用专用工具，如图 9－100 所示。在修刮间隙的同时，应将汽封片按制造厂技术文件的规定修刮尖薄、平滑。

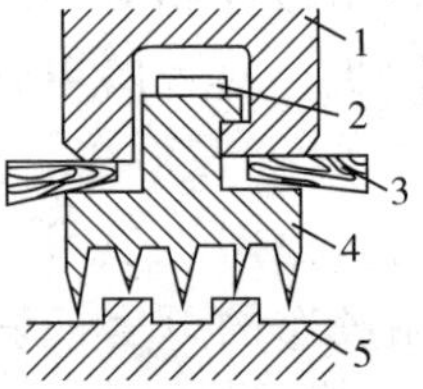

图 9－99　汽封环加木楔示意图

1—隔板；2—弹簧；3—木楔；4—汽封环；5—假轴

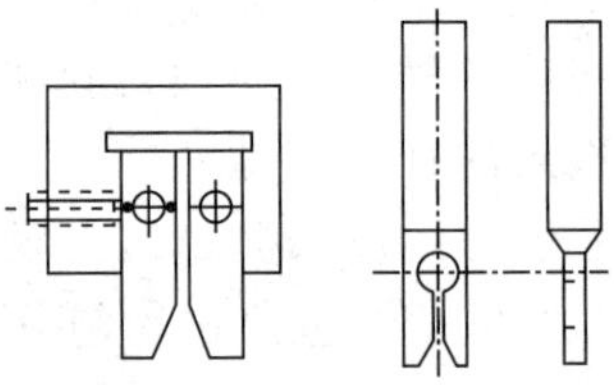

图 9－100　刮汽封片的专用工具

汽封径向间隙过大时，对于采用黄铜或其他延伸性能较好的材料制作的汽封片，可用敛或挤的方法使汽封齿伸出；对于带有弹簧的汽封块，可修刮汽封块在汽封洼窝中的承力部位，同时修刮汽封块各弧段块之间的接触面，使整个汽封块向转子中心移出，如图 9－101 所示。

对于带有调整垫片的汽封，汽封径向间隙可用增减垫片厚度来进行调整，调整完毕后应紧固螺钉并敛住防止松动，汽封环应有足够的退让间隙 δ，δ 一般为 3.50mm 左右，如图 9－102 所示。

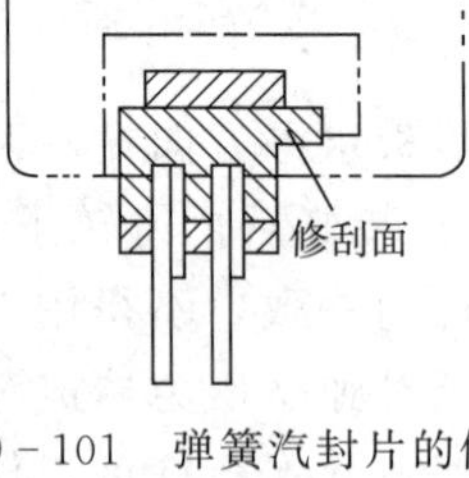

图 9－101　弹簧汽封片的修刮

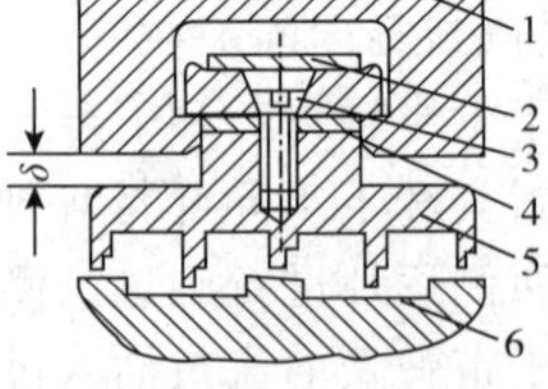

图 9－102　带有调整垫片汽封的调整

1—汽封环；2—弹簧；3—调整螺钉；
4—调整垫；5—梳齿汽封；6—转子

对于不可调整的汽封，汽封径向间隙较小时，可对汽封齿进行手工修刮或进行车床切削加工，若径向间隙较大时，应对汽封齿重新进行镶嵌，镶嵌后进行车床车旋。

上下汽封由于受下汽缸自然垂弧的影响，汽封块的径向间隙在垂直方向的数值是不相等的。当上下汽缸闭合，紧固汽缸水平剖分面螺栓后，汽缸自然垂弧明显减少，下汽缸在紧固螺栓后上抬了一定的数值。调整汽封间隙时，应考虑汽缸闭合紧固螺栓后下汽缸的上抬值对汽封间隙的影响。下汽缸的上抬值约等于汽缸未紧螺栓之前水平剖分面间隙的1/2。因此，汽封间隙的修正值约等于汽缸剖分面未紧螺栓前间隙值的1/2。因下汽缸上抬δ值，则下汽封间隙应增加δ值，上汽封间隙则应减少δ值。

汽封间隙调整完毕后，应用塞尺检查整圈汽封环的端部总间隙，一般为0.30～0.60mm，用0.05mm塞尺检查相邻两个弧段端部的接触面，应塞不进。

由于汽封环所在隔板的位置不同而使汽封的径向间隙在上、下、左、右4个位置的数值是不相等的。造成汽封径向间隙差异的原因，除了转子本身具有静挠度影响外，还受汽轮机安装及运行中产生的多种因素的影响。

①汽缸弹性变形，半缸时汽缸中部挠度大，汽缸闭合紧固螺栓后，挠度将减小。

②汽轮机启停和运行中，由于上、下汽缸产生的温差，使汽缸产生向上翘曲，使下部汽封间隙减小。

③汽缸猫爪和轴承座热膨胀间隙未调整好，使汽轮机运行中热膨胀值不相等，致使汽缸及转子位置发生变化。

④轴承油膜建立后，将使转子托起，致使转子中心发生偏移。

⑤凝汽器灌水和抽真空的影响等。

综合上述诸因素，在轴封室孔找中心后，调整汽封间隙时，其上部径向间隙应小于底部径向间隙，愈靠近汽缸中部，底部间隙应愈大。在转子静挠度最大处的汽封块，其底部汽封间隙应比其他部位汽封块底部间隙为最大，而上部间隙为最小；当汽轮机转子为顺时针旋转时，左侧间隙应较比右侧间隙略大。

(2)汽封轴向间隙的调整

测量汽封轴向间隙时，一般与测量和调整汽轮机通流部分的间隙同时进行。测量前，应将汽轮机转子的轴向位置按制造厂技术文件的规定定好位后，将转子推向推力轴承工作面。第一次测量时，盘动转子使危急遮断器的飞锤向上。第二次测量时，将转子按运行方向旋转90°进行测量。一般用塞尺或楔形塞尺测量汽封轴向间隙，其测量位置应按制造厂技术文件的规定进行。

轴向汽封间隙应在保证叶轮与导叶持环或隔板不发生摩擦的前提下，调整到最小值。枞树形和高低齿的梳齿型汽封，还应正确分配齿前后的间隙A和B(见图9-103)以防止轴向磨损。

轴向汽封间隙的调整，可采用轴向移动汽封套或汽封环的方法。如果汽封套是通过固定环与汽缸固定，则改变前后两个固定环的厚度，即可使汽封套作轴向移动。轴端汽封上个别汽封块的轴向位置或者隔板汽封的轴向位置不符合要求时，可在汽封块两端面加焊或车旋的方法，使其做轴向移动。梳齿式汽封块凸肩两侧均装设调整垫片，通过增减调整垫片的厚度，可调整单个汽封块的汽封齿轴向间隙，如图9-104所示。如果汽封套没有调整垫片时，可直接对端面一侧进行修刮，修刮后在另一侧加垫片并用小螺钉定位，如图9-105所示。

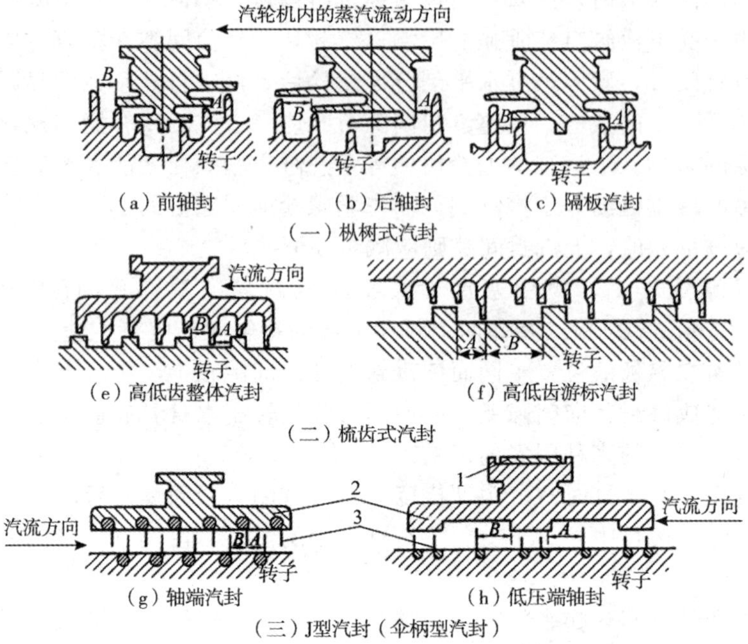

图 9－103　汽轮机轴端汽封及隔板轴向汽封间隙测量示意图

1—弹簧片；2—汽封环；3—汽封片

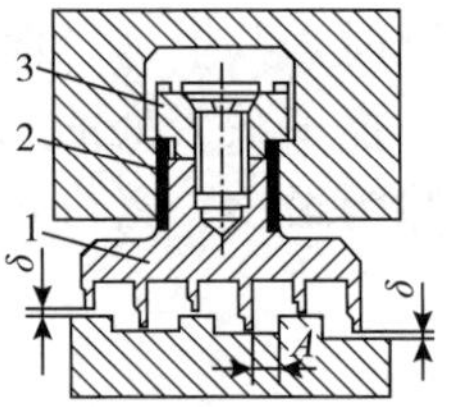

图 9－104　轴向及径向间隙可调汽封

1—梳齿式汽封；2—调整垫片；

3—调整块套的修刮和加垫片的部位

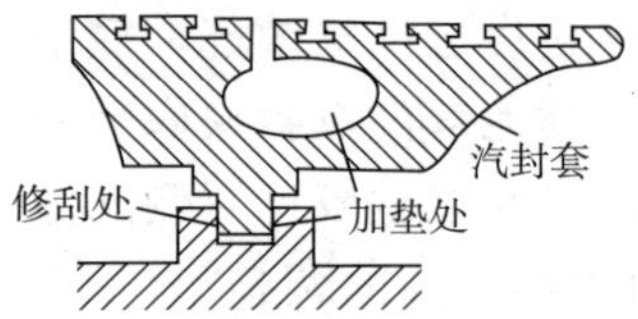

图 9－105　调整汽封轴向间隙时汽封

六、通流部分间隙的检查与调整

通流部分间隙的检查，应在导叶持环或隔板位置找中心后进行，也可在汽封间隙调整后进行。通流部分间隙应按制造厂技术文件的规定进行测量，测点位置应在动静部件最突出的位置。测量时应将转子置于工作位置。

1. 转子工作位置的确定

(1)转子的工作位置在制造厂已按技术文件调整好，现场可根据制造厂提供的转子在汽缸及轴承座中的轴向位置定位尺寸，用深度游标卡尺测量转子甩油环至汽缸前端面尺寸 E_1，测量前轴承座前端面至转子推力盘尺寸 E_2，如图 9－63 所示。转子定位后，然后测量其他通流部分间隙。

(2)也可根据制造厂对通流部分间隙的要求，按制造厂提供的第一级喷嘴与转子叶轮间的间隙值 a 对转子进行定位，如图 9－106 所示。在蒸汽室调节级的下半进汽侧水平方向左右两侧用塞尺测量间隙，使之间隙 a 符合制造产技术文件的规定。然后将转子推向进汽侧，直至不能移动为止，然后测量其余各级通流间隙。转子工作位置确定后，应用深度游标卡尺或内径千分尺复查推力盘至推力轴承座上最近固定端的距离应符合制造厂技术文件的规定。

2. 通流部分间隙的检查

用塞尺或楔形塞尺测量通流部分径向间隙时，应将上下两半推力轴承组装好。第一次测量时，应将转子上的危急遮断器的飞锤向上；按汽轮机运行方向旋转 90°再测量一次，每次测量均应使转子上的推力盘与推力轴承承力面接触状态下进行。每次测量均应在下汽缸水平剖分面左右两侧用塞尺进行测量，其测量部位应符合制造厂的规定。

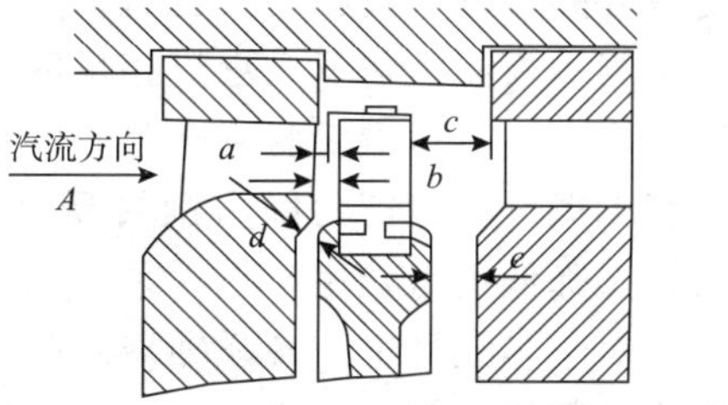

图 9-106　通流部分间隙测量位置示意图

a—隔板喷嘴出口和动叶入口围带轴向间隙；
b—喷嘴出口和动叶片进汽边缘轴向间隙；
c—动叶片出口边缘和隔板轴向间隙；
d、e—叶轮前后最小轴向间隙

上述的测量方法是在下汽缸水平剖分面左、右两侧进行的，但它不能代表上、下通流部分间隙值。所以，应在上半导叶持环或上半隔板密封齿上贴医用胶布并涂抹红丹油，然后将上导叶持环和上隔板吊在下导叶持环或下隔板上，紧固水平中分面螺栓，按转子旋转方向盘动转子 1～2 圈，然后将上导叶持环或上隔板吊走，根据医用胶布上红丹油贴合情况来判断此间隙是否符合要求。

检查通流部分轴向间隙时，每次均应测量下半汽缸剖分面水平方向左右两侧的间隙。一般是使转子在相差 90°角的两个位置进行，第一个位置测量后，转过 90°角做第二个位置测量。第二次测量的目的是检验第一次测量的准确性，其次是检查叶轮是否发生了变形和瓢偏。

检查通流部分轴向间隙时，应将上、下导叶持环或隔板闭合，并在汽缸水平剖分面架设磁力表架装上百分表，将百分表触头顶在推力盘上。然后来回推动转子检查通流部分的最小间隙值，如图 9-106 中 d、e，或在第一级喷嘴与转子叶轮间轴向贴医用胶布法检查通流部分轴向最小间隙值，如图 9-106 中的 a。医用胶布的厚度应等于最小轴向间隙，盘动转子 1～2 圈，将上导叶持环或隔板吊走，根据医用胶布的摩擦情况来判断通流部分最小轴向间隙，如不符合要求应将转子的工作位置进行调整，直至调整至符合制造厂技术文件的规定。

3. 隔板通流部分间隙的调整

隔板通流部分间隙的调整时，应将测得的各通流部分间隙与制造厂技术文件的规定值进行比较，若偏差超过允许值，可根据具体情况进行调整。

若个别叶轮的叶片进口侧间隙或叶顶汽封片径向间隙过小时，可采用修刮或车旋转子围带、叶片根部汽封或隔板相应部位等方法进行调整。车旋时，可将刀具固定在汽缸水平剖分面的法兰上，盘动转子将围带的边缘车削一点，使之间隙符合要求。如需车削导叶持环或隔板的相应部位及径向汽封片时，应采用车床车削。

当个别叶轮进汽侧轴向间隙过大时，可采用移动隔板的方法来进行调整。若需将隔板顺汽流方向移动时，对于低温区的铸铁隔板，可将隔板的蒸汽出口侧的外缘用车床车去一定的厚度，而在隔板进汽侧安置销钉，如图 9-107(a)所示。上下两半隔板的销钉数一般各不少于5个，销钉直径应大于6mm。也可采用电焊局部堆焊的方法增加厚度来代替销钉。对于高温区的钢隔板，可在隔板外缘蒸汽进气口侧加装与凸缘宽度相同半圆垫环，并应用埋头螺钉将其固定在隔板上。半圆垫环的材料应根据该处的工作温度进行选用，并应与该处隔板的材料相同。也可采用电焊全补焊的方法来代替垫环，保持端面密封效能。

当隔板需沿与蒸汽汽流相反的方向移动时，可将隔板进汽侧的边缘用车床车去需要的厚度，而在出口侧安装半圆环并固定在隔板的外缘上，如图9-107(b)所示。隔板外缘出口侧不得设置销钉，以防销钉受蒸汽压力、温度的影响而变形，以及蒸汽沿隔板边缘漏汽，而降低机组效率。也可采用电焊全补焊的方法来代替垫环，保持端面密封效能。

对于多缸机组，各联轴器之间设有轴向调整垫片的汽轮机，当各汽缸内的通流部分间隙均已测量和调整完毕后，这时各转子的轴向位置便定位。在各联轴器连接之前，应根据各联轴器之间的端面间隙，按该间隙加工等厚度的整圆垫片，垫片装配后应与联轴器螺孔一同铰孔，用螺栓连接在两联轴器之间。垫片应由磨床加工至表面粗糙度为$Ra1.6$，垫片厚度偏差应不大于0.02mm。当联轴器设有止口时，可以将垫片加工成两半圆的垫片，将垫片放在联轴器止口之内，然后用螺栓连接在两联轴器之间。

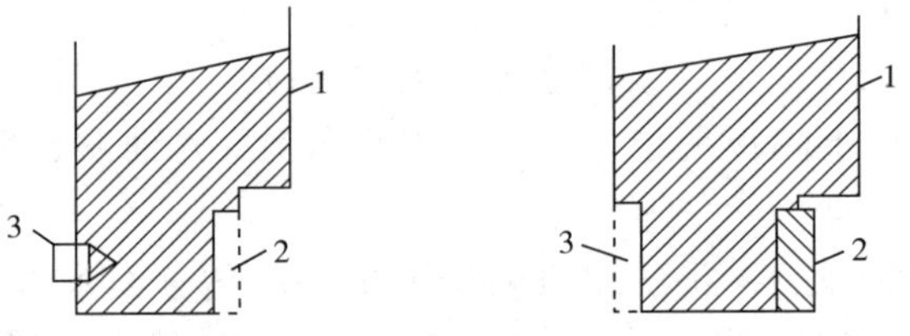

(a) 1—隔板；2—车削部分；3—销钉

(b) 1—隔板；2—半圆环；3—车削部分

图9-107 调整隔板的轴向位置图

对于多缸机组，在调整通流部分间隙时，并应检查转子上的各凸肩与静止部分的轴向间隙必须符合设计要求，即其间隙应大于各转子的最大差胀值或绝对膨胀值。

4. 导叶持环通流部分间隙的调整

当导叶持环水平剖分面左右径向间隙若需调整时，可通过旋转导叶持环前下端的偏心套筒来调整导叶持环的左右位置(调整偏心套筒时偏心销在外缸底部纵向凹槽内前后移动)，如图9-89所示，使导叶持环的左右间隙符合制造厂技术文件规定，调整完毕后，应紧固偏心销紧固螺钉。

当导叶持环垂直方向间隙需要调整时，可利用垂直方向调整元件进行调整，如图9-90所示。导叶持环中心的高低位置由下螺纹座5进行调整，通过调整上螺纹座3和上部球面垫圈1来调整球面垫圈与汽缸剖分面之间的膨胀间隙，测量时用深度游标卡尺测量球面垫圈与汽缸水平剖分面的间隙并调整至符合制造厂技术文件的要求，然后装垫圈2及内六方螺栓4并紧固。在紧固内六方螺栓的同时应用百分表监视左右导叶持环的读数变化，其变化值应不大于0.01mm，若百分表读数发生变化偏离要求值时，应重新进行调整。要求导叶持环中心应低于汽缸(包括喷嘴室或蒸汽室、中间汽封、轴端汽封和轴承油封室)中心0～0.05mm。

导叶持环外缘上的定位凸缘与汽缸的相配合，并用图9-108所示的调整元件作轴向定位，2只或4只调整元件安装在导叶持环下半，图中装配后间隙s可通过调节调整螺栓来调整并紧固螺母，然后用塞尺或游标卡尺测量（导叶持环凸缘厚度加间隙 s），并使其符合制造厂技术文件的规定值。

七、蒸汽室的安装

1. 蒸汽室的检查

（1）蒸汽室外观检查应无裂纹、铸砂、焊瘤、缺口、凹坑等缺陷。

（2）用着色法检查喷嘴组与喷嘴槽或蒸汽室的结合面，其接触应达75%以上，并无贯通密封面的缺陷，必要时进行研刮。组装好的喷嘴或喷嘴组应无松动，喷嘴组出汽口应平齐。

（3）蒸汽室的螺栓紧固力矩应符合制造厂技术文件的规定，螺栓应在机体闭合前用电焊点焊固定。

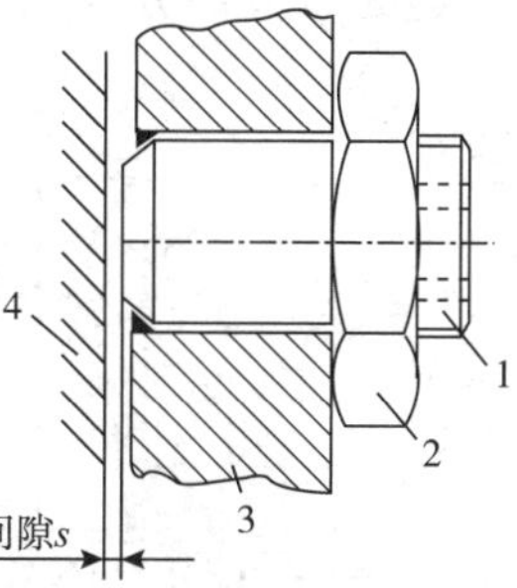

图 9-108　导叶持环轴向定位
1—内六方调整螺栓；2—螺母；3—导叶持环凸缘；4—汽缸

（4）蒸汽室装入汽缸内时，应以本身的自重自由下落，无卡涩现象。

（5）蒸汽室安装时各结合面应均匀涂抹耐高温密封涂料。

2. 蒸汽室找中心

（1）蒸汽室（或喷嘴室）找中心前，将上半汽缸吊走，在蒸汽室角形环上放置平尺，用深度游标卡尺测量蒸汽室左右两侧至下汽缸水平剖分面的高度差并记录，如图 9-109 所示。

（2）在位于蒸汽室前后两侧的转子上各架设百分表支架并装上百分表，将百分表触头触在蒸汽室前后内孔上，将两块百分表转至上方并将指针调至为零。

（3）缓慢盘动转子，记录百分表在上、下、左、右 4 个位置的读数。通过移动蒸汽室，使前后百分表在蒸汽室左右处的读数应一致，此时说明蒸汽室水平位置已居中心。

图 9-109　用深度游标卡尺测量蒸汽室左右两侧相对于下汽缸水平剖分面的高度差示意图
1—汽缸水平剖分面；2—蒸汽室；3—深度游标卡尺；4—平尺

（4）然后再盘动转子，使前后两块百分表同时达到蒸汽室内孔的最高点，记录前后百分表读数的差值，并根据蒸汽室水平方向左右处的读数计算出垂直方向中心的前后偏移量并记录。

（5）根据蒸汽室左右位置距下汽缸水平剖分面的差值和蒸汽室内孔垂直方向的最高点处的读数差值及垂直方向的中心偏差值，即可计算出蒸汽室左右调整垫片的调整值，如图 9-110 所示。

（6）拆卸调整垫片并打上钢印标记，按计算的调整值修磨调整垫片。

（7）按钢印标记将修磨好的调整垫片重新安装在蒸汽室上，再按（3）～（5）程序检查蒸汽室与外缸的同轴度，蒸汽室中心应比外缸中心

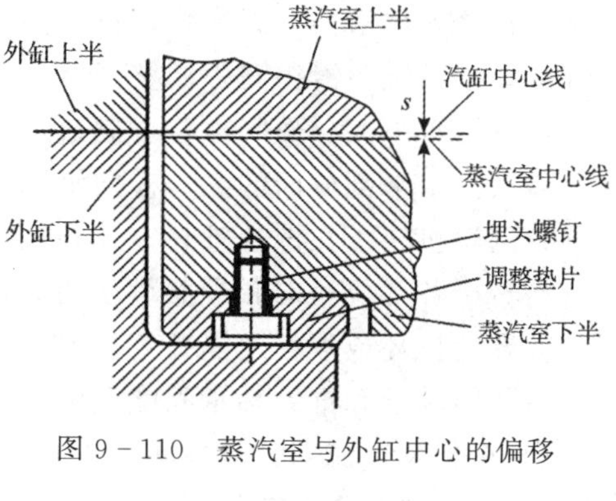

图 9-110　蒸汽室与外缸中心的偏移

低一个 s 值。

(8)用塞尺检查叶片与蒸汽室汽封片叶顶之间的径向间隙，其值应符合制造厂技术文件规定的通流部分间隙。

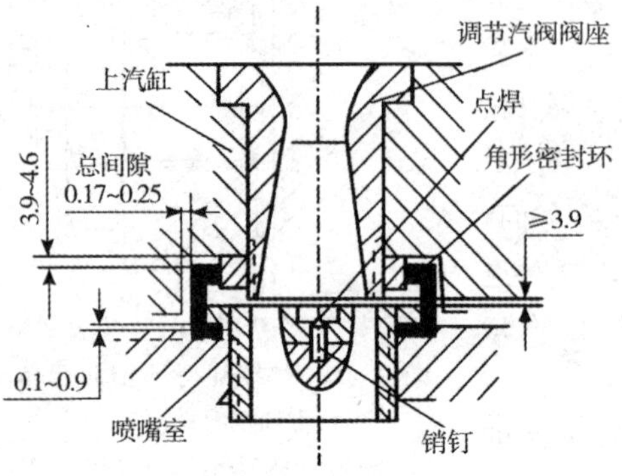

图 9-111　角形密封环安装

3. 蒸汽室角形密封环的安装

将角形密封环和螺纹衬套装入蒸汽室，然后用塞尺检查蒸汽室角形密封环各部间隙，应符合制造厂技术文件的规定，然后将螺纹衬套用销钉防松并将端部用电焊点焊，以防松动，如图 9-111 所示。

蒸汽室角形环与上汽缸之间的间隙也可用压铅法进行测量。测量时，在角形环上放置几条软铅丝并用黄甘油固定，然后将上汽缸吊在下汽缸水平剖分面上，打紧定位销，均匀、对称紧固汽缸水平剖分面 1/3 以上的连接螺栓，并用 0.05mm 塞尺检查汽缸水平剖分面的间隙，应塞不进。然后吊走上汽缸，用外径千分尺检查铅丝压扁的厚度应符合制造厂技术文件的规定。

第七节　汽缸闭合

汽轮机汽缸正式闭合(汽轮机扣大盖)前，应将通流部分动静部件按制造厂技术文件的规定组装完毕后进行试闭合。汽轮机汽缸闭合是汽轮机本体安装的重要工序，故汽缸闭合前应具备下列条件，并应由监理/建设单位和质检部门对汽轮机以下安装质量予以确认，并填写封闭记录。

一、汽缸闭合应具备的条件

1. 汽缸闭合前检查

汽缸闭合前，应完成下列各项工作并经检查、确认合格，且安装记录齐全。

(1)采用有垫铁法安装的垫铁组已点焊牢固，地脚螺栓紧固力矩已符合设计文件要求。

(2)汽缸内部清洁、无异物，汽缸内的紧固件已紧固并锁牢。

(3)滑销系统各滑销间隙调整至符合制造厂技术文件规定。

(4)汽缸水平剖分面间隙符合制造厂技术文件规定。

(5)汽缸水平剖分面的纵、横向水平度及汽轮机转子轴颈的水平扬度均符合要求。

(6)汽轮机转子在汽缸轴封室孔和轴承座孔的同轴度符合制造厂技术文件规定。

(7)转子各部位径向和端面跳动的测量值符合制造厂技术文件规定。

(8)导叶持环或隔板及隔板套找中心测量值符合制造厂技术文件规定。

(9)径向轴承和推力轴承间隙及轴瓦过盈量均符合制造厂技术文件规定。

(10)汽封及通流部分动静间隙均符合制造厂技术文件规定。

(11)汽缸内合金钢零件的光谱分析复查无误。

(12)汽缸及其内部零部件的缺陷已消除。

(13)机组轴对中符合设计文件要求并记录准确、无误。

(14)仪表热工元件安装位置正确并安装牢固，通过机器壁的孔洞清洁无杂物，并用密封胶封闭无泄漏。

2. 汽缸试闭合

为了使汽缸闭合工作顺利地进行，汽缸闭合前应进行试闭合。汽缸试闭合前，将上汽缸翻转 180°使汽缸水平剖分面朝下。反转上汽缸时，应按翻转上汽缸工艺进行翻转，使上汽缸安全、平稳地翻转，然后放置在汽缸支架上。

试闭合前应将下汽缸内所有部件安装、调整完毕并符合制造厂技术文件规定。然后用精密水平仪放置在转子后轴颈上将转子找平，使转子呈水平状态，利用吊索上的手拉葫芦，将转子缓慢地吊入汽缸内，落入轴承上。向轴颈上浇注经三级过滤的汽轮机油，手动盘动转子，检查汽缸内有无异常声响，确认一切正常后，将上半导叶持环或隔板及隔板套组装完毕后，在下汽缸水平剖分面四个角上安装导向杆并涂汽轮机油，吊装上汽缸使其能自由落在下汽缸水平剖分面上。在不紧固汽缸水平剖分面螺栓和紧固 1/3 螺栓的情况下，盘动转子，用听棒倾听汽缸内应无异常声响。如有异常声响，应解体上汽缸检查，并予以消除。

在进行汽缸试闭合时，应用塞尺检查汽缸水平剖分面的接触情况并应符合表 9-15 的规定，不合格时应进行修刮处理并记录。

表 9-15　汽缸水平剖分面不平度的允许偏差

汽缸种类	高压缸	中压缸	低压缸
剖分面类型	水平剖分面	垂直、水平剖分面	垂直、水平剖分面
对称、均匀紧固 1/3 汽缸水平剖分面螺栓，用塞尺检查应符合制造厂技术文件的要求	0.03mm 塞尺检查，应不塞入	0.05mm 塞尺检查，应不塞入，个别塞入部分不得超过汽缸水平剖分面有效密封面宽度的 1/3	0.05mm 塞尺检查，应不塞入，在汽缸水平剖分面同一断面处，个别塞入部分不得超过汽缸水平剖分面有效密封面宽度的 1/3

汽缸试闭合后，在起吊上汽缸时，应在转子光滑面上装百分表进行监视转子是否有被同时抬起的现象，若转子上有抬起现象，则说明汽封或隔板与上汽缸凹槽卡涩，应停止吊装，设法消除。应先用顶丝将上汽缸均匀顶起 5～10mm，检查内缸部件、端部汽封不应随之带起，应保持上机体水平剖分面呈水平状态，导向杆应无卡涩，缓慢平稳吊起上汽缸，当上汽缸吊起 30～40mm 时，用钢板尺检查上下汽缸水平剖分面间距是否均匀，并应用锤击振动上汽缸外壳体，确认导叶持环或隔板、轴封无脱落现象方可继续起吊。上汽缸起吊过程中应保持平稳并随时检查，不得有不均匀上升和卡涩现象。上汽缸吊离导向杆后，上汽缸四角应有专人扶稳，防止摆动或旋转。上汽缸吊出后，应放置在专用的支架上，汽缸水平剖分面应落在平整的枕木上，以免损伤汽缸水平剖分面，并退回顶丝。上汽缸吊离后，为了防止在拆卸、吊装隔板或隔板套、汽封时，将工具、螺母及其他异物吊入抽汽口、疏水孔等孔洞中，必须用石棉布等堵塞缸内孔洞，但不得用破布或塑料布堵塞。拆卸上半隔板或隔板套、汽封和轴承，然后将转子吊出，并用胶布将喷嘴组封闭好。若当日完不成这些工作时，应用篷布将汽缸全部盖严实，并派专人看守。异物一旦进入汽缸，

在汽轮机运行中将随汽流高速运动，击伤动静叶片，使叶片边缘弯曲，甚至产生裂纹以致叶片断裂，严重时会损坏整个通流部分。

3. 汽缸闭合

汽缸闭合工作除应符合试闭合汽缸规定外，还应符合下列要求

参与汽缸闭合的施工人员应分工明确，应穿干净无纽扣和无衣袋的专用工作服，鞋底无铁钉并擦拭干净，防止汽缸内部掉入杂物。汽缸闭合前，必须指定专人检查，确信汽缸内无任何杂物，按规定会同有关人员签字确认后，方可进行汽缸闭合工作。汽缸闭合所需的设备零部件，应预先进行清点检查、确认无短缺或不合格的缺陷，并按组装顺序排放整齐；施工用的工具和器具及量具应清点登记，汽缸闭合后应再次请点，不得遗失。

汽缸闭合前，先拆卸下汽缸及轴承座内的转子、导叶持环和隔板、轴承、汽封套、内下缸等部件，并清点检查无短缺、损伤的情况，并按组装次序摆放整齐。汽缸内部表面用干净布擦拭，并用压缩空气吹净，然后用面团粘去尘垢，确保内部清洁、无杂物，各结合面应清洁、光滑。检查汽缸内的喷嘴、所有沟槽、疏水孔应清洁、畅通、无杂物。汽缸内导叶持环洼窝、轴封套洼窝以及导叶持环与轴封套表面均应用干鳞状石墨粉或二硫化钼擦拭。汽缸通流部分部件的各个结合部位，都必须涂敷制造厂技术文件规定的涂料或密封胶，螺栓螺纹上涂抹螺栓防咬合剂，然后将其吊入下汽缸内相对位置，紧固连接螺栓后进行定位焊或锁牢，如图 9 - 112 所示。

下汽缸内所有零部件安装完毕后，即可进行转子吊装，转子用厂房内桥式吊车吊起后，用压缩空气将其吹净，然后在后轴颈处放置精密水平仪，利用导链将转子找平。转子向下汽缸内降落时应缓慢落入下轴承上，并不得与下汽缸内零部件相碰。

转子就位，组装后，即可安装蒸汽室、导叶持环及轴封室上半。吊装上汽缸时，应用精密水平仪监视汽缸水平剖分面，用手拉葫芦(倒链)调至水平误差小于 0.2mm/m。当上汽缸水平剖分面接近下汽缸水平剖分面 200mm 时，应在下汽缸四角处垫上干净的木块予以临时支承垫牢，以防桥式吊车刹车失灵，如图 9 - 113 所示。

图 9 - 112　蒸汽室、轴封、导叶持环装入下汽缸闭合后示意图

1—汽缸；2—轴封；3—蒸汽室；
4—压力段导叶持环；5—排汽段导叶

图 9 - 113　上汽缸吊装缓慢下降示意图

1—导向杆；2—上汽缸；3—顶丝；
4—木块；5—下汽缸

将下半汽缸水平剖分面用白布蘸酒精清洗干净，然后在其上涂以制造厂规定的涂料或密封胶，密封胶应涂抹均匀，其厚度应在 0.50mm 左右。但在螺栓孔和定位销孔周围和汽缸水平剖分面内缘应留有 10mm 左右的宽度，不涂抹密封胶或涂料，以防紧固螺栓后，密封胶或涂料挤入螺栓孔、定位销孔和通流部分。汽缸水平剖分面的密封涂料应符合制造厂技术文件规定。如制造厂无规定时，应按其蒸汽参数选用，见表 9 - 16。

表 9－16　汽轮机汽缸水平剖分面涂料配合比

蒸汽参数	成分	质量比/%
中压蒸汽参数	黑铅粉(精制)	40
	红丹粉	40
	白铅粉	20
	精炼的亚麻仁油	适量
高压及中压蒸汽参数	黑铅粉(精制)	两者配合调匀至合适的黏度
	精炼的亚麻仁油	
高温蒸汽	红丹粉	70
	黑铅粉(精制)	10
	精炼的亚麻仁油	20

密封剂抹完毕后，利用吊索上部的倒链，将上汽缸微微吊起，将四角的支承木块取掉，再缓慢下降上汽缸。当上汽缸水平剖分面距离下汽缸水平剖分面 3mm 时，将定位圆销涂抹防咬合剂安放就位，在上汽缸刚与下汽缸接触，起吊索具尚受力时，将定位圆销打入汽缸水平剖分面定位销孔内，使上下汽缸水平剖分面对准，然后松下起吊索具，上汽缸完全落靠在下汽缸水平剖分面上后，用紫铜锤或紫铜棒将定位销最后打紧。

拆卸吊装索具，应连续进行汽缸剖分面螺栓的紧固工作，防止密封剂干燥变硬。汽缸闭合完毕后，应盘动转子倾听汽缸内部应无异常声响。汽缸闭合后，应清点工、器具及量具，不得丢失。否则应找出丢失的工、器具及量具。

二、汽缸水平剖分面螺栓的紧固

汽缸水平剖分面螺栓紧固后，应使汽缸水平剖分面上有足够的接触压力，以防止高温高压的蒸汽从剖分面漏出。紧固汽缸水平剖分面螺栓时，应按制造厂技术文件规定的紧固顺序进行，避免汽缸因螺栓紧固力矩不均，而造成汽缸或螺栓变形，造成运行中的热态下螺栓出现断裂现象。

汽轮机汽缸水平剖分面螺栓紧固顺序如图 9－114 所示。

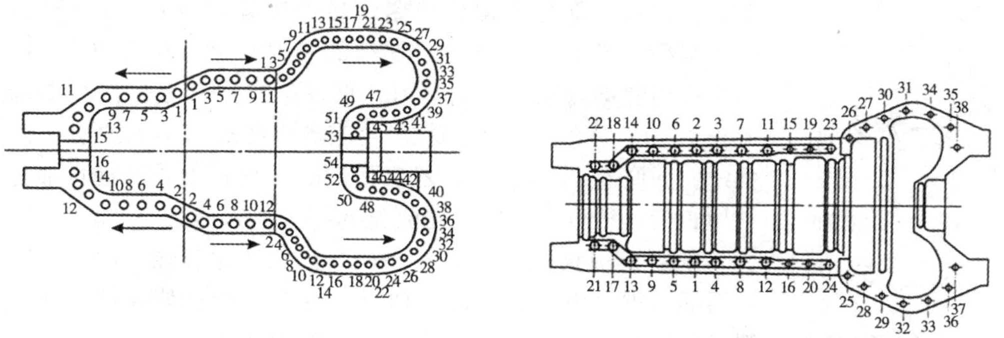

(a) 中、低压汽缸水平剖分面螺栓紧固顺序示意图　　(b) 高压缸汽缸水平剖分面螺栓紧固顺序示意图

图 9－114　汽轮机汽缸剖分面螺栓紧固示意图

上下汽缸水平剖分面之间的间隙主要是由于下汽缸自重产生垂弧而造成的。汽缸螺栓的紧固顺序对汽缸水平剖分面的变形有影响，一般先从汽缸中部最大垂弧处开始，即间隙最大处开始，然后左右两侧对称地，分别向前和向后进行紧固汽缸螺栓。用这样顺序紧固汽缸螺栓，可将垂弧间隙赶向两端而消除，不至于造成垂弧最大处的螺栓的损坏。对所有螺栓每一遍的紧固程度应相等，冷紧后的汽缸水平剖分面应严密结合，汽缸前后轴封处不得错口现象；汽缸水平剖分面螺栓紧固前，螺纹部位应涂防咬合剂，螺栓的紧固力矩应符合制造厂技术文件的规定。

汽缸水平剖分面螺栓的紧固方法分为冷紧和热紧。

1. 汽缸螺栓的冷紧

汽缸水平剖分面螺栓冷紧应力大部分用于消除下汽缸自然垂弧，冷紧汽缸螺栓的目的主要是消除下汽缸自重引起的汽缸水平剖分面间隙。冷紧顺序一般应从汽缸中部开始，按汽缸左右两侧对称均匀地分几遍进行紧固。汽缸螺栓每一遍的紧固力矩应相等，第一遍应先用1/3的规定力矩对汽缸螺栓左右对称进行预紧，第二遍再用2/3的规定力矩进行紧固，第三遍用100%的规定力矩进行紧固，全部汽缸螺栓按要求紧固后应进行复紧，螺栓应紧固牢固，无松动现象。冷紧后的汽缸水平剖分面应接触密实，用0.05mm塞尺检查，应塞不进。汽缸前后轴封处应对齐，无错口现象。冷紧一般用于螺栓直径小于M52的螺栓，冷紧的扭转力矩一般为785～1200N·m左右(小直径用于直径较小的螺栓)，即可达到螺栓设计初紧力。

冷紧时，可采用扳手加套管延长力臂的人工冷紧或采用气动、电动或液压工具紧固。冷紧时，一般不允许采用大锤等敲击扳手的紧固螺栓的方法，因为锤击的冲击力大小难以掌握，使螺栓的冷紧值难以控制，而且螺纹承受很大的冲击载荷，而且极易损伤螺纹，也会使螺纹至高温下产生塑性变形或拉出毛刺造成螺纹咬合和损坏。

2. 汽缸螺栓的热紧

汽轮机高压、高温部位大直径汽缸螺栓，使用冷紧的方法不能达到设计要求的扭矩，而采用热紧的方法既简便又可靠。按图9－114(b)所示汽缸螺母的紧固顺序进行对称、均匀冷紧，消除汽缸变形和压紧汽缸水平剖分面涂料(或密封胶)。对于汽缸螺栓直径大于M52以上的螺栓、螺母及特殊厚度的垫圈应按制造厂编号配合，回装时可以对号入座，可防止螺纹咬合、卡涩和罩形螺母内孔顶部与螺栓端部相碰等故障。

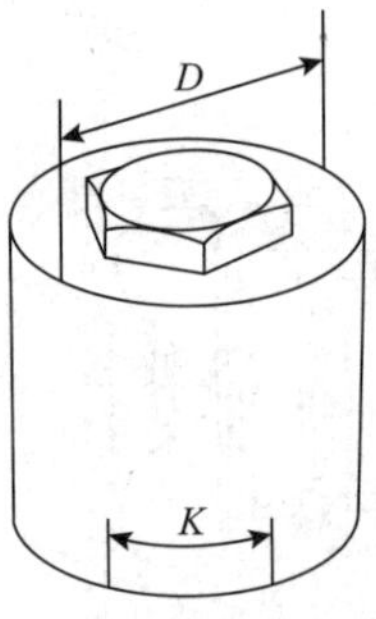

图9－115　螺母旋转弧长

汽缸水平剖分面螺栓热紧，当采用螺栓伸长值进行测量时，应在螺栓冷紧后记录螺母与螺杆的相对尺寸以便于热紧后测量；如果采用螺母转动弧长测量时，可根据制造厂提供汽缸螺母旋转弧长K值，在螺母及上汽缸法兰上标出各螺母热紧的旋转弧长K值线，如图9－115所示，然后将汽缸螺栓自中心孔进行加热，使其伸长后，再将螺母转过此弧长K。

按图9－114所示汽缸螺母的紧固顺序进行热紧，将电阻丝加热器插入螺栓中心孔内进行加热，待螺栓受热伸长后，用扳手将螺母旋转弧长K。在进行汽缸螺栓的加热过程中，应控制加热温度，使螺栓均匀受热，以不超过螺栓材料的回火温度为准，常用的各种材料的最高加热温度见表9－17。

表 9-17　汽缸螺栓最高允许加热温度

材料牌号	最高加热温度/℃	材料牌号	最高加热温度/℃	材料牌号	最高加热温度/℃
35	350	35CrMo	480	25Cr2MolV	550
45	400	17CrMolV	520	20Cr1MoVTiB	570
35SiMn	430	25Cr2MoV	500	20Cr1MoVlNbB	570

目前，汽缸螺栓热紧的加热工具多采用电阻丝加热器，加热时将发热元件插入螺栓中心孔内，这种加热方式具有加热迅速均匀和温升稳定的优点。发热元件可以是电阻条、电阻管、电阻丝或硅碳管。目前有的单位使用 1.4～5.32kW 的碳化硅加热器，其发热元件为碳化硅经高温烧结的硅碳管，加热时间短，体积小，质量轻，适用于现场使用。但硅碳管极脆，容易断裂。图 9-116 所示为双头螺栓电加热元件。图 9-117 所示为电阻丝加热元件。其电阻丝直接绕在耐热绝缘棒上，外面套一绝缘套管，套管与电阻丝之间用两个磁座隔绝。图 9-118 所示为硅碳管加热元件。硅碳管 8 是烧结成形的，其中碳质部分做成双螺旋，是通电的导体。电流通过碳质部分而发热，达到加热汽缸螺栓的目的。硅碳管外部套一保护套管，并用定位磁座隔绝。使用加热元件时，必须先将加热元件插入螺栓螺孔内，方允许通电，电路上必须有熔断丝，以防过电流。

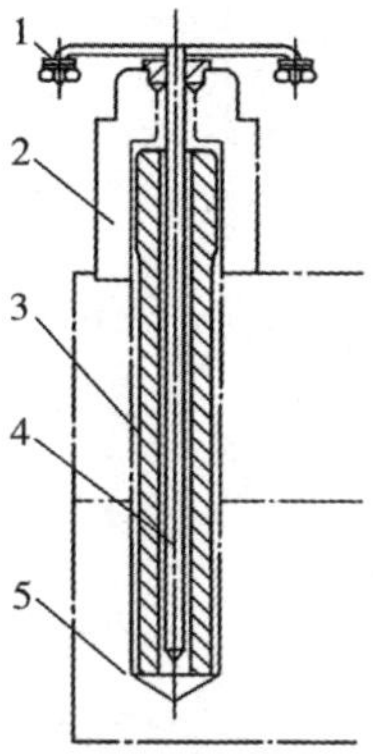

图 9-116　双头螺栓电加热元件

1—螺母；2—罩形螺母；3—双头螺柱；4—汽缸法兰；5—电阻管

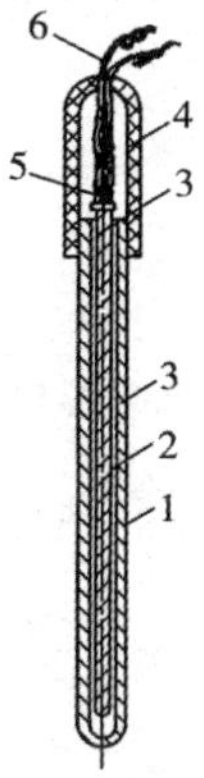

图 9-117　电阻丝加热元件

1—电阻丝棒；2—外套管；3—定位磁座；4—胶木绝缘柄；5—绝缘磁管；6—导线

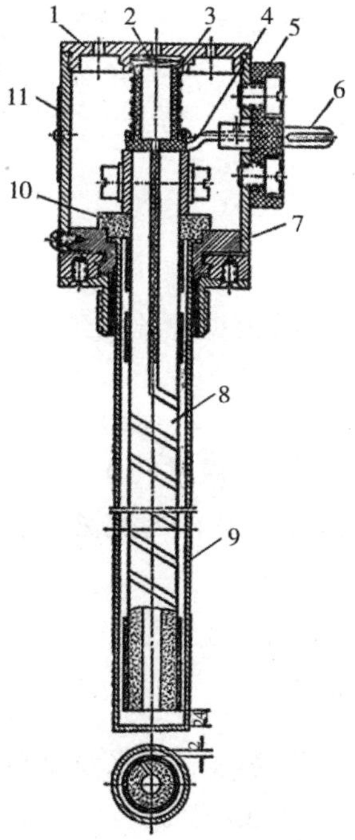

图 9-118　硅碳管加热元件

1—盖；2—弹簧；3—绝缘顶头；4—导线；5—胶木插座；6—插头；7—底座；8—双螺旋硅碳管；9—外套管；10—定位磁座；11—壳体

鉴于汽缸水平剖分面螺栓冷紧的初力矩在实际操作中难以控制，若按制造厂提供的热紧值进行热紧后，在汽轮机运行中往往会出现螺栓力矩过紧或过松现象。如果力矩过松不能保证汽缸水平剖分面的严密性，将会使汽轮机在运行一段时间后，汽缸水平剖分面会产生漏汽现象；如果力矩过紧，将会使螺栓的使用寿命降低，严重时还会造成螺栓断裂事故发生。为了控制好螺栓冷紧的初力矩，可以采用测量螺栓伸长值的方法来进行检验。这种方法不论螺栓冷紧或热紧值的大小，也不论汽缸水平剖分面涂料或密封胶层的减薄的程度，只要螺栓紧固后，其伸长值达到制造厂技术文件的规定值即可。螺栓的初紧应力可按虎克定律计算螺栓在该应力作用下的绝对伸长值 ΔL，即

$$\Delta L=\varepsilon L=\frac{\sigma L}{E} \tag{9-21}$$

式中　σ——热紧后螺栓的初应力值，N/mm^2；

L——未拧入汽缸部分的螺栓长度(见图 9－119)，mm；

ε——系数；

E——在工作温度下，螺栓所用材料的弹性模数，N/mm^2。

引进型机组热紧螺栓的相应伸长值，一般碳钢螺栓为其自由长度的 1/1000，合金钢螺栓为其自由长度的 1.5/1000，最后所测伸长值允许偏差为规定值的±10%。

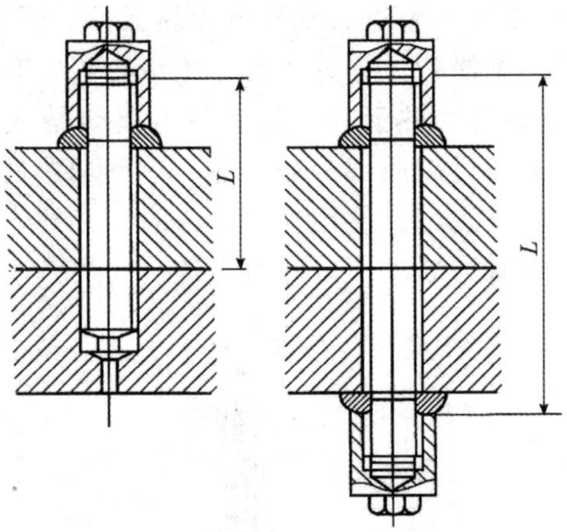

图 9－119　汽缸螺栓可伸长部分示意图

然后根据螺栓的绝对伸长计算螺母的热紧转角 φ，即

$$\varphi=360\,\frac{\Delta L}{t} \tag{9-22}$$

式中　t——螺纹的螺距，mm。

因此，螺栓的热紧弧长为：

$$K=\frac{\pi D\varphi}{360}=\frac{\pi D\Delta L}{t} \tag{9-23}$$

或者

$$K=\frac{\pi D\sigma L}{tE} \tag{9-24}$$

如果考虑汽缸水平剖分面螺栓热紧时，汽缸水平剖分面涂料或密封胶层将减薄，则由式(9－23)和式(9－24)计算出的转角和转弧应增加下列数值：

$$\Delta\varphi=360\,\frac{L'-L''}{t} \tag{9-25}$$

$$\Delta K=\frac{\Delta\varphi\pi D}{360} \tag{9-26}$$

式中　$L'-L''$——热紧过程中汽缸水平剖分面涂料层或密封胶层的减薄值，mm。

热紧汽缸水平剖分面螺栓应符合下列要求：

(1)螺栓的热紧值应符合制造厂技术文件规定，当用伸长值进行测定时，应在螺栓冷

紧后记录螺母和螺杆的相对尺寸，以便加热后再进行测量；如用螺母转动弧长测定时，则应在汽缸外壁和螺母上标出各螺母热紧后的旋转 K 值。

(2)螺栓加热时应使用专用加热器，使用螺栓加热器时，为了防止螺栓加热器本身过热烧坏，只有将螺栓加热器插入螺栓孔内才能接通电源，当加热温度符合要求后，应先断开电源，然后再取出螺栓加热器。热紧汽缸水平剖分面螺栓时，不能同时加热多个螺栓，则被加热的螺栓的冷紧力将会同时消失，使汽缸剖分面的原有间隙重新出现，这样会使汽缸剖分面间隙大的部位那些螺栓所需加热伸长量加大，加热时间延长，因此使汽缸水平剖分面和螺栓受力情况复杂，容易造成汽缸水平剖分面泄漏。汽缸水平剖分面螺栓热紧时，不允许使用氧乙炔喷嘴加热法，即用大号烤把直接插入螺孔中加热。因为烤把火焰温度太高而又集中，容易发生偏斜，使螺孔内孔壁局部过热，甚至达到局部熔化状态，不仅使螺栓金属性能发生变化，而且会产生很大的熱应力，从而产生裂纹甚至断裂，影响螺栓的寿命和安全运行。

(3)热紧汽缸螺栓时应按制造厂技术文件规定的顺序进行，加热后应一次紧到规定 K 值，如达不到规定 K 值时，不应强力猛紧，应待螺栓完全冷却到室温后，再重新加热紧固到 K 值。

(4)引进型机组热紧汽缸螺栓的相应伸长量为：一般碳钢螺栓为其自由长度的1/1000，合金钢螺栓为其自由长度的1.5/1000，最后所测伸长量的允许偏差为规定值的±10%。

汽缸水平剖分面螺栓热紧完毕后，应检查底座、猫爪等部位的联系螺栓的垫圈，用手推动应能滑动自如，无卡涩、倾斜现象。

汽缸闭合工作完毕后，用手动盘动转子，倾听汽轮机内部应无异常声响。用塞尺检查检查滑销系统的纵销、横销、立销和猫爪的间隙符合要求。用0.05mm塞尺检查支座与底座接合面之间的间隙，应塞不进。用塞尺检查猫爪螺栓或联系螺栓与垫片之间的间隙应符合要求。

汽轮机正式闭合后，如由于某种原因需要重新进行汽缸解体时，应符合下列要求：

(1)应经过一定的批准手续。

(2)准备必要数量的汽缸水平剖分面螺栓的备件。

(3)松开热紧汽缸螺栓时，应使用专用螺栓加热器进行加热，不允许用撞击的方法拆卸。汽缸螺栓第一次用螺栓加热器加热不能松开时，应在螺栓完全冷却后方可重新加热。

(4)热态解体汽缸螺栓时，应待汽缸壁温度降至150℃以下时方可拆卸汽缸螺栓，双层汽缸应以高压内下缸壁温为准。

(5)上汽缸吊装前，应在汽缸四角装上导向杆并在导向杆上涂抹润滑油。

(6)上汽缸吊装前，先用上汽缸上顶丝将上汽缸均匀顶起15mm，然后用倒链调整汽缸保持水平状态，使汽缸四角均匀提升，并在转子两端的联轴器上架设百分表进行监视，防止转子被带起，如有带起应查找原因，采取措施消除，再进行吊装上汽缸。

三、汽缸最终定位后的复查

汽缸闭合最终定位后，应复查下列项目：

(1)复查汽缸与前轴承座拉杆螺栓轴向间隙 t，如图9-120所示，并应符合制造厂技术文件规定。如无规定时，一般 t 为0.02～0.03mm。

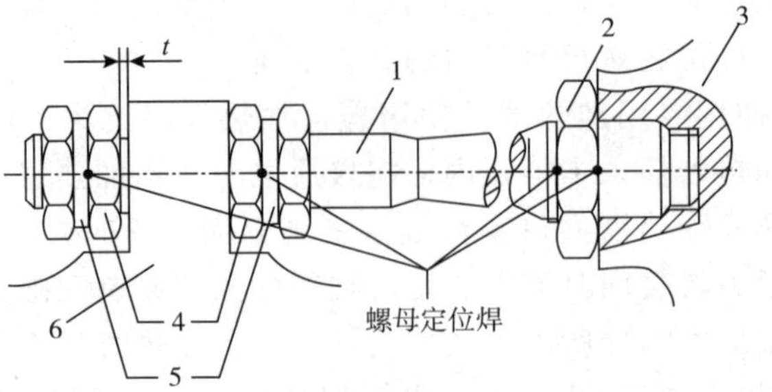

图 9-120　前轴承座与前汽缸拉杆螺栓间的轴向间隙

1—拉杆螺栓；2、4—螺母；3—前汽缸；5—防松螺母；6—前轴承座

(2)用塞尺复查下汽缸与座架之间的距离 L、M，如图 9-121 所示，其数值均应符合制造厂技术文件规定。

(3)汽轮机启动前，应在室温下用塞尺检查汽缸热膨胀指示标尺安装间隙并记录，如图 9-122 所示。

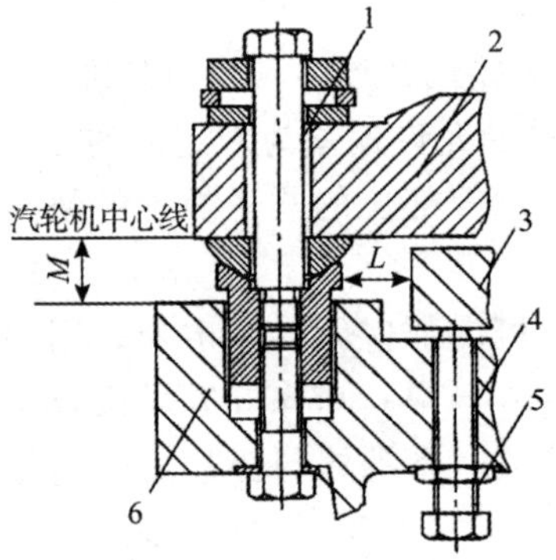

图 9-121　复查 L、M 尺寸示意图

1—猫爪螺栓；2—上半汽缸；3—下半汽缸；4—调节螺栓；5—防松螺母；6—前轴承座

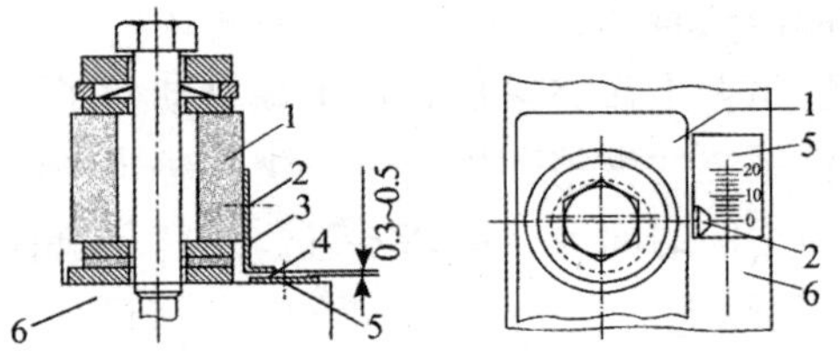

图 9-122　汽缸热膨胀测量装置

1—前猫爪；2、5—调节螺钉；3—指示器；4—标尺(刻度)；6—前轴承座

(4)汽缸闭合后或汽轮机大修前，应复查转子与汽缸的同心度。复测转子与汽缸的同轴度方法有下列几种。

①用特制套箍测量工具加塞尺进行测量。

在转子上安装制造厂提供的找同心度工具加塞尺进行测量，如图 9-76 所示。其测点位置及记录如图 9-75 中 R_3、r_3 所示。每次测量时塞尺插入的深度、方向、用力均应相同，且塞尺不应超过 3 片。

②用杠杆百分表进行测量。

利用转子上的主、附加平衡面处铰有的配重 M8 的螺纹孔，在任一螺纹孔中架设特制百分表架并装上杠杆百分表，将杠杆百分表触头触在前、后汽缸汽封体内端测量环处，测量转子与汽缸轴封室的同心度，测点位置及记录如图 9-75 中 R_4、r_4 所示。

测量环处复查转子与汽缸的同心度时应注意事项：

①测量环应清洁、光滑，无毛刺、锈蚀等缺陷。

②松开调节螺钉，使球面垫圈与上汽缸猫爪相接触，使上汽缸的重量完全由猫爪下的

球面垫圈来支承。

③盘动转子前，应在转子表面浇注少量经三级过滤的汽轮机油；

④测量环每次测点应在同一位置并做好标记，如图 9 - 73 所示。

第八节　机组的轴对中及联轴器连接

一、机组的轴对中

机组的轴对中，即转子按联轴器找中心。其目的是使汽轮机组运行过程中，各转子的中心线通过联轴器连接为一条连续、光滑的曲线，使机组的各转子中心线达到同轴的要求，消除轴在联轴器处额外的机械应力。机组在安装、检修后，转子在热态运行时各轴仍保持理想的轴对中状态，从而保证机组能长周期、平稳、满负荷的安全运转。

通过实践证明，机组的轴对中精度，直接关系到机组的效能及其使用寿命。如果机组各转子的轴对中找正精度超过允许范围时，在机组运转时，就会加快轴承、联轴器的磨损，甚至会加剧机组的振动，不仅会造成机器零部件的磨损，还会发生严重的毁机事故。

机组的轴对中就是找出机组的主动轴(汽轮机)与从动轴(压缩机、泵、风机)联轴器之间的机组轴对中偏差，即两轴在冷态时相对位置的偏差。通过调整使各转子达到机组所要求的相对位置。

一台离心式压缩机组是由汽轮机、一个或几个气缸、变速齿轮箱及部分组成。进行机组轴对中时，就需要确定某一机器作为找正基准机器，将此机器固定好后，再依次按顺序调整和固定其余机器。选择某一机器作为机组轴对中的基准的一般原则是：

(1)由制造厂技术文件规定的机器。

(2)质量大、调整难度较大的机器。

(3)机组机器多、轴系较长，宜选择安装在机组中间位置的机器。

(4)条件相同时，应优先选择转速较高的机器。

现场实践表明，大型离心式压缩机组冷态轴对中，大多选择汽轮机[见图 9 - 123(a)、(c)]或变速齿轮箱[见图 9 - 123(b)]作为机组的轴对中基准机器。

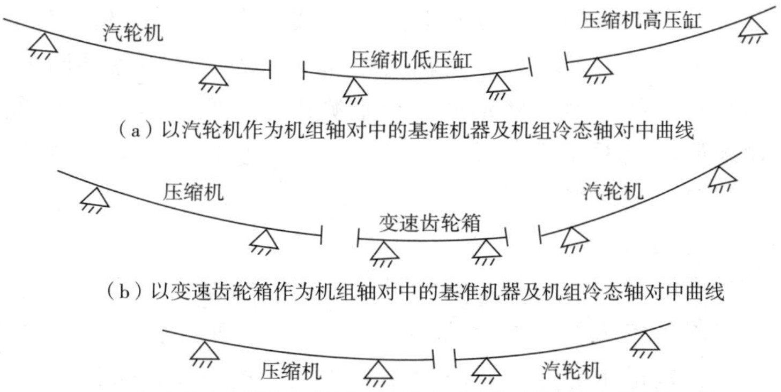

(a) 以汽轮机作为机组轴对中的基准机器及机组冷态轴对中曲线

(b) 以变速齿轮箱作为机组轴对中的基准机器及机组冷态轴对中曲线

(c) 以汽轮机作为机组轴对中的基准机器及机组冷态轴对中曲线

图 9 - 123　机组的轴对中基准机器及机组冷态轴对中曲线

例如乙烯装置的裂解气压缩机组的轴对中，是以汽轮机作为机组轴对中的基准机器；大化肥厂的尿素装置的二氧化碳压缩机组的轴对中，则是以处于中间位置变速齿轮箱作为机组轴对中的基准机器。

机组轴对中前，应首先测量两半联轴器的径向和轴向跳动值及轴颈的径向跳动值使之符合要求。如有偏差时，两半联轴器的相对位置，应选两者端面的瓢偏度最小的位置互相抵消，作为联轴器找正基准为止。如两半联轴器无瓢偏度偏差时，可选两者螺栓孔互相错位最小的位置，作为联轴器找正基准为止，以减少螺栓孔的加工量。

机组的轴对中根据联轴器型式的不同，可采用百分表测量法或激光对中仪测量法。百分表测量方法是机组在安装、检修过程中常用的一种方法，联轴器对中找正时一般机器是以基准轴为基准(汽轮机直接驱动的机组，应以汽轮机转子为基准)，通过百分表检测的数据，计算出主动轴和从动轴(被调整轴)分别在两半联轴器的端面间隙、轴向倾斜和径向位移的偏差值，从而确定从动机各支座处的调整量及调整方向，垂直方向是通过改变各支座处的调整垫片厚度；水平方向是通过左、右移动支座，来达到机组的轴对中在允许偏差范围之内。

采用百分表测量的方法有单表法、双表法、三表法，使用这三种方法都能达到机组的轴对中的目的，但必须根据机组在冷态时转子的相对位置所呈现的状态，而选用适当的机组轴对中方法，才能获得简便、快速、精确的机组的轴对中效果。

激光对中仪测量法是激光对中仪运用同轴、反射式激光检测原理进行轴对中。将激光变送器、反射器(接收器)，用链式托架分别安装在基准机器和调整机器的联轴器或轴上。变送器上的半导体二极管发出一束红色光线，可见激光波长635～675nm(纳米)，光束直径约为5mm的GaAlAs(镓铝砷)半导体激光束照射在反射器上，反射器上的反射激光束反射回变送器上的位置探测器上。

当旋转转子检测时，转子的任何不对中状况都会引起光束改变其在探测器上的位置，每旋转90°都会自动记录激光束的准确位置。变送器通过电缆直接把所测量的数据传递到控制器，控制器的显示屏上显示所计算的结果，显示出转子的轴向倾斜和径向位移的偏差值，并能显示出调整机器的软支座修正值，还能显示出各支座的调整量及调整方向。

(一)单表法轴对中

采用单表法进行机组的轴对中时，找正用的支架应在相邻两半联轴器上交替装拆，因此，比较烦琐，也可以考虑在两半联轴器上同时各装一个百分表架，使一块百分表触头触在主动轴的联轴器外圆上，另一块百分表触头触在从动轴的联轴器外圆上，两块百分表相互错开180°。机组轴对中找正时，转动两轴分别测出对应联轴器上的径向位移偏差，得出两组实际的百分表读数，根据读数，可用计算法或作图法，确定被调整轴各支座的调整量和调整方向。通过调整，使机组达到轴对中的要求。

1. 单表法轴对中的特点

采用单表法进行机组的轴对中时，只测量联轴器径向偏差，故转子的轴向窜动量对测量结果的影响可以忽略。单表法使用图解法能直观、简便的求得支座的调整方向和调整量。单表法准确度高、差错率低，广泛应用于工业汽轮机驱动的机组上。其特点是：

(1) 由于受温度变化的影响，如果机组在冷态时轴的相对位置处于倾斜状态时，用单表法对中找正比较方便。各轴在冷态时都是呈倾斜状态的，要求各支座处都要留有调整量，这种较复杂的机组，用单表法对中找正尤其方便。

(2)对于两半联轴器之间的距离大于200mm，且联轴器直径又比较小的机组，选用单表法对中找正，可以获得较高的对中精度。

(3)用作图法来确定机器的调整量和调整方向，比计算法更方便、直观。因此，单表法具有操作简单、计算调整方便、容易掌握、不易出差错等优点。

(4)对于两半联轴器之间距离较小的机组，由于两半联轴器读数测量面距离小，运用作图法产生的误差较大，故不宜选用单表法对中找正。

2. 单表法机组的轴对中程序

(1)将相邻两半联轴器沿圆周均匀划出4等分标记，即a_1、a_2、a_3、a_4与b_1、b_2、b_3、b_4，如图9-124所示。

(2)将找正支架牢固地装在"B"轴的半联轴器上，再装上百分表，使测量触头与"A"轴的半联轴器外圆相接触。先测量"A"、"B"轴联轴器外圆的加工偏差并记录，然后将百分表的触头对准标记a_1的位置。为了计算调整方便，通常把a_1或b_1处的百分表读数调为"0"。

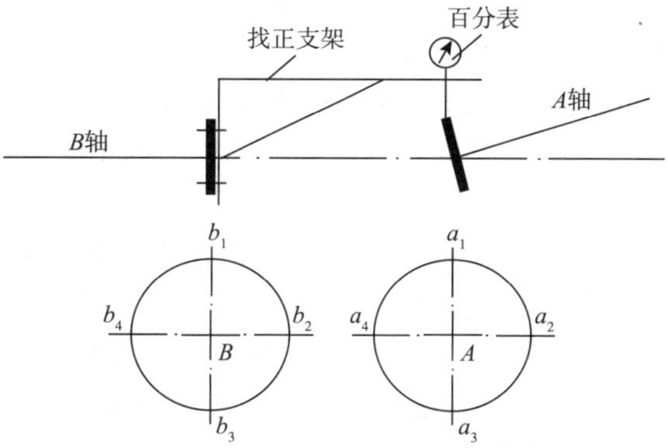

图9-124　单表法轴对中示意图

(3)按机组旋转方向旋转"B"轴(或同时转动"A"、"B"两轴，转动时应使a_1对准b_1的位置)，分别测量出百分表在"A"轴联轴器上的a_1、a_2、a_3、a_4 4个位置上的读数，将测得的读数值记在记录图中，如图9-124所示，所测得的读数值应符合下列条件：$a_1+a_3=a_2+a_4$(误差应小于0.02mm)，若不相等时，应查明原因消除误差后重新测量。百分表读数是机组的轴对中时进行调整的依据，因此，要求百分表读数应准确无误，并应注意数值的"正"或"负"(百分表指针顺时针方向读数值为"正"值，百分表指针逆时针方向读数值为"负"值)。

(4)将百分表支架换装在"A"轴端的半联轴器上，用同样方法测出百分表在"B"轴联轴器上的b_1、b_2、b_3、b_4 4个位置上的读数。

(5)确定调整量及调整方向

①"A"轴支座在垂直方向上的调整量或水平位置的左、右移动量，可根据机组联轴器对中找正时实际测得的百分表读数，机组各段轴向尺寸，轴上的各联轴器、轴承和机体支座等的相对位置，制造厂技术文件提供的机组的汽轮机在前、后轴承处轴中心的膨胀量，压缩机支座处轴中心位移值，分别按比例画在坐标纸上，即用作图法来确定机体的调整量和调整方向。

②联轴器对中找正调整时，应先调整水平位置，再调整垂直方向。

(6)垂直方向调整量作图步骤(以300kt/a乙烯装置裂解气压缩机组为例)

①按比例画出机组运转时的垂直方向的理想热态线(应为一条直线)，在该线上根据机组汽轮机前后轴承中心，压缩机各支座中心轴向尺寸及联轴器端面的相应位置，如图9-125所示。

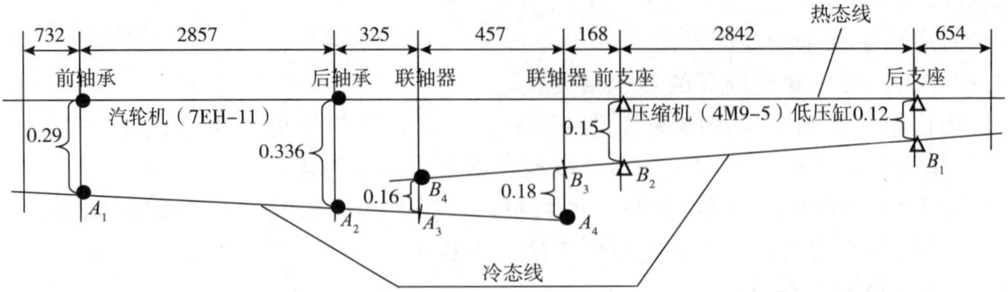

图 9-125　300kt/a 乙烯装置裂解气压缩机组汽轮机与低压缸安装曲线

②画出安装曲线。

a)在热态线上，通过汽轮机轴承点及压缩机前后支座点等分别作热态线的向下垂直线，按比例将制造厂提供的或计算出的轴中心在各处所要求的预留膨胀量数值标注在各自的垂直线上；

b)裂解气压缩机组的汽轮机在前后轴承处轴中心的预留膨胀量，按环境温度为 10℃ 时，进行机体受热膨胀公式计算，前轴承处膨胀量为 0.29mm，后轴承处预留膨胀量为 0.336mm。制造厂技术文件给出压缩机低压缸支座处轴中心的膨胀量分别为 0.15mm 和 0.12mm。在热态线的相应垂直线上按比例画出上述各值(膨胀量向下，收缩量向上)，得出 A_1、A_2、B_1、B_2 4 点。连接 A_1、A_2 和 B_1、B_2 沿长两直线，分别与各自联轴器处的垂直线交于 A_3 和 B_3 点，此 A_1A_3 和 B_1B_3 线即是汽轮机轴和压缩机轴在冷态时所要求的安装曲线，称冷态线。

③确定联轴器找正时百分表读数值。

将 A_1A_3 和 B_1B_3 直线再沿长到相邻联轴器处的垂线上，得 A_4、B_4 两点。按坐标图纸比例测出 A_3B_4 为 0.16mm，A_4B_3 为 0.18mm。分别为汽轮机和离心式压缩机在两个半联轴器处轴中心应有的相对偏差值，百分表读数应为轴中心偏差值的 2 倍(见图 9-126)。读数的正负值，由两轴的相互位置决定(百分表指针顺时针旋转为正)。

④画出找正时各轴的实际位置曲线。

a)轴对中找正调整前，应先测出“A”“B”轴联轴器处的实际偏差值并记录在图 9-127 中。然后计算出轴中心的偏差，“B”轴中心偏差等于 $\frac{(b_3+b_1)}{2}$，“A”轴中心偏差等于 $\frac{(a_3+a_1)}{2}$。

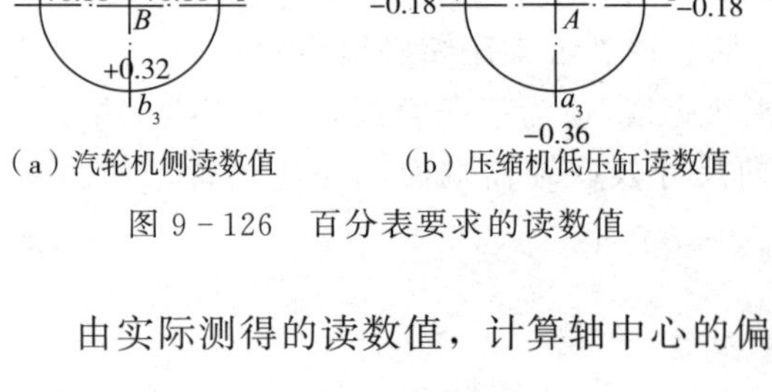

(a) 汽轮机侧读数值　(b) 压缩机低压缸读数值

图 9-126　百分表要求的读数值

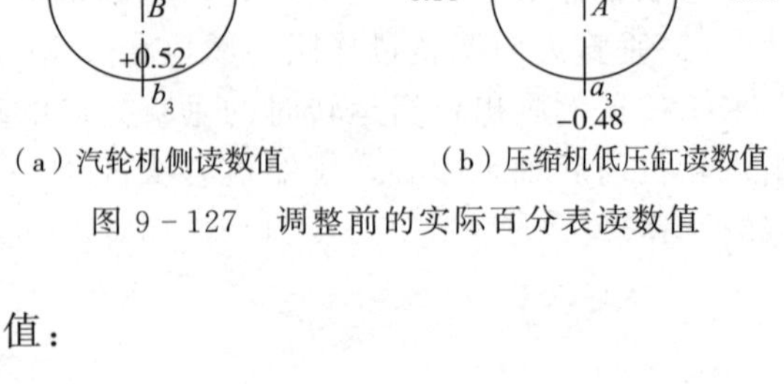

(a) 汽轮机侧读数值　(b) 压缩机低压缸读数值

图 9-127　调整前的实际百分表读数值

由实际测得的读数值，计算轴中心的偏差值：

"B"轴联轴器中心在垂直方向的偏差为：

$$轴_B=\frac{b_3-b_1}{2}=\frac{+0.52-0}{2}=+0.26\text{mm}$$

"A"轴联轴器中心在垂直方向的偏差为：

$$轴_A=\frac{a_3-a_1}{2}=\frac{-0.48-0}{2}=-0.24\text{mm}$$

b)将"A""B"轴计算出的中心偏差值分别标在画有安装曲线的坐标纸上。自 A_3 点向上截取 +0.26mm 得 C 点，自 A_4 向上截取 −0.24mm 得 D 点；连接 C、D 两点并向压缩机低压缸延长，与压缩机支座处垂直线分别相交与 E、F 两点，DEF 直线即是离心式压缩机低压缸的轴中心线调整前实际所处的位置曲线(冷态线)，如图 9 - 128 所示。

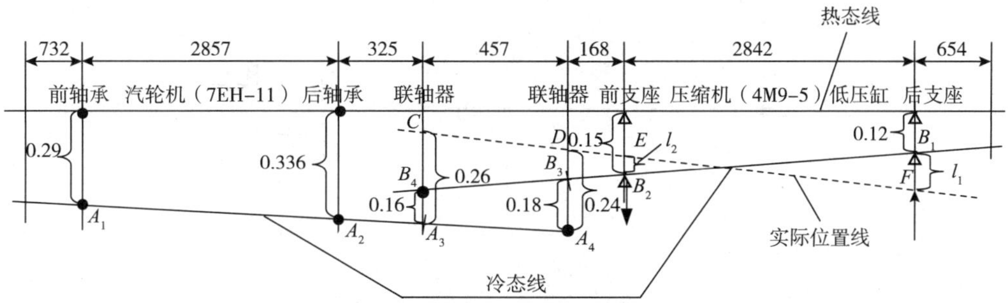

图 9 - 128　调整前离心式压缩机低压缸转子的实际位置曲线

⑤确定支座处的调整量。

在画有安装曲线的图上画出离心式压缩机轴("A"轴)的实际位置曲线后，两曲线在压缩机支座处的偏差量 l_1 和 l_2 便是支座处垫片的调整量。经机组轴对中调整后的最终实际曲线应与安装曲线基本重合，两线的最大偏差值应小于 0.04mm。

(二)机组的轴对中安装曲线

机组在运行状态下，各机器的机体、轴承座、支座等部件的温度比环境温度高得多，此时各转子轴心线是趋于一条直线，称为热态线。当机组停止运行后，各部件的温度趋于环境温度，由于各部件存在热胀冷缩现象，在冷态时，机组各转子轴心线将处于不同心的位置，根据这些位置所绘成的曲线称为冷态线。

大型机组轴对中找正的要求值，是设计单位或制造厂根据转子从冷态安装阶段到热态运行阶段，温度由环境温度转变为操作温度，所引起各转子中心线产生的相对位移偏差值制定的，因此，机组轴对中找正之前，首先应了解和分析产生各轴心线位移变化的原因。并根据设计文件或制造厂技术文件提供的各轴承、支座处的膨胀量，画出机组各轴中心线应处的空间位置曲线，即机组的安装曲线，作为机组轴对中找正时的依据(基准)。

1. 运行状态下转子轴线位移变化的因素

机组从冷状态向热状态运转过渡时，转子的位置将会有所变化，由于机组轴对中找正是在冷态下进行的，因此轴对中找正时必须考虑运转热状态下的各种因素影响，在运转状态下，下列因素将会产生转子的位移变化。

(1)温度的影响

汽轮机进汽及排汽温度的变化(汽轮机进汽温度高，而排汽温度低，所以机体两端温差大)；压缩机进气温度低，排气温度高及变速齿轮箱运转后轴承和油温逐渐升高，使机体受热而膨胀。这些因素都会引起机组各转子中心线产生位移。

机组的轴对中过程中，环境温度的变化对机组的轴对中找正精度也有一定的影响，所以机组的轴对中找正精度要求高的机组应注意找正过程中的环境温度变化。

当机组进入运转状态时，轴承座和支座受到来自汽缸的辐射热和转子传导来的热而膨胀，致使转子中心线沿垂直方向升高，转子轴颈也随之升高。各轴承座、支座的热膨胀因温度的差异，使各转子中心位置发生变化。由于支座高度、支座结构、支座材质的不同，其线膨胀系数也不相同及冷、热态时的温度差等因素，也影响转子中心产生位移。常见的支座结构有挠性支座、箱式支座和组合支座 3 种，如图 9 - 129 所示。挠性支座允许汽轮机、压缩机在垂直于挠性板的方向自由伸缩。

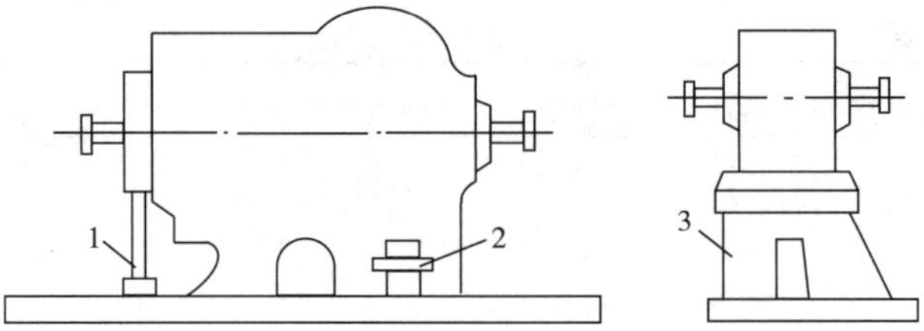

图 9 - 129　支座结构示意图

1—挠性支座；2—箱式支座；3—组合支座

(2)油膜厚度的影响

转子在静止时，其轴颈与下轴承巴氏合金表面相接触的。当机组运转时，轴颈在轴承中被一层油膜浮起，并移向一侧，这种油膜所引起的垂直方向和水平方向的位移都会影响到转子的中心位置。高速旋转的转子，在轴承油膜的作用下向上浮起，其浮起量有的轴承可达轴承径向间隙的 40%。由于每个轴承的工作条件不同，转子的浮起量亦有差别。对于滑动轴承而言，使用单油楔轴承的机组，转子中心位置会产生垂直方向和水平方向位移，而使用多油楔轴承的机组，转子中心只产生垂直方向位移，因为多油楔轴承，沿轴颈圆周形成几个油楔，使转子在运转状态时，趋于轴承中心的位置。

转子在轴承油膜中浮起量与轴承负荷、轴径大小、长径比、转速、润滑油黏度、轴承间隙等因素有关。所以在机组的轴对中时，应将机组各轴颈在工作转速下的油膜厚度计算出来，并在机组的轴对中时预先考虑进去。

①单油楔轴承油膜厚度按下式计算：

$$h=\frac{\mu n d^2}{18.36 p \Delta C} \tag{9-27}$$

式中　h——最小油膜厚度，mm；

n——轴的转速，r/min；

μ——润滑油绝对黏度；

d——轴颈直径，mm；

Δ——轴承初始间隙，mm；

C——轴颈长度修整系数，$C=\frac{d+l}{l}$；

l——轴颈长度，mm；

p——轴承摩擦面压强，MPa。

②多油楔轴承油膜厚度计算公式：

$$h=\frac{d^2 n\mu l}{1.836KS(d+l)} \tag{9-28}$$

式中　K——单位面积平均承受压力，MPa；

S——轴承最大顶间隙，mm。

当 d、l、S 不变，影响油膜厚度 h 的是 $\frac{\mu \cdot n}{K}$，若 $\frac{\mu \cdot n}{K}$ 为常数，则 h 也不变。当油膜厚度 h 与转速 n 成正比而与最大顶间隙 S 成反比，则 $n=0$ 时，$h=0$。因此轴处于静止状态时，没有润滑油膜形成；当机器运行到额定转速时，便形成油膜。

(3)齿轮传动啮合力的影响

当机组采用变速齿轮箱时，机组运转时因受齿轮压力角的影响，当转子顺汽流方向看是逆时针旋转时，主动轮(大齿轮)将受到一个向上的力，轴被向右上方抬起，因此在冷态轴对中时，应考虑汽轮机中心比小齿轮中心稍高些，而小齿轮亦向与其相反方向移动，如图 9-130 所示。变速齿轮箱的齿轮传动时而引起的啮合时的向外分力，也造成主、从动齿轮轴中心线产生位移。因此在冷态轴对中时，应考虑汽轮机中心比小齿轮中心稍高些。如果机组转子旋转方向相反，则汽轮机中心应比小齿轮中心低些。

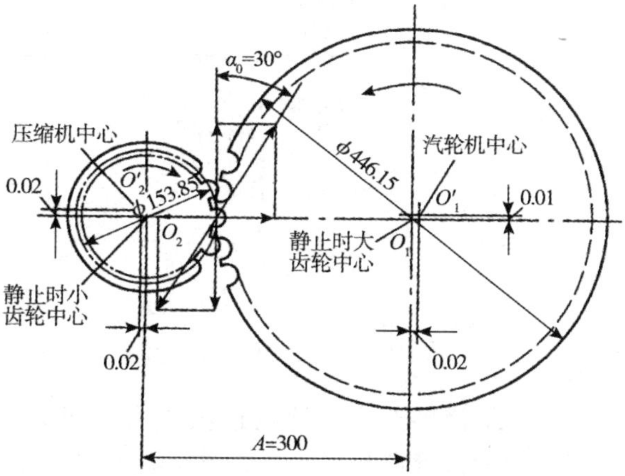

图 9-130　机组转子中心修正示意图

(4)转子挠度的影响

由于机组转子自身重量的影响，转子安装在轴承上之后产生水平挠度，从而转子两端的两半联轴器也产生微量的倾斜。为了保证两半联轴器相对平面相互平行，汽缸、轴承也应有微量的倾斜，使汽轮机、压缩机汽缸、轴承座和转子轴线形成一条光滑连续曲线，所以在安装时，通常使汽缸具有一定的“扬度”，即应使压缩机机组两端高一些，中间呈水平状态，汽缸扬度应该为转子两端轴颈的扬度。

汽轮机和离心式压缩机在安装状态和运行状态下的温度是不同的，所以在机组安装前，应考虑转子从冷态过渡到热态轴线的变化及轴承座、汽缸和支座的温升等因素，还要考虑随着转子温度的升高，转子材料的弹性模数也相应减小，致使转子的刚度减小，挠度增大。因而，在机组冷态轴对中找正时，应按设计的冷态轴对中曲线进行找正。

(5)管道应力的影响

由于与机器连接管道的焊接应力、连接应力和运转中的热应力作用在支座上，使机组运转过程中管道热胀冷缩不均匀，给机组带来设计以外的附加应力，造成转子中心产生位移。

(6)汽缸及转子热变形的影响

汽轮机运行时，往往上半部汽缸温度要比下半部汽缸温度高，因此上半部汽缸的横向膨胀就比下半部大，其结果就会产生汽缸向上拱曲，使前、后轴端汽封下部间隙减小，上部间隙增大。转子受热后刚度减小，挠度相应增加，也会造成转子中心产生位移。

(7)运行时抽汽、排汽压力的影响

凝汽式或抽汽凝汽式汽轮机在运行时，排汽压力低于大气压力，使后汽缸与凝汽器一起往里收缩。由于凝汽器重量很大，地脚螺栓又将其与基础牢固的固定在一起，这样势必导致后汽缸下沉，但后汽缸又受到汽缸猫爪的限制不能明显的下降，只有极少量的变形，而后轴承座又是搁置在后汽缸上的，后汽缸往下变形的同时也带着轴承座往下移动，导致转子中心下移，如图 9 - 131 所示。

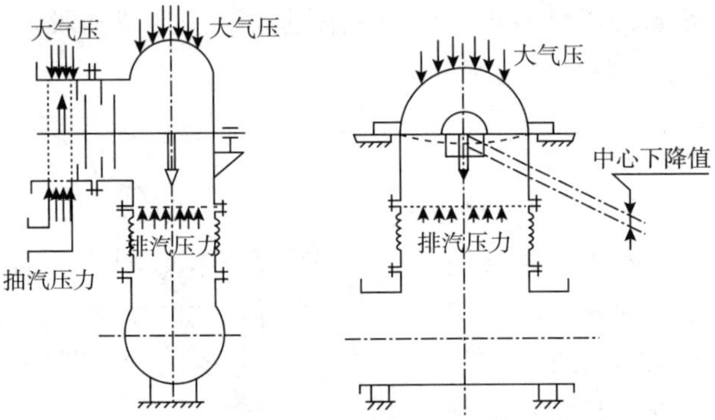

图 9 - 131 凝汽式或抽汽式汽轮机排汽压力对转子中心的影响

另外，抽汽凝汽式汽轮机抽汽压力高于大气压力，抽汽段受内压力，汽缸有膨胀趋势，但由于抽汽管道都采用弹簧支架，所以一般不加考虑。

背压式或抽汽背压式汽轮机运行时，排汽压力高于大气压力，抽汽压力亦高于大气压力，汽缸有膨胀趋势，如果排汽管道和抽汽管道支吊架安装不当，后汽缸会往上抬。但由于背压式或抽汽背压式汽轮机的后轴承座是搁置在后座架上的，未与后汽缸连接，所以后汽缸的位移不会影响转子中心，而只改变汽封径向间隙，所以冷态轴对中时可以不加考虑。

(8)凝汽器灌水和抽真空的影响

大多数凝汽式汽轮机的凝汽器底部采用弹簧支承，其支承弹簧只承受空的凝汽器的自重，运行中凝汽器内的水重量是通过凝汽器喉部与汽缸的接口由排汽缸来承担的，从而造成排汽缸变形，对于排汽缸与轴承座连为一体的结构，则排汽缸的变形将使轴承座的高度发生变化。另外，在运行状态下排汽缸内部是真空，外部是大气压力，加之排汽缸体积比较大，刚度小，在压差作用下排汽缸将会发生一些变形，使轴承座位移，转子中心变动(转子中心下降)。

由于以上因素的影响，机组在冷态安装与热态运转时，各轴中心线都会产生相对位置的变化。为了使机器在运转状态下，各轴中心线仍能处在理想的同轴位置(呈一直线)，所以，在机组冷态轴对中时，必须考虑以上各种因素的影响。例如：当机组受温度变化因素影响时，应在各支座、轴承处需预留出膨胀或收缩量，使机组在热态运转时，具有特定膨胀或收缩值的补偿余地，使相邻两轴在热态运转时自行对中，保证机组长周期、满负荷、平稳、安全地运行。

根据机组各轴中心线的变化数值，要求机组冷态轴对中找正时，各轴中心线所应处在空间的位置，按比例画在坐标纸上的各直线，就是机组的安装曲线。

安装曲线一般是根据设计或制造厂提供的有关转子中心变化经验数据，或根据机器各支座、轴承的高度、材质和操作时的平均温度，及假设轴对中找正时的环境温度等因素计算出各轴承、支座处轴中心的位移量，用作图法表示出来的图形。

2.300kt/a 乙烯装置裂解气压缩机轴对中安装曲线绘制

假设环境温度为 10℃，绘制 300kt/a 乙烯装置裂解汽压缩机机组轴对中安装曲线，其步骤如下：

(1)确定安装曲线时的操作参数，见表 9－18。

表 9－18　确定安装曲线有关操作参数(100%负荷)

机体型号		4M9－5	4M3	3M10－8
吸入端（在压缩机后端）	吸入温度/℃	20.1	20	20.1
	环境温度/℃	10	10	10
	温差/℃	10.1	10	10.1
排出端（在压缩机前端）	排出温度/℃	40	40	39.4
	环境温度/℃	10	10	10
	温差/℃	30	30	29.4

(2)根据制造厂提供的机组各气缸支座处轴中心膨胀量，见表 9－19。

表 9－19　压缩机各气缸支座膨胀量　　mm

机体型号	4M9－5	4M3	3M10－8
前支座(排出端)	0.152	0.152	0.119
后支座(吸入端)	0.139	0.127	0.11

(3)汽轮机、压缩机支座、轴承处膨胀量或收缩量的计算公式为：

膨胀量(收缩量)＝支架高度×上升温度×线膨胀系数

$$\delta = H(t_{cp} - t_{环})\alpha \quad \text{mm} \tag{9-29}$$

式中　δ——轴中心在某个支座或轴承处的位移量(膨胀量或收缩量)，mm；

H——支座或轴承座到轴中心的高度，mm；

t_{cp}——操作时支座或轴承座的平均温度,℃；一般由制造厂提供。

$t_{环}$——安装时的环境温度,℃；

α——线膨胀系数：钢≈11.5×10^{-6}℃$^{-1}$，

铸铁≈11×10^{-6}℃$^{-1}$。

汽轮机排汽端的膨胀量，除受温度影响外，还应考虑排汽压力的影响，后轴承处轴中心向上抬高位移量的计算公式为：

$$\delta_{后} = \frac{1}{2}[(\Delta H_{排} - A_0) + H_{后}(t_{cp后} - t_{环})\alpha] \tag{9-30}$$

$$\Delta H_{排} = H_{排}(t_{cp排} - t_{环})\alpha$$

式中　$\Delta H_{排}$——排汽缸处轴中心的位移量，mm；

A_0——常数，冷凝器抽真空度的影响引起轴承处的下降值，经验数值。日本三菱公司制造的汽轮机，$A_0 \approx 0.1$mm。

$H_{后}$、$H_{排}$——后轴承和排汽缸支座处到汽缸中心的高度，mm；

$t_{cp后}$、$t_{cp排}$——后轴承或排汽缸支座处操作时平均温度,℃，一般由制造厂提供数据。

(4)裂解汽压缩机组对中曲线的确定：

制造厂提供7EH—11型汽轮机有关参数见表9-20。下机壳尺寸如图9-132所示。

表9-20　7EH—11型汽轮机安装曲线提供有关参数

机器底座到前轴承座中心高度 H_1/mm	900
排汽口处底座到轴中心高度 B/mm	900
后轴承处机体高度 C/mm	630
后轴承支座高度 D/mm	270
前轴承座(H_1)处运转时的平均温度/℃	38
排汽口底座(B)处运转时的平均温度/℃	45
后轴承处机体(C)处运转时的平均温度/℃	60
后轴承支座高度(D)处运转时的平均温度/℃	30
环境温度/℃	10

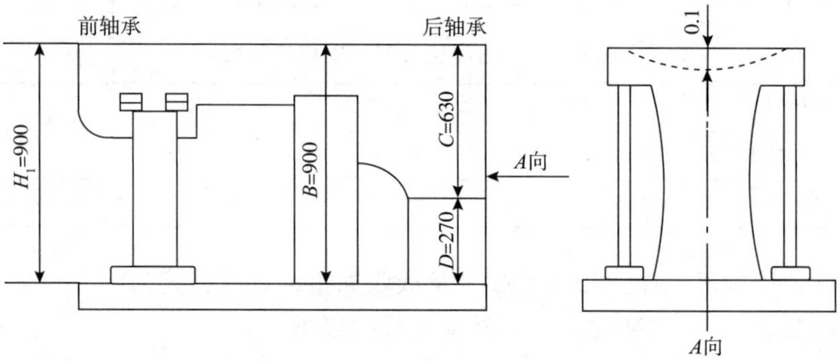

图9-132　7EH—11型汽轮机下机体尺寸关系图

根据式(9-29)计算B、C、D处膨胀量：

$$B_\delta = H(t_{cp} - t_{环}) \times \alpha$$
$$= 900 \times (45 - 10) \times 11.5 \times 10^{-6}$$
$$= 900 \times 35 \times 0.00000115 = 0.362\text{mm}$$
$$C_\delta = H(t_{cp} - t_{环}) \times \alpha$$
$$= 630 \times (60 - 10) \times 11.5 \times 10^{-6} = 0.347\text{mm}$$
$$D_\delta = H(t_{cp} - t_{环}) \times \alpha$$
$$= 270 \times (30 - 10) \times 11.5 \times 10^{-6} = 0.062\text{mm}$$

前轴承处膨胀量h_1：

$$h_1 = H_1(t_{cp} - t_{环}) \times 11.5 \times 10^{-6}$$
$$= 900 \times (38 - 10) \times 11.5 \times 10^{-6} = 0.29\text{mm}$$

后轴承处膨胀量 h_2：

$$h_2=\frac{1}{2}[(\Delta H_{排}-A_0)+H_{后}(t_{cp后}-t_{环})\alpha]$$

$$=\frac{1}{2}[(B\delta-0.1)+(C\delta+D\delta)]$$

$$=\frac{1}{2}[(0.362-0.1)+(0.347+0.062)]=0.336\text{mm}$$

计算结果：前轴承处由于热膨胀引起轴中心升高值(膨胀量)为 0.29mm 后轴承处由于热膨胀引起轴中心升高值(膨胀量)为 0.336mm。

根据计算或制造厂提供的轴中心变化数据(膨胀量或收缩量)，画出机组安装曲线，当膨胀量或收缩量相等时，则机组冷态安装时该轴中心线应呈水平状态，若轴的两端轴承、支座处膨胀量或收缩量不相等时，则轴中心线是倾斜的。因此，机组各轴在冷态时，其各轴的中心线可能是不平行又不同轴。

3. 三表法轴对中

三表法轴对中的特点：

①对于机组轴两端的中心位移变化量基本相同，冷态轴对中找正时要求各轴呈水平状态时，选用三表法对中找正，可以获得较高的轴对中精度。

②两半联轴器距离小、转速高、轴对中找正要求精度高的机组，宜选用三表法进行机组轴对中找正。

③三表法可以消除由于机组轴的轴向相对窜动，而产生对中找正时的读数差。

④三表法找正支架制造精度、刚度要求高，两块轴向百分表应装在同一平面 180°的对称位置上，并适当加大表的旋转半径，这样可以提高轴对中找正的精确度。

三表法轴对中也称两点法，既在测量一个方位的径向表读数和轴向表读数，在另一个方位上测量轴向表读数，也就是同时测量两个方位轴向表读数，这样是为了消除轴向窜动的影响。

三表法与两表法对中找正方法基本相同，为了消除用双表找正时由于轴向窜动给找正精度带来的误差，所以在上下 180°对称位置上各装一块测量轴向倾斜偏差的百分表，再装一块百分表测量径向位移偏差，此种机组的轴对中找正方法就是三表对中找正法，如图9－133所示。

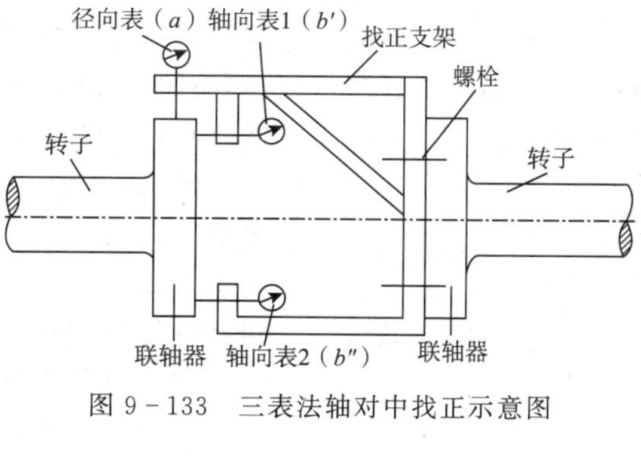

图 9－133　三表法轴对中找正示意图

(1)找正支架

找正支架应有足够的刚性，找正支架必须牢固地安装在联轴器上，百分表应牢固地安装在表架上，两块轴向表的位置需装在同一平面的对称位置上。

(2)轴对中找正步骤

①将两半联轴器的外圆周相隔 90°，均匀分成 4 等份，并做上标记。

②在找正支架装上 3 块百分表，为了调整方便，分别把 a_1、b'_1、b''_3 处的表值调为“0”，如图 9－134 所示。

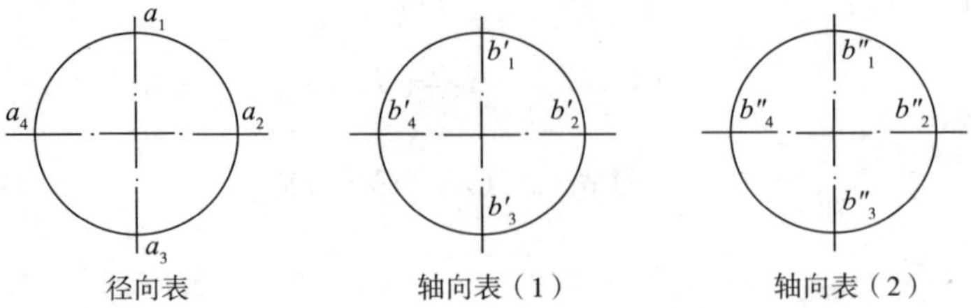

图 9－134　三表法找正关系示意图

③将标记 a_1 对准另一半联轴器的相对应的部位，将 3 块百分表指针的读数均调至为“0”，按机组运转方向同时转动两轴，每转动 90°位置分别记下 3 块百分表的读数，如图 9－135所示。其中：

$$b_1 = \frac{b'_1 + b''_3}{2}$$

$$b_2 = \frac{b'_2 + b''_4}{2}$$

$$b_3 = \frac{b'_3 + b''_1}{2}$$

$$b_4 = \frac{b'_4 + b''_2}{2}$$

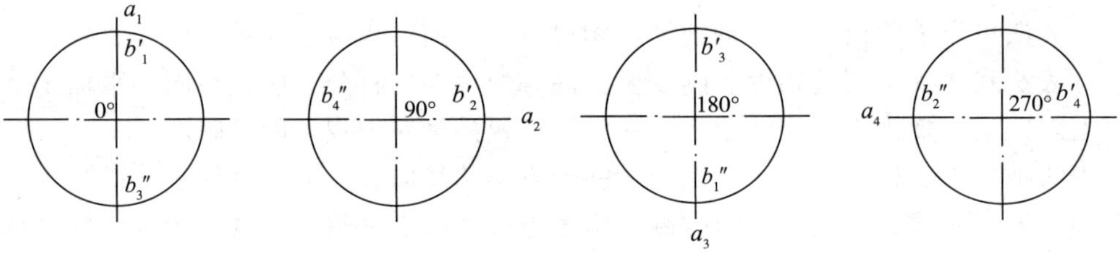

图 9－135　联轴器每转动 90°位置的记录图

当联轴器又回转到 0°位置时，百分表指针的读数均应回到“0”位，如有误差，应查明原因，消除后再重新测量。读数时要注意百分表的“＋”、“－”值，百分表的指针顺时针转过的读数为“＋”、百分表的指针逆时针转过的读数为“－”。

b_1、b_2、b_3、b_4 4 个轴向表平均值作为各方位真正轴向偏差数值，与 a_1、a_2、a_3、a_4 4 个径向表读数记录在同一个记录图上，如图 9－136 所示。根据读数便可分析联轴器的偏差并进行计算和调整。

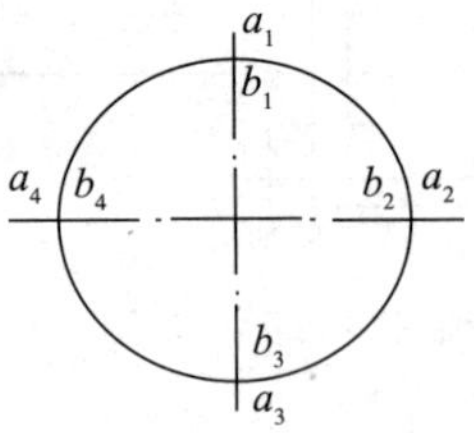

图 9－136　三表法找正综合记录图

找正时各百分表所测得的读数应符合下列要求：

$$a_1 + a_3 = a_2 + a_4$$

$$b_1 + b_3 = b_2 + b_4$$

其误差值应小于 0.02mm，若数值不等，应查明原因，消除后重新测量。

④轴中心偏差

a)轴中心径向偏差：

垂直方向　　$\Delta_{垂}=\frac{a_3-a_1}{2}=\frac{a_3}{2}\quad(\because a_1=0)$

水平方向　　$\Delta_{水}=\frac{a_4-a_2}{2}$

b)轴中心轴向偏差：

垂直方向　　$\Delta_{垂}=\frac{b_3-b_1}{2}\quad(\because b'_1,\ b''_3=0)$

水平方向　　$\Delta_{水}=\frac{b_4-b_2}{2}$

测出联轴器实际偏差后，调整支座位置。调整时，最好先调整轴向，后调整径向；先调整水平位置偏差，后调整垂直方向的偏差。机组的轴对中时，应对轴向偏差和径向偏差进行全面考虑，才能获得快捷而有精确的找正效果。

4. 确定调整量

根据 3 块百分表所测得的实际读数计算出从动轴在垂直方向和水平方向的调整量，如图 9－137 所示。调整时宜先轴向后径向，先水平方向后垂直方向。

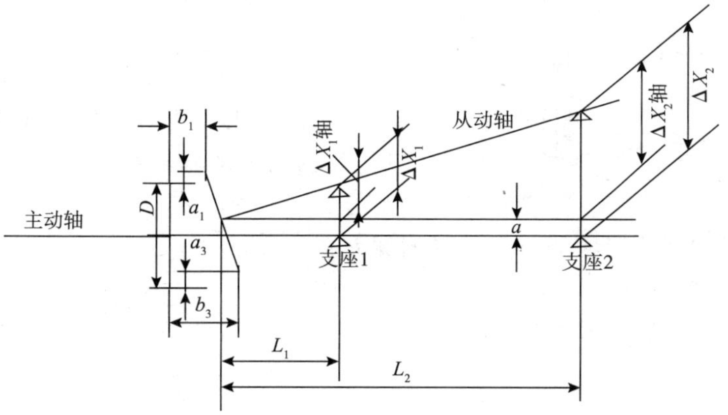

图 9－137　轴的偏差调整量示意图

(1)垂直方向调整量

①轴向偏差调整量的计算(利用相似三角形原理计算)

$$\Delta X_{1轴}=\frac{L_1}{d}(b'_3-b''_1)\tag{9-31}$$

$$\Delta X_{2轴}=\frac{L_2}{d}(b'_3-b''_1)\tag{9-32}$$

式中　L_1——支脚 1 到联轴器端面的距离，mm；

L_2——支脚 2 到联轴器端面的距离，mm；

D——两轴向百分表的触点间的距离，mm。

②径向偏差调整量的计算：

$$\Delta X_{1径}=\Delta X_{2径}=\frac{a_3-a_1}{2}=\frac{a_3}{2}\quad(\because a_1=0)\tag{9-33}$$

③支座 1 处的调整量

$$\Delta X_1=\Delta X_{1轴}=\Delta X_{1径}$$

④支座 2 处的调整量：

$$\Delta X_2 = \Delta X_{2轴} = \Delta X_{2径}$$

(2)水平方向调整量

垂直方向的调整量确定后，以同样方法确定出水平方向的左、右偏差量。

(3)机组的轴对中前，应在被调整轴机体支座下部加厚度为 1mm 的不锈钢垫片作为调整垫片。垫片应光滑、平整，无毛刺、卷边等缺陷。垫片应覆盖整个支承接触面，垫片层数应不超过 3 层。并用力矩扳手对称、均匀紧固支座螺栓。

(4)按照机组给定的冷态对中曲线，用被调整轴机体上调整螺钉进行初对中调整。调整机体位置时，宜先轴向后径向，先水平位置后垂直方向，使其达到冷态对中要求值。

5. 找正支架挠度的确定

机组采用单表法、三表法对中找正时，由于找正支架较长，会产生一定的挠度。找正支架的挠度对找正结果的正确与否有直接的影响。因此，轴对中时要将制造厂提供或自制的找正支架的挠度数据，考虑到轴对中找正数值中。一般制造厂提供的找正支架上都用钢字头打上挠度数值标记，以便轴对中找正时作为依据。

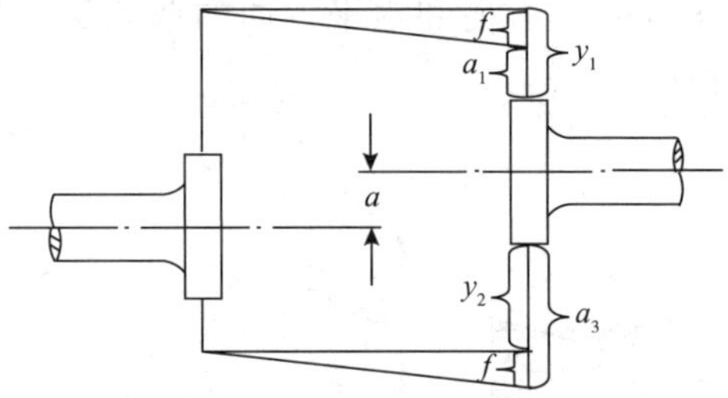

图 9－138　找正支架挠度示意图

设 f 为找正支架的挠度，a_1 和 a_3 分别是径向百分表在正上方(0°)和正下方(180°)时的读数，a 为两轴的轴心线在垂直方向上的偏移量，如图 9－138 所示。

由图 9－138 可求得。垂直方向的径向偏差：

$$a = \frac{y_2 - y_1}{2} = \frac{(a_3 - f) - (a_1 + f)}{2}$$

$$= \frac{a_3 - a_1}{2} - f$$

找正支架存在挠度时，百分表在水平方向的两个读数不受挠度的影响，而百分表只在垂直方向的两个读数受挠度影响，如图 9－139 所示。假设找正支架的挠度为 f，其测量结果如图 9－139(a)所示；当百分表读数 a_1 为 0 时，4 个读数各加 f，如图 9－139(b)所示。

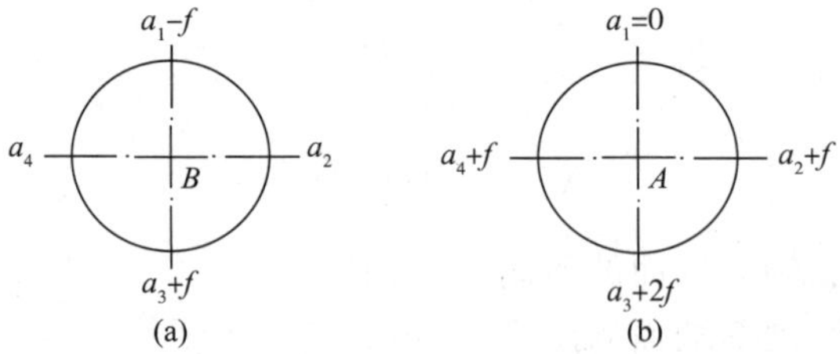

图 9－139　修正后机组轴对中百分表读数

目前汽轮机驱动的离心式压缩机组联轴器中间接筒的间距一般都很大，对于使用大跨距找正支架，在自重的作用下会存在着挠度，其挠度应在联轴器找正中引起足够重视，尤其是对现场自制的找正支架应作挠度值检查，其挠度不应超过规定值，以保证机组的轴对中质量。

6. 机组的轴对中过程中应遵守的规定

(1)两半联轴器的相对位置应按制造厂作的标记进行机组的轴对中。如无标记时，应检查两半联轴器的端面跳动值互补并照顾各螺栓孔互相对准，以减少螺孔铰孔量，做上标记作为机组的轴对中和联轴器连接的依据。

(2)每次盘动转子测量时，两半联轴器的测点位置应对准不变，盘动的角度也应准确一致。

(3)联轴器端面跳动偏差的测量，必须每次都在互成180°半径相等的两个对应点进行，以消除转子窜动所引起的误差。

(4)找正支架应有足够的刚度，并应固定牢靠。联轴器转动1周后返回到原始的位置后，圆周方向的百分表读数应能回到原始的数值。用百分表进行机组的轴对中时，每次测量数值应符合下列规律：

$$a_1+a_3=a_2+a_4$$

$$b_1+b_3=b_2+b_4$$

如误差大于0.02mm时，应查明原因消除，重新进行测量。

(5)在机组的轴对中的同时应保持轴封室孔和转子轴颈扬度等均在制造厂技术文件规定的范围内，用0.05mm塞尺检查支座与底座、底座与垫铁、垫铁与垫铁接触面，应塞不进。

(6)工作机械与汽轮机联轴器进行机组的轴对中时，应同时进行机体的固定，并将支座螺栓对称、均匀地逐次拧紧。在紧固支座螺栓时，应随时监视联轴器上百分表的变化，支座螺栓紧固后，复测机组的轴对中数值，应符合制造厂技术文件冷态机组轴对中的规定。

(7)机组的轴对中时，当联轴器中心与转子扬度发生矛盾，应以联轴器中心为准。

(8)机组的轴对中过程中，还应考虑环境温度的影响。

由于机组施工季节的不同或时间的差异，环境温度也不相同，环境温差的变化将对轴对中产生影响。下面以300kt/a乙烯装置裂解气压缩机组汽轮机与压缩机低压缸轴对中为例，汽轮机前、后轴承及低压缸支座尺寸如图9-125所示。其安装曲线提供的设计环境温度为10℃。当机组轴对中找正时的环境温度为20℃时，对轴对中数据会有何变化。

已知：汽轮机转子长度L_1为3914mm；压缩机低压缸转子长度L_2为3664mm；安装曲线设计时环境温度为10℃，机组轴对中时的环境温度为20℃。计算轴向线膨胀计算公式为：

$$\Delta L=L\cdot\alpha\cdot\Delta t \tag{9-34}$$

式中 α——钢线膨胀系数，11.5×10^{-6}℃$^{-1}$；

Δt——轴对中时环境温度与设计的环境温度之差,℃；

L——分别为汽轮机前后轴承间距及压缩机低压缸支座间距，mm，如图9-125所示。

汽轮机转子轴向伸长量：

$$\begin{aligned}\Delta L_1&=L\cdot\alpha\cdot\Delta t\\&=(3914\times10^3)\times(1.15\times10^{-5})\times10\end{aligned}$$

$$=3914\times0.0000115\times10=0.45\text{mm}$$

离心式压缩机低压缸转子轴向伸长量：

$$\begin{aligned}\Delta L_2 &= L\cdot\alpha\cdot\Delta t\\ &=(3664\times10^3)\times(1.15\times10^{-5})\times10\\ &=3664\times0.0000115\times10=0.42\text{mm}\end{aligned}$$

多缸汽轮机机组轴瓦位置与轴瓦的结构有关。对于具有专用轴承座的轴瓦，可通过改变轴承座与底座间的垫片来改变轴瓦垂直方向的位置或将轴承座水平方向左右移动来改变轴瓦水平方向的位置。

为了检验机组冷态轴对中曲线中转子所处的位置，机组热态运行后还应进行热态轴对中复查。机组热态轴对中复查是一项比较烦琐的检查。目前，采用一种机组运行中直接检查机组轴热对中方法，如图 9－140 所示。复查机组轴热对中时，将具有足够刚度的找正表架固定在一个缸体的轴承箱托架上，分别在表架的垂直方向和水平方向各安装一块百分表，将百分触头触在另一个缸体的轴承箱托架上。在机组启动前将百分表指针调至零，机组启动后直到运行正常。观察百分表指针应稳定、无摆动，此时百分表上的指针读数即代表机组由冷态到热态的相对位移，将此读数与机组冷态轴对中时的预留量相比较，判断机组转子是否达到了热对中状态。为检验数据的可靠性，应在机组的停机过程中，再作一次由热态到冷态的检查，与前者的读数应相符，百分表指针读数正负方向应相反。

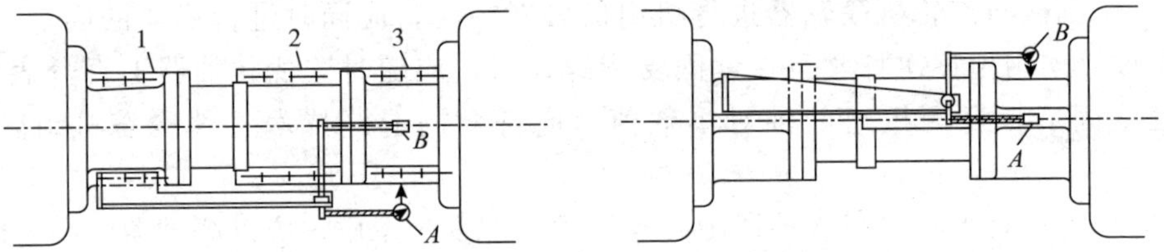

图 9－140　机组轴热态轴对中复查示意图

1、3—轴承箱托架；2—联轴器护罩；A、B—百分表

水平方向的百分表指针读数值，无论在机组启动、运行或停机过程中应无变化，否则，说明管道在热态下对汽(气)缸有热应力，若热应力严重，引起机组振动时，应查找原因并消除，并重新进行机组轴对中。

其缺点是：检测时间较长，当发生意外情况时，百分表指针将发生变化，使百分表指针读数不准确。另外，所检测的百分表指针读数并不是直接测量转子本身的位移变化值，可供机组以后进行轴对中时进行参考。

7. 机组的轴对中数值符合要求后还应在以下阶段进行复查

(1)凝汽器与汽缸连接完毕后(落地式轴承座机组除外)。

(2)基础二次灌浆强度达到设计强度 75%以上，最终紧固地脚螺栓后。

二、无键联轴器的液压装卸

无键联轴器是靠轮毂和轴头锥度的装配过盈来传递扭矩的。由于无键联轴器过盈量较大，用一般方法装配很难达到配合要求，因此多采用液压膨胀法进行装配，即在环境温度 10～35℃的情况下，利用制造厂提供的手动高压油泵，将高压油通过油孔直接注入联轴器的轮毂内孔，使该轮毂内孔在高压油的作用下径向尺寸产生膨胀，轮毂内径扩大，然后迅速将轮毂推进到轴颈上。当联轴器轮毂装配到设计尺寸后，卸去高压油压，拆除高压油泵及连接管道。液压装拆无键联轴器，包括高速齿式联轴器和挠性膜片式联轴器。

1. 装配前的准备工作

(1)液压装配联轴器工具准备

①无键联轴器常用液压装配工具，如图 9－141 所示。

②高压油泵内应注入运动黏度为 $36\times10^6\sim40\times10^6\,m^2/s$ 矿物油。

2. 无键联轴器液压装配程序

(1)轮毂和轴颈的清洗检查

清洗检查无键联轴器轮毂和轴颈的配合面应清洁、光滑，应无毛刺、划痕、灰尘、纤维等异物。清洗各油孔、油槽应清洁、通畅。用丝绸蘸丙酮清洗轮毂锥孔和轴颈锥度表面，清洗后不允许用手抚摸其表面。

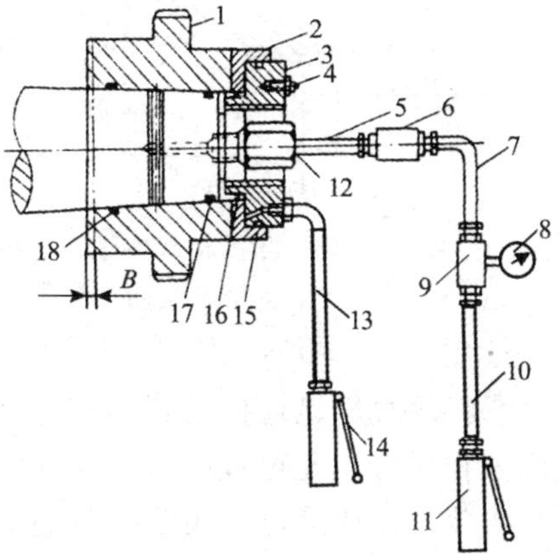

图 9－141　无键联轴器液压装配示意图
1—轮毂；2—垫环；3—压环；4—丝堵；
5、7、10、13—油管；6、9、12—接头；
8—压力表；11—高压油泵；
14—推进轮毂的油泵；
15、16、17、18—O 形环

(2)着色法检查联轴器的轮毂锥孔与轴颈的接触情况

在轴颈锥度上薄薄地均匀涂抹一层红丹，轻轻地将轮毂装配到轴头上直至推不动时，在轮毂和轴头在圆周方向的相对位置的非装配面上作永久性标记。然后取下轮毂，检查其接触痕迹应分布均匀，再用一张干净的白纸，紧紧地包覆到轴头锥度段上，纸和轴颈之间不应有相对移动，以便更清晰地在纸上印出接触情况的印模。根据纸上的印模计算出轴颈与轮毂的接触面积应在85%以上。

(3)接触面积不符合要求时应研磨

若轮毂与轴头接触面积少于 85%时，可以根据其接触面积选用金相砂纸或加工锥度与设计相同的锥度铸铁棒和内锥孔铸铁件进行研磨。然后再按(2)项所述方法重新检查接触情况。每次检查接触情况时，都应按标示将轮毂装到轴头上。

(4)确定“零间隙时的距离”

轮毂和轴颈的接触情况符合要求后，应重新将其清洗干净，然后将轮毂推进到永久性标示位置。为了保证轮毂与轴颈的过盈量，应根据制造厂技术文件给定的推进量，用深度千分尺或深度游标卡尺测量轮毂端面到轴头端面的距离 A。因为此时轮毂和轴头之间既无间隙，也无过盈，因而“A”距离，即为“零间隙时的距离”。并用块规测量出轴颈上的适当位置划出永久标记线，如图 9－142 所示。

(5)推进轮毂

①齿式无键联轴器轮毂的装配，如图 9－143 所示。齿式无键联轴器测得“零间隙时的距离”后，取下轮毂，用丝绸蘸丙酮清洗轮毂锥孔和轴头锥度表面。应事先将轮毂外齿相配的内齿圈套到轴头上，装好轮毂上的丁腈橡胶 O 形环。

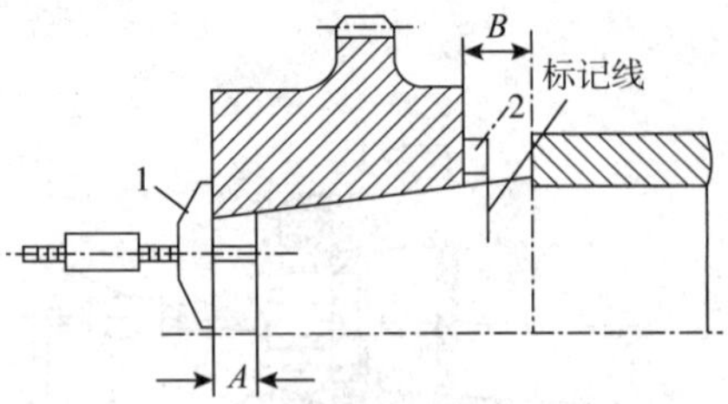

图 9－142　测量轮毂在轴头上的推进量示意图

1—深度千分尺；2—块规

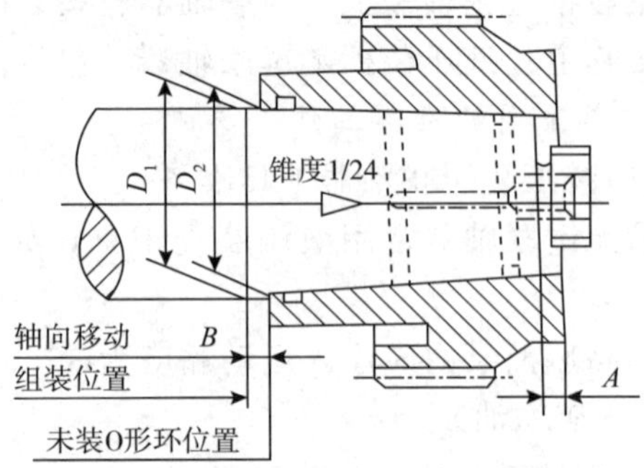

图 9－143　齿式无键联轴器的装配示意图

②将轮毂轻轻地推紧到轴头上，直至轴向不移动为止，并用块规检查其与轴头上的标记位置相对应。此位置应与“零间隙时的距离”相符合。

③装上液压螺母，用手拧紧即可。

④连接推进轮毂的油泵(低压油泵)。将低压油泵的油管接头与液压螺母上的管口相连接，在推进器上安装压力表(量程为 0～100MPa)，用手压杠杆加压至 5MPa，检查接管无泄漏后，继续加压至 50～80MPa。

⑤连接胀大轮毂的油泵(高压油泵)。将高压油泵的接管与轴头上的接头相连。在高压油泵上安装压力表(量程为 0～300MPa)，然后加压至 50MPa，检查接管无泄漏后，方可继续加压至制造厂技术文件规定的最终压力。

⑥加压。正式加压前，应在轮毂的端面处装一块百分表，监视其位移量。利用手压杠杆进行低压油泵加压，将液压油经油接管送至轮毂，当轮毂末端出现渗油时，表明油已完全进入轮毂中。用低压油泵缓慢加压，加至轮毂的轴向移动停止后为止。油压约加到 50～80MPa，该压力的大小取决于轮毂内孔径及轴颈的尺寸。

低压油泵停止加压后，立即用手动高压油泵缓慢加压，由于油压的作用使轮毂的内孔产生膨胀，加压应缓慢连续进行，当压力加到接近最终压力时，应边推进、边观察百分表指针变化，严格控制轮毂的推进量，高压油泵最终压力应符合制造厂的规定。

当轮毂组装到设计文件要求的轴向位置后，即可泄去膨胀轮毂的油压，并拆除高压油泵。但轴向推进轮毂的油压不能卸掉，低压油泵继续稳压时间约 1h。然后检查联轴器的轴端尺寸，应符合制造厂技术文件的规定。将轴端的锁紧螺母锁紧，待联轴器轮毂组装后，方可进行其他工作。将联轴器内齿圈和轮毂的外齿相配合，检查其齿接触面积应达 70％以上，并应活动灵活、无卡涩现象。另外还要检查轮毂的径向跳动值，应符合表 9－21 的要求。

表 9－21　齿式联轴器轮毂径向跳动允许偏差值

转速/(r/min)	≥7500	2000～5000	1000～2000	500～1000	≤500
径向跳动允许偏差值/mm	0.01	0.015	0.02	0.03	0.05

3. *无键联轴器的液压拆卸*

无键联轴器轮毂的拆卸程序，原则上是装配程序的逆过程。其拆卸工具是：高压油泵、缓冲垫片，如图 9－144 所示。拆卸步骤为：首先拆卸轴端的锁紧螺母，旋松轴端锁紧螺母，使轮毂端面和轴端螺母之间留有 4～5mm 的间距，此间距尺寸为缓冲垫片厚度和轮毂的推进量，如此间距不符合要求时，当轮毂突然松开时，会损坏轴端螺纹。连接高压油泵油管接头，手压杠杆加压至 5MPa 检查油管应无泄漏后，缓慢增加油压，并用紫铜棒敲振轮毂，加压至轮毂从轴头上移出为止。

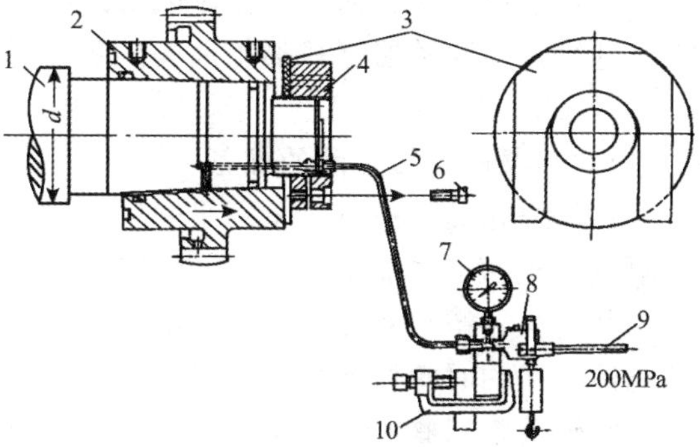

图 9－144　无键联轴器液压拆卸示意图

1—转子；2—轮毂；3—缓冲垫片；4—轴端螺母；5—油管；6—轴端锁紧螺母；7—压力表(0～300MPa)；8—高压油泵；9—手压杠杆；10—高压油泵架

4. *液压拆卸无键联轴器时的安全措施*

由于安装联轴器轮毂时，高压油压胀大了轮毂内径，使轮毂与轴颈锥度配合过盈量很大，因而在轮毂中存在着相当大的势能，拆卸轮毂时这个势能必定会时轮毂迅速沿轴向弹出。又由于两个 O 形环的尺寸差，在油压的作用下，也会使轮毂沿轴向弹出，这个弹出的力是相当大的。例如：轴颈为 ϕ100mm，锥度为 3.5°，两个 O 形环之间距离为 75mm，在 176MPa 油压作用下，产生的轴向力可达 13t。因此，拆卸轮毂时应采取相应的安全保护措施，防止轮毂弹出，造成严重安全事故。拆卸轮毂时，操作者不得站在轮毂退出的正前方。将轮毂的轴向锁紧螺母沿轴向退出 2～3 个螺纹，在靠近轮毂的锁紧螺母端面加上一个厚度较厚的缓冲垫片(铅垫或紫铜垫)，缓冲垫片应距轮毂端面 1mm 左右，以承受冲击，在轮毂未退出之前不得将轴端锁紧螺母拆卸。拆卸轮毂的油压，不得超过制造厂技术文件规定的允许值。对于高强度合金钢材质的轮毂，最高油压不应超过 250MPa。加压时应缓慢加压，升到规定的油压后，应稳定一段时间。有时，这个稳定时间长达 1h 以上，轮毂才会退出。

液压拆卸联轴器轮毂时，应使轮毂胀大的压力稍大于轴头配合面的压紧力，使配合的轮毂脱开。轮毂脱开时所需的油压 $p_{拆}$，可按下列经验公式估算。

$$p_{拆}=\frac{(a+d/2000)E(D^2-d^2)}{2d\cdot D^2} \tag{9-35}$$

式中　$p_{拆}$——液压拆装联轴器轮毂时所需的油压，MPa；

D——轮毂外径，mm；

d——轮毂锥孔的平均直径，mm；

E——弹性模量，碳钢为 20×10^5MPa；

a——配合直径过盈量，mm。

三、联轴器的连接

汽轮机与工作机械是由两个或多个制造厂分别制造的，没有进行过总装，为了保证两半联轴器的连接质量，故在加工联轴器螺孔时，将螺孔直径略小于螺栓直径，要求在施工现场联轴器最终连接前，对联轴器螺栓孔进行铰孔，铰孔后的螺栓孔应具有一定的粗糙度和精度，然后对称、均匀地用力矩扳手紧固联轴器螺栓，使机组的轴对中数值不发生变化，保证机组转子同轴。

联轴器连接质量如何，直接影响机组的安全、平稳运行。联轴器连接一般可以分为3个工序进行，即联轴器螺孔加工前的准备、联轴器螺孔的加工和联轴器最终连接。

1. 刚性联轴器的连接

(1)联轴器螺孔加工前的准备

联轴器螺孔加工前，应将两半联轴器用4条或8条临时螺栓连接，临时螺栓可在施工现场附近的机加工厂加工，其直径应略小于螺孔直径0.5～1.0mm，但其中需有2只带销螺栓，其直径较螺孔直径小约0.05mm，以保证在螺孔加工时，两半联轴器没有相互活动的可能性。用临时螺栓连接时，应注意以下各项。

①联轴器临时螺栓连接前，应将联轴器清理洁净、光滑，无毛刺、锈蚀、油垢等缺陷。对于带止口的联轴器，应测量止口和内外圆尺寸，应符合制造产技术文件规定。

②联轴器临时螺栓连接前后，应测量两半联轴器外圆的径向跳动并记录，每个测点相对变化值应不大于0.02mm。

③中间带有轴向位置调整垫片的联轴器，垫片厚度应符合转子在通流部分动静部件间隙适宜时的轴向定位，垫片加工不平行度应不大于0.02mm。调整垫片应清洁、光滑、平整，无毛刺、卷边等缺陷。

④联轴器临时螺栓安装位置为：若用4只临时螺栓连接时，可分布在相互垂直的直径上；若用8只临时螺栓连接时，可分布在两对称相互垂直的直径上，使相邻2只临时连接螺栓距离尽量相等。

⑤首先在接近直径方位铰好2个螺孔，2条带销螺栓穿入螺孔时，应在联轴器外圆架设百分表进行监视，盘动转子检查不应有明显变化。

⑥紧固联轴器临时螺栓时，应按联轴器直径方向对称紧固的顺序逐一紧固。在联轴器连接后，应复查联轴器外圆径向跳动以检查联轴器同轴度，其误差应不大于0.02mm。汽轮发电机组的刚性联轴器同轴度的检查方法如图9-145所示。先将联轴器外圆分为8等份，然后将联轴器一侧的轴瓦抽出，分别在两半联轴器外圆同一侧各假设一块百分表进行监视，盘动转子1周，记录每一点百分表的径向跳动值，要求两半联轴器外圆的对应点的径向跳动值相符，其误差应不大于0.02mm，否则应进行调整处理。

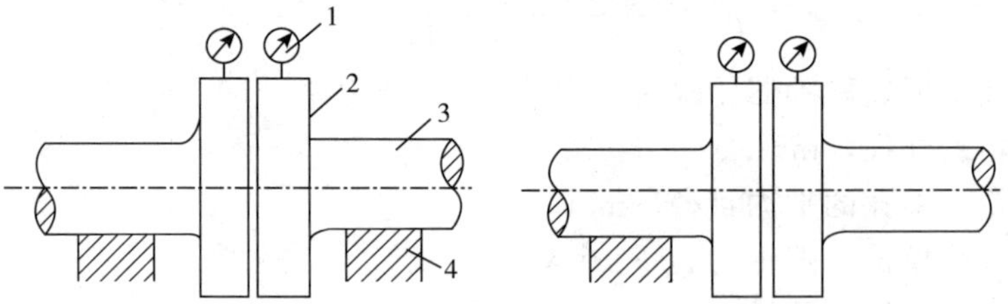

图9-145 测量两半联轴器的同轴度

1—百分表；2—联轴器；3—转子；4—轴承

刚性联轴器同轴度偏差大时的处理方法：一般将抽出轴瓦的一端联轴器径向跳动差值最大点(假设对应点差值是以抽出轴瓦的一端联轴器径向跳动值减去另一端联轴器外圆径向跳动值)盘动转子至最高点，稍微松动临时螺栓，用百分表监视联轴器下降值，使其为最大差值的一半，紧固临时螺栓后，再次检查两半联轴器对应点径向跳动值，直至调至合格为止。

(2)选择合理的加工方法和铰刀

联轴器螺孔加工前，应正确选择合理的加工方法和铰刀。目前，一般对联轴器螺栓孔的加工方式有铰孔和镗孔两种，现场采用铰孔容易控制螺孔加工直径及精度。但手工铰孔劳动强度大，速度慢。近年来，国内已有几种电动铰孔工具，其铰孔速度快、使用方便。

目前，铰刀一般分为活络铰刀和固定铰刀两种。固定铰刀的特点是一把铰刀只能铰一种尺寸的螺孔，而活络铰刀可以铰好几种尺寸的螺孔，只需稍微移动一下铰刀的刀片就可以变换一种尺寸，但是，当其中一个刀片磨损或调整不当，就很容易将螺孔铰成椭圆形或粗糙度差。另外，由于活络铰刀尺寸较长，铰孔时易将螺孔铰成喇叭形，故大型机组联轴器不宜采用此法铰螺栓孔。

固定铰刀又分为直槽型、斜槽型和螺旋型。直槽型和斜槽型固定铰刀使用时费力，且刀刃部分较短，无导向部分，不易将螺孔铰直，需附加导向装置。螺旋型固定铰刀由于有一段细螺纹切削，且切削角设计合理，因而铰螺孔时省力，校正部分能起导向作用，使所铰的螺孔直、无歪斜缺陷的特点。由于此种铰刀无现成产品，各类规格的螺旋型固定铰刀需根据螺孔直径进行加工，由于其加工周期长、易磨损的缺点。制造厂最好能够提供螺旋型固定铰刀。

螺旋型固定铰刀如图 9－146 所示。

(3)联轴器螺栓孔的加工

联轴器螺栓孔铰孔前，应测量螺栓与螺栓孔直径，根据现场铰刀准备情况确定进刀次数和切削量。如采用活络铰刀铰孔时，应根据孔径余量(一般为 0.20～0.50mm)决定进刀次数。一般活络铰刀吃刀量为 0.10～0.15mm；其最后一次光刀，吃刀量应不大于 0.10mm。如果两半联轴器螺孔有错口，应先铰削错口部分。选用铰刀的长度应能直接同时穿至第二个联轴器螺栓孔内，并在两半联轴器相对应的螺栓孔按铰螺孔顺序打上钢印标记。

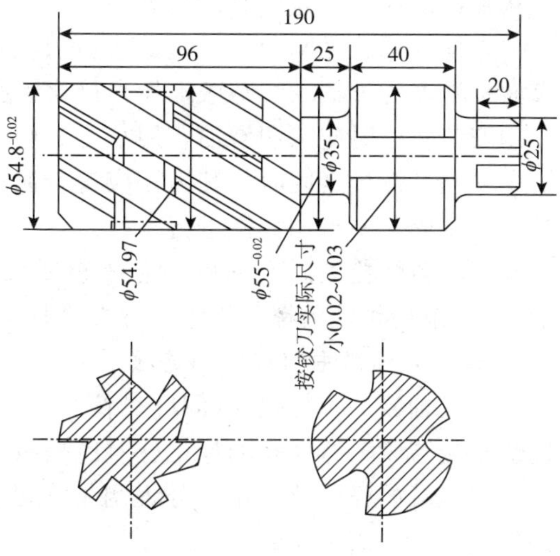

图 9－146　螺旋型固定铰刀

手动铰螺栓孔时应注意如下事项：

①铰螺栓孔时，铰刀应清洁、刀刃应锋利，无毛刺、缺口等缺陷。活络铰刀一般有 6 个刀片，对角直径应相等，锁紧螺母应紧固。

②铰刀在铰螺孔前和铰螺孔过程中应加润滑油润滑。对螺旋型固定式铰刀也可加浓肥皂水润滑，并用压缩空气将铁屑吹走。

③铰螺孔时，扳动铰刀用力应均匀，并经常清除铁屑，保持螺孔、铰刀光滑。若用力过大，应迅速将铰刀退出，将铁屑清理干净，并检查原因并采取措施消除。若螺栓孔内壁有凹槽，并积累铁粒，应将铁粒清除干净，并检查铰刀刃口有无异常。

④铰刀尾部或扳动铰刀处应装设托架。若无托架，可用手托住铰刀，这样可以避免铰螺栓孔时铰刀晃动。

⑤在铰螺栓孔过程中，应经常检查刀刃锋利程度和刀刃有无缺口。若刀刃迟钝和有严重缺口，应更换新铰刀。

⑥调整垫片上的螺栓孔一般应与联轴器螺栓孔同时铰出，铰螺栓孔前，调整垫片与联轴器临时连接时，必须保持同心。

铰联轴器螺栓孔顺序为：先铰未装临时螺栓的任意垂直直径上的4个螺栓孔，然后按转子旋转方向逐一铰螺孔。对于安装临时螺栓的螺栓孔，在铰螺栓孔时，其相邻的一只螺栓孔应已装上螺栓。每一只螺栓孔铰孔完毕后，应将螺栓孔内毛刺、铁屑、润滑油等清理干净，测量螺栓孔直径与相配螺栓直径是否相符。检查螺栓孔是否有喇叭型、椭圆型缺陷；螺孔内壁粗糙度应达 $Ra6.3 \sim Ra3.2$；螺栓孔与联轴器端面应相互垂直。

(4)联轴器的最终连接

联轴器螺栓孔铰孔完毕后，可对联轴器进行最终连接。连接的方法是：每铰好一个螺栓孔就配置一条螺栓便进行紧固，也可以先紧固垂直直径上的4只螺栓，然后将其与螺栓孔加工完毕后，根据螺孔加工顺序一次性紧固。联轴器螺栓紧固前，应对螺栓与螺母进行配重检查，配重要求每对垂直直径上的4只螺栓及螺母的重量均相等，其误差应不大于10g。

联轴器螺栓最终紧固时注意事项：

①螺栓与螺孔之间应为H7/h6的间隙配合，螺栓销柱表面粗糙度为 $Ra6.3$，螺孔内壁表面粗糙度为 $Ra3.2$。一般螺栓直径比螺孔直径小0.02～0.04mm。

②安装螺栓时应涂润滑油，用小手锤轻轻敲入，不得过松或过紧。

③联轴器螺栓紧固时，其力矩应符合制造厂技术文件规定，并应用测力扳手或测紧力工具进行紧固，不得用大锤进行敲打。

④联轴器螺栓紧固完毕后，应复查联轴器外圆的径向跳动和连接前的变化应不大于0.02mm，最后将锁紧螺母锁紧，并在螺栓与螺孔上打上对应的钢印标记。

2. 齿式联轴器中间接筒的连接

齿式联轴器的中间接筒(间隔套筒)与联轴器连接时，应与联轴器的定位标记相对应，连接螺栓应与联轴器螺孔的标记应对应一致。齿式联轴器的中间接筒连接后，往复拨动中间接筒到两端的极限值，用百分表测量在轴向位置上的轴向间隙，如图9-147所示，其允许偏差为 $(A-B)_0^{+2}$ mm。

齿式联轴器中间套筒连接后，应用百分表测量联轴器内齿套外缘和中间套筒的径向圆跳动值，如图9-148所示。A、H 点的径向跳动值应不大于0.03mm，$B \sim G$ 点的径向跳动值应不大于0.02mm。

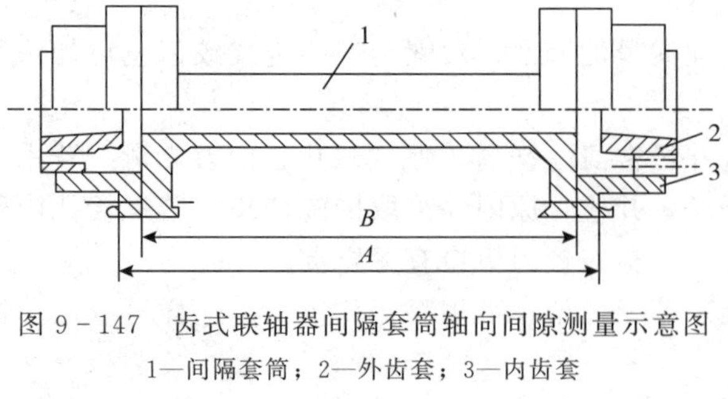

图9-147 齿式联轴器间隔套筒轴向间隙测量示意图
1—间隔套筒；2—外齿套；3—内齿套

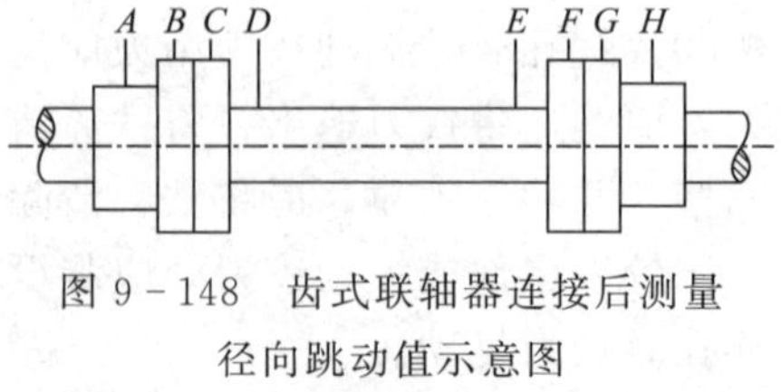

图9-148 齿式联轴器连接后测量径向跳动值示意图

齿式联轴器供油管及润滑油孔应清洁、畅通，无毛刺、杂质等缺陷。油管喷油口的组装位置应符合制造厂技术文件的规定。

3. 膜片式联轴器中间接筒的连接

(1)膜片式联轴器中间套筒连接前，复查膜片式联轴器轴端距(或半联轴器法兰面间距)应将预拉伸量或预压缩量计算在内，其允许偏差应符合设计文件要求。如无要求时，应符合表 9 - 22 规定。

表 9 - 22　膜片式联轴器轴端距允许偏差值　mm

联轴器型式	允许偏差值	联轴器型式	允许偏差值	联轴器型式	允许偏差值
四螺栓	±0.60	六螺栓	±0.38	八螺栓及八螺栓以上	±0.25

(2)检查中间套筒两端面应光滑、平整，无毛刺、卷边等缺陷，其平行度误差应不大于 0.03mm；中间套筒与两半联轴器连接后，应用百分表测量中间套筒的径向跳动值应不大于 0.03mm。

(3)膜片式联轴器中间套筒与联轴器组装后，挠性元件应无可见变形。

(4)膜片式联轴器连接完毕后，应用百分表检查联轴器径向跳动值，其偏差应符合表 9 -23 的要求。若超出上述值，说明联轴器未装正，应找出原因重新装配。

表 9 - 23　联轴器径向跳动允许偏差值

转速/(r/min)	≥5000	2000～5000	1000～2000	500～1000	≤500
径向跳动允许偏差值/mm	0.01	0.015	0.02	0.03	0.05

(5)装配叠片组件、中间接筒时，应按制造厂提供的标记进行组装，联轴器螺栓、衬套、自锁螺母应成套装配，并按规定力矩对称分 3 次用力矩扳手均匀紧固，其紧固力矩应符合制造厂技术文件的规定，如无规定时应参考表 9 - 24 的规定。自锁螺母装配时，应涂少量的中性润滑油。

表 9 - 24　膜片式联轴器螺栓紧固力矩

螺栓规格	紧固力矩/(N·m)	螺栓规格	紧固力矩/(N·m)	螺栓规格	紧固力矩/(N·m)
M6	8	M16	100	M27	500
M8	15	M18	150	M30	700
M10	25	M20	180	M36	1200
M12	45	M24	350	M42	1900

第九节　二次灌浆

二次灌浆是指机组精找正、找平及机组的精轴对中完毕后，进行机器底座与基础之间的空间的灌浆。二次灌浆是机组施工中的一个重要工序。机组底座与基础牢固地结合在一起，是建立在科学地微膨胀灌浆基础上的。所以要求二次灌浆料必须具有自流性、微膨胀、抗剥离、抗油渗、耐候性好的特性，确保二次灌浆料充满整个机器底座与基础表面的空间内，且固化后的灌浆层与机组底座及基础面紧密地结合，灌浆层无收缩现象。此外，还要求二次灌浆料要具有早强高强和持久高强的特性，即3～5d内达到设计文件要求的强度。

机组二次灌浆应在汽缸闭合后和最终机组轴对中后24h内进行，否则，应重新复查轴对中并记录。

1. 基础二次灌浆前应复查的项目

(1)轴承座及汽缸底座滑销、汽缸与轴承座立销以及猫爪横销、联系螺栓的间隙。

(2)汽缸、轴承座与底座间的滑动面以及猫爪滑动面的接触情况。

(3)各转子轴颈扬度及轴承座纵向水平。

(4)各转子在油封洼窝处的同轴度。

(5)机组轴系及机组的轴对中和轴端距。

(6)地脚螺栓紧固力矩。

(7)垫铁组层间定位焊焊接完毕；凝汽器与低压缸连接并焊接完毕。

(8)穿过二次灌浆层的管道、电缆、仪表管线等敷设完毕，并应穿在专用的套管内，不得直接埋在混凝土内。

2. 基础二次灌浆前的准备工作

(1)底座的滑动面的四周结合处用胶布贴牢，特别是发电机后轴承座(落地式轴承座)的绝缘板及发电机下部的电气设备等处应加以妥善保护，以防止二次灌浆时将其弄脏、弄湿。

(2)将基础混凝土与二次灌浆接触麻面应用清水冲洗干净，无油漆、杂物、油垢等，混凝土表面湿润并保持12h以上，二次灌浆前1h用压缩空气将水吹净。

(3)底座与二次灌浆层接触面应清理干净，无油漆、油污及泥土，并将底座上的调整螺钉涂油，用塑料薄膜包扎。

(4)将地脚螺栓孔内清理干净，无积水和杂物，地脚螺栓锚板与混凝土基础接触面应接触良好，且保证浇灌混凝土时不漏浆。

(5)二次灌浆的部位不得妨碍汽轮机及管道的热膨胀。

(6)地脚螺栓露在外面的螺母，应尽可能加装塑料套管加以保护，螺母四周应留有足够套上扳手的空间。

(7)在机器底座的内、外侧支好模板，外模板与底座外缘的间距不宜小于60mm，h值应不小于10mm，如图9-30所示。模板高度应略高于底座下平面；内模板与底座外缘的间距不得小于底座底面边宽；为了防止漏浆，灌浆前用灰浆堵塞模板与基础表面间的缝隙。

带锚板地脚螺栓的一次灌浆和二次灌浆，应按图9-149所示的要求进行浇灌。

3. 基础二次灌浆的要求

(1)基础二次灌浆料应按设计文件要求选定，如无要求时，宜使用无收缩水泥砂浆或专用灌浆料，二次灌浆层的高度一般为40～70mm。

(2)二次灌浆时，应由专人负责，计量应准确，灌浆料应在现场现配现灌注，严格控制施工工艺。在浇灌的同时制作试块，并按要求的时间做强度试验，提出报告。

(3)基础二次灌浆时，必须在安装人员的配合下，可从机器基础的任一端开始，进行不间断的捣固，直至灌浆料紧密地充满各部位，将空气排出。

(4)根据底座结构情况采取相适应的浇注方式，二次灌浆应连续进行不得中断，必须一次完成，不得分层浇注。基础二次灌浆时的环境温度应保持在5℃以上。

(5)基础二次灌浆完毕后2h左右，将飞溅到设备表面和螺栓的灰浆擦拭干净，并将二次灌浆层外侧上表面进行整形抹面。

(6)基础二次灌浆完毕后，应精心养护，当环境温度低于5℃时，应采取相应的防冻保护措施。

(7)基础二次灌浆完毕后，24h内不得使其受到振动和碰撞。基础二次灌浆层强度未达到设计强度的50%以前，不允许在机组上拆装重件和进行撞击性工作；在二次灌浆层未达到设计强度以前，不得复紧地脚螺栓，更不要进行机组本体的启动。

(8)二次灌浆层养护期满拆模板后，检查外形尺寸，以及有无蜂窝、麻面、孔洞等缺陷，不符合设计文件要求时应及时进行处理。

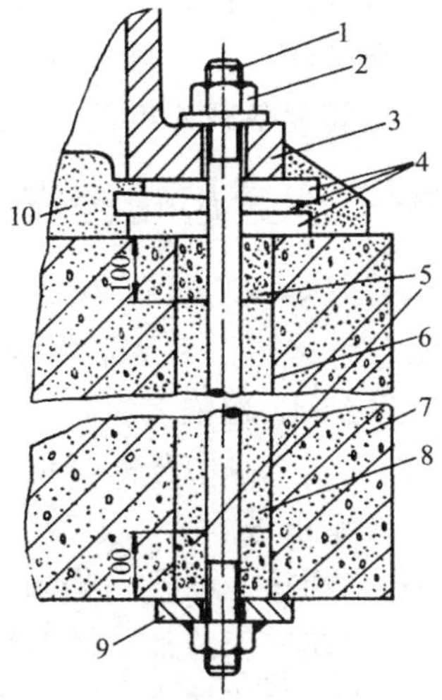

图9-149　带锚板地脚螺栓孔浇灌

1—地脚螺栓；2—螺母、垫圈；3—底座；4—垫铁组；5—砂浆层；6—预留孔；7—基础；8—干砂层；9—锚板；10—二次灌浆层

(9)在底座地脚螺栓孔附近及在联轴器的找正支架上架设百分表进行监视，将百分表触头与底座接触。旋松底座上的调整螺钉，然后，用力矩扳手再次紧固地脚螺栓，在调整螺钉附近底座的沉降量(百分表指针变化)不得超过0.05mm，联轴器处径向百分表指针变化不得超过0.02mm。地脚螺栓的紧固力矩见表9-25。

表9-25　地脚螺栓的紧固力矩　N·m

螺栓规格	M20×2.5	M24×2	M27×3	M30×3.5	M36×4	M42×4.5
紧固力矩	220	380	553	752	1311	2094

第十节　变速齿轮箱安装

石油化工装置中，离心式压缩机转速高，当离心式压缩机采用汽轮机或电动机作为原动机时，多数情况下需要使用增速齿轮箱。随着离心式压缩机高速化和大型化，增速齿轮箱的圆周速度和传递的功率也越来越高。石油化工装置中，一般在离心式压缩机和汽轮机之间配套的增速齿轮箱，其圆周速度都在100m/s以上。传递的功率已达几千千瓦和上万千瓦。对增速齿轮不仅要求能长周期、安全、可靠地平稳运行，而且还要求振幅和噪声低。能满足这些要求的齿轮有两种。一种是加工精度很高，软齿面的圆弧齿轮和人字齿轮。我国的GY系列的变速齿轮箱所用的齿轮，就属于这类产品，其齿轮的圆周速度已达100m/s，传递功率已达600kW。另一种是加工精度很高，具有高硬齿面的渐开线斜齿轮和人字齿轮。这种齿轮为了补偿由于制造误差、力变形和温度变形的影响，一般都进行了齿高和齿长修型。在自备电站中，发电机转速较低，而汽轮机转速较高，一般在发电机与汽轮机之间配备减速齿轮箱，已达到机组减速的目的。

一、变速齿轮箱安装前的检查

(1)箱体外观检查，铸件应无裂纹、气孔、未浇满、夹层等缺陷；焊件应无夹渣、气孔、裂纹、未焊满和变形等缺陷。箱体应注入煤油进行试漏检验，油位高度应不低于回油孔上缘，经4h检验无渗漏为合格，如有渗漏处应进行修理。

(2)箱体水平中分面应清洁、光滑、平整，且接触均匀，自由状态下用0.05mm塞尺检查，应塞不进。

(3)集油箱、油孔、节流孔板、油通道应清洁、畅通，无毛刺、杂质、锈蚀等缺陷。

(4)机体内应清洁、无型砂、油垢及杂物。

(5)用着色法检查机体与底座的接触面应均匀接触，且接触面应达75%以上，在松开连接螺栓后，其接触面间的自由间隙应不大于0.05mm，否则应进行研刮。

(6)轴颈应清洁、光滑，无毛刺、划痕、碰伤等缺陷。轴颈表面粗糙度应达$Ra1.6$。检查轴颈的圆度、圆柱度及径向跳动和端面跳动(见图9-150)，其允许偏差应符合制造厂技术文件规定。若无规定时，应符合表9-26的要求。

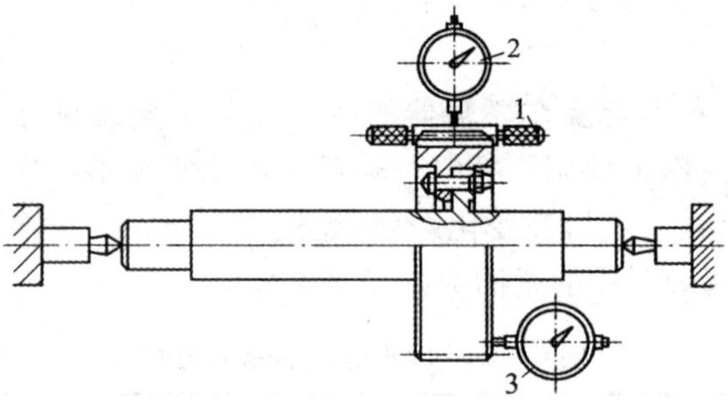

图9-150　齿轮的齿圈径向跳动和端面跳动测量示意图

表9-26　轴颈允许偏差

mm

名称	圆度	圆柱度	径向跳动
允许偏差	≤0.01	≤0.01	≤0.01

(7)推力盘表面的粗糙度为$Ra0.8$，端面跳动值应不大于0.015mm。

(8)齿轮工作面(齿面)应光滑，无剥落、裂纹、磨损、锈蚀、补焊等缺陷，必要时进行无损探伤。

(9)齿轮变速箱与底座接触面上的两个对角线位置的定位销与销孔尺寸应符合制造厂技术文件规定，用着色法检查应接触密实。

1. 变速齿轮箱找正、找平

(1)将变速齿轮箱试漏时所涂的白垩粉清除掉，再将变速齿轮箱吊到基础上或底座上就位，其轴线应与机器基础轴线相重合，允许偏差为±3mm，标高允许偏差为±5mm。

(2)变速齿轮箱找平时，其纵向安装水平应在轴承座孔上进行测量，横向安装水平应在机体水平中分面的四个角上进行测量，如图9-151所示。紧固地脚螺栓或底座连接螺栓后，其纵向、横向水平允许偏差均为0.05mm/m；

(3)将下半轴承装入轴承座孔内，先装配转速较低的齿轮轴，然后再装入转速较高的齿轮轴。在较高的齿轮轴上和机体水平中分面上再次复测齿轮箱水平(此时要求两端的轴向水平读数值应相等但方向相反)，并应符合制造厂技术文件的规定。

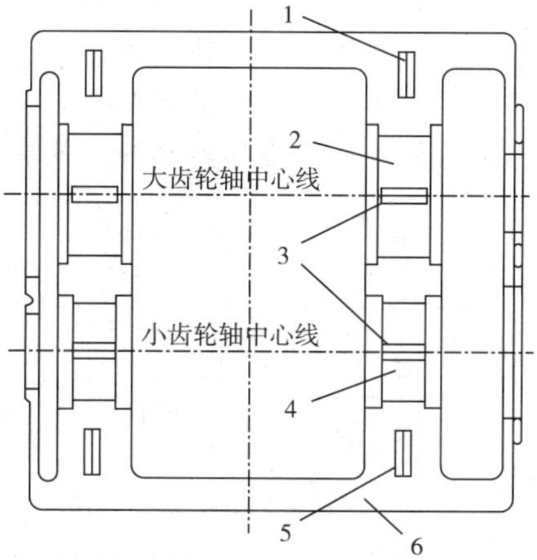

图9-151 变速齿轮箱找水平时水平仪放置示意图

1—主动齿轮；2—从动齿轮；3—横向水平仪；4—纵向水平仪；5—水平仪放置位置

2. 径向轴承的安装

首先用煤油将径向轴承清理干净，并在非工作面上打上永久性标记。检查轴承衬表面应无夹渣、气孔、裂纹或脱胎等缺陷。检查脱胎时，应将轴承浸入煤油内，经2～4h后，取出擦干。可用涂白垩粉着色检查(或用渗透着色法和磁粉检查)轴承衬与轴承壳体应贴合完好，无脱壳、分层等现象。

轴承衬背与轴承座孔的配合为用H7/m6，其表面粗糙度为*Ra*3.2。着色法检查圆柱形轴承衬背与轴承座孔的贴合情况，其接触面均匀且应达到60%以上。下半轴承装入轴承座孔时，两侧应贴合较紧，并应有0.01～0.03mm的过盈量，下部应贴合较松(轴承衬背与轴承座孔底部中间部分，应有0.02mm的间隙，若实际难以测出，可按着色法贴合痕迹来确定)。轴承上的油孔与轴承座孔底部的油孔应清理干净，并应对正，用着色法检查油孔四周密封面应均匀连续接触、无断线缺陷。

用着色法检查轴承水平中分面应接触密实，在自由状态下用0.05mm塞尺检查，应塞不进。用着色法检查轴颈与轴承衬的接触面积应均匀，并呈斑点状均匀分布，轴向接触长度不应少于80%，接触角为60°～90°。用压铅法或百分表抬轴法及塞尺法测量径向轴承间隙并做好记录，轴承间隙应符合制造厂技术文件规定。

3. 推力轴承的安装

将推力轴承清理干净后，用放大镜或无损探伤检查推力轴承衬应光滑、清洁，无裂纹、气孔、夹渣、脱壳等缺陷，若有缺陷应立即更换。检查推力盘的表面粗糙度应达*Ra*0.8、端面跳动值应不大于0.015mm。用着色法检查推力轴承与推力盘的接触面积在75%以上，且接触点分布均匀。

检查调整轴承油封环的间隙应符合制造厂技术文件的规定。检查防转销、定位螺钉、定位销等应符合制造厂技术文件的规定，若有弯曲、松动过大应更换重新配置。

检查推力轴承间隙时，应在上、下两半止推轴承定位、螺栓紧固后进行。推力轴承的轴向间隙可用百分表或塞尺检查，并应符合制造厂技术文件规定。若推力轴承轴向间隙不符合要求时，可用增厚或减薄非工作面侧的调整垫片加以调整来达到制造厂技术文件规定。

4. 齿轮副的安装

齿轮副安装时，应保证齿轮副的中心距、轴线间位置、接触斑迹及齿间隙等，均应符合制造厂技术文件的规定。检查齿轮副接触斑迹时，应在轴承组装完毕、下箱体找正、找平完毕后，齿轮副处于工作位置时进行。

(1)用着色法检查齿轮副的接触斑迹时，齿轮副应啮合良好，接触均匀。将红丹油均匀涂在小齿轮齿面上，按正常工作方向盘动大齿轮3～4周使齿面啮合，被印(显示)在大齿轮轮齿的工作面上的色迹(斑迹)，即为静态接触斑迹，再用透明胶带贴印后保管备查。根据齿轮副上的斑点接触情况，来判定齿轮副装配的正确性。

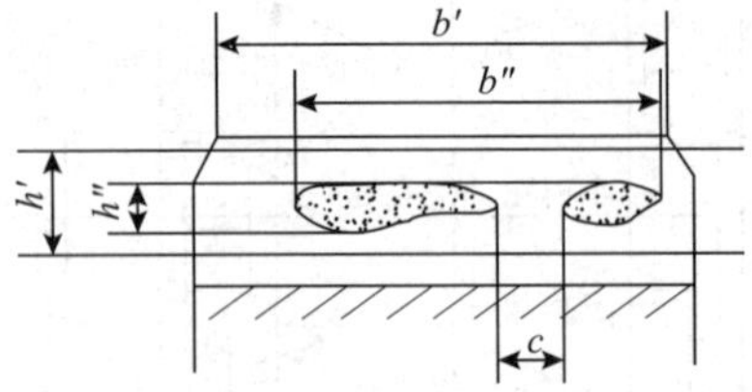

图9-152　齿轮副接触痕迹示意图

(2)用着色法检查渐开线、圆柱齿轮副啮合斑迹时，可用齿面展开图上百分比计算，如图9-152所示。计算结果应符合表9-27的规定。其计算公式为：

①沿齿高方向，接触痕迹的平均高度h''与工作高度h'之比，即

$$\frac{h''-c}{h'}\times 100\% \tag{9-36}$$

②沿齿长方向，接触痕迹的长度b''(扣除超过模数值的断开部分c)与工作长度b'之比，即

$$\frac{b''-c}{b'}\times 100\% \tag{9-37}$$

表9-27　齿轮副接触斑点百分率

齿轮类别	测量部位	精度等级								
		3	4	5	6	7	8	9	10	11
		接触斑点百分率(%)，不小于								
圆柱齿轮(渐开线齿形)	沿齿高	65	60	55	50	45	40	30	25	20
	沿齿长	95	90	80	70	60	50	40	30	30
圆柱齿轮(圆弧齿形)	沿齿高			60	55	50	45	40		
	沿齿长			95	90	85	80	75		

注：圆弧齿形的圆柱齿轮齿长方向的接触痕迹应同时不小于一个轴节(轴向齿距)；齿高方向系指运转时达到额定负荷前，应经过逐级加载磨合，其磨合后的接触斑点不应小于上表所规定的百分率。

(3)用着色法检查高速圆弧齿轮副接触斑迹时，其静态接触迹线长度不小于齿长的70%，动态接触斑点长度不小于齿齿长的90%；沿齿高方向接触痕迹不小于70%。还应检查接触位置的偏差，如图9-153所示，则其接触位置距齿顶的高度h凸齿为$0.45m_n \pm 0.2m_n$；距齿顶的高度h凹齿应为$0.75m_n \pm 0.2m_n$(m_n为法向模数)。

(4) 齿轮副的接触斑点的分部应趋近齿面中部，齿顶和两端的棱边处不允许接触。圆柱齿轮啮合情况，如图9-154所示。图9-154(a)所示，中心距过小，啮合间隙减小，啮合接触斑点的位置偏向齿根，在齿轮运行时，将会发生齿轮副咬住和润滑不良的现象，同时也会加快磨损。

图9-154(b)所示，中心距过大，啮合间隙过大，啮合斑点的位置偏向齿顶，齿轮运行时间会发生冲击和旋转不均匀的现象，并加快磨损。

图9-154(c)、(d)所示，轴线产生扭斜，啮合间隙在整个齿长方向上不均匀，啮合斑垫的位置偏向齿的端部，齿轮运行时也会发生咬住和润滑不良的现象，同时也会因齿轮轮齿局部受力，而很快被磨损和折断。

图9-154(e)所示，齿轮副啮合正确，即中心距、啮合斑点、啮合间隙正确。其接触

斑点的位置均匀地分布在节线的上、下。

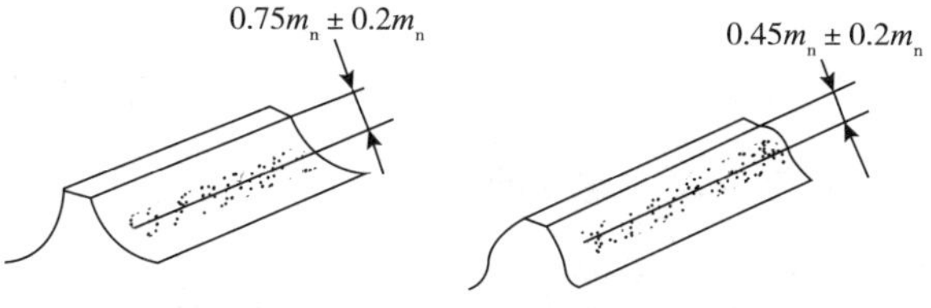

（a）凹齿接触位置　（b）凸齿接触位置

图 9－153　圆弧齿轮正确的接触位置

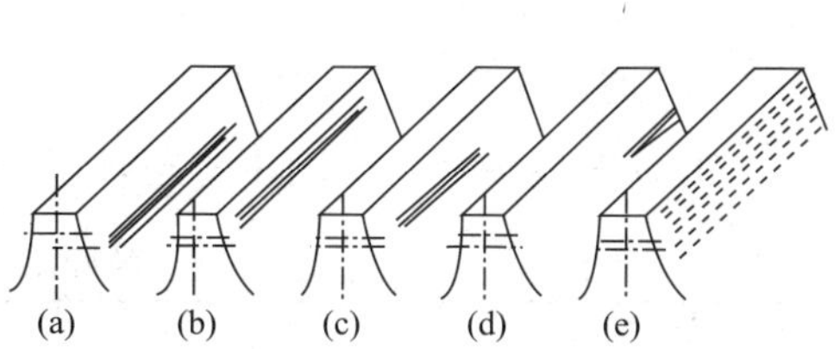

图 9－154　齿轮副啮合情况

(a)—中心距偏小；(b)—中心距偏大；(c)、(d)—中心线不平行；(e)—啮合正常

圆柱齿轮副装配时所产生的各种偏差，都会使齿轮副啮合不正确。为了消除这些偏差，一般在现场采用刮削轴承的方法，来改变齿轮轴线的位置。

5. 齿轮副中心距的检查

检查齿轮副的中心距时，可采用块规、游标卡尺、内经千分尺及自制工具等进行测量。

（1）用块规测量齿轮副中心距

将块规放置在变速齿轮箱水平中分面上，测量出两端轴颈之间的距离，如图 9－155 所示，测量出两轴颈之间的偏差后，即可计算出中心距的偏差。其中心距极限偏差 $\pm f_a$ 应符合表 9－28 的规定。

（2）用游标卡尺、内径千分尺测量齿轮副中心距

用检验芯轴与内径千分尺或游标卡尺进行测量齿轮副中心距，如图 9－156 所示。

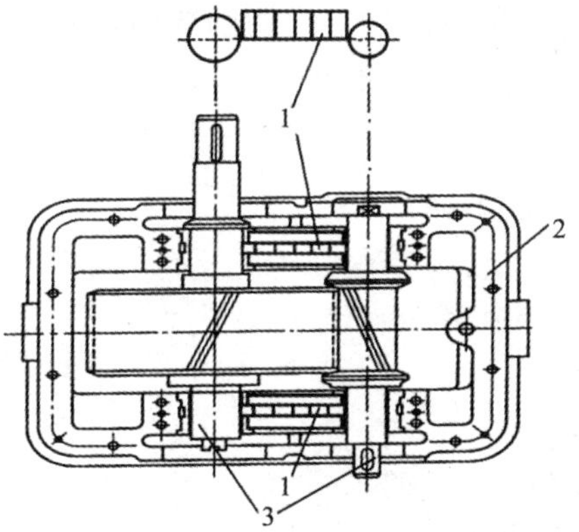

图 9－155　用块规检查两轴中心距偏差示意图

1—块规；2—变速齿轮箱水平中分面；3—齿轮轴

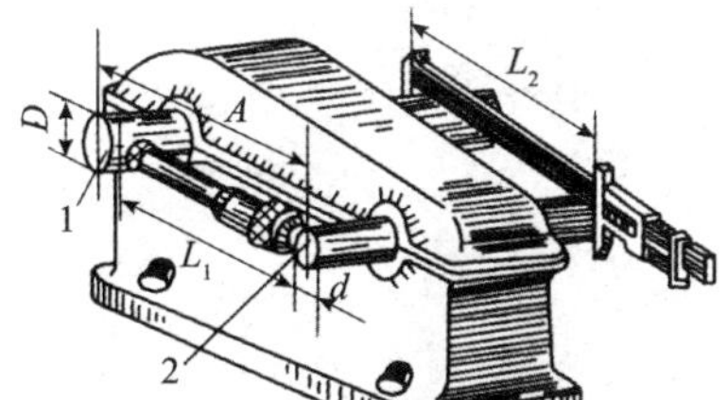

图 9－156　用检验芯轴和内径千分尺或游标卡尺测量齿轮副中心距

1、2—检验芯轴

当采用内径千分尺进行测量时，两轴承座孔的中心距可用下式进行计算：

$$A=L_1+\frac{D+d}{2} \tag{9-38}$$

式中　A——两轴承座孔之间的中心距，mm；

L_1——两心轴内表面之间的距离，mm；

D、d——分别为两检验芯轴的直径，mm。

当采用游标卡尺进行测量时，设两心轴外侧表面之间的距离为 L_2，则中心距可用下式进行计算：

$$A=L_2+\frac{D+d}{2} \tag{9-39}$$

(3)渐开线圆柱齿轮副中心距极限偏差 $\pm f_a$ 应符合表 9－28 的规定。

表 9－28　渐开线圆柱齿轮副中心距极限偏差 $\pm f_a$

齿轮副公称中心距/mm	齿轮副第Ⅱ公差精度等级			
	5～6 级	7～8 级	9～10 级	11～12 级
50～80	15	23	37	90
80～120	17.5	27	43.5	110
120～180	20	31.5	50	125
180～250	23	36	57.5	145
250～315	26	40.5	65	160
315～400	28.5	44.5	70	180
400～500	31.5	48.5	77.5	200
500～630	35	55	87	220
630～800	40	62	100	250

注：1. 中心距极限偏差 $\pm f_a$ 系指在齿宽的中间平面上实际中心距与公称中心距之差。

2. 齿轮副第Ⅱ公差组精度等级划分符合现行标准 GB/T 10095《圆柱齿轮　精度制》的规定。

6. 齿轮副轴线平行度和交叉度的检查

图 9－157 为两啮合齿轮轴线的不平度和交叉度的示意图。设两轴线的长度为 L_{mm}，其不平行的偏差量为 X_{mm}，交叉偏差量为 Y_{mm}，则 1m 长度上不平行的偏差量 δ_x(不平行度)和交叉的偏差量为 δ_y(交叉度)可分别用以下两式表示：

$$\delta_x=1000\frac{X}{L}\quad \text{mm/m} \tag{9-40}$$

$$\delta_y=1000\frac{Y}{L}\quad \text{mm/m} \tag{9-41}$$

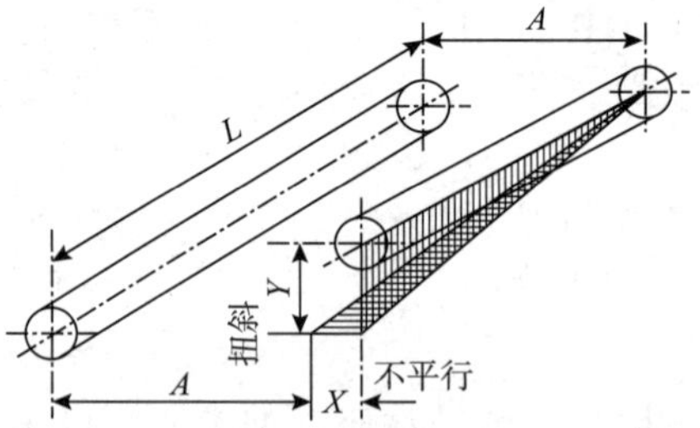

图 9－157　两轴线的不平行度和交叉度示意图

检查齿轮副轴线平行度和交叉度时，其偏差应符合表 9－29 的规定。

表 9－29　齿宽长度上两轴线平行度、交叉度允许偏差

齿宽/mm	精度等级/μm											
	1		2		3		4		5		6	
	f_x	f_y	f_x	f_y	f_x	f_y	f_x	f_y	f_x	f_y	f_x	f_y
≤40	2.8	1.4	3.6	1.8	4.5	2.25	5.5	2.75	7.0	3.5	9.0	4.5
>40～140	4.0	2.0	5.0	2.5	6.0	3.0	8.0	4.0	10.0	5.0	12	6
>100～160	5.0	2.5	6.0	3.0	8.0	4.0	10.0	5.0	12	6	16	8

齿宽/mm	精度等级/μm											
	7		8		9		10		11		12	
	f_x	f_y	f_x	f_y	f_x	f_y	f_x	f_y	f_x	f_y	f_x	f_y
≤40	11	5.5	18	9	28	14	45	27.5	71	35.5	112	56
>40～140	16	8	25	12.5	40	20	63	31.5	100	50	160	80
>100～160	20	10	32	16	50	25	80	40	125	62.5	200	100

(1)齿轮副轴线的平行度和交叉度的检查方法

①用内径千分尺和精密水平仪检查齿轮副轴线的平行度和交叉度

用内径千分尺和精密水平仪检查齿轮副轴线的平行度和交叉度，如图 9－158 所示。首先用内径千分尺测量出两轴颈内表面之间的距离，计算出两轴颈中心距的偏差，即为水平方向（X 方向）上两轴线的不平行度偏差。然后再用精密水平仪分别测量 4 个轴颈的水平度，其水平度的差值，即为垂直方向（Y 方向）上两轴线交叉度的偏差。

②用块规、百分表和水平仪检查齿轮副轴线的平行度和交叉度。

测量不平行度 δ_x 时，可用块规测量各个轴端部尺寸，再用计算和测量法求出相对的轴端的中心距，然后再用式 9－40 求出水平方向平行度偏差 δ_x。

测量齿轮轴线交叉度 δ_y 时，可用百分表或水平仪进行测量，即将磁力表座放置在变速器水平剖分面上和精密水平仪分别放置在各轴颈上进行测量，如图 9－159 所示，分别测量出两轴颈上部最高的相对测点，然后换算出齿轮轴线交叉偏差量 δ_y。

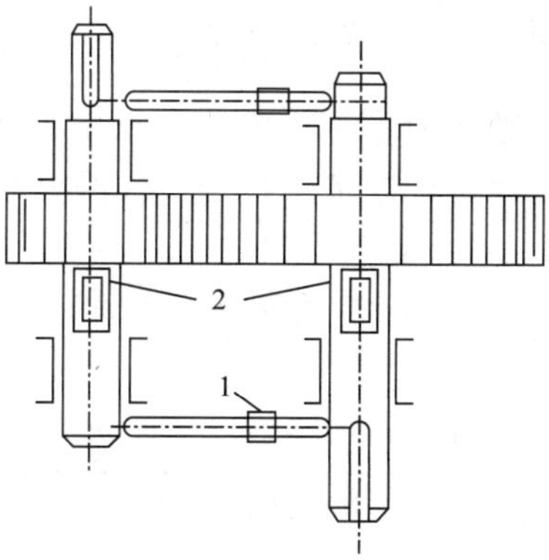

图 9－158　用内径千分尺和水平仪检查齿轮副平行度和交叉度

1—内径千分尺；2—精密水平仪

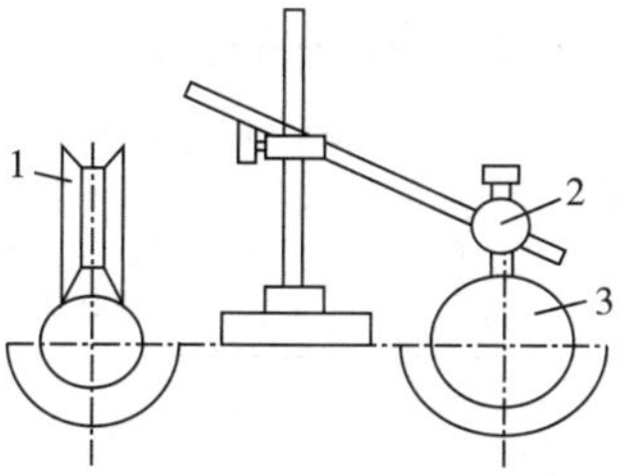

图 9－159　用百分表和精密水平仪测量轴颈垂直方向上的水平度

1—精密水平仪；2—百分表；3—轴颈

③用压铅方法检查齿轮副轴线的平行度和交叉度。

a)取4根直径为所测两啮合齿轮啮合间隙的1.5倍的软铅丝(长度应能压出十个齿的啮合间隙)，如图9－160所示。均匀的在距大齿轮端面约20mm的圆周上，并列的先放置一组(四根)铅丝，以后每转90°再放置一组，共放置4组，用黄干油将铅丝粘在齿沟上，按机组运行方向转动大齿轮1周，使齿轮副旋转，将铅丝一次压出。

b)取出齿轮副压出的铅链条，如图9－161所示。用外径千分尺测量铅丝链的中间部分，其工作面和非工作面间隙的总和应符合制造厂技术文件的规定。

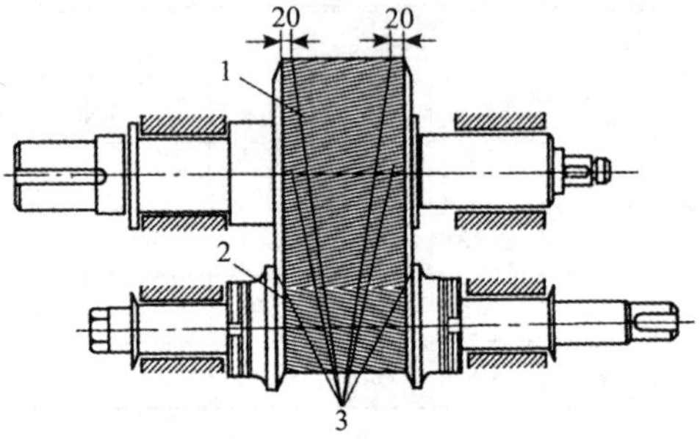

图9－160　齿轮副压铅位置示意图

1—大齿轮；2—小齿轮；3—铅丝

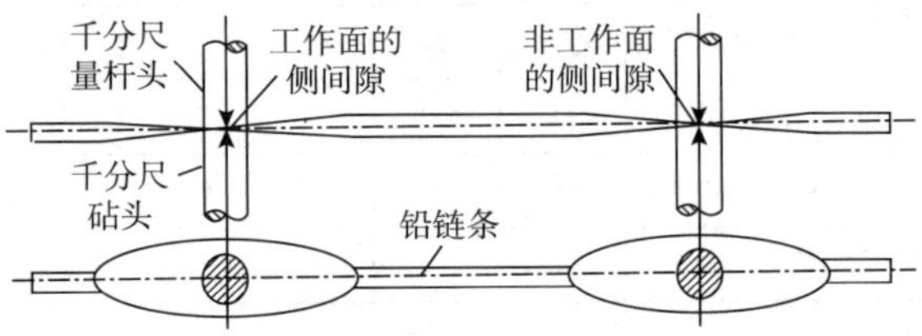

图9－161　齿轮副压出的铅链条式意图

c)将压出工作面与非工作面的铅丝链条的厚薄进行对比，确定两个齿轮轴线的平行度，如图9－162所示。理想中心线应是$H_1=H'_1=H_2=H'_2$，$P_1=P'_1=P_2=P'_2$，其允许偏差应符合表9－29的要求。

d)图9－163所示为两齿轮轴线不平行和交叉情况示意图。

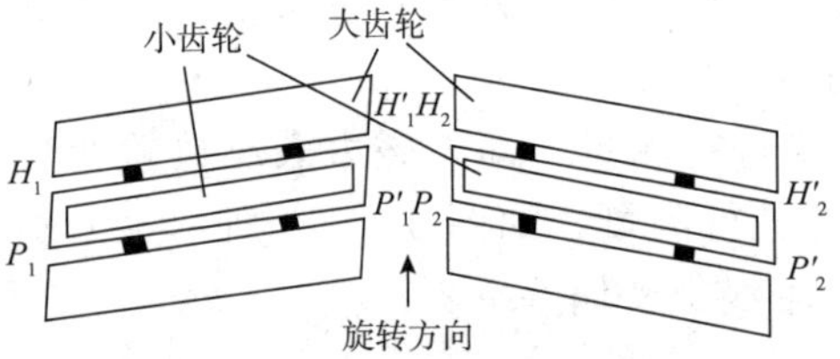

图9－162　齿轮副压铅示意图

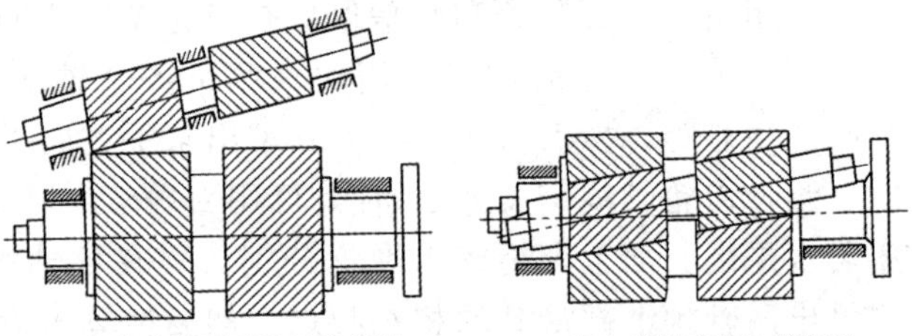

(a)齿轮副不平行示意图　　(b)齿轮副交叉示意图

图9－163　齿轮副不平行和交叉情况示意图

当齿轮副装配出现偏差时，为了调整齿轮副轴线的不平行度或垂直度，通常在现场采用研刮轴承的方法，来改变齿轮轴线的位置，从而符合制造厂技术文件的要求。

7. 齿轮副的啮合间隙的检查

一般正常啮合圆柱齿轮的顶间隙$C_0=0.25\mathrm{m}$，此处m为齿轮的法线模数。柱齿轮的标准侧间隙C_n见表9－30。

表9－30　齿轮啮合侧间隙　　mm

齿轮中心距		≤50	>50～80	>80～120	>120～200	>200～320	>320～500
侧间隙	标准值	0.085	0.105	0.13	0.17	0.21	0.26
	最大值	0.17	0.21	0.26	0.34	0.42	0.53

圆弧齿轮传动的顶间隙和齿侧间隙的理论数值由齿形决定，见表 9-31。圆弧齿轮传动的实际侧间隙应不小于理论数值的 2/3。

表 9-31　圆弧齿轮的顶间隙和齿侧间隙 mm

圆弧齿轮齿形	齿侧间隙		齿顶间隙
	$m_n=2\sim6$	$m_n=7\sim30$	
JB929-67 型	$0.06m_n$	$0.04m_n$	$0.16m_n$
统一通用双圆弧齿	$0.06m_n$	$0.04m_n$	$0.2m_n$
S74 型双圆弧齿	$0.05m_n$	$0.04m_n$	$0.2m_n$
FSPH-75 型双圆弧齿	$0.07m_n$	$0.05m_n$	$0.25m_n$

检查齿轮副的啮合间隙时，可用下列几种方法进行检查。

(1)塞尺法

用塞尺可以直接测量出齿轮副的顶间隙和侧间隙，如图 9-164 所示。

(2)压铅法

压铅法是测量齿轮副间隙最常用的一种方法，如图 9-165 所示。测量时先将软铅丝用润滑脂粘在距齿轮副端部 20mm 的齿轮啮合面上，然后盘动小齿轮，使齿轮副啮合并压扁铅丝，然后取出被压扁的铅丝用外径千分尺进行测量，其中铅丝最厚部分的铅丝厚度为顶间隙 C_0，但需要的是分别测量出左右相邻较薄部分的铅丝厚度，这相邻两部分的厚度之和，即为法向侧间隙 C_n：

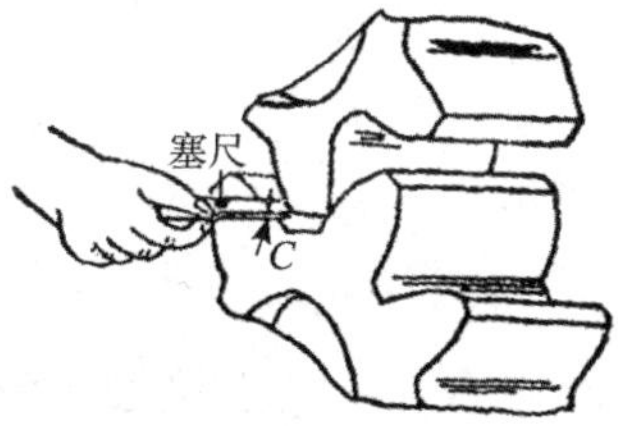

图 9-164　用塞尺检查齿侧和齿顶间隙

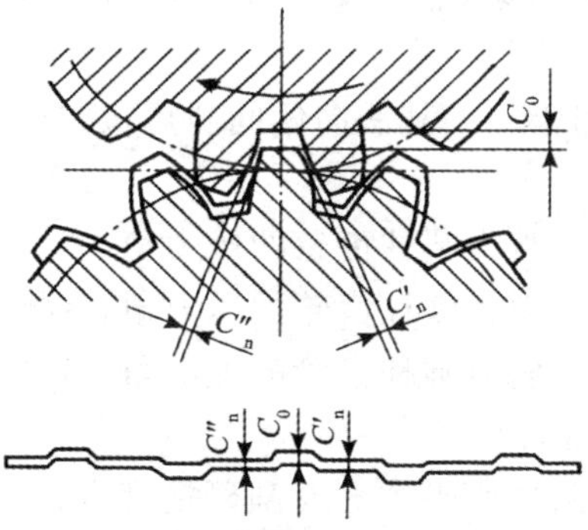

图 9-165　用压铅法测量齿轮副啮合间隙

$$C_n=C'_n+C''_n \tag{9-42}$$

式中　C'_n、C''_n——同一齿轮两侧软铅丝压扁后的厚度，mm。

对于大型的宽齿轮，应放置两条以上的软铅丝，这样不仅可以根据压扁的软铅丝测量侧间隙，而且还可以由此判断出齿轮轴线的平行情况。

(3)百分表测量法(见图 9-166)

①用百分表测量法可以直接测量出圆柱齿轮副啮合间隙。测量时，将大齿轮固定，将百分表座固定在变速齿轮箱水平中分面上，百分表测量触头搭在未固定小齿轮的齿面接近分度圆的位置上，并垂直于齿廓，来会轻轻转动小齿轮，百分表上的读数差值，即为齿轮副的啮合侧间隙，如图 9-166 所示。

②如图 9-167 所示，用百分表可间接测量出圆柱齿轮副的侧间隙。测量时，将下齿

轮固定，首先正反两个方向微微转动固定在齿轮轴上的拨杆，使百分表指针向正反两个方向摆动，于是便可得到百分表上的最大读数值 a，然后按式(9－41)换算出齿轮副的圆周侧间隙 C：

$$C=a\frac{R}{L} \tag{9-43}$$

式中　R——上齿轮分度圆半径，mm；

L——拨杆的长度，mm；

a——测量最大读数值，mm。

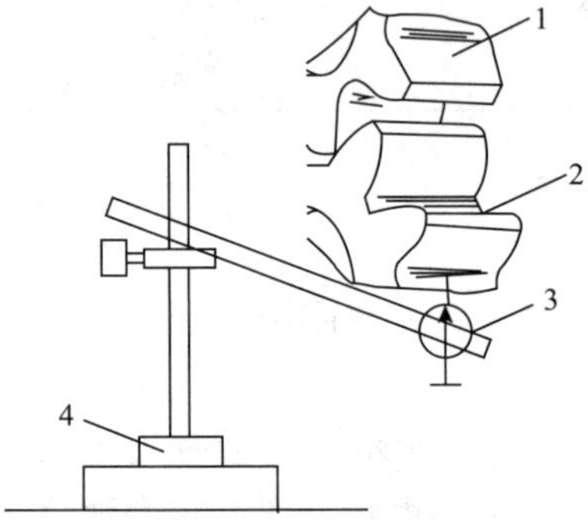

图 9－166　百分表法测量齿轮副的侧间隙

1—大齿轮；2—小齿轮；
3—百分表；4—磁力表架

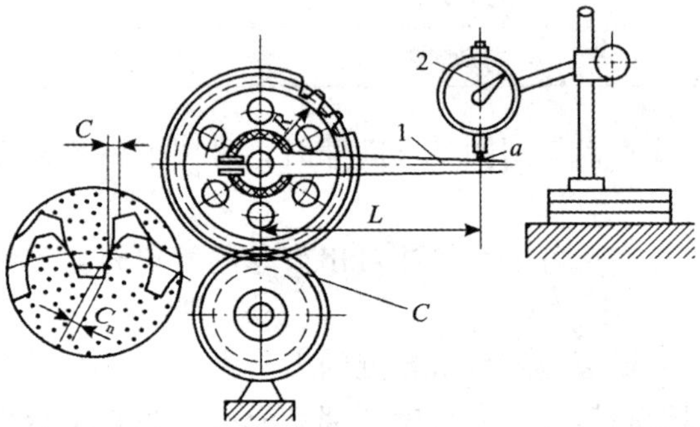

图 9－167　用百分表测量直齿圆柱齿轮副的侧间隙

1—拨杆；2—百分表

法向侧间隙 C_n 可按式(9－44)进行换算(直齿圆柱齿轮)

$$C_n=C\cos\alpha \tag{9-44}$$

对于斜齿轮，其法向侧间隙可按式(9－45)进行换算

$$C'_n=C\cos\alpha_n\cos\beta \tag{9-45}$$

式中　α——直齿圆柱齿轮的压力角，(°)；

α_n——斜齿圆柱齿轮的压力角，(°)；

β——斜齿圆柱齿轮的螺旋角，(°)。

8. 油封的安装

(1)油封体水平中分面刮研精度应为每 25mm×25mm 内有 8～16 点接触印痕，自由状态下用 0.05mm 塞尺检查，应塞不进，且无错口现象。

(2)油封片镶嵌应牢固、无裂纹、卷曲、歪斜等缺陷，组装方向应正确。

(3)用塞尺检查油封间隙，应符合制造厂技术文件的规定。

9. 变速齿轮箱的闭合

(1)变速齿轮箱水平中分面应光滑，无沟槽、划痕、锈蚀等缺陷，接触应严密，自由状态时，局部间隙不应大于 0.05mm。

(2)变速齿轮箱闭合时，应在机体水平中分面上涂抹薄薄一层密封胶，并应对称、均匀地紧固上下机体连接螺栓。

(3)变速齿轮箱定位后，导向键与下机体的配合间隙应为 0.03～0.06mm，定位销尺寸应符合技术文件的规定，定位销一般在高速轴下机体处。

(4)按机组运行方向盘动主动轴，应转动灵活，无卡涩现象，并无异常声响。

(5)喷油嘴安装位置应正确、牢固，喷嘴方向和位置应符合润滑要求，喷油管和喷嘴应清洁、畅通。

二、蜗轮蜗杆传动装置的安装

1. 蜗轮蜗杆传动装置(以下简称蜗轮副)安装前的检查

(1)蜗轮及蜗杆齿面应光洁，无裂纹、气孔及损伤等缺陷。

(2)用着色法检查蜗轮与蜗杆的啮合接触面积，且应符合表 9-32 的要求。

表 9-32　蜗轮与蜗杆接触面积

方向	接触面积	方向	接触面积
沿齿高方向	>60%	沿齿宽方向	>65%

(3)蜗轮和蜗杆齿表面粗糙度为 $Ra3.2$。

(4)蜗杆齿顶圆柱度应符合制造厂技术文件的规定。如无规定时，应符合表 9-33 的规定。

表 9-33　蜗杆齿顶圆柱度允许偏差值　　mm

蜗杆齿顶圆直径	圆柱度	蜗杆齿顶圆直径	圆柱度
30～50	0.02～0.04	>120～250	0.06～0.08
>50～120	0.04～0.06	>250	0.10

(5)蜗杆轴的径向跳动应符合制造厂技术文件的规定。如无规定时，应符合表 9-34 的要求。

表 9-34　蜗杆轴的径向跳动允许偏差值　　mm

精度等级	传动形式	径向跳动 螺杆分度圆直径 12～25	>25～50	>50～100	>100～200	>200～400
7	闭式	0.026	0.026	0.026	0.03	0.03
7	开式	0.036	0.036	0.036	0.04	0.042
8	闭式	0.028	0.03	0.03	0.035	0.038
8	开式	0.03	0.04	0.04	0.045	0.048
9	闭式	0.03	0.034	0.034	0.045	0.045
9	开式	0.042	0.045	0.045	0.055	0.055

(6)蜗轮组啮合侧间隙用百分表或塞尺在蜗轮每转动 90°进行检查，并应符合制造厂技术文件规定。如无规定时，应符合表 9-35 的要求。

表 9-35　蜗轮组啮合侧间隙　　mm

蜗轮组中心距	≤40	40～80	81～160	161～320	321～630	631～1250	>1250
啮合侧间隙	0.06～0.11	0.09～0.19	0.13～0.19	0.19～0.38	0.26～0.53	0.38～0.75	0.53～1.0

(7)蜗轮、蜗杆啮合的顶间隙为(0.20～0.30)m_n。

(8)闭式蜗轮蜗杆传动装置箱体孔的中心距偏差和轴心线间交角偏差应符合制造厂技术文件的规定。

(9)蜗轮中间平面与蜗杆中心线的偏差值，应符合制造厂技术文件的规定。如无规定时，应符合表 9-36 的规定。

表 9-36　蜗轮中间平面与蜗杆中心线的偏差值　mm

精度等级	允许偏差				
	中心距				
	40～80	>80～160	>160～320	>320～630	>630～1250
7	±0.035	±0.045	±0.055	±0.065	±0.08
8	±0.055	±0.065	±0.085	±0.11	±0.12
9	±0.085	±0.11	±0.13	±0.17	±0.20

2. 蜗轮副组装时的检查方法

(1)用着色法检查蜗轮、蜗杆啮合接触情况时，应先在蜗杆的工作表面上涂一层薄薄的红丹油，然后使其与蜗轮相啮合，并缓慢地正反方向转动蜗杆几周，根据接触斑点分布的位置和尺寸大小，即可判断啮合的质量，蜗轮副的接触斑点应趋于齿侧面的中部，如图 9-168 所示。啮合接触面的正确位置应如图 9-168(a)所示，如图(b)、(c)所示时，则应调整蜗轮的轴向位置。

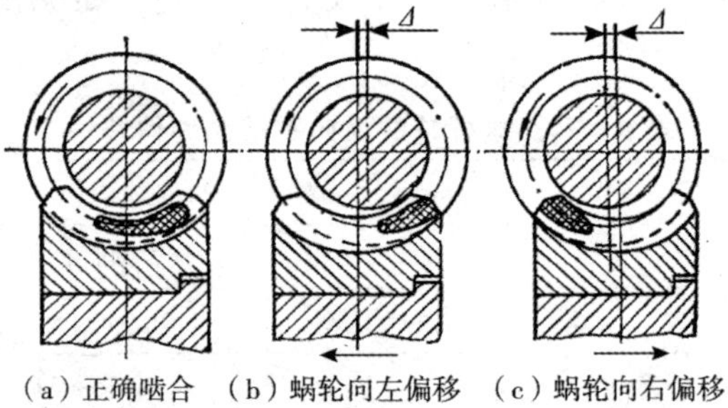

(a) 正确啮合　(b) 蜗轮向左偏移　(c) 蜗轮向右偏移

图 9-168　蜗轮副啮合接触面积分布图

接触斑点的百分率应按下列公式进行计算：

$$齿长方向百分率=\frac{a-c}{B}\times100\% \tag{9-46}$$

$$齿高方向百分率=\frac{h_p}{h_g}\times100\% \tag{9-47}$$

式中　a——接触斑迹极点间的距离，mm；

c——超过模数值的断开距离，mm；

B——齿全长，mm；

h_p——蜗轮副的接触斑点平均高度，mm；

h_g——蜗轮副齿的工作高度，mm。

对于单方向转动的蜗杆传动，在安装调整时应使接触面偏向蜗轮副的啮出侧，以利于在啮入处形成油膜空间。

蜗轮副组装，若啮合接触面积出现偏差时，通常可以通过移动蜗轮的位置(加、减调整垫片厚度)来改变啮合的接触位置，或研刮蜗轮的轴瓦来修正中心距偏差来改变啮合接触情况。

(2)蜗轮副的啮合侧间隙检查方法

蜗轮副的啮合侧间隙，可用塞尺和百分表法来进行测量。百分表测量法又分为间接测量法和直接测量法两种。

图 9－169 所示为蜗轮副的啮合侧间隙直接测量法。测量时，将百分表触头触在蜗轮轮齿表面，蜗杆固定不动，然后缓慢地左右转动蜗轮，百分表上的最大读数值，即为蜗轮和蜗杆齿面之间的侧间隙 C_n。蜗轮和蜗杆的啮合侧间隙，应符合制造厂技术文件的规定。

图 9－170 所示为采用间接测量法检查蜗轮副啮合间隙。进行测量时，应在蜗杆轴的端部装配一个摇杆 3，其端点触在百分表 2 的触头上；在蜗轮轴的端部装配一个挡杆 4，使其端部与百分表 5 触头相接触。转动摇杆 3 带动蜗杆转动，直至挡杆 4 开始摆动的瞬间为止，在表 2 上读出最大变化值 a，由于蜗轮副有侧间隙的存在，所以允许蜗杆转动一个角度 φ。若蜗杆的头系数为 Z_1，轴向模数为 m_s(即蜗杆的端面系数)，则蜗杆的轴向啮合间隙 C_s 可用下式进行计算：

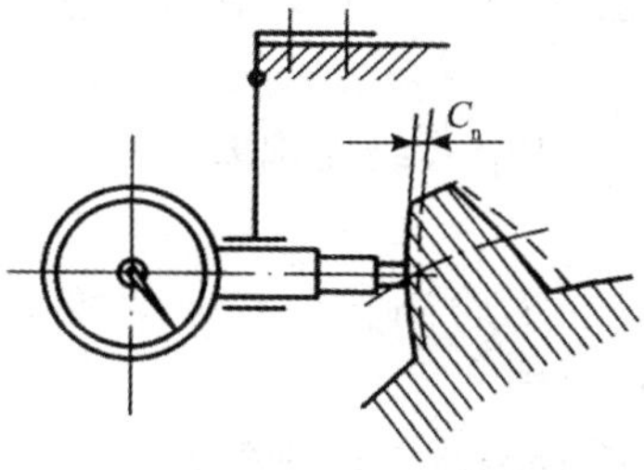

图 9－169　用百分表直接测量蜗轮蜗杆的侧间隙

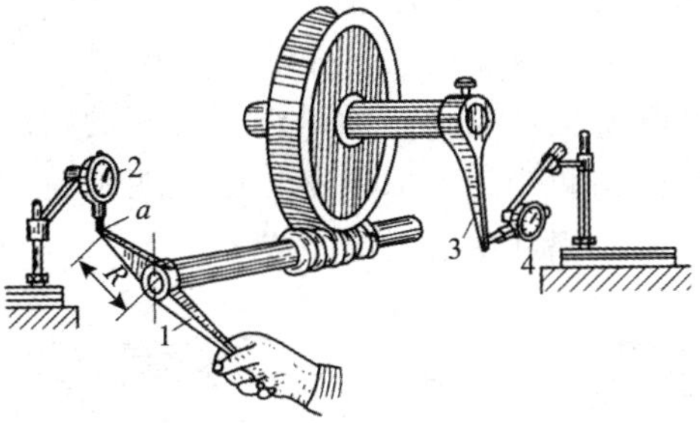

图 9－170　用百分表间接测量蜗轮副的间隙

1、6—磁力表架；2、5—百分表；3—摇杆；4—挡杆

$$C_s=\frac{\pi m_s Z_1 \varphi}{360} \tag{9-48}$$

但由于 φ 角很小，故可用百分表上的读数 a 来计算

$$\varphi=\frac{360a}{2\pi R} \tag{9-49}$$

所以

$$C_s=\frac{m_s Z_1 a}{2R} \tag{9-50}$$

式中　R——摇杆的旋转中心线到百分表触头的距离，mm。

蜗杆的轴向啮合间隙 C_s 与实测的啮合侧间隙(即齿面之间的法向侧间隙)C_n 具有下列关系：

$$C_n=C_s\cos\lambda\cos\alpha_n=\frac{m_s Z_1 a}{2R}\cos\lambda\cos\alpha_n \tag{9-51}$$

式中　λ——蜗杆螺旋线的螺旋升角，(°)；

α_n——蜗轮蜗杆法向压力角，(°)。

当蜗轮副中心距为可调时，则中心距的变化量 ΔA 与侧间隙的变化量 ΔC_n 之间的关系为：

$$\Delta C_n = 2\Delta A\sin\alpha_n \tag{9-52}$$

(3)蜗轮中间平面与蜗杆中心线偏差检查方法

蜗轮和蜗杆轴就位后，检查蜗轮中间平面与蜗杆中心线偏差，如图 9-171 所示。其检查方法可分为样板检查和挂线检查两种。

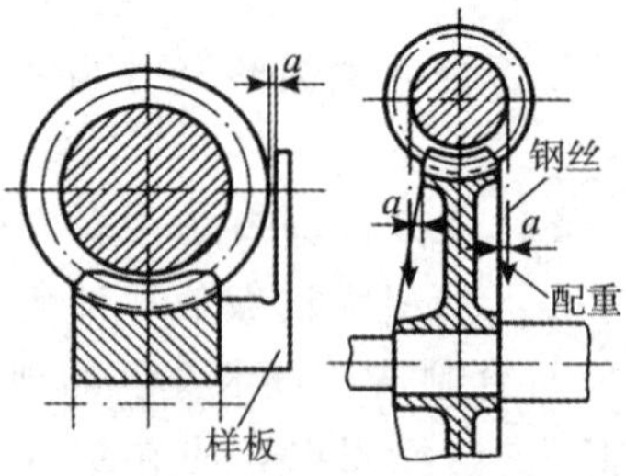

(a)用样板法检查　(b)用挂线法检查

图 9-171　蜗轮副的中间平面偏移量检查方法

①样板法检查

用样板法检查时，应将样板的一边轮流紧靠在蜗轮两侧的端面上，然后用塞尺测量样板与蜗杆之间的间隙 a，如图 9-171(a)所示。两侧测得的间隙差值，即为蜗轮中间平面与蜗杆中心线偏差。若两侧测得的间隙值相等，则表明蜗轮中间平面没有偏移，即装配正确；否则，表明装配不正确。

②挂线法检查

图 9-171(b)所示为用挂线法检查蜗轮中间平面与蜗杆中心线偏差。检查时先将直径 0.30～0.40mm 钢丝挂在蜗杆轴上，在钢丝下方挂上配重将钢丝伸直，然后用塞尺或其他测量工具测量钢丝与蜗轮两侧端面之间的间隙 a。

若测得的两侧间隙值相等，则表明蜗轮中间平面与蜗杆中心线无偏差；否则，表明蜗轮中间平面与蜗杆中心线有偏差。

(4)蜗轮副的轴线垂直度和中心距的检查

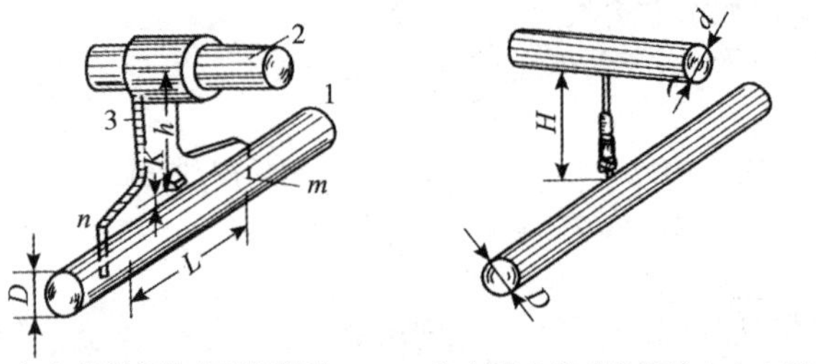

(a)用样板检查蜗杆副的垂直度和中心距　(b)用内径千分尺检查中心距

图 9-172　蜗杆副的垂直度和中心距的检查

1—摇杆(或样板)；2、3—检验心轴

检查蜗轮副的轴线垂直度(轴交角)的方法，如图 9-172(a)所示。检查时，先装上芯轴 2 和 3 以及具有测点 m 和 n 的样板 1，然后用塞尺测量 m、n 测点与芯轴 3 之间的间隙值。若两侧点处的间隙相等，则两轴垂直度等于 90°；若两侧点处的间隙值不相等，则将其差值 Δ、两侧点间的距离 L 和蜗轮的齿宽为 b_2，此时蜗轮副的垂直度偏差 Δf_Σ，其值为：

$$\Delta f_\Sigma = \frac{\Delta b_2}{L} \tag{9-53}$$

计算出蜗轮副的垂直度偏差值的同时，用塞尺测量出图中的 K 值。即可得到蜗轮副的中心距，即

$$A = h + K + \frac{D}{2} \tag{9-54}$$

式中　A——蜗轮副的中心距，mm；

h——样板中的已知值，mm；

K——塞尺测量值，mm；

D——芯轴 3 的直径，mm。

图 9－172(b)所示为用内径千分尺测量蜗轮副中心距。其中心距 A 可由下式计算：

$$A+H+\frac{D+d}{2} \tag{9-55}$$

式中　H——内径千分尺测量两心轴之间垂直距离，mm；

D、d——两心轴的直径，mm。

蜗轮副组装完毕后，应盘动蜗杆轴检查，传动装置应转动灵活，无卡涩现象；蜗轮处于任何位置时，转动蜗杆轴所需的力矩应一致；传动装置的润滑应良好，转动应平稳、灵活、无异常声响和振动等缺陷。

图 9－173 所示为 ENK40/45 型汽轮机蜗轮副传动调速器(意大利新比隆公司产品)，其各部位检查应符合表 9－37 的要求。

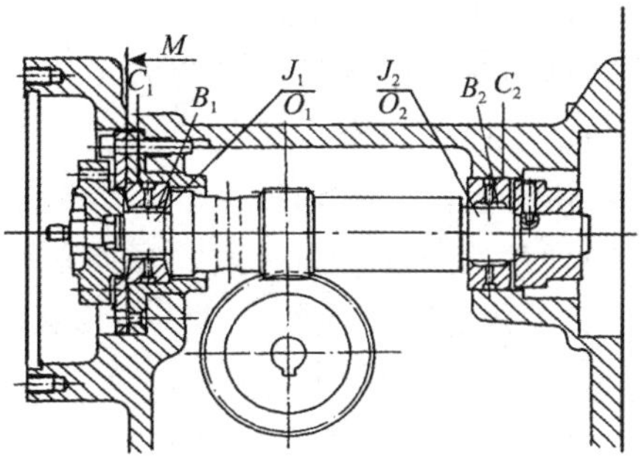

图 9－173　蜗轮副装配示意图

表 9－37　蜗轮副装配允许值

mm

项目	轴瓦径向间隙		轴瓦轴向间隙	轴瓦过盈量		轴颈跳动值		轴颈圆柱度		蜗轮副啮合间隙	
代号	B_1	B_2	M	C_1	C_2	J_1	J_2	O_1	O_2	侧隙 G	顶隙 S
设计值	0.055～0.09	0.055～0.09	0.05～0.10	<0.02	<0.02	0.01	0.01	0.01	0.01	0.14	0.25～0.45
安装值											

三、驱动组合装置的安装

图 9－174 所示驱动组合装置主要用于驱动 WoodWard 调速器，是将转子的转动传递给调速器，并通过变速与调速器转速相匹配。驱动组合装置(又称齿轮箱，但不是指汽轮机与被拖动工作机械间的变速齿轮箱)通过猫爪支持在前座架上，通过 4 个调整元件调整其垂直位置。

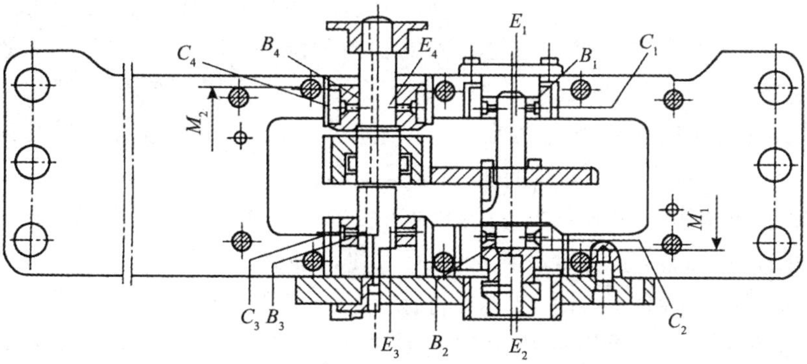

图 9－174　驱动组合装置安装示意图

驱动组合装置安装应符合下列要求：

(1)箱体应清洁、光滑，无裂纹、气孔、未浇满、夹层等缺陷；箱体应注入煤油进行试漏检验，油位高度应不低于回油孔上缘，经4h无渗漏为合格。

(2)用着色法检查箱体水平中分面接触应均匀，用0.05mm塞尺检查，应塞不进。

(3)集油箱、油孔应光滑、清洁、畅通。

(4)齿轮工作面应清洁、光滑，无剥落、裂纹、磨损、锈蚀、补焊等缺陷。

(5)推力盘表面的粗糙度为 $Ra0.8$，端面跳动值应不大于0.015mm。

(6)轴承巴氏合金应无脱胎、裂纹、砂眼、气孔等缺陷。

(7)用着色法检查轴颈与轴承的接触面积沿轴向均匀分布，其接触角度应为60°～90°。

(8)轴颈的圆度、圆柱度、径向跳动，其允许偏差应符合制造厂技术文件的规定。若无技术文件规定时，应符合表9-38的规定。

表9-38　驱动组合装置安装允许偏差

项目	推力轴承间隙/mm		径向轴承间隙/mm				轴瓦过盈量/mm		齿轮接触面积	
代号	M_1	M_2	B_1	B_2	B_3	B_4	C_1、C_2、C_3、C_4		齿宽方向	齿高方向
设计值	0.10～0.15	0.10～0.15	0.055～0.10		0.045～0.085		0～0.02		>45%	>70%
安装值										

(9)用着色法检查齿轮啮合情况应接触均匀，其接触面积应符合表9-38规定。

(10)喷油管、油管安装位置应正确、并固定牢靠。

四、盘车装置的安装

汽轮机在启动前和停机后的一段时间，需要投入盘车装置，使转子慢速转动，以防止转子因上、下部分受热不均匀，而产生弯曲变形。盘车设备是一套减速装置，由电动机带动多组减速齿轮使汽轮机转子慢速旋转。电动盘车装置检查及安装应符合下列要求：

(1)齿轮副和蜗轮副安装应符合变速齿轮箱和蜗轮蜗杆传动装置安装的要求。

(2)盘车装置各水平中分面和垂直中分面(包括盘车装置和轴承座之间的水平中分面)在自由状态下，用0.05mm塞尺检查各结合面的接触情况，应塞不进。

(3)组装后的盘车装置用手操作，滑动齿轮在螺旋杆(轴)上应滑动灵活、无卡涩现象，并能灵活啮合或脱开。在汽轮机转子冲动后，应能立即自动脱开。脱开后操作杆应能固定，保持汽轮机转子大齿轮与盘车齿轮之间的轴向间隙在15mm左右。

(4)滑动齿轮与盘车齿轮啮合时，在手柄下部的凸轮作用下使行程开关的触头接触良好，手柄在弹簧及油压的作用下回到原来的位置时，保险销应自动掉入销孔内。

(5)盘车装置内部各螺栓及紧固件必须锁紧锁牢。

(6)小齿轮轴和操作杆伸出壳体处的外油封装置，应密封良好，无漏油现象。

(7)检查控制油滑阀活塞应运动自如、无卡涩，油管应清洁畅通。在拆卸、组装控制油活塞时，应将保险螺栓的垫圈取出，再将保险螺栓紧固，以防控制油滑阀活塞弹出。

(8)盘车装置各结合面所用的垫片和密封剂应符合制造厂技术文件规定。滚动轴承盖与青稞纸调整垫片应平整。轴承外圈与轴承盖间轴向间隙，应符合制造厂技术文件规定。

(9)电动机与小齿轮联轴器找正时，其径向和轴向偏差应不大于0.10mm，联轴器找正后应在电动机底座对角各装配一个定位销。

(10)盘查装置组装完毕后，用手转动联轴器，应转动灵活，无卡涩现象。推动或拉出传动摇杆时，应滑动自如。

第十一节 调节系统安装

一、液压调节系统安装一般规定

调节系统部套的安装质量直接影响调节系统的性能。在调节系统安装时，施工人员应认真熟悉制造厂提供的汽轮机调节系统图纸，调节、保安及油系统的设备装配图及使用、维护说明书，了解部件的结构及动作原理和拆卸程序，并掌握其安装方法。

调节系统各部套从拆卸、清理检查到组装，均应有专人负责工作。所有部件或管道敞口均应按规定进行临时封闭。

主要零部件解体前，应将各零部件的相对位置打上钢字头，对需要准确对正位置的零件可用钢划针做好记号，禁止在零件的滑动面或密封面上打钢印。组装时各零部件标记与拆卸时相符。对于可调整的螺母、螺杆、连杆长度、弹簧压缩尺寸、阀碟间隙，在拆卸前均应测量制造厂原组装尺寸并作原始记录，装配时应与拆卸前的测量记录和制造厂出厂装配检测记录进行核对，并应符合制造厂技术文件的规定。在拆卸零部件时，应将各连接部分和固定部分的锁紧装置或止动装置的位置及类型做记录，以免装错或遗漏。零部件拆装过程中，应采用适当的工、器具及措施，禁止盲目敲打，强行拆卸。

部件解体后进行清洗时，应使用煤油或类似的溶剂、清洗液进行清洗，并使用净布擦拭，清除沟槽、小孔内的杂质及异物，并清除焊件或铸件内壁的焊渣、型砂等。

检查各部件的各孔、通道应符合制造厂技术文件的规定，其数量、位置及断面均符合图纸要求并畅通。检查弹簧应无裂纹、锈蚀、损伤和扭曲现象，支承端面平整、光滑。波纹管应进行煤油渗漏试验，经24h试验不漏为合格。

零部件组装前，应用干燥压缩空气将其吹净，必要时用白面团粘净。部件组装时，各零件的滑动面应涂以符合制造厂技术文件规定的润滑剂；对承受高温的零件，可擦拭干的细微鳞状石墨粉或二硫化钼，高温螺栓可涂抹螺栓防咬合剂，通油部分涂以洁净的透平油。组装时，对各滑动部分应动作灵活、无卡涩现象，各转动部件应转动灵活。各零部件连接部位的销轴应活动自由，无松旷、卡涩现象。各连接部分和定位的销钉、防松垫圈、开口销、锁紧螺母、紧固螺钉等均应安装到位并紧固锁紧。开口销、防松垫圈尺寸及质量均应符合制造厂技术文件规定。

各结合面、密封面的接触面均应接触良好，其接触面积在75%以上。各密封面或连接接头应严密、无泄漏，其使用的密封垫片，应根据其工作介质选用，见表9-39。

表 9－39　密封材料品种及适用范围

垫片		适用范围		
种类	材料	压力/0.098MPa	温度/℃	介质
纸垫	青稞纸		＜120	油、水
橡胶垫	普通橡胶板		－40～60	水、空气
聚四氟乙烯垫	聚四氟乙烯板	≤30	－180～250	浓酸、碱、溶剂、油类、抗燃油
橡胶石棉垫	高压橡胶石棉板	≤60	≤450	空气、压缩空气、蒸汽、惰性气体、水、海水、酸、盐
	中压橡胶石棉板	≤40	≤350	
	低压橡胶石棉板	≤15	≤220	
	耐油石棉橡胶板	≤40	≤400	
缠绕垫片金属包平垫或波形垫	金属部分： 铜、铝、08 钢、1Cr13 1Cr18Ni9Ti 非金属部分： 石棉带、聚四氟乙烯	≤64	≈600	蒸汽、氢气、空气、油、水
金属平垫	A3、10、20、1Cr13	≈200	550	汽、水
	1Cr18Ni9Ti	≈200	600	汽
	铜、铝	100	250	水
		64	425	汽
金属齿形垫	08 钢	≈200	550	汽、水
	合金钢	≥40		
	软钢	≥40	660	抗燃油

调节系统及油系统各部件在安装过程中，所有敞口必须进行临时封闭：法兰口封闭采用钢堵板衬以石棉橡胶板用螺栓紧固；暂不组装的部套，应用洁净的塑料薄膜或白布包裹好。

二、调节系统的安装

1. 旋转阻尼调速器的安装

(1)旋转阻尼的安装

①旋转阻尼安装前，清理检查阻尼体及阻尼管应洁净，无油垢、锈蚀、油漆等杂物；阻尼管应在阻尼体上固定牢固，旋转阻尼体与轴应紧固牢固。

②旋转阻尼体油封环表面应光滑，无脱胎、裂纹和剥落等缺陷。油封环装配后应在180°范围内能自由转动，并保持油封环的径向间隙 a 为 0.05～0.13mm，轴向间隙 b 为 0.025～0.077mm，如图 9－175 所示。即使符合上述要求，但由于装配不当而卡涩将引起单面磨损，致使油封环的径向和轴向间隙过大，将会使漏油增加，同时在油封处产生涡

流，从而影响一次油压 p_1 与转速 n 的稳定性。旋转阻尼体油封环表面铣有螺旋槽，螺旋槽的转向与油流方向相反，在安装时应检查螺旋槽的方向应符合阻止油流泄漏的要求。

③与旋转阻尼体连接的管道(由主油泵通往旋转阻尼和由旋转阻尼通往放大器的油管)应清洁、畅通，无泄漏现象。用着色法检查管接头应圆周接触均匀，避免管接头漏油引起一次油压的波动。旋转阻尼出口至放大器的油管道，应安装单独的固定支架，以防运行时因油压变化及转子振动而使接口断裂。

④检查旋转阻尼进口节流针阀阀杆螺纹应光滑、转动灵活，无毛刺、损伤等缺陷。针形阀阀杆与阀座中心位置应同心。针形阀的开度及调节范围均应符合制造厂技术文件的规定。

⑤旋转阻尼组装时，先将下半旋转阻尼壳体就位并找正壳体在前轴承座内的位置。在汽轮机转子就位时，将油封环套在阻尼体上，检查油封环在阻尼体下半壳体内的装配情况，用手转动油封环应灵活、无卡涩现象。然后将上半旋转阻尼壳体对准油封环落在下壳体水平中分面上应无错口现象，壳体上的定位销应对准。紧固壳体水平中分面 1/3 连接螺栓，用 0.05mm 塞尺检查，应塞不进。最终紧固螺栓时，应对称、均匀地紧固。旋转阻尼组装完毕后，阻尼体应转动灵活，无卡涩现象。

(2)旋转阻尼调速器的放大器安装

旋转阻尼调速器的放大器是转速脉冲油压(一次油压)信号的放大装置，如图 9 - 176 所示。旋转阻尼调速器的放大器采用的是波纹管蝶阀杠杆放大器，其在制造厂内做过部套试验并于同步器一起组装后出厂，一般在现场不做解体。

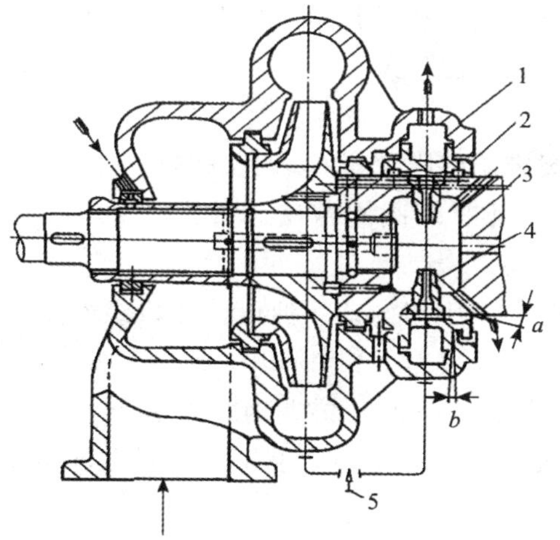

图 9 - 175　旋转阻尼

1—阻尼壳；2—油封环；3—阻尼体；4—阻尼管；5—针型阀

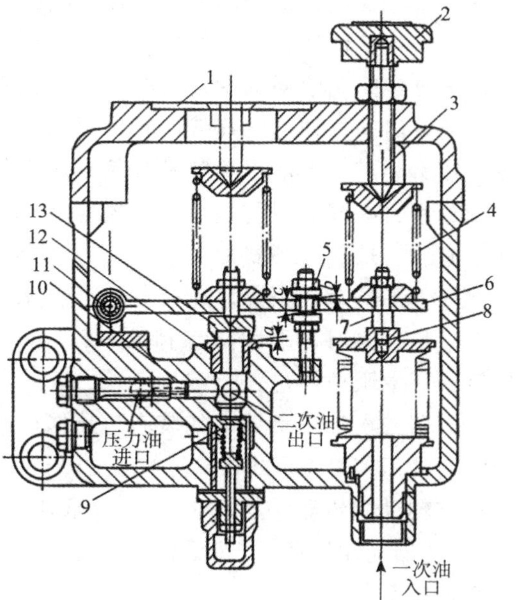

图 9 - 176 波纹管蝶阀杠杆式放大器

1—主同步器位置；2—辅助同步器；3—调整螺杆；4—弹簧；5—限位螺母；6—杠杆；7—插销；8—波纹管组；9—过压阀；10—节流孔；11—滚动轴承；12—蝶阀座；13—蝶阀

在安装时若需解体检查时，则应先将同步器吊走，并在弹簧杠杆处于水平位置时，测量上下限位螺母与杠杆间的间隙 a 和 b 以及蝶阀间隙 c、压力油节流孔直径 ϕ 和二次油过压阀弹簧的预压缩值 d 均应符合制造厂技术文件的规定并记录，限位螺母应锁紧。

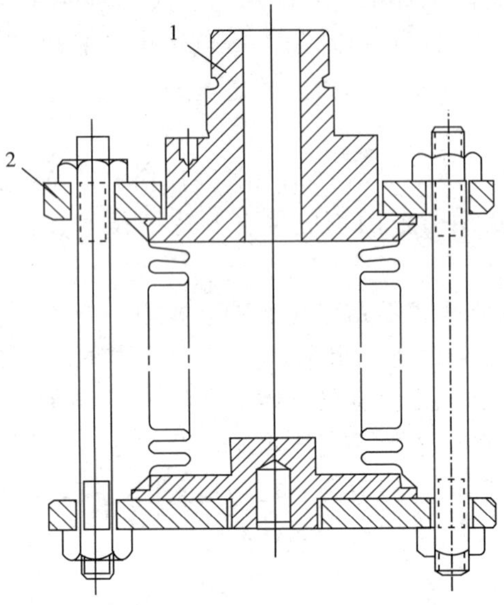

图 9-177　波形管组油压试验夹具图
1—波形管组；2—夹具

上述数据测量完毕后，拆卸放大器上盖，取出主副同步器压弹簧和板弹簧杠杆上的限位螺母，逆时针转动板弹簧杠杆，即可拆卸波纹管组。波形管组拆卸后应作浸煤油试验或作 0.4MPa 表压力的油压试验，以检查波纹管钎焊处是否有泄漏现象。但作油压试验时应装上夹具，如图 9-177 所示。

放大器解体后，应清理检查壳体应光滑，无裂纹、气孔等缺陷。放大器的主同步器弹簧和辅助同步器弹簧应无扭曲、裂纹、锈蚀等缺陷；板弹簧杠杆应平直，转动应灵活；板弹簧两端面应平行，外圆与端面应垂直，弹簧刚度应符合制造厂技术文件规定。

蝶阀阀芯与阀座应光滑、无划痕、毛刺等缺陷。用着色法检查蝶阀应与阀座的同心度。检查时，在蝶阀阀芯上涂薄薄一层红丹油，旋紧调整螺杆上的螺母，使蝶阀与阀座接触，然后松开螺母取下蝶阀，检查阀座上的接触痕迹应接触均匀，并与阀座上的泄油口同心。若不同心时，可视具体情况移动阀座或弹簧钢杆的位置进行调整。

杠杆与支架间用滚动轴承连接时，转动杠杆应转动灵活、无卡涩现象。板弹簧杠杆组装后，波形管组与杠杆之间连接应转动灵活，无卡涩现象。

放大器组装后，各部位间隙及弹簧预压缩值均应符合制造厂技术文件的规定，并锁紧限位螺母。主、副同步器复装后，手轮应转动灵活，无卡涩现象。

调整波纹管蝶阀杠杆式放大器时，应注意以下事项：

①杠杆上下移动的距离，应按制造厂技术文件规定调整限位螺钉(调整螺杆)，一般当杠杆与下限位接触时，上面应保持 2～2.5mm 间隙，此时蝶阀间隙应调整为 0.20mm 左右，然后紧固上限位螺母。

②放大器二次油压室处，如装有过压阀时，应调整过压阀的动作油压值比机组额定负荷时的二次油压值高 0.02MPa 左右；

③调整辅助同步器手轮，将机组转速升到额定转速的 85%～92%时，放大器应动作(一般为调速器动作转速)，然后将其固定，在正常运行时不允许转动手轮，更不允许用手轮来调整增减负荷。

2. 高速弹性调速器的安装

高速弹性调速器(图 9-178)固定在主油泵轴上，在制造厂已组装并调整完毕，一般在现场不做解体或调整飞锤的重量。因此安装时，仅做如下检查：

(1)调速块与钢带应固定牢固，无间隙。紧固螺钉应低于调速块，并以敛缝固定，弹簧和钢带表面应清洁、光滑、完好，无裂纹、变形等缺陷。

(2)弹簧座两边的弹簧圈数应相等，弹簧座应将拉伸弹簧夹牢，拉伸弹簧与飞锤及其特制螺母间均已点焊牢固。

(3)飞锤位置应左右对称($a_1=a_2$)，其偏差应不大于0.20mm。

(4)调速块限位端间距离K值应符合制造厂技术文件的规定值。如无规定时，其偏差值应不大于0.07mm。

(5)钢带正对随动滑阀喷嘴的调速块平面应清洁、光滑、平整，并与喷嘴轴线垂直；用百分表检查调速块端面的跳动值，应不大于0.04mm。

3. 径向钻孔泵的安装(见图9－179)

径向钻孔泵，也称调速泵或脉冲泵，如图9－179所示。其安装应符合下列要求：

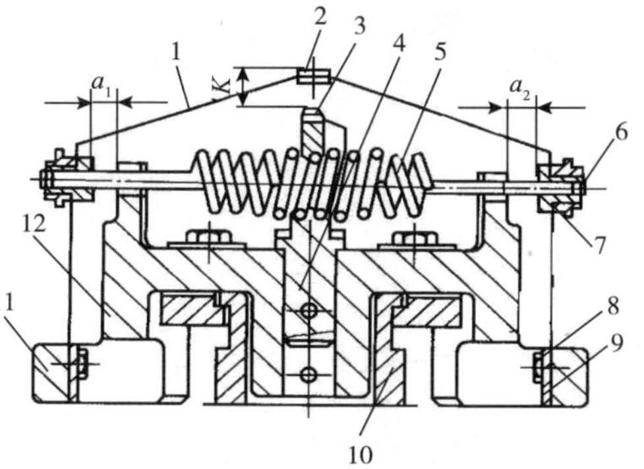

图9－178　高速弹性调速器

1—钢带(或称弹簧板)；2—调速块(或称挡油板)；3—限位器；4—弹簧中心支架(或称弹簧座)；5—弹簧；6—飞锤(重块)；7—特制调节螺母；8—固定钢带的螺钉；9—压板；10—主油泵轴；11—调速器托架；12—托架

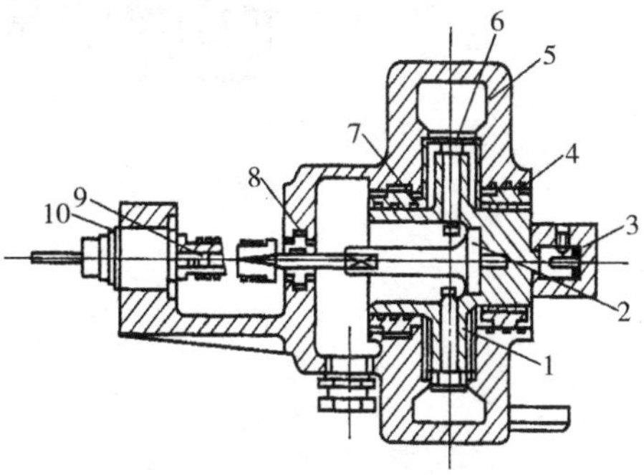

图9－179　径向泵示意图

1—泵轮；2—导流杆；3—主油泵轴；4、7、8—油封环；5—泵体；6—稳流网；9—挠性联轴器；10—测速发电机

(1)油封环应清洁、光滑、完整，无裂纹、脱胎等缺陷。

(2)稳流网应清洁、完整，无破损、杂物等缺陷。

(3)测量油封环的径向总间隙应符合制造厂技术文件规定，如无规定时，油封环8为0.04～0.06mm，油封环4及7为0.05～0.13mm。

(4)泵轮两侧面与泵壳间的轴向间隙应相等，一般为5mm左右。

(5)用百分表检查径向泵油封环4、7、8处的径向跳动值，应不大于0.03mm，泵轮外缘径向跳动值应不大于0.05mm。

(6)径向钻孔泵闭合时，紧固1/3水平中分面螺栓，用0.05mm塞尺检查其严密性，应塞不进。

(7)径向泵与主油泵的联轴器轴对中偏差应不大于0.05mm。

4. 调速器错油门组的安装

调速器错油门组简称调速器错油门，其结构如图9－180所示。它是高速弹性调速系统中信号的第一级传动和放大机构。

调速器错油门组安装时，应检查下列项目：

(1)调速器错油门组解体前，应在各零部件的相对应位置打上钢印标记。

(2)控制错油门1、随动错油门2、分配错油门5各自的套筒与活塞应清洁、光滑，无毛刺、锈蚀、划痕等缺陷，且活塞在套筒内应活动灵活，无卡涩现象。

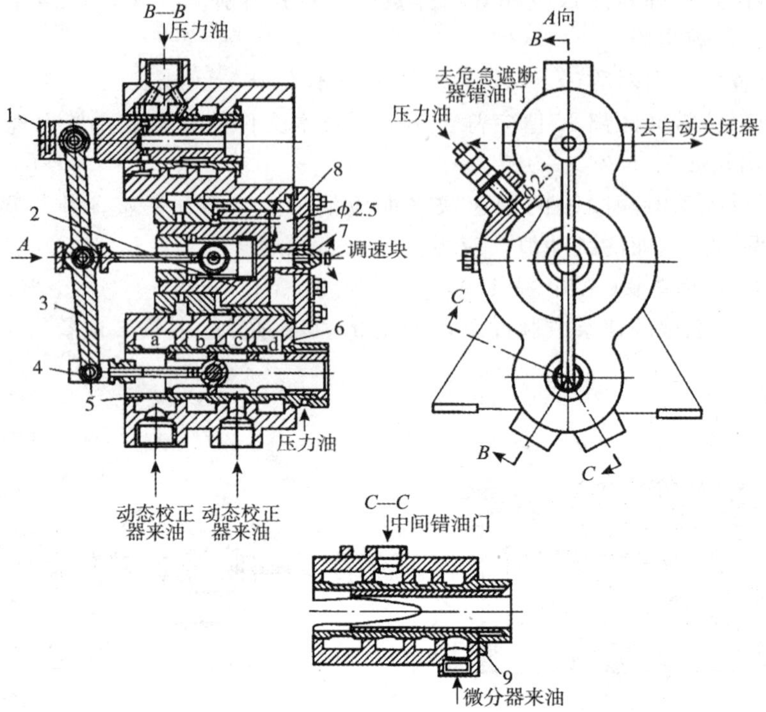

图 9-180　调速器错油门组结构图

1—控制错油门；2—随动错油门；3—杠杆；4—调整螺母；
5—分配错油门；6—壳体；7—喷油嘴；8—端盖；9—限位块

(3)活塞环在活塞槽内应转动灵活，且弹性良好，无裂纹、毛刺、损伤等缺陷。

(4)随动错油门在组装时，应保持节流孔 f_1、f_2、排气孔 f'_2、f'_3洁净、畅通，如图 9-181所示。

(5)调速器错油门的进油过滤网应清洁、畅通、无堵塞现象。

(6)喷油嘴的端面与调速块平面之间的不平行度应不大于 0.04mm。

(7)当随动错油门活塞处于左止点(限制点)时，喷油嘴 7 与调速器的调速块之间的间隙为 $H\pm0.05$mm，然后用定位销将调速器错油门固定住。H 值可按下式计算(见图 9-182)：

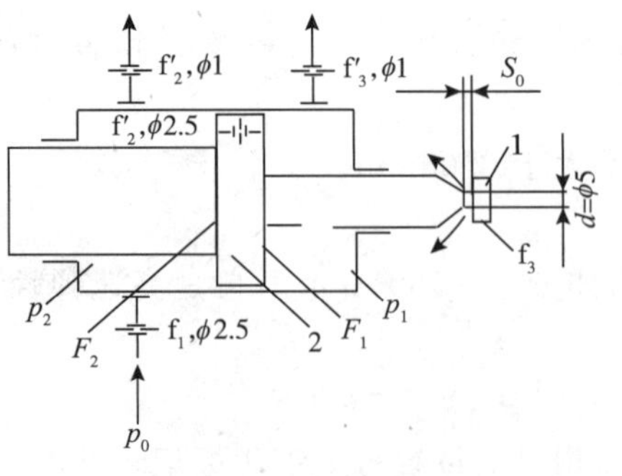

图 9-181　随动错油门的油路示意图

1—调速块；2—随动错油门活塞

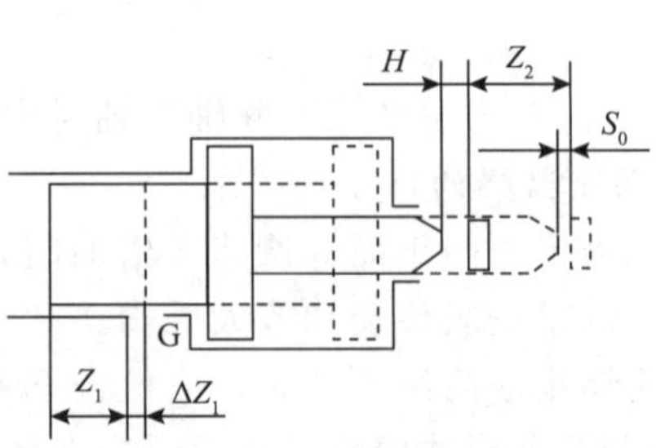

图 9-182　计算安装间隙 H 值示意图

$$H=S_0+\Delta Z_1+Z_1-Z_2$$

式中　S_0——喷油嘴与调速块之间的间隙，约为 0.22mm；

ΔZ_1——附加保护动作时，排油口 G 的开度，约为 0.24mm；

Z_1——附加保护排油口 G 的过封度，约为 13.1mm；

Z_2——调速块在调速器转速为(3435±15)r/min 时的位移，约为 11.4mm(已考虑喷嘴对调速块位移的影响)。

(8)随动错油门端盖组装后，错油门活塞在套筒内往复运动应灵活，无卡涩现象。

5. 同步器的安装

旋转阻尼调节系统中的同步器、高速弹性调速器调节系统中的同步器以及径向泵调节系统的同步器，这 3 种结构动作原理相似，以旋转运动变为直线运动，所以在安装调整时检查项目是相似的。同步器安装时应符合下列要求：

(1)用着色法检查蜗轮组和齿轮组应啮合良好。

(2)同步器手轮的圈数应符合制造厂技术文件规定，摇动手轮时应转动灵活，传动轴能均匀轻便地前后灵活地移动，并无卡涩现象。

(3)同步器应装有行程指示器，行程指示器整定时应按制造厂技术文件规定进行，行程指示与内部有效行程应相吻合。

(4)离合器弹簧的压缩量应按制造厂技术文件要求进行调整。离合器手动和电动之间是靠端面接触来互相传递和转换。手动同步器时，离合器应滑动灵活；电动同步器时，离合器应转动而不滑动。当同步器位于上下限位时应能空转。

(5)当刻度盘指针指示在零位时，T 形接头与调速器滑阀端部挂钩的配合间隙应符合制造厂技术文件规定，一般应不大于 0.20mm，最后打入 T 形接头与传动轴的定位销。

6. 油动机的安装

图 9-183 所示为活塞式油动机。安装时应符合下列要求：

(1)油动机解体时，应测量继动器上部动、静反馈弹簧的压缩量并记录。

(2)继动器活塞蝶阀密封面应清洁、光滑，无划痕缺陷。

(3)部件上的连接螺栓与螺母配合良好，无松旷现象；螺母与垫圈、垫圈与部件间均应接触良好，并有锁紧装置。

(4)活塞、活塞环表面应清洁、光滑，无裂纹、划伤、变形及铸造、加工等缺陷。

(5)活塞环应弹性良好，活塞环在活塞槽内应活动自如，用手压紧时，活塞环应全部埋入活塞槽内，并比活塞表面低

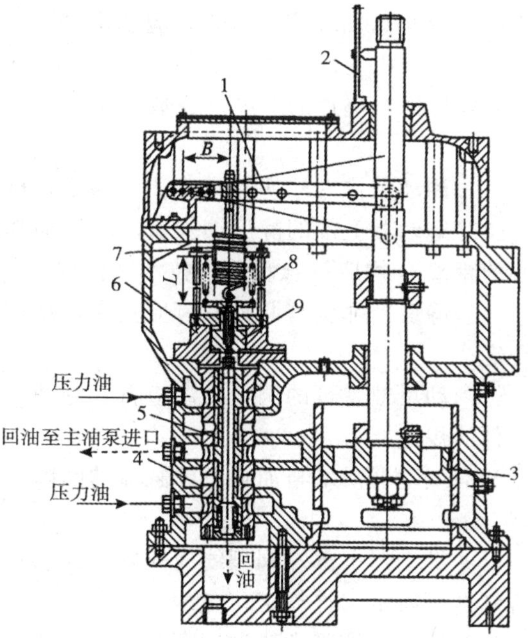

图 9-183　油动机

1—反馈杠杆；2—标尺；3—油动机活塞；4—错油门套筒；5—错油门滑阀；6—继动器；7—静反馈弹簧；8—动反馈弹簧

0.5～1.0mm。

(6)活塞环在活塞槽内轴向总间隙为0.04～0.08mm；有两个以上的活塞环时，活塞环的开口位置应错开90°～120°。

(7)活塞环与油缸应贴合良好，活塞环外径与油缸内壁接触线不得小于周长的60%，或在整个圆周上漏光应不多于两处，每处弧长应不大于45°，漏光处的径向间隙应不大于0.05mm

(8)活塞杆表面应清洁、光滑，无纵向划痕、裂纹、毛刺等缺陷，表面粗糙度为$Ra0.8$。检查活塞杆与套筒的间隙应符合制造厂技术文件的规定。如无规定时，其间隙为0.10～0.20mm。

(9)活塞杆直线度公差值为0.06mm/m，最大应不大于0.10mm/m。活塞杆圆柱度公差应符合表9-40的规定。

表9-40　活塞杆圆柱度允许公差值　　mm

活塞杆直径	圆柱度允许公差值	活塞杆直径	圆柱度允许公差值
40～80	0.02～0.05	＞80～120	0.03～0.07

(10)活塞杆拧入活塞紧固连接螺母后，应无松动现象，且活塞杆螺纹应完好，无变形、断裂等缺陷。

(11)反馈杠杆应平整、光滑，在活塞杆上固定牢固，与滚轮无卡涩现象。

(12)用着色法检查油动机壳体两端结合面与上、下端盖接触面接触应达75%以上，并分布均匀，在全圆周有连续接触。油动机上盖法兰结合面应平整、光滑，在紧固1/3连接螺栓后，用0.03mm塞尺检查，应塞不进。

(13)油动机壳体与底座之间的结合面，允许用青稞纸或牛皮纸作为调整垫片。组装时，应保持原有垫片的厚度。在放置调整垫片时，垫片上的油孔位置应与壳体上油孔位置相吻合。

(14)油动机排气柱塞孔应清洁、畅通，排气柱塞孔径应为1mm左右。

(15)继动器上部的静反馈弹簧、动反馈弹簧的压缩长度L和反馈杠杆的支点距继动器中心的距离B均应符合制造厂技术文件规定。

(16)静反馈弹簧与调整螺钉应垂直，动作灵活、可靠，弹簧刚度应符合制造厂技术文件规定。

(17)动反馈弹簧的调整距离应符合制造厂技术文件的规定，弹簧刚度应符合制造厂技术文件的规定。

(18)继动器活塞与油缸及油缸盖的间隙，继动器活塞上下行程应符合制造厂技术文件规定。

(19)继动器下部蝶阀型线应完好，无损伤、划痕等缺陷，蝶阀与错油门之间的间隙应符合制造厂技术文件规定。

(20)错油门滑阀和错油门套筒的进、排油侧重叠度应符合制造厂技术文件规定。

(21)错油门弹簧两端应平行，外圆表面与端面应垂直，其刚度应符合制造厂技术文件规定。

(22)油动机组装完毕后，检查活塞上下往复运动应自如，无卡涩现象。当油动机活塞处于最低位置时，油动机活塞行程指针应对准标尺上零刻度。按制造厂技术文件规定，活塞位置应与油动机活塞就地与远方行程指示器的指示，三者应相吻合。

7. PG－PL 型调速器的安装

前，石化装置汽轮机的调速器均采用美国 Woodward 型调速器。Woodward 型调速器分为 3 种类型：

(1)Simple Governor 型(简单型调速器)，简称 SG 型和 SGX 型，主要适用于带动小型泵用汽轮机。

(2)Pressure Compensated Governor Pipe Line 型(波纹管压力补偿型调速器)，简称 PG－PL 型调速器，适用于带动压缩机类汽轮机。其特点是压缩机进口或出口压力通过空气信号反映给调速机构，使汽轮机的转速适应负荷变化。

(3)Universal Governor 型(通用型调速器)，简称 UG 型调速器，又分为 Dial(带刻度)和 Lever(杠杆)型两种。主要用于带动较大型泵用汽轮机。

PG－PL 调速器转速范围 776～1005r/min，控制风压信号范围 0.02～0.1MPa。原则上每两年送专业厂家检查、调校一次。

PG－PL 型调速器的安装应符合下列要求：

(1)检查滑阀、油动机活塞、缓冲活塞、速度给定活塞，应无划痕、毛刺等缺陷。

(2)调速器飞锤等部件的检修，可参照飞锤式离心式调速器。

(3)检查所有控制油口及滑阀凸肩边缘应为锐利的直角，轻微毛边可用细油石打磨光滑并成直角，但不应将边缘打磨成圆角、钝角或随意缩短凸肩高度。

(4)使用压缩空气进行速度给定风压波纹管气密试验，应无泄漏。

(5)检查调速器的密封垫片、O 形密封圈应完好，无破损等缺陷。

8. 错油门安装

(1)错油门清洗与检查

①错油门衬套一般在安装过程中不允许拆卸，若需拆卸时，拆卸前应将衬套和油室相对位置做上标记，并测量滑阀的相对定位尺寸及行程并记录。错油门油动机结构如图 9－184 所示。各部安装间隙见表 9－41。

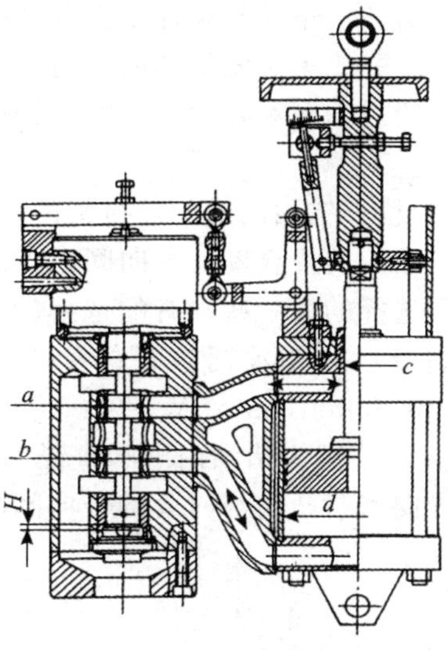

图 9－184　错油门及油动机示意图

表 9－41　错油门及油动机安装间隙要求值　　mm

项目	滑阀与衬套间隙		衬套与壳体间隙		活塞杆与导向套间隙		活塞与缸体间隙		钢球与螺塞间隙	
代号	*a*		*b*		*c*		*d*		*H*	
部位	高压	中压	高压	中压	高压	中压	高压	中压	高压	中压
设计值	0.05～0.091	0.04～0.074	0.02～0.04	0.02～0.04	0.055～0.09	0.04～0.07	0.085～0.14	0.085～0.14	11.0	8.85
安装值										

②滑阀及衬套应光滑、无毛刺、裂纹、划痕、锈蚀、磨损等缺陷，凸肩无碰撞和缺损，各油孔应光洁、畅通。

③滑阀在衬套内动作应灵活、无卡涩现象，滑阀凸缘与滑阀油窗口刃角应完好无损。

④滚动轴承滚道、滚珠、保持架应转动灵活，无锈蚀、裂纹等缺陷。

⑤反馈板与肘形架上的滑轮工作面应光滑，无磨损等缺陷，各连接部位连接应可靠，转动灵活。

(2)错油门滑阀重叠度的检查

错油门滑阀的重叠度应符合制造厂技术文件规定，断流式错油门滑阀的重叠度一般应为正值。在不拆卸错油门套筒情况下，错油门套筒上油口重叠度可用专用工具测量。图9-185(a)所示为用L形专用工具测量错油门套筒油口宽度及凸缘尺寸法，测量断流式错油门重叠度。将专用测量杆放在定位套筒内，并保持测量杆与定位套筒间有0.03～0.05mm间隙。定位套筒与套筒端面接触应平整，定位套筒应具有一定的长度，孔与底平面应垂直，以保证测量杆与套筒间垂直，无倾斜。测量时，上下移动专用测量杆，测量杆顶放置的百分表摆动值Δ_1，Δ_1与测量杆足部厚度L_1相加，即为所测错油门滑阀的重叠度。图9-185(b)所示为另一种测量工具，类似于深度游标卡尺。

衬套油口宽度S为：

$$S=L_1+\Delta_1$$

式中　Δ_1——单足测量杆垂直移动时的百分表读数值，mm；

L_1——单足测量杆的单足厚度，mm。

一般进油侧重叠度Δ_1为0.10～0.30mm，一般进油侧重叠度Δ_1稍大于排油侧重叠度Δ_2。

(3)检查错油门滑阀与衬套的间隙

错油门的重叠度及径向间隙各制造厂技术文件均有规定，因为使用的标准不同，有的制造厂选择的大一些，有的选择的小一些。一般错油门径向间隙$\Delta=0.05\sim0.15$mm；也有的制造厂按错油门直径的2/1000选择。断流式错油门的重叠度一般选择$\Delta_1=\Delta_3=0.08\sim0.15$mm，$\Delta_2=\Delta_4=0.05\sim0.10$mm，如图9-186所示。错油门滑阀与衬套的径向间隙Δ_3，一般为错油门滑阀直径的2%左右，其径向间隙应符合制造厂技术文件的规定。滑阀导向密封凸肩与衬套的径向间隙Δ_4，一般小于Δ_3。

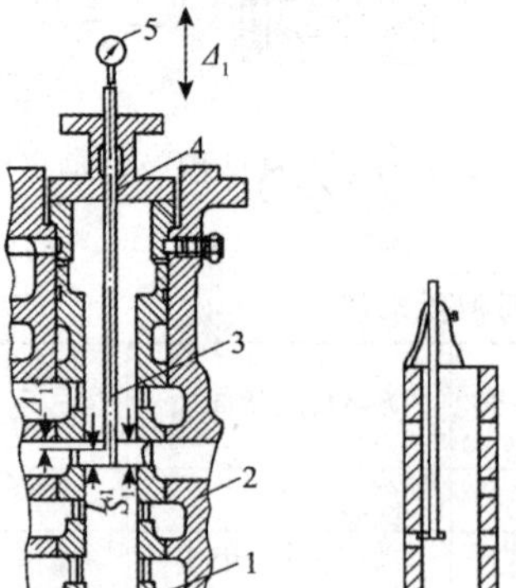

图9-185　错油门滑阀重叠度测量示意图

1—衬套(套筒)；2—错油门壳体；3—单足L形测量杆；4—特制定位套筒；5—百分表

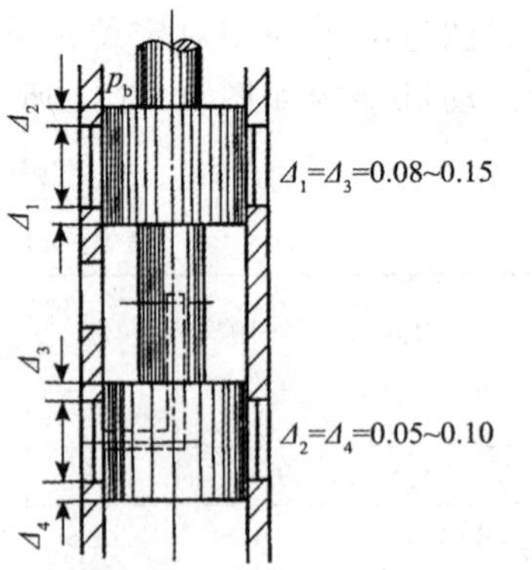

图9-186　错油门滑阀与衬套之间的间隙

Δ_1—进油侧重叠度；Δ_2—排油侧重叠度；Δ_3—滑阀与衬套间隙；Δ_4—导向密封处间隙

(4)错油门组装

①错油门组装时，错油门滑阀和衬套表面均应涂汽轮机油，以防擦伤。

②结合面密封垫片的厚度应与拆卸前相符。

9. 油动机的安装

(1)解体拆卸前，应将油动机、错油门和反馈部分做好标记。

(2)清洗检查各油孔(口)、油路，应清洁、畅通。

(3)检查活塞杆应光滑，无裂纹、划痕、毛刺和弯曲等缺陷。

(4)活塞环应无裂纹，活塞环在活塞环槽内应能灵活转动，无卡涩现象，且弹性良好。手按活塞环时，能全部沉入槽内，槽的深度应比活塞环径向厚度大 0.25～0.50mm。同组各活塞环的开口位置应相互错开 120°～180°。

(5)油缸体工作表面应光滑，无毛刺、锈蚀、磨损等缺陷。

(6)检查各部尺寸与配合间隙，应符合制造厂技术文件的规定。活塞环端面翘曲应符合表 9-42 规定。

表 9-42　活塞环端面翘曲

mm

活塞环外径 D	允许翘曲偏差值	活塞环外径 D	允许翘曲偏差值
≤150 >150～400	≤0.04 ≤0.05	>400～700 >700	>400～700 >700

(7)活塞行程应符合制造厂技术文件规定。

(8)反馈导板与弯角杠杆(肘形架)上滚针轴承工作面应光滑，无划痕、磨损缺陷。

(9)各连接部位连接应可靠，转动灵活，无卡涩现象。

(10)油动机组装后，各密封面应密封严密，无泄漏现象。

10. 杠杆蝶阀式(波纹管式)调压器的安装

图 9-187 所示为杠杆蝶阀式调压器。其安装时应符合下列要求：

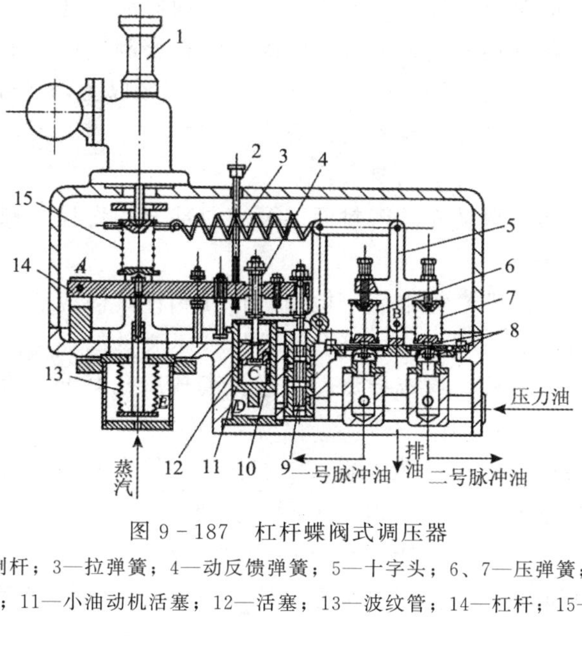

图 9-187　杠杆蝶阀式调压器

1—压力变换器；2—限制杆；3—拉弹簧；4—动反馈弹簧；5—十字头；6、7—压弹簧；8—蝶阀；9—错油门；10—静反馈弹簧；11—小油动机活塞；12—活塞；13—波纹管；14—杠杆；15—压力平衡弹簧

(1)蒸汽压力脉冲室中的波纹管应完好，无压扁、破裂、损坏等缺陷。

(2)杠杆的支点用滚珠轴承连接，在杠杆转动时应灵活，无卡涩现象。

(3)杠杆表面应保持水平，应无倾斜现象。检查杠杆与限位块之间的间隙，一般上下移动的间隙各为0.13～0.15mm；错油门重叠度为0.06～0.10mm。

(4)压力平衡弹簧15上下两端面应平行，且外表面与端面应垂直，杠杆顶部与弹簧座座应同心，弹簧与弹簧座应平行，弹簧刚度应符合制造厂技术文件的规定。

(5)两个动反馈弹簧4的预紧力应基本相符，且两个弹簧的刚度应一致。

(6)小油动机内的静反馈弹簧10两端应平行，且外表面与端面应垂直，弹簧刚度应符合制造厂技术文件的规定。

(7)小油动机活塞11与活塞12之间、活塞与油缸之间的配合间隙应符合制造厂技术文件的规定。

(8)错油门9与套筒之间的油口重叠度及其配合间隙应符合制造厂技术文件的规定。

(9)一、二号脉冲油室的蝶阀与阀座应同心，蝶阀与阀座之间的间隙一般为0.50mm，此时固定蝶阀的十字弹簧片应处于自由状态。

(10)脉冲油室处的直角杠杆与十字头杠杆的铰链处应灵活，无卡涩、空位间隙。

11. 调节汽阀及其传动装置的安装

(1)杠杆式调节汽阀及其传动装置的安装

安装调节汽阀的连杆和杠杆传动装置安装时，应符合下列要求：

①各蒸汽部分的合金钢零件应进行光谱分析和硬度检验，光谱分析不应在零件的结合面或滑动面上进行。如发现不符时，应通知制造厂研究处理。

②阀碟、阀座应清洁、光滑，无划痕、锈蚀等缺陷，用着色法检查阀碟与阀座接触应严密，接触痕迹应为无间断的一圈整圆，且宽度不大于1.5mm并应均匀接触。阀座应固定牢固，阀碟应无松动现象。

③检查阀杆的弯曲度，应不大于0.05mm。

④各阀的开启顺序应符合设计文件的要求，在油动机活塞处于零位且预启阀及主汽阀均关闭的情况下，测量各阀连杆销轴的各部间隙均应符合制造厂技术文件规定。

⑤用着色法检查密封环与阀杆套的接触面积应达75%以上，且分布均匀。

⑥测量各部间隙应符合制造厂技术文件规定。

杠杆式调节汽阀组装应符合下列要求：

①调节汽阀各结合面、滑动面、密封面以及高温部分的螺栓、螺母、阀杆等均应用鳞状石墨粉或二硫化钼擦拭。

②先将阀杆、阀碟、阀杆套等组装，检查阀杆在阀杆套内应能上下自由活动，并测量调节汽阀的预启阀空行程和行程，均应符合制造厂技术文件的规定。

③汽封片和导汽圈组装后，检查导汽圈与阀杆套疏汽孔对准。汽封片轴向膨胀间隙为1.5～2.0mm。

④组装双圈弹簧时用长螺栓将其压缩，压缩长度应符合制造厂技术文件规定。并要求内外圈弹簧的末端位置应错开180°，以减少不平衡力。

⑤组装杠杆后，检查各吊环应居于杠杆槽中间位置。其调节方法为：旋转调节套筒，使吊环上椭圆孔的下沿顶住销轴，在弹簧盖上架设一个磁力表架并装上百分表，将百分表

触头触在吊环最高点，并将百分表读数调至“0”，然后旋转调节套筒，使百分表读数指示为 2mm，然后用防松螺母或销钉将套筒锁牢。

⑥各调节汽阀的开启顺序应符合制造厂技术文件的规定，在油动机活塞处于零位且预启阀均关闭的情况下，各阀连杆销轴的间隙均应符合制造厂技术文件的规定。

⑦阀杆与弹簧座的球形接头应保持 0.10mm 的间隙，并转动灵活、无卡涩现象。

(2)凸轮传动装置的安装

安装凸轮传动装置时，应符合下列要求：

①各凸轮的方位、型线、排列顺序应符合设计文件的要求。

②弹簧弹性良好，无裂纹、变形、损伤等缺陷，刚度应符合设计文件的要求。

③凸轮轴与凸轮应清洁、光滑，无毛刺、划痕、变形等缺陷。

④用着色法检查配汽杠杆齿条与齿轮啮合的接触痕迹，沿齿高方向应大于 40%，沿齿长方向应大于 50%；在齿条全长上齿侧间隙应一致，并应符合制造厂技术文件的规定；啮合时应使齿条与齿轮上的永久性标记(钢印)对准，如无钢印时，应在检查调整完毕后，在对应部位打上钢印标记。

⑤汽缸与凸轮轴支架间的结合面和滑动槽应平整、光滑，且能保证膨胀自如，其死点的定位销应牢固可靠。一般滑动槽间隙为 0.04～0.08mm，连接螺栓垫圈间隙为 0.04～0.06mm，连接螺栓与螺栓孔间在膨胀侧的膨胀间隙应符合制造厂技术文件规定。

⑥凸轮型面与滚轮间的间隙，在冷态通过调整螺杆调整到 6mm 的间隙并记录，作为以后调整依据；在汽轮机带满负荷后的热态下，且在调节汽阀完全关闭后，凸轮型面与滚轮之间仍保留 0.20～0.30mm 的间隙，从而保证调节汽阀关闭的严密性。

⑦齿条背面与滚轮间隙，一般为 0.30～0.70mm。

⑧检查齿条两侧面与导向滑架之间的轴向间隙，应符合制造厂技术文件的要求，运行时能满足热膨胀，不至于发生摩擦。

⑨各段凸轮轴找中心时，其径向位移和轴向倾斜允许偏差为 0.10mm；找中心完毕后，凸轮轴应转动灵活，无卡涩现象。

⑩检查配汽杠杆的连杆连接处已锁紧，连接处的销轴均有防松装置。

⑪凸轮轴在零位时，油动机与调节汽阀均在关闭位置，油动机与凸轮指示器的零位相对应，然后用制动螺钉将凸轮指示器紧固。

(3)提板式调节汽阀及传动装置的安装

安装提板式调节汽阀及其传动装置时，应符合下列要求：

①拉杆(提升杆)表面应清洁、光滑，无磨损、锈蚀等缺陷。动作时应灵活、无卡涩现象。拉杆的最大弯曲度应不大于 0.06mm。

②调节汽阀横梁(提板)应平直，无弯曲、变形和裂纹等缺陷，且横梁应保持水平状态。各阀杆在横梁上的孔内应活动灵活，无卡涩现象。

③阀碟、阀座应清洁、光滑，无磨损、锈蚀等缺陷，阀座应固定牢固，且无松动现象。用着色法检查阀碟与阀座接触情况，接触痕迹应为无间断的一圈整圆，且宽度不大于 1.5mm 并应均匀接触。

④压力弹簧应弹性良好，无裂纹、变形、磨损、扭曲等缺陷，弹簧座应平整，其刚度和压缩量均应符合制造厂技术文件的规定。

⑤反馈板与肘形架上的滑轮工作面应清洁、光滑，无划痕、锈蚀等缺陷。各传动部件应连接可靠、动动灵活，无卡涩现象。

⑥在蒸汽室上安装横梁时，横梁的方向和调节汽阀的位序应符合设计文件的要求，不得任意颠倒。

⑦调整各阀碟的行程的同时，应检查、调整阀杆与横梁、拉杆与横梁等装配间隙。每个阀碟的升程和和阀杆在横梁上的行程，均应符合制造厂技术文件的规定，以保证各阀碟开启顺序正确。

⑧组装后，各密封面应密封严密，无泄漏现象。

12. *启动装置及压力变换器的安装*

安装启动装置及压力变换器时，应符合下列要求：

(1)启动器滑阀与套筒、压力变换器的随动活塞与阀套配合面均应清洁、光滑，无划痕、损伤、锈蚀等缺陷。

(2)各滑动部分应清洁、光滑、动作灵活，无毛刺、划痕、卡涩等缺陷。

(3)各弹簧应弹性良好，无裂纹、锈蚀、损伤等缺陷；两端支承端面应平整、光滑，无毛刺；弹簧应无扭曲现象，其刚度和压缩量均应符合制造厂技术文件的规定。

(4)检查 PG－PL 型调速器、启动器、压力变换器阀套三者之间的连接架，应无变形，各连接处应转动灵活，无卡涩现象。

(5)启动器的锁紧手柄、压力变换器随动活塞上的调整螺钉均应完好，无滑丝、松动现象。

(6)启动器滑阀与套筒、压力变换器的随动活塞与阀套各部位的配合间隙，应符合制造厂技术文件的规定。

(7)启动器、压力变换器上的各油孔、油道应清洁、光滑、畅通。

(8)启动器、压力变换器组装后，各密封面应密封严密，无泄漏现象。

三、保护装置的安装

1. *超速保护装置的安装*

(1)危急保安器的安装

危急保安器又称危急遮断器，其脱扣转速在制造厂做动平衡、运转试验时已调整好，一般新机组在安装时无需拆装。如需拆装时，拆卸前应做好标记并应注意各零件的相对位置，拆卸后，清洗检查各零部件的应完好，并按原位回装。回装后应作脱扣转速试验。

危急保安器解体后，检查飞锤头部应清洁、光滑，无裂纹、腐蚀、毛刺等缺陷；弹簧应弹性良好，无裂纹、变形扭曲、锈蚀等缺陷，其刚度和压缩量均应符合制造厂技术文件的规定；各端面应平整、光滑；各滑动件的相对滑动面应清洁、光滑、平整；飞锤尾部端面的压紧丝堵与飞锤装配后应齐平；各孔应清洁、光滑、畅通。

危急保安器组装时，先将弹簧装入危急保安器内；将飞锤和销或调节螺钉一起放入导向衬套；将导向衬套回装危急保安器内；装入压紧螺母并紧固；将凹头定位螺钉紧固，防止压紧螺母松动。

组装时，零部件应涂汽轮机油，组装后飞锤应灵活、无松旷、偏斜等现象；

检查零部件的配合间隙，应符合图 9－188、表 9－43 的要求；检查危急保安器轴端的径向跳动值应不大于0.03mm。

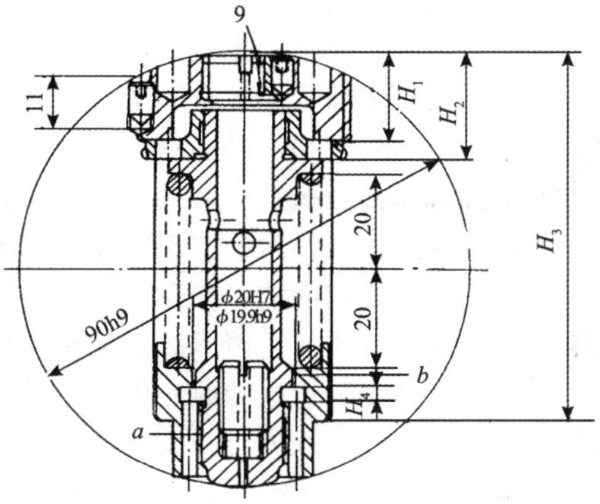

图9-188　飞锤式危急保安器装配间隙示意图

表9-43　飞锤式危急保安器装配间隙允许偏差值　　mm

项目	飞锤与导向套间隙	飞锤与导向套间隙	止推环位置	导向环位置	导向套位置	飞锤位移量（动作时）
代号	a	b	H_1	H_2	H_3	H_4
设计值	0.1～0.173	0.05～0.095	18.5	$22_{0}^{+0.1}$	$76_{0}^{+0.1}$	3
测量值						

(2)危急遮断器的安装

危急遮断器，又称手动危急保安器，其为汽轮机正常或紧急停机时的手动安全装置。它安装在前轴承座端面上，如图9-189所示。

危急遮断器安装时，应检查各油孔、油路应清洁、光滑、畅通；滑阀与衬套应光滑，无磨损、锈蚀、划痕等缺陷，手动手柄时，滑阀上下移动应灵活，无卡涩现象；弹簧应弹性良好，无裂纹、变形、磨损等缺陷，其刚度和压缩量均应符合制造厂技术文件的规定；脱扣杠杆表面应光滑、平整，无凹坑、变形等缺陷。脱扣杠杆与飞锤的径向间隙为0.8～1.0mm，杠杆与两凸台间的轴向间隙为0.8～1.2mm；组装时，各滑动面应涂以透平油保护，各部间隙均应符合制造厂技术文件规定。

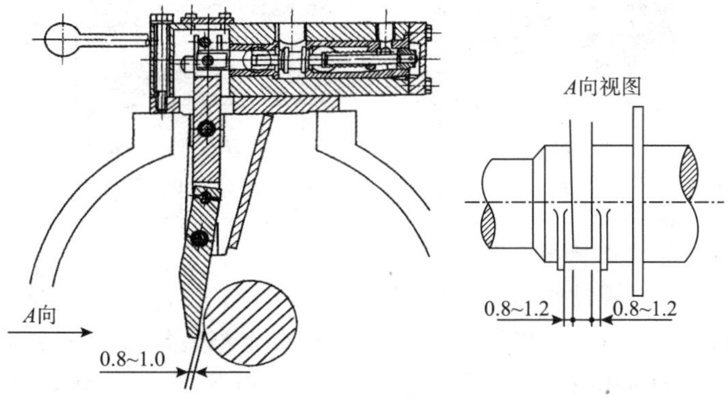

图9-189　危急遮断器

2. 自动主汽阀的安装

自动主汽阀解体后，检查汽室紧固螺栓及螺母应清洁、光滑、配合良好，无松旷或过紧现象；主汽阀前的蒸汽过滤网应清洁、完整、无破损，蒸汽过滤网的孔径应符合设计要求。滤网与主汽阀之间除应留有膨胀间隙外，尚应设置防止滤网转动的装置，一般膨胀间隙为：周围各点径向间隙为 1.0～1.5mm，端面轴向间隙为 1.5～3.0mm；主汽阀、预启阀的阀碟与阀座应清洁、光滑，应无冲刷、锈蚀、磨损，裂纹和弹簧变形等缺陷；检查阀杆应清洁、光滑，无划痕、弯曲等缺陷，阀杆弯曲应不大于 0.06mm，密封填料应密封完好，沿阀杆不泄漏蒸汽；蒸汽室的疏水孔应清洁、畅通；检查各油路，主汽阀漏汽管应清洁、畅通，各管接头应无泄漏；检查试验活塞、筒形活塞及油动缸工作表面应光滑，无划痕、冲蚀沟槽等缺陷，筒形活塞端面与盘装活塞端面应无冲刷沟槽，且密封严密；活塞及活塞环的间隙应符合制造厂的规定；主汽阀阀碟与阀座应清洁、光滑、无划痕，用着色法检查阀碟与阀座密封应严密；检查阀座应固定牢固，无松动缺陷，若有松动现象应设法固定或更换；

自动主汽阀组装时，在密封面上均匀涂抹石墨润滑脂或高温密封胶，在螺纹部分和阀杆上涂抹石墨润滑脂；各部间隙、行程应符合表 9-44 要求，图 9-190 为某汽轮机主汽阀装配间隙示意图；阀盖与壳体结合面得齿形垫片应清洁、完好，无损伤、连通内外边缘的沟槽；高温高压主汽阀蒸汽室连接螺栓应按制造产技术文件的规定进行热紧；组装后，手动、自动操作应灵活、无卡涩现象。

表 9-44　汽轮机主汽阀装配允许偏差值　　mm

项目	阀杆与螺纹套间隙		阀杆与导向套间隙			阀盘与油缸间隙		活塞与油缸间隙	试验活塞与油缸间隙	主汽阀行程	预启阀行程
代号	A	B	C	D	E	F	G	H	K	H_1	H_2
设计值	0.25～0.30	0.64～0.76	0.14～0.18	0.18～0.25	0.14～0.18	0.04～0.08	1.5～1.73	0.05～0.14	0.056～0.16	50±1.2	5±0.5
安装值											

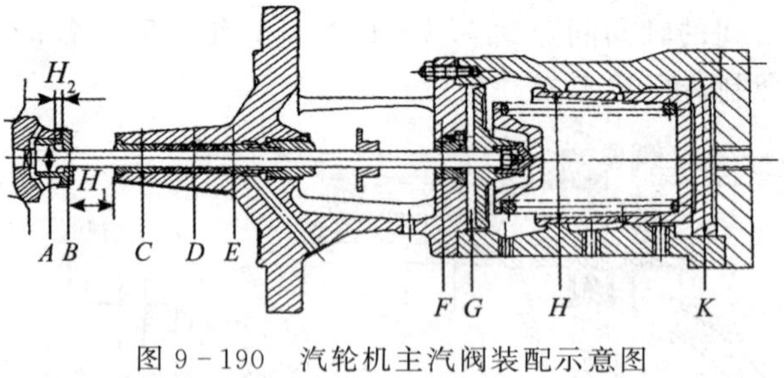

图 9-190　汽轮机主汽阀装配示意图

3. 轴向位移保护装置的安装

轴向位移及差胀保护装置的脉冲元件(发信器及喷油嘴等)的安装及调整，应在汽轮机推力轴承位置及轴向间隙确定后进行，脉冲元件相对于汽轮机转子零位的位置应符合制造厂技术文件的规定。轴向位移保护装置有液压式、电磁式和机械式 3 种，其安装要求如下：

(1)液压式轴向位移保护装置的安装

①液压式轴向位移保护装置的喷油嘴和油管道应清洁、畅通，密封面应密封严密、无泄漏现象。

②各零部件的相对位置应正确、动作灵活，无锈蚀、卡涩等缺陷。

③液压式轴向位移保护装置的喷嘴与转子端面的工作间隙、节流孔径等均应符合设计文件的要求。

(2)电磁式轴向位移及差胀保护装置的安装

①电磁式轴向位移保护装置的电气线路应符合制造厂技术文件规定，且接点应接触良好，电路应畅通，卸油阀动作应灵活、准确。

②发信器铁芯与转子凸缘的径向和轴向位置及间隙均应符合制造厂技术文件的规定，内部位置与外部指示应相对应。

③发信器的引出绝缘电缆应完好，无损伤，在通过轴承箱壳体处的孔应密封严密，无漏油现象。

④发信器的安装与调整应由汽轮机及仪表专业人员配合进行，调整后应使就地仪表回到零位，并将调整杆锁定。

4. 低油压保护装置和低真空保护装置的安装

(1)活塞动作应灵活，无卡涩现象。

(2)波形筒应完好、密封严密、无变形、泄漏等缺陷，与波形筒相连的继电器杆应能沿轴向活动自如。

(3)弹簧的预压缩量应符合设计文件的要求。

(4)低油压继电器的油室、低真空继电器的汽室，均应密封严密、无泄漏现象。

5. 防火油门的安装

(1)防火放油门壳体应清洁、光滑，无裂纹、型砂等缺陷。

(2)用着色法检查防火放油门的阀碟与阀座接触应均匀并严密；弹簧应弹性良好，无裂纹或倾斜现象；检查弹簧预压缩量应符合制造厂技术文件的规定。

(3)防火断油门进出油孔应清洁、畅通，其位置及节流孔尺寸均应符合制造厂技术文件的规定。

(4)防火油门组装时，活塞表面应清洁、光滑，无毛刺、划痕等缺陷。活塞装配在壳体内后应上下活动灵活、无卡涩现象，测量活塞各部间隙应符合制造厂技术文件的规定。

四、油系统的安装

1. 主油泵的安装

油系统的油泵主要有螺杆式、离心式主油泵、立式油泵和离心式汽动辅助油泵。

(1)螺杆式油泵的安装

螺杆式油泵(图 9－191)安装时，应符合下列要求：

①泵体及腔室应洁净、光滑，无裂纹、型砂、毛刺等缺陷，各液体流道应清洁、光滑、畅通。

②螺杆表面应清洁、光滑，无裂纹、划痕等缺陷。检查螺杆轴颈的圆柱度、螺杆轴线

直线度均应符合制造厂技术文件的规定；用着色法检查螺杆齿形部位的接触面应达75%以上，且分布均匀。

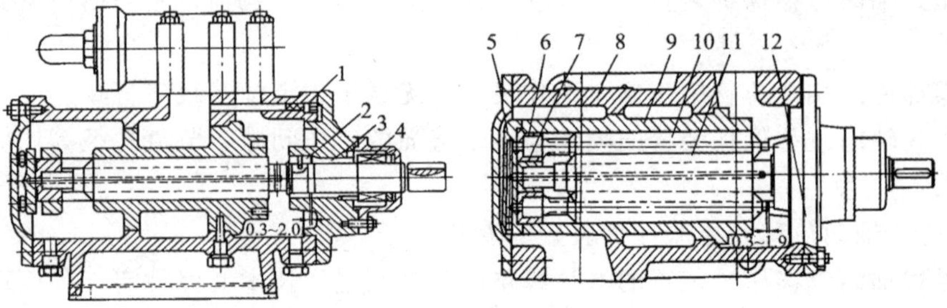

图 9-191　螺杆式油泵

1—球形阀；2—平衡环；3—轴承衬套；4—机械密封；5—推力盘；6—从推力轴承衬套；7—主推力轴承衬套；8—泵体；9—油腔室；10—从动螺杆；11—主动螺杆；12—前端盖

③轴颈应清洁、光滑，无毛刺、划痕等缺陷，检查轴颈的圆柱度、圆度应不大于0.01mm。

④滑动轴承衬套与轴承座孔表面应清洁、光滑，无毛刺、锈蚀等缺陷。其两者配合为R7/h6，应固定牢固、无松动现象。

⑤滑动轴承上巴氏合金应贴合牢固，无裂纹、气孔、夹渣、松动等缺陷。

⑥螺杆式油泵的内部配合间隙，均应符合制造厂技术文件的规定。如无规定时，应符合表9-45的规定。

表 9-45　螺杆式油泵内部配合间隙　　mm

泵型号 / 间隙部位	3G36×4	3G42×4A
主动螺杆与衬套直径间隙	0.07～0.13	
从动螺杆与衬套直径间隙	0.05～0.12	
轴与轴套直径间隙	—	0.02～0.06
主、从推力套与推力盘间隙	0.03～0.08	—
主、从螺杆与推力套直径间隙	—	0.02～0.05
从动螺杆与前端盖间隙	—	0.3～1.9
平衡环与轴套端面间隙	—	0.3～2.0

⑦机械密封组装时，应符合下列要求：

a)动环和静环表面应清洁、光滑(表面粗糙度应在$Ra1.6$以上)，无损坏、裂纹、变形等缺陷。

b)安装机械密封处的轴颈的径向跳动应不大于0.03mm。

c)动环和静环密封端面应清洁明亮、光滑、平整，无凹坑、沟槽、划痕等缺陷；跳动应不大于0.02mm。

d)动环和静环密封端面跳动应不大于0.02mm，其平行度偏差应不大于跳动应不大于0.04mm。

e)弹簧应清洁、光滑，无裂纹、锈蚀等缺陷，弹簧两端面与中心线的垂直度偏差应不大于 5mm/m，同一个机械密封中各弹簧之间的自由高度差应不大于 0.5mm，弹簧装入弹簧座内应平齐、无歪斜、卡涩等缺陷，弹簧刚度、压缩量应符合制造厂技术文件的规定。

f)组装时，动、静环表面及 O 形密封圈应涂薄薄一层透平油，动、静环的安装位置应符合制造厂技术文件的规定，动、静环与相配合的元件间应无连续的相对转动。

g)机械密封组装完毕后，用手盘动转子应转动灵活，无异常声响。

⑧泵组轴对中找正的允许偏差为：径向位移和轴向倾斜均应不大于 0.05mm。

⑨螺杆式油泵安装标高允许偏差为±5mm，纵横中心线允许偏差为 3mm，水平度允许偏差为 0.05mm/m。

(2)离心式主油泵的安装

离心式主油泵与主轴连接，又与弹性调速器、脉冲泵、旋转阻尼等调速部件连接在一起。离心式主油泵的结构主要有双侧进油和单侧进油两种。汽轮机这两种主油泵为后弯式离心油泵，安装于汽轮机前轴承座内。

图 9－192 和图 9－193 所示分别为双侧进油主油泵和单侧进油主油泵。

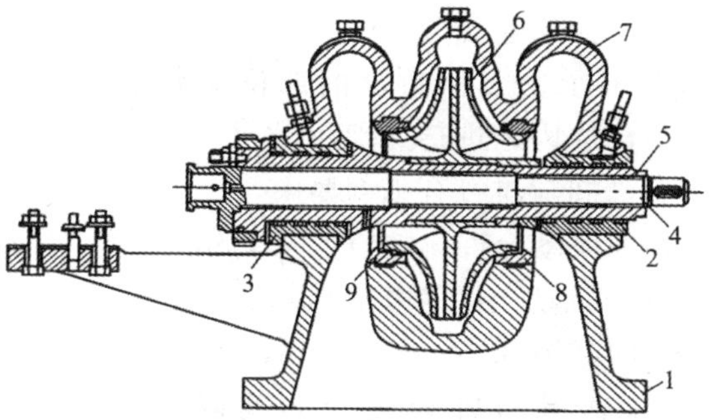

图 9－192　双侧进油主油泵

1—密封环(左旋)；2—泵体；3—支持轴承；4—转子；5—空心轴；6—上壳体；7—叶轮；8—推力—支持轴承；9—密封环(右旋)

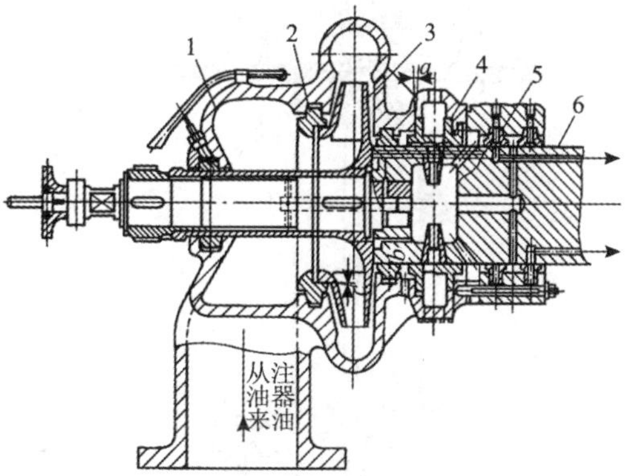

图 9－193　单侧进油离心式主油泵

1—泵体；2—密封环(右旋)；3—叶轮；4—旋转阻尼密封环；5—油封环；6—阻尼体

离心式主油泵安装时，应符合下列要求：

①泵体通流部分应清洁光滑，型线平滑过渡，泵体外观无裂纹、砂眼及损伤等缺陷。

②泵体水平中分面应清洁、光滑、平整，无毛刺、划痕、锈蚀等缺陷；用着色法检查泵体水平中分面应接触均匀，且接触面积应达 75%以上，紧固三分之一螺栓后，用 0.05mm 塞尺检查，应塞不进。

③泵轴表面应清洁、光滑，无裂纹、划痕等缺陷。

④叶轮键槽、轴套键槽的中心线与相应的轴孔中心线应同轴，其允许偏差应不大于 0.03mm/m。

⑤轴颈表面应清洁、光滑，无毛刺、划痕等缺陷。轴颈的圆柱度、圆度及径向跳动均应不大于 0.02mm。

⑥叶轮密封环处径向跳动和轮毂的轴向跳动均应不大于 0.05mm。

⑦推力盘的端面跳动应不大于 0.01mm。

⑧径向轴承和推力轴承巴氏合金应完好，无裂纹、脱胎等缺陷。用着色法检查轴颈与滑动轴承、推力盘与推力轴承的接触面及轴承间隙均应符合制造厂技术文件的规定。

⑨密封环与叶轮配合处的径向间隙及密封环处的轴向间隙均应符合制造厂技术文件的规定。

⑩主油泵组装完毕后，转子转动应灵活，无卡涩、摩擦、异常声响等缺陷。

⑪主油泵安装标高允许偏差为±5mm，纵横中心线允许偏差为3mm，水平度允许偏差为0.05mm/m。

⑫联轴器找中心时，考虑到在汽轮机运行中转子中心受汽缸温度影响将要向上抬高一定数值，其抬高值均应符合制造厂技术文件规定。

(3)立式辅助油泵的安装

立式辅助油泵(图9-194)的安装应符合下列要求：

①泵轴应平直、无弯曲，若轴弯曲大于0.04mm时应予以调直。

②滤网应清洁、完整，无破损，且固定牢固。

③叶轮和油轮应完好，无裂纹、锈蚀等缺陷。叶片应固定牢固，无松动现象。

④油箱盖上承受泵体重量的部位应有足够的刚度，否则应找出原因，进行处理。

⑤检查各部间隙应符合下列要求：

a)叶轮径向跳动允许偏差值为0.10mm。

b)叶轮端面跳动允许偏差值为0.20mm。

c)密封环间隙为0.20～0.23mm。

d)底部导轴承与轴套的径向间隙为0.075～0.142mm。

e)推力轴承与轴套的轴向间隙为0.30～0.40mm。

f)转子窜量为0.20～0.35mm。

⑥油泵安装后，转子应垂直，油管进、出口法兰方位应符合设计文件的要求。

⑦泵组轴对中找正允许偏差为：径向位移和轴向倾斜均应不大于0.06mm。

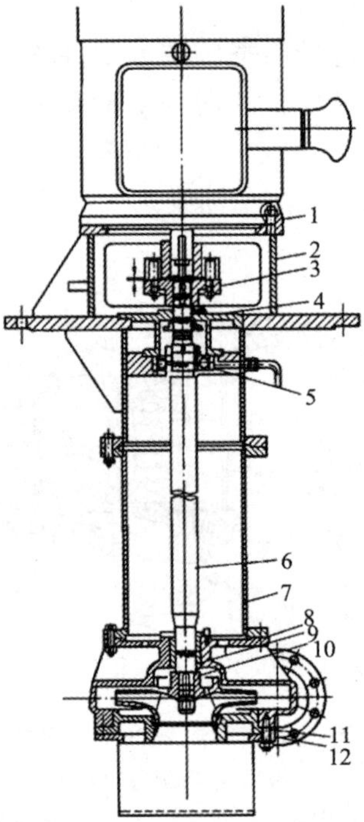

图9-194　立式润滑油泵

1—电动机；2—支架；3—联轴器；4—3J型油封；5—轴承；6—轴；7—连接管部件；8—泵体；9—底部轴承；10—叶轮；11—泵盖；12—滤网

⑧油泵组装完毕后，转子转动应灵活，无卡涩、摩擦、异常声响。

⑨立式润滑油泵安装标高允许偏差为±5mm，纵横中心线允许偏差为3mm，水平度允许偏差为0.05mm/m。

⑩联轴器找中心偏差值应符合制造厂技术文件规定。

(4)离心式汽动辅助油泵的安装

离心式汽动辅助油泵(见图9-195)的安装时，应符合下列要求：

①轴弯曲应不大于0.04mm。

②滤网应清洁、完整，无破损，且固定牢固。

③叶轮和油轮应无裂纹，叶片应无松动现象。

④油箱上盖承受泵体重量的部位应有足够的刚度。

⑤油泵安装后，主轴应垂直，油管进、出口法兰方位应符合设计文件的要求。

⑥检查喷嘴环与油轮泵之间的密封圈应完好、无裂口、卷边和扭曲等缺陷。组装时，应涂抹少量的透平油，以减少摩擦阻力。

⑦喷嘴环上的挡板应清洁、光滑、平整，过滤网应清洁、完整，无破损、并固定牢固。

⑧检查启动辅助油泵各部间隙时，应符合下列要求：

汽轮部分：汽轮与喷嘴环之间的每侧径向间隙为 0.65～0.85mm；
汽轮与泵体之间的轴向间隙为 3.9～4.0mm；
汽轮轴上的调整垫与轴承端面间的轴向间隙为 3.0～4.0mm；
汽封环间隙为 0.20～0.25mm；

油泵部分：油泵吸入室与叶轮吸入侧每侧的径向间隙为 0.08～0.12mm；
油泵蜗壳与叶轮压力测每侧的径向间隙为 0.08～0.12mm；
油泵蜗壳与叶轮轴向间隙允许偏差值为≤0.07mm；
推力轴承间隙为 0.12～0.15mm；

轴承：径向总间隙为 0.08～0.15mm。

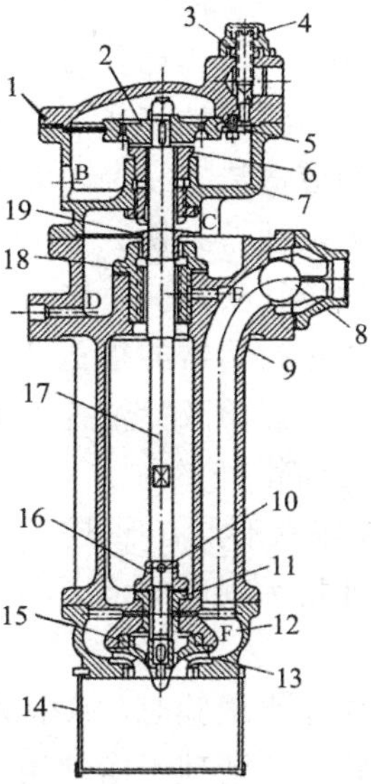

图 9-195　离心式汽动辅助油泵

1—蒸汽室盖；2—汽轮；3—罩状螺母；4—调节螺钉；5—喷嘴；6—汽封；7—蒸汽室；8—止回阀；9—压力油出口管；10—定位销；11、18—轴承；12—调节螺钉；13—油泵叶轮；14—过滤网；15—密封环；16—推力套；17—转子；19—挡汽盘

⑨轴承衬应清洁、光滑，无裂纹、气孔、凹坑、夹渣、脱胎等缺陷。

⑩油泵组装时，所有螺栓应按制造厂技术文件的规定加装锁紧垫圈。组装完毕后，油轮泵体与盖板间的连接螺栓应按制造厂技术文件的规定进行点焊固定。

⑪油泵组装完毕后，转子应转动灵活，无卡涩及异常声响等缺陷。

⑫泵组轴对中找正时的允许偏差为：径向位移及轴向倾斜均应不大于 0.05mm。

⑬汽动辅助油泵安装标高允许偏差为±5mm，纵横中心线允许偏差为 3mm，水平度允许偏差为 0.05mm/m。

2. 油箱安装

油箱安装前，应进行外观检查，应无明显硬伤，各部焊缝应完整，无开裂或漏焊情况。油箱上的开孔数量及位置应符合设计文件的要求。如需增补、变更，应在油箱注水试验前进行。

在油箱注水试验前，应检查油箱内部的焊缝和由型钢组成的框架焊缝焊接情况。如有漏焊时应进行满焊，满焊后应将焊渣清理干净。检查碳钢油箱内的防锈耐油漆脱落或起皮情况，对于油漆脱落或起皮部分应用钢丝刷、磨光机打磨干净并露出金属表面，然后在脱露部分补涂一层不损坏油质的耐油漆，以防油箱内壁锈蚀而损坏油质。检查各油口法兰面应光滑、平整，法兰短管与油箱焊接时应符合要求，油箱上的法兰螺纹孔应不应穿透，如有穿透可用电焊将螺纹孔底部补焊。

过滤网应清洁、完整，无破裂，滤网与框架应密封严密，使油流无短路现象，滤网在框架上拆装灵活、方便。

油箱油位计安装前，应对油位指示器的浮筒进行浸油检查，持续试验时间应大于48h无泄漏。油位指示器的指示杆应垂直无弯曲，组装在浮筒上应牢固、垂直。油位计应安装牢固、垂直，浮筒及标示杆上下动作应平稳、灵活、无卡涩现象。

安装在油箱外的油位计，其连接管及法兰内径不得小于设计尺寸，一般不应小于50mm，连接管不得有形成空气囊的可能。

油位计指示刻度的范围和“正常”、“最高”、“最低”油位标志均应符合制造厂技术文件的规定。

油箱作注水试验时，应将水注至油箱顶部，持续24h应无泄漏，试验合格后，应将水排净，并将油箱清理干净，用海绵或白布擦干并作临时防腐后封闭。

油箱就位安装时，纵横中心线允许偏差为3mm，安装标高允许偏差为±5mm，水平度允许偏差为0.5mm/m；油箱上安装立式油泵的平面应保持水平。

排油烟机安装时，机壳应清洁、完好，无裂纹、漏焊等缺陷；卧式排油烟机机壳的泄油孔，应清洁、畅通；叶片应清洁、完好，无裂纹、碰伤等缺陷；叶片角度应正确，盘动转子应转动平稳，机壳内且无异常声响；排油烟机的入口管上应装有油烟分离器，排油烟机的出口管应单独引至厂房外，不使其扩散的气流接触有火源和高压电气设备部位，并不得直接影响环境污染；排油烟机支架应安装平稳、牢固，一般沿气流的反方向应有4/1000的坡度。

3. 注油器的安装

注油器的吸入口应安装在油箱的最低油位线以下约450mm处。检查注油器喷嘴及扩压管喉部直径、喷嘴出口至扩压管喉部的距离等，均应符合设计文件的要求并记录。

注油器安装时，检查喷嘴和扩压管应完整，无裂纹、气孔等缺陷，并固定牢固；检查各段法兰密封面均应清洁、平整、光滑密封严密，无毛刺、无贯通的沟槽等缺陷；用着色法检查各段法兰密封面接触面积应达75%以上，并分布均匀。

注油器组装时，应保证其内部应清洁、光滑。喷嘴及扩散管应组装牢固，各连接螺栓应紧固并锁紧，吸入口应在油箱最低油位以下，注油器吸入侧滤网应清洁、光滑，无破裂、阻塞现象，滤网孔径应符合设计文件的要求。

注油器安装时，其安装标高允许偏差为±5mm，纵横中心线允许偏差为3mm，垂直度允许偏差为0.8mm/m。

4. 油冷却器的安装

油却冷器清理前，可先对油冷却器油侧进行严密性试验。如果油冷却器现场无需抽芯清理检查时，则油侧严密性试验介质最好采用汽轮机油。油冷却器的严密性试验应符合下列规定：

(1)油侧试验压力为工作压力的1.5倍，保持试验压力5min应无泄漏。

(2)对于带有膨胀补偿器的油冷却器，试验前应对膨胀补偿器采取加固措施，以防止损坏补偿器。

(3)油冷却器油侧试压后铜管胀口如有渗漏应进行补胀，但补胀后的铜管胀口应无裂纹，对补胀无效的铜管应予以更换。

油冷却器油侧试验合格后，将油(水)排净，拆除油冷器上水室，进行油冷器抽芯清洗检查，如图 9-196 所示。

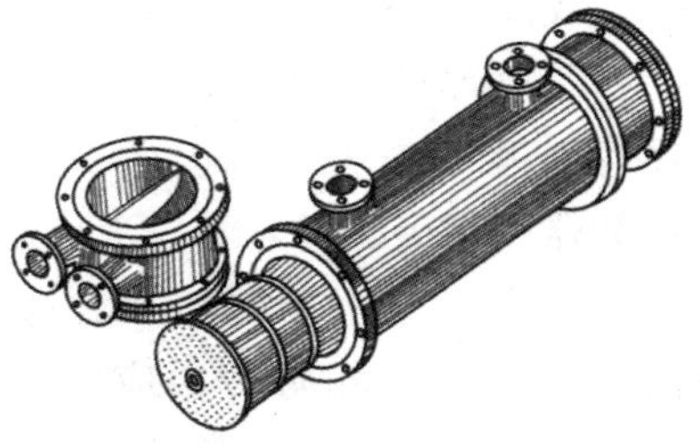

图 9-196　抽出管束的油冷却器

清理检查油冷却器的水侧、油侧、管束、隔板、管板等均应洁净，无型砂、焊渣、油漆膜、锈污、铁屑等杂物，翅片式管束应无毛刺、裂纹，轧制倒角应圆滑。油冷却器管束、隔板与外壳的间隙及油的流向均应符合设计文件要求，水室与外壳的相对位置应使冷却水管道的位置和水流回路相符合。

检查油室隔板装配位置应符合制造厂技术文件的规定，且油流无断路情况；

油侧各隔板位置应符合设计文件的要求，并固定牢固，无松旷现象。管束隔板与壳体直径间隙应符合设计文件的要求。如无要求时，应符合表 9-46 规定。

表 9-46　油冷器隔板与壳体径向间隙

冷却面积/m^2	径向总间隙/mm	
	弓形隔板	环盘形隔板
<10.5	≤0.5	
10.5～60	≤0.7	≤0.9
60～200	≤0.9	—

油冷器组装前，应检查水室与壳体、管板、水室端盖相连接的各结合面，以及油冷却器与冷却水管连接的法兰面应光滑、平整，且无贯通密封面的径向沟槽。

油冷却器组装完毕后，应用干燥压缩空气将管束和壳体吹干，并立即涂以汽轮机油保护。并应将所有法兰和设备连接的仪表电缆绝缘孔封闭严密，防止杂物进入。

两台油冷却器之间的切换阀应密封严密，切换位置应在油过滤器外部有明显标志，阀位切换时应转动灵活。

油冷却器安装标高允许偏差为±5mm，纵横中心线允许偏差为 3mm，水平度允许偏差为 0.5mm/m。

5. 油过滤器的安装

油过滤器安装时，清理检查其内部应清洁、无型砂、油漆脱落等缺陷，如有型砂、脱漆现象，应进行喷砂处理，喷砂后用压缩空气将其内部吹净，并用面团粘掉微小砂粒。

油过滤器内部应无短路现象，滤芯(或滤网)应完整无损，油过滤器上各密封面应光滑、平整，无毛刺、划痕、沟槽等缺陷。

油过滤器的切换阀(三通阀)阀碟应密封严密，阀杆应无泄漏现象；切换阀的切换位置应在油过滤器外部有明显标志，阀位切换时应转动灵活、无卡涩现象。

油过滤器安装时，其安装标高允许偏差为±5mm，纵横中心线允许偏差为 3mm，垂直度允许偏差为 0.8mm/m。

6. 高位油箱的安装

高位油箱安装前，应进行化学清洗处理，然后用压缩空气吹净，用面团将布纤维、微小杂质粘干净，并在其内表面喷涂汽轮机油封闭后，再进行安装。高位油箱一般安装在距机组中心线高5～8m处。高位油箱安装标高允许偏差为±5mm，纵横中心线允许偏差为3mm，水平度允许偏差为0.5mm/m。

7. 蓄能器的安装

蓄能器皮囊应完好，无变形、损坏等缺陷；向蓄能器内充符合设计值要求的氮气压力，筒体、焊缝、密封面等应无泄漏、裂纹、变形等缺陷；筒体上的螺栓应对称均匀紧固并有防松装置，外部防腐层应完好，无脱落。蓄能器安装时，其安装标高允许偏差为±5mm，纵横中心线允许偏差为3mm，垂直度允许偏差为0.8mm/m。

五、油系统管道的安装

油系统管道施工时，应按设计文件进行施工，并确保油系统工艺流程正确，管道、管支吊架、阀门位置符合设计要求，安装牢固。油系统经严密性试验后无泄漏，油系统投用后管道清洁、畅通，并无振动现象。油系统管道安装应采用“一次组装法”也就是线上组装法，即将油管道中的法兰连接改为焊接连接(仅个别部位采用法兰连接)，将管道在线上一次组对、焊接和安装完毕，然后进行空气吹扫后进行线上油系统化学清洗，最后进行油系统循环冲洗。

1. 油系统管道安装要求

油系统管道采用不锈钢管时，预制前应分段进行人工清理，先用旧布在管内反复拖拉，然后再用低压蒸汽吹扫干净，并及时封闭管口。当回油管道采用碳钢管道时，用圆盘钢丝刷在管内反复拖拉，再用海绵或白布拖拉，然后用压缩空气吹净，并及时封闭管口。

对油系统管道中的窥视镜、管件、阀门、三通等附件逐一进行拆检、清理，并用面团粘净，对有缺陷的部件进行补焊和处理。油系统管道上的窥视镜材质应为有机玻璃并清洁透明，有机玻璃结合面处应垫以耐油垫片，螺栓孔应不穿透。阀门在安装前，应逐个进行强度和密封性试验。

油系统管道应尽量减少法兰连接和中间焊口，油管道预制和安装时应采用机械方法切割和加工坡口，并应清除管口内毛刺，其焊缝底层应采用氩弧焊打底，*DN*50以下油管应采用氩弧焊焊接，应按焊接规程规范的规定进行无损探伤，确保焊道质量。管道上开孔应在管道安装前完成，打磨坡口后应进行清洗，油管道安装前，应再次清除管道内的焊渣、铁屑及其他杂质，以提高油管内壁的清洁度。

油管上的法兰、管接口及焊口等处，应尽可能地远离热力管道及其阀门，一般规定油管道外壁与蒸汽管道保温层表面净空距离应大于150mm。若不能避开时，则应布置在热力管道及其阀门的侧面，若能布置在热力管道及其阀门的下面更佳。在主蒸汽管道及阀门附近的油管，不宜设置法兰连接。小口径的压力管道易发生因振动而断裂，管道布置时应沿着大口径油管道或基础附近，以便安装管支架。为了防止油管道因振动及胀缩而引起的摩擦破裂，所以应在油管道与油管道之间、油管道与混凝土基础之间、油管道与钢平台或钢架之间均应保持一定的距离。

与机器连接的油管道，其固定焊口应远离机器并在固定支架以外，以减小焊接应力的影响。管道与机器连接时，不允许机器承受设计以外的附加载荷。进油管应向油泵侧的坡度应不小于 2/1000，回油管应向油箱侧倾斜，其坡度应不小于 5/1000。排油烟机的排烟管道应向沿烟气流动方向倾斜，并有 4/1000 的坡度。调节油管道安装时还应避免死角或中间向上拱起的管段，以免积存空气，必要时在油管道最高点和死角加装排空气支管及 $\phi1$ 节流孔，以排除油中空气。

油系统管道预组装时，应将所有的仪表插座焊接好，管道预组装完毕后，将全部管道拆卸进行水压试验，一般调节油管道试验压力为工作压力的 1.5～2 倍；润滑油管道的试验压力为 0.5MPa(表压力)；回油管道试验压力为 0.2MPa(表压力)，保持 5min 应无渗漏现象。

油系统管道安装时，高压油管和靠近热源的油管应采用带止口的高颈法兰或对焊法兰，其他部位可采用平焊法兰。润滑油系统的平口法兰应内外施焊，内圈应作密封焊，外圈采用多层焊，焊缝应饱满，焊前的坡口、焊缝间隙均应符合焊接工艺要求。高颈法兰密封面应进行着色法检查并进行研刮，使密封面接触均匀，并呈连续环形。法兰密封面应无径向划痕、翘曲、锈蚀等缺陷。法兰焊接应采用氩弧焊打底，*DN*50 以下油管法兰应采用氩弧焊焊接。

油管道的法兰结合面垫片应使用质密耐油并耐热石棉橡胶板或缠绕垫，不得使用塑料或橡胶垫。垫片厚度对调节油一般不应大于 0.50mm，对润滑油或回油系统一般不应大于 1.0mm。垫片应清洁、平整、无分层、折皱等缺陷，其内径应比法兰内径大 2～3mm，外缘应与法兰螺栓孔内缘相接。

油管道(设备)各法兰结合面与垫片，宜使用密封胶作涂料，涂抹应匀薄，不得挤入管口内。

油管法兰连接应无偏斜，并不得强力连接，法兰连接螺栓应对称、均匀地紧固，其紧固力矩应符合设计文件的要求。在自由状态下所有连接法兰的螺栓应在螺孔中顺利通过。法兰密封面间的平行偏差、径向偏差及间距，均应符合表 9－47 的规定。

表 9－47　法兰密封面间的平行偏差、径向偏差及间距

机器转速/(r/min)	平行偏差/mm	径向偏差/mm	间距/mm
＜3000	≤0.40	≤0.80	垫片厚度＋1.5
3000～6000	≤0.15	≤0.50	垫片厚度＋1.0
＞6000	≤0.10	≤0.20	垫片厚度＋1.0

油系统管道未全部安装接通时，对油管敞口部分应临时严密封闭。

对汽轮发电机组需隔绝轴电流的各部位与油管道连接时，应加装必要的绝缘件，组装前应检查绝缘件应清洁、完好，无裂纹、破损等缺陷，并应安装正确。为便于测量绝缘，可装设双道绝缘法兰。

2. 阀门的安装

调节油系统的阀门及事故放油阀应选用钢制阀门。阀门应有明确的开关方向标志，并应采用明杆阀门。油系统管道上的阀门阀杆应平放或向下，防止运行中阀碟(阀芯)脱落切断油路。阀杆盘根填料宜采用聚四氟乙烯碗型密封垫。特殊阀门[减压阀、溢流阀、过压阀(安全阀)止回阀等]均应按制造厂技术文件的规定检查其强度、严密性、各部配合间隙、行程和调整尺寸均应符合设计文件的要求，并记入安装记录。

所有阀门都应进行清理和进行水压试验：一般调节油系统的阀门重要部位的阀门的试验压力为工作压力的1.5～2倍；润滑油系统阀门的试验压力为0.5MPa(表压力)。

阀门及管道的重量应由支吊架承受，不可加在油泵或其他设备上。

3. 顶轴油管的安装要求

由于顶轴油管管径较小，内壁锈蚀及杂物不易清理，故顶轴油管宜采用不锈钢管，安装时应尽量减少管子接头并应采用套管焊接。顶轴油管上的三通或支管应采用钢制三通或管接座，以免在管材上开孔接管影响强度。接至轴承座上的顶轴油管和接至轴瓦上顶轴油管均应考虑热膨胀补偿(均应有适当的补偿弯头)。顶轴油管安装时，应有单独的管支架。进入各轴瓦的顶轴油管应尽量做到单独一路，使其进入各轴承油量分配均匀。与发电机后轴承座连接的顶轴油管应绝缘，绝缘接头应有足够的强度。

六、油系统管道化学清洗

石油化工装置中，大型机组的油系统管道要求有很高的清洁度，油管道安装合格后的化学清洗是保证管道清洁度的关键施工环节。采用大流量、高相程的耐酸泵，逆流程、循环化学清洗油系统管道，分别进行脱脂、酸洗、中和及钝化。消除油管内的锈蚀等杂质，为油系统油冲洗奠定基础。

1. 油系统管道循环化学清洗

(1)油系统管道采用循环化学清洗工艺，可以清除掉管道内壁的高温氧化皮、铁锈、焊渣等，钝化后金属内壁表面呈银灰色，并有金属光泽，在管道内表面形成一层致密的钝化膜，使管道内表面获得化学稳定性，增强管道耐腐蚀的能力，从而保证管道内的清洁度。

(2)油管道化学清洗时，既可以采用线上循环法也可以采用线下循环法。采用线下循环法时，可根据油管的不同直径组成2～4个循环回路。对无法接通的油管，可用临时管道连接，化学清洗用的循环泵应采用耐酸泵进行循环，出口流速为0.3～1m/s。对个别一些小直径的油管可采用槽式浸泡法进行。

(3)化学清洗可分为脱脂、酸洗、中和、钝化等步骤。各工序溶液的配合比要正确，既能充分通过化学作用清除管道内壁上的氧化物，又不致将管道腐蚀或使管道内壁二次锈蚀。酸洗后的水洗、中和、钝化三道工序应连续进行，酸洗液、钝化液的浓度及温度要根据酸洗，钝化效果进行调整，化学清洗合格后立即用过滤干燥的压缩空气吹干，然后封闭系统。

2. 油管道槽式浸泡法化学清洗

采用槽式浸泡法化学清洗的油管道，其脱脂、酸洗、中和、钝化液配合比宜符合表9-48规定。经钝化后的油管道应用清水冲洗干净，并用干燥的压缩空气吹干，检查其内壁应形成银灰色钝化膜，然后将管口用塑料布封闭。

表 9-48　槽式浸泡法脱脂、酸洗、中和、钝化液配合比一览表

溶液	成分	浓度/%	温度/℃	时间/min	pH 值
脱脂液	氢氧化钠 碳酸氢钠 磷酸钠 硅酸钠	8～10 1.5～2.5 3～4 1～2	60～80	240 左右	—
酸洗液	盐酸 乌洛托平	12～15 1～2	常温	240～360	—
中和液	氨水	8～12		2～4	10～11
钝化液	亚硝酸钠 氨水	1～2		10～15	8～10

3. 化学清洗过程中的质量检查

酸洗后的油管内壁表面质量是以目测检查，呈金属光泽为合格。钝化质量检查是以蓝点检验法检查钝化膜的致密性。将检验液滴在钝化表面，15min 内出现的蓝点少于 8 点为合格。蓝点检验液的配方见表 9-49。

表 9-49　蓝点检验液配方

药剂名称	盐酸	硫酸	铁氰化钾	蒸馏水
质量分数/%	5	1	5	89

4. 安全措施

油系统管道化学清洗所用的溶液是腐蚀液体，清洗时稍有疏忽，容易发生人身事故，故对于化学清洗的油管道应在循环清洗前，应对组装好的每一回路作空气试漏检查，以防止发生漏酸事故。并在施工过程中应执行如下安全措施：

(1)清洗现场应保持清洁，整齐，无杂物，在管道表面及周围环境不得堆放易爆物品。

(2)施工现场严禁明火作业，并禁止吸烟，四周隔离并挂牌警示，并派专人管理，禁止无关人员入内。

(3)操作人员必须穿耐酸工作服，防护靴并佩戴防护面罩和防护手套等，但应注意裤脚不应放入胶皮靴内。

(4)在清洗现场应备有装满清水的小桶、2%～3%碳酸钠溶液、2%的硼酸、5%的碳酸氢钠以及石灰、凡士林等以便急救时使用。

(5)酸、碱运到现场后要设专人保管，各工序的溶液配合比要设专人配置。酸洗、碱洗后的废液(水)要经过中和处理，并按照指定地点排放，防止对环境污染。

(6)应用专用工具搬运酸液和碱液，严禁将装酸、碱的容器扛在肩上或抱在怀里搬运。

(7)配置酸液时应先加水、再加酸。加酸时应慢慢地倒入水中，并不断搅拌，以防止反应剧烈，酸液溅出伤人，严禁将水倒入酸内。

(8)操作时，不慎皮肤接触了酸液，应立即用事前准备好的 10%的碳酸钠溶液中和，并用清水冲洗，以防烫伤。

(9)酸洗时，严禁明火、并禁止吸烟，酸洗场地应空气畅通，非酸洗人员一律不得靠

近酸洗区域。

七、油系统循环冲洗

油系统清洁与否，直接关系到汽轮机组的安全、平稳运行。如果油系统中含有潜在的有害杂物，不仅影响轴承的润滑和冷却，而且还影响调节系统的调节功能。为了清除油系统中的有害杂物，同时检查油系统管道和设备的安装质量(严密性)，在油系统化学清洗后，还应对油系统进行油循环冲洗。

油系统线上循环冲洗常用的方式有三种。一是轴承外旁路循环冲洗方式，即冲洗油不通过轴承箱，在轴承进油管与回油管之间装设临时尼龙管连接，进行旁路循环冲洗。二是轴承内旁路循环冲洗方式，即冲洗油不通过轴承，但通过轴承箱，进行旁路循环冲洗。第三种油循环冲洗方式为与正常油系统运行方式相同，即冲洗油通过轴承，但需在轴承进油管上加装临时过滤网，进行油系统循环冲洗。

油系统初次循环冲洗时，要求流量大阻力小，故应采用第一或第二种方式进行，只有当油系统经过循环冲洗，冲洗油已达到一定的清洁程度时，再采用第三种方式进行油循环冲洗。

油系统循环冲洗时，应采用分阶段逐步提高滤网密度的方法进行油冲洗，可以尽快使油系统的清洁度达到要求。利用油加热器和油冷器交替地对系统内的油反复进行加热或冷却，使油温发生急冷急热的交替变化，以达到管道交替的膨胀和收缩及剥离管内壁沉积物的作用。采用分段进行油系统冲洗，间断开停油泵和开关阀门使冲洗油在管内产生紊流，并向管内冲入氮气，使冲洗油在油管内产生漩涡流动，以提高冲洗效果。加大冲洗油的流量，提高冲洗油的流速，冲洗流速应使油流呈紊流状态。在回油总管进入油箱前加节流孔板，使冲洗回路每一段管道内壁全部接触冲洗油，以保证冲洗质量。

1. 油系统冲洗前的准备工作

(1)油系统管道和设备的吹扫及化学清洗应符合 GB/T 50235《工业金属管道工程施工及规范》的有关规定及 GB/T 8192《汽轮机投运前油系统冲洗技术条件》的规定，并经有关人员确认合格。

(2)结合汽轮机类型及汽轮机制造厂技术文件的规定，制定出油系统循环冲洗措施，并绘制油冲洗系统图。

(3)确认油系统内阀门开启状态符合设计流程要求，确认油系统安全工作状态良好有效。油系统油泵、排油烟风机试运转合格。

(4)分别将润滑油、调速油系统中进入汽轮机及错油门、油动机各入口处的管道与油冲洗管道断开，配置临时接管，连接供、回油管道，形成冲洗油的循环回路。将供油系统中滤油器的滤芯、节流孔板等可能限制流量的部件均取出，并在机器和阀体入口处加设临时盲板。在回油总管进油箱前的法兰处增设临时检查滤网，滤网可逐次采用 100～200 目的滤网过滤，以便检查油管道的冲洗效果。

(5)拆除滤油器的滤芯，在滤油器出口法兰装上临时滤网，规格逐次由小到大更换(120～200 目)，并在油箱与泵入口管道连接处加设 150～180 目的临时滤网，其通流面积不小于管道横截面积的 2～4 倍。

(6)用滤油机向油箱注入符合设计文件或制造厂技术文件规定并经抽样化验符合 GB/

T 11120 的汽轮机油，并在进油箱前用过滤网过滤，滤网应不低于 150～180 目，且油位应达到最高油位。冲洗油与系统工作介质相容，冲洗油黏度低于工作介质黏度。滤油机出口临时管道，进油箱前应加 180～200 目的滤网过滤。

向油箱注油及油系统充油时，应符合下列要求：

①油箱和油系统设备、管道及阀门、管件应密封严密，无泄漏现象。

②油位指示器动作灵活、无卡涩现象，其指示与油箱中的实际油位应相符合。

③高油位和低油位信号应调整正确。

(7)油系统油循环配置的临时管道宜采用内衬钢丝透明胶管，法兰连接的密封垫片宜采用冲压耐油石棉橡胶垫片或聚四氟乙烯垫片。

(8)油系统设备、管道表面及周围环境应清洁、无易燃物，工作区域内无明火作业。

(9)在油系统循环冲洗现场备有沙箱并装满消防沙、灭火设备等消防用具，并确保能随时投入使用。

2. 油系统循环冲洗措施

在循环冲洗的第二阶段，应利用油加热器或油冷器交替对油系统内的油反复进行加热或冷却的措施，使油温发生急冷、急热交替的变化，使附着在管内壁上的沉积物在热胀冷缩的作用下更易于与管壁剥离。

机组油系统循环冲洗过程中，应使油温发生交替变化。以冲洗 8h 为一个循环周期，冲洗油的加热、冷却曲线如图 9－197 所示。冲洗油温宜交替进行，高温一般为 75℃左右，但不得超过 80℃，低温为 30℃以下，高、低温各保持 2h，交替变温时间为 1h。

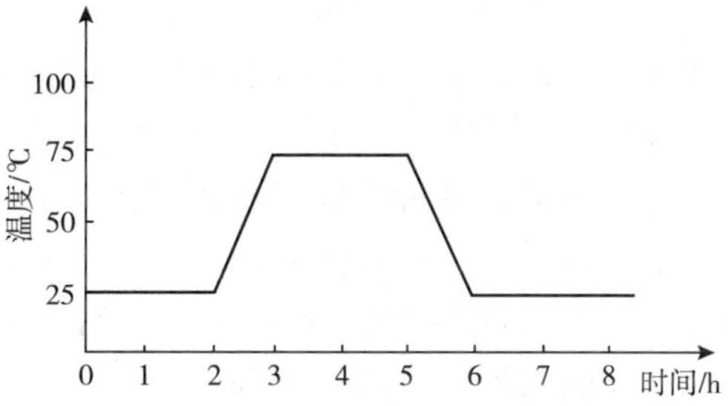

图 9－197　油系统循环时冲洗油的加热、冷却曲线

提高冲洗油的流速，加大冲洗油的流量，在回油总管进入油箱前加节流孔板，使冲洗回路每一段管道内壁全部接触冲洗油。

油系统较长时，可采用分段冲洗，可进行正常油流的逆向冲洗。并联的各冲洗回路管径应接近，冲洗回路中的死角管段应另成回路冲洗。

分段冲洗时，可以间断开停油泵和开关油路阀门的手段产生冲击油流，使冲洗油在管内产生紊流；同时向管内充入氮气或压缩空气，使冲洗油在油管内产生漩涡流动，以提高冲洗效果；充入氮气压力应稍高于系统内的油压，充氮气应间断进行，每隔 1～2h 充氮一次，每次 5～10min，冲入氮气的时间应选择在油温最高和最低时进行。

冲洗油的冲洗流速应使油流呈紊流状态，冲洗油用油泵供油流速应大于 1.5m/s，压力保持在 0.2～0.4MPa 之间，冲洗油压不得超过油系统额定压力的 10%。

在油循环冲洗的过程中，为了使附着在管壁上的焊渣、氧化皮、砂粒等杂物易于与管壁剥离，冲洗时按油的流向用木锤或小于 3.6kg 铜锤沿管道敲击每一冲洗路线的管道及焊缝、弯头和异径短管等部位，使氧化物、焊渣及其他杂质等松动脱落。锤击的时间应选择在油温最高和最低时进行。

从回油管窥视镜和透明胶管观察冲洗油流应正常。并定期排放或清理油路的死角和最低处积存的污物，并从冷油器放油丝堵处配临时接管，将油排至油箱，进油箱前应用180目滤网进行过滤，以减少脏油积存在油冷却器内。

在油循环冲洗过程中，应采用滤油机连续、循环过滤，清除油系统内的杂质和水分，直至油质洁净。详细记录并保存每天油冲洗的时间、油压及油温的变化和每次检查滤网上的杂质规格与数量情况。

3. 油洗统循环冲洗程序

油系统循环冲洗，一般可分为初步冲洗、循环冲洗、运行状态冲洗三个阶段。初步冲洗的目的是检查油系统的严密性，并将较大的杂质冲洗掉。循环冲洗的目的是将油系统的杂质彻底清除干净。运行状态冲洗为装入正式过滤器的滤芯后的油循环冲洗及验收阶段。

首先进行润滑油站系统的冲洗。在油箱与泵入口管道连接处加设150～200目的不锈钢滤网。此段冲洗回路包括整个系统的油箱、油冷器、油过滤器和油泵等设备及主要阀门(调节阀、截止阀、止回阀等)。本系统管线多、弯头多、阀门多，且工艺复杂，是油系统冲洗的重点。

初步冲洗前，应在滤油器出口法兰处加设120～150目的不锈钢滤网，在回油总管进入油箱前加设100～120目的不锈钢滤网。启动润滑油泵向润滑油系统供油，油泵运行1～2h检查油管道系统严密性，如有密封不严密现象，应采取措施消除。

为了检查油泵工作情况，两台油泵应交替进行工作，每冲洗4h停泵检查、清洗一次滤网，逐步延长8h清洗一次，当目测过滤网内表面上很少有杂质，可结束初步冲洗工作，此冲洗过程应不少于24h。然后，停止油泵运行，将油箱内冲洗油排净、用面团粘净油箱及过滤器内部，并拆除油箱与油泵入口管处的滤网。

循环冲洗前，将过滤的冲洗油再次用滤油机注入油箱，将过滤器出口处的滤网更换为150～180目，将回油总管入油箱前滤网更换为150目。拆除临时设施，装好流量、温度、压力等检测部件，将油管道与润滑油、密封油和调速油系统进行连接，并在各进油管处加设180～200目的尼龙丝滤网。将各径向轴承上瓦取下，盖好轴承盖，然后进行油循环，检查油系统管道、管件及检测部件等恢复后的严密性，并作必要的处理。在正常冲洗油量下，每隔2h停泵一次，取出滤网收集滤网上杂质，经烘干处理后杂质总重量不应超过0.2g/h，并且杂质为肉眼可见软性杂质。并视具体情况换装合格的工作油进行油冲洗。

运行状态冲洗前，应清理油箱、轴承箱，并将全部轴承清洗干净组装好。拆除油过滤器出口处滤网，清洗滤油器和滤芯，然后将滤芯装入滤油器。在回油总管进油箱前更换为180～200目的不锈钢滤网，在润滑油、密封油和调速油的进口处更换为180～200目目新的不锈钢滤网。冲洗过程中，将调速油压控制在正常操作油压，密封油应达到要求的油气压差。每冲洗4h停泵检查、清洗一次滤网和滤芯，在油冲洗中，应根据滤油器的前后压差变化情况经常清洗滤油器和滤芯。

油系统按正常流程连续进行冲洗，并按冲洗措施定时取样，检验冲洗质量，可采用下列任一检查方法确定油系统冲洗的清洁度：

(1)称重检查法。在回油总管和各轴承进油口法兰处加150目滤网，在全流量冲洗2h后取出滤网，在洁净的环境中用溶剂汽油清洗滤网。然后用200目滤网过滤该汽油。经烘干处理后，杂质总重量不超过0.1g/h，则认为被检测系统的清洁度为合格。

(2)颗粒计数检测法。在任意轴承进口法兰处加150目滤网，在全流量冲洗循环

30min，取出滤网在洁净的环境中用溶剂汽油冲洗滤网，然后用 200 目滤网过滤该汽油，收集全部杂质，采用至少放大倍率为 10 倍并带有刻度的放大镜，观察任一滤网上的杂质，并进行分类计数，其杂质颗粒符合表 9－50 要求且无硬质颗粒，则认为被检测系统清洁度为合格。

表 9－50　油系统冲洗合格标准

杂质颗粒大小/mm	数量/颗
＞0.25	无
0.13～0.25	≤5

更换合格工作油后，再连续循环冲洗 20h，当油过滤器的前后压差值不超过 0.01～0.15MPa，视为油系统循环冲洗合格。

油系统冲洗合格后，需经业主/监理单位和制造厂的代表对油循环冲洗质量的予以确认，并签署油循环冲洗合格证书。

油循环冲洗完毕后，应及时拆除所有临时滤网，将油系统设备及管道、各节流孔板进行复位，并达到设计要求状态，从油箱或油冷器最低放油点取油样化验，油品合格后可作为机组试运行用油。

第十二节　汽轮机调节系统调试

一、汽轮机调节系统调试的目的

为了保证汽轮机调节系统的工作性能，各零、部件除达到制造厂技术文件规定的加工尺寸外，在制造厂部套装配后还应对部套及系统进行性能试验，在工厂企业装置中当新机组安装后或机组大修前、后均需对机组的调节系统进行特性试验，测取各项有关特性。调节系统调试的目的在于确定其工作性能和发现缺陷，并分析缺陷产生的原因，提出消除缺陷的措施。

1. 通过调试可以确定调节系统的工作性能和发现缺陷

调节系统的缺陷有些可在正常运行中发现，如机组出力不足、工作不稳定、抽汽机组自调节不完善等，但有些缺陷在正常运行中不易发现，只有在运行方式变化时才能暴露出来。通过试验可以求出调节系统的静态特性线、速度变动率、迟缓率及动态特性等，这样可以全面了解调节系统的工作性能，同时也能发现在正常运行中不易发现的缺陷。

2. 通过试验可以全面分析缺陷的原因

由于调节系统的性能由组成它的各个机构的特性所决定，而且彼此之间又相互影响。如二次油压的不稳定可能是主油泵出口油压波动引起的，也可能由一次油压波动引起的，也有可能因蝶阀中心对中不佳等原因引起的，总之，如果查找缺陷原因，单纯依靠检修工作量既大又难以找出缺陷原因。只有通过试验，分析试验结果，有的放矢地检查某个部套的某个某位，才能迅速而有效地判断出产生缺陷的原因和部位，从而采取有效措施消除缺陷。

3. 通过试验才能全面地考虑整定措施

在调试调节系统过程中，如片面取用某一措施，往往会消除了这个缺陷，又出现另一种新缺陷。因此，只有通过试验，可以测出调节系统各项特性，进行分析后，全面考虑采取消除这一缺陷的措施，从而使调节系统的工作符合设计要求。

调节系统的调试包括静态试验和动态试验两个方面。静态特性试验是在静止状态、空负荷以及带负荷情况下分别加以测试，包括静止试验和静态试验；动态特性试验则在机组已经带负荷并运行正常后，进行甩负荷试验，以鉴定动态过程的调节品质。

为了检验调节、保安装置的工作性能，新装机组在投入运行前必须对调保安装置进行调试，以使各项工作性能达到制造厂技术文件规定。

(1)调节系统速度变动率δ应在5%左右。

(2)调节系统的迟缓率ε应不大于0.3%。

(3)同步器调速范围为(−5%+7%)n。

(4)调节汽阀重叠度一般应为10%左右。

(5)危急保安器动作转速一般整定为汽轮机额定转速的110%～112%。

(6)汽轮发电机组甩全负荷时瞬时升速不会引起危急保安器动作，而应能维持空负荷运行。

(7)手动危急遮断装置及电磁阀的动作良好。

(8)自动主汽阀及调节汽阀的关闭时间应符合设计规定。

二、汽轮发电机调节系统和自动保护装置的调整和试验

1. 试验前应具备的条件

(1)油系统油循环冲洗完毕后，油质经化验合格，油温一般控制在50℃±5℃；调节系统各油压力表安装齐全，并经校验合格，主要压力表应更换成刻度较细的标准压力表，有关部件的行程指示标尺或百分表，以及试验时必须加的临时设施，应按试验要求安装完毕；电动高压油泵试运行合格；各调节部套初步试验动作应平稳、灵活、可靠，无卡涩、突跳或摆动等缺陷。

(2)对于采用高速离心调速器为敏感元件的调节系统，一般应测取同步器行程和挂闸油压，各自动主汽阀活塞行程、中间继动滑阀行程、各油动机活塞行程之间的关系，以及油动机活塞与调节汽阀开度的关系，均应符合制造厂技术文件的规定。

(3)对于全液压调节系统，静态试验前应临时加接油源，以建立一次油压。经整定后，测取同步器在不同行程的一次油压与二次油压的关系，二次油压与各油动机活塞行程的关系，以及油动机活塞行程与调节汽阀开度的关系，均应符合制造厂技术文件的规定。

(4)抽汽式供热汽轮机应在调压器的压力敏感元件内用接入油压表校验台等办法建立压力，按制造厂技术文件的规定做调压器的静态整定，然后与调速器部套一起做各油动机的静态调试。整定后的各调压器的压力、调压器的行程、同步器的行程和各油动机活塞行程之间的关系，应符合制造厂技术文件的规定。

(5)背压式汽轮机调节系统在做静态试验时，应在调压器的压力敏感元件内建立压力，并分别测取调速器和调压器的特性，经整定应符合制造厂技术文件的规定。

2. 静态特性试验

(1)静止试验

调节系统静止试验是指汽轮机在静止状态下，启动高压辅助油泵，对调节系统进行试验。由于汽轮机处于静止状态，试验时干扰因素少，可获得比较准确的结果。

静止试验内容主要有：调整各部套符合设计要求、测取各部套之间的相互关系。包括：①调速器信号(滑环位移或一次油压)与二次油压及油动机活塞行程之间的关系；②油动机活塞行程与调节汽阀开度的关系；③同步器的工作范围；④传动放大机构的迟缓率等。

静止试验的记录项目主要有：调速器滑环行程(或一次油压)、油动机活塞行程、调节汽阀开度、同步器工作范围及二次油压等。

对于自备电站汽轮机调节系统静止试验时，由于汽轮机还未运行，故主油泵还不能进行工作，压力油由高压辅助油泵供给，转速信号需由人工产生。试验具体方法视不同调节系统而异：对于低速离心调速器的机组进行调节系统静止试验时，应拆除调速器的主弹簧，装设一个专用工具来移动滑套位置；对于高速弹簧调速器进行调节系统静止试验时，可利用同步器来移动调速器错油门的滑阀的位置，以代替转速变化；对于径向钻孔泵调速器及旋转阻尼调速器进行调节系统静止试验时，则应切断原来的一次脉冲油路，则用人工产生可调节油压，以代替转速变化。

静止试验时，改变一次油压(移动滑环)，待油动机活塞开始关闭发布第一次记录信号。以后每移动一次记录一次，直到油动机活塞全关闭。在此范围内记录点数应不少于8点。油动机活塞全关闭后再向开启方向进行试验，试验方法与关闭油动机时间相同。但应注意，在进行油动机活塞开启或关闭方向试验时，只能单向进行，不可来回移动，否则测不出迟缓率。

(2)静态试验

调节系统的静态试验包括空负荷试验和带负荷试验。

①空负荷试验

空负荷试验是指在汽轮发电机无励磁空转运行工况下的试验。空负荷试验主要测取：感受机构和放大机构静态特性线；同步器工作范围；感受机构和放大机构的迟缓率等。同时检查调节系统能否维持机组空负荷稳定运行。

空负荷试验条件：在空负荷试验前，应首先进行主汽阀及调节汽阀严密性试验、手打危急保安装置手柄试验以及超速试验，只有这些试验合格后才能进行空负荷试验。

空负荷试验包括同步器工作范围和空负荷升速、降速试验。

②带负荷试验

带负荷试验是在机组并网运行时进行。带负荷试验主要测取：配汽机构的静态特性线；同步器与油动机活塞行程关系曲线；油动机行程与各调节汽阀开度的关系曲线；各调节汽阀之间的重叠度。同时还检查调节系统在各负荷点是否稳定。

3. 动态特性试验

动态特性试验又称甩负荷试验。动态特性试验一般在新机组安装完毕后进行。大修前后无特殊原因不做此项试验。

动态特性试验过程录波项目：时间，转速，油动机活塞行程，调速器滑环行程，脉冲油泵进出口油压，一、二次油压，脉动油压、功率信号等。

动态特性试验过程记录项目：新蒸汽参数(压力、温度)、真空、电网频率、调节油压、油温、抽汽逆止阀是否动作等。

动态特性试验分几次进行，先甩去1/2额定负荷，然后依次甩3/4额定负荷和额定负荷，若经不起甩部分负荷时，试验即应停止。

动态特性试验必须具备的条件及注意事项：

(1)调节系统静态特性调试符合要求。

(2)主汽阀及调节汽阀严密性试验合格，且主汽阀全开时调节汽阀能维持机组空负荷运行。

(3)手动危急遮断油门动作正常。

(4)危急保安器动作转速符合制造厂技术文件规定。

(5)抽汽逆止阀动作正确，且关闭严密。

(6)发电机拉闸按钮工作正常。

(7)自动主汽阀、调节汽阀关闭时间一般应小于0.4～1s。

三、调节部套试验

汽轮机发电机组安装时，对调节部套进行解体、检查。当机组投运前，应对调节部套和系统进行性能试验，以保证机组顺利地启动和安全、平稳运行。

1. 旋转阻尼试验

旋转阻尼调速器试验的目的：主要是测取转速 n 与一次油压 p_1 的关系，如表9-51所示。对额定转速为3000r/min的汽轮发电机组而言，只有旋转阻尼转速达到50%额定转速以上时起作用，即转速平方与一次油压成正比。具体试验时，可记录80%～112%额定转速范围内一次油压变化，可以先给定一个转速得到相应的一个一次油压，这样上行及下行各做一次试验记录，并绘出转速与一次油压的关系曲线 $n-p_1$。进行上述试验时，要求在同一转速下，上行与下行之间一次油压的误差应在0.98kPa左右，一次油压波动范围也应在0.98kPa左右，即认为试验是良好的。

表9-51　旋转阻尼一次油压 p_1 与汽轮机转速 n 的关系

转速 n/(r/min)	2800	2850	2900	2950	3000	3050	3100	3150	3200	3210	3250
一次油压 p_1/MPa	0.1910	0.1979	0.2049	0.2121	0.2193	0.2267	0.2342	0.2418	0.2495	0.2511	0.2574

2. 径向泵调速器试验

径向泵调速器试验的目的是：测取转速与径向泵出口压头(指泵出口压力与入口压力之差值)与转速之间的关系。由于该泵是离心泵，所以其关系可用下式表示：

$$p=an^2 \tag{9-56}$$

式中　p——泵出口压头(泵的出口压力与入口压力之差值)，kPa；

n——泵转速，r/min；

a——与结构有关的比例常数，其设计点是：$n_0=3000$r/min，出口压头 $p_0=0.588$MPa，则

$$a=\frac{p_0}{n_0}=\frac{0.588}{3000^2}=0.6533\times10^{-7}\text{MPa}\cdot\left(\frac{\text{r}}{\text{min}}\right)^{-2}$$

试验值应符合表 9－52 要求。

表 9－52　径向泵转速与泵出口油压、压头的关系

转速/(r/min)	2400	2500	2600	2700	2800	2900	3000	3100	3200	3300	3400	3450	3500
泵出口压头/MPa	0.384	0.417	0.451	0.486	0.522	0.560	0.600	0.640	0.682	0.724	0.771	0.794	0.864
泵出口压力/MPa	0.484	0.517	0.551	0.586	0.622	0.660	0.700	0.740	0.782	0.824	0.871	0.894	0.964

3. 高速弹性调速器试验

调速器由变速直流电动机驱动，通过改变直流电动机转速，记录不同转速下对应的调速块位移。要求调速器的转速稳定，无轴向窜动，且当调速器旋转时，装在调速块表面测点上的百分表的跳动不应大于 0.04mm。

试验结果应符合下列要求：

(1)转速从 0～3000r/min 时，调速块的位移应为 9mm±0.4mm，不灵敏度应不大于 3r/min。

(2)调速块停止位移时的转速应为 3600r/min(配准限位端)。

(3)在转速为 4500r/min 的情况下连续运行 30min 后，调速块变形应不大于 0.1mm。

(4)在转速 3000r/min 附近(2800～3200r/min)，调速器的速度变动率应为：

$$\delta=\frac{n_2-n_1}{(E_2-E_1)\times 30}\%=(5.2\pm 0.5)\%$$

即转速变化(156±15)r/min 时调速块位移为 1mm。

另外，还应记录转速在(3435±15)r/min 时的调速块的位移。

调速器若试验不合格，现场不允许拆卸或调整重锤的重量，只能让制造厂更换新的调速器。

4. 放大器试验

放大器试验的目的：按厂设计文件要求测取调整放大器的一次油压 p_1 与二次油压 p_2，并调整同步器的工作范围，使同步器的调速范围为(－5%＋7%)n。试验时，同步器应一起参加。

放大器试验方法：人为产生一次油压信号通到放大器的一次油压油室，然后在同步器上、中、下 3 个不同的位置分别进行试验，以给定一个一次油压相应得到一个二次油压值，这样上行与下行来回分别做两次试验并记录，同时绘出同步器上、中、下 3 个不同位置时的一次油压 p_1 与二次油压 p_2 的关系曲线 p_1-p_2。

放大器试验时要求：同一个一次油压、二次油压数值下，上行与下行之间误差应在 3.9～4.9kPa 范围内。同步器在零负荷的工作范围应在额定转速的 95%～107%。放大器动作转速(即调速器动作转速)应为汽轮机额定转速的 90%±2%，如有误差时，可通过调整辅助同步器的弹簧来达到要求。

5. 油动机试验

油动机试验的目的：主要是测取控制油压 p_x(或 p_2)与油动机活塞行程 m 的关系。试验时应记录油动机活塞动作油压值与最大行程时的控制油压值 p_x(或 p_2)。控制油压与油动机活塞的初始值调整，可以通过改变反馈油口初始面积或改变静弹簧预紧力来达到。

油动机试验时，可先给定一个控制油压 p_x(或 p_x)相应得到一个油动机活塞行程数值 m，这样上行与下行来回做两次试验并记录，并绘出控制油压 p_x(或 p_2)与油动机活塞行程 m 曲线 p_x(或 p_2)$-m$。试验要求在同一个 p_x(或 p_2)数值下，油动机活塞行程与行程在上行与下行之间数值误差应为1.5～3mm。

6. 调压器试验

调压器主要用在调整抽汽式汽轮机和背压式汽轮机的调节系统中。试验时主要测取在机组压力变动率范围内，调压器的输出脉冲油压变化 p_{c1}、p_{c2} 以及活塞行程 Z 的关系。

试验时，人为提供油压作为蒸汽脉冲，给定一个抽汽压力(或背压)信号通往调压器的蒸汽压力的脉冲室内，调整活塞式调压器活塞杆上的螺母，使活塞行程 $Z=0$，并处于即将动作位置，然后再给定一个蒸汽压力脉冲信号，记录调压器输出脉冲油压 p_{c1} 和 p_{c2} 以及活塞行程 Z。脉冲油压的初始值可以通过调节蝶阀上面的小弹簧压紧力来达到。这样上行与下行来回做两次试验并记录，同时绘出蒸汽脉冲压力 p 以及脉冲油压 p_{c1}、p_{c2} 与活塞行程 Z 的关系曲线 $p-p_{c1}$(或 p_{c2})、p_{c1}(或 p_{c2})$-Z$。试验要求在同一抽汽压力或背压值下脉冲油压上行与下行之间的误差值为3.9～4.9kPa左右时，认为是良好的。

7. 自动主汽阀及调节汽阀试验

自动主汽阀和调节汽阀试验包括严密性试验和关闭试验。

(1)严密性试验

严密性试验目的主要鉴定自动主汽阀和调节汽阀的严密程度。其试验方法如下：

①自动主汽阀严密性试验

在额定新蒸汽参数、真空和转速条件下，调节汽阀处于全开状态，关闭自动主汽阀，并同时记录汽轮机转速随时间变化的关系。一般要求在自动主汽阀关闭后，汽轮机转速下降到1000r/min以下。

汽轮机采用双进汽的主汽阀时，两侧主汽阀应同时进行严密性试验。

②调节汽阀严密性试验

a)在额定新蒸汽参数、真空和转速条件下、自动主汽阀处于全开状态，关闭调节汽阀，并同时记录汽轮机转速随时间变化的关系。调节汽阀关闭以后，汽轮机转速下降的速度一般要求应与相同的蒸汽参数、真空条件下脱扣停机时的惰走曲线基本一致。

b)在汽轮机空负荷和自动主汽阀全开条件下进行，同步器放在低限位置。试验时可操作同步器或辅助同步器，使调节汽阀逐渐关闭，此时汽轮机转速也相应下降，如果调节汽阀密封不严密，则转速降至一定转速后不再下降，这一稳定转速即为调节汽阀漏汽程度。一般要求在2min左右时间内，机组由额定转速3000r/min下降至70%额定转速左右(即2000r/min左右)。也有规定在延续20～30min时间内，转速降至1000r/min以下，即认为严密性试验合格。

(2)关闭时间试验

关闭时间试验是测量操纵自动主汽阀和调节汽阀的自动关闭器(安全保护装置)和油动机关闭时间，以判断其动作迅速性是否符合要求。试验分别在静止状态(无蒸汽作用力)和空负荷(额定蒸汽参数时)下进行。

试验方法是采用录波器对关闭过程进行录波记录，可以准确地记录关闭时间并便于分析。将行程发信器安装在主汽阀和油动机上，将位移信号转变为电气信号送入录波器，同时还要送入危急保安装置的脱扣信号(表示脱扣开始时间)。试验时，手打危急保安装置手柄，录波器就自动记录自动主汽阀和调节汽阀的关闭过程。

①自动主汽阀关闭时间试验

全开自动主汽阀，然后手打危急保安装置手柄或手按停机按钮，安全油立即泄掉，自动主汽阀立即关闭。此试验可连续做 2 次或 3 次测取。

一般中压机组要求自动主汽阀关闭时间在 1s 内为合格；高压机组或超高压机组自动主汽阀关闭时间在 0.5s 内为合格。

②调节汽阀关闭时间试验

调节汽阀开度处于全开位置，手打危急保安装置手柄或手按停机按钮时，安全油立即泄掉，调节汽阀迅速关闭。

一般要求调节汽阀关闭时间在 0.5s 内为合格。

试验完毕后，当将危急保安装置手柄复位时(安全油恢复)，调节汽阀应立即自动开启，处于全开状态。

8. 超速保护装置试验

为了确保汽轮机运行中超速保护装置的可靠性，在新机组安装完毕后，每次大修前后或运行 2000h 以后，均应按有关规定进行超速保护装置试验，即手动、注油试验和超速试验。

(1)手动试验

手动试验的目的是检查危急遮断油门、自动主汽阀和调节汽阀是否能正常动作。手动试验可以结合主汽阀和调节汽阀严密性试验和关闭时间试验一起进行，试验也应分别在汽轮机静止状态和空负荷状态下进行。

(2)注油试验

危急保安器注油试验分别在空负荷及带负荷时进行。

空负荷注油试验可测出危急保安器的注油击出转速；带负荷注油试验用于在正常带负荷运行条件下进行危急保安器动作试验。

(3)超速试验

危急保安器的超速试验是在危急遮断装置动作正常，危急保安器充油试验合格后进行。超速试验的目的是测取危急保安器实际动作转速。

汽轮机超速试验应符合下列规定：

汽轮机做超速试验时，应统一指挥、明确分工，各负其责，严密监视；汽轮机上安装的转速表及外接转速表(包括手持激光转速表)均应校验合格；升速前应手动危急遮断装置手柄，确认其动作灵活、可靠，无卡涩现象，各主汽阀和调节汽阀应同时立即关闭，转子转速应迅速下降；自动主汽阀和调节汽阀的严密性和关闭试验应符合制造厂技术文件的规定。

试验时必须先试验手动紧急停机装置，自动主汽阀和调节汽阀能迅速动作关闭。超速试验时，先将同步器放在高限位置，旋转辅助同步器手轮使机组缓慢升速(一般为每分钟 50r/min)至额定转速 110%～112%时，危急保安器动作。若超过额定转速 12%时，危急遮断装置还未动作，应立即手动打闸紧急停机。重新调整后，再进行试验。

超速保护试验时，危急保安器的动作转速范围为额定转速的 110%～112%。同一情况下应进行两次试验，并且两次试验动作转速差不应超过0.6%；危急遮断装置脱扣后应能复归，飞锤(飞环)的复位转速一般应不低于3030r/min；脱扣和复位信号应指示正确、同步。

新安装的机组，危急保安器动作转速应连续做3次超速试验。前两次动作转速之差不应超过0.6%，第三次动作转速与前两次平均值之差不应超过1%。

四、调节系统的静态特性调试

调节系统的静态特性试验包括空负荷试验和带负荷试验。通过试验求取调节系统各部套的特性和整个系统的静态特性曲线，从中验证调节系统的静态工作性能是否满足运行要求。

1. 空负荷试验

调节系统空负荷试验是指汽轮发电机组在空载无励磁运行条件下进行的，在主蒸汽额定参数及不同同步器位置时，用电动主汽阀的旁路阀来改变转子转速。空负荷试验应测取：①转速感受机构和传动放大机构的静态特性线；②感受机构和放大机构迟缓率；③检验同步器的工作范围以及检查汽轮机空负荷运行的稳定性。

空负荷试验包括同步器工作范围试验和空负荷升速、降速试验。测定同步器在高、中限位量和速度变动率不同位置时，转速和油动机活塞的关系。为节省时间，同步器低限位可不做试验，但对低限转速是否符合要求应进行验证。

空负荷试验程序如下：

(1)将同步器分别放在上、中限两个位置(相当于3150r/min、3000r/min)进行。

(2)对于速度变动率设计在3%～6%范围内的可调系统，试验时速度变动率应分别在3%、4%、5%3个位置进行，验证实际刻度值与设计值是否相符。

(3)试验在下列位置分别进行：

①速度变动率为5%，同步器在上限位置，转速稳定在3150r/min。

②速度变动率为5%，同步器在中限位置，转速稳定在3000r/min。

③速度变动率为4%，同步器在上限位置，转速稳定在3120r/min。

④速度变动率为4%，同步器在中限位置，转速稳定在3000r/min。

⑤速度变动率为3%，同步器在上限位置，转速稳定在3090r/min。

⑥速度变动率为3%，同步器在中限位置，转速稳定在3000r/min。

(4)先从上条①做起，待转速在3150r/min稳定后，由转速观察人员发出第一个记录信号。

(5)逐渐关小主汽阀的旁路阀，使转速缓慢下降，转速每下降20～25r/min应记录一次，直到油动机活塞全开时为止。

(6)缓慢开启主汽阀的旁路阀，使转速缓慢上升，每上升20～25r/min应记录一次，直到主汽阀的旁路阀全开时为止。

(7)按上述方法将同步器放在中限位置，待转速稳定在3000r/min时，再做一次试验。

(8)然后分别以：(3)③、(3)④、…(3)⑥重复上述步骤分别进行上限位置的试验。

试验中应记录、绘制：转速与油动机活塞行程m及一次油压p_1、二次油压p_2、随动错油门行程、控制油压p_x的关系曲线。

汽轮机调节系统空负荷试验结果，应达到下列要求：在额定参数，空负荷时同步器应能使机组在额定转速的±6%范围内变化；调节系统的速度变动率一般为3%～6%；当主汽阀全开时，调节系统应能维持空负荷稳定运行，并能用同步器顺利并网。

2. 带负荷试验

带负荷试验是机组并网运行时进行的，通过增、减负荷来测取：①油动机活塞行程与负荷的关系；②同步器位置与油动机活塞行程的关系；③油动机活塞行程与调节汽阀开度的关系；④各调节汽阀开度与其阀前、阀后压力的关系，求调节汽阀的重叠度。

带负荷试验的程序如下：

(1)从空负荷到满负荷之间的测点应不小于12点，在空负荷及满负荷段可测点可多一些。

(2)将机组负荷带到额定负荷值后，应稳定10～15min，记录各负荷下的发电机功率、电网周波、主蒸汽流量、压力和温度、凝汽器真空、同步器位置、油动机活塞行程、调节汽阀后压力、调节级压力、主油泵出口油压、一次油压和二次油压。

(3)将负荷降至预定值再次进行测量，反复上述步骤直至空负荷为止。

(4)作完降负荷试验后，即可进行升负荷试验，如果试验中蒸汽参数、真空值比较稳定可以不作升负荷试验。

(5)若试验中蒸汽参数变化较大，应按一下公式对功率进行修正：

$$N=N_1\left(\frac{p}{p_1}\sqrt{\frac{T_1}{T}}\right) \tag{9-57}$$

式中　N、N_1——分别为修正后和试验时测得的功率，kW；

p、p_1——主蒸汽额定压力和试验时测得的主蒸汽压力，MPa；

T、T_1——主蒸汽额定温度和试验时测得的主蒸汽温度，K。

(6)根据带负荷试验的数据在第四象限绘制配汽机构静态特性曲线，即油动机活塞行程与负荷的关系曲线，由此可求出调节系统速度变动率δ和迟缓率ε。

根据试验数据求得调节汽阀重叠度及系统中的富裕行程，确定同步器的工作范围。分析上述试验结果，判断调节系统静态特性是否符合要求。

调节系统带负荷试验时，应达到下列要求：

(1)调节系统工作应稳定，带负荷后在任何负荷点均能维持稳定运行。

(2)用同步器增减负荷或因电网频率变化所引起的负荷变化，应使油动机活塞平稳移动，无卡涩、突跳或摆动现象。

(3)调节系统的速度变动率一般为3%～6%；局部速度变动率一般不应小于2.5%。

五、调节系统的动态特性试验

调节系统的动态特性试验，也称甩负荷试验。无特殊情况机组大修前后不做此项试验，此试验一般在新机组安装后进行。

调节系统的动态特性是指被调参数(如转速)随时间变化的非稳定状态。亦即从一个稳定状态过渡到另一个稳定状态过程中的特性。

1. 对动态特性的要求

(1)甩掉额定负荷后，机组转速升高的最高值应在8%～9%额定转速范围内，即最高转速不应超过危急保安器的动作转速。

(2)从甩负荷至稳定转速的这段时间，即甩负荷后过渡过程的时间，一般不应超过5～50s。

(3)甩负荷后转速在过渡过程中，振荡是衰减的，明显的振荡次数不应超过3～5次。

(4)调节系统的被调量与最后稳定值的偏差Δ应不大于静态特性偏差的1/15～1/20。

2. 动态特性试验前应具备的条件

为确保甩负荷过程中汽轮机的安全运行，必须具备下列条件，方可进行甩负荷试验。

(1)调节系统静态特性合格，即速度变动率、迟缓率、各部套的行程范围及特性曲线形状均符合设计文件要求。

(2)自动主汽阀，调节汽阀和抽汽逆止阀严密性试验、关闭时间符合制造厂技术文件规定，抽汽止回阀联锁动作灵敏、准确、可靠，并关闭迅速、密封严密。

(3)手拍危急保安器动作准确、可靠。超速试验时，危急保安器动作转速符合要求。

(4)自动主汽阀、调节汽阀关闭时间应不大于0.4～1s。

(5)机组甩负荷后，在自动主汽阀全开条件下，调节系统能维持空负荷运行。

甩负荷试验一般可分三级进行，先甩1/2额定负荷，再甩3/4额定负荷，最后甩额定负荷。只有上一级甩负荷试验无异常情况后，方可进行下一级甩负荷试验，否则不能进行。

3. 动态特性试验应符合下列规定

(1)试验时，主蒸汽参数、真空值均应为额定值，频率最高不应超过50.5Hz。

(2)根据实际情况确定甩负荷的次数和等级，一般甩半负荷和额定负荷各一次。

(3)甩负荷过程中，一般应对有关数据进行录波，同时应由专人对各录波项目甩负荷前的数据、极限值和甩负荷后稳定值进行记录。

(4)甩负荷后，调节系统动作尚未终止前，不应操作同步器降低转子转速，如转子转速升高到危急保安器动作转速，而危急保安器还未动作或调节系统严重摆动无法稳定在额定转速时，应立即手拍危急遮断器手柄紧急停机。

(5)动态特性试验过程中，应派专人监视机组的轴振动、差胀、轴承及推力轴承温度、轴向位移等重要运行参数。

4. 动态特性试验过程中应记录项目

(1)录波模拟量应用较高的灵敏度、稳定性及较小的时间内常数。

(2)录波参数有：转速，油动机活塞行程，调速器滑阀行程，脉冲油泵进、出口油压，一、二次油压，脉动油压，功率信号和时间等。

(3)记录项目有：除上述录波项目外，还记录新蒸汽压力、温度，真空度，电网频率，调速油压、油温，抽汽逆止阀动作灵敏可靠及严密性等。

通过动态特性试验，录下调节系统各部套在动态过程中的相互关系，为了分析调节系统工作情况，应对下列数据进行整理，以判断机组的动态品质。

(1)以下数值在甩负荷过程中的最大值、最小值及稳定值：

转速、调速器滑阀行程或信号油压(一、二次油压)、油动机活塞行程和调节汽阀开度、调速油压等。

(2)下列参数在甩负荷后全过程时间及动作滞后时间：

转速、滑阀或信号油压、油动机活塞、调节汽阀、主汽阀、抽汽逆止阀、调速油压等。

(3)求出油动机活塞、调节汽阀、自动主汽阀从动作开始到完全开启(关闭)的时间，求出油动机活塞平均移动速度和最大速度。

(4)测出油动机活塞关闭时间。

(5)按动态试验曲线用计算法求出转子飞升时间常数、中间容积、中间容积时间常数。

5. 动态特性试验时注意事项

(1)试验时设备运行方式与平时正常运行方式应相同。

(2)试验时电网频率、蒸汽参数及真空均应保持额定值。

(3)甩负荷试验前数据及自动滤波仪调整完毕。

(4)由专人监视机组转速，当转速超过脱扣转速，危急保安器仍不动作时，应立即打闸停机。

(5)试验时如发生事故，则应停止试验，按事故规程处理。

六、汽轮机用 WOODWARD505 电子调速器调节保安系统的整定与调试

汽轮机的调节系统由 WOODWARD505 电子调速器检测机组的转速，由电液转换器转换为油压信号，经错油门、油动机等执行放大机构，控制调节汽阀的开度，从而保证机组的稳定运行。

1. 调节系统的整定

(1)电液转换器的整定

①建立脱扣油压，将自动主汽阀开启。

②利用信号发生器，向电液转换器输入 4mA 的电流，此时二次油压应为 0.15MPa，当电流升高到 20mA 时，二次油压应为 0.45MPa，二次油压与电流应成对应的线性关系。若不成对应的线性关系时，则应调节电液转换器上的调整按钮。

(2)油动机行程的整定

①给错油门 0.15MPa 的二次油压，调整错油门的反馈弹簧，使油动机行程位于“0”。

②逐渐将二次油压升高至 0.45MPa，此时油动机行程应符合设计值。若有差别，则应调整油动机活塞杠上的反馈架的反馈高度，从而使油动机行程达到设计值。

③反复进行上述调整，直至二次油压从 0.15MPa 升高到 0.45MPa 时，油动机行程从“0”到设计值的对应关系为止。

(3)调节系统静态调试

①建立脱扣油(速关油或跳闸油)。

②在控制室内的 WOODWARD505 电子调速器上执行开车程序，按“RUN”键，并增加反馈导板的倾斜角度，由 0 升至 100%，现场对应的二次油压从 0.15MPa 升高到 0.45MPa，油动机行程应与二次油压相对应，并符合设计值。若有误差时，应调整反馈导板的倾斜角度，然后按“调节汽阀特性曲线”调整油动机行程。若油动机行程的偏差大于

2mm时，则应检查反馈导板上是否有卡涩现象或零件配合是否超差。

③反复进行上述调整，直至二次油压从0.15MPa升高到0.45MPa时，油动机行程从“0”到设计值的对应关系为止。在调整过程中，各部件应动作灵活、无卡涩、抖动等现象。

2. 保安系统的调试

①调节汽阀静态试验完毕后，将调节汽阀、抽汽调节汽阀全开，手动关闭主油泵出口阀，当控制油压降至低联锁值时，联锁应动作，并应使调节汽阀、抽汽调节汽阀等迅速关闭。

②复位控制油系统，分别按现场停机按钮、压缩机控制室按钮、主控制室按钮及手打危急保安器各1次，并确认联锁应动作，使调节汽阀、抽汽调节汽阀等迅速关闭。

七、汽轮机用PG－PL型WOODWARD调速器的调节保安系统整定与调试

汽轮机调节系统为半液压式调节系统，调节系统由启动器、PG－PL调速器、压力变换器、错油门、油动机和调节汽阀等组成。PG－PL调速器感受机组转速的变化信号，并将信号放大后以位移形式输出，通过压力变换器、错油门和油动机，控制调节汽阀的开度，从而控制进入汽轮机的蒸汽量，来调节机组转速，保证机组稳定运行。

PG－PL调速器即可以由手动同步器控制，也可使用风压信号远程调节改变机组转速。

1. 调节系统静态整定

(1)将启动器手轮沿顺时针反方向旋转到最高位置，然后再逆时针方向旋转启动装置手轮，记录往下旋转的圈数同二次油压的关系，并应保证二次油压能升到0.45MPa以上。

(2)利用启动器调节二次油压，当二次油压达到0.15MPa时，调整错油门滑阀上部弹簧的预紧力，使油动机刚刚开启。

(3)逐步增加二次油压，当油压增加到0.45MPa时，调整油动机上的反馈板角度，使油动机行程刚好符合设计格数。

(4)反复进行上述调整，将实际测得值与制造厂设计值相比较，同时记录二次油压同油动机行程的关系。

(5)在调整过程中，调节汽阀、错油门和油动机及调节传动机构应动作灵敏，无卡涩、抖动现象。

2. 保安系统动作试验

(1)手压危急遮断器手柄，速关阀、调节汽阀及抽汽调节汽阀应迅速关闭。然后重新挂上危急保安装置手柄，开启速关阀、调节汽阀及抽汽速关阀。

(2)手压紧急停机阀手柄，迅速泄掉高压油，速关阀、调节汽阀及抽汽调节汽应迅速关闭，试验之后再开启速关阀、调节汽阀及抽汽调节汽阀。

(3)电磁阀遥控切换试验。两位三通电磁阀安装在保安系统的压力油管道上，它不但可以切断进入危急保安系统的压力油，而且可以切断进入危急保安装置的压力油，同时使危急保安装置动作而迅速泄掉速关油，使速关阀迅速关闭。

电磁阀可以在控制室控制或在现场控制按下停机按钮进行试验，控制油压力低指示灯亮，速关阀迅速关闭。

电磁阀也可以由某一保护装置来控制，如润滑油压、轴向位移、轴振动、抽汽压力、相对膨胀值等超过规定范围时来控制，根据需要将要求保护的物理量通过合适的传感器转换成电信号与电磁阀连接。

(4)轴向位移试验：

①由安装配合仪表调试人员分别接通或操作转子轴向位移保护，主汽阀(速关阀)、调节汽阀、抽汽调节汽阀应迅速关闭。

②试验合格后，应再用启动器手轮开启主汽阀和调节汽阀。

(5)润滑油过低保护试验

①投入备用油泵联锁开关至“自动位置”。

②开启油压继电器进油总阀，缓慢开启放油阀，逐渐降低油压。

a)当润滑油总管油压低于 0.14MPa 时，低油压报警动作，备用润滑油泵应自启动。

b)当停备用油泵，继续降低润滑油总管压力至 0.10MPa 时，磁力断路油门联锁应动作，主汽阀应迅速关闭。

(6)主汽阀、调节汽阀关闭时间试验

全开主汽阀、调节汽阀，然后手打危急遮断器手柄或手按停机按钮，脱扣油压立即泄压，主汽阀、调节汽阀应迅速关闭。试验应连续做 2 次或 3 次。一般中压机组主汽阀应在 1s 内关闭为合格；高压机组主汽阀应在 0.5s 关闭为合格。调节汽阀关闭时间应在 0.5s 以内。

第十三节　附属机械及设备安装

一、一般规定

(1)附属机械及设备应按 GB/T 50231、GB/T 50204 和 GB/T 50275 的规定进行施工及验收。

(2)附属机械及设备安装时，其纵横中心线及标高，均应符合设计文件规定。若无规定时，其允许偏差应符合表 9-53 规定。

表 9-53　附属机械及设备安装时的允许偏差

项目	允许偏差值/mm	
	立式设备	卧式设备
安装标高	±5	±5
纵横轴线	3	3
垂直度	0.8mm/m，且全高≤10	—
水平度	—	0.5mm/m

(3)随机附属设备的耐压试验和气密试验，应按制造厂技术文件规定进行。

①附属设备中压力容器耐压试验，应按制造厂规定进行，若无规定时，可按表 9-54 进行。

表 9-54 压力容器耐压试验的规定

容器名称	压力等级	耐压试验压力	
		水压	气压
钢制容器	低压	1.25*p*①	1.2*p*
	中压	1.25*p*	1.15*p*
	高压	1.25*p*	—
	超高压	1.25*p*	—

注：① *p*——容器的设计压力，MPa；

②在试验压力下保持10～30min，然后缓慢将压力降到工作压力，检查焊道、法兰及胀接口应无渗漏，容器应无变形即为合格。检查完毕后，应缓慢泄压，并留有排气口，防止容器内形成真空，而使容器抽变形。

③设备除有特殊规定使用气体代替水压试验外，一般不得采用气压试验。进行气压试验前，应采取可靠的安全措施，并有经总工程师批准的方案后方可进行。

1. 基础的中间交接与处理

①对基础进行外观检查，混凝土应无裂纹、蜂窝、空洞、露筋等缺陷。

②按设计文件检查基础外形尺寸、纵横轴线、标高、地脚螺栓中心线等，应符合设计文件允许偏差的规定。

③各地脚螺栓孔内应清洁，无碎石、泥土等杂物和积水。

④二次灌浆基础表面应铲掉混凝土疏松层并凿成麻面，麻点深度不小于10mm，密度以每平方米内有3～5麻点为宜，基础表面应无油污、油漆和其他不利于二次灌浆的杂物。

2. 垫铁的放置

附属设备及机械采用有垫铁安装时，垫铁的面积、组数和放置方法应根据机器设备的重量和底座面积的大小来确定，一般常见放置垫铁的方法有标准垫法、井字垫法、十字垫法、单侧垫法、三角垫法和辅助垫法等数种，如图 9-198 所示。

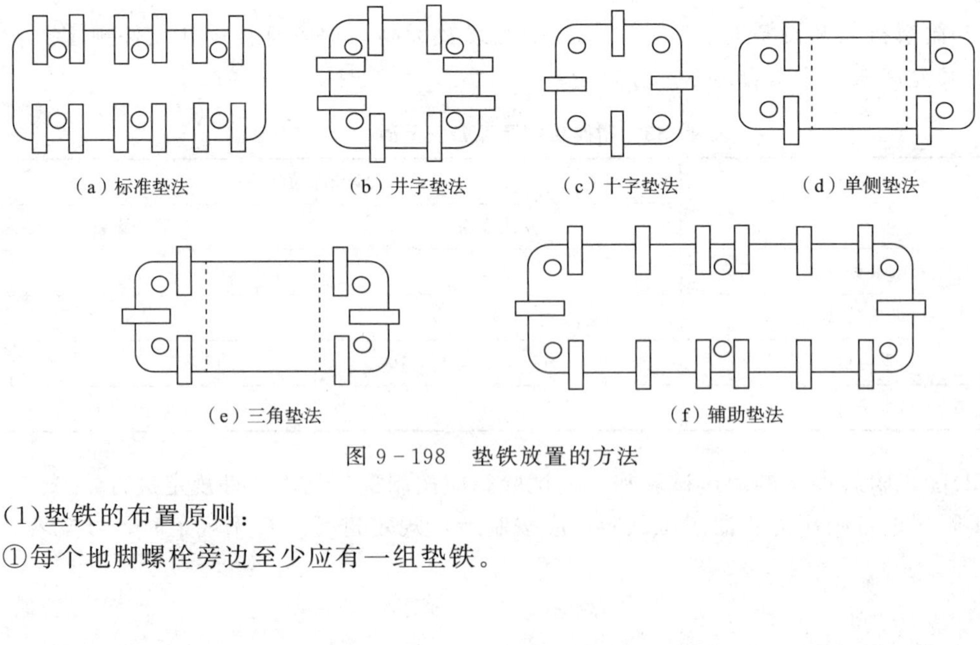
(a) 标准垫法 (b) 井字垫法 (c) 十字垫法 (d) 单侧垫法
(e) 三角垫法 (f) 辅助垫法

图 9-198 垫铁放置的方法

(1)垫铁的布置原则：

①每个地脚螺栓旁边至少应有一组垫铁。

②垫铁组在能放稳和不影响灌浆的情况下，应放在靠近地脚螺栓和底座主要承力部位下方。

③相邻两垫铁组间的距离宜为500～1000mm。

④在选用垫铁时，每一垫铁组的最小面积，应根据设备的载荷，可按下式计算：

$$A \geqslant C\frac{(Q_1+Q_2)\times 10^4}{R} \tag{9-58}$$

式中　A——每一垫铁组的最小面积，mm^2；

Q_1——机械或设备等的重量加在该垫铁组上的载荷，N；

Q_2——由于地脚螺栓紧固后，分布在该垫铁组上的压力，N；

R——基础混凝土单位面积的抗压强度(可采用混凝土设计标号)，MPa；

C——安全系数，宜取1.5～3。

A值计算出后，可按表9-55选用比计算A值稍大的垫铁。垫铁简图见图9-199。

表9-55　常用垫铁规格

mm

斜垫铁						平垫铁				垫铁面积 A/cm^2
代号	L	b	c	a	材料	代号	L	b	材料	
斜一	100	50	≥5	4	普通碳钢	平一	100	50	普通碳钢	50
斜二	120	60	≥5	6		平二	120	60		72
斜三	140	70	≥5	8		平三	140	70		98
斜四	160	80	≥5	8		平四	160	80		128
斜五	200	100	≥5	8		平五	200	100		200

注：1. 垫铁厚度h可根据实际情况而定，最下层垫铁的厚度一般应大于10mm；

2. 斜垫铁的斜面粗糙度应不大于$Ra12.5$，斜垫铁的斜度宜为1/10～1/20；对于重心较高或振动较大的机器的垫铁斜度可为1/40；

3. 表中斜垫铁可与同号或者大一号的平垫铁搭配使用；

4. 斜垫铁应成对使用，成对的斜垫铁应采用同一斜度；

5. 为防止敲击时出现卷边，应预先将端面的上下两棱边倒角。

(2)使用垫铁找正、找平时，应符合下列规定：

①放置垫铁处的混凝土表面应铲平，且与垫铁接触密实。

②垫铁表面应平整，无氧化皮、翘曲、飞边等缺陷，垫铁各承力面间的接触应密实无松动现象。

③斜垫铁应配对使用，与平垫铁组成垫铁组时，每一垫铁组的层数不宜超过5层。配对垫斜铁的搭接长度应大于全长的3/4，其相互间的偏斜角应不大于3°(见图9-200)。垫铁组的高度宜为30～60mm。

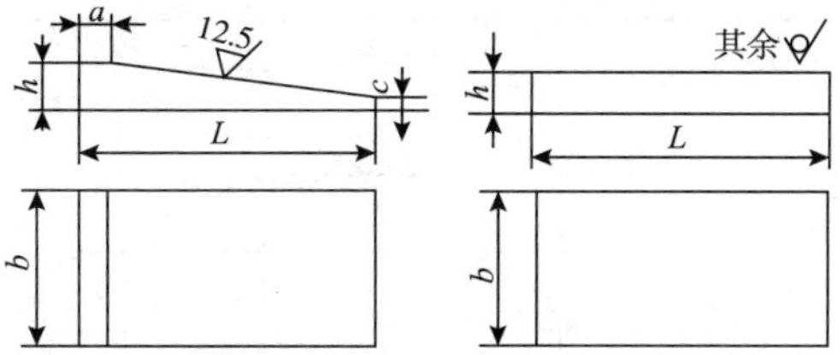

图9-199　垫铁简图

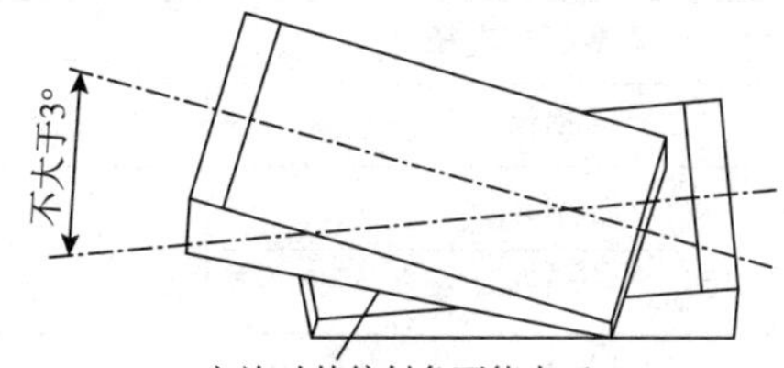

图9-200　斜垫铁放置位置示意图

④放置垫铁时，厚的放在最下面，薄的宜放在中间且不宜小于 2mm，并放在斜垫铁与平垫铁之间，垫铁各承力面间的接触应密实无松动现象。

⑤机器找正、找平后，垫铁组应露出底座 10～30mm，每组垫铁伸入机器底座底面的长度，均应超过地脚螺栓。

⑥机器设备找正、找平后，用质量 0.25kg 或 0.5kg 的小锤敲击检查垫铁组的松紧程度，应接触密实，无松动现象。

⑦垫铁与垫铁及垫铁与底座底面之间应接触密实，用 0.05mm 塞尺检查它们之间的接触面，应塞不进。在垫铁同一断面处，从两侧塞入 0.05mm 塞尺长度的总合，不应超过垫铁长(宽)度的 1/3。

⑧垫铁组在二次灌浆前，应将各垫铁间侧面用定位焊焊牢。

(3)无垫铁安装

无垫铁安装是不采用垫铁，而是在设备底座与设备基础之间浇注灌浆层，以取代垫铁，并以此承受设备自重及地脚螺栓的拧紧力均有二次灌浆层来承担的方法，适用于底座底面比较平整的机器设备。采用无垫铁安装时，应根据机械、设备的重量和底座的结构确定临时垫铁、小型千斤顶或调整螺钉的位置和数量。无垫铁安装常采用以下两种方法：

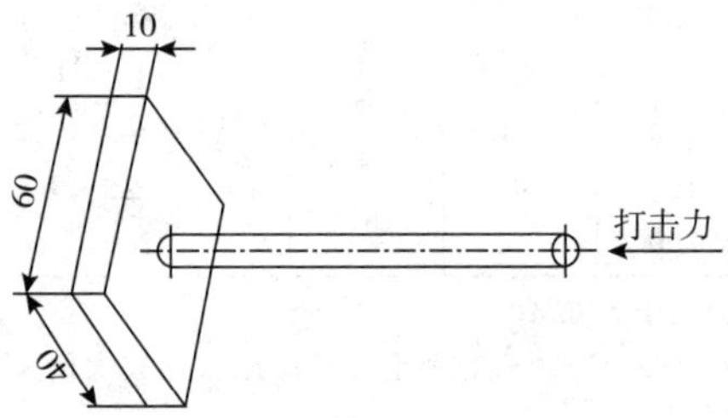

图 9-201　捣浆工具

①机器设备底座上无调节螺钉，可自制螺旋千斤顶进行机器设备找正、找平。将千斤顶用模板隔离，然后用微膨胀混凝土或专用灌浆料浇注基础与机器设备底座底面之间的空隙，并用捣浆工具(图 9-201)将灌浆层捣实，待二次灌浆层达到设计强度的 75%以上时，取出螺丝千斤顶，拧紧地脚螺栓并用百分表复查底座沉降量和设备水平度，再用灌浆料补灌千斤顶空位。

②机器设备底座上带有调节螺钉(顶丝)，在安装时只需在调节螺钉相对应的基础上敷设一块钢支承板，然后用灌浆料使其与基础相结合。支承板厚度可根据机器设备负荷大小确定，一般在 10～20mm 之间，支承板尺寸见表 9-56。机器设备找正、找平后，用微膨胀混凝土或专用灌浆料浇注基础与机器设备底座底面之间的空隙，并用捣浆工具将灌浆层捣实，这种二次灌浆可一次完成。支承板坐浆安装法见图 9-202。

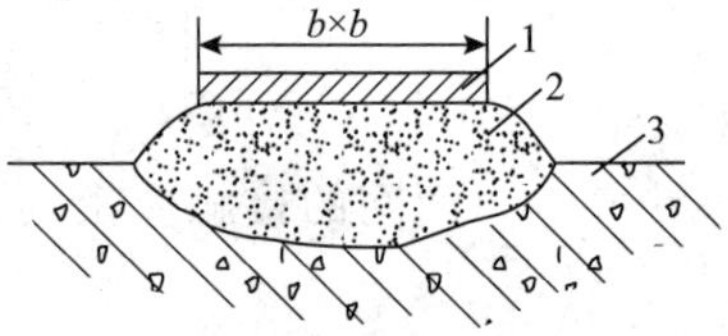

图 9-202　支承板坐浆安装法

1—支承板；2—坐浆墩；3—基础

表 9-56　调整螺钉用支承板尺寸表　　mm

调整螺钉直径	支承板($b\times b\times h$)	一个调整螺钉的允许荷载/kN
M24	80×80×8	35
M30	100×100×10	75
M36	120×120×10	120
M42	130×130×12	170
M50	140×140×16	240

③当设备底座上设有调整螺钉时，支承调整螺钉用的支承板放置后，其各支承板上平面水平度允许偏差为2mm/m，相邻支承板的顶面标高允许偏差为±3mm。

④灌浆用的无收缩混凝土的配合比宜符合表9-57规定。

表9-57　无收缩混凝土及微膨胀混凝土的配合比

名称	配合比/kg					试验性能	
	水	水泥	砂子	碎石子	其他	尺寸变化率	强度/MPa
无收缩混凝土	0.4	1(425#硅酸盐)	2		0.0004(铝粉)	0.7/10000收缩	40
微膨胀混凝土	0.4	1(425#矾土)	0.71	2.03	石膏0.02 白矾0.02	2.4/10000膨胀	30

注：①砂子粒度为0.4～0.45mm，碎石子粒度为5～15mm；
②表中的用水量是指用干燥砂子的情况下的用水量；
③无收缩混凝土搅拌好后，停放时间应不大于1h；
④为膨胀混凝土搅拌好后，停放时间应不大于0.5h

3. 地脚螺栓

为了使地脚螺栓能够和混凝土更好地结合和防止螺纹部分锈蚀，安装时应达到下列要求：

(1)地脚螺栓光杆部分应无油污和氧化皮，螺纹部分应涂少量润滑油脂。

(2)地脚螺栓在预留孔中应垂直，无倾斜。

(3)地脚螺栓任一部分离孔壁的距离应大于15mm，且地脚螺栓底端不应碰孔底。

(4)螺母与垫圈、垫圈与设备底座间的接触应均匀、密实。

(5)预留孔中混凝土达到设计强度75%以上时紧固地脚螺栓，各螺栓的拧紧力应均匀，螺母与垫圈、垫圈与设备底座间的接触应均匀、密实。拧紧螺母后，螺纹应露出螺母，其露出长度宜为螺栓直径的1/3～2/3。

4. 灌浆

机器设备吊装就位初找正、找平后，先进行地脚螺栓预留孔的灌浆工作(一次灌浆)。预留孔灌浆前，应将预留孔内杂物清理干净并用水清洗洁净；灌浆宜采用细碎石混凝土，其强度应比基础的混凝土强度高一级；灌浆时应捣实，但不应使地脚螺栓产生倾斜和机器设备产生位移。

二次灌浆前敷设外模板至设备底座底面外缘的距离应大于60mm，模板拆除后应进行抹面处理；二次灌浆层高度一般为30～70mm，灌浆层厚度不应小于25mm。二次灌浆层宜采用无收缩混凝土或专用灌浆料，灌浆必须一次连续完成，不得分次浇灌。

二次灌浆后的抹面高度应低于底座上表面5～10mm，二次灌浆后应及时将设备和底座上飞溅的混凝土清理干净，二次灌浆和养护时应保证环境温度在5℃以上，否则应采取保温和防冻措施。

二、凝汽器的安装

凝汽器安装前，汽侧应进行注水试验，注水高度应充满整个冷却管的汽侧空间，并高出顶部冷却管100mm，持续时间24h应无泄漏现象。对于已经支持在弹簧座上的凝汽器，注水试验前应加临时支承。凝汽器注水试验合格后，应及时将水排净。

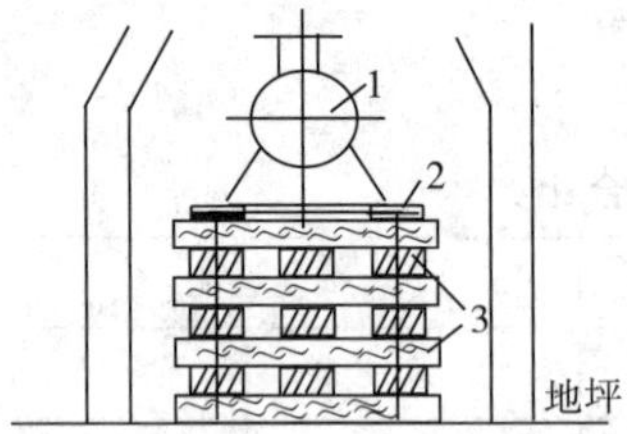

图 9-203 凝汽器滑入基础上
1—凝汽器；2—槽钢；3—枕木

凝汽器安装前，应用枕木搭成木垛，在木垛上放置两根[200×70mm 槽钢(见图 9-203)，槽钢平面应略高于基础表面，在槽钢平面放置一排 $\phi50\sim\phi76$ 钢管做成滚杠，将凝汽器吊放在滚杠上，使其很容易滑到基础上。

凝汽器临时就位标高应比设计标高低 20～25mm，并根据基础中心线进行初步就位，待汽轮机汽缸闭合、汽轮机最终定位后，汽轮机基础二次灌浆前，再用垫铁将凝汽器找平使凝汽器标高、纵横中心线及水平度应符合制造厂技术文件的规定。如无规定时，其纵横轴线的允许偏差为 2mm，水平度允许偏差为 0.5mm/m。

凝汽器滑动端的支座螺栓孔与地脚螺栓之间应留有 5～10mm 的膨胀余量。凝汽器与汽轮机排汽缸喉部连接时，不应破坏汽轮机的定位或附加给汽缸额外应力。

凝汽器在整个安装过程中，应采取防止杂物落入汽侧的措施。最后封闭前应检查汽侧空间和冷却管束间不得有任何杂物，顶部冷却管应无损伤。

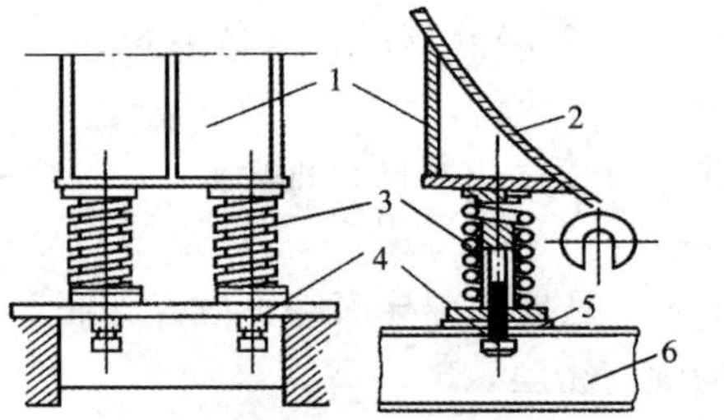

图 9-204 用弹簧支持的凝汽器
1—凝汽器外壳支座；2—凝汽器外壳；3—弹簧；4—调整螺钉；5—垫圈；6—底座

1. 用弹簧支持凝汽器的安装

用弹簧支持的凝汽器如图 9-204 所示。

(1)凝汽器支持弹簧的安装要求

①安装前应对弹簧进行外观和几何尺寸检查，弹簧应安好，无裂纹、歪斜等缺陷；检查几何尺寸时，应将高度相接近的弹簧编为一组，或对弹簧分别进行压缩试验，将试验特性接近的弹簧编为一组。

②弹簧与弹簧座接触平面应平整、光滑，并应垂直，弹簧与弹簧座的四周间隙应均匀。

③同一支座下的弹簧的压缩量及四周高度应相等，允许偏差为 1mm。

④凝汽器的底板应放平整，对支座和底板间的高度要求为：当弹簧座上的调整螺钉完全旋松时，弹簧与弹簧座应能自由取出；当弹簧压缩到安装值时，弹簧座上的调整螺钉的螺纹应有裕量，且弹簧座与底板间的垫铁厚度应不小于 20mm。

⑤对每个支持弹簧应作几个定点标记，并记录其上下对应点间的自由高度和安装后的压缩高度。

⑥凝汽器最终定位，调整弹簧座下的调整垫铁时，垫铁与底板和弹簧座之间接触面应接触均匀、密实，并应保证弹簧的压缩量不变。弹簧座下的调整垫铁调整完毕后，应完全旋松调整螺钉。

⑦凝汽器应处于自由状态，无倾斜现象，在凝汽器与排汽缸连接前，不得受到其他外力，也不允许其他管道与凝汽器连接。

(2)用弹簧支持的凝汽器与汽缸连接的要求

①凝汽器与汽缸连接时，汽测是否灌水应按制造厂技术文件的规定进行。

②凝汽器应处于自由状态，无歪扭和偏斜现象，或受到其他物体的阻碍，在凝汽器与

汽缸连接前，任何管道不应与凝汽器进行最终连接，汽缸本身有关的临时支承都应拆除。

③凝汽器定位后，配装弹簧座下的垫铁时，应不改变弹簧压缩量，且垫铁与底板和弹簧座间应接触密实，用0.05mm塞尺检查，应塞不进。

④弹簧座下的垫铁全部配装完毕后，应旋松调整螺钉。

⑤凝汽器与汽缸连接过程中，应避免碰撞汽轮机或附加给汽缸额外应力，以免破坏汽轮机的定位。

2. 凝汽器与汽缸的连接

(1)凝汽器与汽缸采用焊接连接时的要求

①连接工作应在低压汽缸负荷分配合格，汽缸最终定位后进行。

②施焊前应编制焊接工艺和制定防止焊接变形的施焊措施，应采用对称分段退焊法进行施焊。施焊时应用百分表监视汽缸底座四角的变形和位移，当变化大于0.10mm时，应暂时停止焊接，待恢复常态后再继续施焊。

③凝汽器与排汽缸排汽口间可以用膨胀节相连。当汽轮机受热后，排汽口的膨胀完全靠膨胀节来补偿，以减少附加应力作用于排汽缸及凝汽器上。凝汽器与排汽缸接口可以加铁板贴焊，或加调节板进行焊接，其上口弯边伸入排汽缸内的部分，一般不应超过20～50mm，如图9-205所示。

(2)凝汽器与排汽缸接口采用法兰连接时的要求

①对于凝汽器与排汽缸间连接的短管和膨胀节的焊缝，安装前应进行煤油渗油试验，应无渗漏。

②对于有波形膨胀节的法兰，应在法兰的密封面处预留设计规定的预拉间隙，一般为2.5～3.0mm且四周间隙均匀，两法兰密封面的平行度允许偏差为0.3～0.4mm。

③法兰密封面宜采用石棉橡胶板或石棉带密封，涂料可采用百铅粉、红丹粉拌以适量的亚麻仁油的混合物。

④安装波形膨胀节时，汽封管法兰应置于膨胀节上方，如图9-206所示。

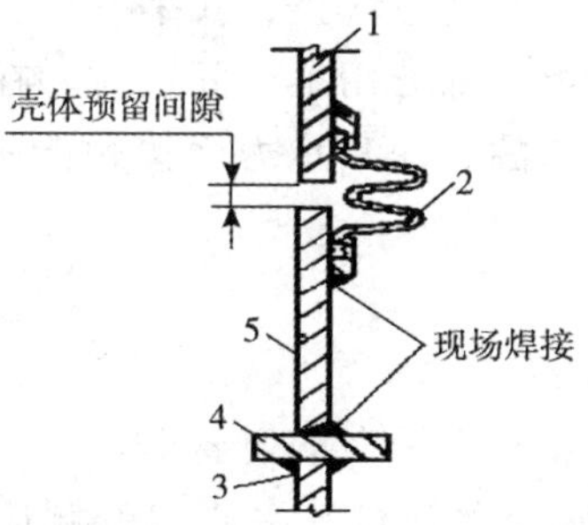

图9-205　凝汽器与排汽缸接口采用调节板焊接示意

1—排汽缸接口凝汽器接口；2—膨胀节；
3—凝汽器接口；4—调节板；5—排汽缸接管

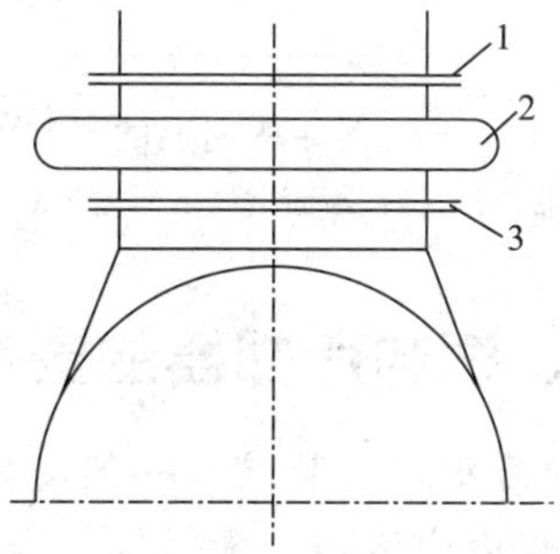

图9-206　波形膨胀节

1—与排汽缸连接法兰；2—膨胀伸缩节；
3—凝汽器喉部

凝汽器与排汽缸连接组装完毕后，应进行注水试验。注水高度应充满整个冷却管的汽侧空间，并高出汽轮机排汽口法兰以上约100mm，维持12h后，对焊接接头、法兰连接处进行检查，应无渗漏现象。

凝汽器水侧应做严密性试验，注水时应将空气排净，水室盖板、人孔等处应密封严密、无泄漏现象。对于已支持在弹簧支座上的凝汽器，注水试验前应加临时支撑，凝汽器注水试验合格后，应及时将水排净。

凝汽器最终安装后，应复查汽轮机转子轴颈的水平度、滑销间隙以及汽缸支座与底座结合面的接触情况应无变化，且符合制造厂技术文件的规定。

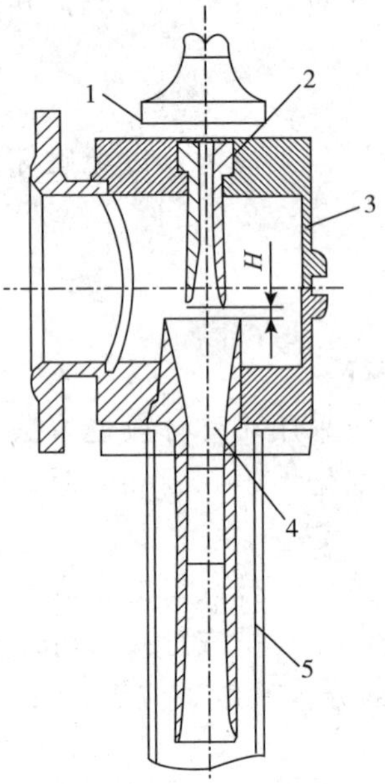

图 9-207　射汽抽气器
1—垫圈；2—喷嘴；3—吸气室；4—扩散管；5—管子

三、射汽式抽气器的安装

射汽抽气器解体后，应检查喷嘴与扩散管的喉部直径以及喷嘴与扩散管的距离 H 值(见图 9-207)均应符合设计技术文件的要求，喷嘴与扩散管的距离可用改变垫圈 1 的厚度加以调整。喷嘴和扩散管的内壁应清洁、光滑，无裂纹、锈蚀、损伤等缺陷。装配时，应使喷嘴中心线与扩散管中心线一致，否则将使抽气器出力降低。

多级抽气器的级间隔板应密封严密，无泄漏现象。隔板端面应与法兰密封面处于同一平面内，隔板端面如有明显的凹坑现象时，应采取措施进行处理。冷却器管束应清洁、畅通，无裂纹、堵塞、锈蚀等缺陷。隔板与外壳间的间隙应不大于 1mm，间隙过大应进行调整。应对抽气器水侧和蒸汽空气混合侧分别按制造厂技术文件的规定进行严密性水压试验。如制造厂无规定时，按 1.25 倍工作压力进行水压试验，焊缝、胀口和法兰密封面均应密封严密、无泄漏现象。

各疏水孔应清洁、畅通，蒸汽入口过滤网的孔径应小于喷嘴的最小直径，排汽管应高出厂房顶部或在屋面穿孔处加防雨罩。

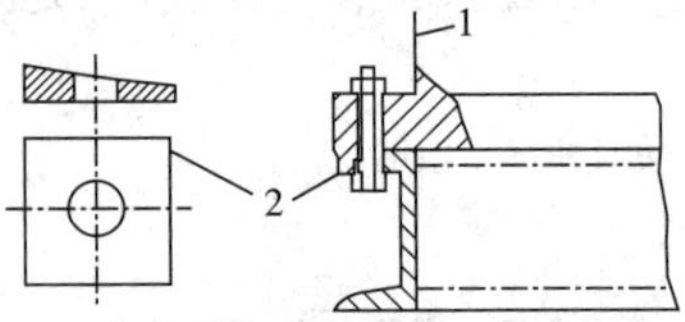

图 9-208　抽气器在槽钢上的安装
1—抽气器；2—槽钢断面上的楔形方垫圈

抽气器就位安装时，首先按设计文件要求的纵、横中心线和标高，将混凝土基础表面铲平，将垫铁组找平，然后将抽气器就位找正、找平。对于固定在槽钢上的抽气器，其承力部分用螺栓固定时，在螺母与槽钢间应垫以楔形方垫圈，使其承力面接触严密，如图 9-208 所示。

四、汽封冷却器的安装

汽封冷却器安装前，一般应抽出管束进行检查并应符合下列要求：

(1)管束应清洁，无锈蚀、杂物等缺陷和堵塞现象。对其水侧和汽侧应分别进行工作压力 1.25 倍的严密性水压试验，各焊缝、胀接口和法兰密封面等均应无泄漏。

(2)水室分流通路应符合设计文件要求，隔板应无短路现象。

(3)检查汽封冷却器各接管方位，应符合设计文件要求。

(4)管束应能自如地装入壳体内，应无卡涩现象。

(5)汽封冷却器支座底面与基础上底板结合面应光滑、平整并接触良好，固定支座应固定牢靠，滑动支座在膨胀方向应留有足够的膨胀间隙并应符合设计文件的要求。

五、离心泵的安装

在汽轮机组附属机械中，离心泵种类很多，如离心式油泵、循环水泵、凝结水泵，还有电动或汽动锅炉给水泵等。离心泵又分为卧式泵和立式泵两种。

1. 离心泵找正、找平的要求

(1)泵定位基准的面、线或点与安装基准线的平面位置和标高的允许偏差，应符合表 9 -58 的规定。

表 9 - 58　泵的平面位置和标高与安装基准线的允许偏差

项目	允许偏差/mm	
	平面位置	标高
与其他设备无机械联系的	±10	+20 −10
与其他设备有机械联系的	±2	±1

(2)解体安装的泵，以泵体加工面为基准进行水平度检查。泵的纵、横向水平度允许偏差为 0.05mm/m。

(3)整体安装的泵，应以泵轴、进、出口法兰或其他水平加工基准面等处为基准进行水平度检查。水平度允许偏差：纵向为 0.05mm/m，横向为 0.10mm/m。

2. 泵座的找平

泵座的找平可先在 a 点位置垫好设计文件要求高度的垫铁组，同样在地脚螺栓 1、2 两侧也安放需要高度垫铁组(如图中的 b_2、b_4)，如图 9 - 209 所示。

借助平尺、垫尺及水平仪在泵座的加工表面 A、B、C、D、E、F 上测量水平度，用三点法对 b_2、b_4、a 3 点进行找平。当泵座标高和纵、横向水平度符合泵组施工规程规范要求后，进行预留地脚螺栓孔的灌浆；待一次灌浆达到设计强度 75% 以上时，复查泵座水平度并对称、均匀紧固地脚螺栓；纵横向水平复查合格后，在 b_1、b_3 及地脚螺栓 3 和 4 的两侧加入垫铁组，将垫铁组进行定位焊，同时将 a 点临时垫铁组拆除。

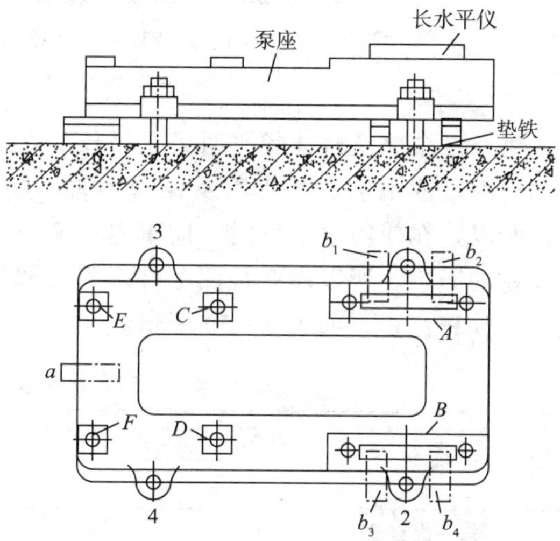

图 9 - 209　用三点找平法找平泵座

3. 离心泵泵体的安装

离心泵泵体安装包括 3 个工序，即找标高、找正、找平。离心泵泵体找正工作就是找正泵体的纵横中心线与基础上的纵横中心线相重合。泵体的纵向中心线是以泵轴中心线为准，横向中心线是以泵出口法兰的中心线为准。

泵体的中心位置调整好后，便可以调整泵体的水平，首先用精度为 0.02mm/m 的框式水平仪，在泵体前后两端的轴颈上进行测量，或在泵出口法兰上进行测量。调整水平时，可在泵体支腿与泵座加工面 A、B(图 9-209 所示)间增减调整垫片来进行调整。

离心泵的标高是以泵轴的中心线为准。找标高一般用水准仪来进行测量，如图 9-210 所示。测量时，将标杆放在厂房内设置的基准点上，测出水准仪的镜心高度，然后将标杆移到轴上，测出轴面至水准仪镜心的距离，然后便可按下式计算出泵轴中心的标高。

$$泵轴中心标高=镜心高度-轴面至镜心距离-\frac{1}{2}D$$

式中　D——泵轴直径，mm；

调整标高时，可用增减机座下的调整垫铁来达到的。

离心泵的标高也可以用 U 形管连通计测出基准点与泵轴中心线的高度差，得出离心泵轴中心的标高。标高调整好后，应重新测量轴颈水平，符合要求后再对称、均匀地紧固地脚螺栓。

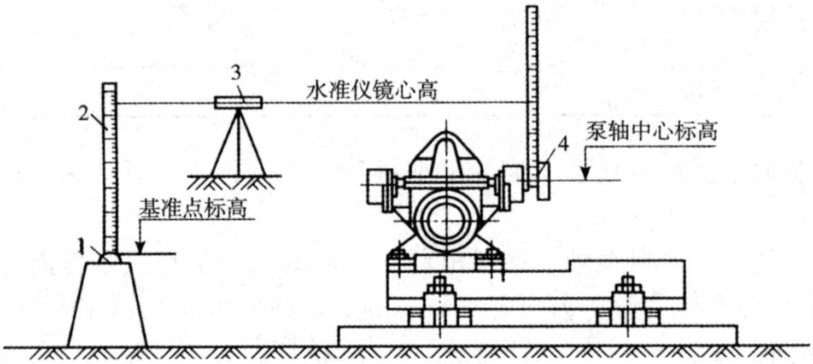

图 9-210　用水准仪测量泵轴中心的标高

1—基准点；2—标杆；3—水准仪；4—泵轴

离心泵泵座及泵体找平时，水平仪应在原地旋转 180°测量 2 次。水平仪由于加工制造上的原因，或由于长期使用及保管不善，测量时会产生误差，使气泡指示的水平度不准确。所以，在使用水平仪时，应事先了解或设法消除水平仪本身误差。为了减少水平仪本身误差的影响，所以应在被测工件表面上原地旋转 180°进行两次测量，以两次读数的平均值加以计算修正，如表 9-59 所示。

表 9-59　水平仪测量数据的计算方法

	水平仪读数			
	例 1	例 2	例 3	例 4
第一次测量	0	0	x_1	x_1
第二次测量(旋转 180°后)	0	x_2	x_2	x_2
a—被测工件表面水平仪偏差	$a=0$	$a=1/2x$	$a=(x_1-x_2)/2$	$a=(x_1+x_2)/2$

4. 离心泵的拆检时的要求

(1)泵体、叶轮、泵盖、托架、支座等铸件应清洁、光滑，无铸砂、夹渣、气孔、裂纹、毛刺等缺陷。

(2)轴、叶轮、密封环、平键、轴套等组合面应清洁、光滑，无毛刺、裂纹、锈蚀和损伤等缺陷。

(3)泵体、叶轮等流道应清洁、光滑、畅通，无堵塞现象。

(4)壳体上通往轴封和平衡盘等处的各孔洞和通道应清洁、光滑、畅通，无锈蚀、堵塞等缺陷，且堵头密封应严密。

(5)叶轮键槽、轴套键槽、平衡盘键槽中心线与相对应轴中心线偏差应不大于0.03mm/100mm。

(6)泵体支座与底座接触面应光滑、平整，用0.05mm塞尺检查，应塞不进。

(7)滑销和销槽应清洁、光滑、平整，无毛刺、划痕等缺陷，滑销与滑槽的两侧总间隙应为0.05～0.08mm。

(8)轴颈的圆柱度和圆度应不大于0.02mm，其跳动值应符合表9-60的规定。

表9-60　离心泵轴颈跳动允许偏差值　　mm

公称直径	径向跳动	轴肩端面跳动
≤18	0.025	0.01
>18～50	0.03	0.016
>50～120	0.04	0.025
>120～260	0.05	0.04

(9)用百分表对轴套、叶轮密封环(图9-211)、平衡盘等进行径向和端面跳动值的检查，应符合制造厂技术文件的规定，如无规定时，应符合表9-61的规定。

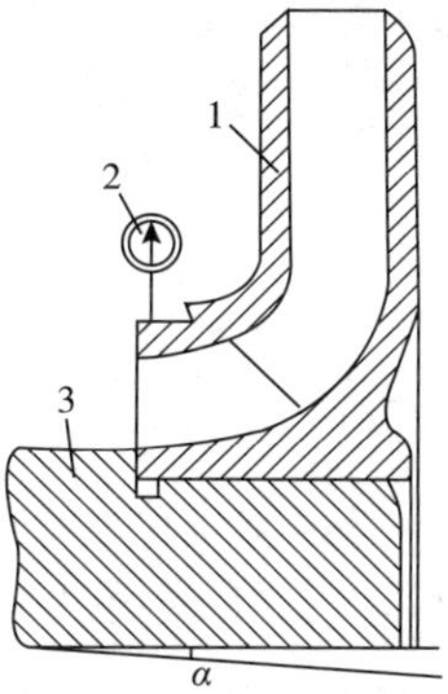

图9-211　检查叶轮密封环处的径向跳动

1—叶轮；2—百分表；3—带轴肩的光轴

表9-61　离心泵叶轮、轴套、平衡盘跳动允许偏差值　　mm

叶轮、轴套、平衡盘孔径	叶轮密封环、轮毂、轴套外缘、平衡盘径向跳动	叶轮密封环、轮毂、轴套外缘、平衡盘端面跳动
≤18	0.04	0.025
>18～50	0.05	0.04
>50～120	0.06	0.06
>120～260	0.08	0.10

(10)轴的弯曲值应不大于0.02mm，轴颈表面应清洁、光滑，无划痕、毛刺、碰伤等

缺陷。

(11)密封环应光洁，无变形、裂纹等缺陷。

(12)滚动轴承、滑动轴承的安装质量，应符合制造厂技术文件的规定及相关标准的规定。

(13)用百分表检查泵体止口外圆和孔的径向跳动值，其允许偏差见表 9－62。密封环与泵体间应有 0.03mm 的径向间隙。

表 9－62　离心泵泵体止口外圆和孔的允许径向跳动值　　mm

止口直径	允许径向跳动值	止口直径	允许径向跳动值
＜360	＜0.07	＜630	＜0.09
＜500	＜0.08	＞630	＜0.10

5. 离心泵部件的测量

(1)测量转子各部径向跳动值

①首先以键槽为起点，将叶轮沿圆周分成 6 等份并标上记号，如图 9－212 所示。

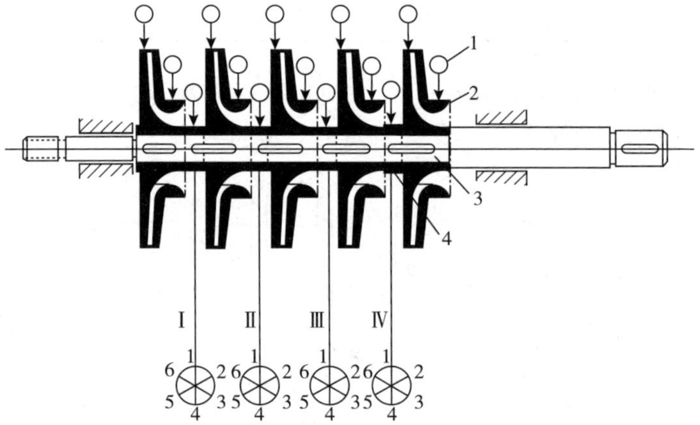

图 9－212　转子各部位跳动值的测量

1—百分表；2—叶轮；3—转子；4—轴套

②然后缓慢转动转子，每转过 1 等份，便记录一次百分表读数。

③转子转动一周后，每一叶轮上便有 6 个百分表读数，并将这些读数记录在表 9－63 中。

表 9－63　离心泵转子轴套处径向跳动测量记录　　mm

测点	转子转动角度						径向跳动值
	1(0°)	2(60°)	3(120°)	4(180°)	5(240°)	6(300°)	
Ⅰ	0.21	0.23	0.22	0.24	0.20	0.19	0.05
Ⅱ	0.32	0.30	0.31	0.33	0.31	0.30	0.03
Ⅲ	0.30	0.29	0.29	0.33	0.33	0.32	0.04
Ⅳ	0.32	0.31	0.31	0.33	0.32	0.33	0.02

④同一测点处的最大读数减去最小读数就是径向跳动值。从表 9－63 中可以看出，第Ⅰ测点处径向跳动值为 0.05mm，第Ⅱ、Ⅲ、Ⅳ测点处的径向跳动值分别为 0.03mm、0.04mm、0.02mm。

(2)转子弯曲度的测量

先将转子上的叶轮、轴套等部件拆下，将轴夹持在车床上，在转子上选定几个测点并放置千分表。然后盘动转子一周可测量 4 个等分点，将测得的千分表读数记录在表 9－64 中，即计算出转子的弯曲值。用这些数值在图上选取一定的比例，可以用简单的图解法(见图 9－213)近似地求出转子上最大的弯曲点和弯曲方向，并且可以用同样的比例得该点的弯曲值(图中为 0.10mm)。如果转子的弯曲值大于 0.05mm 时，则必须进行转子的校直。转子校直后再进行转子弯曲度的检查。

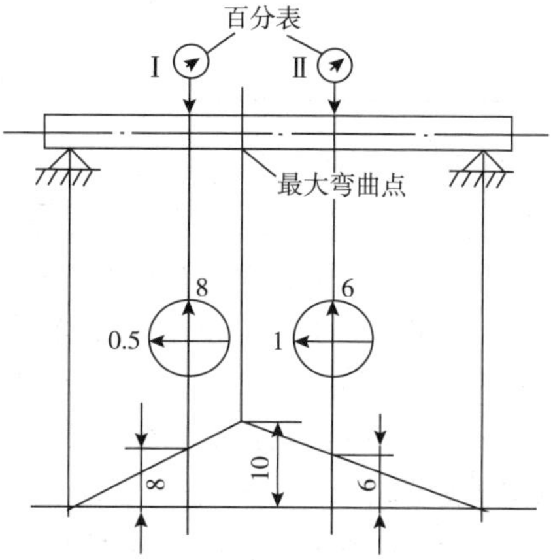

图 9－213　转子弯曲度的测量

表 9－64　离心泵轴弯曲测量记录　　mm

测点	转子转动角度				弯曲值与弯曲方向
	1(0°)	2(90°)	3(180°)	4(270°)	
Ⅰ	0.36	0.27	0.20	0.28	0.08(0°)；0.005(270°)
Ⅱ	0.30	0.23	0.18	0.25	0.06(0°)；0.01(270°)

六、离心泵的拆检、清洗与组装

1. 滑动轴承的拆检、清洗与组装

滑动轴承拆卸后，用煤油将上、下轴瓦清洗干净，检查轴瓦巴氏合金层表面应清洁、光滑，无裂纹、气孔、重皮、夹渣、剥离等缺陷。用浸油法检查巴氏合金层与瓦壳应结合密实，无脱胎现象。用着色法检查轴承衬背与轴承座孔的接触面积应大于 75%以上，并均匀分布，用 0.03mm 塞尺检查，应塞不进。

用着色法检查轴颈与下轴瓦的接触角应在 60°～90°，在此角度内沿下瓦全长应均匀接触达 75%以上，接触应呈斑点状且接触点应不少于 2～3 个/cm^2。用塞尺检查轴瓦两侧间隙时，塞尺塞进长度应大于轴颈的 1/4。轴瓦顶间隙可用压铅法进行测量，其间隙值应符合制造厂技术文件的规定，如无规定时，应参照表 9－65 的规定。若轴瓦顶部间隙过小，可修刮上瓦巴氏合金或调整上下瓦水平中分面的垫片；若顶部间隙过大，可调整上下轴瓦水平中分面的调整垫片。轴瓦单侧间隙应为轴颈的 1/1000，但不得小于 0.06mm，测量时，塞尺塞进阻油边的长度为 10～15mm。

表 9-65　滑动轴承顶间隙　　mm

轴径	间隙	轴径	间隙
18～30	0.07～0.12	>80～120	0.14～0.22
>30～50	0.08～0.15	>120～180	0.16～0.26
>50～80	0.10～0.18		

在自由状态下，用0.05mm检查上下轴瓦水平中分面，应塞不进。为防止轴瓦在轴承座内松动，轴承盖与上瓦间应有一定的过盈量，一般轴承盖对轴瓦的过盈量为0.03～0.05mm。若过盈量不符合要求时，可在上下轴瓦水平中分面增减垫片厚度的方法来调整。调整垫片应平整、光滑，无毛刺、卷边等缺陷，垫片层数宜不超过3层。

轴瓦的进油孔应清洁、畅通，无毛刺、堵塞等缺陷。

2. 滚动轴承的拆检、清洗与装配

拆卸滚动轴承时，根据其过盈量的大小可采用各种不同的拆卸器进行拆卸，如图9-214所示。滚动轴承与轴配合较紧时，可采用压力机来拆卸，如图9-215所示。另外滚动轴承也可采用热油来拆卸，如图9-216所示。采用热油拆卸时，应先将轴承两侧的轴颈用石棉布包裹好，装上拆卸工具，将温度为80～100℃的热油浇在轴承的内座圈上，待内座圈加热膨胀后，即可借助拆卸器将轴承从轴上拆卸下来。

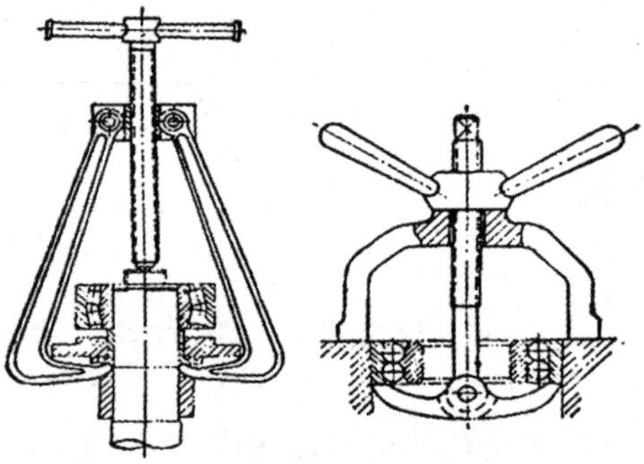

图9-214　用拆卸器拆卸滚动轴承

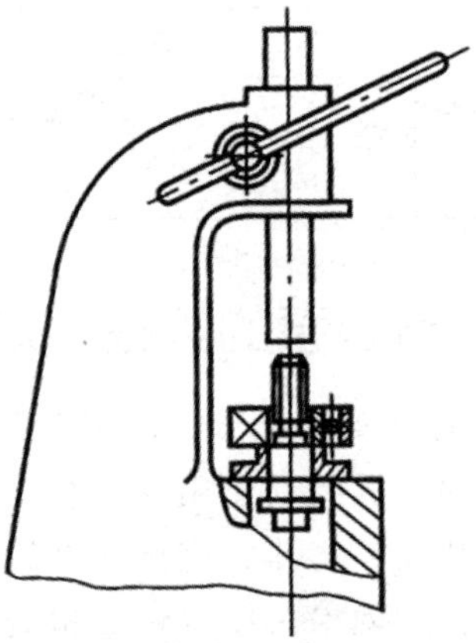

图9-215　用压力机拆卸滚动轴承

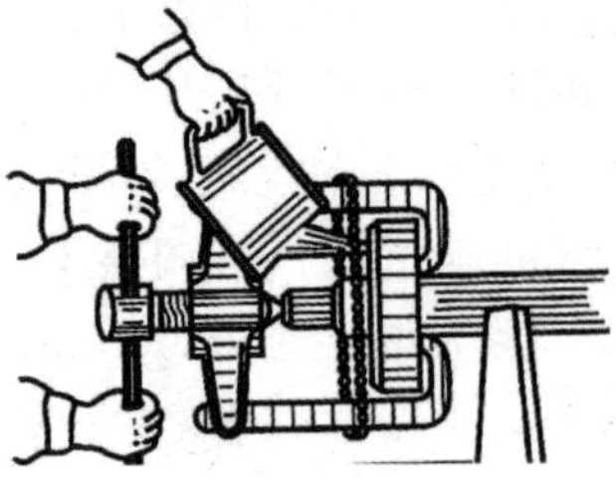

图9-216　用热油加拆卸器拆卸滚动轴承

滚动轴承装配时，可采用以下几种方法：当滚动轴承和轴颈或轴承座孔的过盈较小时，可以采用压入法装配。利用铜棒和手锤敲打法(图9-217)，手锤应按一定的顺序对称的进行敲打，而且一定要打在带过盈的座圈(内套)上并对承受力。为了使轴承受力对称，还可用一根软金属制的套筒，端面上焊上端盖，用锤击套管端盖中心，以使受力均匀，如图9-218所示。

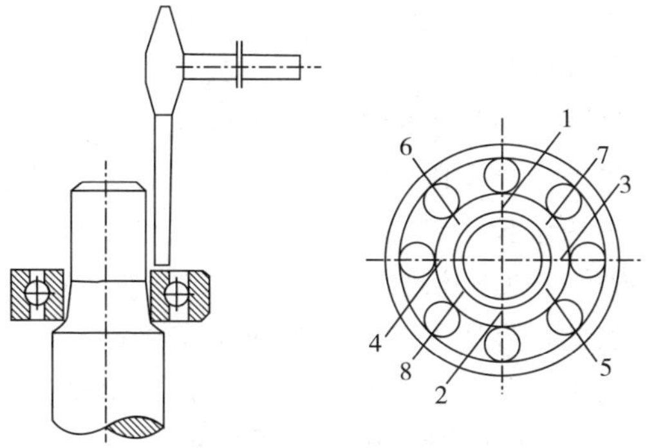

(a)　　　(b)

图 9-217　利用铜棒和手锤装配滚动轴承

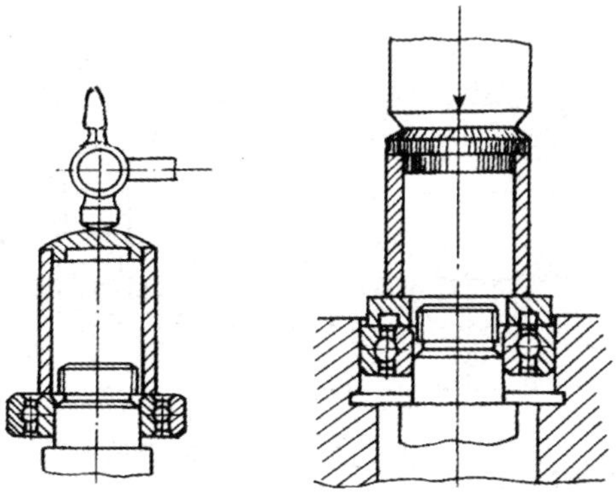

(a)　　　(b)

图 9-218　利用套筒装配滚动轴承

当滚动轴承和轴颈或轴承座孔过盈较大时，可采用热装法或冷装法装配。当滚动轴承采用热装法装配时，先将滚动轴承挂入如图 9-219 所示的油槽中加热，并用温度计监测油温，当油温达到要求温度后，恒温 15min 左右，但油温不应大于 100℃，以免轴承回火使硬度降低。恒温时间达到后，应迅速取出，装到轴上。在轴承冷却的过程中，应采取措施始终将轴承推紧，使轴承内圈始终靠紧轴肩，同时还应转动轴承，使轴承运转正常。

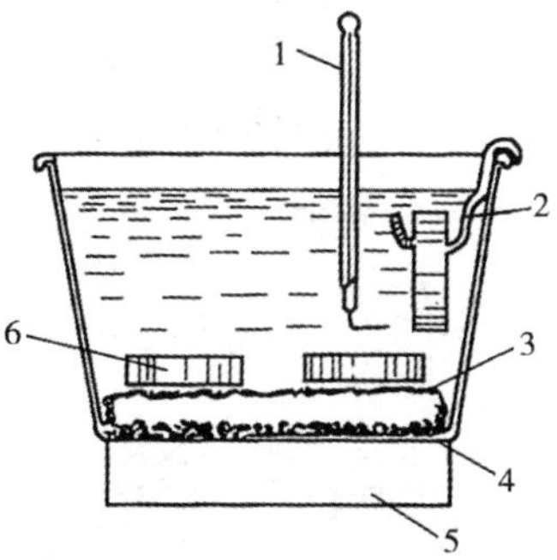

图 9-219　加热轴承用的油槽

1—温度计；2—挂钩；3—网栅；4—污物；5—电炉；6—滚动轴承

滚动轴承的加热或冷却温度可按下式计算：

$$T=\frac{\delta_{\max}+\Delta}{\alpha d}+t_0 \qquad (9-59)$$

式中　$\delta_{\max}$——最大过盈量，mm；

Δ——装配时所需的最小间隙，mm；

α——被加热或冷却件的线膨胀系数，$℃^{-1}$；

d——滚动轴承的内径，mm；

t_0——装配时的环境温度，℃。

滚动轴承装配时的要求：滚动轴承装配前，应测量轴承与配合件的配合尺寸，按轴承不同的防锈方式选择适当的清洗方法；检查滚动轴承应清洁、无损伤，工作面应光滑，无裂纹、蚀坑和锈污等缺陷，滚体与内圈应接触良好，滚体与外圈配合应转动灵活，无卡涩、松旷现象；推力轴承的紧圈与活圈应相互平行，并与轴线垂直。

承受径向和轴向负荷的滚动轴承座圈应与轴肩或轴承座挡肩靠紧。轴承压盖与轴承外座端面间的轴向间隙，一般为 0.20mm，若两个滚动轴承不是紧靠在一起时，轴向间隙可适当放大些。安装在沿轴的膨胀端，游隙不可调整的滚动轴承，外座圈端面与轴承压盖之间的轴向间隙，应根据两轴承间的距离和运行温度计算该处轴的膨胀量，并留出足够的膨胀间隙。

轴承外壳应均匀地压住滚动轴承的外圈，不得使滚动轴承产生歪斜现象。轴承外壳与轴承外圈的配合间隙，对于可在轴向游动的滚动轴承，一般为−0.01～+0.03mm；对于不可在轴向游动的滚动轴承，一般为−0.03～+0.01mm。滚动轴承内圈与轴的配合应有适当的过盈量。

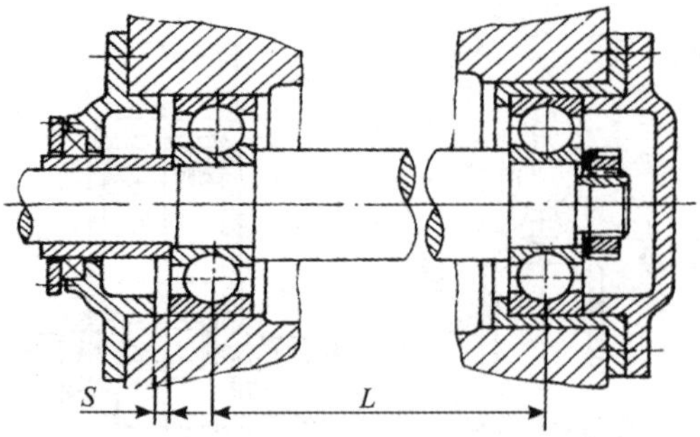

图 9－220　轴向热膨胀间隙的调整

装配径向间隙不可调，且轴向位移是以两端轴承压盖限定的滚动轴承。其在工作时，由于轴在温度升高时的伸长而使其内外座圈发生相对位移，故轴承的轴向间隙将减小，甚至将滚动体在内外座圈间挤住。如将双支承滚动轴承中的一个轴承和轴承压盖之间留出轴向间隙 S，则可避免上述现象的发生，如图 9－220 所示。因此，外座圈端面与轴承压盖之间，应根据轴在工作条件下的热膨胀值，计算出轴向间隙 S，其轴向间隙值可由下式确定：

$$S=\Delta L+0.15=\alpha \cdot L \cdot \Delta t+0.15 \tag{9-60}$$

式中　S——轴承外座圈端面与轴承压盖间的间隙，mm；

ΔL——轴在工作时，因温度升高而引起的轴向膨胀量，mm；

α——轴的线膨胀系数，(碳钢 $\alpha \approx 12\times10^{-6}$)，℃$^{-1}$；

L——两轴承间的距离，mm；

Δt——轴工作时温度与环境温度之差，℃。

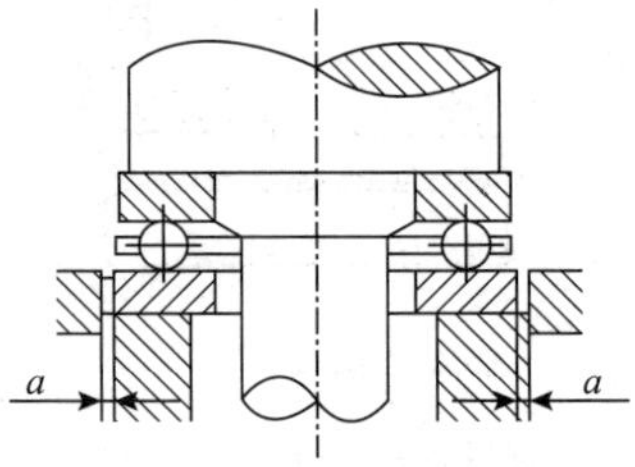

图 9－221　推力球轴承活座圈与轴承座孔的配合间隙

装配推力球轴承时，除了应遵守滚动轴承装配的一般规定外，还必须检查滚动轴承不旋转的推力座圈(活座圈)与轴承座孔的间隙 a，如图 9－221 所示。这个间隙主要是为了补偿零件加工和装配上的误差，因为当旋转的和不旋转的推力座圈的中心线有偏移时，此间隙可以保证其自动调整，否则将会引起剧烈的磨损。间隙 a 一般为 0.20～0.30mm。

3. 泵体组装的要求

(1)叶轮的旋转方向应符合设计文件的要求，并与壳体上的标志一致，固定叶轮的螺母应有锁紧装置并锁牢。

(2)叶轮出口的中心线与蜗室的中心线应对准，一般允许偏差为 0.5mm。

(3)多级泵在平衡盘与平衡环靠紧的情况下，叶轮出口宽度应在导叶进口宽度范围内。

(4)叶轮在泵体应位于中心，两侧间距应相等，有导轮的离心泵叶轮的流道与导叶的流道应对齐。

(5)用百分表检查泵体止口外圆和孔的径向跳动值，其允许偏差见表 9－66。密封环与泵体间应有 0.03mm 的径向间隙。

表 9－66　离心泵泵体止口外圆和孔的允许径向跳动值　　mm

止口直径	允许径向跳动值	止口直径	允许径向跳动值
＜360	＜0.07	＜630	＜0.09
＜500	＜0.08	＞630	＜0.10

用游标卡尺分别测量泵体密封环及叶轮密封环的直径，以确定泵体密封环与叶轮密封环之间的径向间隙，应符合制造厂技术文件的规定，当无规定时，应符合表 9－67 的规定，一

般约为叶轮密封环处直径的(1～1.5)/1000，但最小不应小于轴瓦顶间隙，且四周均匀。密封环处的轴向间隙应大于转子的轴向窜量，但不得小于0.50～1.0mm(小泵取小值)。

表9-67　离心泵叶轮密封环径向间隙　　mm

密封环处直径	ϕ80～ϕ120	ϕ120～ϕ180	ϕ180～ϕ260	ϕ260～ϕ360	ϕ360～ϕ500
密封环直径径向间隙	0.24～0.40	0.40～0.60	0.50～0.70	0.60～0.80	0.80～1.20

泵水平中分面、泵垂直结合面的密封胶或密封垫片的厚度，应符合制造厂技术文件的规定，且保证各部件的径向或轴向间隙值，泵体闭合后打紧定位销，均匀、对称地按紧固力矩要求紧固泵体连接螺栓，使其结合面密封严密、无泄漏。

离心泵组装后，盘动转子应转动灵活，无卡涩、摩擦等现象。管道与离心泵连接前的进、出口处应临时封闭，避免进入杂物。

4．轴封装置的组装

(1)填料密封轴封装置的组装

填料密封轴封装置如图9-222所示。

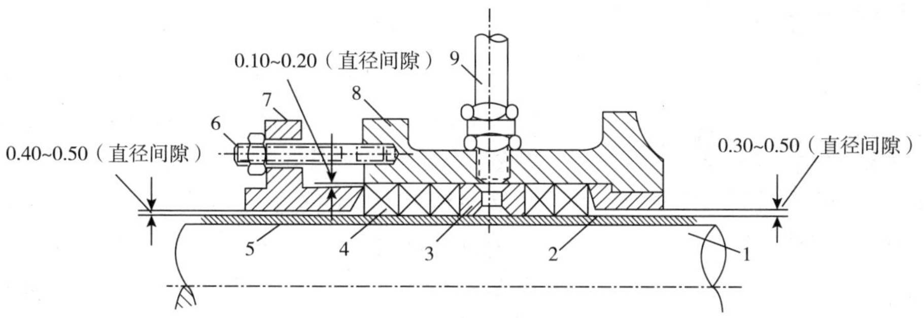

图9-222　离心泵填料密封装置

1—泵轴；2—填料挡环；3—液封环；4—填料；5—轴套；
6—填料压盖螺栓；7—填料压盖；8—填料函；9—水封引水管

检查轴表面应清洁、光滑，无划痕、毛刺等缺陷，填料箱应清洁、无异物。用百分表检查轴在密封部位的径向跳动值应为0.03～0.08mm(大直径取大值)。

泵用轴封填料的选用应满足以下要求：填料能耐介质腐蚀，具有一定的强度，具有质地柔软并带有润滑性能和一定的弹性和塑性，能适应介质的温度。

选择好适当的密封填料后，应根据泵的有关尺寸，将切割好的填料放入套模中压制成合格的填料环。套模芯棒的直径应比轴径小0.01mm。填料环的外径应小于填料函孔径0.30～0.50mm，内径大于轴径0.10～0.20mm。切口一般为轴向45°。填料装入填料函时，相邻两圈填料的切口应错开90°。填料圈数较多时，应装填1圈，压紧1圈。最后1圈填料装填完毕后，应用填料压盖螺栓将压盖压紧，紧力应适当。

装配轴封装置时，测量填料函内侧挡环2与轴套5的径向间隙为0.30～0.50mm。填料压紧后，水封环进水口应对准引水管的管口，并将水封环装在稍偏向外侧的位置上，这样当紧固填料压盖时，填料压缩，水封环便向里面移动和引水管口对准。

填料安装完毕后，用手转动泵轴，使装配压紧力趋于抛物线分布，使填料表面磨光，并无卡涩现象。然后，略旋松填料压盖螺母，使填料压盖略松一点。填料密封件安装时，应符合制造厂技术文件规定。如无规定时，应符合表 9 - 68 的规定。轴密封件组装后，用手盘动转子应转动灵活，转子的轴向窜动量应符合制造厂技术文件的规定。

表 9 - 68　组装填料密封的要求

序号	组装件名称	直径间隙/mm
1	液封环与轴套	1.00～1.50
2	液封环与填料箱	0.15～0.20
3	填料压盖与轴套	0.75～1.00(四周间隙应均匀)
4	填料压盖与填料箱	0.10～0.30
5	填料底环与轴套	0.70～1.00
6	减压环轴套	0.50～1.20

(2)机械密封组装的要求

①机械密封(图 9 - 223)装配前应检查机械密封件的型号、材质、规格、数量及质量等应符合制造厂技术文件的规定。

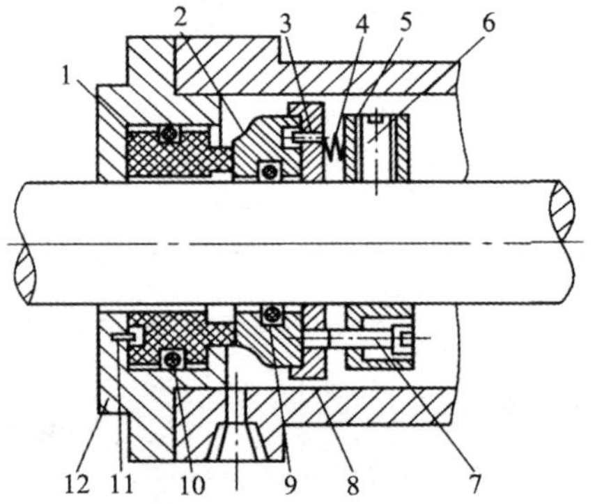

图 9 - 223　机械密封示意图

1—静环；2—动环；3—防转销；4——弹簧；5—弹簧座；6—紧定螺钉；7—传动螺钉；8—推环；9—动环密封圈；10—静环密封圈；11—防转销；12—密封压盖

②动环和静环密封端面应清洁、光滑，无划痕、裂纹、点坑、沟槽等缺陷，更不得有径向贯通的划道。弹簧应完好，无裂纹，锈蚀等缺陷，弹簧两端面与中心线的垂直度偏差应不大于 5mm/m，同一个机械密封中各弹簧之间的自由高度偏差应不大于 0.50mm，弹簧装在弹簧座内应平行，无倾斜、卡涩等现象，弹簧压缩量应符合制造厂技术文件的规定，其允许误差±2mm。过大会增加端面比压加速端面磨损；过小会造成比压不足而起不到密封作用。

③安装机械密封部位的轴或轴套，其径向跳动应不大于 0.03mm，动环和静环密封端面的端面跳动应不大于 0.02mm，动环和静环密封端面的平行度偏差应不大于 0.04mm。

④静环尾部的防转槽端部与防转销顶部，应保持 1～2mm 的轴向间隙，以免缓冲失效。

⑤轴的轴向窜动量一般为≤±0.5mm；如带轴套时，不允许轴套转动。

⑥组装机械密封时，应在动静环密封端面和动静环密封圈上，应薄薄地涂一层清洁的润滑油，动、静环安装位置应符合制造厂技术文件的规定。动环装配后，应在轴上灵活移动，将动环压向弹簧后应能自由弹回来。动、静环与相配的元件间，不得发生连续的相对转动和泄漏现象。

⑦密封系统的冷却水和冲洗水的进口处应装设不锈钢过滤网，滤网孔径应符合设计文件的要求，一般应不大于 0.10mm(相当于 150 目)。机械密封的冲洗或密封系统，应保持清洁、畅通。

⑧压盖与密封腔配合止口对轴中心线的同心度允许偏差 0.40mm，与密封垫片接触的

平面对转子中心线垂直度允许偏差(0.02～0.03)mm/100mm。

⑨压盖与密封腔间的垫片厚度为1～2mm。压盖应在泵组轴对中合格后，将压盖螺栓对称、均匀紧固，并防止压盖偏斜，发生与转子碰磨。

⑩机械密封组装完毕后，用手盘动转子应转动灵活，无卡涩、摩擦现象。

(3)静环的安装要求

①将清理干净、检查合格的O形密封圈从静环尾部套入，但不应滚动。然后将静环的防转销槽对准防转销后压入压盖中，防转销应与静环之间应留有1～2mm的间隙，不得顶上静环，如图9-224所示。

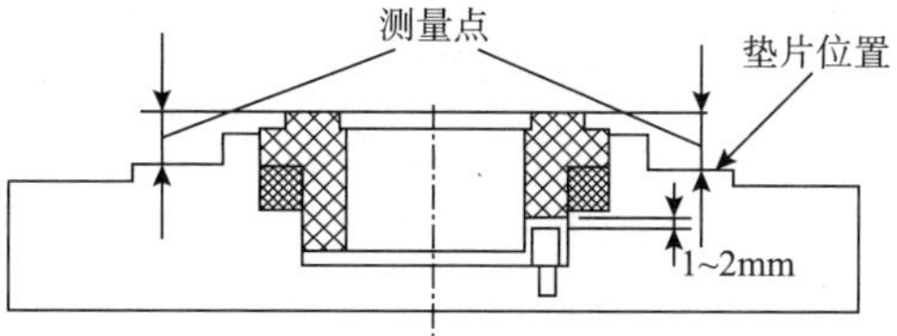

图9-224　静环安装及静环端面垂直度测量

②静环装到压盖中后，还应用精度为0.02mm的深度游标卡尺检查密封端面与压盖的中心线的垂直度。其检查方法是用深度游标卡尺测量密封面与压盖端面的高度，沿四周方向对称测量四点，其垂直度允许偏差为0.02mm。

③静环安装到压盖中后，还应用光学平晶检查密封端面的平面度。如发现变形，将动、静环清洗干净后，则用与之配对的动环进行研磨(不放任何研磨剂)，直到沿圆周均匀接触为止，然后将其清洗干净待装。

(4)机械密封安装时的定位要求

机械密封定位就是确定动环组件在轴(或轴套)上的轴向位置。如果是首次安装机械密封还要进行试装。其定位要求如下：

①首先将装有静环的压盖安装到密封腔上，然后将转子定位，在轴上做一标记，如图9-225(a)中A点，标出压盖背面在轴上的位置，并测量出包括静环的压盖厚度l_1。

②测量出包括弹簧的动环组件自由高度l_2，如图9-225(b)所示。

③从轴上的A点测量一长度为l_1+l_2-s(s为机械密封压缩量)，在轴上得到B点，如图9-225(c)所示。

④从B点固定传动座，机械密封定位工作即完成。

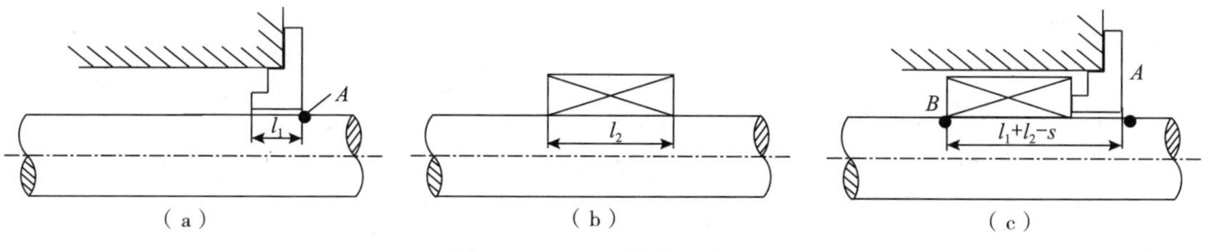

图9-225　机械密封定位

如果离心泵原来配备有机械密封，拆卸机械密封前就应先画出(或刻出)A点的标记，同时校核原密封传动座的安装位置B点是否正确。

(5)安装机械密封时各部件的相对位置要求及测量方法：

①安装机械密封时各部件的相对位置要求为：

a)密封腔与转子的同轴度允许偏差为0.10mm；

b)密封箱与转子的垂直度允许偏差为0.05mm；

c)压盖与密封腔配合止口的同轴度允许偏差为 0.10mm。

②测量转子与密封腔的同轴度的操作方法：

a)清理检查轴、转子表面和密封腔内表面应光滑、无毛刺、划痕等缺陷。

b)将磁力表座固定在转子上，将百分表触头触在密封腔的内表面上，如图 9－226 所示。

c)将密封腔内表面均匀分成 8 等份测点，缓慢将转子转动 1 周，记录每个测点的百分表读数值，百分表读数的最大读数与最小读数的差值，即认为是转子与密封腔的同轴度。

d)然后根据实际测量的同轴度与制造厂技术文件的规定进行对比，是否符合机械密封处转子与密封腔同轴度的允许偏差。如不符合要求时，可调整托架。一般泵用机械密封处轴与密封腔同轴度的允许偏差为 0.20～0.25mm。

③测量转子与密封腔垂直度的方法：

a)清理检查密封腔端面应平整、光滑，无毛刺、划痕等缺陷。

b)将磁力表座固定在转子上，将百分表触头触在密封腔端面上，如图 9－227 所示。

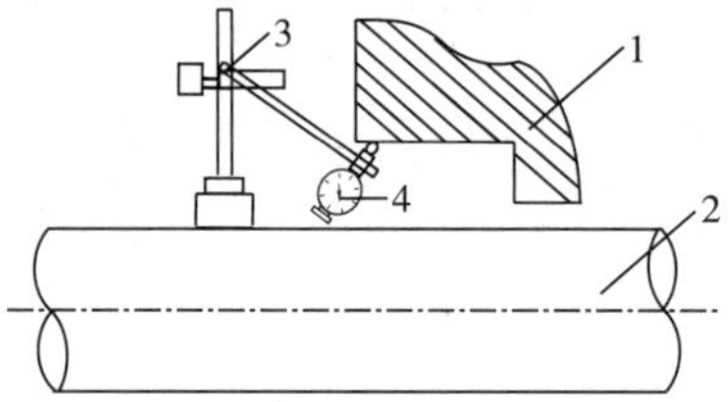

图 9－226　同轴度的测量

1—密封腔；2—转轴；3—磁力表架；4—百分表

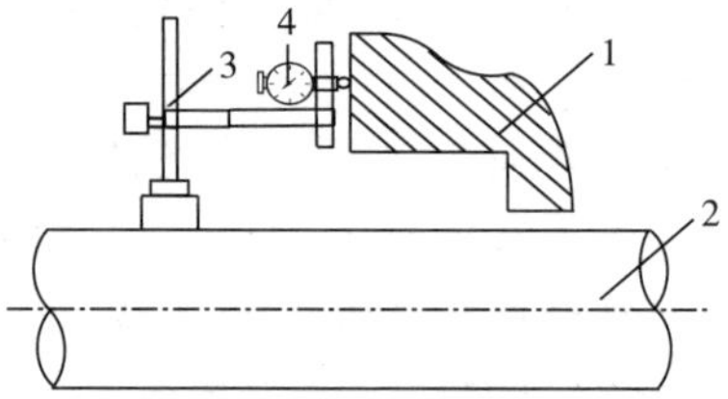

图 9－227　垂直度的测量

1—密封腔；2—转轴；3—磁力表架；4—百分表

c)将密封腔端面均匀分成 8 等份测点，缓慢将转子转动 1 周，记录每个测点的百分表读数值，百分表读数的最大读数与最小读数的差值，即认为是转子与密封腔的垂直度。

d)然后根据实际测量的垂直度与制造厂技术文件的规定进行对比，是否符合机械密封处轴与密封腔垂直度的允许偏差。如不符合要求时，可调整托架。一般泵用机械密封处转子与密封腔垂直度的允许偏差为：轴径为 ϕ20～40mm，允许偏差为 0.05mm；轴径为 ϕ50～80mm，允许偏差为 0.06～0.07mm；轴径 ϕ80～120mm，允许偏差为 0.08mm。

④测量转子径向跳动的方法：

a)清理检查密封腔端面应清洁、平整、光滑。

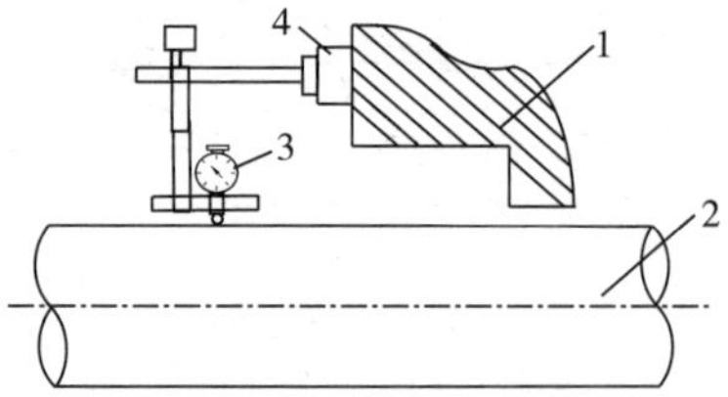

图 9－228　转子径向跳动的测量

1—密封腔；2—转轴；

3—百分表；4—磁力表架

b)将磁力表座固定在密封腔端面上，将百分表触头触在转子上，如图 9－228 所示。

c)将联轴器均匀分成 8 等份，然后缓慢将转子转动 1 周，记录轴上每个测点的百分表读数值，百分表读数的最大读数与最小读数的差值，即认为是转子的径向跳动。

d)然后根据实际测量的转子径向跳动与泵技术文件的规定进行对比，是否符合制造厂技术文件规定。对于泵用机械密封处转子的径向跳动的允许偏差为：当轴径 ϕ20～50mm，允许偏差为 0.05mm；当轴径为 ϕ50～120mm，允许偏差为 0.05mm。

⑤测量离心泵轴向窜动量的方法：

a)清理检查密封腔端面应清洁、平整、光滑。

b)将磁力表座固定在转子上，将百分表触头触在密封腔端面上，如图 9－229 所示。

c)按轴向方向往复推动转子，记录转子在两个极端位置百分表读数值，百分表读数的最大读数与最小读数的差值，即认为是转子的轴向窜动量。

d)实际测量的转子的轴向窜量应符合制造厂技术文件的规定。如不符合规定时，应进行调整并符合制造厂技术文件规定。为使机械密封的弹簧力不致变化过大，防止平衡型机械密封动环与轴凸肩顶住而损坏零件，一般要求泵用机械密封处转子的轴向窜动控制在 0.50mm。

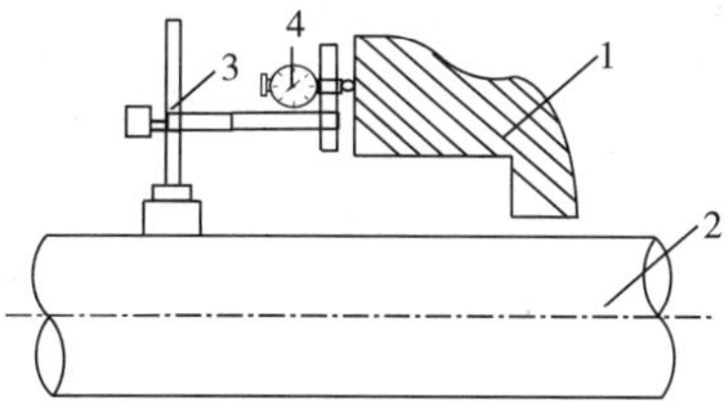

图 9－229　转子的轴向窜量的测量

1—密封腔；2—转轴；

3—磁力表架；4—百分表

七、分段式多级离心泵的拆检、清洗与装配

分段式多级离心泵的前段、中段、后段，是由若干个拉紧螺栓(也称大穿杠螺栓)固定在一起，形成一个完整的泵体。拆卸拉紧螺栓之前，应将各个拉紧螺栓及其相配的螺母按顺序进行编号并打上钢字头，如图 9－230 所示。一端按顺时针方向编号 1、2、3……(另一端则按逆时针方向对应编号)。用砂布将螺栓端面和螺母端面打磨干净，对同一根拉紧螺栓，测量的两端螺栓露出螺母的高度 x_i 和 y_i，并计算出的 $z_i=x_i+y_i$。

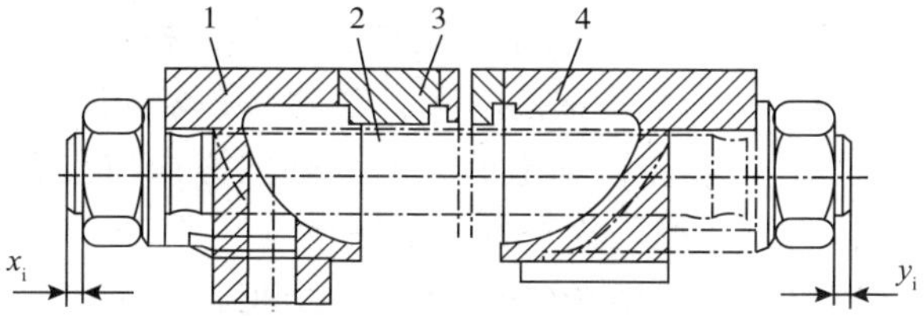

图 9－230　分段式多级离心泵拉紧螺栓

分段式多级离心泵组装时，也用同样的方法测量出拉紧螺栓两端面露出螺母的高度 x'_i；和 y'_i，并计算出 z'_i值，使 z'_i值等于拆卸前的 z_i 值即可，见表 9－69。

表 9－69　分段式多级离心泵拉紧螺栓伸出螺母高度值记录　　mm

i	1	2	3	……
x_i	4.26	4.34	4.22	……
y_i	4.40	4.18	4.38	……
$z_i=x_i+y_i$	8.66	8.62	8.60	……

1. 分段式多级离心泵拆检的要求

(1)泵体各结合面应清洁、光滑、平整，无毛刺、裂纹、锈蚀及径向沟痕等缺陷，用着色法检查其接触面积应达 75%以上，且接触均匀。

(2)检查泵体各个中段的结合面应平行，其不平行度允许值应不大于 0.04mm。

(3)分段式多级离心泵相邻泵体之间都是止口配合的，止口间的间隙过大将会影响转子与静止部分的同心度，其检查方法为：将相邻的泵体叠置于平台上，在最上面的泵体上放置磁力表架并装上百分表，将百分表触头触在下面的泵体外圆处，如图 9－231 所示。

然后，按图中箭头方向，将上面的泵体沿水平前后方向往复推动两次，百分表上的读数差即为相邻泵体止口之间的间隙。一般止口之间的配合间隙为0.00～0.05mm。

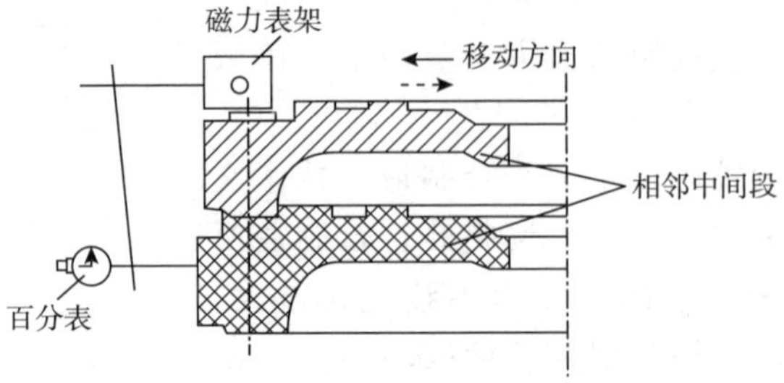

图9-231　相邻中间段之间止口的配合间隙检查

(4)密封环与中段的配合径向总间隙为0.03～0.05mm。

(5)密封环与叶轮的径向配合总间隙为0.45～0.65mm(较大直径采用较大数值)。

(6)轴颈的圆度、圆柱度、轴的径向跳动值、轴的弯曲值均不应大于0.02mm。

(7)叶轮和挡套等套装件的内径与轴的配合间隙，一般为0.03mm，热套装件的过盈量应符合制造厂技术文件的规定。

2. 分段式多级离心泵进行预组装的要求

(1)分段式多级离心泵组装前，应进行转子的预组装，校核转子与蜗壳的同心度及叶轮中心与导叶中心位置，以及轴套螺母的紧固后位置，作出标记并记录。

(2)转子预组装后，测量叶轮密封环、挡套、轴套(或调整套)、平衡盘外圆等处的径向跳动，均不应大于0.05mm，套装在轴上的各部件轴向方向应接触密实，无间隙。

(3)平衡盘的端面应清洁、光滑，检查其端面跳动应不大于0.02mm。

(4)静平衡盘套筒与其相对应的轴套(或调整套)总间隙一般为0.50～0.60mm。

(5)平衡鼓的表面应光洁，无损伤，螺纹槽应清洁、畅通，无毛刺等缺陷。其与平衡套筒的径向间隙，一般每侧为0.25～0.35mm。

3. 分段式多级离心泵的组装时的要求

(1)检查叶轮旋转方向应与泵体上的箭头标记相一致，固定叶轮的螺母已紧固并将锁紧装置锁牢。

(2)导叶与泵体的径向间隙为0.04～0.06mm，导叶衬套与导叶的配合间隙为0.00～0.03mm。

(3)检查密封环与泵体间的径向配合间隙为0.00～0.03mm。

(4)检查推力平衡装置的平衡盘与泵壳上的平衡环之间的装配轴向间隙为0.10～0.25mm，如图9-232所示。

(5)检查平衡盘和平衡环的工作端面与泵轴的中心线的垂直度偏差应不大于0.03mm。

(6)泵体前段、中段、后段之间的径向密封面为防止泄漏，在其上面可涂一层薄薄的、窄带形密封胶密封。

(7)多段式多级离心泵的拉紧螺栓紧固时，应在螺栓、螺母的螺纹部分都要涂抹薄薄一层螺栓防咬合剂。按拆卸时的标记顺序、对称、均匀略微紧固。

(8)待整台分段式多级离心泵在现场就位后，用旋转前段或后段的方法使四只猫爪在猫爪支座上固定后，再根据表9-69的记录数据对称、均匀紧固拉紧螺栓，且紧固力矩应一致，上下左右误差一般不应大于 0.05mm，大型分段式多级离心泵宜用热紧法进行螺栓紧固。

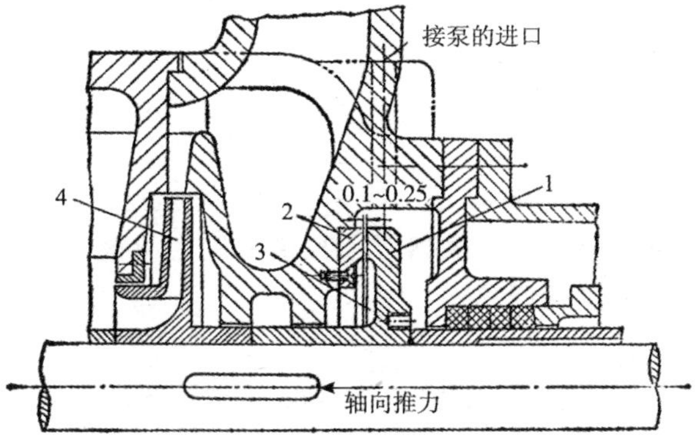

图 9-232　多级离心泵上的推力平衡装置

1—推力平衡盘；2—平衡环；3—平衡室；4—末级叶轮

(9)前段的立销与销孔及后段的纵销与销槽应清洁、光滑，无毛刺、杂物等缺陷，并应加入润滑油。

(10)分段式多级离心泵组装完毕后，应测量转子轴向总窜动量并调整平衡盘位置，均应符合制造厂技术文件的规定。测量时，将推力盘与工作推力瓦块贴合，使动静平衡盘的轴向间隙、推力轴承间隙均应符合制造厂技术文件的规定。如无规定时，转子工作时的窜动量应为转子总轴向窜动量的 1/2。

(11)用压铅法测量动静平衡盘的相对平行度，其误差应不大于 0.02mm。

(12)检查分段式多级离心泵转子与定子中心。

检查多级离心泵转子与定子中心时，可采用百分表法进行测量。测量时应在转子两端同时进行测量。

①测量时，先将上轴承盖及上、轴承拆卸，然后再将转子吊入泵体内，落入下轴承上。这时，平衡盘轮毂外缘与平衡盘座内孔相接触，其底间隙为零。

②将 3 个百分表固定座轴承座上，将一个百分表触头垂直触在转子的最上部，另两个百分表触头分别触在转子的水平位置上，然后将各百分表指针调整为零。

③用专用工具将转子两端同时轻轻地提起，将下轴承取出，然后将转子放下，这时，平衡盘轮毂外缘与平衡盘座内孔相接触，其底间隙为 δ_1。这时百分表所测量出读数即为 1/2 直径间隙。

④将转子两端同时轻轻提起，安装下轴承落下转子，百分表触头应触在转子上原来的位置，此时百分表读数值应回到零。

⑤用专用工具轻轻将转子提起，直至提不动为止，此时百分表读数应为顶间隙 δ_2，应为总提起值的 1/2。

⑥若测量 $\delta_1-\delta=0$，说明转子处于定子中心位置；若 $\delta_2-\delta_1>0$，则说明转子偏低，反之，转子则偏高。

⑦调整上下中心的同时，应用两侧的百分表兼顾水平方向的中心位置，以保证转子对定子的几何中心位置符合要求。

⑧最后将上轴承和轴承盖复位并对称、均匀紧固连接螺栓。

当转子静挠度在 0.20mm 以上时，转子上抬值为总抬起量的 45%。当转子偏高时，可采用刮研下轴承或减少轴承座底面的调整垫片，使转子向下移动；当转子偏低时，可增加轴承座下的调整垫片，使转子向上移动。转子水平方向左右偏差时，可通过刮研轴承或通过移动轴承座来进行调整。

八、泵组轴对中

离心泵安装时，应先将离心泵找正、找平，使其轴处于水平状态，然后再安装电动机，进行联轴器对中找正。所以，联轴器对中找正时只需调整电动机，即在电动机的支座下面用加、减垫片的方法来进行调整。

泵组轴对中时的要求：

(1)离心泵组轴对中找正是以泵联轴器为基准，调整电动机底座垫片来达到泵组联轴器对中的要求。

(2)调整泵组轴对中时，宜使用百分表找正，两轴应同时转动，如图 9 - 233 所示。

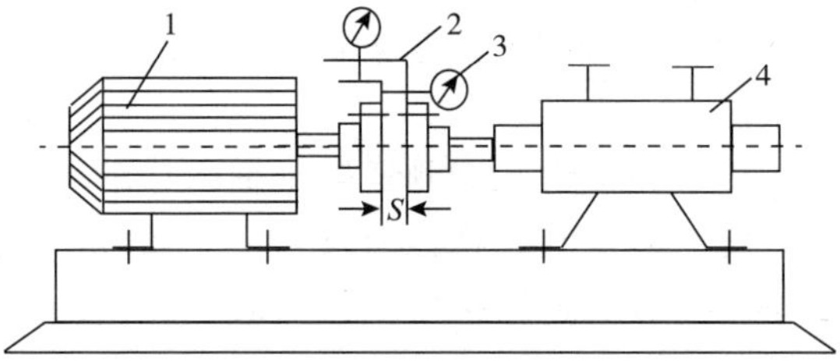

图 9 - 233　采用百分表进行轴对中示意图

1—电动机；2—找正支架；3—百分表；4—多级离心泵

(3)百分表支架应固定牢固，转动一周后百分表数值变化应不大于 0.02mm。

(4)两半联轴器间的端面间隙及径向位移、轴向倾斜均应符合制造厂技术文件的规定。如无规定时，应符合表 9 - 70 的规定。

表 9 - 70　泵组轴对中允许偏差值　　mm

联轴器型式	径向位移	轴向倾斜
刚性	0.06	0.04
弹性圈柱销式	0.08	0.06
齿式		
膜片式	0.15	0.08

(5)调整垫片应清洁、光滑、平整。无毛刺、卷边等缺陷，且每组垫片应不超过 4 层。

(6)根据泵底座的材料、结构形式和介质温度联轴器在常温状态下找正时，应按设计规定预留其温度变化的补偿值；

(7)泵组二次灌浆前和管道与离心泵连接后，应复查泵组轴对中，其偏差应不大于 0.02mm。

泵组轴对中时，通常采用双表法(也称一点法)。下面举例介绍泵组轴对中方法和步骤。

(1)在相邻两半联轴器的外圆面与端面上各做相隔 90°的等分标记点，a_1、a_2、a_3、a_4 与 b_1、b_2、b_3、b_4，如图 9－234 所示。

(2)将找正支架安装在从动机(离心泵)Ⅰ的联轴器上并装上百分表，将两块百分表触头分别处在主动机(电动机)Ⅱ的联轴器上外圆和端面，分别进行径向和轴向数值测量，如图 9－235 所示。

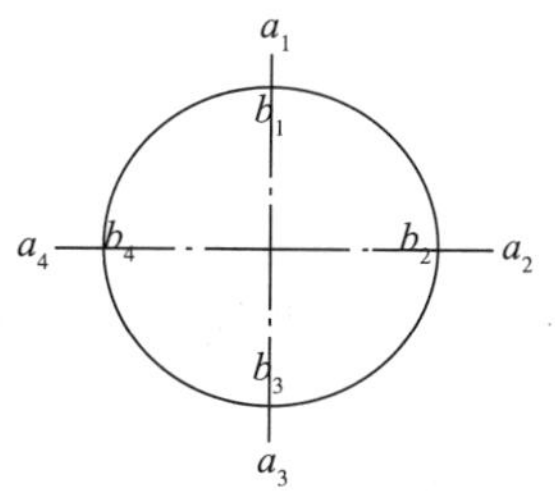

图 9－234　百分表读数记录

(3)按转子旋转方向，同时旋转两轴一周回到 0°后，a_1、b_1 处百分表读数值均应回到“0”，然后再旋转两周，记录百分表测量出的径向读数值和轴向读数值，应使 $a_1+a_3=a_2+a_4$、$b_1+b_3=b_2+b_4$(误差应小于 0.02mm)。若误差较大，应查明原因，采取措施消除，使之符合要求。测量时，要求百分表读数应准确无误，并应注意数值的“正”、“负”值。

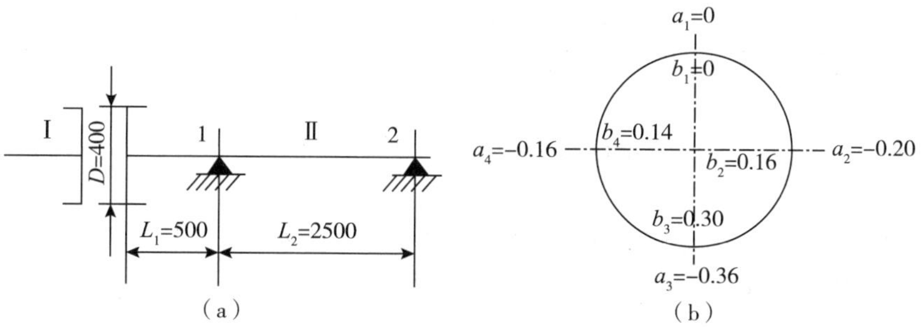

图 9－235　泵组轴对中举例

(4)同时旋转两轴，将测量的数据记在图 9－235(b)上。

(5)由记录数据可知，联轴器在垂直方向 0°和 180°位置上的轴向数值 $b_3>b_1$，径向数值 $a_1>a_3$，这表示两半联轴器既不同心也不平行，这时两轴的中心线之间既有轴向倾斜，又有径向位移，两轴的偏移情况，如图 9－236 所示。

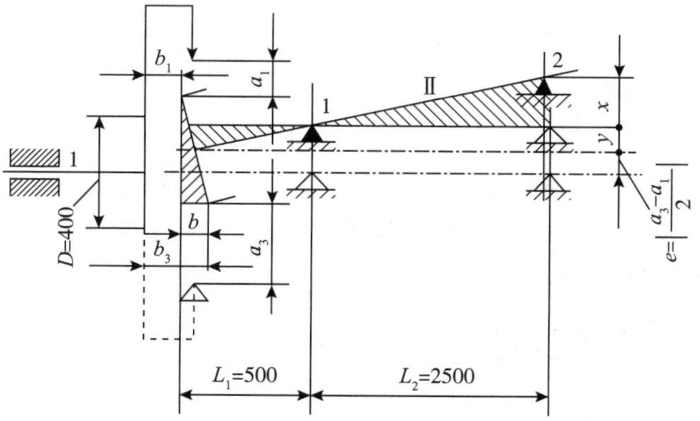

图 9－236　泵组轴对中计算示意图

(6)计算与调整：

①调整两半联轴器轴向倾斜，使 $b_1=b_3$。

从图中阴影三角形可以看出，如使 $b_1=b_3$，则应将支座 2 处减去厚度为 x 的调整垫

片，由相似三角形原理可计算出 x 值，即

$$x=\frac{b}{D}L_2=\frac{0.30-0.02}{400}\times 3000=2.1\text{mm}$$

在调整支座 2 垫片厚度的同时，从动机的半联轴器中心将以支座 1 处被抬高 y 值，根据相似三角形原理 y 值可由下式计算

$$y=\frac{L_1}{L_2}x=\frac{500}{3000}\times 2.1=0.35\text{mm}$$

②调整两半联轴器径向位移值，使 $a_1=a_3$，这样两半联轴器中心线在同一水平面内，径向位移量为：

$$e=\frac{a_3-a_1}{2}=\frac{-0.37-(-0.01)}{2}=0.18\text{mm}$$

③垂直方向调整量为：

a)从动机的支座 1 应减去垫片厚度为：

$$(y+e)=0.35+0.18\approx 0.55\text{mm}$$

b)从动机的支座 2 应减去垫片厚度为：

$$(x+y+e)=2.1+0.35+0.18\approx 2.65\text{mm}$$

④从图 9－235(b)中可以看出联轴器左右两侧轴向倾斜和径向位移值均在允许偏差范围内，可不进行调整。

⑤最终只将从动机的支座 1 应减去 0.55mm 调整垫片，从动机的支座 2 应减去 2.65mm 调整垫片，便可实现两半联轴器的完全同轴。

九、基础二次灌浆的要求

(1)离心泵组找正、找平及泵组轴对中均已符合要求。

(2)垫铁组布置及安装符合要求，并将垫铁组侧面点焊牢固。

(3)混凝土基础表面清洁、湿润，无油污、和浮锈，底座底面清洁，无泥土、油漆、油污。

(4)地脚螺栓孔或套管内应清洁、无杂物、积水。

(5)泵座四周应支好模板，浇灌专用灌浆料时应连续浇灌，并捣实，不得触动垫铁组。

(6)灌浆料在泵座内侧表面应比外侧表面稍高，也不得有积水的凹坑，泵座外侧的灌浆料应比泵座表面低，但不得低于泵座底面厚度的 1/2。

(7)对于无底座的大型设备就位、初找正、找平后，应先进行预留地脚螺栓孔的灌浆(一次灌浆)，待其混凝土强度达到设计强度的 75%以上，方可紧固地脚螺栓进行精找正、找平，然后进行基础二次灌浆。

十、管道与离心泵连接

(1)与泵连接的管道，其固定焊口一般应远离泵，以免焊接应力的影响。

(2)配对法兰在自由状态下，应与泵法兰平行且同心，其偏差应符合表 9－71 的规定。

表 9－71　法兰平行度、同轴度允许偏差

机器转速/(r/min)	平行度/mm	同轴度/mm
<3000	≤法兰直径的 1/1000	全部螺栓顺利穿入
3000～6000	≤0.15	≤0.50
>6000	≤0.10	≤0.20

(3)配对法兰面在自由状态下的间距，以能顺利插入垫片的最小距离为宜。

(4)管道与泵连接后，不允许管道对泵承受设计以外的附加应力。

(5)管道与泵最终连接时，应在联轴器上架设百分表监视其径向位移。转速小于或等于 6000r/min 的泵，径向位移值应不大于 0.05mm。

第十章 状态监测及故障诊断

第一节 绪论

随着科学技术和现代工业的发展，石油化工装置的机器设备日益向大型化、高速化、轻量化及自动化方向发展，机械设备的可靠性、可用性、可维修性和安全性的问题日益突出，机械设备的故障诊断技术越来越受到重视，已经成了保证生产系统安全稳定运行和提高产品质量的重要手段和关键技术。在连续生产系统中，如果某台关键机械设备一旦发生故障，往往会影响全线或全厂生产系统的正常运行，甚至可能导致机毁人亡的严重后果，从而造成了巨大的经济损失，还可能产生严重的社会问题。因此，要求企业应及时了解和掌握大型机械设备和关键机械设备的运行工况，正确估计可能发生的故障或趋势。另外，随着信息传感技术、信号处理技术及现代监测技术的发展，特别是计算机技术的飞速发展，各学科相互渗透、相互交叉、相互促进，为机械设备故障诊断提供了技术支持，提高了故障诊断的可靠性和准确性，同时也便于分析存储、比较和统计，使故障诊断工作更加迅速、有效。

故障诊断技术是一门发展中的新兴学科，还没有形成完整的学科体系。对其研究的目的和研究内容范畴的理解，往往因机械设备的型式、结构等不同乃至工程技术人员和施工人员的专业特长不同而有很大差异。

一、机械故障的含义和分类

1. 机械故障的含义

从系统观点来看，机械故障包括两层含义：一是故障：机械系统偏离正常功能，其形成的主要原因是因为机械系统的工作条件(含零部件)不正常，通过参数调节或零部件修复又可以恢复到正常功能。二是功能失效：是指系统连续偏离正常功能，且其程度不断加剧，使机械设备基本功能不能保证。一般零件失效可以更换，关键零件失效，往往导致整机功能丧失。

2. 故障的类型

由于机械设备多种多样，因而故障的形式也有所不同，按其性质、状态的不同可分以下几种类型。

(1)按故障性质分为临时性故障和永久性故障。前者通过修复或运行参数的调整，可以恢复到正常功能；后者为全部或部分永久丧失原有功能，除非经过修理或更换零件后才能消除故障。

(2)按故障发展过程分为渐发性故障和突发性故障。前者故障形成过程较长，即便性能指标略有超出允许值，短时期内不会产生严重问题，通过参数的连续监测，可以预测其发展趋势；后者故障发生在瞬间，没有明显的征兆、难以预测，往往导致整机功能失效，一旦发生故障，往往造成破坏性或灾难性的后果。

(3)按故障的严重程度分为破坏性故障和非破坏性故障。前者故障既是突发性又是永久性的，故障发生后往往危及设备和人身安全；后者故障是渐发性的又是局部性的，故障发生后暂时不会危及设备和人身安全。

(4)按故障形成的原因分为操作或管理失误形成的故障和机器内在原因形成的故障。前者故障由于操作者技术素质欠佳或工作责任心不强等人为的外在因素造成的；后者故障一般是由于机器设计、制造遗留的缺陷(如残余应力)或材料内部潜在的缺陷而造成的故障。

(5)按故障发生的时期分为早期故障、使用期故障和后期故障。早期故障具有征兆，可早期发现，一般不影响机器的继续运行，但应注意其发展趋势，防止故障扩大。早期故障不仅发生在新机器通入使用的初期，而且当机器的零部件经过检修或更换，重新投入运行时，仍会出现早期故障。使用期故障是渐进性故障，是产品有效寿命期内发生的故障，如轴承磨损等。机械设备大部分时间处于这种运行状态。这时的故障基本上是恒定的。后期故障是随机性故障，它发生在机械设备运行的后期，应机械设备寿命到达极限，使其零部件磨损、疲劳、老化而功能退化，最后将导致发生危险性的故障。机械设备寿命达到使用年限时，应及时退役，避免重大事故发生。

上述故障的类型往往是相互交叉的，而且随着故障的发展，可以从一种类型转移到另一种类型。

3. 机械设备故障诊断技术的内容

机械故障诊断过程包括：机械设备状态信号的测量、机械设备状态或失效信息的提取、状态识别、诊断决策等几个步骤。根据诊断的目的和诊断方法不同，其具体的实施过程也有所不同，但基本过程是相同的，如图 10 - 1 所示。

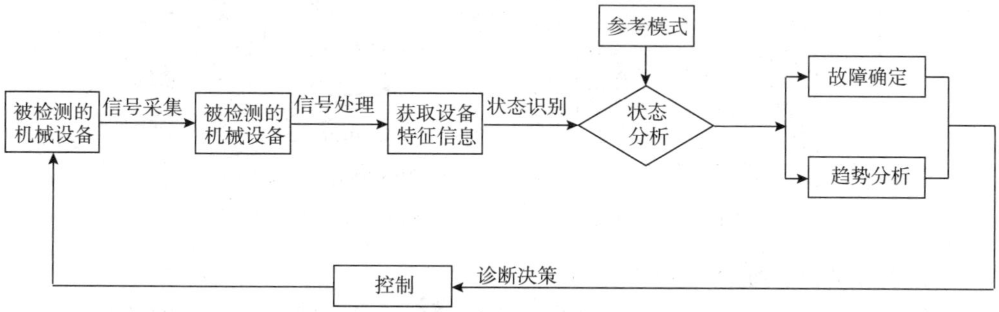

图 10 - 1　机械设备故障诊断的实施过程

机械设备故障诊断的功能：

①在不解体或少拆卸机械设备的条件下，能够定量地检测、评价机械设备各部件的运动情况和受力状态，缺陷和磨损状态，性能的劣化和故障状态；

②可以确定机械设备的故障性质、类型、程度、部位及故障发展趋势，预测机械设备的可靠性程度；

③能够确定故障原因，并提出处理措施。

机械设备故障诊断实施过程：

(1)信号采集

机械设备在运行过程中，必然会产生力、热、振动、噪声等各种参数的变化，由此会产生各种不同的信息。根据不同的诊断需要，使用传感器、数据采集器等技术手段，采集能反映机械设备故障特性的运行参数和表征设备工作状态的不同信号。

(2)信号处理

利用各种分析仪器将信号采集获得的数据信息进行分类、处理、加工，提取能反映故障状态、性质、类型和程度的特征信息。

(3)状态识别

将经过信号处理后获得的设备特征参数，采用一定的判别模式、判别准则和诊断策略，以确定设备所处的状态，是否存在故障以及故障的类型和性质、程度等。

(4)诊断决策

根据状态识别的结果，确定应采取的对策和措施，同时根据当前的监测信息，预测机械设备运行状态的发展趋势。

图 10-2 所示为旋转机械振动故障的信号采集、信号处理、故障诊断及故障防治与控制 4 个主要环节。

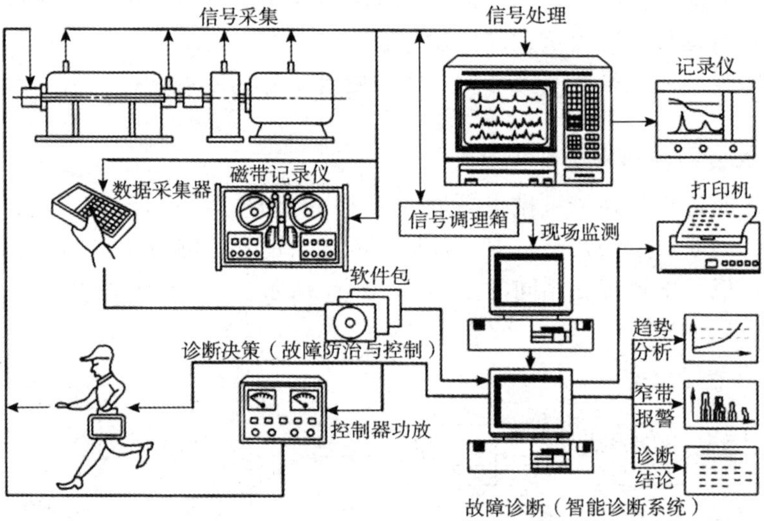

图 10-2　旋转机械振动故障诊断的主要环节

4. 机械设备故障诊断技术的分类

机械设备有各种类型，其工作条件有各不相同，故对不同机械设备的故障需采用不同的方法进行诊断，并按如下方式进行分类。

(1)按诊断对象分类

此方法需要建立被诊断对象的较为精确的数学模型，以确定故障的原因和部位。其对性可分为旋转机械(如汽轮机组、离心式压缩机组)诊断技术、往复机械(往复式压缩机、蒸汽式往复泵)、工艺流程(如化工过程)诊断技术等。

（2）按诊断的目的和要求分类

①功能诊断和运行诊断。功能诊断是针对新安装机组和刚检修后的机械设备，是否达到预定的功能。而运行诊断是针对运行机械设备进行状态监测，以判断机械设备是否发生故障。

②定期诊断和连续诊断

a）定期诊断，也称离线诊断。定期或不定期地采用巡检方式采集现场机械设备数据，就地分析与诊断，或回放到计算机，由计算机进行监测与诊断分析。

b）连续诊断，也称在线诊断。诊断时，传感器及数据采集硬件、控制计算机及监测分析软件均为固定式，与被测机械设备连在一起，可以实时监测机械设备的当前运行状态，捕捉突出故障并进行及时分析。

一般来讲，对于大型、重要的关键机械设备多采用在线诊断，而对于一般中小型机械设备往往采用离线诊断。

③直接诊断和间接诊断

a）直接诊断。根据零部件（如主轴承间隙、齿轮齿面磨损、汽轮机叶片的裂纹等）的直接信息进行的诊断。

b）间接诊断。是通过二次诊断信息进行的诊断。

（3）按诊断方法的完善程度分类

①简易诊断。一般通过便携式简单诊断仪器，如测振仪、声级计、红外测温仪等对机械设备进行人工监测、分析粗略确定机械设备的工作状态。

②精密诊断。一般采用先进的传感器采集机组信号，然后用精密仪器和各种先进分析手段进行综合分析，判断故障的类型、程度、部位和产生的原因，了解故障的发展趋势。

5. 故障诊断方法

故障诊断技术和诊断方法很多。必须结合机器设备故障的特点，获取故障征兆信号的有效性，相应的采取不同的诊断技术和方法。目前，在汽轮机组故障诊断领域中，主要的诊断方法有振动噪声法、声发射诊断法、红外诊断法、无损探伤法、热力学诊断法、油液诊断法等。

（1）振动噪声法

根据机器在工作状况下产生的振动或噪声，由传感器拾取转换成相应的电量，将该电量进行放大、处理分析（一般用快速傅里叶变换即 FFT 技术），得出产生振动或噪声的各种频率成分，根据需要进行各种处理，以诊断机械设备的工作状况及潜在或已经出现的故障的原因、部位、劣化程度并作出定量分析。

（2）声发射诊断法

设备在工作状态下，由于局部受力情况的变化、出现裂纹、发射出微弱的声信号，根据其信号状况进行分析处理、故障诊断。目前主要用于管道、容器设备诊断。

（3）红外诊断法

检测高温设备损坏程度可用“红外热成像仪”测取设备外壁辐射的热红外线，得到红外热场图，从热场图的情况可判别设备是否存在过热故障，也可对热场图进行再处理，便可定量、定位判别设备温度场状况。

（4）无损探伤法

主要用于诊断机组剩余寿命和部件缺陷。可分为硬度测定法、电气阻抗法、超声波法、组织对比法、结晶粒变形法、显微镜观察法和X射线分析法等。

(5)热力学诊断法

主要测取与设备工作情况有关的热工参量，如压力脉动、温度等，来分析设备热力性能方面的工作状况。

(6)油液诊断法

测定机械零部件(如轴承、齿轮副等)的磨损残渣在润滑油中的含量和颗粒分布，根据其分布可以掌握零部件的磨损状态，以确定机械零部件的工作状况。

二、机械设备故障诊断技术的发展趋势

机械设备故障诊断技术虽然只有半个多世纪的发展历史，但机械设备故障诊断技术在理论和实际应用中均取得了显著的成果。机械设备故障诊断技术的应用领域已从早期的航天、军工等领域逐渐扩展到工业企业的汽轮机、压缩机、发电机、机床等机械设备中。另外，机械设备故障诊断技术也越来越丰富，显示出其强大的生命力。

1. 国外故障诊断技术的发展概况

故障诊断技术产生于20世纪60年代初期，是现代化生产发展的产物。1961年，美国开始执行阿波罗计划，出现了一系列严重的设备故障，于是在1967年在美国国家宇航局(NASA)就创立了美国机械故障预防小组(MFPG)。其后，由于故障诊断技术应用所产生巨大的经济效益，从而得到迅速的发展。如美国Bechtel电力公司，1987年开发了火电厂机械设备诊断用的专家系统(SCOPE)；美国Badia1公司也在1987年开发了汽轮机发电机组振动诊断用的专家系统(Turbomac)；美国西屋(Westhouse)电气公司从1976年开始研究，到1990年已发展成网络化的汽轮发电机组智能化故障诊断专家系统，首先将网络技术应用于汽轮机故障诊断，建立的故障诊断中心，对分布在各地电站的多台机组实行远程诊断；美国Bently Navada公司还研制了旋转机械故障诊断的在线监测系统。

当机械设备故障诊断技术在美国迅速发展的同时，在西欧国家也得到了相应的发展。如英国在1971年成立了英国机械保健中心(U. K. Mechanical Health Monitoring Center)，促进了各类工厂企业机械设备 性能检测和维修水平的提高；法国电力部门从1978年起就在汽轮发电机组上安装了离线振动监测装置，20世纪90年代又提出了监测与振动支援站的设想；瑞士ABB公司、德国西门子公司、丹麦B&K公司都开发了有关诊断系统及信号检测装置。

在亚洲，日本针对汽轮发电机组寿命监测和故障诊断技术发展很快，在世界上占有一定的优势。1987年东芝公司开发了大功率汽轮机转子系统诊断系统，20世纪90年代又开发了机器寿命诊断的专家系统；1982年日立公司于开发汽轮机组寿命诊断装置，并逐步形成了一套完整的机器寿命诊断方法；三菱公司在20世纪80年代研制了能自动进行异常征兆检测并能诊断其原因的诊断系统。

从上述分析可知，世界各个国家有关机械设备故障诊断技术的研究和开发，大都是从汽轮发电机组开始，其主要原因是：①电力系统对国民经济建设和人民生活都很重要，影响面广；②在化肥、化工、炼油工业生产系统中的汽轮机驱动的压缩机组均大型化、单系列，如汽轮机一旦发生故障，就不能连续生产，就会造成巨大的经济损失；③汽轮机驱动的发电机组或压缩机组是连续运行的机组，振动信号拾取和处理的方法相对其他方法比较

成熟。

2. 我国故障诊断技术的发展概况

我国故障诊断技术的研究起步较晚，是从20世纪70年代开始的。随着引进国外的一些300kt/a大化肥装置、300kt/a乙烯装置，其检测仪表，如本特利(Bently)公司和飞利浦(Philips)公司的系列产品，其主要部件是传感器和显示仪表盘，主要用于检测机械设备的温度和轴振动。这样，对我国当时故障诊断技术水平的提高起到了促进作用。

20世纪80年代中期，我国派往美国和西欧的一批留学人员陆续回国，他们带回了国外许多先进技术和方法，结合国内生产实际开展机械设备故障诊断技术的研究。这种研究的特点是：一是起点高，一开始就以计算机为主体，从系统入手，结合生产实际研究监视与诊断问题；二是方法新，将当时正在发展之中的人工智能、远程控制技术直接应用于故障诊断系统；三是重应用，将研究工作与工厂企业需求相结合，开发了一批实用性强监测诊断系统。这样就大大缩短了我国故障诊断技术与国外的差距，推动了我国故障诊断技术的发展。国内的部分高等院校和科研单位相继开展了故障诊断技术的研究及学术交流，取得一些可喜的成果。随后在一些大型企业装置内相继建立了旋转机械状态监测与故障诊断机构，在很大程度上提高了机械设备运行的可靠性，降低了事故发生率，使机械设备安全、长周期、满负荷平稳运行。

现代机械设备状态监测和故障诊断技术的发展经历了两个主要阶段：第一个阶段以计算机技术、传感技术和动态测试技术为基础，以信号处理技术为手段的常规诊断技术发展阶段。机器设备诊断技术融合并吸收了大量的现代化科技成果，各种先进理论、方法和技术在机器设备领域中得到很好的利用。如振动诊断技术、噪声诊断技术、声发射诊断技术、光谱诊断技术、铁谱诊断技术、红外诊断技术、热成像诊断技术、核辐射诊断技术等。随着计算机技术和功能的不断提高，使得各种信息处理达到一个新的境界，如逻辑诊断、统计诊断、故障树诊断、模糊诊断等。第二阶段(智能诊断阶段)，原来以数值计算和信号处理为核心的诊断技术将被以知识处理和知识推力为核心的诊断技术所代替，形成基于知识的机器设备诊断技术。对诊断技术的研究不再是各种方法的“堆积”，而是从知识的角度出发，系统的研究诊断技术。

三、机械设备故障诊断技术与维修方式的关系

机械设备维修在设备管理中占有重要地位。机械设备在使用过程中必然会出现技术状态劣化，功能或精度下降，以致发生故障和失效，维修的目的就是排除故障或故障隐患，恢复设备的功能和精度，提高机器的利用率，产生明显的经济效益。

随着科学技术和工业化的发展，预防维修是以状态监测和故障诊断技术为基础，根据机器运行的实际状态，预先制定维修内容和时间，有针对性、有计划地进行维修。各种维修方法和性质的区分如图10－3所示。

1. 事后维修(故障维修)

当机器设备运行发生损坏之后才停机进行维修的维修方式，称为事后维修。

对于现代化生产中使用的大型、复杂、高速、连续运行的机械设备，若采用事后维修方式，由于机械设备运行损坏、停机维修时间比较长，不仅造成巨大的经济损失，而且还危及机械设备和人身安全以及社会问题。

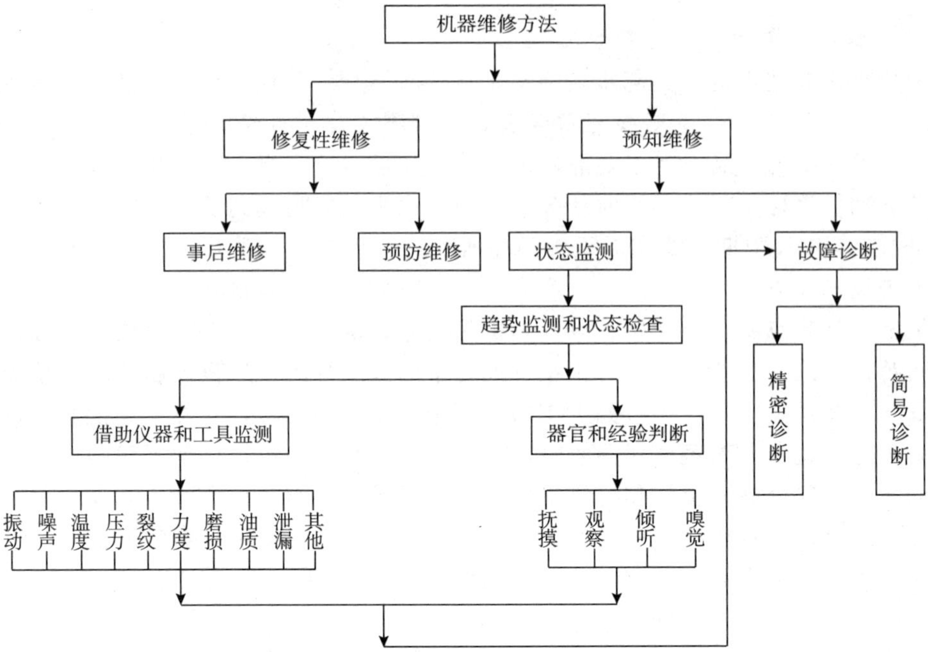

图 10-3 机器各种维修方法和其性质的区分示意图

2. 预防维修(或称定期维修)

预防维修是以状态监测和故障诊断技术为基础，根据机器的运行实际状况，按照预定的维修内容和时间，进行有针对性、有计划的停机维修的维修方式。

人为的规定检修周期是缺乏科学性的，因为这种维修方式既可能造成过剩维修，也可能造成维修不足，并且还可能造成预防维修后的故障率反而高的情况。

经验告诉我们，在绝大多数情况中，以时间为基础的预防性维修是不科学的、不经济的。

3. 预知维修(状态监测维修)

根据机械设备状态监测和故障诊断预知机器设备状态，确定机械设备维修内容和时间，指定维修方案，有针对性地、有计划地对机械设备进行的维修。状态监测维修具有如下优点：

(1)可以正确监测机械设备状态，既可控制因过剩维修而造成维修费用的上升，还可防止因维修不足而导致的故障、事故。

(2)因不采用预防维修，这样可减少材料消耗和维修费用，也可避免因维修质量而出现人为的故障。

(3)增加了机械设备运行的安全性、可靠性，即在机械设备发生故障之前就已监测到并给予维修。

(4)机械设备状态监测维修可确定机械设备维修时间及部位，大大提高了机组运行的经济性。

四、故障诊断的评定标准

为了判断机器设备是否存在故障及故障的严重程度，必须对表征机器状态的测量值与规定的标准值相比较。常用的3种判断标准为绝对判断标准、相对判断标准和类比判断标准。

①绝对判断标准。要求在机器设备的同一部位或按一定的要求测得表征机器设备状态的值与某种相应的判断标准相比较，以评定机器设备的状态。

②相对判断标准。采用这种判断标准时，要求对机器设备的同一部位(同一工况)、同一种量值进行测定，将机器设备正常工作情况指定为初始值，按时间先后将实测值与初始值进行比较来判断机器设备状态。

③类比判断标准。若有数台机型、规格相同的机器设备，在相同条件下进行测定，经过相互比较作出判断，用这种方法对机器设备的状态进行评定而制定的标准称为类比标准。

评定机器振动状态的物理量可以是振动加速度、振动速度或振动位移。航空工业上习惯上用振动加速度作为评定的物理量，由于航空机器结构振动频率较高，通过加速度测量可以了解部件的受力情况。对于工矿企业的旋转机械，如压缩机组、汽轮发电机组等则以振动位移作为评定的物理量，振动位移可以更直观、更直接地反映转子的运动情况。对于轴承座，国际上规定用振动烈度(振动速度有效值)作为评定的物理量，振动烈度反映了振动能量的大小，即从能量的角度直接反映振动物的动强度。

1. 振动烈度评定标准

(1)ISO对工作转速为600～12000r/min机器的振动烈度分类

ISO对工作转速为600～12000r/min机器振动烈度等级评定分为15类，见表10-1。

表10-1　ISO对轴承振动烈度的分类

(适用于在轴承盖上振动频率为10～1000Hz)

轴承振动烈度等级	轴承振动速度均方根值/(mm/s)	轴承振动烈度等级	轴承振动速度均方根值/(mm/s)
0.11	0.071～0.112	4.5	2.8～4.5
0.18	0.112～0.18	7.1	4.5～7.1
0.28	0.18～0.28	11.2	7.1～11.2
0.45	0.28～0.45	18	11.2～18
0.71	0.45～0.71	28	18～28
1.12	0.71～1.12	45	28～45
1.8	1.12～1.8	71	45～71
2.8	1.8～2.8		

(2)ISO 3945标准规定振动烈度推荐值

ISO 3945为大型回转机械的机械振动评定标准，适用于功率大于300kW，600～12000r/min汽轮发电机组、工业汽轮机组、压缩机、泵、风机等回转机械。

本标准采用轴承振动速度均方根值V_{rms}作为评价尺度。这个标准分为优、良、尚可、不允许4个等级，各个等级轴承振动速度均方根值，见表10-2。我国GB 11347—1989《大型旋转机械振动烈度现场测量与评定》等效地采用了ISO 3945—1985。

表 10－2　600～12000r/min 大型旋转机械振动烈度推荐值(GB 11347—1989)

振动烈度	支承类别	
V_{rms}(mm/s)	刚性支承	挠性支承
0.46	A	A
0.71		
1.12		
1.8		
2.8	B	
4.6		B
7.1	C	
11.2		C
18.0	D	
28.0		D
46.0		
71.0		

表中：A——新交付使用的机器；
　　B——机器可以长期运行；
　　C——机器尚可短期运行，但必须采取补救措施；
　　D——停机，不允许运行。

轴承振动烈度应在主轴承中心或邻近主轴承中心的轴承盖上，沿垂直、水平和轴向位置进行测量，如图 10－4 所示。

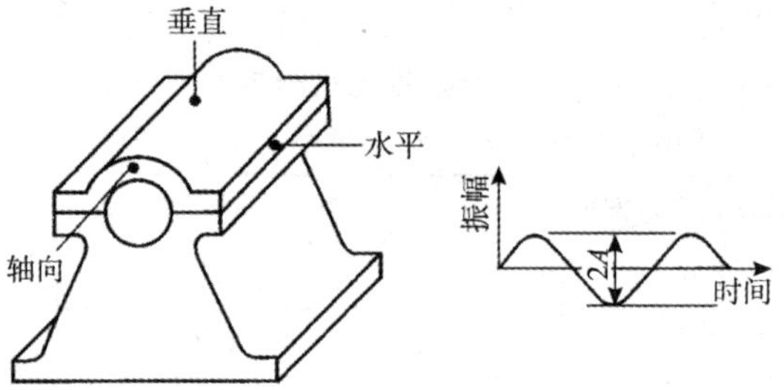

图 10－4　轴承振动烈度测点位置

机组的支承系统分为挠性支承和刚性支承两类，它们的区别决定于机组和基础在测量方向上的刚度。挠性支承是指支承系统的自振频率低于激振力的频率；刚性支承是指支承系统的自振频率高于激振力的频率。

(3)ISO 2372 标准中机器振动烈度的分类

ISO 2372 标准在 ISO 对工作转速为 600～12000r/min，在轴承盖上振动频率为 10～1000Hz 范围内的机器振动烈度等级评定的基础上，将机器分为如下四类：

①Ⅰ类为固定的小机器或固定在整机上的小电机，功率小于 15kW；

②Ⅱ类为没有专用基础的中型机器，功率为 15～75kW，刚性安装在专用基础上功率小于 300kW 的机器；

③Ⅲ为刚性或中型基础上的大型回转机械；

④Ⅳ类为轻型结构基础上的大型回转机械。

每类机器都有 4 个品质级。各类机器同样的品质级所对应的振动烈度的差别，见表 10－3。

表 10－3 ISO 2372 推荐的各类机器的振动评定标准

<table>
<tr><th colspan="3">振动强度范围</th><th colspan="4">ISO 2372</th></tr>
<tr><th>振动烈度等级</th><th>v_{rms}/(mm/s)</th><th>dB</th><th>Ⅰ级</th><th>Ⅱ级</th><th>Ⅲ级</th><th>Ⅳ级</th></tr>
<tr><td>0.28</td><td>0.28</td><td>89</td><td rowspan="3">A</td><td rowspan="4">A</td><td rowspan="5">A</td><td rowspan="6">A</td></tr>
<tr><td>0.45</td><td>0.45</td><td>93</td></tr>
<tr><td>0.71</td><td>0.71</td><td>97</td></tr>
<tr><td>1.12</td><td>1.12</td><td>101</td><td rowspan="2">B</td></tr>
<tr><td>1.8</td><td>1.8</td><td>105</td><td rowspan="2">B</td></tr>
<tr><td>2.8</td><td>2.8</td><td>109</td><td rowspan="2">C</td><td rowspan="2">B</td></tr>
<tr><td>4.5</td><td>4.5</td><td>113</td><td rowspan="2">C</td><td rowspan="2">B</td></tr>
<tr><td>7.1</td><td>7.1</td><td>117</td><td rowspan="6">D</td><td rowspan="2">C</td></tr>
<tr><td>11.2</td><td>11.2</td><td>121</td><td rowspan="5">D</td><td rowspan="2">C</td></tr>
<tr><td>18</td><td>18</td><td>125</td><td rowspan="4">D</td></tr>
<tr><td>28</td><td>28</td><td>129</td><td rowspan="3">D</td></tr>
<tr><td>45</td><td>45</td><td>133</td></tr>
<tr><td>71</td><td></td><td>137</td></tr>
</table>

区域 A：振动在良好限值以下，振动状态良好。

区域 B：振动在良好限值和报警限值之间，机组振动状态是可接受的，可长期运行。

区域 C：振动在报警限值和停机限值之间，机组可短期运行，但必须加强监测并采取措施。

区域 D：振动超过停机限值，应立即停机。

2. 轴振幅评定标准

(1) ISO 7919 标准

德国工程师协会(VDI)于 1981 年颁布了“透平机组转轴测量及其评价”，简称 VDI 2059。国际标准化组织(ISO)1986 年制定的“回转机械转轴振动测量和评价”(ISO 7919－1：1986)与 VDI 2059 有关部分的规定和规范基本相同，是以测量平面内轴心轨迹最大位移单峰值，作为评价机组振动标准，而 ISO 7919－2：1987 则以两个相互垂直方向上轴振最大位移的峰峰值作为评价机组振动标准。

ISO 7919－2：1996 该标准适用于陆地安装、转速为 1500～3600r/min、功率大于 50MW 的电站发电汽轮机组，振动区域的划分与表 10－3 相同。

转轴振动测量有相对振动和绝对振动两种测量方式。表 10－4 给出了 ISO 7919－2：1996 转轴振动评价标准。

表 10－4 ISO 7919－2：1996 转轴振动评价标准(双振幅) μm

区域上界	工作转速/(r/min)							
	1500		1800		3000		3600	
	测量项目							
	R	dbs	R	dbs	R	dbs	R	dbs
A/B	100	120	90	110	80	100	75	90
B/C	200	240	185	220	165	200	150	180
C/D	320	385	290	350	260	320	240	290

注：R——转轴相对振动位移；

dbs——转轴绝对振动位移。

(2)美国 API－617 标准

美国石油协会 API－617 标准规定，炼油厂压缩机等机组运行时的轴振动允许值，按下式计算：

$$S_{P-P}=31.75\left(\sqrt{\frac{12000}{n}}+0.25\sqrt{\frac{12000}{n}}\right)(\text{未滤波})\quad \mu m \qquad (10-1)$$

式中 S_{P-P}——机组振动位移允许值(峰一峰值)，μm；

n——机组工作转速，r/min。

(3)API－612 标准

美国石油协会 API－612 标准规定，精制石油用的特种蒸汽轮机轴承附近的轴振动测量值 S_{P-P}不应超过式(10－2)限值或小于 2.0(mil)。

$$S_{P-P}=\sqrt{\frac{12000}{n}}\text{mil}=\frac{2782}{\sqrt{n}}\quad \mu m \qquad (10-2)$$

式中 $1\text{mil}=\frac{1}{1000}\text{in}=0.0254\text{mm}=25.4\mu m$

(4)API－613 标准

API－613 石油精炼用特殊齿轮装置振动标准对不同转速和不同负荷下的振动最大允许值作出了规定，见表 10－5。

表 10－5 API－613 石油精炼用特殊齿轮装置振动标准允许值

齿轮最高转速/(r/min)	振动允许值(双振幅)			
	空负荷工厂试验		满负荷工厂试验	
	轴承	轴(轴承附件)	轴承	轴(轴承附件)
8000 以上	25	50	18	37.5
8000～12000	18	37.5	12.5	25
12000 以上	18 以下	37.5 以下	12.5 以下	25 以下

3. 以转轴振幅为尺度的振动标准

(1)德国标准

德国 VDI－2059 标准评价机组振动状态分为良好、报警、停机三个等级，它分别采用如下三个计算公式求得：

良好 $$S_{max}\leqslant\frac{2400}{\sqrt{n}}(\mu m) \qquad (10-3)$$

报警 $$S_{max}\leqslant\frac{4500}{\sqrt{n}}(\mu m) \qquad (10-4)$$

停机 $$S_{max}\leqslant\frac{6600}{\sqrt{n}}(\mu m) \qquad (10-5)$$

式中 n——转子工作转速，r/min。

按式(10－3)、式(10－4)、式(10－5)分别计算求得 1000～3600r/min 等几个转速档次的振动评价标准，见表 10－6。

表 10－6　VDI 2059 汽轮发电机组转轴振动标准　μm

等级	转子工作转速/(r/min)				
	1000	1500	1800	3000	3600
良好	76	62	57	44	40
报警	142	116	106	82	75
停机	209	170	156	121	110

(2)国际电工委员会(IEC)推荐的汽轮机振动标准

国际电工委员会(IEC)1968 年推荐表的汽轮机振动标准，见表 10－7。

表 10－7　国际电工委员会推荐的汽轮机振动标准　mm

测点	汽轮机转速/(r/min)						
	1000	1500	1800	3000	3600	6000	12000
轴承振动(双振幅)	0.075	0.05	0.042	0.025	0.021	0.012	0.06
转轴振动(双振幅)	0.015	0.010	0.084	0.05	0.042	0.025	0.012

表 10－7 中所规定的轴承振动是双振幅，测量方向规定为“轴承座上沿直径方向测得的振动”，即除轴向振动外，垂直和水平方向及其他径向振动方向都可作为评定机组振动状态的依据。但振动测点在轴承上的位置没有明确。

表 10－7 所列的振动值是指经过良好的平衡，在额定转速和稳定工况下运行的汽轮机轴承或转轴的振动值。标准中对振动极限值没有作出规定，“一台汽轮机振动值高于表 10－8相应规定值情况下，也可以持续良好地运行。”从标准本身来看，它相当于表 10－8 中的“良”档。

(3)我国电力工业振动标准

我国在 1954 年制定的《电力工业技术管理法规》中正式规定在电厂运行的 1500r/min、3000r/min 汽轮发电机组振动标准，该法规在 1957 年、1959 年和 1980 年都重新作了修订，但汽轮发电机组振动标准未变，见表 10－8。

表 10－8 的振动标准在当时和以后乃至目前，对于防止运行机组发生振动过大事故起了很好的作用。

在电力工业法规中规定，评定机组振动是以轴承垂直、水平和轴向 3 个方向振动中最大者作为评定依据。这 3 个方向在轴承座上的测点位置，如图 10－4 所示。即轴承垂直振动测点在轴承盖上中间位置；水平振动测点在轴承盖水平中分面中间位置，其平行于水平面，垂直于转子轴线；轴向振动测点位置在轴承盖上方与转子轴线平行。

表 10－8　电力工业技术管理法规中规定汽轮发电机组振动标准　μm

转速/(r/min)	振动标准(双振幅)		
	优	良	合格
1500	30	50	70
3000	20	30	50

第二节　传感器的种类和选择

一、概述

传感器亦称换能器或变换器。传感器是接受物理或化学变量(输入变量)形成的信息，并按一定的规律转换成同种或别种性质的输出变量的装置。传感器的输出信号通常很小，需要进行放大，放大器不仅产生增益，而且还能用作滤波、信号处理、非线性校正。

传感器的目的是将非电量转换为电量，以便进行传输和测量。但是，并不是所有的非电量都能利用现有手段一次性地直接变换成电量的，往往要将测量预先变换成另一种非电量，然后再将它变换成电量。

1. 传感器的组成

传感器通常由敏感元件和转换元件两个基本部分组成，如图 10－5 所示。其功能如下：

图 10－5　传感器组成示意图

(1)敏感元件。能将被测非电量信号预先变换成另一种易于变换成电量的非电量，称为敏感元件，又称预变换器。传感器中的各类弹性元件就是敏感元件，统称弹性敏感元件。

(2)转换元件。能将感受得到的非电量直接转换为电量的器件称为转换元件，如应变电阻、压电晶体、热电偶、测温电阻等。转换元件是根据各种物理、化学效应的原理制成的。

但并不是所有的传感器都包括敏感元件和转换元件，有的传感器没有敏感元件，如热敏电阻、光电器件等；也有一些传感器将敏感元件和转换元件合二为一，如固态压阻式压力传感器等。

2. 传感器的分类

传感器种类名目繁多，传感器的工作原理又各不相同，因此传感器的种类也很多，分类不尽相同。传感器通常有如下几种分类方法。

(1)按被测物理量分类。即按传感器的用途分类，可分为：位移传感器、速度传感器、加速度传感器、温度传感器、压力传感器、流量传感器、振动传感器、噪声传感器、转速传感器等。

(2)按工作原理分类。可分为电阻式、电感式、电容式、压电式、磁电式、光学式等。

(3)按测振参数分。测振传感器多数为磁电式、电涡流式、压电式、应变式。

(4)按能量传递方式分类。可分为有源传感器和无源传感器两大类。

①有源式传感器包括压电式、电动式、电磁式、热电偶式、光电式、磁致伸缩式、电致伸缩式、静电式和电化学式传感器。

②无源式传感器包括电阻式、电容式、电感式、热敏电阻式、光敏电阻式、磁敏电阻

式、光游离式和放射性吸收式传感器。

(5)按参考坐标分。可分为相对式、绝对式传感器。相对式传感器是以空间某一固定点作为参考点，测量振动物体上的某点对参考点的相对位移或速度。绝对式传感器是以大地作为参考基准，即以惯性空间为基准测量振动物体相对于大地的绝对振动，又称惯性式传感器。

(6)按传感器与被测物关系分。可分为接触式、非接触式传感器。接触式传感器有磁电式、压电式及电阻应变式等。非接触式传感器有电涡流式、和光学式等。

3. 传感器的特性

传感器输出电量 y 和输入非电量 x 的函数关系为 $y=f(x)$，称为变换函数，亦称灵敏度函数，它表示传感器输出、输入特性。传感器的输出-输入之间的性能指标包括静态响应特性和动态响应特性。静态响应特性包括精度、重复性、线性、迟滞回差、灵敏度、分辨率、域值和稳定性，其中稳定性又包括零点漂移、灵敏度漂移和标定有效性。

传感器动态响应特性包括：

①频率响应特性：幅频特性和相频特性；

②阶跃响应特性：时间常数、上升时间、超调量、固有频率、阻尼比。

传感器在实际使用时，输入量除了被测量 x 外，还有测量环境和测量对象的干扰，如气压、温度、湿度、噪声、振动和电感应等。在理想情况下，传感器的变换函数应为一元函数 $y=f(x)$，而实际上的函数为 $y=f(x, t, Q, \alpha\cdots)$，因而传感器使用时，必须考虑特对环境和测量仪器的要求。

二、常用传感器的结构与特性

在故障诊断和状态监测中，常用的传感器有压电式传感器、电动式速度传感器和电涡流位移传感器 3 种类型。从操作简便、稳定性好、频率响应范围宽等方面考虑，压电式和电动式两种类型应用的最广泛。

1. 压电式传感器

目前，机械设备故障诊断中，压电式传感器是应用最多和最普遍的传感器，它的许多特性是其他类型传感器不能所达到且不能取代的，其制造技术也日益成熟。压电式传感器分为：压电式压力传感器、压电式加速度传感器、压电式超声波传感器和压电式声发射传感器。

压电式传感器的特点是：

①体积小、质量轻，适用于受附加质量影响的振动系统的测试，例如汽轮机叶片、飞机外壳振动的测试。

②结构紧凑、牢靠，不易损坏。

③频带宽、信噪比高、灵敏度高、工作可靠。

④环境噪声、传感器安装方法和导线敷设方式对测量结果有较大的影响。

(1)压电式传感器的工作原理

①压电效应

当压电晶体受到外力作用时，不仅几何尺寸发生变化而且内部极化，表面上出现电荷形成电场。当外力卸掉后，又恢复到原来的状态，这种现象称为压电效应。压电材料有石英晶体、压电晶体(酒石酸钾钠)、极化钛酸钡、硫酸铵和压电陶瓷。

②压电式加速度传感器的工作原理

压电式传感器的核心是一片压电晶体材料，通常是人工极化的压电陶瓷。当受到外力作用时，无论是拉伸、压缩、还是剪切，在它的两个极板上就会出现于所加应力成正比的电荷，如图 10-6(a)所示。当将加速度传感器固定到振动物体上时，其内部质量块的惯性力就作用在压电晶体上，如图 10-6(b)所示。由于物体的振动而产生加速度，若振动是简谐振动，其振动加速度 a 可用下式表示：

$$a=\omega^2 A=4\pi^2 f^2 A \tag{10-6}$$

式中　ω——振动圆频率；

f——振动频率；

A——振动幅值(单振幅)。

根据牛顿定律 $F=ma$，施加在压电元件上的作用力与惯性质量块的质量 m 和振动加速度 a 成正比。而压电晶体片输出电荷与作用在晶体片上的力成正比，当 m 一定时，质量块垂直位移时产生的惯性力，使压电元件受到与加速度成正比的力，从而输出与加速度成正比的电荷。由牛顿第二定律 $F=ma$ 可知，质量一定时，惯性力与加速度成正比，因此压电式传感器输出信号的大小与它受到的振动加速度成正比，故将压电式传感器称为压电加速度传感器，或简称加速度计。

③压电式传感器的等效电路

压电晶体片产生的电荷，只有当测量电路具有无限高的输入阻抗时才能存在，这一点实际上是办不到的，因此加速度传感器不等用于静态测量，而只能用于动态测量。即只有在受到连续交变力作用时，压电晶体片才能连续不断地产生电荷，并在电路中形成电流和电压。

压电传感器中，在压电晶体片两面镀上银层，形成金属膜，构成两个电极，当压电晶体片受到外力作用时，在两个极板上积聚数量相等而极性相反的电荷，形成电场。压电传感器中，常采用两个或两个以上的压电晶体片黏接在一起，以增大输出值。由于压电材料的电荷是有极性的，因此晶片间连接方式有并联接法或串联接法，如图 10-7 所示。

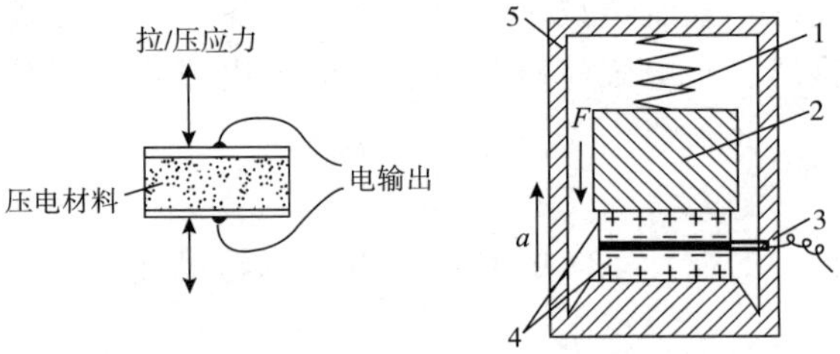

(a) 压电晶片简图　(b) 压电传感器简图

图 10-6　压电式加速度传感器的工作原理

1—弹簧；2—质量块；3—引出导线；4—压电晶片；5—壳体

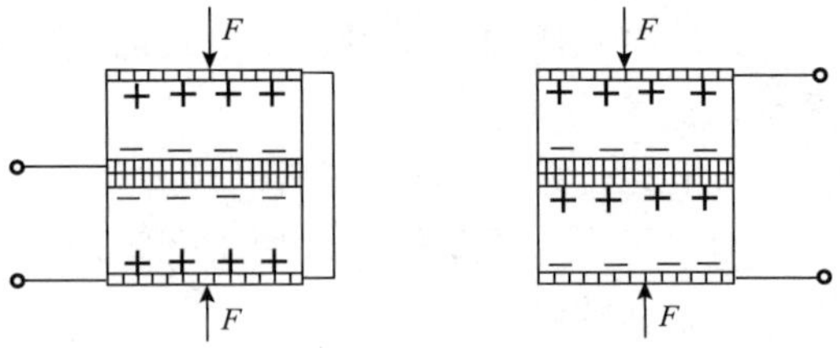

(a) 并联接法　(b) 串联接法

图 10-7　压电晶体片

图 10-7(a)所示为晶体片间并联接法。输出电荷量 Q 为单片晶体电荷量的两倍，(如果有 n 个晶体片并联，则为 n 倍)；总电容 C 为单片晶体电容 C_a 的 2 倍；输出电压 U 等于单片电压 U_a，即：$Q=2q$；$C=2C_a$；$U=U_a$。

由于并联接法电容量大、输出电荷量大、时间常数大，故适宜于测量缓变信号和以电荷量输出的场合。其等效电路可以看成为一个与电容并联的电荷。传感器泄漏电阻 R_a，理想条件应为无穷大，一般要求在 $10^{13}\sim10^{14}\Omega$ 以上。

图 10－7(b)所示为串联接法。正电荷集中在上极板，负电荷集中在下极板，其电荷量和单片晶体相同，总电容为单片电容的 1/2，而输出电压则为单片晶体电压的 2 倍，即：$Q=q$；$C=(1/2)C_a$；$U=2U_a$。

由于串联接法的输出电压大、电容小、时间常数小，故适宜于测量迅变信号和以电压输出的场合及测量电路输入阻抗很高的地方。其等效电路可以看成为一个电容串联的电压源。

(2)加速度计的类型

图 10－8 所示为常用压电式加速度计的结构。图 10－8(a)所示为中心安装压缩型压电式加速度计，压电元件-质量块-弹簧系统装在圆形中心支柱上，支柱与基座连接，这种结构具有较高的共振频率。然而基座 B 与测试对象连接时，如果基座 B 有变形，则将直接影响拾振器输出。另外，测试对象和环境温度变化将影响压电元件，并使预紧力发生变化，易引起温度漂移。图 10－8(b)所示为环形剪切型压电式加速度计，其结构简单，可制作成极小型高共振频率的加速度计，环形质量块粘接在中心支柱上的环形压电元件上，由于黏合剂会随温度增高而变软，因此最高工作温度受到限制。图 10－8(c)所示为三角剪切型压电式加速度计，压电元件由夹持环将其夹牢在三角形中心柱上。加速度计感受轴向振动时，压电元件承受切应力。这种结构对基座变形和温度变化有极好地隔离作用，有较高的共振频率和良好的线性。

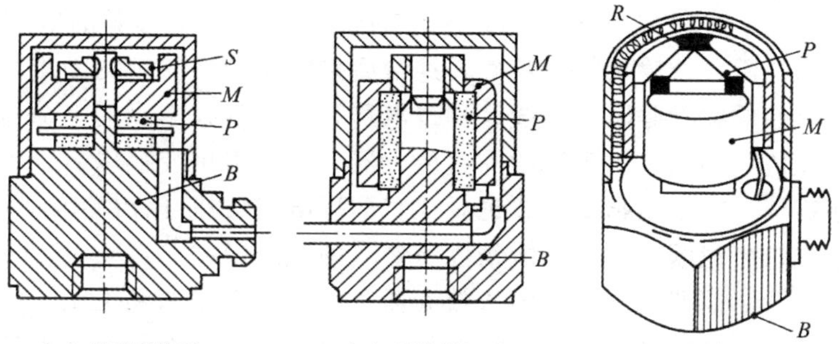

（a）基座压缩型　（b）环状剪切型　（c）三角剪切型

图 10－8　压电式加速度计结构

S—弹簧；M—质量块；B—基座；P—压电元件；R—夹持环

(3)压电式加速度计的灵敏度

传感器输出电量(电荷或电压)与所承受的振动加速度之比，称为灵敏度。压电式加速度传感器属于发电型传感器，可以将其看成电压源或电荷源。因此灵敏度有电压灵敏度、电荷灵敏度两种表示方法。

①轴向灵敏度

由于压电式加速度传感器输入的是加速度，而输出的电量可以是电荷量，也可以是电压值，因此压电式加速度传感器有电压灵敏度和电荷灵敏度。

a)电压灵敏度是指传感器输出电压与所承受的加速度之比，即

$$K_V = \frac{U_a}{a} \tag{10-7}$$

式中 K_V——电压灵敏度，$(mV \cdot s^2)/m$，mV/g；

U_a——传感器输出电压，mV；

a——输入的加速度值，m/s^2。

一般压电式加速度传感器电压灵敏度 $K_u = 10 \sim 100mV/g$。

b)电荷灵敏度是指传感器输出电荷与所承受的加速度之比，即

$$K_Q = \frac{Q}{a} \tag{10-8}$$

式中 K_Q——电荷灵敏度，$(pC \cdot s^2)/m$，pC/g；

Q——传感器输出电荷量，pC；

a——输入的加速度值，m/s^2。

一般压电式加速度传感器电荷灵敏度 $K_Q = 10 \sim 100pC/g$。

②横向灵敏度

当输入一定时，不但有轴向输入，而且横向也有输出。横向灵敏度是指与加速度传感器轴向呈 90°方向的输出的灵敏度，如图 10-9 所示。横向灵敏度通常是以轴向灵敏度的百分数来表示其值，最大横向灵敏度一般小于轴向灵敏度的 4%。

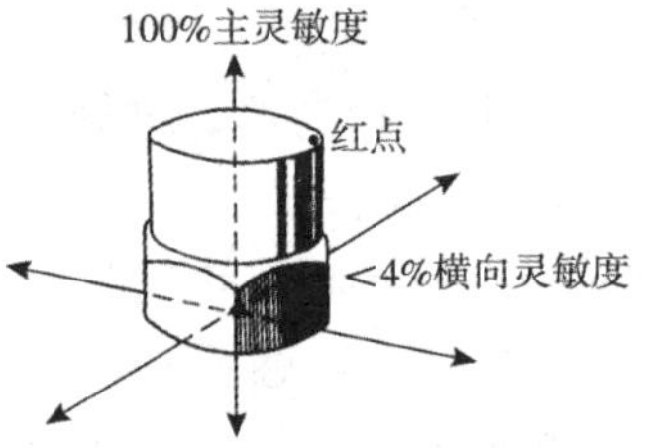

图 10-9 压电式加速度计灵敏度的方向性

(4)压电式加速度计的前置放大器

由于压电元件受力后产生的电荷量极其微弱，因此在压电式加速度计的输出电信号是微弱的电荷，而且由于传感器本身有很大的内阻，故输出能量甚微，这给后接电路带来一定的困难。当要测定这样微弱的电荷(或电压)的关键是防止导线、测量电路和加速度计本身的电荷泄漏。所以，通常将传感器信号先传输到高输入阻抗的前置放大器，经过阻抗变换以后，方可用于一般的放大和检测电路将信号输出给指示仪或记录仪。即压电式加速度计所用的前置放大器应具有极高的输入阻抗，将泄漏减少到测量精度所要求的限度以内。

压电式加速度计的前置放大器有电压放大器和电荷放大器两种类型。电压放大器就是高输入阻抗的比例放大器，其电路比较简单，但输出易受连接电缆对地电容的影响，故适用于一般振动测量。电荷放大器以电容作负反馈，测量时基本不受电缆电容的影响，但其电路相对比较复杂，价格较高。

压电式传感器具有“低通”特性，理论上它可测量极低频振动。但实际测量时由于低频振动尤其是小振幅低频振动时，信噪比很低；另外电荷的泄漏、积分电路的漂移(用于测量振动速度和位移)、器件的噪声都是不可避免的，所以实际低频端也出现约为 0.1～1Hz 左右的“截止频率”。

随着电子技术的发展，制造厂商已将压电式加速度计与前置放大器集成一体，不仅使用方便，而且也降低了成本。这类内装集成放大器的加速度计可使用长电缆而无衰减，并可直接与大多数通用的仪表、计算机等连接。一般采用 2 线制，即用 2 根电缆给传感器供给 2～10mA 的恒流电源，而输出信号也由这 2 根电缆输出，极大地方便了现场接线。

(5)频率响应

频率响应(又称使用频率范围)是指灵敏度随频率的变化量不超过某一给定误差限的频率范围。一般由下限频率和上限频率从决定其适用范围，上限频率为传感器的固有频率，下限频率决定于电荷放大器，如图 10 - 10 所示。由图示可知，曲线的上限受到加速度传感器固有频率的限制。一般测量的上限频率取传感器固有频率的 1/3，这时测得的振动值误差不大于 12%(约 1dB)对于灵敏度较高的通用型加速度传感器的固有频率在 30kHz 左右，测量上限频率约为 10kHz；对于轻小型加速度传感器的固有频率高达 180kHz，频率上限频率约为 60kHz。

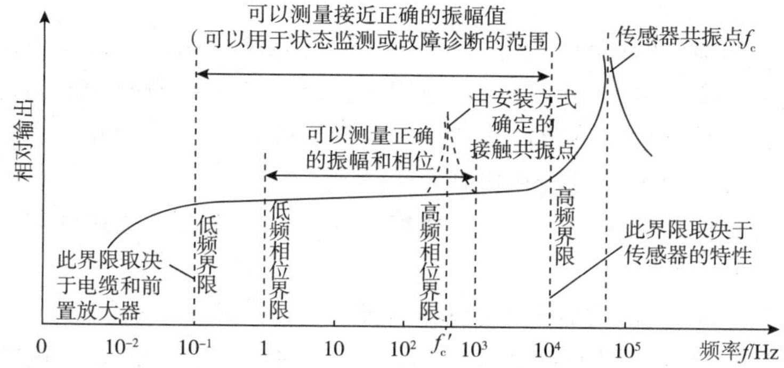

图 10 - 10　压电式加速度传感器的频率特性及使用范围

(6)压电式加速度计的安装方法

压电式加速度计的安装方法有钢制双头螺栓固定、绝缘螺栓加云母垫片固定、薄蜡层固定、黏合剂固定、磁铁固定、用手按住固定等，如图 10 - 11 所示。

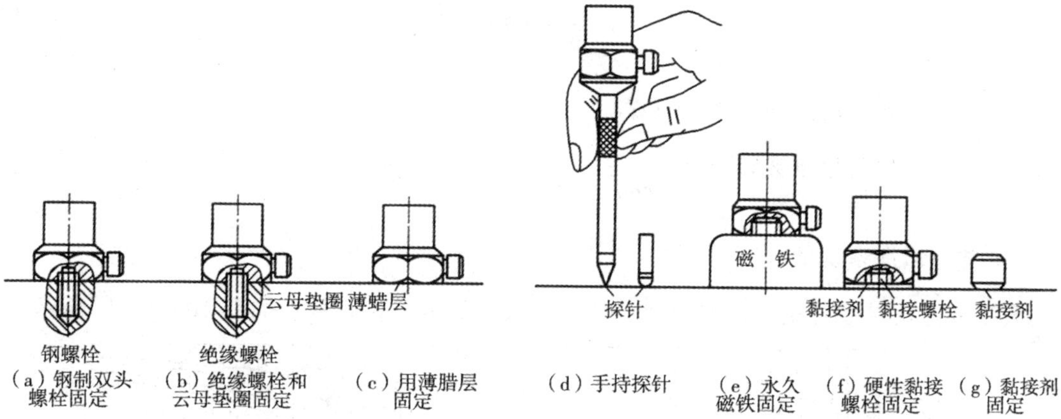

图 10 - 11　压电式加速度计的安装方法

①图 10 - 11(a)所示为钢制双头螺栓固定。其安装谐振频率最高，其负荷加速度最大，是最佳的安装方法。在螺栓安装时，不得全部插入基座螺孔内，以免引起基座变形影响加速度计的输出。

②图 10 - 11(b)所示为用绝缘螺栓加云母垫圈来固定加速度计，但云母垫圈厚度应尽量薄。其安装谐振频率较高，负荷加速度大。

③图 10 - 11(c)所示为用黏合剂固定。用一层薄蜡将加速度计粘在试件的平整表面上，

可用于低温(40℃以下)场合。其安装谐振频率高，负荷加速度大。其绝缘特性良好，可达到10kHz水平。

④图10-11(d)所示为用薄蜡层固定。其安装谐振频率较高，负荷加速度小，其不适用于高温。

⑤图10-11(e)所示为用磁铁固定。其安装谐振频率适用于1～2kHz，负荷加速度为中，适用于温度<150℃。

⑥图10-11(f)所示为手持探针固定。其安装谐振频率最低，仅适用于上限频率不大于1000Hz，负荷加速度较小，使用方便，但测量误差较大，重复性差。

2. 电动式速度传感器

电动式速度传感器(又称感应式传感器)是利用电磁感应原理，将运动速度转换为电动势输出，它的输出电压与被测对象的振动速度成正比，属于典型的发电型传感器。速度传感器是目前较常见一种振动传感器，它的工作原理实际上是一个往复式永磁小发电机。按其支承系统工作原理可分为绝对式和相对式两种。

在实际工程中，应用较多的是绝对式速度传感器，又称惯性式速度传感器。下面以此来分析其幅频特性和相频特性。

绝对式速度传感器与压电式加速度传感器同属惯性式传感器，参考压电式速度传感器幅频特性、相频特性分析过程，可以得到绝对式速度传感器的幅频特性 $A(\omega)$、相频特性 $\varphi(\omega)$：

$$A(\omega)=\frac{\left(\frac{\omega}{\omega_{\mathrm{n}}}\right)^2}{\sqrt{\left[1-\left(\frac{\omega}{\omega_{\mathrm{n}}}\right)^2\right]^2+\left[2\zeta\left(\frac{\omega}{\omega_{\mathrm{n}}}\right)\right]^2}} \tag{10-9}$$

$$\varphi(\omega)=-\arctan\frac{2\zeta\left(\frac{\omega}{\omega_{\mathrm{n}}}\right)^2}{1-\left(\frac{\omega}{\omega_{\mathrm{n}}}\right)^2} \tag{10-10}$$

式中　ω——被测振动的角频率，Hz；

ζ——简化阻尼系数，$\zeta=\frac{c}{2\sqrt{mk}}$；

ω_{n}——惯性系统的固有角频率，$\omega_{\mathrm{n}}=\sqrt{\frac{k}{m}}$。

典型的速度传感器的幅频特性如图10-12(a)所示，相频特性如图10-12(b)所示。

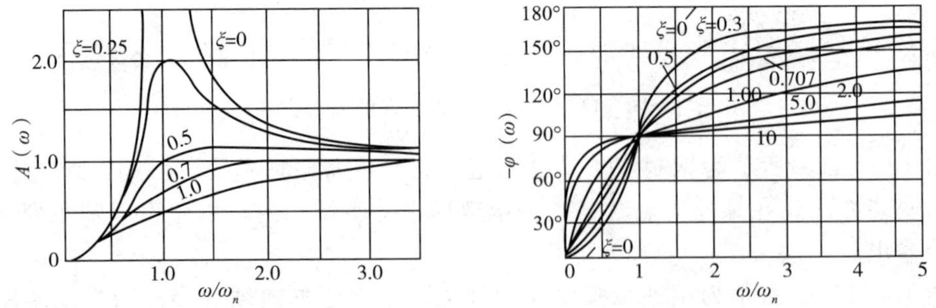

(a) 幅频特性　　(b) 相频特性

图10-12　典型的速度传感器的幅频特性与相频特性

由幅频特性可以看出，只有在 $\omega > \omega_n$ 的情况下，$A(\omega) \approx 1$，相对速度的大小才近似为壳体振动速度。因此惯性式速度传感器的固有频率都比较低，一般为 10～15Hz。为了抑制共振峰值，从减小幅值误差来扩大工作频率范围，一般需要采用较大的阻尼，使 $\zeta = 0.5 \sim 0.7$。这样的阻尼有助于衰减由意外扰动所引起的冲击振动。

由相频特性可以看出，在低频范围内，惯性式速度传感器的相频特性很差，例如，对于 $\zeta = 0.6$ 的速度传感器，其幅值误差一般不超过 5%，但有 130°左右的相位差，这样大的相位差无法满足振动相位的测量要求。此外，速度传感器在 ω 大于又接近于 ω_n 的一段频率范围内，其相位差也不与频率成线性关系。因此，在这一频率范围内它也无法保证含有多频率成分的波形不失真。只有在 $\omega > (7 \sim 8)\omega_n$ 时，这些缺点才能够得到克服，这时相位差接近于 180°。

根据以上分析，常用惯性式速度传感器（$f_n \approx 15$Hz，$\zeta = 0.5 \sim 0.7$）用来测量低频（$1.7\omega_n < \omega < 6\omega_n$）振动只能保证幅值精度，无法保证相位精度和多频率成分的波形不失真。

(1)绝对式速度传感器的结构

图 10-13 所示为绝对式速度传感器的结构，由动线圈 6、阻尼环 2、芯轴 4 和软弹簧片 7、10 组合在一起构成传感器的运动部分。软弹簧片另一端固定在壳体 5 上。当传感器的壳体 5 固定在振动物体上时，整个传感器跟着振动物体一起振动，而处在空气间隙内的动线圈 6 是用软弹簧片 7、10 固定在壳体 5 上，永久磁铁 1 用导磁体 3 与壳体 5 固定。其自振频率 ω_n 较低，当振动物体的振动频率 $\omega \geq 1.5\omega_n$ 时，动线圈在内的质量块与壳体发生相对运动，动线圈在壳体和磁钢之间的气隙切磁力线产生的感应电动势 e，感应电动势 e 的大小与相对速度成正比，即

$$e = BLv \tag{10-11}$$

式中　B——磁场强度；

L——感应线圈导线长度；

v——线圈与磁场的相对运动速度。

由式(10—11)可知，当传感器结构一定时，B、L 均为常数，测得 e 值便可求得振动速度值。输出感应电动势 e 与线圈相对于磁场的运动速度 v 成正比。

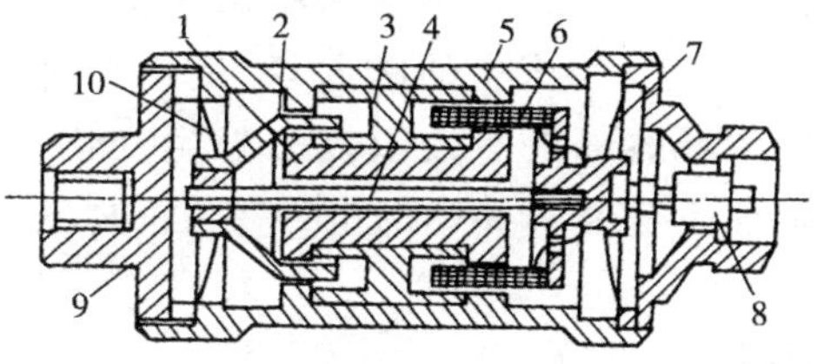

图 10-13　绝对式速度传感器的结构图

1—永久磁铁；2—阻尼环；3—导磁体；4—芯轴；5—壳体；6—动线圈(工作线圈)；7、10—软弹簧片；8—信号引出线；9—端盖

(2)相对式速度传感器的结构

图 10-14 所示为相对式速度传感器的结构。它主要由线圈、磁钢、弹簧片、测量顶杆、壳体等组成。动线圈采用较硬的弹簧片与壳体固定，与动线圈直接相连的拾振杆伸出传感器壳体。此类传感器在使用时，其壳体固定在非振动物体上(以大地做参考物)，而拾

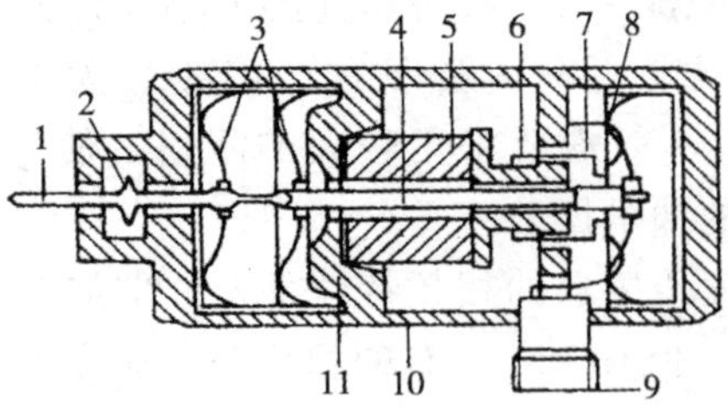

图 10-14　相对式速度传感器

1—拾振杆(顶杆)；2—限幅器；3、8—弹簧片；4—芯杆；5—磁钢；6—线圈；7—环形磁隙；9—引出线接头；10—壳体；11—导磁体

振杆(顶杆)则直接顶在振动物体上，也可手持进行测量(测量频率范围较窄)。当两物体相对振动时，其上动线圈等活动部分与磁铁产生了相对运动，动线圈中也产生了与其相对运动速度成正比的感应电动势。为了保证振动时顶杆和物体不脱离，应在安装时施加足够的压力。限幅器的作用是防止输入振幅过大而损坏传感器。由于拾振杆与振动物体间存在摩擦，因此此种传感器目前很少采用。

(3)特点

电动式速度传感器的特点是不需要外加电源，输出信号可以不经调理放大，即可远距离传送；输出阻抗低、不易受电磁场的干扰，即使在复杂的现场，接很长的导线仍能有较高的信噪比。但由于速度传感器中存在机械运动部件，它与被测系统同频率振动，这样不仅限制了速度传感器的测量上限，且其疲劳极限将使速度传感器寿命缩短。速度传感器不适用于测定冲击振动，其频率范围一般在 8Hz～1kHz。

3. 电涡流式位移传感器

电涡流式位移传感器，又称为涡流传感器，是一种非接触式测振传感器。其主要有线圈和被测金属导体组成。

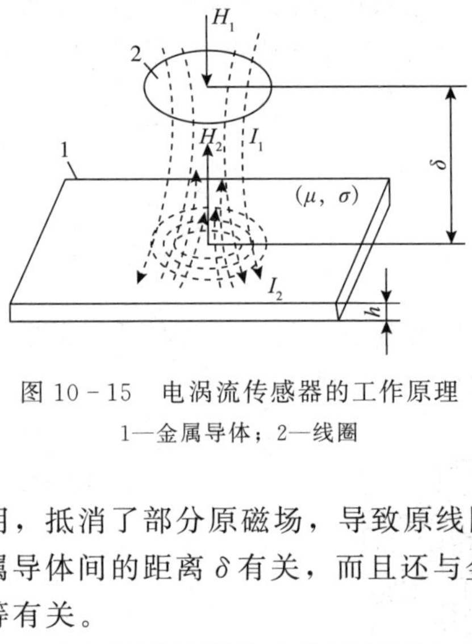

图 10-15　电涡流传感器的工作原理

1—金属导体；2—线圈

(1)工作原理

电涡流式位移传感器的工作原理是利用金属导体在变变磁场中的电涡流效应，如图 10-15 所示。当传感器与被测金属物体接近时，间距为 δ，根据电磁感应原理，当线圈通过交变电流 I_1 时，由于电流的变化，在线圈周围空间必然产生了交变磁通 Φ_1，使置于该交变磁场中的金属导体感应出交变涡流 I_2，这种电流在金属物体上是闭合的，故称为“涡电流”，简称涡流。此交变涡流 I_2 又产生一个新的交变磁通 Φ_2。根据楞次定律，涡电流的交变磁通 Φ_2 与线圈产生的磁通 Φ_1 变化方向相反。由于磁通 Φ_2 的反作用，抵消了部分原磁场，导致原线圈的等效阻抗 Z 发生变化，线圈阻抗变化的程度与金属导体间的距离 δ 有关，而且还与金属导体的电导率 γ、励磁电流 I、励磁电流圆频率 ω 等有关。

感应线圈的阻抗变化可用下式表示：

$$Z=f(\mu、\gamma、r、x、I、\omega) \tag{10-12}$$

式中　μ——磁导率；

γ——电导率；

r——线圈尺寸因子；

x——感应线圈与导体之间的间隙；

I——励磁电流；

ω——励磁电流圆频率。

从式(10－12)可以看出，感应圈的阻抗变化与金属导体的磁导率 μ、电导率 γ、线圈尺寸因子 r、感应线圈与被测导体之间的间隙 x、励磁电流 I、励磁电流圆频率 ω 等参数有关。

当金属导体结构均匀，各向同性且 μ、γ、r、x、I、ω 一定时，感应线圈阻抗 Z 的变化与金属导体之间距离 d 的单值函数。

当 μ、γ、x、I、ω 一定时，增大线圈尺寸因子 r，磁场分布范围将增大，但感应磁场强度的变化幅度减少，反之则相反。因此，这种传感器的线性范围随感应线圈直径增大而加大，而传感器灵敏度(单位间隙的阻抗变化值)随感应线圈直径增大而减少。

(2)电涡流式位移传感器的结构

电涡流式传感器主要由传感器(又称探头)、延伸高频电缆和前置器组成，如图 10－16 所示。前置器到电涡流传感器的高频电缆是由制造厂调配好的，不同的型号或不同系列的传感器不能互换，而且不能延长和截短。有些电涡流传感器为了安装方便，制造厂配置了延长线，目前最长可达 10m。凡是配置了延长线的电涡流传感器，使用时必须将延长线接好，否则仪表指示值和零位与实际不符。

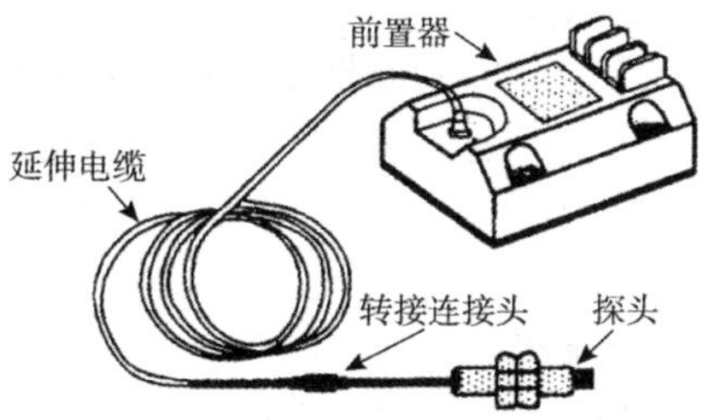

图 10－16　电涡流传感器的组成

图 10－17 为电涡流式位移传感器外形结构。一般由头部线圈、固定螺母、高频电缆等组成。

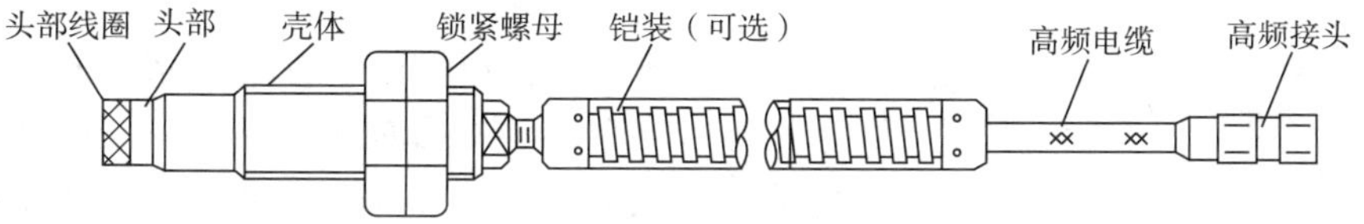

图 10－17　电涡流式位移传感器外形结构图

电涡流式位移传感器检测到的交直流信号是叠加在线圈的高频电源上的，如果直接将这种混频信号送到振动仪，即使采用高频电缆，也会使传感器灵敏度显著降低，而且易受干扰。为防止这些不利因素影响，必须在电涡流式位移传感器附近设置放大器、检波器和滤波器，将振动信号放大并检出后送到振动仪，这一装置称为电涡流式位移传感器的前置器。

前置器实际上是一个电子信号处理器，它的功能为：一方面前置器为探头线圈提供高频交流电源，另一方面前置器感受探头前面由于金属导体靠近探头参数的变化，经过前置器的处理，产生随探头端面与被测金属导体间隙线性变化的输出电压或电流信号。

要求前置器具有容错性，即电源端、公共端、输出端任意接线错误不会损坏前置器，同时具有电源极性错误保护、输出短路保护。

目前前置器的输出方式有如下两种方式：

①未经进一步处理的、在直流电压上叠加交流信号的原始信号，这种信号是进行状态监测与故障诊断所需要的信号；

②经过进一步处理得到的 4～20mA 或 1～5V 的标准信号。

(3)电涡流式位移传感器的特点

①可直接测量转子的轴振动，由于是非接触式测量，可以避免接触测量中产生的不良影响。

②能做静态和动态测量，并可以测量2Hz以下的低频振动，适用于绝大多数机器的环境条件。

③频率范围宽(0～10kHz)，可直接测量转子的径向振动或轴向位移。

④线性范围宽，而且灵敏度不随初始安装间隙而变。

⑤抗干扰能力强、低频特性好、响应速度快、不受油水等介质影响。

⑥使用简便、灵敏度高等优点。

其缺点是：

①若测量振动物体材料的不同将会影像传感器线性范围和灵敏度。

②需外加电源，必须配置前置器，安装较麻烦。

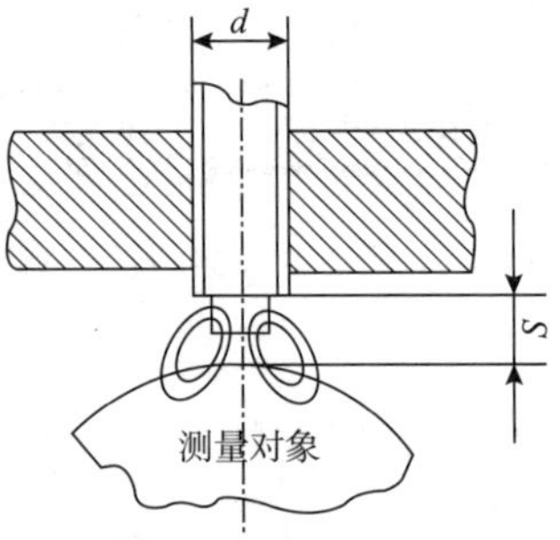

图 10－18　电涡流探头安装位置
d—电涡流探头直径；
s—探头与被测表面之间的距离

(4)电涡流式位移传感器安装注意事项

①电涡流探头的安装位置

图 10－18 所示为电涡流探头的安装位置。一般要求探头与被测表面之间距离为 $s \geqslant d$。当传感器头部两侧存在导体时，使探头与被测表面之间距离过小，将使传感器输出灵敏度显著降低。探头与被测表面之间距离不仅应考虑冷态，而且还应考虑热态汽缸和转子受热后膨胀。

②探头支架安装

探头支架安装应固定牢固、可靠，并有足够的刚度。传感器支架在测振方向的自振频率必须高于机器的最高转速对应的频率，否则将会因支架共振而使测量结果失真。本特利厂规定传感器支架在测振方向的自振频率应高于机器 10 倍的最高工作频率，这个要求在实际中往往难以达到，一般支架测振方向自振频率高于 2～3 倍的转子工作频率基本满足测振的要求。

为了提高自振频率，支架一般采用 6～8mm 厚的扁钢制成，其悬臂长度不应超过 100mm；当悬臂较长时，应用型钢，例如角铁、工字钢、槽钢等，以便有效地提高支架自振频率。

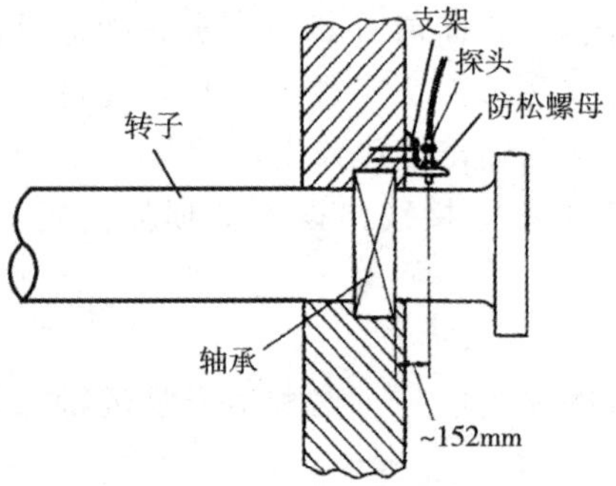

图 10－19　探头与轴承间的距离

监测中为防止支架或传感器发生松动，支架必须紧固在稳固好的支承部件上，最好固定在轴承或轴承座上，传感器与支架的连接应采用支架上攻丝再用螺母锁紧。不得采用在支架上钻孔用双螺母紧固的方法。

③探头与轴承间距离

根据 API 670 规定，探头与轴承距离应小于或等于 152mm，如图 10－19 所示。探头距轴承间的最大安装尺寸见表 10－9。

表 10－9　电涡流探头距轴承间的最大安装尺寸　　mm

轴承直径	探头距轴承间的最大安装尺寸
0～76	25
76～508	76
508 以上	152

④各探头间的距离

当安装两个垂直或平行安装的传感器探头相互靠近时，它们之间将产生交叉感应，使传感器输出灵敏度降低。为了避免交叉感应，两个探头之间距离不能太近，两个探头之间距离 A 应根据传感器系列确定，以防止两探头间相互干扰，通常两探头间的最小距离应符合表 10－10 的要求。两探头的安装位置如图 10－20 所示。

表 10－10　安装电涡流探头间的最小距离　　mm

探头头部直径	两探头平行安装距离 A	两探头垂直方向安装距离 A
$\phi 5$	40.6	35.6
$\phi 8$	40.6	35.6
$\phi 11$	80	70
$\phi 25$	150	120
$\phi 50$	200	180

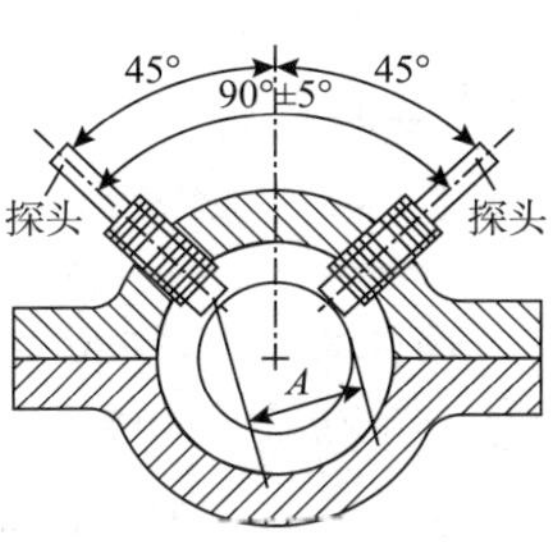

（a）两探头垂直方向安装距离

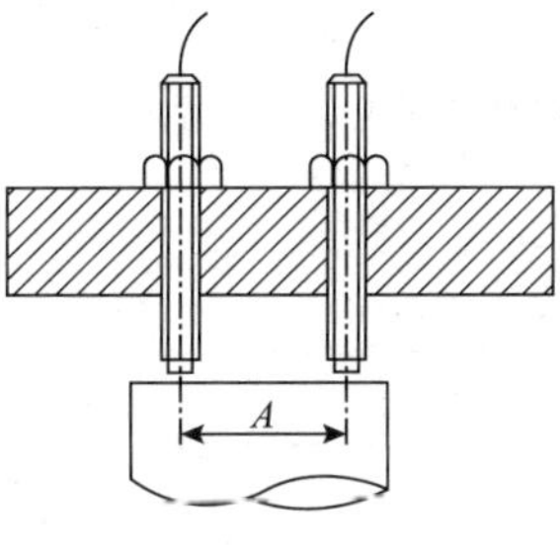

（b）两探头平行安装距离

图 10－20　两探头间的安装距离

⑤特点

电涡流传感器不但具有结构简单、频率响应宽、灵敏度高、抗干扰能力强、体积较小等优点，而且还有非接触测量的优点。可用来测量振动、位移、转速等参数，但它的灵敏度与被测体表面的形状和大小有关，并且当测量范围较大时，输出与输入呈非线性。一般对位移的测量范围可达 0～3000μm，分辨率可达满量程的 0.1%，有的最小分辨率可达 0.5μm。图 10－21 所示为用电涡流传感器作无接触的位移和振动的测量。振动测量范围可以从几微米到几毫米幅值，其频率特性从零到几十千赫的范围都是平坦的。

(5)监测参数

①振幅

振幅的表示方法有单振幅、双振幅、有效值和平均值，这 4 种振幅表示方法各自的含义如图 10－22 所示。如果振幅与时间的关系是单一的正弦函数，则它们的关系为：

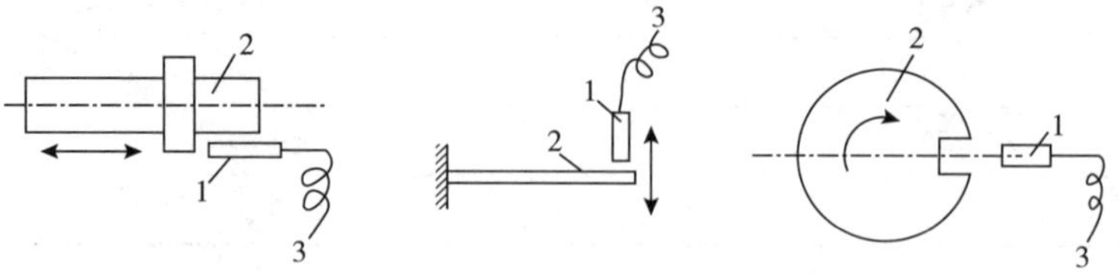

（a）测位移　　（b）测振动　　（c）测转速

图 10－21　电涡流传感器的应用

1—电涡流传感器；2—被测体；3—电缆

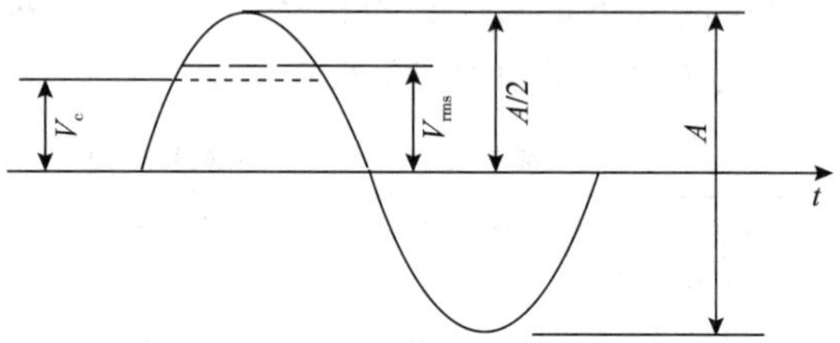

图 10－22　振动幅值的表示方法

A—双振幅；$A/2$—单振幅；V_{rms}—有效值；V_c—平均值

单振幅等于 1/2 双振幅；

有效值 V_{rms}(也称均方根值)等于 0.707 单振幅；

平均值 V_c 等于 0.637 单振幅，所以双振幅 A 近似等于 3 倍的有效值或平均值。

不同的场合，所指的振幅含义不同。在国内，一般工程所说的振幅都是双振幅，但在理论计算中所说的振幅都是单振幅，而且速度、加速度也是指单振幅，而对有效值和平均值都要特别说明。

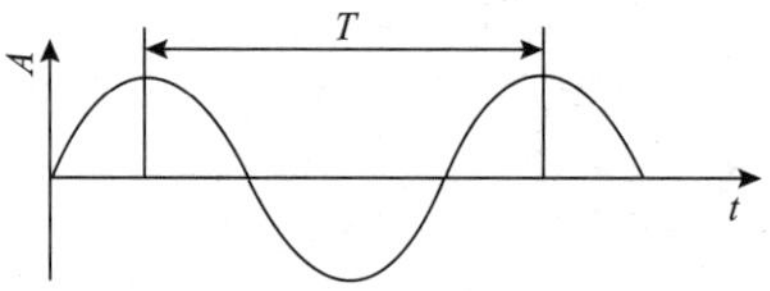

图 10－23　频率

②频率

频率是指振动物体在其平衡位置往复一次所需的时间为振动周期 T，单位为 s。周期的倒数为每秒的振动次数，单位为赫兹(Hz)。当频率以弧度/秒表示时，称为圆频率 ω，如图 10－23 所示。

③通频振幅

在一台机组上或机组的某一个轴承上，往往同时存在着几种不同频率的激振力，这时如果使用一块不带滤波器的振动表测量，其指示的振幅值是各种频率振动分量叠加值；若指示的刻度是双振幅，其指示振幅的含义如图 10－24 所示，振幅 A 或 A_1、A_2、…称为通频振幅。如果振幅是由几种不同频率的周期振动叠加而成的，其叠加后的振幅仍然是周期振动，其振幅 A 在各个周期内保持不变，如图 10－24(a)所示，则表计指示值稳定；如果振动中含有非周期振动，例如随机振动，叠加后的振动成为非周期振动，其振幅值 A_1、A_2、…在各个周期内大小不等，如图 10－24(b)所示，则表计指示值不稳定，若是指示式表，表针摆动不定，无法读数。

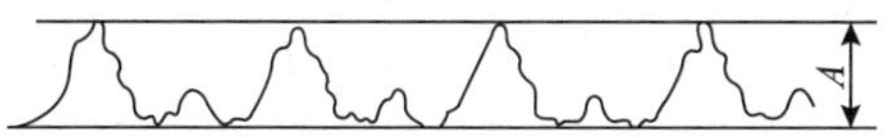
(a) 周期振动

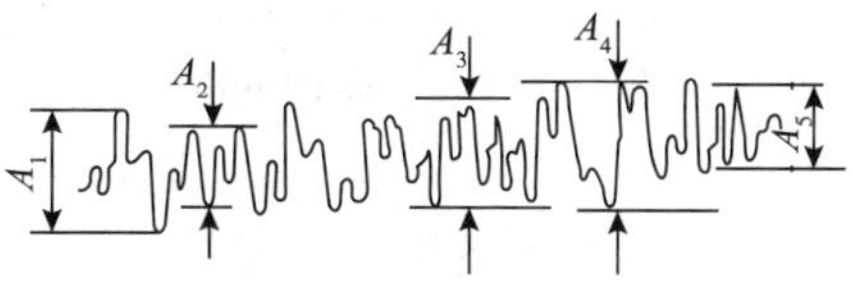
(b) 非周期振动

图 10-24　不带滤波器的振动表测得振幅的含义

④基频振幅

所谓基频振幅是指基波振动频率(机组振动的基波频率等于转子工作频率)下运动量值按正弦规律变化的振动幅值。

⑤振动烈度

振动烈度是指测得的振动速度的最大有效值。振动烈度以振动速度的均方根值表示。通常用测振仪测量，也可以用振动的主频率和主振幅换算。振动烈度的单位是 mm/s。

⑥相位

相位是指将自变量的某一值作为参考值时，所测得的正弦量超前(滞后)角。相位通常用弧度表示。

⑦轴颈中心位置图

每隔一定时间测量记录一次轴颈中心相对于轴承中心的距离与方位，如图 10-25 所示。

⑧轴向位置

轴向位置(或称轴位移)是指推力盘与推力轴承之间的相对位置。

⑨轴心轨迹

转子几何中心运动的轨迹，称为轴心轨迹。轴心轨迹是一个平面曲线，与幅频和相频特性曲线比较，它更加直观地反映了转子的运动情况。由于转子存在挠度，在不同的轴心位置测量，轴心轨迹形状和幅值不相同。

测量轴心轨迹时，必须安装两个电涡流传感器，而且两个传感器位置应互为 90°，如图 10-26 所示，这两种传感器安装方式各有利弊。图 10-26(a)所示的安装方式是将两个传感器拾取的位移信号经过放大器放大后，分别输入双踪示波器的 x 轴和 y 轴，并将示波器的 x 轴和 y 轴的灵敏度调节一致，在示波器的显示屏就显示出轴心轨迹图。轴心轨迹图实际上是由 x、y 方向上的位移振动信号合成的李莎茹图形，因此如果直接将某一时刻 x、y 方向上的位移振动信号描绘在 x、y 方向上坐标轴上，这一点就是该时刻轴心的位置，将不同时刻的轴心位置点连接起来，就形成了轴心轨迹图。

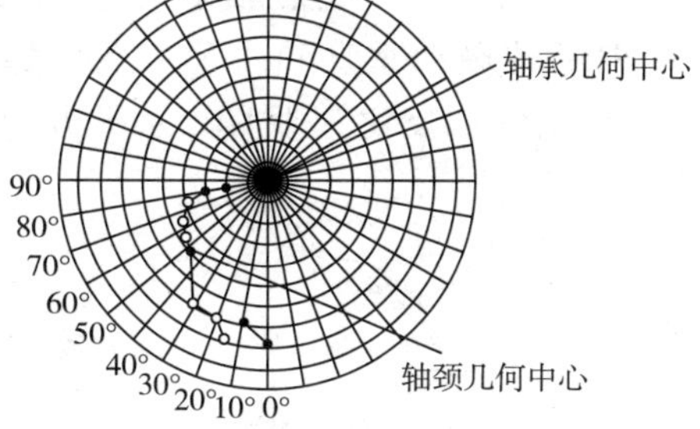

图 10-25　轴颈中心位置变化示意图

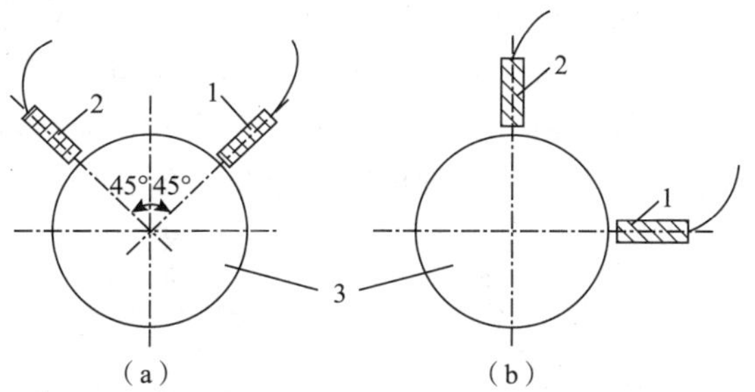

图 10-26　测量转子相对振动时电涡流传感器安装方式

1—x 方向传感器；2—y 方向传感器；3—转子

图 10－26(b)所示的安装方式在示波器显示屏上观察到轴心轨迹图像的垂直、水平方向与传感器的安装方向直接相对应，并能检测到转子水平方向的最大振幅，但不能检测到轴承油膜厚度最小处的振幅，而且这种安装方式与 ISO 评定机组振动状态要求不符。

转子出现不对中故障时的轴向轨迹通常呈香蕉形或外八字形，具有外八字形的轴心轨迹，其频谱一般表现为 2 倍频或 4 倍频分量较大。转子发生碰摩故障时，视动静部分碰撞的轻、重程度不同，轴心轨迹在圆形的轮廓线之内有一个至多个小圈套，如图 10－27 所示。

测量轴心轨迹的接线如图 10－28 所示。两个电涡流传感器 1、2 的输出经前置放大器 3，分别送至示波器 4 的 x 轴、y 轴的输入端，将示波器扫描频率开关置于“外接”挡，调节示波器垂直衰减倍率(一般是不连续的)和水平放大倍率(一般是连续的)，即可获得所需要的轴心轨迹。

当测量轴振动是简谐振动时，图 10－28 中的传感器 1、2 产生两个起始相位差互为90°的正弦振动信号，将这两个振动信号分别送到示波器 y 轴和 x 轴，即成为一个李莎茹图。如果转子的垂直方向和水平方向的最大振幅相等，则传感器 1、2 产生的振动信号也相等。当示波器 y 轴和 x 轴具有相等的放大倍率时，两个幅值相等的正弦变化，其起始相位差为90°的信号的李莎茹图是一个圆。因此，轴心轨迹实质上是在两个互为 90°的测点上转子相对振动的矢量叠加。由此可见，轴心轨迹形状，在两个传感器安装位置一定时，它取决于两个传感器 1、2 安装方向上的振动分量值、示波器 y 轴衰减倍率、x 轴放大倍率和振动信号中所含谐波成分及分量值。

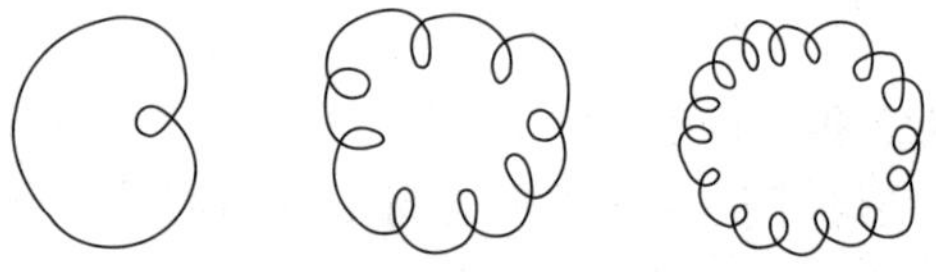

(a) 轻度碰撞　(b) 中度碰撞　(c) 严重碰撞

图 10－27　动静部分发生碰撞时的轴心轨迹

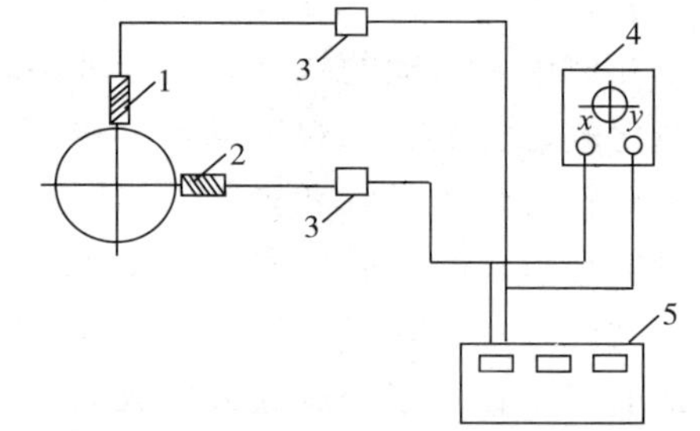

图 10－28　测量转子轴心轨迹接线示意图

1、2—两个互为 90°的电涡流传感器；
3—前置放大器；4—示波器；5—振动仪

转子振动中所含的谐波频率及其分量值不同，轴心轨迹的形状也不相同，如图 10－29 所示。从这些不同形状的轴心轨迹图形就可以获得转子弯曲、转子不平衡、轴承失稳、动静部分摩擦等信息。轴心轨迹的垂直和水平方向幅度代表了轴振动垂直和水平方向的振幅，显然其振幅值是与激振力成正比的，而与轴颈支承油膜刚度成反比；垂直和水平方向振动信号中含有不同频率振动分量，就构成了不同的轨迹形状。

(a) 无谐波时　(b) 1× 为主，2×分量不大　(c) 1×、2×分量均较大　(d) 1×、2×分量均较大，转子在临界转速下

图 10－29　常见的轴心轨迹图形

⑩波德图

利用机组启停过程中的转速、振幅和相位角变化绘制的关系曲线，称为波德曲线，又称为波德图。波特曲线可以手工绘制，也可以通过振动仪器或振动在线监测装置自动绘制出来。波德曲线对既定的机组，由于轴承、蒸汽和转子材料阻尼，以及转子不平衡重量分布的不同，所绘制出的曲线形状也各不相同。

波德图具有下列功能：

a)确定转子临界转速值及其范围。

b)了解升速和降速过程中，除临界转速外，是否还有其他部件(例如静子、基础等)发生共振。

c)作为评定挠性转子平衡质量的依据。

d)可以正确地求得机械滞后角 α，为加准试加重提供正确的依据。

e)前后对比，可以判断机组启动时转子是否存在动静摩擦和冲动转子前是否存在热弯曲等故障。

f)将机组启停所得的波德曲线进行对比，可以确定运行中转子是否发生热弯曲。

g)前后对比 1/2×、1×、2×振动分量波德曲线，可以提供转子横向裂纹信息和量值概念。

⑪奈奎斯特图

奈奎斯特图使用极坐标形式表示振动矢量与转子转速的关系，奈奎斯特图也称极坐标图或振形图，其主要功能与波德曲线基本相同，不同的是它可以进一步分离外来振型并精确地测量转子临界转速值。

奈奎斯特图测量和绘图方法与波德图基本相同，不同的是波德图是直角坐标，奈奎斯特图是极坐标，它将平面坐标的四个象限分成 360°，距中心原点的距离表示振动幅值，振动相位由象限分度表示。

(6)传感器的选择

机械设备诊断对传感器选择时，应根据机械设备诊断的目的以及诊断系统的配置来合理选择传感器的类型。

①传感器应具有良好的响应特性

由于被诊断对象的原始信息(一次信息)是通过传感器获得的，如果传感器传输信号失真或不稳定，对于同样的原始输入信号，其输出信号就不一样，传感器就输出有误差的信号，将给机械设备诊断造成困难和错误。

②传感器从被测对象抽走的能量要小

有些传感器是属于能量交换型的，被测量对象的物理状态与某种形式的能量有关，为了获得信息，传感器要从被测物体的状态中抽走信息(能量)，进行能量交换。但为了不扰乱被测物体的状态，即为了能正确地反映被测机器设备和系统的特征量，传感器从被测系统抽走的能量必须很小。

③传感器加在被测对象上的负载尽可能小

接触式传感器是将传感器或传感元件安装在被测物体上，将会在被测量对象加上一定的负载，并可能扰乱被测对象的状态和特性，例如加速度传感器、电阻温度传感器和被测对象进行直接接触是不可避免的，如果忽视了这种负载影响，有时甚至会导致得不到有关被测对象的正确状态信息。所以，必须减小传感器体积、质量、刚度、热容量等会引起负载影响的参数，以减少这些参数对被测对象的影响。

④传感器应有较高的稳定性和较长的使用寿命

用于状态监测系统的传感器，由于长期连续监测的需要，必须有较高的稳定性和较长的使用寿命，以减少减少监测系统自身故障率、维护工作量和运行成本。

另外，传感器还应满足信号传递、记录和处理方便的要求，能适应复杂的工作环境，具有较好的抗干扰能力。

4. 电荷放大器

在振动测量中，电荷放大器主要用来连接加速度计，是加速度计的前置放大器。电子加速度计输出的信号很微弱，而且输出阻抗很高，所以要对其进行测量显示，就必须使用电荷放大器将其放大。近年来，电荷放大器逐步取代了电压放大器。

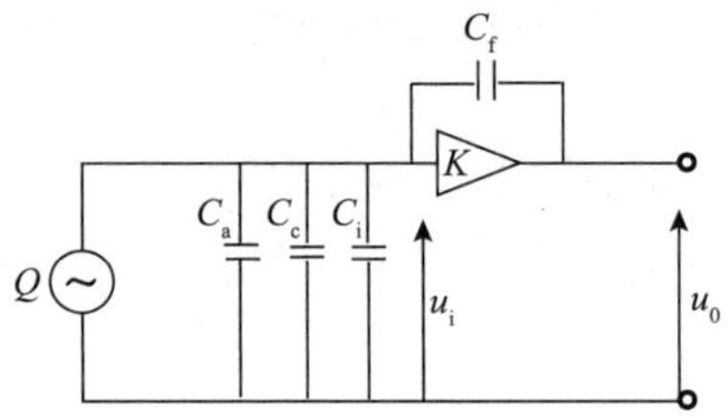

图 10－30　电荷放大器的等效电路原理

(1)电荷放大器的工作原理

电荷放大器在对加速度计中压电晶体所产生的电荷进行放大的过程中，首先将加速度计中输出的电荷量转换成电压量，然后进行电压放大。电荷放大器的电路原理，如图 10－30 所示。

由电工学和以上电路可以得出电荷放大器输出的电压 u_0 为：

$$u_0=\frac{QK}{C_a+C_c+C_i+C_f(K-1)} \tag{10-13}$$

式中　Q——加速度计中压电晶体产生的电荷；

C_a——加速度计的电容；

C_c——连接电缆的电容；

C_i——前置放大器的输入电容；

C_f——放大器的反馈电容；

K——运算放大器的放大倍数。

在式(10－10)中，由于 K 很大，并且：

$$C_a+C_c+C_i<C_f(K-1)$$

则

$$u_0=-\frac{Q}{C_f} \tag{10-14}$$

由式(10－14)可知，当反馈电容 C_f 不变时，电荷放大器的输出电压 u_0 与输入电荷量成正比，因此，改变反馈电容 C_f 值，即可改变放大器的输入增益。

(2)电荷放大器原理

图 10－31 所示为电荷放大器面板及原理框图。由图可见，其中电荷变换器是仪器的核心，一般 u_0 在 1～10V 范围内变化。为了测量不同的输入电荷量 Q，C_f 是制成多量程的；为了使输出电压归一化，应设置适调放大器，将适调开关置于传感器参考灵敏度位置上；电荷放大器内还配置了高通、低通滤波器，以排除低、高频干扰；输出级放大器可使放大器输出适宜的电流、电压信号，过载指示电路能防止放大器进入非线性工作范围。

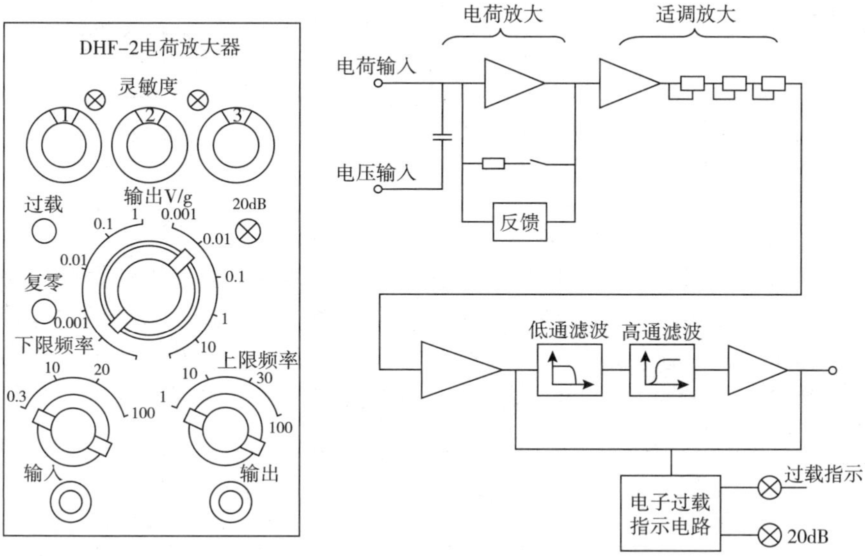

（a）面板图　（b）原理方框图

图 10－31　电荷放大器面板及原理框图

第三节　旋转机械故障诊断

大型旋转机械是石油化工、冶金、电力及航空等行业中的心脏设备。因此，国内外对重要的大型机组均装有在线监测系统，以监测机组的运行状态。其发展过程可分为两个阶段：第一阶段是在线监测仪表系统，第二阶段是以计算机为中心的设备状态监测、分析及诊断系统。第二阶段建立了庞大的数据库管理系统，开展了专家系统的研究，形成诊断系统智能化，将人工智能和专家系统应用到现场机组故障诊断中。可以预测，不久的将来会出现第三阶段，实现故障在线消除。

1. 监测诊断方法

机械设备故障诊断从目的来分可分为在线诊断和离线诊断两种。

(1)在线诊断

是对运行状态下的机组振动故障原因作出粗线条的诊断，以便操作人员作出纠正性操作，防止事故扩大，因此诊断时间上要求很紧迫，目前采用计算机实现，故又称自动诊断系统。

(2)离线诊断

是为了消除振动故障而进行的诊断，这种诊断在时间要求上不那么紧迫，可以将振动信号、数据带出现场，进行分析、研究讨论或模拟试验，故称它为离线诊断。

在线监测故障诊断系统主要有数据采集、数据处理和状态检测及故障诊断三部分组成。它们之间的关系是：数据采集是基础，数据处理是数据采集的延伸，并又是故障诊断的前提，而故障诊断是系统的核心。这三部分的流程如图 10－32 所示。

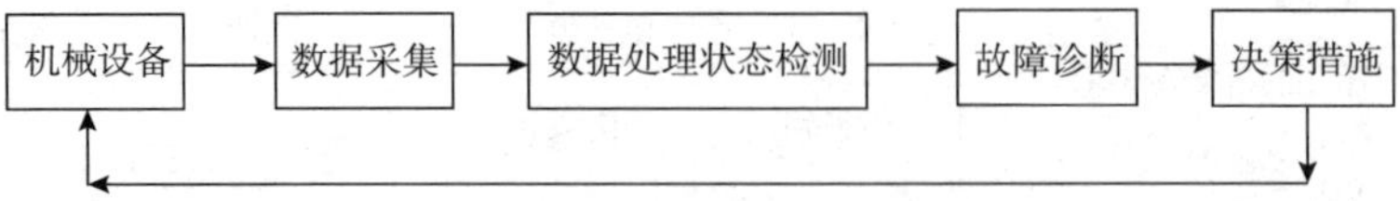

图 10－32　机器设备状态监测及故障诊断系统流程示意图

2. 离线监测系统

离线监测系统一般利用磁带记录仪或数据采集器在现场采集信号，送入计算机系统(或信号分析设备)进行信号处理，以检测、分析和诊断机器设备的工作情况。离线监测系统的数据采集和信号处理、故障诊断的周期性或阶段性进行，其分析步骤如图 10－33 所示。便携式数据采集器迅速发展后，为离线监测系统提供了有效的检测手段，特别是对于那些未安装在线监测系统的机器的状态监测和故障诊断尤为适用。

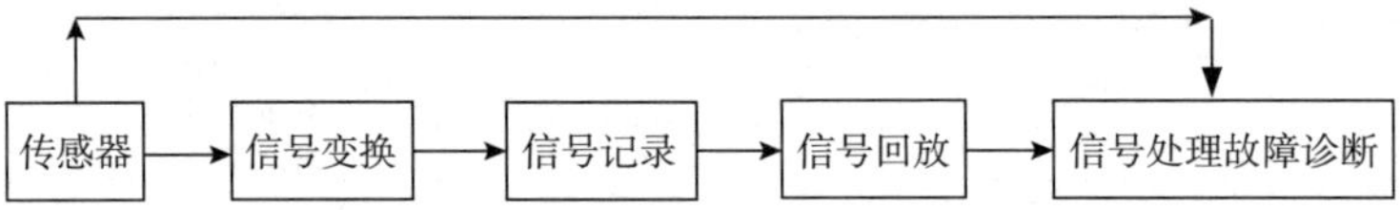

图 10－33　离线监测系统离线信号分析步骤

离线监测系统的工作过程如下：

(1)组态

①选定被测机组及其测点，并对测点进行编号。

②按软件提供数据库格式填入如下有关信息：

a)巡回路径信息

被测机组所在工厂、装置、车间、机器名称、测点号等。

b)测点信息

测点位置、方向、测量参数、数据类型、报警方式及信号处理中有关参数要求等。

c)将以上信息输入计算机中。

(2)巡检准备

①连接数据采集器和计算机，将采集器内存置于零，并两者对准时钟。

②将组态数据及上一次巡检数据输入数据采集器。

(3)数据采集

①按数据采集器显示的测点顺序进行测量。

②测量中将当前测得的数据与上一次测得的该点数据进行比较，并根据比较情况采取如下措施：数据变化不大时，仅采集通频幅值；数据变化较大，自动采集一段时域信号。

(4)数据处理

①将采集器中的数据通过通信接口调入计算机。

②利用分析软件进行数据处理，并给出相应的报告和图形。

③将分析处理结果存入相应的数据库。

(5)故障诊断

当巡检得到的数据中发现某信号超过整定范围时，系统便进入自动诊断，计算机软件依据被测机器有关参数(如工作转速、转子-轴承系统几何特性参数、机器工作条件：工作介质、进出口温度、压力等)，根据采集参数处理结果得出诊断结论和建议采取措施。

3. 在线监测系统

回转机械在线监测和诊断系统是以计算机为中心，对机器的快变信号(如振动信号和压力脉动信号等)以及慢变信号(如温度、压力、流量、胀差)进行连续性的集中监测、存储和比较，并进行信号分析、故障诊断和系统保护。系统中的数据采集、处理、分析、存储和调用全部由计算机进行控制，以达到对运行中的机器进行长期、连续的监测和故障诊断。

机器在线监测信号按性质可分为性能参数、状态参数、振动参数、物理类参数、润滑油参数5类(表10-11)，而转速作为一个特殊的信号。在线监测和诊断系统的硬件的基本结构如图10-34所示。

表10-11　回转机械监测信号分类

类别	监测参数	属性
性能参数	负荷、功率等	慢变参数
状态参数	压力、温度、流量等	慢变参数
振动参数	振幅、相位、频率等	快变参数
物理类参数	声、光等	快变参数
润滑油参数		慢变参数

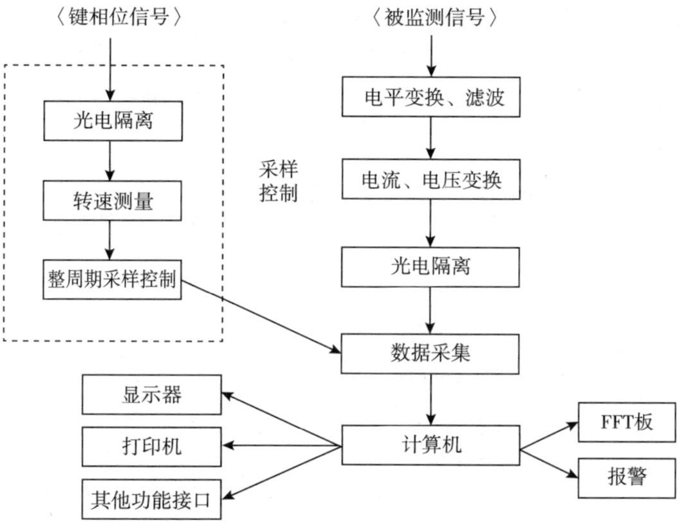

图10-34　在线监测和诊断系统硬件结构框图

在线监测和诊断系统硬件各部分功能如下：

(1)电平转换　将传感器、变换器输出的电平变换为计算机可接受的电平范围内，如电涡流传感器输出的电平为8V左右，经变换后为−5～+5V的电平输出，以符合A/D板输入要求。

(2)滤波　根据监测需要滤去直流分量或交流分量；在交流分量中，有时需滤去高频分量或低频分量等。

(3)电流/电压变换　有些传感器、变换器输出的是0～10mA或4～20mA的电流信号，经变换后为$-5\sim+5$V的电压信号。

(4)光电隔离　抑制或消除干扰信号对输入信号的影响，提高信噪比；保护数据采集系统和计算机系统；监测和诊断系统的信号也不会影响原有仪表、控制系统的正常工作。

(5)A/D变换　将信号的模拟量转换为数字量，可为计算机所接受。

(6)键相位　在转子上的轴向刻一条槽或粘一黑色条带，并在其上方安装一非接触式电涡流探头，转子每旋转一周就输出一次脉冲信号，该信号可作为测量相位的基准信号，也可作为采样或其他需要的基准信号。

(7)转速测量　若原始信号为键相位信号，设ΔT为连续两个脉冲之间的时间间隔，则转速$n=60\times1/\Delta T$r/min。

(8)整周期采样控制　要求系统的采样频率动态地跟踪信号的频率的变化，为此设计了一个锁相电路，由鉴相器(PD)、环路滤波器(LPF)、压控振荡器(VCO)及分频器组成。

(9)FFT板　用硬件对信号进行快速傅里叶变换，将时域信号变成频域信号，以提高处理速度。

(10)黑匣子　当机器发生故障，装置又同时突然断电，黑匣子能记录事故前后信号，以防止数据丢失。

(11)计算机、打印机等设备　可用工控机或PC机，其性能、规格、容量、计算速度等技术指标根据需要决定。

4. *在线监测和诊断系统的软件*

根据在线监测和诊断系统的功能和硬件的设置，软件可相应地划分为采集软件、监测分析软件和诊断软件等。在线监测和诊断系统的软件除了满足监测及诊断功能外，还可以支持系统的硬件更能充分发挥其功能。并有使用方便、可靠性高等优点。在线监测和诊断系统软件的功能见表10-12。

表10-12　在线监测和诊断系统软件的功能

软件类型	软件名称	软件功能	
采集软件	管理和控制软件	负责各功能板之间的管理与控制	
	通信软件	系统各部分之间的通信协调	
	数据采集软件	快变信号采集软件 慢变信号采集软件	
	转速测量软件	转速测量	
监测分析软件	检测报警软件	当机器运行中指标(如轴振幅、轴位移等)超过整定值进行报警	
	信号分析软件	慢变分析	油压、油质变化趋势；温度变化趋势；压力变化趋势；同轴度、轴对中变化趋势
		快变分析	波形分析；频谱相位分析；轴心轨迹和位置分析；启动、停机过程分析等
	数据管理软件	数据存储、压缩管理；数据实时显示等	
	事务性功能软件	图形绘制；报表打印；屏幕硬拷贝；数据存档；报警记录等	

续表

软件类型	软件名称	软件功能
诊断软件	故障诊断软件	模糊诊断法；模式识别法；概率统计法；人工智能法；专家系统法；神经网络法等
	故障对策软件	根据故障征兆判断故障的类型、部位、性质、劣化程度，并采用“约束性边界条件”缩小诊断范围，达到快速诊断
	维修资讯软件	根据诊断对策软件得出的结论，结合机器的性能参数、物理参数等提出维修对策及处理措施

大型机组由于环境的复杂性、特殊性，决定了其故障的复杂性和多态性，从而决定了状态监测和故障诊断任务的特殊性，其特点表现如下几个方面：

(1)信号检测多元化

①信号种类多样化，不仅对振动信号(快变信号)进行采集，而且对工艺量(慢变信号)和开关量信号进行采集。

②同一类信号测点分布化。对重要参量的机组的不同部位布置测点，并在数据采集板上留出足够的通道数，以保证全面地了解该类信号所反映的机组运行状况。

③不仅对机组的稳态工况进行信号采集，而且对机组非稳态工况信号进行采集，如机组启停过程、过临界点过程及异常工况的信号。

(2)信号检测连续化

因为大型机组的工作过程是一个动态过程，所以必须进行连续监测，使机组存在的隐患能及早地发现和处理。

(3)采样方式多样化

系统应提供等时间间隔和等空间间隔的采样方式，以满足不同信号的采集与处理的需要。

(4)数据处理与处理的实时化

为保证实时地跟踪、检测机组的运行变化，数据采集与处理应满足一定的时间限制。这不仅需要采用高速数据采集部件和微处理器，还需要有合理的数据采集策略和系统的总体结构，以协调外围采集部件的高速、可靠地运行。完成数据采集与传输，提高整个系统的处理速度。

(5)数据记录历史化

在进行机组故障诊断时，不仅需要当前的数据，而且也需要历史数据，从机组的状态变化趋势中，确认机组所处的状态，并对当前数据和历史数据进行记录。由于系统每一次获得数据量较大，经过一段时间后数据量是巨大的，因此必须对数据进行压缩处理，并采用滚动方式进行记录。

(6)状态监测和故障诊断并行与协作

为提高系统的实时性和模块性，应使检测功能和诊断功能并行执行，二者既要相互联系又要相互独立，不能因为诊断而中断了监测。

5. 旋转机械故障断技术

旋转机械常用的状态监测和故障诊断技术和方法很多。常用的有振动信号监测诊断技术、噪声诊断技术、声发射诊断技术、红外诊断技术、污染诊断技术等。

(1)振动诊断技术

对旋转机械的振动信号测试和分析，可获得机体、转子或其他零部件的振动幅值、频率和相位三个基本要素，经过对信号的分析、处理与识别，可了解到机械设备的振动特点、结构强弱、振动来源、故障部位和故障原因，为诊断决策提供了依据。由于振动信号中包含了丰富的故障信息且非常直观，其测试分析的手段、方法和理论比较成熟，易于实现在线监测和诊断。

①基本原理

旋转机械的旋转运动是一个激励源。激励作用在旋转机械上产生了机械振动。机械振动在机组各部件中传递，直达机械设备的表面。所以，机组在工作过程中产生的振动，包含了很多信息。采集这些振动信号，提取信息，就可以从中诊断出旋转机械及其工作过程的状态。

②机械设备的振动测试

a)振动信号的测试原理

图 10-35 所示为机械设备振动信号的测试原理图。用传感器将机组振动量(位移、速度或加速度)的变化转换成电量(电荷、电压或电流)的变化。为了能测取各种振动量，测量系统包括含有积分和微分电路。信号经放大后可直接分析、记录或示波。

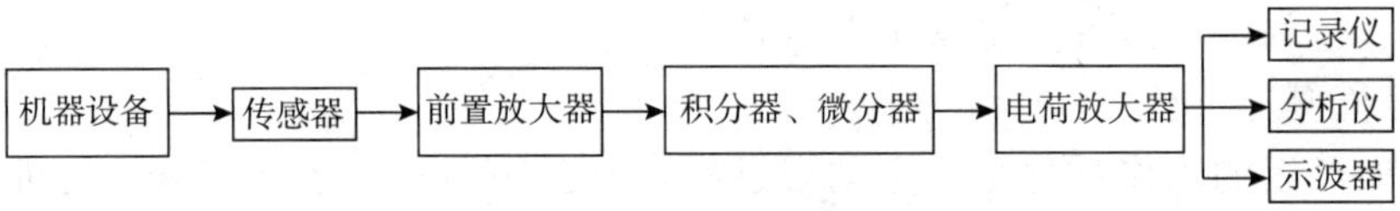

图 10-35　振动信号测试分析流程示意图

b)振动信号的测取要求

(a)根据被测件的振动频率选择传感器。加速度传感器频响最宽，可达 1～50Hz，速度传感器为 10～1500Hz 有较高的信噪比。

(b)测试前应对传感器进行校准和标定，以保证测量的准确性和可靠性。

(c)测点选择的要求。测点应尽可能靠近被诊断的零部件；测取旋转部件的振动信号应将传感器安装在轴承座上或应距轴承承载区最近位置；传感器不能安装在轻薄的零件上；应减少传感器与被测零部件间的机械分界面。

(d)选用振动频率较高(如 5kHz 以上)的传感器时，安装时应采用刚性安装方法(用螺钉连接或用弹力胶黏接)，不应采用磁性安装(用磁力座吸附)。

(e)不同部件的振动在不同的方向上的传播性也是不同的。因此，在测量振动信号时，应选用多个位置、多个方向上进行测量，以保证测量的准确、可靠。

③振动参量的选择

振动参量选择时，一般认为低频时的振动强度与位移成正比，高频时的振动强度与加速度成正比。当机器的振动频率在 1kHz 以下时，选择按振动速度诊断；当机器的振动频率在 1kHz 以上时，选择按振动加速度诊断。测量汽轮机组转子振动，应选择非接触式电涡流传感器测量振动位移信号为主；若测量轴承座或基础振动，则应以测量振动速度或振动加速度为主。

(2)噪声诊断技术

利用旋转机械在运行过程中发出的噪声进行故障诊断，也是目前常用的诊断手段。在旋转机械发出的噪声信号中包含了丰富的旋转机械状态信息。以往是靠人耳的感觉和经验来实现监测和判断的。目前，对噪声测试分析的手段、方法和理论日臻完善，以实现对旋转机械的在线实时监测和诊断。

①噪声测量系统

图 10－36 为噪声信号测量系统原理示意图。噪声测量系统以声级计为基础组成，图中虚线框内为声级计。

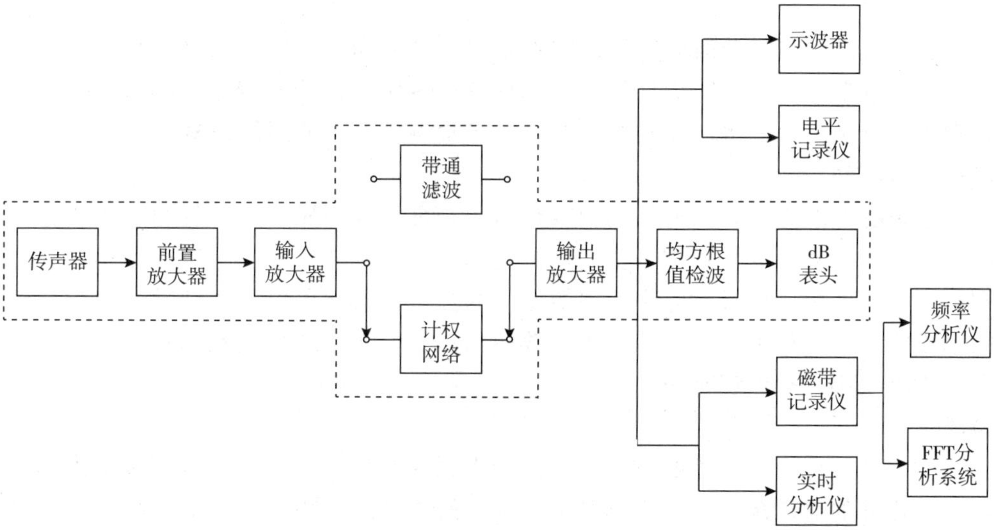

图 10－36　噪声信号测量系统原理示意图

噪声测量系统用传声器来拾取机组产生的噪声信号，并将声学信号转换为电信号，经前置放大器放大后，输入到声级计。并其内部模块配置，对噪声进行频谱分析或作频带声压级测量，并可对噪声进行声压级(线性)、计权声压级(A、B、C、D 计权)的测量；示波器可显示出噪声信号的波形；电平记录仪可自动记录噪声的频谱；磁带记录仪对噪声信号进行磁记录，并可重放至频率分析仪或 FFT 分析系统进行分析处理；实时分析仪可对噪声信号进行快速实时分析。

测量分析噪声的仪器主要是声电传感器(又称传声器)和声级计。传声器也称为话筒，将声波信号变换成相应的电信号，可分为压电式、电动式和电容式。压电式和电动式话筒常用于一般普通声级计，而电容式话筒则用于声级计精密。

声级计是测量噪声而主要仪器，目前常用的是普通声级计、精密声级计和脉冲精密声级计。声级计由输入放大器、带通滤波器或计权网络、输出放大器、检波器和显示等组成。其中的计权网络是按国际统一标准设计制造的，目前在噪声分析中采用 A 声级作为噪声评价的主要指标。声级计的性能参数见表 10－13。

表 10－13　声级计的性能参数

声级计类型	0	Ⅰ	Ⅱ	Ⅲ
测量精度/db	±0.4	±0.7	±1.0	±1.5

续表

声级计类型	0	Ⅰ	Ⅱ	Ⅲ
频率响应/Hz	2012500	2012500	31.58000	31.58000
测量范围/dB	20140	20140	40130	40130
量程控制允差/dB	—	±0.5	±0.7	±1.0

②噪声诊断方法

对机械噪声源常用的监测与诊断方法主要有以下几种。

a)时域分析法

根据声源或声源各部分时间特性的差别来识别。例如，对噪声信号的自相关分析，可以发现和提取混杂在噪声中的周期信号；对噪声信号作互相关分析，可以确定噪声的传递通道；利用对噪声信号的多次平均技术亦有助于检测出其中的周期信号。

b)频域分析法

采用窄带滤波的方法，从得到的噪声频谱中，可了解到噪声所含有的频率成分及对噪声贡献较大的主要频率成分；进一步通过振动测量，或具体机械某些特征频率的计算，从而识别出主要噪声源。通过对噪声功率谱密度的分析，同样可以了解到噪声的频率结构及主要频率成分；通过相关分析，从相关函数的图形上可以判断所测量的噪声总能量中，各个声源的贡献大小，从而识别声源。

c)声强法

在机械设备部件表面附近的许多点处测量声强并求积分，可求得该部件的声功率。而在测量表面之外的噪声源，并不影响测量结果，故在本底噪声很多大的现场，也能判断出噪声源的位置。

(3)声发射诊断技术

①声发射检测的基本原理

金属材料在外载荷作用下产生塑性变形(晶格的滑移变形和孪生变形等)时会发生声发射。材料中裂纹的形成和扩展过程、不同相界面间发生断裂以及复合材料的内部缺陷的形成也都能成为声发射源。由于物体发射出来的每一个声音信号，都包含着反映物体内部或缺陷性质和状态的变化的信息，因此，利用检测装置接收物体的发射信号，经过处理、分析和研究，可推断出材料内部的状态变化和物体的结构变化。

图 10－37 为声发射检测原理示意图。从声发射源发出的声音信号以弹性波的形式向四周传播，经过耦合剂从材料传播到传感器变成电信号，由声发射仪器接受这些发生信号，由检测仪电路对这些信号加以放大、处理和转换，最后将数据在显示屏上显示出来。诊断人员就能够以此来分析物体内产生的变化，判断缺陷发生的部位。声发射是材料或零部件的缺陷发生变化时产生的，所以声发射检测是一种动态无损检测方法，在故障诊断中用以进行动态监测和报警。

②声发射信号的表征参数

声发射信号的波形分为连续形和突发形两类。连续形声发射信号是由一系列低幅度的连续信号构成，它与随机噪声相似，并与材料的塑性变性有关；突发形声发射型号是一连串的脉冲衰减波，其脉冲宽度约为数微秒至数毫秒，脉冲宽度与材料内部应变能释放有关。在声发射检测中，主要对突发形声发射信号进行检测。常用的声发射信号的表征参数可概括为振铃计数与计数率、事件计数与计数率、振幅与振幅分布、有效值和频谱分布等。

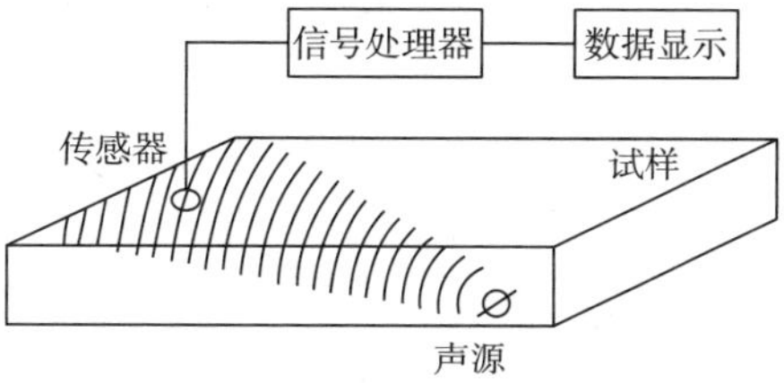

（a）声发射的传播形式

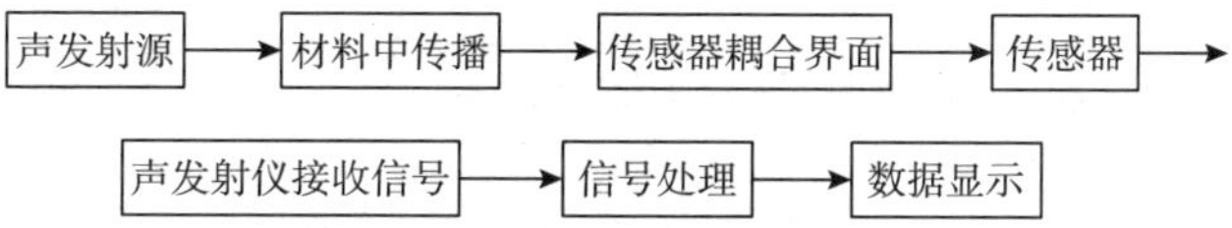

（b）声发射信号传播过程

图 10－37　声发射监测原理示意图

振铃计数和事件计数方法如图 10－38 所示。图 10－38(a)所示为一个脉冲衰减波，每当信号幅值超过阈值电平时，将产生一个矩形脉冲，此脉冲即为振铃计数的触发信号，振铃脉冲越过阈值的次数称为振铃次数；单位时间内的振铃计数称为振铃计数率。图 10－38(b)所示为当脉冲衰减波的包络线超过阈值电平时，产生一个矩形脉冲，将此脉冲作为事件计数。在事件持续时间内，对一个事件计一次数的方法称为事件计数；计量单位时间内的事件数，称为事件计数率。

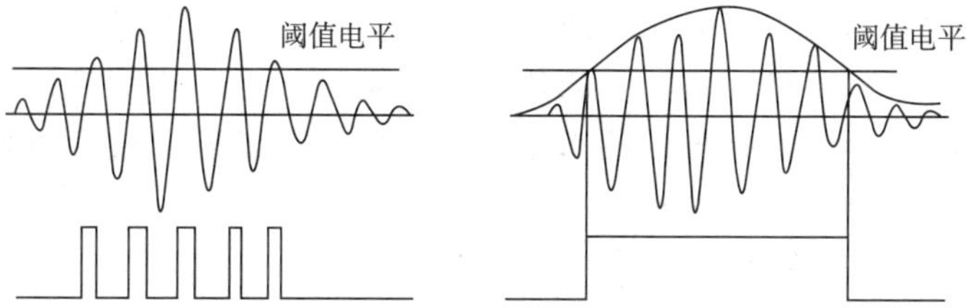

（a）振铃计数　　（b）事件计数

图 10－38　声发射信号的振铃计数与事件计数

(4)红外测量诊断技术

机械设备在运行过程中均要检测其工作温度应符合要求，一旦检测机械设备某一部件温度异常变化时，从中可以判断机械设备是否存在某些故障。红外测量诊断技术主要用于要求远距离、非接触测量物体表面温度的场合。利用热辐射原理制成的非接触式测温传感器有辐射温度计、比色温度计等，主要用于对金属的非接触温度测量。红外测量诊断技术原理可用史蒂芬-波尔兹曼定律来描述。

物体自身发射红外辐射强度反映了物体的自身温度，其关系符合史蒂芬—波尔兹曼定律(即四次方定律)，即

$$W=\sigma\varepsilon T^4 \tag{10-15}$$

式中　W——单位时间、单位面积物体红外辐射总能量，W/m^2；

σ——史蒂芬-波尔兹曼常数，$\sigma=5.67\times10^{-8}$；

T——物体热力学温度，K；

部件自身发射红外辐射力与部件自身的绝对温度的四次方成正比，部件温度越高，它的辐射能力也越大。所以，可通过一定的传感元件测得部件某部分红外辐射量，从而确定该部件的表面温度。

红外测温的仪器很多，就其工作原理可分为红外测温仪、红外热像仪和红外热电视3种。

红外测温仪是近年来发展较快的新型测温仪器。它是以检测物体发射的红外辐射能量来实现测温的，其组成如图10-39所示。

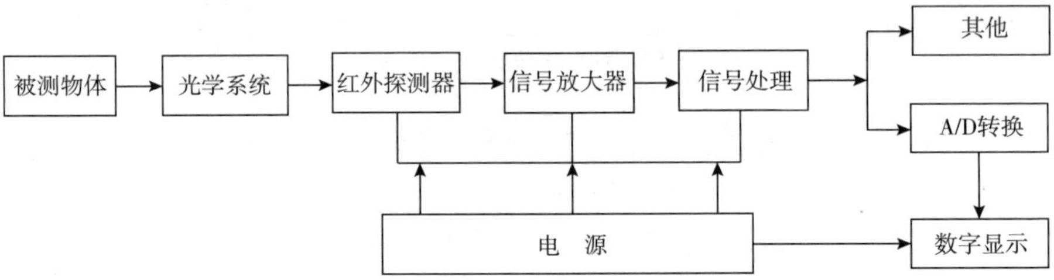

图10-39　红外测温仪原理图

红外测温仪的工作原理是：被测物体发出的红线，通过光学系统聚集后，入射到红外探测器上。在红外辐射的作用下，探测器产生一个正比于辐射能量的电信号，由放大器放大和A/D转换后，在数字显示器上显示温度值。

红外测温仪具有体积小、重量轻、便于携带、灵敏度高、响应快、操作简便等优点，广泛应用于现场运行机械设备的温度监测和故障诊断中。

红外热像仪和红外热电视可以实时地显示二维甚至三维热图像，将不可见的目标物体热分布状态转变为可见光图像，将正常的热标准热图像与异常热图像进行比较，可作出技术等级或故障状态的判断。红外测温技术已广泛应用于设备温度故障的监测。

红外测量诊断技术具有如下特点：

①不接触被测部件，不影响部件温度场的分布；

②测温反应速度快，仅有十分之几秒；

③灵敏度高，能区别出0.01～0.1℃的温度差；

④测温范围广；

⑤不受材料种类的限制。

(5)污染诊断技术

污染诊断技术是以设备在工作过程中或故障形成过程中产生的固体、液体和气体污染物为监测对象，以各种污染物的数量、成分、尺寸、形态等为检测参数，并依据监测参数的变化来判断机组所处技术状态的一种诊断技术。目前，污染诊断技术主要有油液污染检测法和气体污染检测法，可用油液污染检测法诊断机组的轴承故障。

油液污染检测法是通过机组油系统中循环流动的油液污染状况进行检测，获取零部件运行状态的有关信息，从而判断机组的污染性故障和预测零部件内的剩余寿命。

油液污染检测法的基本原理是机组的油系统(如液压系统、润滑油系统、调节油系统、燃油系统)中的油液，均会因内部零部件磨损的金属屑和外界混入的杂质而产生污染，油系统中被污染的油液夹带有机器状态的大量信息，根据检测和分析油液中的污染物的元素成分、尺寸、形态等物理、化学性质的变化，来判断油系统的污染性故障。

油液污染度检测方法有称重法、计数法、光测法、电测法、淤积法和综合法。油液污染状态监测仪器有油液污染物体积浓度监测仪、油液污染物粒度分布监测仪、油液中污染物粒度数目和尺寸监测仪三大类。

润滑油在线磁性探测装置一般包括传感器、放大器、数据处理单元及显示器(报警)三部分。传感器一般由永久磁铁以及能感知磁通量变化的线圈或其他磁性敏感元件组成。当永久磁铁的磁极吸附了油中的磨粒，使其磁通量发生了变化，磁通量的变化由线圈或其他磁性敏感元件测得并由放大器加以放大，最后通过数据处理单元发出信号并记录其变化。

①传感器中的磁铁元件

能够监测磁场中磁力线变化的磁敏元件有多种，这里介绍一种使用方便又比较有发展前途的霍尔元件。利用它来测定磁场中的磁通量的变化，具有测量灵敏度高，电路简单，经济性好的优点。

美国物理学家霍尔在 1879 年发现。若置于磁场中的静止载流体中的电流方向与磁场方向垂直，则在在流体的平行于电流与磁场方向所组成的两个侧面将产生电动势，此电动势称为霍尔电势，这一效应成为“霍尔效应”。图 10－40 为霍尔效应原理图。根据这一效应制造的元件称为霍尔元件。

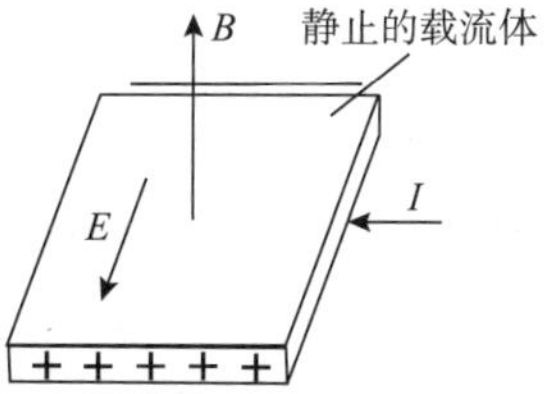

图 10－40　霍尔效应见图

假设静止载流体、电流方向及磁场方向如图 10－40 所示，则其前后两侧面所产生的霍尔电动势为：

$$E=K_{\mathrm{H}}IB \qquad (10-16)$$

式中　E——霍尔电动势，V；

I——流过载流体的电流，A；

B——磁场中磁感应强度，T；

K_{H}——霍尔元件的灵敏度，与霍尔元件的材料及厚度有关。

从式(10－16)可以看出，在磁场中霍尔电动势正比于磁场感应强度与流过的电流。当电流 I 恒定时，磁感应强度 B 变化，则霍尔电动势 E 也随之改变。当传感器中的永久磁铁由于吸附了铁磁颗粒，其磁感应强度将会发生变化，因而霍尔电动势也随之改变。

图 10－41 为霍尔元件在磁场中安放位置的示意图，霍尔元件应正对着磁钢的端面，以获得最大的灵敏度。

②在线超声探测仪

a)在线超声探测仪基本原理

声波在传播过程中遇到障碍物，声波的部分能量将被散射或被障碍物所吸收。此时每秒能量的损失除以入射波的强度(每秒每单位面积的能量)被称为物体的“截面”。障碍物散射的能量及其分布与它的形状、结构及入射波的波长有关。当一束超声波沿着一个方向射向有磨粒污染的油流时，油中的磨粒将会成为声波传播途中的障碍物，对入射的超声波的能量加以散射，根据散射的能量的变化，便可以测定油流中的磨粒的大小及黏度。

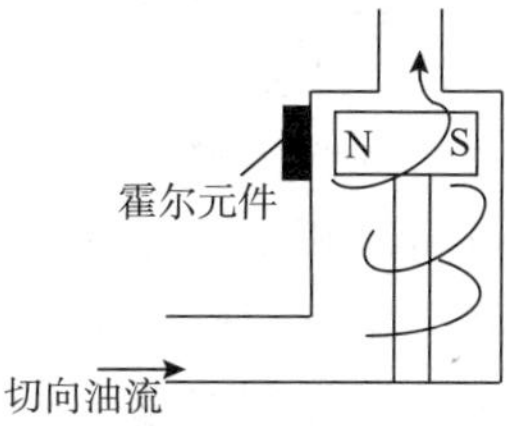

图 10－41　霍尔元件在磁场中的安放位置

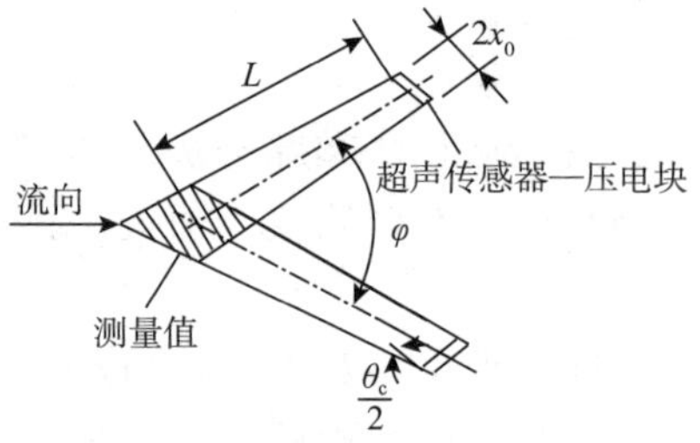

图 10－42 超声污染探测器的传感器原理图

b)传感器的工作原理

图 10－42 为超声污染探测仪的传感器的工作原理图。两个压电变送器相互成 φ 夹角安装。一个作为超声发射器。一个作为接收器，被检测的油流流向如图中所示。超声发射器和接收器均以 MHz 级频率谐振，定向地形成一个有效地测量空间，如图 10－42 中阴影部分所示。在此空间，任何声音的不连续将散射所传送的超声能。接收器根据此接收到的声压 p_s 转变为电压，经过调制产生一个包络电压 V_s，由于所接受的超声强度 I_s 与声压成正比，也与 V_s^2 成正比。此传感器亦可通过测定发射频率与接受频率之间的多普勒变化以确定测量区内物质的流动速度。

(6)润滑油磨粒检测诊断技术

润滑油磨粒检测诊断技术是通过机组油系统中循环流动的油液污染状况进行检测，获取零部件运行状态的有关信息，从而判断机组的污染性故障和预测零部件内的剩余寿命。

机械设备在运行时，由于零件表面的相对运动，不可避免地产生摩擦和异常磨损、腐蚀、疲劳，都免不了有些杂质、磨粒落入润滑油中。磨损过程所产生的磨粒，具有不同的形态和尺寸，反映了不同的磨损形式和机理，因此，润滑油样的成分发生了变化，必然携带着运动部件运动状态的内在信息。监测和分析润滑油系统中的某些物化特性，从中获取设备内部的故障信息，便可判断机械设备的磨损程度和磨损位置。这对于研究机械设备的故障征兆、故障发展、发生部位及故障程度都具有特殊的意义。

目前，磨粒监测诊断技术很多主要包括：铁谱分析技术、光谱分析技术和磁塞分析法。铁谱分析和磁塞技术能很好地检测出铁磁物质的磨损信息，光谱分析技术则能很好地检测出有色合金的磨损信息。

①光谱分析法

光谱分析法是指用原子吸收或原子发射光谱，分析润滑油中金属的成分和含量，以判断磨损的零部件和磨损的严重程度，这种方法适用于检测有色金属。在油样光谱分析中，因为原子发射光谱分析法的分析速度快，所以一般常采用这种方法。光谱分析法分为原子发射光谱分析法和原子吸收光谱分析法。

a)图 10－43 所示为原子发射光谱分析法的工作原理。图中被分析的油样由旋转的石墨盘带到与石墨棒之间的间隙中，石墨盘与石墨棒作为两个电极通以 15000V 高压产生的电火花直接激发油样中的金属杂质，使它们发射能进行光谱分析的表征辐射。此辐射经分光系统分光后，便形成了所含元素各自特性的光谱。并按光谱波长顺序在聚焦处排列，通过各自的光探测器在聚焦处对其特性光谱能量进行接收和放大。此后便可通过数据处理系统进行分析输出结果，或置感光底片于聚焦处使其感光，然后依各对应部位的感光强度判定各元素含量。

原子发射光谱分析法的优点是：分析速度快、测量准确度高、不需要对油试样进行稀释等工作。但其价格比较昂贵，从取样到获得分析结果有较长的滞后时间。另外，由于方法本身的限制，不能给出磨粒的形貌细节，所以光谱分析仪适用于 10μm 的磨粒，一般只能测量微量金属元素的浓度。

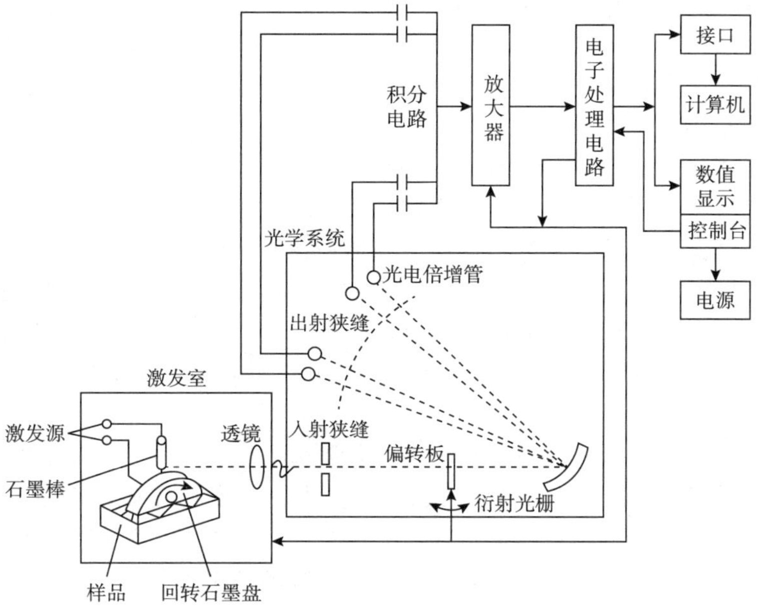

图 10-43　发射光谱仪的工作原理

b)原子吸收光谱分析法是将待测的化合物在高温下变为原子蒸气，当特征辐射线光源发射出的光穿过一定厚度的原子蒸气时，光的一部分被原子蒸气中待测元素的基态原子吸收，通过光径单色器将其他射线分离掉，检测系统的特征辐射线减弱后的光强度，就能求得待测元素的含量。

$$A=\lg\frac{I_0}{I_t}=R_0N_0l \tag{10-17}$$

式中　A——吸光度；

I_0——入射光强度；

I_t——透射光强度；

R_0——吸收系数；

N_0——基态原子数；

l——吸收层厚度。

图 10-44 所示为吸收光谱分析仪的原理图。油试样 3 经过预处理后，由雾化器将油试样喷成雾状，与燃料气及助燃气一起进入燃烧器的火焰中，在高温下油试样中的液体挥发，待测物质转变为原子蒸汽。用待测物质相同元素做成的空心阴极灯 2 辐射出波长 372nm 的特征辐射，通过火焰后，一部分光被待测物质的基态原子吸收，通过光电装置 6、7、8 测量其吸光度，再根据标准系列法作吸光度—浓度曲线图，并可测得待测物量的含量。

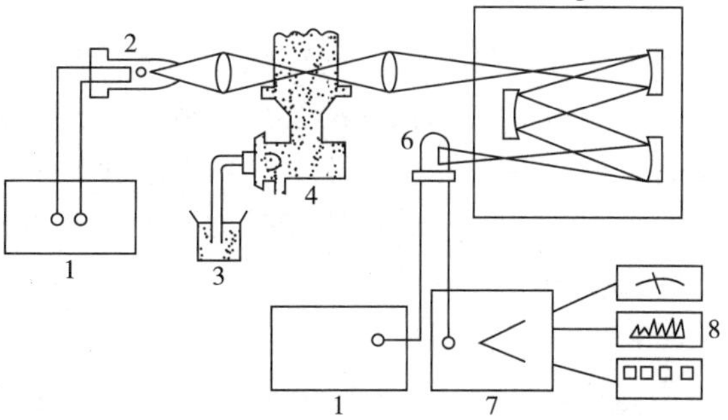

图 10-44　原子吸收光谱分析仪的工作原理图

1—电源；2—光源；3—油试样；4—火焰原子化器；5—光学系统；6—光电元件；7—放大器；8—读数器

原子吸收光谱分析仪具有灵敏度高、精确度高、使用范围广、取油样量少等优点，其不足是不能了解磨粒外形尺寸，操作较麻烦。在故障诊断中，主要用于定量检测油试样中特定的材料磨粒的精确量值。

②铁谱分析技术

铁谱分析技术，又称“铁相学”或“铁屑技术”。它是通过分析润滑油中铁磁物质含量、粒度、形态和成分来分析零件的磨损状态，是使用最广、最有发展前途的油样分析法。其工作原理为：将润滑油样按一定严格操作步骤稀释在玻璃试管或玻璃片上，使之通过一个强磁场。在强磁场的作用下，不同大小的残渣所能通过的距离不同，通过观察磨粒的形状和材质，即可判断出磨粒产生的原因、通过检测磨粒的数量和分布就可判断机械设备的磨损程度。铁谱分析仪适用于检测粒度介于 10～50μm 的磨粒，并能提供磨粒的数量、粒度、形状和成分。

为了将润滑油样中的铁磁磨粒分离出来，各制造厂制造出了各种形式的铁磁仪。目前使用最多的铁谱分析仪有：直读式铁谱仪 、分析式铁谱仪、旋转式铁谱仪及在线式铁谱仪 4 种。在线铁谱分析仪的出现，使得铁谱分析技术进行在线监测成为可能。它可安装在机器的润滑油系统的回路上，实时地测出机器磨损颗粒的浓度及尺寸分布，监视机器的工作状况。

a)直读式铁谱仪

直读式铁谱仪由磁铁装置、沉积管、光电读数装置、虹吸泵和毛细管等组成。

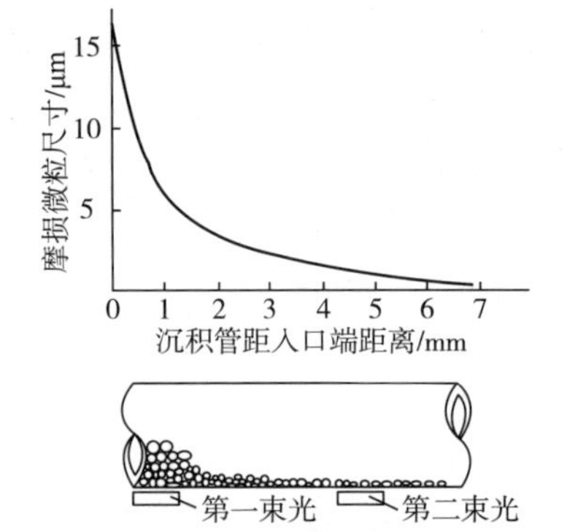

图 10－45　沉积管内壁磨粒排列顺序

其工作原理为：油样经稀释后，在虹吸现象的作用下，经毛细管、沉积管、虹吸泵流到废液杯中。在沉积管的下面有一个磁铁，当油样流过沉积管时，油样中可磁化的磨粒在高强度、高梯度磁场力的作用下，依其粒度大小，顺序排列在沉积管内壁不同的位置上，如图 10－45 所示。

在沉积管入口处，大于 5μm 的铁磁磨粒首先沉积，覆盖在 1～2μm 磨粒沉积层的上部，随着磁场力的逐渐减弱，小于 1～2μm 磨粒沿着管道沉积在距入口 5mm 以后的位置上。这样，只要观察沉积管入口和 5mm 处磨粒的多少就可以了解到油样中大磨粒（$>$5μm）和小磨粒（1～2μm）的多少与分布。在沉积管入口处和小磨粒分布处的一侧，分别设置了两道用光导纤维引入的白炽光光束；在沉积管的另一侧相应的位置上安装有光电传感器，接受通过玻璃沉积管的管束信号。传感器接受的光束信号经电子线路放大、A/D 转换处理后，最终在大磨粒和小磨粒两个数字显示屏上显示光密度数值。随着磁性磨粒在沉积管中的沉积，光电传感器所接受的光的强度逐渐减弱，数字显示屏所显示的光密度读数也随之变化。由于光导纤维的匀光作用，使得光伏探测器 1、2 所接受到的光强改变量与铁磁性磨粒的遮光面积成正比。

在直读式铁谱仪中，可以用光敏元件直接读出在沉积管入口处大磨粒（$>$5μm）的光密度 D_L 和距入口处 5mm 处小磨粒（1～2μm）的光密度读数 D_S，以此来分析油样中磨粒的浓度和设备的磨损程度。

直读式铁谱仪主要用来直接测定油样中磨粒的浓度和尺寸分布，只能做定量分析。其与分析式铁谱仪相比有准确、简洁、迅速、成本低廉、操作方便等优点。其不足是不能观察分析磨粒的形态、种类、材质等。

b)分析式铁谱仪

分析式铁谱仪主要由微量泵、磁铁装置、玻璃基片、毛细胶管、油样试管、光密度读数器及铁谱显微镜等组成。

分析式铁谱仪的工作原理是：含有磨粒的油样由微量泵送至玻璃基片上。在玻璃基片的下面有一高磁场强度、高磁场梯度的磁铁装置，油样中的铁磁性磨粒随油样沿往下流动过程中在磁场力、重力及油阻尼力的综合作用下，磨粒滞留在基片上，磨粒的尺寸由大到小，依次全部均匀地沉积在基片上。在 60mm 长的玻璃基片上，较大尺寸的磨粒，主要沉积在 50～56mm 的区域，较小尺寸的磨粒，大都沉积在距出口 10～20mm 的区域。经清洗残液和固定磨粒处理后，制成谱片，在铁谱显微镜下，对谱片上沉积的磨粒进行大小、形态、成分、数量等方面的定性和定量分析。

分析式铁谱仪能定量测定磨粒形态、粒度分布、数量、大小以及材料性质，但测量精度和操作上较直读式铁谱仪稍不足。

c)旋转式铁谱仪

旋转式铁谱仪主要由驱动轴、永久磁铁、固定基片的压头、输入管、排油管及光学显微镜等组成。

旋转式铁谱仪的工作原理为：驱动轴带动永久磁铁和固定在永久磁铁上方的圆形基片一起旋转，待测油样由输入管流至基片的中心后随基片一起旋转，油样和非磁性杂质由于离心力的作用而被甩出基片经排油管排出，而磨粒则有规则地沉积在铁谱片上，就可进行定性、定量分析。

图 10－46 所示为旋转式铁谱仪的磁场装置原理。其由 3 块同心圆环形磁铁组成 3 个同心圆环磁场，它们的磁力线都沿径向分布，使磨粒在沉积过程中有规则地排列成环状谱片，如图 10－47 所示。

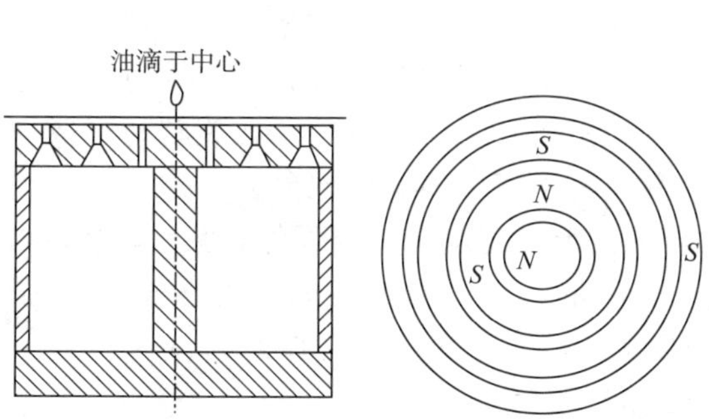

图 10－46　旋转式铁谱仪的磁场装置原理

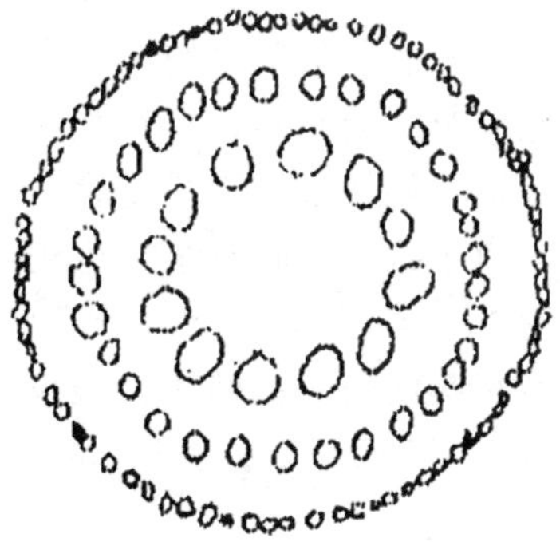
图 10－47　旋转谱片

旋转式铁谱仪除具有分析式铁谱仪的优点外，还有下列优点：对不同黏度的润滑油可选用不同的转速；仪器附有清洗液系统，可以进行污染严重油样的分析；在整个操作过程中，不会使磨粒产生附加的机械变形；谱片上的 3 道环沉积面积大，磨粒能充分地彼此分离，避免重叠。

由于在磨损颗粒的数量、尺寸与磨损速度和严重程度之间，磨损颗粒形态与磨损类型之间，磨损颗粒成分与系统摩擦副之间存在着一定的对应关系，因此铁谱诊断技术得到重视和发展。

③磁塞检测法

磁塞检测法早于油样铁谱分析法。其基本工作原理为：将特制的带磁性的塞头插入循环着的润滑油系统的适当部位，磁性塞头将流过它的润滑油的铁磁磨粒吸住，收集润滑油中的磨粒，定期取下塞头对附在塞头上的磨粒进行分析。通过磨粒量与过油量之比，就可以算出润滑油中所含磨粒的浓度。若用光学显微镜或电子显微镜，就可以得到关于磨粒的形状、尺寸甚至成分的信息。以此，就可以判断机械设备部件的磨损程度和部位。其适用于磨粒的颗粒尺寸大于 50μm 的情况。

磁塞检测法简便易行，且成本较低，但分析粗糙，小磨粒难吸附；非铁磁磨粒不能收集。另外，塞头使用寿命较短需经常更换，一般 25～27h 需更换一次，否则其磁性将大大降低。

第四节　旋转机械典型故障诊断

一、转子不平衡故障诊断

转子不平衡是旋转机械主要的激振源，也是众多自激振动的触发因素。转子不平衡将会引起转子的挠曲和内应力，使旋转机械产生振动和噪声。长时期的不正常振动，会使机组金属材料疲劳而损坏，转子上的紧固件松动，加速轴承、轴封等零件的磨损，间隙小的动静部分发生碰磨而使转子弯曲等，导致机组效率降低；故障严重时还会导致零部件断裂或烧毁，从而引起恶性事故。

1. 转子不平衡的概念

旋转机械的转子不平衡是指转子受材料、加工、装配和安装及运行中的磨损、腐蚀、结垢、热弯曲、零部件脱落、电磁干扰力等多种因素的影响，其质量中心与旋转中心线之间存在一定的偏心距，即存在一定的不平衡量。旋转机械的转子旋转后使通过转子重心的主惯性轴与旋转轴线不相重合，使转子产生不平衡离心力，使得转子在旋转时形成周期性的离心力干扰，在轴承上产生动载荷，从而激起转子发生振动的现象。

图 10－48 所示为一个带薄圆盘的刚性转子支承在跨度为 l 的两个轴承上，这相当于一个只有轮盘的较短的转子。假设转子系统没有阻尼，转子质量为 m，质心 M 距转子旋转中心 O 的距离为 e(称为偏心距)，旋转角速度为 ω，转子产生的离心 F 为：

$$F=me\omega^2=\frac{G}{g}e\left(\frac{2\pi n}{60}\right)^2\approx\frac{Gen^2}{900}\quad(\mathrm{N})\tag{10-18}$$

式中 m——转子质量，kg；

G——转子重量，N；

g——重力加速度，$g=9.81\mathrm{m/s^2}$；

e——偏心距，m；

n——转速，r/min。

由式(10－18)可知，离心力 F 是一个向量，与转速 n 的平方成正比，其方向与偏心距 e 方向一致，是以角速度 ω 绕转子轴线旋转的。力 F 通过转子作用在轴承上，使轴承承受附加动载荷，引起转子或轴承的不平衡振动。

2. 振动机理

图 10－49 所示为转子运动的力学模型。图 10－49(a)所示的简单转子两端对称，中间有一个质量为 m 的圆盘，支承在刚性轴上，O 为轴承中心，O' 为圆盘几何中心，G 为圆盘质量中心，e 为偏心距。当转子以角速度 ω 旋转时，圆盘的离心力使转子发生挠曲。

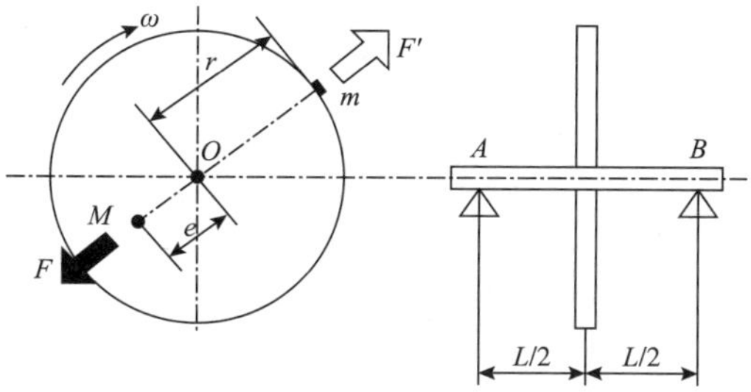

图 10－48　转子不平衡产生的离心力

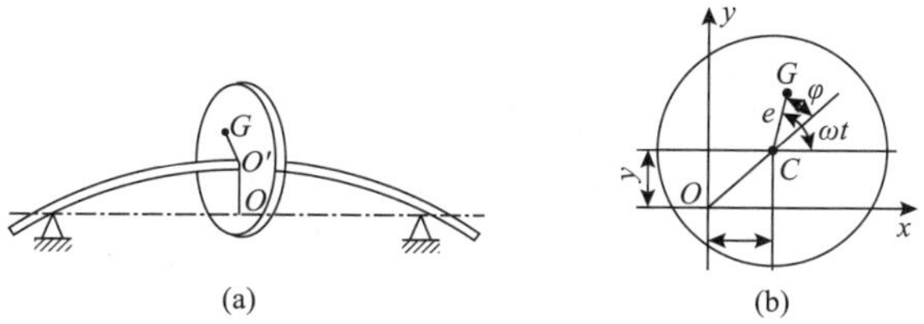

图 10－49　转子运动的力学模型

转子在低速情况下质心 G 在圆盘中心 O' 之外，且 O、O'、G 三点成一直线。当不计圆盘重力影响时，转子受到的离心力 $m(e+\delta)\omega^2$ 和弹性恢复力 $k\delta$ 相等，即

$$m(e+\delta)\omega^2=k\delta \tag{10-19}$$

式中　k——转子在中点的刚度系数，可由材料力学求得。

由式(10－19)可得转盘处的挠度为：

$$\delta=\frac{e\omega^2}{\frac{k}{m}-\omega^2} \tag{10-20}$$

令 $\omega_n=\sqrt{\frac{k}{m}}$，称为转子无阻尼时的横向固有频率，则式(10－20)可写为：

$$\delta=\frac{e\omega^2}{\omega_n^2-\omega^2}=\frac{\left(\frac{\omega}{\omega_n}\right)^2 e}{1-\left(\frac{\omega}{\omega_n}\right)^2} \tag{10-21}$$

当转速 $\omega=\omega_n$ 时，转子的挠度 δ 理论上可谓无穷大，这时的角速度 ω 就称为转子的临界转速，在临界转速下，转子的转速频率等于其横向固有频率。

实际转子是存在阻尼的，这种阻尼来之于轴承的油膜阻尼、气体和液体阻尼、滑动面之间的摩擦阻尼，以及材料不是完全弹性引起的内摩擦阻尼等方面。阻尼力与速度成正比，其方向与速度方向相反。对有阻尼的转子，圆盘上 O、O'、G 三点不在同一条直线上。如图 10－49(b)所示，取坐标系 OXY，圆盘几何中心 O' 的坐标为 x 和 y，则质心 G 的坐标为 $x+e\cos\omega t+e\sin\omega t$，在 X 和 Y 两坐标方向上列平衡式并整理可

$$\begin{cases} m\ddot{x}+c\dot{x}+kx=me\omega^2\cos\omega t \\ m\ddot{y}+c\dot{y}+ky=me\omega^2\sin\omega t \end{cases} \tag{10-22}$$

式中　c——阻尼系数；

　　　m——系统的等效质量。

式(10－22)的特解为：

$$x=A\cos(\omega t-\varphi)$$
$$y=A\sin(\omega t-\varphi) \tag{10-23}$$

式中 φ——相位角；

A——振幅。

由式(10－22)、式(10－23)可解得

$$A=\frac{me\omega^2}{(k-m\omega^2)^2+(c\omega)^2}=\frac{e\left(\frac{\omega}{\omega_n}\right)^2}{\sqrt{\left[1-\left(\frac{\omega}{\omega_n}\right)^2\right]^2+\left(2\zeta\frac{\omega}{\omega_n}\right)^2}} \tag{10-24}$$

式中 ζ——阻尼比，$\zeta=\frac{c}{2m\omega_n}$。

将式(10－24)写成无量纲形式

$$\beta=\frac{A}{e}=\frac{\left(\frac{\omega}{\omega_n}\right)^2}{\sqrt{\left[1-\left(\frac{\omega}{\omega_n}\right)^2\right]^2+\left(2\zeta\frac{\omega}{\omega_n}\right)^2}} \tag{10-25}$$

β称为放大因子，其值大小反映了转子振幅的高低。由式(10－25)看出，β值不仅取决于频率比$\frac{\omega}{\omega_n}$，还取决于阻尼比ζ，图10－50示出了按式(10－25)绘制的$\frac{\omega}{\omega_n}$与放大因子β的幅频特性曲线。由图可见，振幅的高低与转速是否接近转子固有频率的程度有很大的关系。当$\frac{\omega}{\omega_n}=1$时，无阻尼情况下振幅趋于无穷大；当存在阻尼时，放大因子变为$\beta=\frac{1}{2\zeta}$，即阻尼对振幅具有衰减作用。

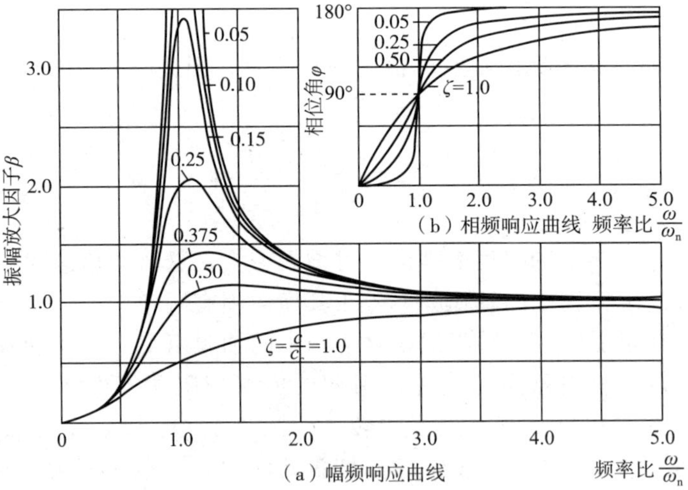

图10－50 转子的幅频响应及相频响应图

实际的转子，由于转子的各向弯曲刚度有差别，特别是由于支承刚度各向不同，因而转子对不平衡质量的响应，在x、y方向上不仅振幅不同，而且相位差也不是90°，因而转子的轴心轨迹不是圆而是椭圆，如图10－51所示。

3. 故障特征

转子的不平衡振动是在周期性离心力的干扰下产生的强迫振动，转子每旋转一周，离心力经过转子或轴承上的某一测点处产生一次扰动，在测点处就有一次振动响应，转子的振动频率即为转速频率，即

$$f=\frac{n}{60}$$

或 $$\omega=2\pi f=\frac{\pi}{30}n \tag{10-26}$$

式中　f——振动频率，s^{-1}；

ω——角频率，rad/s；

n——转速，r/min。

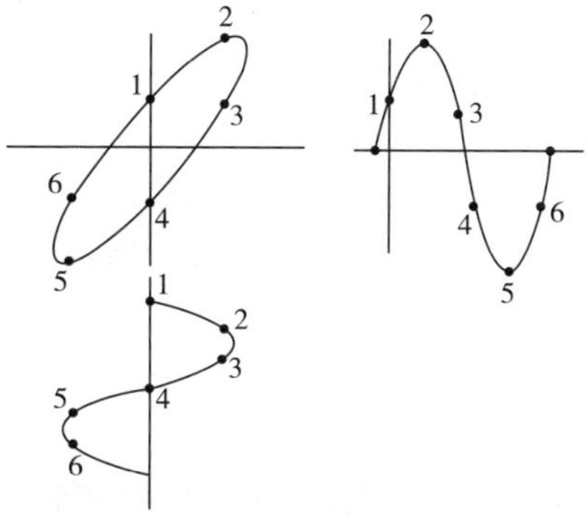

图 10-51　转子不平衡的轴心轨迹

转速频率也称为工频(即工作频率)，由于转子在运行中总是残留一定的不平衡量，因此，这种频率成分很容易在频谱图上观察到。转子不平衡振动的故障特征如下：

(1)不平衡故障主要引起转子或轴承径向振动，在转子径向测点上转速频谱图成分具有突出的峰值。

(2)单纯的不平衡振动，转速频率的高次波很低，反映在时域上的波形接近于正弦波。

(3)转子同一个截面处相互垂直的两个径向测振点之间，相位差约 90°，因此转子的轴心运动轨迹接近圆形或椭圆形。

(4)动态下，轴线弯曲呈空间曲线，并以转子转速绕静态轴心线旋转。

(5)除悬臂转子以外，对于普通两端支承的转子，轴向振动一般不太明显。

图 10-52 所示为转子的典型不平衡故障频谱图。图中转速频率成分幅值占有绝对优势，其波形基本上是一个标准的正弦波。图中还出现一些幅值较小的 2×、3×、4×…，一些高次谐波成分主要是受非线性振动的影响。实际转子轴承系统并非完全线性振动系统，非线性振动的特点是会产生激励频率的高次谐波响应。

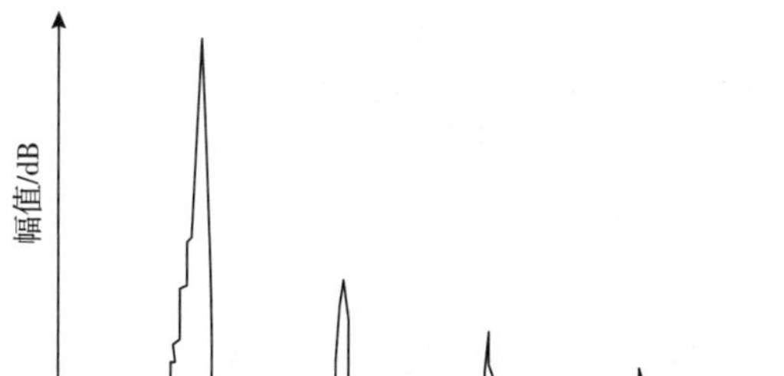

图 10-52　典型的不平衡振动频谱

4. 频谱征兆

转子不平衡是旋转机械最为常见的故障。统计分析表明，汽轮机组的大部分振动是与转速同步的振动信号。引起汽轮机组同步振动的原因可能是有转子原始质量不平衡、转子热不平衡、转子热弯曲、旋转部件脱落、转子部件结垢等。这些原因都将导致转子的质量不平衡，不同的原因引起转子不平衡故障的规律基本相近，但也各有特点。图 10-53 是

在实验转子上模拟质量不平衡故障得到的幅值谱和时域波形。

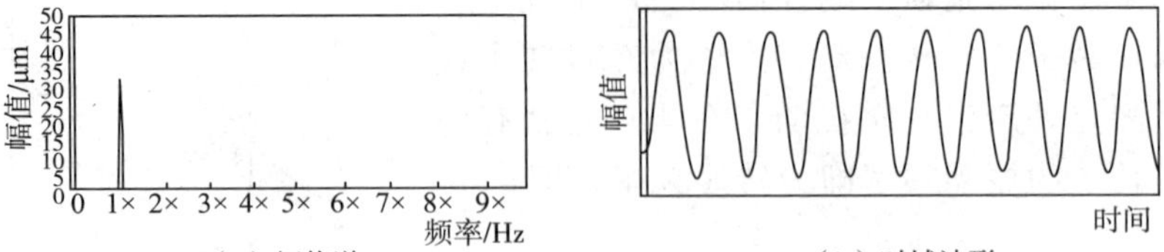

(a) 幅值谱　　(b) 时域波形

图 10-53　质量不平衡故障的幅值谱和时域波形

二、转子不对中故障诊断

旋转机械一般由多个转子所组成的转子系统，转子与转子之间用联轴器连接。由于制造、安装及检修质量及机组轴对中误差，以及运行中轴承座热膨胀不均匀、管道附加应力的作用、机体膨胀不均变形或移位、基础不均匀下沉或变形、转子弯曲等原因，导致转子不平衡和机组轴不对中故障，从而引起机组振动加剧。

1. 转子不对中故障的类型

机组进行垂直方向轴对中时，转子不对中会出现下列三种情况，如图 10-54 所示。

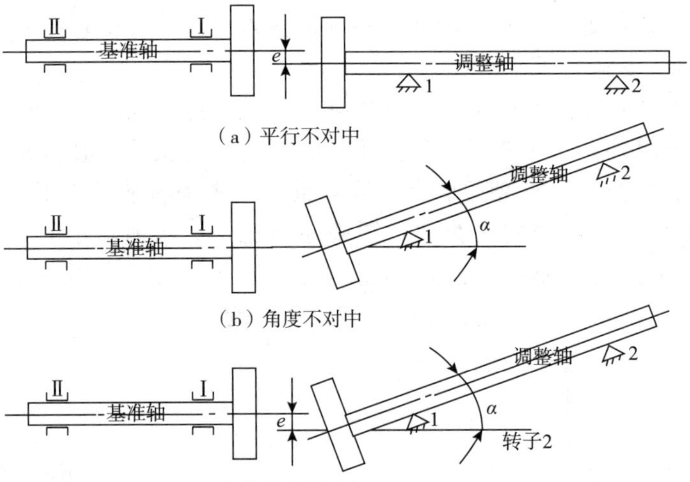

(a) 平行不对中

(b) 角度不对中

(c) 组合不对中

图 10-54　转子不对中的三种类型

Ⅰ、Ⅱ—基准机器的前、后轴承；1、2—被调整机器的前、后支座

(1)平行不对中。表示两半联轴器的端面互相平行，但两轴的中心线不同心，这时两轴的中心线之间有一平行的径向位移量 e，如图 10-54(a)所示。

(2)角度不对中。表示两半联轴器的端面互相不平行，但两轴的中心线相交(两轴中心线同心)，其交点正好在基准轴中心点上，这时两轴的中心线之间有一个轴向倾斜角 α，如图 10-54(b)所示。

(3)组合不对中。表示两半联轴器既不同心又不平行，这时两轴的中线之间既有轴向角 α 倾斜又有径向位移 e，如图 10-54(c)所示。

2. 故障特征分析

(1)当机组转子出现不对中故障时，从振动的时域波形上可以看出旋转基本频率的高次成分。

(2)从振动信号的频谱图上可以发现工频的高次分量，如 $2f_r$ 和 $3f_r$ 振动，尤其是 $2f_r$ 振动非常明显，如图 10－55 所示。

(3)改变了轴承中油膜压力。由于转子不对中的结果，联轴器端轴承的支承负荷将有较大的变化，负荷减小的轴承在某些情况下将引起油膜失稳。因此，运行时出现的最大振动，一般发生在靠近联轴器端的轴承上。

(4)轴承的振动幅值随着负荷的增大而增高，如图 10－56 所示。当转子存在平行不对中时，靠近刚性联轴器的轴承，随着转子的负荷的增加，轴承上的振幅呈增高趋势。轴承位置低的振幅比轴承位置高的振幅大，其原因是转子轴颈在机体轴承内呈不水平状态，使轴颈在位置低的轴承内油膜稳定性下降所致。

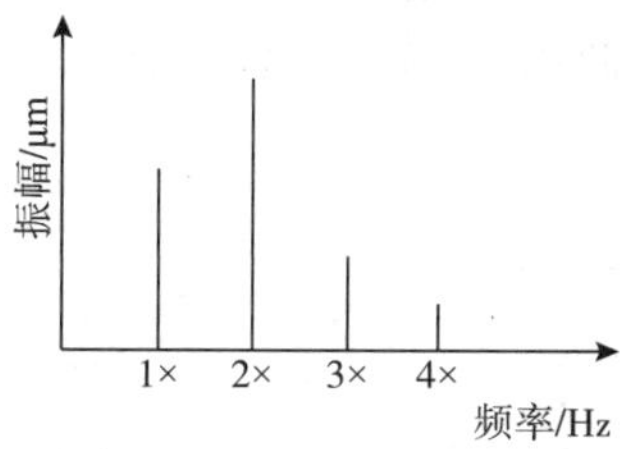

图 10－55　转子不对中故障的频谱特征

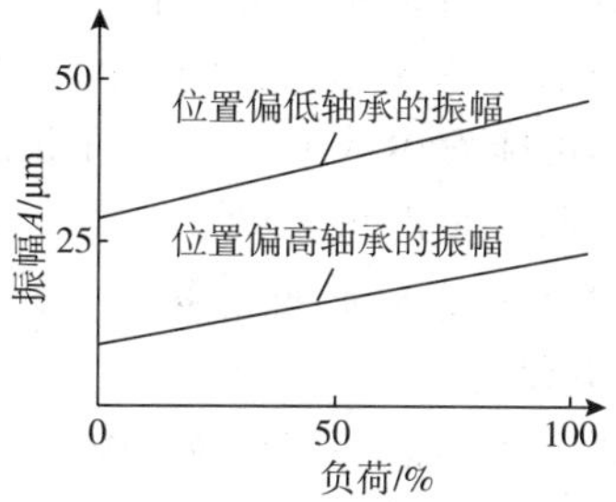

图 10－56　轴承振幅与负荷的关系

(5)转子平行不对中时将会引起径向振动，如果轴承在水平方向和垂直方向的刚度基本相等，检测轴承在径向方向的振动，显示振幅大的方向即为原始不对中方向；转子角度不对中将引起轴向振动，对于刚性联轴器，其轴向方向的振幅应大于径向方向振幅。

(6)从振动频率上分析，不同型式的转子和不同类型转子的不对中情况，引起的振动频率是不一样的。对于刚性联轴器，转子平行不对中易激起 2 倍转速频率的振动，同时也存在工频和多倍频的振动成分；角度不对中易激起转速频率轴向振动，同时也存在多倍频振动。对于挠性联轴器，按其结构形式、安装和负荷的不同，其所表现的振动频率也是不相同的。

(7)当转子不对中故障较小时，轴心轨迹呈椭圆形；当转子不对中故障为中等程度时，轴心轨迹呈香蕉形；当转子不对中故障较严重时，轴心轨迹呈外“8”字形，如图 10－57 所示。轴心轨迹形状受到轴承形状、油膜力、转子重力、外加载荷等多种激励力的影响。

(a) 较小　(b) 中等　(c) 严重

图 10－57　转子不对中时的轴心轨迹示意图

(8)大型离心式压缩机组、轴流式压缩机组、汽轮机组多跨转子不对中时，由于伴随有其他故障因素，故振动情况更加复杂。例如，由于机组选用较长的中间接筒，若中间接筒倾斜或联轴器平行不对中，也可引起像转子不对中的工频振动。

3. 转子不对中故障的频谱征兆

当转子存在转子不对中故障时，振动信号将含有工频的高次波成分，如 $2f_r$ 和 $3f_r$ 振动，尤其是 $2f_r$ 振动非常明显。图 10－58 所示为是在实验转子上模拟轴承不对中得到的幅值谱和振动信号时域波形。

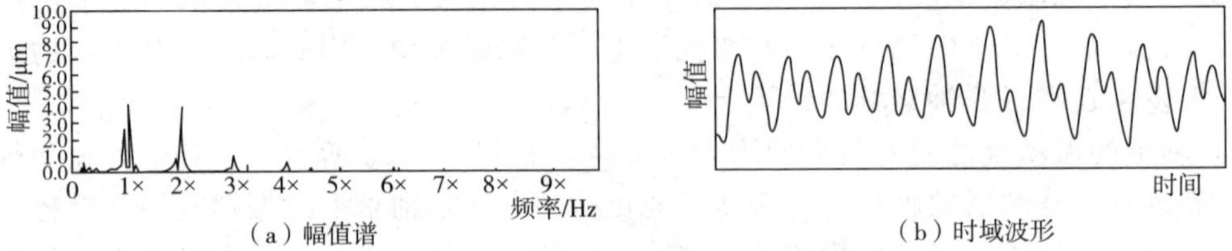

图 10－58　转子不对中故障时的幅值谱和振动信号时域波形

据有关研究资料说明，如果在二阶振动频率上的振幅是工频振幅的30%～75%时，此不对中可被联轴器承受相当长的时间；当二阶振动频率振幅是工频振幅的75%～150%时，则某一联轴器可能发生故障，应加强状态监测；当二阶振动频率振幅超过工频振幅时，不对中将对联轴器产生严重影响。

4. 联轴器不对中时的振动频率

(1)刚性联轴器

①联轴器平行不对中时的振动频率

图 10－59 所示为机组轴对中时，刚性联轴器平行但不同心时的受力情况。图中 O_1 点为转子 1 的旋转中心，O_2 点为转子 2 的旋转中心，e 为两半联轴器的偏心距，P 为两半联轴器用螺栓连接时接合处的某一点，ω 为转子的旋转角速度，ωt 为 P 点在偏心方向上的转角。

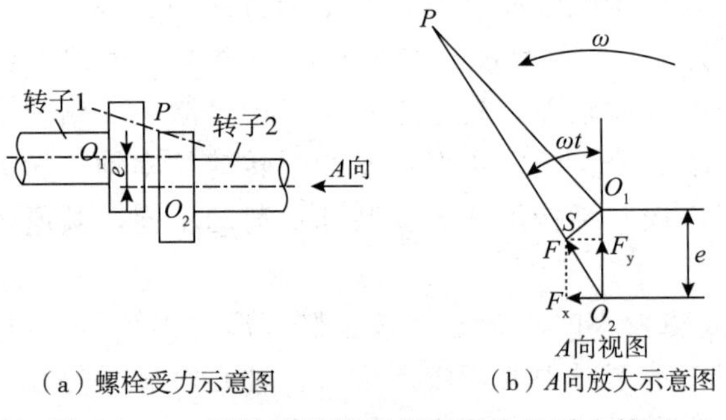

图 10－59　刚性联轴器平行不对中的受力情况

如果两半联轴器的尺寸和材料均相同，则 PO_1 受压缩，PO_2 受拉伸，两者变形量近似相等，均为：

$$\delta=\frac{1}{2}SO_2=\frac{1}{2}e\cos\omega t \tag{10-27}$$

设刚性联轴器在 PO_2 方向上的刚度为 K，则 PO_2 方向上存在一个拉伸力；PO_1 方向上同样存在一个压缩力。即

$$F=K\delta=\frac{K}{2}e\cos\omega t \tag{10-28}$$

F 在 O_1O_2 方向上的投影即为它在垂直方向上的分力，即

$$F_y = F\cos\omega t = \frac{K}{2}e\cos2\omega t = \frac{K}{4}e(1+\cos2\omega t) = \frac{Ke}{4} + \frac{Ke}{4}\cos2\omega t \tag{10-29}$$

F 在 O_1O_2 方向上的投影即为它在水平方向上的分力，即

$$F_x = F\sin\omega t = \frac{Ke}{4}\sin2\omega t \tag{10-30}$$

假设用连接螺栓连接转子 1 和转子 2 两半联轴器时，则将出现转子平行但不同心，当紧固联轴器连接螺栓时，一个联轴器上的螺孔的旋转半径受拉伸，另一个联轴器上的螺孔的旋转半径受压缩。两个转子在同时旋转过程中转子每旋转 180°，各螺孔旋转半径就拉伸和压缩交变 1 次，作用在半联轴器上的径向力也交变 1 次；若转子旋转 360°，各螺孔旋转半径就拉伸和压缩交变 2 次，作用在两半联轴器上的径向力也交变 2 次，转子径向方向上就有两次力的脉动，使转子在径向方向产生 2 倍频振动。

②角度不对中的振动频率

角度不对中是指两半联轴器的端面互相不平行，但两转子的中心线相交(也就是两转子中心线同心)，两转子中心线之间有一个倾斜的角位移(倾斜角)α。

图 10－60 所示为刚性联轴器角度不对中引起的轴向振动。假设联轴器上各连接螺栓在静止状态初始拉紧力相同，由于两转子中心线之间有一个倾斜角 α，故两半联轴器上对应的一对螺孔轴向距离也不相等(见图中 $\delta_1 \neq \delta_2$)。转子在旋转过程中螺孔距离将发生周期性的变化，上面螺孔轴向原始距离 δ_1 最小的连接螺栓Ⅰ从 0°旋转到 180°(下面)时，由于螺孔轴向距离增大，将会承受很大的拉伸力，转子每旋转 1 周，拉伸力就变化 1 次。若连接螺栓Ⅰ不变形，两半联轴器就带着转子沿轴向窜动一次，引起转子轴向振动，振动频率正好是转速频率。

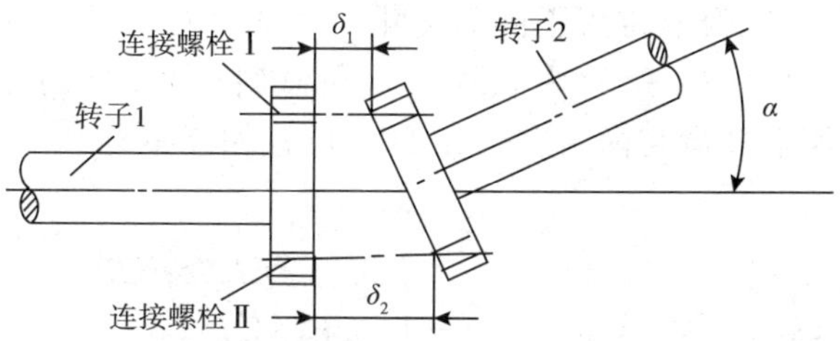

图 10－60　刚性联轴器轴向倾斜(角度不对中)引起的轴向振动

对于螺孔轴向原始距离 δ_2 最大的下面连接螺栓Ⅱ，当转子从 180°旋转到 0°(上面)时，由于螺孔轴向距离逐渐缩小，螺栓拉紧力也逐渐减弱，不存在迫使转子轴向窜动的力，故引起转子轴向振动的力主要来自螺孔轴向原始距离最短的连接螺栓Ⅰ。

(2)齿式联轴器

齿式联轴器属于半挠行联轴器，工作时允许两个外齿轮与带内齿的套筒(下称内齿套筒)之间有一定的轴向倾斜量和径向位移量，即联轴器运行时可以自动微调不对中量，因此优于刚性联轴器的工作性能，且允许转子不对中值较大，振动也较小，因而在大中型旋转机械上得到广泛应用。

齿式联轴器发生联轴器轴向倾斜时，将会在齿的接触面上形成一个轴向力，如图 10－61 所示。联轴器不对中时，内齿套筒与转子的轴线交角为 θ，当联轴器传递扭矩时，半联

轴器外齿齿面与内齿套筒上的齿面接触点的正压力 N，N 与内齿套筒上的内齿表面垂直，N 在轴向上产生一个分力 $N\sin\theta$，此分力将转子推向驱动端，直至转子上推力盘与推力瓦块相碰，碰撞后的转子又在反方向被弹回，如此反复，便会产生轴向振动。分力 $N\sin\theta$ 的变化周期就是传递力 N 的变化周期，转子每旋转 1 周，对某一啮合齿来讲，齿面接触点沿轴向前后来回滑动 1 次，滑动时将产生摩擦力和摩擦力矩。摩擦力矩可用下式计算

$$M_f = T\mu \tag{10-31}$$

式中　T——联轴器的传递扭矩；

μ——摩擦系数。

滑动的最大距离 a 取决于齿的厚度 $2h$、侧隙 δ 和倾斜角 θ，如图 10－61(b)所示。内、外齿在滑动过程将带着两半联轴器前后窜动(并带着转子窜动)，转子每转 1 周便产生 1 次轴向工频振动。

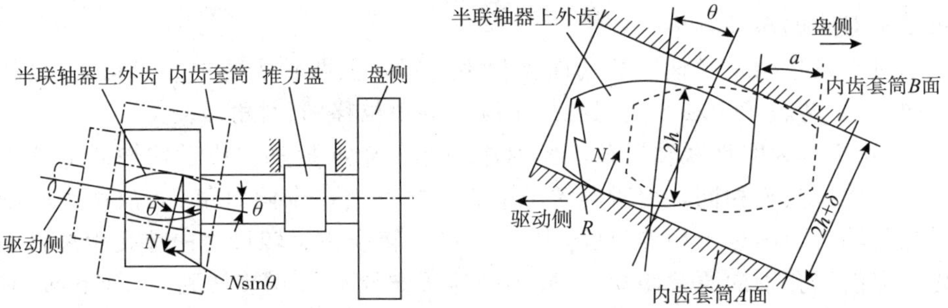

(a) 联轴器轴向倾斜时形成的轴向力　　(b) 联轴器上外齿与内齿套筒上内齿接触点的轴向距离

图 10－61　齿式联轴器轴向倾斜引起的轴向振动

由于啮合系数是随着啮合点位置不同而变化，因此每对齿形成的摩擦力在转子旋转过程中也是不相同的，图 10－62 所示为联轴器轴向倾斜(角度不对中)时摩擦力变化；图 10－62(a)所示为联轴器上外齿与内齿套筒在 D 点位置相互重合。

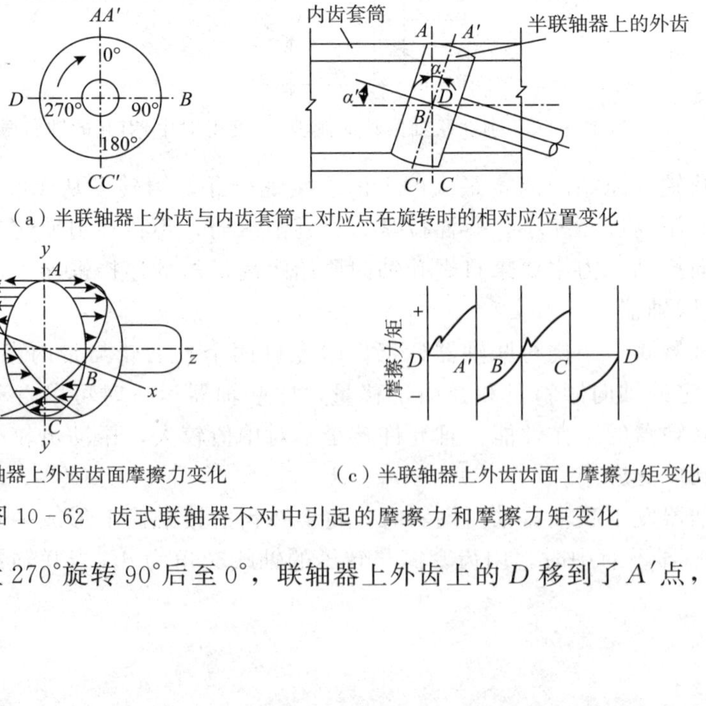

(b) 半联轴器上外齿齿面摩擦力变化　　(c) 半联轴器上外齿齿面上摩擦力矩变化

图 10－62　齿式联轴器不对中引起的摩擦力和摩擦力矩变化

转子由水平位置 270°旋转 90°后至 0°，联轴器上外齿上的 D 移到了 A'点，而内齿套筒

上的 D 点却移到了 A 点，亦即 A' 点相对于 A 点向右滑动了一段距离，因此作用外齿上摩擦力是向左方向，其值由小逐渐增至最大，如图 10－62(b)所示。转子继续旋转至 180°时，外齿上的 A' 点和内齿套筒上的 A 点均移至 B 点，因此外齿上 A' 点的滑动方向是向左的，而内齿套筒上的 A 点的摩擦力是向右方向的，所以在 0°位置上发生了滑动方向和摩擦力的突变。由此可知，转子每旋转一周，转子上某一点的摩擦力在 0°和 180°两个最大值位置上发生了两次方向突变，形成了两次冲击性振动，因此会引起 2 倍频振动，齿面上摩擦力矩的变化如图 10－62(c)所示。

由于齿式联轴器的刚度变化一般为非线性，即力与变形不成正比，因此在转子旋转过程中会激起 $n\omega$($n=1$，2，3，…)超谐波响应。

用齿式联轴器连接的两个转子即使是平行不对中，但在内齿套筒与联轴器上外齿之间仍有角度不对中现象，其振动特点主要表现为：

①采用齿式联轴器相邻的两个转子的质量若接近，则振动幅值较大的是离联轴器两端最近的轴承。

②轴不对中引起的轴向振动较大，表现是高次谐波，尤其是 2 倍频分量的幅值比正常情况时增大更为明显。

③离联轴器两端最近的轴承，径向振动相位差约为 180°。

④径向振动的频率成分实际上受多种因素的影响，随着不对中值的增加，离联轴器最近的轴承振动信号中，2ω、3ω、4ω…的超谐波响应幅值比基频 ω 增加的更快一些。

转子在运行过程中，其转子轴线之间存在径向位移时，齿式联轴器内齿套筒与半联轴器外齿组成移动副，不能相对转动，但是内齿套筒与半联轴器上外齿可以滑动做平面圆周运动，内齿套筒的质心便以轴线的径向位移量(Δy)为直径做圆周运动，如图 10－63 所示。联轴器内齿套筒的转动频率为转子旋转频率的两倍，即转子转动一周时，内齿套筒以径向位移量为直径做两次平面圆周运动。

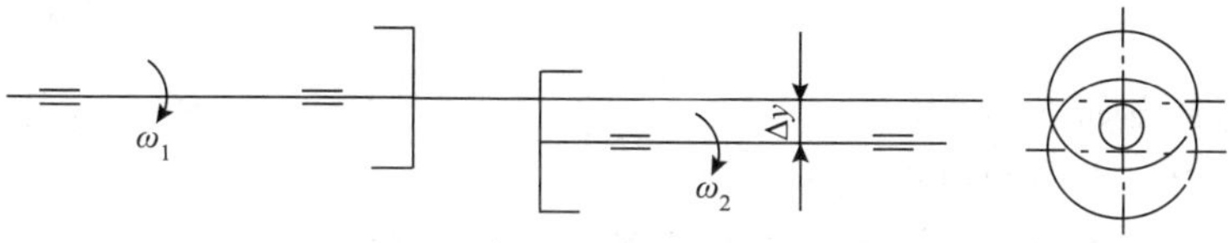

图 10－63　转子存在径向位移的振动

当两转子轴线存在轴向倾斜时，如图 10－64 所示，其回转角速度为：

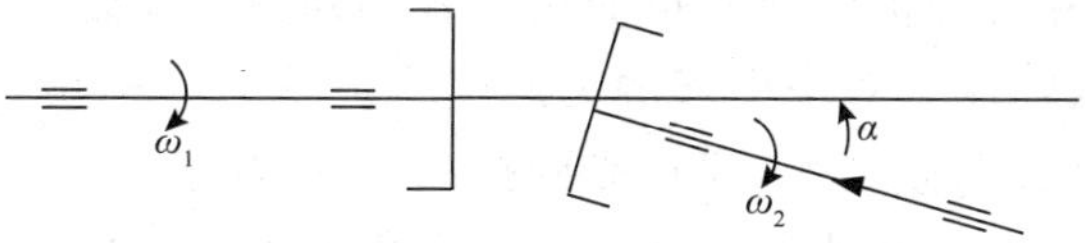

图 10－64　转子存在轴向倾斜角的振动

$$\omega_2=\omega_1\frac{\cos\alpha}{1-\sin^2\alpha\cdot\cos^2\varphi_1}\tag{10-32}$$

传动比：
$$i_{21}=\frac{\cos\alpha}{1-\sin^2\alpha\cdot\cos^2\varphi_1}\tag{10-33}$$

式中　ω_1——主动转子的回转角速度；

α——从动转子的轴向倾斜角；

φ_1——主动转子的转角。

当主动转子的回转角速度 ω_1 为常数时，从动转子的回转角速度 ω_2 并不是常数，而是倾斜角 α 和主动和转子转角 φ_1 的函数。当 $\varphi_1=0°$时或 180°时，$i_{21}=1/\cos\alpha$ 为最大；当 $\varphi_1=90°$时或 270°时，$i_{21}=1/\cos\alpha$ 为最小，如图 10-65 所示。即：

$$\omega_1\cos\alpha \leqslant \omega_2 \leqslant \omega_1/\cos\alpha$$

由此可知：当转子轴向发生轴向倾斜时，其传动比不仅是转子每回转 1 周变动 2 次，而且其变动的强度随倾斜角 α 的增大而增加，因而从动转子由于传动比变化所产生的加速度激励转子而发生振动，其径向振动频率亦为转子旋转频率的两倍。另外，由于齿式联轴器所产生的附加轴向力以及转子轴向倾斜的作用，从动转子以每回转 1 周为周期，在轴向往复运动 1 次，因而转子轴向振动的频率与回转频率相同。

(3)膜片式联轴器

膜片式联轴器是以连续环形膜片、分开的连杆和波形膜片为挠性元件的装置。膜片联轴器是在轴端的半联轴器与中间接筒之间用一组具有挠性的膜片来连接，如图 10-66 所示。

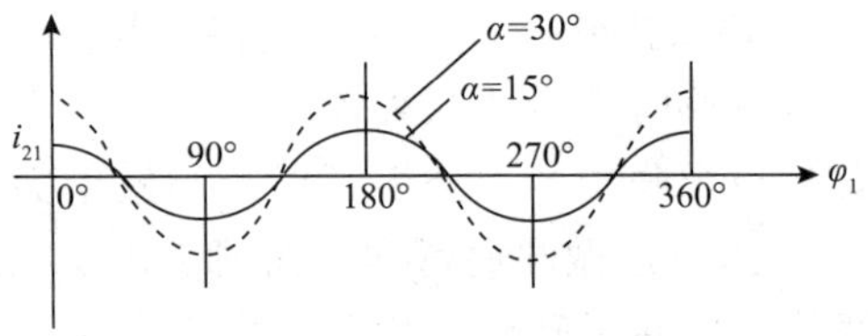

图 10-65　速比 i_{21} 的变化曲线

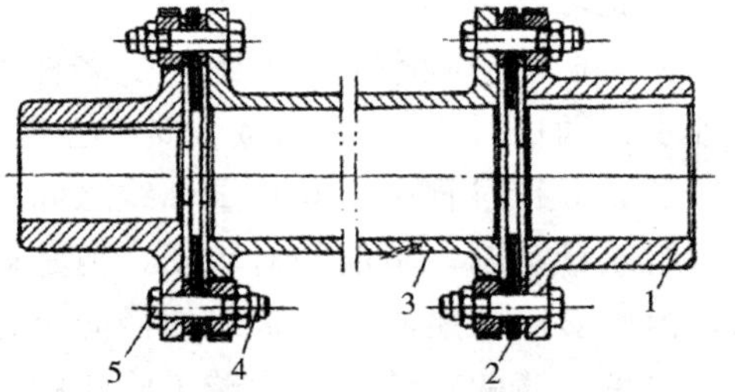

图 10-66　膜片式联轴器

1—半联轴器；2—膜片；3—中间接筒；4—螺母；5—精制螺栓

膜片联轴器具有如下特点：

①联轴器使用时无需润滑。

②对于连续环形膜片的轴端弯矩及加在轴承上的径向负荷是很低的；一般膜片式联轴器弯曲力矩是齿式联轴器的 1/7～1/10。由于弯曲力小，可减轻轴承负荷，提高轴承使用寿命。

③其使用不受功率和转速的限制，可应用于各种动力传动装置。

图 10-67 膜片式联轴器不对中引起的力矩变化。图 10-67(a)所示半联轴器与中间接筒之间存在角度不对中(轴向倾斜)，膜片受到扭曲，如果膜片圆周上有 4 个连接螺栓，当对应的一对螺栓(图中 A 线上的螺栓 1 和 4)在最大角度不对中中心线位置时，作用在膜片上的力矩具有最大值，膜片中产生的弯曲力矩 M_1 为：

$$M_1=K_1\delta_1R \tag{10-34}$$

式中　K_1——膜片在 A 点位置时的弯曲弹簧系数；

δ_1——膜片在 A 点位置的变形量，mm；

R——联轴器上螺钉孔与转子中心间的圆周半径，mm。

当连接螺栓 1 和 4 转过45°位置(即图中 B 线位置)时，因为连接螺栓不在最大不对中角度的中心线位置上，膜片上的连接螺栓力矩降至最低值。对联轴器圆周上布置 4 个螺栓孔膜片式联轴器，转子每旋转 1 周，力矩脉动 4 次，如图 10 - 67(b)所示。弯矩使膜片产生弯曲应力，而且轴每旋转一周应力循环交变一次。膜片式联轴器的失效原因主要是膜片和连接螺栓在交变循环，复合应力作用下的疲劳所致，而不是因为膜片传递扭矩能力的不足。图 10 - 67(b)所示为中心连接螺栓上的力矩变化。

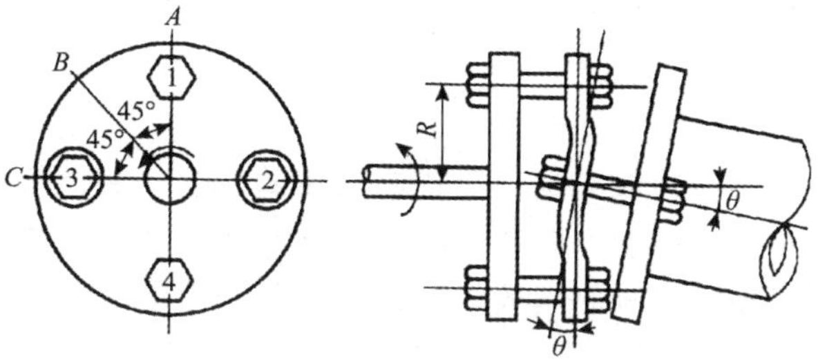

(a) 膜片联轴节的不对中状态

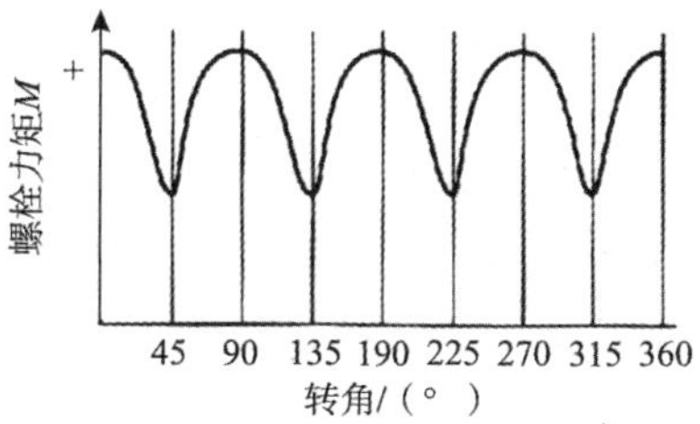

(b) 轴旋转时的力矩变化

图 10 - 67　膜片式联轴器不对中引起的力矩变化

5. 转子不对中故障的监测方法

转子不对中故障的监测方法有静态测量法和动态测量法两种。

(1)静态测量法

①百分表检查法：在机组停机状态下，根据机组冷态时所要求的安装曲线(冷态线)，用百分表法(单表法、双表法及三表法)，检测机组联轴器轴对中情况。其特点是操作简单，广泛用于机组冷态下的轴对中找正。

②激光对中仪检查法：在机组停机状态下，用激光对中仪检查联轴器轴对中情况。其特点是可直接测量出联轴器轴对中值，但价格昂贵。

图 10 - 68 所示为激光对中仪进行机组轴对中时的安装位置。激光对中仪运用同轴、反射式激光检测原理进行轴对中。将激光变送器、反射器(接收器)，用链式托架分别安装在基准机器和调整机器的联轴器或轴上。变送器上的半导体二极管发出一束红色光线，可见激光波长 635～675nm，光束直径约为 5mm 的 GaAlAs(镓铝砷)半导体激光束照射在反射器上，反射器上的反射激光束反射回变送器上的位置探测器上。

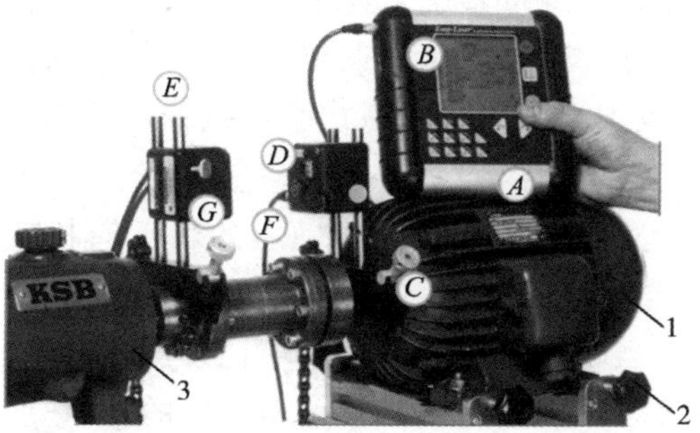

图 10 - 68　静态机组轴对中时激光对中仪安装位置

A—微处理机；*B*—显示屏；*C*—固定链条螺钉；*D*—棱镜；*E*—调整架；*F*—电缆；*G*—发射器；
1—驱动机；2—调整螺钉；3—被驱动机

当旋转转子检测时，转子的任何不对中状况都会引起光束改变其在探测器上的位置，每旋转 90°都会自动记录激光束的准确位置。变送器通过电缆直接把所测量的数据传递到控制器，控制器的显示屏上显示所计算的结果，显示出转子的轴向和径向偏差值，并能显示出调整机器的软支座修正值，还能显示出各支座的调整量及调整方向。激光对中仪分辨率为 $1\times10^{-4}\mu m$，精确度<2%，量程范围±2.5mm。

③联轴器外观检查法：在机组停机状态下，检查齿式联轴器轮齿磨损、裂纹及过热情况；检查膜片式联轴器挠曲疲劳情况。其特点是检查故障直观，可作为轴不对中故障综合诊断的辅助检查方法。

(2)动态测量诊断方法

①振动诊断法：利用振动信号诊断转子不对中故障是当前普遍采用的方法。振动信号诊断转子不对中故障主要是从振动频率、相位、振动方向和轴心轨迹等特征上进行故障识别。其特点是反映故障信息灵敏，但在机组振动影响因素较多时，不易判别故障类型。其频率特征为：

a)具有较高幅值的 2 倍转速频率成分；

b)具有明显的轴向振动；

c)在轴向振动频率中具有较高幅值的转速频率成分或 2 倍转速频率成分。

②激光对中仪检查法：将两个激光对中仪分别架设在联轴器两端轴承座的水平和垂直方向上，测量轴承座在热态下的相对变形量(不对中值)。其特点是测量精度、分辨率均较高，测量距离和量程范围较宽(测量距离可达 9m)，利用微机、分析、联网均较方便，但价格昂贵，激光易受工作环境和机器振动的干扰。

③电涡流绝对值测量法：它是将一个独立的支架固定在联轴器附近的地板上，支架上部在联轴器的同一水平高度上有两个测量分支管，分支管的轴向位置上设置 1～2 测量截面，每一个截面上都有一个固定卡具，分别固定垂直方向和水平方向两个电涡流探头。在两半联轴器的两端驱动机和被驱动机轴承座水平结合面上各固定一根测量杆，测量杆的测量截面上带有测量块，测量块应尽量靠近涡流探头，分别测量转子或轴承座在热态下的绝对变形量及联轴器两端的相对变形量(不对中值)。

其特点是安装方便，可测量机器动态下的绝对变形量和相对变形量。易实施在线监测，目前已在石化行业烟气轮机上应用。

④Dodd 棒测量法。Dodd 棒测量系统主要由 4 个电涡流传感器、变换器和相应的供电及处理电路、测量棒、传感器安装棒、微机系统、冷却系统、计算处理软件等组成。

Dodd 棒测量法的基本原理为：测量时，在驱动机轴承箱托架端面上固定一根测量棒，在测量棒上沿轴向方向前后一定距离划分出 2 个测量截面，每个测量截面的水平方向和垂直方向各装有 1 个电涡流传感器探头。在被驱动机的轴承箱托架上固定 1 根被测量棒(截面为方形)，与测量棒并行布置，使其水平方向和垂直方向测量面与测量棒上的涡流探头靠近，形成非接触式测量。当联轴器两端的轴承箱托架由于热膨胀等原因发生平行位移和轴向倾斜时，涡流探头就可以分别监测出两轴承箱托架的相对变化量。因为测量棒与联轴器平行固定布置，如果忽略轴承油膜厚度，两轴承箱托架的相对变化量就是机组热态(动态)轴不对中值。

⑤轴承油膜压力测量法。利用轴承油膜压力对轴承标高变化反应敏感的特点，根据测量油膜压力，推出轴承负荷和标高的变化。其特点是轴承应安装油膜压力测量装置或顶轴

油泵压力测量装置。它只能用于定性分析。

采用轴承油膜压力测量法监测转子不对中故障时，测量转子在运行状态时的油膜动态压力时，只要按图 10-69 所示在三通上安装关闭阀 4、压力传感器 5 和动态应变仪 6，便可监测到轴承油膜的静态和动态压力。当转子运行时出现油膜压力增大，就意味着轴颈与下轴承衬表面之间的间隙 δ_1 减小，就说明该轴承标高增大，轴颈与上轴承衬表面之间的间隙 δ_2 增大。反之，就意味着轴颈与下轴承衬表面之间的间隙 δ_1 增大，说明轴承标高下降，轴颈与上轴承衬表面之间的间隙 δ_2 减小。为了能测量转子在运行状态时的油膜动态压力，只要在图中压力表附近安装一支管，装上压力传感器和动态应变仪，就可以监测出轴承油膜的动态或静态压力。

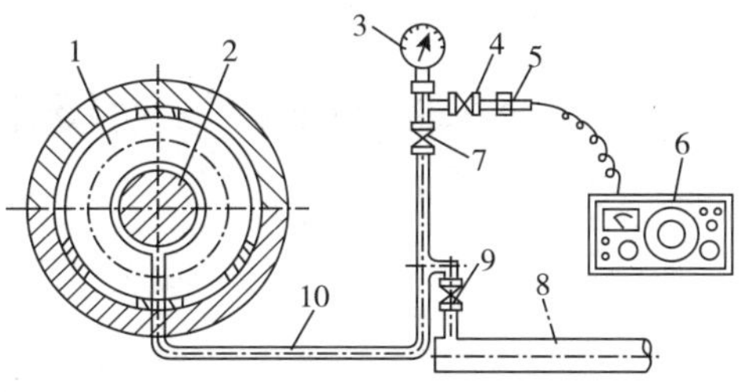

图 10-69　轴承油膜压力测量法

1—滑动轴承；2—轴颈；3—压力表；
4—关闭阀；5—压力传感器；6—动态应变仪；
7—泄压阀 8—油系统总管；
9—截止阀；10—顶轴供油管

由于大型汽轮发电机组或大型离心式压缩机组转子在盘车时所需要的启动转矩大，为减少盘车电动机的功率，避免轴瓦与轴颈发生干摩擦，在大型汽轮发电机组或大型离心式压缩机组中均设有高压油顶轴装置。在机组启动盘车装置之前，利用顶轴油泵向支持轴承顶轴油孔供入高压油，将转子顶起 0.02～0.04mm(或符合制造厂技术文件规定的顶起数值)，以降低转子启动时的摩擦力矩，同时减少轴瓦的磨损，并可避免转子产生热弯曲。要求各轴承顶轴油孔的油量应均匀，并要求通向每一轴承的顶轴油管上装设单向节流阀。

⑥百分表法。采用百分表法复查机组轴热对中时，按图 10-70 所示在驱动机轴承箱托架上固定具有足够刚度的表架，并在表架的水平与垂直方向各装 1 块百分表，将百分表触头触在被驱动机轴承箱托架上。在机组启动前将百分表读数调至零，启动后直至运行正常，垂直方向百分表上指针变化值，即为驱动机与被驱动机两轴承由冷态线到热态线的相对位移值，便可与机组冷态轴对中安装曲线进行比较，判断机组轴是否达到了热态线的要求。为了保证百分百读数的可靠性，应在机组停机时复查转子由热态线到冷态线百分表的变化值，其变化值应符合制造厂技术文件的规定。

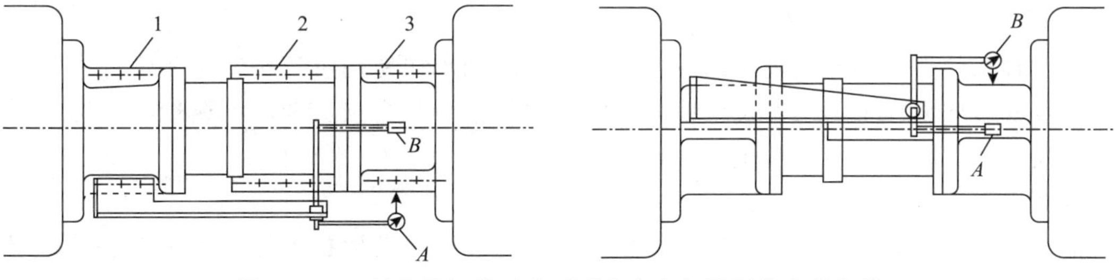

图 10-70　复查机组热对中时百分表支架及百分表的架设

1、3—轴承箱托架；2—联轴器护罩；
A—水平方向百分表；B—垂直方向百分表

测量时，水平方向的百分表指示值，无论在启动或停机时均应无变化，否则说明管道在热态下附加应力增加，若管道附加应力增加过大时，应采取措施消除，并重新进行机组轴对中。再按上述方法检查机组轴对中情况。但这种测量方法时间较长，易产生意外使百分表指示值移动，应采取措施加以保护防止意外发生。这种方法所测百分表读数并不是转子本身的位移量，会有一定的误差。

三、滑动轴承故障诊断技术

1. 滑动轴承的工作原理

如图 10－71 所示，当转子由静止转为以 ω 角速度旋转时，在轴颈与轴承之间收敛间隙中流动着的润滑油动压油膜将转子托起，从而防止了轴颈与轴承巴氏合金层表面的干摩擦与碰撞。产生流体动压力的原因是：当轴颈相对于轴承运动时，若从上面大间隙进入的油量大于下面小间隙流出的油量，则收敛油楔中的油因受挤压而使动压力立即增大，从而使流进油的速度减慢，流出油的速度增加，以此维持轴承流入和流出的油量相等，便符合流量的连续性。故收敛油膜亦称油楔，油膜之所以能承受一定的外载荷，是由于能产生流体动压力，托起的轴颈被推向一边，在正常情况下，轴颈处于轴承中心的一个偏心位置上稳定运行。两中心连线 OO' 的长度 e 称为偏心距，OO' 连线与外载荷 W 的作用线之间的夹角 θ 称为偏心角。每个偏心距 e 都反映一定的油楔形状，并一一对应着一定的外载荷 W 和偏心角 θ，且偏心距 e 越大，最小油膜厚度 $h_{\min}$ 越小，承载能力就越大。

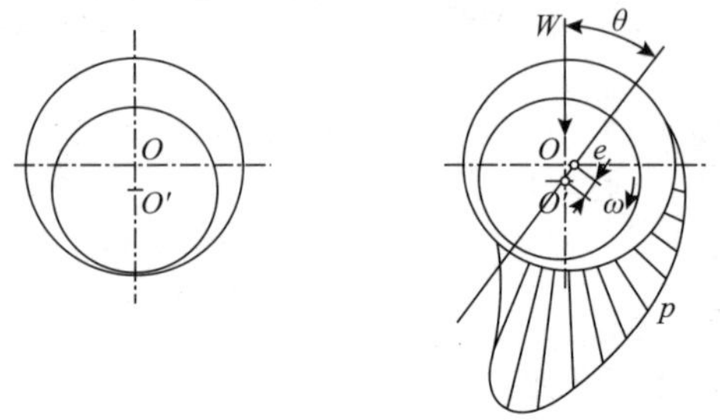

（a）轴颈静止时的位置　（b）收敛油膜

图 10－71　动压油膜形成的原理

对滑动轴承而言，动压油膜不仅是载荷的传递体，而且也是避免轴颈与轴承巴士合金层直接接触的中介物质。油膜的性质和工作状态将严重影响滑动轴承的运行品质。由于油膜的形成和性质不仅与轴承结构形式有关，还与工作条件(如转速)、供油系统(如油的种类和供油量)及环境因素(如温度、尘埃等)有关。这一切就决定了滑动轴承故障诊断的特殊性和复杂性。

2. 滑动轴承失效形式及故障形式

(1)滑动轴承的失效形式

滑动轴承的失效是导致故障的主要原因。滑动轴承在使用过程中，由于设计参数、制造工艺及安装质量、工作条件及环境的影响，往往会引起磨损、疲劳、腐蚀、气蚀等多种形式的失效，使轴承不能继续正常工作。

①磨损失效

滑动轴承零件的磨损是一种表面损伤现象，它可以缓慢地也可以急速地发展。磨损失效的类型如下：

a)按磨损机理不同，滑动轴承的磨损可分为磨粒磨损、粘附磨损。

磨粒磨损：滑动轴承巴氏合金层表面与硬质颗粒发生摩擦的过程中引起的表面划伤或巴氏合金脱落的现象。

黏附磨损：当轴承巴氏合金层表面与轴颈表面在压力作用下接触并作相对滑移时，峰部局部接触产生局部高压而导致冷焊黏合。发生黏合的表面做相对运动时，由于黏合强度可能高于巴氏合金的强度，从而在轴承巴士合金层的某一深度发生撕裂破坏形成黏附磨损。

b)按磨损形态不同，滑动轴承的磨损又可分为早期磨损、正常磨损、伤痕、异常磨损和咬粘等。

正常磨损：在规定使用期限内，滑动轴承的正常磨损量逐渐积累并超过了规定的极限而不能继续使用。

其特征为：轴颈与轴承的配合间隙逐渐增大，轴承承载能力逐渐减弱，当磨损过大时将发生振动、噪声，磨损速度也大大加快。

伤痕；由于异物的作用，在滑动轴承巴氏合金层表面形成点状凹坑或沿轴向分布形成形状痕迹和拉槽。

其特征是：它是一种不均匀磨损，凹坑和拉槽使油膜变薄或破坏，从而导致轴承过快磨损而失效。

异常磨损：由于转子安装时轴线倾斜，负载偏载，轴承衬背与轴承座孔接触不良或有硬质点及污物、转子或轴承座的刚性不良等原因，造成轴承巴士合金层表面严重损伤。

其特征为：轴承承载不均、局部磨损大、轴承温度升高、影响油膜的形成，从而使轴承过早失效。

咬粘：由于轴承温度过高，使巴士合金层软化，或在高负荷、偏载、轴承间隙过小时启、停机组，使轴颈与巴士合金层直接局部接触，均会产生咬粘现象。

其特征为：进、出轴承的油路堵塞或机组停止运行。

②疲劳失效

a)滑动轴承疲劳失效的原因和机理

(a)轴承巴士合金层表面受到交变应力的作用而产生疲劳失效

正常使用条件下的轴承，变化着的负载通过油膜传递到轴承巴士合金层表面，由于油膜压力的作用，在轴承巴士合金层表面产生往复作用的拉应力、压应力和剪切应力，从而萌发裂纹；另外，由于油膜破坏使轴承巴士合金层表面咬粘而产生的伤痕将会形成新的裂纹源。这些裂纹在轴承工作中不断扩展，最后形成疲劳破坏。

(b)铅相腐蚀和渗出形成疲劳源，在交变应力作用下形成疲劳失效。

这种失效常在铜铅合金轴承中见到。由于润滑油中混入水和重油，产生铅相被腐蚀而渗出，只留下铜的枝晶晶粒，强度降低并形成疲劳源。在油膜的交变载荷作用下产生变形，并以铅渗出后的空隙作为裂纹进行扩展，最终形成疲劳破坏。

(c)热应力引起的疲劳失效。

由于轴承工作时产生的摩擦热和咬粘现象，轴承巴氏合金层表面温度升高产生热应力，导致裂纹萌生和扩展，形成疲劳剥落。

b)疲劳失效特征

滑动轴承疲劳失效的特征是：首先产生裂纹，继而裂纹扩展，最终形成疲劳剥落。剥落坑呈大小不一的块状，有时呈疏松的点状，有时呈虫孔状。

③腐蚀失效

a)腐蚀失效的原因和机理

滑动轴承的腐蚀主要由于环境介质与轴承巴士合金层表面间产生的化学反应所引起，

并在轴承巴氏合金层表面形成氧化膜或其他化学反应产物，导致滑动轴承失效。常见的轴承腐蚀失效有 3 种：

电解质腐蚀：由于表面金属被溶解或在表面形成硬而脆的氧化膜，在载荷作用下崩碎剥离，从而在轴承表面形成受酸、碱、盐水溶液腐蚀而产生的麻点。

有机酸腐蚀：它们来自润滑油被氧化等。

其他的腐蚀：如寄生电流通过潮湿的轴承巴氏合金层表面产生腐蚀；润滑油中硫化物与轴承中的银和铜元素生成硬而脆的硫化膜；以及工作环境对轴承的污染腐蚀等等。

b)轴承腐蚀失效的特征

轴承巴氏合金层表面上的氧化膜、硫化膜在变载下剥落，轴承巴氏合金层表面变粗糙，剥落物混入轴颈与轴承运动表面间隙之中，起磨粒磨损作用，同时润滑油中也常混有腐蚀产物。

④气蚀失效

a)气蚀失效的原因和机理

滑动轴承在重载、高速运行的情况下，轴承巴氏合金层表面与轴颈表面间的油膜压力降到润滑油蒸气压以下时，会形成小的油蒸气气泡，若随后润滑油压力升高或气泡跑到压力较高的区域，气泡消失，气泡周围的润滑油迅速地补充到原气泡处，形成一个压力波冲击原先气泡附近的轴承表面，该压力波的作用面积很小但量值很高，使轴承巴氏合金层表面受到强烈的冲击，引起轴承表面塑性变形，改变了轴承的受力状态而使工作应力升高，最后导致轴承巴氏合金层表面的局部剥落，这种现象称为气蚀。

在高速轴承的油孔、油槽以及轴承水平中分面结合处，油流发生强烈的涡流或断流，易发生气蚀。

润滑油黏度下降或油中混油空气、水分，也容易发生气蚀。

b)气蚀失效的特征

气蚀使轴承巴氏合金层表面出现不规则的剥落，一般较轻微，而其他部位没有磨损和腐蚀的迹象。

3. 油膜涡动与油膜振荡

(1)油膜涡动

如果转子轴颈主要是由油膜力的激励作用引起的涡动，则转子的涡动角速度近似为转子工作转速的二分之一，即 $\Omega=\frac{1}{2}\omega$，所以称为半速涡动。油膜激振力引起的半速涡动是正向涡动运动(即与转子的旋转方向相同)，运动机理可以从轴承中油流的变化来理解。

轴颈在轴承中偏心旋转时，形成进口断面大于出口断面的油楔，油液进入油楔后压力升高，如果轴颈表面线速度很高而载荷又很小，油楔力大于轴颈载荷，此时油楔压力升高不足以将收敛性油楔中的流动的油降得较低，则轴颈从油楔间隙大的地方带入的油量大于从间隙小的地方带出的油量，由于液体的不可压缩性，多余的油就要将轴颈推向前进，形成了与转子旋转方向相同的涡动运动，涡动速度就是油楔本身的前进速度。

图 10－72 所示为轴颈半速涡动的形成。当转子旋转角速度为 ω 时，因为油具有黏性，所以轴颈表面的油流速度与轴颈线速度相同，均为 $r\omega$，而在轴承巴士合金层表面处的油流速度为零。为分析方便，假设间隙中的油流速度呈直线分布，如图 10－72 用实线所示三角形速度分布。在油楔力的推动下转子发生涡动运动，涡动角速度为 Ω，如果在 dt 时间内

轴颈中心从 O_1 点涡动到 O' 点，轴颈上某一直径 $A'B'$ 扫过的面积为 $2r\Omega e\mathrm{d}t$，此面积亦即为轴颈掠过的面积，即图中有阴影部分的月牙面积，这部分面积就是油流在油楔进口 AA' 断面间隙与出口 BB' 断面间隙中的流量差。假设轴承宽度为 l，轴承两端的泄油量为 $\mathrm{d}Q$，根据流体连续性条件，在 $\mathrm{d}t$ 时间内油液从油楔进口流入的油量与出口流出去的油量应相等，则可得

$$r\omega l\frac{C+e}{2}\mathrm{d}t=r\omega l\frac{C-e}{2}\mathrm{d}t+2rl\Omega e\mathrm{d}t+\mathrm{d}Q \tag{10-35}$$

由此式解得

$$\Omega=\frac{1}{2}\omega-\frac{1}{2rel}\frac{\mathrm{d}Q}{\mathrm{d}t} \tag{10-36}$$

当轴承两端泄油量 $\frac{\mathrm{d}Q}{\mathrm{d}t}=0$ 时，可得

$$\Omega=\frac{1}{2}\omega \tag{10-37}$$

以上即为形成半速涡动的原因。实际上，涡动频率通常低于转速频率的一半，其原因为：

①在收敛区入口的油流速度由于受到不断增大的压力作用将会逐渐减慢，而在收敛区的出口的油流速度在油楔压力作用下将会增大。这种附加作用与轴颈旋转时引起的直线速度分布相叠加，使得图 10－72 中 AA' 断面上的速度分布线向内凹时，BB' 断面上的速度分布线向外凸出(如图中的虚线所示)，实际与假设速度分布上的差别使驱动轴颈涡动的速度下降。

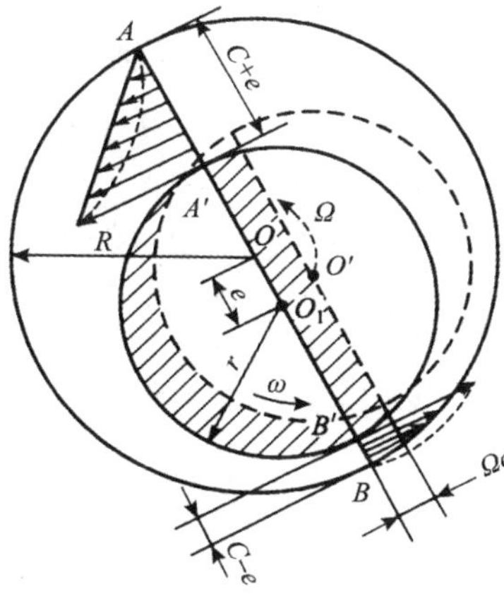

图 10－72　轴颈半速涡动的形成原因

②轴承中的压力油不仅被轴颈带着做圆周运动，还有部分润滑油从轴承两侧泄出，用于带走轴承工作时产生的热量。当有润滑油泄漏时，$\frac{\mathrm{d}Q}{\mathrm{d}t}\neq0$，涡动频率即为：

$$\Omega<\frac{1}{2}\omega \tag{10-38}$$

通常涡动频率总是小于回转频率之半，据统计分析，涡动频率为回转频率的 42%～48%之间，即 $\Omega=(0.42\sim0.48)\omega$，这是由于轴颈表面比轴承巴士合金层表面光滑以及轴承中润滑油的端泄等原因影响的结果。

有些高速轻载轴承由于其结构不良，半速涡动早在较低的转速下已经发生，在振动频率上出现了低于工频的亚同步频率成分。在半速涡动的初期阶段，由于油膜具有非线性，抑制了转子的涡动幅度，使涡动幅度保持稳定，轴心轨迹为一封闭的图形(见图 10－73)，转子仍能平稳地工作。

图 10－73　涡动幅度稳定和轴心轨迹

(2)油膜振荡

①油膜振荡故障的形成

随着转子回转频率的增加，油膜涡动频率也增加，两者保持一个近乎不变的恒定比，

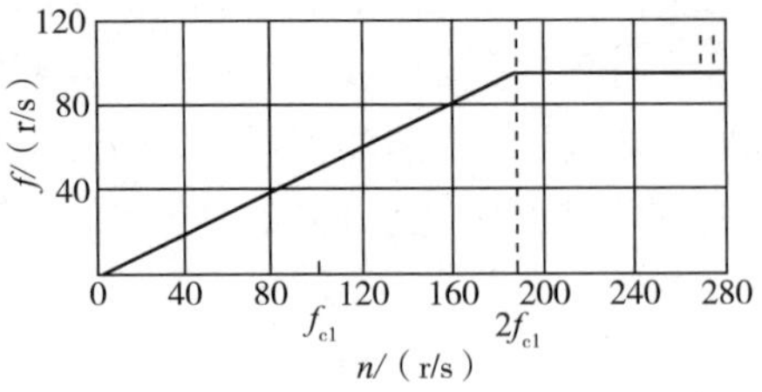

图 10－74　回转频率与振动的关系

即约为 50%。但当转子回转频率约为其一阶临界回转频率 f_{c1} 的 2 倍时，随着转子回转频率的增加，涡动频率将保持不变，且等于转子的一阶临界回转频率，如图 10－74 所示。在图上出现一个“平台”，振动频率与转子回转频率无关，出现强烈的振动现象，即所谓油膜振荡。产生强烈振动的原因是油膜涡动与系统共振两者共同作用、相互促进的结果，因而这种振动也称为共振振荡。显然，这是一种更危险的振动。

图 10－75 所示为三种不同载荷下油膜振荡频率与幅值随转速的变化情况。图 10－75(a)所示为轻载转子在转子第一临界转速 ω_{k1} 之前就发生了不稳定的半速涡动，但不产生大幅振动，当转子转速达到 2 倍第一临界转速时，开始发生油膜振荡。图 10－75(b)所示为中载转子，轴瓦失稳在转子第一临界转速之后才发生，且当转子转速高于两倍第一临界转速 ω_{k1} 的某一转速时，振幅增大并且不随转速的增加而改变，即发生油膜振荡。图 10－75(c)所示为重载转子，因为轴颈在轴承中相对偏心率较大，转子的稳定性好，低转速时并不存在半速涡动现象，甚至转速在稍高于 2 倍临界转速 $2\omega_{k1}$ 时还未发生很大的振动，只有当转子转速升高到某一值时，才突然发生油膜振荡而不经过半速涡动。出现涡动后，如果降低转子工作转速，当 $\omega=2_{k1}$ 时，油膜振荡才消失，这种现象称为油膜振荡的惯性效应，如图 10－75(c)所示。

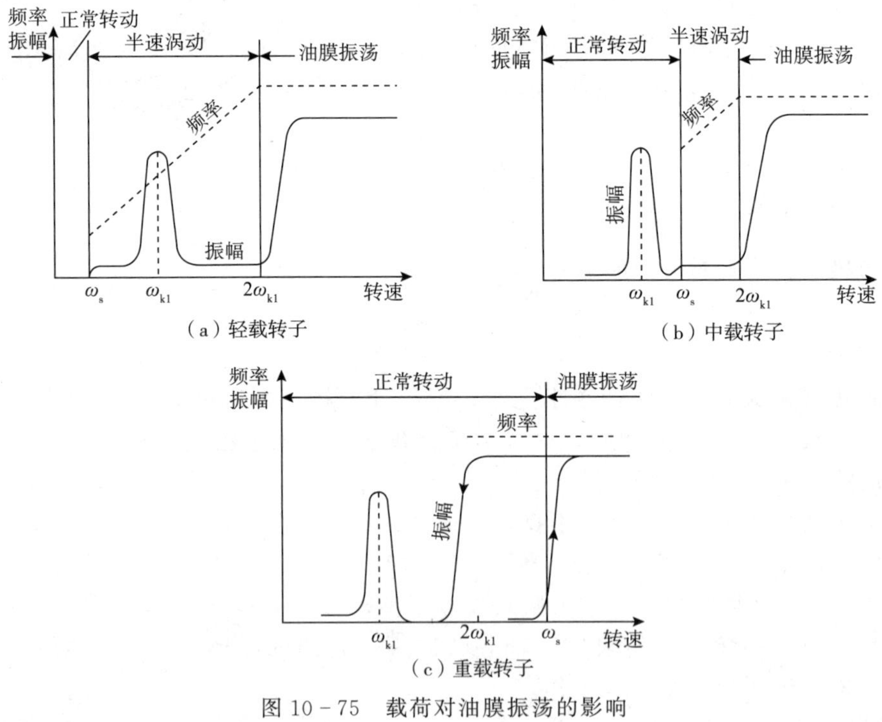

图 10－75　载荷对油膜振荡的影响

②油膜振荡的特征

一般来讲，在油膜振荡的形成和发展过程中，转子振动有如下的频谱特征：

a)当转子支承系统出现半速涡动时，振动的频率成分中 $0.5f_r$ 频率成分很大，且 $0.5f_r$ 与 f_r 的比值随转速的变化而变化。从实验中发现，若仅仅是半速涡动，$0.5f_r$ 与 f_r 的比值在(0.3～2.0)范围内，若比值超过 2.0，则将很快发展成油膜振荡。

b)当出现油膜振荡时，振动的主要频率成分的频率近似地等于 f_c(转子系统的第一阶临界转速频率)。实验结果表明，出现油膜振荡故障时，f_c 与 f_r 之比大于 2.0。

图 10－76 所示为是在实验室测得的油膜涡动和油膜振荡故障的振动频谱。

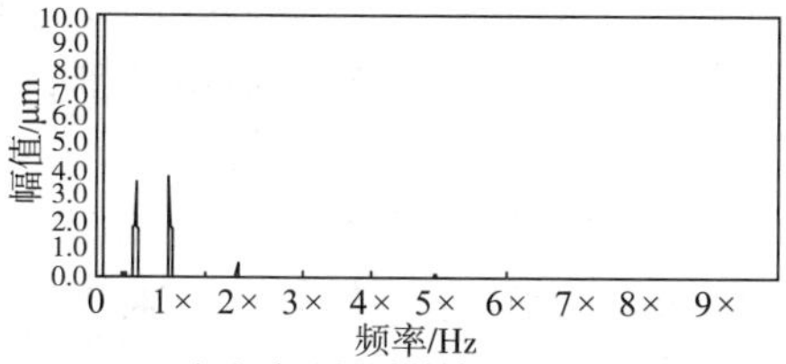

(a)半速涡动故障下的幅值谱

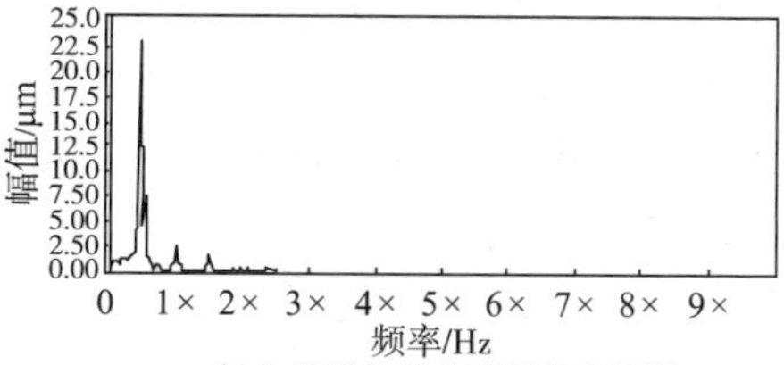

(b)油膜振荡故障下的幅值谱

图 10－76　半速涡动和油膜振荡故障下的幅值谱

③振动时域波形特征

转子系统发生半速涡动和油膜振荡故障时，振动信号时域波形会发生畸变，在工频的基波上叠加低频成分，有时低频分量占主要地位。图 10－77(a)所示为转子系统正常情况下的时域波形；图 10－77(b)、(c)所示为在实验转子上测得的半速涡动和油膜振荡的振动信号时域波形。图 10－77(b)、(c)与图 10－77(a)相比具有明显的差异。

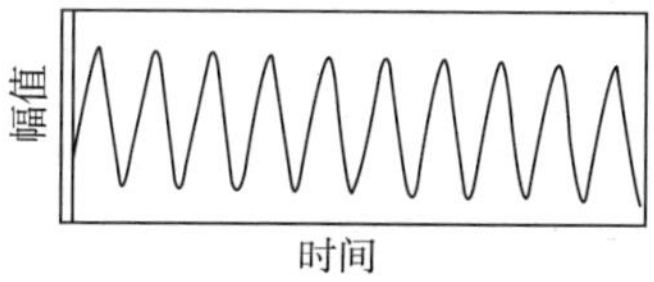

(a)正常情况下的时域波形

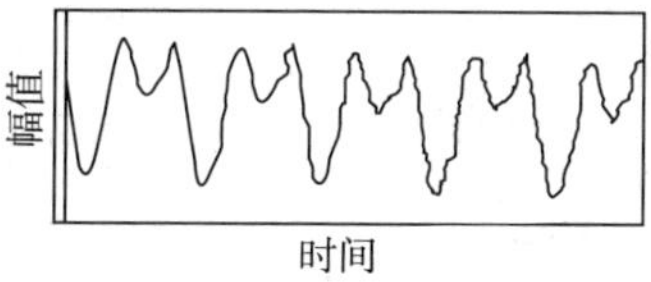

(b)油膜涡动故障时的时域波形

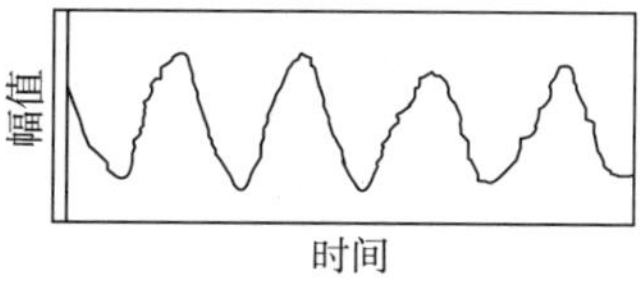

(c)油膜振荡故障时的时域波形

图 10－77　转子系统发生半速涡动和油膜振荡故障振动信号时域波形

④轴心运动轨迹特征

当转子系统发生油膜振荡故障时，转子涡动方向与转子旋转方向相同(即正向进动)，轴心运动轨迹呈花瓣形，如图 10－78 所示。

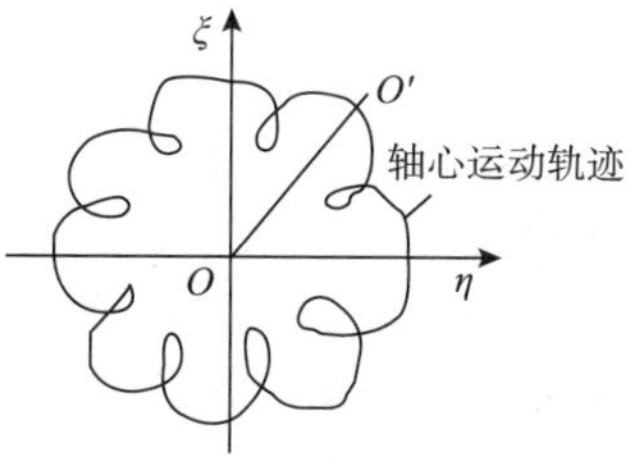

图 10－78　转子系统发生油膜振荡时的轴心运动轨迹

4. 油膜振荡的防治措施

(1)避开油膜共振区域

机器设计时应避免转子工作转速在 2 倍一阶临界转速区域运行。因为这样很容易造成油膜不稳定引起的涡动频率与转子轴系自振频率相重合，从而引起油膜振荡。对于挠性转子，一般除了要求工作转速应避开 2 倍一阶临界转速外，还应尽可能使转子工作转速在第二阶临界转速以下，以提高转子稳定性。

(2)增加轴承比压

轴承比压是指下轴承衬表面上单位面积所承受的载荷 $\bar{P}$，即

$$\bar{P}=\frac{P}{2dl} \tag{10-39}$$

式中　P——轴承载荷，N；

D——轴颈直径，mm；

l——轴承宽度，mm。

一般轴承比压为：椭圆形轴瓦比压可达 1.2～2.0MPa，甚至达 2.5MPa；多油楔轴承比压可达 2.0～3.0MPa；可倾瓦轴承比压可达 4.0MPa。

增加比压值等于增大轴颈的偏心率，提高油膜的稳定性。重载转子之所以比轻载转子稳定，就是因为重载转子偏心率大，质心低，比较稳定。因此，对一些引起油膜失稳的转子，可用车削方法将轴承宽度减小，或在轴承下瓦开环向沟槽，以减小轴颈与轴瓦的接触面积，改善油楔内的油压分布等，以增大轴承比压，提高转子的稳定性。

(3)减小轴承间隙

试验表明，若减小轴瓦间隙，则可提高发生油膜振荡的转速。其实减小轴承间隙，就相对增大了轴承的偏心率。各类轴承间隙应符合制造厂技术文件的规定。

(4)改变轴承内孔形状

改变轴承内孔的形状，可以加大轴承各段圆弧相对轴的偏心率，同时将油膜分隔成不连续的多段，形成多个油楔，如图 10－79 所示。多油楔轴承将油楔分隔成四个，其油楔角度为 45°，转子旋转时四个油楔都建立油膜，油膜压力作用在轴颈的四个方向上。当负荷与转速发生变化时，轴颈上、下压差变化相对较小，且瓦块能自由摆动，故不易发生油膜振荡。

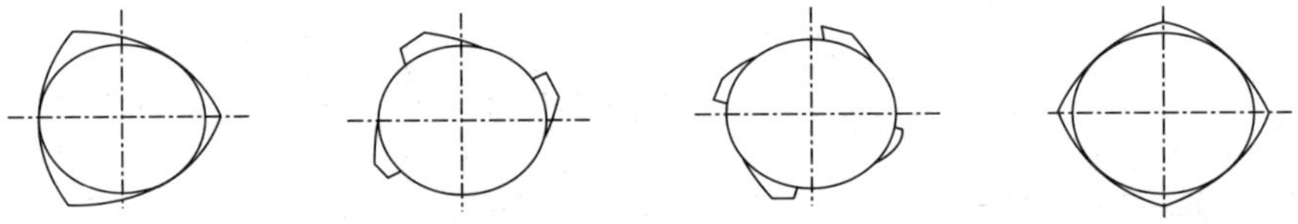

(a) 三油楔轴承　(b) 三油叶轴承　(c) 四油叶轴承　(d) 四油楔轴承

图 10－79　多油楔轴承示意图

(5)选用抗振性能好的轴承

从轴承结构形式分析，可倾瓦轴承在稳定性、承载能力和功耗等性能方面均居各径向轴承之首，四油楔轴承、三油楔轴承和椭圆形轴承次之，圆柱形轴承最差。因此应选用稳定性好的可倾瓦轴承、四油楔轴承、四油叶轴承，其瓦块可以绕支点摆动，每个瓦块只形成收敛油楔，因而不会产生失稳分力。这种结构具有良好的缓冲作用和振动阻尼，所以可以有效地阻止油膜振荡。因此，解决油膜振荡的根本措施是设计结构合理的滑动轴承。

(6)调整油温

润滑油的黏度越大，油分子间的凝聚力越大，轴颈旋转时所带动的油分子越多，油膜厚度越厚，轴颈就容易失稳。降低润滑油黏度最有效的办法是适当提高轴承进油温度，以增加轴颈在轴承中的偏心率，有利于轴颈稳定。

四、转子与静止部件摩擦的故障诊断

旋转机械转动部件与静止部件发生的摩擦，称为动静摩擦。引起动静摩擦的主要原因是转子不平衡量过大、装配质量不佳、转子弯曲、动静间隙调整不当、机组轴对中不良、动静部件变形或损坏以及振动过大。

1. 转子碰摩的类型

旋转机械中，按摩擦部位可分为径向碰摩、轴向碰摩和组合碰摩三种类型。转子的外缘与静止部件接触而引起的摩擦称为径向碰摩，如密封齿与转子、轴颈与滑动轴承之间的摩擦、叶轮外缘与密封环之间的摩擦等；转子在轴向与静止部件接触而引起的摩擦称为轴向碰摩，如叶轮与隔板、机体之间的摩擦以及推力盘与推力轴承的摩擦等；既有径向摩擦又有轴向摩擦的碰摩称为组合碰摩。

2. 转子与静止部件的径向碰摩

在旋转机械中，按转子在旋转 1 周内与静止部件的接触情况可分为整周碰摩和部分碰摩。转子在旋转 1 周中只有部分弧段与静止部件碰摩点保持接触，称为局部碰摩；转子在旋转 1 周中始终与静止部件碰摩点保持接触，称为整周碰摩。

(1)局部碰摩的故障特征

图 10－80 所示为转子发生局部碰摩的受力分析。当转子高速旋转与静子碰摩时，作用于转子上的反弹力和摩擦力均很大。脱离碰摩后的瞬间，转子的振动为横向自由振动，振动频率为一阶或多阶转子自振频率。横向自由振动响应与转子旋转运动、强迫进动运动叠加在一起，形成一种复杂的转子振动形态。转子与静子碰摩时，大部分情况下转子作正向进动。反弹力 P 和切向摩擦力 F 的大小，主要受转子不平衡质量的影响，这些力在转子涡动周期内，按其接触圆弧大小发生变化，故转子振动情况也在发生变化。

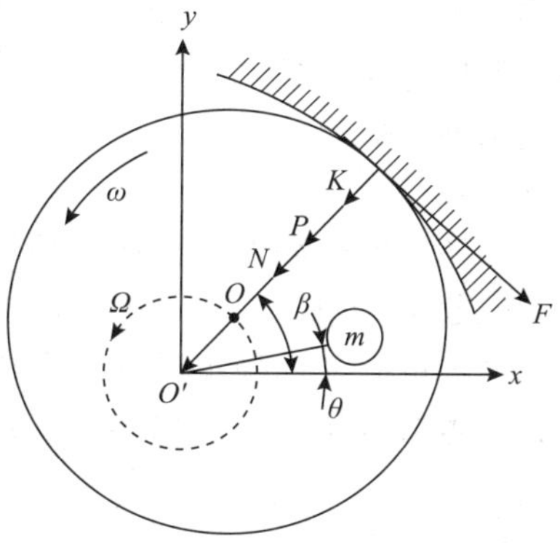

图 10－80　碰磨时转子的受力

N—正压力；P—反弹力(为静子弹性变形而施加于转子上的反作用力)；K—附加弹性力(转子发生碰磨时，转子刚度变化而作用于转子上的力)；F—摩擦力，$F=\mu N$，μ 为摩擦系数

转子碰摩后发生转速波动，波动幅度大小取决于摩擦扭矩的大小，碰摩瞬间扭矩增大，转速瞬间下降，在摩擦扭矩消失阶段，将会发生短暂时间的转子扭转振动，且转速上升。

转子发生碰摩时相当于碰摩点处增加了一个支承，改变了转子的刚度。转子与静子间不断发生局部碰摩，转子刚度在接触处刚度变大，在非接触处刚度变小，转子刚度在这两种情况之间发生变化，刚度变化的频率即转子的振动频率。这种周期性变化的刚度，使转子的自由振动变为不稳定。

转子与静子发生局部碰磨时，摩擦力与转子运动之间为非线性关系，使转子产生次谐波和高次谐波的振动响应。局部碰磨一般是不对称的非线性振动，故多数情况下是产生转速频率的$\frac{1}{2}$次谐波响应。当转速高于转子一阶自振频率的 2 倍时，就会激起$\frac{1}{2}$次谐波共振。但是，转子实际碰磨情况较复杂，既有对称型又有不对称型的非线性振动，故在转子的振动响应中，既有转速频率 ω 的成分和 2ω，3ω，…一些高次谐波成分，又有 ω/i 低次谐波成分($i=2$，3，4，…)。当转子与静子接触摩擦严重时，$i=2$；轻摩擦时，随着转子转速升高，出现 $i=2$ 或 $i=3$，4，5，…各个低次谐波。某一转速下 i 值的大小取决于转速频率与在转子碰磨状态下的一阶自振频率比值，当转速频率为一阶自振频率的 i 倍时，就

将激起 ω/i 低次谐波共振。次谐波共振的幅值的大小取决于转子的不平衡状态、阻尼、外载荷大小、摩擦副的几何形状以及材料特性等因素，在阻尼高的转子系统中，也可能完全不出现次谐波振动。

(2)转子与静子发生摩擦接触弧增大时的故障特征

当离心式压缩机发生喘振、油膜振荡等故障时，转子振动加剧，使转子与轴承、密封(级间密封、轴封、平衡盘密封)的摩擦接触面增大，甚至发生整周碰磨，产生很大的摩擦力。转子与静子发生整周碰磨时，大的摩擦力可使转子由正向涡动变为反向涡动。转子与静子发生大面积摩擦时，再波形图上就会发生单边波峰“削波”现象，这时将在频谱图上出现涡动频率 Ω 与转速频率 ω 的和差频率，即产生 $n\Omega \pm m\omega$ 的频率成分(n、m 为正整数)。另外，由于转子振动进入了非线性区，故在频谱图上还会出现幅值升高了的高次谐波。

3. 动静部件碰摩对转子运动产生的影响

动静部件碰摩时含有三种物理现象：碰撞、摩擦和轴系刚度的改变。下面分析由这三种现象产生的效应。

(1)碰撞产生的效应

①改变转子的振动形态。碰撞相等于给转子及静子一个脉冲，可以将转子和静子的固有频率激发起来。因此，转子的实际振动是由旋转产生的强迫振动和冲击产生的自由振动的叠加而形成的，从而使振动在频谱中的高频分量增加。

②碰磨点限制了转子的运动，使转子的振动波形发生畸变，产生“削波”现象，如图 10－81 所示。

③在转子上产生较大的法向力和切向力，如图 10－82 所示。

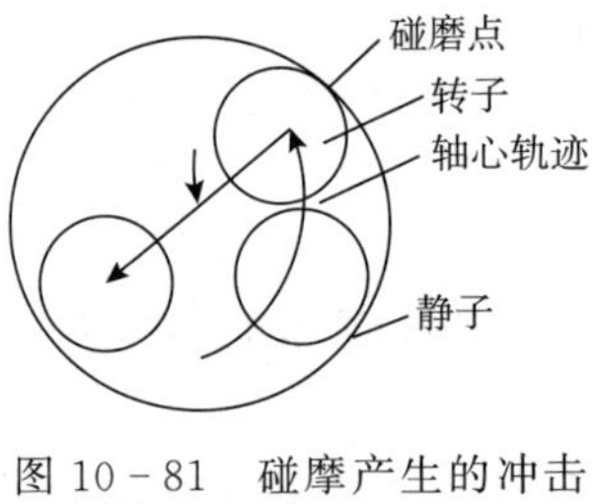

图 10－81　碰摩产生的冲击

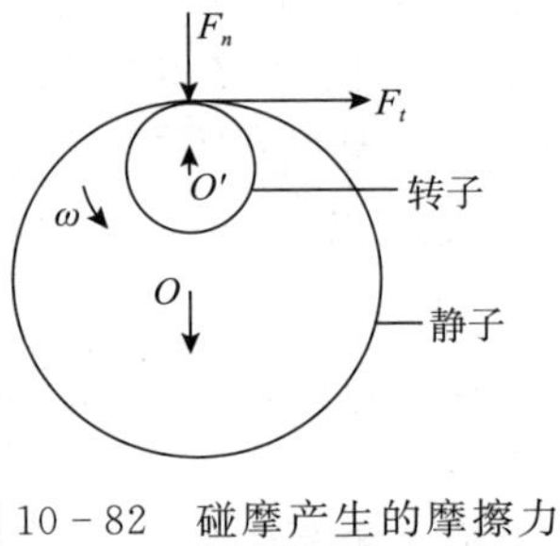

图 10－82　碰摩产生的摩擦力

(2)摩擦产生的效应

①动静部分产生摩擦可以使机组的零部件磨损，影响机组的运行状态，导致机组效率降低。

②动静部分产生摩擦可以使转子与静子局部过热，导致转子产生热态弯曲。

③发生局部摩擦时，转子瞬时扭矩增大，转速瞬间下降，摩擦扭矩消失阶段，又会发生短暂时间的转子扭转振动，且转速上升。

④产生切向摩擦力。发生整周摩擦时，高的摩擦力可以使转子由正向涡动变为反向涡动，如图 10－82 所示。

(3)轴系刚度变化产生的效应

轴系刚度不仅与转子的材料有关，而且还与轴系的边界条件有关，动静部件碰摩时，边界条件改变，其刚度增加，固有频率增加，轴系将不稳定，可能发生自激振动。

4. 振动特征分析

(1)转子发生碰磨故障时的振动时域波形特征

旋转机械运行中，当转子与静子未发生碰摩故障时，振动时的时域波形为正弦波。当转子与静子发生大面积碰摩故障时，振动时的时域波形发生畸变，在波形图上就会发生单边波峰“削波现象”，如图 10－83 所示。

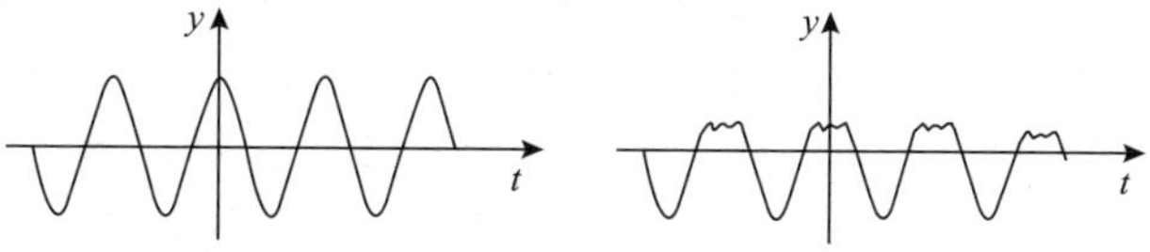

（a）无故障时的时域波形 （b）碰摩故障时的时域波形

图 10－83 转子发生碰磨故障时的振动时域波形

(2)振动的频谱特征

由动、静部件碰摩而产生的振动，具有丰富的频谱特征，如图 10－84 所示。碰摩故障的振动信号既有 f_r(工频)、$2f_r$、$3f_r$、$4f_r$成分，又有大于 $5f_r$的高频成分，同时还有(0～0.39)f_r、(0.4～0.49)f_r、0.5f_r 和(0.51～0.99)f_r 的低频成分。振动有时还会随着时间发生缓慢的变化。

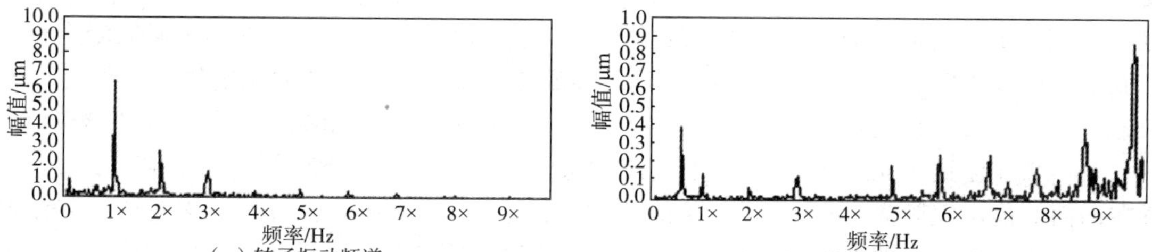

（a）转子振动频谱 （b）轴承座振动频谱

图 10－84 动静碰摩故障下的幅值谱

5. 轴心运动轨迹特征

(1)当发生整周碰摩故障时，轴心运动轨迹呈圆形或椭圆形，且轴心轨迹比较紊乱。

(2)当发生单点局部碰摩故障时，轴心运动轨迹呈“8”字形，如图 10－85(a)所示。

(3)当发生多点局部碰摩故障时，轴心运动轨迹呈花瓣形，如图 10－85(b)、(c)所示。

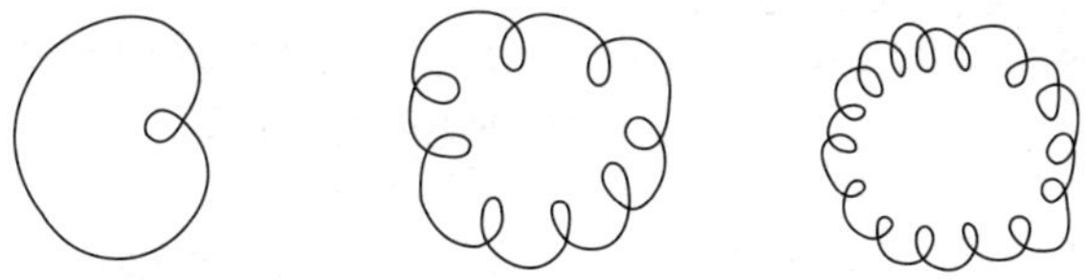

（a）“8”字形 （b）花瓣形 （c）花瓣形

图 10－85 发生碰磨故障时的轴心运动轨迹

五、气流不稳定的故障诊断

透平压缩机(离心式压缩机、轴流式压缩机)的气流不稳定振动主要是由旋转失速、不稳定进口涡流和喘振等原因引起的。

1. 轴流式压缩机

(1)旋转失速工况

①旋转失速及其危害

旋转失速是轴流式压缩机最常出现的一种不稳定气动现象。当压缩机在某个转速下运行，流量减小到一定程度时，叶栅中某一个或几个叶片背弧出现气流分离，并相继影响相邻的叶片出现气流分离，使这分离区(或称脱离团)沿圆周速度 u 的方向传播，这种现象就称为旋转失速，或称为旋转脱离。轴流式压缩机旋转失速时，叶片受到一种周期性的激振力，会使叶片发生疲劳破坏。如果旋转失速的频率与叶片的固有频率相吻合时，则将引起明显振动，造成叶片损坏事故。旋转失速一般出现在压缩机组启动过程中，为了避免叶片损坏，设计文件规定：轴流式压缩机组启动后，达到额定转速时应在 3s 将静叶从启动角度迅速调到安全角度。

旋转失速使压缩机中气体流动情况恶化，压比与效率下降。强烈的旋转失速甚至会进一步引起整个压缩机系统一种危险更大的不稳定气动现象——喘振工况。

②旋转失速产生的机理

在轴流式压缩机中，失速现象不是同时在全部叶片流道中产生的。这是因为叶片的几何参数、工作条件都不可能一样的，所以失速现象总是首先在一部分或几部分叶片流道中发生，首先出现对气流的阻滞作用。例如分析如图 10－86 所示的叶片 A、B、C 流道，假定在 t 时间 B 流道中一个叶片的凸面发生气流失速，而且严重到影响通过和其他流道相当的流量，形成对气流的阻滞作用，在进口处形成减速流区，将多余的流量挤向相邻的 A 和 C 流道，使流入 A 流道的气流冲角增大，流入 C 流道的气流冲角减少，如图 10－86(a)所示。其结果在流道 A 叶片的凸面产生气流的失速区，而进入 C 流道的流动得以改善，或者在凹面可能出现脱离。在 $t+\Delta t$ 时间，由于 A 流道出现失速区，对流过该流道的气流产生阻滞作用，通不过的那部分流量挤向与 A 流道相邻的流道，如图 10－86(b)所示。其结果使失速区再向左移，使 B 流道的气流得以改善。依此类推，气流失速现象相对叶片以一定的角速度 ω' 旋转，故称为旋转失速，或称为旋转脱离。

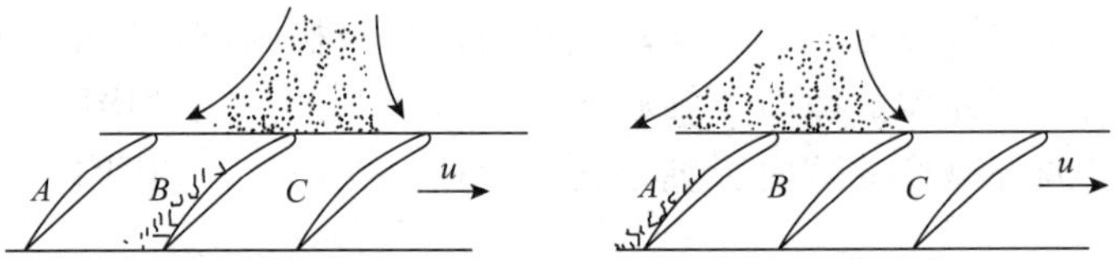

(a) t时刻　　(b) $t+\Delta t$时刻

图 10－86　轴流压缩机的旋转失速

③旋转失速的类型

根据轴流式压缩机旋转失速产生的现象、强烈程度及其特性线上的不同反映，将其分为渐进失速、突变失速类型，以及介于两种失速之间的中间失速类型，如图 10－87 所示。

a)渐进失速

在某转速下，当流量下降时，压缩机某级中开始出现分离现象，如果分离规模较小，则脱离团较小，且占据整个叶高的一部分区域(也称为部分叶高失速)。随着流量的继续减小，分离区逐渐扩大，脱离团团数逐渐增多，这时压缩机的压力和效率也逐渐下降，这种进展缓慢的失速，称为渐进失速。渐进失速进展缓慢，特性曲线连续，分离区逐渐扩大，脱离团逐渐增多，压缩机压比和效率逐渐下降，工况点由 a 逐渐向点 b 移动，如图 10－87(a)所示。

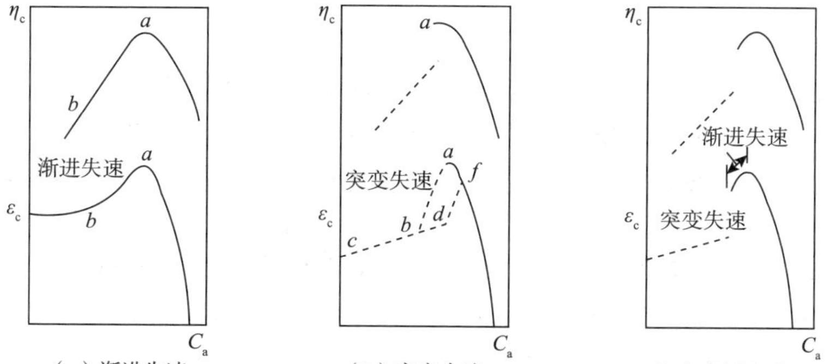

(a) 渐进失速　(b) 突变失速　(c) 中间失速

图 10－87　旋转失速的类型

b)突变失速

图 10－87(b)所示为突变失速的特性曲线。随着流量下降，压缩机某级叶栅中突然出现大面积气流分离区，级的性能突然明显下降，这时级的压比、效率与流量都发生突然变化，工况点由正常特性线上的 a 点突然跌至另一条特性线上的 b 点，当流量继续减小，则工况点由 b 点向 c 点移动。反之，若这时逐渐增大流量，则工况点由 c 点回头向 b 点移动，但达到 b 点后工况点并不立即跳回原正常特性线上的 a 点，而是进一步加大流量，直至到 d 点后才跳回到正常特性线上的 f 点，这时失速现象才消除。

c)中间失速

除了渐进失速与突变失速两种类型外，有时还存在一种中间类型。即当流量减少时，开始出现渐进失速，然后发展成突变失速，如图 10－87(c)所示。

实践表明，多级轴流式压缩机中某一级或几级中发生渐进失速，压缩机还能正常运行，但当压缩机中某一级发生突变失速，则整台压缩机即进入不稳定工况而不能正常运行。

④转速变化对压缩机旋转失速的影响

轴流压缩机所产生的失速类型与变工况时的转速变化有很大的关系。在设计转速下，减小流量时，一般易在末级最先产生失速。这是因为第一级由于流量减小而使该级压比升高，这样就使进入第二级的容积流量进一步减小，第二级的流量减小使该级压比增大，促使第三级的容积流量继续减小。依次类推，必然是最末级容积流量减小的最多，而首先发生旋转失速。

a)当压缩机变工况，机组转速大于设计转速时，则上述现象就更加明显，更容易在最末级首先发生转速失速。其发生的是突变失速。

b)当压缩机变工况，机组转速小于设计转速，减小流量时，则易在第一级首先发生转速失速，其发生的是渐进失速。

c)当轴流式压缩机中某一级产生突变失速后，压缩机组即进入不稳定工况。而且在一定管网容量的压缩机系统中，突变失速往往会导致喘振的产生。

当压缩机中某一级产生突变失速后，整台压缩机进入不稳定工况。且在有一定管网容量的压缩机系统中，突变失速常导致喘振的发生。而压缩机中某一级或几级中只产生渐进失速时，压缩机一般还能正常工作，只有当流量再进一步减小，使级中产生突变失速时，压缩机就不能正常工作。

(2)喘振工况

①喘振及其危害

当轴流式压缩机处在非设计工况下运行，在叶栅中发生旋转失速时，若旋转失速进一步发展成为比较强烈的失速，使叶片背弧气流严重脱离，通道受到堵塞，由于与压缩机联合的管网容量较大，在整个压缩机—管网系统的气流就会出现周期性地振荡现象，这种现象称为轴流式压缩机喘振。

轴流式压缩机产生了压缩机—管网系统气流的周期性振荡现象时，使压缩机的气动参数(如流量、压力等)作纵向大幅度脉动，使压缩机产生强烈振动，并伴有异常噪声(轰鸣声)这便是破坏性非常严重的压缩机不稳定工况—“喘振工况”。

发生喘振时，将会使压缩机转子与静子元件承受交变应力而断裂，使级间压力失常而引起强烈振动，使密封和推力轴承等部件损坏，最后导致压缩机转子与静止部件相碰而造成恶性事故。尤其对于高压、高速轴流式压缩机，喘振可能在很短时间内导致整个机器损坏，因此应采取必要的措施防止压缩机在喘振工况下运行和喘振的发生。

②喘振产生的机理

一般情况下轴流式压缩机总是与某一管网系统一起联合工作的，由于压缩机管网系统在工作时总存在着各种小扰动的可能性。例如气流的不均匀性，进气条件的变化，转速的微小变动，气体流量的某些微小变化等。这些微小扰动都可能使工作点离开原来的平衡工作点。如果微小扰动过后，工作点仍回到原来的平衡工作点，则这种工况是稳定的，否则就是不稳定的。

当轴流式压缩机联合工作的管网的容量很小，这时不论工作点位于压缩机特性曲线的左侧或右侧，扰动后工作点都能回到原来的平衡位置。

喘振时，管网中的容器相当于整个系统的基本谐振器。喘振循环中气流参数变化的频率与幅度及管网容量的大小有很大关系。管网容量越大，则喘振频率越低，振幅越大。喘振的频率大致与管网容量的平方根成反比关系。

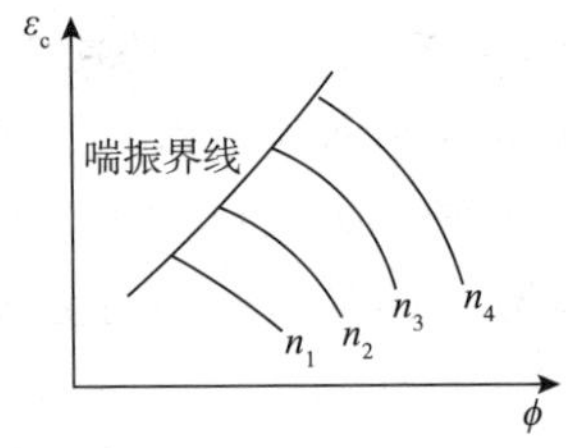

图 10－88　轴流式压缩机喘振界线

③喘振界线与喘振裕度

相对于每一个转速，当轴流式压缩机的流量下降时，都可以在特性曲线上得到一个喘振工况点(或喘振界限点)，将不同转速下喘振点的连线称为喘振界线，如图 10－88 所示。压缩机运行中应避免进入喘振界限线工作。

对多级轴流式压缩机来讲，喘振首先产生的位置与转速有关。当转速降低时，一般是第一级最先发生失速，这时后面各级可能还未失速。由于第一级通流面积大，失速可能是发展缓和的渐进失速，脱离团所占据的面积也不大，堵塞现象不太严重，其余未堵塞的部分仍可以维持正常的流动，所以压缩机的性能下降的不太明显，还未恶化到足以引起喘振。只有再进一步降低流量使后面的级也相继失速，才会使系统发生喘振。

压缩机的喘振裕度表示为在一定转速下，压缩机设计工况点与该转速下的喘振边界的距离。其喘振裕度可用下式计算：

$$K_y=\frac{(\varepsilon^*/V)_s}{(\varepsilon^*/V)_A}=\frac{tg\alpha_s}{tg\alpha_A} \tag{10-40}$$

式中$(\varepsilon^*/V)_s$、$(\varepsilon^*/V)_A$各为喘振工况及设计工况下，压缩机的压比与流量的比值。

当设计工况点距喘振点有一定距离时，就有一定的喘振裕量，这时

$$\angle\alpha_s>\angle\alpha_A \text{ 即 } K_y>1。$$

喘振裕度越小，设计工况点与喘振点就越接近。当喘振裕度为零，则$\alpha_s=\alpha_A$，$K_y=1$。设计时，通常多用$\Delta K_y=(K_y-1)100\%$的数值作为压缩机喘振的稳定性裕度，当$K_y=1$，则$\Delta K_y=0$，即无稳定性裕度。设计时，应保证一定的稳定性裕度，以免压缩机进入喘振工况。一般在轴流式压缩机设计中取$\Delta K_y\geqslant 15\%$，即$K_y\geqslant 1.15$。

在取压缩机稳定性裕度时，应考虑如下因素，如压缩机特性的形状、管网容量的大小与特性线的形状、叶片负荷高低、压缩机进口流场的均匀性及机件的磨损与损伤的可能性等。

(3)旋转失速与喘振的区别

喘振与旋转失速虽有联系，但这两种气动不稳定现象本身所反映的机理是不同的，二者有许多基本的差异之处，其主要区别如下：

①旋转失速时，由于压缩机叶栅中一个或几个脱离团沿周向(径向)脱离，气流的脉动是沿着压缩机圆周方向的，而喘振时的气流脉动是沿压缩机轴向的，即纵向脉动。旋转失速的流场是周向不对称的，而喘振的流场基本上是周向对称的。

②旋转失速时，沿压缩机叶栅周向上各点气流流量是随时间脉动的，但通过压缩机各个截面的平均流量不随时间而改变。而喘振时通过压缩机的平均流量随时间而变，故压缩机所需的功率将有脉动。

③旋转失速时，气流的脉动频率与振幅大小，主要与压缩机叶栅本身的几何参数及转速有关，而与压缩机的管网容量大小无关。而喘振时的频率与振幅和管网容量的大小关系甚大。管网容量越大，喘振的频率就越低，振幅越大。

④旋转失速的脉动频率高。而喘振的脉动频率低。

⑤旋转失速属于压缩机本身的气动稳定性问题。喘振不是压缩机单独的问题，而是整个压缩机管网系统稳定性问题，必须联系管网系统来分析。

(4)防喘振措施

由于轴流式压缩机喘振是在流量减小引起正冲角明显增大所致，因此防喘振的基本原则是：压缩机在小流量时，动叶进口的速度三角形仍能与叶片几何参数相适应，并通过改变动叶进口速度三角形或改变动叶前导叶的安装角的方法来实现。防喘振的措施有中间级或排气管放气法、双转子结构法及静叶可调法。下面着重介绍静叶可调法。

图 10－89 所示为静叶可调法的作用原理。在给定转速下，若流量减小，则轴向速度减小，正冲角增大，有可能发生喘振。这时，若运动静叶使β_b角减小至β'_b，则可保持w_1以原有的方向进入动叶，避免压缩机气体流动的恶化，防止了喘振的发生。当压缩机流量增大时，可将静叶的β_b角增大至β'_b，保持w_1的方向不变，以改善压缩机气体流动情况，并可以防止阻塞的发生。

对于多级轴流式压缩机，前面级与后面级的静叶可调角度是不相同的，应根据各级流量变化的大小来决定。由于静叶可旋转的角度是有限的，故只能在一定角度范围内进行调节，当工况的变化超出其范围内，则应其他防喘振措施配合。

采用静叶可调法，除了能防止喘振、阻塞、扩大稳定工作范围外，还可使压缩机变工况时，仍保持有较高的效率。

轴流式压缩机在实际应用中，一般均采用静叶可调法和出口放气法来防止喘振的发生。

2. 离心式压缩机

(1)离心式压缩机的喘振及防喘振措施

①旋转脱离

当离心式压缩机流道内的流量减少到某一值时，叶道进口正冲角增大，致使叶片非工作面上的气流边界层严重分离，并沿叶道扩张开来，但由于各叶片加工和装配不尽相同，又由于气流的不均匀性，使气流脱离往往在一个或几个叶片上首先发生，如图 10-90 中的 B 叶道所示。分离区缩小了 B 叶道的有效通流面积，从而使原来流过 B 叶道的气流相当多的流向 A、C 叶道。随即促使 C 叶道相继严重脱离，从而改进了 A 叶道，依此类推，造成脱离团朝叶轮旋转的反方向以 ω' 旋转。由实验可知 $\omega'<\omega$，故从绝对坐标系观察脱离团仍与叶轮 ω 同向旋转，以上这种现象称为旋转脱离，因此旋转脱离又称为旋转失速。

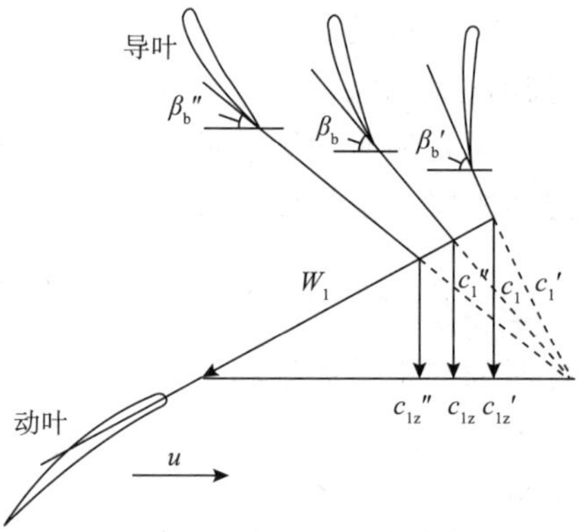

图 10-89　静叶可调法工作原理示意图

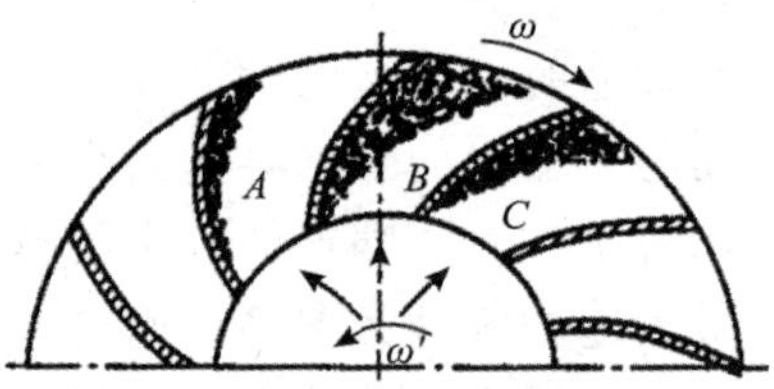

图 10-90　旋转脱离产生的机理

ω—叶轮旋转方向；ω'—脱离团旋转方向

旋转脱离有时可能在几个叶道中发生，同样也可以在叶片扩压器中发生，而且旋转脱离往往是首先在叶片扩压器中发生。同样，旋转脱离既可以在某一级中发生，也可以在不同的级中发生，脱离团的数目、旋转角速度 ω' 各不相同。旋转脱离使气流产生流速、压力等参数的周向脉动，其脉动的幅值小，而频率高。对叶片产生周期性的交变作用力，如该交变作用力的频率与叶片固有频率相近，有可能造成叶片共振而遭破坏。

②喘振

a)喘振机理

在离心式压缩机与管道联合运行系统中，当流量减少到某一最小值时，由于压缩机叶片背弧气流的严重旋转脱离现象，以及管道性能曲线与压缩机性能曲线的交点处处于喘振界限线之内，因而在系统中产生的一种周期性的气流振荡现象。此时，压缩机出口压力显著下降。由于管网具有一定的容积，故管网中的气体压力不可能立即降低，于是会出现管网中的压力反而大于压缩机出口处的压力，从而使管网中的气体倒流回压缩机，直至管网中的气体压力低于压缩机出口压力，压缩机又开始向管网系统供气随之流经压缩机的流量又增大。但当管网中的压力又恢复到原来的压力时，压缩机流量又下降时，管网系统中气体又产生倒流，如此周而复始，使压缩机的气体流量和排气压力周期性地低频率、大幅度的波动，并使压缩机发生强烈振动，这种现象称为压缩机的喘振。

图 10－91 所示为多级离心式压缩机的性能曲线与喘振瞬态循环曲线。图中的喘振工况点 d 试验测到的众多瞬态黑点形成的(1)～(4)循环曲线上瞬态参数的平均值，瞬态参数中的确存在着正流、倒流交替出现的状态，其周期性脉动的幅值是很大的。试验指出，管网容积越大，喘振频率越低，而振幅越大，反之亦然。

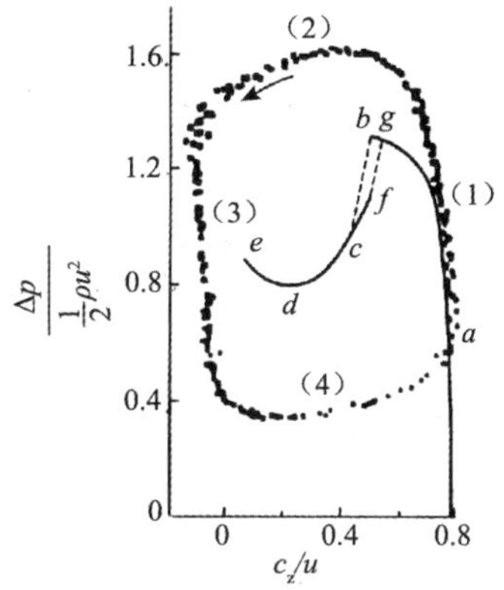

图 10－91　多级离心式压缩机的性能曲线与喘振瞬态循环曲线

b)喘振故障的特征

在离心式压缩机在运行中，一旦出现喘振故障时，具有以下明显特征：

(a)气体介质的出口压力和入口流量大幅度变化，一般首先流量大幅度下降、压缩机量显著降低、出口压力波动，压力表的指针来回摆动，有时可能产生管网气体倒流回压缩机现象；

(b)管网有周期性的振荡，振幅大，频率低，并伴有强烈地周期性气流噪声，并出现间断的低沉气流“吼叫”声；

(c)机组发生强烈振动，机体、转子、轴承、联轴器等振幅急剧增加；轴承润滑条件遭到破坏，轴承烧毁；动静部分产生摩擦、碰磨，密封元件磨损严重。

c)喘振发生的条件

(a)在流量减小时，流量降到该转速下的喘振流量时发生

压缩机特性决定了在转速一定的条件下，一定的流量对应于一定的出口压力或升压比，并且在一定的转速下存在一个极限流量——喘振流量。当压缩机运行中的实际流量低于这个喘振流量时，压缩机便不能稳定运行，发生喘振。

(b)管网系统内的气体压力大于一定转速下对应的最高压力时，发生喘振

如果压缩机与管网系统联合运行，当系统压力大大高出压缩机在该转速下对应的极限压力时，系统内高压气体便在压缩机出口形成很高的“背压”，使压缩机出口阻塞，流量减少，甚至管网气体倒流回压缩机；当压缩机入口气源供应不足或没有补充气源时等情况时，若不能及时发现和及时调节，压缩机都可能发生喘振。

(c)机械部件损坏脱落时，可能发生喘振

机械密封、浮环密封、平衡盘密封，O 形密封环等部件安装不当或脱落，会形成各级之间或各段之间窜气，造成级间压力不平衡而引起喘振；压缩机气体入口过滤器堵塞、阻力过大，逆止阀失效或损坏等情况时，也都会引起喘振。

(d)压缩机运行中，升速升压过快，降速之前未能首先降压而导致喘振

压缩机升速、升压应缓慢均匀，降速之前应首先采取卸压措施，如放空、回流等，避免机组转速降低后，管网系统气体倒流回压缩机。

(e)压缩机运行时工况发生改变，运行点落入喘振区

压缩机工况变化，如改变转速、流量、压力之前，未查看压缩机性能曲线，使压缩机运行点落入喘振区而引起喘振。

(f)压缩机正常运行时，防喘振系统未投自动防喘振装置

汽轮机驱动的离心式或轴流式压缩机当外界因素发生变化时，如蒸汽压力下降或汽量波动；汽轮机转速下降时，压缩机防喘振系统来不及手动调节或未投用自动防喘振装置；压缩机供气中断都可能造成喘振。

(g)介质状态变化

由于气体的状态影响流量，同样也影响喘振流量。如进气温度、压力、气体成分即分子量等对喘振都有影响。当压缩机转速不变、出口压力不变，气体入口温度增加时会发生喘振；当转速一定，进气压力越高时，喘振流量也越大；当进、出口气体压力一定，转速不变，气体分子量减少很多时，也会发生喘振。

d)防喘振的措施

(a)设法增加压缩机入口气体流量，对一般无毒、无危险的气体，如空气、二氧化碳等可采用放空；对天然气、合成气和氨气等气体可采取回流循环。采取上述措施后，可使流经压缩机的气体流量增加，消除喘振；如果系统需要维持等压时，放空或回流之后应提升转速，使排出压力达到原有水平。在升压、和降速、停机前应将放空阀或回流阀预先打开，以降低背压、增加流量、防止喘振。

(b)根据压缩机性能曲线控制防喘裕度，防喘振系统在正常运行时应防喘振装置投入自动

在压缩机升速、升压前应查看压缩机性能曲线，选择好下一步运行工况点，根据防喘振安全裕度来控制压缩机升压、升速。防喘振安全裕度一般为正常工作流量应比喘振流量大1.05～1.3倍。防喘振系统根据安全裕度整定合格后，在压缩机组正常运行时防喘振自动控制阀应关闭，并投入到自动“位置”。

(c)在压缩机升压和变速时，应强调“升压必先升速，降速必先降压”的原则

汽轮机驱动的压缩机组，压缩机升压时应当在汽轮机调速器投入工作后进行；升压之前应查看压缩机性能曲线，确定应达到的转速，升到该转速后再提升压力；压缩机要降速时，应将防喘振阀投入“自动”位置；压缩机升速、升压和降速、降压均应缓慢、均匀进行。

防喘振阀的开启或关闭应缓慢、交替进行，操作不要过猛、避免转子轴位移过大，轴向推力过大、轴振动加剧和密封油系统失调。如果压缩机组有两个以上的防喘振阀时，在开启或关闭时应当交替进行，以使各缸的压力均匀变化。

e)防喘振的方法

(a)“等压比”升压法

先关小一点低压段放空阀，提高低压段出口压力；然后再关小高压段放空阀，提高高压段出口压力。这样反复操作，每次关放空阀应使低压段与高压段压力升高比例大致相同，就可以使低压缸与高压缸加压程度保持一致。各缸升压时应分阶段进行，在各压力阶段应稳定运行5min，对机组进行检查，确认无问题时方可继续升压。这种方法有助于防止喘振发生。

(b)“安全压比”升压法

它的基本原理是根据压缩机各缸的性能曲线，在一定转速下有一个喘振流量值，它与转速曲线的交点便对应一个“喘振压比”(或排出压力)。在此转速下，升压比(或排出压力)达到此数值便发生喘振。因此，控制压比也就是控制一定转速下的流量。如果根据防喘振裕度，计算出不同转速下的正常流量(安全流量)，再查出对应的压比(或排出压力)，在升压时根据转速使压缩机出口压力值不超过安全压比计算出的出口压力，便不会发生喘振。可以将不同转速下的正常流量、排出压力绘成图表和曲线。在升速、升压时，根据转速查出安全的出口压力，升压时不超过此压力便不会发生喘振，流量与排除压力之间的关系如图 10－92 所示。

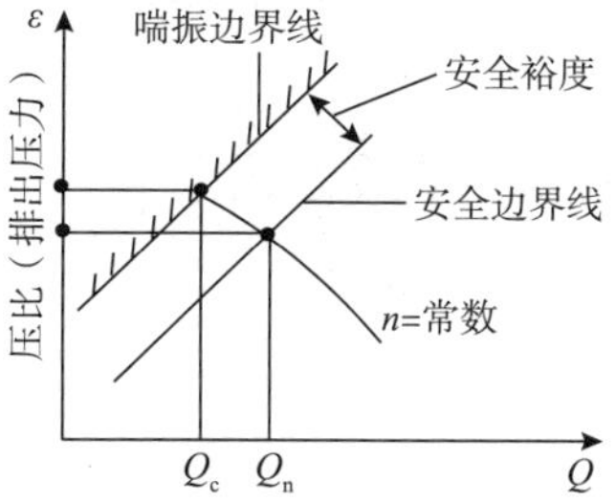

图 10－92　流量与排出压力的关系

Q_c—该转速下的喘振流量；

ε_c—对应喘振流量的喘振压比(或排出压力)；

Q_n—考虑安全裕度的正常流量(安全流量)；

ε_a—对应安全流量的安全压比(或排出压力)；

ε—升压比，出口压力与入口压力之比(P_e/P_i)

六、流体激振故障诊断

在汽轮机、离心式压缩机转子伸出汽(气)缸的两端和转子穿过隔板中心孔的地方，为了避免转动、静部件之间的摩擦和碰撞，必须留有适当的间隙。但是，由于动静间隙的前后都有一定的压力差，会从这些间隙中导致漏汽，造成能量的损失，因此，必须在这些部位安装密封装置，以减少漏汽。汽轮机的密封常采用迷宫式、炭精式及水封式三种密封。离心式压缩机常采用迷宫密封、浮环油膜密封、机械密封、干气密封及磁流体密封。

汽轮机汽封漏汽的危害是：汽封的漏汽，除了严重地影响汽轮机的经济性外，还将会威胁汽轮机的安全、平稳运行。例如高压端漏汽过多，漏汽将会顺着轴流入轴承中，直接加热轴承使轴承温度升高并使润滑油中的水分增加，破坏轴承润坏，引起巴氏合金熔化，影响轴承工作的安全可靠性，使汽轮机不能安全、平稳地运行。如隔板汽封损坏漏汽增大时，将会增大叶轮前后的压力差，使转子上的轴向推力增加。低压端部轴封漏汽过多，将会使低压缸内真空下降，以致真空完全破坏，使排汽温度过高，汽轮机振动加剧，轴向推力增加等。

1. 汽轮机用迷宫式密封

现代汽轮机的汽封结构均采用迷宫式密封。迷宫式汽封以梳齿形汽封和枞树形汽封两种应用的最广泛。

(1)梳齿型汽封结构

图 10－93 所示为梳齿型汽封结构。图 10－93(a)所示为高低齿汽封，高低齿型密封汽封片直接加工在汽封环上，或将制作好的汽封片镶在汽封环的槽道中。在汽轮机轴上加工有方形凸肩，汽封片与凸肩槽之间都留有一定的径向间隙，构成漏汽通路。一般汽封环分成 4～6 块，装在汽封套或隔板中心孔的汽封槽中，由弹簧片压向中心。弹簧片的作用是箍紧汽封环，并保证在汽封环与汽轮机转子碰撞时，使汽封环有回弹余地，以保护转子不受损坏。汽封片的梳齿高低相间，构成一个曲折且有很多窄缝的通道，对漏汽形成很大的阻力。

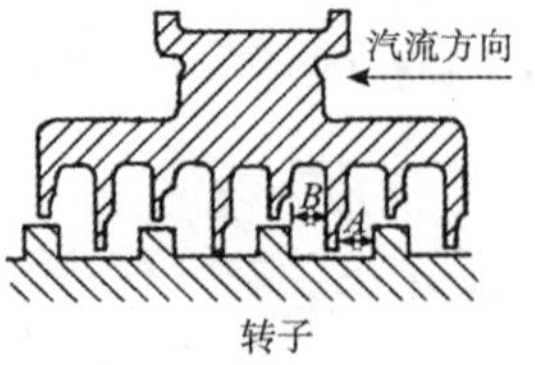

(a) 高低齿汽封

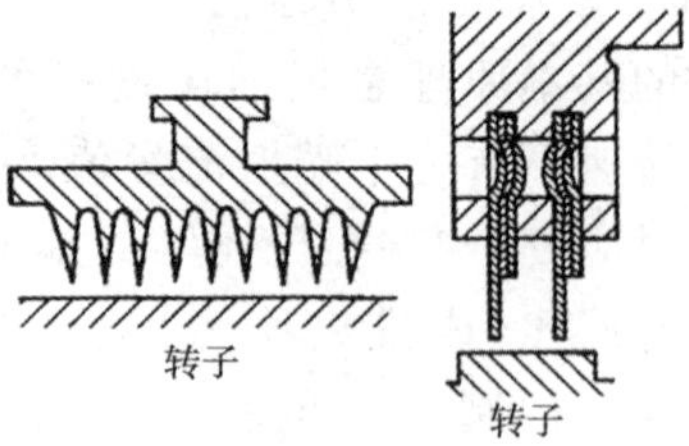

(b) 平齿汽封

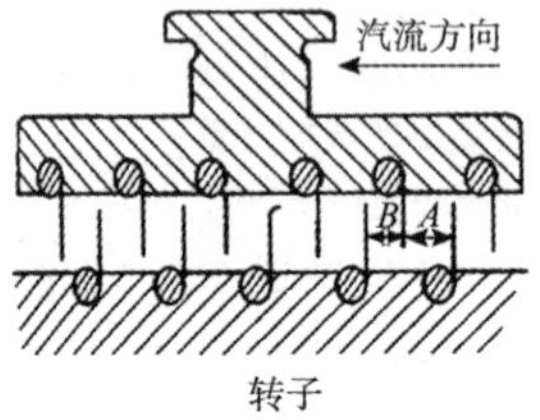

(c) 薄片型汽封

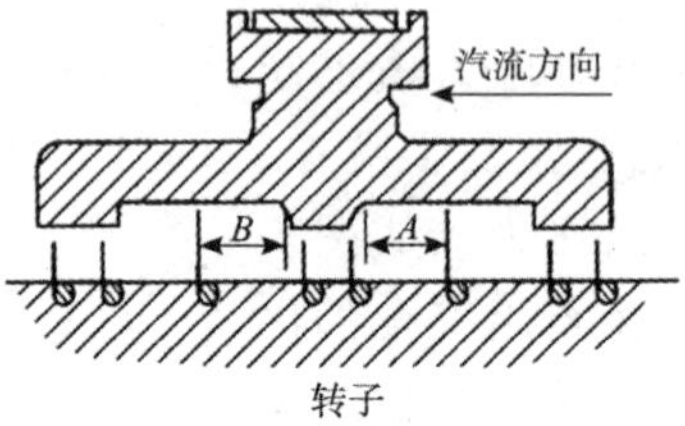

(d) 薄片型汽封

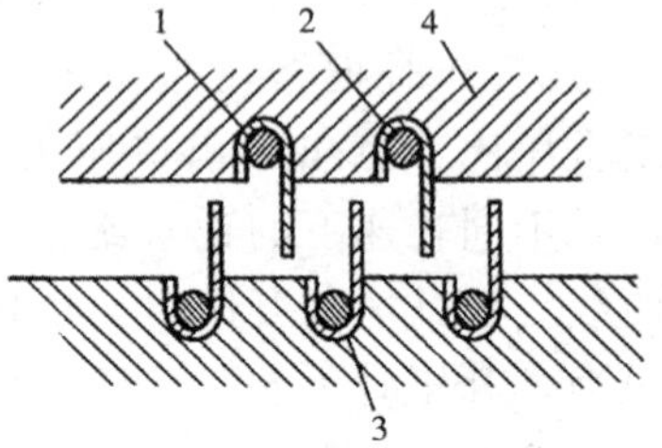

(e) 薄片型汽封

图 10－93　梳齿形汽封

1—镍铬金属丝；2—镍铬汽封薄片；3—汽轮机转子上的汽封套；4—汽封体

图 10－93(c)、(d)、(e)所示为薄片型汽封，在汽轮机转子轴套上和汽封环上都加工有数道凹槽，用镍铬钢丝嵌入软而薄的镍铬合金片(δ 为 0.2～0.3mm)。汽封片与轴汽封环之间留有间隙，由此构成曲折的漏汽通道，从而减少了漏汽。这种汽封的特点是：当薄的汽封片与转子发生摩擦时，汽封片由于质软只能被压弯，而不易严重磨损，即使发生碰撞时，也不会使转子产生局部过热或导致变形。但它也存在不足；这种汽封片由于软而薄不能承受较大的压差，所以当汽缸内外压力差大时，需用很多道薄密封片。

带有弹簧片的汽封叫弹性汽封，不带弹簧片的汽封叫刚性汽封。确定汽轮机低压段汽封间隙时，应考虑转子与汽缸相对膨胀和转子可能的轴向位移。汽轮机启动时，转子的热膨胀比汽缸快，且转子的热膨胀死点在推力轴承处，所以在启动时转子从推力轴承处起转子比汽缸的热膨胀差值逐渐增大。因此，低压段汽封间隙应保证在汽轮机启动时不会发生低压段汽封的碰撞和磨损。一般低压段汽封的轴向间隙大于高压端的汽封间隙。一般要求汽封径向间隙为 0.2～0.4mm，轴向间隙为 0.25～0.45mm。对于柔性转子，汽封的径向间隙应稍大一些。

(2)梳齿型汽封的结构

图 10－94 所示为枞树形汽封结构。图 10－94(a)适用于高压部分，图 10－94(b)适用于低压部分。此种汽封不仅有径向间隙，而且有轴向间隙可以使漏汽节流，汽流通道更为曲折，阻汽效果更佳。但其结构复杂，加工精度高，制造成本高，实际应用受到限制。

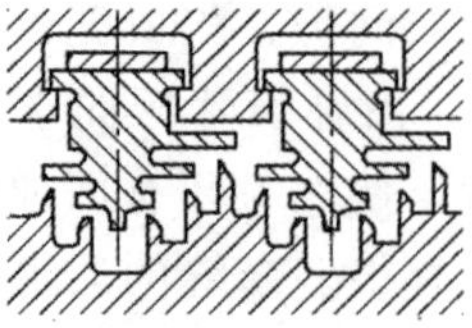

(a) 适用于高压部分

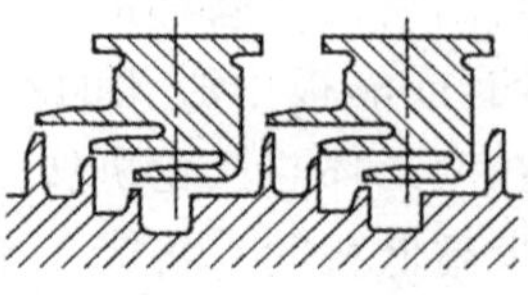

(b) 适用于低压部分

图 10－94　枞树形汽封

2. 透平压缩机用迷宫式密封

(1)迷宫式密封的结构

透平压缩机(离心式压缩机、轴流式压缩机)为了减少漏气损失，在静止部件与轮盖、隔板与轴套，以及整机转子的端部均需设置密封件。图 10－95 所示为迷宫式密封结构简图。

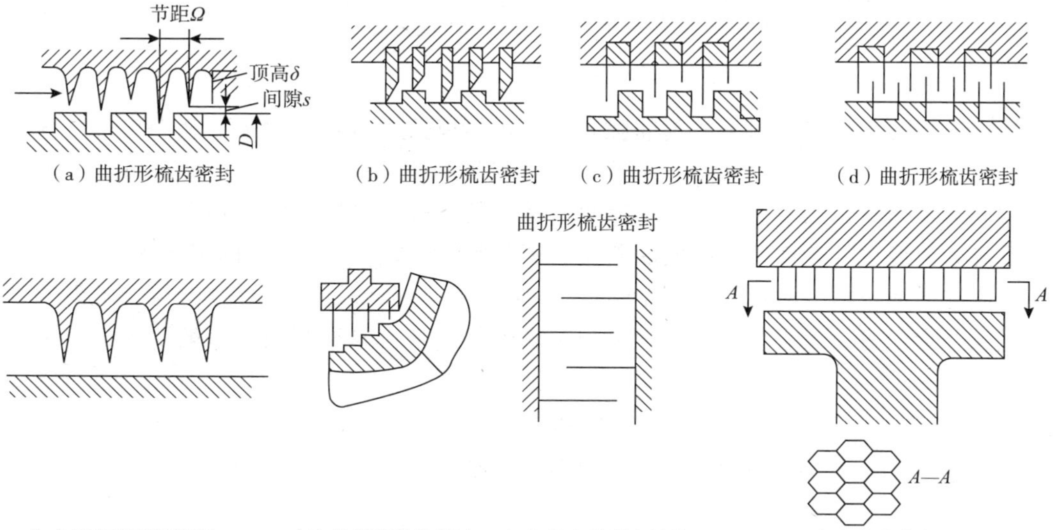

(a) 曲折形梳齿密封　(b) 曲折形梳齿密封　(c) 曲折形梳齿密封　(d) 曲折形梳齿密封

(e) 平滑形梳齿密封　(f) 阶梯形梳齿密封　(g) 径向排列密封片　(h) 蜂窝密封

图 10－95　迷宫密封结构简图

(2)迷宫式密封的密封原理

图 10－96 所示为透平压缩机用迷宫式密封的密封原理。密封齿前后气体有一定的压力差，气体从高压端流向低压端，当气体流过密封齿与转子间的间隙时，气流就受到一次节流，气流的压力和温度均降低，而流速加快，气流经过密封齿与转子间的间隙后，使两密封齿之间形成较大的空腔，气体在这一空腔容积增加、速度下降，并形成漩涡流动，产生一定的热能，如图 10－96(a)所示。气体在这一空腔中的气流速度几乎等于零，动能由于漩涡全部变为热量，加热了气体本身，故气体温度又回升到节流前的温度，但密封腔中的压力却回升很少。重复上述过程，气体每经过一次间隙和随后较大的空腔，气流就受到一次节流和扩容作用。随着气体流经间隙和空腔数量的增加，以及密封间隙值的减小，气体的流速和压降越来越大，待压力降至近似背压时，气体不再继续外流，从而实现了气体的密封，如图 10－96(b)所示。

(a) 密封空腔的气体流动　(b) 迷宫密封空腔的压力降

图 10－96　透平压缩机用迷宫式密封的密封原理

对理想气体来讲，温度虽然在流经间隙时也要降低，但流入大的齿间空间时又会升，一直到最后流出密封装置仍基本上不变。这个现象通常称为节流现象。利用这种现象可起到密封和减少泄漏量的作用，根据流量计算式，漏气量 G 为：

$$G=\rho F_{s}c \tag{10-41}$$

式中 ρ——气体的密度；

F_{s}——流经间隙时的通流面积；

c——流经间隙时的速度。

通过上述分析可以看出，密封间隙减小，密封齿数增多其密封效果就会更好。据有关资料介绍，迷宫密封气体每经过一次节流压力损失约为 20～30kPa，由此，可以根据压力高低判断选用密封齿的数量。然而，密封齿数量的增多，将导致转子轴向尺寸增加及密封效果下降，故要求叶轮前后的级间密封齿一般只设 3～6 个齿，要求间隙 S 和齿距 Ω 以及顶高 δ 应选择适当，一般转子端部密封设 $\Omega/S=6\sim35$ 个密封齿。密封齿与转子间的密封间隙过大，会使密封效果差，过小又会引起转子与密封齿摩擦受损。一般要求最小半径间隙为：

$$S=0.2+(0.3\sim0.6)D/1000$$

式中 S——密封齿与转子间的密封半径间隙，mm；

D——密封部位公称直径，mm。

3. 流体激振机理

(1)汽(气)流激振机理

从国外试验研究结果可知，引起汽流激振的机理主要是由于密封间隙内压力径向分布不均和转子转矩径向不平衡所致。

①汽封腔室内压力周向变化引起的激振力

首先将轴封简化成如图 10-97 所示的两个齿，分别表示密封蒸汽的入口和出口，轴封腔室内的压力在温度一定时，正比于腔室内的流量，假设转子在静止位置时前后齿的径向间隙相等，蒸汽的流入量等于流出量，腔室内无环流。若出口密封间隙 δ_2 小于入口间隙 δ_1，如图 10-97(a)所示。当转子发生径向位移时，出口齿通流面积的相对变化比入口齿的通流面积相对变化要大，如果转子径向位移使该方向轴封间隙增大，则出口齿面积与入口齿面积之比也比静止时增大了，这时密封腔内汽体流出量大于流入量，导致密封腔内压力 p_2 降低；反之，则会增高。由于转子的惯性作用，转子位移和压力变化是不同步的，即转子向上位移到最高位置时，上部间隙为最小，但此时密封腔内压力不是最高的；当转子从上部回到静止位置附近时，上部腔室内压力才是最高的。这样，转子上下就会形成压差，促使转子从静止位置继续向下运动，而使转子不能在静止位置上停留。在转子继续向下运动的过程中，这种惯性滞后作用使下部腔室内压力又开始增加，这种汽体压差将促使转子产生位移，形成涡动，由于涡动是汽流引起的，故称汽流激振。

当轴封间隙如图 10-97(b)所示时，情况则正好相反，轴封腔室内的压力变化引起的力又阻碍转子移动，使转子趋于稳定。

上述分析轴封腔室内压差引起转子涡动力的分解，如图 10-98 所示。当 $\delta_1>\delta_2$ 时，轴封腔内压差作用在转子上使转子发生位移的力，该力与转子弹性恢复力之间加角为 φ，φ 一般为 0～90°。此位移力可分解为一个与转子弹性恢复力方向相同的力；另一个与阻尼力相反的力，起负阻尼作用，当此力大于系统阻尼力时，转子便会产生自激振动。

当 $\delta_1<\delta_2$ 时，轴封腔内压差作用在转子上的位移力正好与上述相反，如图 10－98 所示。此力可分解为两个力，一个与转子不平衡离心力方向相同；另一个与系统阻尼力方向相同，由此增加系统的稳定性。

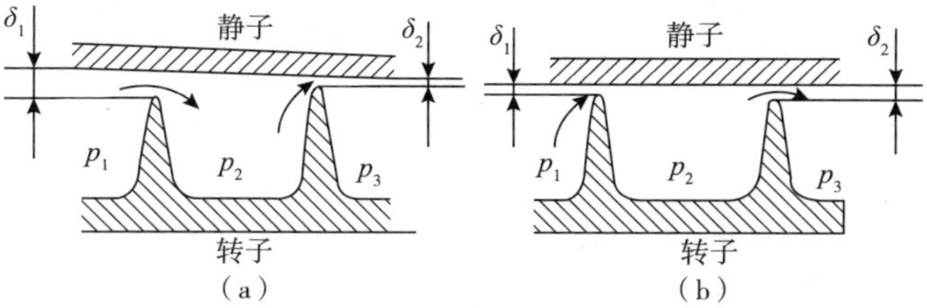

图 10－97　轴封腔内压差引起转子的涡动

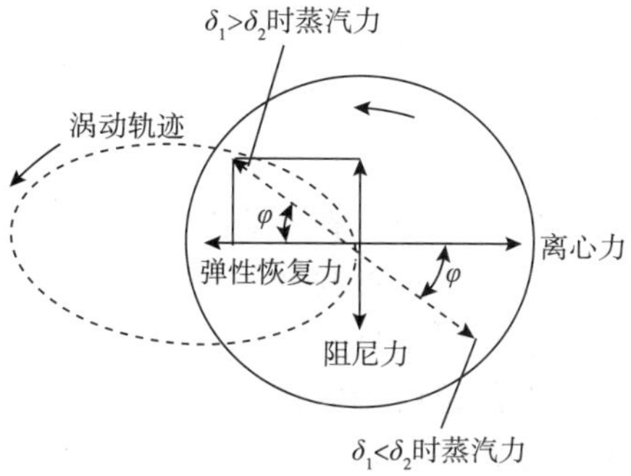

图 10－98　轴封腔内压差的分解

上述分析的轴封是转子上的两个密封齿，实际上轴封是由多个密封齿，且是连续布置的，即前一个密封齿的出口，既为下一个密封齿的入口，而且静止部分也同样配有密封齿。

②转子转矩不平衡引起的激振力

由于旋转机械机组安装时转子与汽(气)缸同轴度超差，机组运行中转子径向位移等原因，转子中心相对于汽缸中心将发生偏移，造成蒸汽(或气)在转子上做的功径向分布不平衡，引起转子涡动。

图 10－99 所示为转矩不平衡引起转子涡动力的分解。径向间隙小的一侧因损失较小，蒸汽(气)做功大于间隙大的一侧，由此使转子形成的转矩不平衡，此不平衡转矩可分解为一个作用在圆周上引起转子旋转的转矩和一个作用在转子中心上不平衡力，此力与转子旋转方向相同，并与阻尼力相反，起负阻尼作用，当此力大于系统阻尼力时，转子便会产生自激振动。

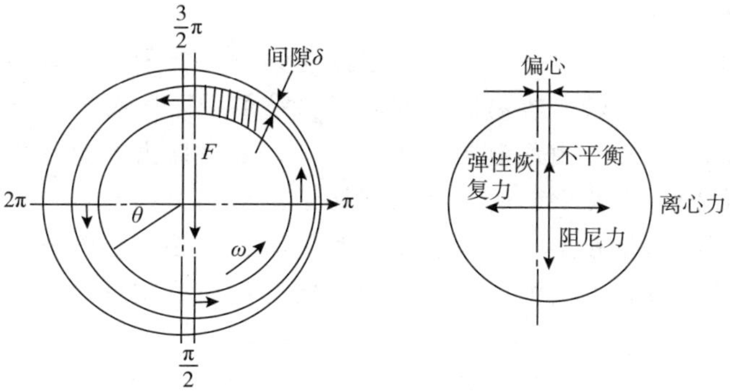

图 10－99　转矩不平衡引起的涡动

当转子中心偏移汽(气)缸中心值较小时，汽隙激振力近似与转子偏移量、功率成正比，而与叶片高度和线速度成正比，若此激振力以相对值 s 表示，则

$$s=f\left(\frac{\Delta P}{ul}\right) \tag{10-42}$$

式中　s——汽(气)隙激振系数；

Δ——转子中心偏移汽缸中心的位移值，mm；

P——转子输出功率，kW；

u——叶片平均线速度；

l——动叶高度，m。

由式(10-42)可见，汽流激振容易发生在大功率、叶片较小的高压转子上，加之高压转子质量较小，在不大的激振力作用下，会引起较显著的涡动。

③汽轮机汽封产生的激振力

a)围带汽封产生的激振力

在汽轮机的高压级中由于蒸汽的体积流量小，为了减少漏汽损失，通常在动叶顶部围带处设置汽封以减少叶顶漏汽损失。蒸汽在围带汽封处产生的激振力的大小与汽封前蒸汽的参数(压力、温度)、汽封后蒸汽的参数(压力)、汽封间隙处的半径以及进入汽封的蒸汽周向速度有关。一般汽封前蒸汽的参数越高，进入汽封蒸汽的周向速度越大，蒸汽产生的激振力越大。

b)隔板汽封产生的激振力

隔板汽封位于静叶根部，其所处位置的半径小，而且动叶出口汽流余速较小，进入隔板汽封的汽流的预旋速度较小，蒸汽(气)产生的激振力较小。

c)轴端汽封产生的激振力

汽轮机高压转子的轴端汽封几乎覆盖了高压转子的一半，进入轴端汽封的蒸汽参数很高。某些汽轮机高压转子的自激振动，主要是由于高压缸前的汽封中汽流激振所引起的。

研究表明，迷宫式密封对转子的激振力与汽封的蒸汽进出口压力、进汽预旋速度、转子转速、汽封的结构参数、转子涡动半径和涡动频率有关。

(2)汽流激振时的故障征兆及消除措施

①故障征兆

a)转子正向涡动，涡动频率为0.6～0.9倍工频。

b)轴心轨迹为椭圆形。

c)振动频率低于转子工作频率。汽流激振振动频率与转子一阶临界转速相对应。当汽流不稳定时，稳定性较差的转子容易激发起转子系统的一阶固有频率，产生自激振动。

d)振动有良好的再现性。由汽流激振机理可知，其激振力不论是由轴封腔室内压差引起的，还是由转矩径向不平衡引起的，其引起转子涡动的力都与蒸汽流量直接有关，即与机组有功负荷有关，故一旦在某一负荷下发生汽流激振，必然会随着蒸汽流量的增加而加剧；相反，在小于某一流量下会消失，在以后某次升负荷或减负荷过程中将会有良好的再现性。

e)汽流激振多发生在大容量汽轮机高压转子上。从振动机理来讲，有一定量的激振力才能形成涡动。从量值上来讲，不稳定的力在较大容量汽轮机高压转子上才能发生。

②消除措施

由汽(气)流激振机理可知，消除这种振动的措施可从减少激振力和增加系统阻尼两个方面进行考虑。其具体措施如下：

a)调整汽(气)缸与转子的同轴度。避免机组运行中转子与汽(气)缸同轴度发生明显偏移。

b)增大转子与隔板之间的轴向间隙。随着喷嘴、静叶与动叶之间的轴向间隙的增大，可以减少汽(气)流涡动的激振力，降低旋转机械的内效率。

c)改变调节汽阀的开启顺序，以此避免转子在单侧蒸汽力作用下发生径向偏移和转子上产生不平衡力矩。

d)增加轴承阻尼。例如减少轴承间隙、增加轴承长度、采用黏度较大的汽轮机油等。

e)采用稳定性好的轴承。

f)提高转子的临界转速。

(3)汽(气)流在密封腔内的旋转效应

对于蒸汽轮机和透平式压缩机的高速、高压旋转机器，气流推动叶轮旋转。气流在机内流动时的惯性力远远超过摩擦力，由于气流进入机器的密封腔后动能并未完全损失掉，还有一定的余速，这部分余速不仅使气流沿轴向流动，而且还以很大的圆周速度分量围绕转子流动，形成“螺旋形”流动，如图 10－100(a)所示。如果转子与密封腔的密封齿径向间隙不均匀，则气流在密封腔内从进口流向出口时，随着截面间隙的不断变化，气流沿其流动方向上的压力也在不断地发生变化。设有一股流团，从密封腔入口点 a 流至出口点 a' 时旋转了 θ 角，因为点 a 和点 a' 处截面积不等，假如面积 $S_a < S'_a$，在气体惯性占主导作用的情况下，压力逐渐升高，通常压力变化滞后位移一定的角度，这样就在转子周围形成不均匀地压力分布，如图 10－100(b)所示，其合力 F 与转子的偏心位移方向相垂直，且与转子旋转方向相同，此力将激励转子作向前正进动运动。

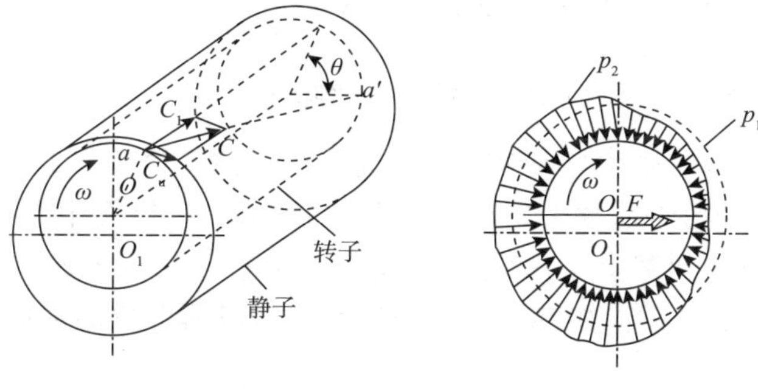

(a)气流在腔内的螺旋线流线　　(b)转子上的压力分布

图 10－100　气流在密封腔内的旋转效应

七、浮环密封故障的机理

浮环密封主要是高压油在浮环与轴套之间形成油膜而产生节流降压阻止机内与机外的气体相通。由于是油膜其主要作用，所以又称为油膜密封。在密封间隙中设置了可以浮动的密封环，并在密封间隙中充注带压密封油，以阻止压缩介质泄漏，将固体间隙摩擦转化为液体摩擦，它是一种非接触式密封。

图 10－101 所示为浮环密封的基本结构示意图。其主要由浮动环、轴套、弹簧、O 形密封圈、L 形固定环和甩油环等组成。为了装配方便，一般作成几个 L 形固定环，浮环装在 L 形固定环的中间。高压环压差小，一般只采用 1 个。而低压环压差大，一般采用几

个。为了使浮环与L形固定环之间的间隙较小，可用弹簧4将浮环压平。

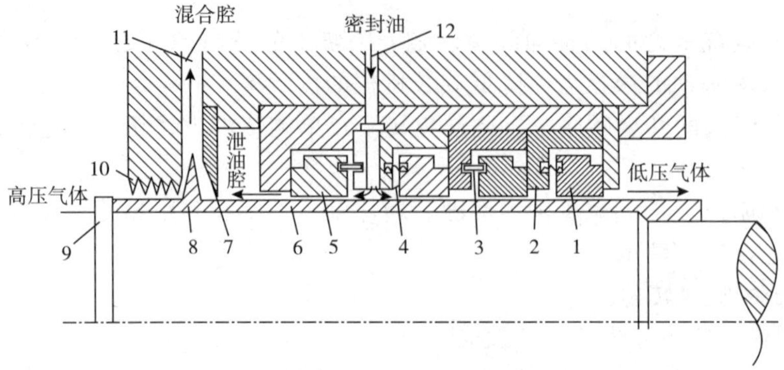

图 10－101　浮环密封结构示意图

1—低压侧浮环；2—L形固定环；3—防转销钉；4—弹簧；5—高压侧浮环；6—轴套；7—挡油环；8—甩油环；9—转子；10—迷宫密封；11—回油孔；12—进油孔

浮环密封由几个浮动环组成，图左边为高压侧，图右边为低压侧，浮动环由防转销固定不能转动。高压油由进油孔12注入密封体中，然后向左右两边溢出，流入高压侧的油通过高压浮环、挡油环7及甩油环8由回油孔11排出。因为油压一般控制在略高于气体的压力，压差较小，所以向高压侧的漏油量很少。漏入低压侧的油通过几个浮环(图中为3个)然后流出密封体。因为高压油与大气的压差较大，因此向低压侧的漏油量是很大的。浮环静止时是挂在转子轴套6上的，压缩机旋转时它可以在转子径向方向微动的。浮环与轴套的间隙很小，内侧浮环相对间隙为：$\frac{\delta_1}{D}=\frac{0.5}{1000}\sim\frac{1}{1000}$，外侧环相对间隙为$\frac{\delta_2}{D}=\frac{1}{1000}\sim\frac{1.5}{1000}$，内侧环相对间隙比外侧环的间隙小。为了装配浮环方便，一般作成几个L形固定环，将浮环安装在L形固定环中间。由于高压浮环压差小，一般只采用一个L形固定环。而低压侧由于压差大，故采用多个L形固定环(图中为3个)。为了保持浮环与L形固定环之间的间隙，采用弹簧4将浮环压平。当转子旋转时，浮环被油膜浮起，为了防止浮环转动，一般加有销钉3来控制，这时所形成的油膜将间隙封闭以防止气体泄漏。

图10－102所示为浮环的受力情况。作用在浮环上的力有：浮力$F(\varepsilon)$、端面摩擦力F_f和浮环的重力G。浮力$F(\varepsilon)$是浮环上油膜压力的合力，它是相对偏心率ε的函数。图10－102(b)所示为浮环工作时力的平衡条件：

$$F(\varepsilon)=F_f+G \tag{10-43}$$

由式(10－43)可知，当浮环上的端面摩擦力F_f过大时，相应的浮力$F(\varepsilon)$也随之增大。浮力$F(\varepsilon)$与浮环和转子之间的相对偏心率ε有关，浮力$F(\varepsilon)$增大时，相对偏心率ε也随之增大，浮环与转子之间的上部径向间隙变小，下部径向间隙变大。当浮环一旦卡涩，而转子的振动基本上由转子轴承系统的动力特性所控制，故失去浮动能力的浮环极容易发生浮环内壁与转子之间的碰撞摩擦，使转子出现摩擦故障的特征。

由图10－102(a)可以看出浮环上的浮力$F(\varepsilon)$，可分解为一个径向力F_r和一个切向力F_t，切向力F_t是作用在浮环上的一个力矩，浮环在此力矩作用下而浮动。

油膜浮力的作用是：浮环在自身重量 G 的作用下与转子产生一定的偏心率 e，如图10－103所示，偏心率由浮环的重量与端面摩擦力的大小来确定。由于转子的旋转在油楔中形成油膜压力，同时作用在浮环和转子上，转子在轴承中定位而固定不动，由于浮环重量轻，在油膜压力形成的浮力 $F(\varepsilon)$作用下而浮起，直到与转子“同心”为止。由于浮环本身有重量，浮环浮动时有摩擦，浮环实际上不可能与转子真正“同心”，只能使偏心率维持在必要的最小值，这样就可以大大减小密封间隙值，从而减少气体泄漏量。

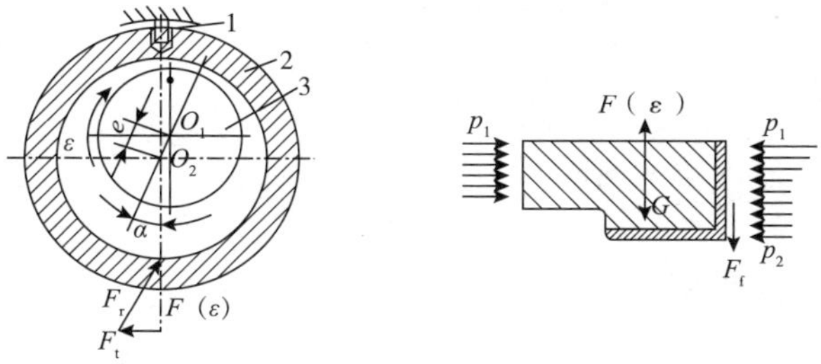

（a）油膜产生的浮力　　（b）浮环力的平衡

图 10－102　浮环受力情况分析

1—防转销；2—浮环；3—转子；

p_1—浮环前油压；p_2—浮环后油压

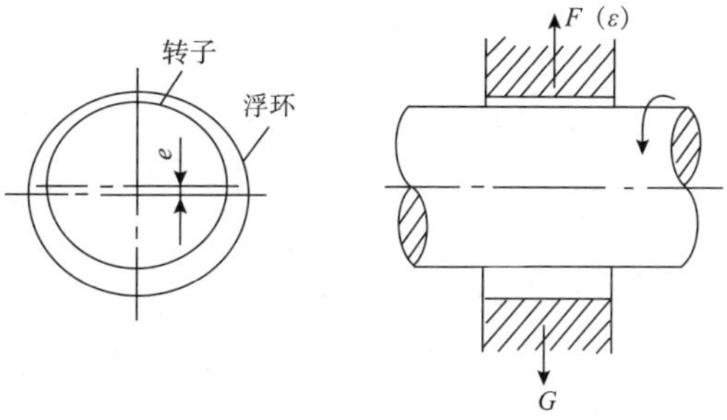

图 10－103　油膜浮力的作用

高压侧浮环损坏的主要原因是：由于浮环两侧的压差很小和浮环与转子间的径向间隙较小，高压侧密封油的泄漏量比低压侧要少 1000～2000 倍，使大量的热不能被密封油带走，致使浮环和密封油的温度高，容易引起浮环抱轴等现象，导致高压侧浮环损坏。

八、转子裂纹故障的诊断

长期运行的汽轮机及透平压缩机有时会在转子上出现不同程度的横向疲劳裂纹，甚至诱发断轴的灾难性的事故。

1. 转子裂纹的分类

①轴向裂纹　轴向裂纹沿转子轴向扩展，如图 10－104(a)所示。

②径向裂纹　径向裂纹沿转子径向(周向)扩展，如图 10－104(b)所示，其对转子危害性最大。径向裂纹在转子旋转的动应力下，始终处于“开”和“闭”的周期变化过程中。

③斜裂纹　斜裂纹扩展方向与轴向方向成一定的夹角 α($0<\alpha<90°$)，如图 10－104(c)所示。

其中，径向裂纹对转子的安全危害最大，斜裂纹次之。

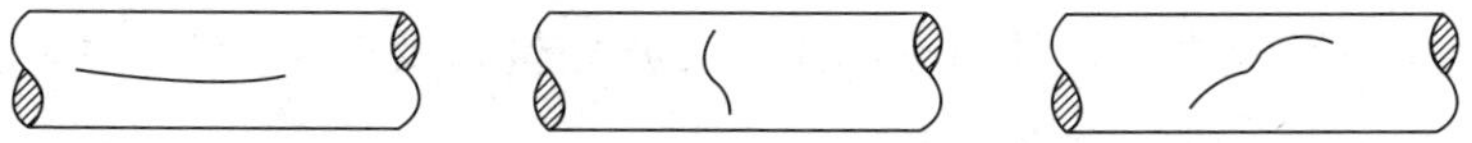

（a）轴向裂纹　　（b）径向裂纹　　（c）斜裂纹

图 10－104　汽轮机转子裂纹的类型

2. 转子产生裂纹的振动特征

转子产生裂纹的振动特征有径向裂纹的转子，其横向刚度下降，而且转子刚度不对称，与无裂纹转子的旋转轴线不再重合，由此产生弹性不平衡力。由于裂纹性质的改变导致转子刚度的变化，改变了转子对主要激振力的动力响应，此激振力即重力和不平衡力。

裂纹由重力引起的响应除 1×倍频外，还有 2×、3×，…信频分量。

裂纹转子除了上述特征外，裂纹转子还有如下的振动特征：

(1)转子由于裂纹的存在改变了转子的刚度，从而使转子的各阶临界转速较正常值要小，尤其是当裂纹趋于严重时，各阶临界转速减小得越多。

(2)由于裂纹造成转子的刚度变化且不对称，从而使转子的共振转速扩展为一个区域(从而使转子形成多个共振转速)。

(3)在恒定转速下，1×、2×、3×各阶倍频分量的幅值及其相位不稳定，尤其以二倍频分量最为突出。

(4)裂纹转子在做强迫响应时，一次分量的分散度较无裂纹时大。

(5)由于裂纹转子的刚度不对称，使转子进行动平衡时较为困难。

3. 转子产生裂纹的原因

(1)高周疲劳、低周疲劳、蠕变和应力腐蚀开裂。

(2)转子工作环境中含有腐蚀化学物质。

(3)较大而且变化的扭矩和径向载荷的持续作用，再加上复杂的转子运动，造成了恶劣的机械应力状态。

4. 转子裂纹的振动机理

转子的横向疲劳裂纹为贝壳状的弧形裂纹。由于转子裂纹区所收的应力状态不同，转子的横向裂纹呈现张开、闭合和时张时闭的三种情况。

(1)当裂纹区轴向拉应力大于自重载荷时，在拉应力作用下裂纹处于张开状态，转子的挠度大于无裂纹时的挠度，在一定的工作转速下，振幅及相位均发生变化。

(2)当裂纹区受压应力时，裂纹总是处于闭合状态，裂纹对转子的振动特性没有影响。

(3)当裂纹区起作用的应力是自重或其他径向载荷时，裂纹周期性的时开时闭，对振动的影响比较复杂。裂纹所引起的刚度非对称性不仅是裂纹深度的函数，也是裂纹相对转子振型的位置和运动时间的函数，振动为非线性振动。

一般来讲，径向裂纹在转子旋转的动应力下，始终处于“开”和“闭”的周期变化中。

5. 转子裂纹的监测和诊断方法

(1)稳态响应法。采用此方法监测 1×、2×、3×各阶倍频分量的幅值的大小以及随时间的变化，1×、2×、3×各阶倍频分量的幅值随时间稳定增长的趋势说明转子存在裂纹。

(2)频谱分析法。

①在不平衡力和重力的共同激励下，产生$\frac{1}{n}$临界转速共振($n=2$, 3, 4…)。当转子升、降速通过第一临界转速时，频谱中的 1×谐波分量，及转子通过$\frac{1}{2}$临界转速时，频谱中 2×谐波分量对裂纹的响应敏感。即转子升、降速通过第一临界转速时的 1×及转子通过$\frac{1}{2}$临界转速时的 2×振幅及相位都发生明显变化。

②转子升速通过一阶临界转速时，振幅的共振峰前有一振幅减小值、相应突变。

③裂纹转子的振动响应在垂直方向比水平方向大，特别是 2×、4×谐波分量的响应变化最为明显。

④裂纹深度的变化对转子的水平方向的响应影响很小，而在垂直方向的响应却随裂纹

深度的增加而增大，尤以2×谐波分量为甚。

(3)温度瞬间法。采用此方法的原理是快速降低蒸汽温度，使转子表面产生拉伸的热应力。若存在裂纹，拉应力将使裂纹张开，使转子振动瞬间增大，通过快速降温或升温的方法可以发现转子是否有裂纹。

九、齿轮故障诊断

1. 概述

齿轮变速装置广泛应用于国民经济各部门。随着科学技术的飞速发展，机械装备向着大型化、高效率、高强度、自动化和高性能的方向发展。作为传递运动和动力的齿轮装置几乎在任何大型传动设备中都具有重要的作用。齿轮装置是动力传递的核心，它出现故障必然造成生产系统的瘫痪。

齿轮运行状态监测和故障诊断技术是建立在多个科学基础之上的新兴学科，它综合了机械、电子、数学、物理、计算机等科学的精华，具有工程应用性强、技术基础牢靠、与高技术发展密切相关的特点。

(1)齿轮故障的基本类型及故障原因

齿轮故障的类型以及产生的原因是识别故障的依据，不同的故障就有不同的诊断方法。齿轮的故障种类及其原因很多，见表10-14。

表10-14 齿轮变速箱故障原因及零件损伤故障率统计表

故障类型及故障率/%	故障原因	故障率/%	损伤零件	故障率/%
设计、制造40	设计不当	12	齿轮副	60
	材料	7	轴承	19
	制造缺陷	8	转子(轴)	10
	装配误差	9	箱体	7
运行因素43	维护、操作	24	紧固件	3
	误操作	19	密封	1
外界影响17	进入异物	8		
	驱动机的影响	7		
	其他	2		

就齿轮本体损伤而言，疲劳点蚀、胶合和断齿是齿轮装置在运行中最常见的损伤形式。这些齿轮本体损伤的直接原因是因过载、润滑油温度高、过度疲劳、齿轮精度低等所致。

(2)齿轮齿面磨损

齿轮齿面磨损是指由于齿轮轮齿间的摩擦，从而使轮齿齿面损耗掉金属。齿轮齿面磨损分为正常磨损、破坏性磨损、磨粒磨损、干涉磨损、腐蚀性磨损。

①正常磨损

正常磨损是指轮齿齿面上的金属以一定的速率缓慢地损耗，它在预期寿命内将不影响其正常使用性能。

②破坏性磨损

破坏性磨损是指由于齿轮齿面间油膜破坏(或在无润滑状态下)造成齿面间干摩擦，致使齿面金属以较高速率损耗。它将大大影响齿轮的寿命和运行平稳性。

③磨粒磨损

磨粒磨损是指由于齿轮在啮合过程中，轮齿间进入硬的细颗粒(直径大于 30μm 以上的磨粒或金属颗粒等)而引起齿面的磨损并影响齿轮的寿命。磨粒磨损多发生在齿根、齿顶处的滑动部位，而在节圆处较少发生。

④干涉磨损

干涉磨损是指由于制造或装配误差，使轮齿产生非正常接触。如此时一齿轮的齿根与另一齿轮的齿顶棱边接触，并承受了全部负荷。这种磨损除噪声很大外，还会发生严重的摩擦磨损或局部点蚀，造成齿轮副报废。

⑤腐蚀磨损

腐蚀磨损是指由于润滑油中含有酸、碱和水分等易对金属产生腐蚀的化学物质，与齿面发生化学反应，由腐蚀导致齿面损伤。润滑油中酸性物质造成齿面的轻度点蚀，湿气或水分使齿面锈蚀，而导致磨损的加速。

(a) 磨损后的齿廓　　(b) 齿面点蚀区

图 10－105　齿轮磨损与点蚀

齿轮磨损后，齿的厚度变薄，齿廓形状变瘦长，如图 10－105 所示。齿轮磨损后，工作时产生动载荷，不仅振动和噪声增大，而且还可导致齿的折断。

(3)齿轮齿面胶合磨损

齿轮齿面胶合磨损分为擦伤、胶合、烧伤三种。

①齿轮齿面的擦伤

齿轮齿面擦伤是指由于轮齿齿面加工粗糙或装配不良而造成局部载荷集中，或润滑油不洁净，在轮齿齿面上产生划痕的现象。擦伤往往是胶合的初型，温升尚不高，不产生金属的转移。

②齿面胶合

齿面胶合是指当轮齿间的油膜破裂，极压膜也失去作用时，由于轮齿间的干摩擦而产生局部高温，使相互接触的金属熔焊在一起，并使部分金属迅速转移。齿轮胶合齿面的特征是齿面被撕破或起沟，其痕迹是沿滑动方向。

胶合产生的过程是从齿间润滑状态变为边界润滑开始，这时油膜依然存在，动载、振动没有明显变化，当齿面局部发生大的塑性变形或齿面温度急剧升高，润滑条件被破坏时，轮齿间金属表面开始直接接触，这样很快在齿面个别起伏处，由于摩擦急剧加大，温度升高，从而使该处齿面熔化粘着。齿面相对滑动继续在未黏着的表面产生大摩擦和温升，黏着继续扩大，这一过程加深、扩展，以致最终导致全部胶合，失去正常齿廓形状，齿轮无法继续正常工作。

齿轮齿面胶合的危害是：在齿轮齿面产生胶合时，齿面摩擦系数增大，齿廓形状恶化，影响了齿轮啮合刚度并使其降低，同时由于变形量加大，轮齿的齿形和齿距误差增大使传动误差加大等因素造成啮合冲击的加剧，动载荷增加，从而使振动信号增大，因而功率谱中啮合频率及高次谐波周围的调制边带增长。

通过试验分析，得到胶合破坏的典型频谱，如图 10-106 所示。

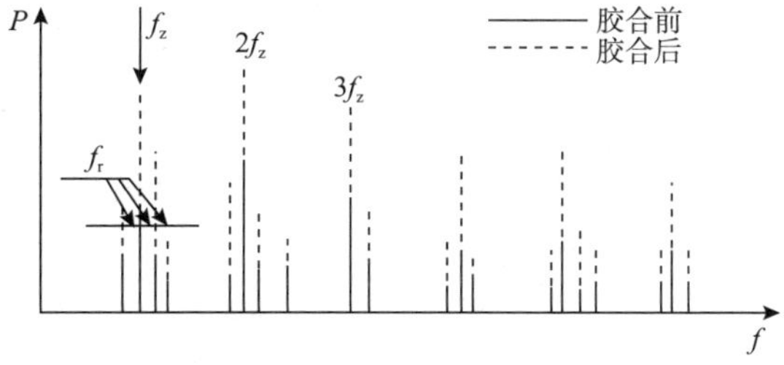

图 10-106　齿轮胶合的典型功率谱

胶合破坏有三个阶段。第一阶段是润滑状态变为边界润滑，这时齿面没有变化，振动、噪声信号表明这期间幅值变化较小；第二阶段润滑破坏，金属直接接触，齿面迅速恶化，这时振动、噪声增长明显，此时齿轮变速箱还可正常工作；第三阶段齿面严重恶化，胶合破坏严重，此时齿轮变速箱难以正常工作。

(4)齿面疲劳

齿面疲劳是指轮齿表面处在循环应力的作用下，而应力超出了材料的耐久极限时，将会造成材料的疲劳。其特点是小块金属从齿面剥离而形成凹坑。齿轮齿面疲劳包括点蚀、剥落疲劳两种。

齿轮点蚀是由于齿面局部接触疲劳，使接触应力超过疲劳极限，在润滑油的作用下在齿表面层产生疲劳裂纹并扩展为麻坑(蚀坑)，麻坑从节线下靠齿根的部位开始，逐渐密集分布在节线下方，点蚀后齿形受到破坏，形成载荷波动。从软齿面剥离下来的金属多呈贝壳状，而硬齿面多呈细小的颗粒。

在形成齿轮表面疲劳裂纹之前，材料内部首先由于剪应力作用产生塑性滑移，滑移发生在剪应力最大的节线附近。在这里为摩擦力不同方向交界处，同时接触应力值最大，因此是最大剪应力的危险点。由于滑移的疲劳应力累积，开始出现疲劳裂纹，这时润滑油及润滑油中微小磨粒在高压力下被挤入裂纹中，对裂纹产生强烈的液体冲击，如图 10-107 所示。裂纹中小块金属如同一悬臂梁在承受交变的弯曲载荷，最终导致疲劳断裂，这样反复破坏，形成剥落的麻坑，点蚀就形成了。轮齿齿面硬度越大、载荷越大，点蚀坑面积就越大，故硬齿面齿轮发生点蚀时，蚀坑剥落面大，破坏性也越大。

产生点蚀之后，轮齿表面变得粗糙，齿形也恶化，图 10-108 所示为点蚀发生后从齿向和端面观察轮齿的情形。可见点蚀后齿形从节线附近到齿根部表面起伏不平，就形成了齿面压力不均，压力波动。从端面方向看，形成凹陷，实线是理想的渐开线，虚线是点蚀后的形状，起伏波动的线是点蚀后实际齿面形状。由于齿形中间凹，形成了通常所说的凹齿啮合，因而动载荷加大，振动量加大，振动调制加强(相对讲，其中的调频要小些)。点蚀后齿形受到破坏，形成载荷波动，引起振动信号调制，使频谱中边带调制情况严重。

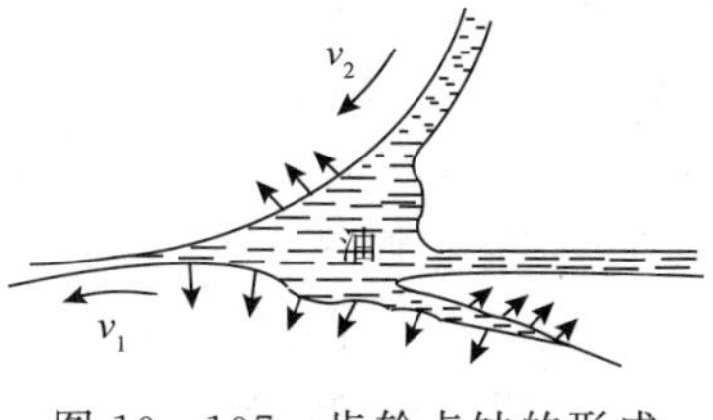

图 10-107　齿轮点蚀的形成

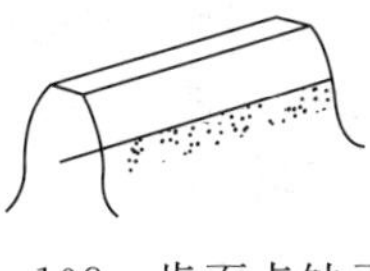
图 10-108　齿面点蚀示意图

点蚀的典型频谱，如图 10-109 所示。

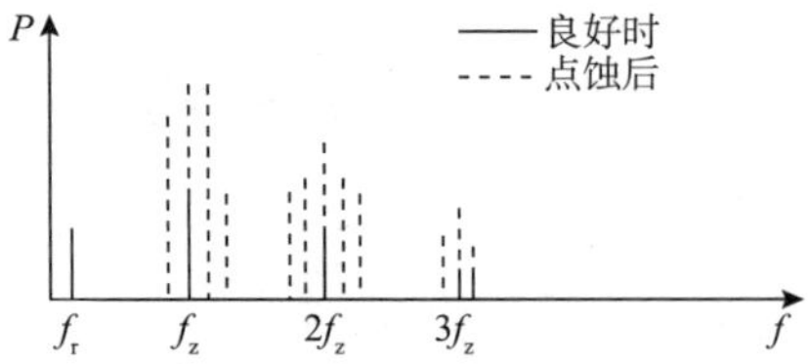

图 10-109　齿轮点蚀的典型功率谱

(5)轮齿断裂

断齿通常有疲劳断裂和过载断裂两种。疲劳断裂出现最多。疲劳断裂通常发生在齿轮齿根处的弯曲应力最大的危险截面上。在轮齿受载时，工作侧齿根部金属材料受脉动拉应力的连续作用，使材料内塑性变形形成残余应力不断累积，从而在齿根最大的弯曲应力危险截面处形成微裂纹，随着循环次数的增加，裂纹逐渐向纵深扩展，形成应力集中愈加明显，最终超过应力疲劳极限，在裂纹处发生轮齿的断裂破坏。过载断裂的原因是由于齿根裂纹后，使裂纹齿弯曲变形的增加，增大了啮合冲击、动载荷，从而使振动增加，同时它的啮合冲击的增加影响了邻近的齿，使之动载荷也增大；另外是由于轮齿的其他失效形式，如点蚀或剥落后，造成动载荷的过载而超过轮齿的抗弯强度，导致轮齿断裂。

在裂纹出现之前，轮齿刚度没有变化，出现裂纹后，随着裂纹的扩展，应力集中加大，变形量增加，刚度降低，这样，有裂纹的齿啮合时将产生比其他齿更大的动载荷，而且会影响到邻近的齿。随着裂纹齿动载荷增加，振动也将随之发生变化。但因通常疲劳裂纹只是个别齿产生，因此它所引起的振动变化量在整个齿轮振动中所占比例较小，而且频率远低于由齿轮刚度和传动误差所引起的动载荷频率。

齿轮载荷激励是一个周期信号。当轮齿产生疲劳裂纹以后，该齿的刚度明显降低，变形加大引起啮合冲击加剧，动载荷增加。从齿轮振动分析中可知，振动输出效果与载荷脉动相对应，因此如果将因裂纹引起的轮齿动载加大这样一个特征从振动信号中找出来，便可正确有效地诊断齿根疲劳裂纹，从而预报断齿。

2. 齿轮故障信号特征

(1)信号调制和边带分析

当齿轮装置在运行中传动误差大，是由于进入或脱离啮合时的碰撞加剧，将产生较高的振动幅值，并且形成短暂时间的幅值变化和相位变化。幅值变化产生幅值调制，相位变化产生频率调制。

①幅制调制

幅值调制是由于传动系统转矩的周期性变化引起的，例如齿轮齿面上的载荷波动、齿距周期性变化、轮齿负载的灵敏度不同以及齿轮中心与旋转中心的偏离等因素均可产生扭矩的周期性变化，这些因素反映在轮齿上是周期性的啮合力变化，时而“加载”，时而“卸载”，形成了幅值调制。

齿轮的局部缺陷(如裂纹、断齿、剥落等)和均布性缺陷(如点蚀、划痕等)均会产生幅值调制效应。幅值调制就是一种调幅波，振荡波形周期性地高低起伏，频率较高的啮合频率 f_m，称为载波频率；频率较低的故障信号频率 f_e，称为调制频率。

图 10-110 所示一个频率 f_m 的余弦信号 $g(t)$受一个低频率 $e(t)$调制的示意图。$G(f)$和 $E(f)$是相应的傅里叶谱。根据卷积定理，时域中两个信号的乘积相当于它们在频域中两个谱的卷积，故所得到的谱中在载波频率 f_m 两侧有两个边频带，而边频带与载波频率的间距就是调制波频率 f_e。

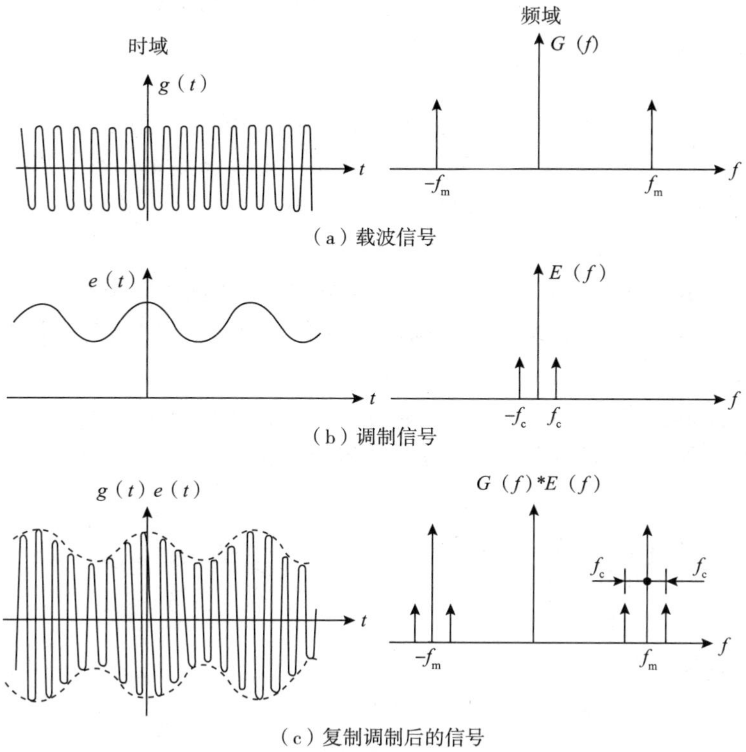

图 10-110　幅值调制的时域信号与频域信号的解调

对于简谐振动的复制调制原理可做如下说明。设代表啮合频率的载波信号为：

$$(g)t=A\sin(2\pi f_{\mathrm{m}}t+\varphi_0)$$

代表齿轮旋转频率的调制信号为：

$$e(t)=1+B\cos 2\pi f_{\mathrm{e}}t$$

幅值调制后的信号为：

$$x(t)=A(1+B\cos 2\pi f_{\mathrm{e}}t)\sin(2\pi f_{\mathrm{m}}t+\varphi_0) \tag{10-44}$$

式中　A——载波信号的振幅；

B——调制指数；

f_{m}——载波频率(啮合频率)；

f_{e}——调制波频率(转速频率)；

φ_0——初相角。

将式(10-44)展开，便可得

$$x(t)=A\sin(2\pi f_{\mathrm{m}}t+\varphi_0)+\frac{AB}{2}\sin[2\pi(f_{\mathrm{m}}+f_{\mathrm{e}})t+\varphi_0]+\frac{AB}{2}\sin[2\pi(f_{\mathrm{m}}-f_{\mathrm{e}})t+\varphi_0] \tag{10-45}$$

从式(10-45)可知，经幅值调制后的信号中，除了原有的啮合频率 f_{m} 外，还增加了一对啮合频率与旋转频率的和频($f_{\mathrm{m}}+f_{\mathrm{e}}$)与差频($f_{\mathrm{m}}-f_{\mathrm{e}}$)。在频率域上，它们是以 f_{m} 为中心，以 f_{e} 为间隔距离，以幅值为$\frac{AB}{2}$，对称分布于 f_{m} 的两侧，称为边频带，简称为边

带。如果调制信号 $e(t)$ 不是一个简谐波，而是多频率成分构成的周期信号，则 $e(t)$ 的每一个频率分量都将产生一边带，形成了边带族。

②频率调制

齿轮副在运行中转速的波动或因加工时分度误差而导致齿距不均匀，齿轮轴偏心(齿轮轴中心距和齿轮副轴线平行度及交叉度的误差)引起啮合速率的变化等因素，均可产生频率调制现象；另外，齿面压力波动，在产生调幅现象的同时，也会造成扭矩波动，导致角速度的变化而形成频率调制。

图 10－111 所示为频率调制。在频谱图上，它们是以载波频率 f_m 为中心，以调制频率 f_e 为间隔，形成对称分布的无限多对调制频带[图 10－111(c)]，边带的幅值高低主要取决于调制指数。

频率调制不仅引起围绕啮合频率的一族边带，而且在相位信号中产生一个谐波，如图 10－111(b)所示，因为频率调制的本身是由于相位变化产生的。

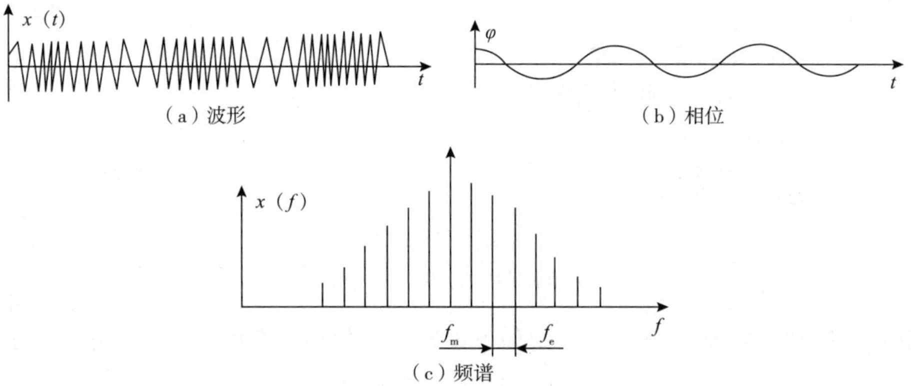

图 10－111　频率调制

在齿轮实际的故障中，调幅与调频两种现象均可能同时存在，形成交叉调制成分。由于幅值调制和频率调制具有载波频率相等、边带间隔均为齿轮的转速频率，以及边带对称分布于载波频率两侧的共同特点，因此在调幅与调频综合影响的结果，在频谱上得到的是调幅与调频综合影响的边频带。由于各调制频率成分的相位不同，边带幅值相互叠加的结果，使调制频率两边的边频带并不呈对称分布。

(2)故障频谱特征

齿轮故障频谱特征有齿轮齿面均匀性磨损，不均匀的分布性故障，齿面剥落、齿的断裂或裂纹以及齿的断裂等集中性缺陷，齿面点蚀、划痕等分布均匀的缺陷及齿轮转轴不平衡。

①齿轮表面均匀性磨损特征

当齿轮表面均匀性磨损、齿轮径向啮合间隙过大、齿轮游隙调整不当以及齿轮载荷过大等原因所引起的振动，在频谱上将增加啮合频率和它的谐波成分幅值，而不产生变频。齿轮表面均匀性磨损的特征是：谐谱图上啮合频率及其各次谐波幅值均有明显增长，而且啮合频率的高阶谐波幅值增长得比基波还快(见图 10－112)。当齿轮表面磨损严重时，二次谐波幅值可能超过啮合频率的基波。故从啮合频率谐波幅值的相对增长量，就可以反映出齿轮表面的磨损程度。

②不均匀的分布性故障

齿轮表面不均匀的分布性故障(例如齿轮转轴中心偏心、齿距周期性变化以及载荷波动等)将会产生幅值调制和频率调制，从而在啮合频率及其谐波两侧形成边频带，边频带的间隔频率是齿轮转速频率，该间隔频率与有缺陷的齿轮相对应的。对于齿轮转轴中心偏心所产生的边带，一般出现的是下边带成分，即 $f_m - nf_e(n=1,\ 2,\ 3\cdots)$，上边带是很少出现的。

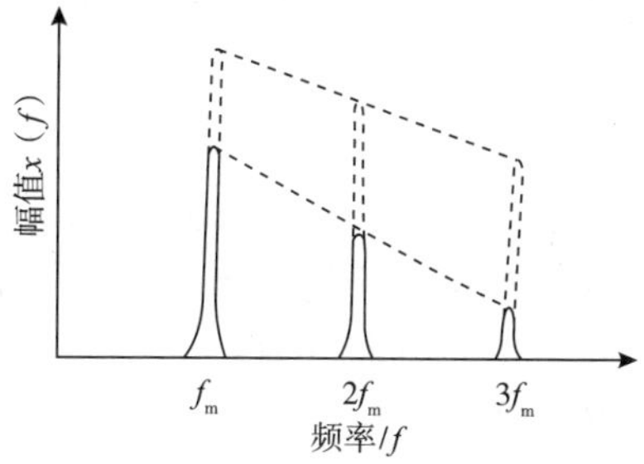

图 10－112　齿轮表面磨损前后的啮合频率及其谐波幅值的变化
—磨损前；----磨损后

根据幅值调制边频的形状，可以分辨出齿轮存在局部缺陷还是均布性缺陷，如图10－113所示。如果发生齿面剥落、齿的断裂或裂纹以及齿的断裂等局部性缺陷，则当啮合点进入到缺陷处，齿轮就产生一个冲击脉冲。由于脉冲信号可以分解为许多正弦分量之和，故在频谱上形成以啮合频率为中心的一系列边带。其特点是边带的阶数多而分散，而且幅值较低，分布比较均匀平坦，如图 10－113(a)所示。

如果在齿轮上存在齿面点蚀、划痕等分布均匀的缺陷，调制频率虽然也是多频率成分，但在时域上是一条幅度变化较小、脉动频率较低的包络线，故在频谱上产生的边带特点是分布比较高而窄，而且幅值变化起伏较大，如图 10－113(b)所示。齿轮上的缺陷分布越均匀，频谱上的边频越高、越窄。

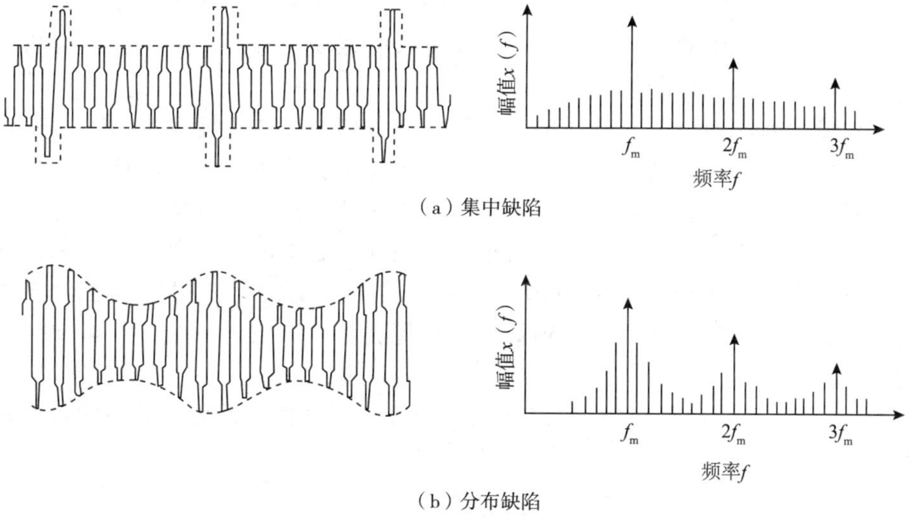

图 10－113　齿轮不同缺陷引起的边频带

(3)齿轮故障的诊断方法

齿轮故障诊断的基本方法是利用振动信号在频域和时域内诊断。不论采用何种分析方法均需要尽可能地消除噪声干扰、提高信噪比。在频域上诊断主要是提取边频特征信息，齿轮常用的故障诊断方法有：频谱分析法、倒频谱分析法和时域平均法等。

①频谱分析

频率域信号和时间域信号是反映了同一事物的两个不同侧面。近代电子技术的发展使得快速傅里叶变换(FFT)得以在实际中应用。利用傅里叶变换分析使得时间信号的周期成分在频谱中简捷、明确的反映出来。根据巴塞伐定理，一个信号在时间域内总功率应等于频域中所含的总功率。频域中各个分量表示了各自对总功率的贡献。

频率的分析的突出优点是在振动信号和运行的齿轮之间架起了一座桥。即通过简单的计算可以找出齿轮的许多特征频率，观察这些频率幅值就可以发现故障的类型和严重程度。基本的特征频率有：

啮合频率 f_z：

$$f_z=\frac{n \cdot z}{60} \tag{10-46}$$

式中 n——齿轮转速，r/min；

z——齿轮齿数。

轴频 f_1：

$$f_1=\frac{n}{60}$$

鬼频 f_w：

$$f_w=\frac{n \cdot w}{60} \tag{10-47}$$

式中 w——滚齿机分度蜗轮齿数。

啮合频率的次高谐波：

$$m \cdot f_z \qquad (m=1,\ 2,\ 3,\ \cdots)$$

应用频谱的分析方法可以发现由于故障而使某一特征频率所发生的微小变化，从而将产生故障的齿轮与运行中的其他齿轮、轴承从复杂的振动中分离出来。频谱分析普遍应用在齿轮试验和旋转机械的诊断中。

为了使故障诊断能力更强，往往要提高频率的分辨率。快速傅里叶(FFT)变换得到的功率实际上是离散的，每条谱线之间的频率值并不连续。使用通常仪器所得到的功率谱因其分辨力有限，有时一些相接近的重要频率仍无法区分，这时就应该采用细化技术(zoom)来提高分辨率。细化谱分析法是由快速傅里叶变换发展起来的一个分支，特别是任选频带细化分析，可以在任意指定的频率段内进行分辨力很高的细化，用局部细化方法进行分析。细化谱分析对于诊断齿轮偏心、轴对中不良等类型故障效果极佳。

②倒频谱分析

倒频谱(Cepstrum)分析，又称为二次频谱分析，是对功率谱分析结果的再处理。

功率谱可表达为：

$$G_x(f)=\frac{2}{T}\left|X(f)\right|^2 \tag{10-48}$$

式中 $X(f)$——为时间序列 $x(f)$ 傅里叶正变换。

倒频谱可表达为：

$$G_x(\tau)=\frac{2}{T}\left|F\{\log[Gx(f)]\}\right|^2 \tag{10-49}$$

式中 τ——倒数谱的时间变量，称为倒频率。

如前所述，齿轮的振动功率谱上分布了啮合振动以及相关的调频、调幅信号，表现在功率谱上除了啮合振动基频、高次谐波外，还有轴频、固有频率以及复杂的边频。尤其当齿轮多级传动时，很多周期频率簇(谐波簇、边波簇)相互交迭，较难清楚地判断各个周期分量。使用到频谱分析就可以解决这一问题，它将功率谱上的周期频率簇转换为一条谱线。图 10－114 显示了功率谱中的边频带簇在倒频谱中以简明的周期性谱线表示出来。倒频谱分析另一个优点是测量结果不易受传递途经的干扰。

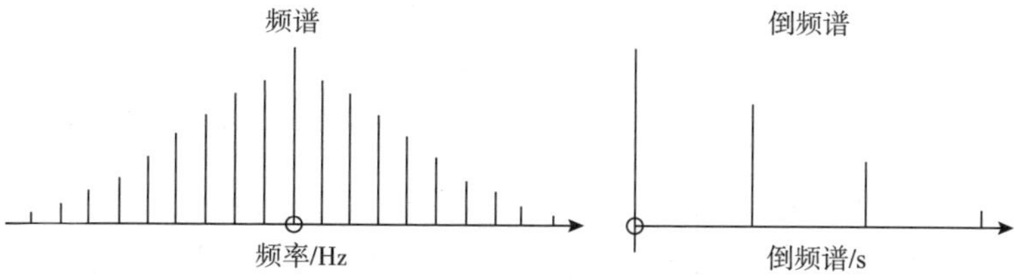

图 10－114 功率谱与到频谱的比较

倒频谱分析的另一个优点是测量结果不易受传递途径的干扰。齿轮的啮合振动通常不是直接测出的，而是需要经过一系列的传递路径才能得到，这就不可避免地要受到结构响应特性的影响，因此测点位置不同时，对同一振源的测量结果也不同。

③时域同步平均法

时域同步平均法是从混有噪声干扰的随机信号中提取周期信号的技术。这种方法在齿轮故障诊断中应用较多。通过对机械振动、噪声信号以一定时间间隔去截取采集信号，然后迭加后计算平均，从而达到消除随机干扰和非周期含量，使周期性成分得以清楚显示的目的。

时域同步平均法的原理是以一个齿轮每转一转为周期，进行同步平均处理，可以排除该齿轮以外的一些干扰，使齿轮缺陷引起的周期信号分量突出，从而提高信噪比。

如果一个随机信号 $x(t)$由周期信号 $f(t)$和白噪声 $n(t)$组成，即

$$x(t)=f(t)+n(t)$$

以 $f(t)$的周期去截取信号 $x(t)$，截取了 N 次，然后对应相加，由于白噪声的不相关性，可得到：

$$x(t)=Nf(t)+\sqrt{N}n(t)$$

再对 $x(t_1)$平均，便得到输出信号 $y(t_1)$：

$$Y(t_1)=f(t_1)+\frac{1}{\sqrt{N}}n(t_1)$$

此时，输出的白噪声是原来输入信号 $x(t)$中白噪声的 $1/\sqrt{N}$倍，因此信噪比提高了 $\sqrt{N}$倍。

图 10－115 所示为采用时域同步平均法进行齿轮变速箱故障诊断示意图。齿轮变速箱的旋转周期信号通常可以用安装在齿轮输入、输出轴部位的红外、电容式或电感式传感器产生的脉冲信号来代替，即齿轮每旋转一转便产生一个脉冲。与此同时利用振动传感器或电容传感器采集齿轮变速箱振动或噪声信号。将这两种信号同步输入计算机或信号分析仪中，以脉冲信号作为采样的触发信号，这样所截取的时间就与齿轮的旋转周期同步。如果在脉冲输入之前，采用数字技术将脉冲间隔适当压缩或扩展，那么只要测取一次信号就可以对多轴的复杂齿轮变速箱进行同步平均了。随着平均次数的增加，信噪比会得到进一步的提高。

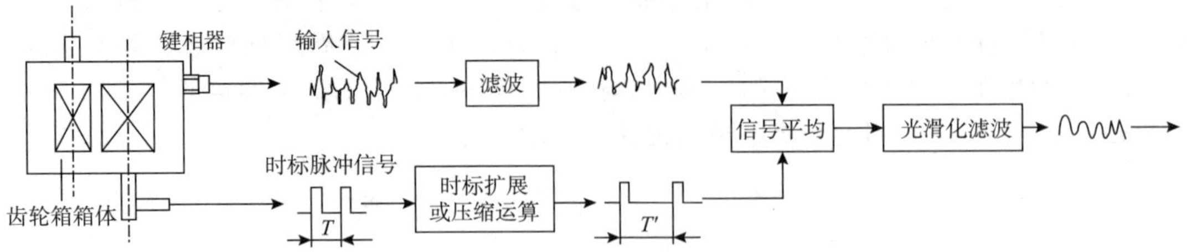

图 10－115　时域平均技术诊断齿轮变速箱框图

应用时域同步平均法应考虑到除了使用常用的振动传感器外，还需要至少一路时标信号。当齿轮的故障信号与啮合振动与啮合振动信号相比小很多时，时域同步平均法可以消除与给定周期无关的其他信号，从而使故障信号清晰地从杂乱的随机信号中分离出来。

十、滚动轴承故障诊断

1. 滚动轴承失效的基本形式

滚动轴承在运行过程中由于装配不当、润滑不良、水分和异物侵入、腐蚀、气蚀和过载等原因引起损坏，即使在安装、润滑、使用维护都正常情况下，经过一段时间的运行，滚动轴承也会出现疲劳剥落或磨损而损坏。滚动轴承的损坏形式很多，常见的有如下几种。

(1)磨损失效

磨损失效是滚动轴承最常见的一种失效形式。由于轴承滚动体与保持架、滚道之间的相对运动以及尘埃异物的侵入将会引起表面磨损。磨料的存在是滚动轴承磨损基本原因。

(2)疲劳失效

疲劳失效是滚动轴承常见的另一种失效形式，其表现为滚动体或滚道表面剥落或脱皮。滚动轴承运行时，滚动体在滚道上由于长期承受交变载荷的作用，首先在接触表面一定深度处形成裂纹(该处的切应力最大)，继而从轴承深处扩展到接触表面，使滚动体和滚道表面形成剥落凹坑。疲劳失效的主要原因是疲劳应力造成的。在正常工作条件下，疲劳剥落是滚动轴承失效的主要形式。

(3)腐蚀失效

滚动轴承零件表面腐蚀是由下面三个原因造成的：

①由于润滑油、水分或湿气进入轴承或使用含酸的润滑剂，均会产生化学腐蚀；

②当转子带电，在一定条件下电流击穿油膜产生电火花放电，使轴承表面间有较大的电流通过而造成电腐蚀；

③轴承套圈在轴承座孔中或轴颈上产生微小相对运动而造成的微振腐蚀。

(4)裂纹和断裂失效

引起滚动轴承零件的裂纹和断裂失效的主要原因是：轴承运行时载荷过大，金属材料有缺陷、磨削加工和热处理不当所引起的。转速过高、润滑不良、轴承在转子上装配质量不佳及产生过大的热应力均会引起滚动轴承的裂纹和断裂。

(5)胶合失效

胶合是指滚道与滚动体表面由于受热而局部熔化在一起的现象。胶合失效的原因是由于轴承在高速、高温、重载、润滑不良及启动加速度过大等情况下运行，由于摩擦发热，导致轴承元件表面损伤或元件之间产生金属黏附。

(6)压痕失效

压痕是在滚道或滚动体表面上产生局部变形而出现的凹坑，其失效主要原因是由于过载、撞击、装配敲击及异物落入滚道等形成的。

2. 振动机理

图 10－116 所示为滚动轴承振动发生的机理。由于转子的旋转，滚动体便在内、外圈之间滚动。轴承的滚动表面虽加工得非常光滑，但从微观上来看，仍有小的凹凸面。滚动体在这些凹凸面上转动时，产生交变的激振力。通常，由于滚动表面的凹凸形状是无规则的，故激振力也具有随机的性质，它具有多种频率成分。故由轴承(主要是外圈)和外壳形成的振动系统，由于这个激振力的作用所产生的振动将是由各种频率成分组成的随机振动。

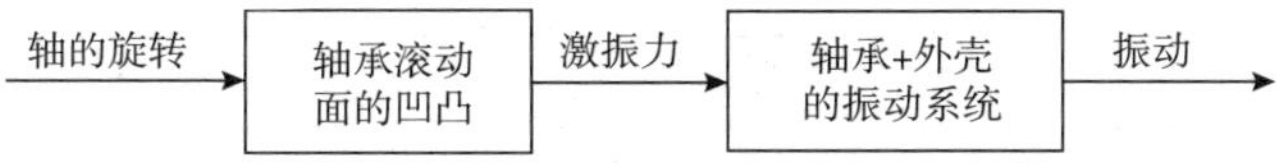

图 10－116　滚动轴承振动发生的机理

首先，由于轴的旋转，滚动体便在内、外圈之间滚动，轴承的滚动表面虽然加工得非常光滑，但从微观来看，仍有小的凹凸，滚动体在这些凹凸面上转动时，产生交变的激振力。通常，由于滚动表面的凹凸形状是无规则的，所以激振力也具有随机的性质，它具有多种频率成分，由轴承(主要是外圈)和外壳形成的振动系统由于这个力的激励，发生的振动将是由各种频率成分组成的随机振动。

十分明显，滚动表面损伤的形态和轴的旋转速度决定了激振力的频谱；轴承和外壳决定了振动系统的传递特性；这两者共同决定了最终的振动频谱。由此可知，由于轴承异常所引起的振动频率，受轴的旋转速度和损伤部分的形状以及轴承和外壳振动系统的传递特性三者所控制。

一般，轴的旋转速度越高，而且损伤的形态表现得越显著时，振动的频率就变高。轴承振动系统中，轴承的尺寸越小，其固有振动频率越高。因此，由于异常所产生的振动，对所有轴承都共同具有的特定频率是没有的。另外，即使对一个特定的轴承，当产生异常时，几乎也不会只发生单一频率的振动。

3. 滚动轴承故障的检测方法

在滚动轴承故障的种种的检测方法中，从实用观点来看，没有比振动诊断的更好的方法了。目前使用的大多数轴承诊断仪器，基本上是用振动计制成的，有关轴承异常诊断，使用振动法占据了主要部分。目前，之所以大多数采用振动法，可以认为主要有如下几个原因：

①可以检测出各种类型轴承的异常现象；

②在故障初期就可发现异常；

③可在运行中测定；

④由于振动发生自轴承本身，不需要特别的信号源；

⑤测试及信号处理比较简单。

滚动轴承故障的主要检测方法见表 10－15。

表 10-15 滚动轴承的损伤现象及检测方法

损伤现象	检测方法				
	振动和声音	温度	磨损颗粒	轴承间隙	油膜电阻
剥落	○	×	○	×	×
裂纹	○	×	△	×	×
压痕	○	×	×	×	×
磨损	○	△	○	○	○
腐蚀	○	△	○	○	○
斑痕	○	△	○	△	○
烧伤	○	○	△	×	○
生锈	△	×	○	×	△
可否在运行中测定	可以	可以	不可以	不可以	可以

注：表中检测符号表示的意义：○—有效；△—有可能性；×—不适用。

为了加深对滚动轴承振动特性的认识。下面分别对滚动轴承造成的各种振动做进一部讨论。

(1)固有振动

滚动轴承在运行时，滚动体与内圈和外圈之间可能产生冲击而诱发轴承各元件的各阶固有振动。由于各轴承元件的固有频率仅取决于本身的材料、外形和质量，因而和轴承的转速无关。

滚动体的固有频率为：

$$f_{bn}=\frac{0.424}{r}\sqrt{\frac{E}{2\rho}}\quad \text{Hz} \tag{10-50}$$

式中 r——滚动体半径，mm；

ρ——材料密度，kg/m^3；

E——弹性模量，N/m^2。

轴承内、外圈在圈平面内的固有频率计算公式是相同的，两者均为具有矩形截面的一个圆环，圆环的径向弯曲振型，如图 10-117 所示。套圈径向弯曲振动固有频率的近似计算计算公式为：

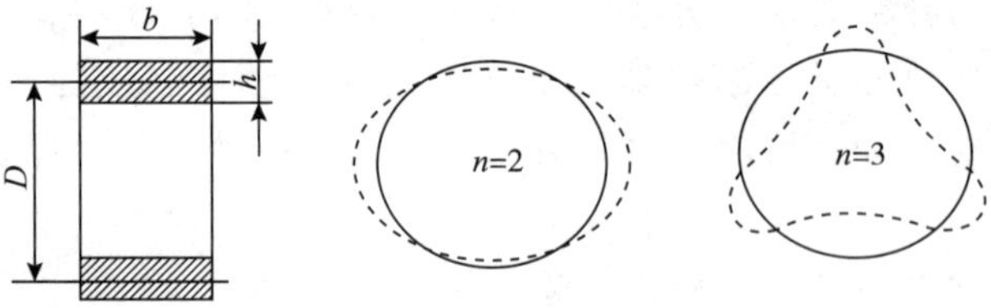

图 10-117 径向弯曲振动

$$f_{in}=\frac{n(n^2-1)}{2\pi\sqrt{n^2+1}}\frac{1}{a^2}\sqrt{\frac{EI}{M}}\quad \text{Hz} \tag{10-51}$$

式中 I——套圈截面绕中性轴的惯性矩，m^4；

a——回转轴线到中性轴的半径，m；

M——套圈单位长度内的质量，kg/m。

n——振动阶数。

一般，滚动轴承元件的固有振动频率从几 kHz 到数十 kHz，而滚动体的固有频率可达数百 kHz，可见滚动轴承元件的固有频率是非常高的。

(2)轴承构造引起的振动

对滚动轴承加上一定的载荷时，旋转轴的中心随着滚动体的位置而变动，这是因为载荷使内、外圈和滚动体产生了弹性变形，因而会引起振动。这类振动又可分为如下几种情况：

①轴承的承载状态与滚动体的位置而引起的振动

在外载荷作用下，最下面的滚动体受力最大，最上面的滚动体受力最小，其余滚动体的受力大小根据其位置不同而不同的，如图 10－118 所示。轴承在旋转过程中，最下面的滚动体从载荷中心线下面向非中心线位置滚动，其接触力由大变小，并且引起轴颈中心位移。因此，只要轴在旋转，每个滚动体通过载荷中心线时，就会发生一次力的变化，对轴颈或轴承座产生激励作用。它由滚动体公转而产生，这种振动有时称为滚动体的传输振动，其激励频率称之为通过频率 f_e，其主要频率成分为 $f_b \cdot Z$，即

$$f_e = Zf_b \tag{10-52}$$

式中　f_b——滚动体的公转频率；

Z——滚动体的数目。

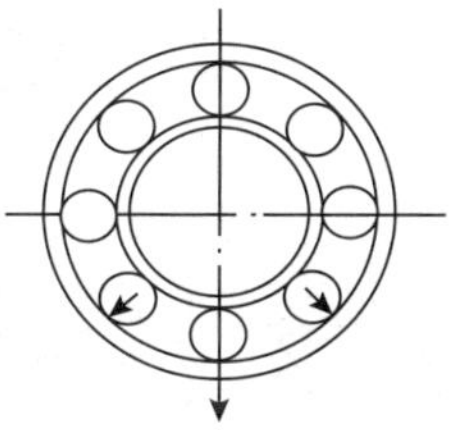

图 10－118　滚动轴承的承载状态与滚动体的位置

$$f_b = \frac{1}{2}\left[f_0\left(1-\frac{d}{D}\cos\alpha\right)+f_c\left(1+\frac{d}{D}\cos\alpha\right)\right] \quad \text{Hz} \tag{10-53}$$

式中　f_0——轴的转动频率，Hz；

f_c——外圈的旋转频率，Hz；

d——滚动体直径，mm；

D——轴承的节径，mm；

α——接触角。

②轴弯曲或轴装配倾斜引起的振动

图 10－119 所示为转子弯曲或转子装配倾斜引起的振动，其振动频率成分为 $Zf_c \pm f_0$。

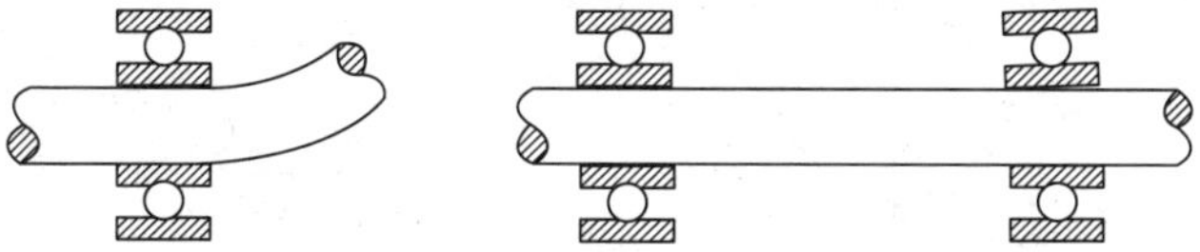

(a) 轴弯曲　　(b) 轴装配倾斜

图 10－119　轴承及轴的状态

③滚动体直径不一致引起的振动

图 10－120 所示为滚动体直径大小不一致。轴在转旋转过程中，随着大直径滚动体位置的变动，内圈中心将做周期性的甩转，轴也跟随着一起甩转。这时在轴上的振动频率既有滚动体的公转频率(即保持架转速频率)f_b，还有轴的转速频率 f_0，两者的组合效应产生的振动频率为 $nf_c \pm f_0$(其中 $n=1$，2，…)两种频率分量的振动，这些振动频率成分一般在 1kHz 以下。

(3)滚动体的非线性伴生振动

滚动轴承是靠滚道与滚动体的弹性接触来承受载荷的，具有“弹簧”的性质。这个“弹簧”刚性很高，当轴承润滑状态不良时，就会出现非线性弹簧的特性，因而发生振动。

如果润滑性能不良，轴向的弹簧特性为非线性(图 10－121)，从而会在轴向推力方向产生异常振动。此时的振动频率有轴的转速频率 f_0 及其高次谐波($2f_0$，$3f_0$，…)，分数谐波($1/2f_0$，$1/3f_0$，…)。一般，这种振动多发生在深槽球轴承上，而自动调心型和滚子轴承上不常发生。

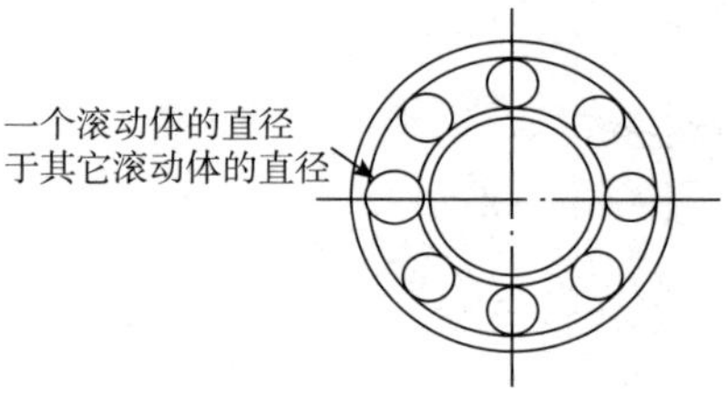

图 10－120　滚动体的直径不一致引起的振动

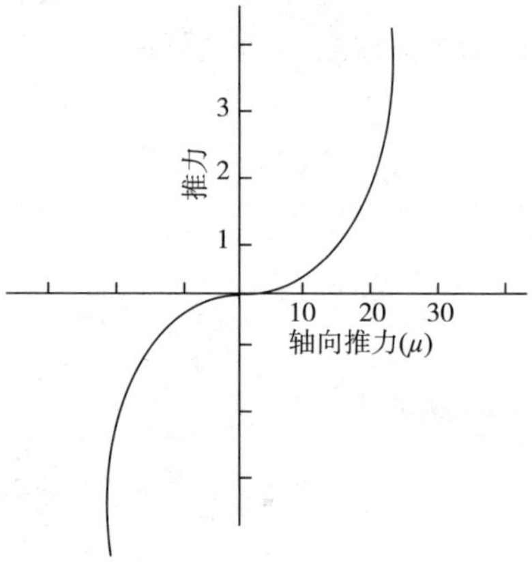

图 10－121　滚动轴承的非线性弹簧特性

(4)精加工面波纹引起的振动

滚动轴承制造时是经过精加工的，虽然不存在明显的起伏波纹，若在滚道或滚动体的精加工表面留有微小波纹，当凸起的大小和数目达到某一定量值时，就会产生特有的振动，滚动体的波纹振动频率为 $2nf_b \pm f_c$；内圈的波纹振动频率为 $f_0 + nZf_i$；外圈的波纹振动频率为 nZf_c。

图 10－122 所示为滚道或滚动体精加工表面上的波纹引起的振动发生的机理。当波纹具有特定的波峰数时，由于滚动体在公转时超越波峰，因而诱发周期振动。

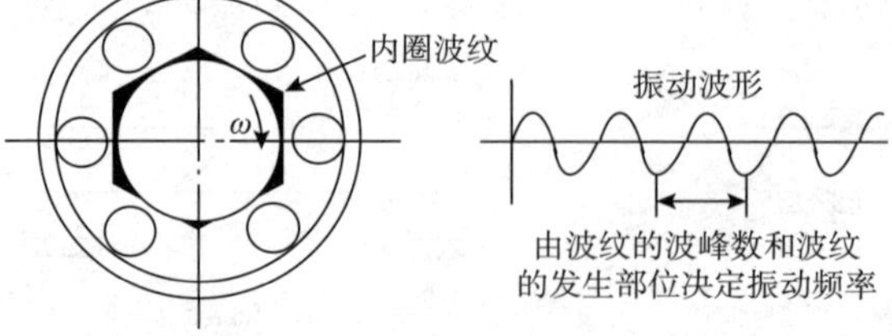

图 10－122　精加工表面上的波纹引起的振动

(5)轴承损伤引起的振动

滚动轴承损伤的种类有各种各样的，但是从大致区分有表面皱裂、表面剥落和烧伤等三种类型。轴承振动的波形，如图 10－123 所示。

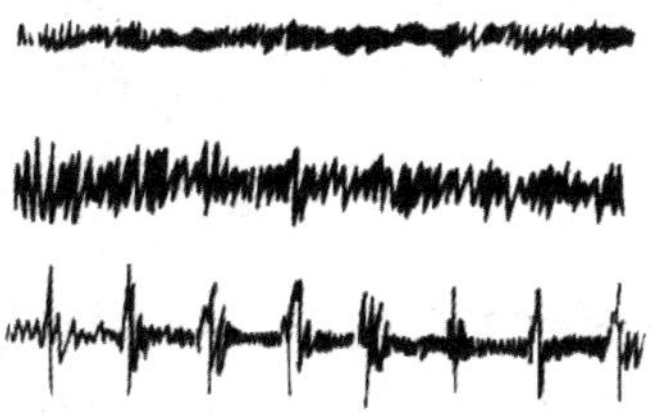

图 10－123　轴承振动的波形

①表面皱裂

图 10－123(b)所示为轴承产生表面皱裂时的振动波形。它与正常轴承的振动具有相同的性质，即两者振动的波形都是无规则的，振幅的概率分布为正态分布。

由于振动的频谱没有特征的差别，监测表面皱裂尚找不到很好的信号处理方法。与正常的轴承振动的唯一区别是表面皱裂伴随着振幅变大。因而，振动的有效值和峰值比正常时大。表面皱裂不会直接引起轴承立即损坏，其危害要比表面剥落和烧伤小得多。

②表面剥落

在这类损伤中，包含有表面剥落、裂纹、压痕等滚动面发生局部损伤等异常状态。在滚动轴承产生表面剥落时，将会发生冲击振动。这种振动从性质上可分为两类：

a)当滚动体与滚到接触处遇到局部缺陷时，就会一个冲击信号产生。当在轴承零件的整个圆周上发生了一处剥落时，因剥落的位置不同而不同，接触点经过缺陷的频率是不相同的，这个频率称为冲击的间隔频率—又称“通过频率”。间隔频率可以根据轴承的转速、轴承零件的尺寸和形状求得。表 10－16 给出求取间隔频率的相应公式。

表 10－16　表面剥落引起的冲击振动间隔频率

表面剥落的位置		冲击振动发生的间隔频率/Hz
内圈		$Zf_i=\frac{n}{2\times 60}(1+\frac{d}{D}\cos\alpha)Z$
外圈		$Zf_c=\frac{n}{2\times 60}(1-\frac{d}{D}\cos\alpha)Z$
滚动体	冲击单侧滚道	$f_{b1}=\frac{n}{2\times 60}\frac{D}{d}(1-\frac{d^2}{D^2}\cos^2\alpha)$
	冲击两侧滚道	$f_{b2}=\frac{n}{60}\frac{D}{d}(1-\frac{d^2}{D^2}\cos^2\alpha)$

注：Z—滚动体数目；f_0—轴旋转频率；d—滚动体直径，mm；D—轴承的节径，mm；
α—接触角，指接触点中心线与滚动体中心线在轴承轴向平面上的夹角，rad 或(°)；n—正整数(n=1，2，3，…)。

b)固有振动

在滚动轴承故障诊断中，根据频率不同，固有振动有如下三种：

(a)轴承外圈一阶径向固有振动。其频带在 1～8kHz 范围内。在离心泵、风机这类简单机械的滚动轴承故障诊断中，是一种既可靠又经济的诊断信息。

(b)轴承其他元件的固有振动。其频带在 20～60kHz 范围内，能避开流体动力噪声，信噪比高。

(c)传感器的一阶固有振动。选择传感器安装系统的一阶谐振频率区作为检测频带，其频带通常在10kHz范围内左右。

由于各种固有频率只取决于滚动轴承元件的材料、外形和质量，与转子回转频率无关，一旦轴承元件出现表面剥落就会发生瞬间冲击，从而激发各种固有振动。因此，通过查找这些固有振动当中的某一种振动的出现，就可以诊断轴承元件表面剥落故障的原因和依据。

c)烧损

滚动轴承烧损故障是由于润滑状态恶化等原因造成的，它会将引起轴承在短时间内迅速劣化。由于从滚动轴承烧损的征兆出现到不能旋转的时间极短，故诊断或预知这种故障很难。但我们可以从滚动轴承烧损发生时，振动和温度的记录图可以看出，在到达烧损的过程中，伴随着冲击振动，轴承的振动值迅速增大。如果，能经常监测轴承温度的变化，发现轴承振动的异常，防止滚动轴承烧损事故是可行的。

4. 时域波性特征

(1)轴承内圈点蚀时的振动频率

图10－124所示为内圈存在点蚀的振动。滚动轴承的滚动体与滚道均有径向间隙，且单边受载，根据点蚀部分和滚动体发生冲击的位置不同，振动的振幅会发生强弱变化，其中多数与旋转频率和滚动体的公转频率的振幅调制有关，其中最主要的是通过频率对固有频率的脉冲调制。其振动频率为$nZf_b \pm f_c$。

(2)轴承外圈点蚀时的振动频率

图10－125所示为轴承外圈存在点蚀振动。此时疵点的位置和承载方向之间的位置关系是一定的，故与振幅调制无关，主要是脉冲调制。其振动频率为nZf_b。

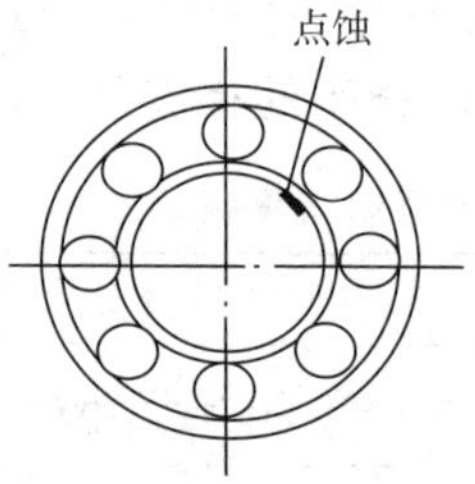

图10－124　内圈的点蚀

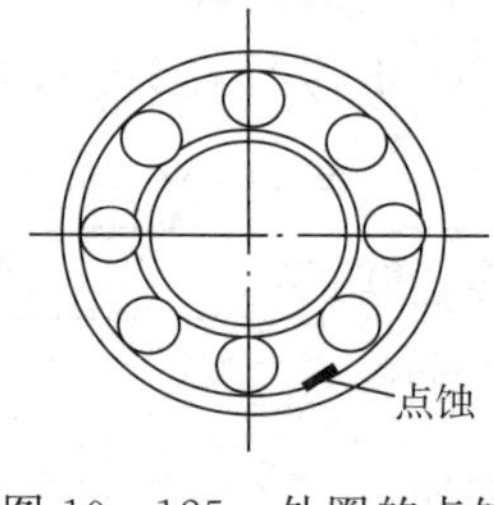

图10－125　外圈的点蚀

5. 滚动轴承的故障诊断方法

在滚动轴承振动诊断中，目前应用的诊断方法主要有下列几种。

(1)低频信号接收法

低频信号接收法是将轴承上由加速度计(传感器)检测到的宽带信号直接进行频谱分析，或者信号经过低通滤波器，去除高频成分后再作频谱分析，从频谱上观察主要谱峰，如图10－126所示。其是实质是直接测量滚动轴承因加工表面形状误差，或因滚道、滚珠表面剥落而出现的脉动频率，另由于流体动力噪声和其他干扰源的影响，直接利用低频信号接收法得到的谱图往往谱线密集、模糊不清、很难鉴别出故障信号。故目前，很少直接采用这种方法去识别滚动轴承故障，仅在简单的机器的滚动轴承故障诊断中采用。

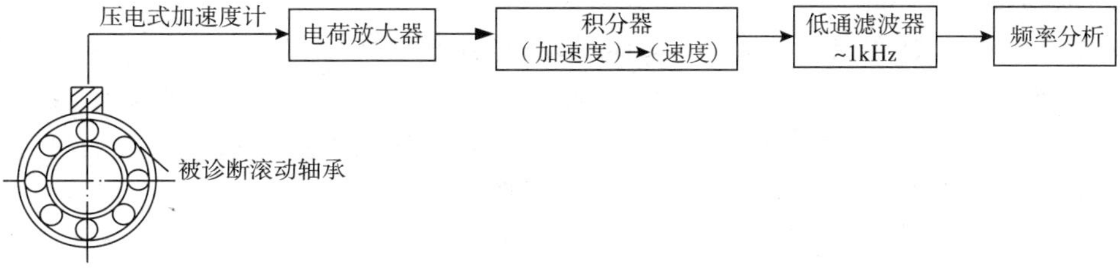

图 10－126　低频信号接收法测试原理框图

(2)冲击脉冲法

冲击脉冲法又称 SPM(shock Pulse method)法，专门用于滚动轴承多种失效的诊断，尤其对疲劳失效、磨损失效、润滑不良等失效的诊断准确率相当高。

滚动轴承在运行中，如果滚动轴承的某元件表面产生损伤(剥落、裂纹、凹坑等)时，就会发生机械冲击，引起脉冲性脉动，冲击脉冲的强弱就反映了故障的程度。通过加速度计可以测得此冲击引起的高频衰减振动波形。

冲击脉冲法的检测原理：当滚动轴承出现故障时，它所产生的冲击脉冲信号，会激起谐振体(轴承或传感器检测系统)的共振，共振的高频波包含了低频冲击和随机干扰的幅值调制波，经过窄带滤波和包络检波后的信号幅值大小就反映了冲击力的大小，即反映了滚动轴承元件接触面的故障状况。

冲击脉冲法是以 30～40kHz 作为检测频带，捕捉轴承其他元件的固有振动，以此频带内是否出现较强的检测信号作为诊断轴承状态的依据。将窄带滤波器的通频带设在 30～40kHz 的范围，这个频段正好是传感器的谐振频带，而与其他机械设备结构振动相远离，这样就可以排除常规振动(如转子不平衡、轴不对中和其他低频背景噪声)的影响。

轴承冲击脉冲的强弱主要取决于轴承元件在冲击点的相对线速度，而线速度大小取决于轴承的大小及转速，所以即使是表面状况很好的轴承，在几何尺寸及转速不同时，也会产生不同冲击脉冲值，这个值称为初始冲击脉冲值，符号为 i，其分贝值用 dB_i 表示。对于滚动轴承。国际上通常用下列经验公式来表示初始冲击量值 i 与轴承内经 d 和转速 n 的关系：

$$i=\frac{nd^{0.61}}{2150} \tag{10-54}$$

初始分贝值 dB_i 又称为背景分贝值，即

$$dB_i=20(1gn+0.611gd-1g215) \tag{10-55}$$

冲击脉冲法还规定，当冲击脉冲值(又称为绝对冲击值，符号为 SV，其分贝值用 dB_{SV} 表示)达到初始冲击值 i 的 1000 倍，即 dB_{SV} 由初始值升高 60dB 时，表示轴承寿命终结。

由于轴承的规格和转速不同，致使其初始冲击值 i(或 dB_i)不同，它的绝对冲击值 SV(或 dB_{SV})也不同，因此无法规定统一的轴承寿命评价绝对标准。为此，在冲击脉冲法中规定了一个相对指标，用冲击脉冲的绝对冲击值达到初始冲击值的倍数 N 来表示，N 称为故障级(又称为标准级)，其分贝值记作 dB_N，它们之间的关系式为：

$$N=\frac{SV}{i} \tag{10-56}$$

$$dB_N=dB_{SV}-dB_i \tag{10-57}$$

任何滚动轴承，不论规格和线速度如何，只要 dB_N 相同，就处于相同的寿命阶段。图 10－127 所示表达了这类仪器的 dB_{SV}、dB_N 示值与轴承损伤和寿命之间的关系。根据大量试验数据的统计，通常认为 0～20dB_N 时，表示轴承工作状态良好，无损伤或极细小的损伤期；在 20～35dB_N 时，表示轴承已出现较明显的损伤，并处于不断劣化的过程中；在 35～60dB_N 时，表示轴承因损伤过大进入了破坏期。

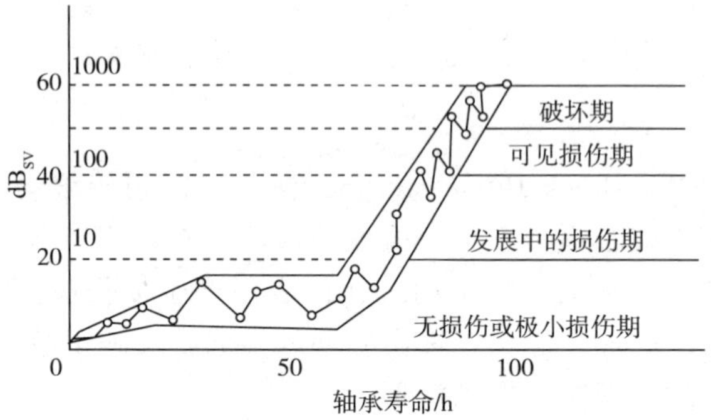

图 10－127　滚动轴承所具有的平均寿命曲线

(3)共振解调法

共振解调法也称为包络检波频谱分析法。共振解调法是指通过窄带通滤波将其从信号中分离出来，然后通过包络检波，提取出附载在其上与周期脉冲冲击力对应的包络信号，从其上强度和频次就可以判断滚动轴承元件损伤的程度和部位。

图 10－128 所示为用共振解调法分析的原理框图。将经调制的高频分量拾取，信号经放大器共振放大和滤波器包络检波处理后，送入解调器解调，即可得到原来的低频脉动信号，然后对包络信号进行频谱分析，获得要求的功率谱。图 10－128 框图中的解调部分既可以使用检波滤波法，也可以使用希尔伯特变换等技术来实现。其中利用希尔伯特变换进行的包络分析应用较为广泛，包络分析可以由硬件实现，也可以由软件实现。包络法将与故障有关的信号从高频调制信号中取出，从而避免了与其他低频干扰的混淆，故有极高的诊断可靠性和灵敏度。

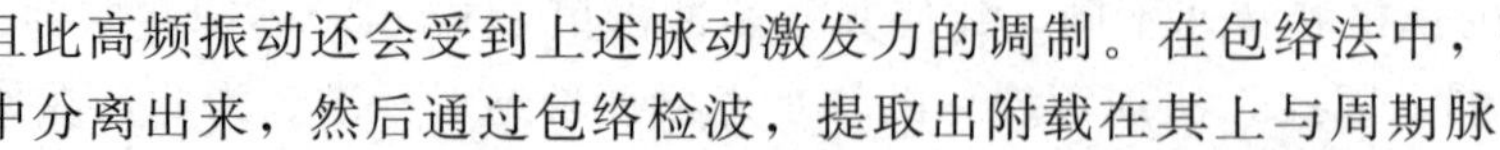

图 10－128　共振解调法基本原理框图

(4)包络法

当旋转的机械的滚动轴承元件有点蚀、剥落损伤故障时，在运行中这些故障会产生周期性脉冲冲击力，激起机械的各阶固有振动。不但会引起轴承外圈及传感器本身产生的高频固有振动，且此高频振动还会受到上述脉动激发力的调制。在包络法中，通过窄带通滤波将其从信号中分离出来，然后通过包络检波，提取出附载在其上与周期脉冲冲击力对应的包络信号，从其上强度和频次就可以判断元件损伤的程度和部位，这种技术称为包络法或共振解调法。

图 10－129 所示为用包络法测试分析滚动轴承振动故障原理框图。将上述经调制的高频分量拾取，经放大、滤波器滤波后送入解调器解调，即可得到原来的低频脉动信号，然后对包络信号进行频谱分析，获得要求的功率谱。

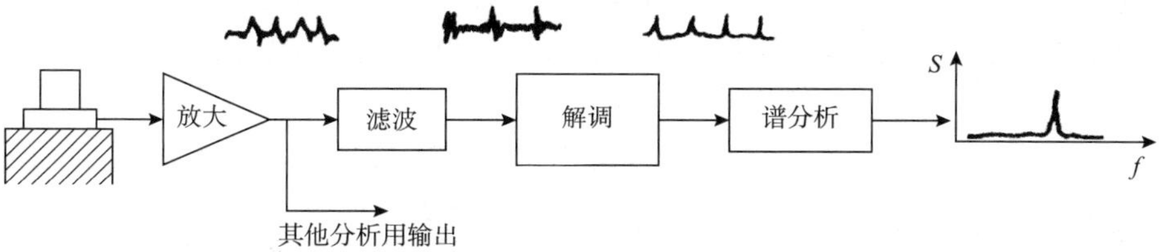

图 10－129　包络法测试分析滚动轴承故障原理框图

图 10－129 框图中的解调部分可使用检波滤波法，也可使用希尔伯特变换等技术来实现，其中利用希尔伯特变换进行的包络分析应用较为广泛。包络分析可以由硬件实现，也可以由软件实现。包络法不仅可以根据某种高频固有振动的是否出现，判断轴承运行是否正常；还可以根据包络信号的频率成分与求得的计算值进行对比，识别出产生缺陷的轴承元件(如内圈、外圈、滚动体)。

包络法将与故障有关的信号从高频调制信号中取出，从而避免了与其他低频干扰的混淆，故有极高的诊断可靠性和灵敏度。

(5)光纤传感器技术

①光纤传感器的工作原理

光纤传感器技术是一种对轴承振动位移量的非接触式测量方法，光纤传感器技术是一种直接从轴承内、外圈表面提取信号的诊断技术。

图 10－130(a)所示为光纤传感器的工作原理。一个由数百根光导纤维束制成位移传感器，包含有等量分布的发送光纤束和接受光纤束两部分。光线由发送光纤束经过传感器端面与轴承套圈表面的间隙，反射回来，再由接受光束接受，经过光电转换器转化为电压输出。

轴承外圈表面与传感器之间的间隙量 S 是由反射回来的光线的照度来确定的。因为在间隙量 S 内的光传输通道呈锥体形状，如图 10－130(a)所示，随着间隙量 S(S 约等于 0.064mm)的增大，发送光锥在轴承外圈表面上的照射面积迅速增大，传感器整个表面被轴承上的反射光完全覆盖之前，接收光纤束接受的反射光数量与间隙量 S 是成正比的。当间隙量 S 改变时，导光锥照射在滚动轴承外圈表面的面积也随之发生改变。传感器输出电压 U 与间隙量 S 之间的特性曲线，如图 10－130(b)所示。

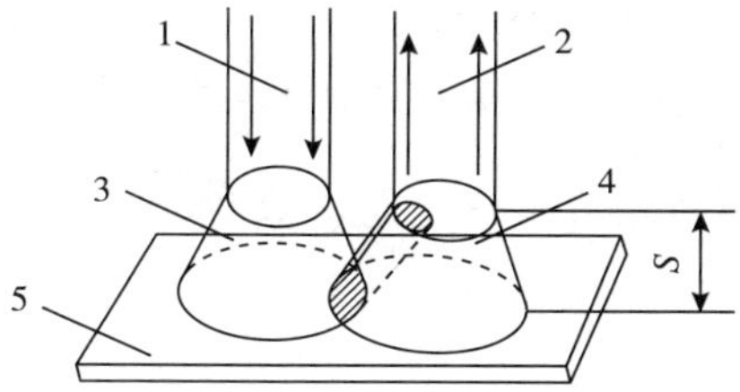

(a) 传感器的工作原理

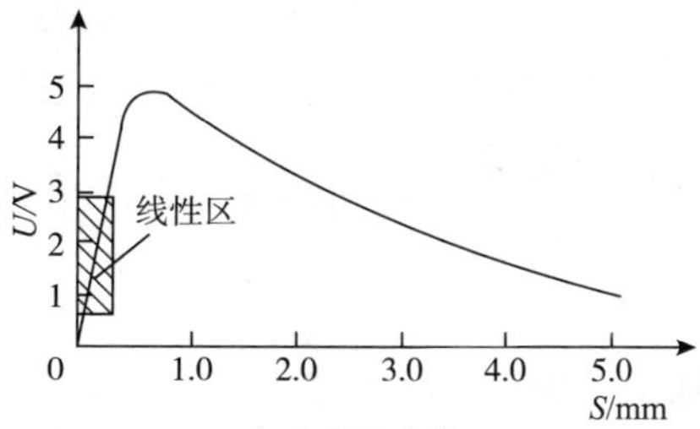

(b) 特性曲线

图 10－130　光纤监测原理及光纤式位移传感器特性曲线

1—发送光纤束；2—接受光纤束；3—发送光锥；4—反射光锥；5—轴承外圈表面

在图 10－130(b)中，特性曲线前侧开始有一段线性区，这是由于导光锥照射在滚动轴承外圈表面的面积越来越大，接受光纤束所接受的照度不断增大，直到达到峰值为止。此后，当间隙量增加超过曲线定点以后，轴承外圈表面反射到接受纤光束接受上的光量反而减少，因此所接受的光照度与间隙量的平方成反比，其输出电压逐渐下降。

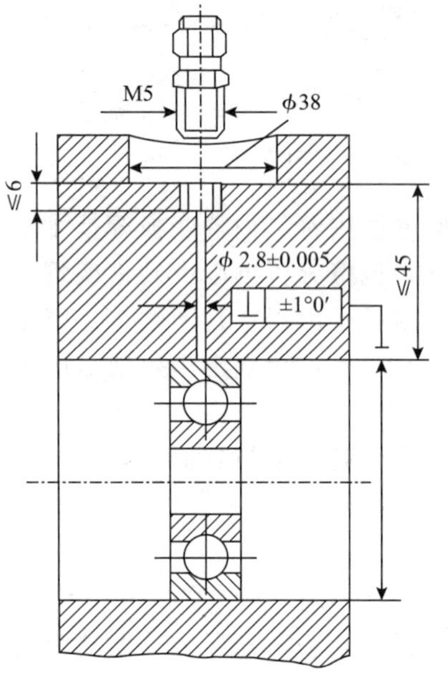

图 10－131　光纤传感器的安装方法

②优点

a)光纤位移传感器具有高的灵敏度(50mV/mm)，外形细长，便于安装，如图 10－131 所示。

b)可减小或消除振动传递通道的影响，从而提高信噪比。

c)可以直接反映滚动轴承的制造质量、工作表面磨损程度、轴承的载荷、润滑和间隙的情况。

③光纤传感器技术的评定指标

光纤传感器技术的评定指标有：有效值、波峰因素(峰值与有效值之比)和轴承速率比。

a)有效值(X_{rms}) 也称均方根幅值(RMS)。它用来反映信号能量的大小，有效值适用于滚动轴承元件接触表面由于磨损而变得粗糙的磨损程度的评价，特别适用于具有随机振动性质轴承的测量。在滚动轴承故障诊断中，有效值可以反映滚动体在滚道上运动时，由于制造的缺陷，如表面粗糙度、波纹度和圆度误差形成不规则轮廓，运行时就会产生振动，这一振动信号经光纤传感器接收后，即可得到如图 10－132 所示的 *PMS* 脉动波形。图10－132(a)所示为一个接近理想高精度滚动轴承，其套圈的弹性变形接近于简谐波形，其波数等于通过测点的钢球数目；图 10－132(b)所示为精度较低的滚动轴承形成的复杂波形，轴承元件不但表面粗糙度大、几何形状误差大，而且钢球直径也有明显的差别。有效值的大小可以反映出轴承的制造质量和均布性缺陷，故滚动轴承制造精度越低或轴承磨损程度越大，则 X_{rms}值越高。

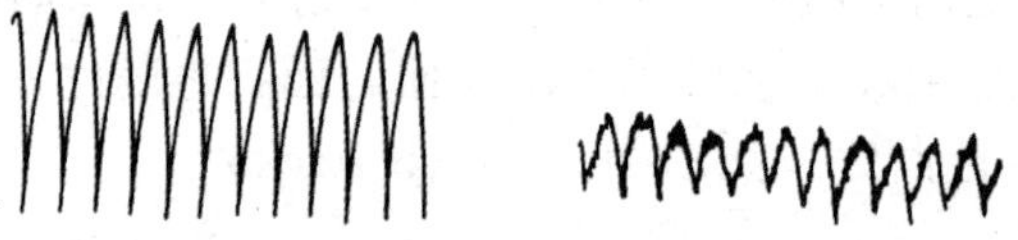

(a) 高精度滚动轴承波形　　(b) 精度较低滚动轴承波形

图 10－132　均方根幅值的变化反映出滚动轴承制造的质量好坏

b)波峰因素 C_f也称峰值因素，其定义为峰值对均方根值之比，即

$$C_f=\frac{X_p}{X_{rms}} \tag{10－58}$$

正常轴承的振动波峰因素约为 4～5，因剥落等局部缺陷引起的振动波峰因素往往超过 10。缺陷越大，C_f 值也越大。但 C_f 值相对较小时，则反映了轴承润滑不良和磨损等异常故障。利用 C_f 值指标评定轴承，当 $C_f>1.5$ 时，一般就可以认为轴承元件有局部缺陷产生。

c)轴承转速比 *BSR*，即滚动体通过频率 f_b 与轴转速频率 f_0 之比

$$BSR=\frac{f_b}{f_0}$$

BSR 值取决于轴承的载荷和间隙的大小以及轴承的润滑状况。*BSR* 值偏高时，产生的原因可能是载荷过大、润滑不良或者轴承间隙过大。反之，*BSR* 值偏低。这样，利用 *BSR* 值便可说明机器中轴承的运行性能。由于载荷是由滚动体与滚道传递的，当滚动体通过监测点时，滚道将以滚动体的接触点为中心产生弹性变形区，故光纤传感器就可以直接测量这一变形，确定滚动体的通过频率。轴的回转频率则需另外安装一转速传感器来进行测定。

(6)电涡流传感器技术

电涡流传感器技术与光纤传感器技术类似，也是用非接触式测量方法直接测量轴承外圈的变形量，来反映轴承的工作状态。这种用于测量滚动轴承的传感器要比普通油膜轴承上使用的传感器的灵敏度高 10 倍，其灵敏度接近 78.7V/mm(2V/mil)。图 10－133(a)所示为电涡流传感器在滚动轴承座上的安装位置，其钻孔位置应在滚动轴承的载荷区内，以获得最大的信号保真度，否则就可能检测不到有用的信号。图 10－133(b)所示为电涡流传感器的标定曲线。

由于电涡流传感器是安装在轴承壳体上直接对轴承的外圈进行检测，传感器接收的信号不像接触式传感器那样，信号经过轴承座的中间界面会产生衰减和失真现象。利用电涡流传感器技术检测时，可以在频谱图上清楚地观察到亚异步频率成分、转速频率成分、二倍频成分以及通过频率和它的倍频成分。这些频率成分分别表示可能存在的故障是：转子在密封腔中的涡动；轴承保持架故障；转子不平衡；轴承与轴承座孔过盈量小；轴颈或轴承内圈椭圆等。

当运行中的滚动轴承存在缺陷时，滚动体与缺陷部位相接触的瞬间，将在一个正常的波形上产生一个脉冲宽度很窄的尖峰信号。根据脉冲尖峰出现的周期和相位，可以判别滚动轴承故障部位。图 10－134 所示为某一试验滚动轴承外圈出现故障的波形。当滚动体通过外圈检测点时，出现故障时的波形，波形经过低通滤波后，整个波形近似正弦波形状。从图中可以看出各个光滑的波形上出现了微小的尖峰，这个尖峰就是滚动体通过故障点时产生的。故外圈上的故障特征是脉冲尖峰在波形出现的周期与滚动体在测点处通过的时间相等。

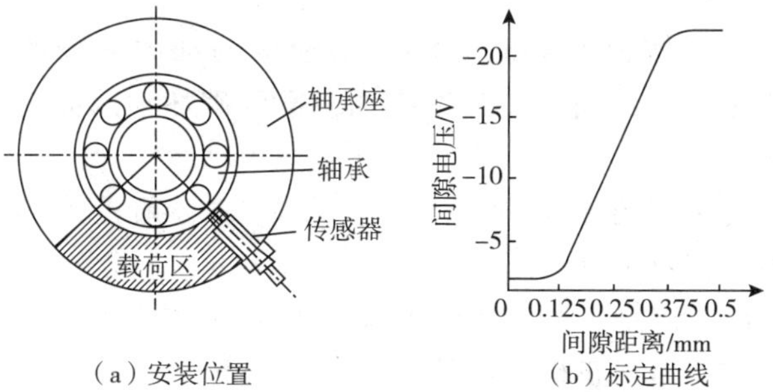

(a) 安装位置 (b) 标定曲线

图 10－133 电涡流传感器的安装位置和标定曲线

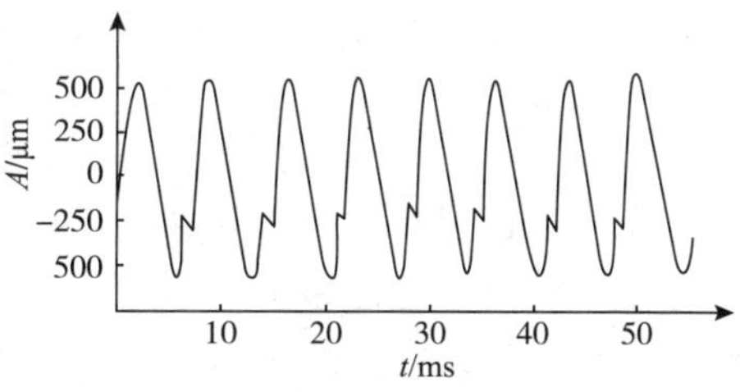

图 10－134 滚动轴承外圈局部缺陷的典型波形

采用电涡流传感器监测滚动轴承故障，其监测系统经滤波后，可以清晰地显示出转子振动频率和基本脉冲频率信号。当滚动轴承运行状态良好时，基本脉冲信号的峰峰值大约在 0.5～1μm 范围内；当轴承滚动体表面与滚道接触面磨损时，基本脉冲信号的峰峰值增至 3～8μm。

(7)油膜电阻法

油膜电阻法又称接触电阻法。油膜电阻法是指运行中的滚动轴承，由于润滑油在滚道表面与滚动体之间形成油膜，故在内圈与外圈之间具有很大的电阻，在润滑状态恶化或滚道表面或滚动体上如产生损伤，油膜就会破坏而使电阻变小。在油膜形成时，电阻至少在兆欧以上，当油膜破坏时，电阻降到零欧附近。一般情况下，是将求得油膜的时间和无油膜的时间的比值，并按比值进行滚动轴承异常的诊断。

图 10－135 所示为油膜电阻法测量分析滚动轴承故障的原理。用油膜电阻法监测滚动轴承故障时，在滚动轴承内圈和外圈之间施加一微小的直流电压(约为 100mV)。然后，利用图 10－136 所示的仪器和线路，通过测量滚道与滚动体接触面间的电阻来判断轴承的状态。

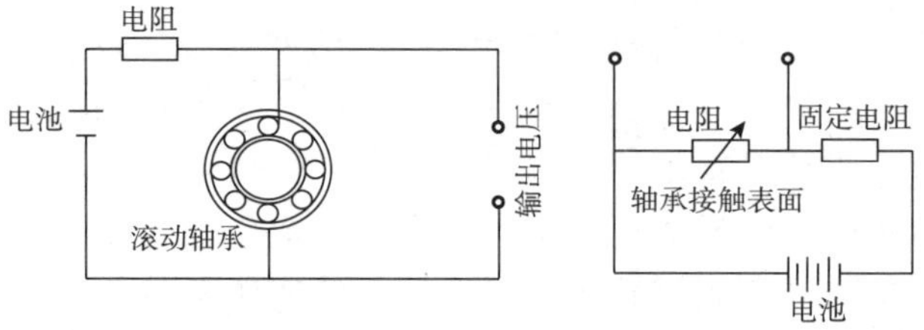

图 10－135　油膜电阻法诊断滚动轴承故障原理

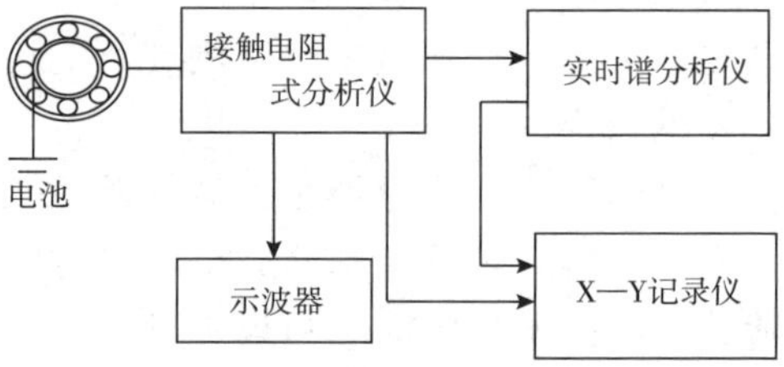

图 10－136　油膜电阻法测量分析滚动轴承故障的仪器和线路

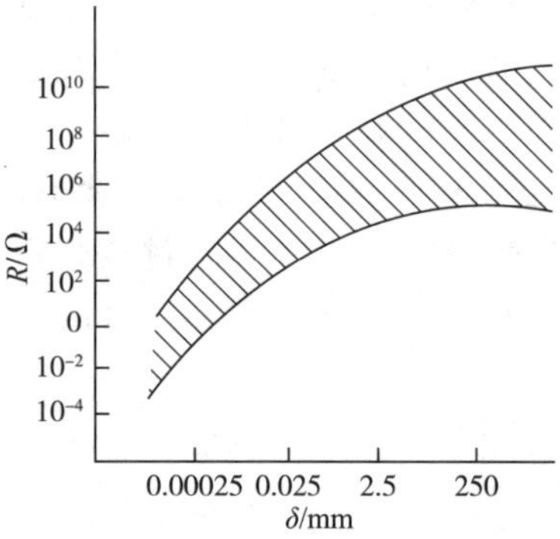

图 10－137　油膜厚度与接触电阻的关系

接触电阻值随轴承内的油膜厚度的变化而变化。正常状态时的轴承油膜厚度至少是表面粗糙度 4 倍，由于润滑剂是有机碳氢化合物，故轴承内、外圈的平均电阻很高，当轴承元件出现剥落、腐蚀坑、裂纹或磨损时，油膜被破坏，接触电阻将会下降。油膜厚度与接触电阻的关系如图 10－137 所示。

用油膜电阻法进行滚动轴承故障诊断，其操作简单，结论明确，但也存在一些缺点，例如：

①当机器转速变低时，对滑动轴承的动力润滑状态，即使是正常的轴承，其油膜也会遭到破坏，因而不能使用此法。

②为使电极在旋转轴上接触，旋转轴必须是外露的。另外，旋转轴和外壳必须在轴承以外部位相对绝缘。

③在同一轴上有许多个轴承时，不易作出明确地判断出哪一个轴承恶化。如果其中一个轴承已经恶化，则要经过多点、多次测试方能给出正确的结论。

④对表面剥落和裂纹、压痕等缺陷检测能力差。

十一、非转动部件配合松动故障的诊断

非转动部件配合松动典型现象是轴承衬背与轴承座孔配合过盈量不足或有间隙引起的松动。另外，还有现象是轴承座松动、底座松动、地脚螺栓松动和基础二次灌浆层不密实等。

1. 非转动部件配合松动故障的原因

(1)支承刚度不足

支承刚度不足通常是由于轴承座与底座、底座与基础之间接触不良或连接螺栓紧力不足及松动造成的。一般来讲，基础、底座、轴承座振动的差值不应大于 3～5μm，如果振动的差值过大，则说明连接刚度不足。另外，振动增大主要表现在刚度降低的方向上，即通常表现为垂直方向振动增大。

(2)底座与基础接触不良

①基础二次灌浆层质量差。其中包括机器与基础之间的二次灌浆层未充填密实或水泥标号较低及灌浆料过期所致。

②垫铁组松动。这种现象主要是垫铁组与基础、垫铁组与底座接触不良，各垫铁组松紧程度不同，垫铁组之间未焊牢，垫铁组之间间距过大使底座受力不均匀等，在过大轴承振动作用下，使垫铁组发生松动。

③轴承座漏油。由于汽轮机油浸入二次灌浆层，使其强度显著降低，在振动作用下不仅使二次灌浆层松裂，而且还使二次灌浆层与底座分离，使振动进一步扩大。

④轴承座振动过大。机器不论是垂直方向、水平方向和轴向振动过大，都可以使基础二次灌浆层松裂，使轴承座振动扩大，并使二次灌浆层松裂加剧。

(3)轴承座松动

轴承因轴承衬背与轴承座孔紧力不足(或称轴瓦紧力消失)或经受长期的振动后，将产生轴承在轴承座孔中径向跳动或轴向位移的现象，这不仅造成轴承振动(尤其是轴振动)的增加，同时还伴有较高的噪声。其振动与噪声的频率两者相符，且为转速的高倍频。这是轴承系统受转子激振力中非基频量而引起的共振(即高次谐波共振)。通常在轴承座垂直和水平两个方向测得的高频分量较大，但由于系统刚度的不同会有所差异。

(4)底座松动

①地脚螺栓紧力不足或松动。

②地脚螺栓断裂。

③垫铁组间距过大，使垫铁组受力不均而松动。

2. 轴承座结构刚度

轴承座结构刚度是由其外形、壁厚、材料和支承基础的静刚度决定的。轴承座刚度 K_d 可由下式求得

$$K_d = \frac{2P}{A} \tag{10-59}$$

$$P = mr\omega^2$$

式中　A——激振时测得该方向的轴承振幅(峰峰值)；

P——激振力；

m——偏心质量；

r——偏心距。

ω——偏心轮的圆频率。

轴承座正常的动刚度值为 $1\times10^7\sim3\times10^7$ N/cm；对于坐落在排汽缸上的轴承座其垂直方向动刚度一般明显偏低，为 $0.5\times10^7\sim1\times10^7$ N/cm；当支承系统存在共振时，在共振转速下其动刚度一般会降低一个数量级，如图 10－138 中曲线 2。

当获得轴承座动刚度数值之后，即可对其动刚度正常与否作出诊断。若动刚度明显偏低，在排除连接刚度不足和共振影响后，即可判断其动刚度不足是由结构刚度不足引起的。

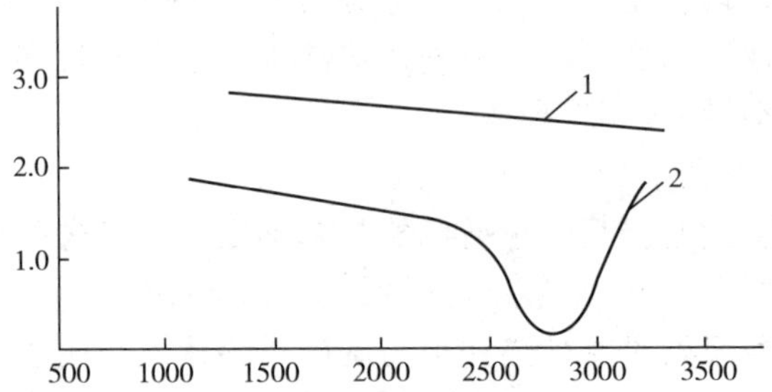

图 10－138 轴承座动刚度与转速的关系

1—正常的轴承座动刚度曲线；2—存在共振时轴承座动刚度曲线

3. 转子振动过大引起轴瓦紧力消失的机理

转子振动过大的激振力通过油膜传至轴瓦及其枕块，使枕块与轴承座孔接触处产生交变压应力。当压应力超过材料疲劳极限时，金属表面产生塑性变形，轴瓦紧力减少和消失，在较大激振力作用下，轴瓦枕块与轴承座孔之间发生撞击，在长时间撞击作用下，引起巴士合金层表面疲劳和龟裂，轴瓦与轴承座孔之间间隙增大，轴瓦枕块与轴承座孔之间撞击加剧，使疲劳和龟裂的巴士合金层表面与基体逐步分离，形成剥落的巴氏合金薄片。这一过程时间长者 2～3 个月才能形成，短者 3～4 天即可使轴瓦紧力消失，但形成巴士合金层表面疲劳剥落则需要较长时间。

4. 非转动部件配合松动故障的常规特征分析

(1)振动信号的时域波性特征

从振动信号的时域波形特征来看，当发生松动故障时，时域波形会出现跳跃现象，有时可能出现明显的跳变信号，松动故障越严重，跳变信号越突出。这种跳变信号有时甚至于手触摸也能感觉得到。

(2)振动信号的频谱特征

由于非线性可能引起转子的分数次谐波共振(亚谐波共振)，其频率是精确的 1/2 倍、1/3 倍、…转速。所以，当机组出现松动故障时，除了产生与旋转频率相同的振动外，还会产生 $f_r/2$ 和 $f_r/3$ 等分数级谐波振动，以及转转频率的高倍频振动(如 $2f_r$、$3f_r$、$4f_r$、$5f_r$、$6f_r$、$7f_r$ 及以上的频率成分)。

(3)振动方向的特征

松动故障的另一特征是振动方向性，特别是松动方向的振动。由于约束力的下降，将引起振动的增加。松动使转子系统在水平方向和垂直方向具有不同的临界转速，因此，分谐波共振现象既有可能发生在水平方向，又可能发生在垂直方向。

参考文献

1 《机械工程手册、电机工程手册》编辑委员会．机械工程手册第 4、9、21、50、72 篇．北京：机械工业出版社，1984

2 《化工厂机械手册》编辑委员会．化工厂机械手册．北京：化学工业出版社，1989

3 黄汝霖，黄继宗，何华等编写．积木块系列工业汽轮机(培训教材)．杭州：杭州汽轮机动力集团有限公司科协，1992

4 上海汽轮机厂编．汽轮机电液调节．北京：水利电力出版社，1985

5 西安电力学校汽轮机教研组编．小型火力发电厂汽轮机设备及运行(修订版)．北京：水利电力出版社，1987

6 庄肖曾，黄振鸣合编．汽轮机调节系统检修．北京：中国电力出版社，1997

7 化学工业部人事教育司教育培训中心组织编写．压缩机．北京：化学工业出版社，1997

8 任晓善主编，王治方，胡锡章副主编．化工机械维修手册(中卷)．北京：化学工业出版社，2004

9 傅龙泉，鲍引年合编．大型汽轮机安装．北京：水利电力出版社，1987

10 中国石化集团公司第十建设公司主编．乙烯装置离心式压缩机组施工技术规程．北京：中国石化出版社，2004

11 中国电力企业联合会基建工作部主编．电力建设施工及验收规范(汽轮机机组篇)．北京：电力出版社，1992

12 张克舫，沈惠坊编著．汽轮机技术问答(第二版)．北京：中国石化出版社，2006

13 《设备维护检修规程》(斯那姆型尿素大化肥部分)编委会．设备维护检修规程　斯那姆尿素部分(上册)．北京：化学工业出版社，2000

14 汪玉林主编．汽轮机设备运行及事故处理．北京：化学工业出版社，2007

15 北京热电总厂编．高压汽轮机运行(修订本)．北京：水利电力出版社，1984

16 李建刚主编，杨雪萍副主编．汽轮机设备及运行．北京：中国电力出版社，2006

17 山西大学工程学院靳智平主编，南京工程学院王毅林副主编．电厂汽轮机原理及系统(第二版)．北京：中国电力出版社，2006

18 李多民主编．化工过程机器．北京：中国石化出版社，2007

19 史月涛，丁兴武，盖永光等主编．汽轮机设备运行．北京：中国电力出版社，2008

20 萧开梓主编．化工机器安装与检修．北京：中国石化出版社，1992

21 楼宇新主编．化工机械制造工艺与安装修理．北京：化学工业出版社，1981

22 宋天民主编．炼油厂动设备．北京：中国石化出版社，2006

23 华东电业管理局编．汽轮机运行技术问答．北京：中国电力出版社，1999

24 汪玉林主编．汽轮机辞典．北京：化学工业出版社，2009

25 机械工业部安装工程标准定额站主编．机械设备安装工程施工及验收通用规范．北京：中国计划出版社，1999

26 苏云堤主编．汽轮机本体安装．北京：中国电力出版社，1999

27 余国琮主编．化工机械工程手册(下卷)．北京：化学工业出版社，2002

28　任晓善主编．化工机械维修手册．北京：化学工业出版社，2004
29　化学工业部人事教育司教育培训中心组织编写．化工机器和设备安装．北京：化学工业出版社，2001
30　肖增弘，徐丰编著．汽轮机数字式电液调节系统．北京：中国电力出版社，2003
31　周仁睦编著．转子动平衡原理．方法和标准．北京：化学工业出版社，1992
32　杨国安编著．机械设备故障诊断实用技术．北京：中国石化出版社，2007
33　施维新编著．汽轮发电机振动及事故．北京：中国电力出版社，1999
34　中国标准出版社总编室编．中国国家标准汇编(67、73、109)．北京：中国标准出版社，1991
35　华东电力建设局上海技术学校编．汽轮机设备安装工艺学．北京：水利电力出版社，1985